12판

Vardlaw

활 속의 영양학

Wardlaw's Perspectives in Nutrition, 12e

12판

Wardlaw 생활 속의 영양학

Carol Byrd-Bredbenner
Jacqueline Berning
Danita Kelley
Jaclyn M. Abbot 지음

김미경, 권오란, 김양하, 김기남, 박윤정, 황지윤, 박소현 편역

McGraw Hill

교문사

Wardlaw's Perspectives in Nutrition, 12th Edition

1 2 3 4 5 6 7 8 9 10 GMP 20 23

Original: Wardlaw's Perspectives in Nutrition, 12th Edition © 2022
By Carol Byrd-Bredbenner, Jacqueline Berning, Danita Kelley, Gaile Moe and Donna Beshgetoor
ISBN 978-1-260-69559-5

This authorized Korean translation edition is jointly published by McGraw-Hill Education Korea, Ltd. and GYOMOON Publisher. This edition is authorized for sale in the Republic of Korea.

This book is exclusively distributed by GYOMOON Publisher.

When ordering this title, please use ISBN 978-89-3632-405-6

Printed in Korea.

12판
Wardlaw
생활 속의 영양학
Wardlaw's Perspectives in Nutrition, 12e

12판 발행 2023년 2월 28일

지은이 Carol Byrd-Bredbenner, Jacqueline Berning, Danita Kelley, Jaclyn M. Abbot
편역자 김미경, 권오란, 김양하, 김기남, 박윤정, 황지윤, 박소현
펴낸이 류원식
펴낸곳 교문사

편집팀장 김경수 | **디자인** 신나리 | **본문편집** 양희선

주소 10881, 경기도 파주시 문발로 116
대표전화 031-955-6111 | **팩스** 031-955-0955
홈페이지 www.gyomoon.com | **이메일** genie@gyomoon.com
등록번호 1968.10.28. 제406-2006-000035호

ISBN 978-89-363-2405-6(93590)
정가 33,000원

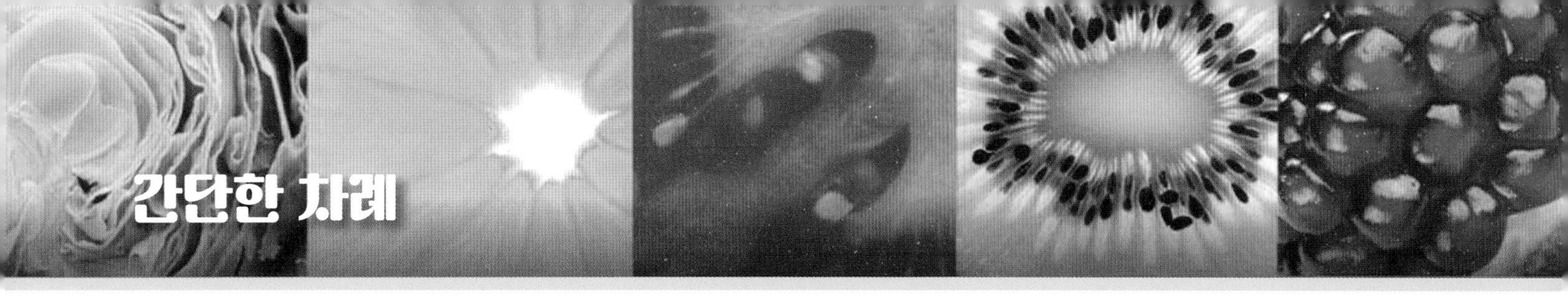

간단한 차례

©Brand X Pictures/Getty Images RF

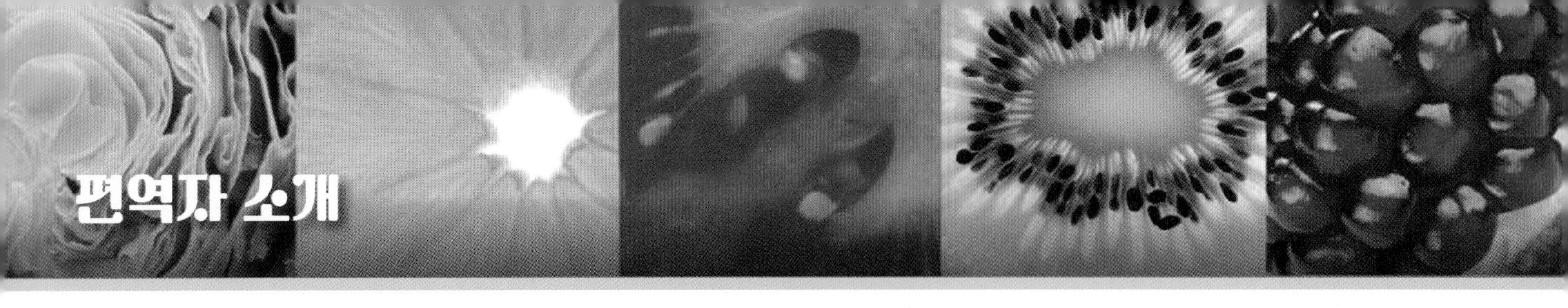

편역자 소개

김미경_이화여자대학교 식품영양학과 명예교수, (주)바이오푸드CRO 대표이사
이화여자대학교 식품영양학과 교수 역임, 이화여자대학교 가정과학대학장 역임, 대한가정학회 고문,
한국영양학회 고문.
코넬대학교(Cornell University)에서 박사학위 취득.

권오란_이화여자대학교 식품영양학과 교수
이화여자대학교 신산업융합대학장, 이화여자대학교 임상보건융합대학원장 역임, 한국영양학회장 역임,
한국영양학회 고문, 식품의약품안전처 보건연구관(과장) 역임, 미국 NIH(National Institute of Health) 연구원.
이화여자대학교에서 박사학위 취득.

김양하_이화여자대학교 식품영양학과 교수
한국영양학회장 역임, 전국식품영양학과 교수협의회 회장 역임, Journal of Medicinal Food 편집장 역임,
이화여자대학교 인간생활환경연구소 소장 역임, 미국 하버드대학교(Harvard University) 및
UC 버클리대학교(University of California, Berkeley) 박사후 연구원.
미국 코네티컷대학교(University of Connecticut)에서 박사학위 취득.

김기남_대전대학교 식품영양학과 부교수
한국인영양섭취기준 제개정 위원, 한국영양학회 JNH 편집위원/정책위원, 대한비만학회 학술영양위원,
질병관리청 국가건강조사 영양DB 분과 자문위원, 고려대학교 의과대학 분자생물학교실 연구교수.
이화여자대학교에서 박사학위 취득.

박윤정_이화여자대학교 식품영양학과 부교수, 임상바이오융합대학원 임상영양전공주임
한국인영양섭취기준 제개정 위원, Nutrients/BMC CMT 편집위원, 한국노화학회/한국지질동백경화학회
학술위원, 독일암연구센터(German Cancer Research Center) 박사후연구원.
코넬대학교(Cornell University)에서 박사학위 취득.

황지윤_상명대학교 식품영양학전공 부교수
금천구 어린이급식관리지원센터 센터장, 서울시 식생활교육지원센터 센터장, 한국인 영양소 섭취기준 제개정
위원, 질병관리청 생명의과학센터 연구원, 세계은행(World Bank)/세계보건기구(World Health Organization)
program analyst,
코넬대학교(Cornell University)에서 박사학위 취득

박소현_한림대학교 식품영양학과 부교수
보건복지부 식품정책과 연구위원, International Food Policy and Research Institute(IFPRI) Data Analyst,
한양대학교 의과대학 예방의학교실 박사후 연구원 및 연구교수.
존스홉킨스 보건대학원(Johns Hopkins School of Public Health)에서 박사학위 취득.

편역자 머리말

이 책은 미국 McGraw-Hill 사의 『Wardlaw's Perspectives in Nutrition』 12판을 바탕으로, 2020 한국인 영양소 섭취기준 자료를 활용하여 일부 보완하여 편역하였습니다. 원저는 1999년 초판이 발간된 이래 영양학 교재로 빈번히 사용되어 왔으며, 2005년 저자의 동의를 얻어 처음으로 편역 출판한 이래 이번 제12판을 기반으로 출간하게 되었습니다.

현대사회는 영양부족과 영양과잉이라는 양극화된 영양불균형 문제를 안고 있습니다. 이러한 영양불균형은 여러 가지 만성 질환의 원인이 되고 있기 때문에, 그 예방과 치료에서 영양학적 접근이 중요하게 인식되고 있습니다. 국가가 식품의 생산과 공급 체계를 관리해주고, 개개인은 식품의 경제적 소비를 통해 균형 있는 영양상태에 이르는 것이 영양학의 궁극적 목표입니다. 이 목표는 전문가의 종합적이고 지속적인 연구개발과 일반인의 합리적인 일상 식생활을 통하여 이룰 수 있는데, 이러한 취지에서 이 책의 이름을 『Wardlaw 생활 속의 영양학』이라 하였습니다.

이 책은 대학교의 영양학 교재용으로 준비되었습니다. 지면 관계상 원저의 내용을 다 싣지는 못하였지만, 최신 영양학 정보는 충실하게 다루었으며, 우리나라 관련 자료를 많이 보완하였습니다. 특히 2020 한국인 영양소 섭취기준 자료를 기반으로 영양소 섭취기준 뿐 아니라 영양소의 급원식품과 섭취 현황 등에 대한 자료를 보완하였습니다. 그러므로 영양학에 대한 기초 지식이 요구되는 의학, 간호학, 보건학, 체육학, 가정학 등 관련된 여러 분야에서 활용하기에도 부족함이 없으리라 생각하며, 앞으로도 새로운 영양학 지식과 정보를 계속해서 보완할 것입니다. 끝으로 이 책의 출판에 많은 도움과 지원을 아끼지 않은 교문사 여러분께 감사의 말씀을 드립니다.

2023년 2월

편역자 일동

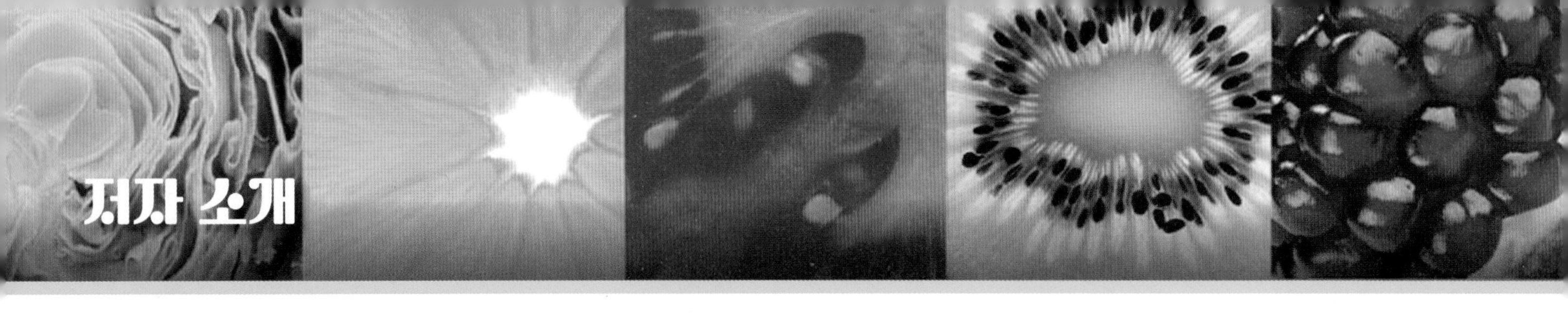

저자 소개

캐럴 버드-브레드베너(Carol Byrd-Bredbenner, PhD, RD, FAND)
럿거스대학교 영양학과 석좌교수. 펜실베이니아주립대학교에서 박사학위 취득.
식이선택과 건강에 영향을 주는 환경적 요인 연구에 관심.

재클린 버닝(Jacqueline R. Berning, PhD, RD, CSSD)
콜로라도대학교 건강과학과 교수 겸 과장. 콜로라도주립대학교에서 박사학위 취득.
운동영양 연구에 관심.

©Clinton Lewis

다니타 켈리(Danita Saxon Kelley, PhD, RD)
웨스턴켄터키대학교 가족소비자학과 교수 겸 부학장. 켄터키대학교에서 박사학위 취득.
청소년 식습관, 영양상담, 히스타민성 활성과 식품섭취조절,
그리고 식이제한과 항산화 방어체계에 관심.

재클린 마우러 애보트(Jaclyn Maurer Abbot, PhD, RD)
임상영양사 겸 럿거스대학교의 겸임강사. 애리조나대학교에서 박사학위 취득.
안전식품관리, 운동영양, 영양지식과 행동, 질병예방 등의 주제에 관련된 영양
상담과 건강증진에 관심.

『Wardlaw's Perspectives in Nutrition』 12판에 오신 것을 환영합니다.

Wardlaw's Perspectives in Nutrition은 역동적인 영양학 분야에 대해 최신의 정확하면서 깊이 있고, 사려 깊은 안내를 제공한다는 명성을 누리고 있다. 우리는 학생들과 강사들을 위해 이 개정판을 보다 풍부하게 만듦으로써 이 우수한 전통을 지키도록 노력을 기울였다. 강사들과 학생들로부터 얻은 건설적인 조언과 함께, 우리들의 영양학에 대한 열정과 학생들 교육에 대한 진정한 바램, 그리고 과학적 정확성에 대한 우리의 헌신이 우리로 하여금 이러한 노력을 기울이게 했다. 우리는 이 책의 특징적인 강점과 철학을 유지하면서 과학적 내용에 대한 접근성을 높이고 오늘날의 학생들에게 유용하게 활용될 수 있도록 하는 데 일차적 목표를 두었다.

영양학은 우리의 하루하루 삶에 중대한 영향을 미친다. 이러한 사실은 저자들과 많은 교육자들, 연구자들, 그리고 임상 종사자들이 이 분야에 헌신하게 하는 중요한 이유이다. 영양 연구의 빠른 속도와 도발적인 (그리고 종종 논쟁을 불러일으키는) 발견들이 우리로 하여금 최신 연구 동향을 파악하고 건강에 미치는 영향을 이해하는 데 어려움을 준다. 독자들이 알 필요가 있다고 생각되는 주제들을 공유하고자, 여러분을 이 개정판으로 초대한다.

당신의 건강을 위하여!

캐럴 버드-브레드베너

재클린 버닝

다니타 켈리

재클린 마우러 애보트

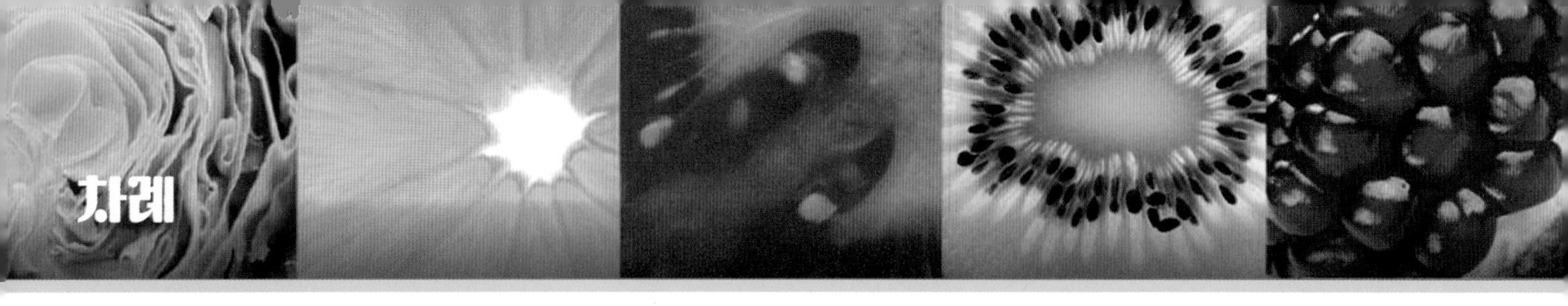

©Stockbyte/Getty images RF

©C Squared Studios/Getty Images RF

©D. Hurst / Alamy

©Brand X Pictures/Getty Images RF

©Michael Simons/123RF

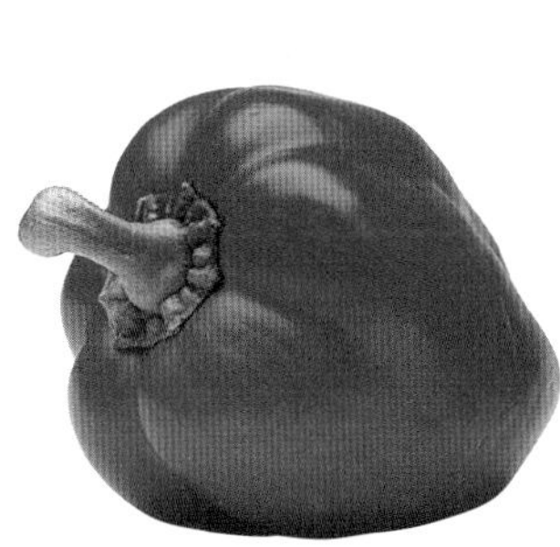
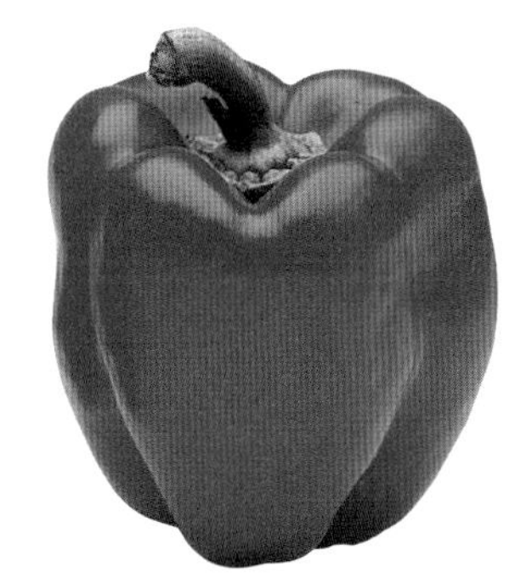

©Jules Frazier/Getty Images RF

©Ingram Publishing / Alamy RF

13 미량 무기질 505

©C Squared Studios/Getty Images

©D. Hurst/Alamy RF

영양가 있는 맛있고 다양한 식단은 건강과 장수의 비결이다. 좀 더 깊이 배우려면 이 책을 공부하고 nutrition.gov 웹 사이트를 방문하라.

1 영양과 건강

학습목표

01. 영양, 탄수화물, 단백질, 지질, 비타민, 무기질, 수분, 에너지의 용어
02. 에너지 영양소가 함유된 식품(식사)의 총 에너지가
03. 한국인 식사의 주요 특징과 식습관
04. 식품 선택에 영향을 미치는 요인
05. 영양평가 요소와 제한점
06. 국민건강증진종합계획의 목표와 한국인의 주요 사망 원인이 되는 식생활 요인
07. 유전적 배경이 만성질환에 미치는 역할
08. 영양학의 가설을 과학적으로 입증하는 방법론
09. 신뢰할 수 있는 영양정보원

개요

사람은 평생 7만 끼니의 식사와 수없이 많은 간식으로 60톤 정도의 식품을 섭취한다. 지난 50년간 연구를 통해 건강과 장수를 누리기 위해 식품이 중요함을 알게 되었다. 특별히 과일과 채소를 충분히 섭취하는 건강 식단과 적절한 운동은 나이가 들면서 얻는 만성질환을 예방하거나 치료할 수 있다. 반면, 불균형한 식사와 운동 부족은 심혈관계질환, 당뇨병, 암 등과 같이 생명을 위협하는 만성질환의 **위험 요인**(risk factor)이 된다. 식사와 관련된 또 다른 문제는 과음으로 인한 영양불량과 간질환, 암, 사고, 자살 등을 들 수 있다. 그림 1.1은 한국인의 주요 사망 원인 중 식사가 중요함을 강조하고 있다. 불균형한 식사와 신체 활동 부족의 병행은 수많은 만성질환의 원인이 된다.

우리는 유례없이 긴 수명을 누리고 있으므로, 노화와 관련된 질병을 예방하는 것이 더욱 중요시되고 있다. 어떤 식품을 선택해야 건강하고 장수할 수 있는지에 대해 관심이 높아지고 있다. 최상의 식사가 무엇인지, 영양소가 건강에 어떻게 영향을 주는지, 또는 종합비타민과 무기질 보충제가 필요한지에 대해 알고 싶어 한다. 포화지방, 트랜스 지방, 콜레스테롤 섭취가 과도한 것은 어떻게 알 수 있는가? 탄수화물은 왜 중요한가? 단백질을 아주 많이 먹을 수 있는가? 유통되는 식품은 안전한가? 채식 위주의 식단이 건강에 더 유익한가? 이 책은 이런 광범위한 질문에 대한 답을 생각하고, 더 나아가 건강을 지키기 위해 필요한 영양지식을 축적하는 데 도움을 줄 것이다.

영양학은 화학, 생물학, 그리고 기타 과학 분야와 연관성이 높다. 영양학적 기초를 충분히 이해하기 위해서는 인체생리, 기초화학, 그리고 기본 단위에 대한 개념을 함께 익히면 도움이 될 것이다.

그림 1.1 한국인 10대 사망 원인 순위 추이. 10대 사인 중 식사요인과 관련된 질환이 많음을 보여 준다.

출처: 2020 사망원인 통계 결과, 통계청 2020

(단위: 인구 10만 명당 명)

순위	사망원인	사망률	'19년 순위 대비
1	악성신생물(암)	160.1	–
2	심장 질환	63.0	–
3	폐렴	43.3	–
4	뇌혈관 질환	42.6	–
5	고의적 자해(자살)	25.7	–
6	당뇨병	16.5	–
7	알츠하이머병	14.7	–
8	간 질환	13.6	–
9	고혈압성 질환	11.9	+1
10	패혈증	11.9	+1

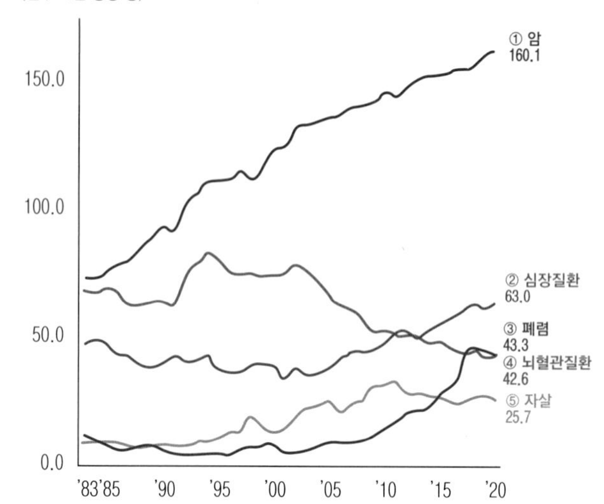

1.1 영양학 개요

미국의학협회는 **영양학**(nutrition)을 '식품과학; 영양소와 성분들; 건강 및 질병과 관련된 작용, 상호작용 및 균형; 섭취된 식품이 신체에서 소화, 흡수, 운반, 사용 및 배설되는 과정'으로 정의하고 있다. 식품은 신체를 구성하는 모든 세포의 구성, 대사, 유지를 위해 필요한 영양소를 제공한다.

영양소

탄수화물, 지질, 단백질, 비타민, 무기질이라는 용어는 이미 친숙할 것이다(표 1.1). 여기에 물이 포함되면 6대 영양소가 된다. **영양소**(nutrient)란 건강을 유지하기 위해 반드시 필요하지만 사람의 신체에서 전혀 합성되지 않거나, 합성되더라도 그 양이 충분치 못한 물질을 말한다.

다음과 같은 특징이 있다면 필수영양소로 분류된다.

- 고유의 생물학적 기능을 갖는다.
- 식사에서 결핍되면 신체의 특정한 부위(예: 신경계)에서 생물학적 기능이 떨어진다.
- 그 기능이 영구적으로 손상되기 전에 해당 영양소를 보충하면 다시 정상으로 돌아올 수 있다.

다량영양소(macronutrient). 식사 중에서 그램 단위로 필요한 영양소.

미량영양소(micronutrient). 식사 중에서 밀리그램 또는 마이크로그램 단위로 필요한 영양소.

원소(element). 화학반응으로 더 이상 쪼갤 수 없는 가장 작은 단위의 물질. 영양의 공통 원소로는 탄소, 산소, 수소, 질소, 칼슘, 인, 철이 있다.

영양소는 기능에 따라 다음 세 가지로 분류한다(표 1.2).

1. 에너지(통상 킬로칼로리[kcal]로 표시)를 제공하는 영양소

표 1.1 식사에 함유된 영양소*

에너지를 제공하는 영양소					
탄수화물	**지질(지방과 기름)**		**단백질(아미노산)**		
포도당(또는 포도당을 생성하는 탄수화물)	리놀레산(오메가-6)		히스티딘	리신	트레오닌
	알파-리놀렌산(오메가-3)		이소류신	메티오닌	트립토판
			류신	페닐알라닌	발린
에너지를 제공하지 않는 영양소					
비타민		**무기질**			
수용성	**지용성**	**다량**	**미량**	**추정**	**물**
티아민	A	칼슘	크롬	비소	물
리보플라빈	D	염소	구리	보론	
니아신	E	마그네슘	불소	니켈	
판토텐산	K	인	요오드	규소	
비오틴		칼륨	철	바나듐	
B_6		나트륨	망간		
B_{12}		황	몰리브덴		
엽산			셀레늄		
C			아연		

* 이 표에는 섭취기준이 있는 영양소가 포함되어 있다. 이 표에 제시되지 않은 비타민과 무기질도 필요할 수 있다. 예를 들어 식이섬유는 필요하지만, 필수영양소는 아니다. 콜린과 같은 비타민 유사물질도 신체에서 중요한 작용을 하지만 비타민으로 분류하지 않는다. 알코올은 에너지원이지만 영양소는 아니다.

2. 성장, 발달, 및 유지에 필요한 영양소
3. 신체기능을 잘 유지하도록 조절하는 영양소

어떤 영양소는 중복된 기능을 가지고 있으나, 에너지를 제공하는 영양소와 수분이 가장 큰 비율을 차지한다. 탄수화물, 단백질, 지질과 수분은 많은 양이 요구되므로 **다량영양소**(macronutrient)로 분류하고, 비타민과 무기질은 소량이 필요하므로 **미량영양소**(micronutrient)로 분류한다. 영양소의 종류에 대해 조금 더 자세히 알아보자.

탄수화물

탄수화물을 구성하는 **원소**(element)는 탄소, 수소, 산소이다. 탄수화물의 주요 급원식품으로는 과일, 채소, 곡류, 두류, 그리고 당류가 있다. 탄수화물은 구조에 따라 단순당(simple sugar)과 복합당(polysaccharide)으로 분류한다. 단위가 작은 탄수화물을 당류 또는 단순당이라고 한다. 단순당의 예로는 설탕(sucrose)과 혈당(glucose)이 있다. 단순당이 화학적으로 연

표 1.2 영양소의 기능적 분류

에너지 제공	성장 · 발달 촉진	신체기능 조절
대부분의 탄수화물	단백질	단백질
단백질	지질	일부 지질
대부분의 지질(지방과 기름)	일부 비타민	일부 비타민
	일부 무기질	일부 무기질
	물	물

알코올성 음료도 많은 에너지를 제공한다. 그러나 알코올은 영양소가 아니다.

foodiepics/Shutterstock

건강에 꼭 필요한 영양소가 풍부한 식품이 많이 있다.

JGI/Blend Images LLC

단순당

설탕
탄수화물이 실제로 사용되는 형태

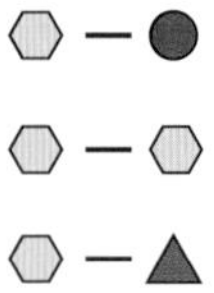

단순당은 다음과 같이 표시된다.
노란색 육각형 (포도당),
파란색 삼각형 (과당),
빨간색 원형 (갈락토오스).

복합당

전분
식품 중에 저장되는 탄수화물의 형태

식이섬유
소화되지 않는 탄수화물로 식물의 세포벽을 구성

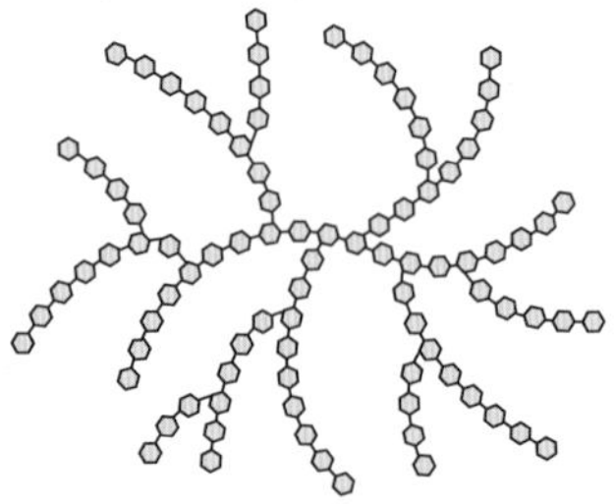

전분과 식이섬유를 구성하는 노란색 육각형은 포도당 분자이다. 전분과 식이섬유는 포도당 분자가 결합된 형태가 다르다.

그림 1.2 탄수화물 식품과 화학적 구조

Photodisc/PunchStock; Shutterstock/Evgenia Sh.

지질

중성지방
지방산
글리세롤

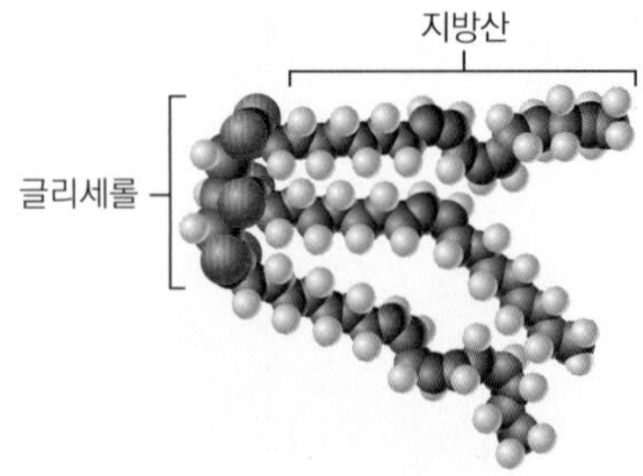

중성지방을 구성하고 있는 검은색, 흰색, 그리고 빨간색 원형은 각각 탄소, 수소, 산소 원자를 의미한다.

그림 1.3 지질 식품과 화학적 구조

Getty Images

결되어 큰 구조를 이루면 다당류 또는 복합당이 만들어진다(그림 1.2). 복합당의 예로는 곡류의 전분과 근육의 글리코겐이 있다. 식물체의 구조를 이루는 섬유질도 복합당으로 분류한다.

단순당과 전분에서 유래된 포도당은 세포에 에너지를 공급하는 주요 에너지원이다. 탄수화물은 4 kcal/g의 에너지를 제공한다. 식이섬유는 소화되지 않은 상태로 소장을 통과하므로 거의 에너지를 제공하지 않는다. 탄수화물을 너무 적게 섭취하여 포도당이 부족하면 단백질을 사용해서 포도당을 합성하게 된다.

지질

지방(fat), 기름(oil), 콜레스테롤과 같은 지질(lipid)도 탄수화물과 같이 탄소, 수소, 산소로 구성된다(그림 1.3). 지방은 실온에서 고체이며, 기름은 실온에서 액체이다. 지질은 탄수화물에 비해 많은 에너지(평균 9 kcal/g)를 제공한다. 지질은 물에 녹지 않지만 에테르, 벤젠 등 유기용매에 녹는다.

식품에 함유된 지질은 주로 **중성지방**(triglyceride)의 형태로 존재하며, 신체에 에너지를 제공한다. 중성지방은 신체에서 에너지를 저장하는 주요 형태이기도 하다. 중성지방은 3개의 지방산이 글리세롤 **분자**(molecule)에 결합된 구조이다. 지방산은 탄소가 긴 연쇄모양을 이루고 여기에 수소가 붙은 구조이며, 글리세롤 결합부위와 반대쪽에 산성기(acid group)를 가지고 있다.

지질은 결합된 지방산의 화학구조에 따라 포화(saturated)지방과 불포화(unsaturated)지방의 두 가지로 구분된다. 지방산의 포화도에 따라 지질이 실온에서 고체인지 또는 액체인지, 그리고 건강에 유익한지가 결정된다. 모든 식품은 다양한 종류의 포화지방산과 불포화지방산을 모두 함유하고 있지만, 식물성 기름은 대체로 불포화지방산이 많아서 실온에서 액체이고, 반대로 동물성 지방은 포화지방산이 많아 실온에서 고체이다. 포화지방산에 비해 불포화지방산이 건강에 좋은 영향을 미치는 경향이 있고, 포화지방산은 혈중 콜레스테롤 수준을 높여서 혈관을 막히게 하고 결국 심혈관계질환을 일으킬 수 있다.

리놀레산(linoleic acid)과 알파-리놀렌산(alpha-linolenic acid), 이 두 가지 불포화지방산은 필수영양소이다. 따라서 반드시 식사를 통해 공급되어야 한다. 이 두 가지 필수지방산은 세포막을 구성하고, 혈압과 신경신호전달을 조절하는 등 많은 역할을 담당한다. 매일 2~4큰술의 식물성 기름이나 일주일에 최소한 2번 정도 생선을 먹으면 충분히 공급될 수 있다.

트랜스지방산(trans fatty acid)이 함유된 식품도 있다. 트랜스지방산은 불포화지방산인데 일반적 형태인 시스(cis)가 아니고 트랜스(trans) 형태로 구조를 갖도록 가공된 것이다. 보통 도넛이나 감자튀김 등의 튀긴 음식이나 쿠키 같은 구운 과자류, 그리고 마가린, 쇼트닝과 같은 고체 지방류에 함유되어 있다. 식품으로 트랜스지방산을 많이 먹게 되면 건강에 위험이 생길 수 있으므로, 포화지방산과 마찬가지로 섭취량을 최소화해야 한다.

단백질

탄수화물이나 지방처럼 단백질(protein)도 탄소, 산소, 수소로 구성되어 있다(그림 1.4). 그러나 탄수화물이나 지방과 달리 단백질에는 질소도 함유되어 있다. 단백질은 신체를 구성하는 주요 구조물질이다. 단백질은 뼈와 근육을 구성하는 주요 성분이며, 혈액, 세포막, **효소**(enzyme) 및 면역 인자의 중요한 성분이기도 하다. 단백질도 평균 4 kcal/g 정도의 에너지를 제공하지만, 신체가 필요로 하는 에너지를 충족하기 위해 단백질을 사용하는 경우는 거의 없다.

단백질은 아미노산이 결합하여 만들어진다. 식품 단백질은 20가지의 아미노산으로 구성되어 있다. 이 중 성인이 반드시 식사를 통해 섭취해야 하는 필수아미노산은 9가지가 있으며, 영아의 경우에는 하나가 더 추가된다.

비타민

비타민(vitamin)은 화학적 구조가 다양하여 탄소, 수소, 질소, 산소, 인, 황 외에 여러 원소를 포함한다. 비타민은 신체에서 일어나는 여러가지 **화학반응**(chemical reaction)에 관여한다. 탄수화물, 지질 및 단백질로부터 에너지를 만들 때에도 필요하지만 그 자체가 에너지를 제공하지는 않는다.

비타민은 13종으로 크게 2가지로 구분된다. 지용성 비타민(fat soluble vitamin) A, D, E, K

원자(atom). 원소의 특징을 모두 가지고 있는 가장 작은 단위. 양자, 중성자, 전자로 구성된다.

분자(molecule). 두 개 이상의 비금속 원자가 화학 결합으로 연결되었으며, 물질의 고유한 성질을 가지는 가장 작은 단위의 입자이다.

화합물(compound). 두 종류 이상의 원소가 결합하여 만들어진 화학물질로 특별한 특성을 갖는다.

효소(enzyme). 화학반응의 속도를 가속화하지만 반응을 변화시키지는 못하는 화합물이다. 대부분의 효소는 단백질이고, 핵산 효소도 소수 있다.

화학반응(chemical reaction). 두 개 이상의 화학 물질이 반응하여 성질이 다른 물질로 변화는 반응.

단백질

헤모글로빈
(적혈구에서 발견되는 단백질)

단백질 구조물인 아미노산은 헤모글로빈과 같은 신체 단백질을 만들기 위해 사용된다.

그림 1.4 단백질 식품과 화학적 구조

Comstock Images/Getty Images

는 지방에 녹지만, 비타민 C와 B군(티아민, 리보플라빈, 니아신, 비타민 B_6, 판토텐산, 비오틴, 엽산, 비타민 B_{12})은 수용성이다. 두 그룹의 비타민은 상당히 다르게 작용한다. 예를 들어, 지용성 비타민에 비해 수용성 비타민은 조리 과정에서 쉽게 파괴된다. 또한 수용성 비타민은 지용성 비타민에 비해 신체에서 쉽게 배설된다. 따라서 지용성 비타민, 특히 비타민 A는 과잉 섭취하면 체내에 축적되어 독성을 나타내기 쉽다.

유기화합물(organic compound). 화학구조상 수소 원자와 결합된 탄소 원자를 갖는 물질.

무기물질(inorganic substance). 화학구조상 수소 원자와 결합된 탄소 원자가 없는 물질.

대사(metabolism). 체내에서 일어나는 화학반응으로 사용할 수 있는 형태의 에너지를 제공하고 활력을 제공한다.

피토케미컬(phytochemical). 식물에 함유된 화합물로 건강에 유익한 생리활성이 있다.

쥬케미컬(zoochemical). 동물성 식품에 함유된 화합물로 건강에 유익한 생리활성이 있다.

무기질

지금까지 논의된 영양소가 모두 **유기화합물**(organic compound)인데 비해 무기질(mineral)은 구조가 매우 단순한 **무기물질**(inorganic substance)이다. 유기화합물의 화학적 구조에는 탄소 원자가 수소 원자에 결합되어 있으나, 무기물질에는 이런 구조가 없다. 여기서 유기(organic)라는 용어는 유기식품을 생산하는 농업 방법과는 아무런 연관이 없다.

무기질은 같은 종류의 원소가 한 가지 이상 모여 그룹으로(예: 나트륨 또는 칼륨) 또는 뼈 무기질[$Ca_{10}(PO_4)6OH_2$]과 같은 무기질 복합체의 형태로 신체에서 존재한다. 무기질은 원소이므로 조리 중 파괴되지 않는다. 그러나 물에 녹아 나오므로 조리수를 전부 사용하지 않으면 손실될 수 있다. 무기질은 직접적인 에너지원은 아니지만, 신경계, 골격계, 수분 균형에 반드시 필요하다.

무기질은 다량 무기질과 미량 무기질의 2가지로 구분된다. 다량 무기질은 매일 그램(g) 단위 만큼 필요한 것으로 나트륨, 칼륨, 염소, 칼슘, 인 등이 이에 속한다. 미량 무기질은 하루 100 mg 이하의 수준으로 필요한 것으로 철, 구리, 아연, 셀레늄이 이에 속한다.

토마토는 피토케미컬인 "라이코펜"을 함유하고 있으므로 기능성 식품이 될 수 있다.

David R. Frazier Photolibrary, Inc./Alamy Stock Photo

수분

수분(water)은 제 6영양소이다. 무기질처럼 수분도 무기물질이다. 때에 따라 영양소로 간주되지 않는 경우도 있지만, 수분은 신체 필요량이 가장 많은 영양소이다. 수분(H_2O)은 신체에서 여러 가지 중요한 기능을 한다. 용매나 윤활유로, 세포에 영양소를 공급하는 매개체로 작용한다. 체온조절을 위해서도 필요하다. 주로 음료수의 형태로 공급되지만 일반 식품을 통해서도 공급된다. **신체 대사**(metabolism) 과정 중 부산물로 생성되기도 한다.

피토케미컬과 쥬케미컬

피토케미컬(phytochemical; 과일, 채소, 콩류, 전곡에 있는 식물 성분)과 **쥬케미컬**(zoochemical; 동물에 있는 성분)은 생리활성물질이다. 이들은 필수영양소는 아니지만, 건강에 상당히 유익함을 제공한다. 예를 들어, 과일과 채소를 꾸준히 섭취한 사람에서 암 발생 위험이 감소하는 것은 잘 알려져 있다. 심혈관계질환의 발생 위험을 감소시키는 피토케미컬과 쥬케미컬도 발굴되고 있다.

식품에 있는 피토케미컬과 쥬케미컬의 주요 기능을 밝히려면 수 년이 걸릴 것이다. 종합비타민과 무기질 보충제에는 피토케미컬이 조금만 들어 있거나 없는 경우가 많다. 따라서 영양학자와 건강 전문가들은 피토케미컬의 잠재적 혜택을 누릴 수 있는 가장 믿음직한 방법으로 과일, 채소, 콩, 전곡 등이 풍부한 식사를 제안하고 있다. 아울러 등푸른 생선과 같은 동물성 식품은 쥬케미컬인 오메가지방산의 혜택을 제공할 수 있으며, 발효 낙농제품은

표 1.3 연구되고 있는 피토케미컬과 쥬케미컬의 예시

피토케미컬	급원식품
황화알릴/유기설파이드	마늘, 양파, 부추
사포닌	마늘, 양파, 감초, 콩류
카로티노이드(예: 라이코펜)	주황색, 붉은색, 노란색 과일 및 채소, 달걀노른자
모노테르핀	오렌지, 레몬, 포도
캡사이신	고춧가루
리그난	아마씨, 베리류, 전곡류
인돌	십자화과 채소(브로콜리, 양배추, 케일)
이소티오시안산	십자화과 채소, 특히 브로콜리
피토스테롤	대두 및 기타 콩류, 오이, 다른 과일 및 채소
플라보노이드	감귤류, 양파, 사과, 포도, 적포도주, 차, 초콜릿, 토마토
이소플라본	대두, 파바 콩, 기타 두류
카테킨	차
엘라그산	딸기, 라즈베리, 포도, 사과, 바나나, 견과류
안토시아노사이드	붉은색, 푸른색, 자주색 식물(가지, 블루베리 등)
프락토올리고당	양파, 바나나, 오렌지
스틸베노이드(예: 레스베라트롤)	블루베리, 포도, 땅콩, 적포도주
쥬케미컬	
스핑고리피드	육류, 유가공품
공액리놀레산	육류, 치즈

프로바이오틱스를 제공할 수 있다. 표 1.3은 잘 알려진 피토케미컬과 쥬케미컬의 종류와 그 급원식품이다.

기능성식품

피토케미컬과 쥬케미컬이 풍부한 식품을 **기능성 식품**(functional foods)이라고 할 수 있다. 기능성 식품은 영양소 이외에 기타 생리활성 성분을 함유하고 있기 때문에 영양소의 기능을 넘어서 질병 발생 위험을 감소시키거나 건강을 증진시키는 유익함을 제공한다.

가공하지 않은 과일과 채소 등과 같은 원재료 식품에 자연적으로 존재하는 피토케니컬과 쥬케미컬은 여러 가지 건강상의 유익을 제공하는 것으로 알려져 있다(표 1-4). 영양소, 피토케미컬, 쥬케미컬, 또는 허브를 첨가하여 가공한 식품 또한 건강에 유익함을 제공할 수 있다. 예를 들어 칼슘을 강화한 오렌지 쥬스는 골다공증 발생 위험을 낮출 수 있다. 의료용도 식품(medical foods)은 건강상태를 증진하거나 관리하는데 도움을 주도록 디자인된 식품이다. 예를 들어 페닐케톤뇨증(phenylketonuria, PKU)이라 불리는 선천성대사이상질환이 있는 영아를 위해 페닐알라닌을 제한시킨 조제분유가 개발되어 정상적인 성장을 돕고 있다. 식품을 통한 건강증진을 위해 영양소, 피토케미컬 등의 성분을 첨가하는 것이 식품산업계의 중요한 트렌드이다.

표 1.4 기능성 식품의 분류

일반 식품(conventional foods): 가공하지 않은 원재료 식품
과일, 양념류, 유제품, 채소, 견과류, 생선, 허브류 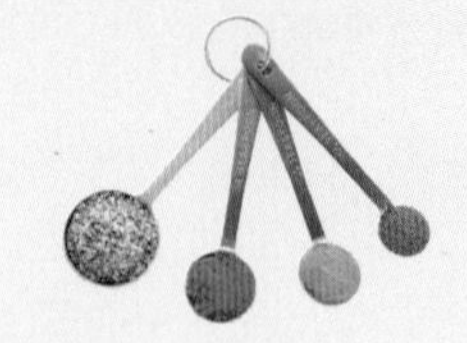
가공 식품: 강화(fortified), 보강(enriched), 증진(enhanced) 식품
칼슘강화 오렌지 쥬스 오메가-3 증진 빵 Ginkgo biloba를 첨가한 아침식사용 바 식물스테롤로 만든 치즈 
의료용도 식품(medical foods): 건강상태를 관리하기 위한 목적으로 의료진의 감독하에 사용토록 만든 조제식품 또는 보충식품
페닐케톤뇨증(PKU) 관리를 위해 페닐알라닌을 제거한 조제분유 골관절염(osteoarthritis)을 위한 Limbrel® 알츠하이머질환을 위한 Axona® 궤양성 대장염(ulcerative colitis)을 위한 VSL#3® 당뇨병 관리를 위한 GlycemX™ 
특수용도 식품(special dietary use foods): 특별한 식사가 필요한 사람들을 위한 식품
영유아를 위한 조제분유 유당불내증이 있는 사람들을 위한 무유당 식품 체중감량을 위한 무당 식품 셀리악병(Celiac disease) 환자를 위한 무글루텐(gluten-free) 식품 

Measuring Spoons: Stockbrokerxtra Images/Photolibrary; Orange Juice: ©Stockbyte/Getty Images; Baby Bottle: Photodisc; Lacctaid Carton: ©McGraw-Hill Education/Jill Braaten, photographer

확인합시다!

1. 6대 영양소는 무엇인가?
2. 다량영양소의 특징은 무엇인가?
3. 비타민은 어떻게 분류하는가?
4. 무기질은 탄수화물, 지질, 단백질, 그리고 비타민과 어떻게 다른가?
5. 피토케미컬과 쥬케미컬은 무엇인가?

Shutterstock/Ivonne Wierink

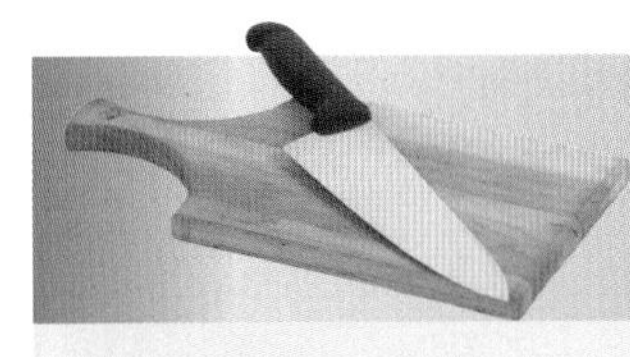

임상적 관점

발효식품

LapailrKrapai/Shutterstock

발효식품은 수 세기에 걸쳐 전 세계에서 사용되어 왔다. 처음에는 대두, 채소, 우유, 과일, 그리고 생선을 발효시켰다. 냉장 기술이나 통조림 기술이 없었을 때에는 발효가 특별히 중요했다. 박테리아, 이스트, 또는 곰팡이를 사용하여 자연당과 전분을 젖당과 기타 산으로 전환하면 식품의 저장성이 증가되기 때문이다. 예를 들어 빵 발효와 같이 식품을 가공하는 중에 발효를 사용하면 발효되기 쉬운 길이가 짧은 탄수화물이 줄어들어 소화기 장애가 있는 사람들에게 식품 선택의 폭을 넓힐 수 있을 것으로 보고되고 있다. 오늘날에는 발효식품의 풍미, 프로바이오틱, 영양소 함량에 관심이 집중되고 있다.

가장 흔한 발효식품으로는 독일의 사우어크라우트(sauerkraut)가 있다. 이것은 잘게 썬 양배추와 양념을 소금항아리에 넣어 발효시킨 것이다. 수 주일에 걸쳐 Lactobacillus 박테리아가 양배추에서 증식하여 발효가 시작되면 양배추는 맛있는 사우어크라우트가 된다. 또 다른 발효식품인 요구르트는 따뜻한 우유에 박테리아 배양물을 넣어서 만든다. 박테리아가 증식하면서 pH는 감소하고 부드럽고 몽글하게 굳어진 요구르트가 만들어진다. 피클 그리고 배추로 만든 한국의 전통음식 김치도 발효식품이다. 이외에도 대두를 약간 발효해서 만든 케이크와 같은 템페(tempeh), 대두, 양념, 그리고 쌀과 보리와 같은 곡류로 만든 진한 반죽인 미소(miso)가 있다. 템페와 미소는 모두 곰팡이로 만든다. (두부는 대두로 만들었지만 발효식품은 아니다.) 톡 쏘고 약간 흐릿한 음료 곰부차는 녹차나 블랙티로 만든다. 발효식품을 먹으면 장내미생물의 조성을 유익하게 변화시킬 수 있다. 어떤 발효식품을 먹어보았는가? 맛을 어떻게 표현하겠는가?

키르기스스탄 사람이 발효된 말젖 쿠미스(kumis)를 먹고 있다.

©Ronald Wixman

1.2 에너지의 급원과 사용

신체 기능을 유지하고 일을 하기 위해 필요한 에너지는 탄수화물, 지방, 단백질로부터 얻는다. 알코올도 에너지원으로 7 kcal/g을 생성한다. 그러나 알코올은 영양소와 같은 특별한 기능을 가지고 있지 않으므로 영양소로 간주하지 않는다. 탄수화물, 단백질, 지방, 알코올의 형태로 섭취된 에너지 영양소는 소화·흡수를 거쳐 다른 형태로 전환되면서 다음과 같은 일을 수행한다.

- 새로운 화합물을 생성하기 위해
- 근육운동을 위해
- 신경전달을 위해

이온(ion). 전자를 잃거나 얻어 전하를 띠는 원자 또는 분자. 양자(양전하) 또는 전자(음전하)

- 세포 내 **이온**(ion) 균형을 위해

식품의 에너지는 칼로리로 표현한다. 1**칼로리**(calorie)는 물 1 g의 온도를 1°C 올리는데 필요한 열에너지의 양이다. 1칼로리는 매우 작은 에너지 단위이므로, 식품의 에너지는 1,000칼로리에 상응하는 **킬로칼로리**(kilocalorie, kcal)로 표시한다(calorie에서 'c'가 대문자면 kcal를 의미한다). 1킬로칼로리는 물 1,000 g(1 L)의 온도를 1°C 올리는데 필요한 열에너지의 양이다. 일상적으로 칼로리라는 용어는(대문자로 표시하지 않더라도) 킬로칼로리를 의미하고 있다. 따라서 앞으로는 에너지를 지칭할 때 칼로리 그리고 kcal 용어를 사용하려 한다. 식품 표시에 사용되는 에너지 단위도 kcal이다(그림 1.5).

영양정보	총 내용량 100g(100gx1개) 1개(100g)당 240kcal
1개당	1일 영양성분 기준치에 대한 비율
나트륨 225mg	11%
탄수화물 43g	13%
당류 7g	7%
식이섬유 5g	20%
지방 6g	11%
트랜스지방 0g	
포화지방 1.2g	8%
콜레스테롤 10mg	3%
단백질 6g	11%

1일 영양성분 기준치에 대한 비율(%)은 2,000kcal 기준이므로 개인의 필요 열량에 따라 다를 수 있습니다.

그림 1.5 영양표시에 제공된 영양성분 함량을 사용하여 식품의 에너지를 계산할 수 있다. 탄수화물, 지방, 단백질 함량에 근거하여 이 식품의 1회 분량당 에너지는 240 kcal로 계산된다 ([(43−5) x 4] + [5 x 2] + [6 x 9] + [6 x 4] = 240 kcal). 탄수화물 중 식이섬유는 예외로 1 g당 2 kcal를 곱하여 에너지를 계산한다.

생물학적 에너지계수

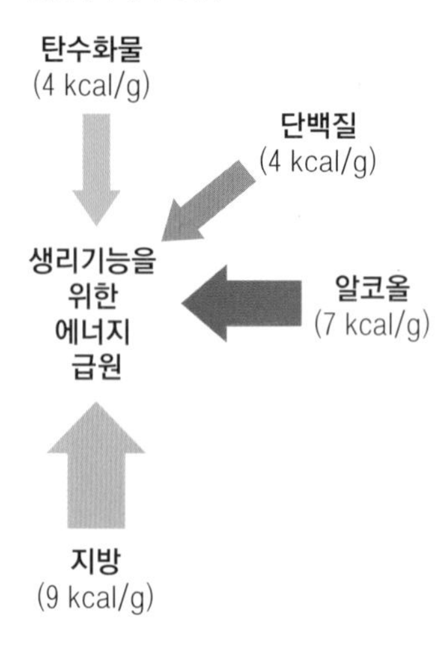

식품의 에너지는 폭발에너지계(bomb calorimeter)를 사용하여 측정하거나 또는 탄수화물, 단백질, 지방, 알코올의 생리학적 에너지계수인 4 kcal, 9 kcal, 4 kcal, 7 kcal를 각각 적용하여 계산할 수 있다. 그런 후 왁스나 식이섬유 같이 소화가 어려운 성분의 양을 보정하여 최종적으로 추정치를 산출한다.

▶ 에너지란 킬로칼로리(kilocalorie)를 의미한다. 따라서 이 책에서는 칼로리와 이것의 약자인 kcal를 사용한다.

▶ 식품의 에너지 함량을 킬로칼로리 대신 킬로줄(kJ)로 표시하기도 한다. 1 g의 물질을 1 m/s의 속도로 움직일 때 내는 에너지를 1줄(J)이라 한다. 1,000 J = 1 kJ. 에너지는 '열'과 '일'로 표시한다. 그러므로 킬로칼로리(열을 측정하는 단위)는 킬로줄(일을 측정하는 단위)과 상호교환적으로 사용될 수 있다.
1 kcal = 4.18 kJ

다음은 생물학적 에너지계수를 사용해서 식품의 에너지를 추정하는 예시이다.

햄버거의 에너지 함량:

탄수화물	39g × 4 =	156kcal
지방	32g × 9 =	288 kcal
단백질	30g × 4 =	120 kcal
알코올	0g × 7 =	0 kcal
합계		564 kcal

8온스 피나콜라다 칵테일의 에너지 함량:

탄수화물	57g × 4 =	228 kcal
지방	5g × 9 =	45 kcal
단백질	1g × 4 =	4 kcal
알코올	23g × 7 =	161 kcal
합계		438 kcal

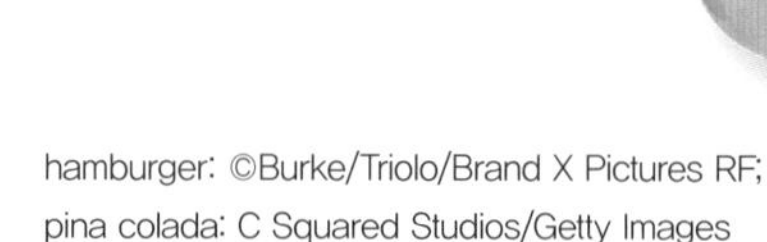
hamburger: ©Burke/Triolo/Brand X Pictures RF; pina colada: C Squared Studios/Getty Images

이 수치는 에너지의 몇 퍼센트가 탄수화물, 지방, 단백질 및 알코올에서 유래되었는지를 계산할 때에도 사용된다. 예를 들어, 하루에 탄수화물 283 g, 지방 60 g, 단백질 75 g, 알코올 9 g을 섭취한다고 가정하면, 총에너지 섭취량은 2,035 kcal이고([283 × 4] + [60 × 9] +

킬로칼로리(kilocalorie, kcal) 물 1,000 g(1 L)의 온도를 1°C 올리는 데 필요한 열에너지, 칼로리(Calorie)로 표시하기도 함.

[75 × 4] + [9 × 7] = 2,035), 각 영양소에서 나오는 비율은 다음과 같이 계산한다.

탄수화물에서 유래된 에너지의 비율(%) =(283 × 4)/2,035 = 0.56 × 100 = 56%
지방에서 유래된 에너지의 비율(%) = (60 × 9)/2,035 = 0.27 × 100 = 27%
단백질에서 유래된 에너지의 비율(%) = (75 × 4)/2,035 = 0.15 × 100 = 15%
알코올에서 유래된 에너지의 비율(%) = (9 × 7)/2,035 = 0.03 × 100 = 3%

확인합시다!

1. 칼로리라는 용어는 무엇을 의미하는가?
2. 칼로리와 킬로칼로리는 어떻게 다른가?
3. 8 g 탄수화물, 2 g 알코올, 4 g 지방, 2 g 단백질이 함유된 식품의 에너지는 얼마인가?

1.3 한국인의 식사 현황

「국민건강증진법」에 따라 질병관리청은 1998년부터 매년 국민건강영양조사를 실시하여 국민의 건강상태, 영양, 만성질환의 3개 부분에서 250여 개의 보건지표를 산출하고 있다.

2020년 국민건강통계에 따르면 한국인은 1인 1일 평균 1,427.7 g의 식품을 섭취하였다. 만 6세 이상의 인구 중 과일과 채소를 하루 500 g 이상 섭취하는 분율은 26.2%에 불과하였으나 음료류 섭취량은 지속적으로 증가하여 229.5 g에 달하였다. 주류 섭취량은 남자 138.5 g으로 감소추세에 있으며 여자는 47.4 g이었다.

2019년 기준 6세 이상 하루 평균 에너지 섭취량은 1,940 kcal로 에너지 필요추정량의 92.8%를 섭취하고 있었다. 에너지 필요추정량에 대한 섭취 비율은 남자 98.1%, 여자 87.2%이었다. 에너지를 적정으로 섭취하는 분율은 48% 수준으로 부족과 과잉이 공존하고 있었다. 부족 섭취 분율(35.4%)이 과잉 섭취 분율(16.7%)보다 높았다. 생애주기별로 보면, 여자의 경우 19-29세는 다른 연령에 비해 저체중 유병률이 상대적으로 높음에도 불구하고 약 45% 이상이 에너지를 부족하게 섭취하고 있었다. 아울러 30세 이상 연령 모두에서도 부족 섭취 분율이 높았다. 남자의 경우 30-64세는 다른 연령에 비해 비만 유병률이 상대적으로 높음에도 불구하고 에너지 과잉 섭취 분율이 높고, 에너지 밀도가 높은 주류 섭취량도 높았다. 한편, 12-18세와 65세 이상은 부족 섭취 분율이 높고, 19-29세는 부족과 과잉 섭취 분율이 동시에 높은 경향이었다.

영양소별 에너지 섭취 분율은 탄수화물 62.1%, 지방 22.4%, 단백질 15.5%이었다. 연령이 많을수록 탄수화물로 섭취되는 에너지가 많아 65세 이상의 경우 총 에너지 섭취량의 약 70%를 탄수화물로 섭취하고 있었다. 반면 지방으로 섭취하는 에너지 섭취 분율은 12-18세(25.7%)와 19-29세(26.7%)에서 높았다.

식품군별 섭취 현황을 살펴보면, 에너지 섭취의 주요 급원식품군은 곡류(47.5%), 육류(11.3%)이었다. 6-18세의 경우에는 곡류, 육류 외에 우유

샐러드를 매일 섭취하는 등의 방법으로 채소 섭취를 늘리는 것은 주요 영양소 섭취를 늘리는 전략 중 하나가 된다.

D. Hurst/Alamy Stock Photo

류(6-11세 11.2%, 12-18세 6.5%)로 섭취되는 에너지 분율이 높았고, 12-18세는 음료류(4.5%)로 섭취되는 에너지 분율도 높았다. 남자 19세 이상의 경우에는 곡류, 육류 다음으로 주류로 섭취되는 에너지 섭취 분율이 높아서 30-64세의 경우 에너지 섭취량의 7% 이상을 주류로 섭취하고 있었다. 여자 19-49세는 아동청소년과 동일하게 우유류로 섭취되는 에너지 분율이 높았고, 50세 이상은 과일류와 채소류로 섭취하는 에너지 분율이 높았다.

권장섭취량 대비 현저히 부족한 영양소는 남자의 경우 칼슘, 비타민 A, 엽산, 비타민 C, 칼륨이며, 여자의 경우 칼슘, 철, 비타민 A, 나이아신, 엽산, 비타민 C, 칼륨이었다. 특별히 칼슘과 비타민 A는 영양섭취기준 대비 비율이 70% 미만임에도 불구하고 감소추세를 보이고 있으므로 개선이 필요하다.

식품 선택에 영향을 미치는 인자

배고픔(hunger). 식품에 대한 일차적이고 생리적(내적)인 욕구

식욕(appetite). 배고픔이 없을 때에도 식품을 찾고 먹도록 영향력을 미치는 일차적이고 심리적(외적)인 욕구

생명유지에 필요한 영양소를 얻기 위해 식품을 섭취하고 있지만, 건강과 영양 외에도 식품 선택에 영향을 미치는 요소가 많이 있다. 따라서 우리가 매일 섭취하는 식사는 **배고픔**(hunger)을 만족시키는 신체적 요구와 사회적, 심리적 요구가 복합적으로 작용한 결과라 할

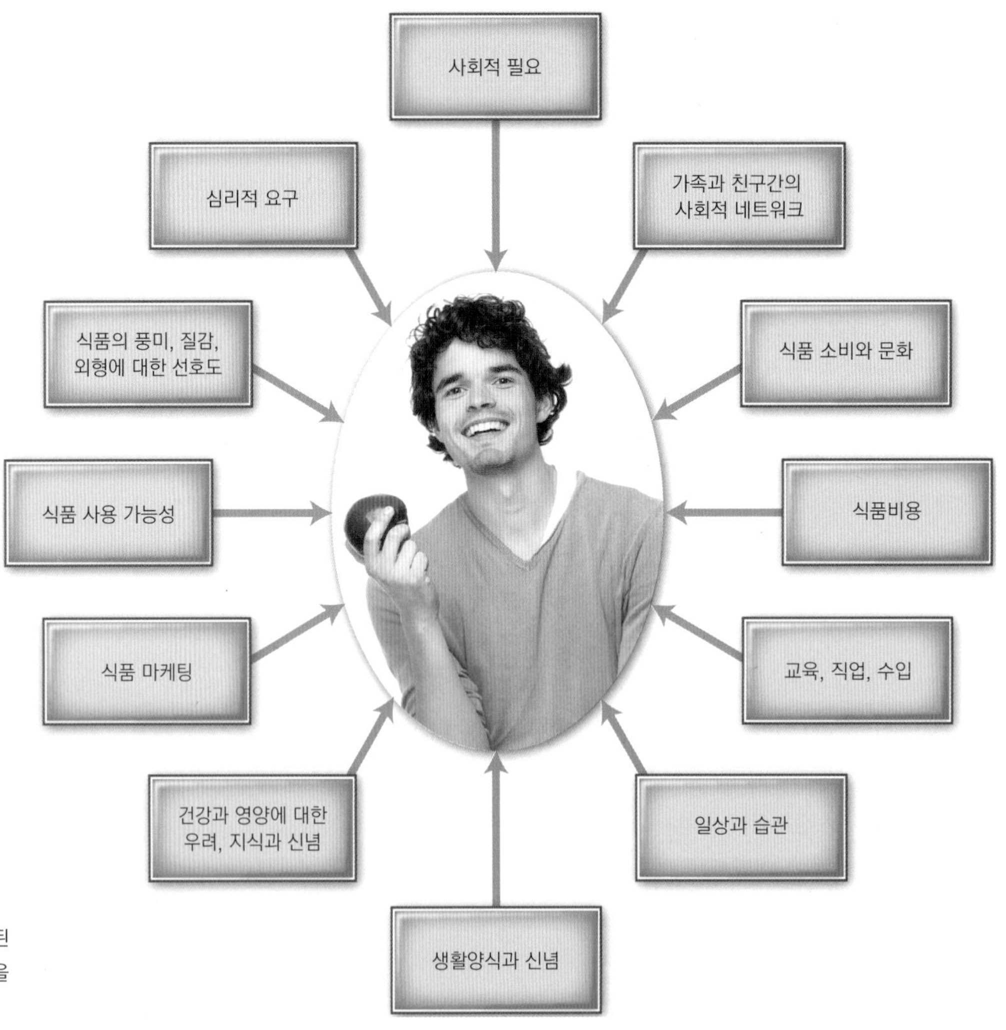

그림 1.6 식품선택은 여러 가지 요인에 따라 결정된다. 어떤 것이 당신의 식품 선택에 가장 큰 영향력을 미치는가?

실천해봅시다!

왜 우리는 우리가 한 것을 먹는가

일상처럼 먹는 하루를 생각해보자. 24시간 동안 먹고 마신 식품을 적어보라. 그리고 앞서 설명된 식품의 선택에 미치는 요소들을 고려해서 각 식품을 선택할 때 영향을 미쳤던 요소를 표시해보라. 어떤 식품이나 음료는 선택하게 된 이유가 2개 이상이 될 수도 있다.

이제 자신에게 물어보라. 먹거나 마시는 가장 주된 이유가 무엇이었는가? 어느 정도까지는 건강이나 영양에 대한 염려가 식품을 선택하는 이유가 되었을 것이다. 당신이라면 이런 이유를 높은 순위에 두었을까?

Eric Audras/Photoalto/PictureQuest RF

수 있다(그림 1.6). 식량이 풍족하여 쉽게 접근할 수 있는 국가에서는 주로 **식욕**(appetite)이라는 심리적 요구에 따라 식품이 선택된다. 식욕에 따라 식품 선택을 결정할 때 영향을 미치는 요인은 다음과 같이 다양하다.

- 풍미, 질감, 외형에 대한 선호도: 식품을 선택할 때 가장 중요한 인자이다. 건강에 유익하고 이윤을 추구하면서도 맛있는 식품을 개발하는 것은 식품산업계가 추구하는 바이다.
- 문화(집단이나 사회적 네트워크에 의해 공유되는 지식, 신념, 종교와 전통): 어떤 음식을 먹는 것은 적절하고 어떤 음식은 그렇지 아니한지를 가르친다. 예를 들어, 소고기는 적절한 식품으로 간주하는 것이 보통이지만, 특정 문화에서는 절대 소고기를 먹지 않는다. 또한 어떤 문화에서는 피, 쥐, 곤충 등을 맛있는 음식으로 여기지만, 아무리 영양적으로 풍부하고 안전할지라도 이런 음식은 적절치 않다고 생각하는 것이 보통이다. 유년시절의 경험, 지역, 그리고 상황에 대한 경험 등이 식품 선택에 오랫동안 영향을 미칠 수 있다. 이민자들은 완전히 새로운 문화에 동화되기 전까지 고향의 식습관을 유지한다.
- 생활양식: 자원을 이용하고 우선순위를 두는 방식을 말한다. 일상생활이 매우 바쁘면 식품을 구매하거나 조리할 시간이 없으므로 편의식품이나 패스트푸드를 이용하게 된다. 운동이나 건강한 음식을 먹는 것보다 일을 더 하는 것이 중요한 사람들도 있기 때문이다.
- 일상의 습관과 규칙: 무엇을 먹을지 그리고 언제 먹을지에 영향을 미친다. 사람들은 대체로 몇 가지 주요 식품만 섭취한다. 그래서 100가지 식품이 우리가 소비하고 있는 총 식품의 75%를 구성한다.
- 식품비용과 사용 가능성(availability): 식품 가격이 높지 않고 구매가 쉬운 지역에서는 비용과 사용 가능성이 식품선택을 결정하는 중요한 요소가 되지 않는다. 실제로 선진국에서는 수입의 10% 이하를 식품비용으로 사용하고, 이 중 절반은 집에서 나머지 절반은 외식에 사용한다. 그러나 세계적으로 보면 그렇지 않은 나라들이 더 많다.
- 환경: 주변 환경이나 경험을 말한다. 자동판매기, 제과 할인행사, 쇼핑몰의 푸드코트, 그리고 서점에 있는 사탕매대 등에서 저렴한 가격으로 맛있고 에너지가 높은 식품을 구입

현대인의 주요 건강 문제는 불량한 식사, 에너지의 과잉 섭취, 그리고 줄어든 활동량에 기인한다.

LiliGraphie/Shutterstock

romastudio © 123RF.com

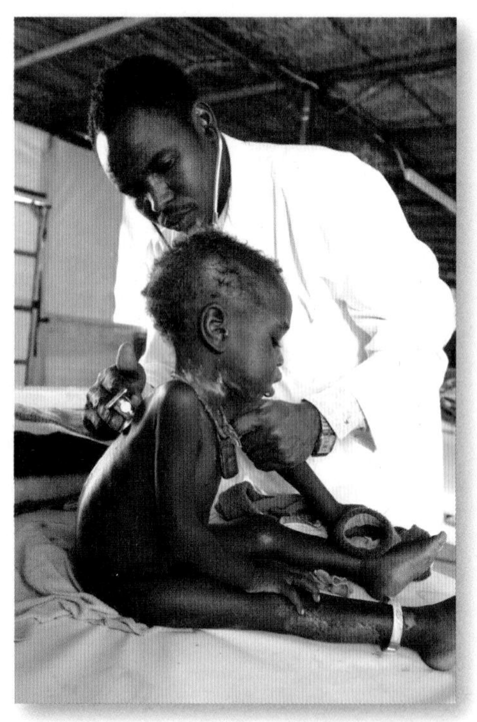

이 어린이의 영양상태를 평가하니 성장부진(stunted growth)과 부종(edema)으로 판단되었다. 이유는 단백질이 풍부한 식품을 구하기 어려워서 단백질 섭취가 제한되었기 때문이다.

Jean-Marc Giboux/Getty Images

할 수 있다. 또한 마케팅은 이런 식품들을 구입토록 부추긴다. 주변 환경이나 심리적 요구와 마찬가지로 친구, 가족, 그리고 주변 사람들과 함께 하는 경험도 또한 식품 선택에 영향을 준다.

- 식품 마케팅: 식품을 소비자가 구매에 대한 욕구를 일으키도록 회사측에서 행하는 일체의 활동을 말한다. 식품회사는 마케팅을 위해 많은 비용을 사용하고 있다. 칼슘과 식이섬유 섭취 등 건강에 도움을 주는 광고가 있기도 하지만 매출 이윤을 위해 매우 단 과자나 케이크를 광고하기도 한다.
- 건강과 영양에 대한 관심, 지식, 신념: 교육 수준이 높고 전문직에 종사하는 사람들은 건강 지향적인 성향이 있다. 이들은 건강을 중요하게 생각하고, 활동적인 생활양식을 지니며, 체중조절에 관심을 갖는다.

확인합시다!

1. 우리나라 식사에서 단백질의 주요 급원식품은 무엇인가?
2. 우리나라 사람들의 식사에서 섭취를 증가시켜야 하는 탄수화물은 어떤 것인가?
3. 우리나라 사람들의 식사에서 증가시켜야 하는 비타민과 무기질은 어떤 것인가?
4. 식품 선택에 영향을 미치는 요인에는 무엇이 있는가?

1.4 영양과 건강 상태

영양상태가 좋은 사람이 하루에 섭취하는 단백질, 지방, 탄수화물의 총 섭취량은 약 450 g이다. 반면 무기질은 약 20 g(4작은술)이며, 비타민은 300 mg(1/15작은술) 이하를 섭취한다. 이러한 영양소들은 과일, 채소, 고기, 유제품 등 다양한 급원을 통해 섭취할 수 있다. 각 영양소가 어떤 식품을 통해 공급되는지는 큰 문제가 되지 않으며 중요한 것은 신체의 정상적인 기능을 위해 필요한 양만큼 영양소를 섭취하는 것이다.

각 영양소의 섭취 상태를 반영하여 신체의 영양상태가 결정된다. 영양상태는 일반적으로 바람직한 영양, 영양부족, 영양과잉의 세 가지 범주로 나눈다. 영양불량(malnutrition)이라는 용어는 영양부족과 영양과잉을 모두 포함한다.

적절한 또는 **바람직한 영양상태**(desirable nutritional status)에 있다는 것은 체내 세포가 영양소를 충분히 공급받아 정상적으로 구성되고 기능을 담당할 수 있을 뿐 아니라, 필요한 때를 대비하여 여분이 저장되어있는 상태를 말한다. 다양한 식품으로부터 필수영양소를 모두 얻었을 때 바람직한 영양상태를 유지할 수 있다.

영양소 섭취가 영양소 필요량을 만족시키지 못할 때 **영양부족**(undernutrition)이 나타나며, 저장된 여분의 영양소가 사용된다. 그러나 저장된 영양소까지 고갈되면, 조직을 구성하는 필수영양소가 감소되어 신체 대사 과정이 점차 느려지고 결국 멈추게 된다. 영양결핍의 초기 단계를 **준임상**(subclinical) 단계라고 한다. 왜냐하면 진단이 가능할 만큼 뚜렷한 징후 또는 증상을 보이지 않기 때문이다. 결핍이 심각하게 진행된 후에야 임상적 징후 및 증상들이 나타난다. **징후**(sign)란 벗겨지기 쉬운 피부 등과 같이 관찰될 수 있는 특징을 말한다. 반면

세계적 관점 

식품 비용

소득의 백분율로 표시되는 식품 물가는 세계적으로 차이가 크다. 예를 들어, 미국에서는 평균 소득의 가정의 경우 식품 구매를 위해 지출되는 비용이 총 소득의 6%를 넘지 않는다. 그러나 나이지리아에서는 총 소득의 절반 이상을 식품 구매에 사용하고 있다. 이 수치의 차이로 볼 때, 미국에서는 식품 비용의 상당량을 외식비용으로 사용되고 있음을 알 수 있다. 다음 선그래프에서 보여 지는 바와 같이, 지난 100년에 걸쳐 볼 때, 가정식의 비용은 점차 감소되어 이제는 외식 비용과 가정식 비용이 거의 같아졌다.

나라마다 식품 비용이 이렇게 다른 또 다른 이유는 식품의 생산, 포장, 그리고 분배 효율에 있다. 효율이 높을수록 싼 값에 더 많은 식품을 살 수 있다. 예를 들어, 2011년도에 미국인들은 1984년도에 160파운드의 사과를 살 때 보다 더 싼 가격으로 200파운드의 사과를 살 수 있다. 선진국에서는 거의 모든 가정에 냉장고가 있어서 식품 부패를 방지할 수 있고 따라서 식품 비용이 감소되었다. 식품 포장기술은 신선도를 오랫동안 유지할 수 있도록 하였으며, 해충관리, 식품 가공, 새로운 농법으로 식품 손실은 최소화되고 있다. 아울러 정부의 정책과 입법으로 식품 생산과 가격이 안정화되었다.

다음의 막대그래프는 '평균' 수준의 가정에서 지출되는 총수입 대비 식품 지출 비율을 나타낸 것이다. 수입이 낮으면 식품 지출 비율이 높아지는 경향이 있다. 각 나라별로 이 비율이 왜 다른지 그 이유와 상관없이, 식품에 사용되는 지출 비용이 높은 가정일수록 대체로 건강관리, 집, 의류, 교육과 같이 건강과 삶의 질에 기여하는 다른 요소에는 신경을 쓰지 못하고 있다. 아울러, 이런 가정에서는 영양가 있는 식품을 충분히 구입하지도 못하고 있다. 집이나 다른 필수 경비에 비용을 많이 지출하기 때문이다. 식품 비용은 식품 선택과 건강에 모두 영향을 미칠 수 있다.

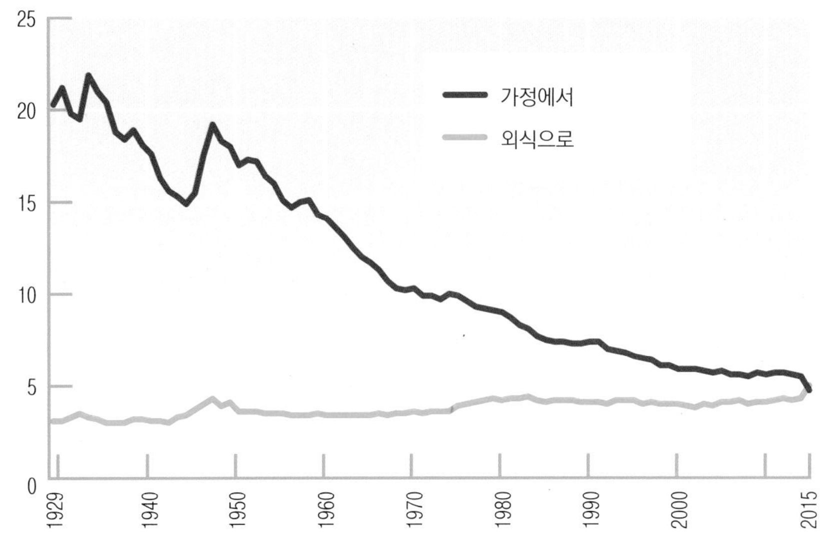

출처: US Census Bureau, Bureau of Labor Statistics에서 제공한 데이터 세트로부터 계산한 결과, Economics Research Service, USDA 제공.

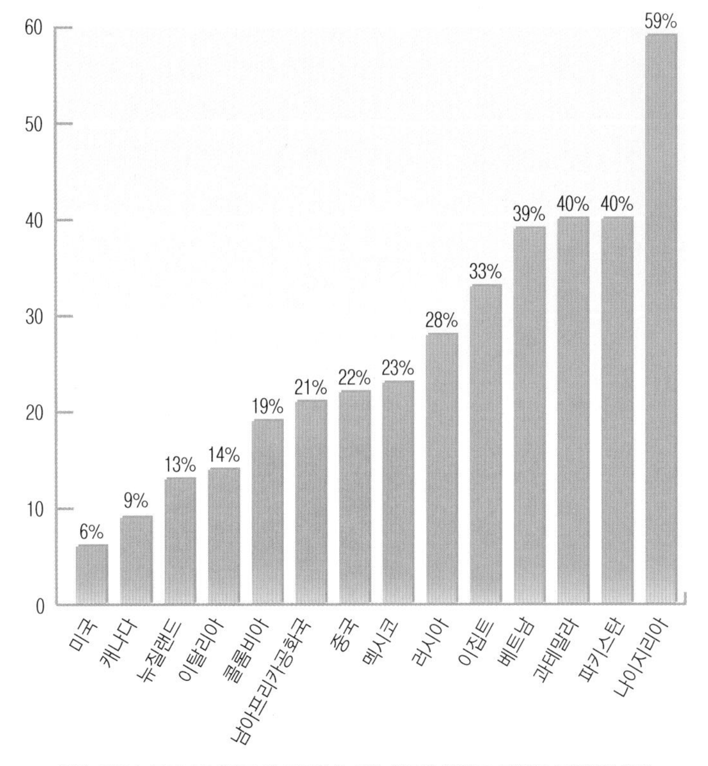

출처: USDA, ERS, 국가별로 각 가정에서 식품, 알코올성 음료, 담배를 구입하기 위해 지출되는 소득 비율, 2016. www.ers.usda.gov/data-products/food-expenditures.aspx.

표 1.5 철의 영양평가

상태	철과 관련된 징후 및 증상
영양부족: 영양소 섭취량이 필요량을 충족시키지 못함	혈액 중 철의 화합물(예: 헤모글로빈) 수준이 저하되어 각 조직으로 산소를 운반하는 적혈구 기능이 감소됨. 이로 인해 피로, 체온조절 능력 감소, 창백한 안색이 나타남.
바람직한 영양: 영양소 섭취량이 신체기능 유지 및 여분의 저장을 위한 필요량을 충족함	간에 철이 충분히 저장되며, 혈액 중 철 결합 화합물의 수준과 적혈구 기능이 정상임
영양과잉: 영양소 섭취량이 필요량을 초과함	간세포에 손상을 입힐 만큼 과도하게 철이 저장됨

징후(sign) 겉으로 나타나는 낌새. 즉 다른 사람이 관찰할 수 있는 육체적 특징.

증상(symptom) 문제를 가진 사람에게 느껴지는 건강 상태의 변화. 예) 위통.

증상(symptom)이란 피곤함 또는 통증을 느끼는 것과 같이 건강관리자들이 뚜렷하게 관찰하기 어려운 신체기능의 변화를 말한다. 표 1.5는 철 영양상태와 연관된 징후 및 증상이다.

신체가 필요한 양보다 더 많은 영양소를 섭취하면 **영양과잉**(overnutrition)에 이를 수 있다. 식이섬유는 일주일가량 과도하게 섭취하여도 장의 통증 등 몇 가지의 증상만 나타난다. 그러나 어떤 영양소는 장기간 과다하게 섭취하였을 때 독성을 일으킬 수 있다. 예를 들어, 비타민 A를 과다하게 섭취하면 특히 어린이와 임신부, 노인에게 심각한 위해를 끼칠 수 있다. 에너지를 생성하는 영양소를 과다하게 섭취하면 비만이 유발되며, 비만은 결국에는 2형당뇨병과 암 등 심각한 만성질환으로 이어지게 된다.

국민건강증진종합계획과 영양 목표

만성질환, 흡연, 폭음, 운동 부족, 영양 불균형, 스트레스 등 불건전한 생활습관과 정신질환 등이 사망과 질병의 주요 원인이 되고 있다. 아울러 노인의 인구 비율이 급격히 증가하는 등 사회 환경이 변화하면서 국가의 건강관리도 치료보다는 질병의 원인을 제거하고 예방하는 적극적 정책이 필요하게 되었다. 즉, 건강생활 실천(1차 예방) – 질병 예방(2차 예방) – 질병관리(3차 예방)의 단계적 전략이 수립되었다. 우리나라는 「국민건강증진법」 제4조에 따라 국민의 건강증진 및 질병예방을 위한 중장기 정책방향을 제시하는 범정부 계획으로, 10년 단위 수립하고 5년 단위 보완하는 "국민건강증진종합계획"을 수립하고 있다. 이는 각 부처와 지방자치단체에서 실시하는 건강증진사업의 목표와 사업의 성과를 측정할 수 있는 지표를 제시한다는 점에서 매우 중요하다. 제1차 종합계획은 2002년 수립되었으며, 가장 최근에 수립된 것은 2021년 제5차 종합계획이다.

각 종합계획은 시대별 사회 환경 및 보건의료 환경의 변화, 그리고 이전 종합계획의 평가 결과를 바탕으로 지속적으로 개선하여 왔다. 제1차 종합계획이 수립된 2002년은 경제위기 시대를 벗어나면서 선진국 진입에 대한 기대와 건강한 삶에 대한 욕구가 증대하던 시기였다. 따라서 '75세 건강장수 실현'을 비전으로 하고, (1) 건강실천 생활화를 통한 건강잠재력 제고, (2) 효율적인 질병의 예방 및 관리체계 구축, (3) 생애주기별 효과적인 건강증진서비스 제공을 목표로 하였다. 제2차 종합계획이 수립된 2006년은 인구의 고령화와 질병 구조의 만성화가 빠르게 진전되던 시기였다. 따라서 '온 국민이 함께하는 건강세상'을 비전으로 하고, 국민 건강수명 연장과 건강형평성 제고를 목표로 하였다. 제3차 종합계획은 2011년 수립되었다. WHO에서 제시한 포괄적 건강(신체적, 정신적, 사회적 안녕 상태), 건강 형평성을 중요시하게 된 시기로, 비전과 목표는 제2차 종합계획과 같이하였다. 제4차 종합계획은 2016년 수립되었으며, 비전과 목표는 제2차 종합계획과 같았다. 제5차 종합계획은 2021년 수립되었다. 제5차 국민건강증진종합계획은 6개 영역(건강생활실천, 정신건강관리, 비감염성 질환 예방 관리, 감염 및 기후 변화성 질환 예방 관리, 인구 집단별 건강 관리, 건강친화적 환경 구축)에 걸친 28개 중점과제로 구성되어 있다(그림 1.7).

영양은 건강생활 실천영역에 속한다. 2030년까지의 중점과제로 인구집단별 만성질환 예방 측면의 영양 정책을 추진하고, 올바른 식생활에 대한 효율적인 정보 제공 체계 구축을 채택하였다. 세부사항으로는 선정기준을 완화하여 영양플러스 사업을 확대하고, 결식 예방, 채소 섭취 권장 캠페인 실시, 만성질환별로 세분화한 한국인 영양소 섭취기준 및 식생활 지침 마련, 국가공인 영양성분 데이터베이스 확대, 영양표시 의무화 확대로 건강한 식품 선택권 보장을 위한 환경 조성이 있다.

그림 1.7 제5차 국민건강증진종합계획의 6개 영역과 28개 중점과제

영양상태의 평가

영양평가는 우리가 영양학적으로 얼마나 적합한지를 결정하는 데 도움이 된다(표 1.6). 일반적으로 영양사의 도움을 받아 의사가 수행한다.

영양평가(nutritional assesment)를 위해 건강에 영향을 주는 여러 가지 배경 요인을 분석한다. 예를 들어, 유전적 요소를 가지는 질환이라면 영양과 건강 상태를 결정할 때 가족병력을 분석하는 것이 중요하다. 또 다른 배경 요인으로는 영양소의 흡수, 대사, 또는 이용을 방해할 수 있는 건강상태, 질병, 치료 등과 같은 개인의 고유 병력을 들 수 있다.

배경 요인 외에 신체계측, 생화학, 임상지표, 식사, 그리고 환경 평가도 필요하다. 신체계측 평가(anthropometric assessment)란 키, 체중(체중 변화), 신체 둘레(허리, 엉덩이, 팔 등), 피부두께(체지방과 신체조성 지표) 등 신체의 다양한 면을 측정한다. 신체계측은 결과를 얻기 쉽고 일반적으로 신뢰성도 높다.

표1.6 영양평가의 수행

인자	예시
배경	병력(예: 현재 또는 과거의 질병 및 수술경험, 체중 변화, 현재 약물복용) 가족병력
영양상태	신체계측 평가(예: 키, 몸무게, 피부두께 측정, 팔 근육 둘레) 생화학적(실험적) 평가(예: 혈액 및 요중 화합물) 임상적 평가(예: 피부, 눈, 혀 등의 이학적 검사; 보행 능력) 식사 평가(예: 일상 식품 섭취, 식품 알레르기, 보충제 사용) 환경적 평가(예: 교육 및 경제적 배경, 결혼 상황, 주거 환경)

생각해 봅시다

Ying은 햄버거, 감자튀김, 치즈를 듬뿍 넣은 피자를 좋아한다. 채소와 과일은 거의 먹지 않고, 그 대신 간식으로 과자와 아이스크림을 먹는다. 그러나 건강에 아무런 문제가 없으며 아프지도 않으므로 본인의 식습관이 건강에 위해가 되지 않을 것으로 주장하고 있다. 아직은 건강한 것처럼 보이지만, 좋지 않은 식습관을 계속하면 앞으로는 건강 문제를 야기할 수 있음을 Ying에게 어떻게 설명할 수 있을까?

생화학적 평가(biochemical assessment)란 혈액, 뇨, 변에서 영양소 및 대사물의 함량을 측정하거나 특정 혈중 효소의 활성을 측정하는 것을 말한다. 예를 들어, 티아민의 영양상태를 평가하기 위해서는 적혈구 내 당대사에 필요한 트랜스케톨레이즈(transketolase) 효소의 활성을 측정한다. 이를 위해 세포(예: 적혈구)를 용해시킨 후 티아민을 넣고 트랜스케톨레이즈 효소 활성의 변화를 측정한다.

임상적 평가(clinical assessment)란 고혈압, 피부상태와 같이 식사와 관련한 질병의 신체적 변화를 찾는 것이다. 식사 평가에서 확인된 잠재적 문제 영역을 집중적으로 다루게 된다. **식사 평가**(dietary assessment)는 개인이 특정한 유형의 식품을 얼마나 자주 먹는지(식품 섭취 빈도), 어린 시절부터 오랫동안 섭취해온 식품의 유형(식사력), 그리고 지난 24시간 또는 며칠 동안 섭취한 식품들처럼 일상적인 식품 섭취를 조사한다(24시간 회상 또는 3일 회상). 마지막으로 **환경 평가**(environmental assessment)란 개인의 교육 및 경제적 배경 등을 분석하는 것이다. 교육 수준이 낮거나, 수입이 낮거나, 주거불량 또는 혼자 사는 사람들은 건강상태가 불량한 고위험 군에 속하기 때문에 이런 정보들이 특히 중요하다. 교육수준이 낮으면 건강관리자의 지침을 따를 수 있는 능력이 낮다. 수입이 낮은 경우에는 영양가가 높은 식품의 구매, 저장, 또는 조리 능력이 낮은 경향을 보인다. 종합해보면, 이러한 5가지 측정지표를 영양평가의 ABCDE라고 한다. 즉, 신체계측(anthropometiric), 생화학적(biochemical), 임상적(clinical), 식사(dietary), 환경(environmental) 평가를 말한다(그림 1.8).

▶ ABCDE를 사용해서 만성적으로 알코올 을 남용하는 사람의 영양상태를 평가하는 실례를 제시하였다. 의사가 평가지에 작성한 노트는 다음과 같다.

신체계측(Anthropometric): 키에 비해 체중이 낮음. 최근 10파운드 체중 감소. 상반신 근육손실.
생화학(Biochemical): 혈중 티아민과 엽산 수준 낮음.
임상(Clinical): 심리적 혼돈, 피부 통증, 불안한 움직임.
식사(Dietary): 지난 주에는 알코올과 햄버거만 주로 섭취.
환경(Environmental): 무주택자 보호소에 거주, 35달러 보유, 미취업 상태.
평가(assessment): 영양결핍 등으로 전문적 의료진의 보호가 필요함.

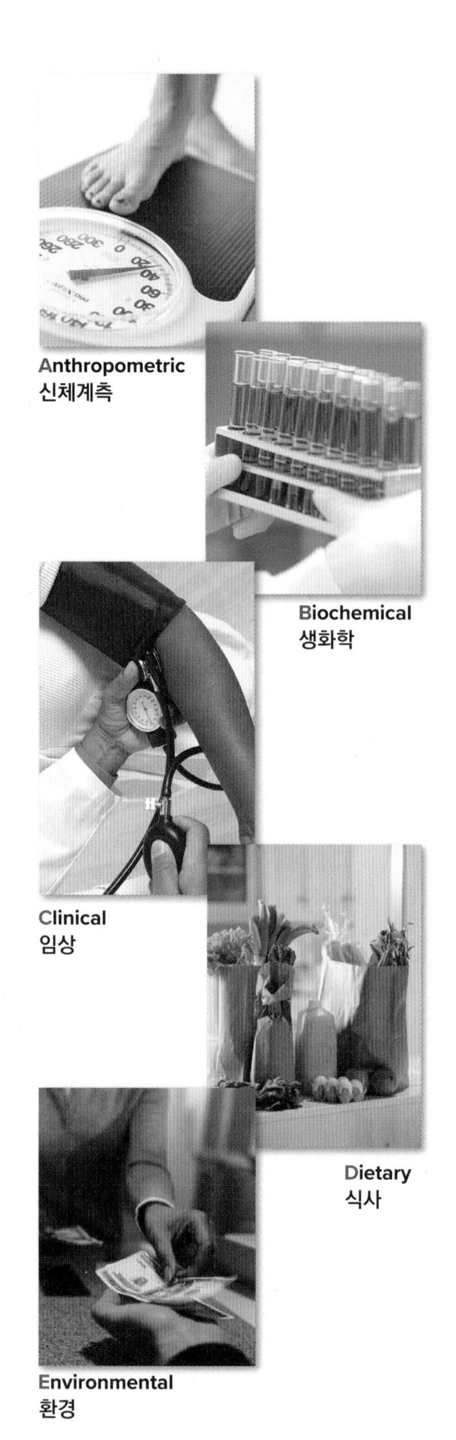

그림 1.8 영양평가의 ABCDE: 신체계측(Anthropometiric), 생화학적(Biochemical), 임상적(Clinical), 식사(Dietary), 환경 (Environmental) 평가.

Photodisc/Getty Images; © Adam Gault/age fotostock; Comstock Images/Jupiterimages; Janis Christie/Getty Images; Ryan McVay/Getty Images RF

영양평가의 제한점

영양평가는 개인건강 증진에 도움이 될 수 있으나 제한점이 있다. 첫째, 영양결핍으로 나타나는 설사, 피부상태, 피로 등의 징후와 증상은 특이적이지 않다. 이들 징후와 증상들은 부족한 영양으로 인해 나타나는 것이거나 영양과는 관계없는 다른 요인으로 인한 것이다. 두 번째로 영양결핍으로 나타난 징후 및 증상은 오랜 시간이 걸려야 나타나고 최근 식사섭취와 영양상태의 상호 연관성을 확립하기 어렵다.

세 번째로 영양불량이 발생한 후 오랜 시간이 지나야 임상 증상이 나타난다. 예를 들어, 포화지방이 높은 식사로 인해 혈중 콜레스테롤이 증가하지만, 수년간 아무런 임상 증상이 나타나지 않는다. 그러나 콜레스테롤이 혈관벽에 쌓이면 결국에는 심장마비를 일으킬 수도 있다. 또 다른 예로서 10대에 칼슘 섭취가 불충분하여도 나이가 들어 골다공증이 유발될 때까지는 아무 증상을 보이지 않을 수 있다. 따라서 최근에는 신체가 크게 손상되기 전에 영양 관련 문제를 조기 발견하기 위해 노력하고 있다.

영양평가의 중요성

영양평가의 한계점에도 불구하고 바람직한 영양상태를 유지하려고 주의를 기울이는 사람들은 오랫동안 활기찬 인생을 즐기며, 그림 1.9와 같은 건강 문제에서 더 자유로운 경향이 있다. 최근 연구에 따르면, 건강한 생활습관을 가진 여성은 심장마비의 위험이 80% 감소하는 것으로 나타났다. 건강한 여성의 생활습관이란 다음과 같다.

- 다양하고, 식이섬유가 충분하며, 동물성 지방과 트랜스 지방은 적게, 그리고 생선을 포함한 건강한 식사
- 과체중 피하기
- 알코올은 소량만 규칙적으로 섭취
- 적어도 하루 30분씩 운동
- 금연

청소년들은 에너지의 약 10% 정도를 청량음료를 섭취하여 얻는다. 그런데 이 정도의 수준은 칼슘 섭취를 불량하게 할 수 있다. 청소년 시기에 칼슘 영양이 불량하면, 중년기 이후에 골다공증으로 발전될 가능성이 높다.

Santirat Praeknokkaew/Shutterstock

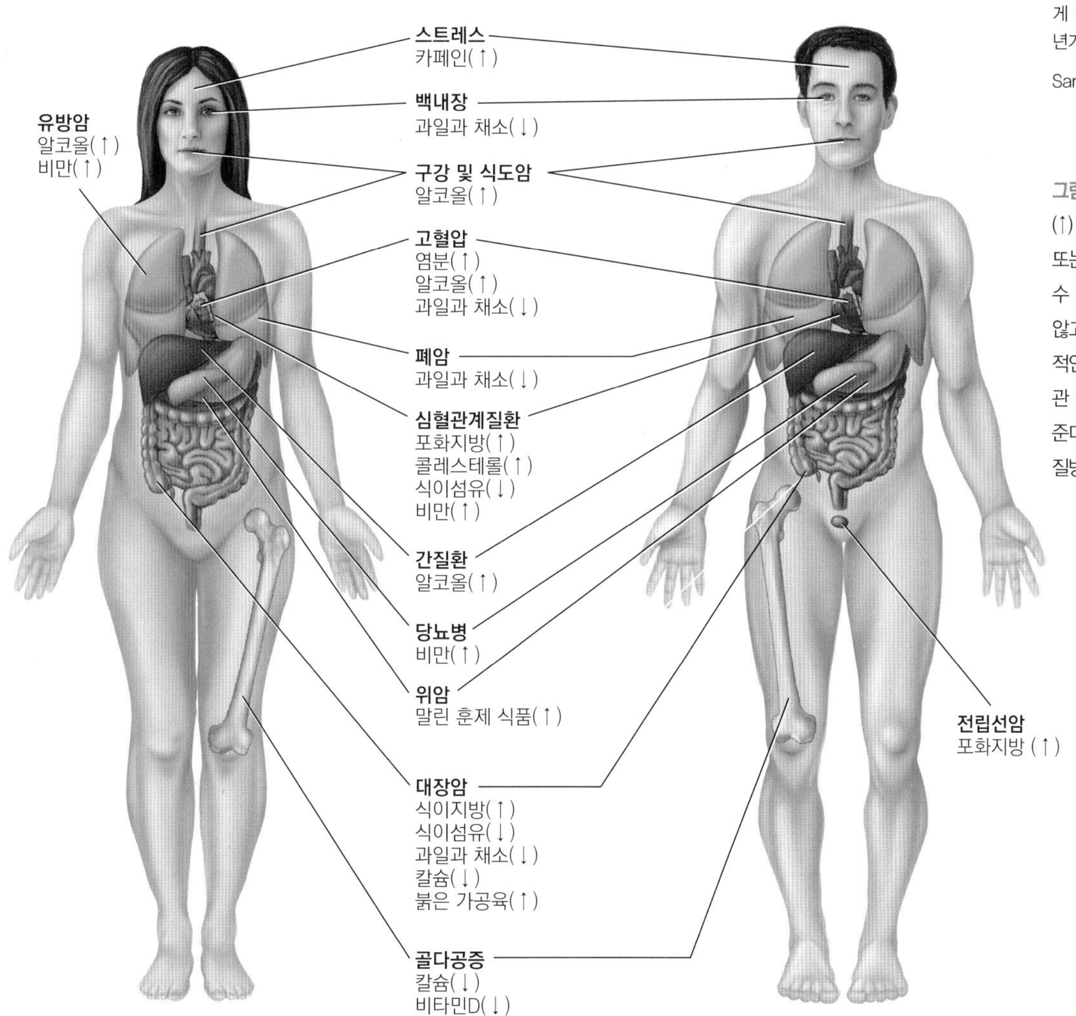

그림 1.9 잘못된 식습관과 관련된 건강 문제의 예시. (↑) 많이 섭취하여 건강 문제를 야기할 수 있는 식품 또는 영양소, (↓) 적게 먹었을 때 건강 문제를 야기할 수 있는 식품 또는 영양소. 이 밖에 약물을 남용하지 않고, 적당한 수면(7~8시간), 적절한 수분 섭취, 규칙적인 운동, 정신적 스트레스의 최소화, 긍정적인 인생관 및 친밀한 인간관계 등은 건강을 유지하도록 도와준다. 아울러 정기적인 건강관리는 조기 진단을 통한 질병예방에 중요하다.

영양상담: 영양관리과정

식사와 건강을 향상시키고자 하는 사람들은 의사나 전문영양사에게 조언을 구하는 것이 좋다. 전문영양사는 「국민영양관리법」에서 명시한 대로 강도 높은 석사학위 과정을 끝내고 실습을 마친 뒤, 영양사 국가자격시험에 합격하여 보건복지부 장관으로부터 면허를 발급받은 사람을 말한다. 이들은 건강관리를 위해 필요한 영양판정, 영양상담, 영양소 모니터링 및 평가 등의 업무를 수행하는 임상영양사로 질병의 예방과 관리를 위해 전문화된 인력이다.

영양관리 단계(Nutrition Care Process, NCP) 전문영양사는 체계적 접근방법을 사용해서 환자에게 수준 높은 맞춤 영양상담을 실시해야 한다. 이 방법에는 영양평가, 진단, 중재, 모니터링, 그리고 평가의 과정이 포함된다.

전문영양사는 다음 4단계의 **영양관리 단계**(Nutrition Care Process, NCP)를 사용하여 영양상담을 한다.

- 영양평가 실시: 식품 및 영양섭취 이력, 신체계측, 생화학적, 임상적, 식사, 환경적 평가 등에 대해 질문한다.
- 영양 관련 문제점 진단: 영양 이력과 영양평가 자료를 사용하여 문제점을 진단한다.
- 중재 실시: 진단된 징후와 증상을 경감시키기 위해 각 개인의 영양 문제에 맞춘 식사를 계획한다.
- 모니터링과 평가: 중재 과정을 추적하기 위해 재방문 일정을 잡고 상담을 실시하여 동기를 부여하고 중재 내용을 수정하거나 중지하게 할 수도 있다. 필요하다면 가족 구성원의 도움을 요청할 수 있다. 영양사는 의사와 상의할 수 있으나 질병을 고치도록 훈련받은 사람이 아니므로 건강 문제는 의사가 담당하도록 의뢰한다.

전문 영양사는 영양 상담에 적합한 사람이다.

liquidlibrary/PictureQuest

사례연구

Lane Oatey / Blue Jean Images/Getty Images

지난 주 Allen은 운전하던 중에 최근 개발된 식물 성분이 함유된 영양보충제에 대한 라디오 광고를 듣게 되었다. 에너지를 높여서 일상생활의 스트레스 해소를 돕는다는 내용이었다. Allen은 최근 기력이 떨어지는 느낌이 있었으므로, 이 광고에 주의를 기울이게 되었다. 수업을 많이 들으면서 주 30시간 아르바이트로 일을 하고 있었기 때문이다. 여분의 돈은 없었지만 새로운 시도를 해보고 싶었고, 이 방법이 문제를 해결해 줄 것으로 생각했다. 인터넷에서 정보를 더 얻어보니 이 제품을 사용하려면 매달 60달러가 필요하다는 것을 알게 되었다. 그래서 Allen은 기력이 낮은 문제를 해결하기 위해 30일분을 구입하였다. 잘한 것일까?

확인합시다!

1. 징후와 증상의 차이는 무엇인가?
2. 영양과잉과 영양부족은 어떻게 다른가?
3. 영양평가의 ABCDE는 무엇인가?
4. 영양평가의 제한점 세 가지는 무엇인가?
5. 영양 전문가와 만날 때 당신은 무엇을 기대하는가?

임상적 관점

유전과 영양

생활습관과 식사 외에 당신의 **유전체**(gemone) 또한 건강에 영향을 줄 수 있다. 식품에 함유된 영양소는 소화 과정 중에 최소 단위로 부서진 후 혈관으로 흡수되어 세포로 운반된다. DNA(deoxyribonucleic acid)라 부르는 유전체는 세포의 핵에 위치하며 체내 영양소 대사를 관리한다. 그림 1.10은 사람과 식품은 구성하고 있는 영양소의 종류가 같지만, 다만 비율이 다름을 보여준다. 체세포에 있는 **유전자**(gene)는 식품으로 섭취된 영양소 중 어떤 것이 어느만큼 체조직 성분으로 재구성될지를 결정한다.

유전자는 세포의 성장, 발달 및 유지, 그리고 궁극적으로 전체 개체를 결정한다. 유전자는 키, 눈의 색, 각종 질병에 대한 민감성 등 개인의 특성을 발현하고 조절하는 정보를 갖고 있다. 유전적 요소가 질병에 걸릴 것인지 아닌지를 결정하는 유일한 요소는 아니지만, 유전적 위험도가 있는 사람은 특정 질병에 대한 위험이 높을 수 있다.

해마다 특정 유전자와 질병 간의 새로운 상관관계가 보고되고 있다. 이제 곧 질병에 대한 위험도를 증가시키는 개인적 유전적 정보를 스크리닝 하는 것이 쉬워질 것이다. 현재 특정 질병의 위험을 증가시키는 유전자 **돌연변이**(mutation)를 측정하는 약 1,000개의 시험법이 있다. 예를 들어, 여성의 경우 유방암 위험도를 증가시키는 몇 가지 유전자 돌연변이를 검사할 수 있다.

유전과 연계된 식인성 질환

당뇨병, 암, 골다공증, 심혈관계질환, 고혈압, 비만과 같이 영양과 관련된 만성질환은 대체로 유전적 인자, 영양적 인자, 그리고 기타 생활인자가 상호작용하여 결정된다. 쌍둥이나 입양아를 대상으로 하는 가계연구를 살펴보면, 만성질환 발생에 유전적 요인이 상당히 중요함을 알 수 있다. 실제로 가족병력은 여러 가지

DNA(deoxyribonucleic acid) 세포에 위치하며, 유전 정보를 수록한 이중나선형 생체고분자. DNA 정보에 따라 단백질이 합성된다.

유전자(gene) 유전형질을 나타내는 원인이 되는 인자로 DNA로 구성되고, 염색체에 위치한다. 유전자는 세포 단백질 생산의 청사진을 제공한다.

돌연변이(mutation) 유전정보를 기록하고 있는 DNA가 여러 가지 요인에 의해 원래와 달라지는 것을 말한다. 그 결과로 세포내 기능 변화를 가져올 수도 있다.

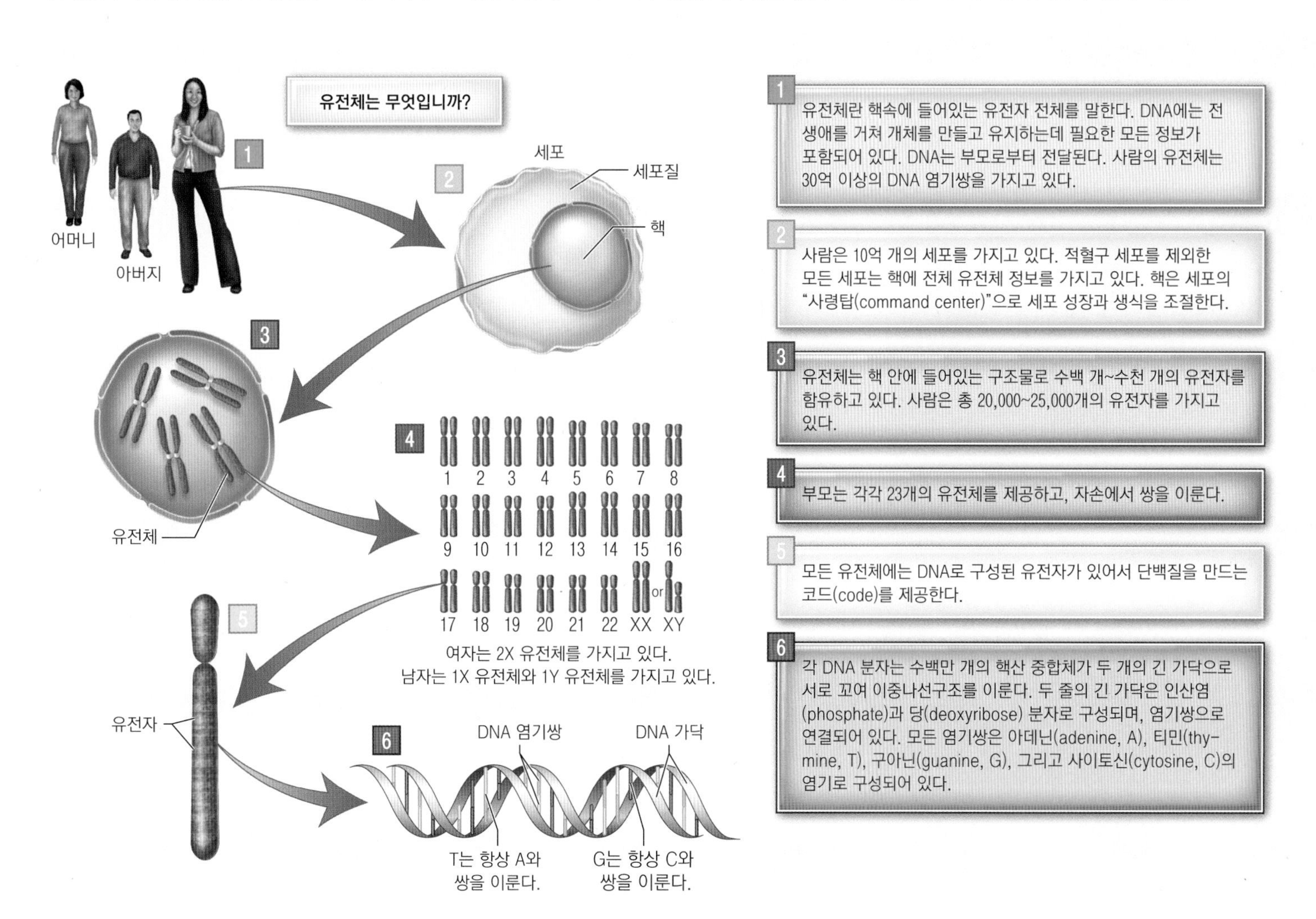

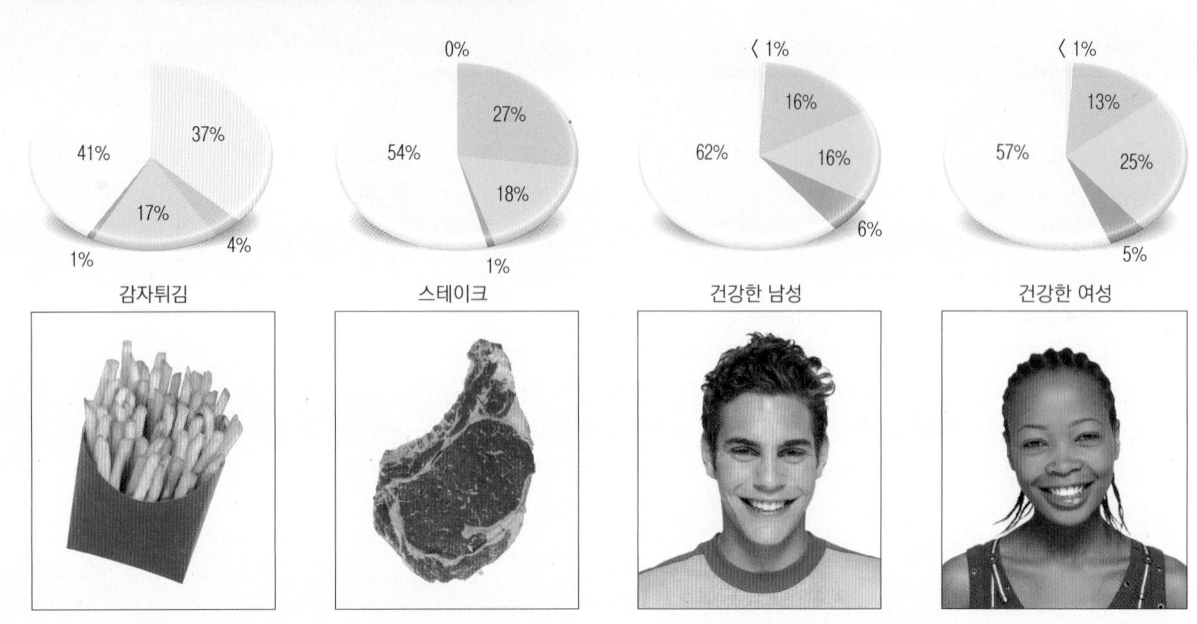

그림 1.10 (동·식물성) 대표 식품을 구성하는 영양소와 사람을 구성하는 영양소의 비교. 체내 비타민 함량은 극미량이므로 이 그림에서는 나타내지 않았다.

Comstock Images/Jupiterimages; ©FoodCollection/StockFood; MSPhotographic/Shutterstock; Stockbyte/Getty Images; Stockbyte/Getty Images

유전자는 DNA 이중 나선구조에 존재한다. 세포핵에는 신체 DNA 대부분이 포함되어 있다.

Brand X Pictures/age fotostock RF

영양 관련 질환의 중요한 위험 요인(risk factor)으로 간주되고 있다.

예를 들어, 당뇨병, 암(예: 대장암, 전립선암, 유방암)과 골다공증의 발병은 유전과 관련이 있다. 또한 혈중 콜레스테롤을 제거하는 유전자가 결손된 사람들은 심혈관계질환의 발생 위험이 높다. 또 다른 예가 고혈압이다. 소금 섭취에 매우 민감한 사람은 소금을 많이 섭취하면 혈압이 정상 이상으로 상승한다. 백인보다 흑인이 소금에 더 민감하다는 사실은 유전적 요인이 있음을 암시한다. 비만도 유전과 관계가 있다. 체중조절에 관여하는 유전자는 1,000여 종 이상으로 다양하다.

유전적으로 만성질환의 위험도가 높은 사람도 있지만, 실제로 질병으로 발전되느냐의 여부를 결정하는 것은 생활습관과 환경요인이다. 만성질환에 대한 위험도는 눈 색깔이나 귀의 크기를 정하는 유전적 특징과는 다름을 명심해야 한다. 만성질환에서 유전은 필수불가결한 운명이 아니다. 유전적 성향이 있는 사람은 만성질환에 대한 위험이 크지만, 이는 조절이 가능하다. 예를 들어, 심장질환의 유전적 성향이 있는 사람이라도 영양적으로 균형 있는 식사, 규칙적인 운동, 정상 체중의 유지, 그리고 혈중 콜레스테롤과 혈압을 낮추는 약물을 복용한다면 심장질환의 발병을 늦출 수 있다. 마찬가지로 심장질환의 유전적 성향이 없는 사람이라도 비만, 흡연, 과음을 하고 혈중 콜레스테롤, 혈압, 2형당뇨병에 필요한 약물을 적절히 복용하지 않는다면 이 질환의 발생 위험이 높아질 수 있다.

▶ 후성유전학(epigenetics)이란 환경에 따라 유전자의 발현이 어떻게 변화되는지를 연구하는 학문이다.

유전적 성향

특정 질병에 대한 가족력이 있음을 안다면 질병 발생 위험에 영향을 미치는 행동을 배제할 수 있다. 예를 들어, 유방암의 가족병력이 있는 여성은 비만이 되지 않도록 조심하고, 알코올 섭취를 가급적 삼가며, 정기적으로 검진을 받아야 한다. 일반적으로 유전질환을 갖는 가족이 많을수록 그리고 관계가 가까울수록 그 위험이 커질 수 있다. 그림 1.11은 특정 질환과 사망을 나타낸 가계도(genogram)인데, 유전질환 발생의 위험을 평가하는 한 방법으로 사용된다.

직계가족인 부모, 형제자매, 자손 중 2명 이상이 같은 질병을 앓았다면, 자신도 그 질병에 걸릴 위험이 크다. 특히 직계가족이 50–60세 이전에 발생한 질병일수록 유전질환의 위험은 더 커진다. 그림 1.11의 가계도를 작성한 사람은 Jamal이며, Jamal 아버지의 사망원인은 전립선암이었다. 따라서 Jamal은 가족력이 없는 사람들 보다 더 빈번하게 그리고 더 젊어서부터 전립선암 검사를 받아야 한다. 또한 Jamal 어머니의 사망원인은 유방암이었으므로, 여자 형제들은 유방 X-선 촬영을 자주 받고 유방암 예방을 위한 생활습관을 가져야 한다. 이 가계는 심장마비와 뇌졸중도 빈번하다. 따라서 어릴 때부터 동물성 지방과 나트륨의 섭취를 줄이는 등 해당 질환의 발생 위험을 최소화하는 생활양식

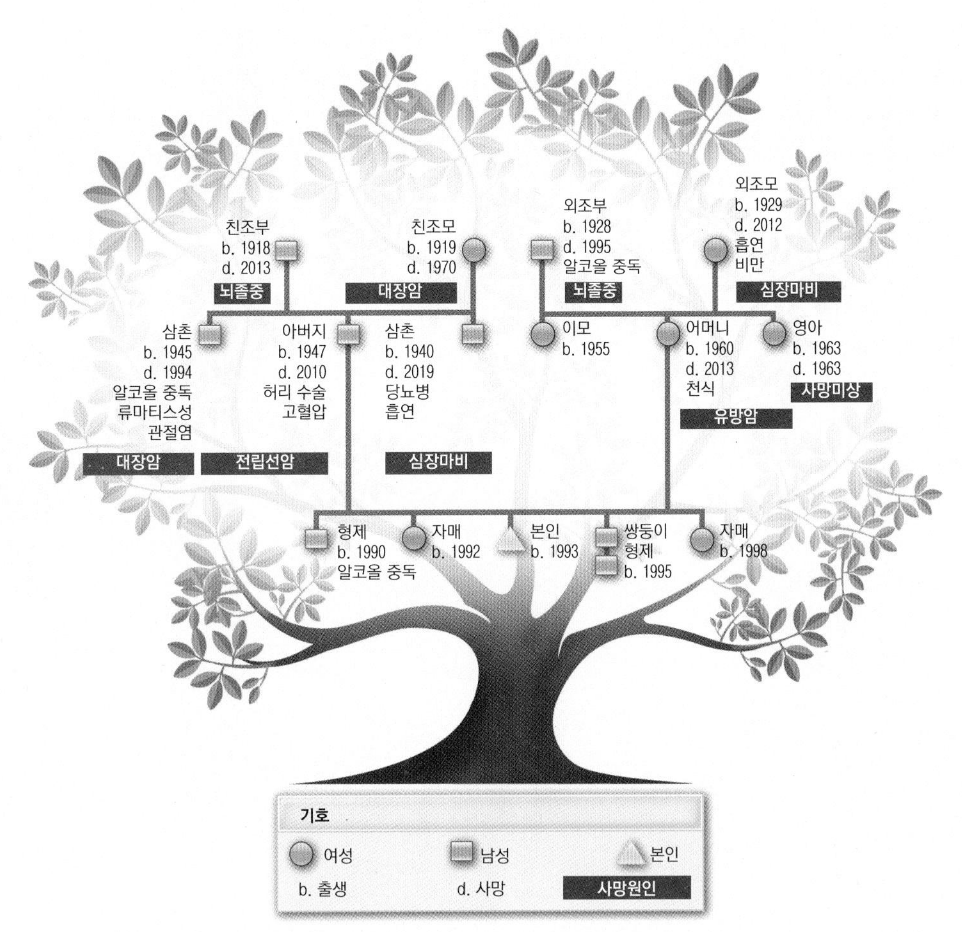

그림 1.11 **가족 구성원의 질병 발현을 나타낸 가계도의 예시.** 고인이 된 사람들은 사인을 제시하였다. 이외에 가족 구성원이 받고 있는 의학적 치료도 기록하였다.

을 익혀야 한다. 가족 중에는 대장암에 대한 위험도 있으므로 생애 전 기간에 걸쳐 조심할 필요가 있다.

유전자 치료

과학자들은 질병을 일으키는 유전자 손상을 복구할 수 있는 치료법을 개발 중이다. 정상 유전자를 분리하여 분자를 이동할 수 있는 도구(보통 비활성화된 바이러스[virus])에 넣은 후 질병에 영향을 받은 세포에 넣어준다. 정상적인 유전자가 기능을 나타내기 시작하면 세포는 정상으로 되돌아올 것이라는 가정으로 유전질환의 치료를 기대하고 있다. 일부 성공한 사례가 있지만, 효과적인 치료가 되려면 아직까지 넘어야 할 장애물이 많이 있다. 미국과 유럽은 정부차원에서 유전자 치료에 대한 연구를 예의 주시하고 있다. 최근에는 지방 대사와 관련된 효소가 결핍되는 희귀질환을 치료하는 Glybera® 유전자 치료법이 유럽에서 승인되었다. Imlygic®은 피부암을 치료하기 위해 미국에서 승인되었다. 이런 연구들은 암, 심장질환, 낭성섬유증 등 유전자를 기반으로 한 치료를 선도할 수 있을 것이다.

유전자 검사

유전자 검사란 개인의 유전자를 분석하여 특정 질환이 발생할 가능성을 결정하는 것이다. 이런 검사는 특정 질환에 대한 가계력이 있는 사람에게 특히 유용하다. 아울러 건강하지만 앞으로 발생할 수 있는 질환을 예측하기 위해서도 사용할 수 있다. 암, 알츠하이머병과 같은 질환의 발생을 사전에 알게 되면 질환 유전자를 건강한 유전자로 치환할 가능성도 있다. 또한 아기를 갖고자 하는 부부에게는 다양한 선택을 위한 기회를 제공하고, 건강관리자들에게는 질병 발생을 지연시키는 건강/영양 프로그램을 개발하는 기회를 제공할 수 있다. 건강관리자들에게는 정확하게 사전 진단할 수 있게 하며, 같은 질환을 가진 사람이라도 모두 같은 치료를 받는 대신 맞춤 의학/영양 치료를 할 수 있는 기회가 제공될 것이다. 유전적 특징을 감안하여 치료하는 것이 의학적으로 더 타당할 수 있다.

바이러스(virus) 인체에 질병을 유발하는 감염원 중 가장 작은 형태. 스스로는 대사되거나 성장하거나 움직이지 못함. 살아있는 숙주의 도움으로 증식할 수 있음. 바이러스는 단백질 껍질로 둘러싸인 유전물질이다.

어떤 전문가들은 유전자 검사를 받기 전에 가계력을 우선 상담하여 유전질환의 발생 가능성을 평가하여, 시간과 노력면에서 유전자 검사가 유용할 지를 판단토록 권하고 있다. 따라서 특정 유전질환에 대한 위험을 알고 싶다면, 유전자 검사에 앞서 의사와 상담하는 것이 좋다. 전문가 상담 없이 가정용 유전자 검사용 키트를 직접 구입하여 검사하려는 사람들도 있다. 검사용 키트가 집으로 배달되면 소비자가 직접 구강 내부에서 DNA 샘플을 채취하여 실험실로 보내고, 결과는 우편, 팩스, 전화, 또는 웹을 통해 알게 된다.

유전자 검사는 소비자의 건강을 보호하는 보다 적극적 방법이 될 수 있다. 그러나 아직 근거 자료와 자원이 부족하여 유전자 검사로 만성질환과 기타 건강

문제의 위험에 처한 사람들을 모두 구분해낼 수는 없다. 또한 유전적 취약이 반드시 질병 발생으로 이어지지 않는 경우도 많다. 또한 거의 대부분의 경우 특정 유전자 변이는 치료할 수 있는 방법이 없다. 그 결과 나타나는 건강 문제를 치료할 수 있을 뿐이다. 오히려 질병 위해를 높이는 유전적 변이를 가진 사람들은 직업이나 의료보험 측면에서 차별받을 수 있을까 우려된다. 또한 검사 결과가 양성으로 판정되는 경우에는 과도한 치료로 발전될 수도 있다. 치료가 불가능한 경우에는 희망을 잃은 진단으로 낙심하게 될 수도 있다. 가정용 유전자 검사를 사용하는 사람들은 전문가의 도움을 받지 않으면 결과를 오인·혼동하는 위험에 처할 수도 있다. 유전자를 검사한 회사가 유전정보를 비밀스럽게 처리하지 않은 경우에도 위험에 처할 수 있다.

유전자 검사가 좋은지는 아직 논란이 되고 있다. 가계도를 사용하는 것만으로도 유전질환의 예방과 치료에 충분할 수 있다. 이 책에서는 유전자와 연계되어 가족력이 있는 식인성 질환의 발생과 관련하여 '조절 가능한' 위험 요인들을 어떻게 피할 것인가에 중점을 두고 계속 논의할 것이다.

▶ 다음 웹사이트는 유전자 테스트에 대한 더 많은 정보를 얻기에 유용하다.

www.geneticalliance.org
www.kumc.edu/gec/support
www.genome.gov
ghr.nlm.nih.gov/primer/therapy/genetherapy
www.dnalc.org
www.ncgr.org

질병과 관련된 유전체가 분리되고 해석됨에 따라, 질환 민감도를 알기 위한 유전자 분석이 점차 만연해지고 있다.

Rob Melnychuk/Getty Images

생각해 봅시다

가족모임에서 Wesley는 부모님, 삼촌, 고모들이 모두 과체중 경향이 있음을 알게 되었다. 아버지 그리고 고모 한 분은 심장마비가 있었다. 삼촌 두 분은 60세 이전에 당뇨병으로 사망하셨다. 할아버지는 전립선암으로 사망하셨다. Wesley는 본인도 비만, 심장마비, 암, 당뇨병의 위험이 높은지 궁금해졌다. Wesley에게 어떻게 조언하면 좋을까?

확인합시다!

1. 유전자의 역할은 무엇인가?
2. 영양과 관련된 만성질환 중 유전적 성향이 있는 세 가지는 무엇인가?
3. 가계도는 무엇인가?

실천해봅시다!

건강과 관련한 우려를 알아보기 위해 가계도 그리기

아래 그림을 사용하여 본인의 가계도를 그려보자. 각 사람별로 출생 연도, 사망 연도(가능하다면), 평생 동안 발병된 주요 질환, 그리고 사망 원인(가능하다면) 등을 적어보자. 본인도 적혀진 질환에 걸릴 위험이 높을 것이다. 특히 50~60세 이전에 이런 질환에 걸린 가족이 있다면, 이 질환의 예방 계획을 세우도록 권한다. 이 가계도는 www.hhs.gov/familyhistory에서 얻을 수 있다.

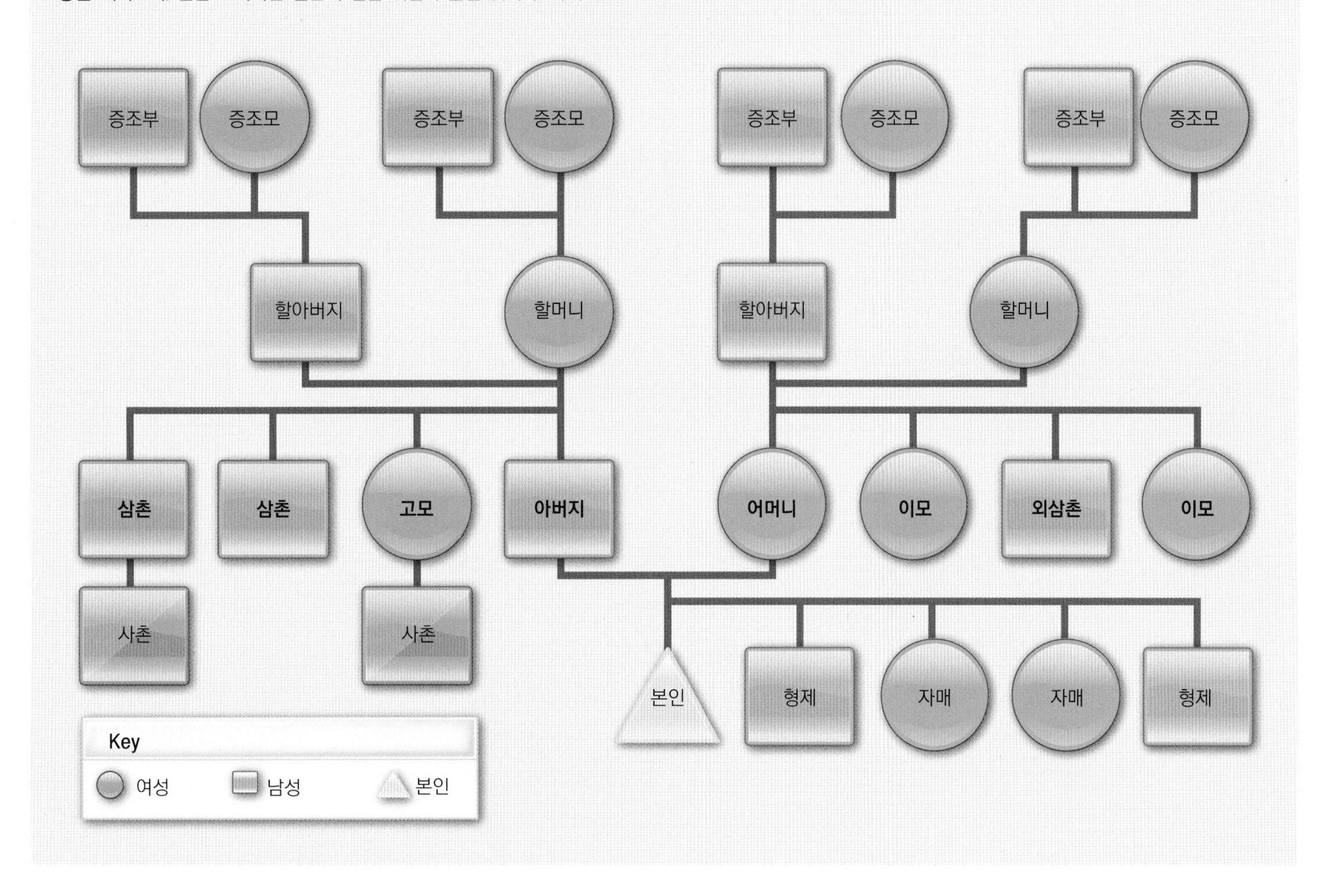

1.5 영양소 필요량을 결정하는 과학적 연구방법

우리가 알고 있는 영양 지식은 어떻게 알게 되었는가? 어떻게 이런 지식이 얻어졌는가? 그 답은 연구를 통해서이다. 다른 과학과 마찬가지로 영양 연구도 '과학적 방법', 즉 오차를 찾아 제거해 나가는 검증과정을 통해 발전해왔다. 첫 번째 단계는 자연현상을 관찰하는 것이다. 다음 단계는 관찰 결과에 대한 가능한 설명, 즉 가설(hypothesis)을 세우는 것이다. 진정한 인과관계와 단순한 우연을 구분하는 것은 쉽지 않다. 예를 들어, 20세기 초 보육원, 감옥, 그리고 정신병원에 있는 사람들에게서 펠라그라(pellagra)가 많이 발생되는 것을 보고 밀집된 공간에서 전파되는 병균이 펠라그라의 원인일 것으로 생각했다. 그러나 시간이 지나

미래에 대한 관점

영양유전체학(nutrigenomics)은 식품이 유전체에 어떤 영향을 미치는가 그리고 개인의 유전체가 영양소, 피토케미컬, 쥬케미컬의 사용에 어떤 영향을 미치는가를 연구하는 학문이다. 미래에는 영양유전체 테스트를 통해 맞춤형 식사를 계획하고 만성질환을 예방하는데 도움을 얻게 될 것이다.

과학적 무결성(scientific integrity) 과학적 연구를 수행하고, 해석하고, 보고할 때, 전문가적 가치와 관행을 준수하는 것이다. 가치와 관행을 지키는 과학은 객관적이고, 청렴하고, 되풀이하여 증명될 수 있으며, 유용하다. 이런 가치와 관행은 편견(bias), 데이터 조작, 표절, 연구의 수행 또는 보고 방향에 영향을 미치려는 자들에 의한 불합리한 참견, 연구결과의 검열, 그리고 연구활동의 부적절한 제약 등을 방지하는데 도움을 줄 수 있다.

면서 이는 단순한 우연이었으며, 식사 중 B 비타민인 니아신이 부족한 것이 실제 원인으로 밝혀졌다.

가설을 검증하고 우연과 오차를 제거하기 위해 과학자들은 통제된 실험을 수행한다. 실험에서 얻은 결과를 통해 각 가설은 채택되거나 기각된다(그림 1.12). 한 실험 결과에서 다시 해답을 얻어야 할 새로운 질문을 이끌어내는 경우가 많다. 다수의 실험에서 일관성 있게 지지되는 결과를 얻게 되면, 그 가설은 소위 이론(theory)이나 과학적 법칙(law)으로 발전한다.

올바른 과학적 연구는 다음 단계를 거쳐 수행된다.

1. 현상을 관찰한다.
2. 질문을 통해 그 현상을 설명하기 위한 가설을 설정한다.
3. 실험(연구)은 **과학적 무결성**(scientific integrity)으로 수행한다.
4. 잘못된 설명을 배제하고, 가장 적절한 설명을 모델로 삼는다.
5. 연구 결과는 다른 과학자들에 의해 면밀히 검토되고 평가된다. 편견 없이 과학적으로 수행한 연구 결과는 과학 저널에 게재한다.
6. 결과는 다른 과학자들에 의해 그리고 더 많은 실험과 연구를 통해 확인된다.

주의 깊은 연구는 영양학적 지식을 과학적으로 증명하는 데 기여한다.

JGI/Daniel Grill/Blend Images/Getty Images

과학을 수행함에 있어 열린 마음, 호기심과 의문, 그리고 의심하는 태도는 필수적이다. (학생들 뿐 아니라) 과학자들도 충분한 근거를 확보할 때까지 제안된 가설이나 이론을 받아들이지 말아야 하며, 결정적인 분석을 통과하지 못한 가설은 배제해야 한다. 비판적 시각이 중요함을 보여주는 최근의 한 예로 위궤양(stomach ulcer) 연구를 들 수 있다. 오랫동안 위궤양은 일상생활에서 오는 스트레스와 빈약한 식사가 그 원인으로 알고 있었다. 그런데 1983년 호주 의사인 마셜(Barry Marshall)과 워런(Robin Warren)은 헬리코박터 파이로리(Helicobacter pylori)로 알려진 미생물이 위궤양 발생의 원인이며 항생물질로 치료가 가능함을 밝혀내고 저명한 과학 저널에 보고하였다. 처음에는 이 발견에 의문을 갖는 의사들이 많아서 계속해서 제산제를 처방하여 위산을 감소시키려고만 하였다. 그러나 더 많은 연구 결과가 발표되면서 항생제로 위궤양을 치료한 환자가 증가하였고, 결국 의학계가 이 결과를 수용하게 되었다. 마셜과 워런은 2005년 이 발견으로 노벨의학상을 수상하였다. 이처럼 과학적 발견은 항상 도전과 변화의 대상이 된다.

관찰과 가설 설정

영양과 질병의 상관관계를 이해하는 데 중요한 단서를 제공한 역사적 사건들이 많이 있다. 예를 들어, 15~16세기 유럽에는 오랜 항해 기간 중 괴혈병이라는 치명적인 질병을 앓는 항해사들이 많이 있었다. 영국 해군의 군의관 린드(James Lind)는 항해 중 먹는 음식이 일상식과 다른 점을 주목하였다. 항해 중에는 특별히 과

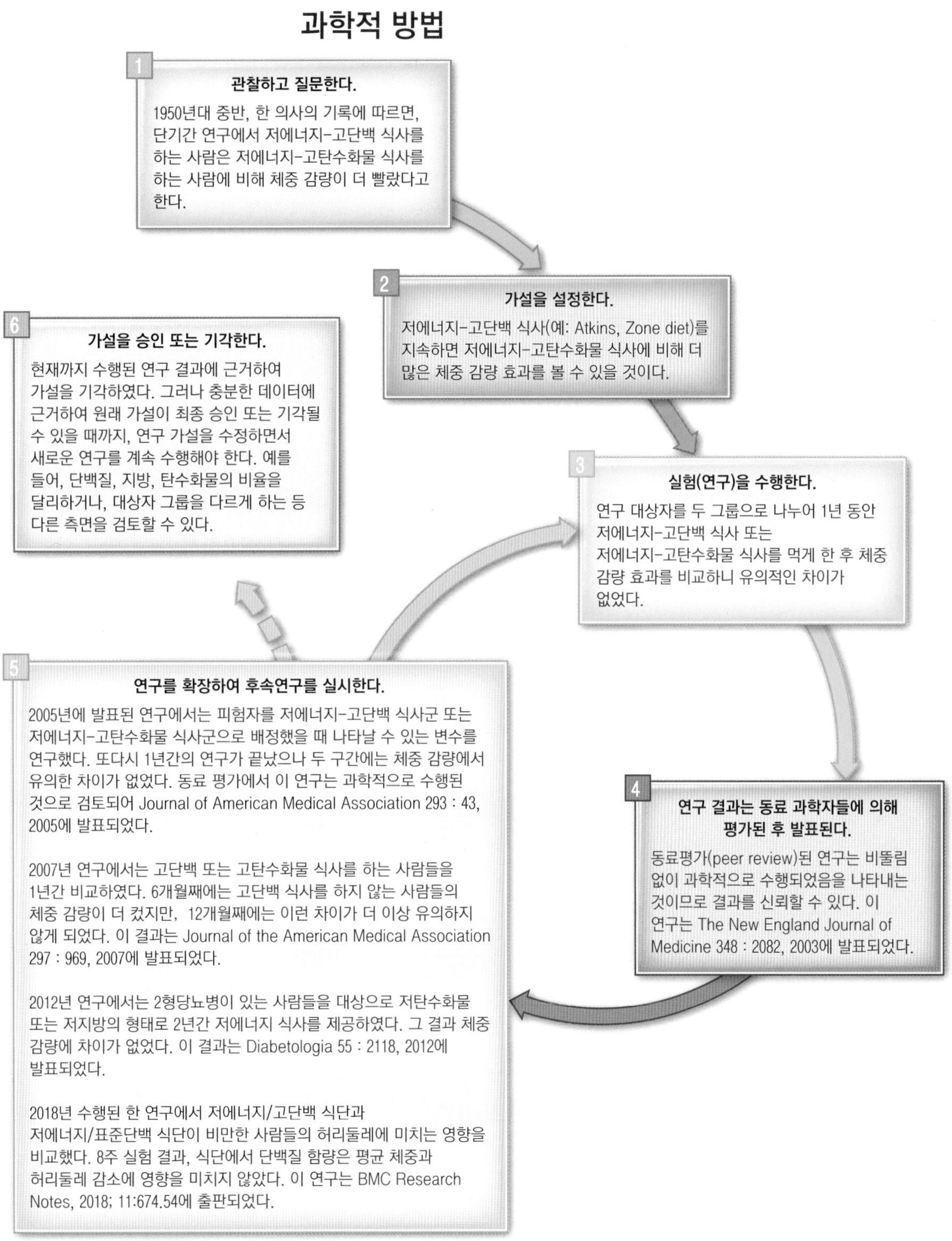

과학적 방법

1 **관찰하고 질문한다.**
1950년대 중반, 한 의사의 기록에 따르면, 단기간 연구에서 저에너지-고단백 식사를 하는 사람은 저에너지-고탄수화물 식사를 하는 사람에 비해 체중 감량이 더 빨랐다고 한다.

2 **가설을 설정한다.**
저에너지-고단백 식사(예: Atkins, Zone diet)를 지속하면 저에너지-고탄수화물 식사에 비해 더 많은 체중 감량 효과를 볼 수 있을 것이다.

3 **실험(연구)을 수행한다.**
연구 대상자를 두 그룹으로 나누어 1년 동안 저에너지-고단백 식사 또는 저에너지-고탄수화물 식사를 먹게 한 후 체중 감량 효과를 비교하니 유의적인 차이가 없었다.

4 **연구 결과는 동료 과학자들에 의해 평가된 후 발표된다.**
동료평가(peer review)된 연구는 비뚤림 없이 과학적으로 수행되었음을 나타내는 것이므로 결과를 신뢰할 수 있다. 이 연구는 The New England Journal of Medicine 348 : 2082, 2003에 발표되었다.

5 **연구를 확장하여 후속연구를 실시한다.**
2005년에 발표된 연구에서는 피험자를 저에너지-고단백 식사군 또는 저에너지-고탄수화물 식사군으로 배정했을 때 나타날 수 있는 변수를 연구했다. 또다시 1년간의 연구가 끝났으나 두 구간에는 체중 감량에서 유의한 차이가 없었다. 동료 평가에서 이 연구는 과학적으로 수행된 것으로 검토되어 Journal of American Medical Association 293 : 43, 2005에 발표되었다.

2007년 연구에서는 고단백 또는 고탄수화물 식사를 하는 사람들을 1년간 비교하였다. 6개월째에는 고단백 식사를 하지 않는 사람들의 체중 감량이 더 컸지만, 12개월째에는 이런 차이가 더 이상 유의하지 않게 되었다. 이 결과는 Journal of the American Medical Association 297 : 969, 2007에 발표되었다.

2012년 연구에서는 2형당뇨병이 있는 사람들을 대상으로 저탄수화물 또는 저지방의 형태로 2년간 저에너지 식사를 제공하였다. 그 결과 체중 감량에 차이가 없었다. 이 결과는 Diabetologia 55 : 2118, 2012에 발표되었다.

2018년 수행된 한 연구에서 저에너지/고단백 식단과 저에너지/표준단백 식단이 비만한 사람들의 허리둘레에 미치는 영향을 비교했다. 8주 실험 결과, 식단에서 단백질 함량은 평균 체중과 허리둘레 감소에 영향을 미치지 않았다. 이 연구는 BMC Research Notes, 2018; 11:674.54에 출판되었다.

6 **가설을 승인 또는 기각한다.**
현재까지 수행된 연구 결과에 근거하여 가설을 기각하였다. 그러나 충분한 데이터에 근거하여 원래 가설이 최종 승인 또는 기각될 수 있을 때까지, 연구 가설을 수정하면서 새로운 연구를 계속 수행해야 한다. 예를 들어, 단백질, 지방, 탄수화물의 비율을 달리하거나, 대상자 그룹을 다르게 하는 등 다른 측면을 검토할 수 있다.

그림 1.12 저에너지-고단백 식사가 체중 감소에 효과적이라는 가설을 검증하기 위해 어떤 과학적 방법이 사용되었는지를 보여주는 예시이다. 모든 가설은 검증을 위해 이런 단계를 거친다. 이런 단계를 철저하게 거치지 않았다면, 그 가설은 받아들일 수 없다.

일과 채소가 충분히 공급되지 않음을 알게 되었다. 따라서 부족한 식품성분이 괴혈병의 원인이라는 가설을 세우고, 항해사들에게 소금물, 식초, 사과주스, 감귤류 주스, 혹은 다른 음료들을 배급하는 실험을 시작하였다. 그 결과 감귤류(레몬, 라임)가 괴혈병을 예방하고 치료함을 규명하였다. 이후부터는 영국 항해사들에게는 라임주스가 배급되었고, 이로 인해 영국 항해사들은 '라이미스(limeys)'라는 별명을 갖게 되었다. 약 200년 후, 과학은 더욱 발전하여 감귤류 주스에서 괴혈병을 예방하고 치료하는 성분이 비타민 C임을 알아냈다.

여러 인구집단에서 식사와 질병 패턴의 차이를 관찰하는 방법으로 영양학에서 중요한 결과가 도출되어 왔다. 한 집단이 다른 집단에 비해 특정 질병에 더 잘 걸리는 경향을 보이면, 식사가 이러한 차이에 영향을 미치는지 추측해 볼 수 있다. 인구집단을 대상으로 질병에 대해 연구하는 학문을 역학(epidemiology)이라 하며 이것이 실험실 연구의 기초가 된다. 예를 들어, 역학을 통해 식사 구성과 괴혈병, 펠라그라, 심장질환 등 건강상태 사이에 관계가 있음이 밝혀졌다.

실험동물 연구

실험동물 연구가 영양학의 지식 확장에 기여한 바가 크다.

G.K. & Vikki Hart/Getty Images

과학자들은 인체실험을 가장 신뢰한다. 그러나 인체실험을 통해 가설을 검증할 수 없을 때에는 실험동물을 이용한다. 현재 알고 있는 인체 영양소의 필요 및 기능에 대한 지식 대부분이 동물실험을 통해 얻어졌다.

사람을 실험 대상으로 하는 것이 비윤리적인 경우에는 실험동물을 사용하여 연구한다. 동물실험도 비윤리적이라고 주장하는 사람도 있지만, 대부분의 사람들은 윤리적으로 수행된 동물실험은 인체실험의 대안이 되는 것으로 판단하고 있다. 예를 들어, 구리가 혈관 형성에 미치는 영향을 보기 위해서 쥐에게 구리 함량이 낮은 사료를 먹이는 것은 받아들일 수 있으나 영아를 대상으로 유사한 연구를 수행하는 것은 반대할 것이다.

동물모델(animal model). 사람의 질병과 유사하게 유도된 동물모델은 질병의 원인과 진단 연구뿐 아니라 새로운 치료 또는 예방법을 평가할 때에도 유용하게 사용된다.

특정 질병과 영양에 대한 연구를 위해 동물실험을 수행하는 경우에는 사람과 유사한 **동물모델**(animal model)을 사용하는 것이 중요하다. 예를 들어, 1900년대 초반에 과학자들은 닭에서 관찰되는 각기병 유사 질병은 티아민으로 치료된다고 보고하였기 때문에, 이후부터는 티아민 결핍 연구에는 닭이 사용되었다. 유용한 동물모델이 없고 인체실험이 불가능하다면, 역학 연구에서 얻어진 수준 이상으로 과학적 지식이 진보되기는 어려웠을 것이다. 그러나 사람의 만성질환은 대체로 실험동물에서 나타나지 않는다.

인체실험

인체실험(또는 동물실험)을 하기 전 연구자는 반드시 대학, 병원, 또는 기관에 속한 연구윤리위원회의 승인을 얻어야 한다. 연구윤리위원회는 타당한 실험방법을 사용하여 주목할 만한 결과를 도출해 낼 수 있으며, 연구 대상을 공정하고 윤리적으로 다루는 경우에만 연구를 승인한다. 또한 연구윤리위원회는 연구 처리가 연구 대상자에게 미칠 수 있는 위해와 이익도 평가한다. 인체실험 연구윤리위원회는 연구자가 연구목적, 방법, 위해 및 이익 등에 대한 정보를 연구 참여자에게 알리고 연구 참여에 대한 동의를 구하도록 요구한다. 연구 참여자의 동의는 자발적이어야 한다.

연구 가설을 테스트하기 위해서는 다양한 실험방법이 이용된다. 예를 들어, 이주민 연구(migrant study)는 한 나라에서 다른 나라로 이주한 사람들을 대상으로 건강상 변화를 연구한다. 코호트 연구(cohort study)는 건강한 집단에서 시작하여 질병 발생을 추적하며 찾는다. 다른 연구방법으로는 사례-대조군 연구(case-control study)와 이중맹검 연구(double-blind study)가 있다.

사례-대조군 연구

사례-대조군 연구에서는 폐암과 같이 문제 조건을 갖고 있는 사람들을 '사례군(cases)'으로, 그리고 그런 조건을 갖고 있지 않는 사람들을 '대조군(controls)'으로 정하고 비교한다. 잘 수행된 사례-대조군 연구에서는 연구 주제 이외의 주요 특성(예: 나이, 인종, 성별)이 서로 유사한 집단만을 비교한다. 사례-대조군 연구는 '소형' 역학 연구로도 볼 수 있다. 연구되고 있는 두 집단에서 질병 이외에 차이를 보이는 요인(예: 과일과 채소 섭취)을 도출하여 해당 질병의 원인, 진행, 예방 등에 대한 실마리 정보를 얻을 수 있다. 그러나 대조군 연구 없이는 원인과 결과를 확실하게 주장할 수 없다.

맹검 연구

가설을 결정적으로 검증하기 위해서는 맹검 프로토콜을 사용한 대조군 연구가 필요하다. 단일맹검 연구에서는 실험군(experimental group)에 속한 피험자는 정해진 연구 프로토콜을 따라 특정 식품이나 영양소를 섭취하지만 대조군(control group)에 속한 피험자는 평소의 습관을 따른다. 대조군에게 **위약**(placebo)을 섭취하게 할 수도 있다. 위약군을 사용하게 되면 누가 실험군인지 대조군인지를 모르게 할 수 있다. 연구 대상자는 마치 동전 던지기를 하듯이 대조군 또는 실험군에 무작위로 배정된다. 연구자들은 시간 경과에 따라 두 군을 관찰하면서 실험군과 대조군에서 발생되는 변화를 식별해낸다. 실험 대상자 스스로가 대조군이 될 수도 있다. 이런 경우에는 우선 일정 기간 동안 평상시 습관에 따른 변화를 관찰하고, 다음에는 실험 프로토콜에 따른 반응을 관찰한다.

Stockbyte/
Punchstock

이중맹검 연구는 실험 결과에 영향을 미칠 수 있는 편견이 개입될 여지를 줄였다는 면에서 두 가지 장점이 있다. 첫째, 피험자나 연구자는 모두 연구기간이 종료될 때까지 누가 실험군 또는 대조군에 속하는지를 알지 못한다. 독립적인 제3자가 연구가 종료될 때까지 피험자의 군 분류 및 데이터에 대한 키를 가지고 있기 때문이다. 둘째, 참여자와 연구자는 모두 연구가 완전히 끝난 후에야 실험 프로토콜에 따른 기대효과를 알 수 있다. 이런 특징으로 인해 연구자의 편견에 따라 가설을 찬성하는 방향으로 결과를 오해하거나 과장할 가능성이 줄어들고, 또는 가설을 반대하는 방향으로 변화되는 결과를 의도적으로 무시하거나 축소할 가능성도 줄어든다. 아울러 연구에 참여하거나 새로운 처치를 받은 것만으로도 기분이 좋아지는 소위 **위약효과**(placebo effect)를 줄일 수 있다. 이중맹검 연구는 실험군과 대조

역사적 관점

펠라그라 전쟁

20세기 초반, 펠라그라로 수백만 명이 사망하였다. Joseph Goldberger 박사는 이 질병은 감염성 질환이 아니고 충분하지 못한 식사가 그 원인일 것으로 가정하였다. 건강한 사람이라도 식사를 불충분하게 제공하면 펠라그라가 유도되었으며, 반대로 펠라그라 환자들에게 식사를 충분하게 제공하면 질병이 호전되었다. 이 연구팀은 자신을 대상으로 한 연구도 실시하였다. 자신에게 펠라그라 환자의 혈액을 주사하거나 상처부위의 딱지를 넣은 캡슐을 먹었을 때 펠라그라에 걸리지 않았다. 펠라그라의 원인이 비타민 B군인 니아신 결핍으로 밝혀진 것은 Goldberger 박사가 사망한 이후이다. 자세한 내용은 history.nih.gov/exhibits/Goldberger/를 참조할 것.

위약(placebo) 실험물질(처치)처럼 보이는 가짜 물질(처치). 연구 참여자가 실험군인지 대조군인지를 모르게 하기 위해 사용된다.

위약효과(placebo effect) 'Placebo'라는 용어는 '부탁합니다'를 뜻하는 라틴어에서 파생되었다. 대조군이 설명할 수 없는 변화를 경험했을 때 위약효과가 나타났다고 한다. 위약효과는 연구 중인 치료와 연계되어 또는 단순히 피험자의 생각 때문에 나타날 수 있다. 따라서 연구자들은 연구 결과를 해석할 때 위약효과에 주의를 기울여야 한다.

생각해 봅시다

수천년 동안 사람들은 채소는 풍부하고 동물성 식품이 적은 식단을 섭취하여 왔다. 이런 식단을 현대인의 식단과 비교하면, 지방 함량은 더 낮고 식이섬유 함량은 더 높다. 역사를 통틀어 보면 어떤 식단이 더 나은지를 말할 수 있을까? 그렇지 않다면 식단의 우월성을 따져 볼 수 있는 신뢰할 수 있는 방법에는 어떤 것이 있을까?

군 사이에서 관찰되는 모든 차이가 실제로 실험처리에 따른 것임을 밝히는 데 유리하다. 단일맹검만 가능한 경우도 있다. 이런 경우에는 연구 대상자만 실험군인지 대조군인지를 모르게 된다. 영양학에서 맹검 연구를 실시하는 것은 매우 힘들다. 왜냐하면 위약 식품이나 메뉴를 만드는 것이 어렵기 때문이다.

역학 연구 결과에 기반하여 만들어진 가설을 이중맹검 연구로 검증할 필요가 있음을 보여주는 좋은 예가 있다. 주로 사례-대조군 연구를 사용하는 역학자들은 과일과 채소를 규칙적으로 섭취하는 흡연자들이 그렇지 않은 사람들에 비해 폐암 발생 위험이 더 낮음을 보여주었다. 이 결과에 따라 과일과 채소에 있는 베타카로틴(비타민 A 전구체인 노란 색깔의 색소)이 흡연으로 인한 폐 손상 및 폐암의 위험을 낮출 것이라는 가설이 세워졌다. 그러나 실제로 흡연을 많이 하는 사람들을 대상으로 한 이중맹검 연구에서는 베타카로틴 보충제를 섭취하면 그렇지 않은 경우에 비해 오히려 폐암 발생 위험이 더 높아지는 결과가 나왔다. 베타카로틴을 제공하는 시점이 너무 늦어서 장기 흡연자의 폐암 예방 효과를 나타내지 못한 것이라고 비판하는 연구자들도 있었으나, 베타카로틴이 암 발생의 위험을 높일 수 있음은 부인하지 못하였다. 이 결과가 보고된 직후, 베타카로틴 보충제를 이용하는 정부 주도 대규모 연구과제가 중단되기도 하였다. 베타카로틴은 폐암을 예방하지 못하는 것으로 판단되었으나, 과일과 채소에는 예방 효과를 제공하는 다른 성분이 있을 수 있으므로 이에 대한 향후 연구가 필요하다.

▶ 다음은 믿을만한 건강과 영양 정보를 제공하는 웹사이트이다.
www.nutrition.gov
www.eatright.org
www.webmd.com

가족, 친구 및 주변 사람들이 제공하는 건강이나 영양에 관한 충고도 과학적으로 연구되기 전까지는 가치를 인정할 수 없다. 그 이전에는 그 물질이나 방법이 정말로 효과적인지를 알 수 없다. "비타민 C를 먹어서 감기에 덜 걸린다"고 하는 사람들은 감기의 수많은 증상은 별다른 처치 없이도 바로 사라진다는 사실, 보충제가 효과적이기를 기대하는 위약효과가 있다는 사실, 그리고 비타민 C의 치료 효과는 원인이 아니고 우연인 경우가 더 많다는 사실을 간과한 것이다. 과학적 방법론 그리고 과학적 근거 평가의 기준과 제한점을 제대로 이해하지 못하면 건강, 영양, 질병에 대한 잘못된 정보를 믿게 된다. 신뢰할 만한 과학적 근거로 입증되지 않은 치료법을 이용하면 건강을 손상시키고 치료를 지연시켜 건강에 해로울 수 있다.

연구 결과에 대한 동료 평가

동료 평가 학술지(peer-reviewed journal) 연구를 직접 수행하지 않은 다른 학자들이 이 연구가 신중히 계획되고 수행되었으며, 제시된 결과는 비뚤림이 없이 목적한 바에 따라 수행되었음을 인정한 후에만 연구를 발간하는 학술지. 즉, 이런 연구는 동료 연구자들에 의해 인정된 것이다.

연구가 종료되면 과학자들은 연구 결과를 정리하여 과학 저널을 통해 보고하게 된다. 표 1.7은 과학 저널에 보고되는 내용을 목록화한 것이다.

표 1.7 연구 논문 탐색

초록: 연구를 요약한다.
서론: 간략한 연구 배경과 논리를 제공한다; 연구의 목적을 기술한다.
방법: 누가 연구에 참여하였는지('샘플'이라고도 부름), 어떻게 연구가 수행되었는지('연구 디자인'이라고도 부름), 그리고 지표가 어떻게 측정, 수집, 분석되었는지를 기술한다.
결과: 연구에서 밝혀진 것이 무엇인지를 설명한다. 표와 그림을 포함할 수 있다.
토론: 연구 결과를 이전 연구와 비교한다; 연구의 제한점과 강점을 기술한다; 결론을 도출하고 앞으로의 연구 방향을 제안한다.
참고문헌: 연구의 배경을 작성, 논리의 기술, 방법 도출, 결과를 논의할 때 사용된 연구들이다.

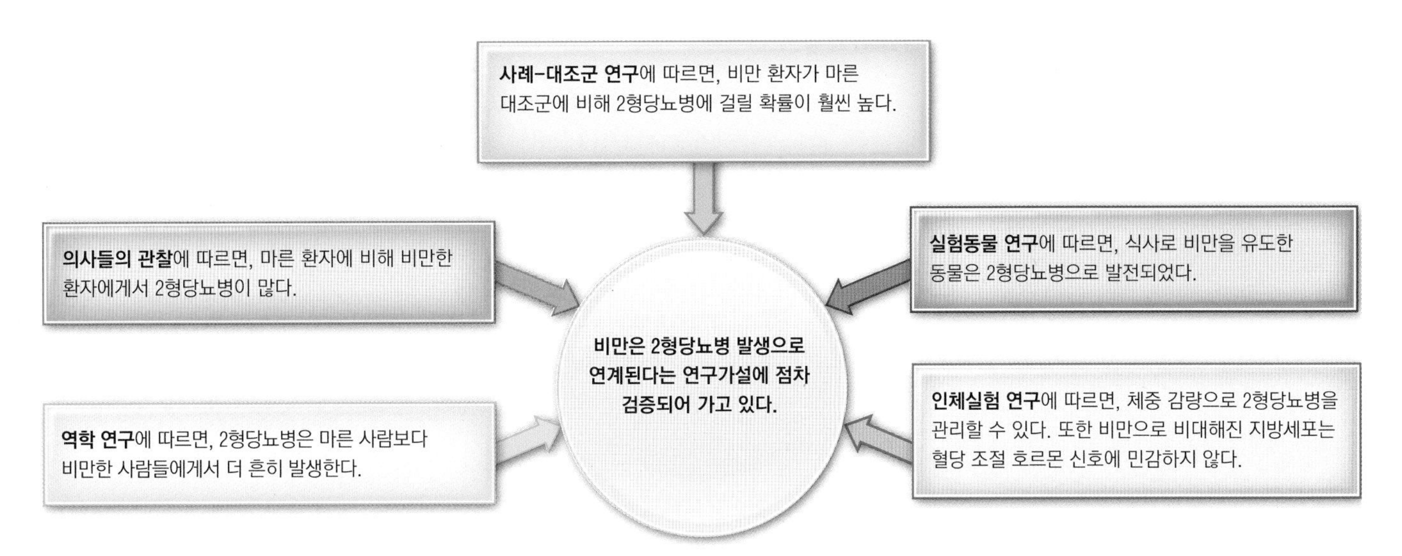

그림 1.13 다양한 출처의 데이터를 종합하여 연구 가설을 입증할 수 있다. 이 도표는 비만이 2형당뇨병을 유발한다는 가설을 입증하기 위해 다양한 유형의 연구 데이터가 어떻게 사용되는지를 보여준다.

과학 연구의 결과는 과학 저널에 게재되기 전에 해당 주제에 정통한 과학자가 제출된 논문을 평가한다. 이런 동료 평가의 목적은 주의 깊게 디자인되고 실행된 연구로부터 얻은 편중되지 않고 객관적인 결과만 논문으로 발표되도록 하는 것이다.

대부분의 과학적 연구는 연구 결과에 대해 큰 기대를 가지고 있는 정부, 비영리 단체, 제약회사, 기타 사기업 등으로부터 지원을 받아 수행되기 때문에 동료 평가는 중요한 과정이다. 연구를 수행하는 과학자가 연구비를 지원하는 기관의 영향을 받지 않고 공평하게 결과를 내는 것이 중요하며, 동료 평가는 연구자들이 최대한 객관성을 유지하도록 돕는다. 〈American Journal of Clinical Nutrition〉, 〈New England Journal of Medicine〉, 〈Journal of the American Dietetic Association〉 등 그리고 국내의 〈한국영양학회지〉, 〈대한지역사회영양학회지〉, 〈한국식품과학회지〉, 〈한국식품영양과학회지〉 등은 모두 **동료 평가 학술지**(peer-reviewed journal)로 이에 게재된 정보는 일반 대중잡지나 TV 정보, 웹사이트보다 훨씬 더 신뢰할 수 있다.

저명한 저널과 주요 대학에서 배포하는 보도 자료는 대중매체에서 다루는 정보의 주요 출처가 된다. 안타깝게도 보도 자료는 연구 결과를 단순화하여 발표하는 것이 보통인데, 이러한 이유로 언론에서 왜곡되거나 과장되는 경우가 생긴다. 그러므로 논문을 인용한 기사들을 보거나 들을 때에는 해당 논문을 직접 읽어 연구 결과가 유효한 것인지를 스스로 확인하는 것이 가장 좋다.

추적조사 연구

잘 설계된 연구계획서에 따라 수행되었고, 연구 결과가 동료 평가 학술지에 발표되었다 할지라도 한 번의 연구 결과만으로 특정한 가설이 입증되었다고 할 수 없고, 영양 권장의 근거로 충분하다고 할 수도 없다. 한 연구실에서 얻어진 결과는 다른 연구실의 다른 환경에서도 확인되어야 한다. 그래야만 연구 결과는 신뢰받고 사용될 수 있다. 가설을 지지할 수 있는 근거가 많을수록 신뢰도는 높아진다(그림 1.13). 새로운 아이디어를 사실로 받아들일 때에는 근거 자료를 충분히 수집할 수 있도록 서두르지 않는 것이 중요하다.

체계적 문헌고찰(systematic review). 구체적인 주제 또는 연구 질문에 초점을 맞춘 종합 연구.

Evidence Analysis Library(EAL). 임상적 결정을 가이드하기 위해 영양학계에서 수행하는 체계적 문헌고찰의 출처.

e-Library of Evidence for Nutrition Action (eLENA). 세계 각국에서 효과적인 영양중재, 정책, 프로그램을 수행하는데 도움이 되는 체계적 문헌고찰의 출처.

Cochrane Collaboration. 영양 관리 결정을 위한 체계적 문헌고찰의 출처.

체계적 문헌고찰

많은 연구 논문들이 매일 쏟아져 나오고 있으므로 최신 연구 동향을 상시 파악하는 것이 쉽지 않다. 각기 다른 연구 결과들을 비교하고 어떤 연구 결과가 가장 유용한가를 결정하려면 많은 시간이 걸린다. 그러나 건강 전문가들이 최신 연구에 근거하여 올바른 임상적 결정을 내리려면 이런 시간과 수고의 투자는 중요하다. 다행히 몇 개 기관들은 체계적 문헌고찰을 실시하여 보고하고 있다.

체계적 문헌고찰(systematic review)을 하려면 훈련된 전문가가 특정 주제나 연구 논의에 집중하여 참고문헌들을 찾고, 주요 연구 결과를 정리하며, 각 연구의 질을 평가하고, 각 근거를 비교·대조하여 가장 확실하고 가장 관련성 높은 연구를 중심으로 결론을 이끌어내야 한다. 예를 들어, 세계보건기구(WHO)는 체계적 문헌고찰을 수행한 결과를 바탕으로, 아동의 혈압 조절을 위해서 식사에서 칼륨은 높이고 나트륨은 줄여야 한다는 결론을 제시하였다. 영양사와 건강 전문가들은 환자를 가장 잘 도울 수 있는 임상적 방법을 결정하는 데 체계적 문헌고찰을 이용할 수 있다.

특별히 영양 전문가들에게 유용한 체계적 문헌고찰을 수행하는 기관으로는 Academy of Nutrition and Dietetics의 **Evidence Analysis Library**(EAL)가 있다. EAL의 목표는 임상영양과 관련된 결정을 가이드하여 환자의 상태를 호전하는 것이다. 미국 농무성 산하의 EAL은 가장 효과적인 영양 프로그램/정책인 식사지침을 개발하고 시행하는 데 필요한 과학적 근거를 제공하고 있다. 세계보건기구에서 결정하는 영양전략의 근거를 모은 전자 라이브러리 **e-Library of Evidence for Nutrition Action**(eLENA)은 세계 각국에서 효과적인 영양 중재를 발굴하고 시행하는 것을 돕기 위해 지침서를 제공하고 있다. **Cochrane Collaboration**은 국제 네트워크로 건강 전문가, 정책 개발자, 그리고 환자를 직접 돌보는 사람들을 도와 올바른 결정을 할 수 있도록 체계적 문헌고찰을 수행하고 있다.

▶ 다음은 영양 관련 체계적 문헌고찰을 검토할 수 있는 사이트이다.

Evidence Analysis Library (EAL)
andeal.com
USDA Nutrition Evidence Library www.fns.usda.gov/nutrition-evidence-library-about
Library of Evidence for Nutrition Actions (eLENA)
www.who.int/elena
Cochrane Collaboration
www.cochrane.org

확인합시다!

1. 과학적 연구가 증명되기 위해서는 어떤 요소들이 필요한가?
2. 단일맹검과 이중맹검 연구의 차이점은 무엇인가?
3. 동물모델은 무엇인가?
4. 동료 평가 학술지(peer-reviewed journal)는 무엇인가?
5. 체계적 문헌고찰은 어떻게 사용되는가?

1.6 기능성 표시 제품의 평가

대중매체와 광고를 통해 기능성 표시를 볼 수 있다. 기능성 표시의 진위를 평가하는 것은 쉽지 않다. 다음에 제시한 내용을 참고하면 기능성 표시를 건전하고 논리적으로 판단할 수 있다.

1. 이 책에서 다루고 있는 영양학적 기본원칙을 적용할 때 일치하지 않는 부분이 있는가?
2. 만일 일치하지 않는 부분이 있다면, 다음을 확인한다.
   - 광고에서 장점만 부각시키고, 혹시 나타날 수 있는 단점은 무시되었는가?
   - 신규 또는 '신비로운' 과학 발견이라고 주장하는가?
   - 질병을 '치료'한다고 주장하는가?
   - 사실이라고 믿기에 너무 과장된 주장인가?
   - 의사, 간호사, 영양사, 그리고 기타 전문가들은 증명된 기술을 사용하여 환자를 치료하며 믿을만한 처치를 부인하지 않는데, 이런 의료계나 관습적인 의료처치에 반하는 극단적인 편견이 주장되고 있는가?
3. 기능성 표시를 제안한 개인, 기관, 출판물의 과학적 수준을 살펴본다. 대체로 영양, 의료, 또는 이와 관련된 분야의 프로그램을 제공하는 국내외에서 인정받는 대학, 연구소, 또는 의료기관에 속한 사람들에 의한 주장이라면 신뢰할 만하다.
4. 기능성 표시를 뒷받침하는 연구 자료가 인용 되었다면, 연구의 규모와 기간을 살펴본다. 규모가 클수록, 연구 기간이 길수록 신뢰도가 높아진다. 연구의 유형이 역학 연구, 사례-대조군 연구, 또는 맹검 연구인지 검토한다. '기여하다', '연계되어 있다', '관련 있다'는 것은 '원인(cause)'을 의미하지 않음을 명심한다. 체계적 문헌고찰로 표시를 평가하였는지를 확인한다. 신뢰도가 높고, 동료 평가 학술지에 실린 논문을 근거 자료로 사용하고 있는가? 개인의 경험, 신뢰도가 낮은 저널, 거의 믿을 수 없는 극적인 결과, 과학자들이 수행한 근거 자료가 부족한 지를 확인한다.
5. 최신 연구 결과를 다룬 기자회견이나 과대광고를 조심한다. 과학적 연구가 더 진행되면서 이 연구 결과가 역전될 수 있기 때문이다.

▶ 잘못된 영양 정보를 알아내는 10가지 적신호

1. 속전속결 약속
2. 단일 제품 또는 요법의 위험에 대한 심각한 경고
3. 너무 듣기 좋은 주장들
4. 복잡한 연구에서 도출된 간략한 결론
5. 단일 연구에 기초한 권장사항
6. 명망 있는 과학 단체나 체계적 문헌고찰에 의해 반박되는 극적인 주장
7. '좋은' 그리고 '나쁜' 식품 목록
8. 제품 판매에 도움을 주기 위해 만든 권장사항
9. 동료 평가 없이 게재된 연구를 기반으로 하는 권장사항
10. 개인 또는 그룹 간의 차이를 무시한 연구를 기반으로 하는 권장사항

기능성 식품의 구입

인기 있는 기능성 식품에는 근육 강화, 성기능 증대, 에너지 부양, 체지방 감소, 면역 강화, 영양소 보충, 수명 연장, 그리고 두뇌기능 증진 등이 표시되어 있다. 광고에서 이야기하는 놀라운 효과를 기대하며 제품을 구매하고 있으나, 실제로 과학자들에 의해 효능이 철저히 확인된 제품은 드물다.

언급된 효능이 없을 수도 있고, 제품에 표시된 섭취량과 효능이 근거 없는 내용일 수도 있다.

1994년 미국에서는 식품법에 상당한 변화가 생겼다. 1994년 제정된 식사보충제 건강교육

▶ 아래 웹사이트는 영양/기능표시를 평가하는 데 도움을 줄 수 있다.

www.acsh.org
www.quackwatch.com
ods.od.nih.gov
www.fda.gov
www.eatright.org

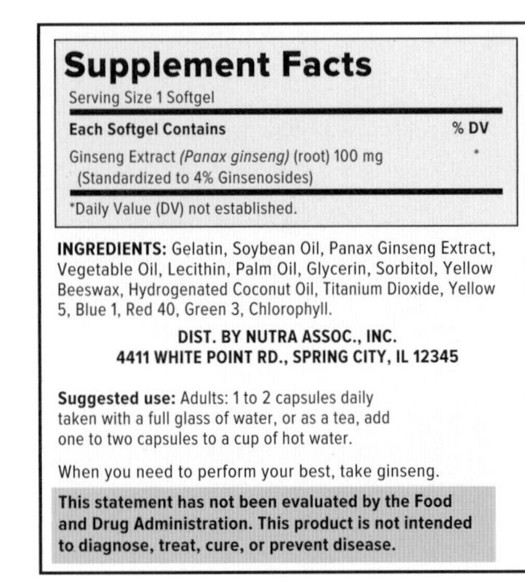

Supplement Facts

Serving Size 1 Softgel

Each Softgel Contains	% DV
Ginseng Extract *(Panax ginseng)* (root) 100 mg (Standardized to 4% Ginsenosides)	*

*Daily Value (DV) not established.

INGREDIENTS: Gelatin, Soybean Oil, Panax Ginseng Extract, Vegetable Oil, Lecithin, Palm Oil, Glycerin, Sorbitol, Yellow Beeswax, Hydrogenated Coconut Oil, Titanium Dioxide, Yellow 5, Blue 1, Red 40, Green 3, Chlorophyll.

DIST. BY NUTRA ASSOC., INC.
4411 WHITE POINT RD., SPRING CITY, IL 12345

Suggested use: Adults: 1 to 2 capsules daily taken with a full glass of water, or as a tea, add one to two capsules to a cup of hot water.

When you need to perform your best, take ginseng.

This statement has not been evaluated by the Food and Drug Administration. This product is not intended to diagnose, treat, cure, or prevent disease.

그림 1.14 FDA는 주황색으로 강조된 내용을 식사보충제의 표시에 반드시 명기하도록 하고 있다.

VStock LLC/Tanya Constantine/Tetra Images/Getty Images

법(Dietary Supplement Health and Education Act, DSHEA)은 비타민, 무기질, 아미노산, 그리고 천연물을 '식품'으로 분류하여 미국 식품의약품안전청(FDA)이 식품첨가물 또는 의약품으로 규제하지 못하도록 하였다. 이 법에 따르면 제조사는 식사보충제의 안전성을 증명할 필요가 없으며, 오히려 FDA가 안전성에 문제가 있음을 증명할 수 있을 때에만 판매를 불허할 수 있다. 반면, 식품첨가물이나 의약품은 FDA로부터 판매를 허가받기 전에 안전성이 철저히 증명되어야 한다. 그러나 최근 FDA는 안전하지 않은 성분이 식사보충제로 판매되지 않도록 부단히 노력하여 이제는 새로운 식사보충제는 판매하기 전에 FDA에 통보하도록 하는 방법으로 식사보충제의 안전성을 증진시키고 있다.

식사보충제(또는 허브제품)로 표시된 제품은 안전하게 사용된 이력이나 사용조건대로 사용하면 안전하다고 하는 근거가 있다면 FDA 허가 없이 판매될 수 있다. 마황(ephedra)과 DMAA가 질병이나 사망과 관련이 있다는 보고에 근거하여 사용 금지된 것처럼 제품의 안전성에 문제가 있다고 판단되는 경우에는 FDA가 판매 금지 결정을 내릴 수 있다. 기능성 표시의 근거가 모호하거나 증명되지 않은 경우도 있다. 예산과 규제 제한 때문에 기능성 표시에 대한 FDA의 관리는 제한되어 있다. 그러나 기능성 표시에 대한 새로운 방법이 계속 구상되고 있다. 예를 들어, 광고가 기만적이지 않도록 규제하는 연방무역위원회(Federal Trade Commission, FTC)는 광고에 사용되는 의심스러운 표시를 조사할 수 있다. 또한 식사보충제 산업들도 자체 감시체계를 발전시키고 있다.

건강을 보호하기 위해 기능성 식품의 표시를 세심히 살피고, 표시된 내용이 과학적 근거를 갖추었는지 꼼꼼하게 확인하여야 한다. 제품에 표시되지 않은 기능성을 광고에 사용하는 경우에는 더 의심을 가져야 한다. 미국에서 식사보충제에 표시를 허용하는 기능성 범위는 일반적인 웰빙, 영양소 결핍증과 관련된 이점, 그리고 신체의 구조 및 기능 유지에 미치는 영향 정도이다. 신체의 구조/기능과 관련된 표시의 예로는 "뼈 건강을 유지한다", "혈액순환을 개선한다"를 들 수 있다. 이런 기능을 표시할 때에는 FDA 검토를 거친 것이 아니라는 것도 반드시 함께 표시하여야 한다(그림 1.14). 그럼에도 불구하고 FDA가 모든 제품을 철저히 검토하고 있다고 인식하는 소비자들이 많다.

우리나라에서는 건강기능식품의 안전성 확보 및 품질향상, 건전한 유통과 판매를 도모하여 국민건강증진 및 소비자 보호를 목적으로 2002년 「건강기능식품에 관한 법률」이 제정되었고, 2003년 시행된 이래 연구사업과 제도개선으로 계속 발전되고 있다. 미국과 달리 우리나라는 식사보충제의 품질, 안전성, 기능성 표시의 건전성을 입증하는 책임을 산업체가 갖도록 하였으며, 식품의약품안전처는 산업체가 제출한 자료를 검토하여 사전 인정하는 책임과 권한을 갖도록 하였다. 따라서 기능성 원료로 고시되지 않은 원료에 대해서도 영업자가 제시한 안전성과 기능성에 대한 근거가 타당할 경우 건강기능식품의 지위를 부여하는 개별인정제도가 가능하게 되었다.

사례연구 후속

Lane Oatey / Blue Jean Images/Getty Images

미국 FDA는 식사보충제에 대한 규제가 거의 없다. '에너지 증가'라는 일반적인 문구는 **구조/기능표시**(structure/function claim)에 해당하며, 이 경우에는 FDA의 사전 인정이 필요하지 않다. 더욱이 식사보충제의 안전과 효능을 모두 평가하지 않게 된다. FDA는 건강에 해로운 식사보충제를 회수하는 것도 쉽지 않다. 식사보충제가 광고한 함량을 거의 함유하지 않을 우려도 있다.

확인합시다!

1. 기능성표시가 진실된 것인지를 판단하는 5가지 팁은 무엇인가?
2. 미국 DSHEA는 식사보충제 규제를 어떻게 바꾸었는가?

참고문헌

1. U.S. Department of Agriculture, U.S. Department of Health and Human Services. Dietary Guidelines for Americans, 2020–2025, 9th Ed. 2020. dietaryguidelines.gov.
2. GBD 2017 Diet Collaborators. Health effects of dietary risks in 195 countries, 1990-2017: a systematic analysis for the Global Burden of Disease Study 2017; Lancet. 2019;393:1950.
3. Centers for Disease Control and Prevention. Leading causes of death. 2020; cdc.gov/nchs/fastats/leading-causes-of-death.htm.
4. Keadle SK and others. Causes of death associated with prolonged TV viewing: NIH-AARP diet and health study. Am J Prev Med. 2015;49:811.
5. Slawson DL and others. Position of the Academy of Nutrition and Dietetics: The role of nutrition and health promotion and chronic disease prevention. J Acad Nutr Diet. 2013;113:972.
6. USDA National Nutrient Database for Standard Reference 29. 2019; www.ars.usda.gov/main/site_main.htm?modecode=12-35-45-00.
7. Food and Nutrition Board. Dietary Reference Intakes for energy, carbohydrate, fiber, fat, fatty acids, cholesterol, protein, and amino acids. Washington, DC: Food and Nutrition Board; 2002.
8. U.S. Food & Drug Administration. Trans fat. 2018; https://www.fda.gov/food/food-additives-petitions/trans-fat
9. Crowe KM, Francis C. Position of the Academy of Nutrition and Dietetics: Functional foods. J Acad Nutr Diet. 2013;113:1096.
10. Zhang YJ and others. Antioxidant phytochemicals for the prevention and treatment of chronic diseases. Molecules. 2015;12:21138.
11. Cheng Y-C and others. Polyphenols and oxidative stress in atherosclerosis-related ischemic heart disease and stroke. Oxid Med Cell Long. 2017;8526438.
12. Volpe S. Fruit and vegetable intake and prevention of disease. ASCM Health Fit J. 2019;23:31.
13. Melini F and others. Health-promoting components in fermented foods: An up-to-date systemic review. Nutrients. 2019;11:1189.
14. Institute of Medicine. Dietary Reference Intakes for energy, carbohydrate, fiber, fat, fatty acids, cholesterol, protein, and amino acids (macronutrients). Washington, DC: National Academies Press; 2005.
15. Centers for Disease Control and Prevention. Adult obesity facts. 2020; cdc.gov/obesity/data/adult.html.
16. Freeland-Graves JH, Nitzke S. Position of the Academy of Nutrition and Dietetics: Total diet approach to healthy living. J Acad Nutr Diet. 2013;113:307.
17. Tholin S and others. Genetic and environmental influences on eating behavior: The Swedish Young Male Twins Study. Am J Clin Nutr. 2005;81:564.
18. USDA, Economic Research Service. Food prices and spending. 2020; ers.usda.gov/data-products/ag-and-food-statistics-charting-the-essentials/food-prices-and-spending.aspx.
19. U.S. Department of Health and Human Services. Development of the National Health Promotion and Disease Prevention Objectives for 2030. 2020; www.healthypeople.gov/2020/About-Healthy-People/Development-Healthy-People-2030.
20. U.S. Department of Health and Human Services. Healthy People 2030 Framework. 2021; health.gov/healthypeople.
21. Centers for Disease Control and Prevention. Life expectancy. 2017; www.cdc.gov/nchs/fastats/life-expectancy.htm.
22. Academy of Nutrition and Dietetics. Evidence Analysis Library. 2020; andeal.org/ncp.
23. Camp KM, Trujillo E. Position of the Academy of Nutrition and Dietetics: Nutritional genomics. J Acad Diet Nutr. 2014;114:299.
24. Murgia C and Adamski MM. Translation of nutritional genomics into nutrition practice: the next step. Nutr. 2017;9:4.
25. Vitti JJ and others. Human evolutionary genomics: Ethical and interpretive issues. Trends Genet. 2012;28:137.
26. Goralczyk R. Beta-carotene and lung cancer in smokers: Review of hypotheses and status of research. Nutr Cancer. 2009;61:767.
27. United States Food and Drug Administration. Dietary supplements, 2019; www.fda.gov/food/dietary-supplements.
28. 보건복지부, 한국영양학회, 2020 한국인 영양소 섭취기준

15 Kcal

27 Kcal

56 Kcal

식품의 에너지와 영양소 함량을 분석하는 것은 식사 기준과 지침을 만드는 중요한 단계이다. 농식품 올바로 – 국가표준식품성분표 검색(rda.go.kr)에서 식품의 영양소 함량에 대해 더 알아보자.

2 건강한 식사를 위한 도구

학습목표

01. 영양소 섭취기준(Dietary Reference Intake, DRI)의 목표와 구성 요소[평균필요량(Estimated Average Requirement), 권장섭취량(Recommended Nutrient Intake 또는 Recommended Dietary Allowance), 충분섭취량(Adequate Intake), 상한섭취량(Tolerable Upper Intake Level), 에너지필요추정량(Estimated Energy Requirement), 에너지적정비율(Acceptable Macronutrient Distribution Range), 만성질환위험감소섭취량(Chronic Disease Risk Reduction Intake)]

02. 영양성분 기준치(Daily Value)와 영양소 섭취기준의 비교 및 영양표시에 적용

03. 식품 포장에 사용되는 영양표시와 기능성 표시

04. 영양소 데이터베이스 자료의 사용과 한계

05. 한국인을 위한 식생활지침과 예방 및 감소하고자 하는 질병

06. 식사구성안과 이를 이용한 식사 계획

07. 다양성, 균형성, 적절성, 영양밀도, 에너지밀도의 개념에 기초한 건강한 식사 계획 개발

개요

영양은 미디어에서 인기 있는 주제로, 최신 연구 결과가 뉴스에서 주요 기사가 된다. 잡지, 웹사이트, 책자는 체중감량 또는 식사개선을 위한 '최신' 동향을 받아들이라고 계속 말한다. 그러나 미디어에서 제공하는 정보를 따를지가 의문이다. 이럴 때에는 동료평가를 거친 연구나 전문가가 추천한 것인지 확인하면 도움이 된다. 이 밖에도 어떤 지침을 따를지를 결정할 때 그리고 건강한 삶을 유지하고 향후 식인성 질환의 발생 위험을 최소화하는 식사패턴을 계획할 때 도움을 받을 수 있는 영양 연구와 평가방법에 기초한 유용한 도구와 지침이 많이 있다.

건강한 식사를 계획할 때 사용할 수 있는 도구에는 우선 영양소 섭취기준(Dietary Reference Intake)이 있다. 영양소 섭취기준은 적절한 건강을 유지하기 위해 필요한 영양소 함량을 제시한다. 영양성분 기준치, 영양표시, 영양소 데이터베이스, 영양밀도, 에너지밀도 등을 사용하면 여러 영양소의 권장량을 충족시키기에 적합한 식품을 선택하는 데 도움이 된다. 식생활지침은 건강을 유지하고 영양과 관련된 만성질환의 위험을 감소시키기 위해 지켜야 하는 주요 사항을 기술하고 있다. 마지막으로 식사구성안은 선호하는 식품을 선택하면서 건강한 식사패턴을 유지하는 데 사용되는 손쉬운 도구이다.

건강한 삶의 열쇠는 이러한 기본적인 식사 계획 도구를 잘 아는 데 있다. 이런 것을 잘 이해하게 되면, 왜 과학자들이 적절한 건강을 얻으려면 균형 있게 먹고, 다양한 식품을 소비하며, 적당량 섭취하고, 활발히 운동하도록 권유하는지 알게 될 것이다.

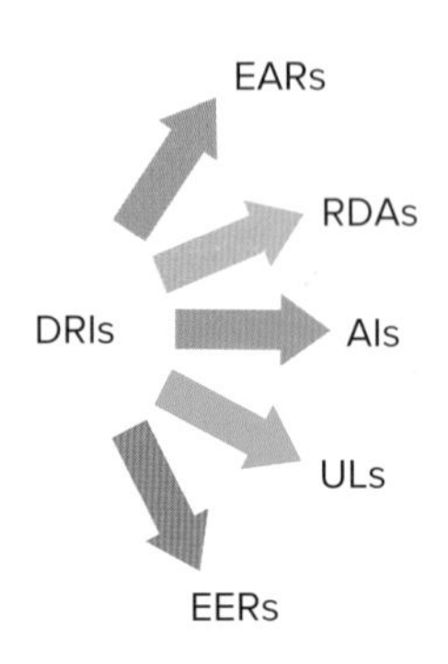

영양소 섭취기준(DRIs)은 평균필요량(EARs), 권장섭취량(RDAs), 충분섭취량(AIs), 상한섭취량(ULs), 에너지필요추정량(EERs), 만성질환위험감소섭취량(CDRRs)으로 구성된다.

영양소 섭취기준(Dietary Reference Intakes, DRIs) 미국의 의학연구원(Institute of Medicine)에 속한 식품영양위원회(Food and Nutrition Board)와 국립과학원(National Academy of Science)에 의해 만들어진 영양소 권고량. 평균필요량(EARs), 권장섭취량(RDAs), 충분섭취량(AIs), 에너지필요추정량(EERs), 상한섭취량(ULs)을 포함한다.

평균필요량(Estimated Average Requirements, EARs) 각 영양소의 필요량의 중앙값으로 각 생애주기에 속한 인구집단 50%의 필요를 충족하도록 추정된 영양소 섭취량.

권장섭취량(Recommended Nutrient Intakes, RNIs 또는 Recommended Dietary Allowances, RDAs) 특정 생애주기에 속한 97~98%의 개개인의 필요를 충족하기에 충분한 영양소 섭취량.

충분섭취량(Adequate Intakes, AIs) 권장섭취량을 추정하기 위한 과학적인 근거가 부족한 영양소에 대한 섭취량. 대상 인구집단의 정의된 영양 상태를 유지하기 위한 섭취량의 추정값.

상한섭취량(Tolerable Upper Intake Levels 또는 Upper Levels, ULs) 생애주기별 집단에서 거의 대부분의 사람이 건강에 유해한 영향을 받지 않는 장기적인 1일 최대 영양소 섭취량.

에너지필요추정량(Estimated Energy Requirements, EERs) 각 생애주기 집단의 평균적인 사람의 에너지 사용량을 충족하는 에너지섭취량(kcal)의 추정값.

에너지 적정비율(Acceptable Macronutrient Distribution Ranges, AMDRs) 필수영양소의 권장섭취 수준은 충족하면서 만성질환의 위험을 경감시키는 에너지의 분율로 제시된 다량영양소 섭취량의 범위.

2.1 영양소 섭취기준

영양불량으로 제2차 세계대전에 참전하지 못하는 사람이 많아지고 1930~1940년대에 영양결핍성 질병이 밝혀지고 보고되기 시작하면서 과학자들은 권장식사 섭취량이 필요함을 인식하게 되었다. 그 결과 1941년에는 기존의 연구를 고찰하여 최초로 공식적인 식사기준을 제정하기 위해 미국 식품영양위원회(Food and Nutrition Board)가 설립되었다. 이 기준은 대규모 인구집단의 영양상태를 평가하고 농업 생산을 계획하기 위해 만들어졌다. 1943년 첫 번째 기준이 제정된 이후에는 최신 과학 연구 결과를 반영하기 위해 주기적으로 문헌을 고찰하고 기준을 제·개정하였다.

미국 식품영양위원회의 최신 권장기준은 **영양소 섭취기준**(Dietary Reference Intakes, DRIs)이다. 이 기준은 미국과 캐나다 과학자들이 자국민들을 위해 설정한 것이다. 우리나라를 포함하여 호주/뉴질랜드, 일본, 중국 등의 국가는 과학적 기준에 각 나라 고유의 영양 문제를 반영하여 자국민을 위한 영양소 섭취기준을 제·개정하고 있다. 우리나라 영양소 섭취기준은 안전하고 충분한 영양을 확보하는 기준치인 평균필요량(Estimated Average Requirement, EAR), 권장섭취량(Recommended Nutrient Intake, RNI), 충분섭취량(Adequate Intake, AI), 상한섭취량(Tolerable Upper Intake Level, UL), 에너지필요추정량(Estimated Energy Requirement, EER)과 식사와 관련된 만성질환 위험감소를 고려한 기준치인 에너지적정비율(Acceptable Macronutrient Distribution Ranges, AMDR)과 만성질환위험감소섭취량(Chronic Disease Risk Reduction Intake, CDRR)으로 제시된다. 현재 총 40종의 영양소에 대한 영양소 섭취기준이 설정되어 있으며 과학적 근거가 확보되면 계속 늘어날 것이다. 영양소 섭취기준은 연령 및 특정 연령 이후에는 성별로 구분되며, 임신기나 수유부와 같은 생애주기에 따라 다르게 제시된다.

영양소 섭취기준은 생애주기에 따라 다르다. 왜냐하면 영양소 필요량은 연령, 성별(6세 이후 부터)에 따라 다르기 때문이다. 임신 및 수유는 영양소 필요량에 영향을 미친다. 따라서 이 두 단계에 있는 여성들에게는 별도의 영양소 섭취기준을 설정하여 적용한다.

Terry Vine/Blend Images LLC

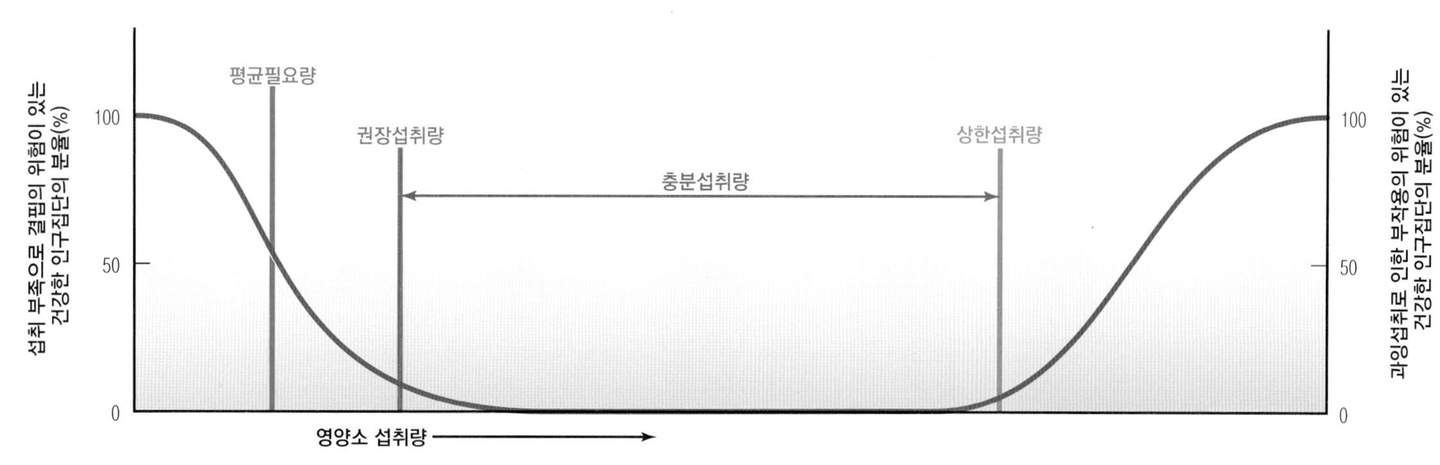

그림 2.1 이 그림은 영양소 섭취기준을 구성하는 4가지 기준 간의 관계와 각 기준을 충족하는 인구집단의 분율을 보여준다.

평균필요량(EAR): 평균필요량 수준으로 섭취한다면, 건강한 한국인 중 50% 정도는 필요량을 충족할 수 있으나 나머지 50%는 필요량을 충족하지 못하게 된다.

권장섭취량(RNI): 권장섭취량 수준으로 섭취한다면, 건강한 한국인 중 97~98%가 필요량을 충족하게 되고 나머지 2~3%만 필요량을 충족하지 못하게 된다.

상한섭취량(UL): 거의 모든 건강한 사람에서 건강상의 위해가 없는 가장 높은 섭취 수준이다. 이 양을 넘어 섭취하게 되면 부작용의 위험으로부터 보호할 수 있는 안전성 범위가 감소하게 된다. 권장섭취량과 상한섭취량 사이의 수준으로 섭취하면, 영양소의 부족과 과잉의 위험이 0%에 가깝게 된다.

충분섭취량(AI): 권장섭취량을 설정할 수 없을 때 권장섭취량 대신 설정된다. 권장섭취량과 상한섭취량 사이의 수준이다. 따라서 충분섭취량은 97~98% 이상의 사람들이 필요로 하는 수준을 충족해야만 한다.

▶ 1941년 5월 국방영양회의(National Nutrition Conference for Defense)가 개최되어 제2차 세계 대전에 참전하는 신병들의 영양 불량 문제를 검토하였다. 회의 결과로 전쟁식량명령 제1호가 만들어져서 의무적으로 모든 밀가루에 티아민, 니아신, 철을 강화하게 되었고 곧이어 리보플라빈도 강화하도록 하였다. 1998년에는 엽산도 강화하였다. 영양강화에 대한 자세한 정보는 www.foodinsight.org를 참조할 것.

U.S. National Archives and Records Administration

우리나라에서는 1962년 FAO 한국협회에서 영양소 10종에 대한 한국인 영양권장량을 설정한 것을 시작으로 한국영양학회는 1995년 제6차 개정을 주도하면서 현재까지 제·개정을 주도하고 있다. 2005년에는 명칭을 한국인 영양권장량에서 한국인 영양소 섭취기준으로 변경하였고, 「국민영양관리법」이 공포됨에 따라 보건복지부가 한국영양학회에 위탁하여 2015년 및 2020년 한국인 영양소 섭취기준을 발간하였다.

평균필요량

평균필요량(Estimated Average Requirements, EARs)은 특정 생애주기에 속한 인구집단 절반의 필요를 충족시킬 것으로 추정되는 1일 영양소 섭취량이다(그림 2.1). 각 영양소의 평균필요량은 섭취량이 적절함을 정확하게 측정하는 과학적인 근거가 있을 때에만 설정된다. 체내 효소 활성이나 정상적인 생리 기능을 유지하기 위해 필요한 영양소의 함량을 평균필요량으로 설정한다. 즉, 영양소 섭취량에 민감하게 반응하는 기능지표와 영양상태를 판정할 수 있는 기준이 있을 때 추정할 수 있다. 모든 영양소의 기능지표가 알려져 있지 않기 때문에 일부 영양소에 대해서는 필요량을 추정할 수 없다. 2020 한국인 영양소 섭취기준에서는 탄수화물의 평균필요량이 새로이 제정되었다. 평균필요량을 설정할 때에는 해당 영양소가 소화기관에서 흡수되지 않는 양을 고려하여 보정한다. 평균필요량은 각 영양소의 필요량의 중앙값으로 각 생애주기에 속한 인구집단 중 50%의 필요를 충족하는 수준이기 때문에 개인의 식사가 적절한지를 평가할 때는 사용할 수 없고, 집단의 식사가 적절한지를 평가할 때에만 사용할 수 있다.

▶ 연령 및 성별에 따른 영양소 섭취기준 정보
(미국) https://www.nal.usda.gov/human-nutrition-and-food-safety/dri-calculator
(한국) https://www.kns.or.kr/FileRoom/FileRoom_view.asp?idx=108&BoardID=Kdr

비타민 C를 예로 들어 평균필요량이 어떻게 설정되는지 알아보자. 괴혈병을 예방하기 위해 비타민 C는 매일 10 mg 정도 필요하다. 그러나 비타민 C는 이 밖에도 다양한 기능을 가지고 있으며, 그중 면역계와 관련된 기능은 매우 중요하다. 면역계 중 특히 백혈구 중 호중구에 함유된 비타민 C 농도가 비타민 C의 기능을 측정하는 지표로 사용될 수 있다. 하루에 비타민 C를 100 mg 섭취하면 호중구가 포화되고 항산화기능은 커지지만, 섭취한 비타민의 약 1/4이 소변으로 손실되었고, 60 mg을 섭취하면 소변으로 손실되지 않으나 항산화 기능이 저하되었다. 따라서 2020 한국인 영양소 섭취기준에서는 건강한 성인 남자의 필요량을 호중구의 비타민 C 최대 농도에 근접하면서 소변으로 손실되지 않는 섭취수준인 하루 75 mg으로 설정하였고 백혈구와 혈장 비타민 C 농도에 남녀차이가 없다는 근거로 여자의 평균필요량도 동일 수준으로 설정하였다.

권장섭취량

권장섭취량(Recommended Nutrient Intakes, RNIs 또는 Recommended Dietary Allowances, RDAs)은 생애주기별 인구집단에 속한 거의 대부분(97~98%)의 개인의 필요를 충족하는 영양소의 섭취량이다. 권장섭취량은 평균필요량의 배수에 근거하여 산출한다(일반적으로 권장섭취량 = 평균필요량 + 2 × 변이계수 × 평균필요량, 예를 들어 변이계수가 0.1이라면 권장섭취량 = 평균필요량 + 2 × 0.1 × 평균필요량 = 평균필요량 + 0.2 × 평균필요량 = 1.2 × 평균필요량). 이런 관계 때문에 평균필요량이 설정된 영양소에만 권장섭취량이 설정될 수 있다. (평균필요량은 필요량을 측정할 수 있는 지표가 있을 때에만 설정할 수 있음을 기억하라.) 권장섭취량을 설정할 때 추가로 고려하는 사항은 영양소는 단순히 결핍증을 예방할 뿐만 아니라 만성질환을 예방할 수 있다는 점이다.

예를 들어, 2020 한국인 영양소 섭취기준에서 비타민 C의 권장섭취량은 평균필요량(20~64세 성인 남녀 모두 75 mg)에 1.3을 곱하여 산출한다.

$$\text{권장섭취량} = \text{평균필요량} + 2 \times \text{변이계수} \times \text{평균필요량}$$

2020 한국인 영양소 섭취기준에서 20~64세 성인 남녀의 평균필요량은 75 mg, 변이계수는 15%, 즉 0.15로 설정되었으므로

$$\begin{aligned}\text{권장섭취량} &= \text{평균필요량} + 2 \times 0.15 \times \text{평균필요량} \\ &= 1.3 \times \text{평균필요량} = 1.3 \times 75\ \text{mg} = 97.5\ \text{mg} \approx 100\ \text{mg}\end{aligned}$$

위와 같이 계산하여 20~64세 성인 남녀 모두 권장섭취량은 100 mg으로 결정하였다. 다른 생애주기 집단을 위한 권장섭취량도 유사하게 설정되었다. 흡연은 체내 과산화를 증가시키고 흡연자에서 혈중 비타민 C 농도가 낮았다는 보고가 있어 미국 식품영양위원회는 흡연자는 해당 생애주기별 권장섭취량에 추가로 하루 35 mg을 더 섭취하도록 권장하였다. 흡연자는 보편적으로 비흡연자보다 비타민 C 섭취량이 낮은 식습관을 갖는 경향이 있다. 그러나 실제 흡연자에게 비타민 C를 충분히 섭취하게 한 연구에서 비흡연자와 흡연자간의 산화적 스트레스 변화의 차이를 확인할 수 없었다는 연구 결과 등을 토대로 한국인 영양소 섭취기준에서는 흡연자에게 권장섭취량에 추가량을 권고하지는 않았다. 다만, 흡연자의 경우

식습관에 유의하여 식사로부터 비타민 C가 부족하지 않도록 해야 한다.

권장섭취량은 일상적인 섭취의 목표가 된다. 비타민 C 섭취량이 권장섭취량을 충족하였는지를 판정하려면, 1주일간 섭취한 비타민 C의 총섭취량을 7로 나누어 1일 평균섭취량을 산출한다. 권장섭취량은 평균적으로 필요한 양보다 높다는 점에 유념한다. 따라서 모든 사람이 권장섭취량만큼 섭취할 필요는 없다. 평균섭취량이 권장섭취량 이하이더라도 여전히 건강하면 그 사람의 필요량은 권장섭취량보다 낮을 수 있다. 그러나 보편적으로 권장섭취량보다 낮게 섭취할 때, 특히 평균필요량보다 낮은 경우에는 영양결핍의 위험이 더 높을 수 있다. 2020 한국인 영양소 섭취기준에서 성인의 경우, 탄수화물, 단백질(필수아미노산 포함), 비타민 A, 비타민 C, 대부분의 비타민 B군, 무기질 9종의 권장섭취량이 설정되어 있다.

충분섭취량

충분섭취량(Adequate Intakes, AIs)은 평균필요량을 추정하기 위한 과학적인 근거가 부족한 경우 대상 인구집단의 건강을 유지하기 위한 충분한 양을 설정한 수치이다. 충분섭취량은 실험연구나 관찰연구를 통해 확인한 생애주기별 건강한 사람들의 영양소 섭취량의 중앙값으로 정한다. 충분섭취량은 권장섭취량을 초과한 값이라고 기대하지만, 대상 집단의 영양소 필요량을 얼마나 충족하는지 실제를 모르기 때문에 대상 집단의 필요량을 97~98% 충족시키는 권장섭취량과는 차이가 있다. 권장섭취량처럼 충분섭취량 역시 개인의 일상섭취량의 목표로 사용할 수 있다. 2020 한국인 영양소 섭취기준에서 성인의 경우, 식이섬유, 지방산(리놀레산, 알파-리놀렌산, EPA + DHA), 수분, 일부 비타민(비타민 D·E·K, 판토텐산, 비오틴), 일부 무기질(나트륨, 염소, 칼륨, 불소, 망간, 크롬)에서 충분섭취량이 설정되어 있다.

상한섭취량

상한섭취량(Tolerable Upper Intake Levels 또는 Upper Levels, ULs)은 생애주기별 집단에서 거의 대부분의 사람(97~98%)이 건강에 유해한 영향을 받지 않는 1일 최대섭취량을 말한다. 이 섭취기준은 장기적인 관점에서 하루 섭취량에 적용할 수 있으며 건강하지만 극히 민감한 사람도 보호할 수 있도록 정해진 것이다. 예를 들어, 성인의 비타민 C 상한섭취량은 1일 2,000 mg인데 이보다 많이 섭취할 경우 위장관장애(설사)나 신장결석을 일으킬 수 있다.

상한섭취량은 일반식품, 식수, 식사보충제, 강화식품에서 유래되는 섭취량을 모두 포함한 기준이다. 다만, 비타민 중 니아신, 무기질 중 마그네슘, 아연, 니켈은 예외이다. 이들의 상한섭취량은 의약품이나 영양보충제에만 적용된다. 왜냐하면 일반식품을 과잉 섭취하여 독성이 발생하는 경우는 거의 없기 때문이다.

상한섭취량은 영양소 섭취의 목표가 될 수 없다. 대신 그 이하로 섭취해야 하는 값으로 유해영향이 나타나지 않는 최대 용량인 최대무해용량(No Observed Adverse Effect Level, NOAEL)과 유해영향이 나타나는 최저 용량인 최저유해용량(Lowest Observed Adverse Effect Level, LOAEL)을 감안하여 설정된다. 상한섭취량은 안전한계치를 고려하여 설정된 것이므로 상한섭취량을 넘었다고 금방 부작용이 나타나는 것은 아니다. 정보가 너무 부족하여 모든 영양소에 상한섭취량을 정하지 못하고 있다. 그러나 정보가 없다는 것이지 독성이 없다는 에너지필요추정량은 에너지필요량에 대한 가이드를 제공하지만, 에너지필요량을 추정하는 데 가장 좋은 척도는 건강 체중을 유지하기 위해 필요한 에너지 수준이다.

의미는 아니다. 더욱이 권장섭취량이나 충분섭취량 이상으로 섭취하면 건강상 부가적인 이익을 얻을 것이라는 명백한 근거도 없다.

에너지필요추정량

영양소의 권장섭취량과 충분섭취량은 건강한 사람 대부분의 필요를 충족시킬 수 있을 만큼 높게 설정된다. 이와는 대조적으로, 에너지에 대해서는 각 생애주기 집단에 필요한 평균 필요량을 뜻하는 **에너지필요추정량**(Estimated Energy Requirements, EERs)을 설정하였다. 비타민, 무기질과 달리 필요량 이상으로 섭취된 에너지(탄수화물, 지방, 단백질, 알코올)는 배설되지 않고 체내 지방으로 축적된다. 따라서 건강 체중을 유지하기 위해서는 에너지필요추정량을 설정하는 데 보다 엄격한 기준이 필요하다. 에너지필요추정량은 추정값이다. 개인의 에너지 필요량 측정에는 기술적인 문제 등의 제한점이 있어 에너지평형을 이룬 상태로 가정하고 에너지 필요량을 에너지 소비량을 이용해 추정하고 있기 때문이다. 또한, 개인에게 필요한 에너지는 에너지 소비량(특히 신체활동에 의한 소비량)이나 생애주기에 따른 성장이나 임신이나 수유(모유 생산을 위한 에너지 필요량) 여부 등에 따라 달라지기 때문이다. 성인의 경우 에너지필요추정량을 결정하는 최적의 척도는 건강 체중을 유지하기 위해 필요한 에너지가다.

만성질환위험감소섭취량

만성질환위험감소섭취량(Chronic Disease Risk Reduction Intake, CDRRs)이란 건강한 인구 집단에서 만성질환의 위험을 감소시킬 수 있는 최저 수준의 영양소 섭취량을 의미한다. 이는 그 기준치 이하를 목표로 섭취량을 감소시키라는 의미가 아니라 그 기준치보다 높게 섭취하는 경우 섭취량을 줄이면 만성질환에 대한 위험을 감소시킬 수 있다는 근거를 중심으로 도출된 섭취기준을 의미한다. 만성질환위험감소섭취량은 과학적 근거가 충분할 때 설정할 수 있다. 영양소 섭취량과 만성질환 간의 인과적 연관성 및 용량 반응 관계에 근거하여 2020 한국인 영양소 섭취기준에서는 나트륨에 대해 설정하였다.

에너지적정비율

에너지필요추정량과 함께 탄수화물, 단백질, 지질(지방, 포화지방산, 트랜스지방산)에 대한 섭취기준으로 **에너지 적정비율**(Acceptable Macronutrient Distribution Ranges, AMDRs)이 있다. 에너지적정비율은 다량영양소로부터 섭취하는 에너지의 바람직한 비율을 범위로 나타낸 것이다. 이 기준은 필수영양소의 권장섭취 수준은 충족하면서 만성질환의 위험을 경감시키고 건강을 유지하기 위한 목적으로 설정되었다. 에너지적정비율은 영양소 섭취기준을 보완해준다. 예를 들어, 성인의 경우 지방의 에너지적정비율은 에너지의 15~30%이다. 1일 평균 섭취하는 에너지가 2,000 kcal라면 지방으로부터 얻는 에너지는 하루 300~600 kcal가 된다. 이 수치를 하루에 섭취하는 지방의 양(g)으로 전환하려면 9 kcal로 나누면 된다. 따라서 2,000 kcal를 섭취하는 식사에서 건강한 식생활을 위한 지방의 섭취기준은 33~67 g이 된다.

영양소 섭취기준의 활용

영양소 섭취기준은 영양 프로그램(예: 영양플러스와 같은 식품지원제도, 학교급식 등), 영양표시, 군대급식, 영양정책(예: 한국인을 위한 식생활지침), 영양연구, 영양상태 모니터링, 영양소 기준 설정, 식사 계획 및 평가 등에 이용된다(표 2.1). 개인의 식사를 계획할 때에는 권장섭취량이나 충분섭취량 충족을 목표로 해야 한다. 또한 상한섭취량을 초과하지 않도록 한다(그림 2.2). 영양소 섭취기준은 건강한 사람들에게 적용할 수 있음도 잊지 말아야 한다. 따라서 영양이 불량한 상태이거나, 질병이 있거나, 또는 영양소 섭취가 더 많이 요구되는 건강상태에서는 이 기준이 적합하지 않을 수 있다.

영양소 섭취기준을 식품의 영양밀도 결정에 활용하기

영양밀도는 개별 식품의 영양의 질을 평가하기 위한 도구이다. 식품의 **영양밀도**(nutrient density)를 결정하려면 해당 식품을 1회 섭취할 때 얻는 영양소(단백질, 비타민, 무기질)의 양을 1일 영양소 섭취기준(예를 들어, 권장섭취량과 충분섭취량)으로 나눈다. 다음으로 1회 섭취할 때 얻는 에너지를 에너지필요추정량으로 나눈다. 그리고 이 두 가지 결과를 비교한다. 어떤 식품이 상대적으로 적은 에너지로 많은 양의 영양소를 제공하면, 영양밀도가 높다고 한다. 영양밀도가 높을수록 해당 영양소의 더 우수한 급원이다. 예를 들어, 오렌지 1개는 비타민 C 70 mg과 에너지 65 kcal를 제공하는데, 이는 20대 여성의 비타민 C 권장섭취량 100 mg의 70%에 해당한다. 반면 에너지는 필요추정량 2,000 kcal의 3.3%에 불과하다. 그러므로 오렌지는 비타민 C의 영양밀도가 높은 식품이라 할 수 있다. 반면 오렌지 1개가 제공하는 칼슘

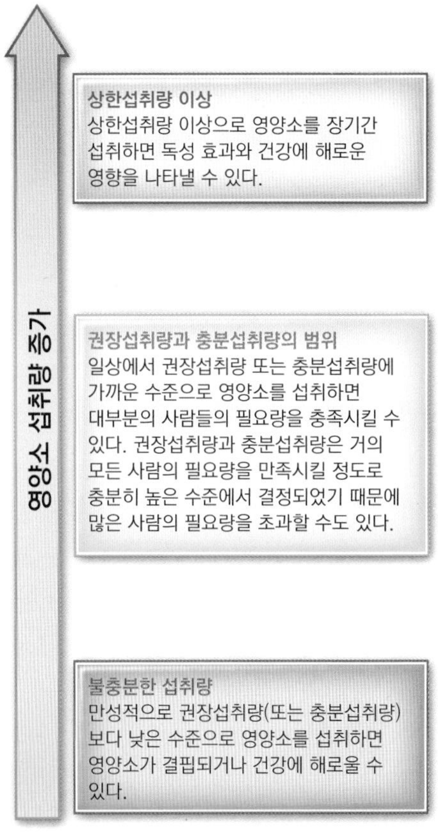

영양소 섭취량 증가

상한섭취량 이상
상한섭취량 이상으로 영양소를 장기간 섭취하면 독성 효과와 건강에 해로운 영향을 나타낼 수 있다.

권장섭취량과 충분섭취량의 범위
일상에서 권장섭취량 또는 충분섭취량에 가까운 수준으로 영양소를 섭취하면 대부분의 사람들의 필요량을 충족시킬 수 있다. 권장섭취량과 충분섭취량은 거의 모든 사람의 필요량을 만족시킬 정도로 충분히 높은 수준에서 결정되었기 때문에 많은 사람의 필요량을 초과할 수도 있다.

불충분한 섭취량
만성적으로 권장섭취량(또는 충분섭취량)보다 낮은 수준으로 영양소를 섭취하면 영양소가 결핍되거나 건강에 해로울 수 있다.

그림 2.2 영양소 섭취기준에 포함된 각 섭취기준을 불충분한 섭취, 건강한 섭취, 과다 섭취에 대해 일직선상에서 생각해보자.

표 2.1 영양소 섭취기준의 사용

기준	사용
평균필요량(EAR)	평균적인 영양소 필요량을 나타낸다. 집단의 식사 평가에만 사용하고 개인에는 적용하지 않는다.
권장섭취량(RNI)	특정 영양소에 대한 개인의 현재 섭취량을 평가할 때 사용한다. 이 수준 이상 또는 이하로 섭취할수록 영양 관련 문제가 더 많이 나타날 수 있다.
충분섭취량(AI)	더 정확한 기준인 권장섭취량을 설정하기 위해 향후 연구가 필요함을 인지하고, 특정 영양소의 현재 섭취량을 평가할 때 사용한다.
상한섭취량(UL)	장기간 동안 부작용이 나타나지 않으면서 매일 섭취할 수 있는 최대 섭취량을 의미한다. 장기간의 만성적 사용에 적용하며, 건강한 집단 중 매우 민감한 사람들도 보호할 수 있는 수준으로 설정되었다. 상한섭취량을 초과하여 섭취량이 증가하면 부작용이 나타날 가능성이 높아진다.
에너지필요추정량(EER)	키, 몸무게, 성별, 나이, 신체활동에 따른 에너지 필요량을 추정하는 데 사용한다.
만성질환위험감소섭취량(CDRR)	만성질환의 위험을 감소시킬 수 있는 최저 수준의 영양소 섭취량을 의미한다. 기준치보다 높게 섭취하는 경우 섭취량을 줄이면 만성질환 위험이 줄어든다는 근거로 도출된 섭취기준을 의미한다.
에너지적정비율(AMDR)	각 다량영양소로부터 얻는 에너지 비율이 제한된 범위에 있는지를 결정할 때 사용한다. 에너지적정비율에서 멀어질수록 영양 관련 만성질환의 위험이 커진다.

Iurii Kachkovskyi/Shutterstock

은 52 mg으로 권장섭취량 700 mg의 7.4%에 불과하므로 칼슘 측면에서는 영양밀도가 낮은 식품이다.

영양소 대 영양소에 기초해서 식품 간 영양밀도를 비교하면 더 영양가 높은 식품을 쉽게 선택할 수 있다. 식품의 영양의 질을 한눈에 보여주기는 더 어렵다. 중요 영양소의 영양밀도 평균과 하루에 필요한 에너지에 대한 비율을 비교하도록 권유하는 일부 학자들도 있다. 예를 들어, 그림 2.3과 같이 무지방우유는 1일 평균 영양밀도가 15%이지만 1일 필요에너지는 4%를 제공한다. 반면 첨가당이 함유된 탄산음료는 평균 영양밀도는 0%이고 에너지는 5%를 제공한다. 그러므로 무지방우유는 탄산음료보다 여러 가지 영양소 측면에서 영양밀도가 훨씬 높다. 탄산음료, 스낵, 쿠키, 사탕과 같이 주로 당류나 지질과 같은 에너지의 함량은 높지만 다른 영양소는 거의 함유하지 않는 식품을 **고에너지저영양 식품**(empty calorie food)이라 한다.

확인합시다!

1. 평균필요량에 기반하여 설정되는 영양소 섭취기준은?
2. 평균필요량을 설정할 수 없을 때 설정되는 영양소 섭취기준은?
3. 1일 최대섭취량을 의미하는 영양소 섭취기준은?
4. 구운 고구마와 감자튀김의 비타민 A와 비타민 C 영양밀도는? 단, 기준은 여러분과 성별과 나이가 같은 사람으로 한다.

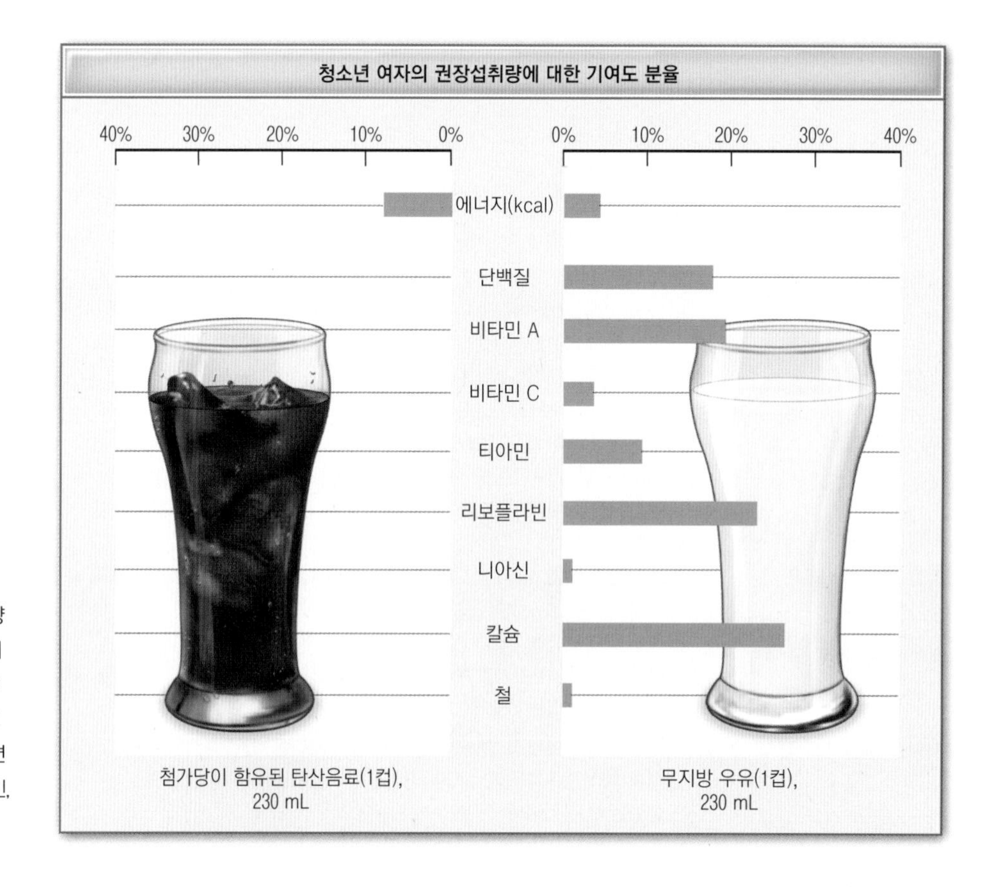

그림 2.3 첨가당이 함유된 탄산음료와 무지방(탈지) 우유의 영양밀도 비교. 탄산음료에 비해 우유는 영양소 섭취 기여도가 유의적으로 높다. 비타민이나 무기질의 기여도를 표시하는 막대의 길이와 에너지 함량을 표시하는 막대의 길이를 비교해보자. 탄산음료의 경우, 에너지보다 기여도가 높은 영양소가 없다. 반면 무지방 우유는 단백질, 비타민 A, 티아민, 리보플라빈, 칼슘의 기여도가 에너지 기여도보다 크다.

2.2 영양성분 기준치

식품에 표시되는 영양표시(Nutrition Facts)를 통해 식품에 함유된 영양성분표(영양소 함량)와 1일 영양성분 기준치(Daily Value, DV)라고 부르는 기준을 비교할 수 있다. 영양성분 기준치는 식품의약품안전처에서 포괄적인 한 가지 기준으로 제시하고 있다. 영양소 섭취기준은 한 가지 영양소에 대해 연령과 성별을 고려한 다양한 기준이 있는데, 실제로 남성과 여성, 성인과 청소년을 달리하여 식품 표시를 할 수 없기 때문이다.

영양성분 기준치는 3세 이상의 어린이 및 성인을 대상으로 설정한다. 만 2세 이하의 유아에 대한 1일 영양성분 기준치를 별도로 마련하고, 1일 영양성분 기준에 없는 영양성분에 대한 기준은 한국인 영양소 섭취기준의 해당 연령 기준치를 따르도록 한다. 따라서 영양성분 기준치는 영양소 섭취기준에 기초하며 표 2.2는 영양성분 기준치이다. 영양학 전문가는 영양성분 기준치가 만들어지는 과정을 이해할 필요가 있다.

▶ 1일 영양성분 기준치(DV): 1일 섭취량 기준(RDI)과 1일 기준값(DRV)

1일 영양성분 기준치(Daily Value, DV): 영양표시(Nutrition Facts)에 사용되는 포괄적인 영양소 기준치. 1일 섭취량 기준(RDI)과 1일 기준값을 모두 포함한다.

1일 섭취량 기준(Reference Daily Intakes, RDIs): 1일 영양성분 기준치에 속하며 포괄적인 비타민과 무기질(나트륨 제외)의 섭취기준.

1일 기준값(Daily Reference Values, DRVs): 1일 영양성분 기준치에 속하며 에너지 제공 영양소(지방, 탄수화물, 단백질, 식이섬유), 콜레스테롤, 나트륨의 포괄적인 섭취기준.

1일 영양성분 기준치

3세 이상의 전 연령구간을 위해 설정된 1일 영양성분 기준치는 가장 넓은 연령구간의 남녀 권장섭취량(또는 충분섭취량)을 평균하여 결정되거나, 권장섭취량(또는 충분섭취량)이 없는 다량영양소나 나트륨의 기준치를 제공한다(표 2.2 참조). 1일 섭취량 기준치는 영양표시에 사용되는 영양성분 기준치에 대한 비율을 계산하기 위해 사용된다. 다량영양소에 대한 1일 영양성분 기준치는 1일 에너지 섭취량에 기초하는데, 식품의약품안전처는 에너지 영양소의 영양성분 기준치를 계산하기 위한 참고치로 2,000 kcal를 선택했다.

영양성분 함량은 1포장당, 단위 내용량당, 1회 섭취 참고량당 함유된 값으로 표시하고, 표시대상 영양성분은 에너지, 나트륨, 탄수화물, 당류, 지방, 트랜스지방, 포화지방, 콜레스테롤, 단백질 그 밖에 영양표시나 영양강조표시를 하고자 하는 영양성분이 해당된다. 영양성분 함량과 1일 영양성분 기준치에 대한 비율을 이용하면 나의 건강에 더 나은 식품을 선택하거나 비교할 수 있으며, 제품 표지에 있는 원재료명 목록도 건강에 좋은 식품을 선택하는 데 중요한 정보를 제공한다.

1일 영양성분 기준치 가공식품의 영양표시에 사용되는 영양소 기준. 3세 이상 일반인에서 2,000 kcal를 기준으로 1일 에너지영양소와 비타민, 무기질에 대한 기준치를 제공하고 있음.

1일 영양성분 기준치를 영양표시에 적용하기

1일 영양성분 기준치에 대한 비율은 1회 영양성분 기준치에 대해 해당 식품의 총 내용량 혹은 100 g/mL가 제공하는 양을 나타낸다. 따라서 1일 영양성분 기준치에 대한 비율을 보면 식품이 하루에 섭취해야 할 영양성분 양의 몇 %를 함유하는지 알 수 있으며 해당 식품의 영양성분 함량이 높은 수준인지 낮은 수준인지 쉽게 이해할 수 있다. 가공식품에는 제품명, 내용량, 영업소(장)의 명칭(상호) 및 소재지, 원재료명(무게를 기준으로 내림차순으로), 알레르기 유발물질(함량에 관계없이 원재료명을 표시: 알류, 우유, 메밀, 땅콩, 대두, 밀, 고등어, 게, 새우, 돼지고기, 복숭아, 토마토, 아황산류, 호두, 닭고기, 소고기, 오징어, 조개류, 잣), 그리고 영양정보가 표시되어야 한다. 식품에 함유된 영양소의 양은 1일 영양성분 기준치에 대한 비율로 목록화해야 한다. 몇 가지 원재료(예를 들어, 육류, 가금류, 어류, 신선한 과일과 냉동 과일, 채소 등)는 원산지도 표시해

신선한 과일, 채소, 어류, 육류, 가금류에는 영양표시를 하지 않아도 된다. 그러나 영양표시에 제공되는 정보를 제공하는 곳이 많아지고 있다.

출처: FDA

표 2.2 1일 영양성분 기준치

영양성분(단위)	기준치	영양성분(단위)	기준치	영양성분(단위)	기준치
탄수화물(g)	324	크롬(μg)	30	몰리브덴(μg)	25
당류(g)	100	칼슘(mg)	700	비타민B_{12}(μg)	2.4
식이섬유(g)	25	철(mg)	12	바이오틴(μg)	30
단백질(g)	55	비타민D(μg)	10	판토텐산(mg)	5
지방(g)	54	비타민E(mgα-TE)	11	인(mg)	700
포화지방(g)	15	비타민K(μg)	70	요오드(μg)	150
콜레스테롤(mg)	300	비타민B_1(mg)	1.2	마그네슘(mg)	315
나트륨(mg)	2,000	비타민B_2(mg)	1.4	아연(mg)	8.5
칼륨(mg)	3,500	나이아신(mg NE)	15	셀레늄(μg)	55
비타민A(μg RE)	700	비타민B_6(mg)	1.5	구리(mg)	0.8
비타민C(mg)	100	엽산(μg)	400	망간(mg)	3.0

출처 : 법제처. 국가법령정보센터. 식품 등의 표시·광고에 관한 법률 시행규칙 [별표 5] 〈개정 2020. 9. 9.〉 1일 영양성분 기준치(제6조제2항 및 제3항 관련)

비고

1. 비타민 A, 비타민 D 및 비타민 E는 위 표에 따른 단위로 표시하되, 괄호를 하여 IU(국제단위) 단위를 병기할 수 있다.
2. 위 표에도 불구하고 영유아(만 2세 이하의 사람을 말한다. 이하 같다)용으로 표시된 식품 등의 1일 영양성분 기준치에 대해서는 「국민영양관리법」 제14조제1항의 영양소 섭취기준에 따른다. 다만, 만 1세 이상 2세 이하 영유아의 탄수화물, 당류, 단백질 및 지방의 1일 영양성분 기준치에 대해서는 탄수화물 150 g, 당류 50 g, 단백질 35 g 및 지방 30 g을 적용한다.

먹고 있는 식품에 함유된 영양소 함량을 더 잘 알고 싶으면 영양표시를 사용한다. 영양소 함량은 영양 성분 기준치에 대한 비율로 표시된다.

표 2.3 영양표시 대상 및 제외 식품

영양표시 대상 식품

1) 레토르트식품(축산물은 제외)
2) 과자류 중 과자, 캔디류 및 빙과류 중 빙과 아이스크림류
3) 빵류 및 만두류
4) 초콜릿류 및 코코아가공품류
5) 잼류
6) 식용 유지류(동물성유지, 식용유지가공품 중 모조치즈, 식물성크림, 기타 식용유지가공품은 제외)
7) 면류
8) 음료류(다류와 커피류 중 볶은 커피 및 인스턴트 커피는 제외)
9) 특수용도식품
10) 어육가공품 중 어육소시지
11) 즉석섭취 · 편의식품류 중 즉석섭취식품 및 즉석조리식품
12) 장류(한식메주, 한식된장, 청국장 및 한식메주를 이용한 한식간장은 제외)
13) 시리얼류
14) 유가공품 중 우유류 · 가공유류 · 발효유류 · 분유류 · 치즈류
15) 식육가공품 중 햄류, 소시지류
16) 건강기능식품
17) 1)부터 16)까지의 규정에 해당하지 않는 식품 및 축산물로서 영업자가 스스로 영양표시를 하는 식품 및 축산물

영양표시 제외 대상 식품

1) 「식품위생법 시행령」 제21조제2호에 따른 즉석판매제조 · 가공업 영업자가 제조 · 가공하는 식품
2) 「축산물위생관리법 시행령」 제21조제8호에 따른 식육즉석판매가공업 영업자가 만들거나 다시 나누어 판매하는 식육가공품
3) 식품, 축산물 및 건강기능식품의 원료로 사용되어 그 자체로는 최종 소비자에게 제공되지 않는 식품, 축산물 및 건강기능식품
4) 포장 또는 용기의 주표시면 면적이 30제곱센티미터 이하인 식품 및 축산물

관련 규정: 「식품 등의 표시광고에 관한 법률」 시행규칙 제6조제1항 관련

영양정보	총 내용량 720 g(180 g×4회) 1회 섭취참고량(180 g)당 542 kcal	
	1회 섭취참고량	1일 영양성분 기준치에 대한 비율
나트륨	3,006 mg	150%
탄수화물	114 g	35%
당류	15 g	15%
지방	2.7 g	5%
트랜스지방	0 g	
포화지방	0.5 g	3%
콜레스테롤	3.8 mg	1%
단백질	15 g	27%

1일 영양성분 기준치에 대한 비율(%)은 2,000 kcal 기준이므로 개인의 필요 열량에 따라 다를 수 있습니다.

그림 2.4 영양표시는 영양소 섭취량을 추적하는 데 도움이 된다. 2,000 kcal가 필요한 사람이 아래 제품 1회 분량을 섭취하였다면, 아직 탄수화물은 영양성분 기준치의 65%에 해당하는 양만큼, 당류는 85%만큼, 지방은 95%만큼 더 섭취할 수 있다. 단백질은 영양성분 기준치의 27%만큼 제공한다.

출처: 식품의약품안전처

야 한다. 식품의약품안전처는 표시 내용의 진위를 모니터링한다.

식품의약품안전처는 가공식품 중 영양표시를 해야 하는 대상 식품을 식품유형을 기준으로 정하고 있다(표 2.3). 특정 조건에 해당되는 경우에는 영양성분 표시를 제외할 수 있다. 그림 2.4에 제시된 것과 같이 영양표시에는 식품 1회 섭취량 당 영양정보가 제공된다. 식품의약품안전처는 1회 섭취참고량을 제공하여 유사한 식품 간에 일관성을 유지하도록 한다. 예를 들어, 모든 브랜드의 아이스크림은 같은 1회 섭취량을 사용하여 표시해야 한다. 1회 섭취참고량은 국민영양조사 자료를 기반으로 결정한 값으로, 소비계층이 통상적으로 소비하는 식품별 1회 섭취량이다. 따라서 권장식사구성안에서 제공하는 1인 1회 분량과는 다를 수 있다.

의무적으로 표시해야 하는 9가지 영양성분은 에너지(kcal), 나트륨, 탄수화물, 당류, 지방, 트랜스지방, 포화지방, 콜레스테롤, 단백질이다. 이 밖에 영양성분 기준치가 설정되어 있는 26개 영양성분(식이섬유, 비타민 A, D, E, K, B_1, B_2, B_6, B_{12}, C, 니아신, 엽산, 비오틴, 판토텐산, 칼륨, 칼슘, 철, 마그네슘, 인, 요오드, 구리, 아연, 셀레늄, 망간, 크롬, 몰리브덴)은 영양표시나 영양 강조표시를 하고자 하는 경우에 추가적으로 표시할 수 있다.

영양표시는 식품 1회 섭취량에 함유된 영양소 함량임을 기억하자. 따라서 1회 섭취량 이상으로 섭취하였을 때 총 에너지와 영양소 함량을 계산하려면, 표시된 함량에 섭취 횟수를 곱해야 한다. 그림 2.4를 예로 들면, 식품 포장 당 4회 섭취량이 함유되어 있으므로 제공되는 총 에너지는 2,168 kcal(1회 섭취량 당 542 kcal × 4회 섭취량 = 2,168 kcal)이다.

영양성분 기준치를 사용하면 각 식품의 영양섭취 기여율을 계산할 수 있다(그림 2.5). 예를 들어, 지방의 영양성분 기준치의 50%를 제공하는 한 가지 식품을 선택하였다면, 그날 동안 다른 식품은 지방 함량이 낮은 것을 선택하는 것이 좋다. 또한 영양성분 기준치를 사용하면 하루 식사가 권장량을 충족했는지를 결정하는 데 도움이 될 수 있다. 예를 들어, 하루에 2,000 kcal가 필요한 사람은 지방을 78 g까지 섭취하도록 하고 있다. 따라서 아침식사로 지방 10g을 먹었다면 이제 먹을 수 있는 양은 68 g(또는 87%) 미만이다. 반면 하루에 1,600 kcal가 필요한 사람이라면, 1,600/2,000 = 0.8(또는 80%)을 적용하여 지방, 포화지방, 탄수화물, 단백질의 섭취량은 각 영양성분 기준치의 80% 수준이어야 한다. 반대로 만일 하루에 3,000 kcal를 섭취하는 사람이라면, 3,000/2,000 = 1.5(또는 150%)를 적용하여 지방, 포화지방, 탄수화물, 단백질의 섭취량은 각 영양성분 기준치의 150% 수준이어야 한다. 에너지에 기초하는 영양소(탄수화물, 단백질, 지방, 포화지방)만 보정한다는 것을 기억해야 한다. 비타민 D, 콜레스테롤과 같이 에너지에 기초하지 않는 영양소는 보정 없이 그대로 사용한다.

식품의약품안전처는 영양성분 기준치는 2,000 kcal 기준이므로 개인의 필요 에너지에 따라 다를 수 있다는 주석을 표시하도록 요구하고 있다.

영양표시에 사용하는 영양소는 각 나라의 인구집단에서 우려하고 있는 영양소들이다. 예를 들어, 미국인은 지방, 포화지방, 트랜스지방, 콜레스테롤, 나트륨, 당류는 너무 많이 먹고, 식이섬유, 칼슘, 철, 비타민 D, 칼륨은 충분하게 섭취하지 못하는 사람들이 많다. 따라서 미국 FDA는 이 영양소들을 영양표시에서 관리하기로 결정하였다. 총 지방, 포화지방, 콜레스테롤, 당류 및 첨가당, 그리고 나트륨은 영양성분 기준치의 100% 미만으로 섭취하도록, 그러나 식이섬유, 비타민 D, 칼륨, 철, 칼슘은 영양성분 기준치의 100%에 도달할 수 있도록 영양정책을 수립하였다. 단백질 결핍은 더 이상 국민건강 문제가 아니므로, 미국 FDA는 만 4세 이상 일반인을 대상으로 하는 식품의 의무표시 대상 영양소에서 단백질을 제외했다. 단백질을 표시하고자 할 때에는 단백질의 질 분석을 병행하도록 요구하였다. 그러나 이 분석은 비용과 시간이 들기 때문에 대부분의 회사는 단백질에 대한 영양성분 표시를 하지 않고 있다. 그러나 4세 미만 영유아 식품은 단백질 함량에 대한 강조표시가 있으므로 단백질

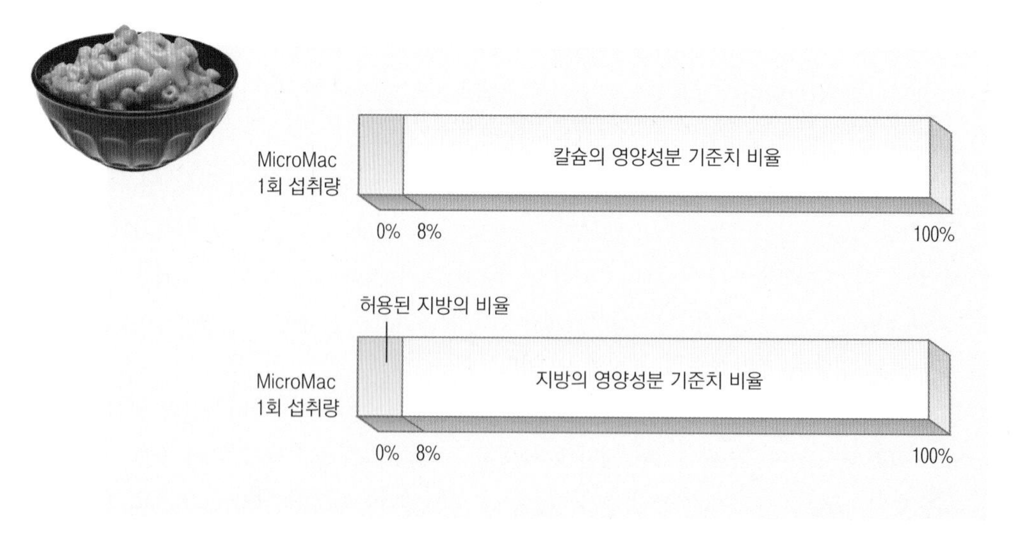

그림 2.5 영양표시는 영양소 섭취량을 추적하는 데 도움이 된다. 2,000 kcal가 필요한 사람이 MicroMac 1회 분량을 섭취하였다면, 지방은 영양성분 기준치의 92%만큼 더 섭취할 수 있다. 더불어, 칼슘은 영양성분 기준치의 8%만큼 충족했다.

Brooke Becker/Shutterstock

영양표시를 포함해야 한다.

이 제품의 포장에 표시되는 영양정보를 사용하면 땅콩버터–잼 샌드위치의 영양가를 계산할 수 있다. 예를 들어, 빵 2조각, 잼 1 Ts, 땅콩버터 2 Ts가 사용되었다면 제공되는 에너지는 500 kcal[(130 x 2) + 50 + 190]이다. 이 정도라면 2,000 kcal 식사의 25% 수준이다[(500/2,000) x 100].

Jill Braaten/McGraw–Hill Education

식품 표시에 사용되는 영양 및 건강 강조표시

마케팅 도구가 건강을 우려하는 소비자들을 겨냥함에 따라, 식품 제조업자들은 제품 표시에 특정 영양소의 수준이나 건강상 유익을 강조하고자 한다. 식품의약품안전처는 몇 가지 강조표시를 허용하고 있으며, 이런 규제는 영양성분 기준치 정보를 기반으로 수립된다.

영양성분 함량 강조표시(Nutrient content claims)는 식품에 함유된 영양소를 기술하는 것이다. '저지방', '비타민 A가 풍부', 그리고 '무에너지'를 예로 들 수 있다. 식품의약품안전처에서 허용한 내용만 표시할 수 있다. 표 2.4는 식품 표시에 사용할 수 있도록 허용된 영양성분 함량 강조표시의 세부기준이다. 예를 들어, '저나트륨'을 쓰려면 식품 100 g당 나트륨 함량이 120 mg 미만이어야 한다.

질병발생위험감소기능 표시(Health claims) 또는 우리나라의 건강기능식품의 기능성 표시는 영양소, 식품, 또는 식품성분과 질병과의 관계를 기술하는 것이다. 모든 기능성 표시는 과학적 근거를 갖추어야 한다. 미국 FDA는 과학자들 간에 합의에 도달할 수 있을 정도로 과학적 근거가 충분히 갖추었다고 판단되는 다음의 경우에는 질병발생위험감소기능을 표시할 수 있도록 하였다.

· 칼슘이 많은 식사는 골다공증의 발생 위험을 감소시킬 수 있다.
· 나트륨이 낮은 식사는 고혈압의 발생 위험을 낮출 수 있다.
· 총 지방 함량이 낮은 식사는 몇 가지 암 발생 위험을 낮출 수 있다.
· 지방 함량이 낮고 식이섬유가 풍부한 곡류, 과일, 채소가 함유된 식사는 몇 가지 암 발생 위험을 낮출 수 있다.
· 포화지방과 콜레스테롤이 낮은 식사는 심장순환기계 질환(특히 심장질환)의 발생 위험을 낮출 수 있다.
· 포화지방과 콜레스테롤이 낮고 수용성 식이섬유가 함유된 과일, 채소, 그리고 곡류가 풍부한 식사는 심장질환의 발생 위험을 낮출 수 있다.
· 포화지방과 콜레스테롤이 낮고 대두 단백질을 하루 25 g 먹을 수 있는 식사는 심장질환의 발생 위험을 낮출 수 있다.
· 식물성 스타놀 또는 스테롤 에스터가 함유된 식품은 심장질환의 발생 위험을 낮출 수 있다.
· 엽산이 풍부한 식사는 가임기 여성이 두뇌신경관 결함을 가진 신생아를 가질 수 있는 위험을 낮출 수 있다.

▶ 식품에 대한 강조표시의 분류는 다음과 같다.
- 영양성분 함량 강조표시: 식품의약품안전처가 규제
- 기능성 표시: 식품의약품안전처가 규제

· 당알코올은 치아우식의 발생을 촉진시키지 않는다.

가공식품에 위의 강조표시를 사용하려면 다음의 조건을 충족되어야 한다. 첫째, 식이섬유, 단백질, 비타민 A, 비타민 C, 칼슘, 또는 철에 대한 '좋은 급원'이어야 한다. 따라서 위의 영양소 중 최소한 1가지 영양소가 1일 영양성분 기준치의 10% 이상 수준으로 함유되어야 한다(첨가되지 않은 천연의 상태에서). 둘째, 1회 섭취량당 지방 13 g, 포화지방 4 g, 콜레스테롤 60 mg, 또는 나트륨 480 mg 이상을 함유하지 않아야 한다. 만일 이런 기준을 만족하지 못한다면 다른 영양적 장점이 있어도 위의 질병발생위험감소기능 표시를 사용할 수 없다. 예를 들어, 전유(whole milk)는 칼슘 함량이 높지만 골다공증 발생 위험을 감소시킨다는 강조표시를 할 수 없다. 왜냐하면 1회 제공량당 지방 함량이 5 g을 넘기 때문이다. 셋째, 각 질

표 2.4 영양성분 함량강조표시 세부기준

영양성분	강조표시	표시조건
에너지	저	식품 100g당 40kcal 미만 또는 식품 100mL당 20kcal 미만일 때
	무	식품 100mL당 4kcal 미만일 때
나트륨/ 소금(염)	저	식품 100g당 120mg 미만일 때 * 소금(염)은 식품 100g당 305mg 미만일 때
	무	식품 100g당 5mg 미만일 때 * 소금(염)은 식품 100g당 13mg 미만일 때
당류	저	식품 100g당 5g 미만 또는 식품 100mL당 2.5g 미만일 때
	무	식품 100g당 또는 식품 100mL당 0.5g 미만일 때
지방	저	식품 100g당 3g 미만 또는 식품 100mL당 1.5g 미만일 때
	무	식품 100g당 또는 식품 100mL당 0.5g 미만일 때
트랜스지방	저	식품 100g당 0.5g 미만일 때
포화지방	저	식품 100g당 1.5g 미만 또는 식품 100mL당 0.75g 미만이고, 에너지의 10% 미만일 때
	무	식품 100g당 0.1g 미만 또는 식품 100mL당 0.1g 미만일 때
콜레스테롤	저	식품 100g당 20㎎ 미만 또는 식품 100mL당 10㎎ 미만이고, 포화지방이 식품 100g당 1.5g 미만 또는 식품 100mL당 0.75g 미만이며, 포화지방이 에너지의 10% 미만일 때
	무	식품 100g당 5㎎ 미만 또는 식품 100mL당 5㎎ 미만이고, 포화지방이 식품 100g당 1.5g 또는 식품 100mL당 0.75g 미만이며 포화지방이 에너지의 10% 미만일 때
식이섬유	함유 또는 급원	식품 100g당 3g 이상, 식품 100kcal당 1.5g 이상일 때 또는 1회 섭취참고량당 1일 영양성분 기준치의 10% 이상일 때
	고 또는 풍부	함유 또는 급원 기준의 2배
단백질	함유 또는 급원	식품 100g당 1일 영양성분 기준치의 10% 이상, 식품 100mL당 1일 영양성분 기준치의 5% 이상, 식품 100kcal당 1일 영양성분 기준치의 5% 이상일 때 또는 1회 섭취참고량당 1일 영양성분 기준치의 10% 이상일 때
	고 또는 풍부	함유 또는 급원 기준의 2배
비타민 또는 무기질	함유 또는 급원	식품 100g당 1일 영양성분 기준치의 15% 이상, 식품 100mL당 1일 영양성분 기준치의 7.5% 이상, 식품 100kcal당 1일 영양성분 기준치의 5% 이상일 때 또는 1회 섭취참고량당 1일 영양성분 기준치의 15% 이상일 때
	고 또는 풍부	함유 또는 급원 기준의 2배

출처: 법제처, 국가법령정보센터, 식품 등의 표시기준 [별지 1] 표시사항별 세부표시 기준

병발생위험감소기능 표시 조건에 부응하여야 한다. 예를 들어, 지방과 암에 관한 질병발생위험감소기능 표시는 그 제품의 지방 함량이 1회 섭취량당 3 g 미만이어야 한다. 즉, 저지방식품에만 이런 표시를 할 수 있다.

영양표시는 영양소가 풍부한 식품을 구분하는 데 도움을 줄 수 있다.

Fuse/Getty Images RF

▶ 법제처 국가법령정보센터 https://www.law.go.kr/에서 영양성분 함량강조표시에 대해 더 알아보자.

실천해봅시다!

우리나라 영양표시를 일상의 식품선택에 적용하기

하나. 제품 선택하기

냉동만두

영양정보 ② 총 내용량 300g 555kcal	
총 내용량당	1일 영양성분 기준치에 대한 비율
③ 나트륨 900mg	45%
탄수화물 70g	21%
당류 6g	6%
지방 20g	39%
트랜스지방 0g	
포화지방 8g	53%
콜레스테롤 20mg	7%
단백질 24g	44%

1일 영양성분 기준치에 대한 비율(%)은 2,000kcal 기준이므로 개인의 필요 열량에 따라 다를 수 있습니다.

다음 3단계를 따른다.

[1단계] 제품 앞면에서 총 에너지를 확인한다. 본 제품은 300 g(555 kcal)이므로 한 포장을 다 먹으면 555 kcal를 섭취하게 된다.

[2단계] 영양성분 표시단위(총 내용량, 100 g, 단위내용량, 1회 섭취참고량)를 확인하고, 내가 실제로 먹은 양과 비교한다.

[3단계] 현명하게 선택한다. 본 제품의 1/2을 섭취하면, 포화지방은 1일 영양성분 기준치의 27%, 나트륨은 1일 영양성분 기준치의 23%를 섭취한다.

출처: 식품의약품안전처 식품안전나라

https://www.foodsafetykorea.go.kr/portal/board/boardDetail.do#chooseProcDiv02

둘. 제품 비교하기

제품 1 통밀빵– 내용량 420 g(1,085 kcal)

영양정보 ② 총 내용량 420g 1,085kcal	
총 내용량당	1일 영양성분 기준치에 대한 비율
나트륨 1,610mg	80%
탄수화물 224g	68%
당류 42g	
지방 11.9g	23%
트랜스지방 0g	
포화지방 0.7g	5%
콜레스테롤 35mg	12%
단백질 21g	38%

1일 영양성분 기준치에 대한 비율(%)은 2,000kcal 기준이므로 개인의 필요 열량에 따라 다를 수 있습니다.

제품 2 흰 식빵– 내용량 420 g(1,290 kcal)

영양정보 ② 총 내용량 420g 1,290kcal	
총 내용량당	1일 영양성분 기준치에 대한 비율
나트륨 1,800mg	90%
탄수화물 276g	84%
당류 54g	54%
지방 11.4g	22%
트랜스지방 0g	
포화지방 0.6g	4%
콜레스테롤 36mg	12%
단백질 21g	38%

1일 영양성분 기준치에 대한 비율(%)은 2,000kcal 기준이므로 개인의 필요 열량에 따라 다를 수 있습니다.

[1단계] 영양성분 표시단위(총 내용량, 100 g당, 단위내용량 당)를 확인하고, 내가 실제로 먹은 양과 비교한다.

[2단계] 영양성분 함량을 비교한다. 일반 식빵이 통밀 식빵에 비해 에너지가 높다.

알고 있나요?

건강을 위해서는 통밀빵을 선택하는 것이 좋다.

세계적 관점 

영양성분 전면표시(Front-of-Package Nutrition Labeling)

영양표시는 소비자에게 식품의 영양성분과 에너지에 대한 중요하고 정확한 정보를 제공한다. 세계 여러 나라는 유사한 영양표시제도를 운영하고 있다. 바쁜 소비자들이 빠르게 건강한 식품을 선택할 수 있도록 식품 산업계는 영양표시를 심볼화(예를 들어, 체크표시, 신호등, 별표, 등급 등)하여 식품 포장의 전면에 표시하기 시작했다. 예를 들어, 분홍색 하트 모양은 그 식품이 식물성 영양소의 좋은 급원임을 표시한다. 식료품점 선반에 표시되는 녹색 별은 그 식품이 에너지는 적고 비타민은 풍부함을 표시한다.

이런 노력의 결과로 그리고 소비자 혼동을 방지하기 위해, 관련 정부 당국(미국 FDA, 우리나라 식품의약품안전처 등)은 영양성분 전면표시제도를 도입하였다. 이 제도의 목적은 소비자들이 신뢰하고 보다 건강한 식품을 선택할 수 있도록 이해하기 쉬운 표시를 만드는 것이다. 이미 제도화를 시작한 나라들도 있고, 현재 개발 중인 국가도 있다. 예를 들어, 덴마크, 스웨덴, 노르웨이는 일정한 영양기준을 만족한 식품에는 열쇠구멍(keyhole) 심볼을 사용하도록 하고 있다. 호주는 영양가치를 전달하기 위해 별 모양을 사용하고 있다. 기타 다른 나라도 영양성분 전면표시 기준과 규정을 만들기 시작하였다. 이런 규정은 반드시 지켜야 하는 의무규정은 아니지만, 영양성분 전면표시가 널리 사용되고 있다.

우리나라에서 사용되고 있는 영양성분 전면표시제는 영양성분 표시대상 식품은 에너지, 나트륨, 탄수화물, 당류, 지방, 트랜스지방, 포화지방, 콜레스테롤 및 단백질에 대하여 1회 제공량에 함유된 영양소 명칭, 함량 및 1일 영양성분 기준치에 대한 분율(%)을 표시하여야 한다. 다만, 에너지, 트랜스지방에 대하여는 1일 영양성분 기준치에 대한 분율(%) 표시를 제외한다.

©Jill Braaten

확인합시다!

1. 1일 영양성분 기준치란?
2. 영양표시를 하는 영양소 중 영양성분 기준치의 100%를 넘지 않게 유념하여야 하는 영양소는?
3. 미국의 질병발생위험감소기능을 표시하기 위해 충족되어야 하는 조건은?

2.3 식품의 영양성분

영양소 데이터베이스를 사용하면 우리가 먹는 식품에 함유된 에너지와 영양소 함량을 빠르게 산출할 수 있다. 이로써 우리가 먹는 식사가 영양소 섭취기준이나 1일 영양성분 기준치 등의 식사기준에 얼마나 근접하는지도 평가할 수 있다. 또한 각 식품의 영양밀도와 에너지 밀도를 결정할 수 있다.

영양소 데이터베이스는 세계 각국의 실험실에서 수행된 수많은 화학적 분석 연구의 결과물이다. 데이터베이스는 사용하기에 매우 편리하지만, 다양한 식품을 분석하여 정확하고 신뢰성 높은 데이터를 생산하기 위해서는 장기간의 연구가 필요하다. 영양소는 종류가 많을 뿐만 아니라, 각기 다른 시험방법으로 분석되기 때문이다. 영양소의 종류를 우리가 먹는 식품의 종류에 곱해보면 이 작업이 얼마나 방대한지를 알 수 있다. 아직 분석되지 않은 식품도 많이 있고, 어떤 영양소는 제한된 몇 가지 식품에서만 분석되어 있다.

데이터베이스에 있는 영양소 함량은 분석된 시료에 함유된 결과의 평균 함량이다. 식품의 영양소 함량은 영농 조건(예: 토양의 종류, 비료, 기후, 계절, 지리적 위치, 동식물의 종, 사료), 수확 시점에서 식물의 성숙도, 식품가공, 운반상태, 저장기간, 조리 등 여러 가지 요인에 따라 달라지는데, 현재 데이터베이스에는 이런 요인들이 모두 고려되어 있지는 않다. 예를 들어, 오렌지의 비타민 C 함량은 재배지, 품종, 숙성정도에 따라 다르다. 또한 수확 후 기간, 운반 시 온도조건, 구입 후 냉장고에 저장되는 기간 등에 따라서도 함량이 달라진다. 영양소 데이터베이스는 섭취 후 영양소 대사에 대한 정보를 제공하지는 않는다. 영양소 대사에 대해서는 후반기에 배우게 될 것이지만, 특별히 무기질과 같은 영양소의 흡수율은 의약품 복용, 식품의 조성, 소화기계 질환 등 다양한 요소에 따라 달라진다.

각 식품의 영양소 함량에 차이가 있다고 해도 영양소 데이터베이스의 신뢰도가 낮아서 건강 유지에 필요한 영양소 함유 식품을 고르는 데 적절하지 않음을 의미하는 것은 아니다. 그러나 영양소 데이터베이스의 함량은 정확한 영양소 함량을 제공한다기보다, 영양소 함량을 추정하기 위해 사용되는 도구임을 잊지 말아야 한다. 이렇게 제한점이 많음에도 불구하고, 영양소 데이터베이스는 에너지나 영양소 함량을 예측하는 데 중요한 도구이다.

디지털화한 영양소 데이터베이스를 사용하면 섭취하는 식품의 영양소와 에너지 함량을 빠르고 쉽게 확인할 수 있다.
www.nal.usda.dov/fnic/foodcomp/search(미국)
http://koreanfood.rda.go.kr/kfi/fct/fctFoodSrch/list(우리나라)
Evan Lorne/Shutterstock

영양소 데이터베이스를 에너지밀도와 식사섭취량 결정에 사용하기

영양소 데이터베이스는 식품의 에너지밀도 계산 등 여러 가지로 사용될 수 있다. 에너지밀도(energy density)는 단위 g당 식품의 에너지를 비교하여 결정된다. 에너지밀도가 높은 식품은 에너지는 높지만 무게는 매우 낮다. 견과류, 쿠키류, 튀김음식, 스낵 등을 예로 들 수 있다. 예를 들어, 베이컨 1 g은 5.5 kcal 이상의 에너지를 제공한다. 그러나 에너지밀도가 낮은 식품은 수분 함량이 높으므로 무겁지만 에너지는 낮다(물은 에너지가 없음). 에너지밀도가 낮은 식품으로는 과일, 채소, 수분 함량이 많은 음식(예: 스튜, 캐서롤, 오트밀) 등이 있다(표 2.5). 예를 들어, 상추의 에너지밀도는 0.1 kcal/g이다. 에너지밀도가 낮은 식품은 포만감을 주는 데 도움을 줄 수 있으나, 에너지밀도가 높은 식품은 상당량을 섭취해야만 포만감을 준다. 그러므로 에너지밀도가 낮은 식품은 에너지 섭취를 낮게 유지하는 데 도움이 될 수 있으며, 에너지밀도가 높은 식품은 식욕이 없는 사람들이 체중을 유지하거나 증가시키는 데 도움이 될 수 있다.

영양소 데이터베이스를 사용하면 섭취하는 각 식품의 영양소 및 에너지 함량을 알 수 있다. 1회 분량 이상을 섭취한다면 값을 조정해야 한다. 예를 들어, 실제로 슬라이스 치즈 4장을 섭취하는데 데이터베이스 정보는 2장을 기준으로 하였다면 데이터베이스의 함량에 2를 곱하여 실제 섭취량을 계산한다. 분석되지 않은 식품에 대해서는 그와 유사한 식품을 선택하여 적용할 수 있다. 데이터베이스에는 음식(예: 참치샐러드 등)에 대한 데이터가 거의 없다. 이런 경우에는 음식을 만들 때 사용한 식품 원료의 종류와 양을 알아낸 후 각 원료로부터 제공되는

표 2.5 상용 식품의 에너지밀도(높은 순서로 목록화함)

매우 낮은 에너지밀도 (0.6 kcal/g 미만)	낮은 에너지밀도 (0.6~1.5 kcal/g)	중간 수준의 에너지밀도 (1.5~4 kcal/g)	높은 에너지밀도 (4 kcal/g 이상)
상추	우유	달걀	그라함 크래커
토마토	오트밀	햄	무지방 샌드위치 쿠키
딸기	코티지치즈	호박파이	초콜릿
브로콜리	두류	전곡빵	초코칩 쿠키
살사	바나나	베이글	토틸라칩
자몽	구운 생선	흰빵	베이컨
무지방 우유	무지방 요구르트	건포도	감자칩
당근	아침식사용 시리얼과 저지방 우유	크림치즈	땅콩
채소수프	구운 감자	프로스팅이 있는 케이크	땅콩버터
	쌀밥	프레첼	마요네즈
	스파게티 국수	떡	버터 또는 마가린
			식물성 기름

출처: Data adapted from Rolls B, Barmett RA, Volumetrics, New York: HarperCollins ; 2000.

영양소 함량을 합하여 계산한다. 식품에서 제공되는 영양소와 에너지 정보를 알게 되면 건강한 식사를 계획할 수 있다.

확인합시다!

1. 식품의 영양소 수준에 영향을 주는 요인은?
2. 에너지밀도란?
3. 에너지밀도가 높은 식품과 낮은 식품의 예를 몇 가지 제시하라.

2.4 한국인을 위한 식생활지침

식사구성안은 탄수화물, 단백질, 지질, 비타민 및 무기질 등 영양소 섭취기준을 맞추기 위해 설계된 것이다. 그러나 심혈관계질환, 암, 알코올중독 등의 주요 만성질환은 에너지, 포화지방, 콜레스테롤, 알코올, 나트륨의 과잉 섭취와 관련이 있으며 칼슘, 철, 아연, 식이섬유 등의 섭취 부족도 문제가 된다. 이러한 주요 질병에 대한 관심이 늘면서, 미국은 1980년부터 5년마다 미국인을 위한 식생활지침을 발표하고 있다. 우리나라는 2004년 보건복지부가 올바른 식습관이 건강 유지에 매우 중요하다는 점을 감안하여 국민 연령층별 '한국인을 위한 식생활지침'을 제시한 이래 「국민영양관리법」 제14조 및 동법 시행규칙 제6조는 보건복지부장관이 식생활지침을 매 5년 주기로 제·개정하여 발표 및 보급하도록 규정하고 있다. 이 지침은 건강한 식생활을 위해 일반 대중이 쉽게 이해할 수 있고 일상생활에서 실천할 수 있도록 제시하는 권장 수칙이다. 2021년 제정된 한국인을 위한 식생활지침은 아래와 같다.

한국인을 위한 식생활지침

1. 매일 신선한 채소, 과일과 함께 곡류, 고기·생선·달걀·콩류, 우유·유제품을 균형 있게 먹자.
2. 덜 짜게, 덜 달게, 덜 기름지게 먹자.
3. 물을 충분히 마시자.
4. 과식을 피하고, 활동량을 늘려서 건강체중을 유지하자.
5. 아침식사를 꼭 하자.
6. 음식은 위생적으로, 필요한 만큼만 마련하자.
7. 음식을 먹을 땐 각자 덜어 먹기를 실천하자.
8. 술은 절제하자.
9. 우리 지역 식재료와 환경을 생각하는 식생활을 즐기자.

식품 및 영양섭취와 관련하여서는 만성질환 예방을 위해 균형 있는 식품 섭취, 채소·과일 섭취 권장, 나트륨·당류·포화지방산 섭취 줄이기 등을 강조한다.

1-3번은 식품 및 영양섭취 관련 지침으로 우리나라 국민의 과일·채소 섭취는 감소 추세에 있고, 나트륨 과잉 섭취와 어린이의 당류 과다 섭취의 문제는 지속되고 있어 만성질환의 효율적인 예방을 위한 영양·식생활 개선이 필요함을 제시한다. 만성질환 예방관리를 위한 과일·채소의 권고 섭취기준인 1일 500 g 이상을 섭취하는 인구 비율은 2015년 40.5%에서 2019년 31.3%로 감소하는 추세에 있으며, 특히 젊은 성인, 즉 20대 1일 과일 및 채소 500 g

monticello/Shutterstock

항목	현황
성인 비만 유병률	'14년 30.9% → '19년 33.8% (질병관리청, 2020)
아동 · 청소년 비만율	'15년 11.9% → '19년 15.1% (교육부, 2020)
유산소 신체활동 실천율	'14년 58.3% → '19년 47.8% (질병관리청, 2020)
아침식사 결식률	'14년 24.1% → '19년 31.3% (질병관리청, 2020)
고위험음주율	'14년 13.5% → '19년 12.6% (질병관리청, 2020)

이상 섭취자 분율은 16.6%로 과일·채소류 섭취량이 부족한 상황이다.

4번, 5번, 8번은 식생활습관 관련 지침으로 우리나라 성인 비만율과 아동·청소년 비만율은 꾸준히 증가 추세에 있으며, 2019년 성인 남성 10명 중 4명은 비만으로 나타나고 있다. 그에 비해 신체활동 실천율, 아침식사 결식률, 고위험음주율 등은 개선되고 있지 않아 이에 대한 꾸준한 관리가 필요한 상황이다.

6번, 7번, 9번인 식생활 문화 관련 지침에서는 코로나19 이후 위생적인 식생활 정착, 지역 농산물 활용을 통한 지역 경제 선순환 및 환경 보호를 강조하였다. 특히 우리나라의 음식물류 폐기물 배출량은 증가 추세에 있으며, 코로나19로 인해 위생적인 식습관 문화 정착의 필요성이 더욱 커진 상황이다. 정부는 '식사문화개선 추진 방안'을 수립하여 식사문화 인식 전환을 도모하고 있다. 농식품부·식약처는 음식 덜어먹기 확산을 위한 '덜어요' 캠페인을 실시 중이며, 식약처는 남은 음식 싸주기 등 음식물쓰레기 줄이기 운동을 음식문화개선 사업의 일환으로 추진하고 있다. 이와 더불어 농식품부는 지역에서 생산된 농산물(로컬푸드)을 기반으로 하는 지역 푸드플랜(지역 내 생산-소비 연계 강화, 취약계층 영양 개선 등 먹거리 복지, 농산물 안전관리 및 환경부담 완화 등을 포함한 지역단위 먹거리 선순환 종합전략)을 통해 지역경제 활성화와 함께 신선한 먹거리 제공, 푸드 마일리지(먹거리가 생산자 손을 떠나 소비자 식탁에 오르기까지의 이동거리, 수송거리(km) × 수송량(t)) 감소 등 환경 보호를 추구하고 있다.

2.5 식사구성안과 식품구성자전거

20세기 초반부터 영양학을 일반인들이 쉽게 이해할 수 있도록 해석하는 작업이 이루어졌다. 전통적으로 섭취하고 있는 식품을 근간으로 하여 7가지 식품군을 만들고, 각 식품군으로부터 원하는 식품을 선택하여 균형 있는 식사를 구성하는 식사구성안이 수립되었다. 이후 1950년대 중반에는 7가지 식품군을 네 가지 식품군(우유와 유제품군, 고기·생선·달걀·두류군, 과일과 채소군, 그리고 곡류와 전분군)으로 더욱 단순화하였으며, 1992년에는 이를 피라미드 모양으로 도식화하였다. 우리나라도 이 개념을 도입하여 한국영양학회를 중심으로 식품구성탑을 사용하는 식사구성안이 수립되었다(그림 2.6). 식사구성안은 일반인이 복잡한 영양소 계산 없이도 영양소 섭취기준에 만족할 만한 식사를 섭취할 수 있도록 식품군별 대표식품과 섭취 횟수를 이용하여 식사의 기본 구성 개념을 설명한 것이다.

Aimee M Lee/Shutterstock

우리나라 고유의 탑 모양으로 디자인된 식품구성탑의 다섯 층은 각기 표시된 식품군을 나타내었다. 각 층의 크기와 위치는 실제 식생활에서 차지하는 중요성과 양을 표현하였다. 우리나라 식생활에서 주식으로 소비되는 곡류와 전분류는 가장 크고 바탕이 되는 맨 아래층에 위치하며 주로 탄수화물을 많이 함유한다. 둘째 층에는 양적으로 많이 섭취하는 채소

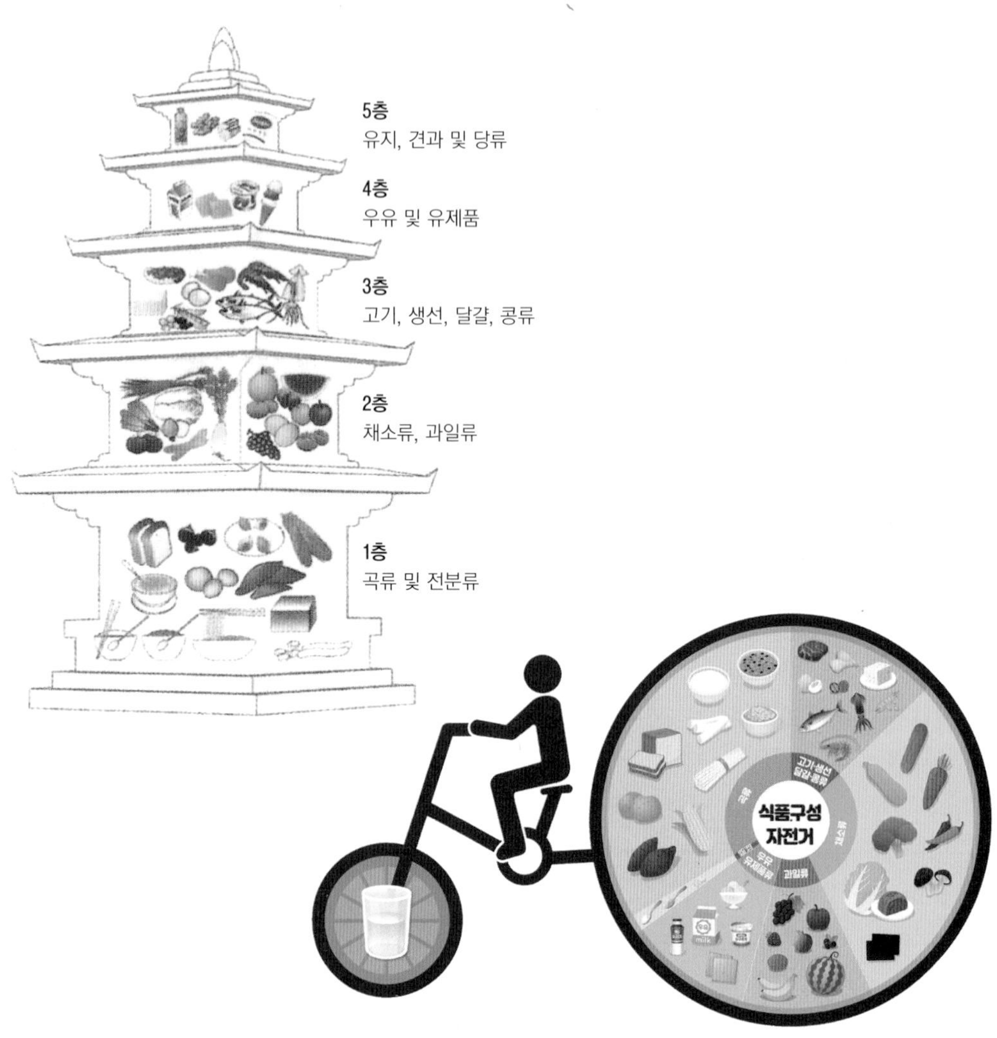

그림 2.6 식품구성탑과 식품구성자전거.

와 과일류가 차지하며, 비타민, 무기질, 식이섬유를 많이 함유한다. 고기·생선·달걀·콩류는 세 번째 층에 위치하며 단백질을 많이 함유한다. 섭취량은 적으나 칼슘 섭취를 위해 중요한 우유 및 유제품은 네 번째 층에 위치하였다. 크기가 가장 작은 맨 위층에는 유지, 견과 및 당류가 위치하며, 이들은 농축에너지원이므로 조리 시 소량씩 이용하도록 권장하였다(그림 2.6).

2010년에는 균형 잡힌 식단뿐만 아니라 규칙적인 운동이 건강을 유지하는 데 중요하다는 것을 강조하기 위해 식품구성자전거 모형이 새로 도입되었다. 또한 자전거 앞바퀴에 물이 담긴 컵을 표시하여 수분 섭취의 중요성을 강조하고 있다. 식품군은 곡류, 고기·생선·달걀·콩류, 채소류, 과일류, 우유·유제품류, 유지·당류로 총 6개로 구성하였고 식품구성탑에서 유지·당류와 함께 구분되었던 견과류가 고기·생선·달걀·콩류에 속하도록 조정되었다. 이를 이용한 현 식사구성안은 에너지, 비타민, 무기질, 식이섬유는 섭취 필요량의 100%를 충족하며, 성인의 경우 탄수화물, 단백질, 지방의 에너지 비율은 각각 55~65%, 7~20%, 15~30% 정도를 유지하고, 설탕이나 물엿과 같은 첨가당 및 소금은 되도록 적게 섭취하도록 구성되어 있다.

식사구성안을 이용한 식사 계획

식사구성안을 이용한 식사 계획은 개인이나 집단에게 적절한 영양소를 공급하여 영양소의 부족 또는 과잉 문제를 최소화하는 식사를 제공하고자 하는 것이다. 개인의 식사 계획은 권장섭취량이나 충분섭취량에 가까운 수준으로 영양목표를 설정하고, 집단의 식사 계획은 평균섭취량이나 상한섭취량을 기준으로 하며, 집단의 섭취 분포를 고려하여 영양소 부족 또는 과잉의 위험이 적도록 목표를 설정한다.

영양적으로 균형 잡힌 식단을 위해서는 곡류는 매일 2~4회, 고기·생선·달걀·콩류는 매일 3~4회, 채소류는 매 끼니 두 가지 이상, 과일류는 매일 1~2개, 우유·유제품류는 매일 1~2잔을 갖추어 먹는 것이 좋으며, 유지·당류는 조리 시 소량씩 이용하는 것을 권한다. 개인의 영양소 섭취 기준을 만족시키기 위해서는 각 식품군별 섭취량의 조정이 필요하다. 권장식사패턴은 성별·연령별(표 2.9, 2.10) 다빈도 음식 및 식품과 각 식품군의 대표 식품을 반영하여 구성되어 있다.

어느 식품도 모든 영양소를 적정량 공급해줄 수 없으며, 각 식품에는 최소한 한 가지 필수영양소가 결여되어 있으므로, 모든 식품군에서 다양하게 식품을 선택하는 것만이 좋은 영양을 유지하는 가장 바람직한 방법이 될 수 있다.

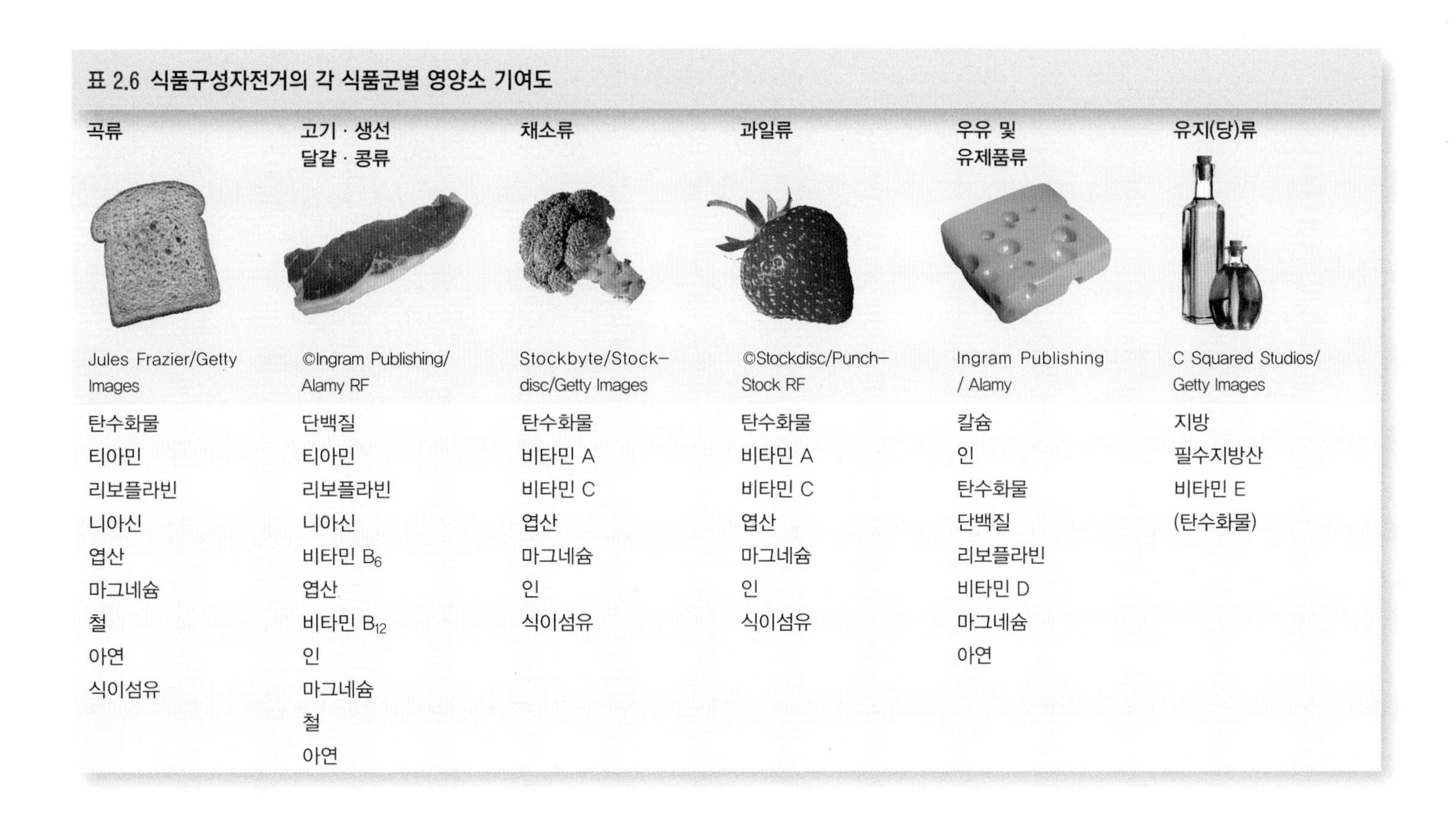

표 2.6 식품구성자전거의 각 식품군별 영양소 기여도

곡류	고기 · 생선 달걀 · 콩류	채소류	과일류	우유 및 유제품류	유지(당)류
Jules Frazier/Getty Images	©Ingram Publishing/ Alamy RF	Stockbyte/Stock-disc/Getty Images	©Stockdisc/Punch-Stock RF	Ingram Publishing / Alamy	C Squared Studios/ Getty Images
탄수화물	단백질	탄수화물	탄수화물	칼슘	지방
티아민	티아민	비타민 A	비타민 A	인	필수지방산
리보플라빈	리보플라빈	비타민 C	비타민 C	탄수화물	비타민 E
니아신	니아신	엽산	엽산	단백질	(탄수화물)
엽산	비타민 B_6	마그네슘	마그네슘	리보플라빈	
마그네슘	엽산	인	인	비타민 D	
철	비타민 B_{12}	식이섬유	식이섬유	마그네슘	
아연	인			아연	
식이섬유	마그네슘				
	철				
	아연				

표 2.7 식품군별 기준영양소 값 및 대표영양가

식품군 및 기준 영양소 값	에너지 (kcal)	단백질 (g)	지방 (g)	탄수화물 (g)	식이섬유 (g)	칼슘 (mg)	인 (mg)
곡류(300kcal)	331.40	6.58	1.02	71.62	0.41	10.43	129.08
고기 · 생선 · 달걀 · 콩류 (100kcal : 단백질 10g)	94.37	9.62	5.27	1.53	0.04	41.73	1.9078
채소류(15kcal)	13.88	1.11	0.18	3.14	0.52	22.77	24.01
과일류(50kcal)	51.48	1.23	0.27	14.06	1.52	12.31	36.50
우유 · 유제품류(125kcal)	121.41	5.63	5.67	12.22	0.00	183.07	154.16
유지 · 당류(45kcal)	38.29	0.06	1.12	7.22	0.00	0.72	2.49

식품군 및 기준 영양소 값	철 (mg)	나트륨 (mg)	칼륨 (mg)	비타민A (μg RE)*	티아민 (mg)	리보플라빈 (mg)	니아신 (mg)	비타민C (mg)
곡류(300kcal)	0.89	142.16	160.40	1.36	0.14	0.05	1.59	3.60
고기 · 생선 · 달걀 · 콩류 (100kcal : 단백질 10g)	1.35	79.12	96.38	59.48	0.11	0.10	1.07	0.15
채소류(15kcal)	0.66	191.77	167.74	90.79	0.04	0.05	0.45	8.84
과일류(50kcal)	1.06	7.21	306.12	29.00	0.07	0.07	0.54	38.85
우유 · 유제품류(125kcal)	0.18	106.32	269.14	48.98	0.07	0.25	0.17	1.52
유지 · 당류(45kcal)	0.04	2.56	6.44	0.07	0.00	0.00	0.05	0.01

* 비타민 A의 RAE에 대한 데이터베이스의 부재로 기존의 RE로 제시하였으며, 2020년 한국인 영양소 섭취기준에는 RAE로 제시되어 있음.

출처: 보건복지부, 한국영양학회. 2020 한국인 영양소 섭취기준 활용

표 2.8 성별 · 연령별 기준 에너지

연령	에너지필요추정량				기준 에너지			
	2015 한국인 영양소 섭취기준		2020 한국인 영양소 섭취기준		2015 한국인 영양소 섭취기준		2020 한국인 영양소 섭취기준	
	남자	여자	남자	여자	남자	여자	남자	여자
1–2세	1,000	1,000	900	900	1,000A	1,000A	900A	900A
3–5세	1,400	1,400	1,400	1,400	1,400A	1,400A	1,400A	1,400A
6–8세	1,700	1,500	1,700	1,500	1,900A	1,700A	1,900A	1,700A
9–11세	2,100	1,800	2,000	1,800				
12–14세	2,500	2,000	2,500	2,000	2,600A	2,000A	2,600A	2,000A
15–18세	2,700	2,000	2,700	2,000				
19–29세	2,600	2,100	2,600	2,000	2,400B	1,900B	2,400B	1,900B
30–49세	2,400	1,900	2,500	1,900				
50–64세	2,200	1,800	2,200	1,700				
65세 이상 (65–74세)	2,000	1,600	2,000	1,600	2,000B	1,600B	2,000B	1,600B
75세 이상			1,900	1,500			1,900B	1,500B

출처: 보건복지부, 한국영양학회. 2020 한국인 영양소 섭취기준 활용

표 2.9 생애주기별 권장식사패턴 A(우유 · 유제품 2회 권장, A타입)

에너지(kcal)	곡류	고기 · 생선 · 달걀 · 콩류	채소류	과일류	우유 · 유제품	유지 · 당류
900	1	1.5	4	1	2	2
1,000	1	1.5	4	1	2	3
1,100	1.5	1.5	4	1	2	3
1,200	1.5	2	5	1	2	3
1,300	1.5	2	6	1	2	4
1,400	2	2	6	1	2	4
1,500	2	2.5	6	1	2	5
1,600	2.5	2.5	6	1	2	5
1,700	2.5	3	6	1	2	5
1,800	3	3	6	1	2	5
1,900	3	3.5	7	1	2	5
2,000	3	3.5	7	2	2	6
2,100	3	4	8	2	2	6
2,200	3.5	4	8	2	2	6
2,300	3.5	5	8	2	2	6
2,400	3.5	5	8	3	2	6
2,500	3.5	5.5	8	3	2	7
2,600	3.5	5.5	8	4	2	8
2,700	4	5.5	8	4	2	8
2,800	4	6	8	4	2	8

A타입: 성장기 유아 및 청소년 대상

출처: 보건복지부, 한국영양학회, 2020 한국인 영양소 섭취기준 활용

표 2.10 생애주기별 권장식사패턴 B(우유 · 유제품 1회 권장, B타입)

에너지(kcal)	곡류	고기 · 생선 · 달걀 · 콩류	채소류	과일류	우유 · 유제품	유지 · 당류
1,000	1.5	1.5	5	1	1	2
1,100	1.5	2	5	1	1	3
1,200	2	2	5	1	1	3
1,300	2	2	6	1	1	4
1,400	2.5	2	6	1	1	4
1,500	2.5	2.5	6	1	1	4
1,600	3	2.5	6	1	1	4
1,700	3	3.5	6	1	1	4
1,800	3	3.5	7	2	1	4
1,900	3	4	8	2	1	4
2,000	3.5	4	8	2	1	4
2,100	3.5	4.5	8	2	1	5
2,200	3.5	5	8	2	1	6
2,300	4	5	8	2	1	6
2,400	4	5	8	3	1	6
2,500	4	5	8	4	1	7
2,600	4	6	9	4	1	7
2,700	4	6.5	9	4	1	8

B타입: 성인 대상

출처: 보건복지부, 한국영양학회, 2020 한국인 영양소 섭취기준 활용

참고문헌

1. Murphy SP and others. History of nutrition: The long road leading to the Dietary Reference Intakes for the United States and Canada. Adv Nutr. 2016:157.
2. Chung M and others. Systematic review to support the development of nutrient reference intake values: Challenges and solutions. Am J Clin Nutr. 2010;92:273.
3. Flock MR and others. Long-chain omega-3 fatty acids: Time to establish a Dietary Reference Intake. Nutr Rev. 2013;71:692.
4. Food and Nutrition Board. Dietary Reference Intakes: Guiding principles for nutrition labeling and fortification. Washington, DC: National Academies Press; 2003.
5. Institute of Medicine. Dietary Reference Intakes for energy, carbohydrate, fiber, fat, fatty acids, cholesterol, protein, and amino acids (macronutrients). Washington, DC: National Academies Press; 2005.
6. Institute of Medicine. Dietary Reference Intakes Tables and Application. 2019; nationalacademies.org/hmd/Activities/Nutrition/SummaryDRIs/DRI-Tables.aspx.
7. Hingle M and others. Practice paper of the Academy of Nutrition and Dietetics. Nutrient density: Foods for good health. J Acad Nutr Diet. 2016;116:1473.
8. Food Allergen Labeling and Consumer Protection Act of 2004, Public Law 108-282; 2004.
9. USDA, Agricultural Marketing Service. Country of origin labeling (COOL). 2019; www.ams.usda.gov/rules-regulations/cool.
10. U.S. Food and Drug Administration. CFR-Code of Federal Redulations Title 21. Part 101-Food Labeling. 2019; www.accessdata.fda.gov/scripts/cdrh/cfdocs/cfcfr /CFRSearch.cfm?fr=101.65
11. Food and Drug Administration. Title 21, Chapter I, Part 101, Subpart A-General Provisions. 2019; www.customsmobile.com/regulations/expand/title21_chapterI _part101_subpartA_section101.13#title21_chapterI_part101_subpartA _section101.13
12. Berhaupt-Glickstein A, Hallman W. Communicating scientific evidence in qualified health claims. Crit Rev Food Sci Nutr. 2015:57:2811.
13. U.S. FDA. FDA Announces New Qualified Health Claims for EPA and DHA Omega-3 Consumption and the Risk of Hypertension and Coronary Heart Disease. 2019; www.fda.gov/food/cfsan-constituent-updates/fda-announces -new-qualified-health-claims-epa-and-dha-omega-3-consumption-and-risk -hypertension-and.
14. European Food Information Council. Global update on nutrition labelling. 2018; www.eufic.org/en/healthy-living/article/global-update-on-nutrition-labelling.
15. U.S. Food and Drug Administration. Front-of-package labeling initiative questions & answers. 2018; www.fda.gov/food/food-labeling-nutrition /front-package-labeling-initiative-questions-answers-2009.
16. Crino M and others. The influence on population weight gain and obesity of the macronutrient composition. Curr Obes Rep. 2015;4:1.
17. Duffey KJ, Popkin BM. Energy density, portion size, and eating occasions: Contributions to increased energy intake in the United States, 1977–2006. PLoS Med. 2011:8(6):e1001050.
18. Poole SA and others. Relationship between dietary energy density and dietary quality in overweight young children: A cross-sectional analysis. Pediatric Obes, 2016;11:128.
19. Block JP and others. Consumers' estimation of calorie content at fast food restaurants: cross sectional observational study. BMJ.2013;346:f2907.
20. U.S. Food and Drug Administration. A labeling guide for restaurants and retail establishments selling away-from-home foods. 2016; www.fda.gov/food /guidanceregulation/guidancedocumentsregulatoryinformation/ucm461934. htm.
21. USDA, Economic Research Service. Food prices and spending. 2016; ers. usda.gov/data-products/ag-and-food-statistics-charting-the-essentials/food-prices-and-spending.aspx.
22. Center for Science in the Public Interest. Literature review: Influence on nutritional information provision. Washington, DC: Center for Science in the Public Interest; 2008.
23. Fernandez AC and others. Influence of menu labeling on food choices in real-life settings: a systematic review. Nutr Rev. 2016;74:534.
24. Sacco J and others. The influence of menu labeling on food choices among children and adolescents: a systematic review of the literature. Perspect Public Health. 2017;137:173.
25. Bleich SN and others. Calorie Changes in Chain Restaurant Menu Items: Implications for Obesity and Evaluations of Menu Labeling. Am J Prev Med. 2015;48:70
26. U.S. Department of Agriculture, U.S. Department of Health and Human Services. Dietary Guidelines for Americans, 2020-2025, 9th Ed. 2020. dietaryguidelines.gov.
27. Freeland-Graves JH, Nitzke S. Position of the Academy of Nutrition and Dietetics: Total diet approach to healthy living. J Acad Nutr Diet. 2013;113:307.
28. Gopinath B and others. Adherence to Dietary Guidelines positively affects quality of life and functional status of older adults. J Acad Nutr Diet. 2014;114:220.
29. Bickley P. Start by picking low hanging fruit. BMJ. 2012;344:e869.
30. Go V and others. Nutrient-gene interaction: Metabolic genotype-phenotype relationship. J Nutr. 2005;135:3016S.
31. USDA. MyPlate. 2019; www.choosemyplate.gov.
32. Keim NL and others. Vegetable variety is a key to improved diet quality in low-income women in California. J Acad Nutr Diet. 2014;114:430.
33. 보건복지부, 한국영양학회, 2020 한국인 영양소 섭취기준

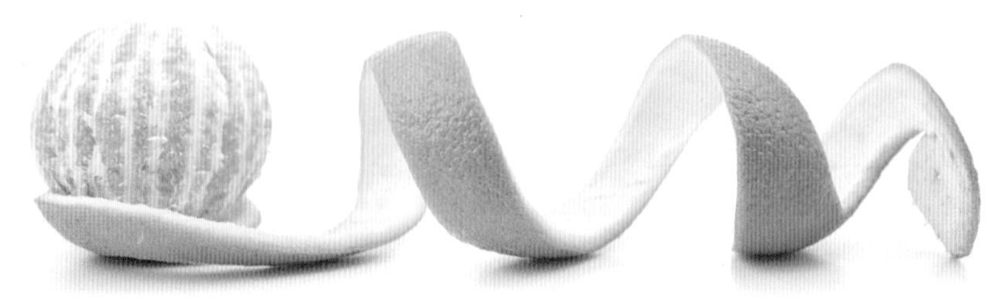

wavebreakmedia/Shutterstock

2020 한국인 영양소 섭취기준

식품구성자전거

식품구성자전거는 균형있는 식사, 충분한 물 섭취, 규칙적인 운동으로
건강을 지켜나갈 수 있다는 것을 표현하고 있습니다!

- **앞바퀴 :** 물을 충분히 섭취하자
- **뒷바퀴 :** 매일 신선한 채소, 과일과 함께 곡류, 고기·생선·달걀·콩류 , 우유·유제품류 식품을 필요한 만큼 균형있게 섭취하자
- **자전거 타는 사람 :** 규칙적인 운동으로 활동량을 늘려서 건강체중을 유지하자

생애주기에 따른 하루 섭취 분량 (성인 1인 1회 분량 기준)

나의 연령과 성별에 맞는 식품군별 하루 섭취 횟수를 확인해보세요.
나에게 필요한 식품군별 섭취 횟수에 맞는 분량을 하루 세 끼니에 골고루 나눠서 섭취하는 것이 중요합니다.
※ 유지·당류의 경우 가능한 적게 먹는 것을 추천하며, 별도로 섭취하지 않고 자연스럽게 조리 시 포함되는 양으로 계산해주세요.

	곡류	고기·생선·달걀·콩류	채소류	과일류	우유·유제품류	유지·당류
1인 1회 분량 예시	밥 210g (약 1공기)	달걀 60g (약 1개)	당근 70g (약 ⅓~¼개)	사과 100g (약 ½개)	우유 200ml (약 1잔)	콩기름 5g (약 1작은술)
영아 (만 1~2세)	1	1.5	4	1	2	2
유아 (만 3~5세)	2	2	6	1	2	4
아동 (만 6~11세)	3 / 2.5	3.5 / 3	7 / 6	1	2	5
청소년 (만 12~18세)	3.5 / 3	5.5 / 3.5	8 / 7	4 / 2	2	8 / 6
성인 (만 19~64세)	4 / 3	5 / 4	8	3 / 2	1	6 / 4
노인 (만 65세 이상)	3.5 / 3 3 / 2.5 (만 75세 이상)	4 / 2.5	8 / 6	2 / 1	1	4

만 6~11세 아동부터는 성별에 따라 '남자/여자'으로 구분되어 있습니다.

식량 지속가능성을 달성하기 위해서는 적절한 비옥한 농지, 깨끗한 물, 안전하고 효과적인 비료, 기후 안정성(현재 기후 조건에서 효율적으로 성장하는 식물), 깨끗하고 지속가능한 에너지원에 대한 접근이 필요하다. https://www.hsph.harvard.edu/nutritionsource/sustainability/에서 자세히 알아보자.

3 식량 수급

학습목표

01. 기아와 식량 위기가 어린이와 성인의 건강에 미치는 결과
02. 식량 안보(food security)와 식량 위기(food insecurity)의 차이
03. 식량 안보를 높이기 위한 정부정책
04. 식품 지속가능성(food sustainability)에 영향을 미치는 인자
05. 유기농 식품이 일반 식품과 다른 점과 잠재적 혜택
06. 유전공학의 식품 응용 그리고 유전자변형식품의 잠재적 위해와 혜택
07. 대부분의 가공식품에 식품첨가물을 사용하는 이유와 잠재적 우려사항
08. 식중독을 일으키는 박테리아, 바이러스, 기생충의 목록
09. 식중독 위해를 감소시키는 식품의 취급 방법
10. 환경오염물질(중금속, 산업용 화학물질, 농약, 항생물질 등)의 잠재적 유해성 그리고 노출량 저감 방안

개요

선진국일수록 풍부하고, 다양하고, 영양가 있고, 안전한 식량이 공급되고 있다. 식재료의 구입 뿐 아니라 대중음식점, 카페테리아, 자판기 등을 통해 즉석·가공식품의 구입이 가능하다. 그러나 식량 수급 체계가 잘 갖춰지고 정부 및 사립단체가 식량이 부족한 개인을 돕고 있음에도 불구하고, 빈곤과 기아로 인한 영양불량과 건강취약 문제는 여전히 세계 곳곳에서 문제 시 되고 있다.

식품을 생산하는 기술(예를 들면 농업 기술, 유기농 기술, 생명공학 기술 등), 식품을 보존하고 가공하는 방법(예를 들면 냉장, 캔 가공, 방사선 조사 등), 그리고 식품첨가물의 사용은 식량의 다양성(variety)과 가용성(availability)을 계속해서 확대시키고 있다. 이렇듯 식품 생산 및 가공 기술의 발전은 식량 안보에 많은 혜택을 제공하고 있지만, 식량과 음용수의 안전성은 아직도 문제가 되고 있다. 예를 들어, 신선식품과 다진 소고기처럼 우리가 흔히 먹는 식품이 유해한 박테리아로 오염되면 식중독을 일으킬 수 있다. 농약, 식용 동물에 사용되는 항생제, 식물과 동물을 유전적으로 변형시키는 생명공학 기술, 그리고 식품에 표시하며 사용토록 허가된 식품첨가물 등은 계속해서 논쟁의 대상이 되고 있다. 이 장에서는 식량 접근, 식품성분, 식품안전, 그리고 가정에서 식품을 안전하게 보관하는 방법 등 복잡한 이슈를 공부할 것이다.

개발도상국가에서 빈곤은 기아 문제를 더 악화시킨다. 9명 중 1명은 먹을 음식이 충분치 못하다.

brians101/iStock/Getty Images

▶ 저소득 및 중산소득 국가의 문제로 생각되는 심각한 식량 안보는 유럽이나 북미와 같은 중상위 및 고소득 국가에서도 인구의 8% 수준으로 영향을 미친다. 이런 부유한 국가에서는 식량 공급이 불안정한 가정에서 살고있다는 것이 학령기 아동, 청소년 및 성인의 비만을 예측하는 인자가 된다.

3.1 식량 가용성과 접근

좋은 영양 상태와 건강을 지키기 위해서는 안전하고 건전한 식량 수급과 접근이 확보되어야 한다. 세계적으로는 75억 명의 인구가 필요로 하는 에너지보다 높은 수준인 1인 1일당 2,940 kcal를 제공할 수 있을 만큼 충분하게 식량을 생산하고 있다. 그럼에도 불구하고 유엔 식량농업기구(Food and Agriculture Organization, FAO) 추산에 따르면, 2014년부터 2016년 사이에 세계 인구의 12% 또는 9명 중 1명에 해당하는 약 7.95억 명의 인구가 만성적인 식량 부족으로 영양 결핍 상태에 있다. '숨겨진 기아(hidden hunger)'로 알려진 미량영양소(비타민과 무기질)의 결핍을 겪고 있는 인구도 20억 명에 달한다. 1990년부터 상당히 감소되었다지만, 심각한 기아와 영양실조는 아직도 모든 나라의 문젯거리이다. 특별히 남부 사하라, 동부 아프리카, 중부 아프리카, 남아메리카, 아프가니스탄과 인도를 포함한 남부 아시아, 그리고 카리브해 지역에 있는 개발도상국가에서는 더 큰 문젯거리이다. 기아와 영양실조로 고통받고 있는 사람들은 거의 모두 빈곤하다.

유엔 식량농업기구에 따르면, 전 세계 질병의 절반 이상은 영양불량(체중과다와 비만 포함) 또는 기아에서 비롯된다. 과체중과 비만을 유발하는 과잉영양은 미국, 캐나다, 유럽과 같은 선진국에서 주요한 영양문제이다. 그러나 최근에는 개발도상국가에서도 문제로 부각되고 있다. 국제보건기구(World Health Organization, WHO) 추산에 따르면, 전체 성인 인구의 약 39%에 달하는 19억 명의 인구가 과체중이거나 비만이다. 개발도상국은 서구화되면서 고기, 유제품, 설탕, 지방, 가공식품, 그리고 알코올 섭취가 증가하고 전곡, 채소와 과일 섭취는 감소하고 있다. '영양 전이(nutrition transition)'로 알려진 이 현상은 특별히 도시 지역에서 더 만연하다. 식량 수급의 불안정과 영양불량의 '이중 부담(double burden)'은 개발도상국 영양학자들과 건강관리자들이 직면한 새로운 문제이다.

영양불량과 식량 위기가 건강에 미치는 결과

먹을 것이 충분치 못하거나 먹을 수 있는 식품의 종류가 제한되면 기아와 영양불량 문제가 발생한다. 건강을 정상적으로 유지하려면 성인의 경우 매일 최소 2,100 kcal의 에너지가 필요하다. 이보다 부족하면 여러 가지 건강상 문제가 발생할 수 있다. 신체적·정신적 활동 저하, 성장 저하와 정지, 근육과 지방 감소, 면역체계 약화, 질병 취약성 증가, 사망률 증가 등이 따를 수 있다(그림 3.1). 미량영양소의 부족도 역시 치명적이다. 개발도상국가에서는 5세 미만 어린이의 약 30%가 비타민 A 부족을 겪고 있는데, 이로 인해 눈이 손상되어 심각하면 실명에 이를 수 있다. 또한 비타민 A가 부족하면 홍역, 설사, 그리고 호흡기 감염과 같은 질환에도 취약해진다. 요오드 결핍은 신경장애와 뇌손상을 일으키지만 예방 가능하다. 비타민 A, 요오드, 철, 아연, 그리고 엽산은 개발도상국에서 가장 부족하기 쉬운 미량영양소이다.

식량 안보(food security)란 "모든 사람들이 활발하고 건강한 생활을 영위하기 위해 상시 필요로 하는 식량을 확실하게 확보하는 것"으로 정의되며, 식량 안보의 모니터링은 농림축산식품부에서 담당한다. 식량 안보가 불안정하면 수백만 명의 사람들의 건강과 영양에 위협이 된다. 예를 들어 **식량 위기**(food insecurity) 지역에 사는 사람들은 채소, 우유, 육류와 같이

신선식품이 너무 비싸서 구입하지 못하는 가정에서는 비슷한 영양가를 제공하는 대체식품으로 냉동식품과 통조림 식품을 사용할 수 있다.

JGI/Jamie Grill/Getty Images

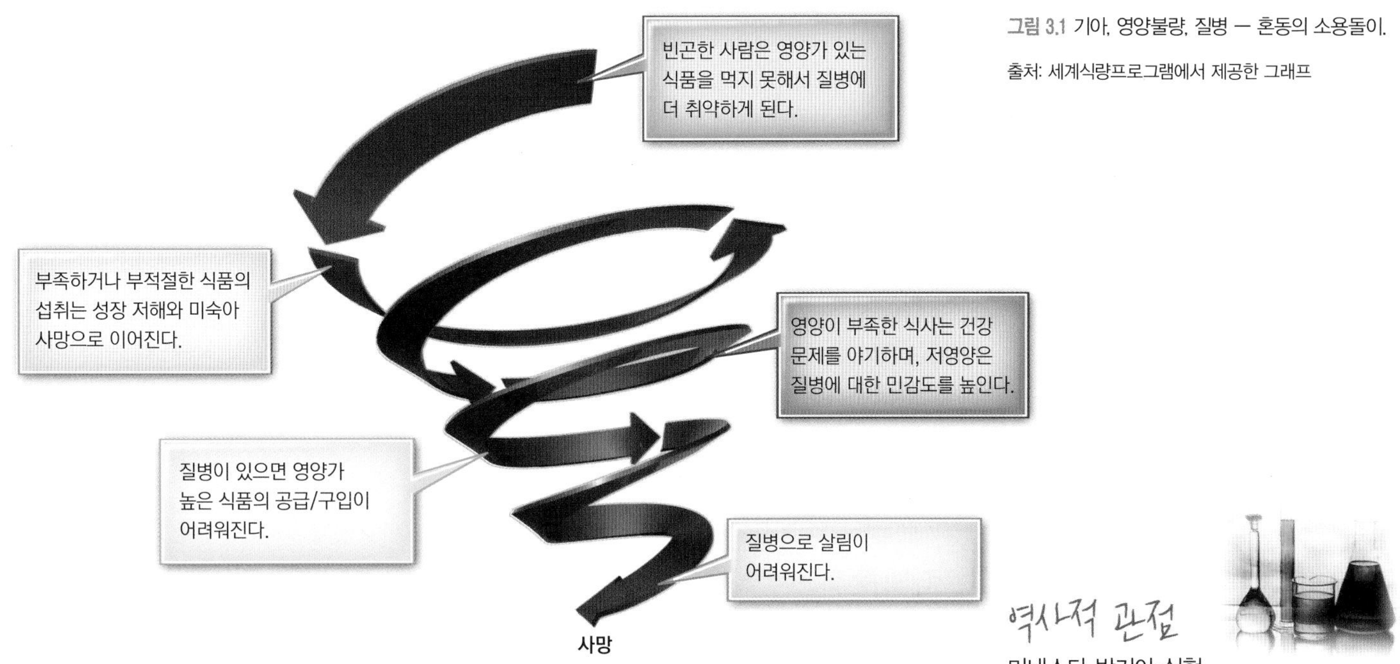

그림 3.1 기아, 영양불량, 질병 — 혼동의 소용돌이.

출처: 세계식량프로그램에서 제공한 그래프

영양밀도가 높은 식품을 거의 먹지 못하고 대체로 영양가가 낮은 식품을 먹게 된다. 영양가가 낮은 식사는 신체적·정신적 건강과 학습능력을 저하시킨다. 따라서 식량 위기 지역에 사는 어린이는 건강상태가 취약해져서 천식, 복통, 두통, 감기를 앓는 빈도가 높고 성장이 느리다. 행동장애, 학업 성취도 저하, 우울증과 자살 증가, 심리적 스트레스 증가 등도 식량 위기와 연관된다. 아이들을 위해 부모가 식사를 희생하는 경우도 있다. 따라서 식량 안보가 불안정한 지역에서 성인은 당뇨병과 같은 만성질환에 걸릴 위험이 높지만 관리는 빈약하다.

식량 위기, 빈곤, 그리고 비만의 관계는 상당한 수준으로 연구되었다. 식량 위기에 처한 사람들에게 식량을 제공하면 보통 과식을 하거나 비싸지 않은 고에너지 식품을 구매하는 행태를 보인다. 그 결과 에너지는 과잉되고 비타민과 무기질은 부족하게 된다. 그러나 비만에 영향을 미치는 요인은 매우 복잡하여 연령, 성별, 인종 등에 따라 다른 결과를 나타낸다. 예를 들어 미국에서는 식량 위기 지역의 여성들이 비만으로 발전할 위험이 더 높다.

역사적 관점

미네소타 반기아 실험 (Minneota Semi-Starvation Experiment)

1940년대에 Ancel Keys 박사팀은 32명의 건강한 남성 지원자를 대상으로 저영양의 효과를 연구하였다. 대상자들에게 6개월간 매일 1,800 kcal 에너지를 공급하였고, 그 결과 평균적으로 체중이 24% 감소되었다. 이외에도 대상자들은 피로, 근육통, 한랭 못견딤증, 심박수 및 근긴장도 저하, 체액 저류, 집중력 감소, 우울증, 냉담 등 생리적/심리적으로 심각한 증상을 호소하였다. 다시 정상적인 식사로 전환한 후에도 피로감, 배고픔, 식탐이 12주 이상 나타났다. 18개월이 지나서야 완전한 회복되었다. 이 연구를 통해 세계적 기근이 성인에게 미치는 영향을 상당히 이해할 수 있게 되었다.

우리나라 식량 안보 현황

농림축산식품부에 따르면 2020년 기준으로 우리나라 식량자급률은 45.8%이다. 수치상으로는 식량의 절반을 자급하는 수준이라 볼 수 있으나, 실제로는 쌀의 높은 자급률이 다른 품목의 낮은 자급률을 상쇄하고 있다. 쌀(92.1%), 밀(0.7%), 콩(26.7%), 보리(47.7%), 옥수수(3.5%)로 쌀을 제외한 밀·콩 등 주요 곡물의 자급률은 매우 낮은 수준이다. 곡물 자급률이란 국내 곡물 소비량 대비 국내 곡물 생산량이 차지하는 비율을 말하는 것으로, 사료용을 포함한 곡물 자급률은 20.2%로 산정된다. 즉, 우리나라는 곡물의 80%를 수입에 의존하고 있는 셈이다. 게다가 식생활 다양화로 전체 곡물 소비량은 계속 증가하는 반면 자급 가능한 쌀 소비량은 나날이 줄고 있어 앞으로 식량자급률이 더 떨어질 것이라는 전망이다. 특별히 정부는 밀·콩 중심으로 자급률 제고를 위해 2019년 「밀산업육성법」을 제정하고, 2020년

▶ 식량안보 심사원

지난 12개월간 당신 가정의 식량 상태를 검토해보자. 다음 질문에 "자주 그렇다", "종종 그렇다", 또는 "전혀 그렇지 않다"로 답하시오.

1. 식품을 구입할 돈이 생기기 전에 식량이 고갈될까 걱정한다.
2. 우리가 가져온 식품은 오래가지 않을 것이며, 우리는 더 이상 식품을 구입할 돈이 없다.

"자주 그렇다"와 "종종 그렇다"로 답하였다면 식량안보 수준이 낮은 것이다.

표 3.1 식량 안보와 식량 위기에 대한 설명(미국 농무성 제공)

식량 안보	높음	식량 접근이나 제한의 문제가 없음.
	한계	식량 접근면에서 1~2가지 문제가 있음. 특별히 가구별로 식량 과잉/부족에 대한 걱정이 있으며, 식사의 양은 거의 변동 없음.
식량 위기	낮음	식사의 질, 다양성, 균형이 저하됨. 식사의 양은 거의 감소하지 않음.
	매우 낮음	식사패턴의 변화뿐만 아니라 식사 양의 감소가 모두 나타남.

'밀산업 육성 기본계획'을 수립하여 매년 시행계획을 수립하여 생산과 소비까지 산업 전반에 걸친 중장기 투자를 진행하고 있다. 또한 콩은 생산기반이 잘 정비된 논 중심으로 재배를 확대하고 있으며, 2022년부터는 생산성과 품질을 높일 수 있도록 투자를 진행하고 있다. 2025년 밀·콩 자급률 목표는 각각 5%, 33%이다.

식품안정성 확보가구분율이란 가구원 중 식품 구매를 담당하는 1인에게 최근 1년간의 가구 식생활 형편을 물었을 때 "우리 가족 모두가 원하는 만큼의 충분한 양과 다양한 종류의 음식을 먹을 수 있었다" 또는 "우리 가족 모두가 충분한 양의 음식을 먹을 수 있었으나, 다양한 종류의 음식은 먹지 못했다"로 답한 분율을 말한다. 질병관리청 국민건강영양조사 결과에 따르면 식품안정성 확보가구분율은 2008년 88.2%였으나 2018년 96.9%까지 증가하였으며, 2019년 96.3%로 조사되었다. 그러나 소득별 격차를 보여 소득수준 하위 가구의 식품안정성 확보가구분율은 2016년 89.2%, 2018년 88.5%, 2020년 86.6%를 기록해 꾸준히 하락하는 추세다. 반면 소득수준 상위 가구의 식품안정성 확보 비율은 같은 기간 99.5%, 99.9%, 99.8% 수준을 유지해 소득수준에 따른 식생활 격차는 더 크게 벌어졌다.

표 3.1에는 식량 안보의 4단계 수준(높음, 한계, 낮음, 매우 낮음)을 설명하였다.

식량 안보 증대를 위한 프로그램

식량 위기를 돕는 프로그램이 많이 있다. 표 3.2에는 지역의 저영양 문제를 해결하기 위해 개인의 차원에서 할 수 있는 일들을 정리하였다.

정부 프로그램

1930년부터 빈곤한 개인과 가구를 대상으로 식품을 지원하고 있다. 미국 농무성은 총예산의 2/3 이상을 사용하여 15가지 식품영양 지원 프로그램을 운영하고 있으며, 미국인의 25%가 최소한 한 가지 이상 프로그램의 혜택을 받고 있다. 이로 인해 식량 접근성은 높아지고 식량 위기는 낮아졌지만, 아직 필요한 모든 사람에게 혜택이 돌아가고 있는 것은 아니다. 프로그램에 대해 알지 못하거나, 지원 과정이 너무 어렵게 여겨지는 사람들, 프로그램 장소로 갈 수 없는 형편에 있거나, 또는 참여를 꺼리는 사람들은 혜택을 받을 수 없다. 미국에서 실시되고 있는 정부 주도 프로그램은 아래와 같다.

- **영양 지원 프로그램**(Supplemental Nutrition Assistance Program, SNAP) Food Stamp

표 3.2 개인 자격으로 자신이 속한 지역의 기아를 해결할 수 있는 방법

- 식품 기부—고단백 식품(참치, 땅콩버터), 아기용 식품 등이 가장 필요함
- 기아를 타깃으로 하는 학교 또는 지역 프로그램에 참여—예를 들어, 커뮤니티 가든 또는 커뮤니티 키친 등
- 푸드트럭을 사용해서 봉사함
- 돈이나 시간을 기부—Meals on Wheels, No Kid Hungry, Share our Strength, UNICEF 등에
- 푸드뱅크나 저장소에서 봉사함
- 음식물 쓰레기를 줄임으로써 식품 구입비를 늘릴 수 있음
- 신문 기고, 입법, 정책 참여 등을 통해 식량 안보를 진흥하는 프로그램을 지지함
- 식량 안보를 타깃으로 하는 이벤트에 참여함
- 기아와 식량 안보와 관련된 문제와 입법에 대한 정보를 유지함
- 10월 16일 세계 식량의 날(World Food Day)에 관심을 가짐

저소득층을 위한 식품배급이 증가하고 있다. 시간을 할애하여 지역의 자원봉사 프로그램에 참여해보는 것은 어떨까?

Ariel Skelley/Blend Images LLC

Program으로도 알려진 SNAP은 식품 지원 프로그램의 초석으로 알려져 있다. 1인당 125달러에 해당하는 혜택을 매달 직불 카드의 형태로 제공하고 있다. 약 4,420만 명이 참여하고 있는데, 이는 전체 미국인의 13.5%이다. 어린이들이 가장 큰 혜택을 받고 있으며, 0~11세 어린이의 1/3, 12~17세 청소년의 1/5이 이 프로그램에 참여하고 있다. 식품을 구매하거나, 식물성 식품의 씨앗을 사기 위해 이 혜택을 사용할 수 있다. 그러나 담배, 알코올성 음료, 먹지 못하는 물건 등에는 사용할 수 없다. SNAP 참여자를 돕기 위해 고안된 SNAP 영양 교육은 거의 모든 주에서 시행되고 있으며, 건강한 식품 선택의 결과로 이어지고 있다.

- **여성과 영유아에 특화된 영양 지원 프로그램**(Special Supplemental Nutrition Program for Women, Infants, and Children, WIC) 저소득 영양 취약계층인 임산부, 수유부, 출산 후 여성, 영아, 5세 미만 아동을 대상으로 바우처를 제공해서 영양가 높은 특정 식품을 구매하도록 하는 프로그램이다. 영양 교육과 건강관리 및 사회보장 혜택도 받는다. 최근 WIC 참여자들은 77%가 영아와 어린이들이다.
- **학교 급식 프로그램**(National School Lunch Program) 영양가 높은 점심을 아동들에게 제공하여 학습에 집중할 수 있도록 지원하는 프로그램이다. 학교에 현금과 식품을 제공하는 방법으로 보조금을 제공한다. 모든 어린이들이 참여할 수 있지만 저소득층 가정의 아이들에게만 영양가 있는 점심을 무상 또는 인하된 가격으로 제공받을 수 있다. 일부 지역에서는 여름 방학 중에도 식품을 지원할 수 있도록 여름 식품 서비스 프로그램(Summer food service program)을 운영하고 있다.
- **학교 조식 프로그램**(School Breakfast Program) 이 프로그램은 배고픈 채 학교에 오는 어린이들을 위해 만들어졌다. 이 프로그램은 학교 급식 프로그램과 유사하게 운영된다. 국가 영양 지침에 따라 조식이 준비된다.
- **어린이-성인 돌봄 식품 프로그램**(Child and Adult Care Food Program) 식사와 간식을 제공하는 어린이 돌봄센터와 집이 없는 성인을 위한 데이케어센터를 지원하는 프로그램이다. 학교 급식이나 조식 프로그램과 마찬가지로 이 프로그램에서 제공되는 식사는 일정한 영양 기준에 맞추어야 한다.
- **노인 프로그램**(Program for seniors) The Older Americans Act에 근거하여 노인을 대상

▶ 식량 부족에 처해있는 사람들은 슈퍼마켓이 거의 없는 **식품사막**(food desert)에 살고 있다. 그들은 패스트푸드 레스토랑에 의존하고 있으며, 건강한 식품을 살 수 있는 모퉁이 상가(corner store)는 부족하다. 이동 급식소와 지역 농산물 시장(farmers' market)은 신선한 식품을 식품사막에 전달하는데 도움을 주고 있다.

▶ 푸드뱅크에서 직면하고 있는 문제 중 하나는 정제곡물과 가공식품 대신 영양밀도가 높은 식품, 신선식품, 전곡식품, 저지방 육류, 유제품을 제공하는 것이다.

▶ 2016년 조사에 따르면, 미국 대학생들의 39%는 빈곤 수준 이하로 살고 있다. 등록금과 생활비 때문에 많은 학생들이 식량빈곤에 처하게 된 것이다. 이에 부응하여 많은 대학에서는 캠퍼스에 식품 배급소를 열었다.

으로 하는 영양 프로그램이다. 많은 단체를 통해 다양한 곳에서 점심을 제공하는 회중 식사 프로그램 그리고 "Meals on Wheels"로 잘 알려진 가정 배달식을 제공한다. 식사는 영양지침에 따라 준비되어야 하며 거의 무상으로 제공한다. Senior Farmers' Market Nutrition 프로그램을 시행하는 주도 많이 있다.

- **식품 분배 프로그램**(Food distribution programs) 농산물을 정부가 구매하여 분배하는 프로그램이다. 농산품에는 통조림 식품(과일, 채소, 주스, 육류, 참치), 건조 식품(시리얼, 무지방 분유, 콩, 말린 감자, 파스타, 쌀, 조제분유), 땅콩버터, 그리고 제한된 양의 신선식품(치즈, 과일, 채소)이 포함된다. 이 프로그램을 통해 구매된 식품을 저소득 가정, 비상급식 프로그램, 재난 구호 프로그램, 인디언 보호지역, 노인 등에 분배한다.

우리나라 영양플러스사업은 보건복지부에서 주관하는 국민건강증진기금으로 수행되는 프로그램으로, 기준 중위소득의 80% 이하의 임산부 및 영유아를 대상으로 한다. 기본 목표는 체계적인 영양 관리로 빈혈, 영양불균형 등 영양문제를 해결하고, 식생활 관리능력을 향상시켜 평생 건강의 기반을 마련하는 것이다.

기아 구호 자선 단체(Hunger Relief Charitable Programs)

정부 프로그램 외에도 푸드뱅크, 저장소 등에서 개인에게 식품을 지원하는 사설 프로그램이 많이 있다. 이런 프로그램을 통해 매년 4,600만 명의 사람들이 식품을 공급받고 있다. 이 프로그램들은 개인, 종교단체, 기업, 재단, 기금 등을 통해 지원받고 있다. 또한 많은 봉사자들이 참여하고 있다.

세계 개발도상국의 식량 위기와 영양불량

유엔 식량농업기구에 따르면 개발도상 지역의 저영양은 감소하고 있다. 세계적으로 저체중 어린이 분율은 지난 20년 동안 거의 절반 수준으로 감소하였다. 그러나 영양불량은 불균형적으로 어린이와 여성에게 아직도 더 큰 영향을 미치고 있다. 저소득~중간 소득 국가에서는 매년 5세 미만 어린이 약 260만 명이 저영양으로 사망하고 있다. 이는 영아와 취약 전 아동의 전체 사망률의 45%에 달하는 숫자이다. 전 세계 어린이 중 약 9,900만 명이 저체중이며, 1억 6,000만 명이 성장 장애를 겪고 있다. 이런 아동들은 감염질환에 취약하며 학습 장애를 나타낸다. 많은 나라에서 여성은 남성에 비해 식량 접근성이 더 떨어진다. 왜냐하면 나중에 먹는 관습 때문이다. 여성의 영양 상태가 떨어지면 태아나 수유 중인 영아 또한 영양불량이 될 수 있다.

식량 안보는 로컬푸드를 생산하고 유통하는 지역사회를 통해 강화된다.

Ariel Skelley/Blend Images LLC

개발도상국에서 기아 상태에 있는 사람들은 대부분 소작농으로 시골 지역에 살고 있다. 이들은 가족을 겨우 먹일 수 있을 만큼 식품을 재배할 뿐, 판매하여 수입을 얻을 만큼은 재배하지 못하고 있다. 농토가 비옥하지 못하고, 비료·종자·농사 도구가 부족하고, 가뭄이나 홍수 등의 이유로 농사짓기도 힘든 상태이다. 식량 위기와 영양불량으로 건강이 나빠지면 일할 수 있는 체력이 떨어지게 된다. 자연재해, 전쟁, 정치적 불안은 상태를 악화시켜 식량 위기와 기아를 야기할 수 있다.

2050년까지 지구상의 인구는 약 95억 명까지 증가될 것이다. 즉, 세계에서 두 번째로 인구가 많은 인도 정도의 국가 2개가 더 추가된 수준이 될 것이다. 이런 인구 증가 그리고 도시화 및 경제 성장으로 세계 식량 요구도는 더 높아질 것이다. 따라서 기아는 감소하고 식량 안보를 증진시키는 미래 계획은 점점 더 어려워질 것이다.

전문가들은 기아를 줄이고 지역 식품생산체계와 농업 생산성을 개선하기 위해 경제적 성장이 중요하다고 주장하고 있다. 특별히 농업 생산성을 높이는 것이 중요하다. 왜냐하면 빈곤한 사람들은 대부분 농촌에 사는 농부들이기 때문이다. 농업의 발전으로 가정마다 작물을 더 많이 수확하게 되면 건강한 식사가 가능해지며 그들이 경작한 식품으로부터 부가적인 수입을 얻을 수 있다. 그러나 농업 생산성을 높이기 위해서는 비용이 발생하며 길, 관개, 전기, 둑 등과 같은 인프라 구조 조성, 농업 연구, 교육, 그리고 건강한 인력이 필요하다. 미량 영양소 결핍을 해결하고 깨끗한 식품과 물을 공급하여 건강을 증진하는 것이 중요하다. 또한 가족계획 방법을 알려주는 것도 중요하다. 왜냐하면 경제적 성장을 위해 일하고, 배우고, 실행할 수 있는 건강한 인력이 필요하기 때문이다.

영양불량을 개선하여 병원 입원을 막기 위해 식물성 유지, 분유, 설탕, 비타민/무기질, 땅콩, 병아리콩, 옥수수, 대두, 쌀, 밀 등으로 만들어진 다양한 특수용도식품이 사용되고 있다.

Mike Goldwater/Alamy Stock Photo

음식물 쓰레기

전문가들의 주장에 따르면 세계 식량 안보를 증진시키는 또 다른 방법은 음식물 쓰레기를 줄이는 것이다. 유엔 식량농업기구는 생산되는 식품의 1/3이 음식물 쓰레기로 손실되고 있다고 보고하고 있다. 선진국에서는 그 양이 더 많아서 식품의 40%가 음식물 쓰레기가 되고 있다. 먹이 사슬의 전 과정에서 음식물 낭비와 쓰레기가 발생한다.

- 농장에서는 해충, 새, 곤충, 또는 병으로 인해 식품이 손실된다. 일손이 부족한 경우 또는 일그러진 모양 또는 결함으로 상품성이 떨어진 경우에는 수확조차 하지 않는다.
- 가공 중에 하자가 생겼거나 동물의 내장육과 같이 소비자가 선호하지 않아 폐기되는 식품도 있다.
- 신선식품, 육류, 유제품 등은 판매되지 않아 부패된 식품으로 버려진다.
- 음식점과 급식 시설에서 너무 음식을 많이 준비하여 버려지는 식품도 있다.
- 가정에서도 너무 많이 구매 또는 조리하여 냉장고 안에서 상해서 버려지는 음식물이 많이 있다. 또한 유효기간의 의미를 잘못 해석하여 버려지는 음식물이 많다. '최상 품질기한(best by)', '유통기한(sell by)'과 '소비기한(use by)'을 혼동하여 음식물을 버리는 경우도 많다.

▶ 시리아 전쟁으로 인도적 위기가 심화되었다. 수백만 명의 시리아인 또는 시리아 난민들은 배고픔과 질병으로 고통받고 있다. 2011년 전쟁이 일어난 이후로 시리아의 식품 생산은 40% 감소되어, 세계 식량 프로그램은 일부 시리아인들에게 쌀, 불거(bulgur), 밀, 파스타, 렌즈콩, 통조림 식품, 설탕, 소금, 식용유, 밀가루 등의 형태로 하루분의 양식(ration)을 배급하고 있다.

유엔 식량농업기구의 보고에 따르면, 쓰레기로 버려지는 음식물의 절반만 보존하더라도 기아와 쓰레기 매립의 문제 그리고 온실가스 생성을 상당히 줄일 수 있으며, 농업용수, 비료, 농약, 화석원료의 사용도 감소시킬 수 있다. 식품 사슬의 전 영역에서 식품 손실을 감소할 수 있다. 예를 들어, 많은 대학에서는 음식물 쓰레기를 줄이기 위해 식당에서 쟁반을 없앴다. 학생들은 좋아 보이는 음식을 쟁반에 쌓을 수 없게 되었다. 또한 가정에서도 음식물 쓰레기를 줄일 수 있는 방안이 많이 있다. 안전하고 영양적인 식품을 먹지도 않고 버리는 대신, 지역 식품 뱅크에 기부하고. 음식물 쓰레기 대신 음식물 쓰레기 퇴비를 만드는 것이다. 음식물 쓰레기 감소에 대한 정보는 www.lovefoodhatewate.com 그리고 www.thinkeatsave.org에서 얻을 수 있다. 그림 3.2에는 전체 식품수급 체인에서 식품 쓰레기를

그림 3.2 농장에서 식탁까지 식품 지속가능성 향상 전략

1 **농장**

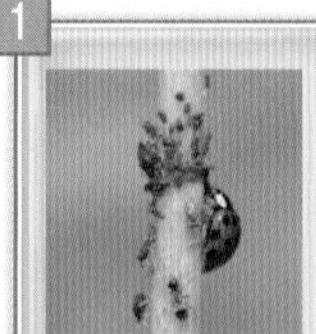

- 곤충, 식물의 질병, 잡초와 같은 해충 방제를 위해 자연 포식자를 사용할 것.
- 토양 영양소를 되살리고 비료의 사용을 줄이기 위해 작물을 윤작할 것.
- 토양 침식과 물의 유출을 줄이기 위해 경작을 최소화 할 것.
- 부식과 물의 유출을 줄이기 위해 덮개작물을 사용하고 제초제의 사용을 줄일 것.
- 동물의 거름을 비료로 사용할 것.

2 **가공**

- 불완전한 농산물을 저렴한 가격으로 소비자에게 제공하여 식품 쓰레기를 최소화할 것.
- 껍질과 기타 트리밍을 퇴비나 동물사료로 사용할 것.
- 내장육과 같이 식품으로 잘 사용되지 않는 식품의 마켓을 찾을 것.
- 하루 지난 베이글을 베이글칩으로 만드는 것처럼 음식을 재현할 것.

3 **운송**

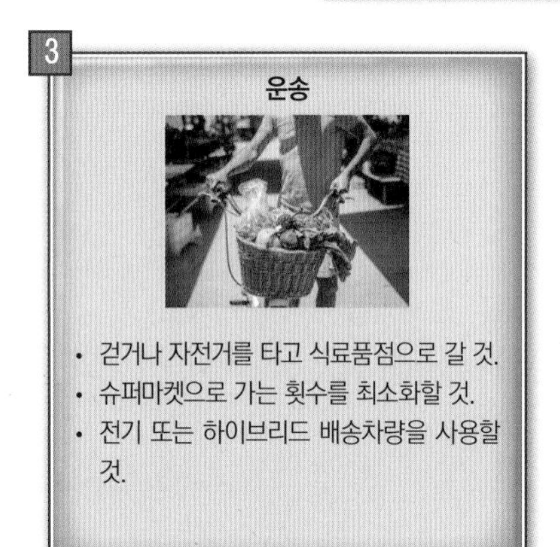

- 걷거나 자전거를 타고 식료품점으로 갈 것.
- 슈퍼마켓으로 가는 횟수를 최소화할 것.
- 전기 또는 하이브리드 배송차량을 사용할 것.

4 **소매점**

- 포장을 줄일 것(예를 들면 박스나 포장지로 포장하지 않은 과일).
- 가급적 지역 농산물을 구매할 것.
- 아직 안전하여 먹을 수 있는 식품은 급식소로 기부할 것.

5 **식탁**

- 식물성 식품을 더 많이 먹을 것.
- 초가공된 식품의 사용을 최소화할 것.
- 에너지는 필요한 만큼만 섭취할 것.
- 식품용기를 재사용할 것.
- 음식 쓰레기를 퇴비로 만들 것.

줄이는 전략을 소개하였다.

식량지속가능성(food sustainability)

세계 식량 안보 달성에 영향을 미치는 주요 요인은 식량지속가능성이다. 식량지속가능성이란 인류를 먹이기에 충분한 식품을 생산하는 능력을 말한다. 식품 수급 체인을 통해 전 세계 사람들을 먹이기에 충분한 식품이 제공될 수 있을까 하는 우려가 있다. 지역적, 국가적, 그리고 세계적으로 식량지속가능성을 이루기 위해 우리는 적절하고 비옥한 농지, 깨끗한 물, 안전하고 효과적인 비료, 깨끗하고 지속 가능한 에너지를 공급받아야 한다. 아울러 우리는 안정된 기후 그리고 현재 및 새로운 기후 조건에서 효율적으로 자라는 식물이 필요하다.

세계 식량지속가능성을 이루기 위해서 우리가 무엇을 먹고, 어떻게 식품을 생산하는지를 신중하게 평가하고 조정할 필요가 있다. 전 세계 식량 공급은 주로 12가지 식물성 식품과 5가지 동물성 식품으로 조성되어, 이들을 합하면 총 식량 공급의 75%를 차지한다. 따라서 우리가 먹는 식품의 종류를 다양화하고, **농생물다양성**(agrobiodiversity)을 증가시키면 식량 공급의 다양성이 증가하여 보다 영양가가 높고 고품질의 식단을 이룰 수 있다. 이처럼 글로벌 환경을 바꾸는데 농업의 기여도가 매우 크다. 식량 생산을 위해 농업과 관련된 전 세계 온실가스 배출량의 거의 1/3 그리고 농업에 사용되는 담수의 70%가 사용된다. 그러나 가축과 유제품 생산은 식물보다 더 많은 물과 토지를 사용하고, 식품 생산 온실가스 배출량의 거의 절반을 차지한다. 따라서 식물 중심으로 식단을 전환하면 식량 안보 목표를 달성하

농생물다양성(agrobiodiversity) 식품 및 농업에 직간접적으로 사용되는 동물, 식물 및 미생물의 다양성 및 가변성

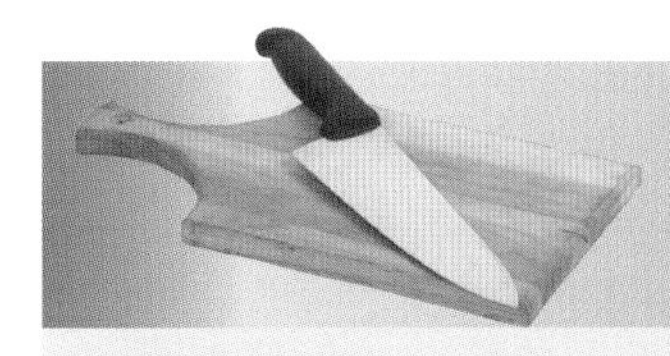

조리적 관점

식료품점과 가정에서 음식 쓰레기 줄이기

음식물 찌꺼기를 버리지 마세요!
창의력을 발휘하여 식사나 간식에 이용할 방법을 찾으세요.

음식 쓰레기 줄이기는 세계 식량지속가능성 달성에 중요한 요소이다. 미국에서는 매년 300파운드의 식품이 버려지고 있다. 이것은 샌드위치 빵 300덩어리에 해당한다. 버려지는 식품 중 가장 많은 것이 과일과 채소이고, 유제품과 빵 그리고 육류의 순서이다. 음식 쓰레기는 단지 돈의 낭비일 뿐 아니라 음식을 생산하기 위해 사용된 물, 비료, 농약 등과 같은 모든 자원을 낭비함으로써 환경에 악영향을 미치는 것이다. 이런 낭비를 모두 합하면 3,300만 대의 자동차가 생산하는 온실가스에 해당하는 양이 된다. 우리 각자는 식료품점에서 그리고 가정의 부엌에서 음식 쓰레기를 줄이는데 한몫을 담당할 수 있다.

창의적인 조리와 남은 음식이 쓰레기가 되지 않도록 식사를 계획할 때까지 음식물 쓰레기를 줄이는 방법은 여러 가지가 있다. 음식 쓰레기를 줄이고, 식료품 구입비를 줄이고, 새로운 레시피를 즐길 수 있는 아래 요령들을 시험해 보자.

식료품점에서 음식 쓰레기를 줄이는 요령

- 미리 계획할 것. 식사계획 앱이나 웹사이트를 사용해서 일주일 식단계획을 세운다. 식료품 목록을 작성하고 그것을 지키는 것부터 시작한다. 쇼핑을 자주 하면 필요하지 않은 과잉 구매와 낭비를 피하도록 도울 수 있다.
- 표시를 잘 읽을 것. 식품에 표시된 최상품질기한(best-by)과 사용기한(use-by)은 식품의 이상적인 품질을 보증하는 것이며, 이 기한 이후에도 식품의 영양가는 유지되고 안전하게 먹을 수 있다. 유통기한(sell-by)이란 상점의 매대에서 제품을 제거해야 하는 날짜를 말한다. 그러나 이 날짜 이후에도 유통기한의 1/3 정도 기간을 더 사용할 수 있다.
- 완벽함을 추구하지 말 것. 흠이 있거나 불완전한 제품은 잘 판매되지 않아서 식료품점의 매대에 올라가기 전에 버려지는 것이 보통이다. 그러나 흠이 있는 식품은 안전하고 영양가가 있을 뿐 아니라 비용을 절감할 수 있다. 잡화점에서는 흠이 있는 식품을 훨씬 더 싼 값에 판매하기도 한다. "Imperfect Produce"와 같은 회사는 식료품점에는 입고되지 못하는 제품을 30% 저렴한 가격으로 판매하고 집으로 직접 배송한다. www.imperfectproduce.com을 참조할 것.

부엌에서 음식 쓰레기를 줄이는 요령

- 남은 음식으로 창의력을 발휘할 것
- 남은 야채와 고기는 다음 것들과 버무려 사용할 것
  - 밥과 양념을 곁들여 재빨리 프라이팬에 볶음
  - 토틸라 위에 올리고 치즈를 얹음.
  - 파스타와 섞어서 맛있는 파스타 샐러드를 만듦.
  - 달걀에 섞어서 오믈렛을 만듦.
- 음식물 찌꺼기를 용도 변경할 것
  - 과일에서 잘라낸 부분을 섞어 스무디를 만듦.
  - 야채 찌꺼기를 야채 육수를 만들기에 충분한 양이 될 때까지 냉동실에 모음.
  - 과일 껍질을 사용하여 과일맛 식초로 만들면 샐러드 드레싱으로 사용할 수 있음.
  - 감귤류 껍질을 말려서 식초에 넣으면 가정용 세정제를 만들 수 있음.
  - 딱딱한 치즈 껍질은 갈아서 수프나 파스타에 뿌림.
  - 특이한 음식 찌꺼기는 배합하여 토양에 펴서 바름.
- 전성기가 지난 음식은 새로운 용도를 찾아냄.
  - 시든 당근, 파스닙, 애호박은 채썰어서 머핀, 빵 또는 팬케이크 반죽을 만들 때 첨가함.
  - 온전한 빵은 프렌치토스트나 크루톤(croutons)을 만들거나 분쇄하여 빵가루로 만듦.
  - 너무 많이 익어버린 과일은 조각으로 만들어 한 겹으로 배열하여 얼린 후 밀폐된 용기에 보관하고,
    - 과일은 시리얼 토핑으로 사용하고,
    - 갈아서 과일 샐러드 드레싱으로 만들고,
    - 스무디에 첨가함.

남은 음식이나 음식물 찌꺼기를 재활용 하는 방법은 zerowastechef.com을 참조할 것.

표 3.3 세계 식량지속가능성을 달성하기 위한 핵심 분야

1. 영양밀도를 최적화하고 환경에 미치는 영향을 줄이기 위해 음식의 다양성을 촉진함. 우리가 먹는 식단에서 채소, 과일, 전곡, 두류, 견과류, 불포화지방유로 다양성을 넓히고; 양식 해산물과 가금류는 적당한 양으로 섭취하고; 붉은 고기와 가공육, 첨가당, 정제곡류, 전분이 많은 채소의 섭취는 제한함.
2. 식량 생산 지속가능성을 목표로 함. 농생물다양성을 늘리고 현재의 농업 관행을 개선하여 환경 피해를 줄임.
3. 음식 손실과 음식물 쓰레기를 줄임. 농장에서 식탁까지 전체 식품생산체인에서 발생되는 음식물 쓰레기를 줄이는 전략을 추진함.

는데 도움이 될 것이다. 식물 중심의 식단으로 전환하는 것과 채식주의 식단을 따르는 것은 다르다. 식물 중심적인 접근법을 사용해서 개발된 연구기반 식단으로는 고혈압식단(Dietary Approaches to Stop Hypertension, DASH), 지중해식단(Mediterranean Diet)이 있다. 표 3.3에는 세계 식량지속가능성을 달성하기 위해 제안된 전략이 제시되었다.

식량지속가능성의 개념은 사람에 따라 다른 의미를 갖는다. 어떤 사람들은 지속가능성을 지역 구매로 본다. 다른 사람들은 기후 변화에 따른 영향을 줄이는 최상의 농업 관행에 초점을 두고 농업의 관점에서 지속가능성을 본다. 어떤 사람들은 식량 지속가능성은 음식물 쓰레기를 줄이면 달성할 수 있는 것으로 본다. 궁극적으로, 세계 식량지속가능성을 다루고 달성하기 위한 최적의 접근 방식은 식량 공급망의 모든 측면을 다루는 다요인 접근법이 될 것이다. 세계 식량지속가능성 달성에 기여하기 위해서는 어떤 조치를 취할 수 있을까?

확인합시다!

1. 식량 위기의 주요 원인은 무엇인가?
2. 숨겨진 기아(hidden hunger)란 무엇인가?
3. 개발도상국의 식량 위기/기아는 선진국의 식량 위기/기아와 어떻게 다른가?
4. 식량 위기를 줄이기 위해 정부 차원에서 운영하는 프로그램에는 무엇이 있는가?
5. 세계적 식량지속가능성을 이루기 위한 주요 초점 영역은 무엇인가?

농장은 유기농 식품을 구입하기에 좋은 장소이다.

Pixtal/age fotostock

3.2 식량 생산

수천 년간 인간은 식량과 가축을 생산하는 농업을 통해 식량을 공급받아 왔다. 거의 모든 사람들이 식량 생산에 참여하던 때도 있었으나, 이제 세계 농업인구는 1/3로 감소하였다. (2019년 통계청 발표에 따르면, 우리나라의 경우 전체 대비 농가의 비율은 5.2%, 농업인구의 비율은 4.5%로 점차 감소추세에 있다.) 농학의 진보는 식량 수급에 큰 영향을 미치고 있으며, 특별히 유기농 식품(organic food) 생산과 생명공학기술의 영향력이 크다.

유기농 식품

유기농 식품은 슈퍼마켓, 전문 상점, 농장, 그리고 레스토랑에서 쉽게 구입할 수 있으며, 종류도 과일, 채소, 곡류, 유제품, 육류, 달걀, 그리고 가공식품(소시지, 조미료, 아침식사용 시리얼,

과자, 칩)에 이르기까지 다양하다. 개인 건강과 환경 위생에 대한 관심이 높아지면서 유기농 식품의 판매가 증가하게 된 결과이다. 미국의 경우 판매되고 있는 과일과 채소의 13%가 유기농이고, 전체 식품으로 보면 약 5%가 유기농이다. 유기농 식품은 생산단가가 높기 때문에 일반 식품에 비해 더 비싸다.

유기농이란 농작물을 기르는 방법을 말한다. 유기농 생산은 **생물학적 해충 관리**(biological pest management), 배합토, 퇴비 주기, 돌려짓기 등의 농업 방식을 사용하므로 토양과 물, 작물, 그리고 가축을 건강하게 유지할 수 있다. 유기농 식품을 생산할 때에는 합성 농약, 화학비료, 호르몬제, 항생제, 비료로 사용되는 하수 침전물, 유전공학, 그리고 방사선 조사가 허용되지 않는다. 또한 유기농 육류, 가금류, 달걀, 그리고 유제품을 생산하려면 유기농 사료를 먹이고 방목으로 사육하여야 한다.

미국에서는 가공식품에 '유기농(organic)'을 표시하려면 사용된 원재료의 95%(무게 비율로)가 유기농 기준에 적합해야 한다. '유기농으로 만든(made with organic)'으로 표시하려면 사용된 원재료의 70%가 유기농이어야 한다. 연간 소득이 5,000달러 이하인 소작 농가의 제품은 유기농 인증 규제에서 예외로 하고 있다. 유기농 생산 방법을 사용하고 있으나 유기농 인증제를 사용하지 않는 경우도 많다. 따라서 이런 제품은 유기농으로 표시할 수 없지만 유기농 식품을 찾는 소비자들에게 판매되고 있다.

우리나라에서는 친환경농산물이란 환경을 보전하고 소비자에게 안전한 농산물을 공급하기 위해 농약과 화학비료 및 가축사료 첨가제 등의 화학자재를 전혀 사용하지 않거나, 또는 최소량을 투입하여 생산한 농산물을 의미한다. 생산 방법과 사용자재 등에 따라 '유기농산물'이란 농약과 화학비료 등을 전혀 사용하지 않고 재배한 농산물이며, '무농약농산물'이란 농약은 사용하지 않았으나, 화학비료를 권장 시비량의 1/3 이내 수준에서 사용한 농산물로 정의되어 있다. 2019년 한국농촌경제연구원의 보고에 따르면 최근 유기농산물 인증 면적과 인증 농가 수는 증가하고 있으나, 친환경농산물 인증 실적의 70%를 차지하는 무농약농산물의 인증 면적과 인증 농가 수는 감소하고 있다. 한편 소비자들이 상품을 선택할 때 친환경농산물을 구별할 수 있도록 도와주면서 신뢰성을 도모하고 생산자의 권리를 보호하기 위해 국가가 친환경농산물인증제도를 운영하고 있다.

유기농 식품과 건강

소비자들이 유기농 식품을 선택하는 이유는 잔류농약의 섭취를 줄이고, **지속가능한 농업**(sustainable agriculture)을 지지하여 환경을 보호하고, 식사의 영양가를 높이기 위함일 것이다. 실제로 유기농 식품을 먹으면 잔류농약의 섭취를 줄일 수 있다. (유기농으로 재배된 과일과 채소에도 4개 중 1개에는 농약이 함유되어 있으나, 일반 재배된 것에 비해 낮은 수준이다.) 반면 유기농 식품의 구매가 소비자 건강에 어떤 영향을 미치는가에 대해서는 여전히 명확하게 알려진 바가 없다. 그러나 영유아기 어린이에게는 유기농 식품의 선택이 의미 있을 수 있다. 왜냐하면 농약 잔류물의 위해는 영유아기 어린이에게 더 크게 작용할 수 있기 때문이다. 일반 농사법에 비해 유기농법은 화석원료의 사용을 줄이고, 토지를 건강하게 유지하고, 농약과 제초제의 오염을 줄일 수 있다.

유기농 식품을 섭취하는 것이 영양적으로 어떤 혜택을 주는지에 대해서는 뜨거운 논쟁이 계속되고 있다. 유기농 식품과 일반 식품의 영양가를 비교하는 방법이 아직 문제가 있기

생각해 봅시다

Stephanie는 대학교 2학년으로 단호하게 유기농 식품만 고집하고 있다. 일반적인 방법으로 키워서 가공한 식품은 건강하지 못하고, 해로운 화학물질이 가득하며 영양가가 없다고 늘 이야기한다. Stephanie가 본인의 신념을 토론하기 위해, 의견을 묻는다면 어떻게 대응할 수 있을까?

친환경식품 인증마크

생물학적 해충 관리(biological pest management). 천연 포식자, 기생충, 또는 병원체를 사용하여 농작물 해충을 관리하는 방법. 예를 들어, 무당벌레는 진딧물 퇴치에 사용될 수 있다.

지속가능한 농업(sustainable agriculture). 농가에 안정적인 삶을 부여하며, 자연환경과 자원을 보존하고, 농촌을 지지하며, 농부로부터 소비자로 식용 가축에 이르기까지 모든 관여자들을 존중하고 공정하게 대우하는 농업 체계.

때문에 논쟁이 더 복잡해지고 있다. 정확한 비교를 위해서는 시료수집 방법, 분석 기술, 통계 분석 등 여러 가지 요인이 통제되어야 한다. 최근에 보고된 메타분석에 따르면 대부분의 영양소 함량은 유기농 식품과 일반 식품에서 거의 차이가 없었다. 다만 작은 차이가 있을 뿐이다. 예를 들어 유기농 과일, 채소, 곡류 중에는 항산화 성분이 더 많은 것이 있고, 유기농 소고기와 우유 중에는 오메가-3 지방의 함량이 높은 것이 있으며, 유기농 우유 중에는 요오드와 셀레늄 함량이 낮은 것이 있다. 그러나 소고기나 우유는 어차피 오메가-3 지방의 좋은 급원이 아니므로 이 정도의 함량 차이는 의미가 없다. 따라서 '유기농' 표시제도의 운영으로 건강하지 않은 식품을 건강하게 바꾸어 놓지는 못한다. 유기농 재료로 만든 과자라도 에너지와 당류 함량은 일반 재료로 만든 과자와 동일하다. 지금은 영양가면에서 볼 때 일반 식품 대신 유기농 식품을 추천할만한 근거가 없으며, 두 가지는 모두 영양 요구를 충족시킬 수 있다.

농업 식물 및 동물의 특성 수정

식물과 동물의 변이는 이들 유기체의 유전자를 조작하여 이루어진다. 유전자 조작의 목적은 질병 저항성, 가뭄 내성, 수확량 또는 영양소 밀도를 개선하여 특별히 원하는 특성을 가진 식물이나 동물을 만드는 것이다. 농업에서 유전자 조작에 사용되는 네 가지 주요 과정은 선택적 육종(selective breeding), 돌연변이 발생(mutagenesis), 유전자 변형(genetic modification), 유전자 편집(genome editing)이다.

선택적 육종(selective breeding)

전통적인 생명공학기술은 농업만큼 오랜 역사를 가지고 있다. 1세대 농부는 전통적인 방법으로 선택적 육종기술을 사용했다. 예를 들어, 최고의 황소와 최고의 암소를 선택적으로 교배하는 방법으로 품종을 개량하였다. 선택적 교배된 자손은 정상적인 무작위 유전자 돌연변이뿐만 아니라 두 부모로부터 온 유전자 혼합을 가지고 있다. 식물도 마찬가지이다. 두 식물을 교배시킴으로써, 원래의 두 식물의 특징을 모두 가진 새로운 품종이 생산된다. 1920년대까지, 이러한 관행으로 더 나은 식물 종을 선택적으로 번식할 수 있게 하였다. 그 결과, 미국의 옥수수 생산량은 빠르게 두 배로 증가했다. 비슷한 방법으로 재배 밀을 야생 밀과 교배한 결과 수확량이 늘고, 질병 저항성이 높아지고, 악천후에도 더 잘 견디는 새로운 품종이 개발되었다. 또한 유자와 만다린 오렌지처럼 서로 다른 종을 교배하여 새로운 잡종(hybrid)인 마이어 레몬(Meyer lemon)을 생산하기 시작했다.

만약 유기농 농산물을 구매할 만큼 경제력이 없다면, 유기농이 아닌 농산물을 구입하라. 물로 씻거나, 문질러 닦거나, 껍질을 벗기는 방법으로 농약 잔류물의 섭취를 상당히 줄일 수 있기 때문이다.

Fancy Collection/SuperStock

돌연변이 발생(mutagenesis)

돌연변이 발생이라고 불리는 두 번째 유형의 식물 유전자 조작은 1950년대에 시작되었다. 예를 들어 식물 세포에 방사선이나 화학물질을 처리해서 원하는 형질을 나타내는 유전자 돌연변이를 유도하는 것이다. 이 과정은 식품에 해로운 성분을 남기지 않는다. 이러한 방식으로 변형된 식품에는 핑크 자몽, 밀, 쌀, 보리, 땅콩, 완두콩, 카카오가 있다.

선택적 교배와 돌연변이 발생 모두 식물 유전자에 많은 영향을 미친다. 품종을 변화시켜 나타나는 특징은 대체로 식물을 향상시키지만, 때로는 그렇지 않다. 원하는 특성을 가진 새로운 품종을 생산하기 위해 이러한 과정을 사용하였지만 수년간 시행착오를 겪어왔다. 새로운 품종 개발을 가속화하기 위해, 과학자들은 생명공학 공정을 개발했다.

유전자 변형(genetic modification)

최근에는 유전공학 및 유전변형 등으로 알려진 생명공학기술이 발달하여 과학자들이 직접 유전자 구성을 바꾸는 것이 가능해졌다. **유전자변형기술**(recombinant DNA technology)을 사용하여 거의 모든 식물, 동물, 미생물로부터 다른 종으로 질병 저항성과 같은 특정 성질을 부여하는 유전자를 전이(형질전환이라고도 함)할 수 있게 되었다(그림 3.3). 이렇게 처리된 생물체를 유전자 변형식품(genetically modified foods, GM 식품 또는 genetically engineered foods, GE 식품) 또는 유전자변형체(GMO)라 부른다. GM 식품은 일반 식품과 비교하여 1개 이상의 유전자가 다르다. 유전자변형을 중복하였을 때에도 수천 개의 유전자 중 2개 이상 8개 미만의 유전자가 바뀌게 된다. 전통적인 육종법보다 더 광범위하고, 빠르고, 정확하게 유전자를 변형시킬 수 있다. 그러나 수년에 걸쳐 매우 주의 깊은 연구가 필요하다. 왜냐하면 의도하였던 특성을 보이는 특정 유전자를 찾는 것이 매우 어렵기 때문이다.

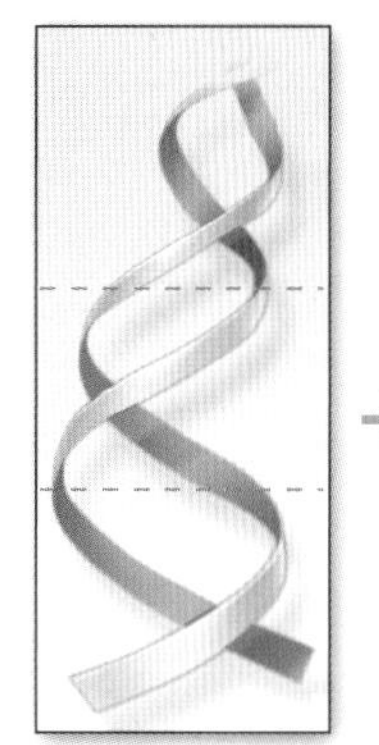

숙주식물인 옥수수의 DNA

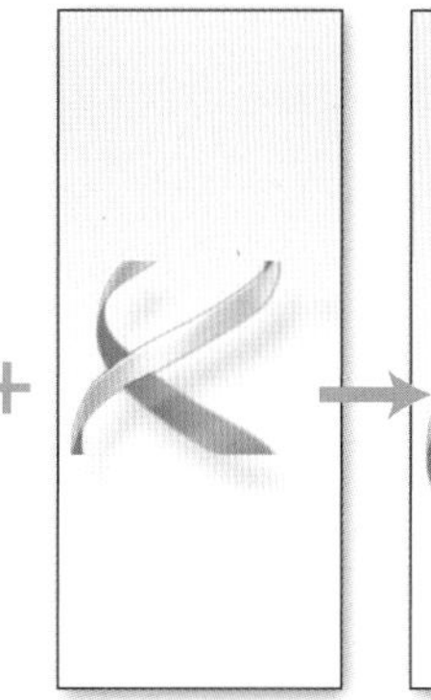

European corn borer에게 해로운 결과를 초래하는 단백질을 만들어내는 박테리아 유전자(Bt 유전자)

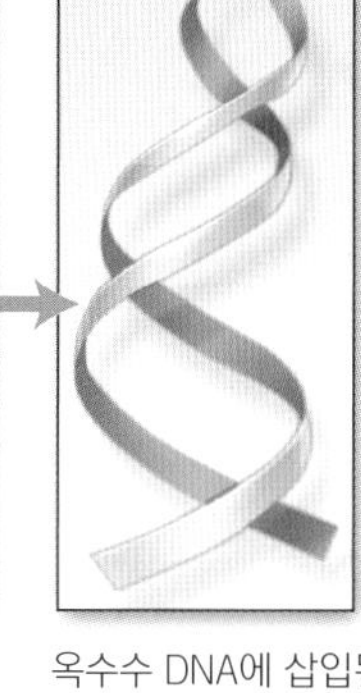

옥수수 DNA에 삽입된 Bt 유전자. 이제 옥수수는 유전적으로 변형되었다. Bt 독소를 만들어서 European corn borer에 내성을 갖게 되었다.

그림 3.3 이 그림은 박테리아에서 얻어진 *Bacillus thuringienis*(Bt) 유전자가 옥수수 DNA에 삽입되는 것을 보여준다. 이런 방식으로 유전자가 변형된 옥수수는 European corn borer 해충에 내성을 갖는다.

유전자변형기술(recombinant DNA technology)
DNA 서열을 잘라내거나, 추가 또는 삭제한 후 DNA 분자를 일련의 효소와 재결합시킴으로써 유기체의 DNA 서열을 재정렬하는 시험관 기술

유전자를 변형시키는데 사용된 생명공학 기술 중 하나는 형질전환(transgenesis) 또는 유전자 변형(genetic modification)이다. 이로써 과학자들은 유기체의 유전자 구성을 직접 바꿀 수 잇게 되었다.

유전자변형식품은 40년 이상 널리 이용되고 있다. 최초로 상용화된 유전자변형식품은 Flavr Savr tomato로 포도나무에서 익은 후에도 딱딱함을 유지하도록 만들어졌다. 박테리아와 이스트를 유전적으로 변형하여 식품 생산에 사용한 바 있다. 렌넷(rennet)이라고도 알려져 있는 키모신(chymosin)이 그런 물질 중 하나이다. 키모신은 우유에서 치즈를 만들기 위해서 필요한 응고제이다. 전통적으로 키모신은 소의 위장에서 얻었는데 이는 값비싼 과정이다. 이제 우리가 먹는 치즈의 80~90%는 유전자 변형된 박테리아나 이스트가 생성하는 키모신을 사용해서 만들어진다. 이런 방식으로 얻어진 키모신은 값이 더 쌀 뿐 아니라 소의 위장에서 추출된 것에 비해 순도도 더 높다. 다른 물질로는 재조합된 소 성장호르몬(recombinant bovine growth hormone, rBGH)을 들 수 있다. 이것도 유전자 변형된 박테리아가 생성한 것인데, 유제품 생산을 10~15% 증가시킨다. 파파야와 몇 종류의 호박은 식물 바이러스에 저항하도록 유전적으로 설계되었다. 과학자들은 잘린 사과가 갈색으로 변하게 하는 효소를 생산하는 유전자의 발현을 억제(silencing)하여 갈변하지 않는 사과를 개발했다.

유전자변형의 주요 목적은 콩, 옥수수, 면화, 사탕무, 카놀라, 알팔파에 제초제 내성 및 내충성을 부여하는 것이다. "라운드업 레디(Roundup Ready)"로 불리는 제초제 내성 작물은 제초제인 글리포세이트(glyphosate)에 대한 내성을 부여하기 위해 유전자 변형된 것이다. 이로써 작물에는 해를 입히지 않고 제초제를 사용할 수 있게 되었다. 이것은 농작물 수확량을 늘리고, 가장 독성이 강한 제초제의 사용을 줄이며, 잡초를 줄이고, 토양 침식을 최소화하며, 농지를 일구는 작업을 경감하며 트랙터 연료를 절약하기 위한 의도가 있었다(이 모든 것이 식량지속가능성을 개선하는 데 유리할 수 있다). 또한 해충 관리를 위해 토양 박테리아 *Bacillus thuringienis*(Bt)가 만들어내는 단백질을 생성하는 유전자를 옥수수와 면화에 도입하였다.

유전자변형 가지인 Bt Brinjal은 최대 80%의 농작물 손실을 일으키는 해충에 저항하도록 설계되었다. 방글라데시에 도입된 이래로, 농약 사용을 크게 줄였으며, 농작물 수확량과 소득을 향상시켰으며, 농약 살포와 노출로 인한 농부들의 질병과 환경적 영향을 줄일 수 있었다.

Lluis Real/age fotostock

Bt 단백질은 자연 살충제로 옥수수에 주요 위협요인인 송충이를 죽인다. Bt 옥수수와 면화가 개발되기 전에는 독성이 높은 살충제를 사용하였다.

유전자변형기술의 선도국은 미국이며 브라질, 아르헨티나, 인도, 캐나다가 그 뒤를 잇고 있다. 세계적으로 대두와 면화의 70~80% 그리고 카놀라와 옥수수의 24~32%가 유전자변형된 종자에서 나온 것이다. 유럽 국가들을 중심으로 많은 나라들은 유전자변형식품을 기르거나 수입하지 않을 것으로 결정하고, 유전자변형된 원재료를 사용한 경우에는 식품에 표시토록 하고 있다.

유전자변형 식물뿐만 아니라 다양한 특성을 가진 유전자변형 동물도 개발되고 있다. 그 예로 양식 연어를 들 수 있다. 이 연어는 성장호르몬을 많이 생성하도록 유전자 변형된 후 가두리에서 양식된 것이다. 이로써 최대 성장에 도달하는 시기가 3년에서 18개월로 짧아졌다.

미국에서 유전자변형식품은 식품의약품안전청(FDA), 미농무성(USDA), 그리고 환경청(EPA)에서 관리한다. FDA는 예를 들어 독소나 알러젠을 함유하지 않아서 식품이 사람과 동물이 먹기에 안전함을 확보하는 역할을 담당한다. 유전자변형 작물이 경작하기에 안전함을 확인하는 것은 USDA의 책임이다. EPA는 식품에 적용된 제초제(예를 들어 옥수수 Bt)가 환경과 섭취에 안전함을 평가한다.

유전자변형 식품이나 이를 원재료로 함유한 가공식품의 표시에 대해서는 소비자와 당국 간 상당한 문제가 끊임없이 이어지고 있다. 유전자변형 식품의 유무를 소비자가 알 권리가 있다는 주장이 높다. 옥수수, 대두, 사탕수수는 매우 널리 사용되고 있으므로 거의 대부분의 사람들이 유전자변형 식품을 먹고있다고 할 수 있다. 미국 의회는 2016년 유전자변형식품의 표시를 의무화하였다. 뉴질랜드, 호주, 일본, 대한민국, 그리고 유럽의 다수 국가들을 포함하여 세계 64개국이 유전자변형식품 표시를 제도화하였다.

FDA, National Academy of Sciences(NAS), 그리고 다양한 국제기구 등 다수의 식품규제기관은 유전자변형식품이 사람에게 유해하다는 근거를 찾지 못하였다. 그럼에도 불구하고, 소비자들은 이런 식품이 건강이나 환경에 위해를 가할 것이라는 의구심을 가지고 있다.

선택적 육종과 돌연변이 발생과는 달리 유전자변형 기술은 폭넓은 유전자 풀 그리고 더 빠르고 정확한 유전자 전이를 부여한다. 그러나 형질전환 개체를 개발할 때에는 수백만 달러의 비용과 수년간의 심도 깊은 연구가 필요하다. 유전자변형된 식품은 상당한 규제를 받으므로 승인될 때까지 수년이 걸리기도 한다. 소비자의 우려와 함께 높은 비용, 긴 개발 과정, 그리고 엄격한 정부 규제 때문에 많은 기업들은 다른 생명공학 기술을 연구하게 되었다.

우리나라에서 유전자 변형에 대한 관리는 식품의약품안전처, 농림식품부, 환경부에서 담당한다. 유전자변형식품은 식품의약품안전처가 주관이 되어 관리하고 있다. 식품위생법 제15조에 유전자변형 식품의 안전성 평가와 관련된 조항을 신설하여, 유통되는 유전자변형식품이 사람과 동물이 먹기에 안전함을 보장하고 있다. 2001년에는 법 제15조에 따라 안전성이 평가되지 않은 유전자변형식품은 판매할 수 없음을 명시한 '판매 등의 금지 조항'이 신설되었다.

국제적으로 생물다양성 조약에 따라 바이오안전성 의정서가 채택되었다. 이에 따라 우리나라에서는 산업통상자원부를 국가책임기관으로 하여 2001년 '유전자변형생물의 국가 간 이동 등에 관한 법률(LMO법)'이 제정되었다. 어떤 LMO 품목이 식품용 농산물로 수입될 때에는 식품의약품안전처에서 기존의 방법대로 수입 승인을 위한 안전성 평가를 담당한다. 그러나 비의도적 환경 방출에 대한 위해성 평가를 위해 농촌진흥청, 국립수산과학원, 또는 국립

환경과학원에서 별도의 심사가 협의되도록 강화되었다. 한편 동일한 유전자변형농산물이 사료로 수입되는 경우에는 인체 위해성에 대해 질병관리청에서 심사협의를 받도록 하였다.

유전자 편집(genome editing)

게놈 편집(genome editing) 또는 유전자 편집(gene editing)은 최신 생명공학기술이다. 그림 3.4는 유전자 편집의 작동 방식을 설명한 것이다. TALEN과 CRISPR는 개체의 게놈을 편집하는 두 가지 주요 기술이다.

유전자 편집은 개별 동물과 식물 세포의 DNA를 정확하게 변화시킬 수 있게 해준다. 이러한 변화는 두 가지 식물이나 동물이 교배될 때 자연적으로 발생되는 것과 같지만, 변화는 보다 정확하게 통제된다. 유전자 편집의 정확성은 선택적 육종, 돌연변이 발생, 그리고 유전자변형 기술보다 더 빠르고 저렴하게 형질을 바꾸고 새로운 품종을 생산할 수 있게 만든다. 전통적 교배방식과 구별할 수 없기 때문에, USDA는 유전자 편집 식품은 규제하지 않는다.

CRISPR 과학자들이 인간, 동물, 식물, 그리고 다른 세포에서 DNA를 정확하게 잘라내거나 변형하거나 첨가할 수 있도록 하는 유전자 편집 기술. CRISPR는 일부 박테리아에서 발견되는 규칙적으로 반복되는 DNA의 일부분을 말한다; TALEN과 유사하다.

많은 과학자들은 유전자 편집이 농작물을 질병에 더 저항력 있게 만들고, 더위 스트레스와 가뭄을 일으키는 기후 변화를 더 잘 견뎌낼 수 있게 하고, 더 영양가 있고 맛있는 식품

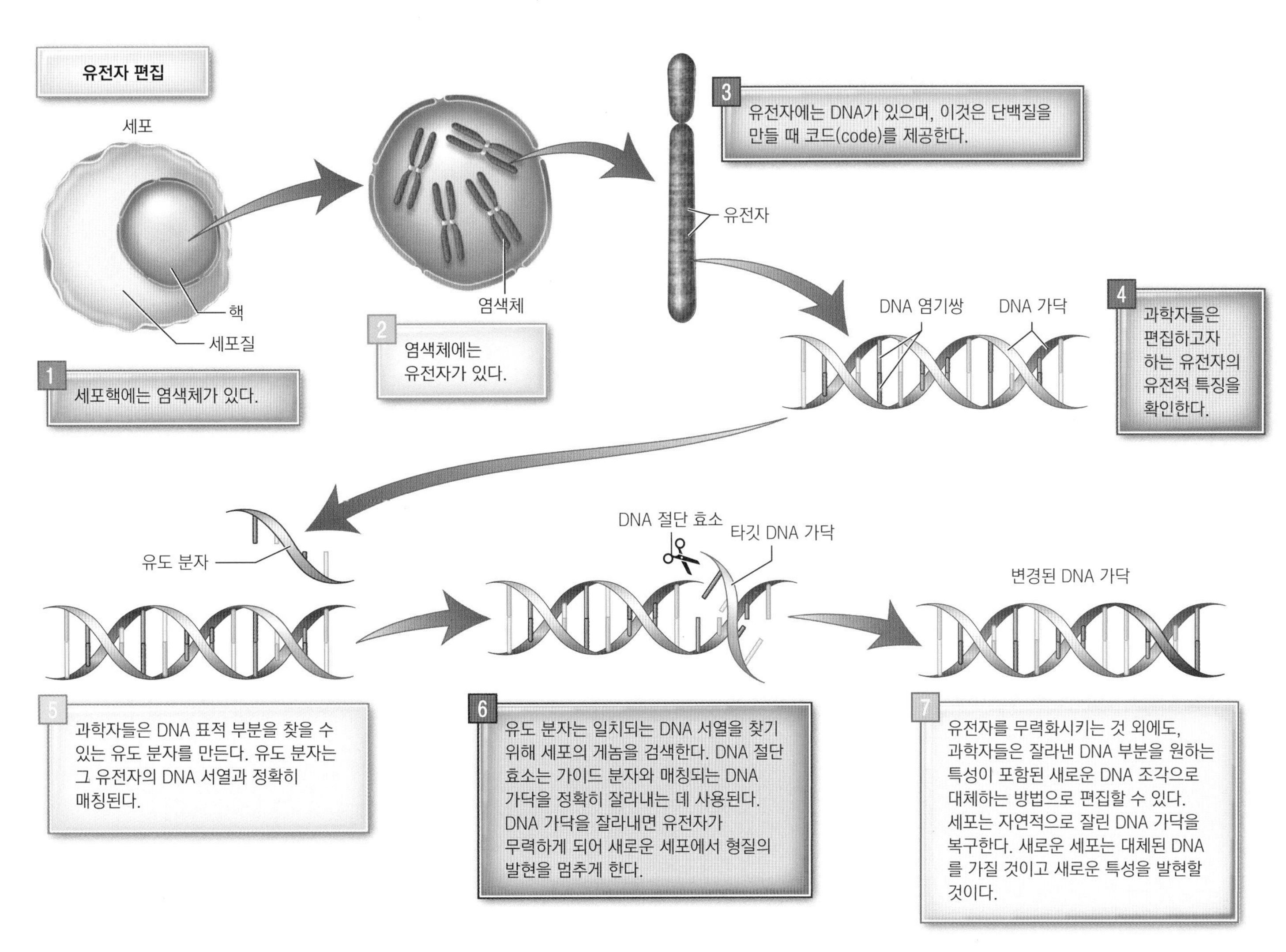

그림 3.4 유전자 편집을 통해 과학자들은 특정한 특성을 부여하는 유전자를 전달하여 유기체의 유전적 구성을 변화시킬 수 있다.

을 생산함으로써 식량 지속가능성과 세계적 식량안보를 증가시키며, 음식의 유통기한을 향상시킬 수 있을 것으로 믿는다. 이 기술은 감귤류, 쌀, 옥수수, 밀을 포함한 다양한 식물을 개선하는 데 사용되어 왔다. 칼리노(Calyno™)는 올리브유와 같은 지방 성분을 가지도록 유전자 편집된 콩기름이다.

유전자 편집기술은 생산성을 높이기 위해 필요한 질소 비료의 사용량을 줄이고, 온실가스와 수질 오염을 줄일 수 있다. 아울러 유전자 편집은 사람과 식용 동물의 질병 퇴치에도 유용하다. 예를 들어, 낭포성 섬유증(cystic fibrosis), 혈우병(hemophilia), 겸상 적혈구 질환(sickle-cell disease), 암 및 기타 질환을 치료하는 데 사용될 수 있다. 또한 유전자 편집으로 돼지 열병에 내성을 갖게 하거나 근육 함량은 높고 지방 함량은 낮은 돼지를 만들어 낼 수 있을 것이다. 감귤 재배에서는 해충이 옮기는 감귤그린병(citrus greening disease)의 피해가 가장 문제이다. 유전체변형기술을 사용하여 이 질병에 내성을 갖는 감귤나무를 개발하기 위해 노력하고 있다. 또한 식품 알레르기의 원인이 되는 단백질을 편집하여 알레르기 반응을 근절할 수도 있다.

▶ 가장 성공적인 유전체변형의 결과는 당뇨병 치료에 사용되는 인슐린의 생산이다. Humulin으로 불리는 유전체변형 인슐린은 1982년 미국 FDA에서 처음 승인되었다. 사람의 인슐린 유전자를 *Escherichia coli* 박테리아에 삽입하여 박테리아로 하여금 인슐린을 생성하도록 만든 것이다. 오늘날 미국에서 생성되는 거의 모든 인슐린은 이 방법을 사용한다.

생명공학기술을 조심스레 적용하면 많은 이득을 얻을 수 있지만, 이들을 사용함에 있어 어려움도 많이 있다. 가난한 농부들은 이 기술에 대한 수용 능력이 낮다는 것이 가장 흔하게 겪는 어려움이다. 대기업의 연구 개발로 품목 특허가 취득되면 일반 종자보다 비싼 가격으로 판매된다. 이런 종자를 살 수 없는 가난한 농부는 이중의 경제적 어려움을 겪게 될 것이다. 또 다른 문제점은 기업은 옥수수, 면화, 사탕수수, 대두 등에 집중적으로 투자하여 산업용도로 사용하는 반면, 쌀, 밀, 얌, 병아리콩, 땅콩과 같이 수백만 사람들의 식량이 되는 작물에는 상대적으로 관심도가 낮다는 것이다. 다행히도 공립대학의 연구자들은 해충에 강한 소콩(cowpeas), 뿌리 부패에 강한 카사바 등 다양한 유전자변형 식품을 개발하고 있다. 소콩과 카사바는 아프리카 주요 작물이다. 유전자조작 식품과 마찬가지로 유전자 편집 식품도 소비자에게 받아들여지지 않을 가능성이 있다.

유전자 변형(GM) 식품의 안전성

GM 식품이 사람들에게 위험하다는 근거가 없지만 소비자들은 GM 식품을 섭취하는 것이 건강과 환경에 위해를 가져올 수 있을 것으로 걱정하고 있다. GM 식품에 대한 우려는 다음과 같다.

- 새로운 알러젠 또는 독소의 생성: 유전자변형된 콩에서 실제로 한 예가 보고된 바 있으나 GM 식품을 사용한 20년 동안 인체 위해가 관찰되지 않고 있다. GM 식품에 위해성분이 증가할 수 있지만 전통적 육종 방법에서와 같은 수준이며 GM 식물에 대해 특이적인 새로운 문제는 없었다.
- 글리포세이트(glyphosate) 내성을 갖는 '슈퍼 잡초'의 생성: 이런 슈퍼 잡초가 미국 이외의 지역에서 발생된 적이 있다. 이런 류의 잡초는 생산성을 감소시키며, 제거를 위해 농약 등을 다량 사용해야 하므로 환경 손상과 높은 비용의 우려가 있다.
- 물고기의 유전체를 곡류에 삽입하는 등 종간의 구분을 넘을 우려: 동물의 유전체를 식물에 삽입하는 등 관련 없는 종간에 유전체가 전이되는 것을 소비자들은 우려한다.
- 유전자변형 작물로부터 그렇지 않은 식물로의 유전자 흐름

- Bt-내성 곤충의 발현: 이것은 유전자 조작 작물을 재배하지 않았지만 생물학적 해충 관리를 위해 *Bacillus thuringiensis* 박테리아를 작물에 적용하는 유기농 농부들에게 특히 우려되는 것이다. Bt 내성으로 비유기농 농가에서 제초제의 사용량이 증가될 수도 있다.
- 유전적 다양성의 손실: 만일 GM 식품이 널리 적용된다면 지역 고유의 전통 종자의 사용은 감소되거나 사라질 수도 있다.
- 자연식품과 연관된 오랜 문화유산의 훼손: 예를 들어 멕시코의 전통 옥수수는 GM 옥수수가 가질 수 없는 영적·문화적인 중요성을 갖는다.
- 유전자조작 동식물에 대한 불충분한 규제와 감독: 안전성 그리고 소비자 이익을 확보하기 위해 더 철저한 규제, 검사, 그리고 감시가 필요하다는 주장이 있다.
- 무역 장벽의 생성: 유전자조작 식품에 대한 규제는 국가별로 다르다. 따라서 식품 수출국과 수입국 간에 분쟁이 생길 수 있다.
- 이런 우려는 대부분 추측: 그러나 식품 공급을 개선하기 위해 기술적 진보를 사용하는 것 그리고 의도하지 않은 부작용의 위험을 줄이는 것. 과학자와 소비자들을 하나로 모아서 이 두 가지 이슈의 균형을 찾는 것이 이 기술을 가장 잘 사용하게 하는 핵심이 된다.

생각해 봅시다

GM 원재료를 사용한 식품에 대한 표시 정책은 나라별로 다르다. 어떤 나라들은 원재료 표기를 관리하지 않지만, 다른 나라들은 명확한 표기를 요구하고 있다. 소비자들은 식품에 GM 원재료가 포함되었음을 알고 싶어 할까? 원재료에 GM 식품을 구분해서 표기하거나 'GM free'를 표기하는 것이 주는 이익과 불이익은 무엇일까? 이런 정보는 어떻게 사용될까?

복제된 동물에서 얻은 고기와 우유

1997년 세계적으로 유명한 복제 양 돌리(Dolly)가 복제동물(animal cloning)로 소개되었다. 동물의 복제란 무성생식(nonsexual reproduction)의 방법으로 유전적으로 동일한 동물을 만든 것이다. DNA가 교체된 것이 아니므로 복제동물은 유전적으로 조작되지는 않는다. 복제는 기증자의 성숙 세포로부터 유전자를 추출해 난자에 옮기는 것을 말하는데, 이때 난자는 유전자가 모두 제거된 상태에서 사용된다. 복제된 배아는 암컷의 자궁으로 이식되어 출생할 때까지 성장과 발달을 한다. 이러한 복제기법은 전혀 새로운 것이 아니다. 식물은 오래전부터 복제되어 왔으며, 벌레와 개구리와 같은 동물도 복제될 수 있다.

대규모 농장과 농부들은 경제적 이익을 얻기 위해 최고의 성장, 최상의 우유 생산, 가장 알을 많이 낳는 동물 등을 얻는 방법으로 동물 복제에 관심을 갖게 되었다. 수년에 걸친 연구 끝에 2008년 미국 FDA는 복제된 소, 돼지, 염소로부터 나온 우유와 고기는 안전하여 섭취할 수 있다고 판정하였다. 그러나 아직 판매되고 있지는 않다. 비록 복제된 동물에서 생산된 고기와 우유가 안전하다는 결론이 내려졌다 하더라도 종교적으로 또는 윤리적으로 이를 거부하는 사람들이 있을 것이다. 또한 복제된 동물에서 얻어지는 식품을 식량 수급에 넣어야 할 필요성에 대한 의구심도 남아 있다.

확인합시다!

1. 유기농 식품을 생산할 때 허용되지 않는 물질과 관행은 무엇인가?
2. 유기농 식품을 먹는 잠재적 이점과 단점은 무엇인가?
3. 지속가능한 농업이란 무엇인가?
4. 새로운 품종을 생산하기 위해 유전자를 조작할 때 농업에서 사용되는 4가지 주요 과정은 무엇인가?
5. 유전자 편집이 미래에 식량 공급을 개선하는 데 어떻게 도움이 될 수 있을까?

식품 보존 방법

미생물 성장을 억제하기 위해 수분 함량을 감소시키는 방법

건조(건포도)
염장(염장 생선)
당침(설탕에 절인 과일)
훈제(훈제 생선)

미생물 성장을 억제하기 위해 산도나 알코올 함량을 높이는 방법

발효와 피클(사워크라우트, 김치, 피클, 치즈, 요구르트, 와인)

미생물을 근절하거나 수를 감소시키기 위해 열을 사용하는 방법

저온살균(우유)
살균(우유나 수프의 무균 포장)
통조림(소고기 스튜)

미생물 성장률을 늦추는 방법

냉장(달걀)
냉동(육류)

미생물 성장을 방해하는 방법

식품첨가물: 화학 보존료(경화 육류에 사용하는 질산나트륨)
방사선 조사(라즈베리)

방사선 조사(radiation) 모든 방향에서 중심을 향해 방출되는 에너지. 방사에너지에는 X-선, 태양에서 나오는 자외선 등 다양한 형태가 있다.

3.3 식품 보존과 가공

우리가 구매하는 대부분의 식품들은 냉동, 냉장, 통조림, 건조, 분말화와 같은 보존 또는 가공 공정을 거친 것이다. 식품 보존을 통해 식품에 손상을 주는 미생물(예를 들면 박테리아, 곰팡이, 이스트 등)의 발육과 효소의 활성을 억제할 수 있으며 이로써 유통기한을 연장시킬 수 있다. 식품의 보존으로 양질의 영양가 있는 안전한 식품을 1년 내내 섭취할 수 있게 된다. 가장 오래된 식품 보존의 방법으로는 건조, 염장, 당장, 훈연, 그리고 발효가 있다. 이 중에는 수천 년간 사용된 방법도 있다. 지난 200여 년 동안 과학기술의 발전으로 저온살균, 멸균, 통조림 제조, 무균 제조, 냉장, 냉동, 질소충전, 방사선 조사, 식품 보존용 식품첨가물 등 새로운 식품 기술이 개발되었다.

방사선 조사 식품

방사선 조사(radiation)는 식품을 보존하는 새로운 기술 중 하나이다. 감마선, X-선, 전자빔의 빛 에너지를 이용하여 식품에서 해충이나 병원균(박테리아, 곰팡이, 기생충)의 성장을 억제하는 것으로써 식품의 유효기간을 연장할 수 있다. 이때에는 식품을 투과하는 방사에너지가 사용된다. 공항에서 사용되는 스캐너나 치과에서 X-선을 조사하여도 가방이나 치아에 방사선이 남아있지 않는 것처럼, 방사선 조사 식품에도 방사선은 남아있지 않다. 미국 FDA와 미국 소아과학회를 포함한 여러 학자들에 따르면 방사선 조사 식품은 안전하다.

우리나라에서는 감자, 양파, 마늘, 환자용 음식과 된장, 고추장 분말과 고춧가루, 홍삼 등 26개 식품에 방사선 조사를 허용하고 있다(표 3.4). 미국에서는 신선한 고기와 가금류, 어패류, 밀과 밀가루, 감자, 양념류, 그리고 말린 채소 조미료, 달걀, 신선식품 등에 방사선 조사를 허용하고 있다. 말린 조미식품을 제외한 모든 방사선 조사 식품은 국제 식품 방사선 조사의 상징인 'Radura'와 함께 식품이 방사선 조사과정을 거쳤음을 표시해야 한다. 미국, 캐나다, 일본, 벨기에, 멕시코 등의 나라에서는 아직 방사선 조사 식품의 수요가 높지 않지만 식품 방사선 조사기술을 널리 사용하고 있는 국가들도 있다. 방사선 조사 식품의 장벽은 소비자들이 이 기술에 친숙하지 않다는 것과 비싸다는 것 그리고 맛과 안전성에 관한 우려 등이다.

방사선 조사처리된 식품에는 다음과 같은 도안을 표시하여야 한다.

출처: www.fda.gov/

표 3.4 우리나라 방사선 조사 허용 기준

0.15 kGy 이하	감자, 양파, 마늘
0.25 kGy 이하	밤
1 kGy 이하	버섯류
5 kGy 이하	전란분, 난황분, 난백분, 곡류, 곡류가공품, 콩류, 두류가공품, 서류, 전분류, 전분가공품
7 kGy 이하	축산물, 어류, 패류, 갑각류, 조미건어포류, 수산물가공품, 된장, 고추장, 간장, 채소류, 효모식품, 효소식품, 조류, 조미김, 알로에, 인삼 · 홍삼음료, 가공식품
10 kGy 이하	향신료, 향신료가공품, 복합조미식품, 소스류, 침출차, 고형차, 특수의료용도 등 식품

식품 나노기술(Food Nanotechnology)

나노기술이란 원자나 분자 수준에서 물질을 다루는 연구이다. 1나노미터는 1미터의 십억 분의 일이다. 식품과학과 미생물학에서 나노입자를 사용하면 소비자 차원에서 볼 때 응용할 수 있는 잠재력이 높다. 오늘날 나노입자는 위해물질을 해독하거나, 오염된 수질을 정화시키거나, 식품과 약물을 보존하기 위해 사용된다. 나노입자는 또한 식품과 화장품의 색을 선명하게 하거나, 식품의 신선도를 오랫동안 보존하거나, 지방 함량을 줄이거나, 비타민의 유용성을 높이기 위해 사용된다. 나노화한 식품 성분은 식품 첨가물, 향신료, 식품 포장 강화 등 여러 가지 용도로 사용된다. 식품 포장에 심어진 식품 나노센서는 식품에 함유된 오염물질, 미생물, 미세 독소 등을 감지하여 식품 안전성을 향상시킬 수 있다. 영양 밀도를 높이고, 식품 안전 및 식품 가공 기술을 개선하고, 식품 포장을 개선하는 등 나노 기술을 사용한 잠재력은 식품 과학자들에게 매우 유망한 분야로 인식되고 있다.

나노기술이란 원자나 분자 수준에서 물질을 다루는 연구이다. 나노입자의 특성은 큰 입자의 특성과 매우 다르다. 예를 들어 금의 나노입자는 중세 스테인드글라스 창의 루비 빨간색을 만들 때 사용되었다. 색은 물질과 입자 크기에 따라 결정되는데, 금 원자는 빨간 빛을 투과하게 하며 파란색과 노란색의 투과를 막는다.

DeAgostini/Getty Images

식품생산에 기술을 적용할 때에는 항상 걱정이 따른다. 안전성 측면에서, 식품 생산에 사용되는 나노입자는 식품에 스며들 수 있다는 것이 걱정이다. 또 다른 걱정은 나노입자는 너무 작아서 세포에 침투할 수 있으며 혈관-뇌장벽(blood-brain barrier)도 통과할 수 있으므로 약물이나 영양소의 운반에 영향을 미칠 수 있다는 것이다. 그러나 이렇게 작은 나노입자는 신체 조직에 축적되어 세포의 손상을 일으킬 수 있다. 예를 들어 파우더 제품이 덩어리지지 않도록 사용되는 고결방지제(anticaking agent)에는 무기 실리카 나노입자가 함유되어 있는데, 이것은 폐세포에 유해하다. 유기/무기 나노입자가 모두 식품에 사용될 수 있는데, 무기입자의 경우 독성 위해가 더 크다. 왜냐하면 무기입자들은 유기입자와 달리 체내에서 소화 또는 대사되지 않기 때문이다.

나노과학 분야는 식품 가공 분야에서 많은 잠재력을 가진 1조 달러 규모 비즈니스이다. 식품 산업은 나노기술을 사용하는 제품의 안전을 보장할 책임이 있다. FDA는 일반적으로 나노물질을 사용하는 식품이 안전하거나 해롭다고 말하지 않는다. 안전을 보장하고, 소비자의 건강을 보호하며, 나노입자 사용의 환경적 영향을 줄이기 위한 강력한 안전 기준이 필요하다. 나노기술의 이익을 최대한 유지하며 위해를 최소화할 수 있는 방안에 대한 연구가 상당히 진행되고 있다.

식품첨가물

식품표시를 보면 원재료명의 목록에서 에톡실산 모노글리세리드(ethoxylated monoglyceride) 혹은 에톡실산 디글리세리드(ethoxylated diglyceride), 잔탄검(xanthan gum) 등의 이름을 볼 수 있다. 에톡실산 모노글리세리드와 에톡실산 디글리세리드는 빵의 반죽 특성을 증진하기 위해 그리고 잔탄검은 샐러드드레싱 등의 증점제로 사용되는 식품첨가물(food additive)이다. 소금, 식초, 술 등과 같이 식품을 저장하고 풍미를 더하기 위해 수천 년 전부터 이용되고 있는 식품첨가물도 있다. 현재는 10,000개 이상의 물질이 식품첨가물로 분류되어 있다. 장거리로 운반되거나 상당한 기간 동안 보존되어야 하는 가공식품에 주로 이용된다. 식품첨가물은 가공식품의 영양가를 보존하고, 신선하고, 안전하고, 보기 좋게 유지하기 위해 사용된다.

비스페놀 A(BPA), 식품 통조림의 코팅이 부서지면 BPA가 식품으로 침출될 수 있다.

Mark Dierker/McGraw-Hill Education

의도적 식품첨가물과 비의도적 식품첨가물

식품첨가물은 의도적 또는 비의도적으로 구분된다. 의도적으로 첨가되는 식품첨가물은 저장성을 높이거나, 영양적 가치를 높이거나, 색이나 풍미를 높이기 위해 사용된다. 가장 많이 사용되는 식품첨가물은 향미 성분이나 향미 증강제이며, 2,600종 이상이 사용되고 있다. 표 3.5에는 가장 널리 사용되는 식품첨가물과 그 기능이 정리되어 있다.

의도적 식품첨가물의 사용을 보여주기 위해 치즈버거, 드레싱을 뿌린 오이 샐러드, 그리고 스포츠음료를 생각해보자. 다음과 같은 식품첨가물이 원재료명 표시에 리스트되어 있을 것이다.

- 햄버거 빵에는 영양소와 신선도를 유지시키는 보존제
- 체더치즈에는 천연 색소
- 오이 껍질에는 유통기한을 늘리기 위해 왁스
- 드레싱에는 층 분리를 막기 위해 사용된 유화제와 보존제
- 스포츠음료에는 단맛, 향, 색, 영양 추가, 질감 향상, 유통기한을 증진시키는 식품첨가물

비의도적 첨가물은 간접적 첨가물이라고도 하는데 의도적으로 첨가한 것은 아니지만 식품을 생산, 가공, 포장, 운송, 저장하는 과정에서 식품으로 이행되는 것을 말한다. 이러한 종류의 첨가물은 최종 제품에서 기능을 발휘하지 않으며 식품 원재료 목록에 표시하지 않는다.

내분비계 교란물질(endocrine disrupter) 체내에서 생성되는 호르몬의 정상적인 기능을 방해하는 물질.

비의도적 식품첨가물의 안전성에 대한 우려가 있다. 농약 잔류물과 비소가 그 예이다. 또 다른 예로는 식품이나 음료에 사용되는 금속 캔이나 플라스틱 용기, 물병 등의 내면에 사용되는 비스페놀 A(BPA)가 있다. BPA를 섭취하는 사람들이 많으며 요로 배설된다. BPA는 **내분비계 교란물질**(endocrine disrupter)로 정상적인 대사 기능을 변화시키며 간과 췌장 손상, 갑상선 이상, 비만/심혈관계질환/당뇨병의 위험 증가와 관련이 있어 건강에 해롭다는 주장이 있다. 가장 큰 우려는 태아기 발달에 미치는 영향이다. FDA는 현재까지 BPA가 안전한 수준으로 사용되고 있다고 발표하였으나 과학자들의 동의를 얻고 있지 못하다. BPA의 노출원, BPA의 대사와 배설, 내분비계 교란물질로서 인체에 미치는 영향 등에 대해 더 많은 연구가 필요하다. 무BPA(BPA-free) 제품들이 많이 있는데, 이것은 FDA가 아기 병, 시피 컵, 유아용 조제분유 포장에 BPA 사용을 금지한 결과이다.

합성첨가물과 천연첨가물

대부분의 식품첨가물은 합성물질이다. 그러나 합성첨가물이 반드시 천연첨가물보다 덜 안전한 것은 아니다. 물질의 독성은 인체에 대한 효과로 평가되는 것이지 합성되었는지 또는 천연 유래인지에 따라 결정되는 것은 아니다. 물질의 섭취량도 중요하다. 소금과 같이 흔히 사용되는 물질도 많은 양을 섭취하면 질병이나 심지어 사망까지 유도할 수 있다. 반면 식물 중에는 자연독을 생성하는 것이 있는데, 이는 의도적으로 첨가된 합성첨가물보다 훨씬 더 유독할 수 있다. 어떤 암 연구자들의 발표에 따르면 우리는 합성첨가물이나 농약보다 최소한 10,000배(무게 비율로)만큼 많은 자연독을 섭취하며 살고 있다.

사탕류와 청량음료에는 색, 향미, 그리고 단맛을 위해 의도적으로 식품첨가물을 첨가하는 경우가 많다.

James Trice/iStock/Getty Images

표 3.5 일반적인 식품첨가물의 기능과 예

식품첨가물의 종류	식품첨가물의 예	사용의 예
신선함과 안전성 증가		
항균성 물질	벤조산나트륨(sodium benzoate), 소르빈산(sorbic acid), 프로피온산칼슘(calcium propionate)	음료, 구운 상품, 잼, 젤리, 샐러드드레싱 및 가공육류에 사용되며, 곰팡이, 균류, 박테리아의 성장을 저해
항산화제	부틸히드록시아니솔 (butylated hydroxyanisole, BHA), 디부틸히드록시톨루엔(butylated hydroxytoluene, BHT), 아스코르빈산(ascorbic acid), 에리소르빈산(erythorbic acid), 알파-토코페롤(alpha-tocopherol), 아황산염(sulfite)	시리얼, 껌, 견과류, 가공 육류에 사용되며, 지방의 산화 방지와 산화를 통제; 아침식사용 시리얼, 츄잉검, 견과류, 가공 육류, 썰어놓은 감자, 백포도주, 과일과 같은 밝은 색깔 식품의 변색을 방지
경화제	아질산나트륨(sodium nitrate), 질산나트륨(sodium nitrite)	베이컨, 햄, 살라미, 핫도그 등 경화 육류에 사용되며, Clostridium botulinum 성장을 방지하고 가공 육류의 분홍색을 냄
산성 물질	초산(acetic acid), 아스코르빈산(ascorbic acid), 인산(phosphoric acid), 젖산(lactic acid)	신맛을 더하고, 음료, 샐러드드레싱, 사탕, 얼린 디저트, 살사, 피클, 가공 육류에 사용하여 미생물이 자라는 것을 방지
영양가 변경		
비타민, 무기질, 단백질	티아민(thiamin), 비타민 A, 단백질	강화(영양소 첨가); 요오드 강화 소금; 증진(가공 중 손실된 영양소를 채움); 티아민, 리보플라빈, 니아신, 엽산, 철 함량을 증진시킨 시리얼 및 곡물 제품
대체 당	아스파탐(aspartame), 수크랄로오스(sucralose)	음료, 베이킹 상품, 요구르트에 사용되는 당류
대체 지방	변성전분, 셀룰로오스	저지방 아이스크림과 저지방 샐러드드레싱
향미와 색의 증진		
향미, 향신료	소금, 설탕, 허브, 향신료, 향미료	아이스캔디의 포도향
향미 증강제	글루탐산소다(monosodium glutamate, MSG), 구아노신일인산(guanosine monophosphate, GMP)	기존의 향미를 증강시키고, 수프, 밥, 혼합 국수류 등 식품의 향긋함에 기여함
색소	β-카로틴(β-carotene), 아나토(annatto), 비트색, 코치닐 염료(cochineal), 캐러멜(caramel) 색	식물, 동물, 광물에서 얻어지는 천연 색소; 많은 식품에 사용; FDA 승인 제외
FDA 승인된 색소	FD&C Blue #1, FD&C Blue #2, FD&C Green #3, FD&C Red #3, FD&C Red #40, FD&C Yellow #5, FD&C Yellow #6, Citrus Red #2, Orange B	인공적으로 만든 색소 중 FDA 사용 허가를 얻은 색소; 여러 가지 식품에 사용되고 있음
기능적 특성 증강		
유화제	달걀노른자, 대두 레시틴, 모노글리세리드, 디글리세리드	샐러드드레싱, 땅콩버터, 얼린 디저트, 제빵 믹스, 마가린
고화방지제	규산칼슘(calcium silicate), 구연산암모늄(ammonium citrate), 마그네슘 스테아레이트(magnesium stearate)	특별히 파우더 혼합물과 같은 식품을 굳지 않게 보관
습윤제	글리세롤, 소르비톨	머시멜로, 소프트 캔디, 에너지 바와 같은 식품에서 수분, 향미, 질감을 유지
안정제, 증점제	펙틴, 검(guar, carrageenan, xanthan), 젤라틴	얼린 디저트, 요구르트, 유제품, 샐러드드레싱, 푸딩, 젤라틴 믹스 등의 식품에서 크림성과 두께를 더함
효소	락테이즈(lactase), 렌넷(rennet), 키모신(chymosin), 펙티네이즈(pectinase)	식품의 단백질, 지방, 탄수화물에 작용; 락테이즈는 우유의 소화를 도움, 렌넷과 키모신은 치즈를 만드는 데 사용; 펙티네이즈는 젤리나 과일 주스를 청정함
발효제, 팽창제	이스트, 베이킹소다, 베이킹파우더	발효 시 가스(주로 CO_2) 발생으로 빵, 쿠키, 케이크, 제빵 믹스 등 제품의 질감 향상

Burke/Triolo Productions/ Brand X Pictures/ Getty Images

▶ 염화나트륨(소금), 자당(설탕), 탄산수소나트륨(베이킹소다) 등은 널리 알려진 식품첨가물이다. 식품첨가물 목록은 다음을 참조할 것.
www.fda.gov/food/ingredientspackaginglabeling (미국)
https://www.foodsafetykorea.go.kr/portal/board/boardDetail.do (우리나라)

식품첨가물 규제와 안전성

식품첨가물의 안전성을 담보하고 사용을 규제하는 것은 어려운 일이다. 미국은 1958년 연방 식품의약품화장품법(Federal Food, Drug, and Cosmetic Act)을 개정함으로써 식품첨가물에 규제를 시작하였고, FDA가 주관하고 있다. 이 법률에 따라 영업자는 신규 첨가물의 안전성을 입증하고 판매 전에 FDA의 승인을 받도록 하고 있다. 우리나라는 「식품위생법」에 따라 식품의약품안전처에서 식품첨가물의 규제를 담당하고 있다. 식품첨가물은 식품의약품안전처장의 승인을 얻은 후 유통될 수 있으며, 식약처의 승인을 위해 관련된 모든 안전성 자료를 제출하여 심의를 받아야 한다.

그러나 어떤 첨가물은 사전 승인의 면제를 받을 수 있다. 예를 들어 아질산나트륨이나 질산나트륨처럼 1958년 이전부터 이미 사용되고 있던 물질들 또는 대체로 안전하다고 여겨져서 일반 식품 원료로 사용되고 있는 Generally Recognized as Safe(GRAS) 물질들이 이에 속한다. GRAS 물질은 과학적 자료, 전문가들의 지식, 오랫동안 안전하게 사용한 경험에 근거하여 안전하다고 판단되는 물질이다. 루트비어에 향미를 위해 첨가하던 샤프롤과 착색료들은 안전성에 우려가 있는 것으로 밝혀지면서 GRAS 목록에서 삭제되었다.

1998년부터 FDA는 각 식품회사별로 GRAS 판정을 위한 위원회를 구성하도록 허용하고 있다. 향료와 비타민 등 수천 종의 물질이 이 방법으로 등재되고 있다. 그러나 FDA의 검토를 거친 것이 아니기 때문에 이에 대한 안전성의 우려가 여전히 있다.

인공감미료, 색소, 아질산나트륨과 질산나트륨, 보존료 등을 장기간 사용하는 것이 안전한지에 대한 우려의 목소리도 있다. 예를 들어 사전 연구에 따르면 인공감미료의 섭취는 장내 미생물 균총의 변화를 일으켰으며, 고혈당과 대사증후군의 위해를 증가시켰다. 몇 가지 동물실험에 따르면 인공감미료인 아스파탐을 장기간 섭취시키면 여러 가지 암에 대한 위해도가 높아진다고 보고된 바 있다. 그러나 사람에 대한 자료는 부족하다. 보툴리늄균(*Clostridium botulinum*)의 성장을 방지하기 위해 경화 육류에 처리한 질산염은 위에서 발암성 니트로소아민으로 전환될 수 있다. 보툴리늄균 감염의 위해가 매우 심각하므로 이를 낮추는 이점이 니트로소아민 형성의 위해보다 더 큰 것으로 생각되고 있다. 몇 가지 인공색소는 어린이에게 알레르기를 유발할 수 있으며 과잉행동(hyperactive behavior)을 증가시킬 수 있다. 동물 연구에서 암을 유발하기도 하였다. 식품첨가물의 연구는 본질적으로 어렵다. 그러나 향후 과학적으로 이런 위해가 확인된다면, 해당 식품첨가물은 허용량이 감소하거나 금지될 것이다.

식품첨가물에 민감한 사람들이 있다. 아황산염(sulfite)은 항산화제와 보존제로 사용되는 식품 첨가물이다. 100명 중 1명, 특히 천식을 앓고 있는 사람은 아황산염을 섭취하면 숨이 짧아지거나, 위장관 증상이 나타난다. 이 때문에 아황산염은 샐러드 바와 다른 생채소에 사용이 금지되고 있다. 그러나 아황산염은 얼린 감자나 말린 감자, 와인, 맥주 등 다양한 식품에 사용되고 있다. 식품에 사용하였을 때에는 반드시 표시해야 한다. 향미를 증진시키는 글루탐산소다(monosodium glutamate, MSG) 또한 문제가 될 수 있다. 글루탐산소다를 섭취한 후 얼굴 붉어짐 현상, 가슴 통증, 어지러움, 빠른 심장박동, 고혈압, 두통, 메스꺼움을 나타내는 사람도 있다.

식품첨가물 사용을 선호하지 않는 사람들의 요구를 맞추기 위해 식품첨가물을 적게 사용하여 만든 제품이 생산되고 있다. 식품 원재료 목록을 읽으면 이런 식품들을 구분할 수

(a)

(b)

식품을 어떻게 선택하느냐에 따라 (a) 식품첨가물을 완전히 배제하거나, (b) 식품첨가물을 많이 섭취할 수 있다.

(a): C Squared Studios/Getty Images (b): Bob Coyle/McGraw-Hill Education

있다. 가공이 심할수록 식품첨가물이 더 많이 함유될 수 있음을 명심해야 한다. 가공식품, 조리식품, 냉동식품, 통조림식품, 인스턴트식품, 혼합식품, 스낵식품 등에는 식품첨가물이 사용된다. 식품첨가물의 섭취를 줄이려면 식품표시를 읽고 가공식품을 적게 섭취하는 것이 좋다. 식품첨가물을 사용하지 않은 식품이 건강식이라는 보고는 없지만, 고도로 가공된 식품 대신 과일, 채소, 전곡, 고기, 유제품을 먹는 것이 더 건강한 식습관이다.

실천해봅시다!

식품첨가물 자세히 보기

슈퍼마켓에서 또는 주위에서 찾을 수 있는 식품을 사용해서 식품표시를 살펴보자.

1. 식품에 함유된 원재료 목록을 적으시오.
2. 그중에서 식품첨가물이라고 생각하는 것을 표시하시오.
3. 이제까지 공부한 지식을 기반으로 하여, 각 첨가물의 기능과 안전성을 논하시오.

Photodisc/Getty Images

확인합시다!

1. 조사 식품은 어떻게 구분하는가?
2. 의도적 식품첨가물과 비의도적 식품첨가물은 어떻게 다른가?
3. 의도적 식품첨가물의 기능은 무엇인가?
4. 식품첨가물에 대해서는 어떤 우려가 있는가?

3.4 식품과 음용수의 안전성

건강을 위해 식량 접근성을 충분하고, 다양하고, 영양적으로 유지하는 것이 중요하지만, 이외에 식품과 물의 안전성을 확보하는 것도 중요하다. 병원성 식품 미생물 그리고 식품의 안전한 취급에 대한 과학적 지식과 기술(예를 들어 냉장, 정수, 우유 살균 등) 그리고 법과 규제가 발전하면서 식품과 음용수의 안전성이 상당히 향상되었으며, 음용수와 식품에 기인한 식중독의 발생이 급격히 감소하게 되었다. 그럼에도 불구하고 식품과 음용수를 통해 오염되는 병원체와 화학물질은 여전히 건강에 대한 위협이 되고 있다. 이 장에서는 식품과 음용수로부터 오는 위해와 저감화 방안을 배우게 될 것이다.

식중독의 개요

병원성 미생물에 의해 발생하는 **식중독**(foodborne illness)은 21세기 공중보건의 문제 중 하

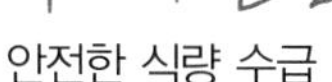

안전한 식량 수급

식품을 안전하고 맛있게 보존하는 방법을 찾는 것은 어렵다. 1900년대 초반에 시작하여 Lloyd Augustus Hall은 식품을 보존하는 새로운 방법을 많이 발견하였다. 예를 들어 질산나트륨과 아질산의 혼합물은 볼로냐(bologna)와 핫도그(hotdogs)와 같은 경화 육류에서 보툴리즘 발생을 예방할 수 있음을 발견하였다(이 보존제는 육류에 분홍 색깔을 부여한다). 양념류와 시리얼류를 안전하게 먹을 수 있는 방법을 고안하였다. 오늘날 사용되는 보존료 중에는 Hall 박사의 연구 결과가 직접 사용되는 것이 많이 있다. 더 자세한 정보는 webfiles.uci.edu/mcbrown/display/hall.html.을 참조할 것.

나이다. 미국 질병관리본부(Centers for Disease Control and Prevention, CDC)에 따르면 식중독 발생 사례는 매년 4,780건에 달한다. 그 결과 127,839명이 입원을 하고 3,037명이 사망에 이르고 있다. 이 중 80%는 문제의 병원성 미생물을 확인도 하지 못한 상태이다. 식중독으로 인한 실제적인 경제적 부담은 알 수 없으나, 의료비, 생산성 저하, 삶의 질 저하, 수명 감소 등을 고려할 때 미국의 경우 매년 780억 달러의 손실이 있는 것으로 산출되고 있다.

식중독(foodborne illness) 병원성 미생물이나 이들이 생성한 독소가 함유된 식품을 섭취하여 발생되는 질병.

식중독은 대부분 진단되지 않은 상태로 지나치는 경우가 많다. 이는 환자가 병원을 찾지 않을 정도로 증상이 미비하기 때문이다. 주로 메스꺼움, 구토, 설사, 복통 등과 같은 위장관 증상이 대부분이다. 그러나 기저질환이 있는 사람에게 식중독이 발생되면 질병이 길어질 뿐 아니라 식품 알레르기, 발작, 미생물 또는 독소로 인한 혈액 중독, 장기 부전(organ failure), 관절염과 같은 만성 합병증을 일으키거나 심지어 사망에 이를 수도 있다.

중앙 공장에서 식품이 오염되면, 그것을 사용하는 모든 곳에서 식중독을 유발시킬 수 있다. 미국 질병관리본부(CDC)에 따르면, 닭고기 오염은 미국 전체 식중독 원인의 15%를 차지한다. 닭고기를 철저히 익혀 먹으면 살모넬라와 기타 병원균을 죽여서 식중독을 감소시킬 수 있다.
Glow Images

식중독에 민감한 사람들

질병이나 약물 및 방사선 처리로 면역계가 약해진 사람(예: 암, 당뇨병, HIV/AIDS 환자), 임신부와 태아, 영유아, 그리고 노인은 식중독에 민감한 사람들이다. 시설에 거주하는 사람들과 노숙인들도 식중독의 위험집단이다.

식중독 발생

동일한 식품이나 음료를 섭취하여 2인 이상이 동일한 질병을 얻었다면 식중독이 발생했다고 여긴다. 대체로 식중독은 지역의 소집단에서 발생되었다. 그러나 식품체계가 복잡해지면서 널리 확산되는 식중독이 많아지고 있다. 우리가 먹는 식품은 대부분 원거리 농장에서 생산되어 식품 가공공장이나 전국 각지의 슈퍼마켓을 거쳐 배송된다. 대량 생산이란 유통 과정의 어떤 시점에서 오염이 발생하더라도 대중에게 영향을 미칠 것임을 의미한다. *Salmonella* Poona로 오염된 오이는 8개월에 걸쳐 40개 주에서 907명에게 식중독을 일으켰으며, 이 중 204명이 병원에 입원하고, 6명이 사망한 것을 그 예로 들 수 있다. 냉동 베리류, 시금치, 샐러드 믹스, 땅콩, 피스타치오, 가금류, 다진 고기, 아이스크림, 초콜릿칩 쿠키 반죽도 유사한 대규모의 식중독을 일으킨 바 있다.

카페테리아와 레스토랑 같은 식품 서비스 시설에서도 식중독이 발생될 수 있다. 또한 비록 그 규모가 작지만, 각 가정에서도 부적절한 식품 손질로 식중독이 발생될 수 있음을 명심할 필요가 있다.

시금치, 양상추, 살균하지 않은 우유와 주스, 그리고 조리되지 않은 다짐 고기는 *E. coli* 0157:H7 식중독의 원인이 될 수 있다.
Florea Marius Catalin/E+/Getty Images

병원성 미생물

식중독의 가장 큰 원인은 박테리아와 바이러스에 의한 오염이다. 이밖에 곰팡이와 기생충으로 인한 오염도 있다. 병원성 미생물은 위장관벽 세포를 직접 감염시키거나, 신체의 다른 기관에서 감염을 일으키거나, 식품으로 독소를 분비하여 질환을 일으킨다(이 경우를 식품 중독이라 부름). 감염과 다르게 중독은 병원성 미생물이 살아서 남아있지 않아도 나타날 수 있다. 독소를 분비한 후 박테리아가 없어지더라도 남아 있는 독소에 의해 증상을 나타낼 수 있기 때문이다.

식중독을 일으키는 병원성 박테리아와 바이러스는 감염된 사람이나 동물에서 유래하는 것이 보통이며, 비교적 잘 알려진 경로를 통해 식품에 오염된다.

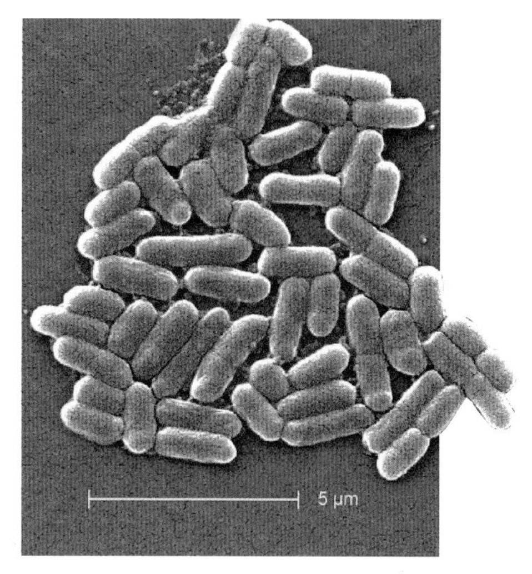

대부분의 *E. coli*는 위험하지 않으나, *E. coli* 0157:H7은 어린이와 노인에서 혈변성 설사를 유발할 수 있다. 또한 신부전을 유발하여 사망에까지 이를 수 있다.

출처: Janice Haney Carr/CDC

- 분변으로 인한 오염. 식중독을 일으키는 박테리아와 바이러스는 감염된 사람과 동물의 변으로 배설된다. 위생이 철저하지 않은 개발도상국에서는 음용수, 조리수, 세척수, 농업용수, 어업에 사용되는 물이 하수로 쉽게 오염되어 식중독의 원인이 되고 있다. 선진국에서도 토양과 용수의 분변 오염이 문제되고 있다. 배변 후 또는 하수 접촉 후 손을 철저히 씻지 않고 식품을 다루면 분변 오염의 문제가 생길 수 있다. 집파리 같은 벌레들이 하수로부터 식품으로 박테리아를 옮길 수도 있다. 이렇듯 분변에서 유래되는 식중독을 대변-구강 경로 전이라고 부른다.
- 감염된 개인에 의한 오염. 감염된 사람을 통해 병원성 박테리아와 바이러스가 직접 식품으로 전달될 수 있다. 예를 들어, 식품을 다루는 사람에게 상처가 있다거나, 식품을 향해 재채기를 하였거나, 코를 훌쩍거렸다면 식품이 오염될 수 있다. 식품을 준비하는 사람이 손을 씻지 않았을 때 애완동물들도 식중독 병원체의 근원이 될 수 있다.
- 교차오염. 오염되지 않은 식품이 병원체로 오염된 식품이나 물질에 닿았을 때 교차오염이 발생할 수 있다. 예를 들어, 병원성 박테리아에 오염된 생닭을 자른 칼과 도마로 샐러드를 만들기 위해 양상추를 자른다면 병원성 박테리아가 교차오염 된다. 닭을 자를 때 사용된 도마, 칼, 손은 박테리아에 의해 오염될 수 있는데, 철저히 씻지 않고 양상추를 잘랐다면 병원성 박테리아가 교차오염 되는 것이다. 닭에 있는 박테리아는 조리하는 중 해결할 수 있으나, 양상추는 조리하지 않고 먹으므로 식중독을 유발할 수 있다.

박테리아

박테리아는 단세포생물로 우리가 먹는 식품, 음용수, 공기 중에서 발견된다. 사람의 소장, 피부, 냉장고, 주방용 조리대를 포함하여 모든 곳에 박테리아가 분포한다. 다행히 대부분의 박테리아는 해롭지 않지만, 병원성을 가지고 있어 식중독을 유발하는 것도 있다. 모든 식품은 병원성 박테리아를 매개할 수 있다. 그러나 가장 흔한 것으로는 날 것이나 충분히 익히지 않은 고기류, 가금류, 달걀, 생선, 조개; 살균되지 않은 유제품; 그리고 신선식품이 있다.

표 3.6에서는 식중독을 일으키는 박테리아, 근원 식품, 그리고 관련 증상의 목록이다. *Salmonella, spp., Clostridium perfringens, Campylobacter spp., Staphylococcus aureus*는 식중독을 야기하는 주요 박테리아이다. 이밖에도 *Escherichia coli, Clostridium*

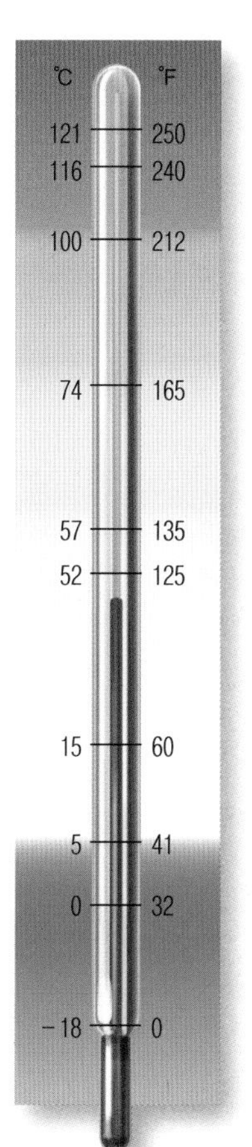

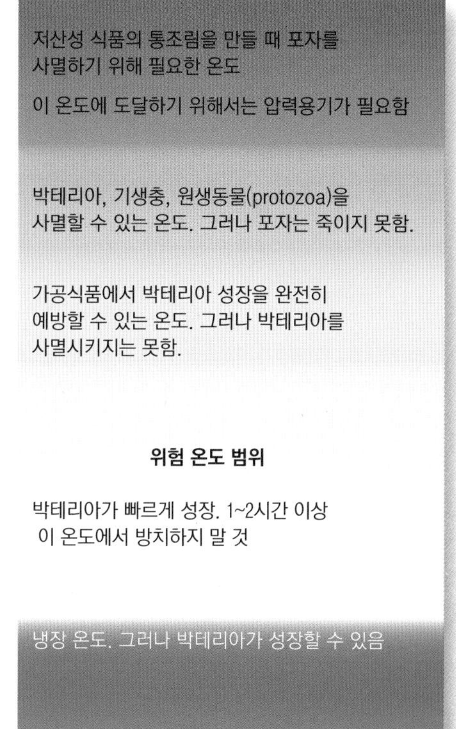

그림 3.5 온도가 병원성 미생물에 미치는 영향.

*botulinum, Listeria monocytogenes, Vibrio vulnificus*는 발생률은 낮지만 더욱 심각한 증상과 사망에까지 이르게 할 수 있는 박테리아이다. 개발도상국가에서는 *Vibrio cholerae* 같은 박테리아가 더 중요할 수 있다.

박테리아가 번식하기 위해 필요한 영양소, 수분, 온도가 있다. **위험 온도 범위**(danger zone

표 3.6 일반적인 식품첨가물의 기능과 예

박테리아	오염 식품	증상	비고
살모넬라균(*Salmonella species*) 	날 것 또는 덜 익힌 육류, 가금류, 달걀, 생선; 새싹식물; 땅콩버터; 살균하지 않은 우유	발현: 6~72시간; 메스꺼움, 열, 두통, 복통, 설사, 구토; 영아, 노인, 면역결핍자의 생명 위협; 4~7일 지속	동물과 사람의 장에 서식하는 박테리아; 오염된 물이나 분변을 통해 감염; 약 2,000종은 병원성이며, 이 중 3종이 전체 발생의 50%를 차지; *Salmonella enteritidis*는 건강한 닭의 난소를 감염시켜 오염된 달걀이 나오게 됨; 거의 20%의 감염 사례는 덜 익힌 달걀이나 달걀 함유 음식에 기인함; 거북이와 같은 파충류도 이 질병을 확산시킴
캄필로박터 제주니(*Campylobacter jejuni*) 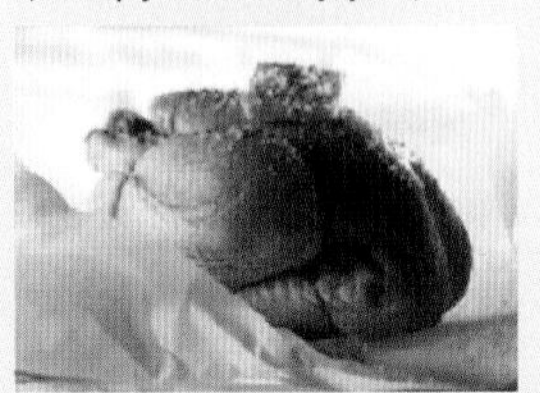	날 것 또는 덜 익힌 육류, 가금류, 살균하지 않은 우유와 치즈, 오염된 물	발현: 2~5일; 근육통, 복통, 혈변성 설사, 발열; 2~7일 지속	소장의 점막을 손상시키는 독소를 생성; 마비를 유발시키는 희귀한 신경증상인 Guillain-Barre 증후군을 유발
병원성 대장균(0157:H7 등) 	덜 익힌 다짐육; 재배된 양상추, 시금치, 새싹; 살균하지 않은 주스와 우유	발현: 1~9일; 혈변성 설사, 복통; 5세 미만 어린이와 노인에서 용혈성 요독증후군(HUS)의 합병증 유발; 적혈구가 파괴되고 신장부전; 2~10일 이상 지속되는 심각한 질병	대부분의 *E. coli*는 유해하지 않으나, 병원성인 종류는 강력한 독소를 생성하여 혈변성 설사를 유발; 소와 소의 분뇨가 주요 원인; 동물원, 호수, 수영장에 병원성 *E. coli*가 서식할 수 있음

시겔라종(*Shigella species*) 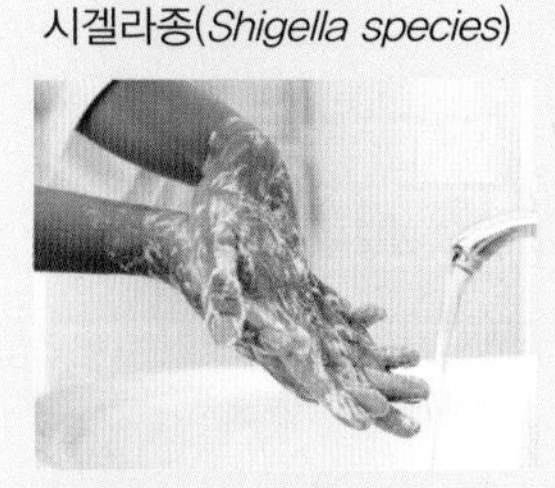	분변-경구 전염; 물, 재배된 채소, 위생상태가 좋지 않은 감염된 식품을 취급하는 자에 의해 오염된 식품	발현: 1 ~3일; 복통, 발열, 혈변성 설사; 5~7일 지속	사람과 영장 동물을 통해 감염; 위생 수준이 낮은 주간보호시설에서 흔히 발생; *Shigella dysenteriae*는 여행자 설사 유발
황색포도상구균(*Staphylococcus aureus*) 	햄, 닭고기, 참치, 달걀, 감자 샐러드; 크림 넣은 페이스트리, 커스터드 크림; 휘핑크림	발현: 1~6시간; 설사, 메스꺼움, 복통; 1~3일 지속	50% 정도의 사람들의 피부와 비강에 존재하는 박테리아로 토양, 물, 공기, 일상적인 물건에 흔히 있음; 식품으로 옮겨갈 수 있음; 오염된 식품이 실온에서 장시간 방치되면 빠르게 증식; 조리에 의해 파괴되지 않는 열 내성이 있는 독소를 생성하여 질병을 일으킴

표 3.6 일반적인 식품첨가물의 기능과 예(계속)

박테리아	오염 식품	증상	비고
클로스트리듐 퍼프린젠스 (*Clostridium perfringens*) 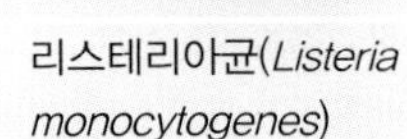	소고기, 닭고기, 그레이비, 멕시칸 식품	발현: 8~24시간; 복통과 설사; 대체로 경증; 노인이나 질환자에게는 심각할 수 있음; 1일 미만 지속되나 노인과 영아에게는 오래 지속	혐기성 포자 형성 박테리아로 토양과 물에 널리 분포; 실온에서 장시간 보존한 경우 육류, 캐서롤, 그레이비 등 조리된 식품에서 빠르게 증식
리스테리아균(*Listeria monocytogenes*) 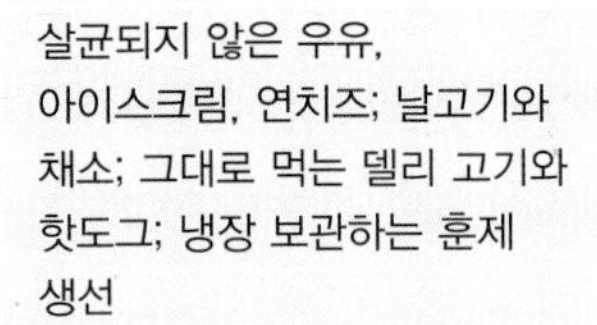	살균되지 않은 우유, 아이스크림, 연치즈; 날고기와 채소; 그대로 먹는 델리 고기와 핫도그; 냉장 보관하는 훈제 생선	발현: 9~48시간에 조기 증상이 나타나며, 3일~3개월간 중증; 발열, 근육통, 두통, 구토; 신경계로 확산되어 뻣뻣한 목, 착란, 균형감각 상실, 발작; 조산아와 사산아 유발	토양과 물에 광범위하게 분포; 건강한 동물에게 전파; 냉장 온도에서도 성장; 사례의 약 1/3은 임산부; 위험도가 높은 사람들은 조리하지 않고 먹는 델리 고기, 날 우유, 연치즈(feta, Brie, Camembert 등), 블루치즈, 멕시칸 스타일 치즈(살균하지 않은 우유로 만든 queso blanco), 냉장고기 스프레드, 조리되지 않고 냉장 보관된 훈제 생선 등을 피해야 함
클로스트리듐 보툴리눔 (*Clostridum botulinum*) 	집에서 잘못 만든 채소, 고기, 생선 통조림; 잘못 만든 캔 제품; 허브가 들어 간 오일; 병에 든 마늘; 호일에서 구운 후 실온에서 보관된 감자; 꿀	발현: 18~36시간 간혹 4시간~10일; 이중 및 흐린 시력, 분명하지 않은 말투, 삼키기 어려움, 근육 무력, 얼굴/팔/호흡기계/근육/몸통/다리 마비 등의 신경 증상; 치명적일 수 있음; 수일~수주간 지속	사례 중 5~10%는 치명적; 신경독소에 의함; *C. botulinum*은 비산성 식품에서 공기가 없을 때에만 성장; 집에서 통조림을 잘못 만들 때 botulism 발생. 그러나 2007년에는 상업적으로 만든 칠리소스 캔에서 식중독 발생; 영아에게 꿀을 먹였을 때 흔히 나타남, 꿀에는 botulism 포자가 있으므로 1세 미만 영아에게는 꿀을 먹이지 말 것
장염비브리오균(*Vibrio*) 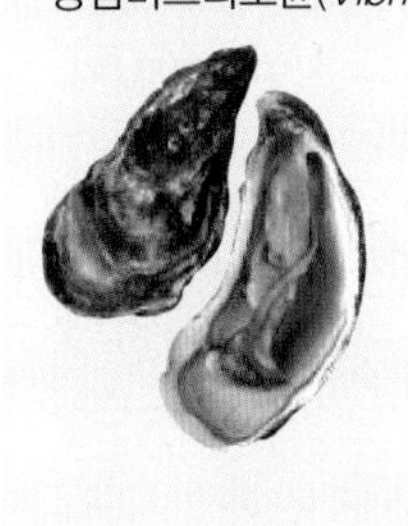	*V. parahemolyticus*: 날 것 또는 덜 익힌 조개류, 특히 굴	발현: 4시간~4일; 혈변성 설사, 메스꺼움, 구토, 발열, 오한; 2~6일 지속	연안 물가에 분포; 여름에 감염률이 높음; 분리하기 어려우므로 감염률을 파악하기 어려움
	V. vulnificus: 날 것 또는 덜 익힌 조개류, 특히 굴	발현: 1~2일; 구토, 설사, 복통; 더 심각한 경우에는 고열, 오한, 저혈압, 피부 물집을 동반한 혈류 감염; 3일 이상 지속	연안 물에 분포; 여름에 감염률이 높음; 면역계가 손상되거나 간질환이 있는 사람들이 감염에 취약; 혈류 감염이 생기면 치사율은 35%
	V. cholerae: 오염된 물과 식품, 사람	발현: 2~3일; 심각한 탈수 설사, 구토; 탈수, 심장순환계 붕괴, 사망에 이를 수 있음	정수와 하수 처리가 불충분한 국가에서 주로 발생
여시니아 엔테로콜리티카 (*Yersinia enterocolitica*) 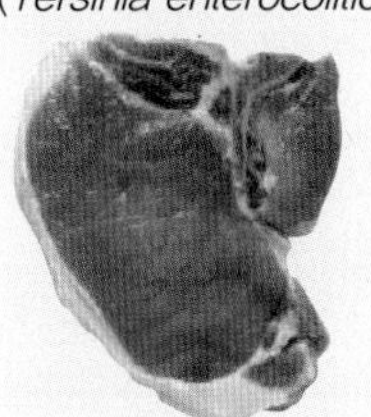	날 것 또는 덜 익힌 돼지고기, 특히 돼지 소장(chitterlings); 두부; 물, 살균하지 않은 우유; 굴	발현: 1~11일; 발열, 복통, 설사(피 묻은); 1~3주 이상 지속	여시니아증은 5세 미만 어린이에게 가장 흔히 나타남; 비교적 발생이 드문 편; 주로 돼지에 많이 서식하는 박테리아지만 다른 동물에서도 발견됨; 반응성 관절염, 신장 및 심장감염을 유발

Salmonella Species: ©Photodisc/Getty Images RF; Campylobacter Jejuni: ©Isabelle Rozenbaum & Frederic Cirou/Getty Images RF; Escherichia Coli: ©FoodCollection RF; Shigella Species: ©Sean Justice/Digital Vision/Getty Images RF; Staphylococcus Aureus: ©anopdesignstock/Getty Images RF; Clostridium Perfringens: ©Ingram Publishing/Fotosearch RF; Listeria Monocytogenes: ©Digital Vision/Getty Images RF; Clostridium Botulinum: ©Kari Marttila/Alamy RF; Vibrio: ©Isabelle Rozenbaum & Frederic Cirou/Getty Images RF; Yersinia Enterocolitica: ©FoodCollection RF

▶ 위험 온도의 범위를 5~60°C로 알리는 경우도 있다. FDA는 위험 온도의 상한치를 57°C로 낮추었다. 왜냐하면 식품 온도를 57~60°C로 유지하여도 위해 병원성 미생물의 위해 수준은 낮기 때문이다.

temperature)는 대체로 5~57°C이다(그림 3.5). 병원성 박테리아는 57°C 이상 또는 냉장온도(0~4.4°C)에서 보관된 식품에서는 증식되지 못한다. 단, Listeria 박테리아는 예외로 냉장온도에서도 증식한다. 또한 독소를 생산하는 박테리아는 높은 온도에서 사멸시킬 수 있으나, 식품에 생산된 독소는 고온에서도 불활성화되지 않는다. 대부분의 병원성 박테리아는 성장을 위해 산소를 필요로 한다. 그러나 *Clostridium botulinum*과 *Clostridium perfringens*는 단단하게 봉해진 캔이나 병 같은 혐기성 환경에서 성장한다. 식품의 산도 또한 박테리아의 성장에 영향을 미친다. 박테리아는 대부분 산성 환경에서 잘 자라지 못하지만, 병원성 *E. coli*는 과일 주스와 같은 산성 식품에서도 잘 자란다. 이처럼 병원성 박테리아는 그 종류에 따라 성장 환경이 다르다. 심지어 건조하거나 굉장히 뜨겁거나 추운 온도와 같은 가혹한 환경에서도 포자 형태로 잘 자라는 것들도 있다. 박테리아는 몇 달 또는 몇 년까지 포자 형태로 생존하다가, 환경적인 조건이 개선되면 증식을 시작할 수 있다. 예를 들어, 말린 쌀은 수분 함량이 낮아 박테리아가 성장하기 어렵다. 따라서 말린 쌀은 상온 보관하여도 안전하다. 그러나 조리된 쌀은 수분 함량이 높으므로, 냉장하지 않고 위험 온도 범위에서 방치하면 병원성 박테리아가 빠르게 증식할 수 있는 환경이 되어 포자가 빠르게 증식하게 된다. 다음에는 박테리아와 식중독을 예방할 수 있는 방안이 논의될 것이다.

보톡스(Botox)는 보툴리즘(botulism)이라 불리는 심각한 식중독을 유발할 수 있는 *Clostridum botulinum*을 사용하여 만든 의약품이다. 보톡스는 특정 근육을 잠정적으로 마비시켜 과도하게 땀을 흘리거나, 눈을 깜빡이거나, 근육이 마비되거나, 과민성 방광 등 여러 가지 건강 문제를 해결하는 데 사용된다. 미용적으로는 안면 주름을 없애는 데 사용된다.

Science Photo Library/Getty Images

바이러스

박테리아와 같이 바이러스도 자연에 널리 분포되어 있다. 그러나 박테리아와 달리 바이러스는 소장과 같은 체세포에 침입한 후에만 증식될 수 있다. 그러므로 바이러스성 식중독을 예방하는 핵심은 식품으로부터 바이러스가 체내로 오염되지 않도록 하는 위생 능력을 키워서 감염된 식품 취급자 및 오염된 식품이나 분변으로부터 식품으로 오염되는 경로를 차단하는 것이다.

표 3.7은 가장 흔하게 나타나는 두 가지 바이러스성 식중독에 대한 식품원, 증상 등에 대한 정보이다. 특히 전염성이 높은 노로바이러스가 바이러스성 식중독의 원인 중 거의 절반을 차지하고 있다. 만일 '위 독감(stomach flu)'을 경험하였다면 아마도 노로바이러스의 감염을 경험한 것일 확률이 높다. 유람선, 호텔, 레스토랑, 병원 등에서 노로바이러스 식중독이 많이 보고되고 있다. 노로바이러스의 일종인 로타바이러스는 어린이 설사의 중요한 원인

표 3.7 식중독을 일으키는 바이러스

바이러스	오염 식품	증상	비고
노로바이러스 (Norwalk 그리고 Norwalk 유사 바이러스)	감염된 식품취급자가 준비한 식품; 오염된 물에서 자란 조개; 성장, 수확, 가공 중 오염된 채소와 과일	발현: 1~2일 '위 독감'—심각한 설사, 메스꺼움, 구토, 위통, 미열, 오한, 근육통: 1~2일 이상 지속	감염된 사람의 분변 또는 구토물에서 발견됨; 식품취급자가 식품이나 작업장을 오염시킬 수 있음; 노로바이러스는 전염성이 높아서 10~100개 입자만 있어도 감염이 가능함; 노로바이러스 증상이 있는 작업자는 증상이 호전될 때까지 2~3일은 작업장에 나오지 않아야 함
A형 간염 바이러스	감염된 식품 취급자가 준비한 식품, 특히 조리되지 않은 식품 또는 샌드위치, 페이스트리, 샐러드와 같이 조리 후 다시 가공된 식품; 오염된 물에서 자란 조개; 성장, 수확, 가공 중 오염된 채소와 과일	발현 15~50일; 신경성 식욕부진증; 구토, 발열, 황달, 소변 색이 진해짐; 간 손상과 사망을 초래할 수 있음; 수주~6개월까지 지속	어린이와 젊은이가 취약집단; 백신의 사용으로 감염률이 상당히 감소되었음; A형 간염 바이러스에 노출된 사람이 일주일 내에 면역글로불린을 사용하여도 감염을 줄일 수 있음

이다. 간질환을 일으키는 A형 간염 바이러스는 오염된 식품이나 물을 통해 전파된다. 현재 A형 간염 바이러스를 예방하는 백신이 사용 가능하다.

승객들이 밀접하게 접촉하고 있는 유람선은 질병 발생을 모니터링하고 있으므로, 전염성이 매우 높은 노로바이러스가 유람선에서 발생되었음을 알게 되었다. 약 20%의 사람들은 노로바이러스 내성을 가지고 있다. 따라서 이 바이러스에 노출되어도 복통, 메스꺼움, 구토, 설사 등의 증상을 나타내지 않는다. 유전자변형으로 노로바이러스에 내성을 갖게 되면 소화기계 세포로 바이러스를 옮기는 효소의 분비가 억제되기 때문이다.

NAN/Alamy Stock Photo

기생충

기생충은 다른 유기체, 즉 숙주와 공생하며 영양소를 취한다. 사람은 기생충의 숙주가 될 수 있다. 기생충은 수백만 사람들의 건강에 피해를 입히고 있으며, 심지어 사망에 이르게 할 수 있다. 특히 취약한 집단은 위생적으로 열악하여 기생충 감염이 많은 열대지방에 사는 사람들이다. 그러나 역학 보고에 따르면 기생충 감염은 선진국에서도 증가하고 있는 추세이다. 예를 들어 1993년 Milwaukee에서 발생한 *Cryptosporidium* 식중독은 음용수가 오염된 결과로, 400,000명 이상이 감염되었다. 2015년 *Cyclospora* 식중독은 31개 주에서 거의 550명이 감염되었다. 감염원으로는 한 가지 식품이 아니라 신선식품류가 관여되었다.

사람에게 영향을 미친다고 알려진 기생충으로는 *Cryptosporidium, Cyclospora*를 포함한 **원생동물**(protozoa)과 촌충/회충(*Trichinella spiralis*)과 같은 장내 **기생충**(helminth)을 포함하여 80종 이상 알려져 있다. 표 3.8에는 식품으로 오염되어 식중독 증상을 일으키는 기생충들을 정리하였다. 기생충 감염은 사람과 사람 사이의 접촉, 그리고 오염된 식품, 물, 토양을 통해 전파된다.

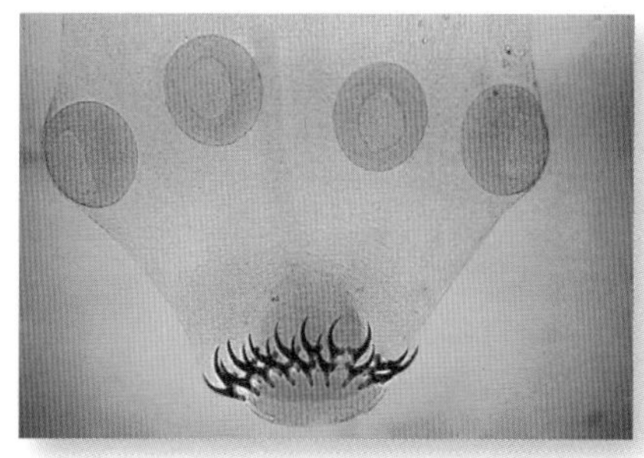

이 현미경 그림은 촌충의 '빨판'(4개의 원)과 2단 후크를 보여준다. 촌충은 빨판과 후크를 사용하여 사람의 소장에서 수년 간 살 수 있는 것이다.

출처: Centers for Disease Control and Prevention

프라이온

프라이온(prion)은 감염성 단백질 입자로 뇌와 척추에서 발견되며, 전염성 해면상 뇌병증(transmissible spongiform encephalopathy, TSE)으로 알려진 진보적이고 치명적인 신경퇴행성 질환을 유발한다. TSE는 뇌에 미세한 구멍이 생겨 스펀지 같은 모습을 만드는 것이 특징이다. 사람에게서는 매우 드물게 나타난다.

1980~1990년대에 소의 TSE 식중독이 영국에서 발생된 이후에, variant Creutzfeldt-Jakob disease(vCJD)로 명명된 새로운 유형의 TSE가 사람에서 검출되었다. 사례는 현재까지 224건 미만으로 매우 적었으며, 주로 영국에서 발생되었다. 수년 간의 연구 끝에 vCJD는 광우병(bovine spongiform encephalopathy, BSE)에 걸린 소에서 얻은 소고기가 프라이온에 감염되어 나타난 것으로 결론되었다. 따라서 이제는 소를 모니터링하여 프라이온 감염을 예방하는 엄격한 지침이 만들어져서 BSE 감염률이 현저히 감소되었다.

▶ 식품과 물에 있는 미생물 병원체에 대한 정보를 알려면 www.cdc.gov/DiseasesConditions 웹사이트를 방문하라.

독소류

곰팡이, 해조류, 식물은 수많은 독소를 생성하여 심각한 질병을 발생할 수 있다(표 3.9). **곰팡이**(mold)는 진균류의 일종으로 바람에 의해 흩뿌려지거나 동물에 의해 운반된다. 곰팡이는 습하고, 어둡고, 통기가 잘되는 곳에서 잘 자란다. 조건이 맞으면 곰팡이는 식품의 내면에서 섬유 같은 뿌리를 깊게 내리며 자라고, 외면에서 내생 포자를 형성한다. 곰팡이의 내생 포자로 인해 잔털 모양과 색이 나타나며, 다른 곳으로 전파될 수 있다. 곰팡이가 잘 자라는 식품으로는 치즈, 빵, 신선식품이 있다.

마비성 패류독은 해양 환경에서 발견되는 천연 독소로 조개류가 먹는 해조류에 의해 생산된다. 수온이 정상보다 높은 조건에서는 해조류는 "꽃을 피거나(bloom)" 또는 대량으로 번식한다. 이 꽃을 "적조(red tide)"라고 부르는데, 그 이유는 해조류는 다른 색깔이지만 물이 붉게 변하기 때문이다. 독소를 생성하는 해조류가 풍성해지면, 그 독소가 조개류에 축적되므로 조개류를 먹는 것이 위험해진다.

Don Paulson Photography/Purestock/Alamy Stock Photo

식품에서 자랄 수 있는 곰팡이는 수천 가지 종류가 있다. 대부분의 곰팡이는 색, 질감, 맛, 냄새를 변화시켜 먹을 수 없게 만들 뿐이지만, 어떤 곰팡이는 작물을 손상시키며, 식품을 신선하고 안전하게 섭취할 수 있는 기간을 단축시킨다. 알레르기와 호흡곤란의 문제

표 3.8 식중독을 일으키는 기생충

기생충	오염 식품	증상	비고
선모충증(*Trichinella spiralis*)	돼지고기, 야생고기	발현: 1~4주; 소화기계 증상과 근육 무력증, 안면체액 저류, 발열, 독감 유사 증상; 애벌레는 근육에서 수년간 살 수 있음	돼지의 기생충 감염이 감소되어 선모충 감염증은 현저히 줄어들었음; 돼지고기의 내부 온도가 63°C까지 이르도록 구운 후 3분간 방치하고 저미면 선모충을 사멸할 수 있음. −20°C에서 3일간 냉동했을 때에도 마찬가지임
아나사키스(Anisakis) 고래 회충	날 것 또는 덜 익힌 생선	발현: 12시간 미만; 기생충이 위장과 소장벽에 서식하기 위해 구멍을 뚫을 때에는 격렬한 위장 통증, 메스꺼움, 구토	회충의 애벌레를 먹어서 나타남; 날 생선을 늘 먹는 경우 감염이 더 자주 나타남; 발생 사례는 알려지지 않음
촌충	위생 수준이 낮은 시설에서 생성된 날 것 또는 덜 익힌 소고기, 돼지고기, 생선	발현: 살아 있는 낭종을 섭취한 후 2~4개월; 복부 불편, 설사, 일반적인 불쾌감	날 것 또는 덜 익힌 육류에 있는 촌충의 낭종을 먹어서 나타남; 사람의 소장에서 낭종이 성장하여 180~700 cm 크기의 촌충이 될 수 있음; 감염된 사람의 분변을 통해 촌충의 분절이 배설됨; 드물지만 촌충은 근육, 중추신경조직을 감염시킴
Toxoplasma gondii	날 것 또는 덜 익힌 해산물과 육류(돼지고기, 소고기, 양고기, 사슴고기), 씻지 않은 과일과 채소	발현: 5~20일. 대부분 무증상; 증상을 가진 사람은 발열, 두통, 근육 통증, 설사; 뇌, 눈, 심장, 근육으로 확산될 수 있음; 임신 중 태아에게 치명적일 수 있음; 수주간 지속	기생충은 고양이와 같은 동물에서부터 사람에게 널리 분포하여 질병의 매개체로 작용; 오염된 고기를 먹거나 고양이 배설물로부터 질병을 얻을 수 있음
Cyclospora cayetanensis	물, 오염된 식품(라즈베리, 바질, 눈완두콩 등 신선식품)	발현: 일주일; 묽은 설사, 구토, 근육 통증, 피로, 신경성 식욕부진증, 체중 감소; 10~12주간 지속	열대, 아열대 지역에서 가장 흔히 발생
Cryptosporidium	물, 식품 취급자나 환경에서 오염된 식품	발현: 2~10일; 묽은 설사, 복통, 발열, 메스꺼움, 구토, 체중 감소 ; 면역체계가 손상된 사람들은 더 아플 수 있음; 건강한 사람들은 2일~2주간 지속	가장 흔히 발생되는 수인성 질환; 워터 파크, 수영장, 강, 시냇물에서도 감염될 수 있음

Trichinella Spiralis: ©Ingram Publishing/Alamy RF; Anisakis: ©Foodcollection RF; Tapeworms: ©FoodCollection RF; Toxoplasma Gondii: ©Foodcollection RF; Cyclospora Cayetanensis: ©Brian Hagiwara/Getty Images RF; Cryptosporidium: ©81a/age fotostock RF

표 3.9 식품 독소

독소	오염 식품	증상	비고
곰팡이 독소			
아플라톡신(*Aspergillus flavus*와 *Aspergillus parasiticus*로부터)	옥수수, 땅콩, 쌀, 밀, 향신료, 견과류, 특히 가뭄이나 질병으로부터 스트레스를 받았을 때	급성 독성: 간 손상 또는 간부전, 영양불량, 불편감, 면역기능 저하; 치명적일 수 있음 만성 독성: 구토, 복통, 간부전, 간암; 치명적일 수 있음	아플라톡신 B-1이 가장 흔한 곰팡이 독소이며 곡류와 견과류 오염이 문제; 심각한 작물 손상, 사람이 먹게 되면 질환을 유발
맥각균(*Claviceps purpurea*로부터)	부적절하게 보관된 곡류(특히 귀리)	환각, 자연 유산, 수족으로 혈액 흐름이 심각하게 제한(괴저로 이어질 수 있음) 따끔거림, 타는 듯한 느낌, 근육 뒤틀림과 수축	과거에는 흔히 나타났으나, 오늘날에는 검사와 농업 관행이 개선되어 드물게 나타남
생선, 조개 독소			
시구아테라 독소(ciguatera toxin)	독소를 생성하는 조류를 먹은 열대, 아열대 생선	발현: 6시간; 메스꺼움, 구토, 신경 증상(무력감, 더위와 추위의 혼동); 몇 달 또는 몇 년간 지속	사례는 알려진 바 없음
조개 중독(마비성, 설사성, 신경성, 기억소거성)	홍합, 새조개, 조개, 가리비, 굴, 게, 랍스터	마비성 발현: 15분~10시간; 무감각, 피부 따끔거림, 호흡기 마비, 사망 설사성 발현: 수 분~수 시간; 메스꺼움, 구토, 설사, 복통, 오한, 두통, 발열 신경성 발현: 30분~3시간; 입과 목이 따끔거리고 무감각, 근육통, 어지러움, 더위와 추위의 혼동, 설사, 구토 기억소거성 발현: 24~48시간; 구토, 설사, 복통, 혼돈, 기억력 상실, 방향감각 상실, 발작, 혼수, 사망	조류(algae)가 만들어낸 독소를 먹은 조개가 문제; 조개 안에서 독소가 농축; 조리 또는 냉동으로 비활성화 시키지 못함
고등어 중독	참치, 고등어, 블루피시, 마히마히, 잿방어, 정어리, 멸치	발현: 2시간~수 시간; 발진, 설사, 홍조, 발한, 두통, 구토, 호흡곤란, 증상은 빠르게 호전됨	박테리아에 의해 생선이 부패되어 히스타민이 발생하여 증상을 나타냄; 해산물 섭취로 인해 발생되는 가장 흔한 질병
테트로도톡신(tetrodotoxin)	복어 간, 소장, 생식샘, 껍질	발현: 20분~3시간; 입 마비, 두통, 메스꺼움, 설사, 구토, 마비, 호흡곤란	복요리는 전통적인 진미로 전문 요리사만 요리할 수 있음
식물 독소			
사프롤(safrole)	사사프라스(sassafras), 메이스(mace), 육두구	고용량 먹었을 때 암을 유발	식품첨가물로 사용되어 왔으나, 현재는 금지됨

표 3.9 식품 독소(계속)

독소	오염 식품	증상	비고
솔라닌(solanine)	감자싹, 감자껍질에 있는 푸른색 반점	발현: 8~12시간; 메스꺼움, 설사, 구토, 환각, 감각상실, 마비	감자를 어두운 곳에 보관하고 싹, 껍질, 멍든 부위를 잘라내면 예방할 수 있음
버섯독	몇 가지 버섯	발현: 수 분~3일; 배탈, 어지러움, 환각, 기타 신경 증상; 간과 신장부전, 혼수, 사망에 이를 수 있음	비전문가가 채취한 야생 버섯을 먹었을 때 발생; 세계적으로 발생; 매년 수백 명의 사람에게 영향을 미침
허브차	센나(senna) 또는 컴프리(comfrey)를 함유한 차	발현: 용량에 따라 증상이 나타나기 전까지 수 주가 걸릴 수 있음; 복통, 메스꺼움, 구토, 설사, 간 손상	민간 처방으로 사용되는 차류는 안전하지 않을 수 있음
렉틴(lectin)	날 것 또는 조리하지 않은 두류(주로 강낭콩)	발현: 1~3시간; 메스꺼움, 구토, 복통, 설사	렉틴 단백질이 원인; 4~5개 날콩을 먹으면 증상이 나타날 수 있음; 콩을 충분히 익히지 않았을 때에도 나타남

Aflatoxin: ©C Squared Studios/Getty Images RF; Ergot: ©Brand X Pictures/Getty Images RF; Ciguatera Toxin: ©Davies and Starr/Getty Images RF; Shellfish Poisoning: ©Ingram Publishing/Alamy RF; Scombroid Poisoning: Source: NOAA/Department of Commerce; Tetrodotoxin: ©Stephen Frink/Getty Images RF; Safrole: ©Comstock/Getty Images RF; Solanine: ©StockPhotosArt-Food/Alamy RF; Mushroom Toxins: ©Stockbyte/Getty Images RF; Herbal Teas: ©FoodCollection RF; Lectins: ©MRS.Siwaporn/Shutterstock RF

를 유발하기도 한다. 드물게는 **곰팡이 독소**(mycotoxin, myco는 '곰팡이'를 뜻함)를 만들어서 혈관 질환, 신경계 질환, 신장과 간 손상을 유발시킨다. 주요한 곰팡이 독소로는 **아플라톡신**(aflatoxin), 맥각균(ergot), 그리고 후사리아(Fusaria)균이 생성하는 독소 등을 들 수 있다. 땅콩, 견과류(호두와 피칸 등), 옥수수 및 종실류(면실류)에 자라난 곰팡이가 만든 아플라톡신은 간암을 유발한다. 맥각균은 특히 호밀 같은 곡물이 올바르게 보관되지 않았을 때 생겨나는 어두운 보라색의 곰팡이로부터 생산된다. 후사리아균 중 몇 가지 종류는 장기간 보관 중인 곡물에서 자라며 치명적인 독소를 생성한다.

곰팡이의 발육을 최소화하는 생산 절차가 상용화되어 있기 때문에, 선진국에서는 곰팡이 독소가 거의 문제되지 않는다. 아울러 식품 생산자와 정부가 곰팡이의 발생을 면밀히 모니터하고, 곰팡이가 발견된 식품을 완전히 없애고 있기 때문이기도 하다. 그러나 개발도상국가에서는 곰팡이 독소 문제가 빈번히 발생되고 있다. 예를 들어, 2004년 케냐에서 발생한 아플라톡신은 간독성을 일으켜 많은 사람의 생명을 앗아갔다.

생각해 봅시다

Jose의 룸메이트는 Jose가 영양학 수업을 듣고 있으므로 "음식에 있는 박테리아와 내가 가장 좋아하는 쿠키의 표시에 적힌 식품첨가물 중 어떤 것이 더 위험한가?"를 물었다. Jose는 어떻게 반응해야 하는가? 어떤 정보에 근거해야 하는가?

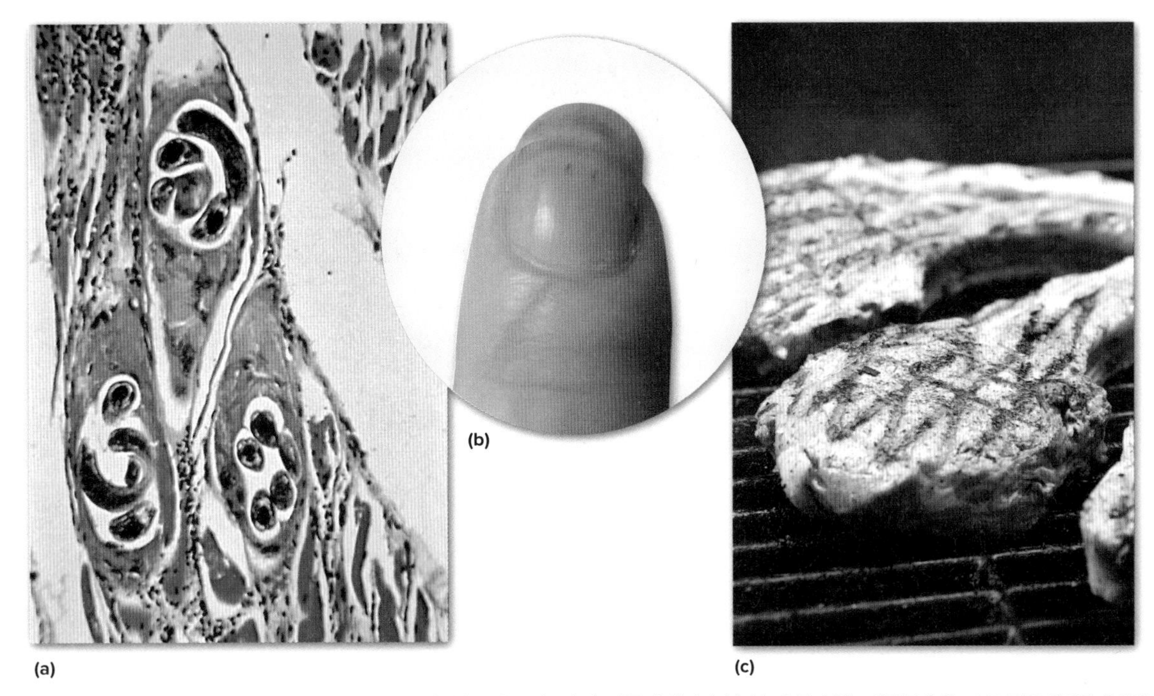

(a) Trichinella spiralis 회충의 낭종이 있는 근육조직. Trichinella spiralis를 함유한 고기를 먹으면 선모충증이 생긴다. (b) 선모충증이 있는 사람들에게는 손톱 밑의 갈라진 출혈이 흔히 관찰된다. (c) 내부 온도가 63℃까지 되도록 구운 후 3분 후 저미면 선모충증의 위해를 없앤 안전한 식품을 제공할 수 있다. 돼지가 위생적으로 사육됨에 따라 돼지고기를 매개체로 하는 선모충증은 요즘 드물게 나타난다.

출처: (a) 미국 질병관리본부, (b) 미국 질병관리본부/Emory 대학 Thomas F Sellers 박사, (c) ORLIO/Shutterstock

해산물 독소

독소를 함유한 조류(algae)를 먹은 어류나 패류가 식중독을 일으킬 수 있다. 한 예로서 **시구아테라 독소**(ciguatera toxin)를 들 수 있다. 다른 예로는 홍조류가 너무 많아져서 적조현상을 보이는 물에서 서식한 조개류가 만들어내는 **조개류 중독**(shellfish poisoning)이 있다. 생선과 조개는 독소로부터 해를 받지 않지만, 독소는 조리하거나 냉동하여도 파괴되지 않는다. Ciguatera를 피하려면 이 독소를 많이 함유한 큰 생선을 먹지 말아야 한다. 대신 작은 생선을 선택하고, 독소가 많이 농축된 머리나 장기는 먹지 않는다. 조개 독소를 피하기 위해서는 적조현상이 줄어들 때까지 조개 섭취를 금하는 것이 좋다. 조류가 파도처럼 밀려올 때에는 해양수를 검사하고 안전할 때까지 조개의 수확을 금지하는 것이 좋다.

고등어 독은 수확 후 상온에서 몇 시간 동안 남겨진 생선을 먹었을 때 발생한다. 이 독은 얼리거나 조리해도 파괴되지 않지만 잡은 즉시 냉장·냉동하는 방법으로 예방할 수 있다.

날 굴이나 조개는 바이러스성 질환과 관련된 위해를 가져온다. 굴과 조개는 먹이를 정화하는 과정에서 물에 있는 바이러스, 박테리아, 독소가 농축된다. 조개를 충분히 조리하면 바이러스와 박테리아를 죽일 수 있으나, 독소는 없애기 어렵다. 안전한 지역에서 수확한 조개를 구입하는 것이 중요하다.

lynx/iconotec.com/Glow Images

식물 독소

식물에는 다양한 **자연독소**(natural toxin)들이 있지만, 사실상 드물다(표 3.9 참조). 감초는 혈압을 높이고 심장을 멈추게 하는 자연독소를 함유하고 있으며, 리마콩과 아몬드에는 시안화물이 함유되어 있다. 육두구, 바나나, 허브차는 환각을 일으키는 물질이 함유되어 있다. 식물은 주변과 경쟁하고 식물을 먹는 곰팡이 및 박테리아, 벌레, 다른 포식동물, 사람들로부터 자신들을 보호하기 위해 독을 생산하고 농축시킨다. 환경으로부터 스트레스를 받거나 해를 입으면 식물은 더 많은 독소를 생산해내는 경향이 있다. 저장법이 잘못된 감자는 **솔라닌**(solanine)을 만

야생 버섯의 채집은 전문가에게 맡겨져야 한다. 야생 버섯 중에는 치명적인 독소를 가지고 있는 것이 많다.

Brand X Pictures/PunchStock

드는 데 매우 강하고 마취약 같은 독성을 갖는다. 생산되는 양은 적으나, 햇빛에서 보관되거나 감자에서 싹이 트면서 증가한다.

사람은 수천 년에 걸쳐 섭취를 피하는 방법을 습득하면서 자연독소에 대항해왔다. 감자는 솔라닌 발현을 억제하기 위해 어두운 곳에서 보관하였다. 어떤 독소는 조리를 통해 위해를 낮출 수 있다. 향신료는 소량씩 사용하기 때문에 자연독소로 인한 건강상 위해는 낮다. 이런 자연독소를 대처하는 또 다른 중요한 방법은 다양한 식품을 섭취하는 것이다. 이렇게 함으로써 한 가지 독소를 다량 섭취하는 것을 방지할 수 있다. 자연독소는 다양한 식품에 분포하므로, 완전히 피한다는 것은 비현실적이다. 또한 식품선택을 제한하면 영양결핍이 발생할 수도 있다. 그럼에도 불구하고 식품에는 건강상 위해를 주는 자연독소가 함유될 수 있음을 명심할 필요가 있다.

음용수의 안전성

깨끗한 물은 건강에 필수적이다. 물의 소독은 지난 수 세기 동안 공중보건 분야에서 이루어낸 가장 뛰어난 업적으로, 특히 장티푸스와 같은 감염질환이 현저히 감소되었다. 우리나라에서는 하천 관리를 제외한 수량, 수질, 재해예방 등 대부분의 물 관리 기능이 환경부로 일원화되어 있다. 지방자치단체는 모든 음용수에 대해 박테리아, 화학물질, 중금속 등 오염물질을 시험하고 그 결과를 환경부에 제출해야 한다. 물은 원천에 따라 관리 방법이 다르지만, 모든 물은 염소를 기반으로 한 화학약품을 사용해서 소독한다. 예를 들어 우물과 같이 개인이 개발한 물은 관리되지 않지만, 화학물질과 미생물 오염은 검사되어야 한다.

생수는 편리하지만 비교적 값이 비싸다. 대체로 수돗물은 매우 안전하고 건강하다.

Stockbyte/Stockbyte/Getty Images

생수

생수(bottled water)는 인기 있는 음용수이다. 편리성, 건강의 가치, 또는 맛 때문에 소비자는 생수를 선택한다. 모든 생수는 우물, 온천, 샘물, 간헐천, 공공급수와 같이 그 원천을 표시하게 되어 있다. 어떤 생수에는 자연적으로 또는 인위적으로 첨가된 칼슘, 마그네슘, 칼륨이 함유되어 있어서 다른 맛을 낸다. 물의 원천에 이산화탄소 가스가 함유되어 있거나(천연 탄산수라고 부름) 이산화탄소를 첨가하면 탄산수가 된다. 향이나 비타민 또한 흔히 첨가된다. 생수는 식약처에 의해 규제되며 정기적으로 모니터되고 있다. 위생적으로 포장되고 밀봉된 생수는 장기간 보관되면 이취가 날 수 있으나 오염되지는 않는다.

음용수 안전의 위협

음용수의 안전을 위협하는 요인 몇 가지는 가축분뇨/농약/비료 등으로 오염된 농지 유출수, 부적절한 화학 폐기물, 수로로 흘러 들어가는 박테리아/바이러스/질산염/합성세제/가정용 화학물질과 같은 고형 폐기물, 부적절하게 처리된 인간 분뇨, 용매/가스/세제/생하수 등 수로로 새어 나온 선박 오염물 등이다. 그래서 음용수를 정기적으로 테스트하는 것이 중요하다.

물이 오염되어 공중보건에 위협을 받게 되면 국민에게 공지된다. 예를 들어, 비료의 과잉 사용으로 수질의 질산염 오염이 발생되면 순환기 헤모글로빈에 산소 대신 아질산염이 결합되어 특히 영아에게 위험하게 작용한다. *Cryptosporidium*은 수질을 오염시킬 수 있다(정상

▶ 생우유는 열처리를 통해 병원성 박테리아를 사멸해서 안전하게 만드는 과정을 거치지 않은 우유, 즉 살균되지 않은 우유를 말한다. 우유를 살균하는 과정에서 영양가가 변화되지 않으므로 덜 건강하게 되거나 더 많은 알레르기를 일으키거나 하지 않는다. FDA와 CDC는 생우유 또는 연치즈, 아이스크림, 요구르트 등의 생우유 제품은 위해한 박테리아가 서식할 수 있으므로 먹지 말도록 권고하고 있다. 생우유 및 제품의 섭취로 인한 식중독 사례가 많이 있다. www.cdc.gov/features/raw milk를 참조할 것.

적인 염소처리도 영향을 미치지 못한다). 수돗물을 최소한 1분간 끓이는 것이 *Cryptosporidium*을 사멸하는 가장 좋은 방법이다. 다른 방법으로는 이 기생충을 제거할 수 있는 필터를 구입하여 사용해도 된다.

안전한 음용수가 제공되고는 있지만, 음용수의 오염으로 인한 질병이 아직 발생되고 있다. 전문가들에 따르면, 실제 발생 건수는 모니터링을 통해 보고되는 건수를 상회할 것이라 한다.

식인성 및 수인성 질환의 예방

안전한 식량과 물을 공급하기 위해 '생산부터 식탁까지(farm to fork)'의 접근이 필요하다. 식량을 생산하고, 가공하고, 유통하고, 소비하는 모든 사람들이 식량 안전에 책임이 있다. 정부는 이런 과정을 전반적으로 관리하고 연구를 수행하여 질적으로 온전한 식품과 물을 유통하는 기준과 법규를 세우고 소비자를 교육해야 한다(표 3.10).

소비자는 가정에서 식품을 안전하게 다루는 방법을 알아야 한다. 일반적으로 식중독의 예방은 개인위생에 초점을 두고 있다. 해동, 조리(그림 3.6), 식히기, 그리고 저장의 전 과정에서 식품을 안전하게 다루는 방법을 숙지하여야 하고, 어떤 식품이 식중독의 원인이 되는지도 알아야 할 것이다.

세계적 관점 

여행자 설사(Traveler's Diarrhea)

중앙 및 남아메리카, 멕시코, 아프리카, 아시아, 중동과 같이 날씨가 무덥고, 냉장 및 수질 처리 시스템이 빈약한 곳을 여행하는 사람들의 30~50%는 여행자 설사를 경험하게 된다. 여행자 설사는 약 3~4일 이상 지속되는 것이 보통이다. 질병관리청에 따르면, 여행자 설사는 식품과 수질 오염을 통해 전파되는 장독성 대장균(*Escherichia coli*)과 같은 박테리아 감염이 주요 원인이다. 여행자 설사의 위험을 줄이려면 다음과 같은 지침을 따르는 것이 좋다.

- 특별히 화장실을 사용한 후 그리고 식사 전에 손을 자주 씻을 것
- 갓 요리되어 아주 뜨겁게 제공되는 음식을 먹을 것
- 길거리 음식과 뷔페음식을 피할 것
- 샐러드와 날 과일과 야채를 피할 것
- 날 것 또는 충분히 조리되지 않은 육류와 해산물을 피할 것
- 수돗물 그리고 수돗물로 조제된 음료를 피할 것(얼음, 과일 주스, 우유 포함)
- 생수와 밀봉된 음료(청량음료, 물, 맥주, 와인을 포함)는 일반적으로 안전함
- 끓인 물로 만든 커피, 차와 같은 음료는 일반적으로 안전함
- 수돗물은 끓이거나, 약제 소독, 필터링하여 사용할 것. 상세한 설명은 www.nc.cdc.gov/travel을 참조할 것

이런 지침을 따르더라도 여행자 설사는 피하기 어려울 수 있다. 처방전 없이 살 수 있는 소화제 Pepto-Bismol™은 여행기간 내내 복용하는 경우 여행자 설사를 확실히 경감시킬 수 있다. 그러나 위험도가 높은 지역을 여행하기에 앞서 의약품 및 백신의 사용 그리고 기타 주의사항에 대해 의사와 상담하는 것이 좋다.

C Squared Studio/Getty Images

▶ 개발도상국을 여행하는 사람들에게 익숙한 문구는 "끓이거나, 껍질을 벗기거나, 먹지 말라"이다. 물론, 이 조언은 간단하여 좋다. 그러나 먹어도 안전한 식품들이 많이 있는데, 그중에는 끓이거나 껍질을 벗길 수 없는 경우가 많다.

식품안전을 위한 4단계

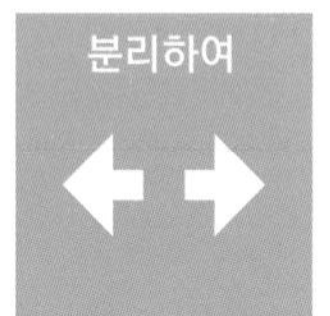

음식안전단계를 확인하시오.

깨끗하게: 손과 표면을 자주 씻는다.

분리하여: 교차 감염되지 않게 한다.

조리: 안전한 온도에서 조리한다.

차게 보관: 빠르게 냉장보관한다.

출처: Courtesy of USDA, HHS, and the Ad Council;

표 3.10 식품 안전을 모니터링하는 국가기관(미국의 경우)

기관명	역할	방법	연락처
식품의약품안전청(FDA) 	• 각 주간 상거래에서 식품의 안전과 건강을 보장(육류, 가금류, 난류 제품은 제외) • 해산물 규제 • 식품표시 관리	• 검사 실시 • 식품 샘플 연구 • 식품별 기준 설정	www.fda.gov or call 1-888-463-6332
농무성(USDA)	• 곡류 및 그 제품, 육류, 가금류, 우유, 난류 및 그 제품의 건전성과 품질 관리	• 검사 실시 • 수입 육류 및 가금류 모니터링 • "안전취급 라벨" 관리	www.usda.gov/fsis or www.cdc.gov/foodsafety/outbreaks or call 1-800-535-4555
질병관리청(CDC)	• 식품안전 촉진	• 식품을 매개로 하는 질환이 긴급 발생했을 때 대응 • 건강 환경 조사 및 연구 • 식품을 매개로 하는 질환 연구 수행 • 검역 지시/집행 • 식품을 매개로 하는 질환 등의 예방과 관리를 위한 국가 프로그램 수행	www.cdc.gov
환경청(EPA)	• 농약 규제 • 수질 품질기준 설정	• 모든 농약 사용 승인 • 식품의 농약 잔류허용기준 설정	www.epa.gov
국립해양수산청 또는 NOAA 어업	• 국내외 해양생물자원의 보전 및 관리 모니터링	• 자발적 수산물 검사 프로그램 실시 • 연방검사를 나타내는 표시를 사용할 수 있음	www.fisheries.noaa.gov
술, 담배, 화기 및 폭발물국(ATF)  	• 알코올성 음료에 대한 법 집행	• 검사 실시	www.atf.gov/alcohol-tobacco
주 및 지방 정부	• 우유의 안전성 촉진 • 관할 구역 내 식품산업 모니터링	• 식품관련 시설의 검사 실시	전화번호부, 인터넷의 정부 페이지

사례연구

Digital Vision

Aaron 부부는 7월 오후에 외국인들이 함께 모이는 포트럭(potluck)에 참가했다. 두 사람은 아르헨티나 소고기로 만든 스튜 요리를 가져가는 것이었다. 조리법에 따라 조심스럽게 요리하여 오후 1시에 오븐에서 요리를 꺼낸 후, 타월로 팬을 감싸서 따뜻하게 보관하였다. 오후 3시 파티 장소에 도착하여 테이블에 요리를 올려놓았다. 저녁 식사는 4시에 시작될 예정이었으나, 손님들은 흥에 겨워 6시가 되어야 식사를 시작하였다. Aaron은 그들이 준비한 아르헨티나 소고기 요리를 시식하였으나, 부인은 시식하지 않았다. Aaron은 그 외에 샐러드, 마늘빵, 그리고 코코넛 디저트도 먹었다. 부부는 오후 10시에 집으로 돌아와서 새벽 2시에 잠자리에 들었다. 그런데 Aaron에게서 심각한 복통이 나타나기 시작하였으며, 거의 3시간 동안 설사로 고통받았다. 새벽녘에 설사는 멈췄으며 증상이 좋아지기 시작하였다. 간단한 아침 식사를 먹고 나니 정오경에는 좋아졌다. Aaron은 아르헨티나 소고기 요리 때문에 식품을 매개로 하는 질환에 걸린 것 같다. 식품을 매개로 하는 질환을 피하기 위해 어떤 예방책이 필요했었나? 식품을 매개로 하는 질환의 위험을 실질적으로 줄이기 위해 이 사례 연구를 어떻게 사용하면 좋을까?

안전한 최저의 조리 온도

다짐육(소고기, 송아지고기, 양고기, 돼지고기)	71℃
소고기, 송아지고기, 양고기(구이, 스테이크, 갈비)	63℃ + 3분 방치
돼지고기(구운 것, 스테이크, 다진 것)	63℃ + 3분 방치
가열 햄(먹기 전 조리해야 하는 것)	63℃
비가열 햄(충분히 조리되어 데워 먹는 것)	60℃
가금류	
닭고기, 칠면조 고기 갈은 것	74℃
닭고기, 칠면조 고기 통째	74℃
가슴살, 구운 것	74℃
스터핑 또는 스터핑을 채운 가금류	74℃
달걀요리	71℃
남은 음식과 캐서롤, 재가열이 필요한 것	74℃

그림 3.6 식품을 조리하거나 재가열할 때 필요한 최소한의 내부 온도.

▶ 오염된 식품은 회수할 수 있다. 다음과 같은 예를 들 수 있다.

- 냉동 과일과 채소, 해바라기씨, 조각 사과, 아보카도 펄프, 조각 칠면조고기 – *Listeria* 오염
- 포장된 시금치, 소고기 다짐육 – *E. coli* 오염
- 조미료, 포트 파이, 땅콩버터, 헤이즐 견과 – *Salmonella* 오염

최근 식품 리콜 알림은 www.foodsafety.gov(미국), https://www.consumer.go.kr/user/ftc/consumer/recallInfo/622/selectRecallInfoInternalList.do?searchCondition1=0201(우리나라)

▶ 시 수도국에서 제공하는 물의 순도에 대한 정보 제공은 www.EPA.gov/water(미국)

▶ 식품안전 촉진을 위한 정보는 www.foodsafety.gov(미국), https://www.foodsafetykorea.go.kr/main.do(우리나라)

▶ 오랜 격언에서 알려진 것처럼, 의심스러운 식품은 버릴 것!

확인합시다!

1. 식중독에 특히 취약한 인구집단은?
2. 가장 흔하게 식중독을 유발하는 박테리아와 바이러스는?
3. 식품은 어떻게 바이러스와 박테리아에 오염되는가?
4. 수질 안전성에 위협을 주는 요소는 무엇인가?
5. 위험온도 범위는 몇 ℃이며, 왜 이것이 중요한가?

실천해봅시다!

당신의 식품안전 기술을 점검해 봅시다.

다음 항목이 100% 당신에게 적용된다면 "예"로 표시하시오.

예	아니오	나는 안전하지 않은 음식과 쓰레기는 피한다.
		1. 새거나, 불룩하거나, 심하게 움푹 패인 통조림 식품은 먹지 않는다. 2. 날 것이나 덜 익힌 육류, 생선, 조개류, 가금류, 또는 달걀(홈메이드 아이스크림에 사용하는 날 달걀, 에그노그(eggnog), 마요네즈, 쿠키 반죽을 포함)을 먹지 않는다. 3. 저온살균한 우유와 주스만 마신다. 4. 식품을 매개로 하는 질환에 대한 위험이 높은 상태라면, 연성치즈(soft cheese), 차가운 델리 샐러드, 차가운 훈제 생선을 먹지 않으며, 핫도그와 델리 고기는 75°C로 데워 먹는다. 5. 안전한 공공 상수원 또는 시험된 사설 공급원에서 나온 물을 식수와 음식준비에 사용한다.
예	아니오	나는 병원균 전염을 방지한다.
		6. 조리하기 전에 그리고 씻지 않은 물건이나 날고기, 생선, 가금류, 달걀을 만진 후; 화장실 사용 후; 기저귀를 바꾸어준 후; 동물과 놀이 후; 기침이나 재채기 후; 또는 담배를 핀 후에는 따뜻한 물과 비누를 사용하여 최소한 20초간 손을 씻는다. 7. 음식을 준비할 때 베인 상처, 화상, 상처 또는 감염된 부위를 가린다. 8. 설사나 구토 등의 증상이 있을 때에는 조리하지 않는다.
		나는 부엌을 위생적으로 유지한다.
		9. 특별히 날고기, 생선, 가금류, 달걀을 사용 후에는 조리대, 싱크대, 도마, 기구 등을 철저히 씻어서 교차오염을 방지한다. 10. 냉장고에 흘린 것은 재빨리 닦고, 유통기한이 만료되거나 상한 음식은 버린다. 11. 부엌용 스폰지와 타월은 자주 교체한다. (전자레인지에 젖은 스펀지를 1분 돌리면 박테리아를 죽일 수 있다.) 12. 딱딱한 플라스틱, 대리석, 유리, 또는 참나무(oak)나 단풍나무(maple)와 같은 단단한 나무로 만들어서 심하게 긁히지 않는 도마를 사용한다.
		나는 음식을 안전하게 다루고 준비한다.
		13. 장을 본 후에는 즉시 집으로 와서 상하기 쉬운 식품은 빠르게 냉장 또는 냉동보관한다. 14. 신선한 과일과 채소는 흐르는 물에 씻고, 멜론과 같이 딱딱한 것은 브러시로 문질러 닦는다. 15. 잼이나 시럽 같은 액상 식품에 곰팡이가 생겼다면 버린다. 치즈 같은 딱딱한 식품은 최소한 곰팡이 부위의 1인치 정도를 제거한다. 16. 날고기와 가금류는 냉장고의 아랫부분에 보관하여 떨어진 물기로 인한 교차오염을 막는다. 17. 음식은 조리대가 아닌 냉장고에서 재운다(marinate). 18. 냉장고, 흐르는 냉수, 전자레인지에서 해동시킨다. 절대로 조리대에서 해동하지 않는다. 19. 냉장고 온도계를 사용하여 냉장고가 0~4.4°C의 안전한 온도를 유지하고 있는 지를 확인한다. 20. 음식을 내부까지 안전하게 익히며, 이를 확인하기 위해 식품 온도계를 사용한다. 21. 달걀의 노른자와 흰자가 모두 익을 때까지 조리한다. 22. 조리 후에는 즉시 먹거나 2시간 이내에 냉장 또는 냉동보관한다. 23. 7일이 지난 남은 음식은 버린다. 24. 피크닉을 갈 때 상하기 쉬운 음식은 아이스박스에 보관한다.

Photodisc/PunchStock

이제 "예"의 개수를 세어보고 평가해 봅시다.

점수	등급	평가
0–5	F	심각함! 상당한 수준의 행동 개선이 필요하며, 그 전에는 더 이상 조리하지 말 것. 식품안전에 위반된 행동으로 건강이 위험함.
6–14	D	위험! 부엌 환경과 행동이 식품 안전에 위협이 되고 있음. 체크되지 못한 항목을 검토하고 즉시 수정토록 할 것.
15–18	C	주의! 부엌 환경과 행동 중 위험한 부분이 있음. 체크되지 못한 항목을 검토하고 식품안전 수준을 높이기 위해 부엌 환경과 행동을 수정할 것.
19–23	B	양호! 전반적으로 부엌 환경과 행동이 양호하지만 개선의 여지가 있음. 식품안전 수준을 높이기 위해 부엌 환경과 행동을 수정할 것.
24	A	훌륭함! 계속할 것.

임상적 관점

식품을 매개로 하는 질환은 치명적일 수 있다.

식품을 매개로 하는 질환은 보통 몇 시간 또는 기껏해야 며칠 정도의 불편함을 끼치다가 저절로 낫는 것으로 인식되고 있다. 그러나 식품을 매개로 질환도 평생 영향을 끼칠 만큼 매우 심각한 의학적 문제를 일으킬 수 있다. 영유아, 노인, 임산부와 태아, 그리고 면역체계가 손상된 경우처럼 고위험군의 사람들이라면 심각한 부작용의 위해가 더 높을 수 있다.

- 용혈성 요독증후군(*hemolytic uremic syndrome, HUS*). *Escherichia coli* 0157:H7가 생산하는 독소에 의해 발생된다. 이 독소는 적혈구를 공격해서 용혈(hemolysis)시키고, 신장을 공격해서 노폐물을 쌓이게 하여 요독증(uremia)을 일으킨다. 초기 증상은 피가 섞인 설사(bloody diarrhea), 구토, 졸음, 소변 양 감소이다. 최악의 경우, 독소는 다수의 장기에 손상을 입혀서, 발작, 영구 신부전, 뇌졸중, 심장 손상, 간 기능 부전을 일으키고 심지어는 사망에 이를 수 있다. 다행히, 대부분은 수 주간의 집중치료 이후 완전히 회복된다. 어른보다는 어린이들에게서 더 흔히 발생하지만, 심각한 감염증은 어른에서 나타난다.
- 리스테리아증(*listeriosis*). 드물지만 심각한 질병으로 *Listeria monocytogenes* 박테리아에 의해 발생된다. 리스테리아증은 근육통, 열, 메스꺼움에서 시작된다. 신경계로 퍼져서 심각한 두통, 뻣뻣한 목, 균형감 상실, 혼동감을 일으킨다. 임산부와 태아가 특히 취약하여, 유산, 조산, 태아 염증, 태아 사망에 이를 수 있다. 임신 중 여성은 20배만큼 이 질환에 취약해 진다. 노인도 역시 취약집단이다.
- 길랭-바레증후군(*Guilain-Barre syndrome, GBS*). 드물게 나타나는 신경계 장애로 *Campylobacter jejuni*에 의해 발생된다. 자신의 면역체계에 의해 척수와 뇌를 신체의 나머지 부분과 연계하는 말초신경계가 손상을 입게 된다. 초기 증상은 다리가 따끔따끔하고 아픈 것이며, 심각한 근육 무력증으로 이어진다. 마비가 나타나면 호흡을 위해 인공호흡기의 도움이 필요할 수도 있다. 회복기간은 수주에서 수개월이며, 30%의 경우에는 완전히 회복되지 못하고 평생 고통, 나약함, 마비 등을 경험하게 된다.
- 반응성관절염(*reactive arthritis*). *Salmonella*, *Shigella*, *Compylobacter* 등에 오염된 식품을 매개로 하는 질환이다. 보통 초기 감염 후 2~6주 후에 특히 관절과 눈 그리고 온몸에서 증상이 나타난다. 요로의 염증으로 무릎, 발목, 발의 통증과 붓기가 나타나며, 손의 통증과 발바닥의 물집 또한 흔하다. 유전요소도 이 질병의 민감성에 중요하게 작용한다. 반응성관절염이 있는 사람들은 의학적 처치가 필요하며 2~6개월 후에 회복된다. 그러나 약 20% 정도는 훨씬 더 오랜 기간 동안 약한 관절염을 경험하게 된다.

이런 질병들은 안전한 음식 공급 그리고 먹이사슬을 통한 안전한 음식 취급의 필요성을 강조하고 있다.

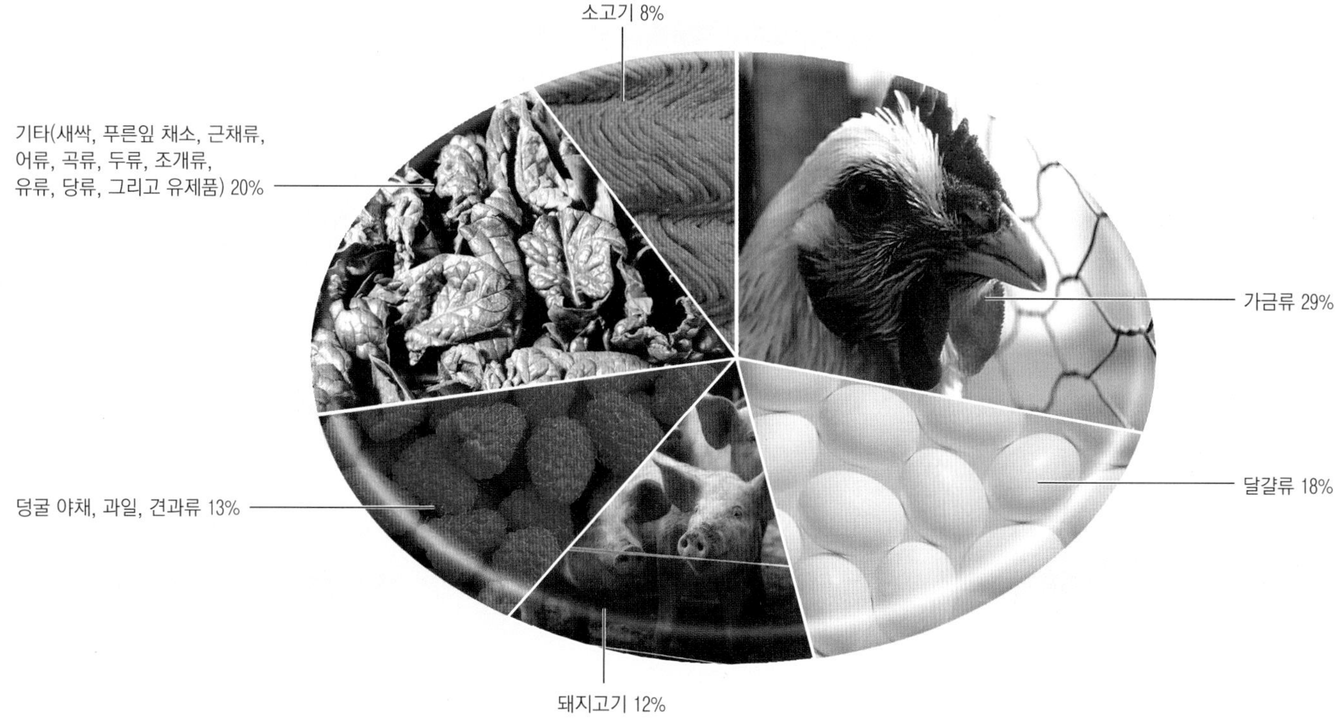

식품별 *Salmonella* 감염율

Brand X Pictures/PunchStock; poultry: Ingram Publishing/SuperStock; eggs: Brand X Pictures/PunchStock; pork: Shutterstock/DN1988; fruits: Digital Vision/Getty Images; greens: Author's Image/Glow Images

3.5 식량과 환경오염

병원균과 자연독소 뿐 아니라, 수많은 환경 독소도 식품을 오염시켜 건강상 문제를 야기할 수 있다. 우리 환경에서 흔하게 직면하는 오염원으로는 중금속(납, 수은), 산업화합물(다이옥신, PCBs) 그리고 농업 화학물(농약, 항생제) 등이 있다.

▶ 납에 대한 더 많은 정보가 필요하면 www.epa.gov/lead, www.cdc.gov/nceh/lead를 참조할 것.

▶ 2014년 미시간 주에서 플린트(Flint) 강물을 끌어와 용수로 사용하기 시작하던 때에 플린트강에 심각한 납 오염이 발생했다. 음용수 문제를 조사하던 중에 부식성 강물이 낡은 수도관으로부터 납을 유출시켜 전 시내의 수도와 가정에 영향을 미치게 되었음을 알게 되었다. 그 결과로 혈중 납 수준이 높아진 어린이가 1년에 2배로 증가하였다. 생수와 필터를 공급하였으며, 의료, 교육, 상담의 수준을 높이고, 혈중 납 검사를 확대하였으며, 칼슘, 철, 비타민 C 섭취를 늘려 납의 흡수를 억제하는 영양프로그램에 예산을 추가하였다. 이제 플린트는 새로운 수원을 갖게 되었으나, 손상된 물 공급체계를 복구하는 데에는 수년이 걸릴 것이다.

납

납(lead)은 신경계와 신장을 포함한 모든 기관에 손상을 줄 수 있다. 또한 혈액에서 산소를 운반하는 단백질인 헤모글로빈의 합성을 저해한다. 납 중독은 특별히 어린이 신경계 발달에 유독하게 작용하여 낮은 농도에서도 지능 결함, 행동장애, 조정기능 이상을 나타낼 수 있다. 납은 성장과 청력에도 손상을 주며, 납에 오염된 어린이들은 성장 후에 고혈압과 신장질환에 취약하게 될 수 있다. 미국 등 선진국에서도 6세 미만 어린이의 3%가 혈중 납 수준이 심각하게 높은 실정이다. 개발도상국에서는 더 많은 어린이가 납 오염에 피해를 받고 있다.

환경 중 납의 오염원은 가정용 배관과 납이 함유된 페인트이다. 이 두 가지는 1986년 이전에 건축된 건물에서 가장 흔히 발견되는 오염원이다. 납 파이프 또는 땜납이 있는 가정에서는 수도를 사용하기 전에 1~2분간 물을 흘려보내는 것이 좋다. 또한 더운물은 음식의 조리나 음용수로 사용하지 않아야 한다. 왜냐하면 찬물보다는 더운물에 납이 더 많이 녹아 나오기 때문이다. 납을 제거 하는 필터를 사용할 수도 있다. 납이 함유된 페인트가 묻은 먼지와 페인트 조각이 어린이들에게 가장 위험할 수 있다. 의도치 않게 먹을 수 있기 때문이다. 집과 손을 깨끗하게 하여 오염을 줄일 수 있다. 또한 납이 함유된 크리스탈, 도기류, 낡은 접시 등에 식품이나 음료수를 담거나 보관하지 않도록 한다.

납의 다른 오염원으로는 멕시코산 사탕, 특정 식사보충제, 납이 함유된 페인트로 칠한 장난감 등이 있다(어린아이들은 장난감을 입에 물 수 있기 때문에 더 위험하다). 식품을 저장하는 캔에는 납을 사용할 수 없도록 규제하고 있다. 그러나 아직 이런 규제가 없는 나라들도 있다.

납의 사용을 억제하는 것이 납 중독을 예방하는 최선의 방책이다. 좋은 영양도 중요한 역할을 한다. 철이 부족한 경우에는 납의 흡수율이 높아진다. 따라서 철 결핍을 예방하면 납 흡수를 낮추는 데 도움이 된다.

비소

비소(arsenic)는 토양과 물에서 발견되는 유독한 원소이다. 유독할 뿐 아니라 발암원이기도 한 무기 비소는 태아의 성장을 저해하고 영유아의 면역 및 신경계 발달을 저하시킨다. 토양과 물의 비소를 잘 흡수하는 쌀은 무기 비소의 주요 급원이다. 현미는 비소 농도가 특별히 높을 수 있다. 왜냐하면 쌀겨에 비소가 축적되기 때문이다. 현미에서 쌀겨를 제거하면 백미가 된다. 영유아는 쌀로 만든 시리얼과 쌀과자를 자주 먹기 때문에 무기 비소에 노출되기 쉽다. 이 문제를 해결하기 위해, 미국 FDA는 영아의 시리얼에서 무기 비소 함량 기준을 설정하였다. 무기 비소의 노출을 제한시키는 다른 방법은 다음과 같다.

- 영유아에게는 쌀 뿐만 아니라 다양한 종류의 곡류와 시리얼을 먹인다.
- 때때로 현미 대신 백미를 먹인다.
- 쌀로 조리할 때에는 물을 많이 사용한다. 조리 후 조리수를 버리면 비소 함량을 줄일 수 있다. 그러나 비타민 손실도 많아진다.

어린이에게 철 함량이 높은 건강한 식사를 섭취토록 하면 납 중독을 예방하는 데 도움이 될 수 있다.

White Rock/Getty Images

다이옥신과 폴리염화비페닐

다이옥신(dioxin)과 폴리염화비페닐(Polychlorinated Biphenyls, PCBs)은 염소와 벤젠을 함유한 화학물질로 암, 신경 손상, 2형당뇨병, 생식장애(reproductive problem)와 같은 위험을 증가시키는 산업 화학물질이다. 다이옥신의 오염원은 주로 오염된 강이나 호수에서 자란 담수어 등 어류이다. 오염을 줄일 수 있는 지침으로 다양한 종류의 생선을 적당량 먹도록 하고 있다. 다양한 종류 또는 지역에서 생산되어 상업적으로 유통되는 어류를 먹는 경우는 큰 문제가 없다. 왜냐하면 다양한 산지에서 공급되고 있으며, 대부분의 강, 시내, 호수는 오염되지 않았기 때문이다.

수은

수은(mercury)은 환경 중에 많이 있다. 해양 박테리아는 수은을 신경독소인 메틸수은(methylmercury)으로 전환시킨다. 일본에서 수은에 오염된 어류를 섭취하여 120명의 사람이 수은 중독을 일으킨 사례가 발표된 이후, 미국 FDA는 1969년 식품 중 잔류 수은의 기준을 설정하였다. 수은에 중독된 사람들의 자손에서 출생 기형이 발생되었다. 메틸수은은 신경계 손상, 피로, 학습능력 저하를 가져온다. 다이옥신과 마찬가지로 수은의 오염도가 가장 높은 식품은 어류이다. 취약집단은 어린이, 임신부, 수유부이다. 건강을 위해 어류의 섭취를 권장하지만, 수은의 노출은 줄여야 하므로 식사지침을 제공하고 있다(표 3.11).

표 3.11 가임기 여성, 임신부, 수유부의 수은 노출을 제한하기 위한 식사지침

일주일에 다양한 생선을 200~300 g 정도 먹는다.
- 2~3회 분량으로 나누어 먹는다.
- 어린이의 경우에는 나이와 에너지 필요량을 고려하여 1회 분량을 정하여 제공한다.

수은 오염도가 낮은 생선을 선택한다.
- 흔히 먹는 생선 중 수은 함량이 비교적 낮은 것으로는 연어, 새우, 명태, 참치 통조림, 틸라피아, 메기, 대구가 있다.

멕시코만에서 잡은 옥돔, 상어, 황새치, 커다란 고등어를 포함한 4가지 어류의 섭취는 피한다.
- 수은 오염도가 가장 높은 어류이다.
- 흰색 날개 다랑어(albacore tuna)는 일주일에 한 번(170 g)으로 섭취를 제한한다.

직접 낚은 어류를 먹을 때에는 낚시 장소의 오염도를 전문가와 상의한다.
- 상의할만한 전문가가 없는 경우에는 어른의 경우 일주일에 170 g 이하로 제한토록 하며, 어린이들은 일주일에 한 번 25~85 g 이하로 제한한다.

출처: Fish: What pregnant women and parents should know. 2020; www.fda.gov/Food/FoodborneIllnessContaminants/Metals/ucm393070.htm.

▶ 생물학자이자 작가 겸 생태학자인 레이첼 카슨(Rachel Carson)은 1962년 그의 저서 침묵의 봄(Silent Spring)에서 DDT(dichlorodiphenyltrichloroethane) 농약으로 인한 환경 손상을 설명하였다. DDT는 세계적으로 널리 사용되었다. 작물 수확을 늘릴 뿐 아니라 비싸지 않았기 때문이다. 그러나 DDT와 그 대사물은 사람과 동물에게 유독함을 곧 알게 되었다. 특히 치어와 조류에 유해하며 환경 중에 수년간 잔류한다. DDT는 미국 등 많은 나라에서 금지되어 더 이상 사용할 수 없다. 그러나 개발도상국가들은 말라리아를 옮기는 모기를 죽이기 위해 아직도 DDT를 사용하고 있다. 레이첼 카슨에 대해 더 많이 알고 싶다면 www.rachelcarson.org를 참조할 것.

황새치는 수은 오염이 높은 식품이다. 어린이들과 임산부, 수유부는 수은 수준이 높은 황새치 등의 생선을 먹지 않도록 한다.

rudisill/Getty Images

그러나 아직 일관성 있는 지침이 마련된 것은 아니다. 어류는 영유아의 두뇌와 신경계 발달에 필수적인 지방산을 제공하는 주요한 급원이다. 최근 연구에 따르면, 지방산을 제공하는 유익이 수은의 위해를 능가한다고 보고되고 있다. 어류 섭취의 위해와 유익에 대한 연구가 많아질수록 어류 섭취를 권장하는 방향으로 완화될 것이다.

농약과 항생제

해충을 제거하기 위해 사용되는 농약에는 살충제(insecticide), 제초제(herbicide), 살균제(fungicide), 살서제(rodenticide)가 있다. 농약은 1940년대부터 사용되기 시작하였으며, 작물을 손상시키는 해충을 줄여서 생산을 증가시켰다. 또한 과일과 채소의 모양을 보존시켜 상품성을 높일 수 있다. 예를 들어, 살균제를 사용해서 사과의 딱지 곰팡이 생성을 예방하면 상품성이 높으면서도 맛과 영양이 유지된 제품을 생산할 수 있게 된다.

EPA는 1,000종 이상의 활성 성분이 함유된 약 10,000종의 농약을 허가하였다. 미국에서는 매년 약 12억 파운드의 농약(이 중 절반이 제초제)이 사용되고 있으며, 대부분 농작물에 적용되고 있다. 그러나 살충제의 사용은 농업에만 국한되지 않고, 가정, 사업장, 학교, 의료시설에서도 벌레와 설치류 방제에 많이 사용되고 있다. 농약은 잔디, 골프장, 가정 원예 등에도 널리 사용되고 있다.

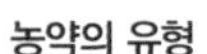

농약의 유형

유기인계(organophosphates). 해충과 동물의 신경계에 유독한 물질; 제2차 세계대전에서 신경작용제로 사용된 바 있음; 환경에 잔류하지는 않음

카바메이트계(carbamates). 유기인계와 유사하게 작용하는 화합물. 그러나 독성이 더 낮음.

유기염소계 살충제(organochlorine insecticide). 과거에는 많이 사용되었으나 이 중 대부분은 현재 사용되지 않음[예: DDT와 클로르데인(Chlordane)]. 건강상 해롭고 오래 잔류되기 때문임.

피레트린 농약(pyrethroid pesticide). 국화에서 발견된 자연 살충제와 유사한 화합물. 일부는 신경계에 유독한 것도 있음.

농약은 합성 농약과 바이오 농약의 두 가지로 구분된다. 초기 합성 농약은 대부분 잔류성이 높았다. 즉 쉽게 분해되지 않고 물, 토양, 그리고 식물체에 수십 년 동안 잔류하여 오염된 물과 식물을 먹는 사람과 동물에게 위해를 끼칠 수 있었다. 그러나 초기 농약은 이제 대부분 사용 금지되었다. 오늘날 사용되는 합성 농약은 훨씬 빠르게 분해되어 잔류성이 없다. 그러나 효과는 더 강력하다. 대표적인 예로는 유기인계(organophosphates), 카바메이트계(carbamates), 유기염소계(organochlorine)의 살충제와 피레트린 농약(pyrethroid pesticide)이 있다.

바이오 농약은 보다 안전한 농약 대체물로 개발되었으며, 세 가지 유형이 있다. 첫 번째 유형은 여러 가지 해충에 유독한 단백질을 만들어내는 토양 박테리아 *Bacillus thuringiensis*(Bt) 같은 미생물 농약(microbial pesticide)이다. 두 번째 유형은 Bt 단백질 같은 농약을 스스로 만들어내는 유전자변형 식물이다. 세 번째 유형은 직접 유기체를 죽이지는 못하지만 유기체의 생식이나 성장을 멈추게 하는 농약이다.

농약의 사용과 관련된 문제점이 많이 있다. 하나는 제거해야 할 개체가 농약에 대한 내성을 갖는 것이다. 이 때문에 더 많은 농약이 사용되거나 새로운 농약이 개발되어야 한다. 또 다른 문제는 농약의 표류이다. 일단 농약이 농작물에 살포되면 바람을 타고 다른 곳으로 운반될 수 있다. 토양에 잔류된 농약은 비표적 유기체, 지하수, 대양으로 흘러간다. 이런 모든 경로가 체인처럼 서로 연결된다. 의도치 않은 효과도 문제이다. 농약은 개구리, 어류, 유익한 곤충 등 표적하지 않은 생물에 해를 끼칠 수 있다. 수질을 악화시킬 수도 있다. 자연계 생태를 교란시키고, 토양을 손상시키고 부식시킬 수 있다.

작물에 농약을 사용할 때에는 위해와 유익이 함께 따른다. 농약 노출에 더 직접적이기 때문에 농촌지역에 끼치는 위해가 더 크다.

Photo by Jeff Vanuga, USDA Natural Resources Conservation Service

잔류농약의 규제

우리나라에서 식품 중 잔류농약의 규제는 환경부, 식품의약품안전처, 농림축산식품부에서 담당한다. 농산물 재배 시 사용한 농약이 최종 식품에 잔류하더라도 건강상 영향을 주지 않는 수준에서 잔류농약 허용기준을 정하고 있다. 어린이들은 농약의 부작용에 대해 특히 취약할 수 있으며, 식사가 가장 큰 오염원이므로 특별한 고려가 필요하다. 유통량이 많은 농산물을 상시 수거하여 잔류농약 검사를 실시하고 있다. 검사 결과 농약 잔류기준을 초과할 경우에는 신속하게 압류 폐기 조치하여 소비자 식탁에 오르지 않도록 노력하고 있다. 잔류농약의 수준이 허용기준 이하로 낮다는 것은, 정부 규제에 따라 농약이 적절하게 사용되고 있음을 의미한다.

Parkinson's 또는 Parkinson Disease?

질병을 처음 발견한 사람 또는 처음 관찰된 장소의 이름을 따서 질병명을 결정하는 경우가 많이 있다. 그래서 질병명은 소유격으로 Parkinson's 또는 비소유격으로 Parkinson으로 모두 사용할 수 있다. 그러나 간편성과 일관성을 위해 국제의생물기구는 후자 비소유격을 사용하도록 결정했다.

잔류농약 모니터링

농약이 유독함은 두말할 나위 없다. 농약을 사용하는 목적은 해충을 제거하는 것이다. 매년 발생되는 농약 중독은 부주의한 사용이나 보관으로 발생한다. 농부 그리고 생업으로 농약을 사용하는 사람들은 천식, 파킨슨병, 전립선암, 혈액암, 그리고 기타 암 등에 대한 위험도가 더 높다는 연구가 있다. 그러나 우리가 일상 식생활에서 노출되는 수준으로 매우 낮은 농도에서는 장기간 노출되어도 이런 위험이 발생할 확률이 매우 낮다. 이런 관점에서 영유아에게 특별한 주의를 기울일 필요가 있다. 농약과 같은 화학물질에 노출된 어린 동물에서 생식계, 신경계, 면역계의 발달에 손상이 나타난 바 있다. 어린이에게서 위해가 더 클 수 있다. 체중당 계산하면 더 높은 수준으로 농약에 노출되는 셈이 되기 때문이다. 영유아는 성인만큼 농약을 대사하는 능력이 높지도 않다. 약물과 독소를 대사하여 배설시키는 기능을 담당하는 간이 미성숙하기 때문이다.

정부 당국은 농약 잔류를 최소화하기 위해 노력하고 있으나, 다음과 같은 소비자의 노력도 필요하다.

- 과일과 채소는 모두 흐르는 물에서 문질러 씻는다.
- 과일과 채소는 껍질을 벗기고 먹으며, 채소의 바깥 잎은 버린다.
- 육류의 지방, 가금류의 껍질은 제거한다. 농약은 지방에 축적되기 때문이다.
- 다양한 식품을 선택하면 특정 농약에 노출되는 것을 피할 수 있다.

합성 농약을 사용하지 않고 키운 유기농 식품을 섭취하는 것도 잔류농약의 피해를 줄이는 방법이 된다. 그러나 이런 식품에도 토양의 오염에서 유래되는 농약이 잔류될 수도 있다. 유기농 식품을 먹으면 소변을 통한 농약 배출도 낮아짐을 보고한 연구가 있다.

항생제

식육동물의 성장을 촉진하고 질병을 예방하기 위해 저용량의 항생제를 사용한다. 사람도 동일한 유형의 항생제를 의약품으로 사용한다. 동물에 사용한 항생제가 토양과 수질로 방출되면 항생제 내성 박테리아가 출현할 수 있다. 항생제 내성 박테리아는 식품을 통해, 동물과 직접 접촉을 통해, 또는 환경(물, 토양, 대규모 축사 부근의 공기 오염)을 통해 쉽게 사람에게 전달될 수 있다. 항생제 내성 박테리아의 출현이 건강에 문제가 되는 이유는 감염되는 경우 치료방법이 없고 치명적일 수 있기 때문이다. 의료진이 사용할 수 있는 항생제가 매우 제한되어 있다는 것도 문제이다. 그래서 항생제 내성 박테리아의 문제는 최근 학계에서 크게 주목받고 있다. 참고로 유기농 제품에는 항생제를 사용할 수 없다.

▶ 원자력발전소 사고로 인한 식품 오염은 대단히 큰 피해를 주었으나, 아직까지 충분히 이해되지 못하고 있다. 1986년 우크라이나 체르노빌과 2011년 일본 후쿠시마현 핵재난으로 공기중으로 방출된 방사성 세슘(cesium)과 요오드(iodine)는 식물, 토양, 용수에 정착되었다. 방사성 물질은 오염된 지역에서 자라난 동물의 젖과 고기를 통해 식량수급체계로 들어갔다. 핵사고 이후 식품 중 방사능을 주의깊게 모니터하고 있다. 왜냐하면 방사성 핵종을 섭취하게 되면 갑상선 및 기타 암의 위해가 커질 수 있기 때문이다. 그러나 방사성 핵종으로 오염된 식품에 노출되면 어떤 일이 일어나는지에 대해서는 알아야 할 것들이 많이 있다. 방사성 요오드에 노출된 사람들에게는 요오드칼륨(potassium iodine)을 처방하여 갑상선으로 방사성 요오드의 흡수를 예방하였다.

동물 사료와 음용수에 항생제를 첨가하여 성장을 촉진하고 질병을 예방하고 있다. 그러나 항생제 사용에 대한 우려가 높아지고 있다. 왜냐하면 항생제 사용은 항생제 내성 박테리아의 출현을 가져올 수 있기 때문이다.

Glow Images

사례연구 후속

Digital Vision

충분히 조리되었지만, 오후 1시에 오븐에서 꺼낸 후 6시에 시식될 때까지 보관온도가 적절치 않았다. 조리된 식품은 실온에서 최대 2시간 이상을 넘지 않아야 하는데 5시간이나 방치되었다. 따라서 식품을 매개로 하는 질환을 일으키는 유해균이 증식될 수 있었다. 음식을 파티 장소로 운반할 때에는 아이스박스를 사용했어야 하며, 파티 장소에서는 냉장 보관하였다가, 6시 식사 시간 전에 74°C로 데워야 했다. 전반적으로 부패할 수 있는 육류, 생산, 가금류, 달걀, 유제품 등을 2시간 이상 실온에 방치하는 것은 위험하다.

확인합시다!

1. 환경에서 납의 오염원은 무엇인가?
2. 어류에서 검출되는 환경오염물질에는 무엇이 있는가?
3. 우리 식단에서 무기 비소의 주된 오염원이 되는 식품은 무엇인가?
4. 농약 잔류허용기준이란 무엇인가?
5. 농약에 대한 노출을 줄이기 위한 방법에는 무엇이 있는가?

현장 전문가적 관점

대학 급식 서비스의 지속가능성(sustainability)

대학 캠퍼스의 지속가능성에 대한 관심은 계속 커지고 있다. 지역 농산물과 유기농 식품을 먹는 것 그리고 재활용 같은 지속가능성과 관련된 관행에 대해서는 아마 익숙할 것이다. 지속가능성이라는 단어는 많은 의미를 가지고 있다. UN의 Brundtund 보고서는 "지속가능한 발전이란 미래 세대가 그들의 요구를 충족하는 능력을 손상하지 않으면서 현재의 요구를 충족시키는 것"으로 정의하고 있는데, 이것이 보편적으로 널리 사용되고 있다. 지속가능성 전문가 Krist Theisen*에 의하면, 많은 대학 커뮤니티에서 중요한 지속가능성의 개념은 다음과 같다.

식품의 투명성. 어떤 재료가 메뉴에 사용되는지를 아는 것은 대학 캠퍼스에서 식사하는 사람들에게 매우 중요하다. 어떤 사람들은 알레르기가 있어서 또는 특별한 식사요법이 필요하기 때문에 식재료를 알고자 한다. 다른 사람들은 식재료가 어디서 키운 것인지를 알고 싶어한다. 그래서 캠퍼스 음식 서비스를 운영하는 사람들은 소비자들이 원하는 제품과 관련된 상세 정보를 얻기 위해 식품 공급업자들과 긴밀하게 협력하고 있다.

지역에서 생산된 신선한 음식. 환경 보호, 지역 경제 지원, 건강상의 이익을 더 많이 얻기 위해, 소비자는 지역에서 생산된 신선한 음식을 먹고자 한다. 이러한 목표를 달성하기 위해, 대학에 기반을 둔 음식 서비스 전문가들은 건강한 선택을 할 수 있도록 메뉴를 작성하고 식사 공간을 신중하게 배치하고 있다. 메뉴는 보통 제철의 지역 농산물을 중심으로 계획된다. 예를 들어, 가을과 겨울 메뉴에는 호박, 양파, 당근, 그리고 종종 뿌리채소를 사용한다. 농원을 가지고 있는 대학들은 캠퍼스 식당 운영에 자체 생산물을 사용한다.

음식 쓰레기 줄이기. EPA 폐기물 위계 구조(waste hierarchy)에 따르면, 쓰레기를 관리하는 최선의 방법은 사전에 쓰레기를 줄이는 것이다. 이에 따라 대학 식품 서비스에서는 "주문 후 요리"하는 방법을 채택할 수 있다. 즉, 옵션은 개별 식당의 선호에 따라 맞춤화하되, 주문된 것만 준비되기 때문에 낭비가 적게 된다. 카페테리아에서 트레이를 없애면, 음식을 더 많이 가져갈 가능성이 낮아지며, 이로써 음식 낭비를 줄이고 트레이를 청소하는 비용(에너지, 세제, 물)도 줄어든다. 어떤 대학은 음식물 쓰레기를 퇴비화하고, 튀김기름으로 바이오디젤 연료를 만들기 위해 재활용된다. 남은 음식은 지역사회 음식 프로그램으로 전달될 수 있다. 재사용 가능하고, 재활용 가능하며, 퇴비가 가능한 포장은 무기 폐기물을 감소시킨다.

에너지 사용량 감소 및 탄소 발자국 감소. 식품 서비스 지속가능성 발의는 에너지 사용과 탄소 발자국 감소를 위한 대학이 기울이는 노력의 일부이다. 미국에서는 약 1,000명의 대학 총장들이 2020년까지 캠퍼스를 탄소 중립으로 만들고 2020년까지 미국 경제의 탈탄소화에 50% 기여할 것을 약속하면서, 미국 대학 기후 위원회(ACUPCC)에 서명했다. 지금까지 ACUPCC는 온실 가스 배출을 줄이고 캠퍼스 운영을 더 친환경적으로 만드는 데 도움을 주었다. 또한 기후와 지속가능성에 대한 교육 기회를 제공하였다. 캠퍼스 운영에서 탄소 오염을 제거하는 약속의 일환으로 대학들은 기후 관련 활동을 커리큘럼과 학생 경험에 포함시키고 기후 관련 연구 활동을 확대했다. 수천 명이 고등교육의 지속가능성 향상을 위한 협회의 STARS(Sustainability, Tracking, Assessment & Rating System) 지속가능성 대시보드를 사용하여 진행 상황을 측정하고 보고하고 있다.

더 큰 사회 정의. 지속가능성의 이 영역은 환경과 사람들 사이의 긴밀한 연결을 보여준다. 공정 무역(Fair Trade)과 같이 전 세계의 지역사회를 돕는 인증(certification) 그리고 식품이 부족한 학생들을 위한 식료품 저장실 같은 지역적 시책은 캠퍼스가 사회 정의를 다루는 방법의 예이다.

확대 교육. 식당과 같은 교실 벽 밖의 공간으로 학습을 확장하는 것은 캠퍼스의 목표이다. 학생 단체, 학술 부서, 그리고 심지어 개별 학생들도 음식 서비스 관행을 평가하고 개선하고 지속 가능성을 촉진하기 위해 대학 지속가능성 사무실과 캠퍼스 식사 전문가들과 협력한다. 또한 학생들은 캠퍼스 정원과 수경 온실의 디자인과 운영에도 참여한다.

지속가능성 발의를 이행할 때의 장벽은 지방 인프라, 투자 비용 및 물류가 포함된다. 예를 들어, 도시 캠퍼스가 퇴비 시작을 원하더라도 시설이 도시 내에 존재하지 않고 캠퍼스에 이 활동을 위한 공간이 없다면, 그 선택권을 갖는 것은 매우 어려워진다. 또 다른 장벽은 소규모 지역 농장에서 식품원료를 조달할 때 식품 안전, 품질 관리 및 운송 물류뿐만 아니라 에너지 효율적인 식품 서비스 장비에 대한 초기 투자일 수 있다. 만약 어떤 변화에 대한 장벽이 너무 크다면, 지속가능성을 향한 그러나 장벽은 더 작은 기타의 긍정적인 변화도 많이 있을 것 같다.

장벽에도 불구하고, 캠퍼스의 지속가능성 향상에는 이점이 많다. 더 건강한 캠퍼스 환경이 만들어지고, 캠퍼스와 전 세계 사람들의 삶의 질을 향상시키는데 필요한 지식과 기술을 얻을 수 있다. 당신의 캠퍼스에는 지속가능성을 높일 수 있는 어떤 기회가 있을까?

* Kristi Theisen은 미국 Zero Waste Business Council의 파트너이다. 지속가능성과 삶의 질 발의를 발전시키기 위해 전국의 학생 및 수백 개의 대학 캠퍼스와 함께 일하고 있다.

zoryanchik/Shutterstock

참고문헌

1. Food Marketing Institute. Supermarket facts. 2020; www.fmi.org/research-resources/supermarket-facts.
2. FAO, IFAD and WFP. The state of food insecurity in the world 2019. Meeting the 2019 international hunger targets: Taking stock of uneven progress. Rome: FAO; 2019. www.fao.org.
3. Popkin BM and others. Global nutrition transition and the pandemic of obesity in developing countries. Nutr Rev. 2012;70:3.
4. Kimani-Murage EW and others. Evidence of a double burden of malnutrition in urban poor settings in Nairobi, Kenya. PLoS ONE. 2015;10:e0129943.
5. Stevens GA and others. Trends and mortality effects of vitamin A deficiency in children in 138 low-income and middle-income countries between 1991 and 2013: A pooled analysis of population-based surveys. Lancet Global Health. 2015;3:e528.
6. USDA. Definitions of food security. 2020; www.ers.usda.gov/topics/food-nutrition-assistance/food-security-in-the-us/definitions-of-food-security.aspx.
7. Leung CW and others. Food insecurity is inversely associated with diet quality of lower income adults. J Acad Nutr Diet. 2014;114:1943.
8. Gundersen C, Ziliak JP. Food insecurity and health outcomes. Health Aff. 2015;34:1830.
9. Johnson AD and Markowitz AD. Associations between household food insecurity in early childhood and children's kindergarten skills. Child Devel. 2017; DOI: 10.1111/cdev.12764.
10. Burke MP and others. Severity of household food insecurity is positively associated with mental disorders among children and adolescents in the United States. J Nutr. 2016;146:2019.
11. Hager ER and others. Development and validity of a 2-item screen to identify families at risk for food insecurity. Pediatrics, 2010;126:e26.
12. Aggarwal A and others. Nutrient intakes linked to better health outcomes are associated with higher diet costs in the US. PLoS ONE. 2012;7:e37533.
13. Pan L and others. Food insecurity is associated with obesity among US adults in 12 states. J Acad Nutr Diet. 2012;112:1403.
14. Keys A. The biology of human starvation. Minneapolis: University of Minnesota Press; 1950.
15. Coleman-Jensen A and others. Household food security in the United States in 2018. ERR-270, U.S. Department of Agriculture, Economic Research Service; 2020.
16. U.S. Department of Health and Human Services. Poverty guidelines. 2019. www.census.gov/newsroom/press-releases/2019/income-poverty.html
17. Ver Ploeg M, Rahkosky I. Recent evidence on the effects of food store access on food choice and diet quality. Amber Waves. 2016;May 2.
18. Oliveira V. The food assistance landscape: FY 2019 annual report. EIB-207. 2020; www.ers.usda.gov/publications/pub-details/?pubid=92895.
19. Levitan, M. Food pantries at college campuses across the U.S. tackle students food insecurity. 2019; diverseeducation.com/article/138359.
20. Feeding America. 2018 annual report. Solving hunger. www.feedingamerica.org/about-us/financials.
21. Black RE and others. Maternal and child undernutrition and overweight in low-income and middle-income countries. Lancet. 2014;382:427.
22. International Food Policy Research Institute (IFPRI). Global nutrition report 2016: From promise to impact: Ending malnutrition by 2030. Washington, DC: IFPRI; 2016.
23. Nordin SM and others. Position of the Academy of Nutrition and Dietetics: Nutrition security in developing nations: Sustainable food, water and health. J Acad Nutr Diet. 2013;113:581.
24. Food and Agriculture Organization of the United Nations. Food loss and food waste. 2019; www.fao.org/food-loss-and-food-waste/en/.
25. Gunders D. Wasted: How America is losing up to 40 percent of its food from farm to fork to landfill. 2012; www.nrdc.org/sites/default/files/wasted-food-IP.pdf.
26. Willett W and others. Food in the Anthropocene: the EAT-Lancet Commission on healthy diets from sustainable food systems. Lancet. 2019;S0140-6736(18)31788-4.
27. Morawicki RO and D´ ıaz Gonz´ alez DJ. Food sustainability in the context of human behavior. Yale J Biol Med. 2018;91:191.
28. Knorr and World Wildlife Fund. 50 foods for healthier people and a healthier planet. 2019; www.wwf.org
29. Harvard T.H. Chan. School of Public Health. The Nutrition Source. Sustainability. 2019. www.hsph.harvard.edu/nutritionsource/sustainability.
30. EAT Lancet Commission. Healthy Diets From Sustainable Food Systems. Food Planet Health. www.eatforum.org.
31. Organic Trade Association. 2019 organic industry survey. 2020; ota.com/resources/organic-industry-survey.
32. Agriculture Market Service, U.S. Department of Agriculture. National Organic Program. 2020; www.ams.usda.gov/about-ams/programs-offices/national-organic-program.
33. Smith-Spangler C and others. Are organic foods safer or healthier than conventional alternatives? Ann Intern Med. 2012;157:348.
34. S ´rednicka-Tober D and others. Higher PUFA and n-3 PUFA, conjugated linoleic acid, α-tocopherol and iron, but lower iodine and selenium concentrations in organic milk: A systematic literature review and meta- and redundancy analyses. Br J Nutr. 2016;115;1043.
35. S ´rednicka-Tober D and others. Composition differences between organic and conventional meat: A systematic literature review and meta-analysis. Br J Nutr. 2016;115:994.
36. Baranski M and others. Higher antioxidant and lower cadmium concentrations and lower incidence of pesticide residues in organically grown crops: A systematic literature review and meta-analyses. Br J Nutr. 2014;112:794.
37. Center for Science in the Public Interest. Straight talk on genetically engineered foods. Answers to frequently asked questions. 2015; cspinet.org/new/pdf/biotech-faq.pdf.
38. James C. 20th anniversary (1996 to 2015) of the global commercialization of biotech crops and biotech crop highlights in 2015. ISAAA Brief No. 51. Ithaca, NY: ISAAA; 2015.
39. Center for Food Safety. Genetically engineered food labeling laws. 2016; www.centerforfoodsafety.org/ge-map/#.
40. U.S. Food &Drug Administration. AquaAdvantage salmon. 2019; www.fda.gov/AnimalVeterinary/DevelopmentApprovalProcess/GeneticEngineering/GeneticallyEngineeredAnimals/ucm280853.htm.
41. Specter M. How the DNA revolution is changing us. National Geographic. 2016;230:31.
42. Savac N, Schwank G. Advances in CRISPR/Cas9 gene editing. Translational Res. 2016;168:15.
43. Lassoued R and others. Benefits of genome-edited crops: expert opinion. Transgenic Res. 2019;28:247.
44. Whitty CJM. Africa and Asia need a rational debate on GM crops. Nature. 2013;497:31.
45. Zhang C and others. Genetically modified foods: A critical review of their promise and problems. Food Sci Human Wellness. 2016;5:116.
46. Gilbert N. A hard look at GM crops. Nature. 2013;497:24.
47. U.S. Food and Drug Administration, Center for Veterinary Medicine. Animal cloning. 2020; www.fda.gov/animal-veterinary/safety-health/animal-cloning.

48. U.S. Food and Drug Administration. Food irradiation: What you need to know. 2018; www.fda.gov/food/buy-store-serve-safe-food/food-irradiation-what-you-need-know.
49. Crowley OV and others. Factors predicting likelihood of eating irradiated meat. J Appl Soc Psy. 2013;43:95.
50. Samal D. Use of Nanotechnology in Food Industry: A review. Int J Environ Ag Biotech. 2017;2:2270.
51. Pathakotia K and others. Nanostructures: Current uses and future applications in food science. J Food Drug Anal. 2017;25:245.
52. McClements DJ and Xiao H. Is nano safe in foods? Establishing the factors impacting the gastrointestinal fate and toxicity of organic and inorganic food-grade nanoparticles. NPJ Sci Food. 2017;1: 6.
53. Nicole W. Secret ingredients: Who knows what's in your food? Environ Health Perspect. 2013;121:A126.
54. Neltner TG and others. Navigating the U.S. food additive regulatory program. Comp Rev Food Sci Safety. 2011;10:342.
55. Ranci` ere F. Bisphenol A and the risk of cardiometabolic disorders: A systematic review with meta-analysis of the epidemiological evidence. Environ Health. 2015;14:46.
56. Jalal N and others. Bisphenol A (BPA) the mighty and the mutagenic. Toxicol Rep. 2018;5:76.
57. Ames B and others. Ranking possible carcinogenic hazards. Science. 1987;236:271.
58. The Pew Charitable Trusts. Fixing the oversight of chemicals added to our food. 2013; www.pewtrusts.org/en/research-and-analysis/reports/2013/11/07/fixing-the
-oversight-of-chemicals-added-to-our-food.
59. Maffini MV and others. Looking back to look forward: A review of FDA's food safety assessment and recommendations for modernizing its programs. Comp Rev Food Sci Safety. 2013;12:439.
60. Suez J and others. Artificial sweeteners induce glucose intolerance by altering the gut microbiota. Nature. 2014;514(7521):181.
61. Position of the Academy of Nutrition and Dietetics. Use of nutritive and nonnutritive sweeteners. J Acad Nutr Diet. 2012;112:739.
62. Nigg JT and others. Meta-analysis of attention-deficit/hyperactivity disorder or attention-deficit/hyperactivity disorder symptoms, restriction diet, and synthetic food color additives. J Am Acad Child Adolesc Psychiatry. 2012;51:86.
63. Centers for Disease Control and Prevention. Estimates of foodborne illness in the United States. 2018; www.cdc.gov/foodborneburden.
64. Scharff RL. Economic burden from health losses due to foodborne illness in the United States. J Food Protect. 2012;75:123.
65. Centers for Disease Control and Prevention. Multistate outbreak of Salmonella Poona infections linked to imported cucumbers (final update). 2016; www.cdc.gov/salmonella/poona-09-15.
66. Karanis P and others. Waterborne transmission of protozoan parasites: A worldwide review of outbreaks and lessons learnt. J Water Health. 2007;5:1.
67. Centers for Disease Control and Prevention. Cyclosporiasis outbreak investigations—United States, 2019. 2019; www.cdc.gov/parasites/cyclosporiasis/outbreaks/2019/a-050119/index.html.
68. Centers for Disease Control and Prevention. Prion diseases. 2018; www.cdc.gov
/prions.
69. Taylor SL. Food additives, contaminants and natural toxicants: Maintaining a safe food supply. In: Ross AC and others, eds. Modern nutrition in health and disease. 11th ed. Baltimore: Lippincott Williams & Wilkins; 2014.
70. Environmental Protection Agency. Ground water and drinking water. 2020; www.epa.gov/ground-water-and-drinking-water.
71. Beer KD and others. Surveillance for waterborne disease outbreaks associated with drinking water—United States, 2011–2012. MMWR. 2015;64:842.
72. Cody MM, Stretch T. Position of the Academy of Nutrition and Dietetics: Food and water safety. J Acad Nutr Diet. 2014;114:1819.
73. McClure LF and others. Blood lead levels in young children: US, 2009–2015. J Pediatrics. 2016;175:173.
74. Wright RO and others. Association between iron deficiency and blood level in a longitudinal analysis of children followed in an urban primary care clinic. J Pediatr. 2003;142:9.
75. U.S. Environmental Protection Agency. Integrated Risk Information System. Washington, DC: U.S. EPA; 2019. www.epa.gov/iris.
76. Sohn E. The toxic side of rice. Nature. 2014;514:S62.
77. Karagas MR and others. Association of rice and rice-product consumption with arsenic exposure early in life. JAMA Pediatr. 2016;170:609.
78. U.S. Environmental Protection Agency. Choose fish and shellfish wisely. 2019; www.epa.gov/choose-fish-and-shellfish-wisely.
79. U.S. Environmental Protection Agency. Pesticides. 2020; www.epa.gov/pesticides.
80. U.S. Department of Agriculture. Pesticide Data Program. 2017 Annual calendar summary. 2018; www.ams.usda.gov/AMSv1.0/pdp.
81. National Cancer Institute. Agricultural Health Study. 2019; aghealth.nih.gov.
82. Ayesa K and others. The case for consistent use of medical eponyms by eliminating possessive forms. J Med Libr Assoc. 2018;106:127.
83. Paulson JA and others. Nontherapeutic use of antimicrobial agents in animal agriculture: Implications for pediatrics. Pediatr. 2015;136:e1670.
84. 보건복지부, 한국영양학회, 2020 한국인 영양소 섭취기준

전 세계 인구 대부분에게 곡물은 탄수화물의 주요 급원이다. 곡물은 일반적으로 갈아서 빵을 만든다. 빵은 '생명의 양식(the staff of life)'이라고 할 만큼 중요하다. 옥수수는 수천 년 동안 중남미에 살고 있는 사람들의 주요 곡물이었다. 실제로 다른 어떤 곡물보다 매년 더 많은 옥수수가 수확된다. learn.genetics.utah.edu/content/evolution/corn/에서 옥수수 혈통에 대해 더 알아보자.

4 탄수화물

학습목표

01. 탄수화물의 주요 유형과 급원식품의 예
02. 대체 감미료의 종류
03. 탄수화물 권장섭취량과 섭취 부족 또는 과잉 시의 위험
04. 탄수화물의 기능
05. 탄수화물의 소화와 흡수
06. 유당 불내증의 원인, 증상 및 식사요법
07. 혈당 조절, 혈당 불균형 상태 및 당뇨병의 유형과 식사요법
08. 2형당뇨병에 대한 식사요법

개요

과일, 채소, 유제품, 시리얼, 빵, 파스타, 디저트 등은 모두 탄수화물(즉, 당류, 전분 및 식이섬유) 식품이다(그림 4.1). 이런 식품은 체중을 줄이거나 군살을 뺀다면서 대개 기피하는데, 이는 불행하게도 탄수화물의 효용을 잘못 알고 있는 데서 비롯한 경우가 많다. 고탄수화물 식품이 비만이나 당뇨병을 일으킨다고 잘못 생각하는 사람이 많다. 그러나 고탄수화물 식품, 특히 고섬유 식품(과일, 채소, 콩류, 통밀빵, 시리얼 등)은 우리의 1일 에너지 섭취량의 45~65%를 구성하는 주요한 영양소이다. 또한 다양한 색깔의 과일과 채소, 바삭바삭한 시리얼, 달콤한 디저트 등은 우리의 식욕을 돋우어 준다.

탄수화물은 세포(특히 중추신경계와 적혈구)의 주 연료원이다. 근육세포도 탄수화물을 이용하여 격렬한 신체 운동을 한다. 혈액 내에는 포도당(당류), 간과 근육에는 글리코겐(전분)의 형태로 있는 탄수화물은 모든 세포가 쉽게 사용할 수 있는 연료로 1 g당 평균 4 kcal의 에너지를 낸다. 식사가 불충분할 경우, 혈당을 일정하게 유지하기 위하여 간에 저장된 글리코겐은 포도당으로 분해되고 혈액 내로 방출된다. 탄수화물을 섭취하지 않으면 간과 근육에 저장된 글리코겐은 대략 18시간 만에 고갈되므로 탄수화물은 규칙적으로 섭취하는 것이 중요하다. 이 시점이 지나면 체내 단백질이 포도당 생산에 사용되거나 지방이 주 에너지원으로 사용되고, 결국 건강상의 문제를 일으키게 됨을 이 장에서 배우게 된다.

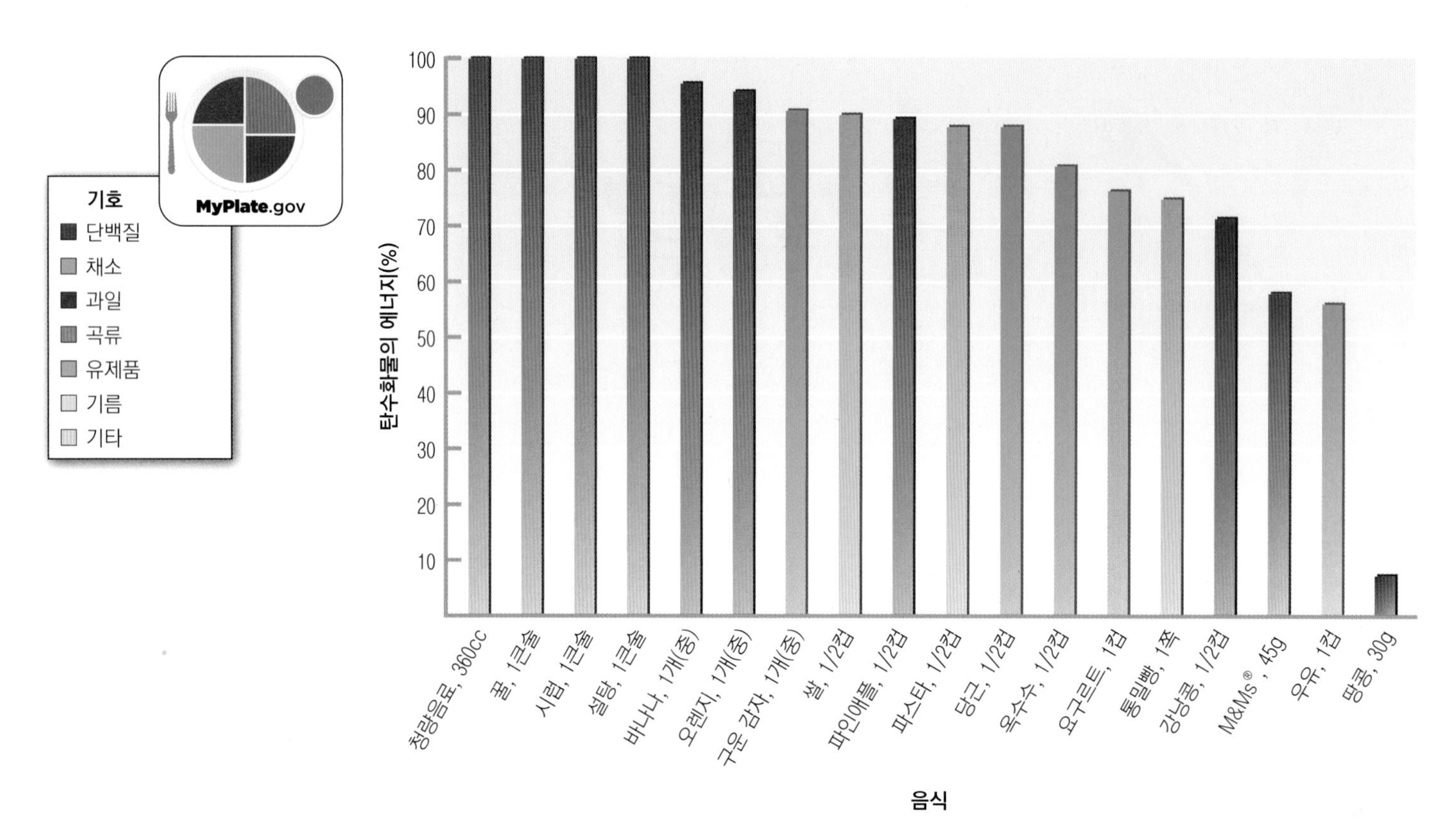

그림 4.1 탄수화물 급원식품과 탄수화물에서 얻어지는 에너지 퍼센트. MyPlate 식품군을 나타내는 색상 외에도 노란색은 기름에 사용되고 분홍색은 식품군에 잘 맞지 않는 식품(예: 꿀, 청량음료)으로 사용된다.

출처: ChooseMyPlate.gov, U.S. Department of Agriculture

4.1 탄수화물의 구조

탄수화물군(carbohydrate family)은 당류, 전분, 식이섬유를 포함한다. 탄수화물은 대체로 탄소, 수소, 산소로 구성된다. 식물은 탄수화물의 주공급원이다. 식물은 광합성(photosynthesis)을 통해 포도당을 생산하는데, 이 과정은 공기 중의 이산화탄소에서 탄소와 산소를, 물에서 수소를, 태양으로부터 에너지를 이용해 이루어진다(그림 4.3). 식물은 포도당을 저장하거나 그것을 전분, 식이섬유, 지방, 단백질로 전환하기도 한다.

탄수화물의 일반 분자식은 $(CH_2O)_n$ 또는 $C_n(H_2O)_n$이다. 여기서 n은 분자식의 반복횟수이다. 예를 들어, 포도당의 분자식은 $C_6H_{12}O_6$ 또는 $(CH_2O)_6$이다. 탄수화물의 단순한 형태는 **단당류**(monosaccharide)와 **이당류**(disaccharide)이다. 단당류는 당류 1개로 구성되고 육탄당의 일반 분자식은 $(CH_2O)_6$이다. 이당류는 단당류 2개로 구성되고 육탄당이 2개일 때 일반 분자식은 $(CH_2O)_{12}$이다. 이보다 더 복잡한 탄수화물(글리코겐, 전분, 식이섬유)은 **다당류**(polysaccharide)라고 하고, 일반적으로 여러 개의 포도당 분자가 연결된 구조이다.

단당류(monosaccharide) 포도당과 같은 단순당으로 소화 중에 더 이상 분해되지 않는 당류.

이당류(disaccharide) 단당류 2개가 결합된 당류.

다당류(polysaccharide) 포도당 10~1,000개 이상으로 구성된 복합 탄수화물.

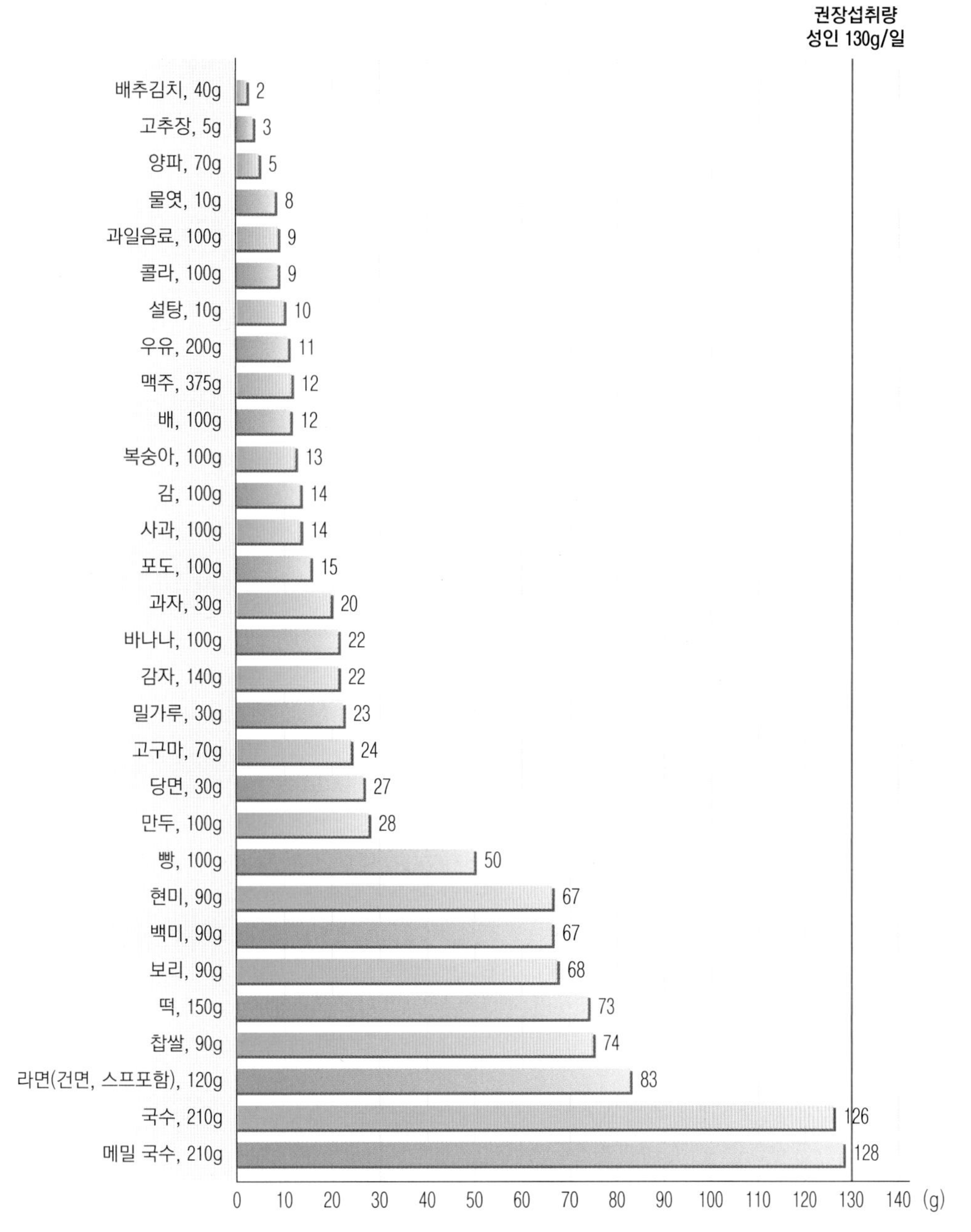

그림 4.2 탄수화물의 주요 급원식품
(1회 분량 당 함량)

2017년 국민건강영양조사의 식품별 섭취량과 식품별 탄수화물 함량(국가표준식품성분표 DB 9.1) 자료를 활용하여 탄수화물 주요 급원식품 상위 30위 산출 후 1회 분량(2015 한국인 영양소 섭취기준)을 적용하여 1회 분량 당 함량 산출. 19–29세 성인 권장섭취량 기준(2020 한국인 영양소 섭취기준)과 비교

출처: 보건복지부, 한국영양학회. 2020 한국인 영양소 섭취기준

탄수화물의 단순한 형태
단당류(monosaccharides): 포도당(glucose), 과당(fructose), 갈락토오스(galactose)
이당류(disaccharides): 서당(sucrose), 유당(lactose), 맥아당(maltose)

탄수화물의 복잡한 형태
올리고당류(oligosaccharides): 라피노오스(raffinose), 스타키오스(stachyose)
다당류(polysaccharides): 전분(starches; 아밀로오스(amylose)와 아밀로펙틴(amylopectin)), 글리코겐(glycogen), 식이섬유(fiber)

$$6CO_2 + 6H_2O \xrightarrow{\text{빛}} C_6H_{12}O_6 + 6O_2$$

이산화탄소 물 포도당 산소

그림 4.3 광합성 요약. 식물은 이산화탄소, 물, 에너지를 이용하여 포도당을 만든다. 포도당은 잎에 저장되지만 대사를 거쳐 식물 내의 전분과 식이섬유가 되기도 한다. 흙이나 공기 중의 질소와 결합하여 포도당이 단백질이 되기도 한다.

단당류: 포도당, 과당, 갈락토오스, 당알코올, 오탄당

일반 단당류(monosaccharide, mono:는 '1'을, saccharide는 '당류'를 뜻함)는 포도당, 과당, 갈락토오스이다. 단당류의 구조는 그림 4.4와 같다. 각 단당류는 탄소 6개, 수소 12개, 산소 6개로 구성되지만 그 배열이 약간 다르다. 이를 **육탄당**(hexose, hex는 '6'을, ose는 '당류 또는 탄수화물'을 뜻함)이라고 한다.

포도당(glucose)은 단당류 중에 가장 많으나 단당류로서 먹는 경우는 드물다. 식품 내 포도당은 다른 당류와 결합된 포도당으로 이당류나 다당류의 형태이다. 체내에서 포도당은 '혈당(blood sugar)'이라고도 한다.

단당류인 **과당**(fructose)은 과일, 채소, 꿀(대략 과당 50%, 포도당 50%), 고과당 옥수수시럽(high fructose corn syrup) 등에 있다. 고과당 옥수수시럽은 설탕보다 더 달고, 비싸지 않기

육탄당(hexose) 탄소를 6개 함유한 탄수화물.

포도당(glucose) 가장 많은 단당류로 덱스트로오스라고도 함. 신체의 주요 에너지원으로 과당과 결합된 식탁용 설탕(서당)의 형태로 존재함.

과당(fructose) 과일과 꿀에 함유된 단당류로 탄소 6개가 산소와 함께 5각형 혹은 6각형 구조를 형성함.

갈락토오스(galactose) 탄소 6개로 구성된 단당류로 산소와 함께 6각형 구조를 형성함. 포도당의 이성질체.

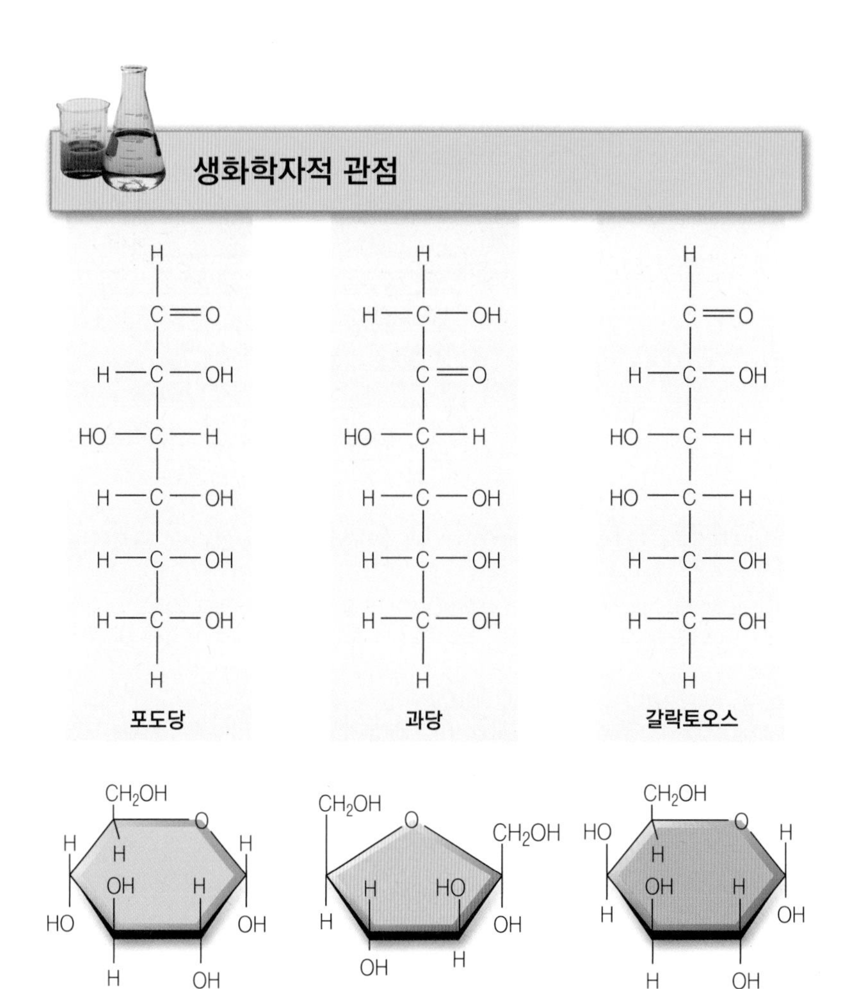

그림 4.4 육탄 단당류—포도당, 과당, 유당—의 선형 구조와 환형 구조(가장 일반적인 형태로 표현함으로써 각 모서리는 다른 표시가 없으면 탄소 원자임). 화학구조에 익숙해지면 당류의 상호관계, 결합, 소화, 신진대사, 합성 등을 쉽게 이해할 수 있다.

때문에 감미료로 음료에 많이 사용된다. 과당은 북미지역 대부분에서 총 에너지 섭취의 9~11%에 이르는 일반적 당류이며, 우리나라의 경우에는 최근 당류의 섭취가 점진적으로 감소하고 있다.

갈락토오스(galactose)는 영양상 세 번째로 중요한 단당류로서, 구조상 비교해보면 포도당과 거의 같다(그림 4.4 참조). 갈락토오스는 유리된 상태로는 많은 양이 존재하지 않고, 그 대신 포도당과 결합하여 **유당**(lactose)이라고 하는 이당류 형태로 우유나 유제품에 들어 있다.

당알코올(sugar alcohol)은 단당류의 유도체인데, 소르비톨(sorbitol), 만니톨(mannitol), 자일리톨(xylitol) 등이 있고, 기본적으로 무가당 검(sugarless gum), 식사식품 등의 감미료로 사용 된다.

또한 천연의 단당류로 리보오스(ribose)와 디옥시리보오스(deoxyribose)가 있는데, 이들은 5개의 탄소를 가지므로 오탄당(pentose, penta는 '5'를 뜻함)으로 분류된다. 오탄당은 식품을 통해서 섭취되지 않아도 될 정도로 우리 신체에 소량 필요하지만 세포 유전자 물질의 필수성분이므로 매우 중요하다. 리보오스는 리보핵산(ribonucleic acid, RNA), 디옥시리보오스는 디옥시리보핵산(deoxyribonucleic acid, DNA)의 일부이다.

이당류: 맥아당, 서당, 유당

2개의 단당류를 함유하는 탄수화물을 이당류(disaccharide, di는 '2'를 뜻함)라 한다. 단당류 2개의 결합은 **축합반응**(condensation reaction)을 일으킨다. 이 반응을 통해 한 당류의 수산기(OH)와 다른 당류의 수소(H)를 취해 물 한 분자가 생성(및 배출)된다(그림 4.5).

축합반응(condensation reaction) 2개의 분자가 물 한 분자를 방출하고 결합하는 화학반응.

각 단당류의 탄소 1개는 축합반응을 통해 산소 1개와 화학적으로 결합한다. 이러한 C—O—C 결합의 두 형태, 즉 알파 결합[alpha (*α*) bond]과 베타 결합[beta (*β*) bond]은 자연에 존재한다. 그림 4.5에서 볼 수 있듯이 맥아당과 서당은 알파 형태로, 유당은 베타 형태로 결합한다. 탄수화물은 각 단당류(예: 포도당)가 알파나 베타 형태로 길게 연결된 경우가 많다.

베타 결합은 알파 결합과 달리 소화효소에 의해 잘 분해되지 않아 소장 내 흡수가 어렵다. 그래서 이러한 베타 결합의 분해에 필요한 효소가 부족하거나 없는 사람은 당류 분자가 베타 결합 형태인 식품(우유와 식이섬유)을 잘 소화할 수 없거나 전혀 못하게 된다.

이당류 **맥아당**(maltose)은 포도당 분자 2개가 알파 결합으로 연결되어 있다. 씨앗이 싹트면, 씨앗에 저장된 다당류를 분해하여 맥아당과 포도당 같은 당류로 만드는 효소를 생산한다. 이러한 당류는 식물이 성장하는 데 필요한 에너지를 제공한다. 맥아(엿기름, malting)는 맥주와 같은 알코올성 음료 생산의 첫 과정으로서 곡물의 씨앗을 싹트게 한다. 맥아당을 함유하는 식품이나 음료는 드물다. 사실상 인체의 소장에서 최종적으로 소화되는 맥아당은 길게 연결된 다당류를 분해할 때 생산된 것이 대부분이다.

Beano®에는 알파 갈락토시데이즈(alpha-galactosidase)라는 효소가 있어서 올리고당류의 결합을 분해하므로, 콩류를 먹을 때 발생하는 장내 가스를 줄여준다.

McGraw-Hill Education/Mark Dierker, photographer

서당(sucrose)은 일반 설탕을 말하며, 포도당과 과당이 알파 결합으로 연결되어 있다. 설탕은 사탕수수, 사탕무, 단풍나무 수액 등 천연의 식물에서 풍부하게 발견된다. 이러한 자원에서 추출된 설탕은 여러 등급으로 정제되어 상품으로 나오며, 갈색·흰색·분말 설탕 등이 흔히 볼 수 있는 형태이다.

유당(lactose)은 우유나 우유 제품에 함유된 주요 당류로서 포도당과 갈락토오스가 베타

생화학자적 관점

단당류 + 단당류 → 이당류 (H_2O)

포도당 + 포도당 → (H_2O) 맥아당 (알파(α) 결합)

포도당 + 과당 → (H_2O) 설탕* (알파(α) 결합)

갈락토오스 + 포도당 → (H_2O) 유당 (베타(β) 결합)

그림 4.5 2개의 단당류가 결합하여 이당류가 된다.

- 맥아당은 2개의 포도당 분자로 구성된다.
- 설탕(서당)은 포도당과 과당으로 구성된다.
- 유당은 포도당과 갈락토오스로 구성된다. 유당의 결합(β 결합)은 맥아당과 설탕의 결합(α 결합)과 다른 형태임에 유의한다. 이 결합 형태는 효소 락테이즈(lactase) 분비량이 적은 사람에게 유당 소화를 어렵게 만든다.

* 이것은 포도당과 과당이 일반적으로 그려지는 것처럼 표현되기 때문에 서당의 선호되는 표현이다. 참고: 서당의 전형적인 수평 표현은 과당 구조를 수평으로 뒤집는다.

출처: International Union of Pure and Applied Chemistry ; D. Blackman, Representing the Structure of Sucrose ; Biochem Ed., 1975 ; 3:77.

결합으로 연결되어 있다. 이 장의 나중에 다시 논의하겠지만, 유당을 충분히 소화하지 못하는 사람이 많은데, 이러한 베타 결합을 분해하는 데 필요한 효소 락테이즈 분비량이 적은 탓이다. 흡수되지 않은 유당은 대장에서 박테리아에 의해 가스와 산으로 변하여 장내 가스, 더부룩함, 복통, 불쾌감 등을 일으킨다.

단당류, 이당류, 그리고 이들 제품에 관한 용어는 많다. 단당류와 이당류는 당류 단위가 하나 또는 둘이기 때문에 흔히 '단순당(simple sugar)'이라고도 한다. 식품으로서는 천연으로 존재하거나 제조과정에 첨가되는 당류를 구분하지 않고 모두 '당류(sugars)'라고 표시한다.

올리고당류: 라피노오스와 스타키오스

올리고당류(oligosaccharide, oligo는 '소수'라는 뜻)는 3~10개의 단당류로 구성되는 복합 탄수화물(complex carbohydrate)이다. 영양학상 중요한 올리고당류는 **라피노오스**(raffinose)와 **스타키오스**(stachyose)인데, 이는 대두와 강낭콩 등의 여러 콩류와 양파, 양배추, 브로콜리, 통밀 등에 들어 있다. 올리고당류는 체내 소화효소로 분해되지 않는다. 그러므로 스타키오스가 포함된 식사를 하면, 이러한 올리고당류는 소화되지 않은 채 대장으로 가서, 그곳의 박테리아에 의해 대사되어 가스와 기타 부산물을 생성한다.

콩류를 먹더라도 대부분의 사람들은 괜찮은 편이나 일부는 장내 가스로 인한 불쾌감을 느낄 수 있다. 이러한 부작용을 예방하기 위해 식사 전에 먹는 효소 제품(예: Beano®)이 있는데, 이는 비소화성 올리고당류를 분해하여 소화시키는 것을 돕는다.

생각해 봅시다

Keith는 멕시코 음식, 특히 검은콩이나 핀토빈을 곁들인 음식을 즐겨 먹는다. 하지만 이러한 식사 후에 종종 가스와 장 경련이 발생하여 그의 친구들은 증상을 줄이기 위해 Beano®라는 제품을 사용해 보라고 제안한다. 이 제품이 Keith에게 어떻게 도움이 될지 생각해보자.

다당류: 전분, 글리코겐, 식이섬유

다당류는 흔히 수백에서 수천 개의 포도당 분자로 구성되는 복합 탄수화물이다. 다당류에는 **전분**(starch)처럼 소화되는 것도 있고, **식이섬유**(fiber)처럼 소화되지 않는 것도 있다. 이러한 다당류의 소화성은 포도당 단위가 알파 결합인지 베타 결합인지에 따라 주로 결정된다.

소화성 다당류: 전분과 글리코겐

전분은 우리 식사에 있어 중요한 소화성 다당류로서 식물의 포도당이 저장된 형태이다. 식물성 전분에는 **아밀로오스**(amylose)와 **아밀로펙틴**(amylopectin) 두 가지 형태가 있으며, 둘 다 식물과 또 그 식물을 먹이로 하는 동물의 에너지 급원이다. 아밀로오스와 아밀로펙틴은 감자, 콩, 식빵, 파스타, 쌀과 기타 전분 식품 등에 많으며, 전형적으로 그 비율은 대략 1 : 4이다.

아밀로오스와 아밀로펙틴은 여러 개의 포도당이 알파 결합으로 연결되어 있다. 아밀로오스는 포도당이 알파 결합(1-4 결합) 한 종류로만으로 결합되어 가지가 없고 일직선형인 반면, 아밀로펙틴은 직선형인 알파 결합(1-4 결합)과 가지를 만드는 1-6 결합, 두 가지 형태로 포도당 분자가 연결되어 매우 가지가 많은 구조인 점이 주된 차이이다(그림 4.6). 알파 1-4 결합은 입과 췌장에서 분비되는 효소인 아밀레이즈에 의해 분해된다. 알파 1-6 결합은 소장에서 알파 덱스트리네이즈(alpha-dextrinase)라는 효소에 의해 분해된다. 전분이 가지가 많을수록 효소가 작용할 부위(끝부분)가 많아진다. 그러므로 아밀로펙틴이 아밀로오스보다 혈당

라피노오스(raffinose) 3개의 단당류로 구성된 난소화성 올리고당(갈락토오스–포도당–과당).

스타키오스(stachyose) 4개의 단당류가 결합된 난소화성 올리고당(갈락토오스–갈락토오스–포도당–과당).

전분(starch) 소화할 수 있는 형태로 많은 포도당이 결합된 복합 탄수화물.

식이섬유(fiber) 많은 포도당이 위나 소장에서 소화과정에서 분해할 수 없는 형태로 결합된 식물성 식품의 복합 탄수화물. 식품 내 자연적으로 포함되어 있는 식이섬유는 대변의 크기를 증가시킴.

생화학자적 관점

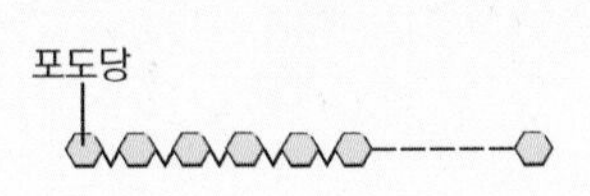

아밀로오스

포도당 분자의 모든 결합은 1-4 알파 결합이다. 아래 녹색 박스 안에 표시된 결합이 1-4 알파 결합이다. 일직선형으로 배열되어 있다.

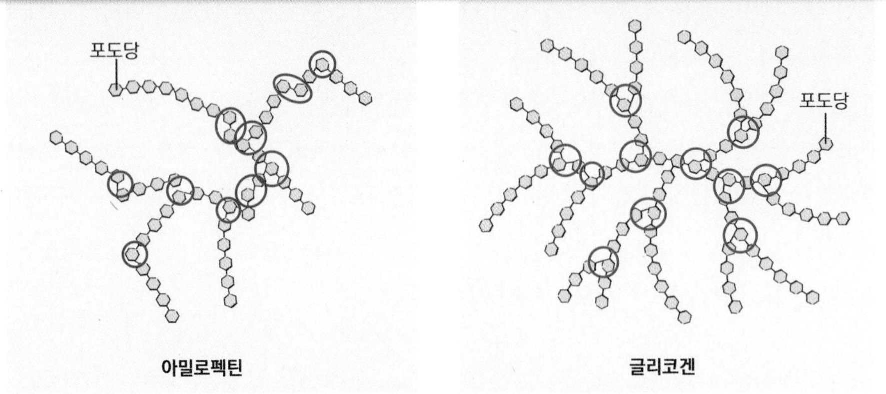

아밀로펙틴

글리코겐

아밀로펙틴과 글리코겐은 포도당 분자 간의 모든 결합은 가지가 있는 부분을 제외하고 1-4 알파 결합이다. 원으로 표시한 곳이 가지 부분이다. 알파 1-6 결합은 사슬이 분기하는 곳(원 표시)에 만들어진다. 원 안의 결합이 알파 1-6 결합이다. 아래 그림에서 녹색 박스 안의 위, 아래 열을 통해 포도당 사슬이 어떻게 연결되는지 볼 수 있다.

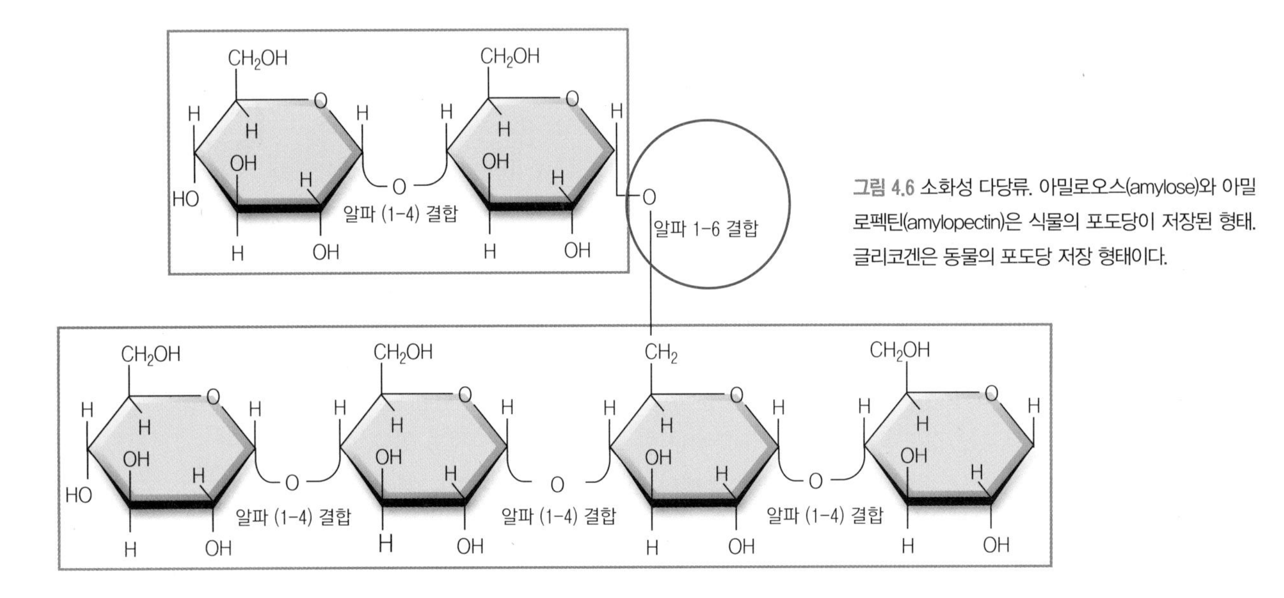

그림 4.6 소화성 다당류. 아밀로오스(amylose)와 아밀로펙틴(amylopectin)은 식물의 포도당이 저장된 형태. 글리코겐은 동물의 포도당 저장 형태이다.

을 더 빨리 높이게 된다.

아밀로펙틴과 아밀로오스의 특성은 식품 제조에 이용된다. 아밀로펙틴의 가지는 수분을 보유하여 매우 안정적인 전분 겔(gel)을 만든다. 그래서 아밀로펙틴이 많은 전분을 사용하여 걸쭉한 소스나 그레이비(고기국물, 육즙)를 만드는 것이 보통이다. 또한 아밀로펙틴은 안정된 상태로 유지되는 온도 범위가 넓어 냉동식품에도 사용된다. 아밀로오스가 많은 분자는 서로 결합하여 변형 전분(modified food starch)을 생성하여 유아식 농밀제(thickener), 샐러드드레싱, 인스턴트 푸딩 등에 사용된다.

사람과 동물은 탄수화물을 **글리코겐**(glycogen)의 형태로 저장하는데, 글리코겐도 여러 개의 포도당이 알파 결합으로 서로 연결되어 있다. 글리코겐의 구조는 아밀로펙틴과 비슷하나 가지가 좀 더 많다. 아밀로펙틴처럼 글리코겐도 그 가지 구조로 인해 신체 세포 안에서 저장되어 있다가 효소에 의해 급속하게 분해된다.

간과 근육의 세포는 글리코겐이 주로 저장되는 곳이다. 이 세포에 저장되는 양은 식사 중의 탄수화물 함량의 영향을 받는다. 글리코겐 저장량은 한정되지만, 글리코겐의 저장 자체는 대단히 중요하다. 간에 저장되는 대략 360 kcal(90 g)의 글리코겐은 혈당으로 바뀌어 우리 신체에 에너지를 공급하고, 근육에 저장되는 1,200 kcal(300 g)의 글리코겐은 근육 사용에 필요한 포도당을 제공하는데, 특히 강도가 높고 지구력이 필요한 운동에 사용된다.

▶ 식품 영양 위원회(Food and Nutrition Board)는 수용성(soluble)과 불용성(insoluble) 식이섬유라는 용어를 식이섬유의 특성을 보다 명확하게 설명하는 점도(viscosity)와 발효성(fermentability)과 같은 다른 용어로 점차 대체할 것을 권장하고 있다. 사용된 실제 용어는 과학적 지식이 확장됨에 따라 변경될 수 있다.

난소화성 다당류: 식사성 및 기능성 식이섬유

겨, 짚이나 과일껍질 등 섬유질 식품(roughage)을 이용하는 풍속(folklore)은 1800년대 그레이엄(Sylvester Graham, 1791~1851) 목사가 미국 동부 해안을 여행하며 식이섬유의 장점에 대해 칭송한 이후로 현재 미국 문화의 일부가 되었다. 그는 그레이엄 크래커(graham cracker, 보리로 만든 비스킷)라는 유산을 남겼다. 요즈음의 그레이엄 크래커는 그가 장려한 전곡류(whole-grain) 제품과 유사한 것을 찾기 힘들지만, 그 시절의 건강식으로 식이섬유를 장려한 것은 현대 과학이 뒷받침하는 사실이다.

총 식이섬유(total fiber) 또는 '식이섬유'라는 용어는 **식이섬유**(dietary fiber)와 **기능성 식이섬유**(functional fiber)를 모두 일컫는 말로, 전자는 식품에 자연상태로 들어 있는 것이고 후자는 건강에 유익하도록 식품에 첨가된 것을 말한다. 최근의 영양표시(nutrition facts) 라벨에는 식이섬유만 표시하고 기능성 식이섬유가 추가된 것은 표시하지 않는다.

총 식이섬유(total fiber) 식품 내 함유된 식이섬유와 기능성 식이섬유를 모두 말함.

식이섬유(dietary fiber) 식품 내 식이섬유.

기능성 식이섬유(functional fiber) 건강에 유익하도록 식품에 첨가된 식이섬유.

식이섬유는 기본적으로 전분이 아닌 다당류인 **셀룰로오스**(cellulose), **헤미셀룰로오스**(hemicellulose), **펙틴**(pectin), **검**(gum), **무실리지**(mucilage) 등으로 구성된다. **리그닌**(lignin)은 식이섬유 중 유일하게 탄수화물이 아니다. 알파 결합인 소화성 다당류와 달리 식이섬유 내의 단당류는 베타 결합으로 연결되어 있다. 앞서 언급한 것처럼 베타 결합으로 연결된 단당류 분자는 인체의 소화효소로는 분해되지 않는다. 그래서 소화되지 않은 이러한 식이섬유는 소장을 지나 대장에 가면, 그곳에서 박테리아에 의해 일부가 대사되고 짧은 사슬의 지방산과 가스가 된다. 짧은 사슬의 지방산은 대장 내의 세포에 연료로 사용되므로 대장의 건강도 유지하게 된다. 펙틴, 검, 무실리지 등은 대장 내 박테리아에 의해 가장 쉽게 소화되어 1.5~2.5 kcal/g의 에너지를 발생한다. 셀룰로오스, 헤미셀룰로오스, 리그닌은 대장균에 의한 분해에 좀 더 저항적이다. 식이섬유를 다량 섭취하는데 우리 인체가 적응하게 되면 더부룩함, 가스, 배탈 같은 증세도 줄어든다.

불용성 식이섬유(insoluble fiber) 물에 쉽게 녹지 않고 대장 내 박테리아에 의해 대사되지 않는 식이섬유. 셀룰로오스, 약간의 헤미셀룰로오스, 리그닌이 있음.

수용성 식이섬유(soluble fiber) 물에 쉽게 녹고 대장 내 박테리아에 의해 대사될 수 있는 식이섬유로 펙틴, 검, 무실리지가 있음. 점성 식이섬유라고도 함.

셀룰로오스, 헤미셀룰로오스, 리그닌은 채소와 전곡류 같은 식물 세포벽의 구조 부분을 형성한다. 겨층(bran layer)은 모든 씨앗의 외피를 형성한다. 그래서 전곡류(도정과정에 외피를 제거하지 않음)는 식이섬유의 급원으로 좋다(그림 4.7). 이러한 식이섬유는 그 화학적 구조 때문에 물에 녹지 않으므로 종종 **불용성 식이섬유**(insoluble fiber)라고도 한다.

불용성 식이섬유와 반대로, 펙틴, 검, 무실리지, 일부의 헤미셀룰로오스 등은 물에 잘 녹아서 **수용성 식이섬유**(soluble fiber)로 분류되고, 물속에서 한결같이 점성(겔 상태)을 유지한다. 잼, 젤리, 요구르트 등의 식품을 농밀화(thickening)할 때 이러한 특성을 이용한다. 또한 귀리 겨, 과일, 콩류(legume, 콩과), 차전자피(psyllium, 질경이과) 등 식물의 세포 안과 주위에도 천연의 상태로 발견된다.

수용성 및 불용성 식이섬유의 물리적 특성 때문에 식이섬유는 적당량 섭취하면 건강상 유익하다(그림 4.8). 예를 들어, 수용성 식이섬유는 혈중 콜레스테롤치와 혈당치를 낮추고 따

그림 4.7 식이섬유의 종류. 사과의 껍질은 불용성 식이섬유인 셀룰로오스로 구성되어 과일의 구조를 만든다. 수용성 식이섬유 펙틴은 과일 세포들을 서로 붙인다. 밀알의 외피인 겨층은 불용성 식이섬유이다.

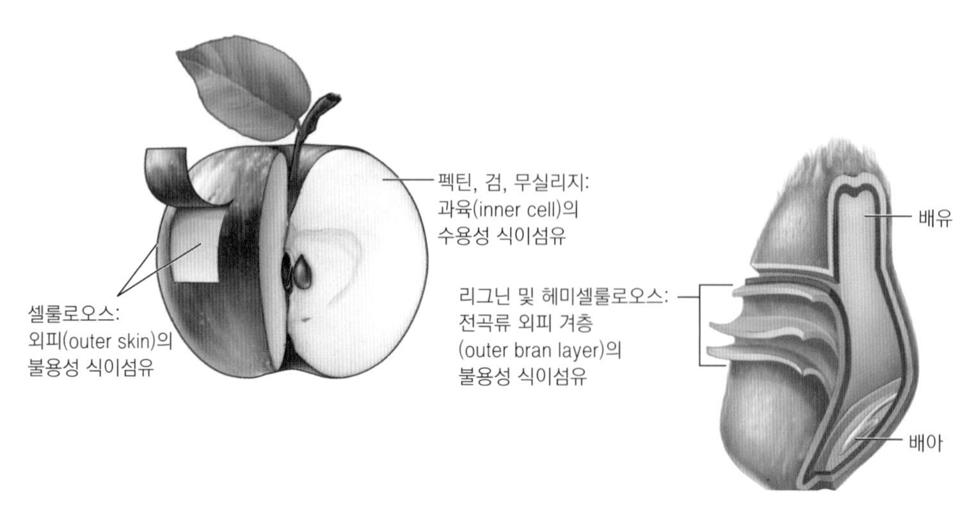

그림 4.8 수용성 및 불용성 식이섬유. 수용성 식이섬유는 물에 녹고, 불용성 식이섬유는 물에 녹지 않는다.

Dynamic Graphics/PunchStock; Stockbytes/Getty Images; Moving Moment/Shutterstock; Ingram Publishing/Alamy Stock Photo; Photodisc/Getty Images; Mahirart/Shutterstock

라서 심혈관질환과 당뇨병 위험을 줄인다. 불용성 식이섬유는 장 통과시간을 줄이고, 따라서 변비(constipation), 게실질환(diverticular disease), 대장암(colon cancer) 등의 위험을 줄인다. 식이섬유와 관련하여 건강상의 유익한 점은 이 장의 후반에 상세히 다루도록 한다.

과일은 식사성 식이섬유 급원으로 좋다. 과일에 자연적으로 발생하는 식이섬유인 펙틴은 젤리와 잼을 겔화하는 데 도움이 된다.

sarsmis/123RF

확인합시다!

1. 단당류로 분리되는 당은 무엇인가? 이당류로 분리되는 당은 무엇인가?
2. 베타 결합으로 연결된 당류는 왜 소화하기 어려운가?
3. 다당류로 분류되는 탄수화물은 무엇인가?

4.2 탄수화물 식품

탄수화물을 함유한 식품은 다양하다. 설탕, 잼, 젤리, 과일, 과일주스, 청량음료, 구운 감자, 쌀, 파스타, 시리얼, 빵 등은 탄수화물이 주성분인 식품이다. 이 밖에 말린 콩, 옥수수, 유제품(우유, 요구르트 등) 같은 식품도 탄수화물 급원으로 좋고, 이들은 단백질, 때로는 지방의 급원이기도 하다. 탄수화물이 없거나 적은 식품은 육류, 생선류, 가금류, 달걀, 식용유, 버터, 마가린 등이다.

빵은 탄수화물이 풍부한 급원식품이다.

PhotoAlto/Alamy Stock Photo

전분

전분은 우리 식사 중 탄수화물의 대부분을 차지한다. 식물이 포도당을 전분 형태의 다당류로 저장함을 상기해보자. 그래서 콩류, 덩이줄기(tuber: 감자, 고구마 등), 곡류(밀, 호밀, 옥수수, 귀리, 보리, 쌀 등)와 같은 식물 위주의 식품은 빵, 시리얼, 파스타 등으로 만들어져 최고의 전분 급원이 된다. 이러한 전분이 풍부한 식사에는 탄수화물이 많을 뿐만 아니라 다양한 미량영양소(micronutrient)도 들어 있다.

식이섬유

식이섬유는 전분을 함유한 식품에 같이 들어 있는 경우가 많아서, 곡류, 콩류, 덩이줄기 등도 상당히 많은 양의 식이섬유(특히 불용성 셀룰로오스, 헤미셀룰로오스, 리그닌 등)를 제공할 수 있다. 전곡류 식이섬유의 많은 양이 도정과정 중에 제거되는 외피에 있기 때문에, 도정 정도에 따라 식이섬유 함량이 줄어든다. 수용성 섬유(펙틴, 고무, 무실리지 등)는 대부분 과일의 표피와 과육 부분, 잼, 요구르트, 소스, 파이나 샌드위치 등의 속(filling), 그리고 차전자피, 해조류 등으로 만든 제품에도 들어 있다.

식이섬유를 충분히 섭취하기 어려운 사람에게는 보충제나 식품에 첨가된 기능성 식이섬유가 유용하다. 이렇게 해서 식이섬유 섭취량이 상대적으로 적은 사람도 건강에 유익한 식이섬유를 얻을 수 있는 것이다.

표 4.1 감미료의 급원

감미료의 종류	급원
	영양 감미료
당류	
유당	유제품
맥아당	발아종자(sprouted seed), 알코올성 음료
포도당	옥수수시럽, 꿀
서당*	식탁용 설탕, 대부분의 감미료
전화당(invert sugar)	일부 캔디류, 꿀
과당	과일, 꿀, 일부 청량음료, 옥수수시럽
당알코올	
소르비톨	무가당 캔디, 무가당 검
만니톨	무가당 캔디
자일리톨	무가당 검
	비영양(대체) 감미료†
타가토오스(Naturlose®)	시리얼 제품, 다이어트 청량음료, 건강식 바(health bar), 얼린 요구르트, 무지방 아이스크림, 캔디, 프로스팅(frosting), 무가당 검
어드밴탐	식품 산업에서 맛을 달게 하고 향상시키기 위해 사용하는 일부 식탁용 설탕 대체품
아스파탐(Equal®)	다이어트 청량음료, 다이어트 과일 드링크, 무가당 검, 다이어트 분말 감미료
아세설팜 칼륨(Sunette®)	무가당 검, 다이어트 혼합 음료, 다이어트 분말 감미료, 푸딩, 젤라틴 디저트
사카린(Sweet'N Low®)	다이어트 청량음료, 식탁용 감미료
수크랄로오스(Splenda®)	다이어트 청량음료, 식탁용, 무가당 검, 잼, 얼린 디저트
네오탐	식탁용 감미료, 구운 식품, 얼린 디저트, 다이어트 청량음료, 잼과 젤리
스테비아(Truvia®)	다이어트 청량음료
몽크 과일	식탁용 감미료

*서당은 포도당과 과당으로 분해된다.
†시클라메이트는 유럽에서 사용되는 비영양 감미료이다.

영양 감미료

식품에 단맛을 내는 물질은 영양 감미료(nutritive sweetener)와 대체 감미료(alternative sweetener) 등 크게 두 가지로 나누는데, 영양 감미료는 대사되어 에너지를 내고, 대체 감미료는 에너지를 내지 않는다(표 4.1). 설탕(sucrose)의 단맛은 다른 감미료를 측정하는 기준이 된다. 그림 4.9에 보면, 대체 감미료는 영양 감미료보다 그램(g)당 기준으로 훨씬 더 달다.

단당류(포도당, 과당, 갈락토오스)와 이당류(서당, 유당, 맥아당)는 영양 감미료로 분류된다(표 4.2). 설탕은 사탕수수와 사탕무 등의 식물에서 나온다. 설탕이나 우리가 먹는 당류의 대부분은 식품을 가공하고 제조하는 과정에 첨가된 것이다. 영양 성분 식품 라벨에는 총 설탕의 양과 **총 첨가당**(added sugar)의 양이 나와 있다(영양 성분 라벨에 대한 자세한 내용은 2장, 2.2절 참조). 첨가당(added sugar)에는 꿀, 시럽, 농축 과일, 야채 주스와 같이 식품 제조 중에 첨가된 설탕(sugar)을 포함하지만 유제품, 과일과 같은 자연적으로 존재하는 설탕(sugar)은 포함하지 않는다. 청량음료, 캔디, 케이크, 쿠키, 파이, 과일주스, 유제품 디저트, 아이스크림 등이 주요 급원이다. 식품을 가공할수록 단순당의 함량은 대체로 증가한다. 그밖에 우리가 섭취하는 당류에는 과일과 주스 등에 천연적으로 존재하는 것이 있다.

100% 과일 주스의 설탕은 자연적으로 나타나지만 이 설탕에 대한 생물학적 반응은 첨가당과 거의 동일하다. 연구에 따르면 과일 주스 섭취가 전-원인 사망률(all-cause mortality) 증가에 기여할 수 있다는 연구 결과 때문에 과일 주스

우리가 먹는 설탕은 그 형태가 다양하다.
C Squared Studios/Getty Images

표 4.2 식품에 사용되는 영양 감미료

설탕	꿀
서당(sucrose)	당밀(molasses)
황설탕	데이트 설탕(date sugar)
터비나도(turbinado)설탕	단풍 당밀(maple syrup)
전화당(invert sugar)	덱스트린(dextrin)
포도당	과당(fructose)
소르비톨	맥아당(maltose)
레불로오스(levulose)	캐러멜
만니톨(mannitol)	과당(fruit sugar)
분말 설탕	폴리덱스트로오스(polydextrose)
옥수수시럽 또는 감미료	유당(lactose)
고과당 옥수수시럽	아가베 넥타르(agave nectar)

Digital Vision/Punchstock

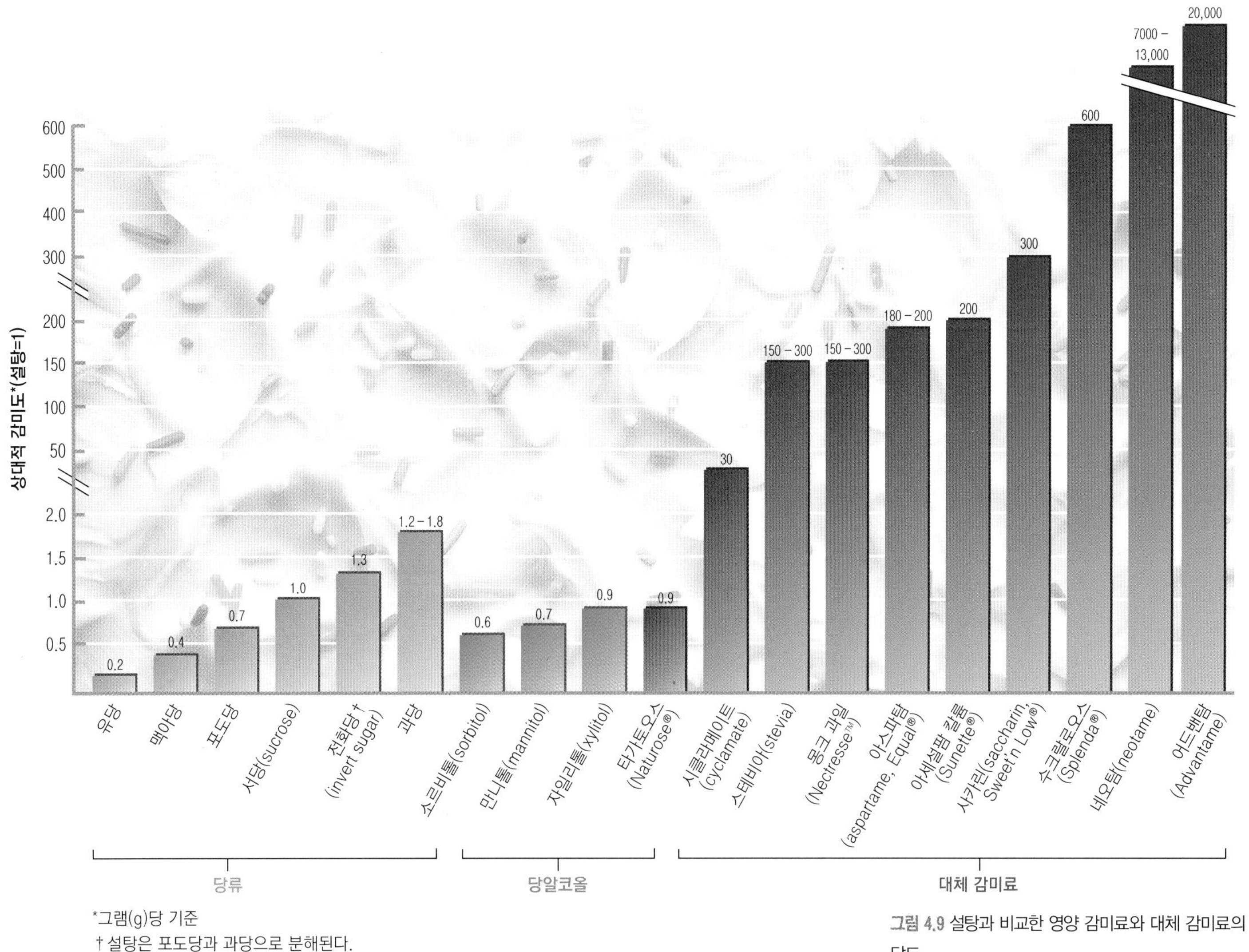

그림 4.9 설탕과 비교한 영양 감미료와 대체 감미료의 당도.

Jules Frazier/Getty Images

섭취를 하루에 120-180mL(4-6 oz)로 제한하는 것이 좋다.

고과당 옥수수시럽은 식품 산업에서 영양 감미료로 흔히 사용되는 제품 중의 하나이다. 이는 옥수수 전분을 산과 효소로 처리하여 대부분의 전분을 포도당으로 분해하여 만든 것이다. 그러면 포도당의 일부는 효소에 의해 과당으로 바뀌어서, 최종적으로 과당 55%(40~90% 범위)의 시럽이 된다. 고과당 옥수수시럽은 단맛이 설탕과 비슷하나 가격이 훨씬 더 저렴해서, 청량음료, 캔디, 잼, 젤리, 포장 쿠키와 같은 디저트 등에 사용된다.

당알코올

당알코올(sugar alcohol)인 소르비톨(sorbitol), 만니톨(mannitol), 자일리톨(xylitol) 등은 무가당 검, 캔디 등에 영양 감미료로 사용된다. 당알코올은 입안에서 쉽게 박테리아에 의한 대사가 이루어지지 않는다. 그래서 설탕처럼 충치를 잘 유발하지 않는다. 당알코올은 에너지(1.5~3 kcal/g)를 제공하지만 설탕보다 흡수 및 대사 속도가 늦다. 다량의 섭취는 설사를 유발하므로 라벨에 주의사항을 표시하여야 한다.

당알코올의 성분표시는 한 제품에 한 종류만 사용되면 따로 표시하고, 한 제품에 두 종

청량음료는 일반적으로 설탕과 대체 감미료를 사용한다.

Shutterstock/M. Unal Ozmen

1일 섭취허용량(Acceptable Daily Intake, ADI) 일생동안 매일 섭취하여도 안전한 것으로 예상되는 식품 첨가물의 양.

류 이상 사용되면 '당알코올류' 표기 아래에 함께 모아서 표시한다. 영양표시 라벨에는 식품 속 당알코올 종류별로 그 에너지를 표시한다.

비영양(대체) 감미료

비영양[대체(alternative) 또는 인공(artificial)] 감미료는 무에너지(non-caloric) 또는 저에너지(very-low-caloric) 당분 대체재로 당뇨병 환자 또는 체중을 줄이거나 조절하려는 사람들을 위해 사용된다. 대체 감미료로는 사카린(saccharin), 시클라메이트(cyclamate), 아스파탐(aspartame), 네오탐(neotame), 수크랄로오스(sucralose), 아세설팜 칼륨(acesulfame-K), 타가토오스(tagatose), 스테비아(stevia), 몽크 과일(monk fruit), 어드밴탐(advantame) 등이 있다. 대체 감미료가 식품에 사용되는 일반적인 양에는 에너지가 없거나 매우 적으며 충치를 유발하지 않는다.

감미료의 안전성은 미국 식품의약국(FDA)에서 결정하고 **1일 섭취허용량**(acceptable daily intake, ADI)을 제시한다. 여기서 ADI는 사람이 평생 먹어도 안전하다고 생각되는 대체 감미료의 1일 사용량을 말하며, 이는 동물실험 연구 자료를 기초로 그 영향이 무해하다고 인정된 양보다 100배 낮춘 수준이다. 대체 감미료는 성인과 어린이 모두 사용해도 안전하다. 임신 중에 사용해도 대체로 안전하지만, 임산부는 이 문제를 담당 의사와 의논하는 것이 좋다.

사카린

사카린(saccharin)은 대체 감미료 중 가장 오래된 것으로 설탕보다 300배 더 달다. 한때 동물실험을 기초로 한 연구에서 사카린이 방광암을 유발하는 것으로 생각되었다. 그러나 과거의 연구가 미흡하고 확증이 없으므로, 지금은 더 이상 인체에서 암 발생의 잠재적 원인으로 여기지 않는다. 식품 첨가물에 관한 공동 FAO/WHO 전문가위원회는 사카린의 ADI를 5 mg/kg weight/day으로 정하고 있다. 체중 70 kg의 성인이라면 대략 360 cc 다이어트 청량음료 3병이나 감미료 9포(Sweet'n Low® 참조) 정도로 계산된다. 사카린은 식탁용 감미료 등 음식에 광범위하게 이용되고 있다. 가열하면 쓴맛을 내기 때문에 요리에는 사용하지 않는다.

아스파탐

아스파탐(aspartame)은 음료, 젤라틴 디저트, 껌, 쿠키를 달게 하고 제과제품의 토핑과 속으로 전 세계적으로 사용된다. 요리하거나 가열하면 파괴되고 단맛을 잃는다. 뉴트라스위트(NutraSweet®)나 이콜(Equal®) 등은 아스파탐의 상품명이다.

아스파탐의 에너지는 4 kcal/g으로 설탕과 같지만, 단맛은 설탕의 160~220배가 된다. 그래서 음식의 단맛을 내는 데 적은 양의 아스파탐을 사용하므로 에너지는 거의 없다. 아스파탐의 성인 ADI는 50 mg/kg weight/day인데, 이는 다이어트 청량음료 18캔이나 이콜(Equal®) 80포에 해당한다.

과학적으로 아스파탐은 대부분의 사람에게 안전하다고 밝혀져 있으나, 미국 FDA에 보고된 바로는 두통, 현기증, 발작, 메스꺼움 등의 부작용이 있다. 비록 발생 빈도가 극히 적은 편이지만 아스파탐에 민감한 사람은 사용하지 않도록 한다. 아스파탐은 페닐알라닌을 다량 함유하고 있기 때문에 페닐케톤뇨증[phenylketonuria, PKU: 유전적 질환으로 아미노산 페

이 제품은 단맛을 내기 위해 당알코올과 대체 감미료 아스파탐을 사용하였다. 페닐케톤뇨증(PKU)이 있는 사람은 이 제품이 아스파탐을 사용하여 페닐알라닌(phenylalanine)을 함유하므로 주의해야 한다.

Nancy R. Cohen/Getty Images

닐알라닌(phenylalanine)의 대사장애]이 있는 사람도 사용을 삼가야 한다.

네오탐

네오탐(neotame)은 광범위한 식품[제과제품, 비알코올성 음료(청량음료 포함), 껌, 당과(confection)와 당의(frosting), 아이스크림처럼 얼린 디저트, 젤라틴과 푸딩, 잼과 젤리, 가공된 과일과 과일주스, 토핑, 시럽 등]의 범용 감미료(general purpose sweetener)로 FDA가 승인하였다. 네오탐은 내열성(heat stable)이 있어 식탁용과 요리용으로 모두 사용할 수 있다. 네오탐은 설탕보다 약 7,000~13,000배 달다. 따라서 소량이 사용되므로 에너지는 거의 없다. 네오탐도 페닐알라닌을 함유하고 있지만 다른 아미노산과 결합하는 방식이 아스파탐과 달라서 분해되지 않는다. 그러므로 PKU 질환이 있는 사람에게 문제를 일으키지 않는다. 네오탐의 ADI는 18 mg/kg weight/day이다.

아세설팜 칼륨

대체 감미료 아세설팜 칼륨(acesulfame-K)은 미국에서 서네트(Sunette®)라는 상품명으로 구입할 수 있으며, 설탕보다 200배 더 달다. 인체에서 소화되지 않으므로 에너지는 전혀 없다. 아세설팜 칼륨은 가열하더라도 단맛을 잃지 않으므로 제과제품에 사용될 수 있다. 최근 미국에서 껌, 분말형 음료, 젤라틴, 푸딩, 제과제품, 식탁용 감미료, 캔디, 목캔디(throat lozenge), 요구르트, 비유제품 크리머(non-dairy creamer) 등에 사용하는 것이 승인되었다. 아세설팜 칼륨의 ADI는 15 mg/kg weight/day이다.

수크랄로오스

수크랄로오스(sucralose)는 스플렌다(Splenda®)라는 상품명으로 구입할 수 있으며, 설탕보다 600배 더 달고, 설탕으로 만드는 유일한 인공 감미료이다. 수크랄로오스는 설탕의 수산기(—OH) 3개를 염소(Cl) 3개로 치환하여 만든다. 이러한 치환으로 소화와 흡수가 방해된다. 수크랄로오스는 식탁용 감미료, 청량음료, 껌, 제과제품, 시럽, 젤라틴, 아이스크림 같은 얼린 유제품 디저트, 잼, 가공된 과일과 과일주스 등에 사용된다. 수크랄로오스는 내열성이 있어 가열 조리 및 제과에 사용할 수 있고, ADI는 5 mg/kg weight/day이다.

타가토오스

타가토오스(tagatose)는 네이처로오스(Naturlose®)라는 상품명으로 구입할 수 있으며, 과당(fructose)의 이성체(isomer)이다. 타가토오스는 설탕과 단맛 정도가 거의 같고, 가열 조리 및 제과에 사용할 수 있다. 타가토오스는 인체에서 흡수가 잘 되지 않아 겨우 1.5 kcal/g의 에너지를 제공한다. 대장에서 박테리아에 의해 발효되므로 프리바이오틱스(prebiotics) 효과가 있다. 타가토오스는 시리얼 제품, 청량음료, 건강식 바(health bar), 얼린 요구르트, 탈지(fat-free) 아이스크림, 부드럽고 딱딱한 캔디류, 당을 입힌 과자, 껌 등에 사용할 수 있게 승인되었다. 타가토오스의 대사는 과당과 같으므로, 과당 대사장애가 있는 사람은 사용을 피해야 한다.

스테비아 식물의 잎에서 추출한 추출물은 대체 감미료를 만드는 데 사용된다.

BasieB/E+/Getty Images

스테비아

스테비아(stevia)는 남미산 관목에서 추출한 대체 감미료이다. 스테비아는 설탕보다 250배 더 달지만 에너지는 없다. 스테비아는 1970년대부터 일본에서 차와 감미료로 사용되었지만 FDA는 최근 음료에 사용하는 것을 승인했다. 스테비아는 자연 건강식품점에서 식사보충제로 구입할 수는 있다. 미국에서 스테비아는 에리스리톨(erythritol)이라는 당알코올과 결합되어 퓨어비아(PureVia™)와 트루비아(Truvia®)로 판매되고 있다. 또한 스테비아는 사탕수수와 혼합되어 선크리스탈(Sun Crystals®)로 판매되고 있다. 스테비아의 ADI는 4 mg/kg weight/day이다.

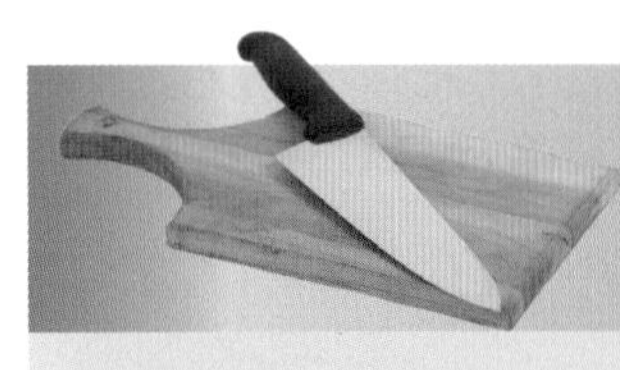

조리적 관점

영양 감미료 비교 – 가장 좋은 설탕은 무엇인가?

더 영양가 있는 감미료가 있다는 생각은 매력적이고 "최고" 또는 "가장 건강한" 감미료가 무엇인지에 대한 의견이 많은 이유를 설명하는 데 도움이 된다. 첨부된 표는 인기 있는 영양 감미료의 에너지를 비교하여 보여준다. 1인분에 대한 비슷한 에너지에 주목한다. 꿀, 흑설탕, 당밀, 그리고 코코넛 설탕과 같은 일부 감미료는 약간의 비타민과 무기질을 함유하고 있지만, 1인분에 포함되는 영양소의 양이 매우 적다. 상당한 양의 비타민과 무기질을 섭취하기 위해 많은 양의 감미료를 섭취해야 하는데, 이는 과잉의 설탕과 에너지 섭취로 이어진다. 과일, 채소, 콩류, 전곡류와 같이 영양 밀도가 높고 에너지 밀도가 낮은 식품으로부터 비타민과 미네랄을 섭취하여 설탕 섭취량을 적게 유지하는 것이 더 좋다.

감미료	1큰술당 에너지
식탁용 설탕	46
고과당 옥수수시럽	53
꿀	64
아가베 과즙	60
메이플 시럽	52
블랙스트랩 당밀	58
포장된 흑설탕	53
생설탕(터비나도)	45
코코넛 설탕	54

설탕은 다양한 형태가 있다. 식탁용 설탕 또는 일반적인 설탕으로 알려진 흰 과립 설탕은 제과와 식탁용 감미료로 가장 많이 사용되는 형태이다. 흑설탕(터비나도, 흑설탕)은 흰설탕과 다양한 양의 당밀을 섞어 만들어진다.

MaraZe/Shutterstock

영양 감미료의 기원(예: 사탕수수, 사탕무 또는 아가베 식물로부터의 가공 혹은 꿀벌에 의한 생산)에 관계없이 일단 소화되고 대사되면 당에 대한 생물학적 반응은 사실상 동일하다. 그러므로 "최고" 또는 "가장 건강한" 영양 감미료는 여러분이 적당히 즐길 수 있는 것이다.

루오 한 구오

몽크 과일(Luo han guo)은 800년 동안 아시아에서 재배해온 대단히 달고 작은 푸른 과일이다. 농축했을 때 이 과일주스는 설탕보다 150~300배 더 달다. 이 감미료는 열에 안정적이어서 제과와 가열 조리에 사용할 수 있다. 최근 로앤넥스리스(Raw® & Nectresse)사의 몽크 과일은 식탁용 감미료로 사용하고 있다. 몽크 과일은 FDA에서 1일 섭취허용량(ADI)은 설정되어 있지 않지만 일반 안정성 인정식품(generally recognized as safe, GRAS)으로 분류한다.

다양한 대체 감미료를 사용할 수 있다.

Mark Dierker/McGraw-Hill Education

아드반탐

아드반탐(advantame)은 가장 최근에 승인된 대체 감미료 중 하나이다. 아스파탐과 바닐라빈 추출물 성분인 바닐린에서 유래한다. 설탕보다 20,000배 더 달아 시중에 유통되는 감미료 중 가장 강도가 높다. 식음료 제조업체에 대한 일반용 감미료 및 향미 증진제로 승인되었다. 아드반탐은 열에 안정되어 제과와 가열 조리에 사용할 수 있다. 일부 설탕 대체제로 사용하는 것을 권장하며 현재 상업용 및 식재료 시장에서 구입할 수 있다. FDA에서 체중 1 kg당 32.8 mg(또는 약 800캔의 탄산음료)의 1일 섭취허용량(ADI)을 설정했다.

확인합시다!

1. 전분의 급원으로 좋은 식품은 무엇인가?
2. 수용성 식이섬유가 함유된 식품 5가지를 나열하라.
3. 비영양성 감미료로 분류되는 당은 어떤 것이 있는가?

▶ 건강인 2030(Healthy People 2030) 탄수화물 섭취 목표(미국인 2세 이상 연령층)

- 전곡류 섭취를 늘린다.
- 과일 섭취를 늘린다.
- 채소 섭취를 늘린다.
- 암녹색 채소, 주황색 채소, 콩류 등의 섭취를 늘린다.
- 첨가 설탕으로부터의 에너지 섭취를 줄인다.

4.3 탄수화물 권장섭취량

미국 RDA에 따르면, 성인에게 필요한 소화성 탄수화물은 130 g/day이다. 이는 뇌와 중추신경계에 적당한 포도당을 공급하기 위해 필요한 양으로서, 케톤체(ketone body: 포도당 부족분의 에너지를 공급함; 4.4절 참조)로 에너지를 보충하지 않아도 되는 경우의 양이다. 미국 식품영양위원회(The Food and Nutrition Board, FNB)는 신체 에너지 총 소요량을 공급하는 데 있어서 탄수화물 섭취량은 총 에너지 섭취량의 45~65% 정도로 상당히 많은 양을 권장하고 있다. 그러나 식사 프로그램이 모두 FNB 권장량을 따르는 것은 아니어서, Atkins®와 South Beach® diets 같은 식사 프로그램은 매우 적은 양의 탄수화물을 권장하기도 하고, Pritikin®와 Eat More, Weigh Less® diets 같은 또 다른 식사 프로그램은 매우 많은 양의 탄수화물을 권장하기도 한다. 이처럼 의견이 서로 달라도, 과학자든 비과학자든 우리 일상의 식사에서 섭취하는 탄수화물에는 대부분 식이섬유가 많은 과일, 채소, 전곡류, 무가당(little added sugar), 에너지성 감미료(caloric sweetener) 등이 포함되어야 한다고 본다.

우리가 즐겨 먹는 많은 음식에는 단순 당이 들어 있다. 영양소 섭취 개선을 위해 단 것을 적게 먹어야 한다.

Getty Images/Digital Vision

북미지역에서는 에너지 섭취량의 50%를 탄수화물에서 얻는다. 미국 성인은 탄수화물을 주로 식빵, 청량음료, 쿠키, 케이크, 도넛, 설탕, 시럽, 잼, 감자 등에서 얻는다. 세계 전체로 보면 총 에너지 섭취량의 70~80%를 탄수화물이 차지하고, 전형적인 북미인에 비해 전곡류, 과일, 채소, 콩 등을 더 많이 섭취한다.

미국인 식사지침서(Dietary Guidelines for Americans, DGA)는 2세 이상의 연령층에 대하여 첨가 설탕을 총 에너지 섭취량의 10%로 제한하도록 권고한다. 세계보건기구(World Health Organization, WHO)에서는 식품 제조 및 조리 과정에서 첨가하는 설탕(첨가 설탕)은 1일 총 에너지 섭취량의 10%를 초과하지 않도록 권고한다. 미국 의학연구소의 식품영양위원회(Institute of Medicine's Food and Nutrition Board)는 에너지 섭취량의 25%를 첨가 설탕의 상한선으로 정하였다.

식이섬유 충분섭취량은 14 g/1000 kcal이다. 50세 이상의 하루 충분섭취량은 여자는 21 g, 남자는 30 g으로 각각 감소한다. 식이섬유 충분섭취량은 게실증, 심혈관질환, 기타 만성질환 등을 줄이기 위한 것이다. 식품과 보충제 라벨에 표시되는 영양성분 기준치(Daily Value, DV)는 2,000 kcal의 식사에 28 g이다.

탄수화물이 풍부한 영양 식사를 계획한다면, 1일 식사에 곡물류 6온스(3온스의 전곡류), 채소류 2.5컵, 과일 2컵, 우유 3컵 정도를 포함해야 한다. 육류를 대신하는 단백질 대체식품으로 말린 콩류(dried beans and lentils)를 포함하면, 식이섬유와 탄수화물 총 섭취량을 증가시켜 준다. 표 4.3에 표시된 식사는 탄수화물 권장량을 보여준다.

표 4.3 표본 식단 1(에너지 1,600 kcal, 식이섬유 25 g) 및 표본 식단 2(에너지 2,000 kcal, 식이섬유 38 g)*

	식단	식이섬유 25g			식이섬유 38g		
		1회 분량	탄수화물 함량(g)	식이섬유 함량(g)	1회 분량	탄수화물 함량(g)	식이섬유 함량(g)
아침식사							
	뮤즐리 시리얼	1컵	60	6	1컵	60	6
	라즈베리	1/2컵	11	2	1/2컵	11	2
	통밀 토스트	1쪽	13	2	2쪽	26	4
	마가린	1작은술	0	0	1작은술	0	0
	오렌지 주스	1컵	28	0	1컵	28	0
	1% 우유	1컵	24	0	1컵	24	0
	커피	1컵	0	0	1컵	0	0
점심식사							
	콩 및 채소 부리토	2개(소)	50	4.5	3개(소)	75	7
	과카몰리	1/4컵	5	4	1/4컵	5	4
	몬테레이 잭 치즈	1 oz	0	0	1 oz	0	0
	서양배(껍질째)	1	25	4	1	25	4
	당근	–	–	–	3/4컵	6	3
	탄산수	2컵	0	0	2컵	0	0
저녁식사							
	닭구이(껍질 제거)	3 oz	0	0	3 oz	0	0
	샐러드	적양배추 1/2컵 양상추 1/2컵 복숭아 조각 1/4컵	7	3	적양배추 1/2컵 양상추 1/2컵 복숭아 조각 1컵	19	6
	볶은 아몬드	–	–	–	1/2 oz	3	2
	무지방 샐러드 드레싱	2큰술	0	0	2큰술	0	0
	1% 우유	1컵	24	0	1컵	24	0
	계		247	25		306	38

*전반적인 식사는 MyPlate를 기준으로 한다. 에너지 함량은 탄수화물 58%, 단백질 12%, 지방 30%로 한다.

Annabelle Breakey/Getty Images; BananaStock/PunchStock; Ingram Publishing/SuperStock

- 소다, 에너지 음료, 스포츠 음료
- 과일 음료
- 차 또는 커피
- 구운 디저트와 감미 과자
- 사탕과 설탕
- 아침식사용 시리얼과 바
- 샌드위치
- 유제품 디저트와 요거트
- 기타 식품들

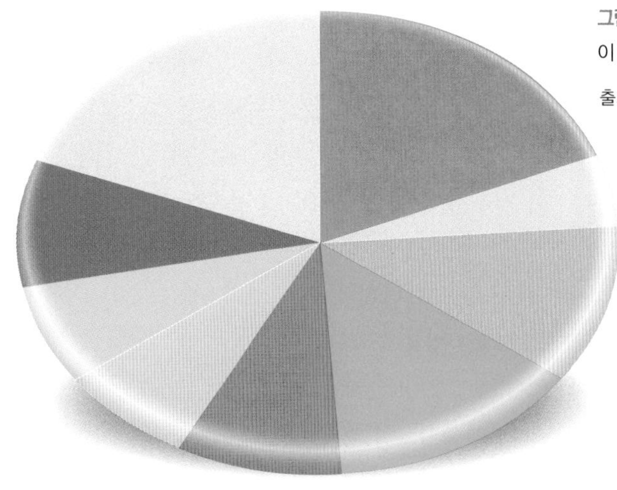

그림 4.10 미국인 2세 이상 연령층의 식사 내 설탕이 첨가된 식품.

출처: USDHHS/USDA. Dietary Guidelines for Americans. 9th ed., 2020; diearyguidelines.gov.

표 4.4 단순당 섭취 줄이기

우리가 먹는 음식은 단 것이 많으며, 이를 절제하여야 한다.

시장에서:

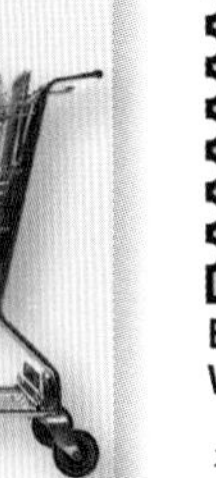

□ 성분표를 보고 첨가된 설탕을 모두 확인한다. 가능하면 첨가 설탕량이 적은 것을 고른다.
□ 과일은 신선한 것, 물, 주스, 연한 시럽에 든 것을 고른다.
□ 설탕이 많이 든 식품(예: 기성 제과제품, 캔디, 가당 시리얼, 감미 디저트, 청량음료, 과일향 펀치 등) 구입을 줄인다. 플레인 그레이엄 크래커, 베이글, 잉글리시 머핀, 다이어트 청량음료, 그리고 다른 저당류 제품들로 대체한다.
□ 간식용으로 캔디 대신 저지방 전자레인지용 팝콘(reduced fat microwave popcorn)을 구입한다.
□ 요구르트와 과일 소스(예: 사과 소스)의 무당 또는 무가당 버전을 구입한다.

부엌에서:

□ 집에서 요리할 때 설탕 사용량을 줄인다. 설탕이 적게 드는 요리법을 개발한다. 설탕 사용량을 차차 줄이기 시작하여 1/3 이하로 줄인다.
□ 음식의 향미를 증가시키는 양념류로서 계피(cinnamon), 소두구(cadamom), 고수(coriander), 육두구(nutmeg), 생강(ginger), 메이스(mace) 등을 시험해보면서 음식의 향미를 향상시킨다.
□ 설탕이 많이 든 제품 대신에, 집에서 설탕을 적게 넣고 만든 것을 사용한다.

식탁에서:

□ 설탕(흰색 및 갈색), 꿀, 당밀(molasses), 시럽, 잼, 젤리 등의 사용을 자제한다.
□ 기성 제과제품, 캔디류, 감미 디저트 등, 설탕이 많이 함유된 식품의 구매를 줄인다.
□ 디저트나 간식용으로 쿠키, 캔디보다 신선한 과일류를 먹는다.
□ 커피, 차, 시리얼, 과일 등의 음식에 설탕을 적게 넣는다. 1/4이나 1/2까지 차차 그 양을 줄여나간다. 설탕을 대체할 수 있는 것이 있는지 알아본다.
□ 가당 청량음료, 펀치, 과일주스 등을 줄이고, 대신에 물, 다이어트 청량음료, 과일 등을 먹는다.
□ 고당분 식품의 1인분량을 줄인다.

Mike Kemp/Rubberball/Getty Images; Martin Poole/Getty Images; Jack Holtel/McGraw-Hill Education

전곡류 위원회(The Whole Grains Council)는 소비자들이 전곡류가 함유된 식품을 빠르게 찾을 수 있도록 우표를 만들었다. 두 우표 모두 식품에 함유된 전곡류의 총 그램을 나타낸다. 우표를 표시하기 위서 1인분에 적어도 8그램의 전곡류를 포함해야 한다. 100% 우표는 식품에 포함된 모든 곡물 재료가 1인분당 최소 16 g의 전곡류임을 나타낸다.
전곡류 우표는 옛날 방식의 상표이다.

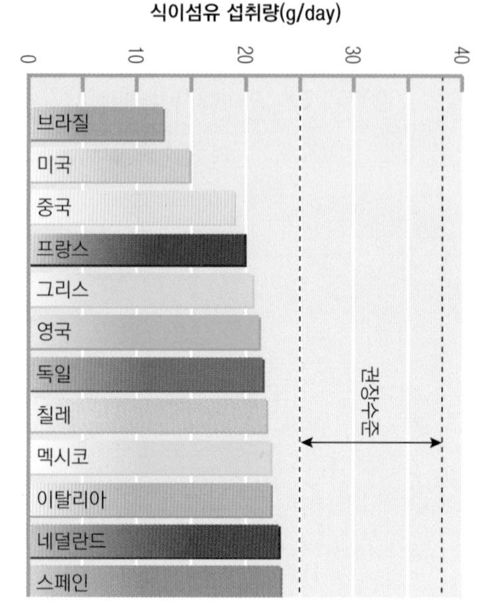

그림 4.11 국가별 성인의 식이섬유 섭취량.

탄수화물 섭취량

북미지역의 성인은 에너지 섭취량의 50%를 탄수화물에서 얻는다. 에너지 총량에서 차지하는 탄수화물의 비율이 권장량과 일치하더라도, 섭취하는 탄수화물의 형태는 같지 않다. 첨가 설탕 섭취량은 총 에너지 섭취량의 14.5%로서, 이는 DGA의 10%를 넘는 수준이다. 설탕 섭취가 이처럼 높은 이유는 감미 음료를 좋아하는 데 일부 기인한다(그림 4.10). 이러한 음료에 든 주요 에너지성 감미료(흰 설탕, 고과당 옥수수시럽)를 섭취하면 1세 이상의 미국인 기준으로 1일 평균 270칼로리를 추가하게 된다. 표 4.4는 설탕 섭취를 줄이는 방안을 제시하고 있다.

설탕 섭취량이 많은데 비해 미국인의 식이섬유 섭취량은 권장량인 1,000칼로리당 14 g보다 훨씬 부족한 편이다(그림 4.11). 평생 동안 남녀 모두 권장량보다 25~50% 적게 먹는다. 미국 인구의 약 5%만이 하루 식이섬유 권장섭취량을 충족한다. 식이섬유 섭취 부족의 원인은 과일, 채소 등을 적게 먹고, 파스타, 콘칩, 백미, 흰 빵 등 도정곡류를 많이 먹는 데 있다. 식사조사에 따르면, 1세 이상의 미국인은 하루 1.5컵 이하 과일을 먹고, 하루 1~2컵 이하 채소를 먹고 하루에 1인분 또는 그 이하의 전곡류를 먹는데, 보통 아침식사 때 시리얼과 빵을 먹는 형태다.

식이섬유가 풍부한 식품과 그 이점을 모르고 있는 사람이 많고, 또한 식품성분표도 혼란스럽다. 예를 들어, 농축 도정 밀가루[enriched white (refined) flour]를 단지 '밀가루(wheat flour)'라고 식품 라벨에 표시하는데, 대부분의 사람들은 이를 '통밀(whole-wheat)' 제품으로 생각하고 구입한다. 그러나 식품성분표의 맨 처음에 '통밀가루'라고 적혀 있지 않다면, 그 제품은 통밀 제품이 아니고, 식이섬유가 통밀에 든 것만큼 많지 않다. 식이섬유, 특히 전곡류의 식이섬유를 많이 먹으려면, 식품성분표를 잘 읽어야 한다. 식이섬유를 권장량만큼 먹으려면, 통밀빵, 과일, 채소, 콩 등을 일상의 식사에서 규칙적으로 먹으면 된다. 아침식사에 식이섬유가 풍부한 시리얼을 먹는 것도 식이섬유 섭취량을 높이는 쉬운 방법 중 하나이다(그림 4.12). '실천해봅시다!'를 통해 여러분의 식단에서 식이섬유 함량을 계산해보자. 여러분의 식이섬유 점수는 몇 점인가?

Nutrition Facts

10 servings per container

Serving size 1 cup (55g)

	Cereal		Cereal with 1/2 Cup Skim Milk	
Calories	170		210	
		% DV*		% DV*
Total Fat	1g	2%	1g	2%
Saturated Fat	0g	0%	0g	0%
Trans Fat	0g		0g	
Cholesterol	0mg	0%	0mg	0%
Sodium	300mg	15%	350mg	15%
Total Carb.	36g	15%	42g	15%
Dietary Fiber	7g	25%	7g	25%
Total Sugars	16g		16g	
Incl. Added Sugars	11g	22%	11g	22%
Protein	4g		8g	
Vitamin D	1mcg	6%	2mcg	10%
Calcium	20mg	2%	150mg	10%
Iron	10mg	60%	10mg	60%
Potassium	340mg	8%	560mg	10%
Vitamin A		15%		20%
Vitamin C		20%		20%
Thiamin		25%		30%
Riboflavin		25%		35%
Niacin		25%		25%
Vitamin B_6		25%		25%
Folic acid		30%		30%
Vitamin B_{12}		25%		35%
Phosphorus		20%		30%
Magnesium		20%		25%
Zinc		25%		25%
Copper		10%		10%

* The % Daily Value (DV) tells you how much a nutrient in a serving of food contributes to a daily diet. 2,000 calories a day is used for general nutrition advice.

Nutrition Facts

17 servings per container

Serving size 3/4 cup (30g)

	Cereal		Cereal with 1/2 Cup Skim Milk	
Calories	170		210	
		% DV*		% DV*
Total Fat	0g	0%	0g	0%
Saturated Fat	0g	0%	0g	0%
Trans Fat	0g		0g	
Cholesterol	0mg	0%	0mg	0%
Sodium	100mg	4%	150mg	6%
Total Carb.	35g	15%	41g	15%
Dietary Fiber	1g	4%	1g	4%
Total Sugars	20g		20g	
Incl. Added Sugars	14g	28%	14g	28%
Protein	7g		11g	
Vitamin D	1mcg	6%	2mcg	10%
Calcium	0mg	0%	150mg	10%
Iron	2mg	10%	2mg	10%
Potassium	80mg	2%	280mg	6%
Vitamin A		25%		30%
Vitamin C		0%		2%
Thiamin		25%		25%
Riboflavin		25%		35%
Niacin		25%		25%
Vitamin B_6		25%		25%
Folic acid		25%		25%
Vitamin B_{12}		25%		30%
Phosphorus		4%		15%
Magnesium		4%		8%
Zinc		10%		10%
Copper		2%		2%

* The % Daily Value (DV) tells you how much a nutrient in a serving of food contributes to a daily diet. 2,000 calories a day is used for general nutrition advice.

그림 4.12 영양성분표는 더 영양가 높은 음식을 선택하는 데 도움을 준다. 이러한 성분표의 내용을 보고 아침식사에 어느 시리얼이 더 좋은지 표시해보자. 아침식사용 시리얼은 식이섬유가 많은 것을 고르는 것이 좋다. 첨가 설탕의 함량도 고려한다. 첨가 설탕은 식품에 원래 들어있는 설탕(예: 레진)을 포함하지 않는다는 점에 유의한다. 성분표에 첨가 설탕으로 표시된 설탕의 양은 성분표 위에 표시된 줄에 포함되어 있으며 총 당류에 포함되어 있지 않다.

실천해봅시다!

Onoky/SuperStock

식이섬유 섭취량을 계산해봅시다.

하루 식이섬유 섭취량을 대략적으로 계산하기 위해, 여기에 나열된 각 식품군에서 어제 먹은 섭취분량 횟수를 기입하고 나열된 값을 곱한 다음 총량을 모두 더한다. 어제의 총 식이섬유 섭취량은 하루 28 g의 일반적인 권장섭취량과 비교했을 때 어떠한가? 만약 충족시키지 못했다면, 원인이 무엇인가?

식품군	1회분량	어제 먹은 섭취분량 횟수	X	1회분량당 평균 식이섬유 함량 (g)	=	식이섬유 함량 (g)
채소	녹색잎 채소 1컵 또는 기타 채소 1/2컵	______	X	2	=	______
과일	과일 전체 1개, 베리류 혹은 잘게 썬 과일 1/2컵, 또는 말린 과일 1/4컵	______	X	2.5	=	______
콩류	조리된 음식 1/2컵	______	X	7	=	______
견과류	피넛버터 1/4컵 혹은 2큰술	______	X	2.5	=	______
전곡류	빵 1장, 파스타 또는 쌀 1/2컵, 머핀 또는 베이글 1/2개	______	X	2.5	=	______
도정곡류	빵 1장, 파스타 또는 쌀 1/2컵, 머핀 1/2개	______	X	1	=	______
시리얼	영양성분 패널 참조	______	X	______	=	______
					(영양성분 패널 참조)	
					총 식이섬유 함량 (g)	______

확인합시다!

1. 탄수화물의 권장섭취량(RDA)은 왜 130 g/day인가? 이 양은 적당한가?
2. 식이섬유의 충분섭취량은 얼마인가?
3. 북미지역 사람들은 왜 식이섬유를 권장수준보다 적게 먹는가?

탄수화물 섭취에 있어 전곡류와 채소를 많이 먹는 것이 건강에 좋은 방법이다.

Foodcollection

4.4 탄수화물의 신체 내 기능

우리가 섭취하는 소화성 및 난소화성 탄수화물은 우리 신체의 생명유지 기능에 필수적이다. 이러한 다양한 기능은 정상적 신진대사와 전반적인 건강 유지에 필요불가결하다.

소화성 탄수화물

우리가 섭취하는 소화성 탄수화물은 대부분 분해되어 포도당이 된다. 포도당은 에너지의 주요 급원으로 이용되고, 단백질을 에너지 급원으로 사용하지 않도록 절약하며, 케톤증(ketosis)을 예방한다.

에너지 공급

포도당의 주 기능은 신체 세포에 에너지를 공급하는 것이다. 실제로 적혈구와 중추신경계 세포는 에너지의 거의 대부분을 포도당에서 얻는다. 포도당은 또한 근육세포와 다른 체세포에도 연료를 공급하나 이러한 세포는 특히 쉬거나 가벼운 활동을 할 때는 주로 지방산에서 필요한 에너지를 얻는다. 포도당은 4 kcal/g의 에너지를 공급한다.

단백질 절약 작용

lynx/iconotec.com/Glowimages

식사 단백질을 구성하는 아미노산은 탄수화물을 충분히 섭취하여 포도당이 에너지 수요에 맞도록 공급될 때 신체조직을 구성하고 생명유지 과정을 수행하는 데 사용된다. 만일 탄수화물을 충분히 섭취하지 않아 포도당이 부족하면, 우리 신체의 근육조직이나 기관 내의 아미노산이 분해되어 포도당을 만들어낸다. 이 과정을 **포도당신생합성**(gluconeogenesis), 즉 '포도당 새로 만들기'라고 한다. 그러나 식사 탄수화물을 적당히 섭취하여 혈당치를 유지하면, 단백질은 '절약'되고 에너지로 사용되지 않는다. 일반적으로 북미지역의 사람들은 단백질 섭취량이 충분하므로, 탄수화물의 '단백질 절약' 기능이 그렇게 중요하지 않고, 탄수화물과 에너지 감량 식사 혹은 단식 등을 할 때 중요하게 된다. (6장에서 단식의 구체적인 영향에 대해 논의한다.)

포도당신생합성(gluconeogenesis) 세포 내 대사 과정을 통해 새로운 포도당을 합성. 단백질이 분해한 아미노산이 포도당의 탄소를 제공함.

인슐린(insulin) 췌장의 베타세포에서 분비되는 호르몬. 인슐린은 간에서 글리코겐 합성을 증가시키고 혈액에서 근육과 지방세포로 포도당을 이동시킴.

케톤증 예방

탄수화물 최소섭취량(50~100 g/day)은 우리 체내에서 지방이 이산화탄소(CO_2)와 물(H_2O)로 완전히 분해되는 데 필요한 양이다. 탄수화물 섭취량이 이 수준에 미달하면, **인슐린**(insulin) 호르몬의 분비가 줄어 체세포에 에너지를 공급하기 위해 지방조직에서 지방산이 다량으로 방출되는 결과를 낳는다. 이러한 지방산은 혈류를 따라 간으로 가는데, 간에서 지방산이 불완전 연소되면 케톤체(ketone body) 또는 케토산(keto acid)이라고 하는 산성 화합물이 형성되어 케톤증(ketosis) 또는 케톤산증(ketoacidosis)이라고 하는 상태가 된다. 케톤체는 아세토아세트산(acetoaceticacid)과 그 유도체로 구성된다.

뇌와 중추신경계의 세포는 보통 지방으로부터 에너지를 얻지 못하지만, 탄수화물 섭취량이 부족할 때 이러한 세포는 케톤을 사용하도록 적응된다. 이는 단식 중에 발생하기 쉬운 중요한 적응기전이다. 뇌가 케톤체를 사용할 수 없는 경우에는 체내 단백질로부터 포도당을 생산하여 뇌에 필요한 에너지를 공급해야 한다. 이렇게 포도당신생합성에 사용되는 단백질을 제공하기 위해 근육, 심장, 다른 기관 등이 분해되면 단식을 더 이상 견딜 수 없게 된다.

또한 당뇨병을 치료하지 않고 방치한 상태(untreated diabetes)에서도 과도한 양의 케톤이 생산될 수 있다. 이는 탄수화물을 적게 섭취한 결과로 발생된 것이 아니다. 당뇨병성 케톤증이 발생하는 경우는 인슐린 생산이 부적절하거나 세포가 인슐린 저항성이 있어서 포도당이 체세포로 들어가지 못할 때이다. 그러면 세포는 지방분해로부터 만들어지는 케톤체에 의존하여 에너지를 얻는다. 혈액에 케톤이 쌓이면 pH가 더욱 산성으로 된다. 이 상태를 당뇨병성 케톤산증이라고 하는데, 당뇨병을 방치하고 조절을 소홀히 하여 발생하는 매우 심각한 합병증이다.

저탄수화물/고지방 체중감량 식사(예: Atkins®와 South Beach® Diets)나 단식 식사요법(fasting regimen)으로 체중을 감량하려다 케톤증을 유발하는 경우가 많다. 케톤증은 식욕을 억제하여 에너지 섭취를 줄이는 결과를 일으킬 수 있다. 또한 우리 몸의 수분을 줄여 체중이 감량될 수도 있다. 그러나 시간이 경과하면, 케톤증은 탈수증(dehydration), 무지방 신체질량(lean body mass) 감소, 전해질 균형장애(electrolyte imbalance) 등과 같은 심각한 결과를 불러오며, 심하면 혼수상태나 사망에 이를 수 있다.

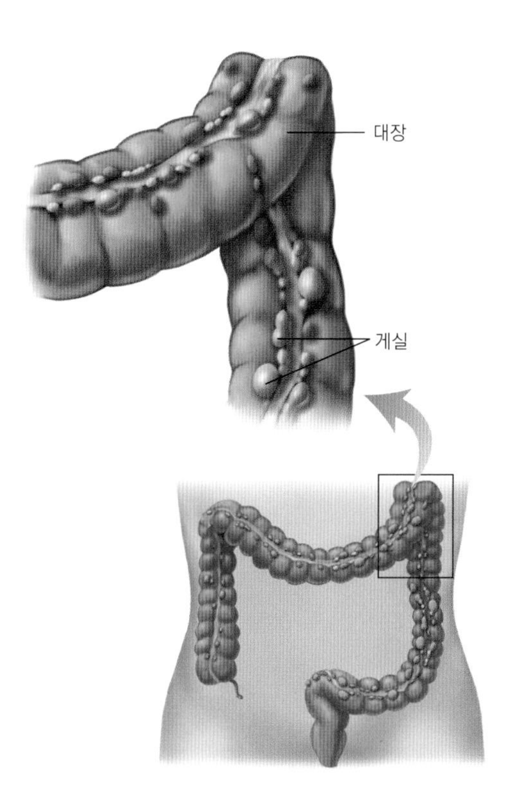

그림 4.13 대장의 게실. 저섬유식사는 게실의 위험을 높인다. 45세 이상 연령층의 1/3 이상이 이런 증상을 보이며, 85세 이상은 2/3 이상이 증세를 보인다.

난소화성 탄수화물

식이섬유는 소화가 되지 않지만, 소화관의 구조와 건강을 유지하는 데 중요한 역할을 담당한다. 식이섬유는 변비나 게실질환 등을 예방하고, 체중 관리, 혈당 조절, 혈중 콜레스테롤 수준 관리에 도움을 준다.

장 건강증진

식이섬유는 배설물의 양을 많게 하여 장운동이 쉽도록 한다. 적당한 양의 식이섬유와 수분을 섭취하면, 많은 종류의 식이섬유가 수분을 흡수하여 대변이 크고 부드러워진다. 변 크기가 클수록 장 근육을 자극하여 배변을 도우므로, 배변에 힘이 덜 들게 된다.

식이섬유를 너무 적게 먹으면, 그 반작용이 일어난다. 대변은 작고 굳어 변비가 되고, 배변 중에 대장에 과도한 힘을 주게 된다. 이런 상태가 오래되면, 치질(hemorrhoid)이 될 수 있다. 이러한 배변 압력이 높으면 대장 벽이 돌출하여 작은 주머니를 만드는데, 이를 **게실**(diverticula)이라 한다. 식이섬유 물질, 대변, 박테리아 등이 게실에 갇혀 염증을 일으킬 수 있다(그림 4.13).

게실질환(diverticular disease)은 감염자의 80%가 자각 증세가 없는 무증후성(asymptomatic)으로, 이처럼 증후가 없는 경우를 **게실증**(diverticulosis)이라 하고, 게실이 감염되고 증후가 있는 경우(symptomatic)를 **게실염**(diverticulitis)이라 한다. 이럴 때는 식이섬유의 섭취를 줄여 박테리아의 활동과 염증을 제한하여야 한다. 일단 염증이 가라앉은 후에 고식이섬유와 충분한 수분을 섭취하면서 규칙적으로 운동하면 위장관의 운동성을 회복하고 재발 위험을 줄일 수 있다. 최근 연구에 따르면 견과류, 옥수수 및 팝콘은 게실염이나 게실염 합병증의 위험을 증가시키지 않기 때문에 식사에 포함될 수 있다.

식이섬유 섭취량을 늘리면 대장암에 걸릴 위험이 줄어든다는 상관성을 지난 30여 년간의 역학연구에 의하여 알아냈지만, 최근 그 연구 결과는 회의적인 것이 되었다. 식사와 대장

게실(diverticula) 대장 외벽이 돌출한 작은 주머니.

게실증(diverticulosis) 대장 내 게실이 있는 상태.

게실염(diverticulitis) 게실 내 박테리아 대사에 의해 생성된 산으로 인한 게실의 염증.

암에 관한 최신 연구는 식이섬유 그 자체보다는, 과일, 채소, 콩류, 전곡류로 만든 빵과 시리얼 등의 섭취량을 늘리거나 규칙적인 운동이라든지, 비타민 D, 엽산, 마그네슘, 셀레늄, 칼슘 등을 적당량 섭취하여 예방 효과를 기대하는 데 중점을 둔다. 종합적으로 볼 때, 고식이섬유 식사가 암 예방 효과가 있는 것은 고식이섬유 식품이 대부분 비타민이나 무기질, 피토케미컬 등의 영양소를 함유하기 때문으로 보인다. 그러므로 식이섬유 섭취를 늘리는 데는 식이섬유 보충제에 의존하기보다 식이섬유가 풍부한 식품을 먹는 것이 바람직하다.

비만 위험감소

식이섬유가 많은 식사는 체중 조절에 도움이 되고 비만 위험을 줄이는 것 같다. 고식이섬유 식품은 부피가 커서 배는 부르지만 에너지가 많지 않다. 또한 식이섬유 식품은 수분을 흡수하여 장관 내에서 팽창하므로, 포만감을 느끼게 되고 포만 상태에 이른다. 또한 체중감량 시 전곡류를 섭취하는 것이 도움이 된다.

혈당조절증진

권장량을 섭취하면 수용성 식이섬유는 소장에서 포도당 흡수를 늦추고 췌장의 인슐린 분비량을 줄이는 데 기여한다. 따라서 혈당 조절이 필요한 당뇨병 환자의 치료에 도움이 된다. 실제로 식이섬유 또는 전곡류 섭취량이 적은 사람은 섭취량이 많은 사람보다 당뇨병에 걸리기 쉽다.

콜레스테롤 흡수율 감소

수용성 식이섬유를 많이 섭취하면 소장에서 콜레스테롤 흡수를 줄이고, 담즙산(bile acid)의 재흡수를 막아, 심혈관질환과 담석의 위험을 줄이는 효과가 있다. 짧은 사슬 지방산(short-chain fatty acid)은 수용성 식이섬유가 대장 내의 박테리아에 의해 분해(bacterial degradation)되어 생기는데, 이 짧은 사슬 지방산도 간의 콜레스테롤 합성을 억제한다. 종합적으로 말하면, 과일, 채소, 콩류, 통밀빵, 시리얼 등 수용성 식이섬유가 많은 식사는 심혈관질환의 위험을 줄이는 방법이라고 하겠다. 최신 연구는 전곡류 섭취의 증가와 심혈관 질환으로 인한 사망 위험의 감소를 연관시켰다. 전곡류 식품을 비롯한 식물성 식품이 많고, 총 지방(total fat), 포화지방, 콜레스테롤 등이 적은 식사는 심혈관질환과 특정 암에 걸릴 위험을 감소시킨다는 의견 표시를 미국 FDA로부터 허가 받았다.

오트밀은 수용성 식이섬유가 많이 들어 있다. FDA는 오트밀 포장 라벨에 저지방 식사 부분에 혈중 콜레스테롤을 낮춘다는 효과를 기재하도록 허용하고 있다.

John A. Rizzo/Photodisc/Getty Images

확인합시다!

1. 소화성 탄수화물의 세 가지 기능은 무엇인가?
2. 탄수화물은 어떻게 단백질의 에너지원 사용을 절약하게 하는가?
3. 난소화성 탄수화물이 왜 우리 식사의 중요한 구성 성분인가?

현장 전문가적 관점

가당음료에 대한 세금 부과

많은 영양 및 건강 전문가들은 지난 수십 년 동안의 가당음료 소비 증가를 우려하고 있다. 예를 들어, 미국에서 이러한 음료의 섭취는 일상 식단에 155칼로리를 더 높인다!

가당음료는 비만, 당뇨병, 심장병의 위험 증가와 관련이 있다. 그러므로 섭취를 줄이고 영양 및 건강 프로그램을 위한 자금을 마련하기 위해 켈리 브라우넬 박사(Dr. Kelly Brownell)*와 같은 연구자들은 세금 부과를 제안했다. 브라우넬 박사와 동료들은 가당음료 1온스당 1센트의 세금이 매년 약 1,500만 달러를 창출할 수 있다고 추정했다. 게다가, 연구는 가당음료와 같이 덜 건강한 음식에 세금을 부과하는 것이 섭취와 에너지 섭취량을 줄이고 의료 비용에 긍정적 영향을 미치는 비용 효율적인 방법임을 나타낸다.

특히 음료 업계의 많은 개인과 단체들은 가당음료에 대한 세금부과를 강력히 반대한다. 그들은 가난한 사람에게 부담이 되고, 비만 문제를 해결하는 데 도움이 되지 않을 것이라고 주장한다. 그들은 비만율 증가는 가당 음료가 아닌 운동 부족과 전반적으로 나쁜 식습관 때문이라고 믿는다. 이에 대해 브라우넬 박사는 "가당음료는 미국인의 식사에서 첨가 설탕의 가장 큰 공급원이다. 청량음료의 구매를 막는 것은 빈 에너지 섭취(empty calorie intake)를 감소시켜 건강을 증진시킬 수 있다."라고 지적한다. 게다가, 국가의 가당음료세가 건강 비용 효율성에 미치는 영향에 대한 연구에 따르면 세금과 관련된 건강 증대와 의료 비용 감소는 이러한 음료의 저소득 구매자에게 부과되는 세금 부담을 상쇄할 수 있다.

브라우넬 박사는 공중 보건 옹호자들이 담배에 대한 세금 인상을 제안했을 때에도 비슷한 업계의 저항에 직면했다고 말한다. 그러므로, 비만과 관련된 질병의 발생 감소를 위한 수단으로 가당음료세 캠페인을 지속할 계획이다.

*켈리 브라우넬 박사는 세계식량정책센터(the World Food Policy Center) 소장이자 듀크 대학교 공공정책학과 교수(Robert L. Flowers Professor of Public Policy at Duke University)이다. 타임지는 그를 "세계에서 가장 영향력 있는 100인" 중 한 명으로 선정했다. 그는 의학연구소(the Institute of Medicine) 회원이다. 뉴욕 과학 아카데미의 제임스 맥킨캐텔상(James McKeen Cattell Award from the New York Academy of Sciences), 미국 심리학 협회(Health Psychology Award)로부터 건강심리학에 대한 탁월한 공헌상, 럿거스 대학교(Rutgers University)의 평생 공로상, 퍼듀 대학(Purdue University)의 저명한 동문상을 수상했다.

Comstock/PunchStock

4.5 탄수화물의 소화와 흡수

> **생각해 봅시다**
>
> Laura는 대장암 가족력이 있다. 대장암에 걸릴 위험을 줄이기 위해 어떠한 식사요법을 조언할 수 있을까?

탄수화물 소화는 전분과 당류를 분해하여 단당류 단위(monosaccharide unit)로 작게 만들어 흡수하게 하는 것이다. 조리란 탄수화물 소화의 시작이라고 볼 수 있는데, 그 이유는 조리를 통해 채소나 과일, 곡물 등의 거칠고 질긴 섬유조직을 부드럽게 만들기 때문이다. 전분을 가열하면 전분 입자는 수분을 흡수하여 팽창하므로 소화하기 쉬워진다. 조리의 이러한 효과 때문에 우리는 음식물을 일반적으로 좀 더 쉽게 씹고 삼키며, 소화과정 중에 분해한다.

소화

탄수화물의 일부는 입안에서 효소에 의해 소화되기 시작한다. 침은 침 **아밀레이즈**(amylase)라고 하는 효소를 함유하는데, 음식을 씹을 때 아밀로오스(amylose)를 함유하는 전분과 혼합된다. 아밀레이즈는 전분을 분해하여 좀 더 작은 크기의 다당류(dextrin)와 이당류를 만든다(그림 4.14). 음식물이 입안에 머무르는 시간은 짧으므로, 이 기간에 소화는 전체 소화과정

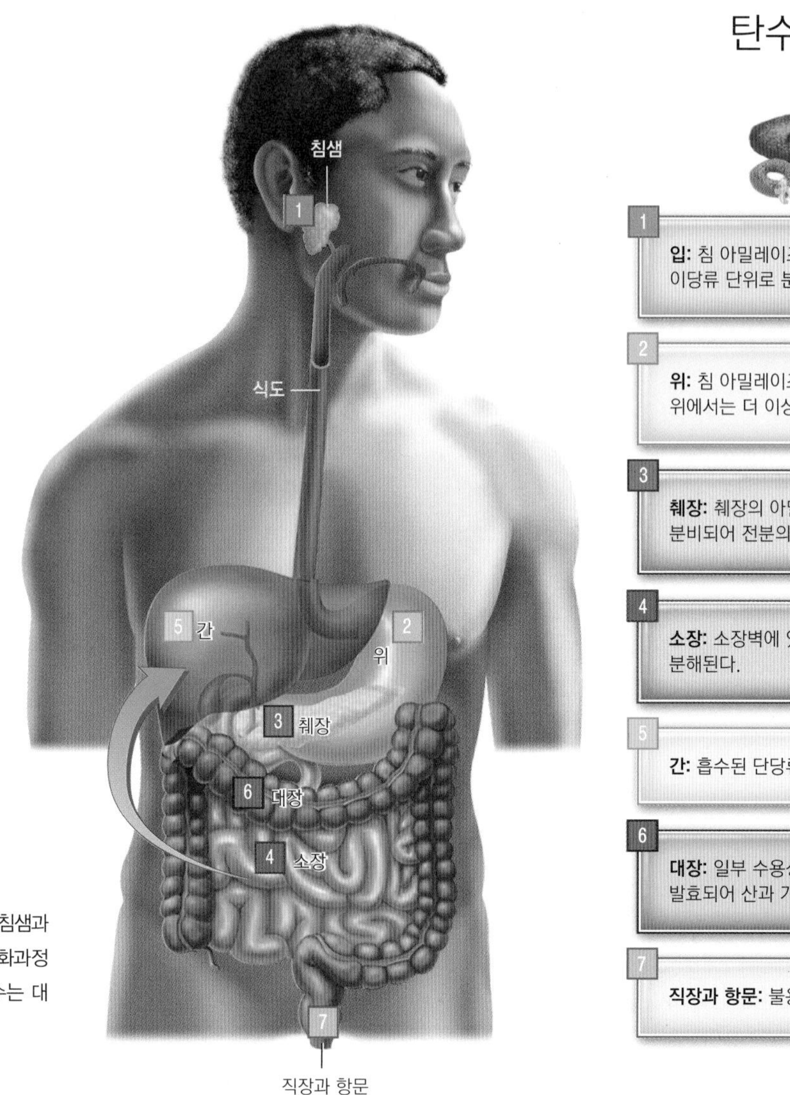

그림 4.14 탄수화물의 소화와 흡수. 침샘과 췌장, 소장에서 분비된 효소가 소화과정에 작용한다. 탄수화물 소화와 흡수는 대부분 소장에서 일어난다.

탄수화물

1 **입:** 침 아밀레이즈에 의해 일부 전분이 다당류와 이당류 단위로 분해된다.

2 **위:** 침 아밀레이즈는 위의 강산에 의해 불활성화된다. 위에서는 더 이상의 소화가 이루어지지 않는다.

3 **췌장:** 췌장의 아밀레이즈와 덱스트리네이즈는 소장 내로 분비되어 전분의 다당류를 이당류로 분해한다.

4 **소장:** 소장벽에 있는 효소에 의해 이당류가 단당류로 분해된다.

5 **간:** 흡수된 단당류는 간문맥에 의해 간으로 수송된다.

6 **대장:** 일부 수용성 식이섬유가 대장 박테리아에 의해 발효되어 산과 가스가 발생한다.

7 **직장과 항문:** 불용성 식이섬유가 대변으로 배설된다.

의 미미한 부분에 불과하다.

음식물이 위에 들어가면 침효소(salivary enzyme)는 위산에 의해 불활성화되므로, 탄수화물은 더 이상 소화되지 않은 상태로 소장에 들어간다. 음식물의 다당류는 입안에서 처음 효소 작용을 거치고 소장에서 췌장 아밀레이즈(pancreatic amylase)와 덱스트리네이즈(dextrinase)에 의해 좀 더 소화된다. 이당류는 소장 내 흡수세포의 특정 효소에 의해 소화되어 단당류가 된다. 이당류는 맥아당(maltose, 전분 분해 물질), 유당(lactose, 주로 유제품), 서당(sucrose, 감미식품) 등이다. **말테이즈**(maltase)는 맥아당을 포도당 분자 2개로, **수크레이즈**(sucrase)는 설탕을 포도당과 과당(fructose)으로, **락테이즈**(lactase)는 유당을 포도당과 갈락토오스(galactose)로 각각 분해한다. 포도당이나 과당 형태로 식품에 들어 있는 단당류는 소장 내에서 더 이상 소화될 필요가 없다. 탄수화물 중 소화되지 않는 것, 즉 식이섬유, 전곡류나 과일 중 일부 저항성 전분(resistant starch)은 소장의 소화효소에 의해 분해되지 않는다. 앞서 논의하였듯이, 이러한 것은 대장에 들어가 박테리아에 의해 발효되어 산이나 가스가 되거나 배설물로 나간다.

장질환이 있는 경우, 탄수화물 소화에 장애가 일어나 유당 등을 소화 및 흡수할 수 없게 된다. 탄수화물이 흡수되지 않은 채 대장에 들어가면, 박테리아가 이를 소화하고 부산물로 산과 가스를 생산한다(그림 4.14 참조). 그 생산량이 많으면 가스로 인한 복부 불쾌감을 일으킬 수 있다. 설사 같은 장질환의 회복기 환자는 일시적인 유당 소화흡수 불량 때문에 유당 섭취를 몇 주간 이상 피할 필요도 있다. 소장에서 락테이즈 효소를 생성하여 더 완전하게 유당을 소화하도록 회복하는 데는 대개 몇 주간이면 충분하다[4.6절 유당 불내증(lactose intolerance) 참조].

흡수

단당류는 과당을 제외하고 모두 능동흡수에 의해 흡수된다. 소장 내 흡수세포에서의 이 과정은 특정 운반체와 에너지가 필요하다. 소화된 뒤, 포도당과 갈락토오스는 나트륨과 함께 펌핑(pumping)되어 들어간다(그림 4.15). 이 과정에 사용된 ATP 에너지는 흡수세포로부터 나트륨을 다시 펌핑하여 내보낸다.

과당은 촉진확산(facilitated diffusion) 작용을 통해 흡수세포로 흡수된다. 이때 운반체는 사용하나 에너지는 필요하지 않다. 이 흡수과정은 포도당이나 갈락토오스가 운반되는 속도보다 느리다. 포도당, 갈락토오스, 과당이 장세포에 들어가면, 포도당과 갈락토오스는 그

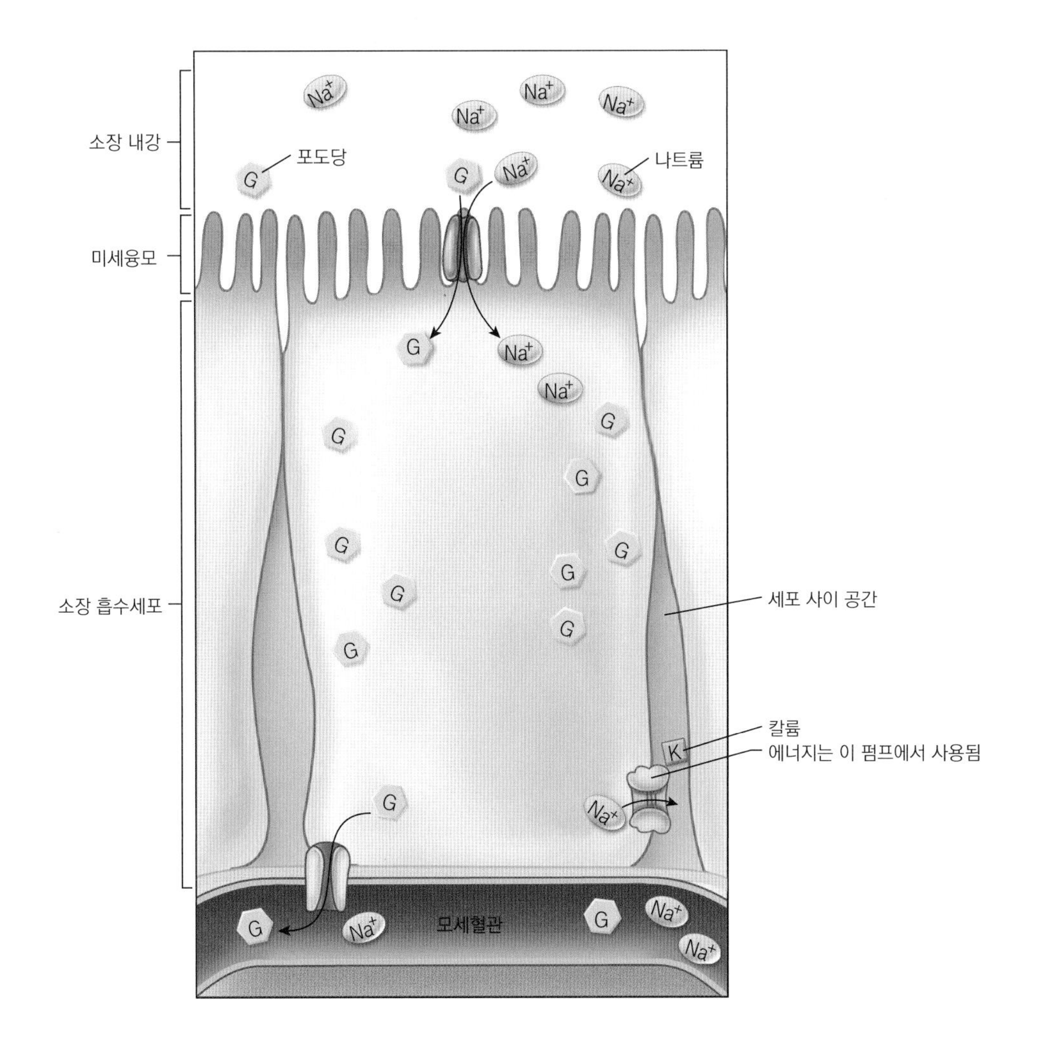

그림 4.15 소장 융모에 존재하는 흡수세포에서의 포도당 능동흡수 기전(융모의 다이어그램은 그림 4.13 참조). 포도당과 나트륨은 운반체와 에너지가 필요한 과정을 통해 흡수세포막을 통과한다. 흡수세포 안에서는 포도당은 촉진확산을 통해 혈액으로 들어간다. 흡수세포 안의 나트륨의 농도는 낮게, 흡수세포 밖의 나트륨 농도는 높게 유지하기 위해 나트륨은 흡수세포 밖으로 퍼내어진다.

대로 있는데, 과당의 일부는 포도당으로 바뀐다. 이 단당류는 문맥(portal vein)을 거쳐 간으로 운반된다. 간에서 과당과 갈락토오스는 포도당으로 변한다.

포도당은 혈류를 통해 운반되어 우리 체세포를 위해 사용된다. 혈당 수준이 체세포의 에너지 수요를 충족시키면 간은 여분의 포도당을 글리코겐 형태로 저장한다. (근육세포도 글리코겐을 저장할 수 있다.) 간이 글리코겐을 저장하는 능력은 제한적이지만, 글리코겐 저장은 혈당 수준과 세포 기능 유지를 위한 중요한 에너지 보존 형태이다. 탄수화물을 다량으로 섭취하면, 간과 근육의 글리코겐 저장 용량이 초과되고 그러면 간은 초과된 포도당을 지방으로 바꾸어 지방조직에 저장시킨다.

확인합시다!

1. 탄수화물의 체내 소화효소는 무엇인가?
2. 장 질환이 있는 사람은 왜 유당이 함유된 식품의 일시적 섭취 제한이 필요한가?
3. 단당류는 어떻게 흡수되는가?

생각해 봅시다

첨가 설탕의 하루 섭취에 기여하는 식음료는 무엇인가?
설탕 섭취를 줄이기 위해 대체할 수 있는 2–3가지 식음료를 생각해보자.

사례연구

Ingram Publishing/SuperStock

19세 여성인 Myeshia는 최근 칼슘의 건강상의 이점에 대해 읽고 우유를 통해 유제품 섭취를 늘리기로 결심했다. 얼마 후, 그녀는 팽만감과 경련을 경험하고, 가스가 찼다. 특히 그녀의 부모님과 여동생도 같은 문제를 호소하였기에 Myeshia는 불편함의 원인이 우유라고 의심했다. 우유가 실제 원인인지 알아내기 위해 다음날 우유를 요구르트로 대체하였고, 아무런 증상이 없었다. 우유의 어떤 성분이 문제를 일으켰을 것 같은가? 왜 그녀는 요구르트는 괜찮았지만 우유는 그렇지 않았는가? 칼슘을 섭취하기 위해 식단에 어떤 식품을 추가해야 하는가?

고탄수화물 음료는 충치를 유발한다.

Amble Design/Shutterstock

4.6 탄수화물 섭취와 관련한 건강문제

영양식의 일환으로 적당하게 탄수화물을 섭취하는 것은 건강을 유지하고, 만성질환의 위험을 줄이는 데 중요하다. 그러나 다른 영양소와 마찬가지로 탄수화물을 여러 가지 형태로 지나치게 많이 섭취하면 전반적으로 건강에 해로울 수 있다. 여기서 논의하는 것은 여러 가지 형태의 탄수화물을 섭취할 때의 이점과 위험을 이해하는 데 도움을 주도록 하였다.

초고식이섬유 식사

적당한 식이섬유의 섭취는 건강에 많은 이점이 있다. 그러나 하루에 50~60 g 이상 너무 많이 섭취하면 건강에 위험을 줄 수 있다. 예를 들어, 식이섬유를 많이 섭취하면서 수분을 적게 섭취하면 대변이 굳고 마르게 되어 배설할 때 고통을 준다. 시간이 경과하면 이 때문에 치질이나 직장 출혈이 생길 수 있으며, 심한 경우 장이 막혀 수술을 받아야 한다.

초고식이섬유 식사(very high fiber diet)는 특정 무기질 흡수를 저하시켜 그 결핍에 따른 위험이 증가할 수도 있다. 이런 현상은 무기질 중 일부가 식이섬유와 결합되면 그 자체의 흡수를 막을 수 있기 때문에 일어난다. 식이섬유 섭취량이 1일 60 g 이상인 빈도가 높은 나라에서 아연과 철 결핍증이 보고된 바 있다.

고식이섬유 식사(high fiber diet)는 어린이, 노인, 영양실조 환자 등 음식과 영양소를 적당량 섭취하지 못하는 사람들이 유의해야 한다. 고식이섬유 섭취는 포만감을 주므로 식품과 에너지, 영양소의 전반적인 섭취량을 감소시킬 수 있기 때문이다.

고설탕 식사

미국인들의 식사에서 설탕의 비중이 대체로 큰 편이다. 실제로 미국 성인은 섭취 에너지의 평균 13%를 설탕에서 얻는다. 매일 남자는 335 kcal, 여자는 239 kcal의 설탕을 섭취하고, 십대들은 매일 360 kcal를 섭취한다. 우리가 먹는 설탕은 대부분 음식을 가공하고 제조하는 과정에 첨가되는 것이란 점을 상기하자. 설탕의 주 급원은 청량음료, 케이크, 쿠키, 과일 펀치, 아이스크림 같은 유제품 디저트 등이다. 설탕은 에너지를 공급하지만 더 영양가 있는 음식을 대신하는 것 외에 달리 영양소를 제공하지 않는다. 전형적으로 어린이와 청소년은 설탕이나 빈 에너지(empty calory: 영양소 없이 에너지만 공급)를 과잉 섭취할 위험이 가장 크다. 식사 조사에 따르면, 이 연령군에서 가당(sugar-sweetened) 음료를 더 많이 마시고, 우유는 더 적게 마신다고 한다. 우유에는 칼슘과 비타민 D가 들어 있고, 이 둘은 뼈 건강에 필수적이다. 그러므로 우유 대신 가당 음료를 마신다면, 뼈의 발육과 건강을 위태롭게 하는 셈이다.

고설탕 식사(high sugar diet)는 체중이 늘고, 비만의 위험이 증가한다. 최근 연구 결과에 따르면 가당 음료의 형태로 설탕 섭취가 증가한 것과 2형당뇨병 위험률 증가와 관련있다고 한다. 식품과 음료의 '초대형화' 경향이 한 원인이 되고 있다. 예를 들어, 1950년대에 청량음료 병은 185 mL(6.5 oz)가 전형적이었는데, 오늘날에는 570 mL(20 oz)가 일반적이다. 이 변화만으로 170 kcal의 설탕이 식사에 추가된다. 하루에 1병을 1년 동안 마신다면, 62,050 kcal의 에너지가 추가되고, 7.75~8.25 kg의 체중이 증가한다.

케이크, 쿠키, 아이스크림 등에 첨가된 설탕도 에너지를 과잉 공급하여 체중이 늘게 한다. 식사요법을 하는 사람은 저지방(low-fat)이나 무지방(fat-free) 간식을 찾지만, 이러한 것은 디저트용으로 맛과 모양을 내기 위해 대개 설탕을 상당량 첨가하여 만든다. 그 결과 원래의 고지방 식품과 같거나 오히려 초과하기도 하는 고에너지 식품이 많다.

열량과 설탕(특히 과당)을 많이 먹으면 심혈관질환[즉, 혈액 내 중성지방(triglyceride)과 LDL 콜레스테롤치가 증가하고 HDL 콜레스테롤치가 감소함]에 걸릴 위험이 높아진다. 가당 음료와 에너지 섭취를 늘리면 2형당뇨병과 대사증후군의 발병 위험이 높아진다는 연구보고도 있다. 설탕 섭취를 늘리는 것이 심혈관질환, 당뇨병, 대사증후군 위험 요인이라는 확증은 현재까지 미흡한 상태이다. 그러나 설탕 섭취를 Myplate에 제안된 양으로 제한하는 것이 바람직하다(2장 참조).

고설탕 식사가 어린이의 과잉행동(hyperactivity)을 유발한다는 연구보고가 있다. 그러나 과잉행동 등의 행동장애 문제는 여러 영양학 외적(non-nutritional) 요인 때문으로 보인다. 영양가 있는 식사를 하는 것이 전반적으로 어린이를 건강하게 성장하고 발육하게 하는 데 중

역사적 관점

분자를 발견하는 것은 그 기능을 이해하고 질병을 치료하는 데 중요하다. 생화학자이자 결정학자인 도로시 호지킨(Dorothy Crowfoot Hodgkin)은 인슐린, 비타민 B_{12}, 비타민 D, 페니실린을 포함한 100개 이상의 분자 구조를 결정할 수 있는 X선 기술을 개발했다. 인슐린에 대한 그녀의 연구는 당뇨병 치료를 개선했다. 비타민 B_{12}의 구조를 알면 혈액 건강에서의 역할에 대한 지식이 향상된다. 이 노벨상 수상자에 대한 자세한 정보는 www.nobelprize.org/prizes /chemistry/1964/hodgkin/biographical을 참조하라.

Digital Vision/Getty Images

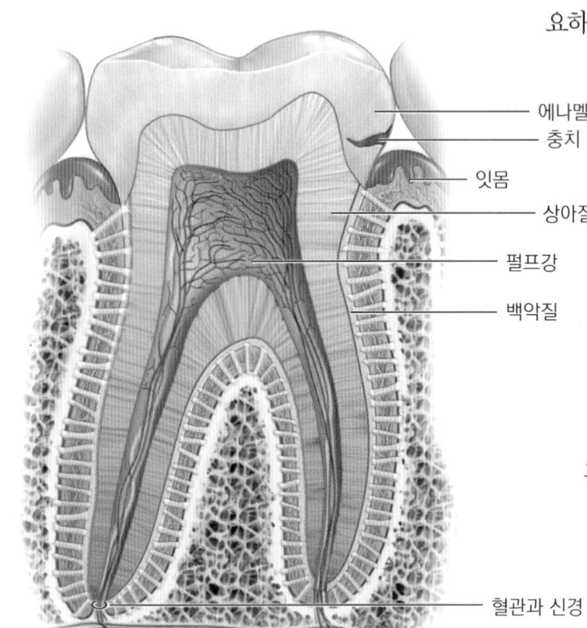

그림 4.16 **충치.** 입안의 박테리아는 식품 속 당을 분해하여 산을 만들어 치아의 에나멜층을 녹인다. 충치가 펄프강 속으로 진행되면 신경이 손상되어 통증이 생길 수 있다.

요하지만, 그것으로 과잉행동, 행동장애, 학습장애 등을 예방하지는 못한다.

고설탕 식사는 충치(dental caries, cavity) 발생 위험을 증가시킨다. 충치는 입안의 박테리아가 설탕을 산으로 대사시킬 때 발생한다(그림 4.16). 산은 치아의 에나멜층과 하부 구조를 점차적으로 녹이며, 부식, 불쾌감, 신경 손상도 일으킨다. 어떤 급원의 설탕도 충치를 유발하지만, 설탕량이 많고 이에 잘 붙는, 끈적끈적하고 껌 같은 식품[예를 들어, 캐러멜, 감초젤리(licorice), 젤리곰(gummy bear)] 등이 충치를 많이 유발한다. 입안에서 쉽게 발효되는 전분(크래커, 식빵) 등도 충치를 잘 일으킨다. 과일주스, 청량음료, 우유(유당 함유) 등을 하루 종일 먹으면, 치아는 설탕에 목욕하는 것과 같이 접하게 되어 충치를 유발할 수 있다. 따라서 아기나 어린이를 기르는 부모는 이러한 음료를 간식으로 먹일 때 주의하여야 한다.

유당 불내증

소장 내에서 생성되는 효소인 락테이즈의 양은 아동 초기부터 감소하기 시작하는 경우가 많다. 락테이즈가 부족한 것을 1차 유당 불내증(primary lactose intolerance)이라 하며, 유당을 (특히 많은 양을) 섭취한 뒤, 배가 아프고, 헛배가 부르며, 가스나 설사 등의 증상을 일으킨다. 헛배가 부르고 가스가 생기는 것은 소화되지 않은 유당이 대장 내의 박테리아에 의해 발효되어 일어난다. 소화되지 않은 유당은 또 수분을 대장 내로 끌어들여 설사를 일으킨다.

1차 유당 불내증은 전 세계 인구의 75%까지 발생할 수 있다. 북미에서는 성인의 약 25%가 유당 소화불량 증세를 보인다. 아시아계, 아프리카계, 중남미계 출신이 백인에 비해 유당 불내증에 더 잘 걸리는 편이다. 1차 유당 불내증 환자 중에는 증세를 보이지 않는 사람도 있다. 또한 대장 내 박테리아가 유당을 분해하므로, 적당량의 유당을 섭취하더라도 배탈이나 불쾌감이 없는 사람이 많다. 실제로 최근 조사에 따르면, 락테이즈 효소 생산이 저조한 사람의 거의 대부분이 우유 반 컵이나 한 컵 정도를 식사와 함께 마실 경우 견딜 수 있다고 한다. 경질 치즈(hard cheese), 요구르트, 애시도필러스 밀크(acidophilus milk: 발효유 종류) 등도 잘 먹을 수 있는데, 이러한 식품에는 대부분의 유당이 젖산(lactic acid)으로 변했기 때문이다. 그러므로 유당 불내증 증세가 있어도 유당 함유 식품(우유나 유제품 등) 섭취를 엄격히 제한할 필요가 없는 사람이 많다.

2차 유당 불내증(secondary lactose intolerance)이라 하는 유형은 크론병(Crohn's disease)이나 심한 설사 등과 같이 소장 내의 상태가 락테이즈 생산세포를 손상시킬 때 발생한다. 이때도 여러 가지 위장 증세를 보이지만 일시적이며, 소장이 회복되고 락테이즈가 정상적으로 생산되면 없어진다.

요구르트는 유당 불내증이 있는 사람들의 칼슘 필요량 충족에 도움이 된다.

Wavebreak Media/Getty Images

포도당 불내증

혈당치를 정상 범위 내로 유지하는 것은 신체 기능을 위해 적정 포도당을 제공하고 혈당치 변화 시 일어나는 증세를 예방하는 데 중요하다. 비정상적인 혈당 조절은 **고혈당증**

(hyperglycemia)이나 **저혈당증**(hypoglycemia)을 유발한다. 고혈당증이 저혈당증보다 더 일반적이며, 당뇨병이나 대사증후군 등과 관련이 높다.

고혈당증(hyperglycemia) 공복혈당이 125 mg/100 mL(dL) 이상.

저혈당증(hypoglycemia) 혈당이 50 mg/100 mL(dL) 이하.

혈당조절

정상적으로 공복 시(식사 후 몇 시간 경과) 혈당은 혈액 1 dL당 대략 70~100 mg 정도이다. 공복 시 혈당치가 126 mg/dL 이상이면 '당뇨병'으로 분류된다. 당뇨병 증세로는 배고픔, 갈증, 빈뇨(frequent urination), 체중 감소 등이 있다. 혈당치가 50 mg/dL 이하이면 '저혈당증'으로 분류되며, 그 증세로는 배고픔, 떨림(shakiness), 과민반응(irritability), 허약, 두통 등이 가용 에너지가 감소하면서 나타난다.

간은 혈류 내 포도당의 양을 조절하는 중요한 역할을 한다. 간은 소장에서 흡수된 당류를 선별하는 첫 번째 기관이며, 또한 식사 후에 혈류로 들어가는 포도당의 양(그림 4.14 참조)과 글리코겐으로 저장하여 예비할 포도당의 양을 결정한다.

혈당을 조절하는 또 다른 주요 기관으로 췌장이 있다. 음식을 먹기 시작하면 췌장에서 소량의 인슐린이 분비된다. 탄수화물이 소화되고 흡수되면, 혈당치가 올라가 췌장에게 신호를 보내고, 췌장은 다량의 인슐린을 분비한다. 인슐린은 근육과 지방조직으로 포도당 유입을 증가시킨다. 또한 인슐린은 포도당을 에너지로 사용하도록 촉진하며 여분의 포도당을 글리코겐으로 저장하도록 한다. 이러한 조치로 혈당은 식후 몇 시간 이내에 정상적인 공복 시 수준으로 낮아진다.

우리 신체의 다른 호르몬은 인슐린 효과에 역작용한다. 몇 시간 동안 탄수화물을 먹지 않으면 혈당이 감소하게 되어 글루카곤(glucagon)이라는 다른 췌장 호르몬이 분비된다. 이 호르몬은 간의 글리코겐을 분해하도록 하고, 포도당신생합성을 촉진하여 혈류에 포도당을 내보내어 혈당치를 정상으로 돌려놓는다(그림 4.17). 부신(adrenal gland)에서 분비되는 에피네프린(epinephrine = adrenaline)과 노르에피네프린(norepinephrine) 호르몬도 간의 글리코겐을 분해하여 포도당을 혈류로 방출시킨다. 이러한 호르몬은 '싸움-도피 반응(fight or flight reaction)'을 담당하는데, 일단 전방에서 다가오는 차량과 같이 '예상되는 위협'이 발생하면, 이에 반응하여 대량으로 분비된다. 결과적으로 포도당을 혈류로 신속히 방출함으로써 정신적 및 육체적 반응도 신속하게 뒤따른다. 코르티솔(cortisol)과 성장 호르몬도 근육의 포도당 사용을 줄여 혈당 조절을 돕는다(표 4.5).

요약하면, 포도당에 대한 인슐린의 작용은 글루카곤, 에피네프린, 노르에피네프린, 코르티솔, 성장 호르몬 등의 작용과 균형을 이룬다. 인슐린이나 글루카곤의 과분비나 저생산으로 호르몬의 균형이 유지되지 않으면 혈당 농도에 심각한 변화가 생긴다. 이러한 감지 균형 시스템으로 혈당은 안정된 범위 내에서 유지될 수 있다.

대사증후군

1/3 이상의 미국인이 대사증후군을 앓고 있다. **대사증후군**(metabolic syndrome)은 2형당뇨병과 심혈관질환의 위험을 증가시키는 요인들로 특징지어진다. 이들 요인에는 인슐린 저항성 또는 포도당 불내증(고혈당의 원인), 복부 비만, 혈중 중성지방 증가, LDL 콜레스테롤 수준 상승과 HDL 콜레스테롤 수준 저하, 혈압 상승, C-활동 단백질(C-reactive protein) 같은 염증성 단백질 증가, 산화된 LDL 콜레스테롤 농도 증가 등이 있다(5장 참조). 또한 대사증후군은

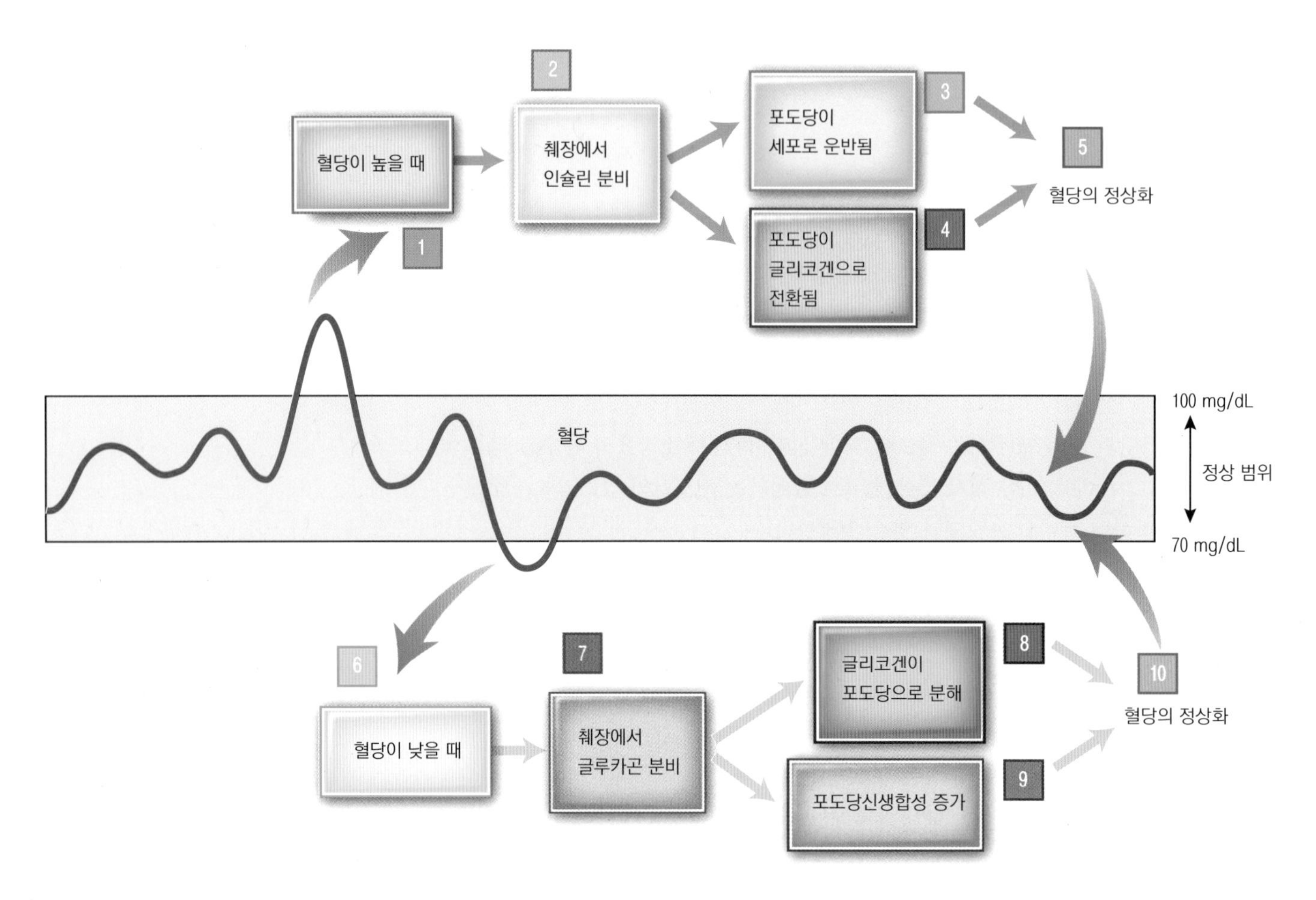

그림 4.17 혈당 조절기전. 인슐린과 글루카곤이 혈당 조절의 주요 호르몬이다. 혈당이 정상보다 높으면 1 췌장에서 인슐린이 분비되고 2 세포 속으로 포도당이 유입되며 3 포도당이 글리코겐으로 전환되게 되어 4 정상적인 혈당으로 떨어진다 5. 혈당이 정상보다 떨어지면 6 췌장에서 글루카곤이 분비된다 7. 이것은 인슐린과 반대 작용을 하여 글리코겐을 포도당으로 분해하고 8 당신생과정을 증가시켜 9 혈당을 정상으로 돌아오게 한다 10. 에피네프린, 노르에피네프린, 코르티솔, 성장 호르몬 같은 다른 호르몬들도 혈당 조절에 관여한다(자세한 사항은 표 4.5 참조).

비만, 비활동성, 유전적 요인, 노화 등과 관련이 있다. 미국 심장협회(AHA)와 미국 심장, 폐, 혈관협회(NHLBI)에서 다음 중 세 가지 이상의 증상이 있을 때 대사증후군으로 진단하는 기준을 제시하였다.

표 4.5 혈당을 조절하는 여러 가지 호르몬의 기능

호르몬	분비기관	작용기관	작용	혈당
인슐린	췌장	간, 근육, 지방조직	근육과 지방조직으로 포도당 유입 촉진, 글리코겐 합성 증가, 포도당신생합성 억제	감소
글루카곤	췌장	간	간의 글리코겐 분해를 촉진해 포도당 방출로 혈당을 높임, 포도당신생합성 증가	증가
에피네프린, 노르에피네프린	부신	간, 근육	간의 글리코겐 분해를 촉진해 포도당 방출로 혈당을 높임, 포도당신생합성 증가	증가
코르티솔	부신	간, 근육	간의 포도당신생합성 증가, 근육과 다른 기관에서 포도당 사용 억제	증가
성장 호르몬	뇌하수체	간, 근육, 지방조직	근육으로 포도당 유입 억제, 지방 방출과 이용 증가, 간에서 포도당 배출 증가	증가

- 허리둘레: 여자 35인치(89 cm) 이상, 남자 40인치(102 cm) 이상
  (한국인의 경우: 여자 85 cm 이상, 남자 90 cm 이상)
- 공복 중성지방 150 mg/dL 이상
- 혈중 HDL 콜레스테롤: 남자 40 mg/dL 이하, 여자 50 mg/dL 이하
- 혈압 130/85 mm Hg 이상
- 공복혈당 100 mg/dL 이상

체중 감소, 지방 섭취 줄이기, 활동량을 늘리기 등과 같은 생활습관을 개선하는 것이 대사증후군과 관련된 건강위험을 감소시키는 데 필수적이다.

저혈당증

저혈당증 또는 혈당 저하는 당뇨병 환자든 아니든 일어날 수 있는 현상이다. 저혈당증은 당뇨병 환자가 인슐린을 너무 많이 투입한 경우, 자주 충분히 섭취하지 않은 경우, 탄수화물 추가 섭취 없이 운동을 한 경우 등에서 발생할 수 있다.

당뇨병 환자가 아니더라도 **반응성 저혈당증**(reactive hypoglycemia)과 **공복성 저혈당증**(fasting hypoglycemia), 2종류의 저혈당증이 보고된 바 있다. 반응성 저혈당증(식후 저혈당증)은 식후 인슐린의 과다 분비로 기인한다. 특히 단순당 과잉 섭취 시 식후 2~5시간 후 불안, 발한, 초조, 허함, 두통, 혼미 등과 같은 증상을 보인다. 공복성 저혈당증은 8시간 이상 공복 시 혈당이 떨어지는 현상이다. 그러나 단순히 공복이 원인이라기보다 암, 간질환, 신장질환 같은 심각한 질환의 증상으로 기인한다고 본다.

혈당이 50 mg/dL 이하로 낮고, 전형적인 저혈당증 증세가 있으면 저혈당증으로 진단한다. 저혈당증 환자가 아니더라도 오랫동안 먹지 않으면, 건강한 사람도 저혈당증 증세를 보일 수 있다. 이런 경우도 저혈당증 환자에게 처방하는 영양요법을 따르는 것이 좋다. 혈당부하도가 낮고 수용성 식이섬유가 많은 탄수화물과 단백질과 지방 등이 균형 있게 함유된 식사를 규칙적으로 하면 저혈당 증세를 예방할 수 있다. 당이 많이 함유된 것 대신 단백질 함유 간식을 먹고, 탄수화물을 집중적으로 섭취하지 말고 하루에 적절히 나누어 먹도록 한다. 카페인과 알코올 섭취를 절제하는 것도 저혈당증 증세를 예방하는 데 도움이 될 수 있다.

▶ 당뇨병에 대한 더 많은 정보를 다음 웹 사이트 www.diabetes.org.에서 알아보자.

반응성 저혈당증(reactive hypoglycemia) 단순당이 많이 포함된 식사를 한 후 일어나는 저혈당증. 불안, 발한, 초조, 두통, 혼미 등과 같은 증상을 보임. 식후 저혈당증이라고도 함.

공복성 저혈당증(fasting hypoglycemia) 하루 정도 공복 후 혈당이 떨어지는 현상.

혈당지수와 혈당부하도

인체는 탄수화물 급원에 따라 다르게 반응한다. 예를 들어, 고섬유 현미를 섭취할 때 같은 함량의 으깬 감자를 섭취할 때보다 혈당 수준이 낮게 나타난다. 여러 음식물에 따른 혈당 반응은 항상 예측할 수 있는 것은 아니므로, 혈당지수와 혈당부하도라는 두 가지 도구를 개발하여 음식들의 혈당 반응을 알 수 있게 하였다(표 4.7).

혈당지수(glycemic index, GI)는 해당 식품과 표준 식품(일반적으로 포도당과 흰 빵)의 혈당 반응 비율이다. 혈당지수는 식품 1회분에 포함된 단백질과 지방의 양뿐만 아니라 식품의 전분 구조[아밀로오스 대(vs.) 아밀로펙틴] 섬유질 함량, 식품가공 정도, 물리적 구조(작은 표면적 vs. 큰 표면적), 온도 등에 영향을 받는다. 혈당지수치가 특히 높은 식품은 감자, 빵, 게토레이®

임상적 관점

당뇨병

이미 언급된 바와 같이 포도당 대사조절이 잘 되지 않으면 당뇨병을 일으킨다. 공복혈당(fasting blood glucose)이 126 mg/dL 이상이거나 당화혈색소가 6.5% 이상이면 당뇨병으로 진단한다. 북미인의 8% 이상이 당뇨병 환자이며, 당뇨병으로 매년 200,000명 이상이 사망한다. 성인의 35%가 당뇨병전단계 증세(공복혈당이 100~ 125 mg/dL 사이 또는 당화혈색소가 5.7~6.4%)를 보이고 있다.

당뇨병은 인슐린 의존형 당뇨병 또는 소년형 당뇨병이라고 불리는 1형당뇨병(type 1 diabetes)과 인슐린 비의존형 당뇨병 또는 성인 당뇨병이라고 하는 2형당뇨병(type 2 diabetes)으로 구분한다(표 4.6). 1형당뇨병과 2형당뇨병의 차이는 치료방법으로 인슐린 투여 여부에 따른다. 당뇨병 환자의 90%는 2형당뇨병이다.

1형당뇨병은 고혈당증의 전형적 증세인 공복감, 갈증, 다뇨, 체중 감소 등을 나타낸다. 그중 하나의 증세만으로는 당뇨병으로 진단하지 않는다. 이유 없는 체중 감소, 탈진, 시력 저하와 같은 증상이 함께 수반될 수 있다.

2형당뇨병 환자의 30~50%는 건강검진에서 진단되기 전까지 특별한 증세를 보이지 않고 당뇨병에 걸린 것을 알지 못한다. 이런 경우를 방지하고 당뇨병 이환율과 사망을 예방하기 위하여 45세 이상 성인은 3년마다 공복혈당을 검사하는 새 가이드라인을 두고 있다.

당뇨병의 세 번째 유형은 임신성 당뇨병이다. 임신부의 2~10% 정도가 임신성 당뇨병에 걸린다. 대개 인슐린과 식사요법으로 치료하고 출산 후 증상이 없어진다. 그러나 임신성 당뇨병 이환 임산부는 중년 이후 2형당뇨병 이환율이 높다.

1형당뇨병

1형당뇨병은 모든 연령층에 나타날 수 있지만, 8~12세의 아동기 후반에 많이 시작된다. 이 질환은 가족력이 있어 유전적 소인이 있다. 이 질병에 걸린 아동의 형제자매들은 1형당뇨병에 걸릴 위험이 높다. 1형당뇨병은 대부분 췌장의 인슐린 분비세포를 파괴하는 자가면역 장애로 발생한다. 췌장에서 인슐린을 합성하여 혈당을 조절하는 능력을 상실함에 따라 당뇨병 증상이 나타난다.

1형당뇨병은 췌장에서 인슐린 분비 감소의 결과로 혈당이 특히 식후에 증가된다. 혈당이 신장에서 혈류로 되돌리는 재흡수 한계치를 초과하면 초과한 당은 소변으로 배설된다. 당뇨병은 소변으로 당이 많이 배설된다는 의미이다. 그림 4.18은 포도당 75 g(20작은 술)을 먹은 후 1형당뇨병 환자에게 나타난 혈당부하곡선이다.

치료

당뇨병은 자기 관리, 약물 사용 및 생활습관 행동에 초점을 맞춘다. 1형당뇨병은 인슐린 요법으로 치료하는데 하루에 여러 번 주사하거나 인슐린 펌프를 사용한다. 펌프는 식후에 일정한 비율로 인슐린을 체내에 공급하며, 식후에 더 많은 양이 필요하다. 권고된 하나의 식사패턴이 있는 것은 아니지만 영양치료는 하루 세 번의 정규 식사와 한 번 이상의 간식을 포함하며(취침시간의 간식 포함), 인슐린 작용을 최대화하고 혈

표 4.6 1형당뇨병과 2형당뇨병 비교

	1형당뇨병	2형당뇨병
발병 빈도	당뇨병 환자의 5%	당뇨병 환자의 90%
원인	췌장의 자가면역 공격	인슐린 저항성
위험 요인	보통의 유전 경향	강한 유전적 소인 비만과 신체활동 부족 민족성 대사증후군 당뇨병전단계
특성	분명한 증상(갈증, 배고픔, 다뇨)	초기에 가벼운 증상(피로, 야간 다뇨) 케톤증 일반적으로 없음
치료	인슐린 식사 운동	식사 운동 경구 혈당 강하제 인슐린(심각한 경우)
합병증	심혈관질환 신장질환 신경질환 실명 감염	심혈관질환 신장질환 신경 손상 실명 감염
모니터링	혈당 소변 내 케톤 당화혈색소	혈당 당화혈색소

▶ 혈당관리 수행 정도 측정의 일반 임상적 방법은 당화혈색소(HbA1c) 농도를 측정하는 것이다. 혈당이 높은 상태로 시간이 경과하면 혈당은 적혈구 내 헤모글로빈에 부착하므로 이를 측정한다.

공복혈당(fasting blood glucose) 식사나 음료를 마시지 않고 8시간 이상 경과한 후 측정한 혈중 포도당 수준.

1형당뇨병(type 1 diabetes) 케톤증이 일어나기 쉬운 당뇨병으로 인슐린 요법이 필요함.

2형당뇨병(type 2 diabetes) 가장 흔한 당뇨병으로 케톤증이 흔하게 발생되지 않음. 인슐린 요법을 이용하기는 하지만 대부분의 경우 필요하지 않다. 비만과의 관련성이 있는 질병의 형태.

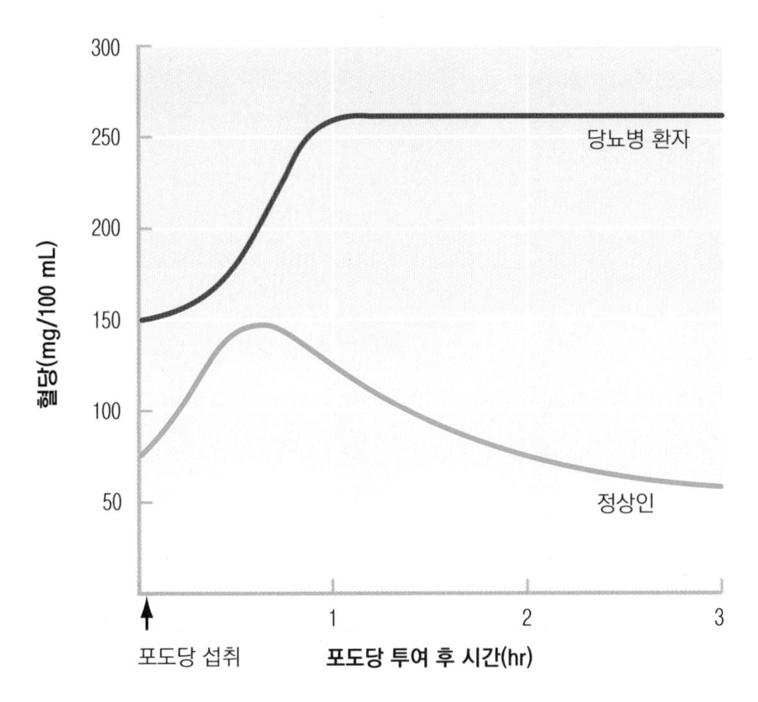

그림 4.18 당부하검사. 포도당 75 g을 섭취한 후 치료받지 않은 당뇨병 환자와 정상인의 혈당 농도 비교.

혈당을 정기적으로 검사하는 것은 당뇨병 치료의 중요한 부분이다.

Nick Rowe/Getty Images

당의 변화를 최소화하기 위한 탄수화물, 단백질, 지방 섭취를 위한 개별적인 식사 계획도 포함한다. 식사는 소모량에 맞게 에너지를 섭취하고, 포화지방산과 콜레스테롤은 적게 섭취하면서 전체 영양 필요량이 충족되도록 한다.

탄수화물량 계산법(carbohydrate counting)과 당뇨병 식품목록은 채소, 과일, 전곡류, 콩류, 유제품 등 다양한 식품을 섭취하면서 탄수화물 섭취의 균형을 이루고 혈당을 개선시키는 좋은 도구이다. 탄수화물량 계산법은 대개 12~15 g의 탄수화물을 1점으로 한다.

당뇨병을 잘 관리하지 못하면 단기적·장기적 건강 문제가 일어날 수 있다. 1형당뇨병 환자가 질병 관리에 실패하면 호르몬 불균형으로 체지방이 에너지를 내기 위해 분해된다. 지방이 케톤체로 전환하므로 케톤증이 발생한다. 케톤체는 혈중 내 농도가 높아지면 소변으로 배설된다. 또한 케톤체는 소변으로 나트륨과 칼륨을 같이 끌어들여, 탈수, 이온 불균형, 혼수, 사망까지도 초래할 수 있다. 인슐린과 수액(나트륨, 칼륨, 염소 등 포함)으로 치료한다.

당뇨병은 오랜 기간 관리하지 않으면 실명, 심혈관질환, 신장질환 등 퇴행성 상태를 초래한다. 신경도 손상되어 신체의 신경자극전달이 잘 안되어 신경장애(neuropathy)를 유발한다. 이런 증상이 소장에 일어나면 간헐적인 설사와 변비를 일으킨다. 당뇨병 환자는 팔, 손, 다리, 발의 신경 손상으로 상처나 감염에 대한 감각을 잃게 되는 경우가 많다. 통증에 대한 정상적인 감각이 없으면 치료가 늦어지고, 그 부위에 포도당이 많아 박테리아의 증식이 쉬워지고, 사지가 손상되고, 조직이 괴사되어 때로는 절단하게 된다. 또한 당뇨병을 잘 관리하지 못하면 혈관벽에 지방이 빠르게 축적되어 심혈관질환의 위험도가 증가한다.

당뇨병 관리 및 합병증 연구(the diabetes control and complications trial, DCCT)와 다른 최근 연구를 보면 혈당을 정상 수준으로 유지하는 적극적인 치료로 당뇨병 관련 심혈관질환이나 신경 손상의 발병을 지연시킬 수 있음을 알 수 있다. 그러나 이 방법은 저혈당 같은 약간의 위험이 따르므로 반드시 의사의 지시 하에 시행되어야 한다.

당뇨병 환자는 의사, 영양사와 함께 규칙적으로 식사, 약물요법, 운동요법 등을 조절하고 모니터해야 한다. 육체적 운동은 인슐린 작용에 관계없이 근육에 의해 포도당 이용을 증대시켜 혈당을 낮춘다. 이것은 유익하나 당뇨병 환자는 신체 활동에 따른 자신의 혈당 반응을 알아 적절히 계획하여 저혈당을 예방하여야 한다.

앱은 식단, 혈당 수치, 인슐린 용량 및 기타 건강 매개 변수(예: 혈당, 체중, 당화혈색소)를 추적하여 개인이 당뇨병을 스스로 관리할 수 있도록 도와준다. 일부 디지털 앱은 사용자가 당뇨병을 관리하고 의료팀과 건강 데이터를 더 쉽게 공유할 수 있도록 미리 알람을 설정할 수 있게 한다. 혈당측정기와 연결된 앱은 혈당이 정상 밖의 범위를 벗어났을 때 개인에게 경고를 줄 수 있다.

생각해 봅시다

Marc와 Dan은 같은 활동과 음식을 좋아하는 쌍둥이이다. 최근에 의사를 만났을 때, Dan은 자신이 2형당뇨병을 앓고 있다는 말을 들었다. 그는 평소와 같이 몸 상태가 좋았으며 건강에 어떤 변화도 알아차리지 못했다. 그는 자신이 왜 당뇨병에 걸렸는지, 그의 형제는 왜 당뇨병에 걸리지 않았는지, 왜 눈에 띄는 증상이 없었는지 이해할 수 없었다. 당신은 그에게 이를 어떻게 설명할 것인가?

2형당뇨병

2형당뇨병은 인슐린 저항성이나 인슐린에 대한 신체 세포의 반응이 없어 발생하는 진행형 질환이다. 그 결과 포도당은 세포 안으로 쉽게 이동되지 못하고 혈액에 남아 고혈당증을 일으킨다. 2형당뇨병 환자는 인슐린 생산이 낮기도, 정상이기도, 때로는 높기도 한다. 그러나 인슐린이 생산되는 양에 관계없이 세포는 인슐린에 덜 반응한다.

2형당뇨병은 가장 일반적인 유형으로, 북미 당뇨병 환자의 90%를 차지한다. 45세 이상이면서 중남미, 아프리카, 아시아, 미 원주민, 태평양제도 등지의 출

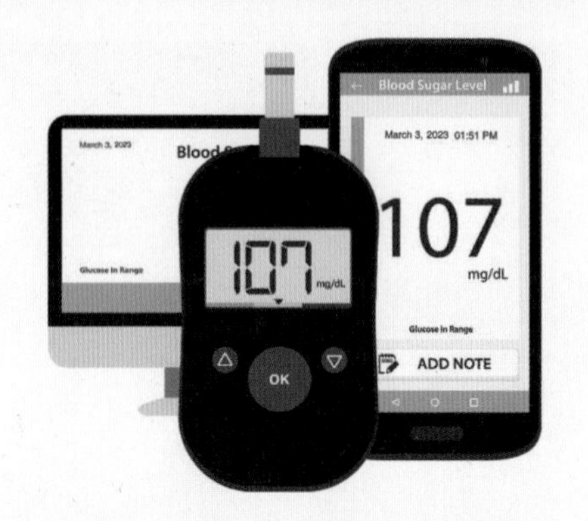

해당 앱은 현재 혈당계에 직접 연결하여 이용할 수 있어, 당뇨병 모니터링 및 추적을 더 용이하게 한다.

Julia Pankin/Shutterstock

신이면 특히 이환율이 높다. 주로 비활동적이고 비만한 사람이 많기 때문에 2형당뇨병 환자 수가 증가하고 있다. 또한 2형당뇨병이 어린 연령층에서 상당히 증가되고 있는데, 이는 이 연령층에서 주로 과체중 증가와 운동량 부족이 연계되어 발생한 것으로 보인다. 2형당뇨병은 유전적으로 연관되어 있어 가족력이 매우 중요한 위험 요인이다. 이런 유전적 연관 때문에 가족력을 가진 사람은 비만, 운동 부족, 포화지방산과 콜레스테롤이 많은 식품, 혈당지수가 높은 식품 등, 다른 위험 요인들을 피해야 한다.

치료

2형당뇨병의 치료는 생활습관 개선과 약물요법을 통해 혈당을 일정 수준으로 유지하는 것을 목표로 한다. 영양적인 식사와 규칙적인 운동 계획은 치료의 중요한 요소이다. 운동을 꾸준히 하고 에너지 관리, 영양이 풍부한 식사를 규칙적으로 하면 건강한 체중을 유지하고 근육세포로 포도당의 이동을 증가시키고 혈중 지질과 심혈관질환의 위험을 낮추고, 정상 혈당 유지를 돕는다. 포화지방보다 단일 불포화지방, 오메가-3 지방산이 풍부한 식품을 포함하는 지중해 스타일 식습관이 권장된다. 과체중이나 비만의 경우 약간의 체중 감소도 혈당 조절에 도움이 될 수 있다.

2형당뇨병 환자는 혈당을 조절하기 위해 식사조절과 규칙적인 운동 외에 약물이 필요한 경우가 많다. 간에서 포도당 생산을 감소시키거나, 췌장에서 인슐린 합성을 증진시키거나, 소장에서 포도당의 흡수를 늦추거나, 인슐린에 대한 세포의 저항성을 감소시켜 혈당을 조절하는 경구약제를 사용한다. 그러나 경구약제로 혈당 조절에 실패하여 정상화되지 못한 경우 인슐린 투여가 필요하다.

적당량의 알코올(하루 1회)은 1형 및 2형당뇨병 환자 모두 허용된다. 실제로 소량의 알코올이 HDL 콜레스테롤을 높이고, 심혈관질환의 위험을 줄이는 데 도움이 된다. 그러나 알코올 섭취(특히 적당한 식사 없이 음주하는 경우)는 심한 저혈당증을 유발할 수 있다. 그러므로 당뇨병 환자는 알코올 섭취를 조심하고 혈당 수준을 면밀히 모니터하여 저혈당증을 피하도록 한다.

당뇨병 검진으로 당뇨병 이환을 줄이고 건강을 보호한다.

2형당뇨병은 생활습관 개선을 통해 질병 유발 가능성을 많이 줄일 수 있다. 비만과 운동 부족은 2형당뇨병의 공통 위험 요소이다. 건강 체중을 유지하고 운동을 꾸준히 하고 식생활지침을 지키면 질병 위험을 줄일 수 있다. 당뇨병 가족력을 가진 사람, 임신성 당뇨병에 걸린 적이 있는 여성은 공복혈당 검사, 혈당부하 검사 등으로 규칙적으로 조사하는 것이 개인의 건강관리에 중요한 부분이다.

당뇨병은 아직 완치 가능한 질병은 아니지만 식이, 운동, 약물요법 등으로 관리할 수 있다. 혈당 조절을 잘하는 것이 심혈관질환, 신장질환, 실명, 신경 손상 등과 같은 장기적인 당뇨병 관련 합병증을 예방하는 데 대단히 중요하다. 당뇨병 교육, 생활습관 개선, 약물요법 관리, 혈당 자가 모니터링 등은 모든 당뇨병 환자의 건강 유지에 필수적이다.

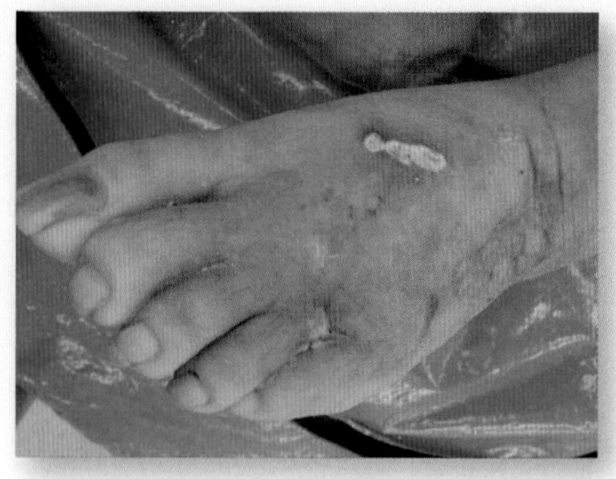

오랫동안 혈당 조절을 잘하지 못하면 혈액순환이 잘 안 되어 신경 손상을 일으킨다. 이런 신경 손상으로 감각이 없어지고 궤양으로 발전하여 치료가 어렵게 된다.

McGraw-Hill Education

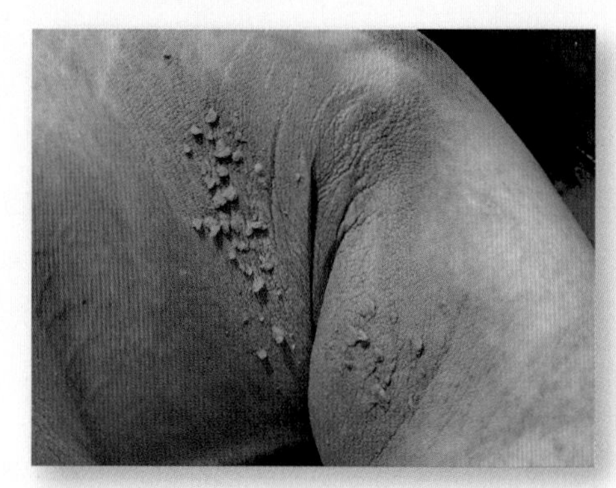

2형당뇨병 환자는 흑색극세포증(acanthosis nigricans)이라는 증세를 보이기도 한다. 목, 이마, 배꼽, 겨드랑이, 사타구니 같은 곳의 피부가 검게(hyperpigmentation) 변한다.

McGraw-Hill Education

규칙적인 운동은 2형당뇨병의 위험을 줄이는 데 중요하다. 2형당뇨병 환자에게도 운동은 질병관리의 중요한 부분이다.

©Stockbyte/PunchStock RF

(스포츠 음료), 백미, 꿀, 젤리빈 등이다. 혈당지수는 탄수화물 50 g 제공분량을 기준으로 하므로 일반적으로 섭취하는 식사량을 반영하지 못하는 단점이 있다.

혈당부하도(glycemic load, GL)는 섭취한 탄수화물의 양과 혈당지수를 함께 고려한 것이기 때문에, 식품이 혈당에 미치는 영향을 반영하는 데 있어, 혈당지수만 반영하는 것보다 더 낫다. 음식의 혈당부하도 계산은 식품 1회분의 탄수화물의 총량(단위: g)에 그 식품의 혈당지수를 곱하고, (혈당지수 단위가 %이므로) 100으로 나눈다. 예를 들어, 바닐라 웨하스의 혈당지수는 77이고, 1회 섭취량(5개)의 웨하스 탄수화물량이 15 g이므로 혈당부하도는 아래와 같이 12가 된다.

$$(77 \times 15) / 100 = 12$$

당근은 혈당지수가 높다고 알려져 있지만, 실제로는 혈당부하도를 낮춘다.

Ingram Publishing/Alamy Stock Photo

바닐라 웨하스의 혈당지수는 비교적 높지만, 혈당부하도로 볼 때 이 식품이 혈당치에 미치는 영향은 상당히 낮음을 알 수 있다.

왜 우리는 여러 가지 식품이 혈당에 미치는 영향에 관심을 가져야 하는가? 혈당부하도가 높은 식품은 췌장의 인슐린 분비를 증가시켜 혈당을 떨어지게 한다. 이러한 혈당의 극적 변화는 당뇨병 환자에게 단기적 및 장기적으로 영향을 준다. 만성적 고인슐린 상태는 혈중 중성지방을 높이고, 지방 조직 내 지방 축적을 증가시키며, 간의 지방 합성을 증가시키고, 식후 공복감이 빨라지는 등, 우리 신체에 나쁜 영향을 준다. 그러므로 혈당부하도가 낮은 식품을 많이 섭취하는 것은 건강식사로 권장되고 있다. 혈당부하도가 낮은 식품들이 식이섬유 함량이 높으므로 이런 식품의 섭취를 많이 하면 섬유소 섭취도 증가해 심혈관질환, 대사증후군, 암 등의 위험을 낮출 수 있을 것이다.

혈당지수와 혈당부하도의 이용은 논란의 여지가 다소 있기 때문에, 그 이용의 이점에 의문을 갖는 연구자도 많다. 각 식품을 혼합식으로 먹을 때 두 방법 모두 영양학적으로 혈당반응을 나타내지 못한다. 예를 들어, 시리얼과 우유, 마카로니와 치즈, 빵과 땅콩버터와 같이 대부분 혈당지수가 높은 식품과 혈당지수가 낮은 식품을 같이 먹기 때문에 각 식품의 혈당지수와 혈당부하도는 그 식품의 각 지수보다 더 낮게 나타난다.

혈당지수(GI) 표준 식품(일반적으로 포도당 또는 흰 빵)과 비교한 해당 식품의 혈당 반응.

혈당부하도(GL) 식품의 탄수화물의 총량에 그 식품의 혈당지수를 곱하고 100으로 나눈다.

▶ 흰 빵과 통밀빵의 혈당지수나 혈당부하도가 왜 비슷한지 의아할 것이다. 통밀가루는 일반적으로 너무 갈아서 소화와 흡수가 빠르기 때문이다. 그러므로 이런 식이섬유 급원이 혈당 수준을 감소시키는 효과를 나타내기 위해서는 통밀가루나 스틸컷 귀리처럼 곡류 가공을 최소화할 것을 권한다.

사례연구 후속

Ingram Publishing/SuperStock

Myeshia는 우유에 문제가 있다고 의심했다. 왜냐하면 우유를 먹었을 때 팽만감이 들고 가스가 찼기 때문이다. 그녀는 우유를 요구르트로 대체함으로써 이러한 증상을 줄이는 데 성공했다. 우리가 앞서 배웠듯이, 요구르트는 유당불내증이 있는 사람들에게 우유보다 더 잘 용인된다. 이는 요구르트 안의 박테리아가 유당의 많은 부분을 소화시키기 때문이다. 경질치즈 또한 칼슘을 공급하는 동시에 유당의 수치가 낮은 식품이다. 그러나 유당불내증이 있는 사람들도 소량에서 적당한 양의 우유를 섭취했을 때 유당에 대한 증상이 거의 혹은 전혀 없을 수 있다는 것에 주목해라. 식단에서 음식을 제거하기 전에, Myeshia는 그녀가 스스로 진단한 것이 맞는지 확인하기 위해 의료진을 방문하는 것이 현명할 것이다.

lynx/iconotec.com/Glowimages

표 4.7 식품의 혈당지수(GI)와 혈당부하도(GL)

표준식품 포도당=100
저 혈당지수 식품: 55 이하
중 혈당지수 식품: 55~69
고 혈당지수 식품: 70 이상

저 혈당부하도 식품: 10 이하
중 혈당부하도 식품: 11~19
고 혈당부하도 식품: 20 이상

	제공량	혈당지수(GI)*	탄수화물(g)	혈당부하도(GL)
파스타/곡류				
현미	1컵	55	46	25
백미, 단원립(short-grain)	1컵	72	53	38
채소				
삶은 당근	1컵	49	16	8
옥수수	1컵	55	39	21
구운감자	1컵	85	57	48
유제품				
우유, 무지방	1컵	32	12	4
요구르트, 무지방	1컵	33	17	6
아이스크림	1컵	61	31	19
콩과류				
구운 콩	1컵	48	54	26
강낭콩	1컵	27	38	10
렌즈콩	1컵	30	40	12
설탕류				
꿀	1작은술	73	6	4
서당	1작은술	65	5	3
유당	1작은술	46	5	2
빵과 머핀				
통밀빵	1조각	69	13	9
흰 빵	1조각	70	10	7
과일류				
사과	1개(중간 크기)	38	22	8
바나나	1개(중간 크기)	55	29	16
오렌지	1개(중간 크기)	44	15	7
복숭아	1개(중간 크기)	42	11	5
음료류				
오렌지 주스	1컵	46	26	13
게토레이	1컵	78	15	12
코카콜라	1컵	63	26	16
간식류				
감자칩	1 oz(30 g)	54	15	8
초콜릿	1 oz(30 g)	49	18	9
젤리빈	1 oz(30 g)	80	26	21

*포도당과 비교한 수치

출처: Foster-Powell, K et al, "International table of glycemic index and glycemic load," The American Journal of Clinical Nutrition, Vol. 76 no. 1, January 2002, pp. 5-56.

► 식품표시에서 순탄수화물(net carbs)을 볼 수 있다. FDA에서 승인된 용어는 아니지만, 혈당을 상승시킬 수 있는 탄수화물을 지칭할 때 사용된다. 혈당에 영향력이 낮은 식이섬유와 당알코올 함량은 총 탄수화물량에서 빼서 순탄수화물을 산출한다.

확인합시다!

1. 인슐린과 글루카곤은 어떻게 혈당 수준을 조절하는가?
2. 1형당뇨병과 2형당뇨병은 어떻게 다른가?
3. 당뇨병을 잘 관리하지 못하면 어떤 건강상의 위험이 있는가?
4. 혈당지수와 혈당부하도의 차이는 무엇인가?

참고문헌

1. Fitch C, Keim KS. Position of the Academy of Nutrition and Dietetics: Use of nutritive and nonnutritive sweeteners. J Acad Nutr Diet. 2012;112:739.
2. Food and Nutrition Board. Dietary Reference Intakes for energy, carbohydrate, fiber, fat, fatty acids, cholesterol, protein, and amino acids. Washington, DC: National Academies Press; 2005.
3. Keim NL and others. Carbohydrates. In: Shils ME and others, eds. Modern nutrition in health and disease. 11th ed. Philadelphia: Lippincott Williams & Wilkins; 2013.
4. Marriott BP and others. National estimates of dietary fructose intake increase from 1977 to 2004 in the United States. J Nutr. 2009;139:1228S.
5. Skypala I. Adverse food reactions—An emerging issue for adults. J Am Diet Assoc. 2011;111:1877.
6. Grabitske H, Slavin J. Gastrointestinal effects of low-digestible carbohydrates. Crit Rev Food Sci Nutr. 2009;49:327.
7. Lockyer S, Nugent AP. Health effects of resistant starch. Nutr Bull. 2017; doi.org/10.1111/nbu.1224.
8. Evans CE. Dietary fibre and cardiovascular health: A review of current evidence and policy. Proc Nutr Soc. 2019; doi:10.1017/S0029665119000673.
9. McRae MP. Dietary fiber intake and type 2 diabetes mellitus: An umbrella review of meta-analyses. J Chiropr Med. 2018;17:44.
10. Copeland E, Jones AS. Diverticular disease and diverticulitis: Causes, symptoms, and treatment. Pharmaceu J. 2019;article20206352.
11. McRae MP. Health benefits of dietary whole grains: An umbrella review of meta-analyses. J Chiropr Med. 2017;16:10.
12. Aune D and others. Dietary fibre, whole grains and risk of colorectal cancer: Systematic review and dose-response meta-analysis of prospective studies. BMJ. 2011;343:d6617.
13. Collin LJ and others. Association of sugary beverage consumption with mortality risk in US adults. JAMA Network Open. 2019;2:e193121.
14. Guasch-Ferre M, Hu FB. Are fruit juices just as unhealthy as sugar-sweetened beverages? JAMA Network Open. 2019;2:e193109.
15. Stanhope KL. Sugar consumption, metabolic disease and obesity: The state of the controversy. Crit Rev Clin Lab Sci. 2016;53:52.
16. Lohner S and others. Health outcomes of non-nutritive sweeteners: Analysis of the research landscape. Nutr J. 2017;16:55.
17. Samuel R and others. Stevia leaf to stevia sweetener: Exploring its science, benefits, and future potential. J Nutr. 2018;148:1186S.
18. U.S. Department of Health and Human Services and U.S. Department of Agriculture. Dietary Guidelines for Americans, 2020–2025, 9th ed. 2020. dietaryguidelines.gov.
19. Ervin RB, Ogden CL. Consumption of added sugars among U.S. adults, 2005–2010. NCHS Data Brief, #122. Hyattsville, MD: National Center for Health Statistics; 2013.
20. Welsh JA and others. Consumption of added sugars is decreasing in the United States. Am J Clin Nutr. 2011;94:726.
21. Quagliani D, Felt-Gunderson P. Closing America's fiber intake gap. Am J Lifestyle Med. 2017;11:80.
22. Murphy MM and others. Global assessment of select phytonutrient intakes by level of fruit and vegetable consumption. Br J Nutr. 2014;112:1004.
23. Murphy N and others. Dietary fibre intake and risks of cancers of the colon and rectum in the European Prospective Investigation into Cancer and Nutrition (EPIC). PLOS ONE. 2012;7(6):e39361.
24. Miketinas DC and others. Fiber intake predicts weight loss and dietary adherence in adults consuming calorie-restricted diets: The POUNDS lost (Preventing Overweight Using Novel Dietary Strategies) study. 2019;149:1742.
25. Dong D and others. Consumption of specific foods and beverages and excess weight gain among children and adolescents. Health Affairs. 2015;34:1940.
26. Ye E and others. Greater whole-grain intake is associated with lower risk of type 2 diabetes, cardiovascular disease, and weight gain. J Nutr. 2012;142:1304.
27. Chen G and others. Whole-grain intake and total, cardiovascular, and cancer mortality: A systematic review and meta-analysis of prospective studies. Am J Clin Nutr. 2016;104:164.
28. Szilagyi A, Ishayek N. Lactose intolerance, dietary avoidance, and treatment options. Nutr. 2018;10:1994.
29. Kit BK and others. Trends in sugar-sweetened beverage consumption among youth and adults in the United States: 1999–2010. Am J Clin Nutr. 2013;98:180.
30. Malik VS and others. Long-term consumption of sugar-sweetened and artificially sweetened beverages and risk of mortality in adults. Circ. 139:2113.
31. Brownell KD and others. The public health and economic benefits of taxing sugar-sweetened beverages. New Eng J Med. 2009;361:1599.
32. Brownell KD, Frieden TR. Ounces of prevention—The public policy case for taxes on sugared beverages. N Engl J Med. 2009;60:18.
33. World Health Organization. Taxes on sugary drinks: Why do it? 2017; apps.who.int/iris/bitstream/handle/10665/260253/WHO-NMH-PND-16.5Rev.1-eng.pdf;jsessionid=F02C260701A5B52AAFF08456F52E92C2?sequence=1.
34. Epstein L and others. The influence of taxes and subsidies on energy purchased in an experimental purchasing study. Psychol Sci. 2010;21:406.
35. Wilde P and others. Cost-effectiveness of a US national sugar-sweetened beverage tax with a multistakeholder approach: Who pays and who benefits. Am J Public Health. 2019;109:276.
36. Bray GA. Potential health risks for beverages containing fructose found in sugar or high-fructose corn syrup. Diabetes Care. 2013;36:11.
37. Moore JX and others. Metabolic Syndrome prevalence by race/ethnicity and sex in the United States, National Health and Nutrition Examination Survey, 1988– 2012. Prev Chronic Dis. 2017;14:E24.
38. Holvoet P and others. Association between circulating oxidized low-density lipoprotein and incidence of the Metabolic Syndrome. JAMA. 2008;299:2287.
39. American Diabetes Association. Standards of medical care in diabetes. Diabetes Care. 2019;37:11.
40. American Diabetes Association. Foundations of care and comprehensive medical evaluation. Diabetes Care. 2016;39:S23.
41. Papatheodorou K and others. Complications of diabetes 2017. J Diabetes Res. 2018;3086167.
42. Chawla A and others. Microvascular and macrovascular complications in diabetes mellitus: Distinct or continuum? Indian J Endocrinol Metab. 2016;20:546.
43. Colberg SR and others. Physical activity/exercise and diabetes: A position statement of the American Diabetes Association. Diabetes Care. 2016;39:2065.
44. Epstein L and others. The influence of taxes and subsidies on energy purchased in an experimental purchasing study. J Am Diet Assoc. 2008;108:S34.
45. Murphy N and others. Dietary fibre intake and risks of cancers of the colon and rectum in the European Prospective Investigation into Cancer and Nutrition (EPIC). IUBMB Life. 2011;63:7.
46. Ye E and others. Greater whole-grain intake is associated with lower risk of type 2 diabetes, cardiovascular disease, and weight gain. Nutr Metab. 2015;12:6.
47. 보건복지부, 한국영양학회, 2020 한국인 영양소 섭취기준

Holly Curry/McGraw–Hill

오메가-3 지방산 섭취의 중요성은 수년 전 그린란드 에스키모 연구에서 발견되었다. 그들의 식단은 생선 기름이 많으며 혈액 응고가 감소하고 심장병 위험이 낮다. 연어와 같은 냉수성 생선 2인분은 매주 오메가-3 지방산 요구량을 충족할 수 있다. heart.org에서 이러한 지방에 대해 자세히 알아보자.

5 지질

학습목표

01. 지방산의 화학적 구조와 명칭
02. 신체 내 중성지방, 지방산, 인지질 및 스테롤의 기능
03. 건강 효과에 기초한 지방산의 분류 및 평가
04. 두 가지 필수지방산의 차이점
05. 중성지방, 지방산, 인지질 및 스테롤의 급원식품
06. 지질의 영양소 섭취기준
07. 총 지방, 포화지방 및 트랜스지방의 섭취 조절 전략
08. 신체 내 지질의 소화 흡수 및 이동
09. 지질 섭취와 만성 질환의 관계
10. 심혈관계질환 예방을 위한 식사방법

개요

지질(지방과 기름)은 음식에 부드러운 질감뿐만 아니라 버터 빵이나 갈비에서 나는 고소한 맛 같은 향미를 제공하기도 하는데, 우리가 먹는 거의 모든 음식에는 아주 적더라도 약간의 지방이 함유되어 있다. 지방을 많이 함유하고 있는 식품으로는 채종유, 마가린, 버터, 아보카도와 견과류 등이 있으며 모두 100%에 가까운 에너지를 지방으로 제공한다(그림 5.1). 육류, 치즈, 땅콩버터처럼 고단백 식품에도 지방이 많이 포함되어 있으며 케이크, 파이, 쿠키, 머핀, 초콜릿, 아이스크림 등 간식에도 상당량 들어 있다. 지방은 음식의 향미, 질감 및 에너지 외에도 지용성 비타민(A, D, E, K)을 제공하며, 에너지 밀도가 높기 때문에 탄수화물이나 단백질보다 2배 이상 에너지를 제공한다. 체지방은 열 손실을 방지해주고 중요 장기를 보호하는 역할을 하며 호르몬을 합성한다.
이처럼 지질은 필수적인 영양소이지만 건강상 효과가 다양하기 때문에 좋지 못하다는 인식이 있다. 지질의 특성을 확인하여 잘못 인식된 부분을 바로잡아 보도록 하자.

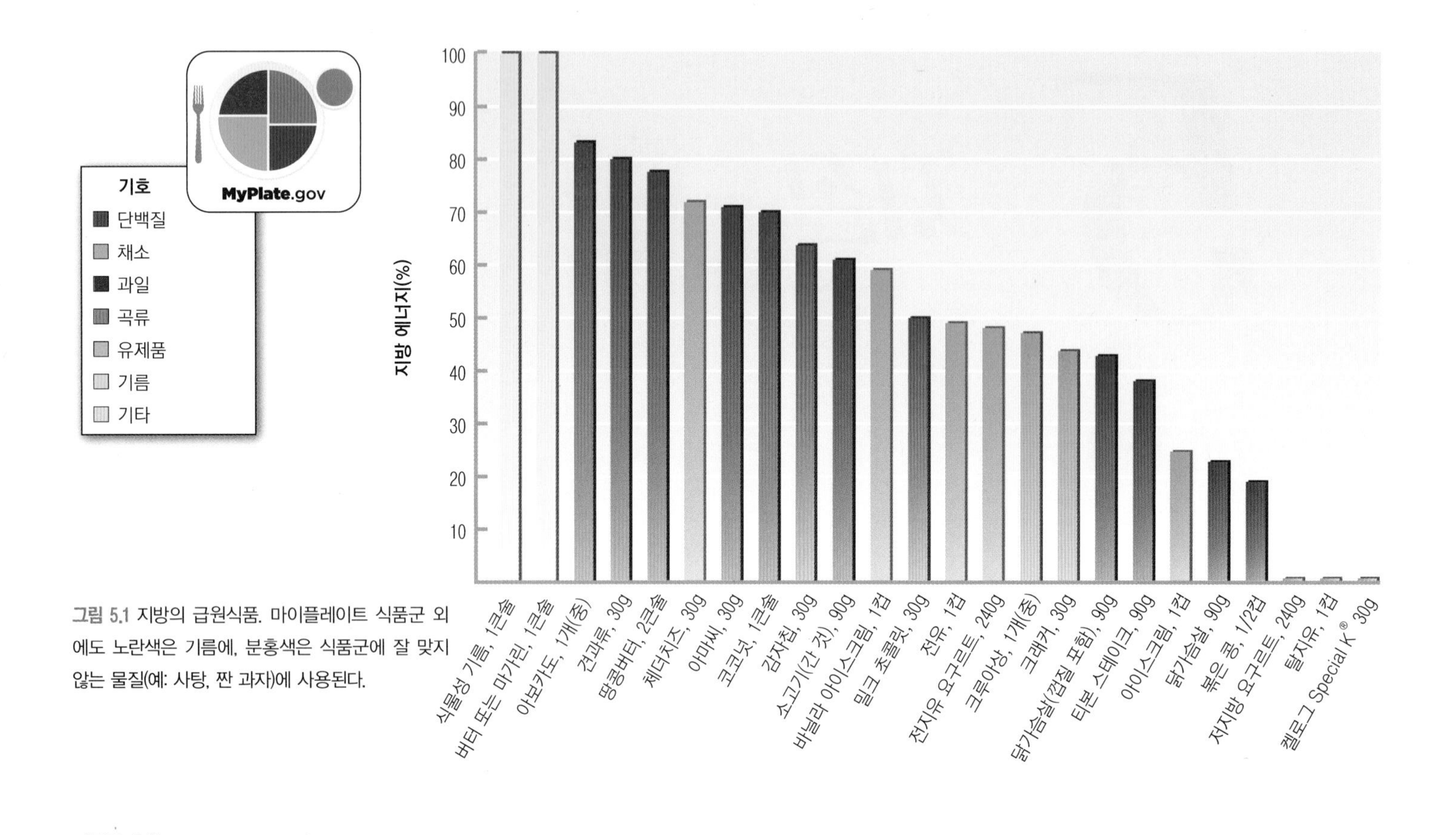

그림 5.1 지방의 급원식품. 마이플레이트 식품군 외에도 노란색은 기름에, 분홍색은 식품군에 잘 맞지 않는 물질(예: 사탕, 짠 과자)에 사용된다.

지질의 유형
중성지방
인지질
스테롤

▶ 식품 중 지질은 일반적으로 에너지가 높기 때문에 다량영양소 중에서 포만감을 가장 많이 느끼게 하는 것으로 알려져 왔다. 그러나 최근에는 단백질과 탄수화물이 포만감을 더 느끼게 해준다고 본다(그램당 비교 시).

5.1 중성지방

지질(lipid)은 버터, 라드, 올리브유, 마가린 등 단순히 지방(fat)과 기름(oil)만 의미하는 것이 아니라 중성지방, 인지질, 스테롤 등을 포함하는 영양소 집단이다. 이러한 다양한 지질은 그 구조와 기능은 서로 다르지만 모두 탄소, 수소, 산소로 구성되어 있으며 물에 용해되지 않는다. 그러나 이들은 클로로포름, 벤젠, 에테르 같은 유기용매에 녹는다. 기름과 식초로 샐러드드레싱을 만드는 과정을 상상해보자. 드레싱을 지속적으로 세게 흔들지 않으면 기름이 식초 위로 뜨면서 층을 형성한다. 이러한 물에 녹지 않는 지질의 특성은 탄수화물이나 단백질과는 다르다.

중성지방은 음식과 우리 몸에서 발견되는 가장 흔한 지질로, 우리가 먹는 지방의 95%, 우리 몸에 저장된 지방의 95%가 중성지방이다.

구조

중성지방(triglyceride)은 기본 골격인 글리세롤의 3개 수산기(-OH)에 지방산 3분자가 결합하여 형성되는데(그림 5.3), 지방산은 모두 동일하거나 또는 다를 수 있다. 이 결합과정에서 3분자의 물이 생성된다. 지방산과 글리세롤이 화학적으로 결합하는 과정을 **에스테르화반응**(esterification)이라고 하며, 글리세롤로부터 지방산이 분리되는 반응은 가수분해(hydrolysis)라고 한다. 글리세롤로부터 분리된 지방산은 **유리지방산**(free fatty acid)이라 부른다. 중성지방에서 지방산 1분자가 제거되면 **디글리세리드**(diglyceride), 지방산 2분자가 제거되면 **모노**

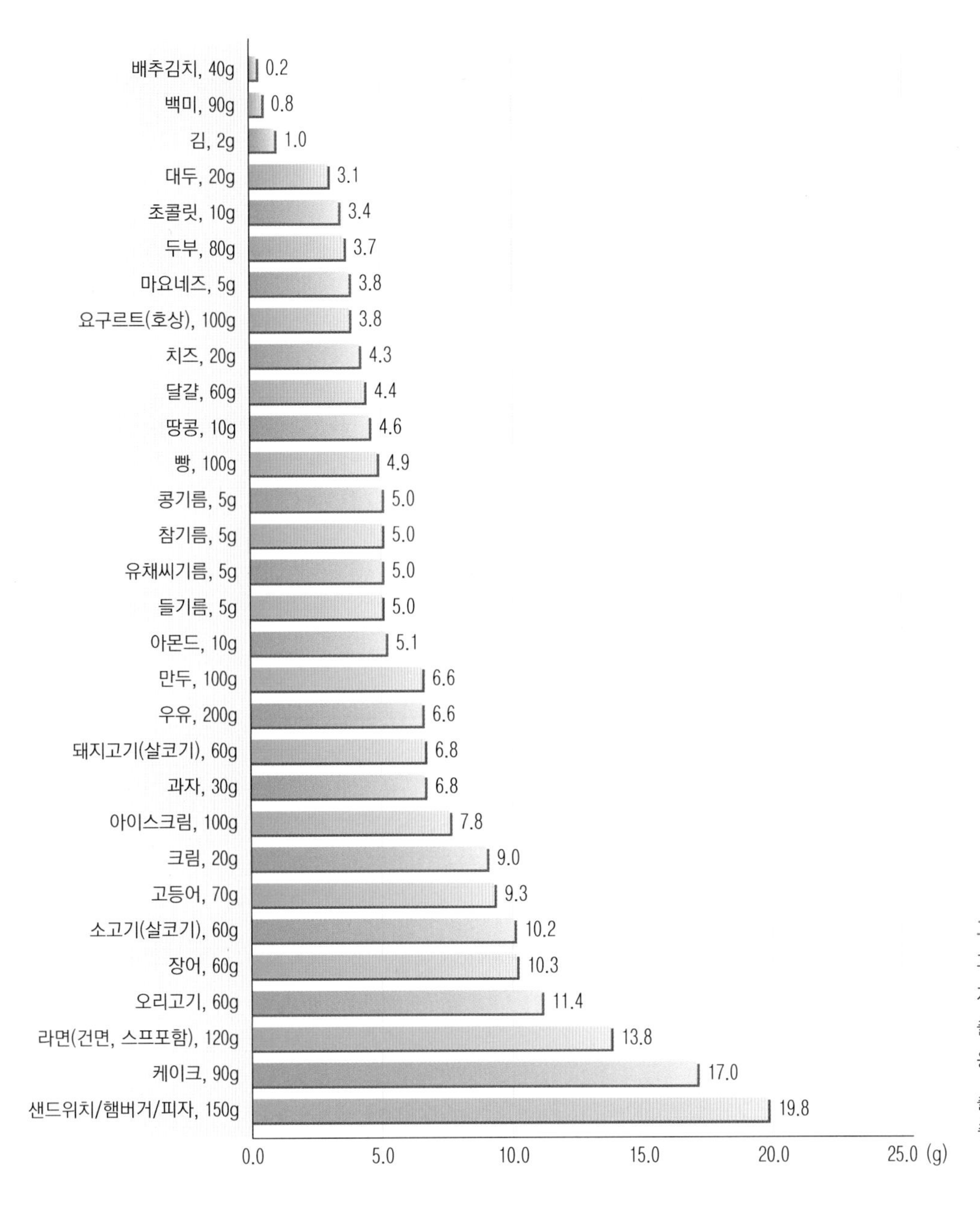

그림 5.2 2017년 국민건강영양조사의 식품별 섭취량과 식품별 지방 함량(국가표준식품성분표 DB 9.1) 자료를 활용하여 지방 주요 급원식품 상위 30위 산출 후 1회 분량(2015 한국인 영양소 섭취기준)을 적용하여 1회 분량 당 함량 산출

출처: 보건복지부, 한국영양학회. 2020 한국인 영양소 섭취기준

글리세리드(monoglyceride)가 된다. 지방산이 제거된 글리세롤에 지방산이 다시 결합하면 **재에스테르화반응**(re-esterification)이라 한다.

모든 유리지방산은 유사한 구조를 지니고 있다. 한쪽 끝은 산(카복실기), 반대쪽 끝은 메틸기로 된 긴 탄소 사슬을 수소가 둘러싼 형태로 이루어져 있다(그림 5.4). 지방산은 탄소수, 포화도, 사슬 형태(직쇄형 또는 굽은형) 등 세 가지 방식에 따라 다양하다.

탄소수

지방산 사슬은 일반적으로 4~24개의 탄소로 구성되어 있다. **긴사슬 지방산**(long chain fatty acid)은 탄소수가 12개 이상으로, 소고기, 돼지고기, 양고기와 대부분의 식물성 기름에 포함되어 있다. 긴사슬 지방산은 소화되는 데 시간이 걸리며, 림프계를 통해 이동된다. **중간사슬 지방산**(medium chain fatty acid)은 탄소수가 6~10개로, 코코넛이나 팜유에 풍부하며, 포도

지방은 상온에서 고체인 지질이고 기름은 상온에서 액체인 지질이다.

D. Hurst/Alamy Stock Photo

$$\begin{aligned} H\text{—}C\text{—}OH + HO\text{—}C(=O)\text{—}R &\rightleftharpoons H\text{—}C\text{—}O\text{—}C(=O)\text{—}R + H_2O \\ H\text{—}C\text{—}OH + HO\text{—}C(=O)\text{—}R &\rightleftharpoons H\text{—}C\text{—}O\text{—}C(=O)\text{—}R + H_2O \\ H\text{—}C\text{—}OH + HO\text{—}C(=O)\text{—}R &\rightleftharpoons H\text{—}C\text{—}O\text{—}C(=O)\text{—}R + H_2O \end{aligned}$$

중성지방은 글리세롤 골격에 3지방산으로 구성되어 있다. 글리세롤(흰색)은 탄소 3개를 지니고 있다. 중성지방은 글리세롤 골격의 $-OH$기가 지방산의 $-COOH$기 말단의 수소와 결합하여 형성된다.

글리세롤과 지방산의 결합은 에스테르 결합이다. 지방산과 글리세롤 사이에 에스테르 결합이 형성될 때마다 물 한 분자가 만들어진다. 따라서 디글리세리드가 형성될 때 물 2분자가, 중성지방이 형성될 때 물 3분자가 형성된다.

물 분자는 지방산이 글리세롤로부터 분해되어 떨어질 때 사용된다(탈에스테르화). 글리세롤에 지방산이 다시 붙을 때(재에스테르화) 물 분자가 생성된다.

그림 5.3 중성지방 형성 과정. 글리세롤과 지방산의 에스테르화, 가수분해, 그리고 재에스테르화.

당만큼 빠르게 흡수되어 간문맥을 통해 이동한다. **짧은사슬 지방산**(short chain fatty acid)은 탄소수가 6개 미만으로, 버터나 전유 등 유제품에 풍부하며 재빨리 소화, 흡수되어 간문맥을 통해 이동한다. 버터 지방의 3%는 짧은사슬 지방산이다.

포화도

지방산은 포화지방산, 단일불포화지방산, 또는 다가불포화지방산으로 구분할 수 있다. 포화도를 알기 위해서는 먼저 탄소 원자는 4개의 화학결합을, 산소 원자는 2개의 결합을, 수소 원자는 1개의 결합을 할 수 있다는 것을 기억하자.

그림 5.4에서처럼 **포화지방산**(saturated fatty acid, SFA)은 모든 탄소가 4개의 화학결합을 하고 있다. 탄소와 탄소 사이의 모든 결합이 단일결합을 이루고 있으며 모두 수소와 결합하고 있으므로 포화지방산이라고 한다. 이 개념을 이해하기 위해 모든 좌석에 1명의 어린이가 앉은 학교버스를 그려보자. 이 학교버스는 어린이들로 포화되어 빈 좌석이 없다.

▶ 트리글리세리드(중성지방)는 에스테르로 분류된다. 트리아실글리세리드는 트리글리세리드의 화학명이다. 아실은 수산기($-OH$)를 잃은 지방산을 말한다. 지방산이 글리세롤과 결합하면서 수산기를 잃게 된다.

단일불포화지방산(monounsaturated fatty acid, MUFA)은 그림 5.5에 나타나 있다. 녹색으로 표시된 탄소 사슬 내 탄소들은 각각 수소 1개를 포기함으로써 이중결합을 형성했다. (탄소는 4개의 결합 형성이 가능함을 기억하라.) 탄소 사슬에 1개의 이중결합을 가진 지방산을 단일불포화지방산이라고 한다. 탄소 사슬 중 수소로 포화되지 않은 한 곳이 있다. 학교버스로 예를 들면 단일불포화지방산은 한 좌석이 비어 있는 것과 같다.

다가불포화지방산(polyunsaturated fatty acid, PUFA)은 탄소 사슬에 적어도 2개 이상의 이중 결합을 가지고 있다(그림 5.6). 학교버스가 다가불포화지방산이라면 2개 이상의 좌석이 비어있는 것이다.

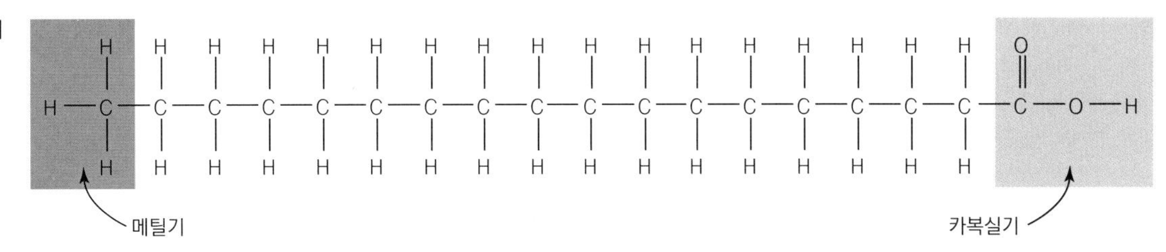

그림 5.4 포화지방산은 탄소–탄소 사이에 이중결합이 없다. 스테아르산의 구조.

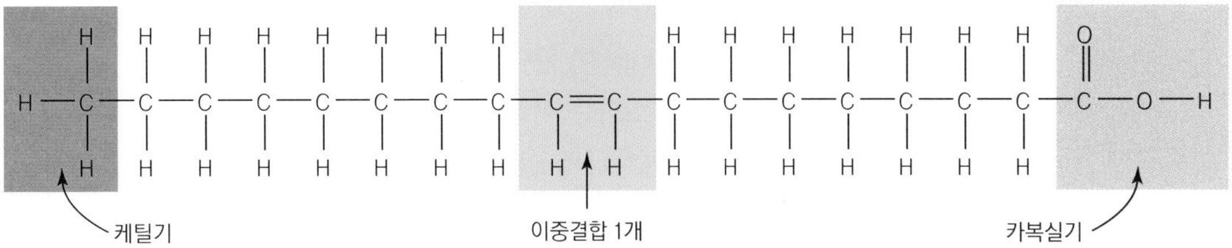

그림 5.5 단일불포화지방산은 1개의 이중결합이 있다. 올레산의구조.

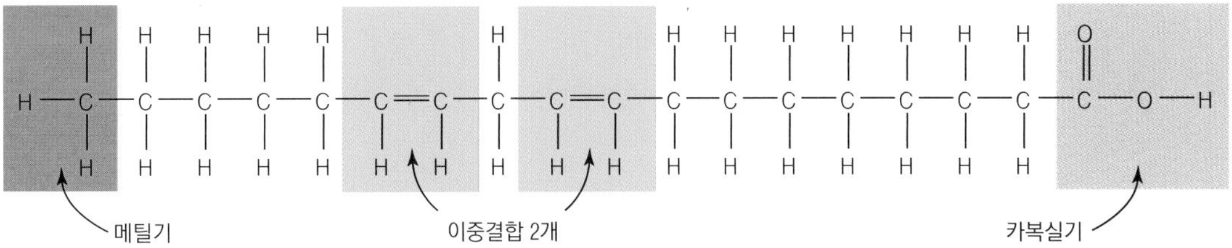

그림 5.6 다가불포화지방산은 2개 이상의 이중결합을 가진다. 리놀레산의 구조.

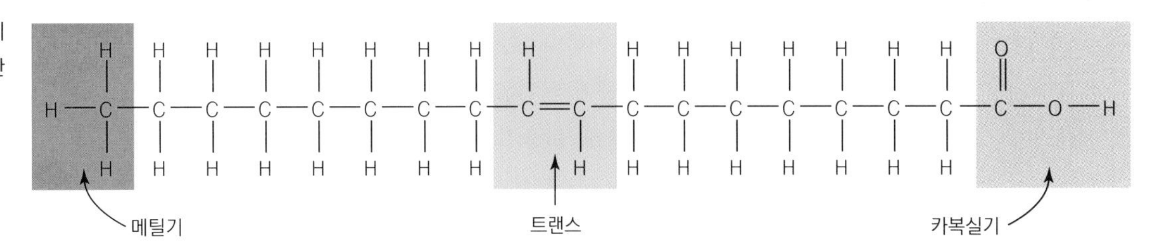

그림 5.7 트랜스지방산. 가공된 지방에 가장 많은 트랜스지방이다. 엘라이드산의 구조.

사슬의 형태

탄소 사슬의 형태는 포화도에 따라 다양해진다. 포화지방산과 트랜스(*trans-*)지방산은 직쇄 형태를 이루는 반면, 불포화시스(*cis-*)지방산은 구부러지거나 비틀린 형태를 이루고 있다. 시스지방산(cis fatty acid)에서 수소는 탄소 사슬 중 이중결합을 형성하는 탄소에 같은 방향으로 붙어 있다(그림 5.6 참조). 이와 달리 트랜스지방산(trans fatty acid)에서 수소는 이중결합을 형성하는 탄소에 지그재그 형태의 서로 다른 방향으로 붙어 있다(그림 5.7). 이중결합을 이루는 탄소 사슬의 같은 방향에 수소가 있는 시스지방산이 굽은 형태라는 것에 유의하자(그림 5.8). 이중결합을 이루는 탄소 사슬의 반대 방향에 수소가 결합되어 있는 트랜스지방은 직선형으로 포화지방산의 형태와 유사하다.

견과류나 씨앗류에서 갓 짠 신선한 기름 같이 가공되지 않은 불포화지방산은 대부분 시스 형태인 반면, 식품가공 상에 수소화과정을 거치는 동안 변형된 불포화지방산은 트랜스지방산이다.

수소화과정(hydrogenation)이란 불포화지방산의 탄소 사슬에 수소를 첨가하는 것이다. 첨가되는 수소량이 증가할수록 점차 포화도가 높아지고, 더 단단해진다. 예를 들어, 상온에서

수소화과정(hydrogenation) 이중결합의 탄소에 수소를 첨가하여 트랜스지방산이 만들어짐. 이 과정에서 액체형 기름이 더 고체형 지방으로 바뀜.

▶ 공-막대 모형(예: 그림 5.8)은 한 분자 내에서 원자의 공간배치를 보여준다. 파란색 공은 탄소, 흰색 공은 수소, 빨간색 공은 산소이다. 직선 사이의 공은 결합을 의미한다. 간단하게 말하면, 흰색 수소 공은 이중결합영역에서만 보인다.

액체이고 다가불포화지방산인 옥수수유는 수소화가 조금만 되면 짜먹는 마가린(squeeze margarine)으로, 좀 더 수소화되면 통 마가린(tub margarine), 더 많이 수소화되면 막대 마가린(stick margarine)이 된다.

수소화는 어린이들을 버스 빈자리에 앉히면 버스 안 형태가 바뀌는 것과 같다. 수소화로 시스지방산보다 더 직선 형태를 가진 트랜스지방산이 만들어져 형태가 변화된다.

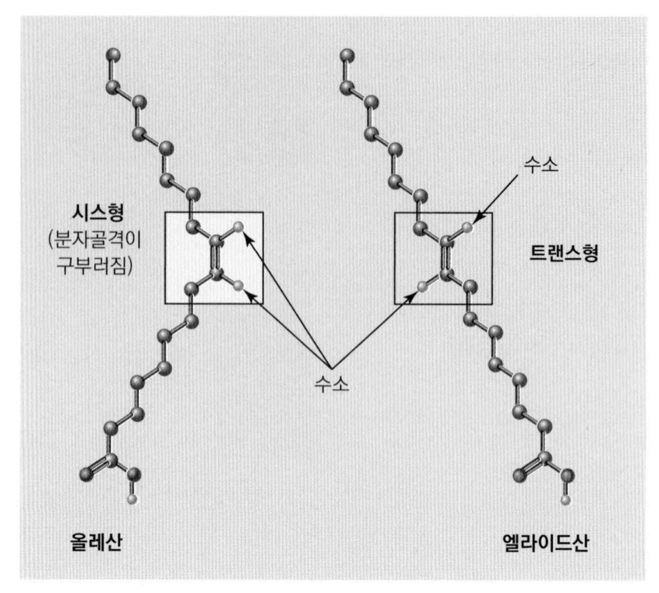

그림 5.8 시스(cis-) 및 트랜스(trans-) 지방산 비교. 탄소 2개의 이중결합에서 시스지방산은 같은 편에, 트랜스지방산은 반대편에 수소가 있다.

지방산 명칭

지방산의 명명법에 두 가지 방법이 있는데, 두 방법 모두 지방산의 탄소수와 이중결합 위치에 근거한다. 오메가(ω 또는 n) 시스템은 탄소 사슬의 메틸기(ω) 말단에서 가장 가까운 첫 이중결합의 위치를 가리킨다. 예를 들어, 리놀레산은 18:2 ω6(18:2 n6)에 붙여진 명칭으로 탄소가 18개, 이중결합이 2개이며 첫째 이중결합이 오메가 6번 탄소에서 시작된다(그림 5.9). 델타(Δ) 시스템에서 지방산은 탄소 사슬의 카복실기 말단에서 가장 가까운 이중결합의 위치를 말하며 18:2 Δ9,12로 표현한다. 학계에서는 두 시스템을 모두 사용하지만 일반적으로 오메가 시스템을 사용한다.

▶ 왜 어떤 지방은 상온에서 고체이고 다른 지방은 액체인가? 지방산의 탄소 사슬은 그 모양과 길이에 의해 성상이 좌우된다. 불포화지방산의 탄소 사슬은 구겨진 종이처럼 '헐거운' 입체구조를 지녀서 상온에서 액체로 존재한다. 반면, 빳빳한 종이처럼 '단단한' 직쇄의 입체구조를 지닌 포화지방산의 탄소 사슬은 상온에서 녹지 않고 고체로 존재한다. 그러나 포화지방산의 사슬 길이는 모양보다 더 중요한 영향을 미칠 수 있다. 즉, 소고기 지방처럼 탄소 사슬이 긴 포화지방산은 상온에서 고체이지만, 중간사슬과 짧은사슬 포화지방산은 상온에서 액체가 된다.

필수지방산

인체는 매우 다양한 지방산을 합성할 수 있으나 두 종류의 다가불포화지방산은 합성하지 못한다. 이들은 식품의 주요 오메가-3 지방산인 α-리놀렌산(α-linolenic acid)과 오메가-6 지방산인 리놀레산(linoleic acid)으로 **필수지방산**(essential fatty acids, EFA)이다. 인체는 필수지방산을 합성하지 못하므로 사슬의 오메가 말단에서 9번째 탄소 앞쪽에 이중결합이 있는 필수지방산을 음식으로 섭취해야 한다(그림 5.9 참조).

▶ 알파(α)는 그리스 문자의 시작이며 오메가(ω)는 마지막에 해당한다. 오메가(ω)는 영어 소문자 n으로 쓰기도 한다.

지방산에서 오메가 탄소(메틸 말단)에 가장 가까운 이중결합의 위치는 지방산 계열을 결정한다. 만약 다가불포화지방산의 첫 이중결합이 메틸 말단에서 3번째와 4번째 탄소 사이에서 시작하면 오메가-3 지방산(ω-3)이라 하고 다가불포화지방산의 첫 이중결합이 메틸 말단에서 6번째와 7번째 탄소 사이에서 시작하면 오메가-6 지방산(ω-6)이라 한다.

그림 5.10에서처럼 에이코사펜타에노산(eicosapentaenoic acid, EPA)과 도코사헥사에노산(docosahexaenoic acid, DHA)은 α-리놀렌산으로부터 합성된다. 또한 지방산 디호모-γ-리놀렌

오메가-3(α-리놀렌산)

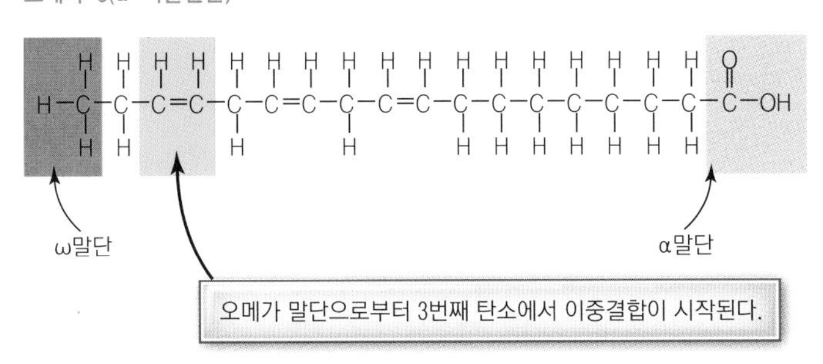

오메가-6(리놀레산)

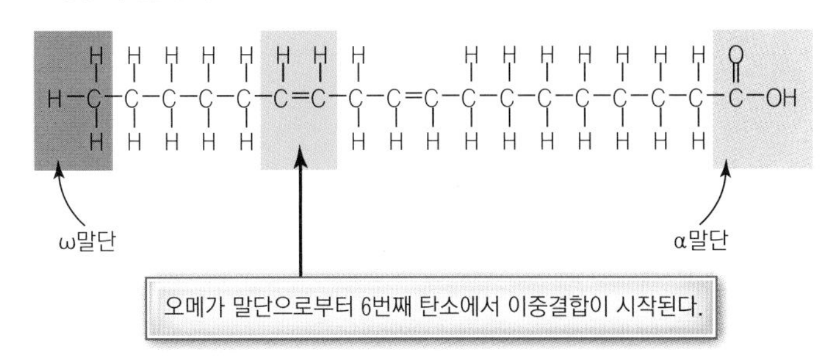

그림 5.9 오메가-3 지방산은 메틸기로부터 3번째 탄소에서 이중결합이 시작되며 오메가-6 지방산은 메틸기로부터 6번째 탄소에서 이중결합이 시작된다. 알파 리놀렌산을 오메가 시스템이나 델타 시스템으로 명명한다면 어떻게 될까?

산(dihomo-γ-linolenic acid)과 아라키돈산(arachidonic acid)은 리놀레산으로부터 합성된다.

디호모-γ-리놀렌산, 아라키돈산과 에이코사펜타에노산으로부터 서로 다른 **에이코사노이드**(eicosanoid)가 만들어진다. 에이코사노이드는 **프로스타글란딘**(prostaglandin), 프로스타사이클린, 트롬복산, 류코트리엔, 그리고 리폭신 등의 유사 호르몬을 말하며, 이 유사 호르몬들은 합성된 장소에서 작용한다. (전형적인 호르몬과 달리 합성된 장소에서 사용되기 때문에 국소 호르몬이라고 한다.)

에이코사노이드(eicosanoid) 오메가-3 지방산과 오메가-6 지방산 같은 불포화지방산에서 합성되는 유사 호르몬.

프로스타글란딘(prostaglandin) 다불포화지방산으로부터 만들어져 신체에서 다양한 효과를 내는 강력한 에이코사노이드.

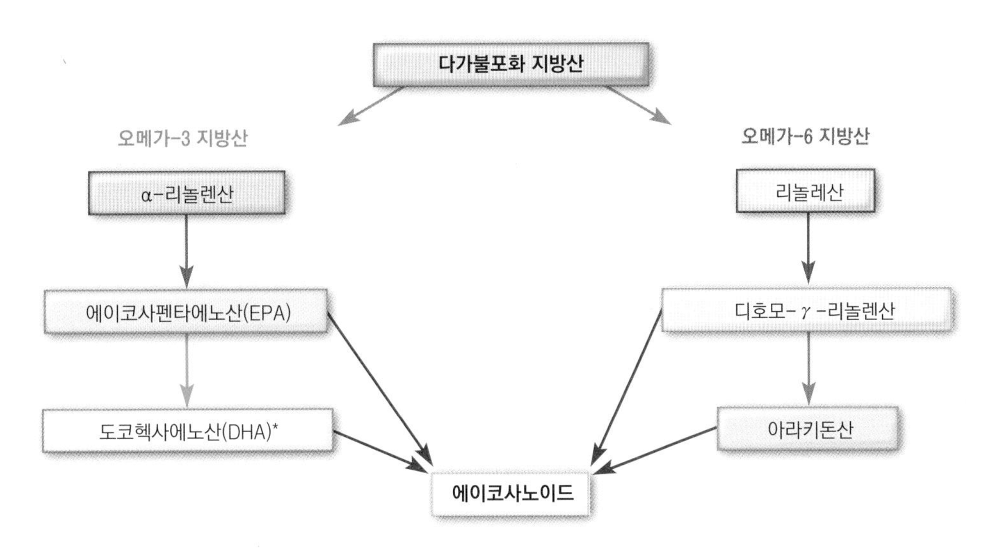

그림 5.10 필수지방산 α-리놀렌산과 리놀레산은 주요 지방산 합성에 사용된다.

식품포장 구성 성분 목록에 수소화지방을 부분수소화지방 또는 수소화지방으로 표시한다. 제조식품에서 '무 트랜스지방'이란 트랜스지방 함유가 0.5 g 또는 그 이하를 의미한다.

확인합시다!

1. 지질의 종류별 특성은 어떠한가?
2. 포화지방산, 단일불포화지방산 및 다가불포화지방산의 차이점은 무엇인가?
3. 시스지방산과 트랜스지방산의 차이는 무엇인가?
4. 지방산 명칭에 있어 오메가 시스템과 델타 시스템의 차이점은 무엇인가?
5. 필수지방산을 반드시 식품으로 섭취해야 하는 이유는 무엇인가?

아마(flax)는 씨앗에 오메가-3 지방을 많이 함유한 식물의 일종이다. 씨앗을 갈아서 제과제빵 시에 가루로 사용한다. 또한 압축하여 추출한 오일은 영양 보충제로 판매할 수 있다.

Photo; Plant: Purestock/Alamy Stock Photo

5.2 중성지방 급원식품

대부분의 식품에는 적어도 약간의 중성지방이 함유되어 있다. 동물성 지방과 식물성 기름은 주로 중성지방이다. 제빵류, 스낵류, 유제품에도 지방이 상당량 함유되어 있다. 반면, 탈지유, 탈지 요구르트, 아침식사용 시리얼, 효모 빵에는 지방이 거의 없다. 코코넛과 아보카도를 제외한 과일과 채소에는 지방이 적게 함유되어 있다.

표 5.1은 지방산의 주요 급원을 제시했다. 동물성 식품의 지방과 열대식물의 기름(코코넛, 야자, 야자씨)에는 포화지방산이 많다. 오메가-3 지방산 급원식품에는 냉수성 어류(연어, 참치, 정어리, 고등어)와 호두, 아마씨 기름 등이 있다. 생선 기름과 아마씨 기름 보충제도 급원에 포함된다.

대부분의 중성지방 함유 식품은 지방산 혼합체를 함유하고 있다. 그림 5.11에서처럼 버터는 포화지방산, 단일불포화지방산, 다가불포화지방산을 모두 포함하고 있으나 포화지방산이 주요 지방이므로 버터를 포화지방산 급원식품으로 본다. 마찬가지로 올리브유도 세

냉수성 어류는 필수지방산이 높은데, 먹어도 안전할까? 생선과 어유 보충제와 관련하여 발암물질(예: DDT, dieldrin, heptachlor, PCB, 다이옥신)과 독소(예: 메틸수은)로 잠재적인 건강상 위험이 우려된다. 이러한 오염물질이 담수와 해수 속에서는 낮은 수준일지라도 어류에는 농축될 수 있기 때문이다. 오염 노출을 줄이려면 작은 것, 비포식 어류를 고르고, 먹는 어류를 다양화하고, 믿을만한 시장에서 생선을 사고, 생선에서 독소가 농축되어 있을만한 지방 부위를 제거한다. 직접 물고기를 잡는다면 잡는 곳의 물이 안전한지 지역정보를 통해 확인한다. 지역 보건소에 전화를 하거나 낚시 정보 웹사이트를 이용할 수 있다.

표 5.1 지방산의 주요 급원식품 및 상온에서의 상태

종류와 건강 효과	이중결합	주요 급원	상온에서 상태
포화지방산 혈중 LDL 콜레스테롤 수준 증가	0		
긴사슬	0	라드; 소고기, 돼지고기, 양고기	고체
중간사슬 및 짧은사슬	0	우유지방(버터), 코코넛유, 팜유	연질 또는 액체
단일불포화지방산 혈중 LDL 콜레스테롤 수준 감소	1	올리브유, 카놀라유, 땅콩유	액체
다가불포화지방산 혈중 LDL 콜레스테롤 수준 감소	2 이상	해바라기유, 면실유, 잇꽃유, 생선유	액체
필수지방산 오메가-3: 리놀렌산	3		액체
에이코사펜타에노산(EPA)/ 도코사헥사에노산(DHA) 인지 행동 및 기분 향상, 황반 변성의 위험 감소, 혈액 지질 정상화		냉수성 어류(연어, 참치, 넙치, 정어리, 고등어)	
알파-리놀렌산 염증 반응, 혈액 응고, 혈장 중성지방 감소		호두, 아마씨, 대마유, 카놀라유, 치아씨	
오메가-6: 리놀레산 아라키돈산 혈압조절 및 혈액 응고 조절	2 이상	소고기, 닭고기, 달걀, 잇꽃유, 해바라기유, 옥수수유	고체에서 액체
자연적으로 발생하는 트랜스지방산* 반추동물(소, 염소, 양)의 고기나 유제품에서 발견되는 것과 같이 자연적으로 발생하는 트랜스지방산은 심혈관질환의 위험 증가와 관련이 없다.	2	우유, 유제품, 고기	연질에서 매우 굳은 고체

*식물성 쇼트닝과 마가린과 같은 음식에서 발견되는 인공적으로 만들어진 트랜스지방은 LDL-콜레스테롤을 증가시키고 HDL-콜레스테롤을 낮춘다.

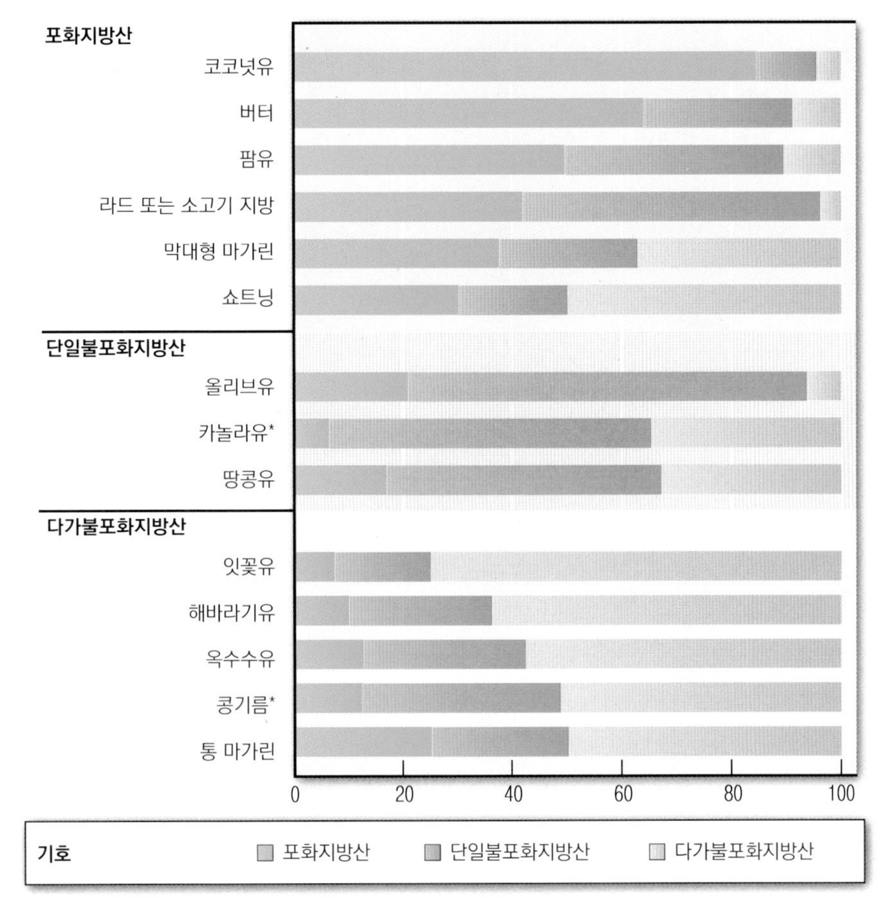

* 오메가-3 지방산 급원식품(총 지방산에 대한 함유율은 두유 7%, 카놀라유 12%임)

그림 5.11 상용 지방과 기름의 포화지방산, 단일 불포화지방산, 다가 불포화지방산 및 트랜스지방산 구성 비율.

검 식이섬유(gum fiber) 등과 같은 지방 대체재가 종종 소프트아이스크림을 만드는 데 사용된다.

Shutterstock/pixelliebe

가지 지방산을 모두 함유하고 있으나 단일불포화지방산이 많이 들어 있으므로 단일불포화지방산의 급원식품으로 본다.

▶ '저지방' 식품은 지방을 제거하지 않은 식품보다 에너지가 적지 않다. 왜냐하면 제품에서 지방을 제거하는 대신에 설탕 같은 것을 첨가하기 때문이다.

빵 위에 바르는 버터, 감자샐러드의 마요네즈 등의 식품에서는 지방을 눈으로 확인할 수 있다. 그러나 우유(전유), 치즈, 제과·제빵류, 아이스크림처럼 대부분의 식품에는 지방이 숨어 있다. 영양표시를 통해 우리가 섭취하는 음식 속의 지방량을 알 수 있다(그림 5.12).

대체 지방

소비자가 지방 섭취를 줄이는 동시에 먹는 즐거움을 누릴 수 있도록 저지방 식품들이 나오고 있다. 이러한 제품의 일부 지방은 물, 단백질(Dairy-Lo®), 전분 유도체(Z-trim®)나 식이섬유(Maltrin®, Stellar™, Oatrim), 검 같은 탄수화물로 대체할 수 있다. 또한 지방과 설탕으로 만들어졌지만, 우리 체내에서 소화되거나 흡수되지 않아 에너지가 거의 없는 살라트림(Benefat®) 같은 가공 지방을 사용하기도 한다.

현재 승인을 받은 제품이 다양하지 않고 상업적으로도 활발히 이용되지 못하기 때문에 아직까지는 지방 대체재가 우리 식사에 큰 영향을 미치지 못한다. 게다가 우리가 섭취하는 대부분의 지방을 제공하는 육류나 치즈, 우유(전유) 내에 함유되어 있는 지방을 대체하는 것이 현실적으로 쉽지 않기 때문이다.

실천해봅시다!

포화지방과 총지방이 많은 음식은 무엇일까?

다음 A, B 중 평소 먹는 음식을 선택하여 표시하라.

A		B
베이컨과 샌드위치	또는	아침식사용 시리얼
도넛이나 롤빵	또는	통밀빵, 베이글
소시지	또는	과일
우유(전유)	또는	저지방유, 탈지유
치즈버거	또는	칠면조 샌드위치
감자 샐러드	또는	구운 감자
간 소고기(목심, Ground chuck)	또는	간 소고기(우둔살, Ground round)
크림수프	또는	맑은 수프
마카로니와 치즈	또는	마카로니와 마리나라 소스(marinara sauce)
치즈와 크래커	또는	땅콩버터와 통밀 크래커
크림 가득한 과자	또는	그래놀라 바
아이스크림	또는	요구르트, 셔벗
버터나 막대 마가린	또는	식물성 기름, 통 마가린

LAMB/Alamy Stock Photo

Purestock/Alamy Stock Photo

해석

A는 포화지방, 콜레스테롤 및 총 지방량이 많은 식품이며 B는 지방이 적은 식품들이다. 심혈관계질환의 위험을 줄이고 싶을 때 A보다 B에서 더 많이 선택하도록 한다.

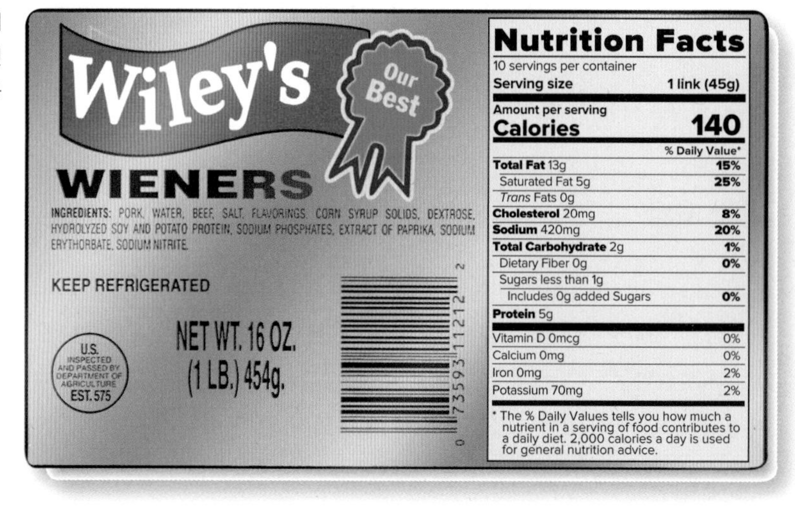

그림 5.12 숨은 지방을 알려주는 영양표시. wieners(핫도그)는 지방으로 총 에너지의 86%를 낸다고 생각하는가? 핫도그만 보면 모든 에너지가 지방에서 나오는 것 같지 않으나 표시는 다르다. 총 에너지 140 kcal 중 86%인 120 kcal를 지방으로 공급한다.

생각해 봅시다

Martin은 자신의 식단에서 포화지방산을 줄이고 싶어 한다. Martin은 여전히 햄버거와 감자튀김을 먹지만 치즈를 넣지 않은 햄버거를 주문하고 랜치 드레싱 대신 케첩에 감자튀김을 찍어 먹는다. Martin은 정말로 지방 섭취를 줄일 수 있을까?

확인합시다!

1. 콜레스테롤의 혈중 수준에 영향을 미치는 세 가지 지방산은 무엇인가?
2. 숨은 지방을 함유한 식품은 무엇인가?
3. 단일불포화지방산이 함유된 세 가지 제품은 무엇인가?

5.3 중성지방의 기능

중성지방은 최적의 건강을 위해 필수적이다. 중성지방은 농축된 에너지 형태로 제공되며, 체온을 유지하고, 신체 중요기관에 미치는 충격을 완화하고, 혈액 내 필수영양소의 운반을 돕는다. 그러나 특히 포화지방이나 트랜스지방을 과잉 섭취하거나 필수지방산을 균형있게 적절히 섭취하지 않으면 건강문제가 발생한다.

에너지 제공

식품이나 몸속 지방세포에 존재하는 중성지방은 모두 1 g당 9 kcal의 고에너지를 제공하며 신경계와 적혈구를 제외한 모든 세포에서 주요 에너지원으로 이용된다. 휴식을 취하거나 가벼운 활동을 하고 있을 때 총 소비에너지의 30~70%를 중성지방으로 공급한다. 정확한 양은 글리코겐 저장량과 운동 전 섭취한 식사나 운동 강도 또는 기간에 의해 좌우된다.

▶ 중성지방은 중추신경계를 위한 연료로 골격인 글리세롤만 사용할 수 있고, 뇌의 에너지원은 중성지방의 지방산이 불완전 연소될 때 형성되는 케톤체이다. 탄수화물(포도당) 섭취가 부족하거나 인슐린이 부족하면 케톤체가 다량 생성된다.

밀도 높은 에너지원으로 저장

중성지방은 몸속 주요 에너지 저장 형태이다. 탄수화물, 지방, 단백질 및 알코올로 과잉 섭취한 에너지는 지방산으로 그다음 중성지방으로 전환된다. 중성지방은 안정성과 에너지 밀도가 높은 점 때문에 우수한 에너지 '저축통장(saving account)' 역할을 한다. 지방세포는 80%의 지질, 20%의 수분과 단백질을 함유하고 있다. 근육세포도 지방과 단백질을 함유하고 있으나 수분이 73%를 차지한다. 이런 차이 때문에 지방세포는 수분이 많은 근육세포보다 더 많은 에너지를 제공한다. 또한 중성지방은 정상 크기의 평균 2~3배 정도 커질 수 있으므로 우수한 저장에너지 형태이다. 지방세포 하나의 무게는 50배가량 증가할 수 있다. 적당량의 체지방은 필요하지만 지방량이 너무 적거나 많으면 다양한 건강문제를 초래한다. (8장에서 저체중, 과체중, 비만과 관련된 건강 문제에 대해 다루고 있다.)

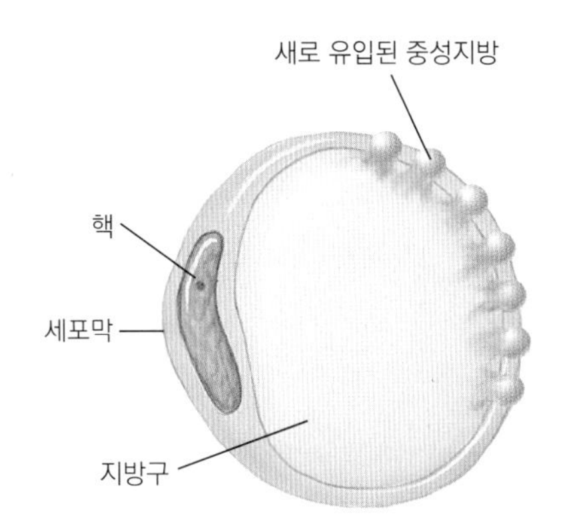

지방세포

새로 유입된 중성지방(푸른 방울들)은 처음에 작은 방울을 만들고 그다음 더 큰 중앙의 지방 방울과 합쳐진다. 장기간 영양과잉이 되면 지방세포는 증식되고, 성숙 지방세포로 분화된다.

신체 보호 및 체온 유지

피부 밑에 존재하는 피하지방은 대체로 중성지방으로, 절연층을 형성하여 체온을 일정하게 유지한다. 내장지방은 신장과 같은 일부 기관을 둘러싼 지방으로 충격으로 인한 손상으로부터 주요 장기를 보호하는 완충 역할을 한다. 건강할 때는 착용한 옷 때문에 피하지방의 체온 유지 기능을 인식하지 못하지만, 기아 상태에서 피하지방이 감소하면 더운 환경에서조차 한기를 느낀다.

가벼운 활동을 하는 동안(<30% VO_{2max}) 인체는 지방산을 연료로 사용한다.

PunchStock

지용성 비타민의 흡수 및 운반

식품 속 지방은 지용성 비타민(A, D, E, K)을 소장으로 이동시키고, 그곳에서 일단 비타민의 흡수를 돕는다. 지용성 비타민들은 지방과 동일한 방식으로 혈관 내에서 이동한다. 따라서 극도로 저지방식을 섭취하는 사람이나 미네랄 오일을 완하제로 복용하는 사람, 체중감량제(orlistat)를 복용하는 사람, 지방 흡수에 문제가 있는 사람의 경우 지용성 비타민을 적절량 흡수하지 못할 수 있다.

필수지방산의 기능

콜레스테롤, 인지질과 함께 필수지방산은 세포막을 구성하는 주요 구성 성분으로 세포막의 유동성과 유연성을 유지시켜 세포 안팎으로 물질 이동을 가능하게 한다. 오메가-3 지방산인 DHA는 태아기부터 유아기까지 빛을 감지하는 시각세포 망막의 정상적인 발달과 기능을 위해 필요하며, 수정 2~3주 후부터 DHA는 신경계 발달과 성숙을 위해 필수적이며 평생 신경전달과 정보전달 조절을 위해 요구된다.

필수지방산에서 합성된 에이코사노이드는 혈압 조절, 혈액 응고, 수면주기, 체온, 염증, 천식 같은 민감성 반응, 위액 분비, 출산 중 분만, 면역 및 알레르기 반응 등 수백 가지가 넘는 반응을 보인다. 예를 들어, 어떤 에이코사노이드는 염증 반응을 유도하고, 어떤 것은 염증성 질환이나 알레르기 반응과 관련된 염증 반응을 억제한다. 어떤 에이코사노이드는 혈전 형성을 유도하는 반면, 어떤 종류는 혈액을 묽게 하여 혈전 형성을 억제한다. 오메가-6 지방산에서 유래된 에이코사노이드는 혈관을 수축시켜 혈압을 증가시키는 한편, 오메가-3 지방산에서 유래된 에이코사노이드와 함께 혈관을 이완시켜 혈압을 낮춘다.

그밖에도 다음과 같은 에이코사노이드의 체내에 미치는 다른 많은 기능들이 알려 지고 있다.

- 세포분열 속도 조절: 암세포의 성장속도를 억제 및 지연시켜 다른 조직으로의 전이를 억제
- 정상적인 신장 기능 및 체액 균형 유지
- 호르몬을 표적세포로 이동
- 세포막 내외로 물질 이동 조절
- 난소 기능, 체온 유지 면역 기능, 호르몬 합성을 조절

생각해 봅시다

친구에게 지방 5파운드를 감량했다고 했더니, 친구가 "우리 몸은 지방을 어떻게 배설해?"라고 묻는다면 어떻게 대답할까?

확인합시다!

1. 중성지방의 세 가지 기능은 무엇인가?
2. 지방이 주요 에너지원으로 사용될 때는 언제인가?
3. 신체에서 필수지방산의 기능은 무엇인가?

5.4 인지질

여러 종류의 인지질이 식품과 우리 신체에 함유되어 있으며 특히 뇌조직에서 많이 발견된다. 인지질 구조는 중성지방과 매우 유사하지만 지방산 하나는 인산(phosphate)으로 대체되어 있으며, 여기에 종종 질소가 부착되어 있다. 인지질에서 인산은 혈액과 같은 수용성 환경에서 응집되지 않도록 해준다.

인지질의 머리 부분인 인산은 친수성(hydrophilic, water loving)을 지녀 물과 친화력이 높으며, 꼬리 부분인 지방산은 소수성(hydrophobic, water fearing)을 지녀 지방과 친화력이 높다. 인지질은 물속에서 인산 머리를 물과 접하는 쪽으로 향하게 하는 반면, 소수성 꼬리를 물과 분리되어 안쪽으로 뭉치도록 한다.

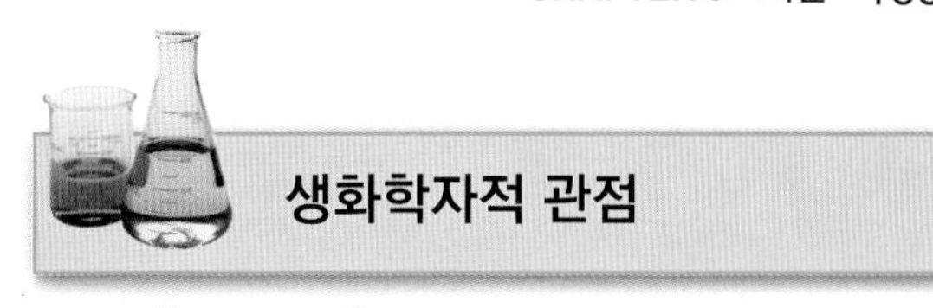

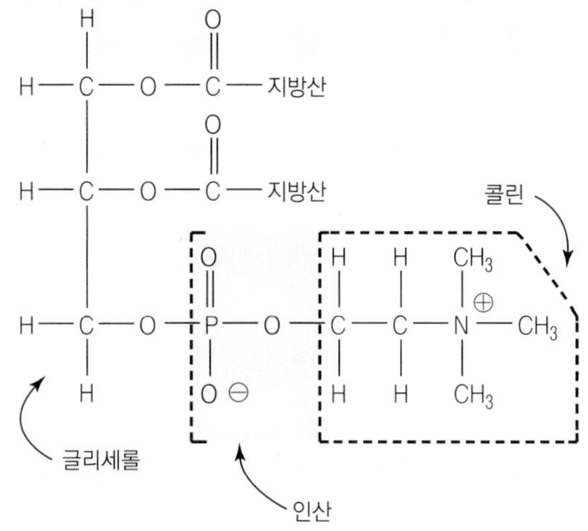

레시틴-인지질

레시틴은 인지질의 한 종류이며, 중성지방과 비슷하다. 중성지방에는 3개의 지방산이 있지만, 레시틴에는 2개의 지방산과 1개의 인산 그룹으로 구성된다.

인지질의 기능

우리 체내에서 인지질은 세포막 구성요소가 되고 유화제 역할 등, 주로 두 가지 중요 기능을 수행한다. 인지질은 지방산, 콜레스테롤과 함께 세포막을 구성하는 주요 성분이다(그림 5.13). 세포막(cell membrane)은 세포의 내용물을 에워싼 두 겹(doublelayered)으로 된 외피(outer covering)로, 세포 안팎으로 물질 이동을 조절한다. 세포막을 골판지(corrugated cardboard)라고 생각하자. 골판지는 안팎 두 겹의 평탄한 판지 사이에 골형(corrugated) 판지로 채워져 있다. 인지질의 머리 부분(친수성 인산)은 세포막의 바깥(혈액에 노출된 부분)과 안(세포내액에 노출)으로 향하고 있다. 친수성 머리 부분이 세포의 안과 바깥으로 면한 것과는 상관없이 소수성 꼬리 부분은 머리 부분과 반대 방향으로 향하여 골판 형상(corrugation)을 이룬다. 이렇게 머리 부분과 꼬리 부분이 방향을 정하여 있으므로, 세포막은 액상을 유지한 채 세포 안팎으로 화합물이 이동할 수 있게 한다.

또한 인지질은 우리 체내에서 유화제로 작용하기도 하는데, 담즙(bile)과 레시틴(lecithin)이 대표적 유화제이다. **유화제**(emulsifier)는 지방구(fat droplet) 주변을 둘러싸는 껍질을 형성하는 화합물로서, 지방구가 물에 분산되어 서로 응집하지 않도록 한다(그림 5.14). 인지질의 소수성 꼬리 부분은 지방구를 향해 뻗어 지방구 껍질의 안을 만들고, 그 껍질의 바깥은 지방구로부터 멀리 떨어진 친수성 머리 부분이 만든다. 친수성 머리 부분으로 바깥을 형성한 지방구는 물과 섞이지만 분산된 지방구끼리 서로 밀어 내어 응집되지 않도록 한다. 유화제는 지방의 소화와 혈액 내 이동에 필수적이다.

유화제(emulsifier) 지방이 응집되는 것을 막기 위해 물 분자나 다른 물질을 이용해 지방구를 분리시켜 물속에서 지방을 분산시키는 물질.

그림 5.13 친수성 인산 머리 부위는 세포막 내외부를 형성하고, 소수성 꼬리는 머리 반대 방향으로 향한다.

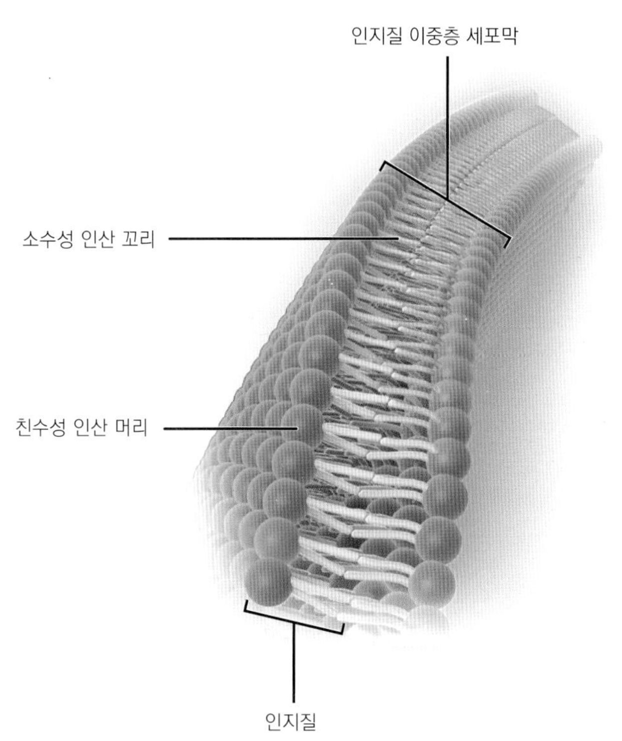

인지질의 급원식품

인지질은 우리 몸속에서 합성되며 식품으로도 공급된다. 예를 들어, 난황, 밀배아, 땅콩 등의 식품에 많이 함유되어 있으며, 간에서도 충분한 양이 합성되기 때문에 특별히 보충할 필요가 없다. 레시틴 보충제가 체중 감소, 혈중 콜레스테롤 저하, 알츠하이머병의 위험 감소 등에 효과가 있다고 권장되고 있으나 연구 결과 체중 감소 효과는 없는 것으로 보고되었으며, 혈중 콜

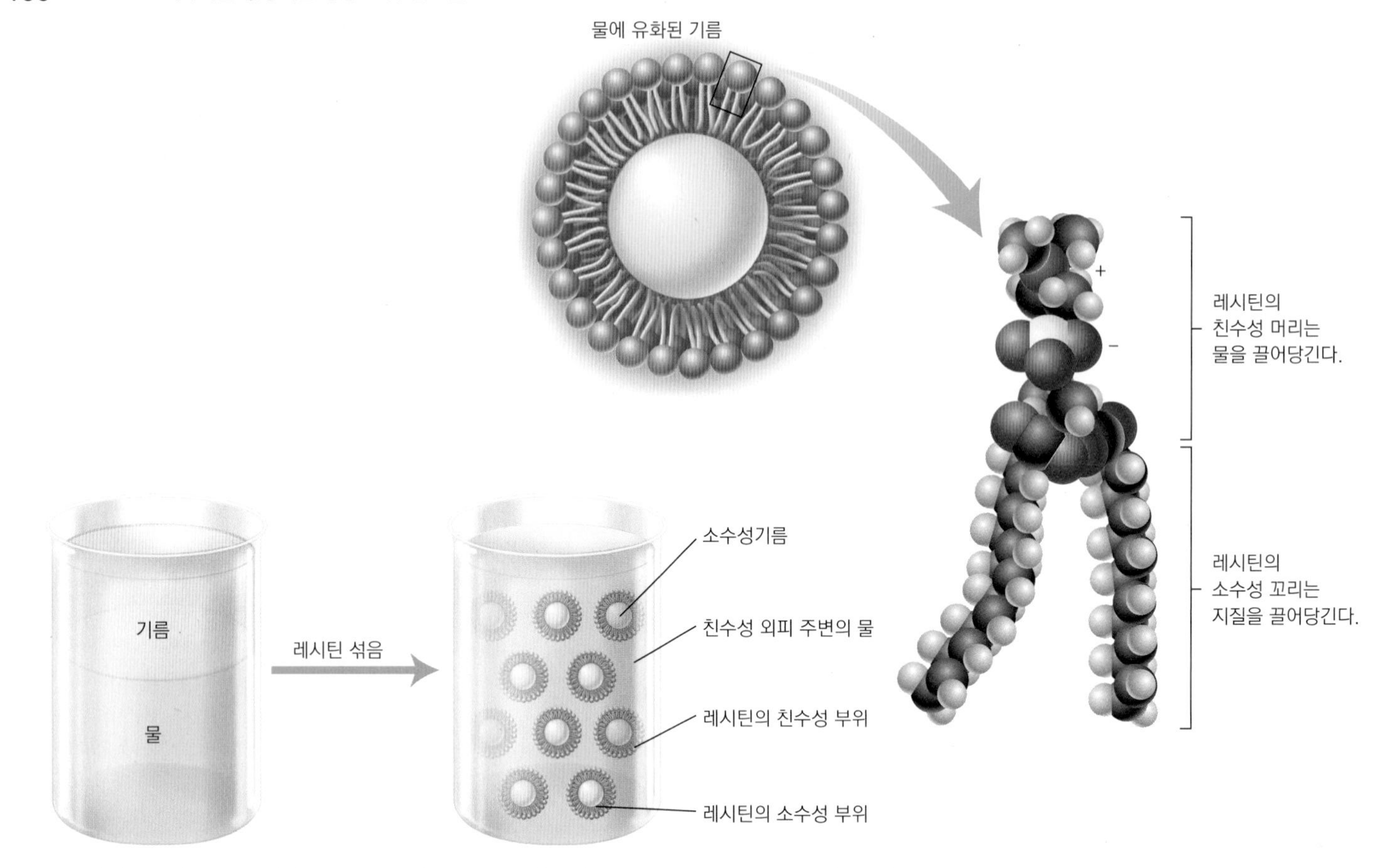

그림 5.14 레시틴 같은 유화제(emulsifier)를 물과 기름에 첨가하여 휘저으면 물과 기름은 서로 섞여 유액(emulsion)을 형성한다.

레시틴은 인지질의 일종으로 체내에서 합성되며, 식품으로는 땅콩, 밀배아, 콩, 달걀노른자, 간 등에 들어 있다.

레스테롤 저하 효과와 알츠하이머병의 위험 감소 효과는 논란이 되고 있다. 레시틴을 과량 섭취하면 가스 발생, 설사, 체중 증가가 초래될 수 있다.

확인합시다!

1. 중성지방과 인지질 사이에 구조적인 차이점은 무엇인가?
2. 인지질의 주요 기능은 무엇인가?
3. 인지질은 식품산업에서 어떻게 이용되는가?

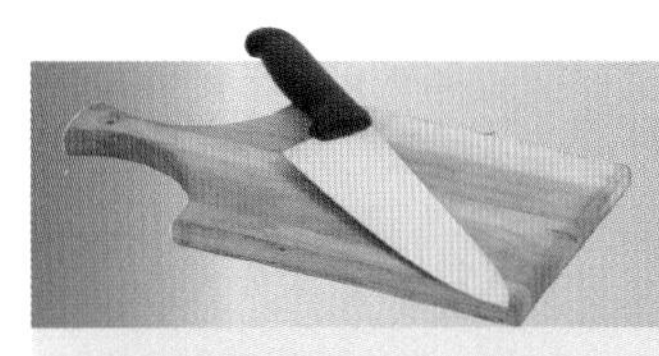

조리적 관점

식품에서의 인지질

식품 내 인지질은 식품의 가공과 제조 과정에서 유화제로 많이 사용된다. 식품 내에서 지방을 유화시키는 것은 인체에서와 같다. 예를 들어, 달걀은 머핀 레시피에 많이 사용된다. 달걀노른자에 든 레시틴은 머핀 버터의 지방을 유화하여 분산화된 상태로 다른 재료들과 잘 혼합되게 한다. 마요네즈가 뻑뻑한 이유는 달걀노른자와 머스터드에 든 인지질로 인하여 여기에 사용된 식초와 기름이 유화되었기 때문이다. 지방과 수분이 많은 화합물로 식품을 제조할 때 재료 분리 현상을 막기 위해 유화제를 첨가한다. 케이크, 머핀, 샐러드드레싱 같은 식품의 지방을 유화하면 식품의 형태를 만들고 부드러운 질감을 내는 데 좋다. 유화제를 사용하지 않으면 기름기가 많고, 모래처럼 거친 질감의 식품이 될 것이다.

식품용 유화제는 일시적, 반영구적 또는 영구적일 수 있다. 표에 나타난 바와 같이, 그 차이는 성분이 어떻게 혼합되고 유화제가 첨가되는지에 따라 달라진다.

유화 종류	만드는 방법	예시	성공을 위한 팁
일시적	혼합되지 않는 액체를 교반한다.	비네그레트 소스 (기름과 식초)	액체 재료가 격렬한 교반으로 유화 상태를 오래 유지한다; 파프리카, 건조 머스타드 또한 유지를 돕는다. 보통 1시간 이내에 분리되며, 다시 섞기 위해 교반한다.
반영구적 Iconotec/Glow Images	혼합되지 않은 체와 유화제 (보통 달걀)를 교반한다.	홀랜다이즈 또는 베아르네즈 소스	재료들이 결합하여 몇 시간 동안 섞일 수 있는 반쯤 두껍고 크림 같은 식감을 가지고 있다. 만들어지면 바로 서빙하는 것이 가장 좋다.
영구적 anopdesignstock/iStock/Getty Images	유화제(보통 달걀)와 함께 천천히 교반하면서, 혼합되지 않는 액체를 점진적으로 추가한다.	마요네즈	재료를 천천히 넣으면서 빠른 속도로 함께 교반하면 두껍고 영구적인 균일한 혼합물이 형성된다.

유화제는 소스와 드레싱 이상의 것들에서 발견된다. 초콜릿은 우유와 코코아 버터의 유화이다. 아이스크림은 지방, 물, 설탕, 얼음, 그리고 기포의 유화이다. 볼로냐, 핫도그, 수프, 그레이비, 케이크도 유화에 의해 만들어진다. www.aocs.org/cay-informed/inform-magazine/featured-articles/emulsions-making-oil-and-water-mix-april-2014에서 유화에 대해 자세히 알아볼 수 있다.

생화학자적 관점

콜레스테롤

테스토스테론

스테롤의 탄소 배열은 고리 모양을 이루고 있다. 콜레스테롤과 테스토스테론의 구조.

5.5 스테롤

스테롤은 지질 유형 중 마지막으로 스테로이드 유형이다. 스테롤은 지방산과 인지질의 탄소 사슬 구조와는 매우 다른 다중환상(multi-ringed) 구조를 갖고 있다.

스테롤의 기능

영양학 분야에서 가장 잘 알려진 스테롤은 콜레스테롤인데, 이는 많은 물질을 생합성하는 데 필요한 전구체이다. 예를 들어, 우리 몸은 콜레스테롤을 이용하여 테스토스테론, 에스트로겐, 활성 비타민 D, 코르티코스테로이드 등 스테로이드 호르몬을 합성한다. 콜레스테롤은 담즙을 합성하여 지방을 유화시켜 소화 흡수를 돕는다.

더욱이 콜레스테롤은 인지질과 함께 세포막을 형성하며 지용성 물질을 세포 내외로 운반한다. 콜레스테롤은 인지질, 단백질과 함께 킬로미크론(chylomicron)의 껍질을 형성하여 혈액에서 부유할 수 있도록 도와준다.

스테롤의 급원식품

콜레스테롤은 육류, 어류, 가금류, 난류, 유제품 등 동물성 식품에 존재한다. (식물성 식품에서는 발견되지 않는다.) 사람들 대부분은 콜레스테롤의 1/3을 음식에서 얻고, 나머지는 체내에서 합성한다. 총 합성량은 대략 875 mg인데, 이 중 400 mg은 담즙 저장량을 새로 보충하는 데 사용하고 약 50 mg은 스테로이드 호르몬을 합성하는 데 사용한다. 나머지 콜레스테롤은 조직으로 콜레스테롤을 운반하는 혈중 지단백질(lipoprotein)의 구성 성분으로 이용된다. 전형적인 서구형 식사를 하면 콜레스테롤 180~325 mg을 매일 섭취하게 되며 이 중 40~60%가 흡수된다. 콜레스테롤은 우리 신체가 필요한 양을 합성할 수 있기 때문에 굳이 음식으로 섭취할 필요가 없다. 인체 내에 콜레스테롤이 축적되어 있어 콜레스테롤의 섭취량과 사용된 양의 균형이 정확하지 않다.

식물은 콜레스테롤을 합성하지도 않고 함유하지도 않지만 비타민 D의 형태인 에르고스테롤(ergosterol)이나 베타 시토스타놀(sitostanol, Take Control®과 같이 마가린에 첨가) 같은 스테롤, 스타놀, 시토스타놀을 함유하고 있다. 시토스타놀을 함유한 마가린을 먹으면 콜레스테롤과 담즙 흡수가 저하되어 혈중 콜레스테롤 수준이 감소하며 심장질환 위험이 줄어든다.

달걀노른자는 식사에서 콜레스테롤의 주요 급원이다. 미국 식품영양위원회는 고콜레스테롤 식품의 섭취를 제한하도록 권유한다.

Photodisc/Getty Images

확인합시다!

1. 스테롤과 중성지방 사이에 구조적인 차이점은 무엇인가?
2. 스테롤이 필요한 이유는 무엇인가?
3. 콜레스테롤의 두 가지 주요 급원식품은 무엇인가?

5.6 지질 섭취기준

코코넛 기름의 포화지방산은 주로 중간사슬 지방산인 라우르산(lauric acid)이다. 라우르산은 혈중 HDL, LDL 농도를 증가시킨다. 그러나 이 두 지단백질의 전체 비율에 부정적인 영향을 미치지는 않는다고 본다.

Dynamic Graphics/PunchStock

지방은 건강 식단에 필수적인 요소이지만, 최적의 건강을 위해 우리가 섭취해야 하는 지방의 총량과 종류를 논의할 때는 세심한 주의가 필요하다. 2020 한국인 영양소 섭취기준에 따르면, 총 지방의 충분섭취량은 1세 미만 영유아는 하루 25 g으로 설정되어 있다. 총 지방의 에너지적정비율(acceptable macronutrient distribution range, AMDR)은 총 에너지의 15~35%이다.

미국의 경우 지질 섭취에 대한 권장섭취량은 없지만 영유아를 위한 충분섭취량은 있다. 대부분 연령층에서 총 지방은 총 에너지의 20~35%로 제정하였다(표 5.2). 총 지방 섭취가 에너지의 35% 이상으로 지나치게 많으면 포화지방 섭취가 증가하는 것을 의미하게 된다. 지방 섭취가 에너지의 20% 미만으로 지나치게 적으면 비타민 E와 필수지방산을 섭취할 수 있는 가능성이 줄어들어 오히려 혈중 중성지방과 '좋은' 콜레스테롤로 알려진 HDL-콜레스테롤 수준에 유해한 영향을 미친다.

미국 의학연구소(Institute of Medicine)는 또한 포화지방, 트랜스지방, 콜레스테롤 등을 가급적 적게 섭취하면서 균형 잡힌 식사를 할 것을 권유한다. Healthy People 2020과 미국 영양 및 식사요법 학회, 미국 심장협회와 식사지침과 같은 전문가들에 의하면 건강한 사람은 포화지방산과 트랜스지방 섭취를 제한할 것을 권장한다. 현재 연구 결과에 따르면 포화지방을 불포화지방, 특히 다가불포화지방으로 대체하면 총 혈중 콜레스테롤과 LDL이 낮아진다. 과일, 채소, 통곡류, 저지방 유제품, 살코기, 견과류, 콩, 땅콩과 같은 식물성 단백질, 해산물(일주일에 두 번)로 구성된 건강한 식사를 섭취함으로써 포화지방을 다가불포화지방으로 대체할 수 있다.

▶ 2세 이하의 영유아는 총 에너지의 절반을 지방으로 섭취하여야 한다. 충분한 에너지와 지방을 얻는 것은 정상적인 두뇌 발달을 위해 필요하다. 1~2세 어린이는 에너지의 20~35%로 전체 총 지방 섭취량을 유지한다. 3~18세는 에너지의 15~30% 사이의 지방 섭취량을 유지한다.

LDL 콜레스테롤(나쁜 콜레스테롤) 수준이 높은 심장질환자의 지방 섭취량은 더 낮다. 혈중 LDL 콜레스테롤 수준이 높은 심장질환 발생 고위험군은 총 지방이 총 에너지의 20%, 포화지방산 섭취는 총 에너지의 7%, 콜레스테롤의 하루 섭취량은 200 mg을 넘지 않도록 심장협회 전문가들은 권유한다. 심지어 오니시(Dean Ornish) 박사는 지방을 총 에너지의 10%로 제한하기를 권장하였다. 저지방 식사는 심장질환의 위험을 감소시키는 데 유익할 뿐 아니라 이미 진행된 동맥 손상도 부분적으로 회복시킬 수 있다고 본다. 그러나 저지방 식사는 탄수화물을 많이 함유하고 있어 혈중 중성지방 농도를 높여서 심장질환 위험을 상승시킨다. 따라서 지방으로 총 에너지의 20% 미만을 섭취하는 것이 건강상 가장 유익하다고 본다. 식이섬유가 많은 탄수화물 식사와 규칙적인 운동으로 적절한 체중을 유지하면 높아진 혈중 중성지방은 보통 몇 개월 내에 낮아진다.

표 5.2 지질의 에너지 적정비율과 콜레스테롤 목표섭취량

연령	지방	n-6 지방산	n-3 지방산	포화지방산	트랜스지방산	콜레스테롤
1~2세	20~35%	4~10%	1% 내외	–	–	–
3~18세	15~30%	4~10%	1% 내외	< 8%	< 1%	–
19세 이상	15~30%	4~10%	1% 내외	< 7%	< 1%	< 300 mg/day

▶ 혈중 콜레스테롤에 영향을 미치는 식품
수 년 동안 달걀 같은 고콜레스테롤 식품이 혈중 콜레스테롤 수치와 심장질환의 위험을 높인다고 여겨졌다. 그러나 콜레스테롤 함유 식품이 심혈관질환의 위험을 높이지 않는다고 조사되었다. 포화지방이 많은 음식(튀김류; 소세지, 핫도그, 베이컨 같은 가공육류; 케이크, 과자, 아이스크림, 페이스트리 같은 간식류)이 혈중 콜레스테롤 수치와 체중에 부정적인 영향을 미친다. 총 식품 섭취량에서 콜레스테롤 섭취량을 구하기 위해서는 식품 표시사항을 확인하거나 검색 엔진을 통해 찾을 수 있다.

지중해식 식사

지방 섭취가 총 에너지의 40%를 넘어도 단일불포화지방산으로 섭취하면 건강하다고 한다. 약 60년 전 단일불포화지방산 함량이 높은 식사와 심장건강에 대한 결과는 처음 보고되었고, 키이스(Ancel Keyes) 등에 의해 7개국을 대상으로 한 연구는 지중해식 식사를 대중에게 알리는 데 크게 공헌하였다. 지중해식 식사를 즐기는 사람들이 만성질환 발병률이 세계에서 가장 낮은 것으로 기록되었다. 몇 년에 걸쳐 크레타 섬에 거주하는 농부들이 아침식사로 단일불포화지방산이 풍부한 올리브유 1컵을 마신다는 보고가 있었으며, 최근 그리스의 올리브유 평균 소비량은 연간 1인당 20 L에 이른다.

전통적인 지중해식 식사는 다음과 같다.

- 주요 지방 급원은 올리브유
- 과일, 채소[오메가-3 지방산이 많은 쇠비름(purslane)과 같은 푸른 잎], 전곡, 콩, 견과류, 낟알 등을 충분량 섭취
- 가공식품은 최소로 섭취하며 제철에 나는 지역 특산물을 가능한 섭취
- 매일 치즈, 요구르트를 소량 섭취
- 매주 어류를 적당량 섭취
- 달걀과 붉은 육류는 제한적 섭취
- 규칙적인 운동
- 식사와 함께 와인을 적당량 섭취

늦은 가을에 노동자들은 올리브 나무 아래에 견과류를 두고 나무를 흔든 후, 떨어지는 올리브는 방앗간으로 옮겨져 기름을 제거하기 위해 눌려진다. 조금 더 자세한 내용은 www.explorecrete.com/nature/olive-oil-history.html에서 확인할 수 있다.

Patricia Fenn/Flickr Open/Getty Images

필수지방산 필요량

한국인의 오메가-6과 오메가-3 지방산의 충분섭취량은 각각 0~5개월 영아에서 2.0 g과 0.3 g이며 6~11개월 영아에서 4.5 g과 0.8 g으로 설정되어 있다. 미국 의학연구소도 충분섭취량을 설정하고 있는데 여자의 경우 매일 120 kcal 이하, 남자의 경우 170 kcal 이하를 섭취하도록 권장한다. 이 섭취량은 필수지방산을 함유한 기름 2~4큰술에 해당된다. 필수지방산 결핍증은 거의 발현되기 힘들며, 몇 주간 결핍되면 설사, 성장 지연, 상처 시 회복 지연, 감염, 피부 탈락 및 가려움 등이 나타난다. 오메가-3 지방산의 상한섭취량은 없으나 그린란드 에스키모는 6.5 g/day를 섭취해도 안전하며 이 섭취량은 충분섭취량의 3~5배에 해당한다.

지방 섭취 현황

2013-2017년도 국민건강영양조사에 의하면 지방의 에너지섭취비율은 19~29세 남자 25%, 여자 23%였다. 30여 년간 총 지방 에너지섭취비율은 1998년 17.9%에서 2014년 21.6%로 크게 상승하였다. 그 주된 이유로 육류 섭취량의 증가를 들 수 있다. 1983년 약 20 g이던 지방 섭취량이 2014년 49.7 g으로 2배를 초과하였으며, 동물성 유지류의 섭취량 및 유제품의 섭취량도 유사한 패턴으로 증가하였다.

고기, 버터 같은 동물성 지방과 수소화로 형성된 지방은 포화지방을 제공하는 주요 식품급원이다.

Jill Braaten/McGraw-Hill Education

1/4 lb 치즈버거 = 31 g 지방

햄 2조각이 들어간 샌드위치 = 6 g 지방

그림 5.15 건강에 유익한 식단을 위해 식품의 지방 함량을 확인할 것.
Left: Dynamic Graphics/PunchStock; Right: Ingram Publishing/Alamy Stock Photo

충분섭취량(미국)
리놀레산(n–6계 지방산)
남성: 14~17 g/day
여성: 11~12 g/day
알파 리놀렌산(n–3계 지방산)
남성: 1.6 g/day
여성: 1.1 g/day

포화지방산, 단일불포화지방산의 주요 급원은 돼지고기였으며, 다가불포화지방산은 콩기름, 마요네즈가 주요 급원이었다. 포화지방산 섭취량은 14.1 g, 단일불포화지방산은 15.3 g, 다가불포화지방산은 11.7 g이었으며, 오메가-3 지방산과 오메가-6 지방산 섭취량은 각각 1.6 g, 10.2 g이었다.

대부분 북미인의 총 식사 지방량은 충분량보다 많다. 지난 1세기 동안 서구사회의 지방 섭취는 2배 증가하였다. 증가한 지방은 빵에 바른 버터, 쿠키, 페이스트리를 만들 때 첨가한 쇼트닝과 튀김류 등 우리가 식품에 첨가한 것들이다. 지방의 종류로 보면 대부분 포화지방의 섭취가 지나치게 많고, 단일불포화지방산이나 다가불포화지방산의 섭취는 지나치게 부족한 편이다. 유제품(전유, 치즈, 아이스크림, 버터), 육류, 가금류, 마요네즈, 마가린 등은 포화지방의 주요 급원이다. 마가린, 쇼트닝이 함유된 제과·제빵류 등은 트랜스지방의 주요 급원이며, 식물성 기름은 다가불포화지방의 주요 급원이다. 그림 5.15는 고지방 식사와 저지방 식사의 지방 함량 비교이다. 지방 섭취를 조절하기 위해 무엇을 변화시켜야 할지 생각해보자.

오메가–3 지방산은 어류 같은 동물성 급원이 식물성 급원보다 더 생체이용도가 높다. 연어와 같은 냉수성 어류를 매주 2회분 섭취하면 필요한 오메가–3 지방산을 충족시킬 수 있다.

오메가-6 지방산 섭취량은 보통 충분하나, 오메가-3 지방산 섭취량은 적당량 보다 낮은 편이 많다. 오메가-3 지방산 필요량은 일주일에 적어도 냉수성 어류(cold water fish)를 2회분 정도 먹으면 충족된다. 생선을 규칙적으로 먹지 않는 사람은 호두, 아마씨, 치아씨(chia seed), 카놀라, 대두와 아마유가 오메가-3 급원식품으로 좋다. 보충제도 선택할 수 있으나 사용 전에 의료인과 상의해야 한다. 미국 국립보건원(National Institutes of Health)은 EPA 650 mg, DHA 650 mg 함유된 생선유 보충제를 권한다. 출혈질환이 있거나 수술이 예정된 사람, 항응고제[(아스피린, 와파린(wafarin, Coumadin®), 허브깅코바일로바(herb ginko biloba) 등]를 먹고 있는 사람은 의사의 검사를 받아 오메가-3 보충제의 부작용(출혈 시간이 길어질 수 있음) 위험을 줄여야 한다.

확인합시다!

1. 총 지방 섭취권장량은 얼마인가?
2. 포화지방산을 다가불포화지방산 또는 탄수화물로 대체할 경우 혈액 내 LDL과 중성지방량의 변화는 무엇인가?
3. 지방 섭취 실태와 권장섭취량과 비교하면 어떤 차이가 있는가?
4. 오메가–3 지방산을 충분히 섭취하게 하는 대책은 무엇인가?

사례연구

UpperCut Images/SuperStock

William은 졸업 예정인 대학교 4학년이고, 구직을 위한 면접을 시작했다. 대학 시절 William의 식습관은 좋지 않았다. 4년의 대학 시절 동안 요리를 전혀 하지 않았고, 50파운드(약 23 kg) 가까이 체중이 증가했다. 그는 체중을 감량할 수 있을지 확인하기 위해 건강 검진을 받고, 학교 영양사와 이야기 해보기로 결심했다. William의 총콜레스테롤은 240 mg/dL, LDL 콜레스테롤은 150 mg/dL, 그리고 고혈압이 있다. William의 아버지는 52세에 첫 심장마비를 겪고 현재까지 고혈압 약을 복용하고 있다. William의 심장 질환 위험 요소는 무엇인가? 그의 식습관이 위험에 어떻게 영향을 미치는가? 식사 관련 어떤 조언을 해줄 수 있는가?

5.7 지방 소화와 흡수

우리 몸은 섭취한 지방을 매우 효율적으로 소화하고 흡수한다(그림 5.16).

소화

지방 소화는 입에서 분비되는 구강 라이페이즈(lipase)에 의해 입에서 시작된다. 이 효소는 우유 지방에서 발견되는 짧은사슬 지방산과 중간사슬 지방산을 함유한 중성지방을 분해하는데, 유아기에는 매우 활성이 높지만 성인이 되면 그 작용이 미약해진다.

위에서 분비된 라이페이즈에 의해 중성지방이 소화되어 모노글리세리드, 디글리세리드, 유리지방산 등으로 분해된다. 수용성 환경인 위에서 지방은 상층에 부유하게 되어 충분히 소화되지 않는다.

지방 소화는 주로 소장에서 일어난다. 지방이 소장에 도달하면 소장세포로부터 콜레시스토키닌(cholecystokinin, CCK)이 분비된다. 이 호르몬은 췌장에서 라이페이즈 및 코라이페이즈(colipase)를, 담낭에서 담즙 분비를 촉진하며 이들은 모두 담관을 따라 배출된다. 담즙은 지방을 유화시켜 **미셀**(micelle)이라고 부르는 작은 지방구를 생성하며 소장 내 수용성 환경에 분산시킨다. 유화작용(emulsification)은 지질의 표면적을 넓혀서 췌장 라이페이즈가 중성지방을 모노글리세리드와 유리지방산으로 효율적으로 분해하도록 도와준다. 일반적으로 췌장 라이페이즈는 필요 이상 충분히 분비되기 때문에 지방 소화는 매우 빠르고 완벽하게 진행된다. 또한 코라이페이즈는 라이페이즈가 미셀에 부착되도록 보조해준다.

미셀(micelle) 레시틴과 담즙산에 의해 형성된 구형의 수용성 구조는 분자의 소수성 부분이 안쪽으로 향하고 친수성 부분이 바깥쪽으로 향한다.

인지질과 콜레스테롤도 주로 소장에서 분해된다. 췌장과 소장 점막세포에서 분비되는 포스포라이페이즈(phospholipase)는 인지질을 분해하여 최종 산물인 글리세롤, 지방산, 인산, 콜린 등과 같은 성분을 생성한다. 콜레스테롤 에스테르는 췌장에서 분비되는 콜레스테롤 에스터레이즈(esterase)에 의해 콜레스테롤과 유리지방산으로 분해된다.

흡수

미셀 내 지질 성분들은 십이지장과 공장을 덮고 있는 흡수세포의 융모(brush border)를 통해 흡수된다(그림 5.17). 식사 지방의 95%가 이 과정을 통해 흡수된다. 흡수 후, 지방산과 모노

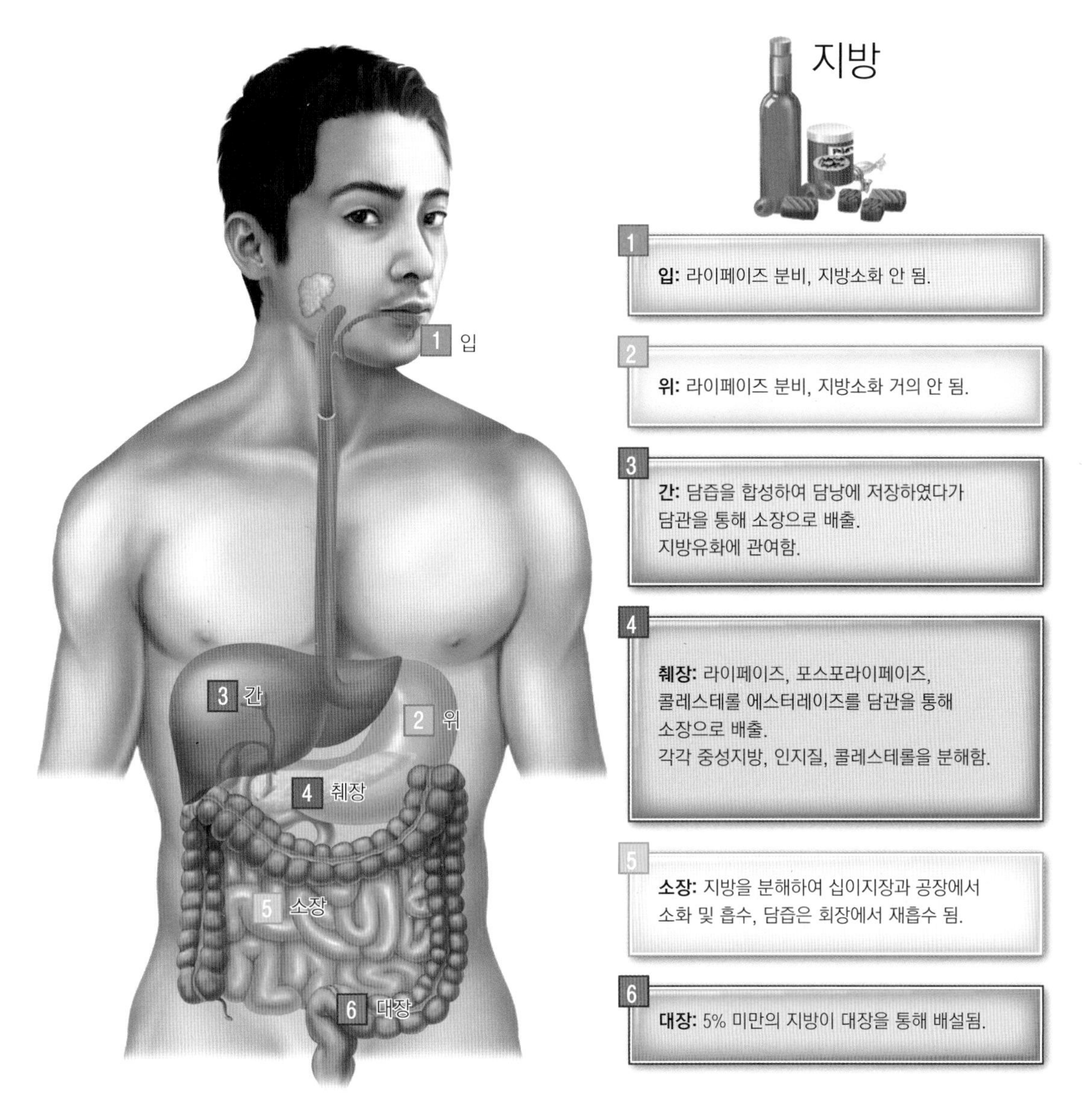

그림 5.16 지방의 소화와 흡수. 입, 위, 췌장, 소장에서 합성된 효소와 간에서 합성되는 담즙이 소화과정에 관여한다. 지방 소화와 흡수는 주로 소장에서 진행된다.

글리세리드의 탄소수에 의해 심혈관계로 흡수될 것인지 또는 림프계로 흡수될 것인지가 결정된다. 탄소가 12개 미만인 짧은사슬 또는 중간사슬 지방산(<12 탄소수)은 간문맥을 통해 직접 간으로 이동한다. 섭취한 대부분의 지방산은 긴사슬 지방산이다(≥12 탄소수). 긴사슬 지방산은 흡수세포 내에서 중성지방을 재형성한 다음, 지용성 비타민과 식사 콜레스테롤과 함께 킬로미크론을 형성하여 림프계로 유입된다.

한편, 담즙(또는 담즙에 포함된 콜레스테롤)은 회장에서 재흡수되어 간문맥을 거쳐 간으로 돌아가는 장간순환을 하는데, 98%는 재활용되고 나머지는 대변으로 배설된다. 체외로 배설되는 담즙량이 증가할수록 담즙을 보충하기 위해 간에서 콜레스테롤을 더 많이 사용하기 때문에 혈중 콜레스테롤 수준을 낮추는 효과가 있다. 특정 약물을 복용하거나 수용성 식이섬유가 많이 함유된 식사는 담즙을 결합하여 대변으로 배출함으로써 재활용되는 담즙을 감소시킬 수 있다.

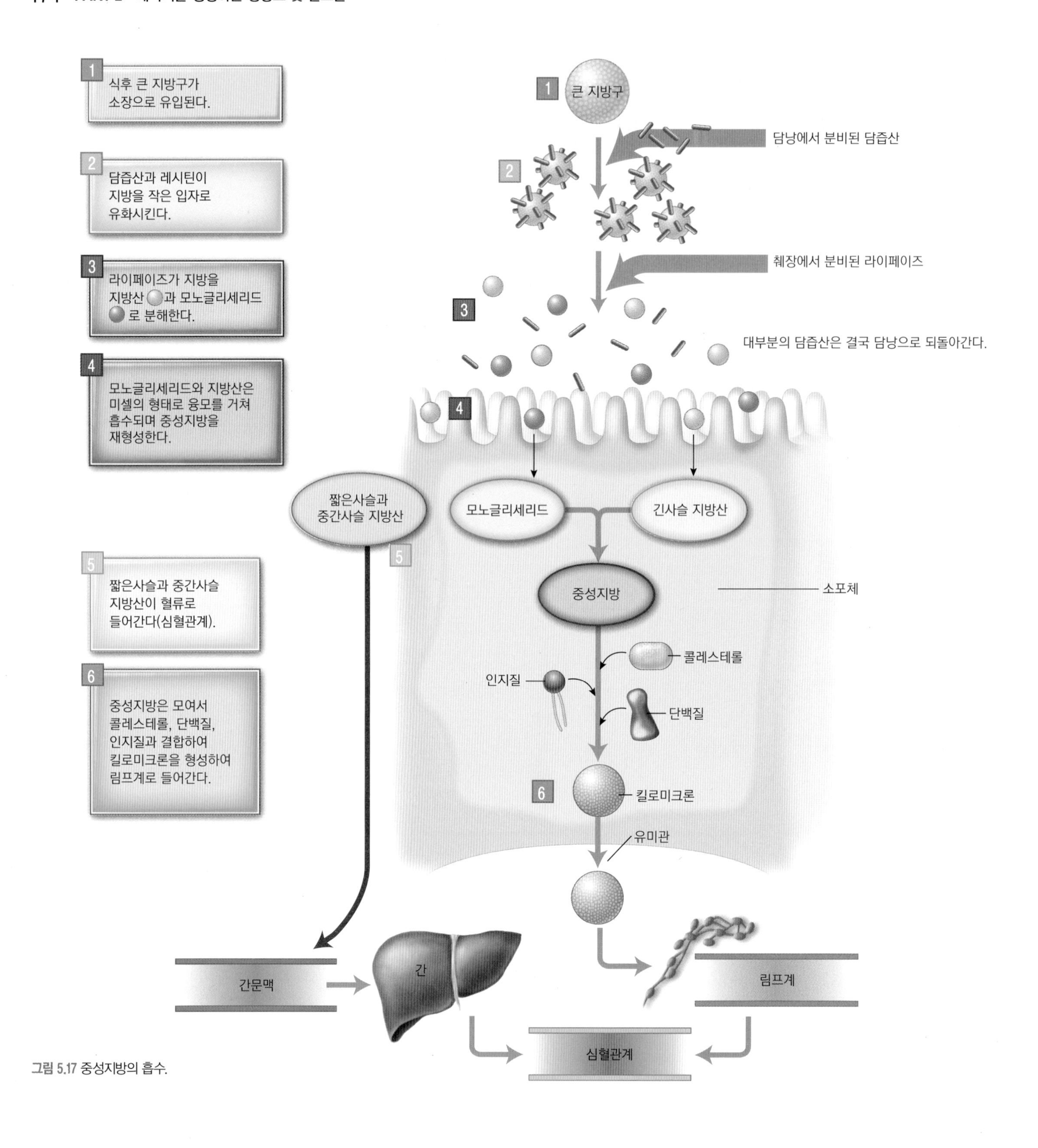

그림 5.17 중성지방의 흡수.

확인합시다!

1. 지방 소화에서 콜레시스토키닌의 기능은 무엇인가?
2. 지방 소화에서 담즙의 역할은 무엇인가?
3. 지방산의 탄소수는 흡수에 어떤 영향을 미치는가?

5.8 혈액 내의 지질 운반

지방은 물과 섞이지 않기 때문에 혈액과 림프계를 이동하는 것이 매우 힘들다. 지방은 킬로미크론, 초저밀도지단백질, 중밀도지단백질, 저밀도지단백질, 고밀도지단백질이라는 지단백질 형태로 혈액 내에서 이동한다. **지단백질**(lipoprotein)은 중앙에 지방을 두고 이를 단백질, 인지질, 콜레스테롤 껍질로 둘러싼 형태를 지닌다. 이 껍질이 지단백질을 혈액에서 순환하도록 해준다. 그림 5.18과 표 5.3은 지단백질의 구성을 보여준다.

지단백질(lipoprotein) 중앙에 지방을 두고 이를 단백질, 인지질, 콜레스테롤 껍질로 둘러싼 화합물.

킬로미크론(chylomicron) 식사 지방이 콜레스테롤, 인지질, 단백질의 외피에 둘러싸여 만들어진 지단백. 소장에서 흡수되어 소장 세포에서 만들어지며, 림프계에서 혈관으로 이동한다.

아포지단백질(apolipoprotein) 지단백질의 표면이나 외피에 박혀있는 단백질. 아포지단백질은 효소 기능을 돕고, 지질운반단백질로 이용되거나, 지단백이 세포 표면 수용기에 결합할 수 있도록 돕는다.

식사 지방 운반은 킬로미크론을 이용한다

흡수세포에서 재형성된 중성지방은 콜레스테롤이나 인지질 같은 다른 지질과 함께 **킬로미크론**(chylomicron)이라 불리는 지단백질을 형성한다. 이 큰 지방구는 인지질, 콜레스테롤, 단백질의 얇은 외피로 둘러싸여 있어, 혈액 내에서 킬로미크론이 자유롭게 부유할 수 있도록 해준다(그림 5.19). 다양한 **아포지단백질**(apolipoprotein)을 분류하기 위해 일련의 문자(A~E)를 사용하고 있으며, 편의상 약칭인 'apo' 뒤에 식별 문자 apo A, apo B-48, apo C-II 등을 붙여 구분한다. 아포지단백질은 지방운반효소를 활성화시킬 수 있으며 그 대표적인 예가 apo C-II로서 지단백질 라이페이즈를 활성화시킨다. 또한 세포 표면의 수용체와 지단백질이 결합하도록 도와주거나(apo B-48은 킬로미크론을 간에 부착하도록 해줌) 효소작용을 지원하기도 한다. [apo A-I은 레시틴-콜레스테롤아실전이효소(lecithin cholesterol-acyltransferase, LCAT)를 활성화시킨다.]

킬로미크론은 소장세포로부터 유미관을 통해 흉관(thoracic duct)과 연결된 림프계로 이동한다. 흉관은 복강에서 목 근처 좌측 쇄골 정맥이라 부르는 대정맥으로 연결되며 이를 통해 혈액 순환계로 유입된다. 일단 혈액에 들어가면, 원래 림프계에 의해 흡수된 영양소는 혈

표 5.3 혈중 지단백질의 구성과 기능

지단백질	주요 구성	주요 기능
킬로미크론	중성지방	식사 지방을 소장으로부터 세포로 이동
VLDL	중성지방	간이 유입하거나 합성한 지방을 세포로 이동
LDL	콜레스테롤	간이 합성하거나 다른 급원에서 얻은 콜레스테롤을 세포로 이동
HDL	단백질	세포로부터 콜레스테롤을 이동시켜 체외로 배출하도록 도움

생각해 봅시다

Juan은 1년에 한 번 건강검진에서 혈액 검사를 통해 콜레스테롤 수치를 측정한다. 검사 결과 총콜레스테롤은 210 mg/dL, HDL 콜레스테롤은 65 mg/dL, 중성지방은 100 mg/dL였다. Juan은 총콜레스테롤이 200mg/dL 이하여야 심혈관 문제를 최소화할 수 있다는 정보를 본 적이 있다. 그러나 그는 혈액 검사 결과에 만족했다. Juan은 부모님에게 어떻게 그의 만족함을 설명할 수 있을까?

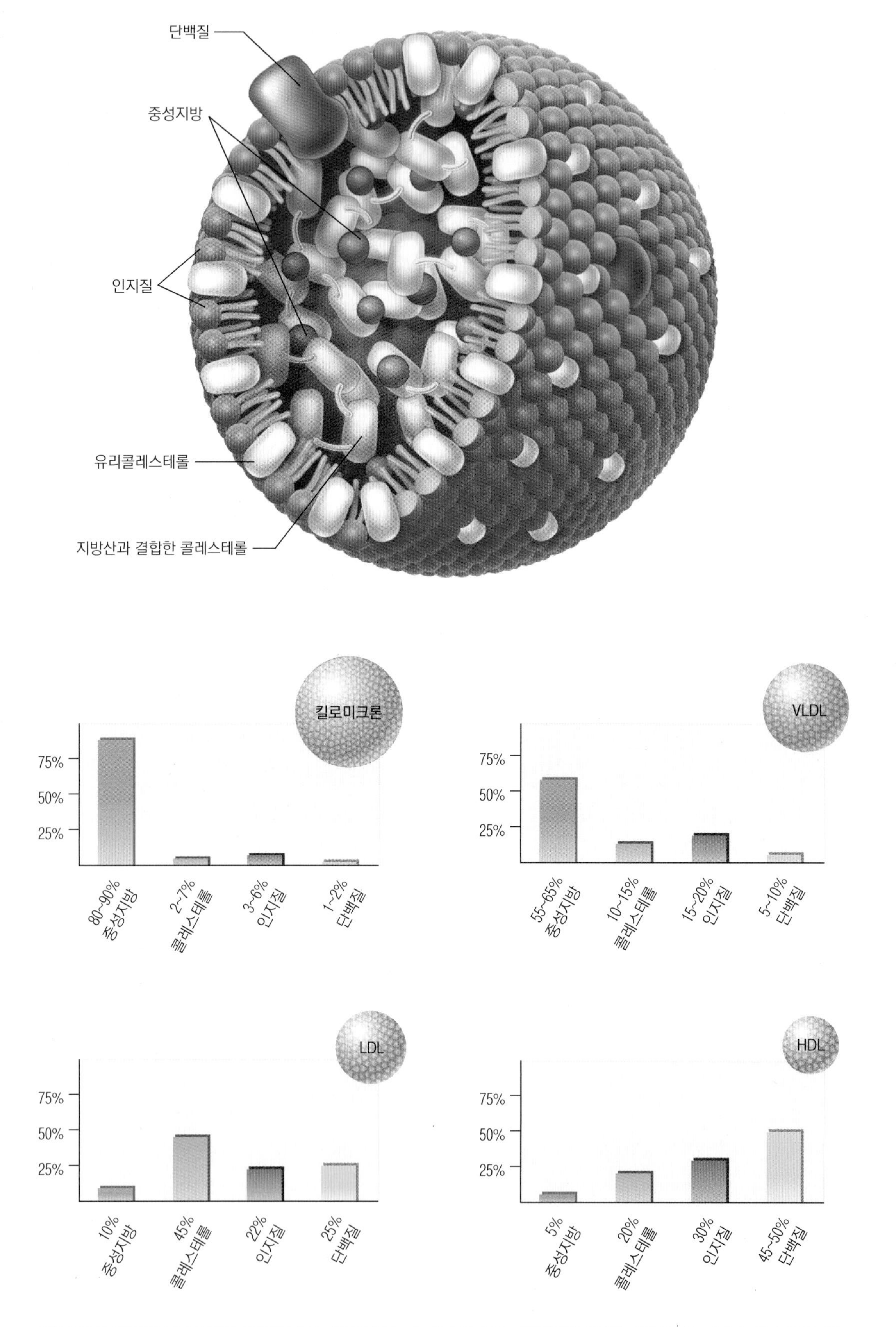

그림 5.18 지단백질의 구조와 구성. 인지질 구조는 혈액순환을 가능하게 한다. 각 지단백질은 약간씩 다른 구성을 가질 수 있다. 중성지방(주황색 막대)의 양이 많은 지단백질은 밀도가 낮은 반면, 단백질의 양이 더 많은 지단백질(노란색 막대)은 밀도가 높다.

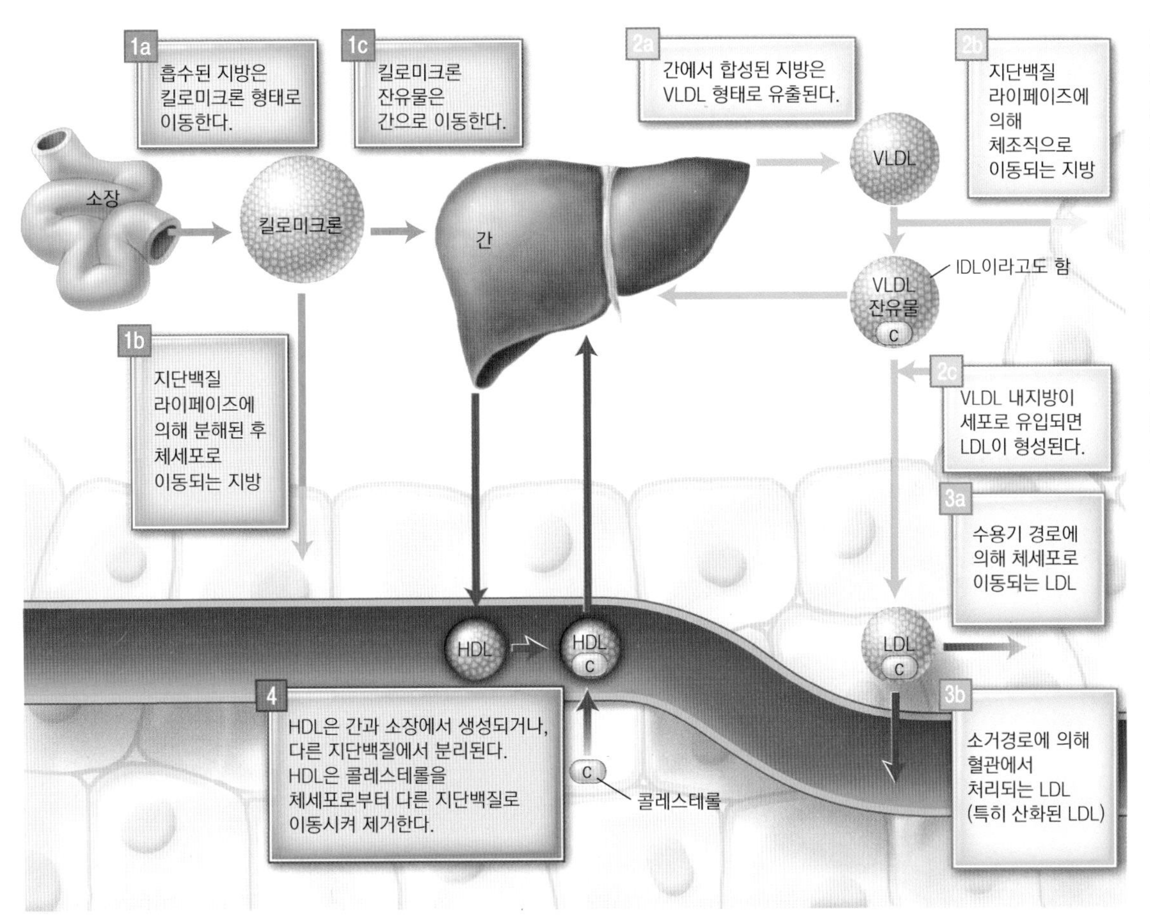

그림 5.19 지단백질 상호작용. 1 킬로미크론은 흡수된 지방을 체세포로 운반한다. 2 VLDL은 간에 의해 혈류에서 흡수된 지방뿐만 아니라 간에서 만들어진 지방도 체세포로 운반한다. 3 LDL은 VLDL에서 생겨나며 대부분 콜레스테롤을 세포로 운반한다. 4 HDL은 주로 간과 장에 있는 체세포뿐만 아니라 다른 지단백질에서 파생되는 입자로부터 생겨난다. HDL은 세포의 콜레스테롤을 다른 지단백질 및 간으로 운반하여 배설시킨다.

관계의 신체 조직으로 운반된다.

효소인 지단백질 라이페이즈(lipoprotein lipase, LPL)는 혈관, 근육, 지방조직 등 대부분의 세포의 내부 벽에 부착되어 있다. 지단백질 라이페이즈가 apo C-II에 의해 활성화되면 킬로미크론은 중성지방으로 가수분해하여 다시 유리지방산이 된다. 세포로 유입된 유리지방산은 다시 중성지방으로 재포장되어 에너지로 사용하거나 저장된다. 근육세포 같은 세포에서는 중성지방을 에너지로 대사시키는 반면, 지방세포는 저장하려는 경향이 있다. 세포 내로 유리지방산이 더 많이 유입될수록 킬로미크론은 작아지고 더 조밀해진다. 이를 킬로미크론 잔유물(chylomicron remnant)이라고 부른다.

식사 후 지단백질 라이페이즈에 의해 혈액 내 킬로미크론이 제거되는 데는 지방 섭취량에 따라 2~10시간 정도 소요된다. 12~14시간 공복 후에는 혈중에 킬로미크론이 없다. 킬로미크론은 검사 결과에 영향을 미치므로 검사 전 12~14시간부터 금식하는 것이 바람직하다.

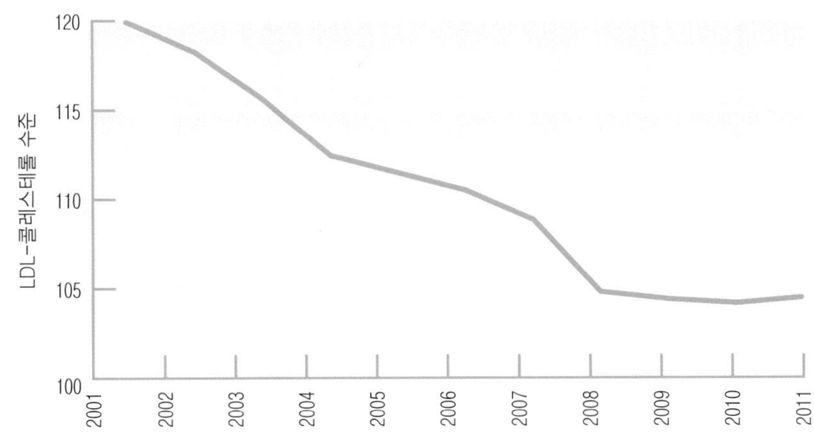

미국에서는 연령 보정된 평균 LDL 콜레스테롤 수준이 11년 동안 13% 감소되었다.

출처: Adapted from Kaufman, HW et al., "Blood Cholesterol Trends 2001–2011 in the United States: Analysis of 105 million patient records," PLoS One, Vol. 8, no. 5, May 2013.

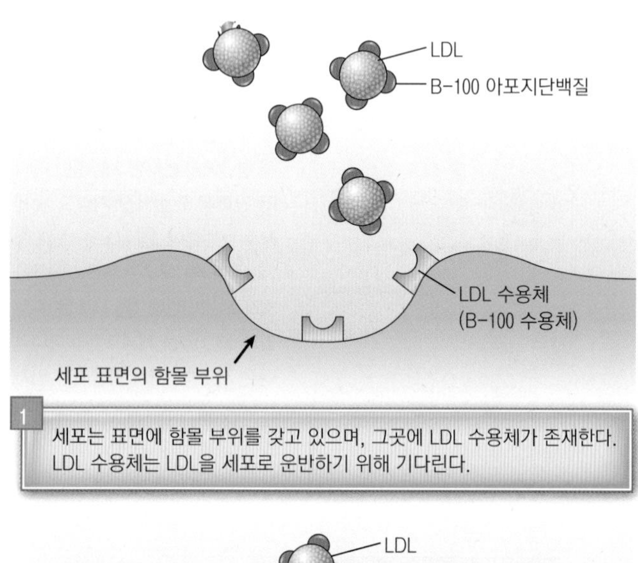

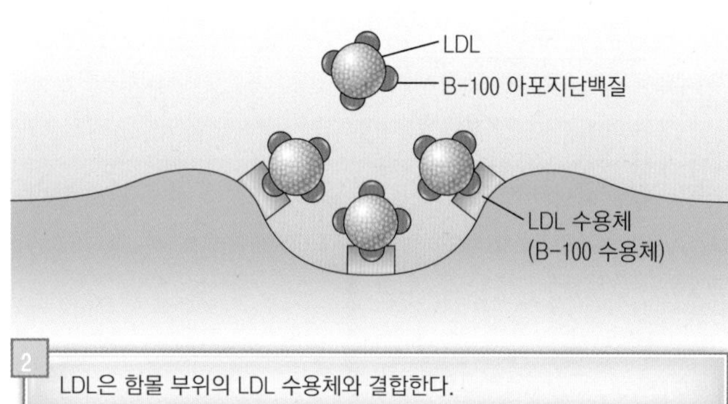

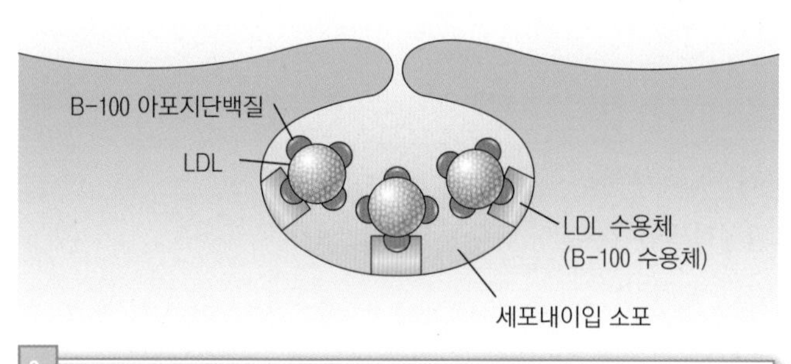

그림 5.20 콜레스테롤 흡수를 위한 수용체 경로. 1 혈액으로부터 세포로 운반하기 위해 LDL 수용체는 LDL을 기다린다. 2 LDL 수용체는 순환하는 LDL을 포획하고, 3 세포 안으로 유입하여 대사되게 한다. 운반하고 난 LDL 수용체는 다시 세포 표면으로 이동하여 새로운 LDL을 기다린다.

몸에서 합성된 지방 운반은 주로 초저밀도지단백질을 이용한다

간은 혈액으로부터 공급된 탄수화물, 단백질 및 유리지방산에서 탄소, 수소, 에너지 등을 얻어 지방과 콜레스테롤을 합성한다. 혈액으로 공급된 유리지방산이 중성지방 합성의 주요 급원이다. 간은 콜레스테롤과 중성지방을 단백질과 지방으로 감싸서 **초저밀도지단백질**(very-low-density lipoprotein, VLDL)을 생성한다.

VLDL이 혈액으로 분비되면 혈관벽의 지단백질 라이페이즈에 의해 VLDL 입자 중 중성지방은 지방세포나 근육세포 등 체세포로 유입된다. VLDL 내 중성지방이 분해된 만큼 밀도가 높아져서 결국 **중저밀도지단백질**(intermediate-density lipoprotein, IDL)이 되며 IDL은 간 내피 표면에서 발견되는 간 중성지방 라이페이즈(HTGL)라는 효소를 활성화함으로써 간 중성지방 라이페이즈와 지단백질 라이페이즈에 의해 더 분해되어 중성지방은 감소하고 콜레스테롤이 증가함에 따라 **저밀도지단백질**(low-density lipoprotein, LDL)이 된다. LDL은 주로 콜레스테롤로 되어 있다.

혈중 LDL 이동 경로

콜레스테롤 흡수를 위한 수용체 경로(receptor pathway for cholesterol uptake)는 세포의 LDL 수용체 B-100에 의해 LDL을 혈액으로부터 세포로 이동하는 것이다. 여러 세포와 간에 이 수용체가 존재한다(그림 5.20). 일단 세포 내로 유입된 LDL은 단백질과 유리 콜레스테롤로 분해된다. LDL 구성 성분들은 세포막을 유지하는 데 사용되며, 또한 에스트로겐, 테스토스테론, 비타민 D 등을 합성하는 데도 이용된다. 세포 내 콜레스테롤 농도가 증가하여 더 이상 LDL을 유입할 필요가 없는 수준에 이르면 B-100 수용체는 LDL을 유입하지 않으므로 혈중 LDL 농도가 높아진다. **항산화물질**(antioxidant)이 풍부한 식사를 하면 LDL 산화과정을 감소시킬 수 있지만 혈액에 남은 LDL은 유리기에 의해 산화되어 손상된다. 이렇게 산화된 LDL은 심혈관계 질환과 대사증후군(metabolic syndrome)의 위험을 증가시킨다.

산화된 LDL과 산화되지 않은 LDL은 같이 **콜레스테롤의 소거경로**(scavenger pathway for cholesterol uptake)에 의해 포획되어 분해된다. 이 경로에서 일종의 '소거자(scavenger)'인 대식세포라고 불리는 백혈구는 혈류를 떠나 혈관벽으로 스며든다. 대식세포는 LDL을 식별하고 포위해 분해한다. 일단 포위된 산화 LDL은 혈류로 되돌아가지 못한다. 대식세포는 다량의 LDL을 포획할 수 있다.

콜레스테롤이 대식세포 안에 쌓이면 대식세포는 죽게 되고 새로운 대식세포가 대체되며 또 죽게 된다. 수년간 콜레스테롤로 채워진 대식세포는 혈관 벽 내부에 특히 동맥벽 내부

항산화물질(antioxidant) 불포화지방과 같은 화합물과 신체 조직을 산소의 유해한 영향으로부터 보호하는 물질.

에 축적하게 되면 플라크(plaque)가 생성된다. 포화지방, 트랜스지방, 콜레스테롤 등이 풍부한 식사를 하면 더욱 빨리 진행된다. 플라그가 결합조직(콜라겐)과 혼합되고 평활근 세포와 칼슘으로 덮이면서 결과적으로 동맥 혈관벽이 단단해지는 **동맥경화증**(atherosclerosis)이 유발된다. 동맥경화는 조직의 혈액공급을 막아 심근경색(heart attack) 등의 문제를 발생시키며, 플라그가 떨어져 나와 동맥에서 또 다른 혈전을 형성하게 한다(그림 5.21).

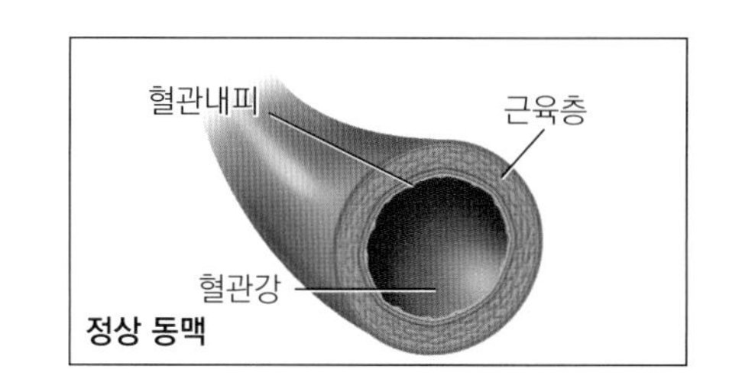

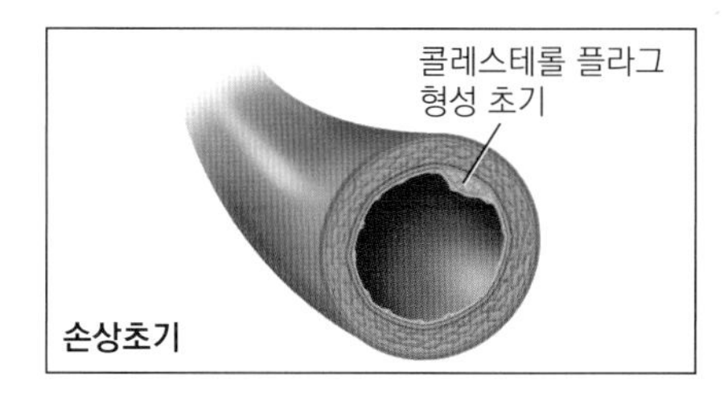

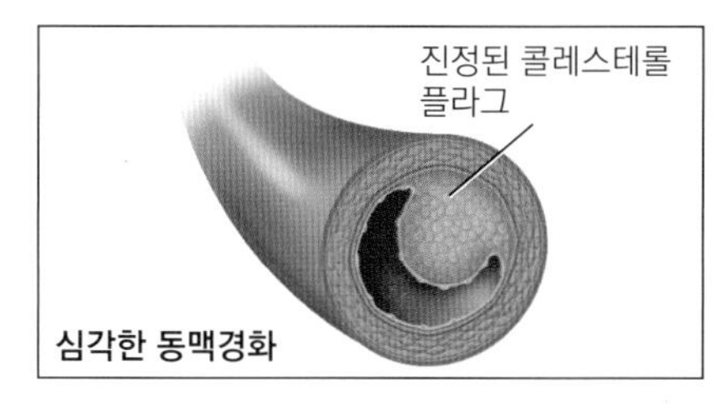

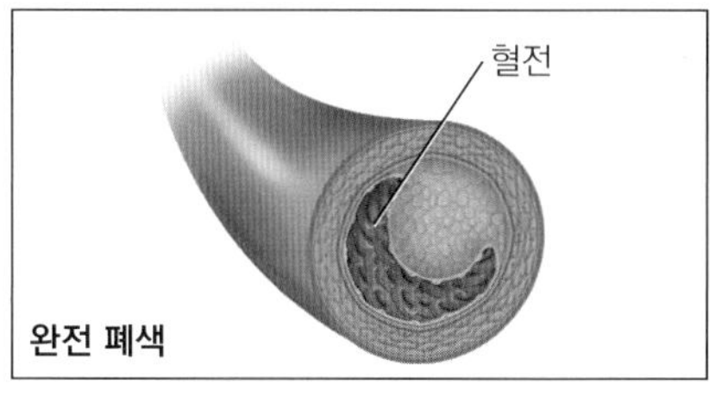

그림 5.21 동맥경화증의 진행과정.

동맥경화증(atherosclerosis) 심장을 둘러싸고 있는 동맥에 지방(혈전)이 축적된 상태.

혈중 LDL 제거에 HDL의 역할

지방 이동에서 최종적으로 중요한 운반체는 **고밀도지단백질**(high-density lipoprotein, HDL)이다. 단백질 구성비가 높기 때문에 이 지단백질은 가장 무겁다. (밀도가 가장 높다.) 혈중 HDL은 대부분 간과 소장에서 합성된다. HDL은 혈액을 떠돌며 죽은 세포와 다른 급원에서 콜레스테롤을 모아서 그 콜레스테롤을 다른 지단백질에게 주어 간으로 되돌려 배설하도록 한다. 일부 HDL은 직접 간으로 이동하기도 한다. HDL은 LDL 산화를 예방하는 것으로도 알려져 있다.

혈중 HDL 수준을 통해 심혈관계질환의 위험도를 정확하게 예측할 수 있는 연구도 많다. HDL 수준이 감소하면 간으로 이동되어 배설될 수 있는 콜레스테롤 양이 거의 없기 때문에 그 위험은 증가한다. 여성의 경우 특히 폐경기 이전에는 HDL 수준이 높은 경향을 보이는 반면, 남성의 경우 일반적으로 HDL 수준이 낮다.

다량의 HDL은 심혈관계질환의 유발을 지연시키므로 HDL에 의해 이동하는 콜레스테롤을 '좋은' 콜레스테롤로 여긴다. 반면에, 다량의 LDL은 심혈관계질환 발병을 촉진하기 때문에 LDL에 의해 운반되는 콜레스테롤은 '나쁜' 콜레스테롤이 된다. 그러나 LDL이 혈액 속에 다량 존재할 때 발생하는 문제일 뿐이며 정상적인 신체 기능을 위해 어느 정도의 LDL은 필요하다.

확인합시다!

1. 지방은 혈액에서 어떻게 이동되는가?
2. 킬로미크론, VLDL, LDL, IDL, HDL의 구성은 어떻게 다른가?
3. 지방대사에서 아포지 단백질의 기능은 무엇인가?
4. 수용체 경로와 소거경로 대사 중 LDL의 경로 선택은 무엇으로 결정되는가?
5. 심혈관계질환에서 HDL의 역할은 무엇인가?

5.9 지질 섭취와 건강

식사 지방은 건강을 위해 필수적이다. 그러나 많은 양을 섭취하면 건강에 해롭다.

다가불포화지방산 섭취

불포화지방산을 총 에너지의 10% 이상 섭취하면 동맥에 축적되는 콜레스테롤이 증가하여

저지방 유제품을 적절히 선택하여 지방 섭취량을 조절할 수 있다.

Christopher Kerrigan/McGraw-Hill Education

심혈관계 질환의 발병률이 높아지며, 또한 질병에 저항할 수 있는 면역계 기능을 손상시킬 수 있고 체중을 증가시킬 수 있다.

오메가-3 지방산의 과잉 섭취

오메가-3 지방산이 풍부한 생선을 포함한 식사를 1주에 2회(약 230 g) 할 때 혈전 형성을 감소시키고 심장박동을 원활하게 해주어 심근경색 위험을 억제한다. 생선을 많이 섭취(115~230 g/day)하면 혈중 중성지방이 높은 사람의 중성지방 농도를 낮추어 심장질환의 위험을 감소시킨다. 그러나 보충제를 통해 오메가-3 지방산을 지나치게 섭취하면 면역계 기능을 손상시켜 출혈을 억제하지 못하여 출혈성 쇼크(뇌출혈로 인한 뇌손상)를 야기할 수 있다. 오메가-3 지방산의 과잉 섭취는 보통 보충제가 원인이다.

오메가-3 대 오메가-6 지방산 섭취의 불균형

평균적으로 오메가-6 지방산을 오메가-3 지방산의 20배 정도 더 많이 섭취한다. 두 지방산은 대사 경로가 같기 때문에 서로 경쟁을 한다. 따라서 신체에는 어느 한 종류의 지방산만 충분하거나 지나치게 많기보다는 두 지방산이 균형적으로 존재해야 한다. 예를 들어, 그림 5.10에서처럼 오메가-6 지방산은 아라키돈산으로 전환되어 염증을 유발하는 에이코사노이드인 프로스타글란딘을 합성한다. 반면 EPA, DHA 같은 오메가-3 지방산은 염증이나 통증, 혈중 중성지방을 감소시키는 데 도움을 주는 물질로 전환될 수 있다. 오메가-3 지방산 섭취가 부족하면 관절염 같은 염증성 질환이 악화된다. 무엇이 관절염의 원인이고, 치료하는지 아직 알 수 없지만, 오메가-6과 오메가-3 지방산의 불균형이 어떤 역할을 할 수 있다. (현장 전문가적 관점 참조.)

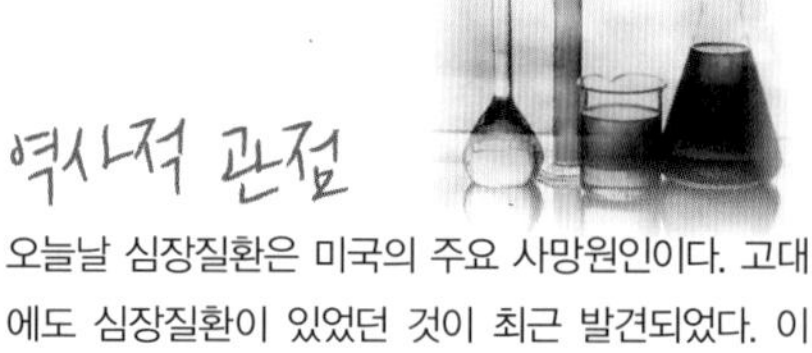

역사적 관점

오늘날 심장질환은 미국의 주요 사망원인이다. 고대에도 심장질환이 있었던 것이 최근 발견되었다. 이집트, 페루, 알래스카, 그리고 미국 남서부의 137개 미라 중 1/3이 MRI 결과 분명한 동맥경화증의 흔적이 보였다. 심장질환은 지방식과 운동 부족으로 인한 현대 질환이라고 흔히 생각하고 있다. 비록 미라들은 적게 먹었고 운동을 많이 했지만 주된 사망원인은 감염이었다. 감염과 염증이 현대의 심장질환과 관련이 있는 것과 마찬가지로 미라의 동맥경화증의 원인이었던 것 같다.

출처: http://www.nbcnews.com/health/mummy-study-showsclogged-arteries-are-nothing-new-1C8790657;

Mummy: webking/iStock/Getty Image

산패 지방 섭취

산패(rancid) 지방은 냄새와 맛이 나쁘며, 과산화물과 알데히드를 함유하여 세포를 손상시킬 수 있다. 불포화지방산은 이중결합이 산소, 열, 금속, 빛(햇빛, 인공광)에 의해 쉽게 공격을 받기 때문에 쉽게 산패된다. 포화지방과 트랜스지방은 이중결합이 없거나 적기 때문에 쉽게 산패되지 않는다.

다가불포화지방산이 많은 식품(어유, 식물성 기름), 튀긴 음식(감자튀김), 표면적이 넓은 지방 식품(달걀노른자 가루) 등은 산패되기 쉽다. 산패 방지를 위해 수소를 첨가하여 이중결합을 없애고 경화유를 만들 수 있다. 또는 비타민 C와 E, BHA(butylated hydroxyanisol), BHT(butylated hydroxytolune) 등 항산화제를 첨가하고 밀봉 포장하여 이중결합을 보호하기도 한다.

트랜스지방이 많은 식사

수소화를 통한 트랜스지방은 건강에 악영향을 미친다. 그동안 경화지방은 제과·제빵, 튀긴 음식 등의 품질 향상을 위해 널리 사용되었다. 예를 들어, 어떤 식품은 고형지방으로 만들었을 때 더 만족스럽다. 기름으로 만든 페이스트리나 파이는 기름지고 짜게 만드는 경향이 있는 반면 고형지방으로 만든 것은 얇게 벗겨지고 바삭바삭하다. 버터, 라드 등 동물성 지방이 수소화지방 대신 사용될 수 있지만 수소화지방에는 콜레스테롤이 전혀 없다. 수소화의 장점은 또 포장식품에서 지방의 부패와 산패를 지연시키는 점이다.

이런 수소화의 이점이 있지만 트랜스지방은 혈중 콜레스테롤 수준을 높여서 심혈관계 질환의 위험을 증가시킨다. 또한 HDL 콜레스테롤 수준을 낮추고 염증 질환을 증가시키는 것으로 알려져 있다. 또한 원숭이 실험을 통해 밝혀진 바로는 체중을 유지하는 수준의 에너지를 섭취하더라도 트랜스지방은 체중을 증가시키고 내장지방이 증가되도록 유도하므로 2형당뇨병의 원인이 된다고 한다.

트랜스지방의 섭취를 조절하는 데 도움이 되도록 식품의약품안전처에서는 영양표시에 트랜스지방을 기재하도록 권장한다. (캐나다의 식품표시에는 트랜스지방과 건강상의 부정적 효과를 반드시 기재해야 한다.) 식품 내 트랜스지방의 수준을 낮추기 위해 트랜스지방 무함유 식품들이 새로 나왔다(식품의약품안전처가 0.5 g 미만을 트랜스지방이 없는 것으로 정의함). 새로 나온 제품은 고형지방과 액상지방 내 지방산을 교환하여 만든 인터에스터화 지방(interesterified fat)을 사용한다. 이 지방은 트랜스지방과 유사한 특성을 가진다. 즉, 상온에서는 고체이면서, 고온 요리에 잘 견디고 오래 신선하게 유지된다. 인터에스터화 지방은 트랜스지방보다 건강에 좋은 것 같으나 더 연구가 필요하다.

외식할 때 튀김요리, 페이스트리, 켜켜로 얇게 만든 빵류(파이 크러스트, 크래커, 크루아상, 비스킷)와 과자를 줄이면 트랜스지방과 인터에스터화 지방의 섭취는 최소화할 수 있다. 가정에서는 막대 마가린이나 쇼트닝을 가급적 사용하지 않도록 하여 이런 지방의 섭취를 조절할 수 있다. 그 대신 식물성 기름이나 통 마가린, 짜먹는 마가린 등을 사용한다. 사과 소스나 과일 퓨레도 제과류에 쇼트닝 대신 사용할 수 있다. 그리고 쇼트닝의 튀김을 피하고 오븐에 굽거나 팬에 지지거나, 석쇠에 굽거나, 찌거나, 볶는 방법으로 한다. 대부분 크림 대용품은 수소화된 식물성 기름이 많으므로 저지방 우유나 탈지유로 대체한다.

총 지방 함량이 높은 식사

총 지방 함량이 높은 식사는 비만(8장 참조), 암, 그리고 심혈관계질환의 위험을 증가시킨다. 특히 포화지방이 많이 함유된 식사는, 특히 대장암, 전립선암, 유방암의 위험을 높인다. 고지방 식사가 어떻게 암 발생 위험을 높이는지 확실하게 밝혀지지는 않았지만, 특히 대장암과 관련하여 담즙을 들 수 있는데, 소장으로 분비되어 지방 유화에 관여하는 담즙은 대장세포를 자극한다. 지방 섭취가 증가하면 담즙 분비가 많아지고 이에 따라 세포는 더 자주 자극을 받게 되어 손상되며 이로 인해 암세포가 된다. 유방암과 전립선암의 경우 혈중 에스트로겐 수준이 높아지면 위험은 더 증가한다. 고지방 식사는 혈중 지방 농도를 높이고 이에 따라 에스트로겐 농도가 증가하는 반면, 저지방 식사는 에스트로겐 농도를 감소시킨다. 고

육류와 우유와 같은 동물성 식품에서 자연적으로 발생하는 트랜스지방은 수소화로부터 형성된 트랜스지방의 해로운 성질을 가지고 있지 않다.

Frank Bean/Getty Images

현장 전문가적 관점

지방 섭취에 대한 더 건강한 접근법

식사 지방 섭취와 심장 질환 위험 감소에 대한 권고 사항은 지난 몇 년 동안 상당히 달라졌다. 페니 크리스-에더튼(Penny Kris-Etherton)* 박사와 다른 전문가들은 전반적으로 건강한 식단의 맥락에서 포화지방 섭취를 통제할 것을 권고한다. 건강한 식단은 정제된 탄수화물과 첨가된 당분이 적고, 트랜스지방을 거의 또는 전혀 포함하지 않으며, 대부분의 포화지방을 불포화지방, 특히 다가불포화지방으로 대체한다. 오메가-6 지방산과 오메가-3 지방산은 심혈관질환 사망률과 주요 위험 인자를 감소시키는 것으로 밝혀졌기에 포화지방의 대체물로 오메가-6 지방산과 오메가-3 지방산(표 5.4)을 모두 포함하는 것이 중요하다.

크리스-에더튼 박사는 몇몇 연구들이 낮은 오메가-6 섭취가 심장 질환의 위험 증가와 관련이 있으며 포화지방을 오메가-6 지방산으로 대체하는 것이 그 위험을 감소시켰다고 보고했다고 강조했다. 그녀는 "오메가-6 지방산은 단순히 포화지방을 제거하는 것 이상의 독립적인 콜레스테롤을 낮추는 특성을 가지고 있다"고 말했다. 포화지방산을 오메가-6 지방산으로 대체하면 심장병 위험을 줄일 수 있다. 미국심장협회는 최적의 심장 건강을 위해 오메가-6 지방산 섭취가 에너지 섭취의 최소 5~10%를 차지하도록 권고하고 있으며 오메가-6 지방산 섭취량을 권고 기준 이하로 줄이는 것은 심장병의 위험을 증가시킬 가능성이 높다.

*페니 크리스-에더튼, 박사, R.D.는 펜실베이니아 주립대학교 영양과학부의 저명한 영양학 교수이자 미국심장협회의 펠로우이다. 그녀는 미국영양과학협회로부터 인간 영양 연구에 대한 Lederle Awards, 재단 우수 연구상, 그리고 영양 및 영양학 아카데미로부터 Marjorie Hulsizer Copher Award을 받았다. 그녀는 마크롱 영양소에 관한 관념 아카데미 패널, 미국심장협회 영양 위원회, 미국 콜레스테롤 교육 프로그램 제2 성인 치료 패널, 그리고 2005년 미국인 자문 위원회의 식사 지침 작업에 참여했다.

표 5.4 다가불포화지방산의 주요 급원 식품

단일불포화	오메가-3	오메가-6
올리브 	기름진 생선(연어, 고등어, 참치, 청어, 정어리) 	육류, 가금류, 난류, 마요네즈 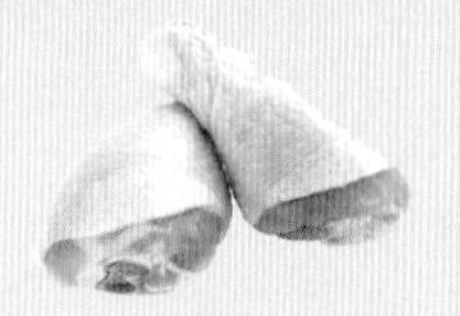
땅콩 버터	씨앗(아마씨, 치아씨드)	씨앗(호박씨, 해바라기씨)
아보카도 	효모(Yeast), 해조류	샐러드 드레싱
유지류(올리브유, 낙화생유(땅콩), 카놀라유, 참기름, 고올레산 해바라기유)	유지류(아마씨유, 식용유(콩), 카놀라유)	유지류(옥수수유, 면실유, 홍화유, 식용유(콩))
견과류(아몬드, 캐슈넛, 헤이즐넛, 마카다미아넛, 땅콩, 피칸, 피스타치오),	견과류(호두) 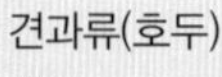 	견과류(잣, 호두) 

olives: ANCH/Shutterstock; fish: Alexander Raths/Shutterstock; meat: Elena Elisseeva/Shutterstock; avocados: Ken Cavanagh/McGraw-Hill Education; salad dressing: vincent noel/Shutterstock; oil: D. Hurst/Alamy Stock Photo; cashews: C Squared Studios/Getty Images; walnuts: lynx/iconotec.com/Glow Images

실천해봅시다!

지질 혈액 검사 이해(지질 패널)

지질 혈액 검사 또는 지질 패널은 혈중 특정 지질을 측정하여 당신과 당신의 의료 제공자가 심혈관질환에 대한 위험을 이해하는 데 도움이 된다. 다른 위험 요인이 없을 때, 이 검사는 9세에서 11세 사이에 처음 시행되고 17세에서 21세 사이에 다시 시행된다. 만약 위험이 있는 경우 정기적으로 테스트를 수행한다.

지질 패널 테스트 준비

가장 정확한 결과는 검사 12~14시간 전에 단식을 해야 한다. 보통 검사는 아침에 끝나는데, 이것은 밤새 금식을 할 수 있다는 것을 의미한다. 소량의 혈액이 주사기를 통해 정맥에서 추출된다. 때때로 굵은 막대기(finger stick)가 검사를 위해 사용될 수 있다.

지질 측정

지질 패널은 심혈관질환의 위험과 관련된 혈액 샘플의 지질 수치를 측정하고 일반적으로 다음 4가지 측정이 포함된다.

총 콜레스테롤: 모든 지단백질 입자의 전체 콜레스테롤을 합친 값
고밀도 지단백질(HDL-C): HDL에 들어 있는 콜레스테롤("좋은" 콜레스테롤)
저밀도 지단백질(LDL-C): LDL에 들어 있는 콜레스테롤("나쁜" 콜레스테롤)
중성지방: 결합된 모든 지단백질 입자의 중성지방; 대부분은 초저밀도 지단백질(VLDLs)에 있다.

다음 정보가 보고서에 표시될 수도 있다.
초저밀도 지단백질(VLDL-C): 중성지방의 값을 5(VLDL 입자의 일반적인 조성 기준)로 나눈 값
비고밀도 지단백질(non-HDL-C): 총 콜레스테롤에서 HDL-C를 뺀 값
지단백질 입자 수/농도(LDL-P): 총 LDL 입자; 이 측정은 심혈관질환 위험을 보다 정확하게 예측할 수 있다.

결과 해석

총 콜레스테롤
정상: < 200 mg/dL
경계선 높음: 200–239 mg/dL
높음: > 240 mg/dL

당신의 총 콜레스테롤 중 얼마나 많은 콜레스테롤이 LDL-C 또는 HDL-C로 구성되어 있는지 아는 것이 중요하다. 대부분의 사람들에게 총 콜레스테롤의 약 70%는 LDL-C이고 30%는 HDL-C이다. LDL-C와 HDL-C 사이의 이러한 균형은 중요하다; 특히 LDL-C가 높고 HDL-C가 낮을 때, 심장병에 걸릴 위험이 증가한다.

Image Source/Andrew Brookes

HDL-C
심혈관질환 평균 위험 미만: ≥ 60 mg/dL
심혈관질환 평균 위험: 40–50 mg/dL
심혈관질환 위험 증가: 남성의 경우 40 mg/dL 미만, 여성의 경우 50 mg/dL 미만
규칙적이고 꾸준한 운동은 HDL-C를 증가시키고 LDL-C를 낮춘다.

LDL-C
정상: < 100 mg/dL
심혈관질환 위험 요소 또는 가족력이 있는 경우: < 70 mg/dL
거의 정상: 100–129 mg/dL
경계선 높음: 130–159mg/dL
높음: 160–189 mg/dL
매우 높음: > 190 mg/dL
LDL-C를 낮추기 위해서는 포화지방을 줄이고 다가불포화지방 섭취를 늘리며, 운동을 하고, 적절한 때에 콜레스테롤을 낮추는 약을 복용한다.

중성지방
정상: < 150 mg/dL
경계선 높음: 150–199 mg/dL
높음: 200–499 mg/dL
매우 높음: > 500 mg/dL

흡연, 과도한 알코올 섭취, 통제할 수 없는 당뇨병과 일부 약물은 중성지방 수치를 높이는 데 기여할 수 있다.

VLDL-C

정상: 5-40 mg/dL

VLDL 수치가 높을수록 심장마비나 뇌졸중의 위험이 커진다.

Non-HDL-C

정상: < 130 mg/dL

정상 기준 근처/이상: 130~159 mg/dL

경계선 높음: 160-189 mg/dL

높음: 190-219 mg/dL

매우 높음: > 220 mg/dL

Non-HDL-P는 동맥을 형성하고 좁힐 수 있는 아테롬성 콜레스테롤을 나타낸다. LDL-P 검사는 혈중 LDL의 입자수를 평가한다. 작고 밀도가 높은 LDL-P의 증가는 일부 사람들이 그들의 총 콜레스테롤과 LDL-C가 높지 않을 때에도 심장마비를 일으키는 이유를 설명할 수 있다.

당신의 목표는 무엇인가?

지질 패널 보고서는 단지 지침일 뿐이라는 것을 명심하자. 당신에게 정상적인 것은 다른 사람들을 위한 것이 아닐 수도 있다. 전문가(의료 제공자)와 결과를 검토하고 심혈관질환 위험을 관리하는 전략을 개발하자.

목표는 위험 요소를 기반으로 해야 한다(이 장의 임상적 관점 참조). 포화지방보다 다가불포화지방이 많은 식단, 트랜스지방이 거의 또는 전혀 없는 식단, 규칙적이고 일관된 운동이 포함된 건강한 생활방식을 고수하는 것은 심장 건강을 유지하는 중요한 부분이다.

많은 제조업체들이 전통적인 제품보다 지방이 적은 제품을 제공한다. 비록 이 제품들이 지방 함량이 낮지만, 제공되는 양의 크기와 총 에너지는 여전히 고려되어야 한다.

McGraw-Hill Education/Jill Braaten

지방 식사와 암의 상관성을 설명하는 또 다른 이론으로 고지방 식사에는 식이섬유와 피토케미컬이 적어서 암에 대항하여 보호 작용을 하는 식물성 화합물이 부족하다는 것이다.

식사 지방 섭취를 낮추면 에너지 섭취를 조절할 수 있으며 지방 과잉 섭취를 억제하여 비만이 예방 된다. 비만은 대장암(8장 참조), 유방암, 자궁암 등의 최대 위험요인이다.

확인합시다!

1. 오메가-3 지방산이 많거나 적은 식사의 문제는 무엇인가?
2. 생활습관으로 변화될 수 있는 심혈관질환의 위험요인은 무엇인가?
3. 트랜스지방산의 장단점은 무엇인가?
4. 총 지방 함량이 높은 식사의 건강상 문제는 무엇인가?

사례연구 후속

UpperCut Images/SuperStock

William은 심장질환의 위험요인이 몇 가지 있다. 그는 가족력이 있고, 남성이며, 총 콜레스테롤은 200 mg/dL 이상, LDL은 160 mg/dL에 육박하고 있으며 대학 4년 만에 체중이 증가해 고혈압 직전이다. William의 식단에는 포화지방과 트랜스지방이 많다. 그는 통곡 시리얼, 무지방 우유, 과일 주스와 같은 식이섬유와 영양소가 풍부한 아침을 먹음으로써 식습관을 개선할 수 있었다. 지방이 많은 버거와 패스트푸드 대신, 살코기, 닭고기, 생선을 선택했다. 식사에 많은 과일과 채소의 섭취를 포함했다. 그는 간식으로 매일 땅콩을 조금씩 먹고 생선을 자주 먹음으로써 단일불포화지방의 섭취를 개선할 수 있었다. 그는 더 많이 집에서 요리를 하고 꾸준한 운동을 통해 심혈관질환을 예방할 수 있다.

심혈관질환(CVD)

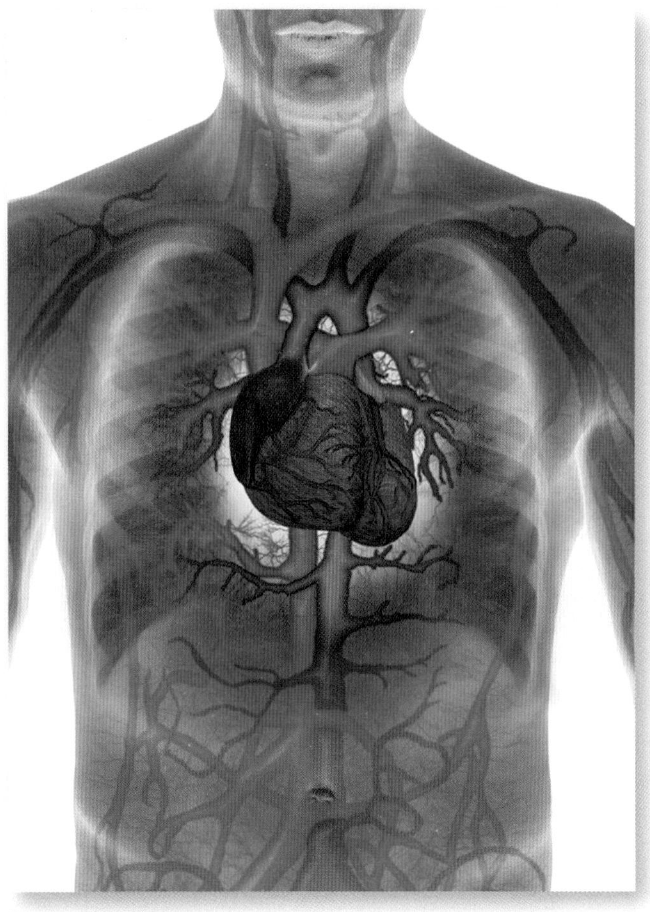

Don Farrall/Getty Images

심혈관질환은 북미인들의 주요 사망원인이다. 미국에서는 40초에 한명이 심장마비를 일으키고 80초에 한명이 심장마비로 사망한다. 매년 미국에서 약 63만 명이 심혈관질환으로 사망하는데, 이는 암으로 사망하는 것보다 약 60% 더 많은 수치다. 뇌졸중과 다른 순환기 질환까지 포함하면 이 수치는 거의 100만 명으로 증가한다. 심장병은 남녀 모두에게 주요 사망원인이지만 여성은 일반적으로 남성보다 10년 정도 늦게 발병한다. 그럼에도 불구하고, 심혈관질환은 결국 다른 어떤 질병보다 더 많은 여성의 사망원인이다. 암보다 두 배 더 많은 사망원인이다. 그리고 북미에서 CVD로 사망하는 사람당 20명(1,300만 명 이상)이 심혈관질환의 증상을 가지고 있다.

고지방 식단, 특히 포화지방과 트랜스지방이 풍부한 식단은 심혈관질환의 위험을 증가시킨다. (혈관 시스템은 혈액, 심장, 동맥 및 정맥을 포함한다.) 이 증상은 오랜 세월에 걸쳐 발병하며 종종 노년이 되어서야 명백해진다. 그럼에도 불구하고, 20세 미만의 사람들의 부검 결과, 많은 사람들이 이미 동맥에 아테롬성 동맥경화성 플라크가 있는 것으로 나타났다.

▶ 건강한 사람들의 목표는 관상동맥질환과 뇌졸중으로 인한 사망률을 줄이는 것이다.

▶ 심혈관질환(CVD)이란 전형적으로 관상동맥과 관련되어 관상동맥질환(coronary heart disease, CHD 또는 coronary artery disease, CAD)이라고 한다.

호모시스테인(homocysteine) 단백질 합성에서 아미노산으로 사용되지는 않지만, 아미노산 메티오닌의 대사과정에 생성됨. 호모시스테인은 혈관벽 같은 세포에 유해함.

심혈관질환 발생

동맥경화 플라크는 동맥 내벽의 부상을 복구하기 위해 가장 먼저 퇴적되어 있을 것이다. 플라크 형성을 시작하는 손상은 흡연, 2형당뇨병, 고혈압, 호모시스테인, LDL에 의해 발생할 수 있다. 아테롬성 동맥경화가 진행되면 시간이 지날수록 플라크가 두꺼워져 동맥이 굳어지고 좁아지며 탄력이 떨어지게 되어 정상적인 혈압 유지를 위한 혈관의 확장을 방해한다. 이렇게 영향을 받은 동맥에 의해 압력이 증가함에 따라 혈관은 더 손상된다. 마지막 단계에서는 플라크가 막힌 동맥에 있는 혈전이나 경련이 혈액의 흐름을 막고 심장마비(심근경색)나 뇌졸중(뇌혈관 사고)으로 이어진다.

혈액은 심장 근육과 뇌와 다른 신체 기관들에게 산소와 영양분을 공급한다. 심장을 둘러싸고 있는 관상동맥을 통한 혈류가 중단되면 심장 근육이 손상되는 심장마비가 발생할 수 있다. 뇌의 일부분으로 가는 혈액의 흐름이 오랫동안 중단되면, 뇌의 일부가 죽어서 뇌졸중을 일으킨다. 일반적으로 심장마비를 일으키는 요인으로는 탈수, 심한 정서적 스트레스, 과도한 신체 활동, 밤에 갑자기 깨어나거나 아침에 갑자기 깨나는 경우(혈압과 스트레스의 급격한 증가와 관련이 있음), 혈액 응고를 증가시키는 고지방 식사 등이 있다.

심혈관질환의 위험인자

미국심장협회(AHA)는 심혈관질환(CVD) 위험 요인으로 고지방 식사 외에도 여러 가지 요인을 제시하고 있다. 위험요인이 많을수록 심혈관질환 위험은 커진다. 일부 위험요인은 변화하는 것이지만 일부 요인은 변화하지 않는다. 연령, 성, 인종, 유전적 소인은 변하지 않는 요인들이다.

- 연령: 나이가 많아질수록 CVD 위험은 증가한다. CVD로 사망한 사람의 83%는 적어도 65세 이상이다.
- 성: 여성보다 남성에서 CVD가 더 많이, 더 빨리 나타난다. 폐경 이후 여자의 발병률은 높아지지만 남자보다 낮다.
- 유전적 소인: 50세 이전에 CVD로 조기 사망한 가족력이 있으면 심혈관질환 위험이 증가할 수 있다. 조기 심혈관질환 발생 위험이 높은 사람은 혈액으로부터 킬로미크론과 중성지방 소거능, 간 LDL 소거능, HDL 합성 능력에 유전적인 결함이 있으며 혈전 형성도 증가한다.
- 인종: 백인에 비해 아프리카 혈통을 지닌 사람들이 혈압이 높고 CVD 발병도 높다. 심장질환 발병률은 라틴 또는 중남미 계통의 사람이나 아메리카 대륙, 하와이 원주민이 높은 편이고 아시아인도 높

은데 이런 경우 비만이나 당뇨병 합병률도 높은 편이다.

반면, 변화할 수 있는 요인으로는 혈중 콜레스테롤 농도, 혈중 중성지방 농도, 고혈압, 흡연, 신체활동, 비만, 당뇨병, 간질환 및 신장질환, 낮은 갑상선 호르몬 수준 등이 있다.

- 혈중 콜레스테롤 수준: 총 콜레스테롤 수준이 200 mg/dL(특히 240 mg/dL) 이상이고, LDL 수준이 160 mg/dL 이상인 경우, 심혈관질환 위험이 높다. 고콜레스테롤혈증과 함께 고혈압과 흡연을 동반한 경우에 심혈관질환 발병률은 더 증가한다. 콜레스테롤, 포화지방 및 총 지방 섭취 감소, 체중 유지, 꾸준한 운동은 혈중 콜레스테롤 수준을 낮추는 데 도움이 된다.
- 혈중 중성지방 수준: 공복 시 혈중 중성지방은 150 mg/dL 미만이어야 한다. 고중성지방혈증(hyper-triglyceridemia)은 식사의 지방, 단순당과 알코올 섭취로 기인한다. 고중성지방혈증은 HDL 수준이 낮고, LDL 수준이 높을 때 동맥경화증을 가속화시키므로 포화지방 섭취를 줄이고 단일불포화지방산과 오메가-3 지방산 섭취를 늘리도록 한다.
- 고혈압: 고혈압은 심근을 두껍고 단단하게 손상시켜 심장박동을 정상보다 힘들게 하여 뇌졸중, 심장마비, 신부전, 울혈성 심부전의 위험을 증가시킨다. 고혈압은 고콜레스테롤혈증, 흡연, 비만 또는 당뇨병을 동반하여 심장마비나 뇌졸중의 위험을 증가시킨다. 저염, 체중 감소, 약물 복용, 운동은 고혈압을 억제하는 데 도움이 될 수 있다.
- 흡연: 흡연자는 비흡연자에 비해 2~4배 이상 심혈관질환 발병률이 높다. 심지어는 간접흡연자의 경우에도 위험률이 높아진다. 혈중 지방이 낮아도 흡연은 유전자 관련 위험요인을 작동시켜 혈전을 형성시킨다. 혈액이 적은 경우에도 위험을 증가시키며, 혈액이 더 응고되기 쉽게 만든다. 여성은 남성보다 심혈관질환 위험이 낮은 것으로 알려져 있지만, 흡연은 이러한 사실을 뒤집을 수도 있다. 흡연은 여성 심혈관질환 발병 사례의 20%에 해당하는 주요원인이며 흡연과 함께 피임약 복용 시 더 높아진다.
- 신체활동 부족: 신체활동이 부족하면 심혈관질환 발병률이 높아진다. 규칙적인 고강도 활동은 심혈관질환 위험을 낮추고 혈중 콜레스테롤 수준을 조절하며, 당뇨와 비만 위험을 감소시키며 심지어 혈압을 낮추어준다.
- 비만: 성인은 나이가 많아짐에 따라 체중이 늘어난다. 특히 허리둘레가 늘어나면 점차 혈중 LDL 콜레스테롤 수준이 증가한다. 비만은 염증을 증가시키며 지방세포에서 분비되는 호르몬 아디포넥틴(adiponectin)을 감소시켜 심근 경색 위험이 증가하며, 인슐린 저항성을 야기해 당뇨병의 위험을 초래한다.
- 당뇨병: 당뇨 증세는 심혈관질환 발병 위험을 매우 높이며 혈당 조절이 잘 되는 경우라도 심근경색이나 뇌졸중 위험을 증가시킨다. 이때 혈당 조절이 되지 않으면 그 위험 정도가 더욱 심각해진다. 당뇨 환자의 75%가 심혈관질환으로 사망하며 상대적으로 당뇨 발병이 낮은 여성의 경우에도 당뇨인 경우 심혈관질환 위험이 높다.
- 간질환, 신장질환, 갑상선 호르몬 저하: 모두 혈중 LDL 콜레스테롤 수준을 증가시켜 심혈관질환 위험을 증가시킨다. 치료를 통해 심혈관질환 위험을 낮출 수 있다.

▶ **수축기 혈압**이 140 mm Hg 이상이고, 이완기 혈압이 90 mm Hg 이상이면 고혈압이다. 건강한 사람의 혈압 수치는 각각 120 mm Hg와 80 mm Hg이다. (수축기 혈압은 심장이 뛸 때 동맥의 최대 압력이다. 이완기 혈압은 심장이 박동 사이에 있을 때 동맥의 압력이다.)

▶ 표 5.5의 값은 성인을 대상으로 한 것이다. 청소년을 대상으로 한 수치는 성장 및 성숙의 차이를 고려하여 연령별로 제시되어 있다.

심혈관질환 위험의 판정

20세 이상 성인의 혈중 지단백질 패턴을 5년마다 조사할 필요가 있다(the national cholesterol education program, NCEP). 검사 전 12~14시간 공복 후 실시하였을 때 가장 유효하며 식후 검사 시에는 HDL과 총 콜레스테롤 수준만 정확하다. 표 5.5에서 혈중 지단백질 기준을 확인해보자.

또한 NCEP에서는 10년 내 심장병 발병 위험 정도를 계산할 수 있는 표를 개발하였다. 위험요인은 연령, 혈중 콜레스테롤의 총량과 HDL 수치, 혈압, 흡연 여부 등으로 채점하고, 그 점수에 따라 생활습관 변경이나 약물 치료, 또는 병행적용 여부를 결정하는 데 도움을 줄 수 있다.

원심분리관

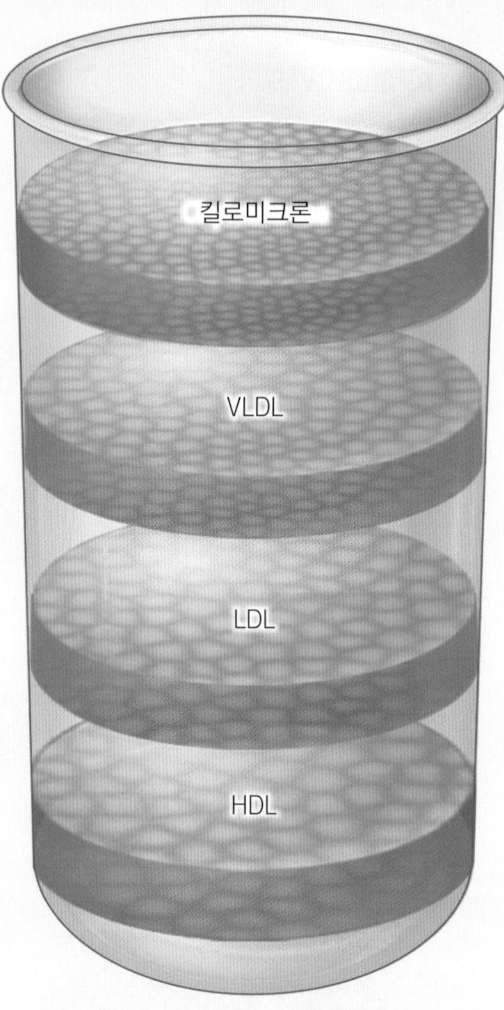

혈류 중의 킬로미크론, VLDL, LDL, 및 HDL 입자의 양을 측정하는 한 가지 방법은 수크로스가 풍부한 용액에서 약 24시간 동안 혈청 부분을 빠른 속도로 원심분리하는 것이다. 지질단백질은 밀도에 따라 원심분리관에 정착하며, 상단은 킬로미크론, 하단은 HDLs로 구성된다.

심혈관질환 예방법

혈중 LDL 콜레스테롤을 낮추고 건강상 위험을 줄이는 생활습관은 다음과 같다.

- 총 지방 섭취는 총 에너지의 20~35% 유지
- 포화지방 섭취는 총 에너지의 7% 미만 유지
- 트랜스지방 섭취는 가급적 적게
- 불포화지방산 섭취는 총 에너지의 10% 이하 유지
- 단일불포화지방산 섭취는 총 에너지의 20% 이하 유지
- 콜레스테롤 섭취는 하루 200 mg 이하 유지
- 식물성 스타놀/스테롤을 하루 2 g 섭취함으로써 소장에서 콜레스테롤 흡수를 억제하여 장간 순환을 억제한다.

표 5.5 혈중 지단백질 기준

지단백질(mg/dL)	등급
총 콜레스테롤	
< 200	이상적
200~239	다소 높음
≥ 240	높음
LDL 콜레스테롤	
< 100	정상
100~129	거의 정상
130~159	다소 높음
160~189	높음
≥ 190	매우 높음
HDL 콜레스테롤	
< 40	낮음
≥ 60	높음
중성지방	
< 100	정상
100~149	거의 정상
150~~199	다소 높음
200~499	높음
≥ 500	매우 높음

- 수용성 식이섬유 섭취를 하루 20~30 g으로 증가
- 적절한 설탕 섭취
- 건강 수준의 체중 유지
- 신체활동 증가

과일과 채소, 견과류, 식물성 기름을 자주 섭취하는 것은 콜레스테롤 축적을 억제시키고 심혈관질환의 발생을 감소시킬 수 있는 좋은 방법이 된다. 이러한 식품에는 항산화 영양소가 풍부하여 혈액에서 LDL의 산화를 억제하여 소거세포로의 산화 LDL의 유입을 저하시킨다. 전문가의 조언 하에 보충제로 비타민 C나 E 같은 항산화제를 200 mg/day 정도로 섭취하면 심혈관질환 예방에 도움이 될 수 있다. 그러나 항산화 비타민 E의 다량 복용(200~400 mg/day 또는 400~800 IU/day)은 도움이 되지 않는다는 주장도 있다. 하지만 일부 전문가들은 비타민 E 보충제(하루에 최대 200 mg[400 IU])가 CVD를 예방하는 데 도움이 될 수 있다고 제안한다. 특히 혈액 응고를 저해하는 약물을 복용하는 경우, 비타민 E 보충제를 섭취하는 것이 혈액 응고를 저해하기 때문에 주의해야 한다. 또한 철의 과량 복용은 LDL의 산화속도를 높일 수 있으므로 전문가의 처방 없이 철을 보충하는 것은 바람직하지 않다(www.nih. gov).

심장마비 증세

심근경색은 갑자기 망치로 내려치는듯한 통증이 목으로 그리고 팔 아래로 퍼져나가는 증세를 동반한다. 주로 한밤중에 소화불량처럼 약한 가슴 통증으로 시작되며 대부분 여성의 경우 본인과 의료전문가가 심근경색으로 인식하였을 때는 이미 늦었을 정도로 증세가 미약하게 나타난다. 일단 증세가 나타나면 아스피린(325 mg)을 먹어 심장의 혈전 형성을 억제한 후 응급구조 요청을 해야 한다. 대표적인 전조 증세는 다음과 같다.

- 강력하고 지속적인 가슴통증이 상반신으로 퍼짐
- 호흡곤란
- 발한
- 기력 저하
- 오심과 구토(특히 여성)
- 어지러움(특히 여성)
- 턱, 목, 어깨 통증(특히 여성)
- 불규칙한 심장박동

뇌졸중 증세

매년 70만 명의 뇌졸중 환자 중 25%는 거의 사망한다. 뇌졸중의 90%는 허혈성으로 뇌로 가는 혈류가 막힘으로써 발생하며, 나머지 10%는 출혈성으로 혈관이 파열되어 발생한다. 주요 발병 원인은 고혈압으로, 다음과 같은 증세가 나타났을 경우 즉시 의사의 처치를 받으면 증세가 악화되는 것을 예방할 수 있어 뇌세포의 파괴를 감소시킬 수 있다. 뇌졸중의 전조 증세는 다음과 같다.

- 안면, 팔, 다리 한쪽이 갑자기 마비되거나 힘이 없어진다.
- 발음이 갑자기 어눌해지고 혼돈으로 이해력이 감소한다.
- 한쪽 또는 양쪽 시야가 갑자기 흐려진다.
- 보행이 갑자기 힘들어지고 어지러움 등 균형이 깨진다.
- 갑자기 이유 없이 머리가 심하게 아파진다.

▶ Benecol® 및 Take Control® 마가린에는 식물성 스타놀/스테롤이 포함되어 있다.

▶ 매일 오트밀 1.5컵에 함유된 수용성 식이섬유의 섭취는 혈중 콜레스테롤 수치를 15% 줄여준다.

참고문헌

1. Spector AA and Kim H. Emergence of omega 3 fatty acids as Biomedical Research. PLEFA 2019;32:47.
2. More MI and others. Positive effects of soy lecithin-derived phosphatidylserine plus phosphatidic acid on memory, cognition, daily functioning, and mood in elderly patients with Alzheimer's disease and dementia. Adv Ther. 2014;31:1247.
3. Ramdath, D and others. Beyond the Cholesterol-lowering Effect of Soy Protein. Nutrients. 2017:9;324.
4. Food and Nutrition Board. Dietary Reference Intakes for energy, carbohydrate, fiber, fat, fatty acids, cholesterol, protein, and amino acids. Washington, DC: National Academies Press; 2015.
5. Sacks, FM and others. Dietary Fast and Cardiovascular Disease: A Presidential Advisory from the American Heart Association. Circ. 2017;136:3.
6. Vannice G, Rasmussen H. Position of the Academy of Nutrition and Dietetics and Dietitians of Canada: Dietary fatty acids for healthy adults. J Acad Nutr Diet. 2014;114:1.
7. U.S. Department of Health and Human Services and U.S. Department of Agriculture. Dietary Guidelines for Americans, 2020–2025, 9th ed. 2020. dietaryguidelines.gov.
8. USDHHS. Healthy people 2020; HealthyPeople.gov.
9. Freeman A and others. Intensive Cardiac Rehabilitation: An underutilized Resource. Curr Cardiol Rep. 2019;21;19.
10. Soliman, GA. Dietary cholesterol and the lack of evidence in cardiovascular disease. Nutrients. 2018;10(6).
11. Vanitallie TB. Ancel Keys: A tribute. Nutr Metab. 2005;14:4.
12. Paredes S and others. Novel and traditional lipid profiles in metabolic syndrome reveal a high atherogencity. Sci Rep. 2019;9.
13. Bjorklund G and others. Has human diet a role in reducing nociception related to inflammation and chronic pain? Nutr. 2019;26:66;153.
14. Chehade L and others. Lifestyle modification in Rheumatoid Arthritis. Curr Rheumato Rev 2019;15:3;209.
15. van Zwol W and others. The future of lipid lowering therapy. J Clin Med. 2019:8;7.
16. Severson T and others. Roundtable discussion: Dietary fats in prevention of athersclerotic cardiovascular disease. J Clin Lipidol. 2018;12:574.
17. Briggs MA and others. Saturated fatty acids and cardiovascular disease: Replacements for saturated fat to reduce cardiovascular risks. Healthcare. 2017;5;2;29.
18. Hopper L and others. Reduction in saturated fat intake for cardiovascular disease. Cochrane DB Syst Rev. 2015:CD011737.
19. Wang M and others. Prediction of type 2 diabetes mellitus using non invasive MRI quantitation of visceral abdominal adiposity tissue volume. Quant Imaging Med. Surg. 2019;6:1076.
20. Zeng H and others. Secondary bile acids and short chain fatty acids in the colon. Int J Mol Sci. 2019;20:5.
21. Weigl J and others. Can nutrition lower the risk of recurrence in breast cancer. Breast Care. 2018;2;86.
22. Maly IV and Hofman WA. Fatty acid and calcium regulation in prostate cancer. Nutrients. 2018;10:6.
23. Centers for Disease Control and Prevention, National Center for Health Statistics. Multiple Cause of Death 1999-2015 on CDC WONDER Online Database, released December 2016. Data are from the Multiple Cause of Death Files, 1999-2015, as compiled from data provided by the 57 vital statistics jurisdictions through the Vital Statistics Cooperative Program. Accessed at wonder.cdc.gov/mcd-icd10.html.
24. Valensi P and others. Type 2 diabetes: Why should diabetologists and cardiologists work more closely together? Diabetes Metab. 2019;29:1.
25. Kjeldsen S. Hypertension and cardiovascular risk: general aspects. Pharmacology Research. 2018;129;95.
26. Lubin J. Risk of cardiovascular disease from cumulative cigarette use and the impact of smoking intensity. Epidemiol. 2016;3;395
27. Brack MC. Cardiovascular sequelae of pneumonia. Curr Opin Pulm Med. 2019;3;257.
28. Karim R and others. Relationship between serum levels of sex hormones and progression of subclinical atherosclerosis in postmenopausal women. J Clin Endocrin Metab. 2008;93:131.
29. Jolliffe C, Janssen I. Age-specific lipid and lipoprotein thresholds for adolescents. J Cardio Nurs. 2008;23:56.
30. Welsh JA and others. Caloric sweetener consumption and dyslipidemia among US adults. JAMA. 2010;303:1490.
31. Sabaté J and others. Nut consumption and blood lipid levels. A pooled analysis of 25 intervention trials. Arch Intern Med. 2010;170:821.
32. Kwon-Myung S and others. Efficacy of vitamin and antioxidant supplements in prevention of cardiovascular disease. BMJ. 2013;346:f10.
33. Loffredo L and others. Supplementation with vitamin E alone is associated with reduced myocardial infarction. Nutr Metab Cardiovasc Dis. 2015:75:354.
34. 보건복지부, 한국영양학회, 2020 한국인 영양소 섭취기준

LAMB/Alamy Stock Photo

세계적으로 많은 문화에서 곤충의 향미와 단백질 급원으로서의 이득(볶음 요리에 들어있는 85 g의 풀무치는 11 g의 단백질을 제공한다)을 즐겨왔다. 다음 웹 사이트에서 식용 곤충에 대해 더 알아보자. https://www.fao.org/3/i3253e/i3253e.pdf, https://www.fao.org/publications/card/en/c/fcfa4f91-b13b-5f29-866a-04cecbc8c192

6 단백질

학습목표

01. 아미노산으로 구성된 단백질
02. 필수아미노산과 불필수아미노산의 분류 및 체단백질 합성을 위한 필수아미노산의 필요량
03. 단백질의 질에 따른 분류와 급원식품
04. 단백질의 상호 보충작용
05. 식품 단백질의 질 평가방법
06. 단백질 필요량에 영향을 주는 요인
07. 건강한 성인의 단백질 권장섭취량
08. 질소 평형
09. 단백질 소화 및 흡수
10. 단백질의 생리적 기능
11. 단백질–에너지 영양불량
12. 식품 알레르기의 증상 및 치료
13. 채식주의자용 단백질 함유 식단

개요

단백질(protein)이란 용어는 그리스어 protos에서 유래하였으며 '제일 중요한 것(to come first)'을 뜻한다. 단백질이 신체를 이루는 모든 세포의 주요 구성 성분이므로 적절한 이름이라 하겠다. 수분을 제외하면 단백질은 제지방조직의 대부분을 구성하며, 체중의 17%를 차지한다. 대부분의 체단백질은 근육, 결체조직, 기관에 존재하며, DNA, 헤모글로빈, 항체, 호르몬, 효소 등을 구성한다.

단백질은 주요한 신체 기능의 조절과 유지에 필수적이다. 예를 들어, 체액의 균형, 호르몬과 효소 생산, 세포의 합성 및 손상 복구, 시각과 같은 여러 기능을 수행하기 위하여 특정 단백질을 필요로 한다. 신체는 다양한 형태와 크기의 단백질을 만들어내며, 이러한 단백질들이 매우 다양한 기능을 수행한다.

미국과 캐나다 등 선진국 사람들 대부분은 단백질이 풍부한 식사를 하지만, 개발도상국가에서는 많은 사람들이 단백질이 부족한 식사를 한다. 충분한 양의 단백질을 섭취하지 않으면 신체 내 여러 대사과정들이 제대로 진행되지 못한다. 이것은 신체에 필요한 단백질을 만들지 못하기 때문이며 심각한 건강문제를 초래할 수 있다. 예를 들어, 주요한 단백질이 부족하면 면역계는 더 이상 효율적인 기능을 할 수 없고, 이로 인해 감염과 질병의 위험이 증가하며 결국 죽음에 이르게 된다. 이 장에서는 단백질의 기능, 단백질 대사, 단백질 급원, 고단백 또는 저단백 식사 섭취로 인한 문제 등을 다룬다.

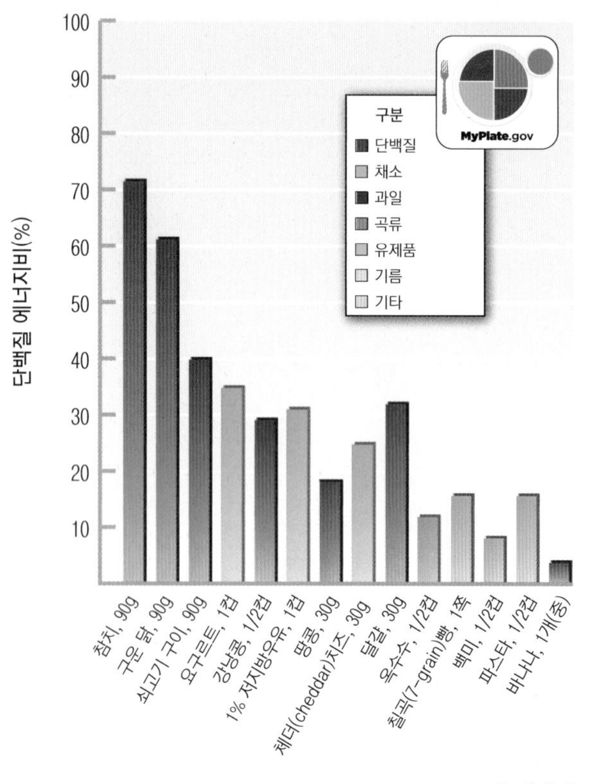

그림 6.1 식품 속 단백질함량.

식품 내 단백질 성분. MyPlate의 식품군 분류뿐 아니라 노란색은 유지류, 분홍색은 식품군으로 분류하기 어려운 식품들(예를 들어 사탕, 짭짤한 과자)을 나타낸다.

출처: ChooseMyPlate.gov, U.S. Department of Agriculture

6.1 단백질의 구조

단백질은 탄수화물이나 지방처럼 탄소, 수소, 산소로 구성되나, 모든 단백질은 질소 또한 함유하고 있다. 일부 단백질은 무기질인 황을 함유하고 있다. 이런 원소들이 단백질 합성의 골격이 되는 다양한 아미노산을 만든다.

아미노산

체단백질을 만드는 데 필요한 각종 아미노산은 단백질 식품으로부터 섭취되거나 세포내 합성하여 얻는다(그림 6.1). 각 아미노산은 중심 탄소 원자에 4개의 원소 그룹(group)이 결합되어 있다(그림 6.2). 이 네 가지 그룹은 아미노기(nitrogen group, $-NH_2$), 카복실기(carboxyl group, $-COOH$), 수소기(hydrogen group, $-H$), 그리고 보통 R로 표현 되는 곁사슬 그룹(a side chain)으로, 아미노산을 구성한다. 그림 6.2는 아미노산의 기본 모델과 아미노산 예시로 글라이신과 알라닌의 구조를 보여 준다.

아미노산의 구조, 기능과 이름은 아미노산의 곁사슬, 즉 R 그룹에 따라 결정된다. 만일 R 그룹이 수소 원자(H)라면 이 아미노산의 이름은 글라이신이며, R 그룹이 메틸기($-CH_3$)라면 알라닌이다. 어떤 아미노산들은 화학적으로 유사한 R 그룹을 갖는다. 이에 따라 산성, 염기성, 또는 분지쇄 아미노산(branched chain amino acid, BCAA)군으로 분류할 수 있다. 산성 아미노산이 반응을 통해 수소를 잃게 되면 전기적으로 음성이 되고, 반면 염기성 아미노산은 수소를 얻어 전기적으로 양성이 된다. 이는 아미노산들이 인체 내 여러 효소적 반응에 작용할 수 있게 한다.

신체 기능을 수행하기 위해서는 20종류의 아미노산이 필요하다. 20가지가 모두 중요하지만, 그 중 11개의 아미노산은 체내에서 우리가 섭취한 다른 아미노산으로부터 합성할 수 있어 반드시 식품으로부터 섭취하여야 하는 것은 아니므로 **불필수아미노산**(nonessential 또는 dispensable amino acids)으로 분류한다(표 6.1). 그러나 9개 아미노산은 체내에서 합성할 수 없어 반드시 식품으로부터 섭취해야 하므로 **필수아미노산**(essential 또는 indispensable amino acids)이라 한다. 필수아미노산을 합성할 수 없는 이유는 신체가 필수아미노산의 **탄소골격**(carbon skeleton)을 만들 수 없고, 탄소골격에 아미노기를 결합시킬 수 없으며, 체내 필요량을 충족시킬 만큼 빠른 속도로 필수아미노산을 합성할 수 없기 때문이다.

불필수아미노산 중 몇 가지는 영유아기, 질병, 외상 등 특별한 생리 상태에서 '조건부 필

불필수아미노산(nonessential amino acid) 인간의 체내에서 충분히 합성할 수 있는 아미노산으로, 11개의 불필수아미노산이 존재한다. 가결한 아미노산(dispensable amino acid)이라고도 한다.

필수아미노산(essential amino acid) 인간의 체 내에서 충분한 양을 합성하지 못하기 때문에 반드시 식품으로 섭취해야 하는 아미노산으로, 9개의 필수아미노산이 있다. 불가결한 아미노산(indispensable amino acid)이라고도 한다.

탄소골격(carbon skeleton) 아미노기($-NH_2$)가 없는 아미노산.

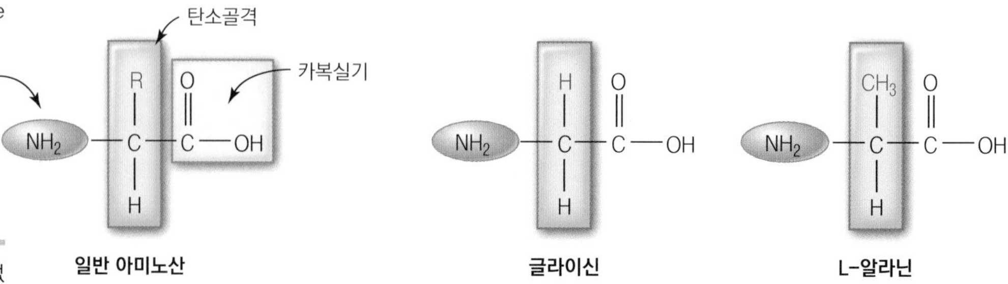

그림 6.2 아미노산의 구조. 곁사슬(R)에 따라 글라이신과 알라닌이 구별된다.

수아미노산(conditionally essential amino acids)'으로 간주된다.

유전적 질환인 페닐케톤뇨증(phenylketonuria, PKU)을 가지고 있는 사람은 페닐알라닌 하이드록실레이즈(phenylalanine hydroxylase)라는 수산화효소의 결핍으로 필수아미노산인 페닐알라닌의 대사 장애가 있다. 이 효소는 페닐알라닌이 티로신이라는 불필수아미노산으로 전환되는데 필요하다. 그 결과 PKU 환자는 티로신을 충분히 합성할 수 없으므로 티로신이 조건부 필수아미노산이 되고, 따라서 식사에 꼭 포함되어야 한다. 종양이나 감염이 있는 환자가 글루타민과 아르기닌을 적당량 보충하면 회복이 빠르므로 이 경우 이 아미노산들을 조건부 필수아미노산으로 볼 수 있다.

요소(urea) 화학적으로, 단백질 대사의 질소 폐기물 및 소변의 주요 질소원.

$$H_2N - \overset{\overset{\displaystyle O}{\|}}{C} - NH_2$$

불필수아미노산의 합성

불필수아미노산은 아미노기 **전이반응**(transamination)을 통해 합성된다. 아미노기 전이반응은 한 아미노산의 아미노기를 새로운 아미노산을 형성하는 탄소골격으로 이동시키는 것이다. 그림 6.3은 아미노기 전이반응을 도식화한 것이다. 글루탐산의 아미노기(—NH_2)를 피루브산의 탄소골격으로 이동시키면 알라닌이라는 불필수아미노산이 된다.

글루탐산과 일부 아미노산은 아미노기를 다른 탄소골격에 전이하지 않고 바로 잃기도 한다. 이러한 과정을 **탈아미노기 반응**(deamination)이라고 한다. 이 아미노기들은 암모니아 형태로 분리되어 간에서 **요소**(urea)를 구성하게 된다. 요소는 혈관을 통해 신장으로 이동하고 소변으로 배설된다. 아미노산이 아미노기를 잃고 탄소골격만 남게 되면, 이 탄소골격은 세포의 에너지원으로 사용되거나 포도당과 같은 다른 물질들을 합성하는 데 이용된다.

표 6.1 아미노산의 분류

필수아미노산	불필수아미노산
히스티딘	알라닌
이소류신*	아르기닌
류신*	아스파라긴
라이신	아스파르트산
메티오닌	시스테인
페닐알라닌	글루탐산
트레오닌	글루타민
트립토판	글라이신
발린*	프롤린
	세린
	티로신

* 분지쇄(branched-chain) 아미노산

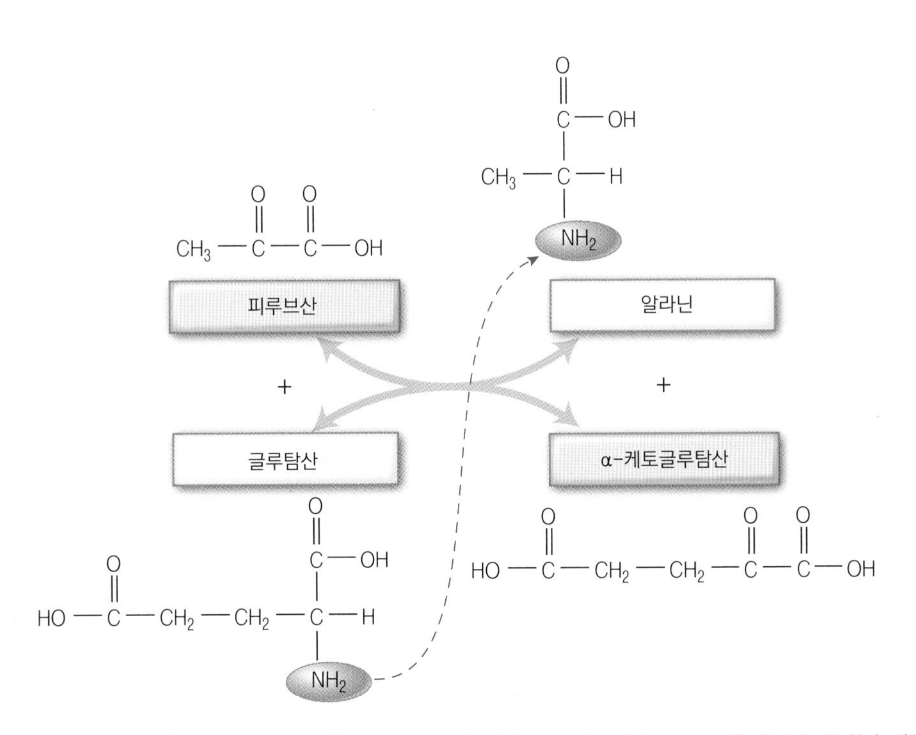

그림 6.3 아미노기 전이반응 및 탈아미노기 반응. 아미노기 전이 반응은 세포에서 불필수아미노산을 합성하도록 한다. 예를 들어, 피루브산은 글루탐산의 아미노기를 얻어 알라닌을 형성한다. 탈아미노기 반응에서는 다른 탄소골격에 아미노기를 전이하지 않고 바로 아미노기를 상실한다. 예를 들어, 글루탐산은 아미노기를 상실하여 알파-케토 글루탐산을 형성한다.

고단백질 식품은 인체에 필요한 모든 필수아미노산을 공급한다.
Pixtal/age fotostock

완전 단백질과 불완전 단백질의 아미노산 조성

동물성 단백질과 식물성 단백질은 필수아미노산과 불필수아미노산의 구성 비율이 상당히 다르다. 육류, 가금류, 생선, 달걀, 우유 같은 동물성 단백질은 9개의 모든 필수아미노산의 함량이 많다. (젤라틴은 예외적이다. 동물성 단백질인 콜라겐으로부터 가공하는 과정에서 필수아미노산을 잃게 되고, 다른 필수아미노산의 함량도 적다.) 반대로 식물성 단백질은 대체로 필수아미노산들의 함량이 필요량에 비해 부족하다. 그러나 퀴노아(quinoa, 명아주씨), 메밀과 대두를 제외한 식물성 단백질은 필수아미노산 9개 중 적어도 1개 이상의 필수아미노산의 함량이 낮다.

식사 단백질은 아미노산 구성에 따라 분류한다. 동물성 단백질(젤라틴 제외)은 모든 필수아미노산의 함량이 높으므로 완전 단백질(high-quality protein)로, 식물성 단백질(대두 및 메밀, 퀴노아 단백질 제외)은 필수아미노산 9개 중 1개 이상 결핍되었거나 매우 적어 불완전 단백질(lower-quality 또는 incomplete protein)로 분류한다.

세포는 단백질 합성을 위해 체내 필수아미노산 **풀**(pool)을 필요로 한다. 밀(라이신 함량 낮음)과 같은 단일 식물성 단백질은 그것만 먹었을 경우 체단백질 합성을 지원할 수 없으며, 여러 종류의 불완전 단백질 식품을 한꺼번에 섭취하더라도 잘 선택하지 않았을 경우 체내 단백질 합성에 필요한 필수아미노산의 양이 부족할 수 있다. 이 경우 더 이상의 단백질 합성은 불가능하며, 아미노산의 잉여분은 에너지로 쓰이거나 탄수화물 또는 지방으로 전환된다.

신체의 필요량과 비교하여 한 가지 식품 또는 식사에 가장 적은 양이 함유되어 있는 필수아미노산을 **제한 아미노산**(limiting amino acid)이라 하는데, 이 아미노산이 신체에서 합성할 수 있는 단백질의 양을 제한하기 때문이다. 예를 들어, 사람이 섭취하는 약 20종의 아미

풀(pool) 필요할 때 쉽게 동원될 수 있는 신체 내 영양소량.

표 6.2 식물성 단백질 급원의 제한 아미노산

식품	제1제한 아미노산	완전 단백질 만들기	상호보충 단백질
콩류(땅콩, 강낭콩 등)	메티오닌	곡류, 견과류, 씨앗류 추가	후무스(hummus)와 피타(pita) 빵 콩 부리토(burrito) 흰강낭콩과 파스타(white beans and pasta) 콩과 보리 스튜 핀토 콩(pinto beans)과 폴렌타(polenta) 동부콩(Black-eyed pea)과 쌀
견과류 및 씨앗류(캐슈, 호두, 아몬드, 해바라기씨)	라이신	두류 추가	강낭콩과 캐슈(cashwe)를 넣은 채소 칠리(chili) 참깨, 메밀과 콩빵 견과, 콩, 씨앗으로 만든 샐러드
곡류(밀, 쌀, 귀리, 옥수수)	라이신	두류 추가	팥(red bean)과 쌀 렌틸콩 수프와 옥수수 빵 보리와 검은콩 땅콩버터 샌드위치

bean: ©McGraw-Hill Education/Jacques Cornell, photographer; sunflower seeds: ©McGraw-Hill Education/Jacques Cornell, photographer; rice: ©McGraw-Hill Education/Jacques Cornell, photographer

노산을 알파벳 글자로 나타낸다고 하자. 만일 *A*가 필수아미노산이라고 하면, *ALABAMA*라는 가상의 단백질을 만들기 위해 *A* 아미노산 4개가 필요하다. 만일 사람의 신체가 *L, B, M*의 아미노산을 1개씩 가지고 있고 *A*를 3개 가지고 있다면 이 단백질은 합성될 수 없다. 이 경우 *A*가 *ALABAMA* 단백질 합성을 막는 제한 아미노산이 된다.

각 단백질 내 필수아미노산의 결핍을 보완하기 위하여 두 가지 이상의 식물성 단백질을 함께 섭취할 때 이를 **상호보충 단백질**(complementary protein)이라 한다(표 6.2). 상호보충 단백질 급원을 함께 섭취하면, 한 급원의 아미노산들은 다른 급원들의 제한 아미노산들을 보충하여 준다. 혼합 식사는 상호보충 단백질의 양상을 이루기 때문에 일반적으로 질 좋은 단백질을 공급하게 된다. 상호보충 단백질을 반드시 한 끼니에 섭취할 필요는 없다. 체세포 합성을 위한 아미노산을 충분히 공급하도록 하루에 걸쳐 균형 있게 섭취하면 된다. 채식주의자가 아닌 경우 식물성 식품으로 만든 음식에 동물성 단백질을 소량 첨가하는 것이 필수아미노산을 적당량 제공하는 방법이다(예: 치즈가 든 피자, 미트볼이 들어 있는 스파게티).

두류(pulse, 펄스)는 대부분의 채식주의자들에게 중요한 식품이다. 곡식콩에는 콩, 완두콩, 박새, 렌즈콩 등 12가지 작물이 포함된다. 두류는 단백질, 식이섬유, 각종 무기질이 풍부하며 전 세계적으로 건강한 식단의 일부로 인식되고 있다. 두류는 농부들이 재배할 수 있는 가장 지속 가능하고 '지구에 친화적인' 작물 중 하나이다. 콩 216갤런, 땅콩 368갤런에 비해 1파운드의 두류를 생산하는 데는 43갤런의 물이 필요하며, 또한 두류는 토양의 질을 향상시키는 데 도움을 준다. 두류는 세계 인구 증가의 식량 수요를 충족시키는 데 중요한 역할을 할 것으로 예상된다.

동물성 단백질 음식은 소량만으로 하루 단백질 필요량을 제공한다.

확인합시다!

1. 아미노산을 필수아미노산과 불필수아미노산으로 분류하는 이유는 무엇인가?
2. '상호보충 단백질(complementary protein)'이란 무엇인가? 두 가지 예를 제시하라.
3. '제한 아미노산(limiting amino acid)'이란 용어의 의미는 무엇인가?

6.2 단백질의 합성

체세포에서 아미노산은 필요한 단백질을 만들기 위해 펩티드 결합이라는 화학적 결합으로 연결된다(그림 6.4). **펩티드 결합**(peptide bond)은 한 아미노산의 아미노기가 다른 아미노산의 카복실기와 반응하여 형성된다. 2개의 아미노산이 화학적으로 결합된 형태를 디펩티드(dipeptide)라고 하며, 3개의 아미노산이 결합된 것을 트리펩티드(tripeptide)라고 한다. 올리고펩티드(oligopeptide)는 4~9개 아미노산으로 구성된 것을 말한다. 폴리펩티드(polypeptide)란 10개 이상의 아미노산으로 구성된 것이다. 대부분의 단백질은 50~2,000개 아미노산이 결합된 폴리펩티드 형태이다. 신체는 여러 아미노산을 펩티드 결합으로 다양하게 결합시킴으로써 수많은 종류의 단백질을 합성할 수 있다.

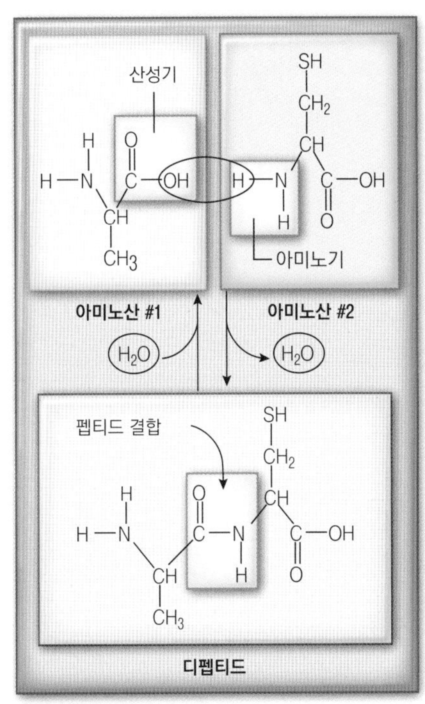

그림 6.4 아미노산의 펩티드 결합. 이 반응은 가역적이다.

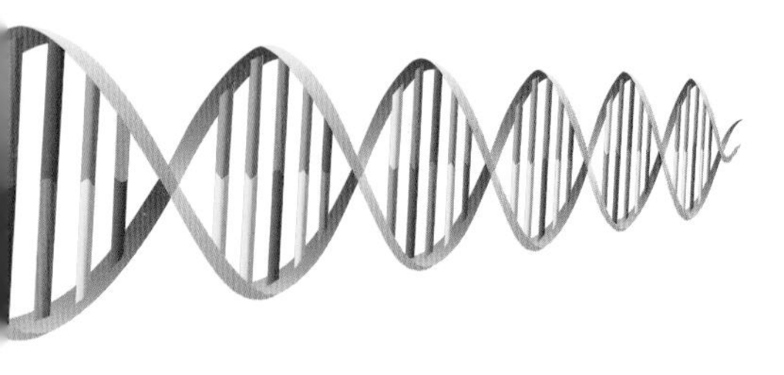

유전정보의 전사와 번역

체단백질의 합성은 유전자 발현이라고 불리는 과정을 통해 결정된다. 유전자 발현(gene expression)은 DNA(deoxyribonucleic acid)의 복제, 즉 유전자가 정확히 복사될 때 일어난다. 각 유전자는 DNA가 가지고 있는 유전적 정보를 복제하도록 유도하는 틀로서 작용한다.

세포의 핵 안에 존재하는 DNA는 이중가닥 분자로 나선 형태로 존재한다. 각 가닥의

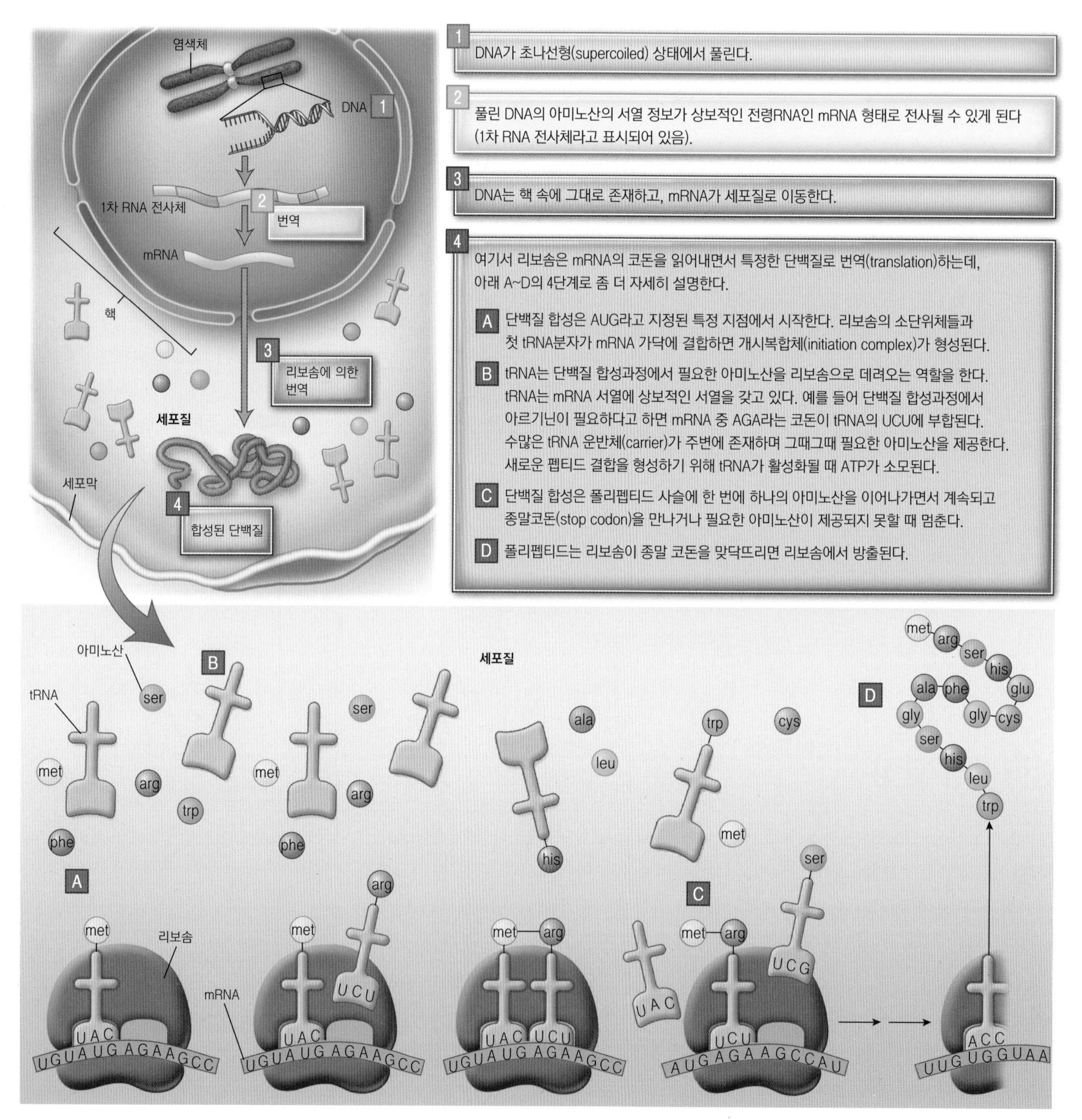

그림 6.5 **단백질 합성 요약.** 세포 핵 속에 있는 DNA는 네 가지의 뉴클레오티드[nucleotide, 핵산: 아데닌(A), 구아닌(G), 시토신(C), 티민(T)]로 구성되어 있다. DNA 염기서열은 한 번에 뉴클레오티드 3개씩 읽히는데, 이 3개가 한 단위를 이루며 이를 코돈(codon)이라 부른다. 각각의 DNA 코돈은 특정 아미노산을 대표한다.

DNA는 4종의 뉴클레오티드[핵산: 아데닌(A), 구아닌(G), 시토신(C), 티민(T)]로 구성되어 있다. 각각의 뉴클레오티드는 다른 뉴클레오티드에 상보적으로 결합한다. 아데닌(A)과 티민(T)은 상보적이고, 구아닌(G)과 시토신(C) 또한 상보적이다.

단백질 합성을 위한 DNA의 암호화된 지령은 지령 단위당 연속된 3개의 뉴클레오티드로 구성되어 있으며(예: CTC), 이는 각 아미노산이 단백질 내 어디에 어떤 순서로 위치할 것인지를 알려준다. 이러한 뉴클레오티드의 단위를 **코돈**(codon)이라고 한다. 즉, 각각의 DNA 코돈은 특정 아미노산을 나타낸다. 예를 들어, 코돈 CTC는 아미노산 중 글루탐산을 상징한다. 아미노산 중에는 해당 코돈을 1개만 갖는 것도 있고, 6개까지 갖는 것도 있다. 글루탐산의 경우에는 코돈이 2개 있다(CTC와 CTT). 이처럼 DNA 상의 코돈 순서가 특정 단백질을 합성하는 데 필요한 특정 아미노산들의 순서를 표시하는 것이기 때문에 DNA 상에 순서에 맞게 바른 코돈을 갖는 것이 올바른 단백질을 생성하는 데 중요하다. 단백질을 구성하는 아미노산의 종류 또는 순서가 잘못되면 겸상적혈구성빈혈(sickle cell anemia)처럼 심각한 건강문제를 초래한다.

세포 내 단백질의 합성은 핵 안에서 이루어지는 것이 아니라 세포질의 리보솜(ribosome)에서 일어난다. 따라서 특정 단백질을 합성하는 데 사용되는 DNA 코드는 핵에서 세포질로 이동되어야 한다. 이러한 역할을 하는 것이 전령 RNA(messenger RNA, mRNA)이다. 이 mRNA를 만들기 위해서는 핵 안의 DNA는 초나선형으로 꼬인 상태에서 풀어져야 하며, 풀어진 DNA 상의 코드를 효소들이 읽으면서, 그 코드와 상보적인 한 가닥으로 된 1차 전사체 mRNA(primary transcript mRNA)로 전사된다(그림 6.5). 이 과정을 **DNA 전사**(DNA transcription)라고 한다.

1차 전사체 mRNA는 세포핵 내에서 단백질 합성 코드가 아닌 DNA 코드를 제거하는 과정을 거치게 된다. 이후 mRNA는 리보솜으로 이동하고 리보솜은 mRNA에 있는 코돈을 읽고 번역하여 특정한 단백질을 합성한다. 이것이 단백질 합성을 위한 **mRNA 번역**(mRNA translation) 단계이다. 아미노산은 mRNA에 있는 지시에 따라 한 번에 하나씩 폴리펩티드에 첨가된다. 단백질 합성은 mRNA의 시작 코돈인 AUG에서 시작되고 종말 코돈인 UAA, UAG, 또는 UGA에 도달하면 끝난다. 단백질 합성은 에너지 이용으로 볼 때 매우 '고비용(costly)'인 ATP 소비과정이다.

단백질 합성에는 세포기질 내 운반 RNA(transfer RNA, tRNA)가 반드시 필요하며 이는 단백질 합성에 필요한 아미노산을 리보솜으로 운반하는 역할을 한다. tRNA는 mRNA에 상보적인 코드를 갖고 있고 단백질 합성에 필요한 아미노산을 지속적으로 공급하기 위해서는 단백질을 합성하는 동안 여러 개의 tRNA가 존재한다.

일단 폴리펩티드의 합성이 종말 코돈에서 멈추게 되면 리보솜으로부터 폴리펩티드와 mRNA가 모두 분리되게 된다. 폴리펩티드는 복잡한 3차원 구조로 꼬이고 접히게 되고 체내 특정 단백질로서의 기능을 갖게 된다. 그러므로 DNA 코드는 단백질의 형태와 기능을 결정짓는다. 만약 DNA에 오류가 있다면, 잘못된 mRNA가 생산되고 이 잘못된 정보를 리보솜이 읽게 되어 잘못된 폴리펩티드를 생산할 것이다.

유전적 결함인 겸상적혈구성빈혈(sickle cell anemia)은 특정 단백질의 1차 구조(아미노산 서열)에 문제가 있을 때 일어난다. 이는 헤모글로빈의 4개 폴리펩티드 사슬 중 2개의 염기서열에 문제가 생긴 것으로, 2개의 사슬에서 글루탐산이 발린으로 잘못 바뀌었기 때문이다(그

코돈(codon) 단백질 합성에 필요한 특정 아미노산을 코딩하는 DNA 내 3개의 뉴클레오티드 단위의 특정 서열.

DNA 전사(DNA transcription) DNA의 일부에서 전령 RNA(mRNA)를 형성하는 과정.

mRNA 번역(mRNA translation) 전령 RNA(mRNA) 가닥에 포함된 정보에 따른 리보솜에서의 폴리펩티드 사슬의 합성 단계.

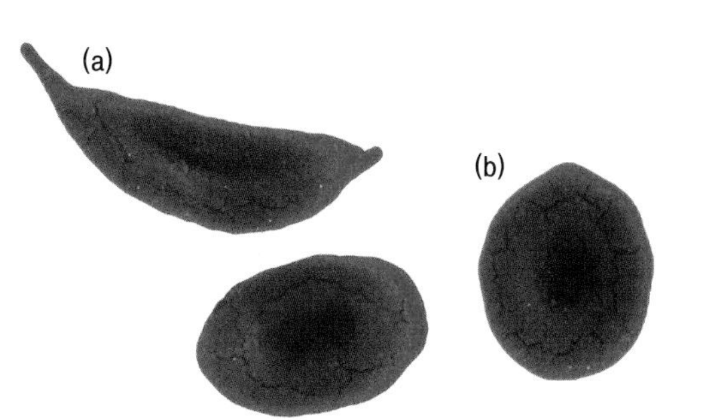

그림 6.6 **DNA 코딩 오류 결과.** (a) 겸상적혈구성빈혈 환자의 적혈구로 비정상적인 초승달 모양(낫 모양)을 하고 있다. (b) 정상 적혈구로 둥근 모양을 하고 있다.

Callista Images/Getty Images

그림 6.7 **단백질 구성.** 네 가지 다른 수준의 구조가 단백질에서 발견된다. 단백질의 1차 구조는 폴리펩티드 사슬에 있는 아미노산의 선형적 배열이다. 2차 구조는 수소 결합과 황 결합에 의해 안정화된 특정한 모양을 가진 폴리펩티드 사슬의 영역으로 구성되어 있다. 단백질의 3차원 형상을 3차 구조라고 하며, 이는 단백질의 기능을 결정한다. 일부 단백질은 또한 2개 이상의 단백질 단위가 결합하여 그림에서 묘사된 헤모글로빈과 같은 더 큰 단백질을 형성하는 4차 구조를 보여 준다.

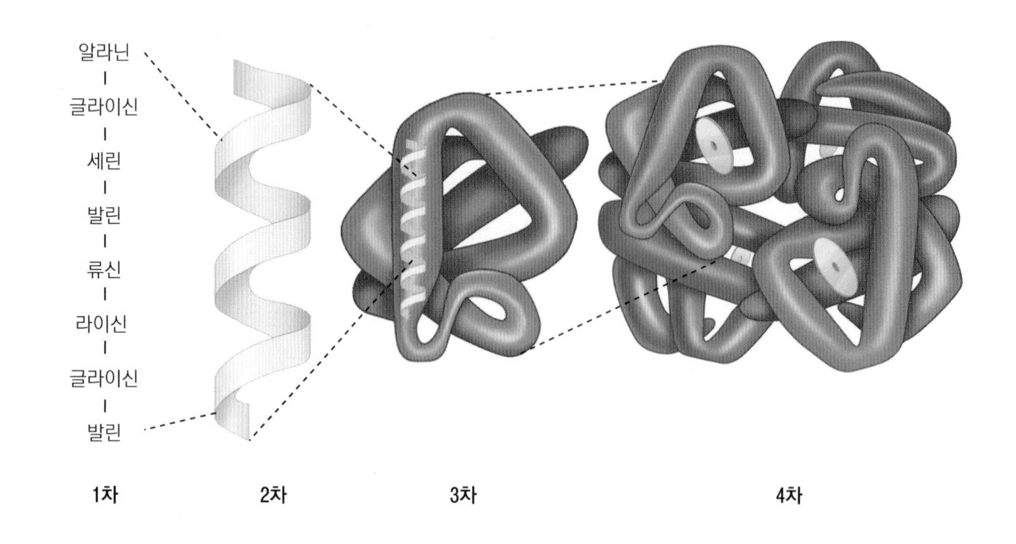

림 6.6). 적혈구가 정상적인 양면이 오목한 도넛 모양의 원반형에서 초승달이나 낫과 같은 비정상적인 모양으로 바뀌게 되는 중요한 형태 변화를 일으켜 적혈구가 조직에 산소를 운반하는 능력을 제한받게 된다. 결국 뼈와 관절에 통증, 복통, 두통, 경련, 마비 등이 일어나게 되며 죽음에 이르기도 한다. 이는 겸상적혈구(sickle cell)가 모여 모세혈관 상에 덩어리를 형성하여 혈액 흐름에 장애를 주기 때문이다. 이러한 질병은 수혈과 함께 적혈구 합성을 증가시키기 위한 약물요법이나 골수이식을 통하여 치료해야 한다.

단백질의 구성

폴리펩티드 사슬 내 아미노산의 순차적 배열은 단백질의 1차 구조(primary structure)라고 불리는 데, 단백질의 모양을 결정한다. 아미노산이 올바른 순서로 연결되어야 가까이에 연결된 아미노산 들은 단백질의 기능을 발휘할 수 있도록 상호반응하고 적절하게 접혀지며 단백질의 구조를 안정화하는데 필요한 아미노산들 간의 약한 화학적 결합(예: 수소 결합)이 생기게 된다. 이것을 단백질의 2차 구조(secondary structure)라고 하며, 나선형 또는 주름 형태를 만든다.

단백질의 3차 구조(tertiary structure), 즉 독특한 3차원적 형태는 단백질의 생리적 기능을 결정한다. 만약 단백질이 적절한 형태(configuration)를 만들지 못하면 제 기능을 할 수 없다. 간혹 2개 이상의 폴리펩티드가 상호작용하며 4차 구조(quaternary structure)를 가진 더 크고 새로운 단백질을 형성한다(그림 6.7). 이러한 방법으로 단백질은 그 소단위(subunit)가 합쳐질 때는 활성화되고 분리될 때는 불활성화되는 경우가 있다. 혈색소인 헤모글로빈이 4차 구조 단백질의 예이다.

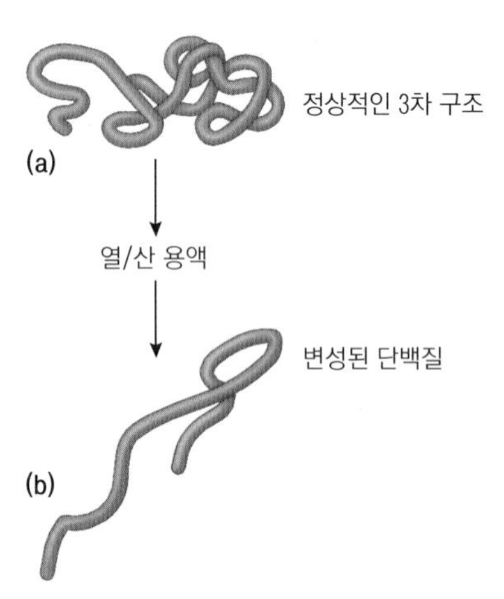

그림 6.8 **단백질 변성.** (a) 전형적인 코일 상태의 단백질. (b) 단백질은 부분적으로 코일되지 않고 변성된 상태를 보이고 있다. 이러한 상태는 일반적으로 생물학적 활동을 감소시키거나 제거하며, 일반적으로 열, 효소, 알칼리나 산 용액, 교반에 의해 발생한다.

단백질의 변성

단백질은 알칼리나 산 용액, 효소, 열, 교반 등에 의해 그 구조에 변화를 일으키고, 변성된 상태로 남게 된다(그림 6.8). 단백질 **변성**(denaturation)은 단백질의 3차원적 구조의 변화이다. 단백질 변성은 1차 구조에는 영향을 주지 않지만 그 형태를 해체하여 단백질의 정상적인 생리 기능이 파괴되는 결과를 낳는다.

단백질의 변성이 유익할 때도 있는데, 소화과정에서 위산이 섭취한 식품 단백질을 변성시켜 소화효소 작용부위를 넓혀서 폴리펩티드 사슬의 분해를 돕는 예가 그렇다. 또한 열을 가하여 조리해도 단백질이 변성될 수 있는데, 이러한 과정을 통해 식품은 좀 더 안전해지고 [예: 유해한 균 단백질(harmful bacterial protein) 변성될 때], 좀 더 먹기 좋게(예: 달걀을 요리하여 응고될 때)된다. 그러나 단백질 변성은 생리적 기능과 전반적인 건강에 이롭지 못한 경우도 있다. 질병에 걸렸을 때 위장의 산도, 체온, 체내 pH의 변화로 필수단백질이 변성되어 기능을 잃을 수 있다.

단백질 합성 단계의 개요

DNA 코드의 일부가 핵에서 mRNA로 전사된다.

mRNA가 핵에서 세포질로 이동한다.

세포질의 리보솜은 mRNA 코드를 읽고 이를 펩티드 결합에서 특정한 아미노산의 서열을 갖는 방향 단백질로 번역한다.

폴리펩티드 형성을 위해 tRNA는 mRNA가 지시하는 알맞은 아미노산을 리보솜으로 데려온다. 그 아미노산이 메티오닌을 시작으로 먼저 만들어진 아미노산 서열에 추가된다.

폴리펩티드는 합성이 완성되고 나면 리보솜으로 부터 방출된다.

그 폴리펩티드는 활성 있는 3차원 형태로 접힌다.

변화하는 상태에 적응하는 단백질 합성

생체 단백질은 대부분 지속적으로 분해, 재생, 보수되는데, 이 과정을 단백질 대사회전(protein turnover)이라고 한다. 이 과정을 통해 세포는 환경의 변화에 적응하게 된다. 예를 들어, 단백질을 건강에 필요한 이상으로 많이 섭취할 경우에는 간에서 여러 효소를 더 많이 만들어 아미노산 대사의 부산물인 암모니아를 요소로 만드는 과정을 원활하게 한다. 전반적으로 보면 단백질 대사회전은 세포가 환경의 변화에 반응하여 필요하지 않은 단백질의 생성량을 줄이며 동시에 필요한 단백질의 생산량을 증가시키는 과정이다.

확인합시다!

1. 단백질 내의 아미노산이 서로 연결되는 방법은 무엇인가?
2. 단백질의 구조가 중요한 이유는 무엇인가?
3. 변성(denaturation)이 단백질에 주는 영향은 무엇인가?

6.3 단백질 급원식품

인체에 필요한 단백질과 아미노산은 식사 섭취뿐만 아니라 체단백질의 분해과정에서 방출되는 아미노산들의 재사용을 통해서도 공급된다. 예를 들어, 소장벽 세포는 끊임없이 떨어져 나가고 소화 기관은 이를 음식물과 마찬가지로 소화하여 아미노산을 흡수한다. 체내에서 단백질 분해산물인 아미노산은 대부분 재사용될 수 있고 아미노산 풀로 들어가 다음의 단백질 합성에 이용된다. 성인이 매일 섭취하는 단백질이 65~100 g인 반면, 매일 합성되고 분해되는 단백질은 250~300 g이라는 사실을 비교해보면 인체의 단백질 급원에 있어서 아미노산 재활용이 얼마나 중요한지 알 수 있다. 그럼에도 불구하고 식사 단백질은 체단백질의 합성과 보수를 위해 적절한 아미노산 풀을 채우고 유지하는 데 필요하다.

▶ 황을 함유하는 아미노산은 인슐린 호르몬과 같은 많은 화합물을 안정시킨다. 황 원자는 단백질 가닥 2개 또는 동일한 가닥의 2개 부분 사이에 교량(—S—S—)을 형성할 수 있으며, 이는 분자의 구조를 안정시키고 2차 구조를 만드는 데 도움을 준다.

전형적인 북미 사람들의 식사에서는 단백질의 약 70%가 육류, 가금류, 어류, 유제품, 두류 및 견과류 등으로 부터 제공된다(그림 6.9). 전 세계적으로 동물성 급원은 단백질 급원의 35%에 불과하고, 많은 지역에서 단백질의 주 급원은 식물성 식품이다.

우리나라에서는 2017년 국민건강영양통계에 따르면, 국민의 식품군별 단백질 섭취분율

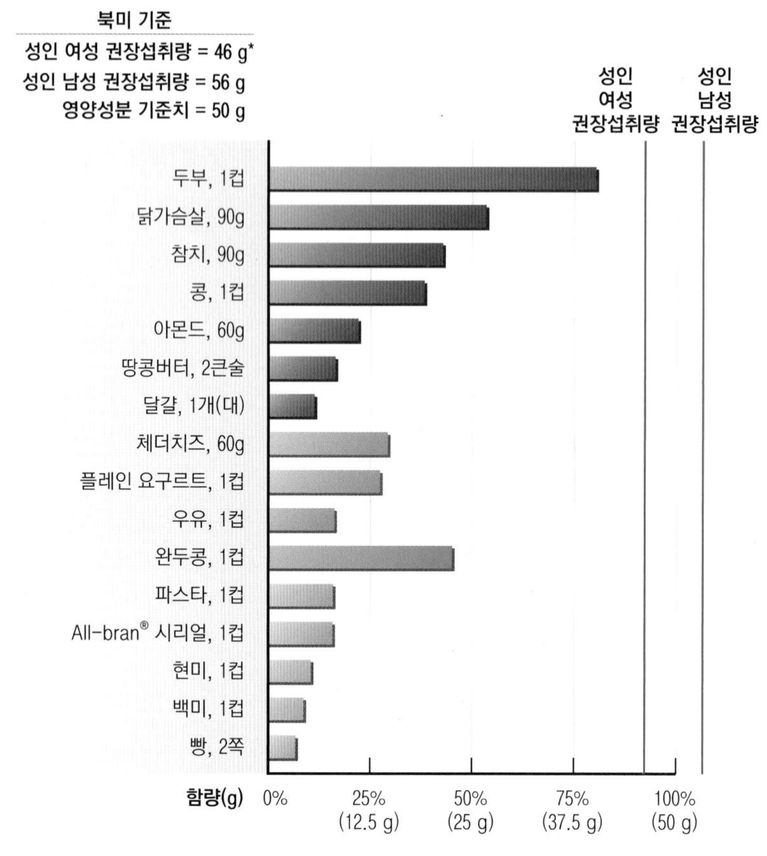

그림 6.9 단백질 급원식품(북미 기준).

표 6.3 단백질 주요 급원식품

급원식품 순위	급원식품	함량(g/100 g)	급원식품 순위	급원식품	함량(g/100 g)
1	백미	9.3	16	새우	28.2
2	돼지고기(살코기)	19.8	17	고등어	21.1
3	닭고기	23.0	18	오징어	18.8
4	소고기(살코기)	17.1	19	요구르트(호상)	5.2
5	달걀	12.4	20	명태	17.5
6	우유	3.1	21	밀가루	10.3
7	두부	9.6	22	떡	3.7
8	멸치	49.7	23	샌드위치/햄버거/피자	9.6
9	빵	9.0	24	가다랑어	29.0
10	햄/소시지/베이컨	20.7	25	간장	7.4
11	배추김치	1.9	26	어묵	11.4
12	라면(건면, 스프포함)	8.6	27	보리	8.7
13	국수	7.3	28	된장	13.7
14	돼지 부산물(간)	26.0	29	현미	6.3
15	대두	36.1	30	소 부산물(간)	29.1

1) 2017년 국민건강영양조사의 식품별 섭취량과 식품별 단백질 함량(국가표준식품성분 DB 9.1, 2019) 자료를 활용하여 단백질 주요 급원식품 상위 30위 산출
출처: 보건복지부, 한국영양학회. 2020 한국인 영양소 섭취기준

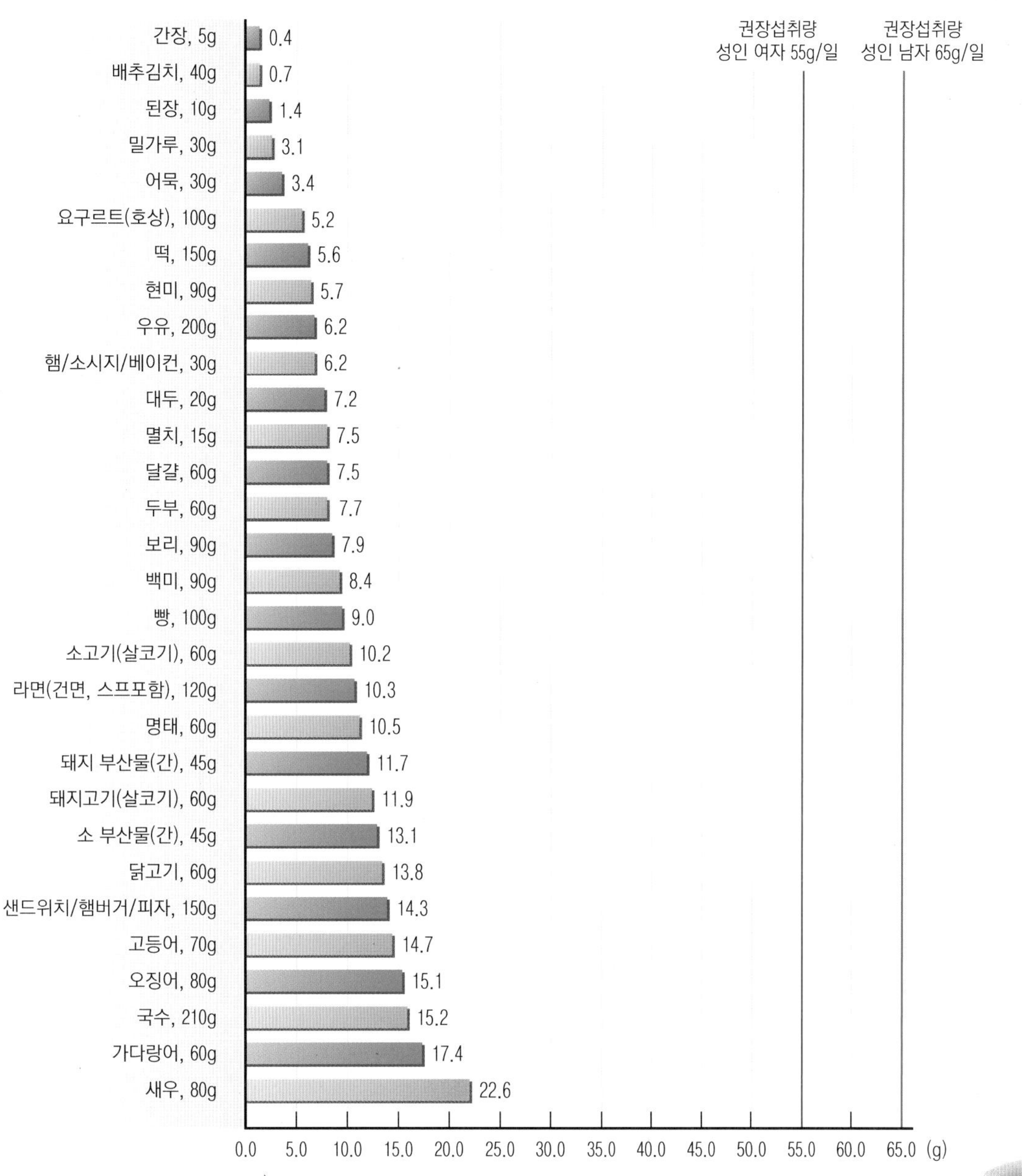

D. Hurst/Alamy Stock Photo

그림 6.10 단백질 주요 급원식품(1회 분량당 함량)[1)]

1) 2017년 국민건강영양조사의 식품섭취량과 식품별 단백질 함량(국가표준식품성분표 DB 9.1, 2019) 자료를 활용하여 단백질 주요 급원식품 상위 30위 산출 후 1회 분량(2015 한국인 영양소 섭취기준)을 적용하여 1회 분량당 함량 산출, 19~29세 성인 에너지 필요추정량 기준(2020 한국인 영양소 섭취기준)과 비교

출처: 보건복지부, 한국영양학회. 2020 한국인 영양소 섭취기준

은 육류가 29.7%로 가장 높았고, 곡류와 어패류가 각각 27.1%, 13.6%로 뒤를 이었다. 육류, 어패류와 같은 동물성 식품의 섭취가 여전히 단백질 섭취에서 높은 비율을 차지하고 있지만, 단백질 섭취량에 대한 주요 급원식품의 순위를 살펴보면, 백미가 가장 높았고, 돼지고기, 닭고기, 소고기, 달걀이 그 뒤를 이었다.

표 6.4에서 보는 바와 같이 식물성 식품은 많은 양의 단백질을 제공할 뿐만 아니라 비타민과 무기질, 식이섬유가 풍부하며, 이 밖에도 여러 식물성 생리활성물질(phytochemical)을 함유하고 있다. 또한 식물성 단백질은 동

표 6.4 예시된 1,600 kcal와 2,000 kcal 식단의 단백질 함량

		1,600 kcal		2,000 kcal	
	식단	분량	단백질(g)	분량	단백질(g)
아침	저지방 그래놀라	2/3컵	5	2/3컵	5
	블루베리	1컵	1	1컵	1
	무지방(탈지) 우유	1컵	8.5	1컵	8.5
	커피	1컵	0	1컵	0
점심	구운 닭가슴살	90g	25	120g	33
	녹색 샐러드	3컵	5	3컵	5
	구운 조개 타코	1/2컵	2	1/2컵	2
	저지방 샐러드드레싱	2큰술	0	2큰술	0
	무지방(탈지) 우유	1컵	8.5	1컵	8.5
저녁	황미	1 1/4컵	5	1 1/2컵	10
	새우	4개(대)	5	6개(대)	7
	홍합	4개(중)	8	6개(중)	12
	조개	5개(소)	12	10개(소)	24
	완두콩	1/4컵	4	1/2컵	4
	적색 피망	1/4컵	0	1/2컵	0
간식	머핀	1개(소)	3	1개(소)	4
	스위스 치즈	30g	7.5	30g	7.5
	바나나	1/2개(소)	0.5	1/2개(소)	0.5
	합계		100		131

BreakFast: Floortje/Getty Images; Lunch: John A. Rizzo/Getty Images; Dinner: Kevin Sanchez/Cole Group/Photodisc/Getty Images; Snack:Mariia Boiko/Shutterstock

물성 단백질과 다르게 가공과정에 첨가되는 것 외에는 콜레스테롤을 전혀 함유하고 있지 않으며, 포화지방도 거의 없다. 대두와 같은 식물성 단백질은 심혈관질환, 암, 비만, 당뇨의 위험을 줄여주므로 식사에 포함되면 건강에 유익하다. 실제로 미국 FDA는 대두단백질이 혈중 콜레스테롤 수치를 낮추는 효과가 있다는 건강강조표시(health claim)를 승인하였다.

식사에 식물성 단백질을 더 많이 첨가하는 방법으로 다음의 제안들을 고려할 수 있다.

- 식사 때 햄버거 대신 채소버거를 먹는다. 채소버거는 식료품점의 냉동 식품 코너에서 구할 수 있으며, 많은 식당에서 판매되고 있다.
- 샐러드 위에 해바라기씨나 잘게 썬 호두를 뿌려 맛과 식감을 더한다.
- 단일불포화지방산과 단백질의 섭취를 증가시키기 위해 바나나빵, 머핀, 또는 팬케이크의 반죽에 잘게 썬 피칸이나 아몬드를 섞는다.
- 간식으로 녹두나 볶은 콩을 먹는다.

콩류는 풍부한 단백질 공급원이다. 콩 1/2컵은 단백질 필요량의 약 10%를 충족하지만 에너지 필요량의 경우 약 5%만 기여한다.

Moving Moment/Shutterstock

- 베이글에 버터나 크림치즈 대신 땅콩버터를 바른다.
- 특히 젖당 소화장애가 있는 경우에는 두유를 이용한다. 칼슘이 강화된 제품을 선택한다.
- 타코에 있는 고기나 생선을 검정콩이나 채식주의자용 리프라이드 빈(vegetarian refried beans)으로 대체한다.
- 볶음 요리에는 두부, 캐슈넛, 다양한 채소를 함께 넣어 조리한다.

식품 단백질의 질 평가

단백질의 질을 평가하기 위해 여러 가지 방법을 사용하고 있다. 단백질의 질이란 신체의 성장과 유지에 이바지하는 식품 단백질의 능력을 말한다. 단백질의 질은 주로 식품의 아미노산 구성과 소화율(아미노산이 체내로 흡수된 양)을 성장에 필요한 필수아미노산을 제공한다고 알려진 표준 단백질(예: 난백 단백질)과 비교하여 측정한다. 동물성 단백질의 소화율(90~100%)이 식물성 단백질의 소화율(70%)보다 상대적으로 높은 편이다.

단백질의 질에 대한 개념은 단백질 섭취량이 필수아미노산 요구량을 충족시키는 단백질량과 같거나 적은 경우에 적용된다는 점이 중요하다. 단백질의 섭취량이 이를 초과하게 되면 완전 단백질의 경우에도 단백질 이용 효율이 감소한다. 그 이유는 필수아미노산의 필요량이 충족된 다음에는 잉여 아미노산(필수이든 아니든 상관없이)은 저장되지 못하고 분해되어 에너지 급원으로 이용되기 때문이다.

$$\text{생물가(BV)} = \frac{\text{질소 보유량(g)}}{\text{질소 흡수량(g)}} \times 100$$

$$\text{단백질 효율(PER)} = \frac{\text{체중 증가량(g)}}{\text{단백질 섭취량(g)}}$$

$$\text{화학가(CS)} = \frac{\text{연구 대상 단백질 g당 제한 아미노산 함량(mg)}}{\text{이상적인 단백질 g당 제한 아미노산 함량(mg)}}$$

단백질 소화율 보정 아미노산가(PDCAAS) = 화학가 x 소화율

단백질의 생물가

단백질의 **생물가**(biological value, BV)는 흡수된 식품 단백질이 얼마나 체조직 단백질로 전환되었는지를 측정하는 것이다. 만일 식품이 9개의 필수아미노산들을 충분히 포함하고 있으면 그 식품 단백질로부터의 아미노산들은 체단백질을 구성하는 데 효율적으로 사용된다.

생물가를 측정하기 위해 체내 질소 보유량과 식품 단백질의 질소량을 비교한다. 식품 단백질의 아미노산 조성이 체단백질의 아미노산 조성과 유사할수록 더 많은 질소가 보유된다. 즉, 체단백질의 아미노산 조성과 유사할수록 식품 단백질의 생물가가 높다. 반대로 식품의 아미노산 유형이 체단백질 아미노산 유형과 매우 다르다면 식품 내 많은 아미노산들이 체단백질로 보유되지 않기 때문에 더 많은 질소가 배설된다. 이러한 식품 단백질은 체조직 내에 보유된 질소량이 적기 때문에 생물가가 낮다.

난백 단백질은 생물가가 100으로 최고로 생물가가 높은 단일 식품 단백질이다. 그 의미는 달걀 단백질에 존재하는 모든 질소가 흡수되어 체조직 단백질로 보유된다는 것이다. 대부분의 동물성 단백질은 생물가가 높은데, 그 체조직 아미노산 구성이 인체의 단백질 구성과 유사하기 때문이다. 식물성 단백질은 인체 단백질과 그 구성이 크게 달라 동물성 단백질보다 생물가가 크게 낮은 경우가 많다.

▶ 단백질의 섭취가 제한되어야 할 때마다 생물가(biological value)의 개념은 임상적으로 중요하다. 소량의 단백질을 몸에서 효율적으로 사용하는 것이 중요하기 때문이다. 예를 들어, 간 질환 및 신장 질환이 있는 경우에는 단백질 섭취가 조절될 필요가 있을 수 있으며, 이때 소비되는 단백질은 주로 달걀, 우유 및 육류와 같은 생물가가 높은 식품을 이용해야 한다.

단백질 효율

단백질 효율(protein efficiency ratio, PER)도 단백질의 질을 평가하는 또 다른 수단이다. 단백질 효율은 연구 대상 단백질 일정량을 섭취한 성장기 실험동물의 체중 증가량과 표준 단백질[예: 카세인(우유 단백질)]의 일정량을 섭취한 실험동물의 체중 증가량을 비교하여 얻는다.

육류, 생선, 가금류는 높은 생물가(high biological value) 단백질의 주요 급원이다.

Lisovskaya Natalia/Shutterstock

식품의 단백질 효율로 측정한 체중 증가량과 성장 정도는 식품 단백질이 체조직으로 보유된 정도를 나타내기 때문에, 식품의 단백질 효율은 그 식품의 생물가를 반영한다. 따라서 생물가가 높은 동물성 단백질은 단백질 효율도 높고, 식물성 단백질은 불완전 단백질이므로 생물가가 낮고 단백질 효율도 낮다. 미국 FDA는 영아를 위한 식품의 표시기준을 설정하는 데 이 PER 방법을 이용하고 있다.

단백질의 화학가

식품 단백질의 질은 식품의 **화학가**(chemical score)로도 측정할 수 있다. 식품의 화학가는 시험 대상 식품 단백질 그램(g)당 각각의 필수아미노산 함량을 표준 단백질(보통 달걀 단백질) 그램당 그 필수아미노산 '이상(ideal)'양으로 나누어서 계산한다. 시험 대상 단백질의 개별 필수아미노산의 비율을 계산하고 그중 가장 낮은 아미노산 비율(0~1.0)이 화학가가 된다.

단백질 소화율 보정 아미노산가

단백질의 질을 평가하는 데 가장 널리 쓰이는 방법은 **단백질 소화율 보정 아미노산가**(protein digestibility corrected amino acid score, PDCAAS)이다. 이 값은 식품의 화학가에 그 식품의 소화율을 곱하여 구한다. 예를 들어, 밀의 PDCAAS는 화학가 0.47에 소화율 0.9를 곱하면 대략 0.4가 된다. PDCAAS의 최대치는 1.0으로, 대두 단백질과 동물성 단백질 대부분이 해당된다. 필수아미노산 9개 중에 한 가지라도 결핍되면(예: 젤라틴) 그 화학가가 0이기 때문에 그 단백질의 PDCAAS는 0이 된다.

영양표시 라벨에 단백질 함량을 %영양성분 기준치(Daily Value, DV)로 나타낼 때 PDCAAS가 1보다 작으면 단백질 함량이 더욱 낮아진다. 예를 들어, 스파게티 국수 1/2컵에 함유된 단백질의 양이 3 g이라고 하면, 그 PDCAAS의 값이 0.40이기 때문에, 스파게티 반 컵의 %영양성분 기준치를 계산할 때는 오직 1.2 g(3 g × 0.40 = 1.2)을 가지고 계산해야 한다. 난백의 PDCAAS 값은 1.00이며 대두단백질은 0.92~0.99, 소고기류는 0.92, 검정콩은 0.53이다. 그러나 최근의 영양정보 표시에서는 단백질에 대한 %영양성분 기준치를 잘 표시하지 않는데, 그 이유는 PDCAAS 수치를 구하려면 많은 비용이 소요되어 식품 제조업자들이 꺼리기 때문이다.

확인합시다!

1. 단백질의 질을 평가하는 세 가지 방법은 무엇인가?
2. 달걀 단백질은 왜 생물가(BV)가 높은가?
3. 신장병 환자에게 생물가가 높은 단백질 식품을 공급하는 것이 중요한 이유는 무엇인가?
4. 식품의 단백질 질에 영향을 주는 요인은 무엇인가?

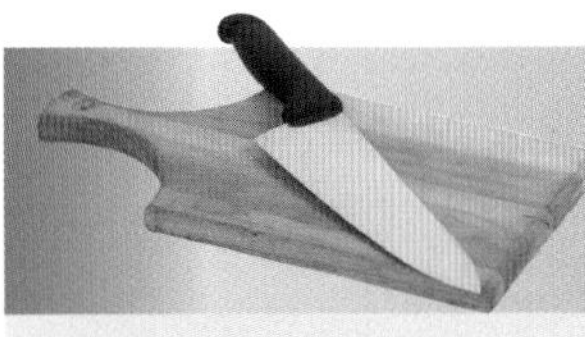

조리적 관점

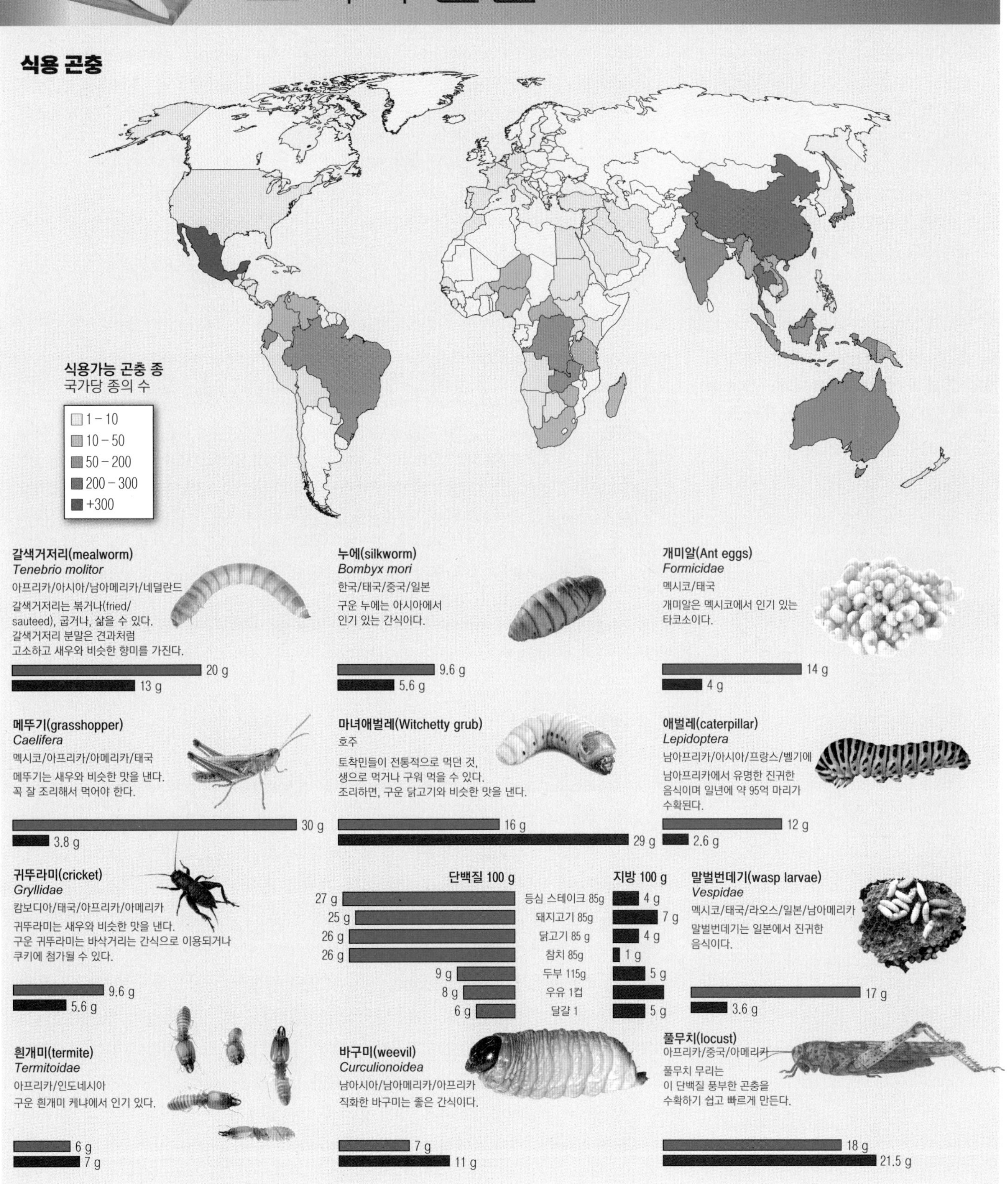
식용 곤충
식용가능 곤충 종
국가당 종의 수
1 – 10
10 – 50
50 – 200
200 – 300
+300
갈색거저리(mealworm)
Tenebrio molitor
아프리카/아시아/남아메리카/네덜란드
갈색거저리는 볶거나(fried/sauteed), 굽거나, 삶을 수 있다. 갈색거저리 분말은 견과처럼 고소하고 새우와 비슷한 향미를 가진다.
20 g
13 g
누에(silkworm)
Bombyx mori
한국/태국/중국/일본
구운 누에는 아시아에서 인기 있는 간식이다.
9.6 g
5.6 g
개미알(Ant eggs)
Formicidae
멕시코/태국
개미알은 멕시코에서 인기 있는 타코소이다.
14 g
4 g
메뚜기(grasshopper)
Caelifera
멕시코/아프리카/아메리카/태국
메뚜기는 새우와 비슷한 맛을 낸다. 꼭 잘 조리해서 먹어야 한다.
30 g
3.8 g
마녀애벌레(Witchetty grub)
호주
토착민들이 전통적으로 먹던 것, 생으로 먹거나 구워 먹을 수 있다. 조리하면, 구운 닭고기와 비슷한 맛을 낸다.
16 g
29 g
애벌레(caterpillar)
Lepidoptera
남아프리카/아시아/프랑스/벨기에
남아프리카에서 유명한 진귀한 음식이며 일년에 약 95억 마리가 수확된다.
12 g
2.6 g
귀뚜라미(cricket)
Gryllidae
캄보디아/태국/아프리카/아메리카
귀뚜라미는 새우와 비슷한 맛을 낸다. 구운 귀뚜라미는 바삭거리는 간식으로 이용되거나 쿠키에 첨가될 수 있다.
9.6 g
5.6 g
단백질 100 g
지방 100 g
27 g 등심 스테이크 85g 4 g
25 g 돼지고기 85g 7 g
26 g 닭고기 85 g 4 g
26 g 참치 85g 1 g
9 g 두부 115g 5 g
8 g 우유 1컵
6 g 달걀 1 5 g
말벌번데기(wasp larvae)
Vespidae
멕시코/태국/라오스/일본/남아메리카
말벌번데기는 일본에서 진귀한 음식이다.
17 g
3.6 g
흰개미(termite)
Termitoidae
아프리카/인도네시아
구운 흰개미 케냐에서 인기 있다.
6 g
7 g
바구미(weevil)
Curculionoidea
남아시아/남아메리카/아프리카
직화한 바구미는 좋은 간식이다.
7 g
11 g
풀무치(locust)
아프리카/중국/아메리카
풀무치 무리는 이 단백질 풍부한 곤충을 수확하기 쉽고 빠르게 만든다.
18 g
21.5 g

부엌에서 곤충을 보면, 아마 그것을 먹기보다는 밟아 죽일 것이다. 그러나 밟아죽이는 것 대신 저녁식사로 내는 것을 생각해보라. 식용 곤충(entomophagy), 간단하게 말해 곤충의 섭취는 새로운 현상은 아니었으나, 서양 문화에서 보면 그리 주류의 식문화도 아니었다. 거의 2000종의 곤충이 전 세계적으로 25억 명이 먹는 전통적 식사에 포함되어 있다. 식사나 간식으로 섭취되는 곤충의 거의 75% 정도가 풍뎅이류, 애벌레류, 벌, 말벌, 개미류이다.

세계적 식품안정성을 고려할 때, 우리 식단에 식용 곤충을 활용하는 것을 고려할 필요가 있다. 식용으로 길러진 식용 곤충이 소고기, 돼지고기, 가금류보다 더 적은 환경발자국(environmental foot-print)을 가진다는 것을 고려하라. 더욱이 식용 곤충은 다용도로 쓸 수 있다. 통째로 혹은 잘라서 사용될 수도 있고, 분말형태로 밀가루에 섞어 빵이나 쿠키를 만드는데 사용될 수 있다.

식단에 식용 곤충을 활용하려면 열린 마음과 새로운 맛에 대한 모험심이 필요하지만, 영양적으로 우수한 급원이 될 수 있다. 곤충은 영양가가 높다. 비타민, 무기질과 함께 단백질, 아미노산, 지방, 탄수화물이 풍부하다. 바삭거리는 외골격은 키틴(chitin) 형태의 불용성 식이섬유를 제공할 수 있는 좋은 급원이다.

당신이 귀뚜라미로 만들어진 전채요리를 주문하길 꺼린다고 해도, 이미 올 한해 곤충을 먹은 적이 있을 것이다. 실제로 미식약처는 매해 채소, 쌀, 맥주, 파스타, 시금치, 브로콜리 등(건강위해 요소가 없기 때문에 FDA의 기준에서 허용)으로 부터 약 2 파운드(약 9 g) 가까운 곤충을 먹고 있다고 추정한다.

식용 곤충에 대해 관심이 있다면, 다음 사이트에서 레시피를 찾을 수 있다.

https://edibleinsects.com/

▶ 최근 연구에 따르면 하루에 단백질을 자주(약 6회) 섭취하면 하루에 3번 섭취할 때보다 체지방과 복부 체지방이 감소하는 반면 제지방과 열발생이 증가한다.

사례연구

©Fancy Collection/ SuperStock RF

Bethany는 대학 신입생이다. 기숙사에 살면서 오후에는 에어로빅을 가르친다. 하루에 2–3끼를 학내식당에서 먹고 식사 사이에 간식을 먹는다. 채식주의가 건강에 미치는 장점에 대한 기사를 읽고 채식주의자가 되기로 마음먹었다. 어제 그녀는 카페라테 한 잔과 대니쉬 페이스트리로 아침식사를 하고, 토마토가 풍부한 채식주의 음식과 프레첼, 그리고 저당 음료로 점심식사를 하였으며, 오후에 에어로빅 수업 후 쿠키 두 개를 간식으로 먹고 채식주의 샌드위치와 과일주스 두 잔으로 저녁식사를 했다. 그리고 저녁에 팝콘 한 사발을 먹었다. 그녀의 식사에 부족한 것이 무엇인가? 그녀의 영양소 요구량을 채우기 위해 더 나은 식사를 만들려면 어떻게 해야 할까? 그녀의 단백질 섭취를 증가시키려면 어떤 식품을 더 포함시켜야 할까?

6.4 질소 균형

질소 균형(nitrogen balance)은 단백질의 필요량을 결정하는 방법이다. 성장기도 아니고 아프거나 다친 후의 회복기에 있지 않은 건강한 성인은 소변, 대변, 땀, 피부세포, 머리카락, 손톱 등으로 손실되는 정도를 대체하는 양의 단백질을 섭취할 필요가 있다. 에너지 섭취가 적절하여 단백질이 에너지로 사용되지 않는 한 단백질 손실량과 섭취량이 같으면 단백질 평형(equilibrium)이 유지된다. 단백질의 섭취량이 손실량보다 적은 사람은 음의 단백질 균형 상태이다. 음의 단백질 균형은 심하게 아픈데 치료받고 있지 않는 환자나 심한 상처가 있는 환자의 경우 적절하게 단백질 섭취를 하지 못했을 때 발생한다. 또한 단백질의 분해가 증가되는 질병을 앓고 있는 환자도 음의 단백질 균형을 나타낸다. 예를 들어, 후천성면역결핍(AIDS) 환자가 치료를 받지 않으면 건강한 사람과 비슷한 정도로 단백질이 합성되지만 훨씬 빨리 많은 체단백질이 분해된다. 시간이 경과되면 체단백질의 분해 정도가 높기 때문에 제지방량(lean body mass)이 감소하게 된다. 음의 단백질 균형은 결국 근육 단백질, 혈장 단백질, 심장, 간 등 여러 기관의 단백질 함량을 감소시킨다.

섭취량이 손실량보다 크면 양의 단백질 균형 상태가 된다. 성장기이거나 질병, 상처, 종양

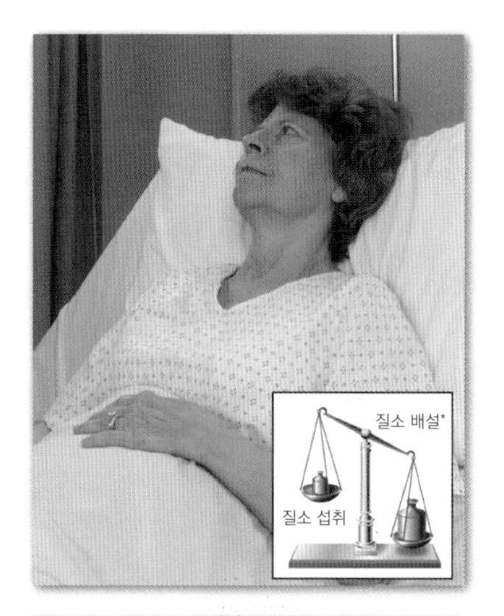

양의 질소 균형	질소 평형	음의 질소 균형
양의 질소 균형인 경우 • 성장기 • 임신기 • 질병/상처로부터의 회복기 • 운동선수의 훈련기(제지방량 증가) • 인슐린, 성장 호르몬, 남성 호르몬 등의 호르몬 분비 증가 시	**질소 평형인 경우** • 단백질과 에너지 요구량이 충족된 건강한 성인	**음의 질소 균형인 경우** • 단백질 섭취 부족 • 에너지 섭취 부족 • 고열, 화상, 감염 등의 상태 • 수일간의 입원 • 필수아미노산의 결핍 (예: 질이 낮은 단백질 섭취) • 단백질 손실의 증가(일부 형태의 질병) • 갑상선 호르몬, 코르티솔 등의 호르몬 분비 증가 시

* 질소 배설은 소변 내 요소 및 기타 질소 함유 성분의 손실과 대변, 피부, 머리카락, 손발톱 등 기타 경로를 통한 단백질 손실을 모두 포함한다.

그림 6.11 질소 균형은 질소 섭취와 배설의 측정을 통해 결정된다.

Top, Left: ©Dave and Les Jacobs/Blend Images LLC; Middle: ©Rolf Bruderer/Getty Images RF

병아리콩, 강낭콩과 같은 콩류는 식사의 단백질 함량을 증가시킬 수 있다.

©Corbis/Punchstock RF

으로부터 회복되는 시기에는 새로운 체조직을 구성하는 데 필요한 단백질을 충분히 공급하여 양의 단백질 균형을 유지하여야 한다. 그리고 인슐린, 성장 호르몬, 남성 호르몬과 같은 호르몬도 새로운 조직을 합성하도록 돕는다. 단순히 단백질을 많이 섭취한다고 해서 체단백질이 추가적으로 만들어지는 것이 아니라, 이를 위해 양의 질소 균형 상태를 요구하는 상황에 있어야만 한다.

식사 단백질 섭취와 체단백질의 손실을 측정하여 체내 단백질 균형을 확인할 수 있다. 질소는 단백질의 구성 원소이고 훨씬 쉽게 정량할 수 있기 때문에 실제로 단백질 섭취량과 체단백질 손실량을 측정할 때 단백질보다 질소를 측정한다. 그림 6.11은 질소 균형 상태에 대한 설명이다.

영아에게 먹이는 단백질량은 반드시 영양소 섭취기준에 부합되어야 한다. 적정섭취량을 초과하면 단백질 대사로 생긴 요소(urea)의 양이 많아 신장의 배뇨 부담이 커진다. 모유와 조제유(fomnula)의 단백질량은 유아의 요구량에 알맞다.

©Createas/PictureQuest RF

질소는 아미노산 무게의 약 16%를 차지한다. 따라서 질소 섭취량에 6.25를 곱하여 단백질 섭취량을 계산할 수 있다.

$$질소(g) \times 6.25 = 단백질(g)$$

질소 균형에 관한 연구는 24시간 동안의 모든 질소 급원의 섭취량과 손실량을 정확히 측정해야 하므로 수행하기 어렵다. 일반적으로 병원 밖이나 연구 환경에서는 시행하기 힘들다. 그러므로 권장섭취량(RDA)에 기초해서 단백질 필요량을 계산하는 편이 더 쉽다.

단백질 섭취기준

한국인의 단백질 섭취기준(dietary reference intake for protein, 표 6.5)으로 6개월 이상 연령층에서는 평균필요량과 권장섭취량을 설정하였고 영아 전반기에는 충분섭취량을 설정하였다. 단백질의 평균필요량은 국제적으로 통용되는 질소 균형 실험 결과를 근거로 하되 소화율을 반영하여 추정하였다. 성인을 위한 질소 평형 유지를 위한 단백질 필요량의 경우, 성별에 상관없이 질소 균형 실험 결과로부터 얻은 0.66 g/kg/day에 단백질의 이용효율(소화율)을 보정한 0.73 g/kg/day를 질소 평형 유지를 위한 단백질 필요량으로 결정하였다. 여기에 성별 및 연령구간별 평균 체중을 곱하여 성별 및 연령구간에 대한 평균필요량을 산출하였다. 권장섭취량은 인구의 97.5 백분위수를 추정한 값으로, 평균필요량에 권장량 산정계수 1.25를 곱한 값으로 산출(0.91 g/kg/day)하였다.[1] 예를 들어 각각 70 kg과 57 kg 체중을 가진 성인 남성과 여성의 경우 아래 식에 따라 약 64 g과 52 g의 권장섭취량이 산출된다.

권장섭취량 계산:

70 kg × 0.91 g/kg/day = 약 64 g

57 kg × 0.91 g/kg/day = 약 52 g

국민건강영양조사 자료에서 보고된 최근 5년(2013–2017)간의 연령대별 일일 평균 단백질 섭취량 및 단백질 섭취량 분포에 따르면,[2] 우리나라 국민 1인당 일일 평균 단백질 섭취량은 여자 75세 이상을 제외한 모든 연령대에서 2020 단백질 섭취기준 평균필요량을 초과한다. 권장섭취량 기준과 비교하였을 때도 남자 75세 이상과 여자 65세 이상을 제외하고는 일일 평균 단백질 섭취량이 권장섭취량보다 많다. 일일 평균 단백질 섭취량은 남녀 모두 65세 이상부터 급격히 감소하며, 특히 여자 75세 이상의 섭취량은 평균필요량에 못미치는 평균섭취량을 보인다.

잉여의 단백질은 단백질의 형태로 체내에 저장되지 않는다. 다시 말해서 잉여의 단백질을 분해하여 그 탄소골격을 포도당이나 지방으로 전환시켜 저장하거나 또는 에너지가 요구

1. Ministry of Health and Welfare; The Korean Nutrition Society. Dietary reference intakes for Koreans 2020: energy and macronutrients. Seoul: The Korean Nutrition Society; 2020.

2. J Nutr Health. 2022 Feb;55(1):10–20
https://doi.org/10.4163/jnh.2022.55.1.10

되는 경우에는 분해하여 에너지로 이용한다. 일상적인 스트레스, 신체적 노동, 보통의 스포츠 활동 등은 단백질 권장량을 증가시키는 요인이 아니므로 섭취량을 증가시킬 필요는 없

표 6.5 한국인의 1일 단백질 섭취기준

성별	연령	단백질(g/day)			
		평균필요량	권장섭취량	충분섭취량	상한섭취량
영아	0~5(개월)			10	
	6~11	12	15		
유아	1~2(세)	15	20		
	3~5	20	25		
남자	6~8(세)	30	35		
	9~11	40	50		
	12~14	50	60		
	15~18	55	65		
	19~29	50	65		
	30~49	50	65		
	50~64	50	60		
	65~74	50	60		
	75 이상	50	60		
여자	6~8(세)	30	35		
	9~11	40	45		
	12~14	45	55		
	15~18	45	55		
	19~29	45	55		
	30~49	40	50		
	50~64	40	50		
	65~74	40	50		
	75 이상	40	50		
임산부	2분기	+12	+15		
	3분기	+25	+30		
수유부		+20	+25		

출처: 보건복지부, 2020 한국인 영양소 섭취기준.

실천해봅시다!

체중조절할 때 단백질 필요량 지키기

당신의 아버지가 지난 5년간 살이 찌셨다고 하자. 의사 선생님께서 10 kg 정도 감량하면 심장질환이나 2형당뇨병의 위험을 줄일 수 있다고 말씀하셨다. 당신은 아버지가 체중감량을 시도하시는 동안 단백질 필요량을 충분히 섭취하는 것이 중요하다는 것을 알고 있다. 에너지의 15%에 해당하는 단백질을 포함한 1500 kcal 하루 식단을 짜보자. 영양소 분석 프로그램(CAN-pro)이나 웹 사이트(fdc.nal.usda.gov/ 혹은 various.foodsafetykorea.go.kr/nutrient/)를 이용하면 도움이 될 것이다. 결과로 나온 식단이 한국인 영양소 섭취기준과 식품구성자전거에 적합한가?

©David Buffington/Getty Images RF

미래에 대한 관점

현대인들은 많은 양의 단백질을 섭취하는 경향이 있으나 대부분은 저녁식사를 통해 섭취한다. 최근 연구들에 의하면 단백질을 하루 세끼에 균일하게 섭취하면 포만감도 높이고 근육 손상 회복이나 합성을 극대화한다.

다. 그러나 많은 전문가들에 의하면 질병이나 외상으로부터의 회복기 환자, 지구력 강화훈련과 고강도의 훈련을 받는 운동선수의 경우에는 일반적인 단백질 권장섭취량보다 더 많은 단백질(~2.0 g/kg)을 섭취하는 것이 이로울 수 있다. 또한, 섭취량이 상대적으로 낮은 노인의 경우 근감소증을 적극적으로 예방하기 위해 충분한 단백질 섭취가 권장된다.

확인합시다!

1. 양의 질소 균형을 이루는 것이 중요한 때는 언제인가?
2. 음의 질소 균형이 증가될 위험이 있는 시기는 언제인가?
3. 생애주기 중 일반적으로 질소 평형에 가까운 시기는 언제인가?

6.5 단백질의 소화와 흡수

어떤 식품의 경우에는 조리 과정에서 첫 단계로 단백질 분해가 일어난다. 조리는 단백질을 변성시키고 육류의 단단한 결합조직을 연화시킨다. 또한 조리는 단백질이 풍부한 식품을 씹

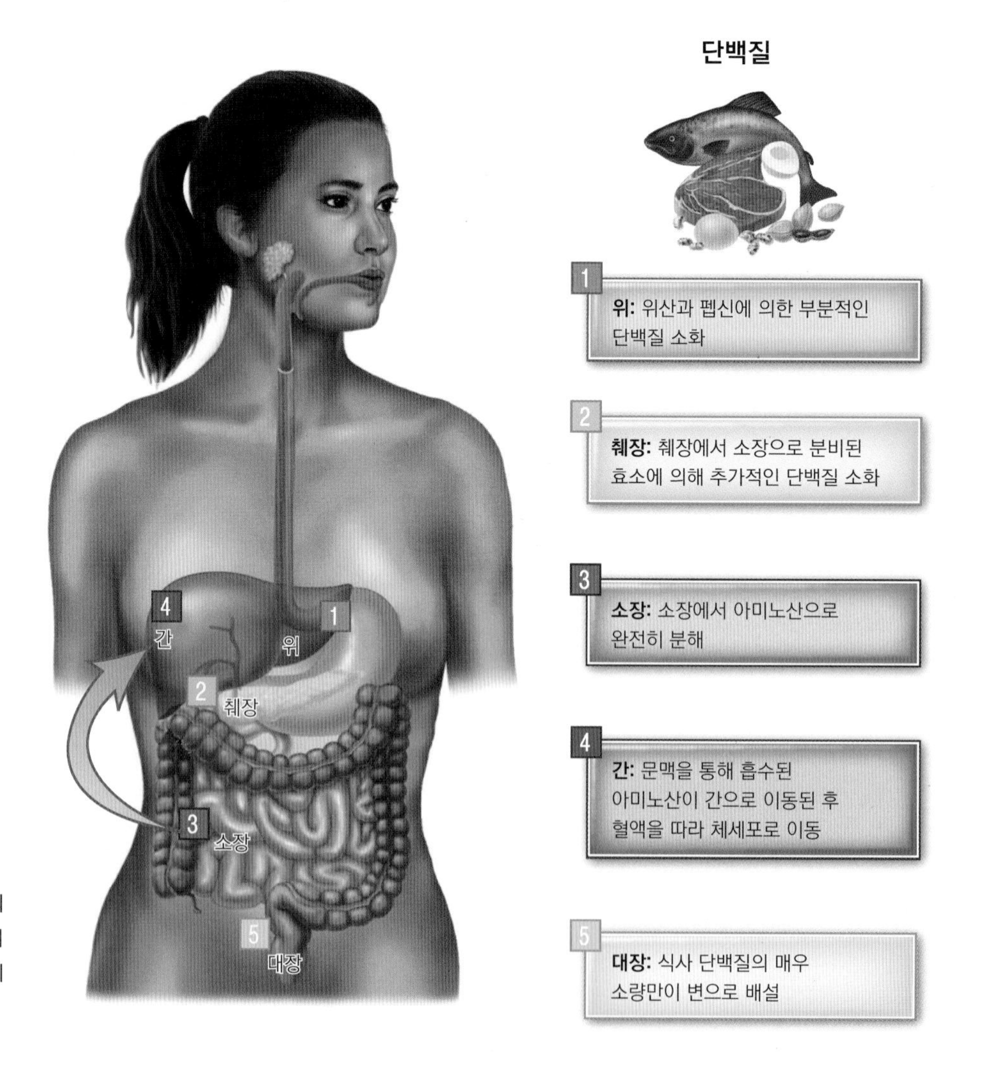

그림 6.12 단백질 소화와 흡수. 단백질의 효소에 의한 소화 작용은 위에서 시작하고, 최종적으로 펩티드가 단일 아미노산으로 분해되는 소장의 흡수 세포에서 끝난다.

는 것을 쉽게 만들어주며 이후의 소화흡수 과정 동안 단백질의 분해가 더욱 쉽게 일어나도록 한다.

효소에 의한 단백질 소화 작용은 주로 위장에서 위산이 분비되면서 시작된다. 단백질이 일단 위산에 의해 변성되면 위장에서 분비되는 주요 단백질분해효소인 **펩신**(pepsin)이 작용하게 된다(그림 6.12). 위산의 작용으로 펩신이 활성화되면 펩신은 가수분해반응을 통해 폴리펩티드 사슬을 잘라 짧게 만든다. 펩신이 모든 펩티드 결합을 파괴할 수 있는 것은 아니기 때문에 섭취한 단백질을 완전히 아미노산으로 분해하는 것은 아니다.

펩신의 분비는 **가스트린**(gastrin) 호르몬에 의해서 조절된다. 음식을 생각한다든지 음식을 씹는 행위는 위에 있는 가스트린 생산세포를 자극하여 호르몬이 분비되도록 만든다. 가스트린은 위벽세포(stomach's parietal cells)를 강하게 자극하여 위산을 분비시킨다. 위산은 소화와 펩신의 활성화를 돕는다. 펩신은 실제로 펩시노겐(pepsinogen)이라는 불활성 효소

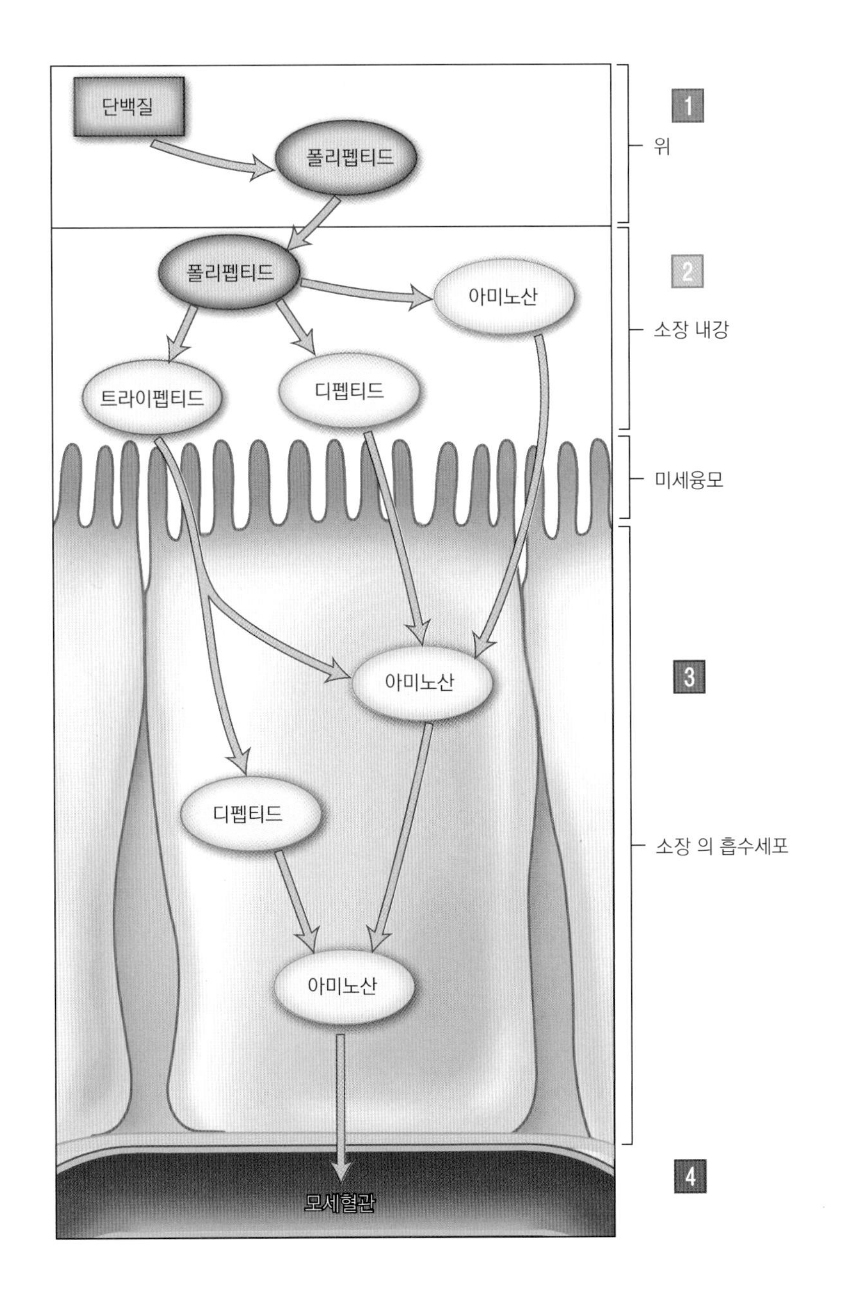

그림 6.13 단백질 소화는 위 1, 소장 내강 2, 소장의 흡수세포 3에서 발생한다. 아미노산의 소장 내강으로부터 소장세포로의 흡수는 운반체를 필요로 한다. 대부분의 아미노산은 에너지가 소요되는(능동적 흡수) 나트륨 의존적 운반체에 의해 운반된다. 잔류 펩티드는 흡수세포 내에서 분해되어 아미노산이 된다. 이 유리 아미노산은 흡수세포로부터 혈류(blood stream) 4로 이동한다.

상태로 저장되어 있어서 위의 내벽을 소화하지 못하도록 방지한다. 일단 펩시노겐이 위장의 산성 환경(pH 1~2)에 노출되면 이 분자의 일부가 떨어져 나가면서 활성화된 효소인 펩신이 형성된다.

위에서 부분적으로 소화된 단백질은 식사로 섭취한 다른 영양소나 물질 등과 함께 유미즙(chyme, 카임) 상태로 십이지장(소장의 첫 번째 부위)으로 이동한다. 소장으로 들어온 유미즙은 소장 벽세포로부터 세크리틴(secretin)과 콜레시스토키닌(cholecystokinin, CCK) 호르몬을 분비시킨다. 세크리틴과 콜레시스토키닌은 췌장으로부터 단백질 분해효소인 트립신(trypsin), 키모트립신(chymotrypsin), 카복시펩티데이즈(carboxypeptidase) 등을 소장으로 분비시킨다. 이 효소들은 폴리펩티드를 작은 펩티드와 아미노산으로 분해시킨다. 작은 펩티드와 아미노산은 소장의 내강으로부터 소장의 세포로 능동적으로 흡수된다(그림 6.13). 소장에 남아 있는 작은 펩티드들도 결국은 펩티데이즈(peptidase) 효소에 의해 모두 단일 아미노산으로 분해된다. 소장세포로 흡수된 아미노산은 문맥을 통해 간으로 운반되어 단백질을 합성하거나, 에너지로 이용되기도 하며, 탄수화물이나 지방으로 전환되기도 하고, 다른 세포로 운반되기 위해 혈류로 방출된다.

유아기 외에는 단백질이 소장을 통해 통째로 흡수되는 경우는 드물다. 그러나 유아기 초기(4~5 개월까지)에는 위장관으로 작은 단백질이 통과할 수 있어 단백질이 통째로 흡수될 수 있다. 우유나 달걀흰자 같은 식품 단백질은 유아에게 식품 알레르기를 유발하므로, 소아과 의사나 영양사들은 이러한 식품을 생후 12개월 이후에 먹이도록 권하고 있다.

확인합시다!

1. 단백질의 소화와 흡수에 관련되는 효소 네 가지는 무엇인가?
2. 폴리펩티드 소화의 최종 산물(end product)은 무엇인가?
3. 유아기의 단백질 흡수는 어떻게 다른가?

생각해 봅시다

만약 신체의 단백질 필요량보다 두 배의 단백질을 섭취한다면 그 나머지 양의 단백질은 어떻게 될까?

6.6 단백질의 기능

단백질은 인체 내 대사와 필수물질이나 신체구조 형성에 여러 주요한 기능을 수행한다(그림 6.14). 단백질 합성에 필요한 아미노산은 식사 섭취와 체단백질의 재사용을 통해 공급된다. 그러나 탄수화물과 지방을 충분히 섭취해야만 식품 내 단백질은 이런 기능들을 위해 효율적으로 사용될 수 있다. 만일 우리가 에너지 필요량보다 부족하게 섭취하면 일부 아미노산은 에너지를 만드는 데 사용되느라 다른 중요한 기능을 위한 체단백질을 만들지 못하게 된다.

생체 구조조직 생성

단백질의 주요 기능 중 하나는 체세포와 체조직의 지지 구조를 만드는 것이다. 주요 구조단백질[콜라겐(collagen), 액틴(actin), 미오신(myosin)]은 체단백질의 1/3 이상을 차지하며, 근

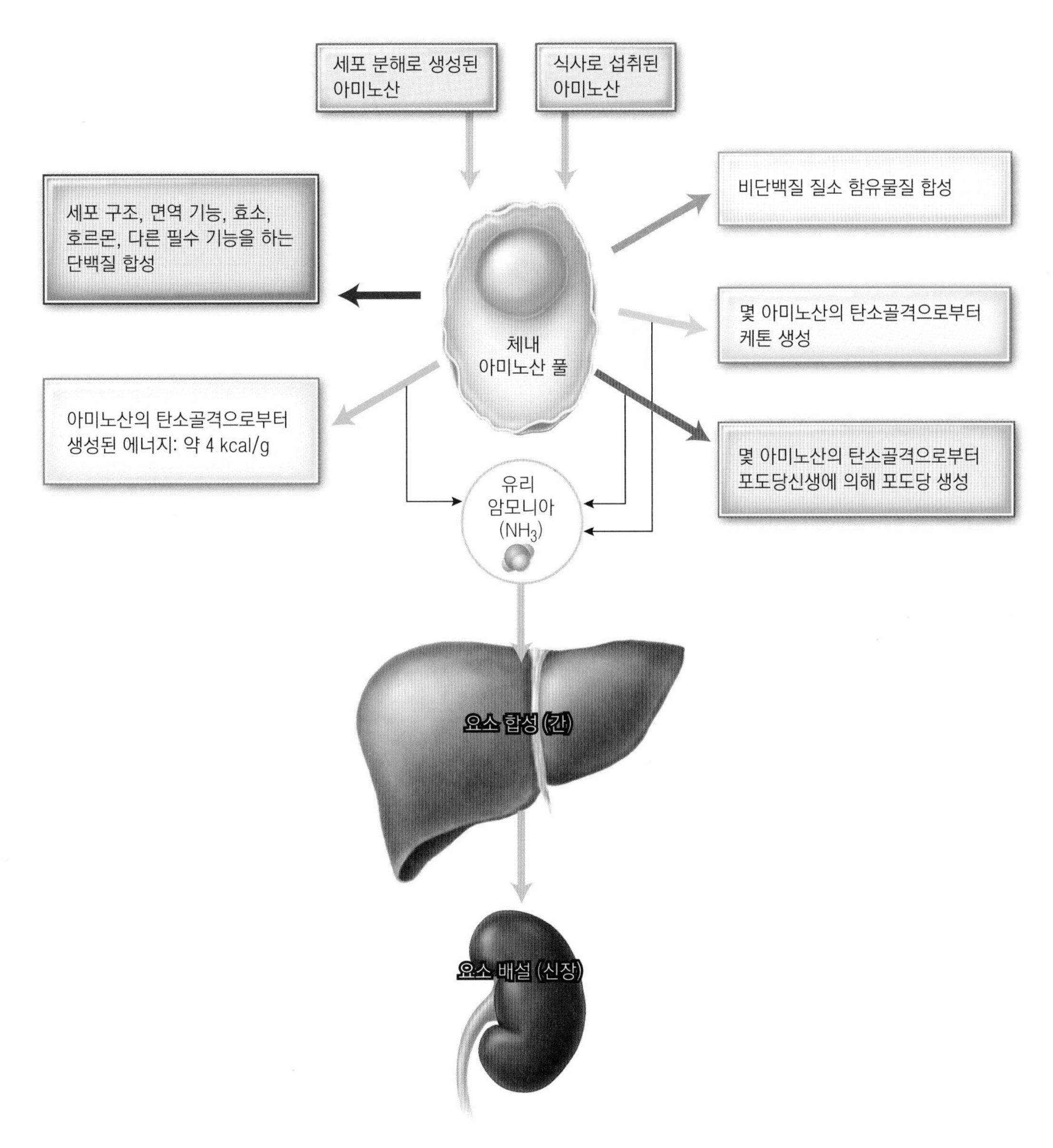

그림 6.14 **아미노산대사.** 아미노산 풀은 다양한 단백질 기능을 위해 아미노산을 공급한다. 아미노산 분해 과정에서 방출된 질소를 함유한 암모니아(NH_3)는 요소로 변환되어 소변으로 배설된다.

육, 결합 조직, 뼈의 구조적 기반(matrix)을 형성한다. 성장기에는 생체조직과 구조의 발달을 위해 새로운 단백질 합성이 이루어진다. 영양불량이나 질병에 걸렸을 때에는 체단백질이 에너지를 공급하기 위해 분해되고 필수적인 생체조직을 위한 단백질 합성이 정상보다 떨어져 그 결과로 단백질이 소모되고 콰시오커(kwashiokor: 단백질 결핍성 소아영양실조증, 6.7절 참조) 같은 상태를 초래하게 된다.

체액의 균형 유지

모세혈관(capillary bed) 동맥과 정맥 순환 사이에 접합을 만드는 세포 하나 두께의 미세혈관으로 체세포와 혈류 사이에서 가스와 영양소 교환이 발생한다.

혈액 단백질인 알부민(albumin)과 글로불린(globulin)은 세포조직을 둘러싸고 있는 공간(세포간액)과 혈액 사이의 체액의 균형을 유지하는 데 중요하다. 동맥혈압은 **모세혈관**(capillary

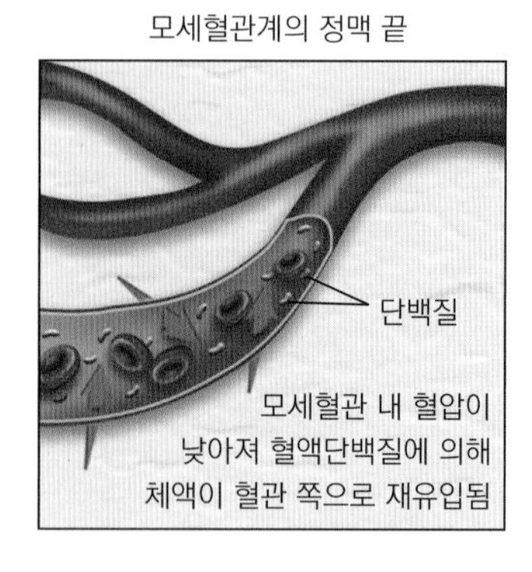

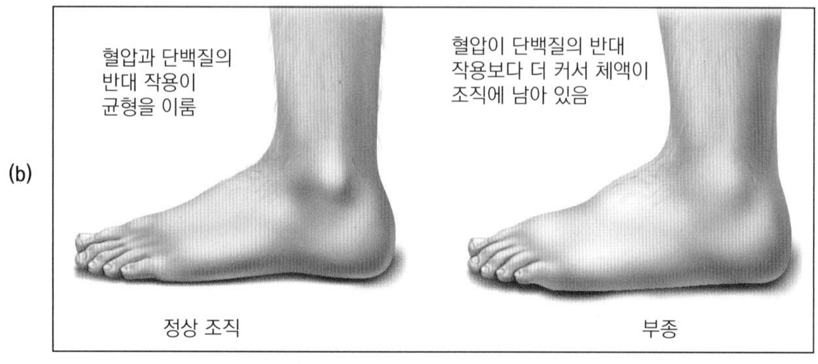

(c)

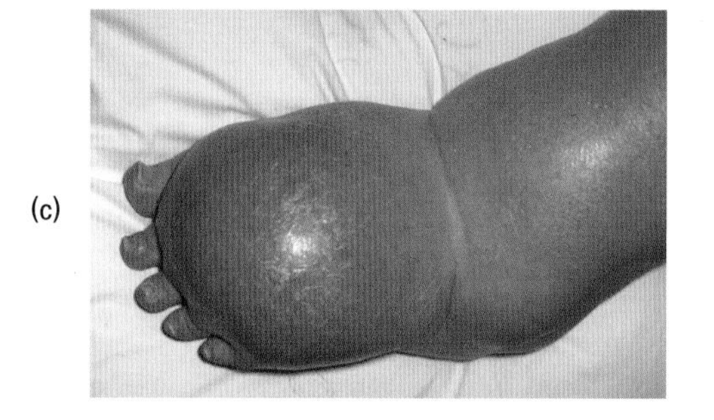

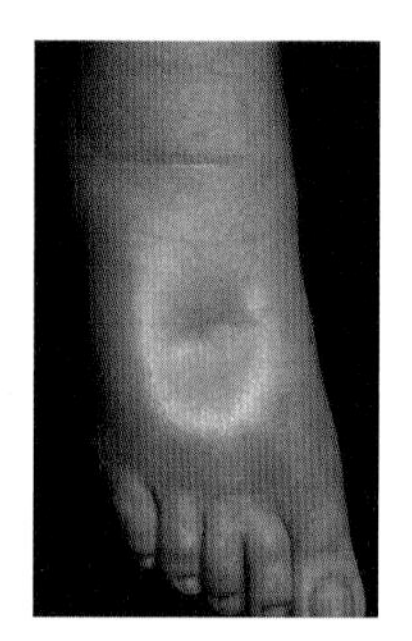

그림 6.15 단백질의 기능: 체액 균형 유지. (a) 혈장 단백질은 혈압에 의해 세포간액으로 이동한 체액을 모세혈관으로 다시 끌어 들이는 것을 돕는다. (b) 혈액 내 단백질이 충분하지 못하면 혈압에 대한 반사 작용이 약해져 세포 사이 공간에 체액이 머물게 되고 부종이 생긴다. (c) 발에 생긴 부종의 예. 왼쪽 사진의 부어오른 부위를 누르면 그 힘을 제거한 후에도 그대로 있다(오른쪽 사진).

bed)으로 혈액을 보낸다. 이 혈액은 혈관에 가까운 세포로 영양소를 공급하기 위해 모세혈관으로부터 세포간액(interstitial space)으로 이동하게 된다(그림 6.15). 알부민과 같은 혈액 내 단백질들은 너무 커서 모세혈관에서 조직으로 이동할 수 없다. 모세혈관에 단백질들이 있으면 체액의 균형을 유지하기 위해 부분적으로 혈압의 힘과는 반대로 체액을 혈관으로 다시 끌어들이게 된다.

단백질 섭취량이 불충분하면, 혈액단백질의 농도는 결국 감소하게 된다. 혈액단백질의 농도가 낮으면 조직으로부터 다시 혈류 쪽으로 체액을 끌어들이는 힘이 약해지기 때문에 잉여의 체액이 주변 조직에 쌓이게 된다. 따라서 체액이 세포간액에 차고 조직이 붓게 되며 임상적으로 **부종**(edema)을 야기한다. 부종은 때때로 심각한 의학적 문제를 일으킬 수 있으므로 그 원인을 규명하는 것이 중요하다.

체액의 산-염기 균형을 도움

인체의 산-염기 균형은 수소 이온[H]의 농도를 나타내는 pH로 표시한다. 용액 내 수소 이온의 농도가 높으면 pH가 낮아지고 산도가 높아진다. 반면 수소 이온의 농도가 낮으면 pH가 높아지고 알칼리 농도가 높아진다. 단백질은 체액의 산-염기 균형 조절을 돕는다. 세포막에 있는 단백질은 화학적 이온을 세포 안과 밖으로 이동시키는 펌프작용을 한다. 이 펌프작용은 혈액을 약알칼리(pH = 7.35~7.45)로 유지시킨다. 이 밖에 단백질은 **완충제**(buffer)로 작용한다. 완충제는 좁은 범위 내로 산-염기 균형을 유지시키는 화합물을 말한다. 단백질의 음전기는 양이온인 수소 이온을 끌어당기기 때문에 좋은 완충제이다. 이와 같이 단백질은 수소 이온을 받아들이거나 유리시킬 수 있어 심각한 pH의 변화를 막아 pH의 균형을 유지시켜 준다.

완충제(buffer) 좁은 범위 내에서 산-염기 균형을 유지하는 데 도움이 되는 화합물.

아네르기(anergy) 체내에 침투한 이물질에 대한 면역반응 부족.

호르몬, 효소 및 신경전달물질 형성

아미노산은 체내 호르몬의 대부분을 합성하는 데 필요하다. 갑상선 호르몬은 한 가지 아미노산인 티로신으로 구성되어 있으며, 인슐린은 51개의 아미노산으로 구성되어 있다. 호르몬은 인체 내에서 메신저 같은 역할을 하여 대사율을 조절하거나 혈액으로부터 세포 내로의 포도당 유입량을 조절하는 등 신체에서 중요한 조절 기능을 수행한다. 또한 아미노산은 효소를 합성하는 데도 필요하다. 세포 내에는 대사에 필수적인 여러 가지 화학반응을 촉진시켜 주는 수천 종류의 효소들이 있다. 신경세포 말단에서 분비되는 많은 신경전달물질도 아미노산의 유도체이다. 도파민과 노르에피네프린은 아미노산 티로신으로부터, 세로토닌은 트립토판으로부터 각각 합성된다.

면역 기능을 도움

항체(antibody) 단백질은 면역체계의 중요 부분을 차지한다. 항체는 외부로부터 침입한 단백질(antigen, 항원)과 결합하여 항원이 표적세포를 공격하는 것을 막는다. 건강한 사람의 경우 항체가 이런 항원과 매우 효율적으로 싸워 감염과 질병을 예방한다. 그러나 단백질 섭취가 불충분하면, 이러한 방어체계에 필요한 물질들이 부족하여 면역체계의 기능 저하가 일어난다. 즉, **아네르기**(anergy)라는 면역결핍증이 발생하여 감염과 싸울 능력이 감소된다. 영양이 불량한 어린이의 경우 아네르기로 인해 홍역이 치명적인 질병이 될 수 있다. 또한 성인도 단백질이 결핍되면 비정상적으로 감염이 증가될 수 있다.

영양소 운반

많은 단백질은 다른 영양소의 운반체로 기능하여 혈류(blood stream)를 통해 이들을 세포로 이동시키고 세포막을 통과시켜 작용할 곳까지 운반한다. 예를 들어, 단백질 헤모글로빈은 산소를 폐에서 세포로 운반하고, 지단백질은 소장으로부터의 큰 지방 분자를 림프와 혈액을 통해 체세포로 운반한다. 또한 비타민과 무기질을 조직 안팎으로 운반하는 특별한 단백질 운반체와 저장단백질이 있다. 그 예로는 비타민 A를 운반하는 레티놀 결합단백질, 철 운반단백질인 트랜스페린과 철 저장단백질인 페리틴, 구리 운반단백질인 세룰로플라스민(ceruloplasmin) 등이 있다.

현장 전문가적 관점

영양과 면역

면역 기관이란 기관, 조직, 세포, 그리고 세균이나 바이러스, 기생충, 곰팡이, 독성물질과 같은 외부 생물체(병원체)로부터 신체를 보호하기 위한 분비물질의 복합적인 네트워크를 말한다. 몸이 이러한 자기 세포가 아닌 세포나 항원을 감지하게 되면, 선천면역(innate immune)과 후천면역(acquired immune) 반응을 통해 이 항원들을 파괴하려 한다.

선천(비특이적)면역(innate(non-specific) immune)은 태어날 때 타고나며, 침범하는 항원들에 대항하기 위한 첫 번째 장벽을 제공한다. 선천면역은 1) 신체안으로 들어가는 것을 막는 피부나 점막에 의한 신체적 장벽, 2) 위에서 분비된 위산과 같이 항원을 파괴하는 화학적 분비물, 3) 항체의 성장을 막는 발열(fever)과 같은 생리적 장벽, 그리고 4) 항원을 포집하여 파괴하는 식세포(phagocytic cells)를 포함한다. 선천면역은 기존에 신체를 공격했던 항체를 인지하는데는 제한적인 능력을 가지고 있으므로, 일반적이고 비특이적이다.

후천(특이적)면역(acquired(specific) immune)은 특이적 항원을 인지하는 것으로 시작되는 면역반응이다. 후천면역은 개인의 생애에 걸쳐 발달하게 되며, 항체에 노출되었을 때 면역체계가 감지하고 그것에 대한 반응에 적응하므로 적응(adaptive)면역이라고도 불린다. 후천면역이 촉발되면 골수(bone marrow)와 가슴샘(thymus)이 자극을 받아 항체(면역글로불린)와 특정 항체를 파괴할 수 있는 특정 면역세포를 만든다.

막 태어난 영아는 제한적인 후천면역을 갖기 때문에 전문가들은 모유를 권한다. 캐나다 맥매스터 대학의 교수인 스테파니 애킨슨 박사는 모유가 면역글로불린과 락토페린과 같은 방어적인 많은 면역 성분들을 높은 농도로 가지고 있다는 연구를 한 많은 연구자 중 한 명이다. 엄마에게 받은 면역 성분들은 영아들에게 흡수되어 스스로의 면역체계가 발달하는 동안 그들을 보호하도록 도움을 준다. 모유에 있는 면역 성분들은 모든 영아에게 이득이지만, 특히 상대적으로 병원체에 노출 위험이 높은 저개발국가의 영아들에게는 생명을 살릴 수 있을 정도의 도움을 준다.

영양은 선천면역과 후천면역을 유지하는데 중요한 부분이다. 애킨슨 박사에 따르면 영양 결핍은 감염과 질병을 예방하는 면역 능력을 억제할 수 있다. 영양실조는 면역조직의 손실, 면역세포 생산의 감소, 항체의 수나 효과의 감소, 항원에 대한 신체적 장벽의 붕괴를 초래한다. 이는 감염, 질병, 사망의 위험을 높힌다.

심각한 단백질-에너지 영양불량(protein-energy malnutrition, PEM)은 면역에 중대한 영향을 미친다. 애킨슨 박사는 특히 단백질-에너지 영양불량을 가진

Compassionate Eye Foundation/Three Images/Getty Images

영아나 어린이에 대한 우려를 표한다. 그들은 성장을 위해 영양적 요구가 높고 아연과 같은 미량영양소 결핍이나 감염, 설사와 같은 증상을 동시에 가지고 있는 경우가 많아, 단백질-에너지 영양불량을 가진 경우 면역 반응에 더 큰 손상을 야기한다. 영양적 결핍과 아이의 전체적 건강 수준에 따라 이 손상들이 결핍된 영양소가 보충된 식사에 의해 회복될 수 있는지 결정한다.

특정 영양소는 중요한 질병이나 외상(trauma)을 가졌을 때 면역 방어를 증가시킬 수 있다. 예를 들어, 아미노산 중 아르기닌과 글루타민은 질병을 앓는 동안 단백질 합성과 면역반응을 촉진하므로, 면역조절자(immunomodulator)로 여겨진다. 또한 글루타민은 소장의 점막을 온전하게 유지하여 소화기계를 통과해 혈액으로 들어가지 못하게 하는데 중요하다. 필수지방산인 오메가-3와 오메가-6 다가불포화지방산 또한 면역조절자로 작동할 수 있다. 특수 영양보충급원(specialized nutritional formula)은 영양적 요구도가 높아지는 질병이나 상해 동안 주요한 영양소를 공급할 수 있다.

영양과 면역에 대한 연구는 상대적으로 최근에 연구되기 시작한 분야이다. 그러므로 연구자들이 영양결핍이나 중재가 면역에 어떤 영향을 미치는지 완전하게 이해하려면 아직 갈길이 멀다. 그러나 적절한 영양 상태가 면역기능을 지원하고 감염이나 질병의 위험을 낮추는데 중요하다는 것은 확실하다.

포도당 형성

에너지로 포도당만을 사용하는 적혈구와 뇌세포 또는 다른 신경 조직들의 에너지를 공급하기 위해서는 혈중 포도당의 농도가 일정하게 유지되어야만 한다. 만일 혈당을 유지하기에 충분한 양의 포도당을 식사로 섭취하지 않았다면 강제로 간과 신장(그 정도가 적지만)은 체조직에 존재하는 아미노산들로부터 포도당을 만들게 된다(그림 6.14 참조). 이 과정을 포도당신생(gluconeogenesis)이라고 한다.

아미노산으로부터 포도당을 만드는 것은 필요한 포도당을 정상적으로 공급할 수 있는 보충대사과정이다. 예를 들어, 그 전날 저녁 7시 이후 아무것도 먹지 않고 아침식사를 거르면 반드시 아미노산으로부터 포도당이 만들어져야 한다. 그러나 이런 현상이 기아와 같이 만성적으로 일어나면 근육의 아미노산이 포도당으로 전환되어 체내 많은 양의 근육조직을 소모하게 되는 악액질(cachexia) 증상으로 발전한다.

에너지 공급

건강한 사람의 경우 단백질이 신체 내에서 에너지로 쓰이는 양은 매우 적다. 대부분의 경우 인체의 세포는 주로 지방과 탄수화물을 에너지원으로 쓴다. 단백질과 탄수화물은 평균적으로 4 kcal/g의 에너지를 낸다. 그러나 단백질을 에너지원으로 쓰기 위해서 간과 신장에서 수행해야 하는 대사의 양과 여러 과정을 고려해볼 때 단백질은 매우 값비싼 에너지원이다(그림 6.14 참조).

확인합시다!

1. 단백질의 세 가지 기능은 무엇인가?
2. 단백질은 체액의 균형을 유지하기 위해 어떻게 작용하는가?
3. 단백질은 면역 기능에 어떤 기여를 하는가?

역사적 관점

각질 피부(flaky paint skin)와 복부 팽창(bloated belly)

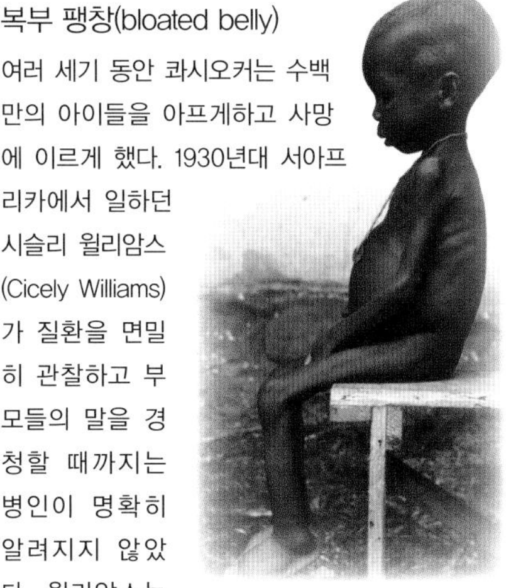

©Centers for Disease Control and Prevention/Dr. Lyle Conrad

여러 세기 동안 콰시오커는 수백만의 아이들을 아프게하고 사망에 이르게 했다. 1930년대 서아프리카에서 일하던 시슬리 윌리암스(Cicely Williams)가 질환을 면밀히 관찰하고 부모들의 말을 경청할 때까지는 병인이 명확히 알려지지 않았다. 윌리암스는 이 상태가 유아들이 단백질이나 영양소가 풍부한 모유에서 영양적으로 부족한 전분죽으로 이유했을 때 발생하는 심각한 영양실조의 결과였다는 것을 밝혔다. 콰시오커에 대한 이 의사의 설명은 여전히 유효하다.

6.7 단백질 섭취와 관련된 건강문제

개발도상국 사람들은 단백질 섭취의 부족으로 인한 영양불량과 질병으로 고통을 받고 있다. 반대로 선진국 사람들은 단백질을 필요량보다 더 많이 섭취하는 경향이 있고, 단백질이나 아미노산 보충제를 복용하여 단백질 섭취량을 더 높이기도 한다. 단백질을 충분히 섭취하는 것은 건강에 이롭지만, 너무 적게 또는 너무 많이 섭취하는 경우는 심각한 건강문제를 일으킬 수 있다.

단백질-에너지 영양불량

단백질만 결핍되는 경우는 드물게 발생한다. 단백질 결핍은 거의 대부분 에너지 및 다른

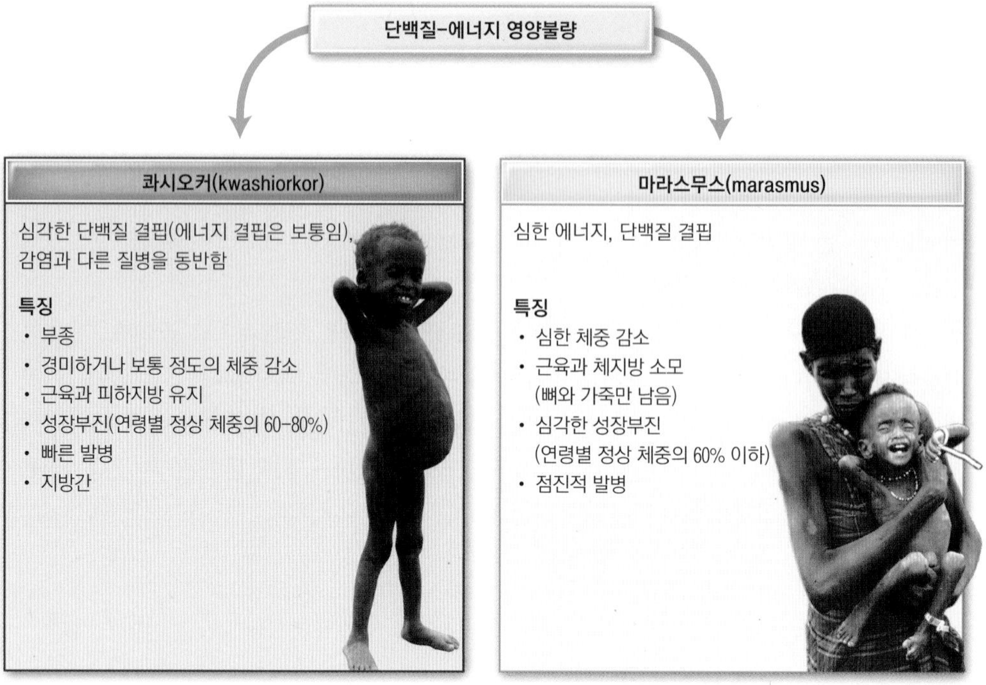

단백질-에너지 영양불량

콰시오커(kwashiorkor)	마라스무스(marasmus)
심각한 단백질 결핍(에너지 결핍은 보통임), 감염과 다른 질병을 동반함	심한 에너지, 단백질 결핍
특징 • 부종 • 경미하거나 보통 정도의 체중 감소 • 근육과 피하지방 유지 • 성장부진(연령별 정상 체중의 60-80%) • 빠른 발병 • 지방간	**특징** • 심한 체중 감소 • 근육과 체지방 소모 (뼈와 가죽만 남음) • 심각한 성장부진 (연령별 정상 체중의 60% 이하) • 점진적 발병

그림 6.16 어린이 영양불량의 분류.
left: ©Christine Osborne Pictures/Alamy Stock Photo; right: ©Peter Turnley/Corbis/VCG via Getty Images

단백질-에너지 영양불량(protein-energy malnutrition, PEM) 단백질 및 에너지 부족으로 인한 상태. 결과적으로 소모증 및 감염에 대한 감수성이 증가 한다.

마라스무스(marasmus) 에너지와 단백질의 심각한 결핍으로 인해 저장 지방, 근육량 및 체중이 크게 감소하는 상태.

콰시오커(kwashiorkor) 기존 질병이 있고 소량의 에너지를 소비하고 단백질이 심하게 부족한 어린이에서 주로 발생한다. 부종, 성장 부진, 약점 및 추가 감염에 대한 감수성이 증가한다.

영양소 부족과 함께 나타나 **단백질-에너지 영양불량**(protein-energy malnutrition, PEM 또는 protein-calorie malnutrition, PCM) 상태가 된다. 개발도상국에는 에너지와 단백질이 부족한 식사를 섭취하는 사람이 많으므로 단백질-에너지 영양불량이 매우 주요한 국민 건강의 관심사(public health concern)이다. 단백질-에너지 영양불량은 모든 연령층에 영향을 줄 수 있지만, 특히 어린이에게 심각한 결과를 초래할 수 있다. 단백질과 에너지 섭취가 부족하면 어린이들은 정상적인 성장이 저해되고 설사, 감염, 질병에 걸리기 쉬우며 일찍 죽게 된다. 전 세계적으로 영양실조에 걸린 1억 5,600만 명의 아이들 중 5,000만 명이 소모증(wasting)을 경험하고 있으며, 매년 300만 명이 사망한다.

단백질-에너지 영양불량은 흔히 **마라스무스**(marasmus)나 **콰시오커**(kwashiorkor)로 발생한다. 이 둘은 총 에너지와 단백질 부족의 심한 정도가 다르고 관련 임상적 특성이 서로 다르다(그림 6.16). 마라스무스는 심한 에너지 결핍(그리고 단백질, 미량영양소가 차례로 부족)으로부터 서서히 일어난다. 시간이 경과하면 심한 체중 감소, 근육과 체지방량 감소, 성장 장애를 초래한다. 콰시오커는 단백질 섭취가 심하게 부족할 때 더 빨리 발생하며, 전형적으로 감염이나 질병을 수반한다. 콰시오커의 특징은 부종, 경미한 체중 감소, 성장 장애, 지방간(간에 과도한 지방축적) 등이 있다.

단백질-에너지 영양불량은 주로 아프리카, 동남아시아, 중남미 지역에서 많이 발생한다. 그러나 선진국에서도 특정 계층에서 나타난다. 특히 극빈자, 독거인, 약물남용자, 신경성 식욕부진 환자, 에이즈나 암과 같은 소모성 질환자들에게 가장 위험하다. 입원 환자도 입원 전의 병력, 식사 섭취 부족, 수술 및 외상(trauma)과 질병 회복기의 단백질 요구량 증가 이유로 단백질-에너지 영양불량에 걸릴 위험이 높다. 영양불량 환자들은 합병증에 걸리거나 사망할 위험이 훨씬 커진다. 따라서 병원에서는 이런 위험도가 높은 환자를 영양적으로 적절하게 돌보기 위해 영양 지원팀도 만들어 운영하고 있다.

입원 환자 중에는 '단백질 에너지-영양불량(protein energy malnutrition, PEM)'에 걸릴 위험이 높은 경우가 있다. 이는 수술, 외상, 질병 등의 회복을 위해서는 필요량이 높은데, 식사 섭취가 부족하기 때문이다.

©McGraw-Hill Education

콰시오커

콰시오커는 가나어로 '둘째 아이가 태어남에 따라 첫째 아이가 걸리는 병'이라는 뜻이다. 개발도상국의 유아들은 태어나면서부터 보통 모유를 먹는데 대개 아이가 12~18개월이 되면 아이의 어머니가 다시 임신을 하거나 동생을 출산한다. 어머니의 식사 섭취가 대개 부족하여 모유 분비가 충분하지 않기 때문에 첫째 아이에게 계속 수유를 할 수 없게 된다. 따라서 이 아이는 갑자기 영양가 있는 모유 대신 전분성 뿌리 식물이나 묽은 죽 등을 먹게 된다. 이 식품들은 에너지 함량에 비하여 단백질 밀도가 낮을 뿐 아니라 보통 식물성 식이섬유가 많이 들어 있고 부피가 커서 어린이는 에너지와 단백질 필요량을 충족하기 거의 불가능한 상태가 된다. 또한 이 지역의 어린이는 질병에 감염되어 있거나 기생충을 보균한 경우가 많아 단백질과 에너지 필요량이 더욱 증가되므로 콰시오커로 발전되기 쉽다.

피하지방이 아직 남아 있는 어린이가 부종이 생기면 콰시오커가 틀림없다(그림 6.16 참조). 그 밖에 콰시오커의 주요 증세는 무감각(apathy), 설사, 성장 부진, 체중 감소, 감염, 환경에 대한 무반응 등이며, 이러한 증세는 다른 질병을 더욱 심화시킬 수 있어 홍역과 같은 경우 건강한 어린이는 보통 일주일가량 아픈 정도지만 콰시오커에 걸린 어린이는 생명을 잃기도 한다.

콰시오커의 증세는 단백질에 관한 지식으로 설명할 수 있는 것이 많다. 단백질의 중요한 기능은 체액 균형(fluid balance)의 조절, 성장, 면역 기능, 영양소 운반 등이다. 그래서 단백질의 결핍은 이러한 기능을 심각하게 저해한다. 콰시오커에 걸린 어린이가 제때에 감염을 치료받고 단백질이나 에너지 등 필수영양소를 충분히 섭취한다면 이 병은 회복되는 경우가 많고 어린이는 다시 성장한다. 불행하게도 이 병에 걸린 어린이가 이미 심각해진 후에 병원이나 보건소를 찾는 경우가 많아 많은 경우 치료 효과 없이 사망하게 된다. 생존하더라도 만성적인 감염이나 질병에 시달리는 경우가 많다.

마라스무스

마라스무스는 만성적 단백질-에너지 영양불량의 결과이다. 이는 단백질과 에너지를 비롯한 다른 영양소를 최소량 섭취함으로써 일어난다. 'marasmus'는 '소모된다(to waste away)'는 뜻이다. 장기간에 걸쳐 에너지와 단백질이 심각하게 부족하면 피하지방이 거의 없는 피골상접(skin and bone) 상태가 된다(그림 6.16 참조).

마라스무스는 보통 모유 수유를 하지 않거나 생후 몇 개월 안에 모유 수유를 중단한 영아들에게서 주로 발병한다. 수질이 나쁘거나 부모가 충분한 유아식을 살 형편이 안될 때 부적합한 이유식이 사용되는 경우가 많다. 후자의 경우에 이유식의 양을 늘리기 위해 희석하는데 이로 인해 영아의 필수 에너지와 단백질, 기타 영양소가 부족해진다.

마라스무스 상태에 있는 영아의 성장이나 발달, 전반적 건강을 치료하려면 많은 양의 에너지와 단백질이 필요하며 그렇지 못하면 이 병으로부터 결코 완전히 회복될 수 없다. 뇌 성장의 대부분은 임신 후부터 만 1세까지 이루어진다. 만약 생후 몇 달 동안 식사가 불량하여 뇌 성장을 지탱해주지 못하면 뇌는 제대로 발달할 수 없어서 결국 인지 능력이나 지적 기능이 저하된다.

'육류를 먹은 후 비 오듯 흘리는 땀(meat sweats)'은 실제로 존재하는가?

육류를 먹은 후 비 오듯 흘리는 과도한 땀은 처음 경쟁이 치열한 과식 경기(예를 들어 핫도그 많이 먹기 대회)에서 발견되었다. 과도한 양의 육류를 소화시키기 위해서는 많은 양의 에너지를 요구하고 이를 진정시키기 위해 땀을 내야 한다는 것이 가능한 것일까? 소화는 에너지를 생성하고 단백질 소화의 발열효과(thermic effect)는 다른 영양소에 비해 20~30% 더 열을 생성한다. 따라서 많은 양의 육류는 체온을 증가시켜 땀을 내게 할 수 있다. 이를 방지하기 위해서는 한 끼에 먹는 육류의 양을 줄이고, 그 양을 하루 전체 끼니에 걸쳐 먹도록 한다.

고단백질 식사

미국 식품영양국(Food and Nutrition Board)에서는 적절한 단백질 섭취를 권장하면서 더불어 단백질 섭취가 에너지 섭취의 35%를 넘지 않도록 권장한다. 과도하고 불균형한 단백질 섭취는 건강에 부가적 이점이 없다. 대신 고단백질 식사는 건강을 해치거나 질병의 위험을 높일 수 있다. 최근 관심 분야는 과도한 단백질 섭취 시 신장에 미치는 영향이다. 잉여의 질소를 요소로 배설시키는 기관은 신장임을 생각해보자. 따라서 고단백질 식사는 질소 배설물을 내보내기 위해 신장에 과도한 부담을 주게 된다. 부가적으로 요소를 희석하고 배설하기 위해 물이 필요하므로 충분하게 수분을 섭취하지 않으면 신장이 요소를 처리하기 위해 체수분을 사용하게 되어 탈수 위험이 높아진다. 이 문제는 신장 기능에 이상이 있는 사람들에게 큰 관심사이다. 이러한 사람들에게는 신장 건강을 유지하기 위해 저단백질 식사와 적절한 수분 섭취를 권장하고 있다.

과도한 단백질 섭취는 주로 동물성 단백질 섭취에서 비롯되므로, 전체 식사로 볼 때 식물성 식품이 적고, 이에 따라 섬유질이나 비타민 C와 E, 엽산 같은 일부 비타민 및 마그네슘과 칼륨 같은 무기질, 그리고 식물성 생리활성물질의 함량이 낮다. 동물성 단백질은 대부분 포화지방과 콜레스테롤의 함량이 높고 햄과 소시지와 같은 나트륨 함량이 높은 가공육류로 보존된다. 결과적으로 이러한 식사는 심혈관 질환과 암의 위험을 증가시킬 수 있다. 과한 육류의 섭취, 특히 가공육류의 섭취는 심혈관질환의 위험의 증가와 관련이 있으나, 불포화지방산을 적절히 함유한 다양한 식사의 일부분으로 섭취한 적당량의 육류는 심장병 발병에 영향을 거의 미치지 않는다.

또한 고단백질 섭취는 소변으로의 칼슘 배설량을 증가시켜 결국 골질량을 감소시키고 골다공증에 걸릴 위험을 증가시킬 수 있다. 이 문제는 논쟁의 여지가 있으나 칼슘 섭취가 충분한 사람들에게는 중요하지 않다.

또 다른 문제는 과다한 단백질과 아미노산 보충으로 인한 건강 손상이다. 특히 운동선수들에게 해당된다. 앞에서 서술했듯이 인체는 단백질을 포함한 식사로부터 아미노산을 얻도록 디자인되어 있다. 이렇게 함으로써 인체의 여러 기능에 필요한 비율로 아미노산을 공급하고 아미노산 독성을 방지한다. 아미노산 중에서도 특히 메티오닌과 시스틴, 히스티딘을 과잉 섭취하면 독성을 갖는다. 단일 아미노산을 보충제의 형태로 섭취할 경우 화학적으로 유사한 아미노산들이 흡수 시 서로 경쟁하므로 아미노산의 불균형과 독성 위험이 매우 커진다.

확인합시다!

1. 콰시오커와 마라스무스는 어떻게 다른가?
2. 선진국에서 단백질-에너지 영양불량에 걸릴 위험이 높은 사람은?
3. 세계에서 단백질-에너지 영양불량 발병이 가장 높은 지역은 어디인가?
4. 고량의 단백질 섭취는 왜 나쁜가?

6.8 채식주의 식사

채식주의는 여러 세기를 지나면서 필요에서 선택으로 발전되었다. 최근의 통계에 따르면 대략 미국 성인의 2.5%, 캐나다 성인의 4%가 채식주의자이다. 또한 미국인의 20~25%가 일주일에 적어도 네 번은 육류가 없는 식사를 하는 것으로 보고되었다. 많은 사람들이 종교적, 철학적, 생태환경적 이유와 건강과 관련된 이유로 채식을 한다. 예를 들어 힌두교나 제7일 안식교, 트라피스트회 수사들은 종교 수행의 하나로 채식을 한다. 또 육류 위주의 식사로 인한 경제적 및 생태 환경적 영향을 고려하여 채식을 하는 사람들도 있다. 육식에 필요한 동물의 사료로 세계 곡물 생산의 거의 40%가 소요되므로 육류는 단백질 섭취를 위한 효율적인 방법이라고 할 수 없다. 과일과 채소, 두류, 곡류가 풍부한 식사를 하면 항산화 영양소인 비타민 C, E와 카로티노이드, 식이섬유, 건강에 좋은 식물성 생리활성물질의 섭취가 증가하고, 포화지방과 콜레스테롤의 섭취는 감소된다. 채식주의는 또한 비만을 예방한다. 그래서 미국 암협회 (American Cancer Society), 세계암연구기금(World Cancer Research Fund), 미국 심장협회(American Heart Association), 캐나다 심장뇌졸중재단(Heart and Stroke Foundation of Canada)에서는 건강을 증진하고 만성질환의 위험을 줄여주는 채식 중심 식사를 권장하고 있다.

채식주의자의 식사 유형은 어떤 동물성 식품을 섭취하지 않는지에 따라 상당히 다양하다. 비건(vegan, 완전채식주의자)은 오직 식물성 식품만 먹는다. 어떤 동물성 식품도 먹지 않기 때문에 식사계획을 잘 세우지 않으면 생물가가 높은 질 좋은 단백질, 리보플라빈, 비타민 D, 비타민 B_{12}, 칼슘, 아연 등의 섭취가 부족해질 수 있다. 우유-채식주의자(lacto-vegetarian)는 채식주의자처럼 육류, 가금류, 달걀, 생선은 먹지 않으나 유제품은 먹는다. 우유-달걀-채식주의자(lacto-ovo-vegetarian)는 육류, 가금류, 생선은 먹지 않으나 유제품과 달걀은 먹는다. 후자의 두 그룹은 동물성 식품을 어느 정도 먹기 때문에 철저하게 식물성 식품만 먹을 때 부족하거나 섭취하지 못하는 영양소를 충분히 섭취할 수 있다. 그러나 영양결핍의 위험을 줄이기 위해 모든 채식주의자는 매일 식품 선택 시 표 6.6과 같은 영양적인 식사계획을 따라야 한다.

채식주의자 식사에 동물성 식품 없이 질 높은 단백질 등의 중요 영양소가 함유되려면 지식과 창의적 계획이 필요하다. 이 장의 앞부분에서 배운 상호보충 단백질(complementary protein)은 하나의 단백질 급원식품에 부족한 필수아미노산을 같은 식사나 그다음 식사에서 다른 식품을 통해 섭취하는 것이다. 많은 두류 식품은 필수아미노산인 메티오닌이 부족한 반면 곡류는 라이신이 부족하다. 콩과 쌀처럼 두류와 곡류를 함께 먹으면 모든 필수아미노산을 적당량 섭취할 수 있을 것이다. 영양이 풍부한 채식주의 식사를 하기 위해서는 특히 다양한 식품 섭취가 중요하다.

채식주의자의 경우 관심을 가져야 할 주요 영양소는 리보플라빈, 비타민 D와 B_{12}, 칼슘, 철, 아연이다. 리보플라빈과 비타민 D, 칼슘의 주요 급원식품은 우유이다. 완전채식주의자

두류의 아미노산은 견과류, 종자류, 곡류와 함께 사용할 때 가장 좋다.

Pixtal/age fotostock

단백질 식품 알레르기

특정 음식에 과민반응(hypersensitivity)을 하는 사람은 식품 알레르기 유발 항원(allergen)을 규명하기 위한 검사를 받을 수 있다.

Science Photo Library/Getty Images

알레르기(식품 알레르기 포함)는 이질 단백질(안티젠, antigen)을 제거하도록 만들어진 면역체계의 반응으로 일어난다. 이런 반응은 인체가 식품을 해로운 침입자로 보고 잘못 반응을 해서 일어난다. **알러젠**(allergen, 알레르기 유발 항원)이라고 하는 특정 식품 단백질이 어떤 사람에게는 과민반응을 일으켜 알레르기를 유발한다. 이러한 알러젠은 안티젠과 결합하는 항체[특히 **면역글로불린**(immunoglobulin) IgE]를 만드는 백혈구를 자극하여 알레르기 반응을 일으킨다.

다행히 대부분의 알레르기 증상은 콧물, 재채기, 피부 가려움, 두드러기, 소화장애(소화불량, 오심, 구토, 설사) 등으로 심하지 않다. 그러나 알레르기가 심한 사람은 알레르기 식품에 노출되면 **아나필락시스**(anaphylaxis)로 알려진 모든 신체체계에 일어나는 생명을 위협하는 증상을 일으킬 수도 있다. 아나필락시스는 혈압을 낮추고 심한 호흡곤란으로 숨을 쉴 수가 없어 의료 도움이 즉시 없으면 죽을 수도 있다. 미국은 알레르기 증상으로 응급실을 찾는 경우가 1년에 200,000건에 이르고, 연간 150~200명이 사망한다.

어떤 식품속의 단백질도 알레르기 반응을 일으킬 수 있다. 그러나 모든 식품 알레르기의 90%는 8가지 식품, 즉 땅콩, 호두나 캐슈 등의 견과류, 우유, 달걀, 생선, 조개나 게 등의 갑각류, 콩, 밀에서 기인한다(그림 6.17). 알레르기 반응의 원인으로 알려진 또 다른 식품은 육류와 육류제품, 과일, 치즈 등이다.

알레르기 반응을 예방하는 유일한 방법은 알레르기 유발 식품을 피하는 것이다. 식품 표시를 주의 깊게 읽고 외식을 할 경우 음식에 무엇이 들어 있는지 물어보고 확인하는 것이 알레르기가 있는 사람이 취해야 할 첫 번째 생명을 지키는 조치라고 하겠다. 또한 가정이나 레스토랑에서 음식을 만드는 사람은 자신이 만드는 음식의 재료를 알아서 알레르기 유발 식품이 알레르기를 일으키는 사람에게 제공되지 않도록 해야 한다. 알러젠은 아무리 적은 양이라도 반응을 일으킬 수

생각해 봅시다

친구가 집에서 만들어준 칠리소스를 먹고 두드러기가 나고 입술과 혀 그리고 목이 부었다. 친구가 특별 식자재로 땅콩버터를 썼다는 것을 알게 되었다. 땅콩버터가 어떻게 이러한 증상들을 일으켰을 수 있을까?

땅콩/견과류

유제품

콩

밀

달걀

생선/조개나 갑각류

그림 6.17 **알레르기를 일으키는 식품.**

All: Photos courtesy of Dennis Gottlieb

알러젠(allergen) 특정 면역계 항체의 과잉 생산으로 과민반응을 유도하는 물질(예: 식품 단백질). 같은 단백질에 차후 노출되면 알레르기 증상이 나타난다.

면역글로불린(immunoglobulin) 항원에 특이적으로 결합하는 병원체뿐만 아니라 항원을 식별하고 중화시키는 혈액 내 단백질(항체라고도 함).

있다. 교차 접촉을 방지하기 위해 알러젠이 없는 식사를 준비하는 데 사용될 모든 것들(손, 조리대, 팬, 부엌기구, 접시 등)을 식사를 준비하기 전에 철저히 씻어야 한다. 세균이나 바이러스 같은 음식매개 병원균과 달리, 알레르기 유발 음식은 요리를 하더라도 알레르기에 안전하지 않다.

식품 알레르기 발병률은 지난 20년간 증가하였다. 측정하기는 어렵지만 어린이의 5~8%, 성인의 2~4%가 식품 알레르기를 갖고 있다. 왜 어떤 사람에게 알레르기가 일어나고 어떤 과정이 식품 알레르기의 위험을 감소시킬 수 있는지는 분명하지 않다. 대부분의 연구에서 모체의 식사 제한이 자녀의 식품 알레르기를 예방하는 데 별로 중요한 역할을 하지 않는 것으로 나타났다. 아이가 태어나고 다음 과정을 따르면 식품 알레르기를 예방하는 데 도움이 될 수 있다. 이 지침은 특히 식품 알레르기에 대한 가족력이 있는 가정에서 중요하다.

- 아이가 적어도 4~6개월이 될 때까지는 모유나 조제분유만 먹인다.
- 유아 및 소아에게 알레르기 유발 음식(예: 진피넛 버터, 달걀, 우유)을 주기 전에 소아과 의사에게 문의한다. 알레르기가 진단되면 문제가 있는 음식을 피해야 한다. 식품 알레르기의 위험이 높지 않은 경우, 4~6개월 사이에 일부 고형 음식의 섭취가 가능할 때, 소량의 알레르기 유발 음식을 시도해 보는 것이 알레르기를 예방하는 데 도움이 될 수 있다.

식품 알레르기가 있는 아이는 다행히 많은 경우 알레르기에서 자연스럽게 벗어난다. 따라서 부모는 알레르기가 오래 지속될 것이라고 생각하지 않아도 좋다. 우유, 달걀, 콩, 밀과 같은 식품들에 대한 알레르기는 땅콩, 견과류, 생선, 갑각류에 비하여 알레르기로부터 벗어나기 쉽다. 알레르기 반응 유발식품은 주기적으로 검사하여 알레르기 반응이 없어졌는지 살펴보고, 만약 벗어났다면 그 식품은 식사에 첨가하여 안전하게 먹을 수 있다.

▶ 식품 알레르기와 식품 불내성(food intolerance)은 별개의 개념이다. 식품 알레르기는 특정 음식 성분, 일반적으로 단백질에 노출된 결과 면역반응을 유발한다. 이와 달리, 식품 불내성은 개인이 특정 음식 성분을 소화할 수 없어서 발생하며, 일반적으로 적은 양의 특정 효소로 인해 발생한다. 일반적으로, 알레르기 증상을 일으키는 것보다 식품 불내성의 증상을 유발하려면 더 많은 양의 음식이 필요하다. 식품 알레르기는 식품 불내성보다 생명을 위협하는 경향이 있다.

▶ 미국 알레르기 및 면역학 아카데미(The American Academy of Allergy and Immunology)는 식품 알레르기에 대한 정보를 제공하고 있으며 알레르기 치료 전문가를 소개하고 있다. 자세한 정보는 Food Allergy Research & Education(www.foodallergy.org)을 참고하자.

확인합시다!

1. 식품 알레르기의 증상은 어떠한가?
2. 어떤 식품이 알레르기를 일으키는가?
3. 어린이의 알레르기를 예방하기 위해 부모가 단계적으로 해야 할 일은 무엇인가?

세계적 관점 

당신의 식품발자국은 얼마나 큰가?

점점 더 많은 근거들이 우리의 식습관은 단지 개인의 건강뿐 아니라 환경의 건강에도 영향을 준다고 나타내고 있다. 2050년에 이르면 세계 인구는 90억 명에 달할 것으로 예측된다. 세계식품식량기구(The Food and Agricultural organization; FAO)는 전 세계의 인구가 적당한 식품섭취를 하기 위해서는 식품과 사료의 생산을 70%까지 증량해야 한다고 예측한다. 많은 과학자들은 육류 중심의 식사나 그러한 식사를 지원하기 위한 식품생산 농업은 환경에 부정적 영향을 준다고 한다. 예를 들어 비채식주의 식사(특히 소고기 중심의 식사)는 채식주의 식사에 비해 물과 화석에너지, 그리고 농토를 더 많이 사용한다. 또한 지구온난화와 관련이 있는 이산화탄소, 메테인, 질산 같은 온실가스를 더 많이 배출한다. 과학자들은 계속된 인구증가는 농업 생산력을 감소시키고, 농장주의 수입을 감소시키며, 따라서 지구적 식품불안정성(food insecurity)을 증가시킨다고 우려한다. 그러나 이런 생각과 문제에 모든 과학자가 동의하는 것은 아니다. 몇몇은 약간의 유제품과 육류와 함께 저지방 채식주의 식사를 하는 것이 실제로 토지이용효율성을 증가시켜 환경적 자원을 보호하고 식품안정성을 촉진시킬 수 있다고 믿는다. 그들은 육류나 유제품은 보다 일반적으로 이용가능한 질 낮은 땅에서도 생산될 수 있는 반면, 과일, 채소, 곡물을 키우는데는 높은 질의 농토가 필요하다는 것을 지적한다. 육류를 기반으로 한 식사가 더 많은 토지를 이용함에도 불구하고 질 낮은 땅이 더 쉽게 이용될 수 있어 더 많은 사람들에게 제공될 수 있다. 각각의 식사는 식물성 기반 식품과 동물성 기반 식품의 함량에 따라 다른 농토발자국(agricultural land foodprint)을 갖는다. 육식·채식 혼합식사를 지지하는 사람들은 채식주의 식사는 많은 경우 두부나 혹은 콩, 병아리콩, 렌틸콩과 같은 것으로 만든 다른 대체육을 포함한다. 많은 대체육은 많은 가공과정을 거치고 에너지 집약적 생산방법을 필요로 한다. 따라서 식사에 적은 양의 육류를 포함하는 것은 환경적 그리고 영양적인 이득을 제공할 수 있다.

표 6.6 채식주의자를 위한 식사계획

	MyPlate* 식사계획에 따른 식품군별 섭취 횟수		
식품군	우유-채식주의자[a]	비건(완전채식주의자)[b]	주요 공급 영양소[c]
곡류	5	6	단백질, 티아민, 니아신, 엽산, 비타민 E, 아연, 마그네슘, 철, 식이섬유
단백질 식품(두류, 견과류, 종자류)	5	5	단백질, 비타민 B_6, 아연, 마그네슘, 식이섬유
채소	2(매일 1단위의 진한 녹색 잎채소)	2 1/2(매일 1단위의 진한 녹색 잎채소)	비타민 A, 비타민 C, 엽산, 비타민 K, 칼륨, 마그네슘
과일	1 1/2	1 1/2	비타민 A, 비타민 C, 엽산
우유	3	–	단백질, 리보플라빈, 비타민 D, 비타민 B_{12}, 칼슘
강화된 두유	–	3	단백질, 리보플라빈, 비타민 D, 비타민 B_{12}, 칼슘

a. 1,650 kcal에 75 g의 단백질을 함유하는 계획.
b. 1,800 kcal에 79 g의 단백질을 함유하는 계획.
c. 부족한 영양소를 채우기 위해 1인분의 비타민, 무기질이 강화된 인스턴트 시리얼 아침식사가 추천된다. 균형 잡힌 멀티 비타민과 무기질 강화제를 대체 섭취해도 된다.
* 북미 식사 섭취 가이드

(비건)는 우유를 먹지 않는다. 그러나 리보플라빈은 완전채식주의자(비건)가 먹는 녹색잎 채소, 통밀빵, 전곡류, 효모균, 두류에서 섭취할 수 있다. 비타민 D의 대체 급원에는 강화 두유, 식사보충제 등이 있고, 규칙적으로 햇볕에 노출하는 것이 좋다.

칼슘 강화식품은 채식주의자용 최고의 칼슘 섭취 식품이다. 칼슘 강화식품은 강화 두유, 강화 오렌지 주스, 칼슘 강화 두부, 인스턴트 시리얼, 빵, 스낵 등이다. 녹색잎 채소도 칼슘 함유식품이지만 흡수율이 낮다. 이외에도 칼슘 식사보충제가 있다. 그러나 전형적인 종합 비타민제와 무기질 보충제가 하루 칼슘 요구량의 25~45%를 공급하기 때문에 보충제 라벨을 잘 읽고 보충제 사용계획을 세우는 것이 중요하다.

비타민 B_{12}는 동물성 식품에만 함유되어 있다. 식물에는 비타민 B_{12}가 소량 함유된 토양이나 미생물 오염물질이 들어있을 수 있으나 그 양은 무시할 정도 이다. 그러므로 채식주의자는 결핍증을 예방하기 위해 비타민 B_{12} 강화식품이나 보충제를 섭취해야 한다.

철 섭취를 위해 채식주의자는 통밀빵, 전곡류, 말린 과일, 견과류, 두류를 섭취할 수 있다. 이러한 식품 내의 철은 동물성 식품 내의 철처럼 잘 흡수되지는 않으므로 철 흡수를 돕는 비타민 C와 함께 먹으면 철 흡수를 증가시킬 수 있다.

일반 음식을 채식주의자용으로 만든 경우를 상점이나 음식점에서 점점 더 찾아보기 쉬워지고 있다.

Pizza: Ingram Publishing/Alamy Stock Photo; Burger: Ingram Publishing/Alamy

통밀빵, 전곡류, 견과류, 두류에 아연이 함유되어 있다. 그러나 이러한 식품 내 피트산

(phytic acid) 등의 물질들은 아연의 흡수를 방해한다. 곡류는 빵으로 섭취할 때 발효과정이 피트산의 영향을 감소시키므로 가장 영양가가 있다.

유아와 어린이를 위한 유의점

유아와 어린이의 경우 채식주의 식사를 잘 계획하지 않으면 영양결핍의 위험이 가장 크다. 그러나 상호보충 단백질과 앞에서 말한 문제의 영양소의 급원식품을 잘 섭취하면 채식주의자와 채식주의 유아 및 어린이의 에너지, 단백질, 비타민, 무기질의 필요량을 충족시킬 수 있을 것이다. 채식주의 유아나 어린이에게 가장 많이 일어나는 영양문제는 철, 비타민 B_{12}, 비타민 D, 아연, 칼슘의 결핍이다.

채식주의자의 식사에는 포만감을 주는 부피가 크고, 식이섬유가 많고, 에너지가 적은 식품이 많이 포함된다. 성인에게 이런 식품은 건강에 좋은 점이 있을 수 있지만, 어린이는 위장이 작고 신체 크기에 비해 상대적으로 영양필요량이 크므로 이런 식품을 섭취할 경우 필요량이 충족되기 전에 포만감을 느낄 수 있다. 그러므로 어린이의 식사는 식이섬유가 많은 식품 대신에 정제된 곡류, 과일주스, 껍질을 벗긴 과일로 대체함으로써 식이섬유 섭취량을 줄일 필요가 있다. 또한 강화 두유, 견과류, 말린 과일, 아보카도처럼 에너지가 농축된 식품을 섭취하면 에너지와 영양의 요구량을 충족시키는 데 도움이 될 것이다.

대체적으로 채식주의나 비건 식사가 유아나 어린이에게 적합할 수는 있으나, 정상적인 성장과 모든 영양소의 적절한 섭취를 확실히 하기 위해서는 지식 보완이 필요하고 더 바람직하게는 전문가의 지도와 함께 실행되어야만 한다.

생각해 봅시다

어떤 이가 채식주의자를 시작한 뒤 모발손실, 복통, 그리고 상처와 타박상이 잘 낫지 않는다고 불평한다면, 왜 이런 증상이 나오는지 대사적 용어들로 설명하라.

확인합시다!

1. 채식주의자와 우유-채식주의자의 차이점은 무엇인가?
2. 채식주의자에게 부족하기 쉬운 영양소는 무엇인가?
3. 채식주의 어린이에게 생기는 두 가지 영양문제는 무엇인가?

사례연구 후속

©Fancy Collection/ SuperStock RF

Bethany가 먹은 이 날의 식사 섭취는 그리 건강한 것이 아니었다. 권장하는 식품 섭취와는 거리가 먼 것이었다. 통곡, 견과, 대두제품, 콩류, 과일(2~4회 분량), 채소류(3~5회 분량)로 이루어진 건강한 채식주의 식사의 많은 구성요소가 빠진 상태였다. 또한 그녀의 식사는 매우 적은 과일과 채소 섭취로 건강에 유익하다는 식물유래 기능성 성분도 매우 낮은 상태였다. Bethany가 아직 상호보충 단백질의 개념을 어떻게 적용할지 배우지 못해, 그녀의 식사에 포함된 단백질의 질이 낮다. 식사계획에 정보를 활용한 노력을 더 기울이지 않는다면, Bethany가 채식주의 식사를 선택할 때 기대한 건강에 대한 이익을 얻기 어려울 것이다.

참고문헌

1. Gropper SS and Smith JL. Protein. In: Advanced nutrition and human metabolism. 7th ed. Belmont, CA: Wadsworth, Cengage Learning; 2018.
2. Azar S and Wong TE. Sickle cell disease: A brief update. Med Clin North Am. 2017;101:375.
3. Food and Nutrition Board. Dietary Reference Intakes for energy, carbohydrate, fiber, fat, fatty acids, cholesterol, protein, and amino acids. Washington, DC: National Academies Press; 2005.
4. U.S. Department of Agriculture. Nutrient content of the U.S. food supply. Research Report 57. Washington, DC: U.S. Department of Agriculture; 2007.
5. Dinu M and others. A heart healthy diet: Recent insights and practical recommendations. Curr Cardiol Rep. 2017;19:95. doi.org/10.1007/s11886-017-0908-0.
6. Patel H and others. Plant based nutrition: An essential component of cardiovascular disease prevention and management. Curr Cardiol Rep. 2017;19:104.
7. Melina V and others. Position of the American Dietetic Association: Vegetarian diets. J Acad Nutr Diet. 2016;116:1970.
8. Appleby PN and Key TJ. The long term health of vegetarian and vegans. Proc Nutr Soc. 2016;75:287.
9. van Huis A and others. Edible insects: Future prospects for food and feed security. FAO Forestry, 2013; Paper 171.
10. Kouřimská L, Adámkováb A. Nutritional and sensory quality of edible insects. NFS J. 2016;4:22.
11. Arciero PJ and others. Increased protein intake and meal frequency reduces abdominal fat during energy balance and energy deficit. Obesity. 2013;21:1357.
12. Wise AK and others. Energy expenditure and protein requirements following burn injury. Nutr Clin Pract. 2019;34:673.
13. Memerow MM and others. Dietary protein distribution positive influences 24-h muscle protein synthesis in healthy adults. J Nutr. 2014;144:876.
14. Perkin MR and others. Enquiring about tolerance (EAT) study: Feasibility of an allergenic food introduction. J Allerg Clin Immunol. 2016;137:1477.
15. United Nations Children's Fund. UNICEF data: Monitoring the situation of children and women. 2016; data.unicef.org/resources/joint-child-malnutrition-estimates-2016-edition.
16. Ibrahim MD and others. Impact of childhood malnutrition on host defense and infection. Clin Microbiol Rev. 2017;30:919.
17. Van Elswyk ME and others. A systematic review of renal health in healthy individuals associated with protein intake above the US recommended daily allowance in randomized controlled trials and observational studies. Adv Nutr. 2018;9:404. .
18. Bilancio G and others. Dietary protein, kidney function and mortality: Review of evidence from epidemiological studies. Nutrients. 2019;11:196.
19. Fernandez de Jauregui and others. Common dietary patterns and risk of cancers of the colon and rectum: Analysis from the United Kingdom women's cohort study (UKWCS). Int J Cancer. 2018;143:773.
20. Salter AM. Impact of consumption of animal products on cardiovascular disease, diabetes, and cancer in developed countries. Animal Frontiers. 2013;3:20.
21. Wright BL and others. Clinical management of food allergy. Pediatr Clin North Am. 2015;62:1409.
22. Collins SC. Practice paper of the Academy of Nutrition and Dietetics: Role of the registered dietitian nutritionist in the diagnosis and management of food allergies. J Acad Nutr Diet. 2016;116:1621.
23. Togias A and others. Addendum guidelines for the prevention of peanut allergy in the United States. J Allergy Clin Immunol. 2017;139:29.
24. Savage J, Johns CD. Food allergy: Epidemiology and natural history. Immunol Allergy Clin North Am. 2016;35:45.
25. Marlow HJ and others. Diet and the environment: Does what you eat matter? Am J Clin Nutr. 2009;89:1699S.
26. Carlsson-Kanyama A, Gonzalez AD. Potential contributions of food consumption patterns to climate change. Am J Clin Nutr. 2009;89:1704S.
27. Battisti DS, Naylor RL. Historical warnings of future food insecurity with unprecedented seasonal heat. Science. 2009;323:240.
28. Peters CJ and others. Testing a complete-diet model for estimating the land resource requirements of food consumption and agricultural carrying capacity: The New York State example. Renew Ag Food Sys. 2007;22:145.
29. Petersen KS and others. Healthy dietary patterns for preventing cardiometabolic disease: The role of plant-based foods and animal products. Curr Dev Nutr. 2017;1:12.
30. Kahleova H and others. Cardio-metabolic benefits of plant-based diets. Nutrients. 2017;9:848.
31. McMacken S, Shah S. A plant-based diet for the prevention and treatment of type 2 diabetes. J Geriatr Cardiol. 2017;14:342.
32. Barnard ND and others. A systematic review and meta analysis of changes in body weight in clinical trials of vegetarian diets. J Acad Nutr Diet. 2015;115:954.
33. Kim H and others. Healthy plant-based diets are associated with lower risk of all-cause mortality in US adults. J Nutr. 2018;148:624.
34. Forestell CA. Flexitarian diet and weight control: Healthy or risky eating behavior? Front Nutr. 2018;5:59.
35. Rogerson D. Vegan diets: Practical advice for athletes and exercisers. J Int Soc Sports Nutr. 2017;14:36.
36. Herrmann W and others. Enhanced bone metabolism in vegetarians—The role of vitamin B12 deficiency. Clin Chem Lab Med. 2009;47:1381.
37. Sanders TA. DHA status of vegetarians. Prostaglandins Leukot Essent Fatty Acids. 2009;81:137.
38. Weaver CM. Should dairy be recommended as part of a healthy vegetarian diet? Am J Clin Nutr. 2009;89:1634S.
39. 보건복지부, 한국영양학회, 2020 한국인 영양소 섭취기준

D. Hurst/Alamy Stock Photo

포도주용 포도는 거의 모든 나라에서 자라고 있다. 어떤 연구에 따르면 포도나 포도주에 있는 성분들이 심장 건강에 이롭다고 한다. https://wineserver.ucdavis.edu/에서 포도 재배와 포도주에 대한 과학에 대해 더 배울 수 있다.

7 알코올

학습목표

01. 알코올 급원과 에너지
02. 알코올 음료의 제공량과 적절한 음주의 정의
03. 알코올 흡수, 이동 및 대사
04. 음주와 혈중 알코올 농도
05. 폭음의 정의 및 관련 문제점
06. 알코올 섭취의 이점과 건강상 위해
07. 만성적 음주가 신체의 영양상태에 미치는 영향
08. 알코올 의존성과 중독 증세

개요

하루평균 북미 성인의 23%가 맥주, 포도주, 위스키와 같은 독주나 스피리츠를 섭취한다. 알코올은 필수 영양소는 아니지만 7 kcal/g의 높은 에너지를 함유한 성분이다. 북미 성인의 음주량을 전체 평균을 내면 총 에너지 섭취의 5%에 달하는 양이다. 그러나 음주하는 사람들만 따로 환산하면 평균 17%의 에너지 섭취량에 해당하는 음주량이며, 많은 음주인의 경우 이보다 많은 양을 마신다.

음주는 가족이나 친구들과 식사를 할 때 즐거움과 사회적 교감을 나누는 가교역할을 하고 종종 긴장을 풀어주며 이완감을 증진시켜 준다. 중년 이상의 성인들은 적절한 음주를 통해 심혈관질환의 위험 감소 효과를 볼 수도 있지만, 때로는 과도한 알코올 섭취로 인해 알코올의 의존성과 중독에 빠질 수도 있다.

알코올은 **마취성**(narcotic) 물질로서 감각과 의식을 둔화시키고 중추신경계를 억제하는, 북미에서 가장 흔한 약물중독의 원인이다. 음주의 유해한 영향은 잘 알려져 있다. 알코올 남용은 자동차 사고의 주원인이며 자살, 강도, 폭행 등 가족과 교우관계를 파괴하는 주범이다. 과도한 음주는 거의 모든 장기를 손상시키는데, 간과 뇌가 그 중 가장 취약한 기관이다. 알코올 남용은 흡연, 비만에 이어 미국의 예방 가능한 사망(preventable death)의 주요 원인 중 세 번째이다. 알코올을 섭취하는 인구도 대단히 많고, 알코올 남용이 사람의 생명에도 영향을 주므로, 이 장에서 알코올 급원, 알코올 생산, 알코올 대사, 알코올 섭취와 관련된 건강문제 등 알코올에 대해 자세히 알아보고자 한다.

H

H—C—OH

CH_3

에탄올

7.1 알코올 급원식품

알코올은 화학용어로 에탄올(CH_3CH_2OH)이며, 맥주, 막걸리, 포도주를 비롯하여 증류주인 위스키, 소주, 보드카, 럼주 등으로 섭취되거나, 포도주를 섞어 요리한 닭고기나 위스키가 들어있는 초콜릿과 같이 술을 이용한 음식으로도 섭취된다.

표 7.1에서 볼 수 있듯이 술마다 알코올 함량이 다양하며 에너지도 각기 다르다. 맥주에는 대략 5%(alcohol by volume, ABV) 미만의 알코올이 들어있으나 11% 이상을 함유한 맥주도 있다. 포도주는 5~14% 내외의 알코올을 함유하고 있고 강화포도주(fortified wine, 주정을 넣어 알코올 성분을 증가시킨 포도주)는 전형적으로 15~22%를 함유하고 있다. 랜디 같은 독주의 알코올 함량은 보통 22% 이상이다. 독주(증류된 주정)의 알코올 함량은 퍼센트(%)보다는 '도(proof)'로 나타낸다. '도(proof)'는 퍼센트(%)의 2배에 해당한다. 따라서 80도인 보드카나 진은 알코올 40%와 동일하다.

알코올 함량이 약 14 g 되는 술의 양을 표준 용량 '1회' 분량으로 규정하고, 이를 알코올 음료 등가물(alcohol drink equivalent)이라고도 한다. 이는 일반적으로 5% 맥주 약 355 mL(12 oz), 12% 포도주 약 148 mL(5 oz), 80도(proof)인 독주 약 44 mL(1.5 oz)에 해당하는 양이다(그림 7.1). 많은 사람들이 1회 분량의 정의에 대해 인지하지 못하고 있고, 어떤 사람들은 일

표 7.1 술에 함유된 알코올과 에너지 함량

술	분량(oz)	알코올(g)	에너지(kcal)
맥주			
레귤러	12	12	150
라이트	12	10	75~100
울트라 라이트	12	7–8	55~66
증류주			
진, 럼주, 보드카, 비번, 데킬라, 위스키(80도)	1.5	14	95
리큐어(liqueurs)	1.5	14	160
포도주			
레드	5	14	100
화이트	5	14	100
디저트(단 것)	5	23	225
로즈	5	14	100
칵테일(술)			
마티니	3.5	32	220
맨해튼	3.5	30	225
위스키 사워	3.5	17	135
마가리타(얼린 것)	8	20	175
마가리타(저에너지)	5	14	100
럼주와 콜라	8	15	170

Beer: David Toase/Photodisc/Getty Images; Tequila: ©C Squared Studios/Photodisc/Getty Images; Wine: Ryan McVay/Photodisc/Getty Images; Mixed Drink: ©Ingram Publishing/Alamy RF

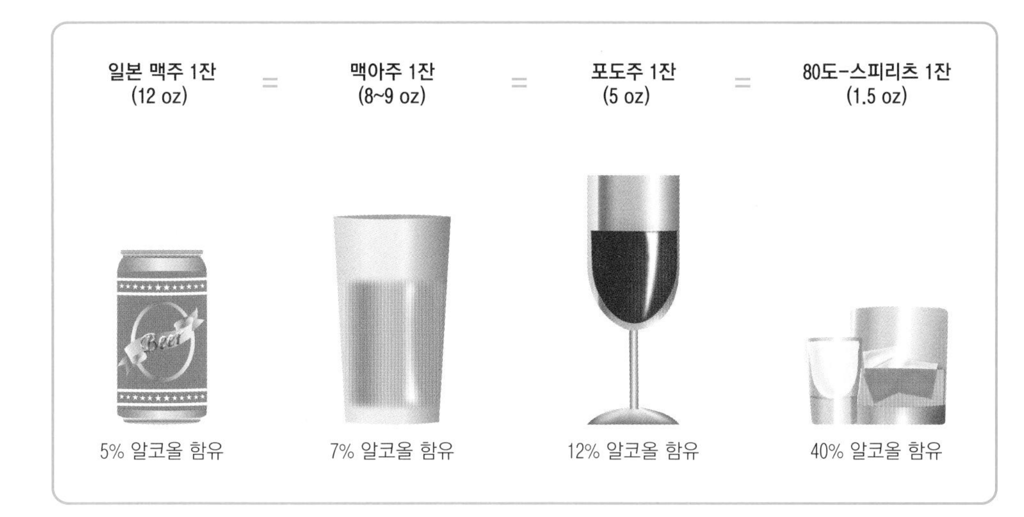

그림 7.1 이들은 기본적인 알코올류의 예이다. 알코올의 안전한 섭취 수준을 결정하려면 기준 제공량을 확인하는 것이 중요하다.

출처: National Institute on Alcohol Abuse and Alcoholism.

http://www.niaaa.nih.gov/alcohol-health/overview- alcohol-consumption/standard-drink

*안전한 음주를 위한 정보는 질병관리청의 국가건강정보포탈에서 확인해 볼 수 있다.

https://health.kdca.go.kr/healthinfo/biz/health/gnrlzHealthInfo/gnrlzHealthInfo/gnrlzHealthInfoView.do?cntnts_sn=5355

반적으로 590 mL 맥주(20 oz.)나 240 mL 포도주 1잔(8 oz)을 '한잔'이라고 생각하는데, 이는 실제로 '2회' 분량에 가깝다. 주점이나 음식점에서 제공되는 술은 표준 알코올 음료 1회 분량과 상당한 차이가 있을 수 있다. 또한 알코올 음료 등가물은 알코올 함량(ABV)에 의존한다. 등가물을 계산하기 위해 음주량에 알코올 함량(ABV)을 곱하고 알코올 음료 등가물 당 부피(17.75 mL)로 나눠주면 된다. 예를 들어 7%의 맥주 473 mL는

473 mL × 0.07 ABV(16온스) / 17.75 mL(알코올 음료 등가물 당 부피) = 1.9 등가물

▶ 80곳의 레스토랑과 바에서 조사한 결과 포도주, 맥주, 혼합주의 제공량이 기본 크기보다 50% 이상 커서 안전한 수준의 알코올 섭취가 어려운 것 같다.

데킬라는 용설란(Agave plants)의 수액을 발효한 뒤 증류하여 만든다.

Carlos S. Pereyra/age fotostock

데킬라, 보드카, 진 같은 증류주는 알코올 함량이 가장 높은 술이다.

Shutterstock/Q77photo

증류(distilling) 끓는점이 서로 다른 둘 이상의 액체를 분리하는 방법. 알코올이 비등하여 생긴 증기를 모아 응축. 증류법으로 알코올 도수가 높은 술을 생산함.

알코올 음료 등가물을 계산할 때는 1회 제공량과 알코올 함량(ABV), 두 개의 변수를 모두 고려해야 한다.

알코올 섭취에 대한 지침에서 대부분 하루에 여성은 표준 용량으로 1잔 이하, 남성은 2잔 이하가 적절하다고 한다. 그렇지만 주중에 술을 마시지 않고 어느 날 한 번에 7잔 이상을 마시는 것이 안전하다는 것은 아니다. 이후에 논의하겠지만 이것은 폭음이고 심각한 결과를 초래할 수 있다.

알코올 음료의 제조

알코올은 발효과정을 거쳐 생산된다. 발효벌꿀(mead), 맥주, 포도주 등 여러 술을 만드는 발효과정은 수천 년 전부터 전래되었다. 곡류, 시리얼, 과일, 꿀, 우유, 감자 등 탄수화물이 풍부한 식품이 알코올 음료를 만드는 데 사용될 수 있다.

발효는 미생물인 효모가 탄수화물을 이용하여 알코올과 이산화탄소로 전환시키는 과정이다. 효모가 사용하는 탄소화물 형태는 주로 포도당이나 맥아당 같은 단순당이므로, 전분의 경우 발효되기 전에 반드시 단순당으로 분해되어야 한다. 맥아로 만드는 과정에서 곡류의 싹이 트면서 만들어진 분해효소가 전분을 단순당으로 분해한다. 포도당 1분자가 발효되면 에탄올 2분자, 이산화탄소 2분자를 발생시킨다.

$$C_6H_{12}O_6(\text{포도당}) \rightarrow 2CH_3CH_2OH(\text{에탄올}) + 2CO_2.$$

이 화학반응은 또한 효모가 사용할 수 있는 에너지도 생산한다.

발효과정은 탄수화물을 함유한 식품과 효모, 물을 섞어서 실내에 두었을 때 시작된다. 첫 번째 단계는 효모가 당을 에너지원으로 사용하여 세포분열을 하면서 소량의 알코올을 생산하는 단계이다. 두 번째 단계는 효모, 물, 당이 담긴 용기 내의 산소가 결핍되었을 때, 무산소 상태에서 효모가 남아있는 당을 사용하여 알코올과 이산화탄소를 생산하는 단계이다. 당이 모두 소진되거나 효모가 불활성될 만큼 알코올이 많이 생산되어 발효가 중지되면 그 생성물은 다양한 방법으로 처리하여 마무리하거나. 알코올을 **증류**(distilling)하고 농축시켜서 위스키나 진 같은 독한 술을 만든다.

사례연구

McGraw-Hill Education/Gary He, photographer

대학생인 Charles는 바지가 작아져 점점 단추를 채우기 어렵다고 느꼈다. 체육관에 가서 몸무게를 재고 지난 12주간 3.2 kg이 늘었다는 것을 확인했다. 그의 식단 중 주요하게 바뀐 것은 음주이다. 보통 금요일과 토요일에 대여섯 병의 355 mL의 맥주를 마시고, 주중에 또한 세네 병의 맥주를 마신다. 그는 일주일에 얼마나 많은 추가 에너지를 섭취하는가? 만약 이 증가한 몸무게가 3500 kcal의 추가 에너지 섭취로부터 기인한 것이라면 이를 맥주 소비에 의해 설명할 수 있을까?

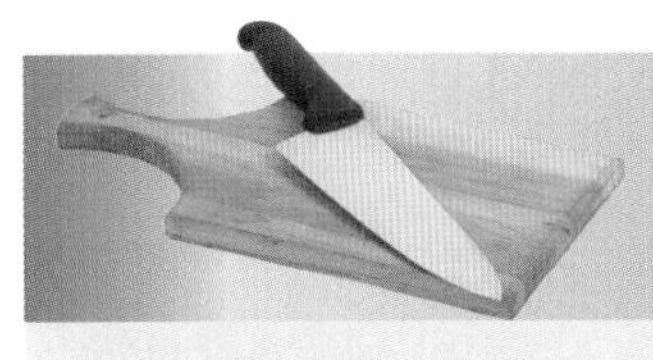

조리적 관점

술과 함께하는 조리

향미에 영향을 주는 눈에 띄는 효과를 위해 포도주, 맥주, 사이더, 스피리츠나 리큐어가 조리 과정에 이용된다. 아주 적은 양이라도 첨가되면 조리 중 생기는 독특한 향미와 새로운 성분에 기여한다. 예를 들어, 에탄올 그 자체는 새로운 향미로운 성분을 만들기 위해 식품의 산 및 산소와 결합할 수 있다. 또한 알코올이 들어있는 소스나 글레이즈가 조리될 때, 향미성분은 더 농도가 진해진다.

적포도주는 파스타 소스에 많이 이용된다. 닭고기의 위스키 기반 소스처럼 스피리츠, 포도주, 맥주는 육류를 위한 글레이즈에 이용된다. 푸짐한 스튜와 빵을 만드는 조리법에는 향이 강한 맥주가 들어간다. 부드러운 호박스프에 들어가는 몇 방울의 쉐리(강화 포도주 중 하나)와 마찬가지로 음식을 마무리 하는데 알코올이 높은 포도주와 리큐어가 사용된다. 버번, 럼주, 혹은 당도 높은 포도주는 많은 후식에 포함된다. 바닐라 추출물처럼 알코올을 이용한 추출물 또한 널리 이용되고 있다. 추출물 안에 포함된 알코올 성분은 90% 정도까지 높으나, 보통 매우 적은 양만 이용된다.

사람들은 얼마나 많은 에탄올이 조리 후에도 남는지 궁금해 한다. 보통 알코올은 100℃에서 끓는 물보다 78℃로 끓는점이 낮아 조리 중 증발할 것이라고 믿는다. 그러나 아래 표에서 보는 것처럼, 굽거나 조린 요리에 첨가된 알코올의 5–40%는 남게 된다. 화염된 알코올의 경우 열에 아주 순간적으로 노출되어, 75%가 남게 된다.

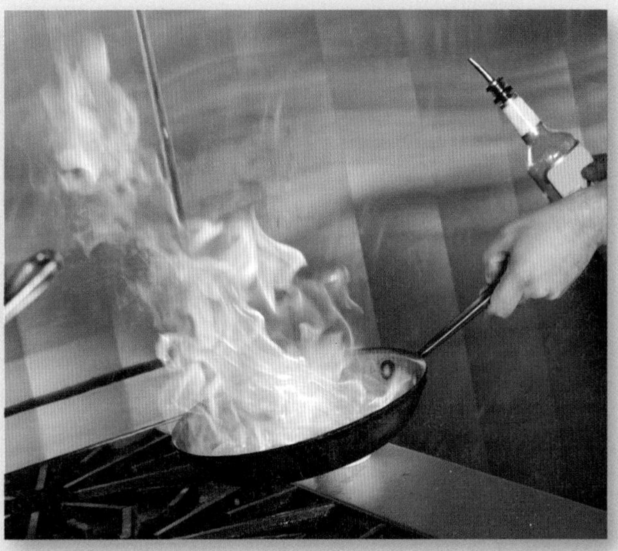

뜨거운 후라이팬에 첨가된 알코올은 화염을 일으킨다. 이 조리 방법을 '플랑베(flambe)'라고 부르며 바나나 포스터(foster), 체리 쥬빌레(jubilee)나 브랜디 소스를 곁들인 스테이크와 같은 음식을 준비할 때 사용된다.

알코올 연소표

준비 방법	% 보유
끓는 액체에 첨가된 알코올과 열에 의한 제거	85%
화염된(flamed) 알코올	75%
굽거나 조린 요리에 첨가된 알코올	
15분 조리	40%
30분 조리	35%
1시간 조리	25%
1.5시간 조리	20%
2시간 조리	10%
2.5시간 조리	5%

출처: USDA Table of Nutrient Retention Factors, Release 6, 2007; www.ars.usda.gov/SP2UserFiles/Place/80400525/Data/retn/retn06.pdf

▶ 가루술(powdered alcohol)은 미국에서 시판 승인을 받았다. 가루술은 건조되고 결정화된 형태로 액체에 탈 수 있도록, 탄수화물과 알코올을 혼합하여 만들어진다. 그러나 미성년자가 이용할 가능성이 높아진다거나 과다용량을 복용하기 쉽다는 등의 규제나 안전성면에서의 우려 때문에 많은 주에서 판매가 금지되고 있다.

확인합시다!

1. 알코올이라고 불리는 물질의 화학적 명칭과 화학식은 무엇인가?
2. 알코올음료(예: 보드카나 데킬라)의 도수는 알코올 함량과 어떻게 관련되어 있는가?
3. 8온스(240 mL)의 백포도주(12% ABV)와 알코올 음료 등가물인 것은 무엇인가?
4. 알코올 발효과정에 필요한 세 가지 요소에는 어떤 것이 있는가?

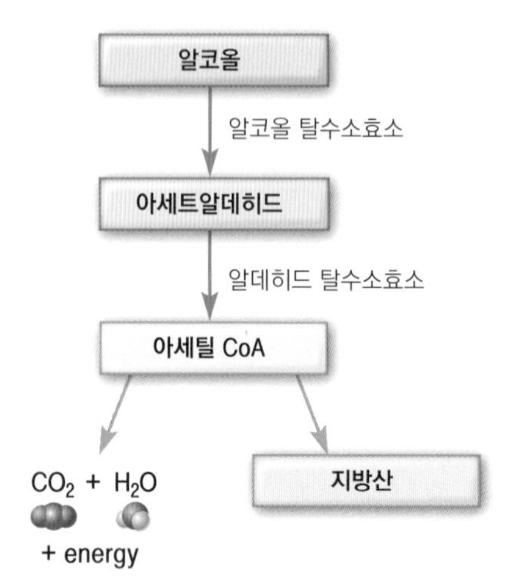

알코올 대사 중 알코올 탈수소효소(ADH) 경로

7.2 알코올 흡수와 대사

알코올은 탄수화물, 단백질, 지방과는 달리 소화시킬 필요가 없다. 알코올은 세포로 이동하기 위해 특별한 운반체나 수용체를 요구하지 않고 단순확산을 이용하여 매우 신속하게 위와 소장에서 흡수된다. 알코올은 위에서 20% 정도 흡수되고 나머지는 소장의 십이지장과 공장에서 흡수된다. 음식과 같이 알코올을 먹으면 흡수가 느리다. 지방이 많이 함유된 많은 양의 식사는 위 배출 속도를 더 느려지게 하고, 알코올 흡수도 느려지는 반면, 위가 비었을 때 섭취한 알코올은 위, 소장으로부터 혈액으로 빠르게 흡수된다.

알코올은 수분이 있는 곳이면 어디든지 분포되므로 우리 신체의 모든 부위에 쉽게 확산된다. 그러나 그만큼 알코올이 세포막을 쉽게 통과하므로 세포막에 있는 단백질도 손상시킨다.

알코올 대사: 세 가지 대사경로

여성은 남성에 비해 체격이 작고, 수분량이 적으며, 위에서 분비되는 알코올 탈수소효소를 적게 가지고 있다. 따라서 여성들은 남성보다 알코올에 대해 더 민감하게 반응한다.

Image Source/SuperStock

알코올은 몸속에 저장될 수 없기 때문에 탄수화물 같은 다른 에너지원보다 우선적으로 연료로 대사된다. 알코올은 소량 또는 적당량 섭취하였을 때 알코올 탈수소효소(alcohol dehydrogenase, ADH) 경로라고 하는 연계 반응을 거쳐 대사된다. 이 경로는 두 효소(알코올 탈수소효소와 알데히드 탈수소효소)를 사용하여 에탄올을 독성이 있는 중간 산물인 아세트알데히드(acetaldehyde)로 전환 후 다시 아세틸 CoA로 전환한다. 아세틸 CoA는 즉시 에너지로 대사되어 이산화탄소와 물로 전환되거나 지방산 합성에 이용된다. 섭취한 알코올의 10~30%는 위벽 세포에서 알코올 탈수소효소 경로를 통해 대사되지만, 대부분의 알코올 대사는 간에서 이루어진다.

과음으로 알코올 탈수소효소 경로가 섭취 알코올 전량을 대사시킬 수 없을 때 간은 마이크로솜 에탄올 산화 체계(microsomal ethanol oxidizing system, MEOS)를 활성화시킴으로써 알코올 대사를 지원한다. 이 과정은 사이토크롬 P450 CYP2E1 과정으로도 알려져 있다. 마이크로솜 에탄올 산화 체계 경로는 알코올 탈수소효소 경로와 유사한 물질을 생성하지만, 이 과정에서는 에너지를 사용한다. 알코올 섭취량이 증가하면 MEOS 경로가 더 활성화되어 알코올을 더욱 효율적으로 대사시킨다. 이에 따라 알코올에 대한 내성이 증가하게 되고, 더 많은 양의 알코올을 섭취해야 같은 효과를 얻게 된다. 마이크로솜 에탄올 산화 체계 경로는 약물이나 기타 이물질들도 대사시킨다. 그러나 알코올을 우선적으로 대사시키기 때문에 지

표 7.2 알코올 대사경로

알코올 대사경로	대사경로의 주요 장소	대사를 촉진하는 알코올 섭취 수준	알코올 대사의 기여도
알코올 탈수소효소 경로(ADH)	위, 간(주로)	약간에서 보통 섭취	주요 기능(알코올의 90%를 대사시킴)
마이크로솜 에탄올 산화 체계(MEOS)	간	보통에서 과잉 섭취	알코올 섭취가 증가할수록 기능이 커짐
카탈레이즈(catalase) 경로	간, 기타 세포	보통에서 과잉 섭취	기능이 미약함

나친 음주 시에는 간에서 약물 대사가 저하되어 약물에 의한 독성의 가능성이 커진다.

세 번째는 카탈레이즈(catalase)로서, 간과 기타 세포에서 일어나는 경로와 마이크로솜 에탄올 산화 체계 경로에 비해 알코올 대사의 부차적인 경로이다. 표 7.2에 알코올 대사가 요약되어 있다.

이 세 가지 대사경로(ADH, MEOS, catalase)를 통해 섭취한 알코올은 모두 대사되지만 아주 소량의 알코올(2~10%)은 대사되지 않고 폐, 소변, 땀 등으로 배출된다.

알코올 대사에 영향을 주는 요인

알코올 대사에서 가장 중요한 점은 섭취한 알코올의 90%를 처리하는 알코올 탈수소 효소경로에서 이용되는 효소들의 합성 능력이다. 성별, 인종, 연령 등이 이 효소들의 합성과 활성에 영향을 준다. 예를 들어, 아시아계 사람들은 대체로 첫 단계 효소인 알코올 탈수소효소의 활성이 높아서 알코올을 빨리 전환시킨다. 그러나 알코올의 완전 분해를 유도하는 두 번째 효소인 알데히드 탈수소효소의 활성이 낮기 때문에 아세트알데히드가 축적되어 얼굴이 붉어지고, 어지러움을 느끼며, 구토, 두통, 빈맥, 과호흡 등이 일반적으로 나타난다. 이런 불편한 반응들이 심하게 나타나면 술을 많이 마시지 못하거나 전혀 마실 수 없다.

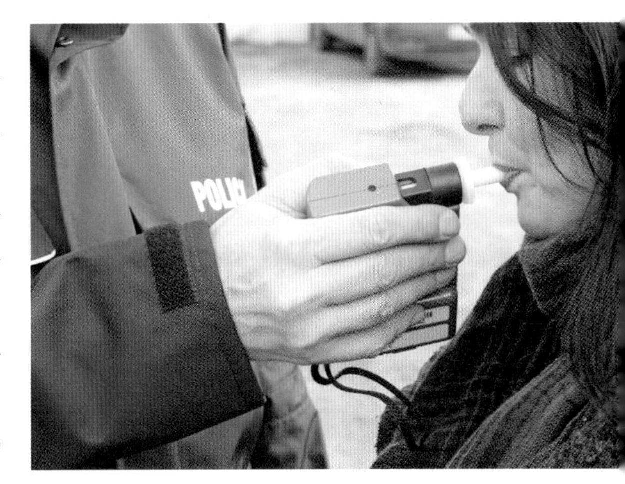

미국과 캐나다에서 혈중 알코올 농도가 0.08%면 법적으로 알코올 중독에 해당한다. 그러나 대부분 사람들은 0.02~0.05%의 혈중 알코올 농도에도 운전능력이 감소한다.

piotr290/Getty Images

여성은 남성에 비해 위벽 세포에서 알코올 탈수소효소가 적게 합성되므로 30~35% 정도의 알코올이 대사되지 않고, 위에서 흡수되어 혈액으로 직접 들어간다. 또한 여성은 남성에 비해 체구가 작고, 체지방이 많으며, 체액량이 적다. 지방이 아니라 물에 희석되는 알코올의 특성 때문에, 유사한 체격을 가진 경우 여성이 남성에 비해 혈액이나 조직의 알코올 농도가 상대적으로 높다. 따라서 여성은 신체 크기가 비슷한 남성에 비해 적은 양의 알코올에도 취하는 경향이 있다.

이 밖에도 알코올 대사는 술의 알코올 함량, 일시적인 알코올 섭취량, 평소 습관적인 알코올 섭취량 등에 의해 영향을 받는다. 일시적으로 술을 마시는 사람에 비해 규칙적으로 많은 양의 술을 마시는 사람은 마이크로솜 에탄올 산화 체계 경로가 더 활성화되어 있기 때문에 알코올 대사와 내성이 더 증가되어 있다.

알코올 대사율

우리 몸은 적당량의 알코올 대사를 잘할 수 있도록 되어 있다. 체중이 70 kg이면서 간 기능이 정상인 사람은 시간당 5~7 g의 알코올 대사를 할 수 있다. 그림 7.2는 성별, 알코올 섭취 정도와 체중 간의 관계를 보여준다. 알코올 섭취량이 간 대사 능력을 초과하면 혈중 알코올 농도가 상승하고, 뇌와 중추신경계가 알코올에 노출됨에 따라 손상 증세가 나타난다.

호기 호흡 중에 배출되는 알코올 양은 혈중 알코올 농도(blood alcohol concentration, BAC)에 비례하므로 혈중 알코올 수준을 폐로 배출되는 알코올 양을 측정한다. 혈중 알코올 농도와 호기 호흡 중의 알코올 농도가 일정한 관계를 가지므로 알코올 장애나 취한 상태를 판단하기 위한 법적 근거로 음주측정기를 사용할 수 있다.

혈중 알코올 수준이 상승하면 알코올중독 증세가 나타난다(그림 7.3과 표 7.3). 이러한 위험 상태에서는 의료적인 치료가 필요하며, 방치하면 호흡곤란과 사망에 이르게 된다.

알코올중독 수준 보다 낮은 수준에서 토사물 흡입 등으로도 사망할 수 있다. 독한 술의

	여성의 경우									음주 수준	남성의 경우								
체중(lb)	90	100	120	140	160	180	200	220	240		100	120	140	160	180	200	220	240	체중(lb)
안전운전 한계 수준	.00	.00	.00	.00	.00	.00	.00	.00	.00	0	.00	.00	.00	.00	.00	.00	.00	.00	안전운전 한계 수준
운전 불가능 수준	.05	.05	.04	.03	.03	.03	.02	.02	.02	1	.04	.03	.03	.02	.02	.02	.02	.02	운전 불가능 수준
법적 만취 수준	.10	.09	.08	.07	.06	.05	.05	.04	.04	2	.08	.06	.05	.05	.04	.04	.03	.03	운전 불가능 수준
법적 만취 수준	.15	.14	.11	.11	.09	.08	.07	.06	.06	3	.11	.09	.08	.07	.06	.06	.05	.05	운전 불가능 수준
법적 만취 수준	.20	.18	.15	.13	.11	.10	.09	.08	.08	4	.15	.12	.11	.09	.08	.08	.07	.06	운전 불가능 수준
법적 만취 수준	.25	.23	.19	.16	.14	.13	.11	.10	.09	5	.19	.16	.13	.12	.11	.09	.09	.08	법적 만취 수준
사망 가능성	.30	.27	.23	.19	.17	.15	.14	.12	.11	6	.23	.19	.16	.14	.13	.11	.10	.09	법적 만취 수준
사망 가능성	.35	.32	.27	.23	.20	.18	.16	.14	.13	7	.26	.22	.19	.16	.15	.13	.12	.11	법적 만취 수준
사망 가능성	.40	.36	.30	.26	.23	.20	.18	.17	.15	8	.30	.25	.21	.19	.17	.15	.14	.13	사망 가능성
사망 가능성	.45	.41	.34	.29	.26	.23	.20	.19	.17	9	.34	.28	.24	.21	.19	.17	.15	.14	사망 가능성
사망 가능성	.51	.45	.38	.32	.28	.25	.23	.21	.19	10	.38	.31	.27	.23	.21	.19	.17	.16	사망 가능성
	대략적인 혈중 알코올 농도(%)										대략적인 혈중 알코올 농도(%)								

그림 7.2 알코올 섭취와 혈중 알코올 농도(BAC) 간의 관계(단위는 100 mL 혈액 내 % 또는 mg): 사람에 따라 다르고 같이 섭취한 음식에 따라 다를 수 있다. 혈중 알코올 농도 0.02이면 운전능력이 감소한다. 미국과 캐나다에서는 혈중 알코올 농도 0.08이면 법적으로 만취 상태로 간주한다. 혈중 알코올 농도 0.30 이상이면 사망할 수도 있다.

young women: ©Photodisc/Getty Images; young man: ©RubberBall Productions RF

경우 알코올 함량이 높아서 맥주나 포도주보다 적은 양으로도 짧은 시간에 더 많은 양을 섭취하므로 중독 증세의 위험이 더 크다. 일시에 섭취하는 음주량이 여성 4회 분량 이상, 남성 5회 분량 이상 되는 **폭음**(binge drinking)은 알코올중독의 위험을 증가시킨다.

표 7.3 알코올 대사경로

- 혼동, 인사불성
- 구토
- 혈당 저하
- 심한 탈수
- 경련
- 불규칙한 호흡과 박동
- 푸르고 창백한 피부
- 체온 저하(hypothermia)
- 무의식

알코올 독성이 의심되고 그 사람이 흥분상태이거나 무의식 상태면, 112나 지역응급번호로 전화를 걸어라.

유발된 행동과 느낌	BAC(%)	손상되는 기능
편안함, 경미한 행복감, 억제력 감소, 경계 느슨	.01 – .06	판단력, 논리, 기억, 집중력 약간 저하
실제보다 자신의 능력을 과신, 아직은 편안함, 억제력 저하, 더 활달함, 취할 수 있음	.06 – .10	거리감각, 반응시간, 균형감, 언어, 시력, 청력 감소, 판단력, 논리, 기억력 저하
확실히 취함, 논리적 사고 못함, 기분변화, 구토(알코올중독 증상)가 일반적임	.11 – .15	운동협응(motor coordination)에 심각한 장애, 반응시간 매우 느림, 언어가 어눌해짐, 시력, 청력 장애, 판단력, 논리, 기억력 약화
매우 무능력, 인사불성, 기억력 상실, 오심, 구토가 일반적임	.16 – .20	운동협응, 반응시간, 기억력, 집중력, 균형감, 논리, 판단력이 더 나빠짐
극도로 취함, 인사불성, 통증 불감, 오심, 구토(구토 시 질식해 사망할 수 있음)	.21 – .29	정신적, 신체적, 감각 기능 심하게 상실
어디 있는지도 모름, 의식불명, 발작, 생명을 위협하는 알코올중독 위험	.30 – .39	많은 생리 기능이 심하게 손상, 심박동수 · 호흡 느림, 저체온증, 저혈당, 방광 제어 상실
생명을 위협하는 알코올중독, 사망	>0.40	

그림 7.3 **혈중 알코올 농도(BAC)가 높아질수록 손상의 위험도 높아진다.** 알코올중독은 위험한 상태로, 과도한 알코올 섭취와 함께 발생한다.

▶ 폭음이나 한두 시간 내에 여러 음료를 빠르게 마시면 간 기능이 제한된다. 혈중 알코올 농도는 마시는 것을 멈출 때까지 증가하고, 정상으로 돌아오는 데 긴 시간이 걸린다. 폭음과 알코올 독성의 위험에 대해서는 awareawakealive.org를 참조할 것.

젊은이들은 대부분 인식하지 못하고 있으나, 습관적인 과음은 총체적 건강이나 안전에 유의적인 영향을 미친다. 영양상태도 악영향을 받을 수 있다.

©Ryan McVay/Getty Images RF

생각해 봅시다

Kevin은 친구들과 종강파티를 하러 갔다. 한 시간 정도 지날 동안, 그는 4병의 술을 마셨다. 그의 몸무게는 72 kg 정도이다. 표 7.2에 따르면 그의 혈중 알코올 농도는 몇이나 될까? 이는 법적으로 운전가능한 농도인가?

확인합시다!

1. 적절한 음주와 과도한 음주 시 우리 몸은 알코올 대사를 어떻게 하는가?
2. 알코올 대사에 영향을 주는 세 가지 요인은 무엇인가?
3. 대부분의 사람들은 알코올음료 1잔을 얼마나 빨리 대사시키는가?
4. 폭음을 하면 왜 알코올중독의 위험이 높아지는가?

▶ 'Health People 2030' 목표 알코올 사용법

- 음주하는 청소년의 비율을 줄인다.
- 폭음하는 사람의 비율을 줄인다.
- 음주 관련 장애를 갖는 사람의 비율을 줄인다.
- 임산부의 음주 제한을 늘린다.
- 음주운전이 연관된 교통사고 사망자를 줄인다.

▶ 음주운전(0.8 BAC 이상인 사람의 32%)이 가장 높은 연령대는 21~24세이다. 급격히 늘고 있는 라이드쉐어링(ride-sharing, 카풀) 앱이나 서비스 등은 이와 관련된 사고율을 낮추거나 생존율을 높이는데 도움을 주고 있다. 일부 유명한 라이드쉐어링 회사는 음주운전 비율을 줄이도록, 주요 휴일에 공짜 서비스를 제공하기도 한다. 예시로 SoberRide.com이 있으며, 이런 앱서비스는 본인의 위치를 이 서비스 회사나, 택시, 그리고 친구들과 공유하도록 하여 음주 시 안전하게 귀가할 수 있도록 돕는다.

7.3 알코올 섭취 현황

국민건강영양조사(보건복지부,2018) 결과에 따르면 한국인의 2017년 월간 음주율(만 19세 이상, 표준화)은 남성 74.0%, 여성 50.5.%였다. 연령별로 남성은 30대(78.6%), 40대(77.6%), 20대(74.2%) 순으로 높았고, 여성은 20대(66.3%)에서 가장 높았다. 고위험 음주율은 남성 21.0%, 여성 7.2%였고, 연령별로는 남성 40대(27.2%), 여성 20대(11.1%)에서 가장 높았다. 월간 폭음률은 남성 52.7%, 여성 25.0%였고, 연령별로는 남성 40대(59.1%), 여성 20대(45.9%)에서 가장 높았다. 주류의 섭취량은 남성 섭취량이 여성 섭취량의 약 3배 이상이었으며, 평균섭취량은 1998년 값의 2.5배 수준으로 증가하였다. 이는 과거에 비해 알코올 도수가 상대적으로 낮은 맥주, 막걸리, 포도주 등의 섭취 증가가 반영된 결과이기도 하지만 주류로부터 섭취하는 에너지 양도 약 2배로, 총 알코올 섭취량이 증가한 것으로 볼 수 있다.

북미 성인의 경우, 70% 이상이 술을 마시지만 대부분의 경우는 과음을 하는 것은 아니다. 그러나 성별, 연령, 인종, 종교, 지역에 따라 음주량은 크게 다르다. 폭음의 경우 최근 증가하는 경향을 보이며, 여성에 비해 남성에서 그 증가율이 높다. 알코올 남용 여성과 남성의 음주 인구 대부분이 젊은 백인 대학생이고, 그 중에는 법적으로 음주가 허용되지 않는 미성년자들도 포함되어 있다.

대학생들은 전보다 더 심하게, 더 자주 술을 마신다. 과음은 대학가에서 불법 마약을 사용하는 것보다 더 큰 문제이다. 많은 젊은 학생들이 음주를 성인으로 이행하는 통과의례쯤으로 생각하는 경향이 있고, 음주 시합을 클럽이나 사회모임의 가입절차에 포함시키기도 한다. 술 판매업자들도 대학생을 겨냥한 술 홍보와 판매를 한다. 카페인이나 과라나(guarana) 같은 자극제와 술을 같이 마시는 일이 대학 캠퍼스에서 흔히 벌어지고 있다. 그렇게 되면 취한 정도를 덜 느껴 알코올을 더 마시게 된다. 최근 연구에 의하면 카페인이 포함된 칵테일을 마신 학생들이 더 많은 음주를 하고, 더 자주 취하고, 더 많은 성적 비행과 신체적 손상을 입으며 치료를 필요로 한다. 알코올의 급성, 만성 영향에 대해 무지한 학생들이 많다. 미성년 음주자는 알코올의 해로운 영향에 취약하고, 성인보다 알코올 중독 위험이 크다.

대학생의 60%가 술을 마시고, 40% 이상의 학생이 폭음(알코올 남용의 가장 일반적 형태)을 한다. 적어도 고등학생의 약 33%가 가끔 술을 마시고, 자주 폭음을 한다고 한다. 폭음은 난폭한 행위, 폭력적인 범죄, 자동차 사고, 상해, 성적 학대, 자살, 신고식 치사, 심한 급성 건강 장애(표 7.3)와 관련이 있다. 표 7.4에서 볼 수 있듯이 대학가 주변에서 폭음으로 인한 심각한 폭력 사건들이 자주 발생하고 있다. 이 중에는 술을 전혀 마시지 않는 사람들이 희생당하는 사례들도 있다. 이런 폭음이 습관화되면 평생 이어진다는 점을 인식해야 한다(www.collegedrinkingprevention.gov).

금주와 약물 규칙을 어긴 학생들이 음주량과 폭음 빈도를 줄이도록 상담이나 교육 프로그램에 참가하기를 권하는 대학이 많다. 대학과 지역사회는 알코올중독자를 위한 다양한 교육 프로그램과 치료요 법을 제공한다.

Getty Images RF

실천해봅시다!

Ryan McVay/Getty Images/RF

음주와 운전

Laura, Diane, Marc, Jade는 주말에 교외에서 열린 졸업파티에 참석했다. Laura와 Jade가 다음날 일을 해야하기 때문에 친구들은 3시간 정도 머무는 것에 동의했다. Laura와 Diane은 Marc와 Jade가 큰소리로 거칠게 말하고 중얼중얼 거리는 것을 알아차렸다. 또한 Marc는 중심을 잡지 못하고 그들이 차로 이동하는 동안 몇 번을 넘어질 뻔 했다. Laura와 Diane은 여전히 이 친구들과 함께 차를 타고 이동해야 할지, 아니면 택시를 부르거나 버스를 타야 할지 고민했다. 당신이 이 경우라면 어떻게 할 것인가? Marc와 Jade의 행동과 증상을 볼 때, 대략 얼마의 혈중 알코올 농도를 가지고 있다고 생각하는가? 그 농도는 운전하기에 법적으로 안전한 수준인가?

표 7.4 미국 대학가에서 폭음으로 인해 발생한 사건 현황

사망: 18~24세의 대학생 1,825명이 매년 술과 관련된 고의가 아닌 상해(자동차 사고 포함)로 사망
폭행: 18~24세의 대학생 696,000명이 술을 마신 다른 학생으로부터 폭행을 당함
성적 폭행: 18~24세의 대학생 97,000명이 매년 술과 관련된 성폭행 피해자임
학업문제: 과도한 음주는 심각한 학업문제를 초래함. 음주로 대학생의 약 25%는 결강, 학업에 뒤쳐짐, 시험이나 서류를 불성실하게 함, 전체적으로 학점을 낮게 받음
알코올 남용 및 중독: 음주에 대한 설문지 조사 결과 지난 12개월 동안 대학생의 31%가 알코올 남용, 6%가 알코올중독으로 진단받음
기타 영향: 여기에는 자살 시도, 부상, 안전하지 못한 성관계, 운전에 영향을 미침, 공공기물 파손, 재산 피해, 경찰 개입 등이 포함됨
과도한 음주와 미성년 음주는 거의 모든 대학의 캠퍼스와 대학 사회, 음주 여부에 관계없이, 그리고 대학생들에게 영향을 준다.

출처: www.collegedrinkingprevention.gov

자동차 사고의 약 31% 정도는 음주와 관련이 있다.

Ingram Publishing

7.4 알코올 섭취가 건강에 미치는 영향

적절한 양의 알코올 섭취는 사회적으로 또는 건강상으로 몇 가지 이점이 있기는 하지만, 과도한 음주는 건강과 영양상태에 해로운 영향을 미친다. 알코올 섭취량과 건강에 미치는 영향과의 관계를 'J형 곡선'으로 설명하였다(그림 7.4).

안전한 음주방법

미국 군의무감실, 국립과학연구원, 미국 농림부, 미국 보건사회복지부에서는 사회적으로 알코올 섭취가 건강에 주는 이로운 면보다 해로운 면이 더 크기 때문에 알코올 섭취를 권장하지 않는다. 그러나 적절한 음주를 막지는 않는다. 권장하는 음주방법은 다음과 같다.

- 알코올 섭취는 적당한 양을 유지한다—하루에 여성은 1회 분량, 남성은 2회 분량으로 제

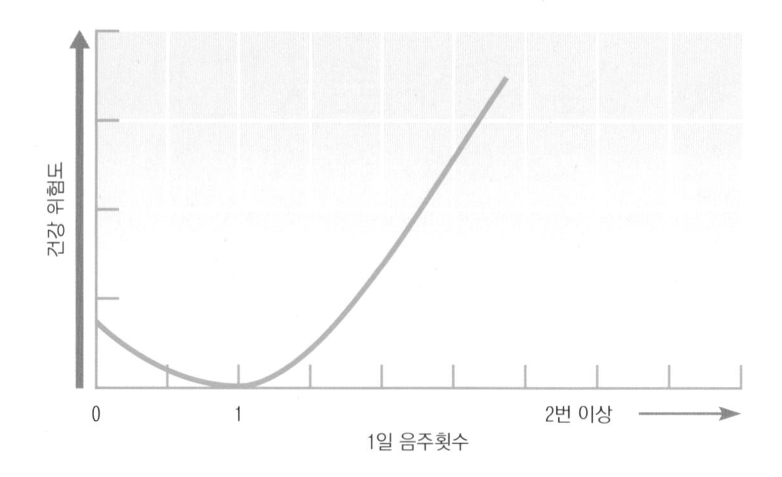

그림 7.4 'J형 곡선'은 알코올 섭취와 건강 위험과의 상관관계를 설명한다. 매일 1/2~1번 알코올을 섭취한 여성(1~2번 매일 마신 남성)이 술을 마시지 않는 여성이나 많이 마신 여성보다 건강 위험도가 낮다고 한다. 그럼에도 건강 전문가들은 최근 금주한 사람들에게 술을 권하지 않는다.

한한다.

- 알코올 섭취를 절제하지 못하는 사람, 가임기 여성으로 수유 중이거나 임신 예정이 있는 여성, 아동 및 청소년, 알코올과 상호작용하는 약물 복용이나 특정 질환에 걸린 사람들은 음주를 제한한다.
- 운전이나 기계를 다루는 사람, 즉 집중력, 기술, 협동심을 필요로 하는 직업에 종사하는 사람은 음주를 하지 말아야 한다.

또한 우리나라 보건복지부에서는 알코올중독을 예방하고 건전한 음주 문화를 제안하기 위한 가이드 라인을 소개하고 있으며, 그 정보는 다음 링크에서 확인할 수 있다(http://bgnmh.go.kr/checkmehealme/main/alcoholMain.xx).

적포도주는 피토케미컬(예: 레스베라트롤)을 많이 함유하고 있기 때문에 술 가운데 최고로 꼽힌다. 이 물질들은 적포도주를 만들 때 포도껍질에서 용출된다. 흑맥주에도 피토케미컬이 들어 있지만 그 양은 많지 않다. 차, 초콜릿, 과일, 채소 또한 피토케미컬의 좋은 급원이다.

Jenny Cundy/Image Source

적당한 음주의 이점

많은 사람들이 친구와 함께 하는 저녁식사에 대부분 맥주나 포도주 한잔을 곁들인다. 일과 후 술을 마시면서 걱정과 스트레스를 줄인다. 노인에게 적당한 음주는 식욕을 돋워주므로 식사를 많이 할 수 있다. 음주 허용 연령에 이른 성인이 적당량 음주하되 절제하며, 달리 피해를 끼치지 않는다면 해롭다고 여기지는 않는다.

중년층과 노인층의 심혈관계질환 위험과 전체 사망률은 술을 전혀 마시지 않는 사람보다 적당하게 음주하는 사람이 낮게 나타난다.

적당량을 음주하면 저밀도지단백질(low-density lipoprotein, LDL) 수준은 낮아지고, 고밀도지단백질(high-density lipoprotein, HDL) 수준은 높아지면서 혈전 형성(혈구세포의 축적)은 감소되어 심장질환 위험이 줄어든다. 반면에 과음을 하면 이러한 효과가 없다. 심장질환에 대한 음주의 긍정적 효과는 주로 적포도주의 피토케미컬 성분인 **레스베라트롤**(resveratrol) 때문이라고 한다. 그러나 그 외에 다른 술이나 다른 성분이 그와 유사한 효과를 나타낼지도 모른다.

알코올은 심장 건강에 대한 이점 외에도 2형당뇨병이나 치매에 대한 효과도 'J형 곡선 관계'를 보인다. 적당량 섭취하면 췌장과 뇌는 보호되지만 과잉 섭취 시 손상을 입을 수 있는데, 이에 대해서는 추가 연구가 필요하다.

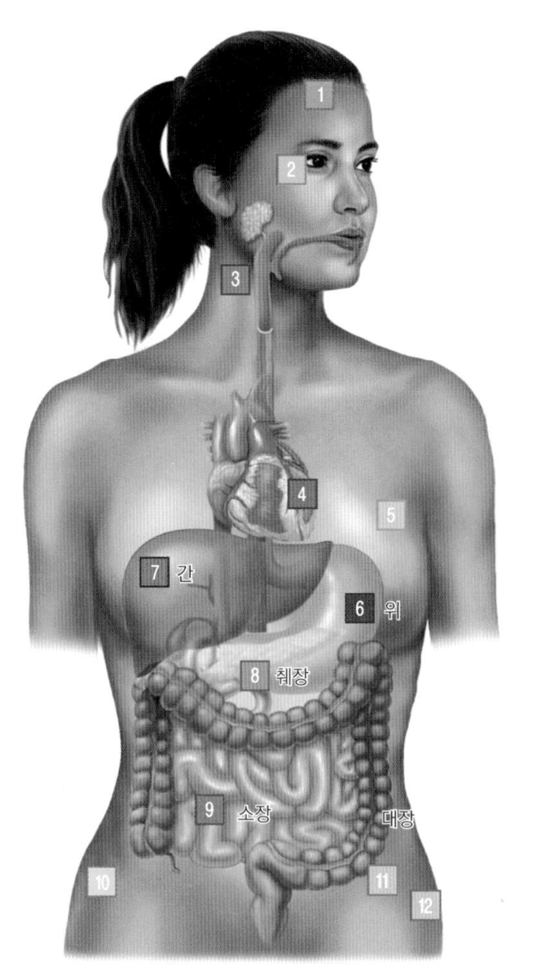

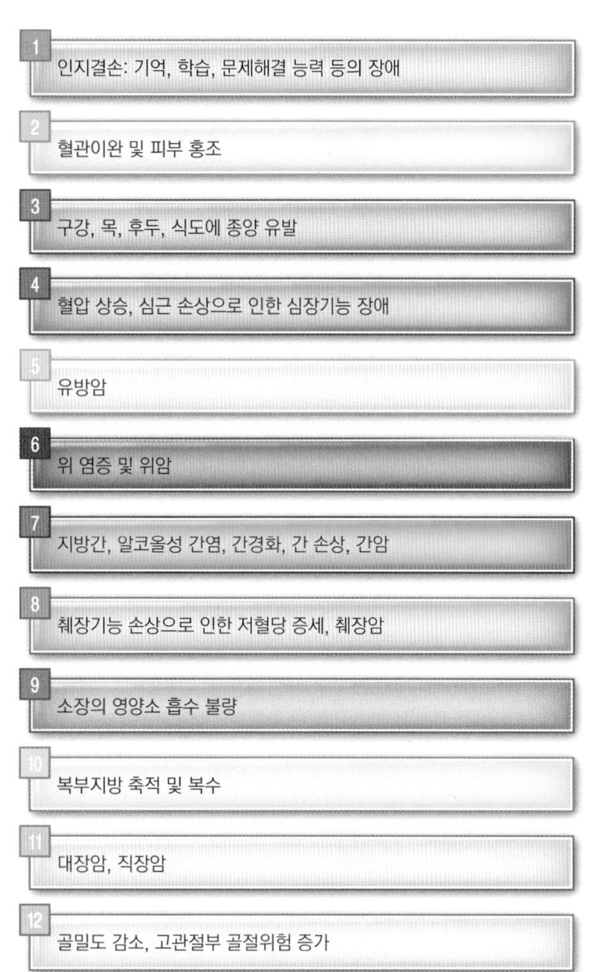

그림 7.5 음주는 말 그대로 모든 장기에 영향을 미친다.

과도한 알코올 섭취의 위험

과도한 음주는 미국의 사망률 10위 중 5가지에 해당하는 심장질환, 암, 간경화, 자동차 사고, 자살 등을 초래한다. 미국 성인 사망자 10명 중 1명은 과음이 원인이며, 연간 사망자 수가 거의 88,000명에 달한다.

그림 7.5에서 볼 수 있듯이 과음은 신체 장기와 조직에 영향을 미친다. 과음자는 부정맥(비정상적인 심박수)과 폐기종의 원인이 되는 심장질환에 걸릴 수 있다. 과음은 고혈압과 뇌졸중 위험의 원인이 된다. 음주 기준을 여성은 하루 1회 분량, 남성은 2회 분량으로 제한하면 이러한 증세를 예방하고 개선하는 데 도움이 된다.

암도 알코올 섭취와 관련이 있으며 에탄올 대사산물인 아세트알데히드가 암 유발물질로 알려져 있다. 암으로 인한 미국인 사망의 3.5%(연간 19,500명 사망)가 알코올 섭취에 기인한다. 구강, 목, 후두, 식도, 간, 유방, 대장, 직장암은 알코올 섭취와 관련이 있다. 암의 위험은 음주량에 비례하나 안전 음주 수준은 없다. 음주를 자제하는 것이 암의 위험을 줄이는 방법이다.

장기간의 과음은 간을 손상시켜 간경화를 초래한다. 알코올로 인한 간 손상은 간암의 위험을 증가시킨다. 이 밖에 알코올 섭취와 관련된 질환으로는 골다공증, 뇌 손상과 인식 장

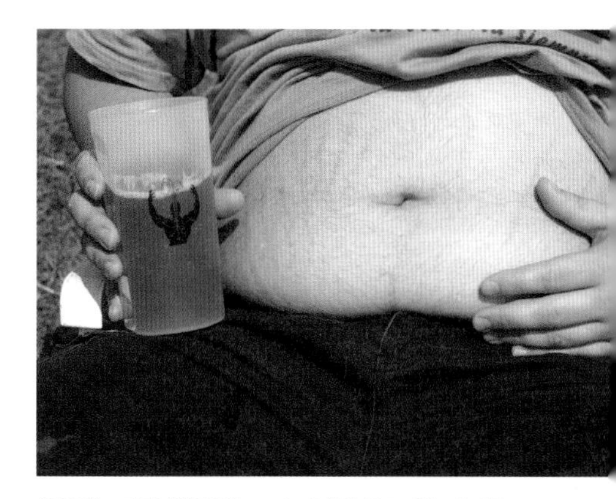

음주자는 대개 '맥주배(beer belly)'를 하고 있는데 이는 알코올이 간에서 지방합성을 촉진하고 양의 에너지균형(positive energy balance)을 촉진하기 때문에 비만, 특히 복부비만을 유발하여 생긴다.

©imageBROKER/Alamy

지방간(fatty liver) 간세포에 중성지방이나 다른 지방이 축적. 과도한 알코올 섭취가 주원인, 영양불량이나 비만이 원인이 되기도 함.

간경화(cirrhosis) 만성퇴행성 질환. 알코올 등 독성에 의해 간세포 손상이 원인, 그 결과 단백질 합성감소, 영양소, 약물, 독성물질 대사장애.

애, 위염, 장출혈, 췌장염, 면역 저하(감염 증가), 수면장애, 발기부전, 저혈당(단기 과다 알코올 섭취 효과), 고혈당(췌장 기능에 만성적 과다 알코올 섭취의 효과), 복부비만, 고중성지방혈증, 영양결핍증 등이 있다.

간경화

간은 인체 내 가장 큰 장기이다. 영양소 저장, 단백질 및 효소 합성, 탄수화물, 단백질 및 지방 대사 등 그 기능이 매우 다양하다. 또한 간은 우리 몸의 독성물질을 제거하고 약물 대사 같은 중요한 역할을 수행한다. 그뿐만 아니라 간은 알코올 대사를 담당하는 주요 기관이기 때문에 과량의 알코올을 장기간 섭취하면 손상되기 쉽다.

첫 번째로 나타나는 증세는 간에 지방이 축적되는 것으로 이를 **지방간**(fatty liver) 또는 지방증(steatosis)이라 한다. 지방간은 지방 합성이 증가하여 간에 축적되어 나타난다. 술을 많이 마시는 사람의 90% 이상이 지방간 증상을 보인다. 이 증상은 술을 끊어야만 회복될 수 있다.

만약 지속적으로 알코올을 섭취하면, 알코올성 간염으로 알려진 간세포의 염증이 생긴다. 알코올성 간염은 오심, 식욕부진, 구토, 열, 통증 증세를 보이며, 특히 간이 담즙 색소를 배출하지 못할 때 파괴된 간세포로부터 혈액으로 이동하여 **황달**(jaundice, 피부와 눈의 흰자위가 노래짐) 증세를 초래한다(그림 7.6). 알코올성 간염이 더 악화되어 만성 퇴행성으로 진행되면 종종 간경화로 발전한다.

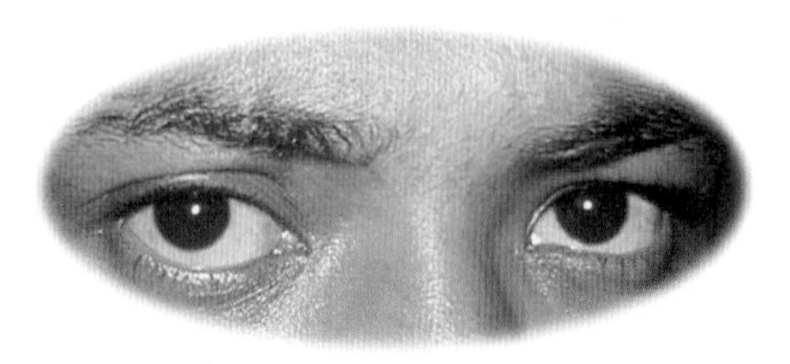

그림 7.6 황달은 혈중에 담즙 색소가 쌓여 피부, 눈의 공막과 다른 조직이 노랗게 변색된 것이다.

Centers for Disease Control and Prevention(CDC)

간경화(cirrhosis)는 간세포의 기능이 손실된 것이다(그림 7.7). 간경화가 진행되면 혈액응고와 영양소의 운반에 필수적인 단백질 합성이 현저히 감소된다. 복부에 무려 15 L 정도의 물이 비정상적으로 고이는 복수(ascites)는 간경화의 흔한 합병증이다. 많은 경우 영양상태는

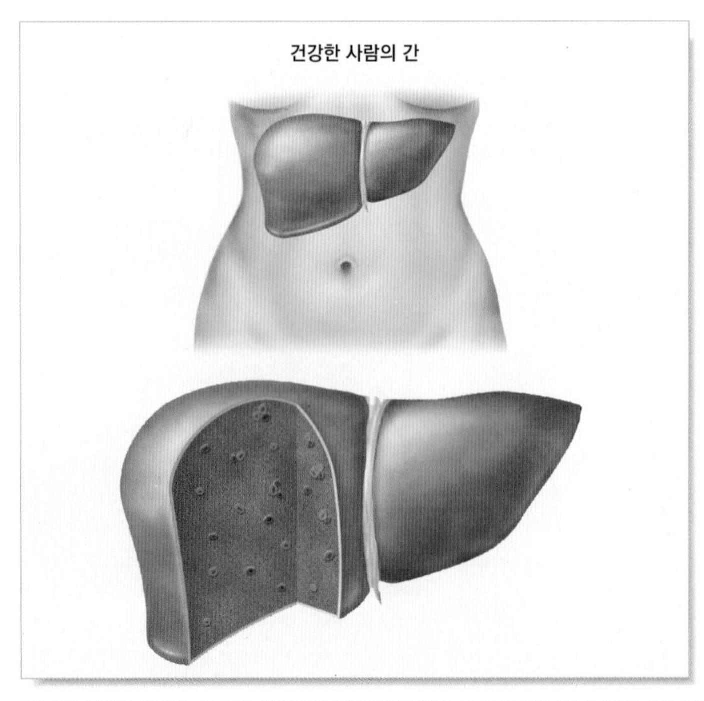

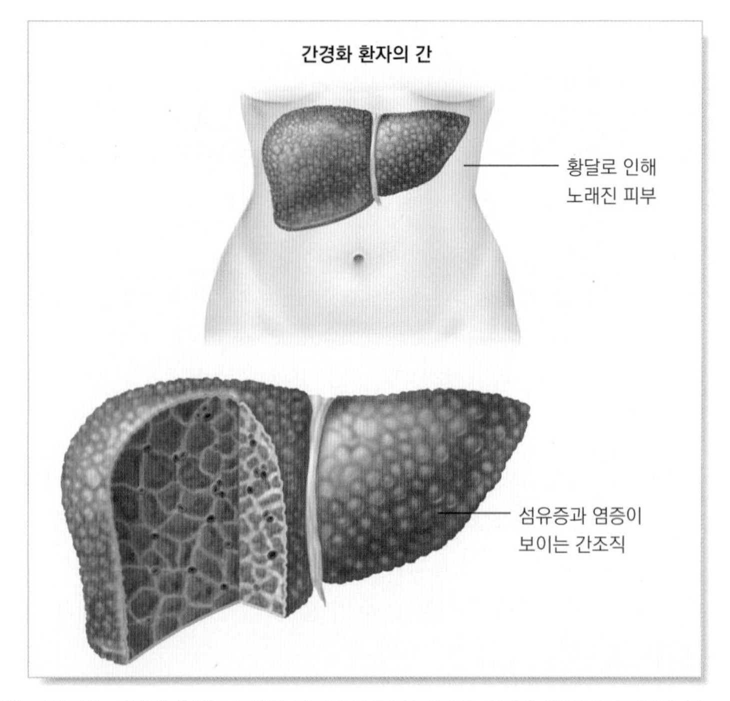

그림 7.7 (왼쪽) 건강한 사람의 간과 (오른쪽) 간경화 환자 간의 차이를 볼 수 있다. 울퉁불퉁한 혹이 있는 간경화의 간은 건강한 세포가 파괴되어 형성된 심하게 상처 난 조직이다. 간경화가 진행된 간은 더 이상 정상적인 기능을 할 수 없다.

매우 불량하다.

알코올로 인한 간 손상 초기(지방간과 알코올성 간염)는 회복이 가능하나 간경화는 회복되지 않고 간부전상태가 된다. 간경화로 인한 간부전의 외적 증상은 황달, 복수이며 간 기능이 손상된다. 일단 간경화가 진행된 환자는 4년 내에 사망할 가능성이 50%나 된다. 매년 미국에서 알코올성 간경화로 인한 사망자는 36,000명으로, 사망자는 대개 40~65세에 해당한다. 간경화 환자는 간 이식을 통해 생존할 수 있고 간 이식에 성공하려면 반드시 금주해야 한다.

간경화는 알코올중독자의 10~15%에서 나타나며, 미국에서 200만 명 정도 발병한다. 간경화가 간세포에 독성이 있는 어떤 다른 물질로 유발될 수 있지만 미국의 경우 대부분 과음이 주원인이었다. 간경화는 알코올 80 g/day(거의 표준용량 알코올의 6배와 동량)를 10년 이상 섭취하였을 때 나타난다. 한 연구에서 남성은 40 g/day, 여성은 20 g/day 정도로도 간 손상이 일어난다고 보고된 바 있다. 알코올 섭취량, 섭취기간 외에도 유전적 요인, 비만, 당뇨병, 간독성 물질[예: acetaminophen(Tylenol®)], 철 과다섭취, 간염을 일으키는 감염 등이 간경화 위험을 결정한다.

알코올 남용으로 인한 간 손상을 일으키는 기전이 연구되고 있다. 만성 알코올중독자는 간의 아세트알데히드 농도 증가로 인해 간에 손상을 입는다고 본다. 간의 지방 축적은 염증과 세포 손상을 일으킨다. 알코올 대사과정의 유리기 생성은 간 손상의 원인이 된다고 본다. 반응성이 매우 높은 유리기는 세포막을 파괴하며 간에 만성적 염증을 일으킨다.

영양이 풍부한 식사는 알코올 남용과 알코올성 간질환과 관련이 있는 합병증을 방지하는 데 도움을 주지만 일단 알코올에 중독되면 섭취하는 음식의 질과 관계없이 간 등 주요 조직의 심각한 파괴를 초래한다. 동물실험 연구에 의하면 영양적인 식사를 섭취한 경우에도 알코올 남용은 간경화를 일으켰다고 한다. 그러나 부실한 식사는 영양결핍을 일으켜 알코올 대사에서 생성된 독성물질에 간을 더 취약하게 만들고 영양불량과 관련된 추가 건강 문제로 간경화를 악화시킨다.

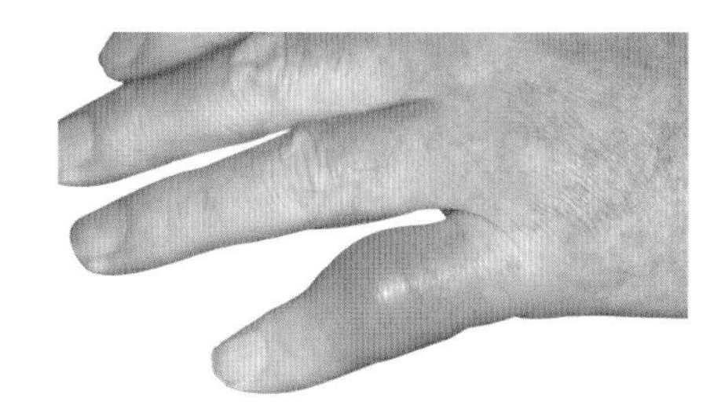

요산(uric acid)은 DNA와 RNA에 있는 퓨린이 분해되어 형성된다. 요산 형성이 신장에서 배설될 수 있는 양을 초과하면, 관절에 요산 결정체가 형성되어 통풍(gout)으로 알려진 매우 고통스러운 상태가 된다. 통풍은 풍요로움에 의한 질병으로 잘 알려져 있다. 위험요인은 유전, 남성, 노인에 덧붙여 과체중, 과음, 퓨린 함유 식품[그레이비(gravy), 고기 내장, 생선알, 멸치류, 정어리, 퓨린이 많이 들어있는 육류] 과다섭취 등이 있다.

알코올 남용이 영양상태에 미치는 영향

알코올 중독자들은 여러 가지 이유로 영양상태가 나쁘거나 영양결핍증이 일어날 위험이 있다. 영양가가 적은 술로 식사를 대체하기도 한다. 예를 들어, 만약 맥주로 영양소를 충족한다고 할 때 단백질 요구량을 공급하려면 하루에 40~55병의 맥주를, 티아민 요구량을 공급하려면 하루에 65병을 마셔야 한다.

술로 필요한 에너지의 대부분을 공급하면 단백질 에너지 영양결핍(protein energy malnutrition, PEM), 즉 콰시오커와 유사한 증세가 초래된다. 그뿐만 아니라 술에는 무기질과 비타민 함량이 극히 적어서 영양소 결핍증이 야기된다. 결국 이러한 결핍 증세들은 식사 섭취 부족, 흡수 불량, 대사 이상, 위장, 간, 췌장에 알코올로 인한 조직 손상을 초래한다.

알코올 남용이 영양적 건강에 미치는 심각한 결과에 유의하여 영양사와 의사가 초기에 중재를 지도함으로써 영양결핍증을 치료하고 조직의 손상을 최소화하고 전체 건강을 회복하도록 하는 것이 알코올중독자 치료에 중요한

알코올을 남용하면 단백질, 비타민, 무기질의 결핍 위험이 높아진다.

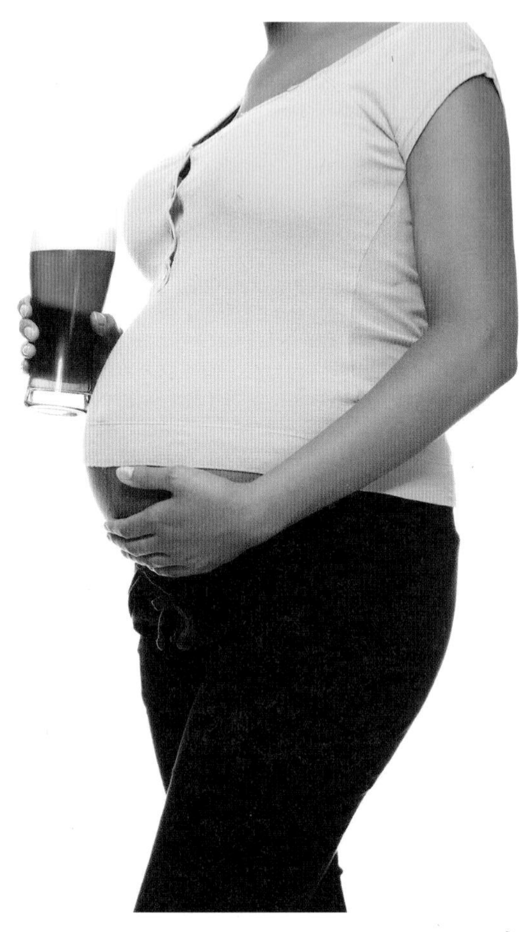

임신기에 알코올을 섭취하면 태아의 성장에 심각한 위험이 초래된다.

PhotoMediaGroup/Shutterstock

베르니케-코사코프 증후군(Wernicke-Korsakoff syndrome) 과도한 알코올 섭취로 인한 티아민 결핍증. 주된 증상은 눈에 이상, 보행 곤란, 뇌 기능 이상임.

부분이다.

수용성 비타민

지나친 알코올 섭취는 수용성 비타민인 티아민, 리보플라빈, 니아신, 비타민 B_6, 비타민 B_{12}, 엽산의 부족을 유발한다. 예를 들어, 만성 알코올중독자에서 심각한 티아민 결핍증, 즉 **베르니케-코사코프 증후군**(Wernicke-Korsakoff syndrome)이 나타나서 뇌와 중추신경계 기능에 심각한 변화가 초래되며, 만약 치료하지 않으면 영구적인 안구근육의 마비, 손과 발끝 부분의 감각손실과 균형감 상실이 초래되어 보행실조, 기억력 감퇴가 동반된다.

알코올 대사에는 많은 양의 니아신이 필요하므로 알코올중독자들은 니아신 결핍의 위험이 높아진다. 또한 알코올중독자들은 알코올 대사에 많은 양의 비타민 B_6을 사용하여 소변으로 배설되는 비타민 B_6의 양이 증가한다. 따라서 비타민 B_6이 부족한 식사를 하게 되면 빈혈(anemia)과 말초신경염(팔과 다리의 허약 및 감각상실 증세)에 걸릴 위험이 있다. 또한 과도한 알코올 섭취로 인해 비타민 B_{12}의 흡수가 손상되며 빈혈과 말초신경염의 위험이 높아진다.

지용성 비타민

과음은 지용성 비타민 A, D, E, K의 결핍도 초래한다. 만성적 알코올 섭취는 간과 췌장을 손상시켜 담즙 분비와 지질분해효소의 분비가 감소하고 결과적으로 지질과 지용성 비타민 흡수가 저하된다.

비타민 A 결핍증은 알코올중독자에게 흔하다. 비타민 A는 특별한 간세포에 저장되는데 이 세포가 손상되면 비타민 A의 저장능력은 소실된다. 비타민 A 결핍증의 위험은 간에서 몸의 필요 부위로 비타민 A를 이동시킬 단백질의 합성능력이 저하됨에 따라 나타난 복합적인 결과이다. 또한 알코올은 베타카로틴(비타민 A의 전구체)이 비타민 A로 전환되는 양을 감소시킨다. 알코올중독자는 비타민 A 결핍으로 인한 야맹증이 종종 발생한다. 알코올성 간질환 환자는 비타민 K 의존형 혈액응고 인자를 합성하는 능력이 감소하여 출혈의 위험이 증가한다. 간은 비타민 D를 활성형의 호르몬 형태로 전환시키는 데 주요한 역할을 하므로 손상된 간은 비타민 D 결핍도 초래할 수 있다. 비타민 D는 칼슘 흡수와 뼈 건강에 필수적이다. 따라서 비타민 D 결핍은 골손실을 일으켜 골다공증의 위험을 증가시킬 수 있다.

무기질

알코올을 남용하는 사람에게서 무기질 결핍증이 일어날 위험도 높다. 칼슘, 마그네슘, 아연, 철 결핍이 가장 흔하게 나타난다. 칼슘 흡수(낮은 비타민 D 상태가 원인) 저하가 마그네슘 결핍증을 유발한다. 마그네슘이 소변으로 많이 배설되면 혈중 마그네슘 농도가 낮아짐에 따라 근육강직, 뒤틀림, 경련 등의 마그네슘 결핍의 전형적인 증세인 테타니(tetany) 증세가 나타난다. 또한 아연 흡수의 감소, 소변배설량이 증가함에 따라 아연이 결핍되어 미각과 후각의 변화, 식욕 감소, 상처회복 지연 등의 증상이 유발된다.

철 결핍증도 알코올중독자에게 흔히 일어난다. 과도한 알코올 섭취는 소화기관을 손상시키고 이로 인한 출혈, 철 흡수 저하로 결과적으로 철 결핍 증세를 초래한다.

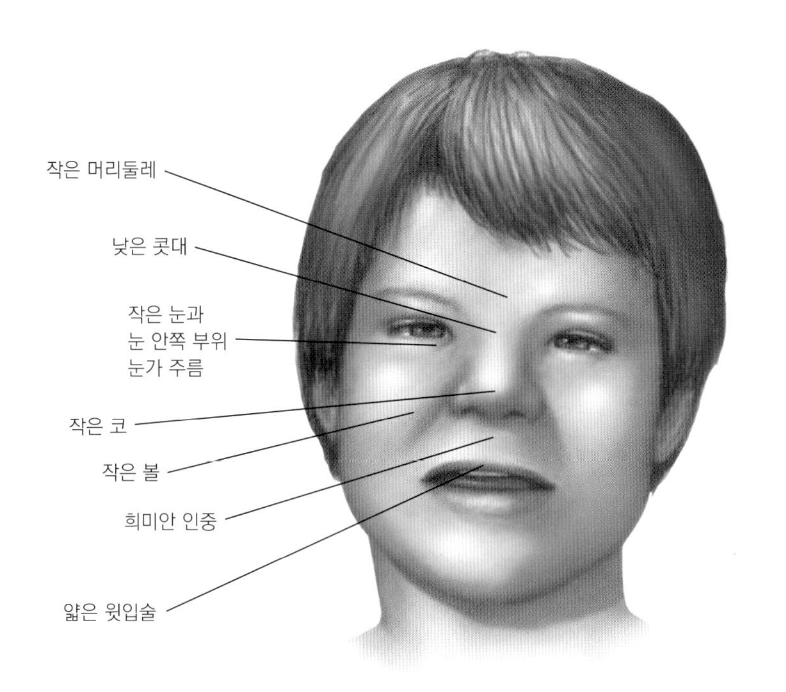

그림 7.8 **태아 알코올 증후군(FAS)의 전형적인 얼굴 특징.** 태아 알코올 증후군은 이 외에도 뇌와 여러 장기가 비정상으로 될 수 있지만 겉으로 곧 드러나지는 않는다. 알코올 소량 섭취로 인한 태아기의 여러 가벼운 증세를 통틀어 태아 알코올 스펙트럼 장애(FASD)라고 한다.

임신과 수유 시 알코올 섭취

가임기 미국 여성의 반 이상이 술을 마신다. 만약 임신기간 동안 술을 마시면 태아 발달에 심각한 해가 될 수 있다. 알코올은 태아에게 공급되는 영양소와 산소의 운반을 지연시켜 태아의 성장과 발달을 지연시킨다. 또한 알코올이 산모의 식사 중 영양 밀도가 높은 음식이나 식품을 대체하여 영양문제를 일으킨다.

태아의 장기들이 주로 발달하는 임신 12~16주에 장기가 가장 심하게 손상되며 임신기간 중 마신 알코올의 영향은 평생 지속된다.

알코올과 관련된 건강문제를 총괄하여 태아 알코올 스펙트럼 장애(fetal alcohol spectrum disorder, FASD)라고 한다. 태아 알코올 스펙트럼 장애 환자는 얼굴 기형(그림 7.8), 성장 지연(정상보다 작은 뇌 포함), 선천성 결손증, 평생 학습장애, 집중력 부족, 과잉행동증 등 다양한 증세를 나타낸다. 가장 심각한 태아 알코올 스펙트럼 장애는 태아 알코올 증후군(fetal alcohol syndrome, FAS)이다. 태아 알코올 증후군 환자는 얼굴 기형, 성장 지연, 중추신경계 결함을 보인다. 태아 알코올 스펙트럼 장애 환자 수는 정확히 알 수 없지만, 질병예방통제센터에서는 매년 1,000명의 신생아 중 6~9명은 태아 알코올 증후군으로 고통을 받으며, 적어도 태아 알코올 스펙트럼 장애는 3배 이상이 될 것으로 추정한다. 알코올이 신체적 결함과 장애를 초래하는 기전은 확실히 알려 지지 않았으나 알코올 그 자체 또는 대사과정 중 생성된 대사물에 의한 것으로 추측된다. 알코올은 섭취 후 수분 내에 모체의 혈액을 거쳐 태아에게 전달된다. 태아는 알코올을 대사하지 못하고 모체의 혈액을 통해 제거될 때까지 기다려야 하므로 알코올의 효력은 몸이 작은 태아에게 집중된다.

태아 알코올 스펙트럼 장애는 임신기간 동안 술을 마시지 않으면 예방이 100% 가능하다. 어느 정도의 알코올 양이 태아 알코올 스펙트럼 장애를 야기하는지 확실하지 않으므로 임신 여성은 알코올 섭취를 절제해야 한다. 임신 중 술을 많이 마실수록 더 나쁜 결과를 초래할 것이다. 임신을 계획하거나 피임 없이 성생활이 활발한 사람은 알코올을 절제해야 한다. 태아 알코올 스펙트럼 장애와 태아 알코올 증후군에 대해 더 자세한 사항은 www.cdc.gov/ncbddd/fasd/index.html을 참조하자.

수 세기 동안 의료인들은 긴장을 풀고, 유아에게 모유 수유를 오래하기 위해 수유 전에 포도주나 맥주를 조금 마시는 것을 권했다. 그러나 수유하는 여성이 알코올을 섭취하면 모유 분비가 감소하며, 유아도 알코올을 조금 마시게 되어 유아의 수면장애를 초래한다. 게다가 유아는 알코올 분해를 잘 못하므로 알코올의 해로운 영향이 성인보다 더 많이 나타난다. 수유 중인 여성에게 가장 안전한 것은 알코올을 전혀 마시지 않는 것이다. 그러나 수유 중인 여성이 알코올을 마시기 원한다면 수유 전 적어도 2시간 이전에 마시고, 1~2잔 정도로 제한해야 한다. 알코올 섭취 후 30분에서 60분 내에 모유 내 알코올 농도가 최대치를 보이고 그 후에는 감소한다.

확인합시다!

1. 안전한 알코올 섭취방법은 무엇인가?
2. 중년 이후 성인들이 적절한 음주를 할 때 건강상 이점은 무엇인가?
3. 알코올 섭취는 적어도 7가지 다른 암의 발병과 연관이 있다. 그중 5가지를 명명하라.
4. 왜 지속적인 알코올 남용은 간 손상을 야기하는가? 간 손상의 징후 및 증상은 무엇인가?
5. 알코올 남용이 영양상태에 미치는 영향은 무엇인가?
6. 임신기간에 알코올을 섭취하면 어떤 위험이 있는가?

세계적 관점 

세계의 음주

국제적인 음주 방식은 매우 다양하다. 국제보건기구에 따르면 미주, 유럽, 그리고 서태평양 세 지역의 인구의 반 이상이 음주를 한다. 세계적으로는 15살 이상 인구의 반보다 적은 사람들이 음주를 한다. 음주를 하는 사람들은 평균적으로 매해 대략 순수 알코올만 거의 17리터를 소비한다.

Mauro Pezzotta/Shutterstock

세계적으로 알코올 섭취가 증가하는 추세이며, 이는 아마도 서구화와 주류업계의 적극적 마케팅때문일 것이다. 국제보건기구에 따르면 사망 20건 당 한 건은 알코올의 유해한 효과 때문일 수 있다. 전세계 15–19세의 4분의 1 이상이 음주를 한다. 유럽이 44%로 가장 높고 미주가 38%, 서태평양 지역이 38%이다. 기록가능한 알코올 소비의 거의 반 정도(45%)가 스피리츠의 형태로 소비되며, 맥주(34%)와 포도주(12%)가 뒤를 따른다. 알코올 소비의 극단적 예는 보드카를 한 병 정도 매일 마시는 사람들이 사는 어떤 러시아 지역이다. 전세계적으로는 사망의 약 4%가 음주와 관련 있으나, 러시아 지역에서는 15–54세 남성의 경우 사망의 반 이상이 음주때문이다. 이 사망들은 사고와 폭력, 급성심장질환, 결핵, 폐렴, 간질환, 췌장질환, 그리고 구강암과 식도암, 간암 등에 의해 일어난다. 이 중 많은 경우가 매해 러시아에서 4만 명 이상을 죽이는 알코올 독성으로부터 온다. 음식과 함께 하는 음주, 특히 포도주는 많은 문화에서 즐기는 전통이다. 절제된 포도주 섭취는 음주하는 사람들에게 건강에 좋은 효과를 줄 수도 있다. 그 이득을 보기 위해서는 '절제'가 중요한 요소이다. 하루에 여성이 1잔 이상을 마시거나 남성이 2잔 이상을 마시면 건강 위험이 급격히 높아진다. 많은 양의 술을 빨리 이어 마시는 경우 그 위험이 특히 높아지고, 알코올 독성과 죽음에 이르게 한다.

7.5 알코올 섭취 장애: 알코올 남용과 중독

알코올 남용과 알코올중독(또는 알코올 의존성)은 많은 사람들에게 심각한 위험을 초래하는 공통의 정신건강적 질환이다. 여러 가지의 건강문제뿐만 아니라 알코올 섭취 장애(alcohol use disorder, AUD)를 가진 사람들은 사적 관계를 망치거나, 재정적 문제를 야기하거나, 직장이나 학교에 빠지게 되거나 수행능력이 떨어지게 하는 등의 문제를 야기한다. 알코올 섭취 장애의 기준은 표 7.5와 같다.

우리나라 보건복지부에서 지원하는 알코올중독에 대한 간편 자가진단 도구는 http://bgnmh.go.kr/checkmehealme/selftest/alcTest3.xx에서 확인 가능하다.

미국인 약 29%가 평생 알코올 남용이나 의존성을 보이고, 항상 미국인의 14%(7명당 1명)는 알코올 남용이나 알코올 의존성 상태에 있다고 할 수 있다. 또한 미국인의 약 30%가 과음으로 인한 알코올 관련 문제에 위험이 높은 것으로 추측된다. 알코올 관련 문제는 유전, 성별, 음주 시작 연령, 인종 등에 영향을 많이 받는다. 부모나 동료들의 음주에 대한 관대한 태도, 정신적 건강상태(우울, 불안 등)도 중요한 위험인자가 된다.

▶ 스위스 화학자 파라셀수스(Paracelsus, 1493~1541)는 '복용량이 독성을 결정지으므로 중요하다'는 것을 파악했다. 술의 경우에도 적용되며 알코올을 많이 마시면 독이 되어 사망할 수 있다.

▶ CAGE 질문지는 알코올 섭취 장애를 선별하기 위해 정기적 건강관리에 흔히 사용된다.

C: 음주를 줄여야(cut) 한다고 생각한 적이 있는가?
A: 다른 사람들이 당신의 음주 때문에 불평(annoy)을 한 적이 있는가?
G: 음주에 대해 죄의식(guilty)을 느낀 적이 있는가?
E: 신경상태 유지나 숙취를 없애기 위해 아침에 눈을 뜨자마자(eye-opener) 음주를 한 적이 있는가?

위에서 한 가지 이상의 질문에 대해 '예'라고 답했다면 알코올중독을 의심해야 한다. 사용하기 쉬운 온라인 도구는 링크 www.alcoholscreening.org에 있다.

유전적 영향

유전적 요인은 알코올중독의 40~50%를 좌우한다. 쌍둥이나 1차 친척(부모, 형제, 자녀)은 알코올중독에 대해 기질을 공유한다. 알코올중독자의 자녀는 알코올중독이 될 위험이 4배나 더 크며, 알코올중독 가족력이 없는 가정에 입양되었어도 나타난다.

표 7.5 DSM-5, 알코올 섭취 장애에 대한 진단기준

지난해 ________을/를 경험한 적이 있다.	
1. 의도한 것보다 더 자주, 더 오랜 시간 음주를 한 적이 가끔 있다. 2. 그만 마시거나 적게 마시려 시도했으나 적어도 한 번 이상 그럴 수 없었던 적이 있다. 3. 많은 시간을 음주하는 데 보내거나 술을 마시고 나서 숙취를 앓거나 아픈 적이 있다. 4. 술이 너무 마시고 싶어서 다른 생각을 할 수 없었던 적이 있다. 5. 음주 혹은 숙취 등으로 가정이나 식구들을 보살피는 데 방해받은 적이 있다. 혹은 가정이나 학교에서 문제를 만든 적이 있다. 6. 가정이나 친구들 사이에서 문제를 일으킴에도 불구하고 계속 술을 마신 적이 있다. 7. 술 때문에 본인이 흥미로워하거나 본인에게 중요한 일을 줄이거나 포기한 적이 있다. 8. 적어도 한 번 이상 술을 마시거나 마신 후에 본인이 다칠 위험(운전이나 수영, 혹은 기계를 사용하거나, 위험한 지역을 걷거나, 안전하지 않은 성관계를 하는 등)이 높아지는 상황에 처하도록 한 적이 있다. 9. 음주가 본인을 우울하거나 불안하게 하고, 혹은 건강문제를 일으킴에도 불구하고 술을 계속 마신 적이 있다. 혹은 음주 후 다음날 기억이 나지 않은 적이 있다. 10. 원하는 효과를 얻기 위해 평소보다 훨씬 많은 양의 술을 마신 적이 있다. 혹은 평소 마시는 양의 음주량이 이전보다 덜 효과적이라 생각한 적이 있다. 11. 술의 효과가 적어질 때, 잠에 들지 못하거나, 몸이 떨리거나, 휴식을 취한 것 같지 않거나, 메스꺼움, 발한, 두근거리는 심장, 경련과 같은 증상이 나타나는 것을 경험한 적이 있다. 혹은 실제 없는 것을 감지한 적이 있다.	만약 위 중 적어도 두 가지 이상에 해당된다면 알코올 섭취 장애(AUD)에 속한다. 알코올 섭취 장애의 정도는 다음과 같다. 약함, 2~3개 증상 중간, 4~5개 증상 심각, 6개 이상의 증상

출처: American Psychiatric Association, Diagnostic and Statistical Manual of Mental Disorders, 5th ed, Arlington, American Psychiatric Publishing, 2013.

생각해 봅시다

Jose는 17살의 사랑받는 청년이다. 시험에서 A를 맞고, 대학가는 장학금을 타는 등 마치 모든 것이 그의 맘대로 되는 듯했다. 그러나 최근 그는 약간의 실망감을 경험하고 있다. 할아버지께서 막 돌아가셨고 여자 친구와도 헤어졌다. 그가 술 냄새를 풍기며 집에 늦게 돌아왔을 때 부모님은 걱정하기 시작했다. 그의 부모님은 음주 문제가 있는지 나타내는 어떤 신호와 증상을 알아차려야 할까?

알코올 의존성에 대한 유전적 기반은 현재 활발히 연구되고 있다. 알코올 대사효소(알코올 탈수소효소와 알데히드 탈수소효소)를 조절하는 유전자에 관심이 집중되고 있다. 이 유전자는 여러 개의 다형질(variants)을 가지고 있으며, 어떻게 이 다형질이 알코올 대사를 변화시켜 알코올 의존성이나 알코올성 간질환을 유발하고, 위험을 증가시키는지 연구되고 있다. 예를 들어, 앞서 논의했듯이 알코올을 빨리 완전히 대사시키지 못하고 아프게 되면 그들은 과음을 싫어하게 된다. 항산화효소, 신경전달물질, 면역 요인과 같은 다른 유전자도 연구 중이다.

알코올중독 가족력을 가진 사람은 특히 알코올 의존성 초기 증세를 경계해야 한다. 그러나 유전적 위험은 운명적인 것은 아니다. 알코올중독 부모의 자녀가 모두 다 알코올 섭취 문제를 나타내는 것은 아니다. 또한 알코올중독자 중에는 알코올 문제의 가족력이 전혀 없는 경우도 있다. 그러므로 유전적 요인이 알코올 관련 문제가 사람에 따라 나타나거나 나타나지 않는지 완전히 설명하지는 않는다.

성의 차이

성은 알코올 의존성과 대사에 중요하다. 음주 관련 장애를 가진 사람의 남녀 비율은 4:1이다. 그러나 여성이 남성보다 알코올 부작용(간질환, 심장근육 손상, 암, 뇌 손상)에 대해 더 민감하다. 또한 여성은 남성에 비해 신체 크기가 작고 근육량과 체액량이 적기 때문에 같은 양의 알코올을 마실 경우 더 농축되므로, 권장되는 제한 음주량은 여성이 남성보다 더 적다. 여성은 위장관 알코올 탈수소효소의 활성이 낮아 알코올 대사가 빠르지 않으므로 남성보다 오랫동안 혈중 알코올 농도가 높게 유지된다.

젊을 때 알코올을 마시면 알코올중독의 위험이 증가한다.

Image Source/Getty Images

음주 시작 연령

미성년의 알코올 섭취로 미국에서는 매년 거의 4,400명이 사망(살인, 자동차 사고, 자살)할 뿐만 아니라 미성년 음주는 성년 알코올중독의 주요 위험요인이기도 하다. 연구에 따르면, 14세 이전의 음주가 특히 문제이다. 현재 미국 고등학생의 약 35%가 알코올을 마시고 있으며, 이 점은 심히 걱정스럽다.

인종과 알코올 섭취

알코올 섭취 패턴은 인종에 따라 다르다. 북미에서 비히스페닉계 백인들이 가장 술을 많이 마시는 반면 아시아계 사람들은 가장 적게 마신다. 그러나 알코올 섭취 장애는 북미 원주민이 가장 높다. 알코올 섭취와 관련된 건강 관련 부담(예를 들어, 알코올 섭취와 관련된 자동차 사고, 간질환)은 북미 원주민과 흑인에서 가장 높다.

알코올 섭취와 효과 사이의 차이는 사회 내 알코올의 접근가능성 같은 사회적 요인과 알코올에 대한 취약성에 영향을 미치는 생물학적 요인에서 기인될 수 있다. 위에서 논하였듯이, 많은 아시아계 미국인들은 음주 후 불편한 경험으로 음주량이 낮은 것으로 보인다.

정신건강과 알코올 남용

우울증이나 범불안장애 같은 정신건강 장애는 흔히 음주 장애와 관련이 있다. 알코올 의존성과 남용은 정신건강 장애를 악화시키거나 그 원인이 되기도 한다. 반대로 우울증이나 다른 장애를 가진 사람들이 그 상태를 스스로 치료하기 위해 알코올을 사용하기도 한다. 정신건강 장애와 알코올 남용은 둘 다 치료 대상이다.

알코올로 인해 많은 자살과 가족 간 살인이 일어난다. 알코올 섭취는 젊은이의 자살 위험을 높이며, 음주자가 어릴수록 자살 확률이 높다.

알코올 남용에 따른 경제적 손실

미국 질병관리본부(CDC)에 따르면 미국은 매년 알코올 남용으로 생산성 감소, 조기 사망, 치료비, 법무 관련 수수료 등에 약 2490억 달러의 비용이 든다. (이 중 70% 이상이 폭음에 의한 것이다.) 과음자의 경우에 필요한 간 이식에 수십만 달러를 쓴다(가장 최근 통계는 714,000달러이다). 반대로 알코올 남용자의 치료를 위해 일반적인 상담 프로그램에는 5천 달러에서 1만 달러 정도가 든다.

사례연구 후속

McGraw-Hill Education/Gary He, photographer

Charles는 한 주에 13-16캔의 맥주를 마신다. 평균적으로 14.5캔 맥주를 마셔, 매주 2175kcal의 추가적인 에너지를 소비하고 12주간 26100kcal의 에너지를 소비한다. 26100kcal를 3500kcal/kg 지방으로 나누면 3.2 kg의 추정된 몸무게 증가를 산출할 수 있다. Charles의 체중증가는 아마도 맥주를 마시는 새로운 습관 때문일 가능성이 높다.

확인합시다!

1. 알코올 의존성의 소인으로 작용하는 요인은 무엇인가?
2. 알코올 섭취가 시작되는 연령이 중요한 이유는 무엇인가?
3. 여성이 남성보다 알코올 섭취의 부작용이 더 심각한 이유는 무엇인가?
4. 알코올 관련 문제의 위험이 높은 인종들은?

임상적 관점

알코올 섭취 장애의 치료

알코올 섭취 장애의 치료에는 행동요법과 약물요법이 병행되어야 한다. 행동요법은 정신과 의사, 사회복지사, 상담사가 함께 한다. 음주의 즐거움을 대신할 취미생활을 찾게 하는 것이 상담의 주요 목적이다. 알코올중독자들은 대부분 사교상의 음주를 조절할 안전한 방법이 없으므로 완전 금주가 최종 목적이다. 일반적으로 알코올 남용자나 알코올중독자는 다른 심리적인 문제를 가진 경우가 많으므로 이 문제도 사회생활 복귀를 위해 치료되어야 한다.

미국에서 승인된 알코올중독 치료제에는 다음과 같은 세 가지 의약품이 있다.

- 날트렉손(ReVia®): 알코올 탐닉을 억제하고 중독의 쾌락을 억제한다(그림 7.9).
- 아캄프로세이트(Campral®): 음주 욕구를 감소시키는 신경전달물질 경로에 작용한다.
- 디설피람(Antabuse®): 음주 시 구토를 유발한다. 아시아계 사람들이 경험하는 것과 같은 유사한 경로를 통해 간 알코올 분해를 억제한다.

상조 프로그램(mutual help programs)은 알코올 의존성 탈피를 용이하게 한다. 금주 동호회(alcoholics anonymous, AA) 12단계 프로그램은 가장 잘 알려진 프로그램이다. 1935년에 공인된 비공식 사회단체로 금주 동호회는 200만 명이 넘는 알코올중독자를 회복시켰다. 회원으로서 필요조건은 금주 소원(the desire to stop drinking)이다. 규칙, 규제, 의무, 수수료는 없다. AA의 상세 정보는 www.aa.org에 있다. 다른 조직인 Al-Anon은 알코올 의존성 환자와 사는 가족 구성원과 친구들의 회복을 돕는다. 상세 정보는 www.anon.alaten.org에 있다.

알코올중독자의 회복 예후에 대한 부정적 여론을 지지하지 않는다. 근로자들이 사회적으로 안정되고 잘 동기화되어 있는 곳이면 일과 관련된 알코올중독 치료 프로그램은 대부분 60% 이상 회복률을 보인다. 이렇게 현저히 높은 치료율은 조기 발견에 있다. 한 번 알코올중독 단계에 간 사람이 더욱 심해지면 치료의 성공률은 50%를 넘지 못한다. 조기 발견과 중재는 알코올중독 치료의 가장 중요한 단계이다.

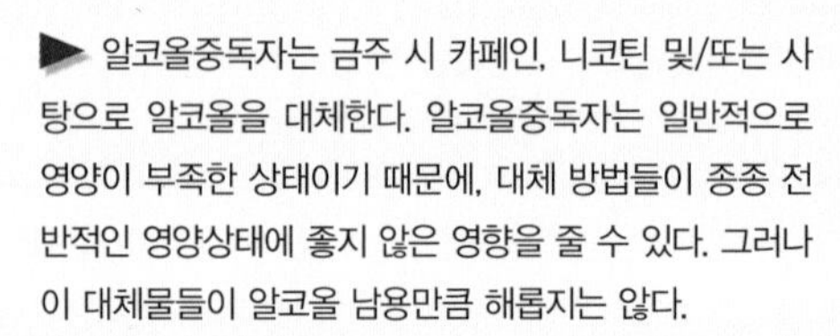
▶ 알코올중독자는 금주 시 카페인, 니코틴 및/또는 사탕으로 알코올을 대체한다. 알코올중독자는 일반적으로 영양이 부족한 상태이기 때문에, 대체 방법들이 종종 전반적인 영양상태에 좋지 않은 영향을 줄 수 있다. 그러나 이 대체물들이 알코올 남용만큼 해롭지는 않다.

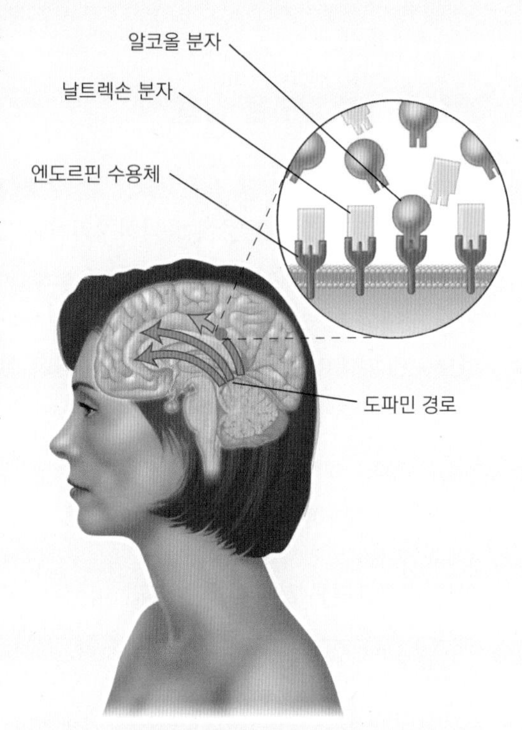

그림 7.9 알코올 섭취로 인한 쾌감은 알코올이 뇌의 엔도르핀 수용체와 결합하여 유도되는 현상이다. 자연적 진통제로써 행복감을 일으키는 엔도르핀은 뇌에서 만들어지는데, 알코올과 엔도르핀 수용체의 결합이 신경전달물질인 도파민의 분비를 매개하고, 알코올 섭취로 인한 쾌감을 나타나게 하는 것으로 알려져 있다. 날트렉손(ReVia®)은 이러한 알코올의 뇌 수용체 결합능력을 방해하는 작용을 하며, 그로 인해 도파민 분비가 줄어들어, 알코올 섭취로 인해 느껴지는 쾌감 또한 감소하게 한다.

실천해봅시다!

당신은 왜 이들이 알코올과 관련된 근거없는 믿음인지 아시나요?

술에 대한 잘못된 믿음이 많이 있다. 무엇이 아래 내용을 부정확하게 만드는지 확인해 보자. 각각의 잘못된 믿음을 읽고 분석하여 왜 이것이 진실이 아닌지 파악하고 사실을 확인해 보자.

미신	사실
"Beer before liquor, you've never been sicker. Liquor before beer and you're in the clear." (독주 전에 맥주는 너를 아프게 하지만, 맥주 전에 독주는 문제를 일으키지 않는다)	다른 종류의 술을 어떤 순서대로 먹느냐보다 얼마나 많은 양의 알코올을 먹느냐가 그 사람이 얼마나 아플지를 결정한다. 과음의 문제 중 하나는 숙취(hangover)이다. 숙취는 피로, 두통, 어지럼증, 빛이나 소리에 대한 민감함, 수면문제, 집중력 약화, 탈수, 손떨림, 그리고 메스꺼움, 구토, 설사나 복통 같은 소화기계 장애로 특징지어 진다. 너무 많은 양의 맥주나 포도주, 독주 등을 마시면, 어떤 종류를 함께 마셨든, 어떤 순서로 마셨든 숙취를 일으킨다.
라이트 맥주는 일반 맥주보다 건강에 좋다.	라이트 맥주는 일반 맥주에 비해 낮은 탄수화물과 알코올을 함유하고 있어 더 적은 에너지를 가진다. 라이트 맥주의 성분은 상품마다 다르다. 일반맥주가 일반적으로 5–6%인 것에 비해, 많은 라이트 맥주는 4–5%의 알코올을 함유하고 있다. 이 적은 양의 알코올과 에너지의 감소는 일반 맥주에 비해 라이트 맥주를 더 건강에 좋게 만들지는 않는다. 라이트 맥주를 마시는 것이 과음을 해도 좋다는 신호는 아니다. 음주 시 절제해야 하는 것은 마찬가지다.
모유수유 전 한 잔을 하면 젖이 더 잘 나온다.	음주는 모유의 생산을 증가시키지 않는다. 모체의 혈중 알코올 농도와 모유 내 알코올 농도는 함께 간다. 모유에 알코올이 함유되어 있는 경우 아기들이 모유를 적게 먹는다는 것을 보인 연구도 있다. 아기가 알코올 성분을 섭취하였을 때 졸려 하거나 향미나 냄새를 좋아하지 않을 수 있다.
술 마신 후 밤에 기름진 음식을 먹으면 다음날 숙취가 줄어든다.	숙취를 줄이는 최선의 방법은 술을 적게 마시는 것이다. 피자 같은 기름진 음식을 먹는다고 간에 의한 알코올 대사가 빨라지거나 과음한 독성 효과를 예방하지 않는다.
색이 진한 맥주가 색이 연한 맥주에 비해 더 높은 알코올 함량(그리고 더 많은 에너지)을 가지고 있다.	맥주의 색은 맥아(싹이 난 곡물 씨앗)에 있는 갈변(browning reaction)이라고 하는 화학적 작용으로부터 온다. 색이 진한 맥주는 색이 진한 맥아로부터 나오며, 진한 맥아는 더 많은 갈변 과정을 겪는다. 맥아의 색은 맥주의 알코올이나 에너지 함량에 영향을 주지 않는다. 색이 진하던 연하던 알코올 함량이 다양하다.
위스키나 럼주 같은 독주를 마시는 것이 맥주나 포도주를 마시는 것보다 더 유해하다.	어떤 술이든 많이 마시면 몸에 해롭다. 간질환이나 음주 장애 등 음주의 유해한 효과는 섭취된 에탄올이 어떤 술에서 왔는가 보다는 그 양과 관련이 있다.
알코올은 몸을 따뜻하게 한다.	음주는 순간적으로 피부로 가는 혈류를 증가시켜 몸이 따뜻해지는 듯이 느끼게 해주나, 실제로는 몸을 차갑게 만든다.
알코올은 흥분제(stimulant)이다.	술을 마시면 처음에는 자제력을 잃고 자신감이 올라가서, 어떤 사람들은 알코올이 흥분제라고 믿는다. 그러나 실제로는 알코올은 중추신경 진정제이며, 적정량 이상 섭취하였을 때는 뇌기능에 많은 부정적인 영향을 끼친다.
맥주는 비타민과 무기질의 좋은 급원이다.	맥주는 호프(hops), 곡물, 그리고 이스트로부터 만들어지고 이 원료들은 적은 양의 비타민 B군과 칼륨, 철 그리고 다른 무기질을 제공한다. 그러나 맥주의 주요 재료는 물이며, 그 적은 영양소들마저 희석한다. 맥주에 있는 적은 양의 영양소들은 영양밀도가 높은 식품에 들어있는 더 농축된 양의 영양소와 비교대상이 되지 않는다. 예를 들어, 가끔 맥주가 엽산이 풍부하다고 선전함에도 불구하고, 1파인트(pint; 약 473 mL) 맥주는 약 30 μg 엽산을 함유하나, 아스파라거스 반컵에 들어있는 140 μg보다도 훨씬 적다.
음주는 식욕을 자극한다.	이는 얼마만큼의 음주를 하는가에 달려 있다. 식사나 사교적인 모임의 적은 양의 음주는 식욕을 북돋을 수 있다. 그러나 많은 양의 음주는 식욕을 낮출 수 있다. 건강한 음식은 알코올 음료로 대치될 수 있다. 술을 많이 마시는 사람들은 종종 식사와 영양상태가 불량하다.

Jodi Jacobson/E+/Getty Images

참고문헌

1. Butler LB and others. Trends in energy intake from alcoholic beverages among US adults by sociodemographic characteristics, 1989–2012. J Acad Nutr Diet. 2016;116:1087.
2. Nielsen SJ and others. Calories consumed from alcoholic beverages by U.S. adults, 2007–2010. NCHS data brief, #110. Hyattsville, MD: National Center for Health Statistics; 2012.
3. Kerr W and others. Alcohol content variation of bar and restaurant drinks in northern California. Alcohol Clin Exp Res. 2008;32:1623.
4. Naimi TS, Moscher JF. Powdered alcohol products new challenge in an era of needed regulation. JAMA. 2015;314:119.
5. National Institute on Alcohol Abuse and Alcoholism. Alcohol metabolism: An update. Alcohol alert 72. 2007; pubs.niaaa.nih.gov.
6. Wall TL and others. Biology, genetics and environment: Underlying factors influencing alcohol metabolism. Alcohol Res. 2016;38:59.
7. Schukit M. Alcohol and Alcohol Use Disorders. in Jameson, JL and others, eds. Harrison's principles of internal medicine. New York: McGraw-Hill; 2018.
8. Substance Abuse and Mental Health Services Administration. National Survey on Drug Use and Health (NSDUH). Table 2.41B—Alcohol use in lifetime, past year, and past month among persons aged 18 or older, by demographic characteristics: Percentages, 2013 and 2014. 2014; www.samhsa.gov/data/sites/default/files/NSDUH-DetTabs2014/NSDUH-DetTabs2014.pdf.
9. Dwyer-Lindgren L and others. Drinking patterns in US counties from 2002 to 2012. Am J Pub Health. 2015;105:1120.
10. U.S. Department of Health and Human Services. Healthy people 2030. 2020; www.healthypeople.gov.
11. Substance Abuse and Mental Health Services Administration. 2014 National Survey on Drug Use and Health (NSDUH). Table 6.88B—Alcohol use in the past month among persons aged 18 to 22, by college enrollment status and demographic characteristics: Percentages, 2013 and 2014. 2014; www.samhsa.gov/data/sites/default/files/NSDUH-DetTabs2014/NSDUH-DetTabs2014.pdf.
12. Kann L. Youth risk behavior surveillance—United States, 2015. MMWR. 2016;65(6):1.
13. National Institute on Alcohol Abuse and Alcoholism. College drinking. 2019; www.niaaa.nih.gov/alcohol-health/special-populations-co-occurring-disorders/college-drinking.
14. Chokshi DA and others. J-shaped curves and public health. JAMA. 2015;314:1339.
15. U.S. Department of Health and Human Services and U.S. Department of Agriculture. Dietary Guidelines for Americans, 2020–2025, 9th Ed. 2020. dietaryguidelines.gov.
16. Ferreira M, Weems S. Alcohol consumption by aging adults in the United States: Health benefits and detriments. J Am Diet Assoc. 2008;108:1668.
17. Kase CA and others. The relationship of alcohol use to weight loss in the context of behavioral weight loss treatment. Appetite. 2016;99:105.
18. Constanzo S and others. Wine, beer or spirit drinking in relation to fatal and non-fatal cardiovascular events: A meta-analysis. Eur J Epidemol. 2011;11:833.
19. Gemes K and others. Alcohol consumption is associated with a lower incidence of acute myocardial infarction: Results from a large prospective population-based study in Norway. J Intern Med. 2016;279:365.
20. Klatsky KL. Alcohol and cardiovascular disease: Where do we stand today? J Intern Med. 2015;278:238.
21. Knott C and others. Alcohol consumption and the risk of type 2 diabetes: A systematic review and dose-response meta-analysis of more than 1.9 million individuals from 38 observational studies. Diabetes Care. 2015;38:1804.
22. Kim JW. Alcohol and cognition in the elderly: A review. Psychiatry Investig. 2012;9:8.
23. Stahre M. Contribution of excessive alcohol consumption to deaths and years of potential life lost in the United States. Prev Chronic Dis. 2014;11:130293.
24. Nelson DE and others. Alcohol-attributable cancer deaths and years of potential life lost in the United States. Am J Pub Health. 2013;103:641.
25. American Institute for Cancer Research. The Continuous Update Project. Washington, DC: AICR; 2019; www.aicr.org/continuous-update-project/index.html.
26. Connor J. Alcohol consumption as a cause of cancer. Addiction. 2016; doi:10.1111/add.13477.
27. Beier JI and others. Nutrition in liver disorders and the role of alcohol. In: Ross C and others, eds. Modern nutrition in health and disease. Philadelphia: Lippincott Williams & Wilkins; 2014.
28. National Institute of Diabetes, Digestion and Kidney Diseases. Cirrhosis. 2014; www.niddk.nih.gov/health-information/health-topics/liver-disease/cirrhosis/Pages/facts.aspx.
29. Xu J and others. Deaths: Final data for 2013. National Vital Statistics Report .2016;64(2):1.
30. Badawy AA-B. Pellagra and alcoholism: A biochemical perspective. Alcohol Alcohol. 2014;49:238.
31. Quintero-Platt G and others. Vitamin D, vascular calcification and mortality among alcoholics. Alcohol Alcohol. 2015;50:18.
32. Centers for Disease Control and Prevention. Fetal alcohol spectrum disorders (FASD). 2020; www.cdc.gov/ncbddd/fasd/.
33. American Academy of Pediatrics. Breastfeeding and the use of human milk. Pediatrics. 2012;129:e827.
34. World Health Organization. Global status report on alcohol and health. 2018; www.who.int/substance_abuse/publications/global_alcohol_report/en/.
35. Zaridze D and others. Alcohol and mortality in Russia: prospective observational study of 151,000 adults. The Lancet. 2014;383:1465.
36. U.S. Preventive Services Task Force. Screening and behavioral counseling interventions in primary care to reduce alcohol misuse: U.S. preventive services task force recommendation statement. Ann Intern Med. 2013;159:210.
37. Grant BF and others. Epidemiology of DSM-5 alcohol use disorders: Results from the National Epidemiologic Survey on Alcohol and Related Conditions III. JAMA Psychiatry. 2015;72:757.
38. National Institute on Alcohol Abuse and Alcoholism. Underage drinking. 2019; pubs.niaaa.nih.gov/publications/UnderageDrinking/UnderageFact.htm.
39. Delker E and others. Alcohol consumption in demographic subpopulations: An epidemiologic overview. Alcohol Res. 2016;38:7.
40. Goldstein RB and others. Sex differences in prevalence and comorbidity of alcohol and drug use disorders: Results from wave 2 of the National Epidemiologic Survey on Alcohol and Related Conditions. J Stud Alcohol Drugs. 2012;73:938.
41. Sacks JJ and others. 2010 national and state costs of excessive alcohol consumption. Am J Prev Med. 2015;49:e73.
42. Bentley TS and Ortner N. 2020 U.S. organ and tissue transplants: Cost estimates, discussion, and emerging issues. 2020; www.milliman.com/en/insight/2020-us-organ-and-tissue-transplants.
43. National Institute on Alcohol Abuse and Alcoholism. Treatment for alcohol problems: Finding and getting help. 2014; pubs.niaaa.nih.gov/publications/Treatment/treatment.htm.
44. 보건복지부, 한국영양학회, 2020 한국인 영양소 섭취기준

당신에게 가장 좋은 운동은 당신이 지속할 수 있는 운동이다. 더 자세한 정보는 다음 웹 사이트 mayoclinic.com/health/fitness/HQ00171에서 알아보자.

8 에너지 균형, 체중조절 및 섭식장애

학습목표

01. 신체의 에너지 균형과 이용
02. 신체의 에너지 소비량 측정방법
03. 공복, 식욕 및 포만 조절인자
04. 체구성 성분 및 건강 체중 평가방법
05. 유전과 환경이 체중 및 체구성 성분에 미치는 영향
06. 과체중과 비만을 치료하기 위한 프로그램의 핵심요소
07. 일시적으로 유행하는 다이어트(fad diet)의 특징
08. 체중 감량 프로그램의 안전성과 장기적 효과
09. 신경성 섭식장애 및 유병률 억제 방안

개요

8.1 에너지 균형

8.2 에너지 소비량 측정방법

8.3 식행동 조절

8.4 체중과 체구성의 추정

8.5 체중과 체구성에 영향을 미치는 요인

8.6 비만과 과체중 치료방법
현장 전문가적 관점: 생활방식에 맞는 건강 식사 계획의 조정

8.7 유행 다이어트
임상적 관점: 체중조절을 위한 전문의 도움

8.8 섭식장애

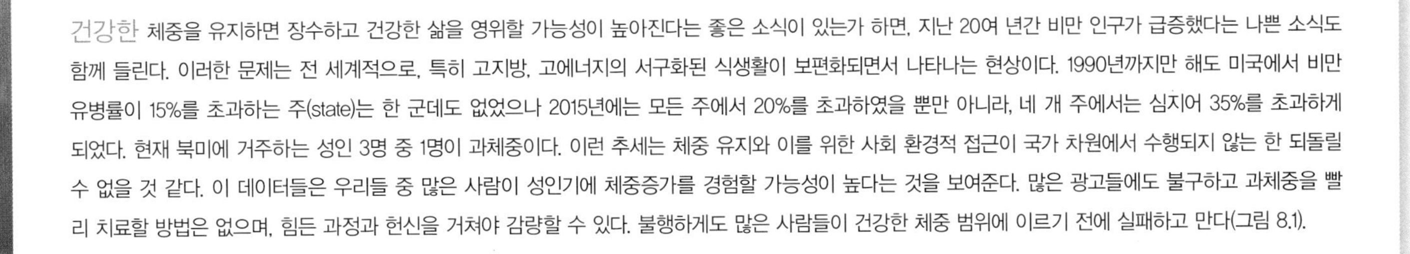

건강한 체중을 유지하면 장수하고 건강한 삶을 영위할 가능성이 높아진다는 좋은 소식이 있는가 하면, 지난 20여 년간 비만 인구가 급증했다는 나쁜 소식도 함께 들린다. 이러한 문제는 전 세계적으로, 특히 고지방, 고에너지의 서구화된 식생활이 보편화되면서 나타나는 현상이다. 1990년까지만 해도 미국에서 비만 유병률이 15%를 초과하는 주(state)는 한 군데도 없었으나 2015년에는 모든 주에서 20%를 초과하였을 뿐만 아니라, 네 개 주에서는 심지어 35%를 초과하게 되었다. 현재 북미에 거주하는 성인 3명 중 1명이 과체중이다. 이런 추세는 체중 유지와 이를 위한 사회 환경적 접근이 국가 차원에서 수행되지 않는 한 되돌릴 수 없을 것 같다. 이 데이터들은 우리들 중 많은 사람이 성인기에 체중증가를 경험할 가능성이 높다는 것을 보여준다. 많은 광고들에도 불구하고 과체중을 빨리 치료할 방법은 없으며, 힘든 과정과 헌신을 거쳐야 감량할 수 있다. 불행하게도 많은 사람들이 건강한 체중 범위에 이르기 전에 실패하고 만다(그림 8.1).

그림 8.1 2018년 미국 성인의 비만 유병률. www.cdc.gov/obesity/data/prevalence-maps.html을 참조할 것.

출처: CDC 행동위험요인 감시시스템.

미국 성인의 지역별 자기보고기반 비만 유병률
(유병률 추산은 행동위험요인 감시시스템(BRFSS) 방법론 변경(2011년)을 반영하였음, 2011년 이전 데이터와 비교하면 안됨)

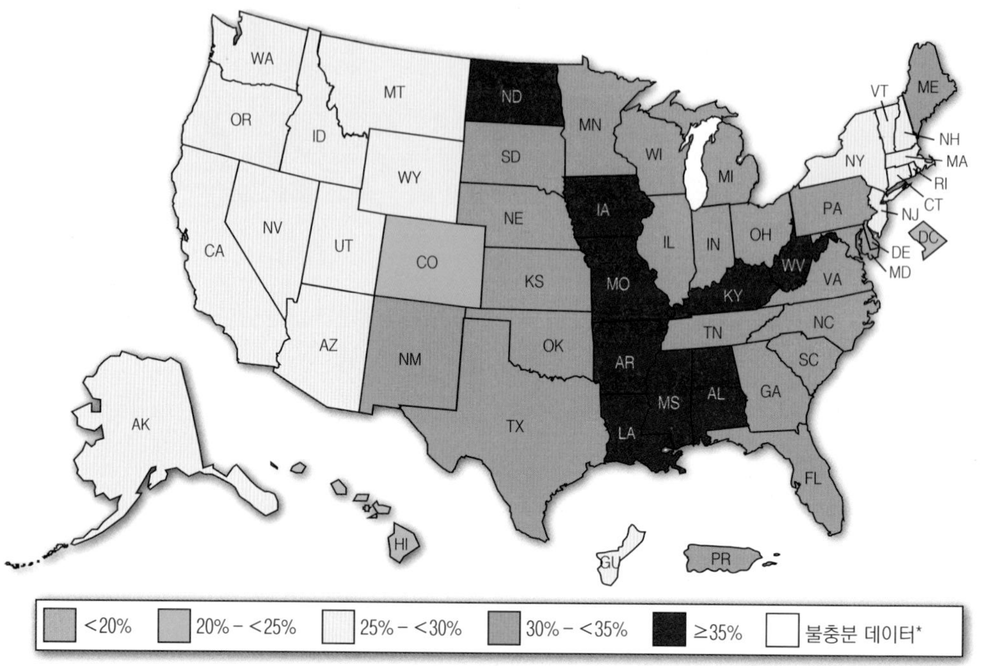

*표본크기 <50 혹은 상대표준편차 ≥ 30%

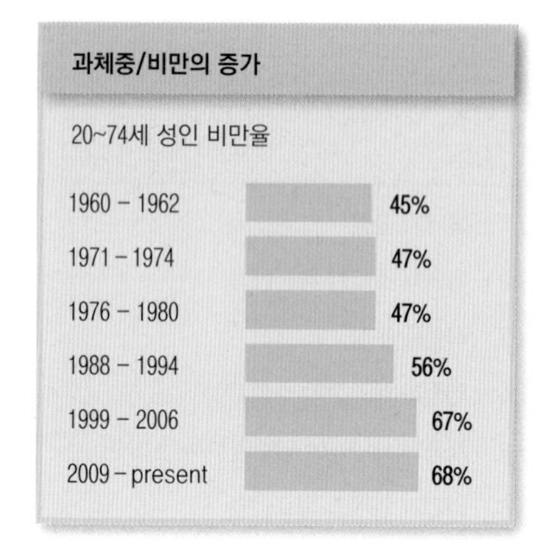

일시적으로 유행하는 다이어트(fad diet)는 대개 단조롭고 비효율적이며 혼란을 준다. 따라서 질병이 있는 개인이나 집단에서는 위험할 수도 있다. 날씬함에 대한 맹목적인 열망은 종종 정상적인 섭식과정을 해치는 심각한 장애를 유도하기도 한다. 체중 유지를 위한 가장 안전하고 합리적인 방법은 에너지 섭취를 관찰하고, 규칙적으로 운동을 하며, 문제가 되는 식행동을 관리하는 것이다. 과체중 예방에서 가장 중요한 점은 성공할 수 있는 방법이어야 한다는 것이다.

8.1 에너지 균형

에너지 균형(energy balance)은 에너지 섭취와 에너지 소비 간의 관계를 말하며 두 양이 같을 때 **에너지 평형**(energy equilibrium)이라고 한다. 음식과 음료를 통해 섭취한 에너지가 소비한 에너지보다 많을 때 **양의 에너지 균형**(positive energy balance)이라고 하며, 초과된 에너지는 저장되어 체중이 증가한다(그림 8.2). 양의 에너지 균형을 필요로 하는 때는 성장하는 시기(임신, 유아, 아동, 청소년), 기아, 질병, 상처 등으로부터 손실되었던 체중이 정상 수준으로 회복하는 시기이다. 그러나 성인기에 양의 에너지 균형상태가 반복되면 체중이 계속 증가하면서 건강하지 않은 수준에 이르게 된다. 노화 그 자체는 체중 증가의 원인이 아니며 오히려 음식의 과잉섭취, 신체활동의 제한, 대사의 저하 등이 결합되어 체중이 증가한다.

음의 에너지 균형(negative energy balance)은 섭취한 에너지가 소비한 에너지보다 적을 때를 의미한다. 체중 감소는 섭취한 에너지가 부족하여 신체(근육과 지방)에 저장된 에너지를

생각해 봅시다

현재 20세인 학교 친구는 자신의 부모와 조부모의 체중을 지속적으로 관찰하고 있다. 그녀는 에너지 균형에 대해 어른들께 어떻게 설명해 드려야 할까?

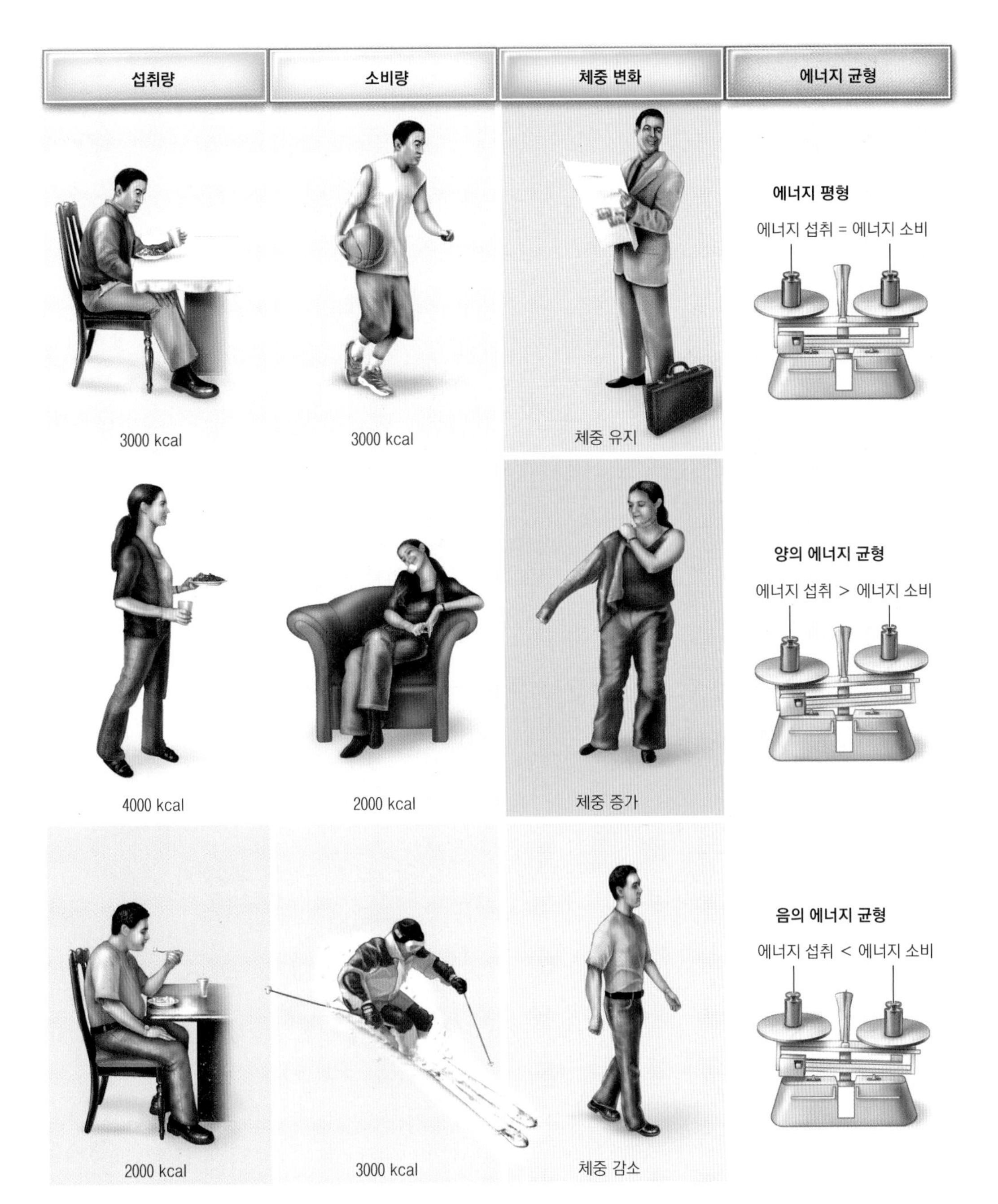

그림 8.2 **에너지 균형.**
- 에너지 평형은 섭취한 에너지와 소비된 에너지가 동일할 때를 의미한다.
- 양의 에너지 균형은 섭취한 에너지가 소비된 에너지를 초과할 때를 의미한다.
- 음의 에너지 균형은 섭취한 에너지가 소비된 에너지보다 적을 때를 의미한다.

대신 사용할 때 나타난다. 음의 에너지 균형은 체지방이 정상 수준을 초과하는 성인에게는 바람직하나 성장기 동안에는 정상적인 성장을 방해할 우려가 있다.

에너지 섭취

식품과 음료에 함유된 에너지양은 영양소 데이터베이스와 영양소 분석 소프트웨어를 이용하여 계산할 수 있다. 에너지가(calorie value)는 **폭발에너지계**(bomb calorimeter)로 직접 측정하여 얻은 값이다(그림 8.3). 일반적으로 에너지는 식품의 탄수화물, 단백질 및 지방 함량(gram)에 생리적인 연료가(fuel value, 탄수화물 4 kcal/g, 단백질 4 kcal/g, 지방 9 kcal/g, 알코올 7 kcal/g)를 곱하여 계산한다.

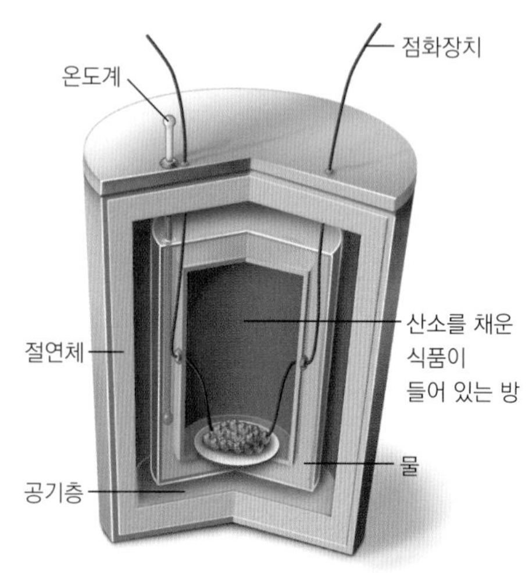

그림 8.3 폭발에너지계는 건조시료를 발화시켜 발생하는 에너지양을 측정하는 도구이다. 발화열이 식품 주변을 둘러싼 물의 온도를 상승시킨다. 1 kcal는 물 1 kg을 1℃ 올리는 데 필요한 에너지와 같다.

▶ 휴식하고 있을 때 신체 기관에서 사용되는 총 에너지의 비율은 대략 다음과 같다.

간	27%	380 kcal/day
뇌	19%	265 kcal/day
골격근	18%	250 kcal/day
신장	10%	140 kcal/day
심장	7%	100 kcal/day
다른 기관	19%	265 kcal/day

공부를 할 때 정신적 활동은 증가하지만 신체활동이 거의 없으므로 분당 1.5 kcal의 에너지를 소비한다.

Stockbyte/PunchStock RF

에너지 소비

신체는 에너지를 세 가지 목적, 즉 기초대사, 신체활동, 그리고 섭취 영양소에 따른 에너지 소비(소화 흡수 및 이용)를 위해 사용한다. 이 밖에도 추위에 반응하여 몸을 떠는 발열반응으로 알려진 적응대사(thennogenesis)에도 사용한다(그림 8.4).

기초대사량

기초대사량(basal metabolic rate, BMR)이란 12시간 이상 공복 후 따뜻하고 조용한 환경에서 휴식 중 깨어 있는 상태에서 소비하는 최소 에너지양을 의미한다. 좌식생활을 하는 사람의 기초대사량은 총 에너지 소비량의 약 60~70%를 차지한다. 기초대사량에는 심장박동, 호흡 및 주요 기관(간, 뇌, 신장)의 기능을 위한 에너지는 포함되지만, 신체활동과 최근 섭취한 영양소의 소화와 흡수 및 대사에 따른 소비량은 포함되지 않는다. 공복이나 완전한 휴식상태가 아닐 경우 **휴식대사량**(resting metabolic rate, RMR)을 사용하며, 휴식대사량은 기초대사량보다 대략 6% 정도 높다.

기초대사량과 휴식대사량은 단위 시간당 kcal로 표시한다. 기초대사량은 여성 0.9 kcal/kg/hr, 남성 1.0 kcal/kg/hr로 추정된다. 체중 59 kg인 여성의 단위 시간당 기초대사량은 여성의 평균 기초대사량인 0.9 kcal/kg/hr를 대입하여 계산한다.

$$59 \text{ kg} \times 0.9 \text{ kcal/kg/hr} = 53 \text{ kcal/hr}$$

그런 다음 하루 총 기초대사량을 알기 위해 시간당 기초대사량을 대입한다.

$$53 \text{ kcal/hr} \times 24 \text{ hr/day} = 1{,}272 \text{ kcal/day}$$

이러한 계산은 기초대사를 추정하기 위한 것으로 개인에 따라 25~30% 차이가 난다. 기초대사를 증가시키는 요인은 다음과 같다.

그림 8.4 **에너지 섭취와 소비의 주요 구성요소.** 각 구성요소의 크기는 에너지 균형에서 상대적인 기여도를 의미한다. 알코올은 섭취하는 사람에게만 적용되는 요소이다.

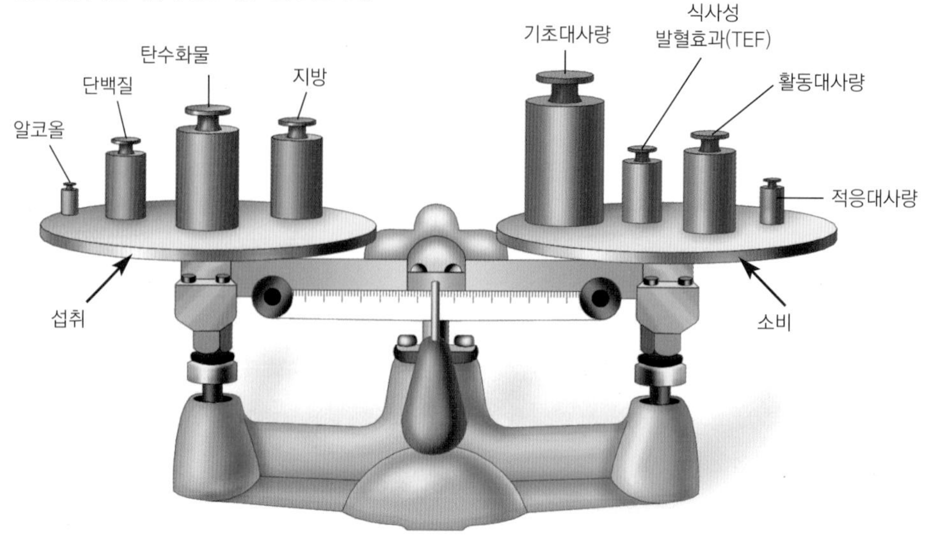

- 근육량이 클수록
- 체표면적이 클수록
- 남성(여성보다 체표면적이 크고, 근육량이 많기 때문)
- 체온(열 또는 추운 환경)
- 갑상선 호르몬 증가(기초대사의 핵심 조절인자)
- 신경계 활성(스트레스 호르몬 분비)
- 성장기
- 카페인과 담배의 사용(체중조절을 위한 흡연은 건강상 위험이 증가하므로 바람직하지 못함)
- 운동(최근)

이 중 가장 중요한 것이 개인의 근육량(muscle mass)이다.

기초대사를 저하시키는 요인 다음과 같다.

- 갑상선 호르몬 분비 저하
- 에너지 섭취 제한
- 체표면적 및 근육량 저하
- 30세 이상 연령층

에너지 섭취가 감소하여 신체가 절약 모드(conservation mode)로 전환되면 기초대사가 10~20% 정도(150~300 kcal/day) 감소한다. 이러한 변환은 기근이나 기아상태에서 생존을 돕지만 초저에너지 식사로 다이어트를 하는 동안 체중 손실이 지속되는 것을 방해할 수 있다. 나이가 들수록 제지방량이 감소하여 30세 이후에는 10년마다 기초대사량이 1~2%씩 서서히 감소한다. 그러나 신체활동을 꾸준히 하면 제지방량을 유지하는 데 도움이 되며, 성인기에 기초대사율을 유지할수 있다.

활동대사량

신체활동을 하면 기초대사량의 25~40% 수준으로 에너지 소비가 증가된다. 활동수준에 따라 일일 총 에너지 소비량이 달라진다. 엘리베이터 대신 계단을 이용하며, 자동차를 이용하기보다 걷고, 버스를 탔을 때 앉지 않고 서 있는 것이 신체활동을 늘려 에너지 소비를 더 증가시킨다. 활동량의 감소는 비만이 증가하는 이유 중 하나이다.

식사성 발열효과

신체는 식사섭취 후 소화, 흡수, 운반, 저장 및 영양소 대사를 위해 에너지를 사용하는 데 이를 **식사성 발열효과**(thermic effect of food, TEF)라고 한다. 식사성 발열효과는 섭취하는 에너지의 약 5~10%에 해당하여, 하루 3,000 kcal의 에너지를 섭취한다면 식사성 발열효과에 150~300 kcal를 사용하게 된다. 에너지 소비의 한 요소로서 그 정도는 개인마다 다소 다르다. 그 외에 식사구성도 식사성 발열효과에 영향을 미친다. 고단백질 식사(섭취 에너지의 20~30%)의 식사성 발열효과는 고탄수화물 식사(5~10%)의 식사성 발열효과나 고지방 식사

기초대사량(basal metabolic rate, BMR) 공복 후 따뜻하고 조용한 환경에서 쉬고 있거나 깨어있는 상태에서 소비하는 최소 에너지양.

식사성 발열효과(thermic effect of food, TEF) 신체가 식품의 소화, 흡수, 운반, 저장 및 영양소 대사를 위해 신체가 사용하는 에너지.

열발생대사(thermogenesis) 인체의 열생산.

▶ 휴식 에너지 소비량(resting energy expenditure, REE)은 활동하지 않는 동안에 필요한 에너지를 말한다. 임상에서 필요한 에너지를 추정하는 데 사용되며 해리스-베네딕트 공식에 의해 계산된다.

남성

REE = 66.5 + [13.8 x 체중(kg)] + [5 x 신장(cm)] – [6.8 x 연령(세)]

여성

REE = 655.1 + [9.6 x 체중(kg)] + [1.9 x 신장(cm)] – [4.7 x 연령(세)]

▶ 알코올의 식사성 발열효과는 20%이다. 따라서 일반적으로 식품에너지의 90%가 신체에서 사용될 수 있는 반면, 알코올에너지의 80%만이 체내에서 사용될 수 있다.

▶ 고과당 옥수수시럽과 허리둘레.
많은 식품제조회사들은 설탕 대신 액상과당이라 불리는 고과당 옥수수시럽(high-fructose corn syrup, HFCS)을 쓴다. 그 원료인 옥수수는 미국에서 정부의 지원도 있고 많은 양이 생산되어 가격이 저렴할 뿐 아니라, 고과당 옥수수시럽은 액상으로 쉽게 녹아 사용이 편리하다.
고과당 옥수수시럽은 1966년 식품 수급 목록에 들어가기 시작한 이래, 2005년에는 1인당 연간 사용량이 59 lb에 달했다. 같은 시기 동안 사탕수수나 사탕무로부터 만들어진 설탕의 총 사용량을 보면 1972년 1인당 102 lb로 최고점에 달한 후 63 lb로 감소하였다. 액상과당 사용량은 비만 발생률의 증가와 평행을 이루어, 액상과당 섭취가 과도한 체중 증가를 일으킨다는 가설이 제안되기도 했다. 2018년까지 소비자들은 연간 40 lb까지 그 소비량을 줄였으나, 그 대신 설탕의 섭취가 연간 69 lb로 늘었다. 액상과당 소비량을 가장 많이 줄인 것은 탄산음료 소비의 감소이다. 1999년에 최고점에 달한 후 15% 감소하였다.
전문가들은 액상과당 섭취와 체중 증가 간에 상관성을 제기한 바 있다. 일례로 액상과당이 단 것을 먹고 싶게 만들어 과잉의 에너지 섭취를 유도한다는 가설이다. 그러나 액상과당의 대부분은 설탕과 단맛이 유사하다. 다른 가설은 액상과당 섭취가 증가하면 설탕 섭취가 감소하고 이에 따라 식사의 '과당 : 포도당' 비율이 변화하여 간지방합성이 증가하거나 포만감 호르몬 분비가 감소하는 등 대사가 역전될 수 있다는 것이다. 그러나 식품 수급에서 '과당 : 포도당' 비율은 변하지 않았으며, 액상과당과 설탕의 대사가 서로 다르다는 증거도 없다. 액상과당과 설탕이 공복혈당, 인슐린, 식욕조절 호르몬인 그렐린 및 렙틴에 미치는 효과도 유사하다.
최근 과학적 증거들은 액상과당이 설탕이나 타 첨가당에 비해 체중 증가를 촉진시킨다고 입증하지 못하며 오히려 우리 스스로 단맛을 선호할 뿐 아니라 액상과당 섭취와 설탕 섭취가 서로 반비례한다는 것을 보여주고 있다.

(0~3%)의 식사성 발열효과에 비해 높다. 아미노산이 지방으로 대사되는 것은 포도당이 글리코겐으로 전환되거나 흡수된 지방이 지방조직 내로 저장되는 것보다 에너지를 더 소비하기 때문이다. 한 번에 많은 양의 식사를 하는 것이 동일한 식사량을 여러 시간에 걸쳐 섭취하는 것보다 식사성 발열효과를 상승시킨다.

적응열대사

인간을 비롯한 생명체의 열 생산과정인 **열발생대사**(thermogenesis)는 열발생조절(thermoregulation) 또는 비운동성 적응대사(non-exercise activity thermogenesis, NEAT)라고도 표현 되며 총 에너지 소비의 극히 작은 부분을 차지한다. 극도로 추운 환경이나 과식, 외상 및 기아에 의해 비자발적인 신체활동이 증가하는 경우 적응 열대사의 열이 발생한다. 비자발적 신체활동에는 불안하거나 추울 때 떨림, 근육긴장 유지, 기립자세 유지 등이 해당된다. 이렇게 비자발적으로 생산된 열은 에너지 소비를 증가시켜 체내 에너지 저장이 감소하며, 때에 따라 이 열로 소비되는 에너지가 상당히 클 수 있다.

갈색지방조직은 적응열대사를 담당하는 특수한 지방조직으로, 조직 내 많은 모세혈관과 미토콘드리아 때문에 갈색을 띤다. 갈색지방조직은 유아나 동면 동물에서 소량 발견되며, 세포 내 미토콘드리아의 구조가 특이하여 내막에 열발생단백질(thermogenin) 혹은 언커플링단백질(uncoupling protein 1, UCP1)이라는 단백질을 함유한 다공형태를 형성하고 있다. UCP1은 전자를 전자전달계보다는 미토콘드리아 내부로 다시 돌려보냄으로써 ATP 합성 대신 열을 발생시킨다. 그러나 성인의 몸에는 갈색지방조직이 거의 없으며 그 기능도 알려진 바 없다. 체중의 약 5%에 해당하는 갈색지방조직을 지니고 있는 유아기에는 열발생 기전이 매우 중요하다. 동면 동물은 추운 겨울 동안 갈색지방을 이용하여 열을 생산한다.

확인합시다!

1. 총 에너지 소비량 중 기초대사량(BMR)이 차지하는 비율은 어느 정도인가?
2. 기초대사를 증진시키는 요인은 무엇인가?
3. 식사성 발열효과(TEF)는 얼마나 되는가?
4. 적응열대사란 무엇인가?
5. 갈색지방은 무엇이며 유아에서 어떤 역할을 하는가?

8.2 에너지 소비량 측정방법

신체가 사용하는 에너지 소비량은 직접에너지계와 간접에너지계를 이용하여 측정할 수 있으며 신장, 체중, 신체활동과 연령에 근거하여 추정할 수도 있다.

직접에너지계(direct calorimetry)는 인체에서 발생되는 체열을 측정하는 기구로 에너지 소비량을 추정하는 데 이용된다. 인체에서 사용되는 에너지의 약 60%가 열로 방출되기 때문에 직접에너지계로 측정할 수 있다. 신체에서 방출되는 체열로 인해 작은 침실 정도 크기의 방을 둘러싸고 있는 물의 온도가 상승하는 정도를 측정하는 것이다. 체열 방출 전후의 물 온도 차이를 측정함으로써 에너지 소비량을 알 수 있다. 그러나 직접에너지계는 비용이 비싸고 사용방법이 복잡하기 때문에 거의 사용하지 않는다.

간접에너지계(indirect calorimetry)는 일정 시간 동안 호흡으로 배출된 공기를 모아 신체가 소비한 에너지를 계산하는 방법으로 가장 흔히 사용된다(그림 8.5). 이 방법은 산소 소비량과 이산화탄소 생성량으로부터 신체의 에너지 소비량을 예측하는 것인데, 이는 실험실에서 측정하거나 또는 실험실 외 다른 장소로도 움직일 수 있는 손쉬운 장비로 측정할 수 있다. 신체활동별 에너지 소비량을 알려주는 도표들은 대부분 간접에너지계를 사용하여 측정한 것이다.

또 다른 간접 측정법으로 두 가지 동위원소로 표시된 이중표지수(^2H_2O, $H_2{}^{18}O$)를 마신 피험자의 소변, 혈액에 나타난 ^2H, ^{18}O를 측정하는 방법이다. 방사성 동위산소(^{18}O)는 물과 이산화탄소로 배출되지만, 방사성 동위수소(^2H)는 오로지 물로 배출된다. 따라서 산소 손실량에서 수소 손실량을 제외하면 이산화탄소의 배출량을 계산할 수 있다. 이러한 방사성 동위원소 측정법은 비용이 들지만 정확하여 사람의 에너지필요추정량을 결정하는 데 유용하다.

에너지필요추정량(estimated energy requirement, EER)은 미국 식품영양국이 개발한 체중, 신장, 성별, 연령 및 활동량을 대입한 다음 공식에 따라 계산된다.

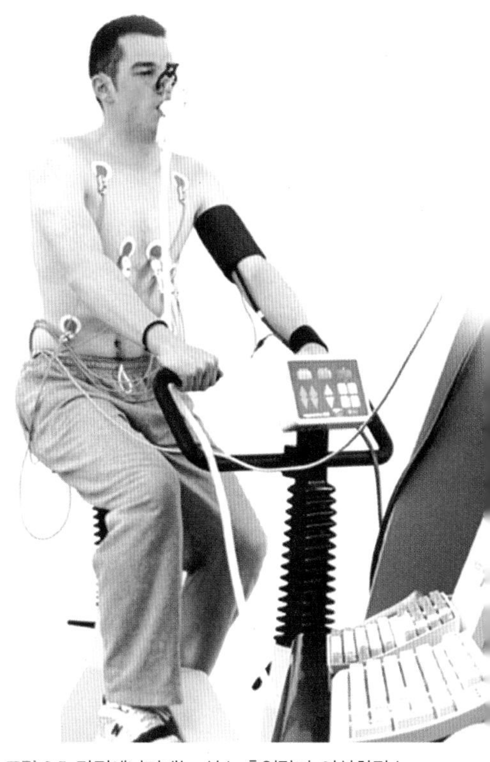

그림 8.5 간접에너지계는 산소 흡입량과 이산화탄소 배출량을 측정하여 신체활동에 소비되는 에너지를 결정하는 방법이다.

Samuel Ashfield/SPL/Photo Researchers, Inc/Science Source

남성(19세 이상)

EER = 662 - [9.53 × 연령(세)] + PA × [15.91 × 체중(kg) + 539.6 × 신장(m)]

여성(19세 이상)

EER = 354 - [6.91 × 연령(세)] + PA × [9.36 × 체중(kg) + 726 × 신장(m)]

* PA(physical activity) = 신체활동 추정치

활동수준	PA (남)	PA (여)
좌식생활(비활동적)	1.00	1.00
저활동적(30분 정도 3~4km 걷기)	1.11	1.12
활동적(2시간 정도 11~12km 걷기)	1.25	1.27
매우 활동적(4시간 정도 27km 걷기)	1.48	1.45

출처: Food and Nutrition Board. Dietary reference intakes for energy, carbohydrate, fiber, fat, fatty acids, cholesterol, protein, and amino acids. Washington, DC: National Academy Press, 2005.

현재 나이 25세, 체중 70 kg, 신장 1.75 m의 활동적인 남성의 에너지필요추정량은 다음과 같다.

EER = 662 - (9.53 × 25) + 1.25 × (15.91 × 70 + 539.6 × 1.75) = 2,997 kcal

EER은 추정량이므로 유전, 호르몬 등의 많은 요인에 의해 영향을 받는다는 점을 고려해야 한다.

에너지 소비량을 추적하는 간단한 방법으로 활동량 일지를 이용할 수 있다. 먼저 24시간 동안 수행한 활동(수면 포함)을 모두 기록한다. 각 활동 내용을 분 단위로 기록하고(총 1,440분) 각 활동의 분당 에너지 소비량을 곱하여 하루 동안 소비한 총 에너지를 산출한다.

	에너지		
아동	좌식생활	⟶	활동적
2~3세	1,000	⟶	1,400
여성	좌식생활	⟶	활동적
4~8세	1,200	⟶	1,800
9~13세	1,600	⟶	2,200
14~18세	1,800	⟶	2,400
19~30세	2,000	⟶	2,400
31~50세	1,800	⟶	2,200
51세 이상	1,600	⟶	2,200
남성	좌식생활	⟶	활동적
4~8세	1,200	⟶	2,000
9~13세	1,800	⟶	2,600
14~18세	2,200	⟶	3,200
19~30세	2,400	⟶	3,000
31~50세	2,200	⟶	3,000
51세 이상	2,000	⟶	2,800

연령과 활동에 따른 에너지 소비량.

우리는 단맛에 대한 선호를 가지고 태어나고 지방에 대한 선호는 자라면서 습득한다.

Ingram Publishing/Fotosearch RF

확인합시다!

1. 직접에너지계와 간접에너지계는 어떤 차이가 있는가?
2. 직접에너지계와 간접에너지계로 에너지 소비를 측정하는 이유는 무엇인가?
3. 여러분의 에너지필요추정량은 얼마인가?

사례연구

Jamie Grill Photography/Getty Images

Christy는 대학 신입생이다. 그녀는 대학생활에 거는 기대가 크며 그녀의 성공을 기원하는 가족과 친구들로부터 지원을 받고 있다. 그녀의 가장 큰 관심사는 첫 학기에 좋은 공부 습관과 시간 관리하는 법을 익히고, 새로운 룸메이트와 친해지는 것이며 '신입생 15(7 kg)'이라고 일컬어 지는 것처럼 체중이 늘어나지 않도록 주의하는 것이었다. 고등학교 때는 육상과 농구를 했었고 이전에는 체중 때문에 고민을 한 적이 없었다. 그러나 지금은 무엇을 먹어야 할지 잘 모른다. 오전 8시 수업 때문에 아침은 먹지 않고, 점심과 저녁에는 샐러드를 먹는다. 항상 오후 10시쯤이면 배가 매우 고프기 때문에, 룸메이트가 기숙사로 배달한 피자 몇 조각을 먹지 않을 수 없다. Christy에게 어떤 조언을 할 수 있을까? 이러한 식습관으로 인해 체중이 1년 사이 7 kg 증가할 것 같은가? 왜 그녀는 피자를 먹을 수밖에 없을까?

8.3 식행동 조절

음식을 먹게 하는 두 가지 추진력은 공복감과 식욕이다(그림 8.6). **공복감**(hunger)은 생리적인 욕구로 주로 조직기관, 호르몬, 호르몬 유사인자, 신경계 같은 신체의 내적 기전에 의해서 조절된다. **식욕**(appetite)은 심리적인 욕구로, 사회적 관습, 시간, 감정(슬픔 또는 행복), 맛에 대한 즐거운 기억이나 디저트를 보기만 해도 섭식을 자극하는 외적 요인에 의해 영향을 받는다.

공복감과 식욕을 유도하는 내적 및 외적 신호는 일반적으로 동시에 작용하여 섭식 유무를 결정한다. 예를 들어, 외적 신호는 뇌상(cephalic phase) 반응을 유도한다. 즉, 음식을 보거나 냄새를 맡고 맛을 보면 침이 분비되고 위장관 호르몬과 인슐린이 분비된다. 이러한 생리적인 반응들이 식욕을 촉진하게 됨에 따라 섭식 준비를 마친다. 공복감과 식욕은 밀접하게 서로 연계되어 있지만 항상 동시에 작용하는 것은 아니다. 거의 모든 사람들은 배가 불러도 입에 침이 고이게 하는 디저트를 먹는다. 반면에, 아무리 배가 고파도 음식을 앞에 놓고 식욕이 당기지 않을 때가 종종 있다. 먹을 것이 풍족할 때는 공복감이 없어도 식욕으로 먹는다.

식사를 충분히 하면 한두 가지 섭식 욕구가 충족되면서 **포만감**(satiety)을 느끼게 되어 더 이상 식사를 하지 않게 된다. 뇌의 시상하부는 포만감을 조절하는 주요 장소이다(그림 8.7). 시상하부는 호르몬계나 신경계와 교신하고 혈당 농도, 호르몬 분비, **교감신경계**(sympathetic nervous system) 활성 등의 내부 신호를 통합하여 섭식을 억제하거나 증진시킨다. 즉, 이러한 내부 신호들이 시상하부의 포만 중추를 자극하면 음식 먹기를 중단하며, 섭식 중추를 자극하면 더 먹게 된다. 수술이나 일부 암과 화학물질 등은 시상하부를 손상시킬 수 있다. 포만

교감신경계(sympathetic nervous system) 자율신경계의 일종으로 심박동, 평활근, 부신 작용을 조절.

그렐린(ghrelin) 위에서 합성되어 식품 섭취를 증가시키는 호르몬.

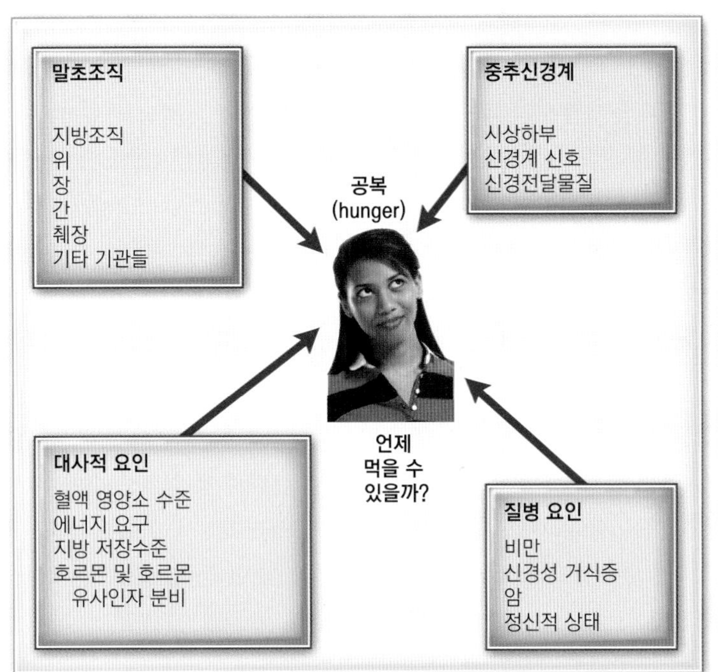

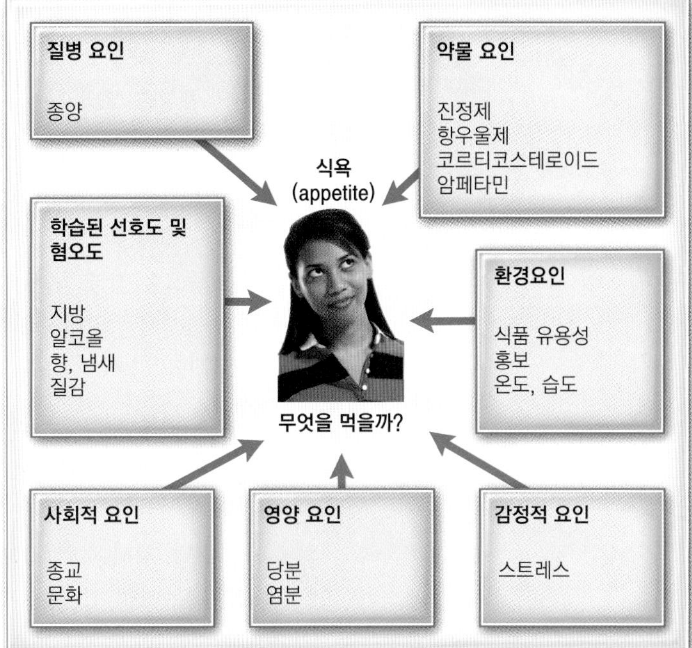

그림 8.6 여러 요소들이 공복과 식욕에 영향을 주지만, 공복은 주로 내적 요소, 식욕은 외적 요소가 영향을 미친다. 이러한 요소들이 복합적으로 상호작용하여 언제, 무엇을, 어떻게 먹을 것인지 결정한다.

Getty Images/Digital Vision RF

중추가 손상된 사람은 비만해지며 섭식 중추가 손상되면 먹는 것을 억제하여 결국 체중이 감소한다.

포만과정

포만감은 가장 먼저 감각기를 자극하는 식품의 향, 냄새, 크기와 모양 등 다양한 특성과 먹어본 경험에 의해 유도된다(그림 8.7 참조). 씹는 행동도 포만감에 영향을 주는데 부분적으로 신경전달물질 히스타민을 분비하여 뇌의 포만 중추에 영향을 준다. 그 다음 소화된 음식과 음료로 인해 위와 장이 팽배하여 포만감이 유도된다. 수분이나 식이섬유가 많은 저에너지 음식은 유지류와 간식류처럼 중량이 작은 음식보다 위장관을 훨씬 더 팽배시키기 때문에 포만감을 증진시킨다.

마지막으로 소화, 흡수 및 대사적 효과도 포만감을 증진시킨다. 예를 들어, 소화과정 동안 콜레시스토키닌, 글루카곤 유사펩티드-1(GLP-1), 펩티드 YY_{3-36}이 분비되면 공복감이 사라진다. 소장의 영양소 수용체(nutrient receptor)는 포만감을 증진시키는 데 도움이 된다고 알려져 있다. (지방과 탄수화물을 소장으로 주입하면 포만감이 유도되지만 혈액으로 주입하면 그 효과가 없다.) 식후 혈액으로 흡수된 킬로미크론의 아포지단백질(apolipoprotein)은 뇌로 포만감 신호를 보낸다는 연구가 있다. 일부 영양소, 특히 탄수화물 대사는 세로토닌 합성을 증가시켜, 심리적으로 안정되도록 하여 식사를 멈추게 한다. 단백질 대사는 위에서 섭식을 촉진하는 호르몬인 **그렐린**(ghrelin)의 분비를 감소시켜서 단기간 포만감을 유도한다. 간에서의 영양소 이용도 포만 신호가 된다.

그림 8.7에 제시한 단기간 포만감 조절 외에도, 섭식은 신체 구성성분, 특히 체지방량에

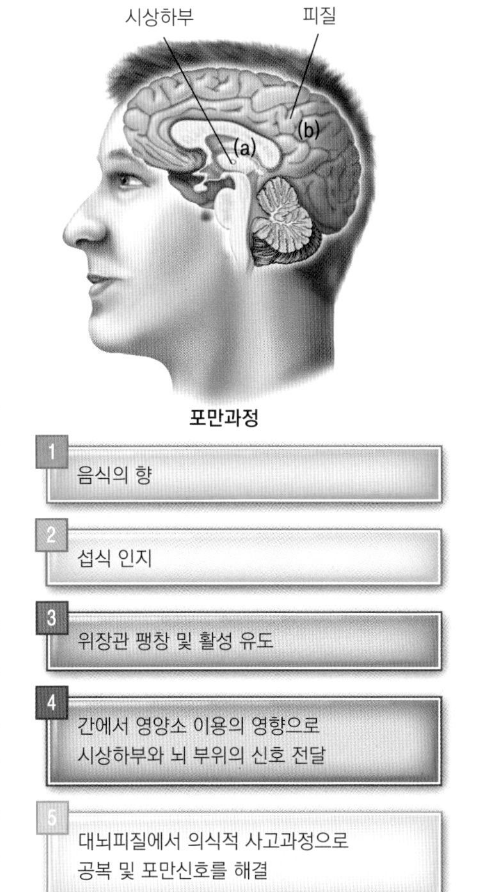

그림 8.7 시상하부와 포만. (a) 시상하부는 섭식 관련 신호를 가장 많이 처리하는 부위이다. (b) 포만과정은 식후 바로 시작되며 시상하부와 그 외 피질 등 부위에서 종결된다.

렙틴(leptin) 지방조직에서 분비되어 장기간 체지방량을 조절하는 호르몬.

의해 영향을 받는다. 체지방조직에서 합성되는 **렙틴**(leptin) 단백질은 섭식을 감소시켜 장기적으로 체지방량을 감소시키는 방향으로 조절하는 호르몬이다. 비만유전자(*ob* gene)는 렙틴 합성을 코딩하는 유전자로, 정상적으로 기능을 하면 렙틴 합성량이 증가되어 포만하다는 신호로 작용한다. 반대로 비만유전자의 변이로 인해 렙틴 합성이 충분히 이루어지지 않으면 섭식 욕구를 증진시키고 대사율이 감소하여 체중이 증가한다. 렙틴을 투여한 사람들에서 유의적인 체중 감소가 보이지 않으므로 전문가들은 렙틴이 비만을 방지하는 기능보다 더 중요한 기능, 즉 체지방 저장량이 저하됨을 알리는 신호로 작용하여 에너지 보유를 증진시키고 기아의 영향을 지연시키는 기능을 한다고 추측하고 있다.

섭식 신호

식후 두세 시간이 지나면 혈중 다량영양소 농도가 감소하면서 신체에 저장되어 있는 에너지를 사용하기 시작한다. 이러한 변화 때문에 포만감이 서서히 사라지면서 공복감이 다시 커진다. 체내 자연적 진통제인 엔도르핀(endorphin)과 코르티솔, 그렐린 등의 호르몬은 식욕을 촉진하여 섭식을 증가시킨다.

섭식과 포만의 조절은 그 자체로 매우 복잡할 뿐만 아니라 체세포(예: 뇌, 지방조직, 위, 장, 간 등), 호르몬(예: 콜레시스토키닌, 그렐린), 신경전달물질(예: 세로토닌), 식사 구성, 사회적 관습 등에 영향을 받는다. 이러한 체계는 완벽하지 않아서 만일 에너지 섭취와 에너지 소비의 균형에 주의하지 않으면 체중이 증가하거나 또는 감소할 것이다.

확인합시다!

1. 공복감에 영향을 주는 요인은 무엇인가?
2. 식욕에 영향을 주는 요인은 무엇인가?
3. 포만감에 영향을 주는 요인은 무엇인가?
4. 체지방량이 섭식에 어떠한 영향을 미치는가?

8.4 체중과 체구성의 추정

지난 50년간 체중의 건강 유무를 결정하기 위해서 생명보험회사(예: metropolitan life insurance company)들은 전형적인 방법을 통해 대단위의 건강인을 대상으로 조사된 신장-대비-체중 표를 사용해왔다. 이러한 표는 성별, 체격을 고려하여 작성한 것으로, 특정 신장에 대한 체중 범위로 최대 수명을 예측하는 데 사용된다.

신장대비 체중표는 개인의 건강과 수명이 연관된 체중을 예측하는 좋은 단서를 제공해준다. 그러나 과잉 체지방이 건강상 위험을 증가시키기 때문에 최근에는 신장대비 체중표 대신 체중의 구성성분[예: 체지방과 제지방량(뼈, 근육, 물 등)]과 상대적인 구성비에 관심을 쏟고 있다. 전문가들은 단순히 체중을 평가하기보다는 체지방량, 체지방 부위, 체중과 연관된 의학적 문제들을 살펴보도록 권유하고 있다.

생각해 봅시다

특정 음식을 왜 먹는가? 며칠 동안 자신의 식사 과정을 관찰해보자. 공복 때문에 먹는가? 아니면 식욕이나 무료함 때문에 먹는가?

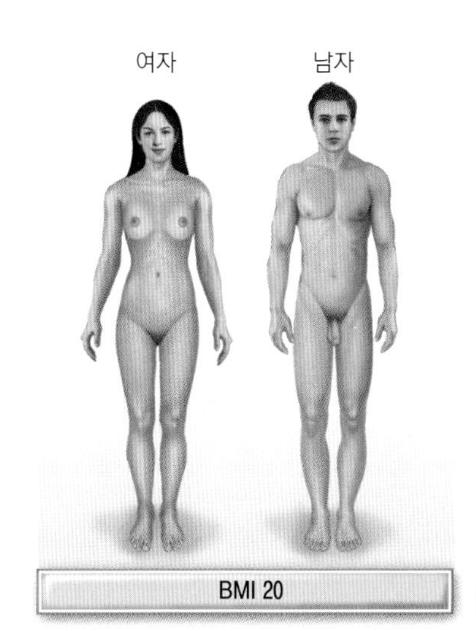

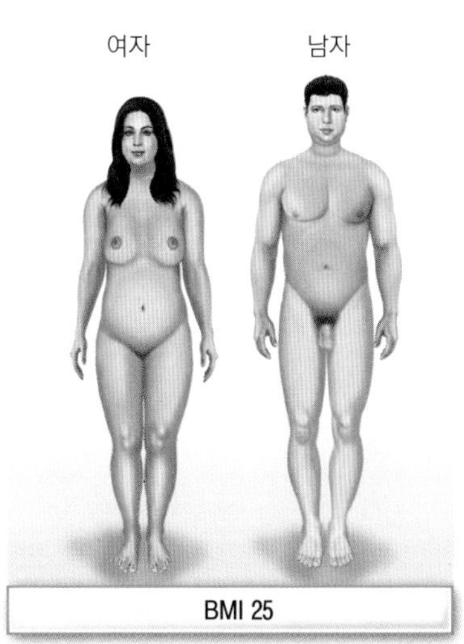

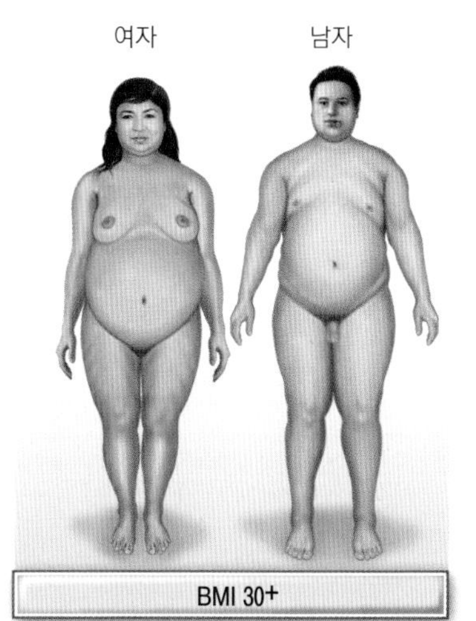

그림 8.8 BMI에 따른 체형의 실례.

체질량지수

현재 체지방과 밀접한 관계가 있는 체질량지수(body mass index, BMI)를 신장 대비 체중의 표준으로 사용하고 있다(그림 8.8). 신장과 체중을 측정하는 것이 체지방을 측정하는 것보다 수월하고, 남녀 모두에게 적용가능 하므로 BMI를 편리하게 이용한다. 표 8.1은 다양한 신장과 체중으로 계산된 BMI를 제시한 것이다. BMI를 계산하는 데 사용되는 공식은 다음과 같다.

$$\frac{\text{체중(kg)}}{\text{신장}^2\text{(m)}} \quad \text{또는} \quad \frac{\text{체중(lb)} \times 703}{\text{신장}^2\text{(inch)}}$$

건강한 BMI 범위는 18.5 이상 25 미만이며 과체중으로 인한 건강상 위험은 BMI 25부터 시작된다. 그러나 명심할 것은 BMI는 체지방을 대략적으로 측정한 것으로 25 이상 30 미만은 과체중을 의미하는 것이며 과잉 지방을 의미하는 것이 아니라는 점이다. 또한 인종에 따라 BMI 기준은 모두 다르다. 대한비만학회에 따르면, 한국인의 건강 BMI 범위는 18.5~22.9, 과체중은 23~24.9, 비만은 25 이상이다.

또한 BMI 기준은 모든 사람에게 적용하기 적절치 않아서 어린이, 10대 청소년, 약한 노인, 임신부, 수유부는 적용되지 않으며 특히 남자 운동선수들은 근육이 많아서 BMI가 25보다 크다. 또한 신장이 150 cm 이하인 성인은 과체중이나 비만이 아니더라도 BMI가 크다. 그러므로 BMI만으로 과체중이나 비만을 진단하지 않는 것이 바람직하다. 그럼에도 불구하고 일반적으로 과지방과 과체중은 함께 나타난다.

▶ 1단위 BMI는 약 3~3.5 kg에 해당한다.

▶ '건강 체중'은 체중 권장을 위해 현재 이용되고 있는 용어이다. 예전에 사용하던 '이상 체중' 혹은 '바람직한 체중'이라는 용어는 실제 현장에서 사용하는 사람이 더러 있기는 하나, 더 이상 의학적 자료에 사용되지 않는다.

비만: BMI ≥ 30
과체중: BMI 25~29.9
건강 체중: BMI 18.5~24.9
저체중: BMI < 18.5
WHO(2016) http://www.who.int
대한비만학회 kosso.or.kr

체지방 측정

체지방은 체중의 2~70%를 차지한다. 바람직한 체지방량은 남자가 체중의 약 8~24%, 여자가 약 21~35%이며, 남자는 24%, 여자는 35%를 초과하면 비만으로 간주한다. 여자의 체지방이 더 많은 이유는 일부 지방이 생식 기능과 관련되기 때문이다. 이는 정상적인 것이며 계산시 고려된다. 체지방이 정상 수준보다 많아질수록 건강상 위험은 커진다(표 8.2).

체지방량을 정확하게 측정하기 위해서는 체중과 신체 부피를 모두 알아야 한다. 체중 측

표 8.1 신장과 BMI에 따른 체중(kg)

	건강 BMI						과체중 BMI					비만 BMI		
	19	20	21	22	23	24	25	26	27	28	29	30	35	40
신장(cm)	체중(kg)													
147	41	43	45	47	49	52	53	56	58	60	62	64	75	86
150	42	45	47	49	51	53	56	58	60	62	64	67	78	89
153	44	46	48	50	53	55	58	60	62	64	67	69	80	92
155	45	48	50	52	55	57	59	62	64	67	69	71	83	95
157	47	49	52	54	57	59	61	64	66	69	71	73	86	98
160	48	51	53	56	59	61	63	66	68	71	73	76	89	101
163	49	52	55	57	60	63	65	68	71	73	76	78	92	104
165	51	54	57	59	62	65	67	70	73	76	78	81	95	108
168	53	56	59	61	64	67	70	72	75	78	80	84	97	111
170	54	57	60	63	66	69	71	75	77	80	83	86	101	115
173	55	59	62	65	68	71	74	77	80	83	86	89	104	118
175	58	61	64	67	70	73	76	79	82	85	88	91	106	122
178	59	63	66	69	72	75	78	81	85	88	91	93	109	125
180	61	64	67	71	74	77	80	84	87	90	94	97	113	129
183	63	66	69	73	76	80	83	86	90	93	96	99	116	132
185	65	68	72	75	78	82	85	89	92	95	99	102	119	136
188	67	70	73	77	80	84	87	91	95	98	101	105	122	140
190	68	72	76	79	83	86	90	94	97	101	104	108	126	144
193	70	74	77	81	85	89	92	96	99	104	107	111	129	148

BMI[체중(kg) / 신장^2(m) 또는 체중(lb) × 703 / 신장^2(inch)]

그림 8.9 수중체중 측정 시 호흡을 가능한 많이 내쉬고 멈춘 상태에서 허리를 굽힌다. 물속에 완전히 잠기도록 입수한 상태에서 체중을 측정한다. 물속 측정치와 대기 중 측정치를 공식에 대입하여 신체 부피를 계산한다.

David Madison/Getty Images

정은 간단하다. 특히 신체 부피를 정확하게 추정하는 방법으로 **수중체중측정법**(underwater weighing)이 가장 많이 이용된다(2~3% 오차범위). 수중체중측정법은 물속과 물 밖에서 측정한 체중을 지방 조직과 근육조직의 상대 밀도 차이를 이용한 수학 공식에 대입하여 신체 부피를 산출하는 방법이다(그림 8.9). 신체의 부피를 측정하는 또 다른 방법인 **공기대체법**(air displacement)은 BodPod®라는 작은 공간에 들어간 사람이 차지하는 부피를 측정하는 방법으로, 수중체중측정법과 마찬가지로 2~3% 오차범위를 가져 수중체중측정법을 대신할 수 있는 정확한 방법이다(그림 8.10).

일단 체중과 신체 부피를 알면 신체 밀도와 체지방을 계산할 수 있다.

$$\text{신체 밀도} = \frac{\text{체중}}{\text{신체 부피}} \qquad \%\ \text{체지방} = \frac{495}{\text{신체 밀도}} - 450$$

예를 들어, 그림 8.9에서 수중체중 물탱크 안에 앉아 있는 사람의 신체 밀도가 1.06 g/cm^{3}이면 체지방은 17%([495/1.06] - 450 = 17)이다.

피부두겹두께(skinfold thickness)는 체지방량을 추정하는 데 가장 많이 사용되는 신체계측 방법으로, 캘리퍼(caliper)로 여러 부위의 지방층을 측정하여 공식에 대입하여 산출하며 훈련된 사람이 측정할 때 오차범위는 3~4%로 비교적 정확하다(그림 8.11).

임상 분야에서는 생체전기저항(bioelectrical impedance)을 이용하여 통증을 주지 않는 저

표 8.2 비만 관련 건강문제
수술 시 위험
호흡 질환과 수면 장애
2형당뇨병
고혈압
심혈관계질환
골관절 장애(통풍 포함)
담낭 결석
피부 질환
암(신장, 담도, 결장, 직장, 자궁, 전립선)
저신장(일부 비만의 경우)
임신 위험
낙상 위험
월경불순과 불임
시력 저하
조산
감염
간 손상 및 기능 저하
발기 부전

그림 8.10 공기대체법(BodPod®)은 밀폐된 측정실 내에 2~3분 동안 앉아 있는 동안 인체에 의해 교체되는 공기량을 측정하여 신체 부피를 측정할 수 있다.

BOD POD® Body Composition Tracking System photo provided courtesy of COSMED USA, Inc.

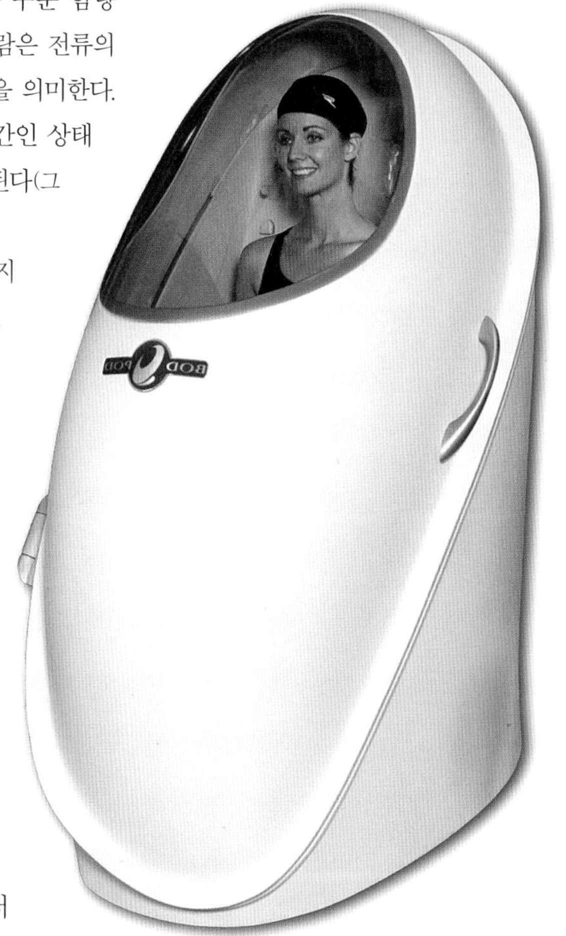

에너지 전류를 신체에 흘려보내 총 체지방량을 측정한다. 지방조직은 전해질과 수분 함량이 제지방 조직보다 적기 때문에 전류의 흐름에 저항하여 지방 함량이 많은 사람은 전류의 흐름에 더 많은 저항을 하게 된다. 따라서 전기저항이 클수록 지방조직이 많음을 의미한다. 이 방법은 몸속 수분량이 정상 수준이고 휴식 12시간, 공복 4시간, 금주 48시간인 상태에서 실시하며 측정값의 오차 범위는 3~4%로 총 지방량을 예측하는 데 이용된다(그림 8.12).

이중 에너지 X-선 흡수법(dual energy X-ray absorptiometry, DEXA)은 지금까지 개발된 방법 중 체지방을 가장 정확하게 측정하는 방법이지만(오차범위 1~4%), 장비가 비싸서 널리 활용되지는 않는다. 전신을 스캔하여 찍는데 5~20분 정도 걸리며 1회 조사량은 가슴을 찍는 일반 X-선보다 적다. DEXA 방법은 체지방, 무지방 연조직, 뼈 무기질량을 추정하는데 사용되며 비만과 골다공증을 비롯하여 다양한 건강 상태를 확인할 수 있다(그림 8.13).

체지방 분포

사람에 따라 지방을 상체에 저장하기도 하고 하체에 저장하기도 한다. 어느 부위든지 과잉 지방은 건강에 위험을 주지만 부위별로 위험의 특징은 서로 다르다. 상체비만(남성형)은 심혈관계질환, 고혈압, 2형당뇨병과 같은 만성질환과 관련이 많다. 다른 지방세포들은 지방을 순환계로 보내는 반면 복부지방세포는 간문맥을 통해 지방을 간으로 바로 분비하여 인슐린을 제거하는 간의 기능을 약화시키고 지단백질 대사를 변화시킨다. 복부지방세포는 염증, 인슐린 저

▶ 체지방량을 측정하는 또 다른 방법은 전자기적 영역에서 총 신체전기저항(total body electrical conductance, TOBEC)으로 측정하는 방법이다. 또한 이두박근을 근적외선 빛을 쏘아 그 빛이 지방이나 제지방조직과 상호작용하는 차이를 이용하여 측정한다. 이는 저렴하고 작은 기기로 신속하게 측정이 가능하나 계측값이 그리 정확하지 않다.

▶ 건강 체중 여부를 진단하려면 다음 요인들을 고려하여야 한다.

- 체중
- 체구성
- 체지방분포
- 연령 및 신체발달
- 건강상태
- 비만의 가족병력 및 체중 관련 질환
- 체중에 대한 개인감정

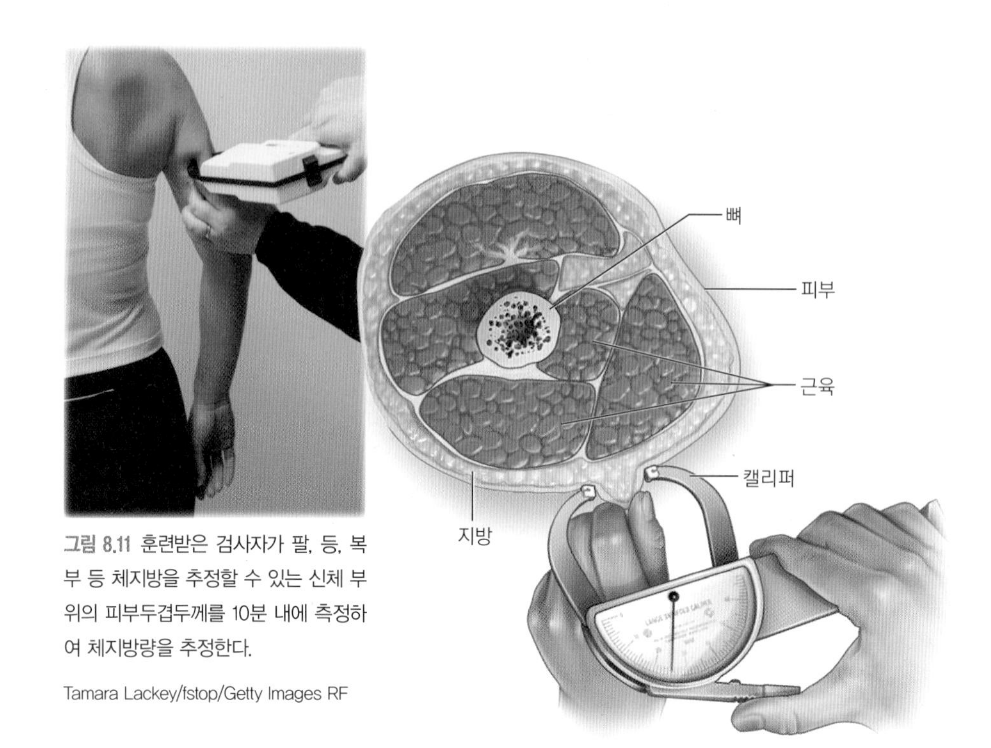

그림 8.11 훈련받은 검사자가 팔, 등, 복부 등 체지방을 추정할 수 있는 신체 부위의 피부두겹두께를 10분 내에 측정하여 체지방량을 추정한다.

Tamara Lackey/fstop/Getty Images RF

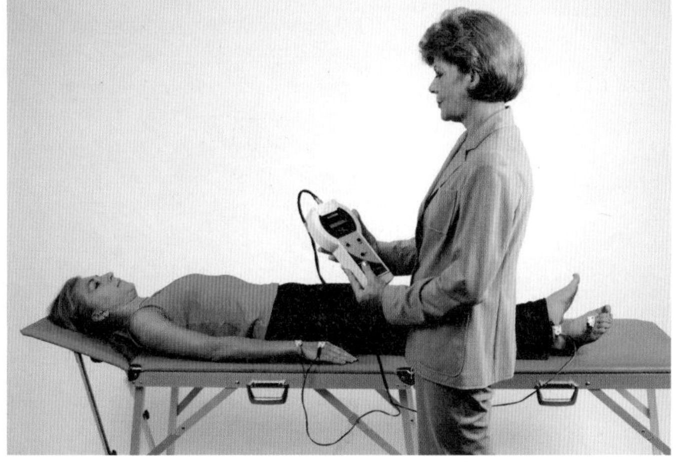
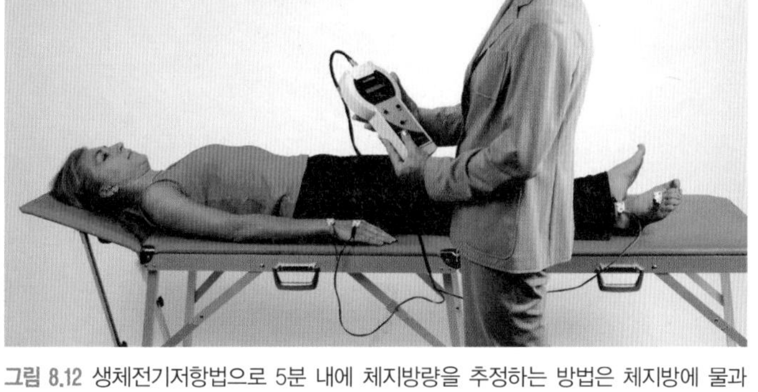

그림 8.12 생체전기저항법으로 5분 내에 체지방량을 추정하는 방법은 체지방에 물과 전해질이 적기 때문에 전기의 흐름에 저항하는 원리에 기초한 것이다.

Maltron International Ltd

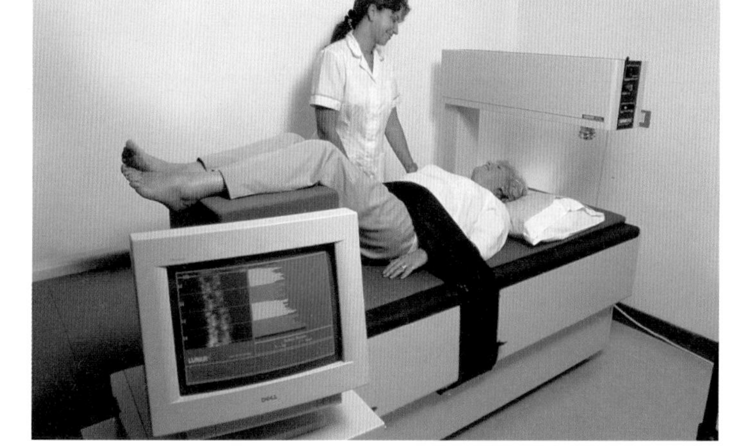

그림 8.13 이중 에너지 X선 흡수법(DEXA)은 소량의 X선을 방출하여 체지방을 측정한다. DEXA는 체지방을 측정하는 가장 정확한 방법으로 알려져 있다.

SPL/Science Source

항성, 혈전 형성, 혈관수축 등을 유도하는 물질을 합성하여 만성질환을 유발시킬 수 있다.

남성 호르몬인 테스토스테론의 혈중 농도가 높으면 상체비만이 유도되며, 이것은 혈당부하가 높은 식사, 음주, 흡연 등이 유도하는 것과 유사하다. 상체비만은 사과 형태로 복부가 크고 허벅지와 엉덩이는 가는 체형을 지닌다(그림 8.14). 상체비만은 이완된 상태에서 배꼽 위 가장 가는 허리 둘레를 측정하였을 때 남자의 경우 허리둘레 40인치(약 102 cm) 이상, 여자는 35인치(약 89 cm) 이상일 때로 분류된다. 그러나 우리나라에서는 아시아인의 체격이 서양인과 다른 것을 고려하여 대한비만학회에서 발표된 기준인 남자 90 cm, 여자 85 cm를 기준으로 한다(대한비만학회, 2005).

여성 호르몬인 에스트로겐과 프로게스테론은 하체비만을 유도한다. 작은 복부와 큰 엉덩이와 허벅지를 형성하여 배 모양의 체형을 보인다. 폐경 후 여자의 경우 혈중 에스트로겐의 농도가 낮아지면 상체비만이 증가한다.

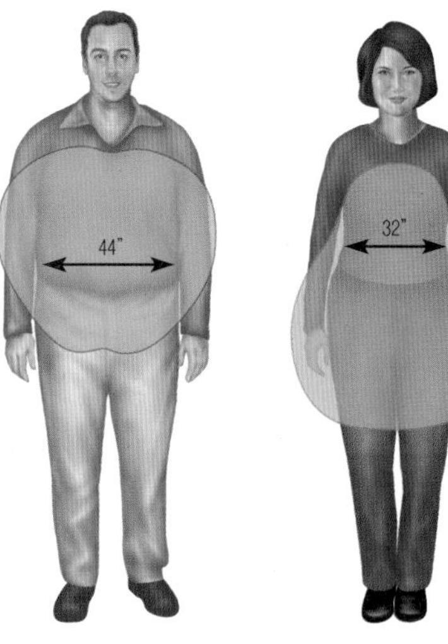

그림 8.14 상체비만은 하체비만보다 질병의 위험이 더 크다. 허리둘레로 볼 때 여자 35인치 이상, 남자 40인치 이상일 때 비만으로 판정하므로 여자의 허리둘레가 32인치, 남자의 허리둘레가 44인치일 경우 남자는 상체비만에 해당되지만 여자는 비만이 아니다.

확인합시다!

1. 체질량지수(BMI)는 무엇이며 어떻게 계산하는가?
2. 건강 체중을 결정할 때 어떤 요소들이 고려되어야 하는가?
3. 체지방량을 측정할 때 사용되는 세 가지 방법은 무엇인가?
4. 체지방 분포로 어떻게 질병 위험을 평가하는가?
5. 건강상 위험이 가장 높은 체형은 무엇인가?

8.5 체중과 체구성에 영향을 미치는 요인

부모가 정상 체중일 경우 아이가 비만이 될 확률은 불과 10%이다. 그러나 한쪽 부모가 비만일 경우에는 40%, 양쪽 부모가 모두 비만일 경우에는 80%로 확률이 증가하는 것으로 보고되었다. 이러한 비만 위험률의 증가가 자연적(유전)인지, 양육(환경)의 영향인지 알아보도록 하자.

유전적 요인

쌍둥이 연구는 비만에 대한 자연적(유전적) 영향에 대해 중요한 근거를 제시한다. **일란성 쌍둥이**(identical twins)들은 따로 길러져도 체중 증가 패턴, 체중뿐만 아니라 체지방의 분포까지도 유사하다. 따로 길러진 쌍둥이에서 다를 가능성이 높은 식습관이나 영양섭취 같은 양육의 요인들은 유전적 요인에 비해 체중 증가에 미치는 영향이 다소 제한적이다.

일란성 쌍둥이(identical twins) 단 하나의 난자와 정자로부터 생산된 유전자가 동일한 두 후손.

유전은 사람들의 체중에 40~70% 차이를 나타낼 정도의 큰 영향을 미치는 것으로 알려져 있다. 유전은 체형과 대사율을 비롯하여 공복감과 포만감에도 영향을 미친다. 예를 들어, 체표면적이 넓은 사람은 기초대사량이 크며, 키가 큰 사람은 휴식 중에도 키가 작은 사람보다 에너지를 더 많이 사용한다. 결과적으로 키가 큰 사람이 체중 유지에 유리해 보인다. 에너지를 보유하는 기전, 즉 '절약대사(thrifty metabolism)' 형질을 타고난 사람은 같은 에너지를 섭취하더라도 비만하기 쉽다. 이런 절약대사는 신체에 쉽게 지방을 저장하고, 에너지를 적게 사용하는 특성이 있으므로 과거 식량이 궁핍했던 시기에는 기아 상태로부터 몸을 보호해주는 역할을 하였다. 요즘처럼 식량이 풍족한 시기에 절약대사가 발달한 사람은 신체활동을 부지런히 하고 현명한 식품 선택을 통해 체지방이 축적되지 않도록 유의해야 한다.

할아버지와 손자 사이의 체지방 차이는 유전적인 것인가? 아니면 영양적 요인 때문인가? 또는 두 요인의 복합적 현상인가?

Lopolo/Shutterstock

학교생활은 종종 신체활동으로 가득하다. 이것이 향후 개인생활을 위해 필수적이진 않다. 왜냐하면 체중이 증가할 가능성이 있기 때문이다.

Ryan McVay/Getty Images RF

set-point 이론(set-point theory) 유전적으로 체중과 지방량을 정교하게 조절하도록 결정되어 있다는 이론.

Set-point 이론

사람은 유전적으로 체중과 체지방이 결정되어 있으며 신체는 정교하게 조절하는 기전을 갖고 있다는 **set point 이론**(set-point theory)이 제시된다. 어떤 세포가 이러한 set point를 조절하는지, 어떻게 체중조절을 수행하는지 알려지지 않았으나 체중조절을 도와주는 기전이 존재한다는 증거는 있다. 예를 들어, 일부 학자들은 시상하부가 체지방량을 감지하고 끊임없이 일정하게 유지해준다고 제안하였다. 앞서 렙틴 호르몬이 지방세포와 뇌 사이에 정보를 전달하여 체중조절을 가능하게 해준다고 언급한 것을 떠올려보자.

신체는 체중을 유지하고 체중 감소에 저항한다는 것을 보인 연구가 다수 있다. 예를 들어, 기아나 질병으로 체중이 감소하였던 사람들이 회복하면서 원래의 체중으로 되돌아가는 경향을 보인다. 에너지 섭취가 감소할 때 갑상선 호르몬의 분비가 감소함에 따라 기초대사가 저하되고 체중이 유지된다. 일단 체중이 줄어들면 신체는 지방을 세포 안으로 유입시키는 지단백질인 라이페이즈의 활성을 증가시켜 효율적으로 체지방을 저장한다.

set-point가 체중 증가를 억제한다는 이론을 지지하는 연구들도 있는데, 비만 경험이 없는 사람은 고에너지 음식을 먹어도 쉽게 비만해지지 않는다고 보고한 것이 그 예이다. 과식을 했을 때 기초대사량과 열 발생이 단기간 증가하여 체중이 증가하지 않도록 저항성을 보인다. 그러나 장기적 관점에서 보면 체중 증가를 억제함으로써 일정한 체중으로 유지하는 기전은 체중 감소를 억제함으로써 체중을 유지하는 기전보다 그 근거가 약하다. 일단 체중이 증가하여 일정 기간 유지되면 신체는 그 체중을 새로운 set point로 설정하는 경향을 보인다. 일정한 체중을 유지하려는 set point 이론에 반대하는 사람들은 체중이 성인기에 일정하게 유지되지 않고 연령이 증가함에 따라 서서히 증가한다고 주장한다. 또한 사회적, 정서적, 신체적 환경이 변화하여 체중이 현저하게 증가하거나 감소할 수 있으며, 일정 기간 변화된 체중을 유지함을 볼 수 있다. 따라서 사람의 신체는 유전적으로 확정된 체중이나 지방세포수를 유지하기보다는 실제 환경에 적응하여 형성된 체중을 'settling point'로 간주해야 한다는 논리이다.

환경적 요인

가족 간에 체중이 유사한 것은 유전적인 소인보다는 학습된 행동에서 유래된 것이라고 주장하는 학자들이 있다. 이는 부부나 친구의 경우처럼 서로 유전자가 다르더라도 생활양식이 유사하면 비슷한 체중을 보인다는 이론이다. 지난 50여 년간 사람의 유전자 풀(gene pool)은 크게 변화하지 않았으나, 비만 인구는 질병관리본부에서 감염병 유행 수준으로 분류할 만큼 급증하고 있다.

환경적 요인은 우리의 먹거리에 중요한 영향을 주어 언제, 무엇을, 얼마나 먹어야 하는지를 결정하게 한다. 1장에서 거론되었듯이 식품의 유용성, 선호도, 판매, 유통, 문화, 교육, 생

표 8.3 체지방과 비만을 촉진하는 요인

요인	체지방을 증가시키는 기전
연령	성인은 연령이 증가함에 따라 기초대사가 느려지고 신체활동이 감소하여 체중이 증가하는 경향이 있다.
여성	여성은 남성에 비해 지방이 잘 축적된다. 또한 임신 중 증가한 체중이 줄지 않는다. 폐경기에는 복부지방이 증가하는 경향이 있다.
고에너지 식사	에너지 과잉섭취, 폭식, 고에너지 식품에 대한 선호도가 높으면 지방이 더 축적된다.
좌식생활	신체활동이 적거나 감소하면 체중이 증가한다.
체중 경력	아동기나 청소년기에 비만 경험이 있는 사람은 성인 비만이 될 위험이 높다.
사회요인 및 행동요인	사회 경제적 여건, 동료나 가족이 과체중, 과체중을 선호하는 문화적 배경, 건강한 식사와 적절한 운동이 결여된 생활태도, 값싼 고에너지 음식에 대한 접근성, 과도한 TV 시청, 금연, 수면 부족, 정서적 스트레스, 외식 등은 체지방 축적과 연계된다.
약물복용	식욕 또는 섭식을 증진시키는 약물
지리적 여건	고지방 식사를 즐기거나 좌식생활을 주로 하는 지역은 다른 지역에 비해 비만 유병률이 높다.
유전적 특성	유전적 소인은 기초대사, 식사성 발열효과, 적응열대사, 체지방 축적, 신체에서 이용되는 탄수화물과 지방의 비율, 뇌 생성 물질과 연계된 공복감 등에 영향을 준다.

활양식, 건강에 대한 관심, 수입 등 다양한 환경적 요인이 식품의 선택을 좌우하며, 에너지 섭취와 체중 증가에 영향을 줄 수 있다. 예를 들어, 수입이 적은 사람들이 비만의 위험이 높다. 심한 스트레스에 노출되거나 비만을 선호하는 문화적·인종적 집단에 속한다거나, 과체중 친구들과 주로 친교하거나, 수면 부족 상태 등은 비만할 가능성을 높인다. 이러한 사실들은 체중과 체성분을 결정하는 데 환경의 역할이 얼마나 중요한지를 말해준다.

유전과 환경의 상승효과

비록 유전적 배경이 체중과 체성분을 결정하는 데 가장 결정적 인자인 것은 사실이지만 유전이 모든 것을 결정하는 것은 아니며, 유전과 환경 모두 비만에 영향을 미친다(표 8.3). 유전적으로 날씬한 소인을 가진 사람이라도 에너지 섭취량이 많으면 비만해질 수 있다. 이와 반대로 유전적으로 비만하기 쉬운 경향을 가진 사람이라도 규칙적인 신체활동을 증가시키고 건강한 식사를 하면 비만을 예방할 수 있다. 즉, 유전적 요소는 환경적 요소와 상호 연관되어 실제 체중과 체성분을 결정짓는다.

질병과 장애

체중과 체지방 축적은 질병, 호르몬 불균형, 희귀성 유전질환, 정서장애 등에 의해 영향을 받는다. 예를 들어 암, AIDS, 갑상선 기능 항진증, **마르판 증후군**(Marfan syndrome), 신경성 거식증(anorexia nervosa) 등은 체지방 축적을 억제한다. 또한 뇌종양, 난소낭, 갑상선 기능 저하를 비롯하여 **프레더-윌리 증후군**(Prader-Willi syndrome) 같은 선천성 질환에 의해 비만이 발생되기도 한다.

마르판 증후군(Marfan syndrome) 근육과 골격에 영향을 미치는 유전 장애로, 큰 키와 긴 팔이 특징이며 피하지방이 거의 없다. 일부 의학 역사가들은 에이브러햄 링컨(Abraham Lincoln)이 마르판 증후군을 앓았다고 추측함.

프레더-윌리 증후군(Prader-Willi syndrome) 정신지체, 식욕조절 불능 등 신경계의 기능 장애로 인해 생기는 질환으로 극단적인 비만으로 이어지는 유전 장애.

확인합시다!

1. 체중에 유전 인자가 영향을 준다는 증거는 무엇인가?
2. 체중에 환경 인자가 영향을 준다는 증거는 무엇인가?
3. 체중에 유전 인자와 환경 인자가 상호작용한다고 생각하는 이유는 무엇인가?

▶ 미국 'Healthy People' 정책 중 체중조절 목표

- 성인 비만율 감소
- 건강한 체중(18.5 ≤ BMI < 25)을 가진 사람의 비율을 증가
- 어린이와 청소년의 과체중이나 비만 인구를 감소
- 청소년과 성인의 체중 증가를 예방
- 영양 또는 체중 관련 상담 및 교육을 위한 전문기관 방문율 증가

8.6 비만과 과체중 치료방법

과체중과 비만 치료는 다른 만성퇴행성 질환처럼 장기적인 생활습관의 변화가 요구된다. 종종 사람들은 일시적으로 식사조절을 한 후 체중이 감소하면 원래의 생활습관으로 되돌아가는데, 이것이 체중을 다시 증가시키는 소위 '요요현상(weight cycling)'의 주원인이 된다. 따

감량속도

- ☐ 서서히 지속적으로 체중 감량이 유지되도록 한다.
- ☐ 1주에 0.5 kg 정도 체지방을 감량하는 목표를 세운다.
- ☐ 체중 10%가 감소된 후 2~3개월간 체중을 유지하도록 한다.
- ☐ 추가로 체중 감량을 시작하기 전에 식사조절을 더 해야 하는지 점검한다.

유연성

- ☐ 모임이나 외식 등 일상생활에 참여하도록 한다.
- ☐ 개인적인 습관과 입맛에 적응하도록 한다.

음식 섭취

- ☐ 에너지를 제외한 영양소 요구량을 충족시킨다.
- ☐ 특수 식품이 아닌 일상 식품을 먹도록 한다.
- ☐ 특히 1,600 kcal 이하를 섭취할 때 강화 시리얼이나 비타민/무기질 보충제를 섭취하도록 한다.
- ☐ 식품 선택 시 식품구성탑을 이용한다.

행동변화

- ☐ 평생 건강한 생활습관과 체중을 유지하도록 노력한다.
- ☐ 지속할 수 있는 합리적인 행동변화를 증진시킨다.
- ☐ 사회적 지지를 강화한다.
- ☐ 멈추지 않고 진행할 수 있도록 퇴행에 대비한 프로그램을 준비한다.
- ☐ 섭식행동 문제를 해결하기 위한 변화를 증진시킨다.

전반적인 건강상태

- ☐ 건강문제가 있는 40세 이후 남성이나 50세 이후 여성들은 신체활동을 증가시키거나 체중 감량 계획을 세울 때 의사의 관찰하에 실시한다.
- ☐ 규칙적인 신체활동, 충분한 수면, 스트레스 감소, 건강한 생활습관의 변화 등을 추구한다.
- ☐ 우울이나 결혼에서 오는 스트레스 등 정신적 문제로 인한 체중 변화는 없는지 살핀다.

그림 8.15 **바람직한 체중 감량 식사.** 신체는 체중 변화에 저항하기 위해 소식과 과식을 하는 동안 수많은 생리적 적응을 한다. 이러한 보상작용은 소식하는 동안 확실하게 나타나므로 체중 감소는 천천히 지속적으로 진행하여야 한다.

라서 과체중이거나 비만한 사람들은 (저체중인 경우에도) 평생 식사조절과 함께 건강하고 활동적인 생활습관을 유지해야 한다(그림 8.15). 이러한 식사조절은 빨리 시작할수록 비만 예방에 도움이 된다.

과일처럼 영양소 밀도는 높고 에너지 밀도가 낮은 식품은 체중 조절에 도움이 된다.

Dennis Gray/Cole Group/Getty Images RF

바람직한 체중 감량 프로그램은 다음 세 가지 요소를 갖추어야 한다.

1. 에너지 섭취 조절
2. 규칙적인 신체활동
3. 문제행동의 조절

일방적으로 에너지 섭취를 제한하는 방법은 실행하기 힘들다. 신체활동을 늘리고 문제가 되는 행동을 조절하면 체중 감량에 성공할 수 있다. 이러한 변화를 평생 유지해야 한다는 것을 인지하고 있으면 감량된 체중이 다시 증가하지 않을 가능성이 높아진다(그림 8.16).

체중 감량 프로그램은 참여한 사람들의 체중이 유지되거나 조금만 감소하더라도 성공적이라 할 수 있다. 상업적인 다이어트 프로그램을 좇는 사람 중 5%만이 실제로 체중을 감량하고 감량한 체중을 유지한다. 보편적으로 다이어트 동안 감량된 체중의 1/3은 프로그램이 종료된 후 1년 만에 다시 증가하며 3~5년 지나면 모두 감량 전 체중으로 되돌아간다. 일부 프로그램은 5% 이상의 성공률을 보이는데, 이는 프로그램에 등록하지 않고 본인 스스로

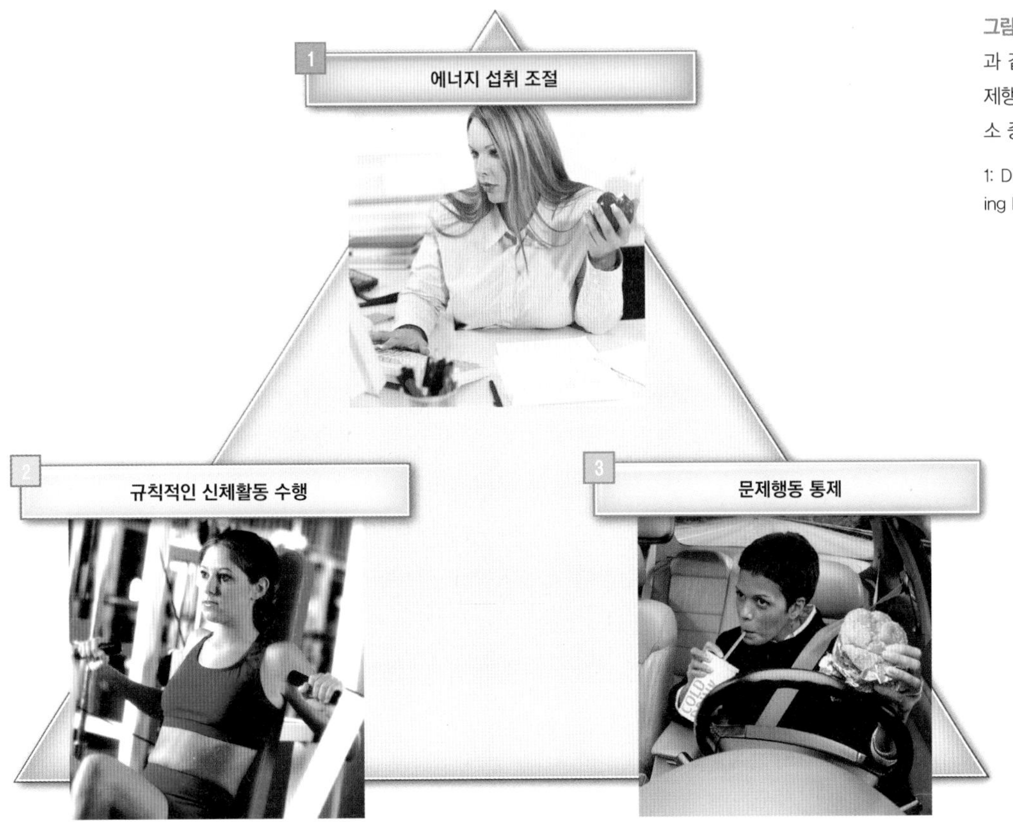

그림 8.16 체중 감소와 유지의 핵심은 마치 삼각형과 같아서 에너지 섭취 조절, 규칙적인 신체활동, 문제행동 통제가 각기 세 꼭짓점을 이룬다. 세 가지 요소 중 어느 하나가 없어도 완전할 수 없다.

1: Digital Vision/Getty Images RF; 2: Ingram Publishing RF; 3: Ryan McVay/Getty Images RF

천천히, 꾸준한 체중 감량은 바람직한 체중 감량 프로그램의 특성 중 하나이다.

Ryan McVay/Getty Images RF

▶ 특별한 다이어트에 관한 팸플릿, 기사, 연구 보고서를 읽을 때는 다이어트 프로그램에 체중 감량 이후에 관한 내용에 대해서도 살펴보아야 한다. 만약 체중 유지에 관한 내용이 빠져 있다면, 그 프로그램은 성공하지 못한다.

▶ 본인이 원하면 식사나 간식을 바꾸어 에너지 섭취를 통제하는 대체식을 하루 1~2번 정도 사용함으로써 체중 감량을 시도하는 사람도 있기는 하나 이 방법이 만병통치약은 아니다.

▶ 수년에 걸쳐 1회 섭취량을 변화시키는 방법을 배운다. hp2010.nhlbihin.net/portion을 참조할 것.

감량한 경우에도 가능한 비율이다. 현재로서는 수술적 접근만이 감량한 체중을 성공적으로 유지하는 비만 치료법으로 여겨진다.

감량된 체중이 다시 증가하는 것 때문에 많은 다양한 다이어트를 시도하게 되며 이러한 요요현상으로 인한 건강상 위험 요소에는 상체비만 증가, 좌절 및 자존감 상실, HDL-콜레스테롤 감소, 면역 기능 저하 등이 있다. 그럼에도 불구하고 전문가들은 여전히 체중 감량 및 유지를 권유하곤 한다.

에너지 섭취 조절

지방조직은 1 lb(0.45 kg)당 3,500 kcal를 함유하므로 1주에 지방조직 1 lb를 감소하려면 매일 에너지 섭취를 500 kcal 줄이거나 신체활동량을 500 kcal 증가시켜야 한다. 이 두 가지 전략이 병행되기도 한다. 또는 1주에 저장된 지방 1 lb를 감소시키기 위해 여자는 하루에 1,200 kcal, 남자는 1,500 kcal로 에너지 섭취를 제한해야 한다. 이러한 권장량은 활동량이 많은 사람에게 더 증가되어야 하지만, 거의 좌식생활을 하는 현대인들에게는 체중 감량을 위해 에너지 섭취를 줄이는 것이 가장 필수적이다.

에너지 섭취를 줄이기 위해 지방(특히 포화지방, 트랜스지방)을 적게 섭취해야 한다는 이론과 탄수화물(특히 혈당 부하가 높은 정제된 탄수화물)을 적게 섭취해야 한다는 이론이 제기되고 있다. 때로는 성인에게 필요한 양보다 훨씬 많은 양의 단백질(특히 식물성 단백질 급원식품)을 섭취하는 것도 감량 프로그램에서 사용하는 방법이다. 이런 모든 방법을 동시에 사용할 수 있다. 장기간 연구에 따르면, 에너지 밀도가 낮은(저지방, 고식이섬유) 식품을 선택하는 방법이 성공할 확률이 가장 높아 보인다.

저에너지 식사가 효과적인데, 그 이유는 에너지 밀도가 낮은 식품은 에너지당 제공량이 더 크기 때문이다. 에너지 밀도에는 수분이 미치는 영향도 매우 크다. 수분은 중량은 있지만 에너지가 없기 때문에 수분이 많은 음식은 에너지 밀도가 낮아진다. 음식 재료로 채소를 추가하여 수분 함량을 증가시키면 음식에 중량과 부피를 더해주어 섭취 후 포만감을 느끼면서도 실제 섭취한 에너지는 감소하는 효과를 볼 수 있다. 최근 보고된 연구에 따르면 놀랍게도 사람들은 며칠에 걸쳐 거의 일정한 무게나 양의 음식을 먹는 경향이 있는 것으로 나타났다. 식품 선택 시 에너지 밀도를 활용하면 과일, 채소, 두류, 저지방 유제품, 전곡 등 전문가들이 추천하는 식품을 섭취하는 데 많은 도움이 될 수 있다.

전반적으로 단순히 체중 감량을 하기보다 건강한 식사를 하는 생활양식으로 변화시키는 것이 최선으로 여겨진다. 에너지 섭취를 줄이는 건강한 식사는 식사량을 줄이는 것부터 시작된다. 많은 사람들이 제공량을 과소평가하는 경향이 있으므로 계량컵이나 저울의 사용은 적당한 분량을 학습하는 데 도움을 줄 수 있다. 영양표시를 잘 확인하는 것도 좋아하는 식품의 저에너지 상품을 선택하도록 도움을 준다(표 8.4). 액체 음식이 고체 음식만큼 강력하게 포만 기전을 자극하지 않으므로 전문가들은 저에너지 음료를 선택하도록 권유한다. 또 다른 방법으로 24시간 동안 자신이 섭취한 음식과 음료를 기록하여 섭취한 에너지를 영양소 분석 소프트웨어 프로그

신체활동은 어떤 식사계획이라도 보완한다.

Michael Simons/123RF

램으로 계산해봄으로써 향후 필요한 식품 선택을 조절해 볼 수 있다.

규칙적인 신체활동

규칙적인 신체활동은 모든 사람에게 중요하지만 특히 체중 감량을 하는 사람이나 저체중을

표 8.4 섭취에너지 줄이기: 어떻게 시작할까?

140 kcal 줄이기	마블링 고기 90g	→	살코기 90g
175 kcal 줄이기	튀긴 닭고기 1/2마리	→	삶은 닭고기 1/2마리
210 kcal 줄이기	소고기 볶음 90g	→	구운 소고기살 90g
65 kcal 줄이기	튀긴 감자 1/2컵	→	삶은 감자 1/2컵
140 kcal 줄이기	감자샐러드 1/2컵	→	생채소 1컵
150 kcal 줄이기	샐러드드레싱 2큰술	→	저에너지 샐러드드레싱 2큰술
310 kcal 줄이기	사과파이 1쪽	→	사과 1개
150 kcal 줄이기	크림빵 1개	→	머핀 1개
60 kcal 줄이기	설탕 바른 콘플레이크 1개	→	콘플레이크 1개
45 kcal 줄이기	전유 1컵	→	저지방우유 1컵
150 kcal 줄이기	진토닉 1잔	→	얼음 넣은 와인 1잔
150 kcal 줄이기	감자튀김 1컵	→	팝콘 1컵
185 kcal 줄이기	케이크 1쪽	→	인절미 1쪽
150 kcal 줄이기	청량음료 1잔	→	무가당음료 1잔
140 kcal 줄이기	맥주(regular) 1컵	→	맥주(light) 1컵

표 8.5 다양한 신체활동의 에너지 소비량

활동	kcal/kg/hr	활동	kcal/kg/hr	활동	kcal/kg/hr
에어로빅–강	8.0	샤워/치장	1.6	달리기(10 mph)	13.2
에어로빅–중	5.0	운전	1.7	스키(10 mph)	8.8
에어로빅–약	3.0	식사	1.4	수면	1.2
뒤로 뛰기	9.0	장보기	3.6	수영(0.25 mph)	4.4
농구–강	10.0	풋볼	7.0	테니스	6.1
자전거(5.5 mph)	3.0	골프	3.6	배구	5.1
볼링	3.9	승마	5.1	걷기(2.5 mph)	3.0
미용체조–강	8.0	조깅(중)	9.0	걷기(3.75 mph)	4.4
미용체조–약	4.0	조깅(약)	7.0	수상스키	7.0
카누(2.5 mph)	3.3	스케이트(10 mph)	5.8	역기(강)	9.0
청소	3.6	휴식(누워서)	1.3	역기(약)	4.0
요리하기	2.8	라켓볼	8.0	창 닦기	3.5
자전거(13 mph)	9.7	롤러스케이팅	5.1	글쓰기	1.7

위 수치들은 기초대사량, 식사성 발열효과, 적응열대사와 신체 활동을 포함한 총 에너지 소비량을 나타낸다.
예) 1.5시간 테니스를 친 68 kg 사람
68 kg × 6.1 kcal/hr × 1.5 hr = 622 kcal 소모

미래에 대한 관점

당신의 몸이 필요한 것보다 3,500 kcal를 적게 먹으면 약 0.5 kg 감량이 된다는 통념에 대한 보다 정밀한 근거가 필요하다. 열역학, 수학, 물리학, 화학에 기반한 체중 감량 연구 모델은 3,500 kcal보다 훨씬 높은 에너지가 0.5 kg 체지방에 저장될 수 있다고 보여준다. 연구자들은 사용자들이 개인에게 맞는 에너지와 운동 계획을 세워 목표 체중에 다다를 수 있도록 하는 '체중 플래너'를 개발해 왔다. 여기서 더 확인해 보자. https://www.pbrc.edu/research-and-faculty/calculators/weight-loss-predictor/

▶ 식사요법과 신체활동으로 특정 부위의 지방만 제거하는 것은 불가능하다. 문제가 되는 부위의 지방을 제거술로 줄일 수는 있으나 이 조치는 다소 위험이 따르며 2~4 kg 정도 감량하는 정도이다.

▶ 적은 비용으로 걸음 수를 측정해보는 만보계를 이용하여 활동량을 측정해볼 수 있다. 일반적으로 하루에 10,000걸음을 걷는 것을 목표로 삼는데 우리는 보통 절반 정도밖에 걷지 않는다.

유지하고자 하는 사람에게 더 중요하다. 신체활동을 하고 있는 동안에는 휴식 시보다 더 많은 에너지가 사용된다. 에너지 섭취를 조절하는 동안 일상적인 신체활동 외에 추가적으로 매일 100~300 kcal라도 더 소비하면 지속적인 체중 감소를 유도할 수 있다. 신체활동은 자존감을 증진시키고 골량 유지에 기여하며 기타 수많은 이점을 가지고 있다.

표 8.5에 제시된 활동을 일상생활에 부가하면 에너지 소비를 증가시킬 수 있다. 신체활동의 강도보다는 기간과 규칙성이 체중 감량의 목표를 성공적으로 이끄는 열쇠가 된다. 또 다른 열쇠는 신체활동을 즐기면서 평생 지속할 수 있어야 한다는 것이다.

특정 활동이 다른 활동보다 더 좋은 것은 없다. 에어로빅이나 조깅처럼 매일 5 km를 활기차게 걷는 것도 건강에 도움이 된다. 강도가 낮은 활동을 매일하면 효과가 있으며 부상의 위험도 적다. 웨이트 트레이닝(weight-training) 같이 근육을 강화하고 체지방을 사용하기 위해서 저항성 운동을 더 하는 것도 도움이 된다. 제지방조직이 증가하면 전반적인 대사율이 증가한다.

안타깝게도 과학기술의 발달은 우리로 하여금 근육을 사용할 기회를 점차 감소시키고 있다. 근육활동을 증가시키는 가장 쉬운 방법은 일상생활에서 즐길만한 여유를 만드는 것이다. 예를 들어, 교실에서 주차장까지 운동화를 신고 걷는다거나 만보계를 이용하여 걷는 활동을 시작하는 것, 쇼핑몰 입구에서 가장 먼 곳에 차를 주차시키는 것 등이다.

문제행동의 조절

에너지 섭취를 조절하고 신체활동을 늘리는 것도 일종의 문제행동 교정이다. 어떤 행동이 체중 감량 효과를 어긋나게 하는지 다이어트를 하는 사람만이 알 수 있다. 어떤 사건이 섭식과 운동을 시작하게(또는 멈추게) 하는가? 이것을 인지하기 시작하면 저절로 행동이 변화하고 습관이 개선된다. 다음 주요한 행동 교정기술들은 단계별로 중재 전략을 구성하고 문제가 되는 행동을 변화시켜 나가는 것을 도와준다.

- **연결고리 끊기**(chain-breaking) 동반되는 행동 간의 연결을 끊는다(예: TV 시청을 하면서 간식을 먹는 동반 행동을 하지 않는다(그림 8.17).
- **자극 조절**(stimulus control) 섭식의 자극 요인을 최소화하기 위한 환경의 변화(예: 음식을 보이지 않도록 저장하거나 자판기로 가는 통로를 피한다. 긍정적인 자극으로 저지방 간식을 자주 섭취하거나 운동화를 편리하고 눈에 띄는 장소에 놓아둔다.)

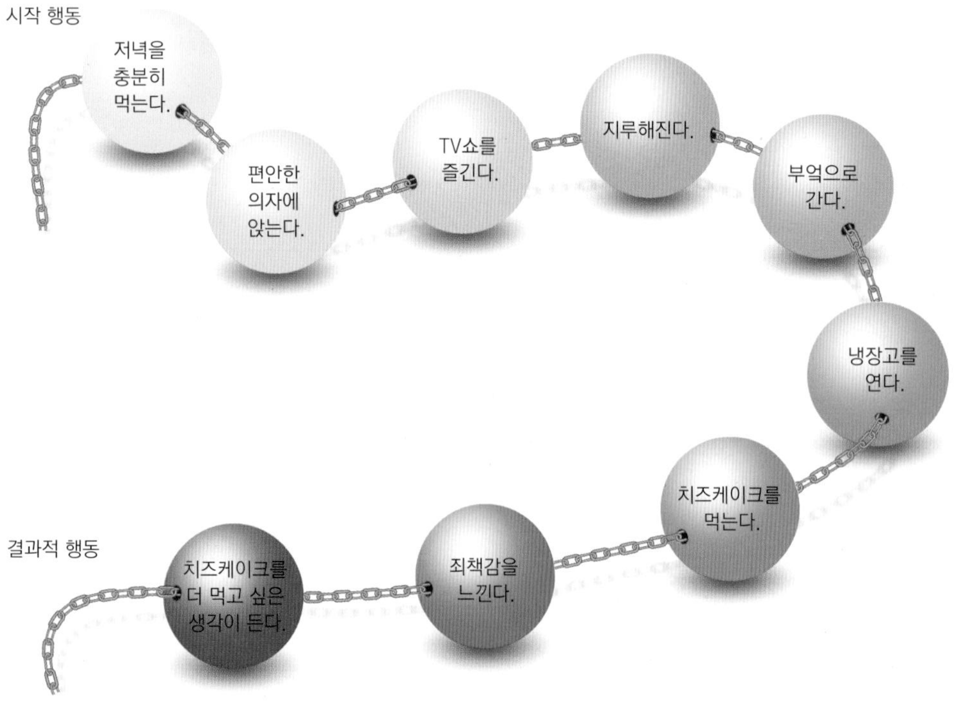

그림 8.17 행동사슬(behavior chain)을 점검해보면 원치 않는 습관과 이를 조절하는 방법을 더욱 이해할 수 있다. 초기 행동을 음식 외의 것으로 대체할 수 있으면 더 쉽게 연쇄반응을 끊을 수 있다. 대체행동으로는 다음의 행동이 포함된다.
① 즐거운 활동(산책하기, 친구에게 전화하기)
② 해야 할 활동(방 청소하기, 샤워하기)
③ 참아야 할 활동(먹기 전에 타이머를 설치하여 30분간 기다리기 등)
행동사슬을 끊기 위한 대체활동을 함으로써 부적절한 섭식이나 비활동 등을 효과적으로 변화시킬 수 있다.

- **인지 재구성**(cognitive restructuring) 섭식에 대한 생각의 틀 변경(예: 힘든 일과를 과식의 핑계로 삼는 대신 친구와 산책을 한다.)
- **우발적 상황 대처**(contingency management) 과식이 유도될 수 있는 상황(예: 모임에서 간식거리가 팔을 뻗는 위치에 있을 때)이나 신체 활동을 방해하는 상황(예: 비가 올 때)에 대처할 수단을 준비한다.
- **자기관찰**(self-monitoring) 음식을 먹는 과정, 즉 언제, 왜, 어떤 느낌으로 먹는지, 어떤 활동을 하였는지, 체중 등을 기록한다. 자신의 행동양식과 습관을 스스로 파악할 수 있어서 체중 증가를 유발하는 문제행동을 설명할 수 있게 된다.

에너지 섭취와 에너지 소비는 체중 감소와 감소된 체중을 유지하는 데 결정적이다. 우리는 무엇을 해야 하는지 알고 있으면서도 매번 목표와 거리가 먼 섭식과 행동을 여전히 하고 있다. 표 8.6에 체중 감량과 유지를 증진시키는 행동 변화의 단계를 제시하였다.

감량한 체중 유지

체중을 감량하는 것은 감량한 체중을 유지하는 것보다 쉽다. 감량한 체중을 성공적으로 유지하는 방법은 다음과 같다.

1. 저지방, 고탄수화물 식사를 한다. 체중 감량과 유지에 성공한 사람들은 총 에너지의 25%를 지방으로 섭취하며 56%를 탄수화물로 섭취하는데 주로 과일, 채소, 전곡으로 먹는다.
2. 아침식사를 반드시 한다. 적어도 일주일에 4일은 아침식사를 한다. 아침식사를 하면 하루 동안 신체는 많은 지방을 에너지원으로 사용하며 공복감으로 과식하는 경향이 줄어든다. 아침식사로 주로 전곡 위주의 시리얼, 탈지유, 과일을 먹는다.
3. 체중을 규칙적으로 측정하고 섭취한 식품을 기록함으로써 자기관찰을 해나간다. 이는 자신의 체중이 언제 급격히 증가하는지, 어떤 식사와 운동을 해야 하는지를 파악하는 데 도움이 된다.
4. 신체활동 계획을 세운다. 매일 1시간씩 규칙적으로 운동을 하면 체중 감량과 유지에 좋고, 기분전환에 도움이 된다.

어쩔 수 없이 과식을 할 때는 음식 섭취를 통제하기 위해 많은 인내심을 발휘하여야 한다.

Pando Hall/Getty Images RF

확인합시다!

1. 바람직한 체중 감량 프로그램의 세 가지 요소는 무엇인가?
2. 문제가 되는 행동을 조절하는 데 핵심적인 행동 교정기술은 무엇인가?
3. 체중을 유지하는 데 도움이 되는 네 가지 행동은 무엇인가?

표 8.6 체중 감량 및 조절을 위한 행동 교정

장보기

1. 음식을 먹은 후 장보기를 하여 영양밀도가 높은 식품을 선택한다.
2. 살 물건의 목록을 작성하여 충동구매를 억제하고 신선한 식품은 주변시장에서 구매하며 온라인을 활용하여 문제가 있는 식품구매를 절제하도록 한다.
3. 편의식품이나 즉석식품은 구매하지 않는다.

계획

1. 필요한 식품 섭취 제한에 대한 계획을 세운다.
2. 식사 간식 및 운동을 계획한다.
3. 식사와 간식은 정해진 시간에 먹는다; 결식하지 않는다.
4. 파트너와 함께 운동하고 함께 시간을 잡는다.
5. 스포츠센터를 이용하여 운동 수업을 듣도록 계획한다.

활동

1. 음식을 보이지 않게 냉장고에 넣어두고 충동적으로 먹지 않는다.
2. 식탁에서만 음식을 먹는다.
3. 식탁 위 소스, 그레이비 등이 담긴 접시를 모두 치운다.
4. 접시, 컵, 식기 등을 되도록 적게 사용한다.
5. 운동기구를 보이는 곳에 두고, 손쉽게 활용한다.

휴일 및 모임

1. 음주를 절제한다.
2. 모임에 가기 전에 식행동을 미리 계획한다.
3. 모임 전에 저에너지 간식을 먹는다.
4. 예의 바르게 음식을 거절하는 방법을 연습한다.
5. 신체활동(수영, 춤 등)이 많은 모임을 즐긴다.

식행동

1. 입에 있는 음식을 다 먹은 뒤에 수저를 다시 잡는다.
2. 음식을 다 먹지 않고 접시에 남긴다.
3. 식사 중에는 다른 행동(TV 보기)을 하지 않고 식사에 집중한다.
4. 어떤 식품에 대해 '접근금지'라는 꼬리표를 붙이지 말라; 이는 당신이 부족하거나 패배했다고 느끼게 하는 내부 심적 갈등을 유발할 것이다. 문제가 되는 식품에 대해 적은 양을 사거나 간식처럼 소량만 먹는 것으로 조절하라.
5. 외식을 주 1~2회로 제한한다.

섭취 분량 조절

1. 햄버거는 보통 크기로, 샐러드의 빵 대신 오이로 대체한다.
2. 늘 적은 양을 생각한다. 음식은 다른 사람과 나누어 먹고, 수프는 그릇 대신 컵에 담는다.
3. 음식을 식사 전 절반 포장해 달라고 요청한다.
4. 섭취 분량을 평가해보도록 신경쓴다.
5. 포만감을 인지하여 식사를 멈추도록 훈련한다.

보상 및 사회적 지지

1. 특별한 보상은 먹는 것 대신에 다른 것으로 받는다.
2. 식구나 친구들의 격려나 도움을 받을 수 있도록 부탁한다.
3. 자기관찰을 통해 기록에 남겨 스스로 보상하는 방법을 활용한다.

자기관찰

1. 다이어트 일기(언제, 어디서, 누구와, 무엇을, 어떤 느낌으로 식사를 하였는지)를 작성하여 문제점을 확인한다.
2. 신체활동 일기(어떠한 종류의 운동을, 언제, 얼마나 오래하였는지)를 작성하여 활동이 필요한 시간대를 찾아본다.
3. 규칙적으로 체중을 측정한다.

인지

1. 불합리한 목표를 세우지 않는다.
2. 불편한 점을 찾지 말고 전체 과정을 생각한다.
3. '항상', '절대'와 같은 강제 항목은 배제한다.
4. 부정적인 생각을 긍정적인 말로 바꾼다.
5. 때때로 발생하는 장애에 좌절하지 말고 즉시 해결방안을 모색한다.
6. 특정 음식(과자, 빵 등)을 먹었을 때 죄의식을 갖지 말고 다음 번에 좋은 음식(과일, 채소 등)을 먹도록 계획한다.
7. 체중, 식사, 신체활동 등을 통제하기 전에 전문가와 상의한다.

현장 전문가적 관점

생활방식에 맞는 건강 식사 계획의 조정(tailoring)

북플로리다 대학의 명예교수인 주디스 로드리게즈 박사*(Dr. Judith Rodriguez)에 따르면, 체중조절이나 건강한 식사를 하기 위해서는 당신의 생활방식에 맞는 체중 감량 식단을 찾는 것이 주요한 요소이다. 그 연구팀이 소비자를 돕기 위해 기본으로 하는 원칙은 대상자의 생활방식과 잘 맞는 유명한 식단을 고르는 것이다.

이 배치화(groupings)는 당신이 먹고 싶거나 식단에 대해 고려하는 것을 일치시켜 당신에게 가장 좋은 식사 프로그램을 찾도록 돕는다. 아래 표에서 왼쪽 줄에 있는 당신의 식사패턴 및 생활방식 선호를 고르자. 그리고 그것과 일치하는 가운데 줄에 있는 특성/설명을 생각해보자. 마지막으로 당신에게 중요한 식사 변화를 실행에 옮기도록 도울 수 있는, 오른쪽 줄의 식사 정보를 확인하자.

식사패턴/생활방식	특성/설명	정보
대략 조화가 맞도록 다른 식품군의 다양한 식품을 먹는 것을 즐긴다.	이 식사들은 건강식사 패턴을 만들고 관리한다.	• 200 Surefire Ways to Eat Well & Feel Better by Dr. Judith Rodriguez • Intuitive Eating by Evelyn Tribole, RD • Change One by John Hastings, Peter Jaret, Mindy Hermann, RD • Food: What the Heck Should I Eat? by Mark Hyman, MD
식사를 통해 생활방식과 관련된 질환을 관리하고자 한다.	이 식사들은 어떤 질환이나 질환의 위험에 기반하여 특정 식사패턴이나 식품을 소비한다.	• Diabetes Meal Planning and Nutrition for Dummies by Toby Smithson, RDN, CDE • Blood Pressure Down: The 10 step plan to lower your blood pressure in 4 weeks without prescription drugs by Janet Bond Brill, PhD, RD, LD • The Bloated Belly Diet by Tamara Duker Freuman, MS, RD, CDN • The Low-FODMAP Diet by Kate Scarlata, RDN, LDN, and Dede Wilson • The Mediterranean Diet Weight Loss Solution by Julene Stassou, MS, RD
대학에서 체중과 건강 식품 선택을 관리하고자 한다.	이 식사들은 학생들에게 건강이나 체중조절을 위해 어떤 식품을 선택하는 것이 좋은지 가르쳐준다.	• The College Student's Guide to Eating Well on Campus by Ann Litt, MS, RD • Dressing On The Side (and Other Diet Myths Debunked) by Jaclyn London, MS, RD • Lose It For The Last Time by Amy Newman Shapiro, RD, DCN, CPT
특정 민족의 음식을 즐기고, 이를 일상식의 일부로 먹는다.	이 식단과 식사는 국제적인 식품이나 식사패턴에 집중한다.	• Mediterranean Diet & Pyramid • Latino Diet & Pyramid • African Diet & Pyramid • Asian Diet & Pyramid All at www.oldwayspt.org
육식보다는 채식과 통곡물을 즐겨 먹는다.	이 식사는 소비자들에게 더 많은 과일과 채소 그리고 통곡류 섭취를 독려하고 체중조절과 만성질환 예방을 돕는다.	• The Plant Powered Diet by Sharon Palmer, RD • The Plant Based Solution by Joel Kahn, MD • Vegan for Everybody: Foolproof Plant-Based Recipes by Bonnie Taub Dix • Smart Meal Prep for Beginners by Toby Amidor, MS, RD, CDN
곡물, 빵, 파스타 등 보다 육식을 즐긴다.	이 식사는 살코기와 건강에 좋은 지방섭취와 함께 저탄수화물과 고단백 식단에 집중한다.	• Healthy Keto by Prevention Magazine with Rachel Lustgarden, RD, CDN • Fill Your Plate, Lose the Weight by Sarah Mirkin, RDN
빨리 준비되는 식사를 즐기고 아이가 있는 바쁜 가족을 위한 영양정보를 원한다.	이 정보들은 아이들에게 건강 식사섭취에 대해 배우게 해주고, 가족이 즐기면서 식품을 섭취하도록 정보를 준다.	• The Picky Eater Project: 6 Weeks to Happier Healthier Family Mealtimes by Natalie Digate Muth, MD, RDN, and Sally Sampson • Obesity Prevention for Children: Before It's Too Late by Avin Eden MD and Sari Greaves, RDN • www.kidseatright.org website

Fuse/Getty Images RF

*주디스 로드리게즈 박사: 북플로리다 대학의 명예교수로 「The diet selector: from Atkins to the zone」(식단의 선택: 애킨스부터 존까지), 「당신에게 적합한 최적의 식단을 선택할 50가지 이상의 방법」, 「남미인을 위한 현대의 영양학」의 저자이다. 미영양사협회장을 역임하였고, 플로리다영양사회의 중요한 영양사상의 수상자이며, 미영양사회로부터 우수영양사교육자로 인정받은 바 있다.

▶ 단식은 가장 효과적인 체중조절 방법으로 알려져 있다. 그러나 많은 오해가 있다.

- 단식은 체중 감소를 일으키는가? 그렇다. 그러나 수분의 감소이다. 가지치기처럼 수분이 적어진 몸은 곧 다시 물이 풍부한 자두 크기로 돌아온다.
- 단식을 하면 체내 축적된 독소가 제거되는가? 신체에 들어온 독소는 질병을 야기시키고 사망하게 만든다. 우리가 섭취하거나 생성한 독소는 간과 신장에서 계속 제거하여 해독되고 배출된다. 실제로 단식은 즉시 해독되어 배출되어야 하는 암모니아 같은 정상적인 대사물보다 더 독이 되는 물질을 합성시킬 수 있다.

8.7 유행 다이어트

유행 다이어트(fad diet)는 기적적으로 체중을 감량하여 건강을 증진시킨다고 홍보되지만 종종 건강에 도움이 되지 않고 비현실적인 식사계획으로 구성된 식사요법을 의미한다. 기적의 다이어트라고 판매되거나 특수한 식사 형태(아침에 과일만 섭취, 매일 양배추 수프를 섭취), 일상적으로 사람들이 많이 먹지 않는 음식 섭취 등이 여기에 해당한다. 어떤 것들은 너무 단조로워서 일정 기간 이상 따라 하기 힘들 정도이다. 유행 다이어트는 매일 에너지 섭취를 관찰하기 때문에 일시적으로 체중이 감소하지만, 감소한 체중을 지속하거나 식습관 및 운동습관을 훈련시키는 프로그램은 아니다. 더욱이 어떤 다이어트들은 오히려 해로울 수 있다(표 8.7).

유행하는 다이어트는 빠른 체중 감량을 약속하는 경우가 흔하다. 안타깝게도 에너지 부족은 지방조직을 잃는 것이기 때문에 빠른 체중 감량이 주로 지방에서만 일어나는 것은 아니다. 매주 5~7 kg 감량을 약속하는 다이어트가 지방조직에 저장된 지방만을 제거한다고 보장할 수 없다. 매일 섭취하는 에너지에서 손실되는 지방조직 양만큼 에너지를 제외시키는 것도 불가능하다. 매주 2~3 kg 이상의 체중이 감량될 때는 지방조직보다는 주로 제지방조직과 수분이 감소한다.

이러한 다이어트들의 심각한 특성은 결코 성공할 수 없다는 점이다. 영구적인 감량을 위해 만들어진 것이 아니며 식습관이 변화하는 것도 아니다. 식품 선택이 제한되어 있으므로 장기간 따라할 수 없다. 다이어트를 하는 사람들은 지방이 감소했다고 생각하지만 실제로 근육조직과 다른 제지방조직이 감소한 것이다. 다이어트를 하다가 다시 정상적으로 식사

표 8.7 체중조절을 위한 유행하는 다이어트 방법의 요약

접근방법	사례	특성	결과
적절한 에너지 제한	• DASH Diet • Weight Watcher's • Volumetrics	전반적으로 1,200~1,800 kcal/day 섭취와 적절한 지방 섭취 다량영양소의 균형 섭취 적절한 운동 행동요법	비타민/무기질 보충제 섭취와 의사의 관찰하에 허용
탄수화물 제한	• Keto Diet • Paleo Diet • Dr. Atkins Diet Revolution • South Beach Diet	전반적으로 하루 50 g/ day 이하로 탄수화물 섭취 유제품을 배제 가능 보통 고단백, 고지방 식사 소비	케토산증(ketosis); 근육 글리코겐 저하로 운동 능력 소실; 동물성 지방과 콜레스테롤 섭취 과잉; 변비, 두통, 입냄새, 근육 경련
저지방	• Macrobiotic Diet • Pritikin Diet	전반적으로 에너지 섭취의 20% 이하를 지방으로 섭취 동물성 급원 제한(혹은 배제), 유지류, 견과류, 종실류 등을 제한	복부 팽만감; 지나친 식이섬유 섭취로 무기질 흡수 저하; 제한된 식품 선택으로 영양 결핍 초래, 허용될 수 없는 프로그램이 많음
특수 식사	• Intermittent Fasting • Cabbage Soup Diet • Whole 30 Diet	식수를 줄이거나 특정 영양소를 제외하여 에너지제한 식단 독특하고 기존에 알려지지 않은 특정 영양소, 식품, 혹은 식품 조합 홍보 특정 식품군 배제 실제 체중조절에 영향이 없는 흥미전략 홍보	영양불량; 식습관의 변화가 없어 퇴보 초래; 비현실적인 식품 선택으로 폭식 초래

실천해봅시다!

유행 다이어트를 발견하는 방법

미국에서 유행 다이어트에 지불하는 액수가 연간 330억 달러에 달하지만 체중 감량을 위한 가장 좋은 선택은 평생 매일 시행할 수 있는 식습관이나 운동습관을 갖는 것이다. 목표는 일시적인 체중 감량이 아니라 평생을 두고 체중을 조절해나가는 것이다. 미국 영양사협회는 소비자들이 어떤 식사요법이나 영양정보의 신뢰도를 판단하는 데 도움이 되는 10가지 위험 사항을 다음으로 제시하였다.

1. 빠른 효과를 약속하는 문구
2. 단일 성분이나 처방법의 위험성
3. 신뢰하기 어렵고 지나치게 좋은 홍보 문구
4. 복잡한 연구에서 간단한 결론을 내린 경우
5. 단일 연구 결과에 의거한 홍보 문구
6. 잘 알려진 과학단체를 인용한 극단적인 문구
7. '좋은 식품'과 '나쁜 식품'을 열거한 목록
8. 상품 강매를 요구하는 경우
9. 동료 평가를 하지 않는 학술지에 게재한 연구에 근거한 홍보 문구
10. 개인과 집단의 차이를 무시한 연구에 근거한 홍보 문구

를 하기 시작하면 몇 주 내에 감량된 체중이 다시 증가한다. 체중 감소와 증가가 반복되면('요요현상') 상실감으로 자책하게 되고 건강도 악화된다.

전문가의 도움을 받아 건강한 체중 감량을 계획하는 것이 필요하다. 그러나 아쉽게도 사람들은 유행하는 다이어트에 시간과 비용을 낭비해가며 빨리 효과를 얻기 바란다.

탄수화물 제한 다이어트

저탄수화물 다이어트(low-carbohydrate diet)는 신체의 글리코겐 합성과 수분량을 줄이는 방법이다. (글리코겐 1 g당 수분 3 g이 저장되어 있다.) 탄수화물 섭취가 극도로 낮아지면 간에서 포도당신생합성 대사가 진행되어 체단백질로부터 포도당을 생산하도록 한다. 저탄수화물, 고단백식사를 하는 사람들의 체중이 감소하는 것으로 보이지만, 적절한 지방, 고탄수화물 및 적절한 단백질식사를 하는 사람들에 비해 체중 감소량과 건강 증진 가능성이 더 큰 것 같지는 않다.

저탄수화물 식사는 총 식사량을 제한하는 것이기 때문에 주로 단기간에 적용된다. 장기간 연구에 의하면 이러한 다이어트는 단순하게 에너지 섭취를 제한하는 것에 비해 유리한 점이 없어 보인다. 일부 연구에 의하면 저탄수화물 식사가 LDL-콜레스테롤을 증가시킬 수도 있다.

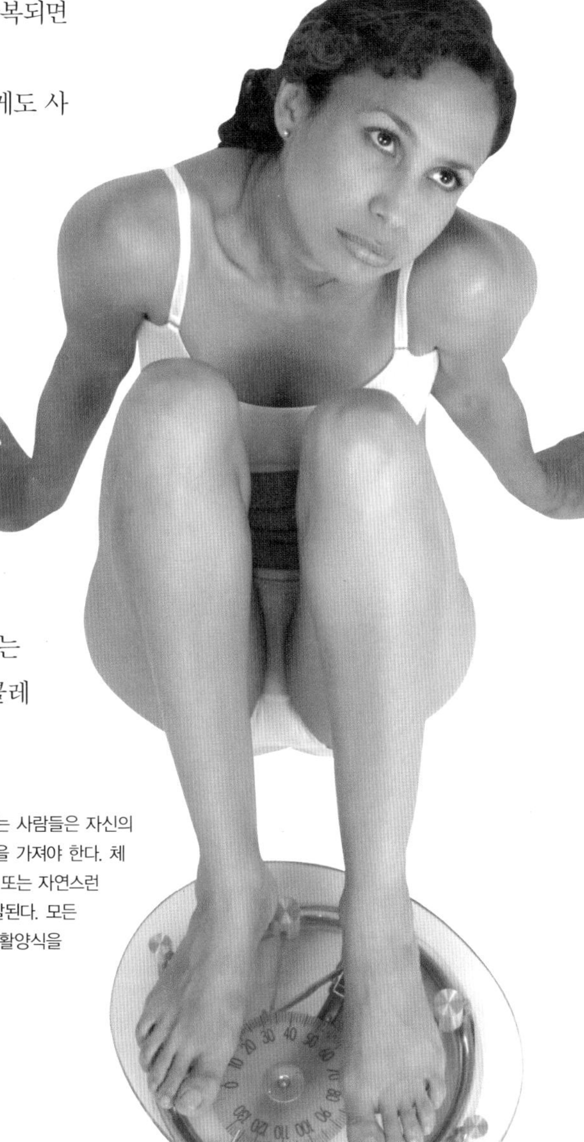

체중 감량보다는 건강한 BMI를 갖기 위한 다이어트를 원하는 사람들은 자신의 신체적 특성을 유지하고 수용하는 건강한 생활태도에 관심을 가져야 한다. 체중 감량은 특히 여성이라면 비현실적인 외모에 대한 기대감, 또는 자연스런 체형이나 체중에 대한 수용적 태도가 부족하기 때문에 유발된다. 모든 사람이 영화배우처럼 보일 수는 없으므로 건강과 건강한 생활양식을 갖기 위해 노력해야 한다.

Ingram Publishing/SuperStock RF

새로운 다이어트의 홍보물을 보게 되면 우선 탄수화물 함유량이 얼마나 되는지 살펴보아야 한다. 빵, 곡류, 과일 및 채소를 심하게 제한시키는 다이어트라면 저탄수화물 식사요법일 가능성이 많다(표 8.7 참조).

저지방 다이어트

저지방 다이어트(low-fat diet)는 특히 지방이 총 에너지의 5~10%로 매우 적게 함유된 반면 탄수화물이 매우 높은 식사 요법이다. 주로 곡류, 과일 및 채소로 구성된 저지방 식사는 건강한 성인에게 해가 되지 않지만 계속 먹는 것이 쉽지 않다. 특히 전형적인 서양 사람들은 단백질과 지방이 많은 음식을 좋아하기 때문에 이런 다이어트에는 금세 싫증낸다.

특수 다이어트

특수 다이어트(novelty diet)는 일종의 속임수를 이용한다. 자몽, 달걀, 곡류처럼 어느 한 가지 식품이나 식품군을 강조하고 다른 것들은 모두 제외시킨다. 이러한 식품들만 먹음으로써 결과적으로 에너지 섭취량을 감소시키는 것이다. 그러나 체중이 크게 감소하기도 전에 대개는 그만두게 된다.

이 다이어트의 문제점은 식품이 신체 내에, 특히 장내에 들러붙어 있다가 독소를 만들어 질병을 유발시킨다는 데 있다. 따라서 이 다이어트는 어떤 식품을 금하거나 하루 중 특정 시간에만 먹도록 권고된다. 그러나 이런 권고사항은 음식을 소화시키고 찌꺼기를 제거하는 데 매우 효과적인 소화기 기능을 고려할 때, 생리학적 면에서 그럴듯하지 않다.

유행하는 속성 다이어트(quack fad diet)는 비용이 많이 드는 반면, 체중 감량의 효과는 대체로 없다. 소비하기 전에 반드시 식품의약품안전처를 비롯한 전문가들의 승인을 받은 제품인지 확인할 필요가 있다.

많은 경우 초저탄수화물, 고단백질 식사를 좋아하지 않는 사람들은 다양한 식사를 하지 못하기 때문에 다이어트를 포기하게 된다.

Ingram Publishing/SuperStock RF

확인합시다!

1. 영양정보가 믿을만한지 확인하는 10가지 경고 사항은 무엇인가?
2. 빠른 체중 감량 시 체지방이 주로 소실되지 않는 이유는 무엇인가?
3. 유행하는 다이어트들의 주된 특성은 무엇인가?

체중조절을 위한 전문의 도움

체중조절은 전문적인 의사의 조언에 의해 이루어져야 하며 그 첫 전문의는 주치의여야 한다. 의사들이 개인의 건강뿐만 아니라 체중 감량 및 증가의 적절성을 가장 잘 평가할 수 있다. 전반적인 건강진단과 함께 체중 감소와 체중 증가의 적절성이 평가되어야 한다. 또한 임상영양사로 하여금 적절한 영양 균형을 위한 식품 구성과 심리적인 측면을 고려하여 맞춤형 식사요법을 계획하도록 돕는다. 운동생리학자들은 신체활동에 대한 조언을 담당할 수 있다. 미국의 경우 전문가들이 개입될 때 드는 비용은 세금공제가 되며 내과의가 처방할 때 건강보험이 적용되는 경우가 많다.

체중 감량을 위한 약물요법

특수한 경우 약물을 사용하여 체중 감량을 시도할 수 있으나 아직까지 약물만으로 성공한 사례는 드물다. 개인의 행동을 변화시키고 에너지 섭취를 줄이며, 신체활동을 증가시킨 사람들에서만 약물의 효과가 나타난다.

체질량지수(BMI)가 30 이상인 경우, 또는 BMI 27~29.9 이상이면서 2형당뇨병, 심혈관질환, 고혈압 환자, 허리둘레가 정상을 초과하는 비만의 경우 약물요법의 대상자가 된다. 이들은 약물 사용에 금기사항이 없어야 하며 체중 감량을 위한 생활습관의 변화를 시작한 사람들이어야 한다. 복용하는 약물은 다음의 네 종류로 분류된다.

- 두뇌에서 노르에피네프린과 세로토닌의 활성을 증진시키는 약물[(sibutramine, 상품명 Meridia®)]로 신경전달물질들이 신경세포로 재흡수되는 것을 억제하여 뇌에서 활성력을 유지하며 감소된 공복감을 유지시킨다. 단순하게 많이 먹는 사람보다 오히려 건강한 식사를 하는 사람에서 효과가 있다.
- 두뇌에서 에피네프린과 노르에피네프린의 활성을 유지시키는 암페타민 유사 약물[phenteramine (Fastin® 또는 Ionamin®)]로서 일시적인 효과가 있다. 신약(Qsymia®)은 식욕억제제와 항경련제, 항두통제와 결합된 형태이다. 후자는 포만감을 유도하여 식욕을 감소시키고 에너지 소비를 촉진시킨다.
- 소장에서 라이페이즈 작용을 억제하는 약물[orlistat(Xenical®, Alli®)]로서 지방 흡수를 30% 감소시킨다. 흡수되지 않은 지방은 변으로 배설되며 가스, 복부팽만감 등을 초래한다. 지용성 비타민과 무기질의 흡수가 저해되므로 보충제를 복용하는 것이 바람직하다.
- 항우울제[bupropion(Wellbutrin®)]를 복용하면 부작용으로 체중이 감소한다. 이 작용은 식품의약품안전처의 승인을 받은 기능이 아니므로 전문가의 감독 없이 남용하면 안된다.

고도비만 치료방법

정상 체중의 100 lb(45 kg) 이상 되는 경우, 또는 정상 체중의 2배가 되는 경우에는 건강상 문제가 심각하기 때문에 전문적인 치료를 적극적으로 추진해야 한다. 전문적인 치료방법은 신체적, 심리적 부작용이 심각하여 전통적인 식사요법으로는 해결되지 않을 때만 적용하며, 초저에너지 식사요법과 위성형술이 해당된다. **초저에너지 식사요법**(very-low-calorie diet, VLCD)은 전형적인 식습관의 변화가 실패하는 고도비만의 경우에 적용하며 주로 2형당뇨병이나 고혈압처럼 관리하기 힘든 질병을 동반한 경우에 액체 형태로 하루 400~800 kcal/day를 제공한다. 이 식사의 50%는 탄수화물이며 나머지는 양질의 단백질로 구성된다. 이렇게 낮은 탄수화물 섭취는 종종 산독증을 유발하지만 공복감 지연에는 도움이 된다. 그러나 체중이 감소하는 주요 원인은 섭취한 에너지의 감소와 식품 선택을 할 수 없기 때문이다. 여성보다 남성에서 감량속도가 빠르며 일주일에 1.5~2 kg 정도 감량되지만 담석과 장질환의 위험이 높다.

위성형술(gastroplasty)은 여러 식사요법을 시행한 경력이 있는, 5년 이상 지속된 치명적인 비만의 경우 권장되는 방법으로 알코올중독이나 정신적 장애가 없어야 한다. 위장 접합술(gastric bypass)은 위의 용량을 약 30 mL(달걀 1개 크기)로 줄이고 소장 상부를 우회하여 흡수면적을 줄이는 수술(그림 8.18)이다. 결찰 위성형술(banded gastroplasty)은 위를 밴드나 스테이플로 조그만 주머니를 만들어 외부에서 위의 크기를 조정할 수 있게 하는 방법으로 영양소 소화와 흡수를 억제하여 체중 감량의 성공률이 높다. 이 방법은 소량을 자주 먹는 생활습관을 습득하여야 하며 식사에서 설탕을 제거하여 심각한 덤핑증후군(dumping syndrome)을 예방해야 한다.

위성형술은 고가의 비용과 의료보험 혜택을 받을 수 없다는 단점이 있으나 시술자의 75% 이상에서 체중이 절반으로 감소하는 등 성공률이 높고 고혈압과 2형당뇨병이 완화되어 건강 증진의 효과가 큰 장점이 있다. 반면에 수술 후 출혈, 혈액응고, 헤르니아(hernias, 탈장), 감염 등의 부작용이 우려되는 면도 간과할 수 없다. 수술 후 관리를 소홀히 하면 영양결핍이 나타날 수 있으며 사망률이 2% 정도 된다.

저체중 치료방법

저체중(BMI 18.5 이하)도 월경불순, 골질량 감소, 임신 및 수술 합병증, 질병회복의 지연 등 많은 건강상 위험이 따른다. 성장기 연령대에서는 성장 및 발달 지연 등이 나타난다. 심각한 저체중은 흡연을 동반할 때 사망률이 높아진다.

저체중은 심한 신체활동이나 에너지 섭취가 심하게 제한될 때, 또는 암, 감염성 질환, 소화기 장애, 섭식장애, 정신적 스트레스, 우울 등에서도 나타나며 활동이 활발한 시기에 에너지를 충분히 섭취하지 못했을 때도 초래된다. 또한 유전적으로 기초대사가 높거나 마르고 작은 체형일 때 저체중이 많이 발생한다.

저체중인 사람들이 체중을 증가시키는 것은 결코 쉬운 일이 아니다. 열발생에 의한 에너지 소비가 증가하기 때문에 천천히 체중을 증가시킨다고 해도 추가로 500 kcal/day를 더 섭취해야 한다. 한 가지 방법은 저에너지 식품을 고에너지 식품으로 대체하는 것이다. 예를 들어, 섭취하는 곡류 식품에 건포도와 황설탕을 섞어 먹는다. 또는 채소 수프 외에 콩 수프를 더 섭취하면 최소한 50 kcal가 더 늘어난다. 또한 서서히 음식 분량을 늘려 나간다. 정규식사에 간식을 추가하면 증가된 체중이 유지된다. 가급적 규칙적인 식사를 하면 체중이 증가할 뿐 아니라 변비 같은 불규칙한 식사로 인한 위장장애를 제거할 수 있다. 지나치게 신체활동을 많이 하는 사람은 활동량을 줄인다. 저항성 운동(예: 역기)을 하면서 에너지 섭취를 함께 증가시키면 근육량이 증가한다. 이러한 노력에도 불구하고 체중이 증가하지 않으면 의료진을 통해 그 원인을 파악하고 적절한 치료를 받아야 한다.

미디어와 패션계에서는 매우 마른 체형의 의상을 홍보하지만, 저체중은 건강상 심한 위험이 뒤따른다.

Karl Prouse/Catwalking/Getty Images

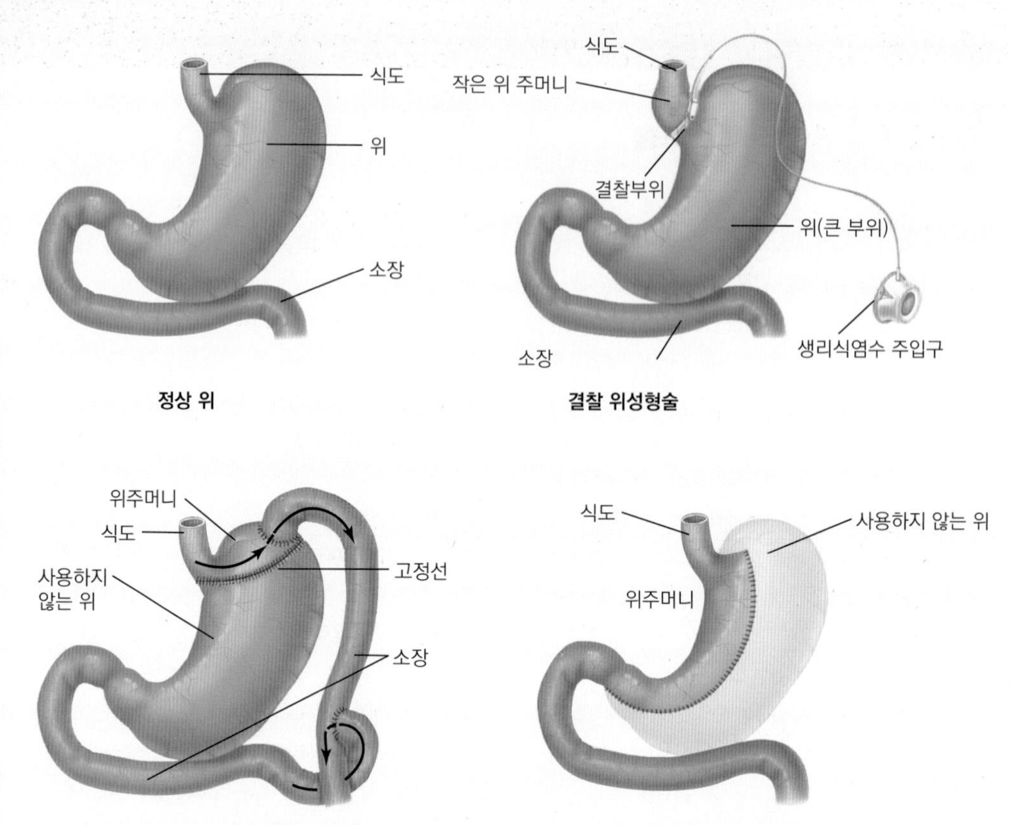

그림 8.18 **고도비만을 치료하기 위한 대표적인 위 성형술.** 위장 접합술은 가장 효과적인 시술법이며 결찰 위성형술에서는 위 일부를 밴드로 감아서 위가 팽창하는 것을 방지한다.

확인합시다!

1. 비만을 치료하기 위한 체중 감량 의약품에는 어떤 것이 있는가?
2. 체중 감량을 위해 일종의 단식을 해야 하는 사람은 누구인가?
3. 위성형술이란 무엇인가?
4. 저체중과 연관된 건강상 위험은 무엇인가?

실천해봅시다!

개선을 위한 변화

당신이 현재 체중에 만족한다고 해도, 많은 사람들이 나이가 들면서 체중이 증가하므로 체중 관리를 하는 법에 대해 알고 있는 것은 도움이 된다. 다음의 행동 변화 방법이 유용할 것이다. 이는 운동 습관이나 자존감, 그리고 다른 행동 변화에도 적용할 수 있다.

1. 문제를 인식하라

당신의 현재 체중 상태를 계산하여, 체중문제가 있는지 파악하라. 먼저 당신의 키와 체중을 재고, 표 8-10을 이용하여 체질량지수(BMI)를 기록하라. 만약 체질량지수가 23 이상이면 과체중으로 인한 건강위험이 시작될 수 있다. 만약 25 이상이면 비만으로 체중 감량을 생각해보길 권한다.

그 다음 줄자를 이용하여 당신의 허리둘레(배꼽 바로 위 가장 들어간 위치를 배근육을 이완한 상태에서)를 측정하고, 기록하라.

만약 체질량지수가 23 이상이고, 남성의 경우 90 cm, 여성의 경우 85 cm 이상인 경우 건강위험이 증가한다. 당신의 허리둘레는 성별에 맞는 기준을 넘는가?

당신이 체중 감량을 위한 프로그램을 지금 참여해야 한다고 느끼든 미래에 해야한다고 느끼든, 어떻게 변화를 만들어 낼지 방법을 아는 것은 중요하다.

새로운 현상태

행동변화의 유지:
변화가 삶의 일부로 들어옴

배움에 대해 수용적인
마음자세 개발

문제의 인식

기초자료 획득

목표 설정

계획 수립

계획에
전념

계획 실천

재평가

변화에
전념할 수
없거나
하고 싶지
않음

재발 방지

원래
상태로

변화 성공

그림 8.19 **행동 변화의 모델.** 문제의 인식에서 시작하고 그 문제를 다루도록 의도된 새로운 행동들의 받아들이는 것으로 끝난다.

2. 기초자료를 수집하라

제1장에서 기입했던 식사기록을 떠올려라. 당신의 식습관에 가장 영향을 준 요인이 무엇인가? 당신은 스트레스나, 심심함, 혹은 우울함 때문에 먹는가? 혹시 과식을 하거나 대부분 불량한 식사를 하는가? 그렇다면 이런 식습관을 바꿀 필요가 있는가? 당신이 결정하는데 비용-이익 분석이 도움을 줄 수 있다(그림 8-20).

3. 목표를 설정하라

성공 가능성을 높이기 위해, 현실성 있는 성취 가능한 목표를 세우고, 달성하기에 충분한 시간을 줘라. 당신의 최종 목표는 무엇인가? 왜 이 목표를 달성하고자 하는가? (예. 건강 증진, 체중 감량, 자존감 증진)

식행동을 변화시킬 때 이점	식행동을 변화하지 않을 때 이점
당신이 원하는 무엇을 얻게 될 것이라고 기대하는가? 유쾌하지 않은 무엇을 피할 수 있다고 생각하는가? - 신체적, 정신적으로 좋아질 것임 - 보기에 좋을 것임	지금 즐기고 있는 무엇을 계속 할 수 있는가? 해야 하는 일을 피할 수 있는가? - 계획을 안 짜도 됨 - 죄책감 없이 외식을 할 수 있음

식행동 변화와 관련된 비용	식행동을 변화하지 않을 때 비용
하기 싫지만 해야 하는 것이 무엇인가? 계속하고 싶은데 그만 해야 하는 것이 무엇인가? - 식사를 계획하고 구매하는데 더 많은 시간이 걸릴 것임 - 식사의 양에 대해 일부 포기해야 할 것임	지금이나 나중에 경험하게 될 별로 유쾌하거나 바람직하지 않은 것들이 무엇인가? 상실할 것이라 생각되는 것은? - 꾸준히 계속될 체중 증가 - 낮은 자존감과 나빠진 건강

그림 8.20 **식습관 변화를 위한 비용:** 이익 분석. 이 분석은 행동의 변화를 전반적인 생활방식의 변화로 전환하는 과정을 돕는다.

4. 계획을 세워라

당신의 목표를 달성하기 위해 필요한 과정 단계를 적어라. 한 단계마다 매우 적은 몇 가지만 변화하는 계획이 성공가능성을 높인다. 매일 60분 걷기, 지방 적게 먹기, 통곡류를 더 먹기, 저녁 8시 이후에 안 먹기 등을 선택할 수 있다. 목표 달성을 위해 어떤 단계들을 거칠 것인가? 만약 단계를 설정하는데 어려움을 느끼면 전문가에게 조언을 얻어라.

5. 계획에 전념하기

'내가 할 수 있는가?' 당신 스스로에게 물어라. 행동변화를 성공하기 위해 '전념'은 필수적인 요소이다. 영구적 변화는 빠르지도 쉽지도 않다. 행동 계약서를 쓰는 것(그림 8.21)은 계획을 이행하는데 도움을 준다. 이 계약서는 목표 행동들, 목적들과 진도를 측정하기 위한 이정표, 계약서 내용을 충족했을 때 줄 보상 등을 포함할 수 있다. 계약서 내용을 기입하고 나면, 친구들과 같이 증인이 있을 때 서명을 하면 된다. 이렇게 계약의 형식을 갖추는 것이 이후에 전념할 수 있게 도움을 준다.

이름 홍길동

목표

나는 하루에 자전거를 30분간 일주일 4회 이상 타는데 동의한다.

대체 행동과 보강 계획 나는 한 주간 휴가를 포함해서 한 달간 이 목표를 실행한 후 나 스스로 계획을 보강하겠다.

진전 상황의 기록 진전 상황을 파악하기 위해 나는 운동여부를 달력에 기입하겠다.

환경에 대한 계획

계획실행을 돕기 위해 1) 나는 내 신체적 사회 환경적 요소를

새 음악을 다운로드 함으로써 조정하겠다.

2) 내 내적인 생각이나 이미지 환경을 저녁에 TV 보는 것과 병행하면서 조정하겠다.

보강

매일 그리고 매주 나 스스로에게 제공되는 보강

외출을 위한 새 옷을 살 것이다.

매일 그리고 매주 다른 사람이 제공하는 보강

한달이 끝나고 목표를 이룬다면, 부모님께서 겨울방학 때 운동할 수 있는 체육관 정기권을 사주실 것이다.

사회적 지원

행동의 변화는 다른 사람들이 당신의 계획을 지원할 때 이루어지기가 쉽다.

학기 동안 적어도 3회 다른 사람과 당신의 진전도에 대해 논의하라. 내 중요한 조력자는 아버지 이다.

그림 8.21 **행동 계약서를 쓰는 것은 계획을 이행하는데 도움을 준다.** 당신의 계약서는 어떻게 생겼나?

6. 계획을 실천하기

일생동안 전념할 것을 생각하면 너무 버거우니, 먼저 6-8주만 시도하는 것으로 시작하라. 포기하지 않고 6개월간 새로운 활동들을 지속하기를 목표로 하라. 계획에 맞춰 진행하라.

- 지쳐 포기하지 않을 만한 범위의 감량에 집중하라. 예를 들어 어떤 특정 식품을 절대 다시는 먹지 않겠다고 말하는 것은 비현실적이다. 그보다는 '문제가 되는 그 음식을 전보다는 적게 먹겠다'고 말하는 편이 낫다.
- 진전 여부를 확인하라. 일기에 진전상황을 기록하고 긍정적인 행동들에 대해 보상하라. 습관들을 조절하고 향상된 면을 보는 동안 당신은 그 계획들에 대해 스스로 뿌듯해하고 그 계획을 더 밀고나갈 수 있게 동기를 부여할 것이다.
- 환경을 조정하라. 행동 변화의 초기에는 문제가 될 만한 상황을 피하라. 모임, 좋아하는 음식점, 그리고 당신이 계획에서 벗어나도록 시도하는 사람들이 그러한 경우이다. 새로운 습관이 단단히 생겨날 때 아마도 환경에서 오는 유혹들을 성공적으로 뿌리칠 수 있다.

7. 재발에 대한 재평가와 예방

몇 주에서 몇 달 동안 프로그램을 수행한 후 당초 계획을 더 자세히, 그리고 비판적으로 확인하라. 당신이 세운 목표로 나아가고 있는가? 당신이 설정한 목표를 이루기 위해 추가로 필요한 단계가 있는가? 계획에 대한 새로운 보강이 필요한가? 재발을 경험해본 적이 있는가? 재발의 요인이 뭘까?

어떻게 해야 미래 재발을 막을 수 있을까? 재발에서 행동의 사슬을 볼 수 있는가? 이 행동 사슬을 어떻게 끊을 수 있을까?

8. 행동 변화의 유지

여기서 언급한 활동들을 이용했다면, 영구적으로 행동변화를 줄 수 있는 좋은 길에 들어선 것이다. 변화하는 것은 쉽지 않으나 결과는 노력할 가치가 있는 것일 수 있다.

8.8 섭식장애

이상 식행동(disordered eating)은 스트레스를 유발하는 사건, 질병, 건강이나 외관상 목적으로 식사를 바꾸려 할 때 일시적으로 식사 형태가 변화되는 것을 의미한다. 친구나 가족에 적응된 식생활 형태, 운동 경기를 위한 식사는 결코 나쁜 습관이 아니며 심지어 체중이 감소하고 영양적 문제를 초래해도 문제가 되지 않는다. 그러나 최근 유행하는 특정 다이어트, 결식, 불규칙한 식사, 에너지 소모적인 극한 직업에 종사하는 경우, 어느 시점에 이런 평범하지 않은 식습관이 멈추지 않고 **섭식 장애**(eating disorder)가 시작되었는지 분간하기 힘들어진다(그림 8.22).

비만은 현대사회에서 가장 일반적인 섭식장애지만, 여기서는 치료하지 않고 방치하면 생명을 위협하는 상태로 발전하는 등 더 심각한 섭식문제를 지닌 임상 증세들을 말한다. 이러한 섭식장애의 주요 형태로 신경성 거식증, 신경성 과식증, 폭식증, 비특정 섭식장애 등이 있다.

질병 발생 및 감수성

섭식장애는 북미에서 500만 명 이상 겪고 있는데, 특히 여성에서 많이 나타나며 여성 대 남성의 비율이 6~10 : 1이다. 북미 여성 중 5%가 일생에 신경성 거식증이나 신경성 과식증을 경험한다고 보고된 바 있으며 매년 증가 추세를 보이는 점이 놀랍다.

섭식장애는 단순한 식사에서 시작된다. 스트레스와 이에 대한 대처방안이 없을 때, 가족 관계가 어려울 때, 약물 남용 등은 통제하기 힘든 식행동을 야기한다. 스트레스는 이차성징 발현 같은 신체적인 변화에 의해서도 유발된다. 섭식장애는 생리적인 변화를 동반하면서 폭식, 거식증 등으로 발전하여 치료하지 않고 방치하면 심장질환, 신부전 등 심각한 합병증을 초래한다. 주로 청소년과 성인 초기에 85%가 발생하지만 어린이와 성인 후기에도 나타난다는 보고가 있다.

이상 식행동은 지속적인 식품제한, 폭식증, 거식증, 자발적 구토, 일상생활에 지장을 주는 체중 변화 등에 관련된 생리적 변화로 점차 심화된다. 또한 정서적, 인지적 변화로 인해 사람들이 그들의 신체를 바라보는 시선에 영향을 받게 된다(예를 들어, 체형이나 체중에 대해 걱정을 하거나 지나친 관심을 갖는 등 감정 변화). 섭식장애는 자주 우울, 약물 남용, 불안장애 같은 심리적 장애를 동반한다.

섭식장애는 의지력이 부족하거나 행동의 문제가 아니며, 현실적으로 치료 가능한 의료적 질환으로 영양치료를 넘어 전문가의 도움이 필요한 상황이다. 치료하지 않으면 신체적 합병증이 심화되어 심장질환, 신부전을 일으키고 심지어 사망하게 된다. 가족, 친구 등 자활을 돕는 그룹의 지원이 치료를 위한 첫 걸음이 될 수 있다. 누구나 스스로 섭식장애의 의문이 생길 때 자활 그룹에 참여할 수 도 있다.

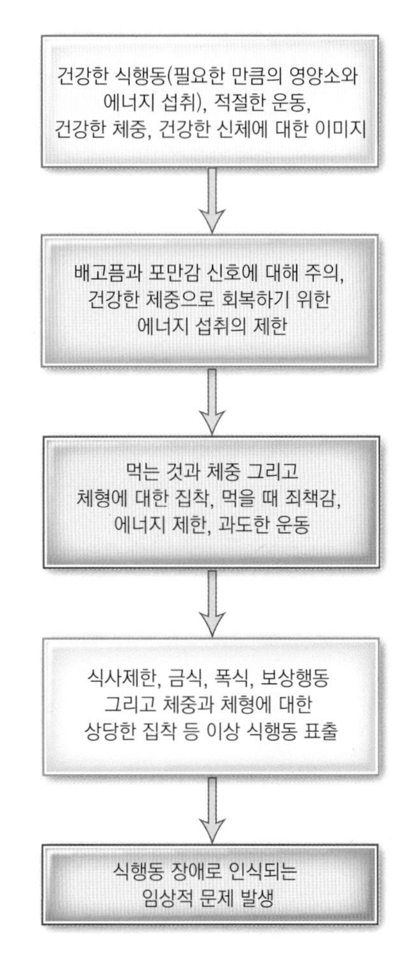

그림 8.22 식행동은 연속선상에서 일어난다. 이 그림은 어떻게 한 개인이 정상적인 식행동에서 이상 식행동으로 나아가는지를 보여준다.

신경성 거식증

'거식증(anorexia)'이란 일종의 식욕상실 증세를 의미하지만 좀 더 정확하게 표현하자면 식

섭식장애를 가진 사람들은 실제 체형과 인지된 체형, 이상적 체형을 전혀 다르게 인식할 수 있다.

Steve Niedorf Photography/Stone/Getty Images

기수, 레슬링 선수, 피겨 스케이팅 선수, 발레 무용수처럼 저체중을 유지해야 하는 사람에서 섭식장애가 흔히 일어난다.

Mikhail Pogosov/Shutterstock

자신의 이미지에 대한 걱정은 어렸을 때 시작된다. 받아들일 수 있는 체형과 받아들일 수 없는 체형에 대한 이미지를 만들어낸다. 많은 사람들은 매력을 만드는 모든 요인들 중 체중이 가장 중요하다고 생각한다. 살이 쪘다는 것은 몸에 대한 우리의 문화적인 이상으로부터의 가장 공포스러운 일탈이다.

Dave J. Anthony/Getty Images RF

욕을 거부하는 행동이다. Nervosa는 자신의 몸을 혐오한다는 뜻이며 **신경성 거식증**(anorexia nervosa)은 극도의 체중 감소와 왜곡된 신체상, 비만에 대한 극도의 공포를 가지고 있으며 다른 사람이 보기에 전혀 비만하지 않지만 스스로 비만하다고 믿는 특징을 보인다. 즉, 실제의 모습과 자신이 인지하는 모습이 일치하지 않는 정도가 장애 심각성을 진단하는 중요한 척도이다.

섭식장애는 잘 보고되지 않기 때문에 발병률을 예측하기 힘들지만 서구에서 200명당 1명(0.5%)꼴로 나타난다.

사춘기 이후 체중이 증가하는 여성에서 발병률이 매우 높으며 근육질의 큰 체격을 선호하는 남성에서는 상대적으로 낮지만 거식증 환자의 10%를 차지하며 체중을 제한하는 운동이나 직업(레슬링, 수영, 모델)에 종사하는 경우 섭식장애가 나타날 가능성이 가장 높다.

이러한 질병은 음식과 연결되어 있지만 정신적 갈등에서 초래된다. 신경성 거식증은 식행동에 대한 자기조절을 통해 무력감에서 벗어나려고 하므로 사회적인 유대를 거부하고 음식과 식행동, 체중에 집중하게 된다. 표 8.8에 신경성 거식증의 특징을 나열하였다. 그러나 전문가를 통해 정확하게 진단되어야 하며 초기에 치료되어야 예후가 더 좋다는 것을 명심해야 한다.

신경성 거식증의 신체적 영향

신경성 거식증은 정서적인 문제에 뿌리를 두고 있지만 신체에도 심각한 영향을 주어서 피부와 뼈만 남는 모습을 보인다. 임상적 지표 중 첫째는 예상 체중의 85%에도 미치지 못할

표 8.8 섭식장애의 특징

신경성 거식증	신경성 과식증	폭식 장애
• 엄격한 식사조절로 같은 나이 또래의 체중보다 85% 이하로 격감(BMI 17.5 이하) • 잘못된 체형 인식-저체중임에도 비만으로 생각함 • 식품, 운동, 일상생활에서 맹신적 태도 • 일상생활의 엄격한 통제와 보안적 태도 유지 • 약간의 체중 증가에도 거의 고통스런 감정과 두려움 표현 • 완벽함과 자기 거부를 통해 순수함, 힘, 우월감을 느낌 • 식품에 대한 선입견으로 타인이 섭취하는 것을 관찰함 • 식품의 존재에 난감함 느낌 • 무월경이 3개월 이상 지속됨 • 일부는 폭식과 보상행동을 보임	• 비밀스런 폭식(다른 사람 앞에서는 내색하지 않음) • 우울하고 스트레스를 받을 때 먹음 • 많은 양의 음식을 빠르게 먹고나서 완하제와 이뇨제 남용, 자발적 구토 유발, 혹은 과도한 운동(적어도 3달 동안 주마다) • 자책감, 우울감, 자존감 저하, 죄의식(폭식 후) • 체중의 급격한 변화 초래(5 kg 정도) • 섭식통제 상실에 대한 두려움 • 완벽주의, People-pleaser(불이익을 주거나 희생을 담보로 하는 경우까지 감수하고 단호하게 거절하지 못하고 다른이들을 기쁘게 하는데 집중하는 사람); 매우 조심성 있고 조절된 삶의 방식을 가지므로, 오로지 음식으로부터 회피하거나, 마음의 위안을 얻음 • 치아 부식, 침샘 비대 • 구토제 남용	• 보상행동(purging; 완하제와 이뇨제 남용, 자발적 구토 유발 등)을 제외하고 신경성 과식증과 동일한 특성 • 빨리 먹음 • 배고프지 않거나 심지어 배부를 때도 먹음 • 폭식 후 불쾌하게 포만감을 느낌 • 혼자 먹거나 폭식하는 것을 다른 사람들에게 숨김

이 중 몇 가지 특성만 가지고 있는 사람들은 위험은 있으나 장애를 가진 상태는 아니다. 그러나 이런 사람들은 식습관이나 이에 관련된 근심들을 살펴보고, 의사를 만나 자세한 검사를 받는 등 적절한 행동을 취하여야 한다.

때로서 BMI는 영양불량을 파악하는 신뢰성 있는 지표이며 일반적으로 17.5 이하이면 영양불량으로 판단한다. 그러나 18세 이하인 경우에는 발육곡선 도표(growth chart)를 참조하여 평가해야 한다.

이러한 중간 단계의 기아 상태에서는 신체에 가능한 많은 에너지를 보유하려고 힘쓰며 결과적으로 신체에 영향을 미친다(그림 8.23). 신경성 거식증이 오래 지속되지 않으면 수많은 합병 증세는 정상 체중으로 회복되면서 사라진다. 이러한 결과들은 모두 호르몬 작용에 대한 반응과 영양불량으로 인한 결핍증이 원인이 되어 나타난다.

- 저체중(연령, 신장 및 활동수준으로 예상되는 체중보다 15% 이하)
- 저체온 및 한랭불내증(지방층 소실로 인한)
- 갑상선 호르몬 합성 저하로 인한 대사율 저하
- 심박률 저하로 인한 피로감, 허약 및 수면 증가
- 철 결핍 빈혈로 인한 병약감
- 영양결핍으로 인한 피부건조 및 거칠음
- 백혈구 감소로 인한 면역력 저하
- 소화관 불편함
- 탈모
- **라누고**(lanugo) 현상
- 변비로 인한 완하제 남용
- 혈중 칼륨 저하(영양소 섭취 부족, 이뇨제 남용, 구토 등으로 인해)로 심박수가 불규칙한 심장 질환의 위험 증가
- 월경주기 불규칙
- 호르몬 변화로 인한 골다공증 위험 증가

이상 식행동(disordered eating) 스트레스, 질병, 또는 건강 및 개인적 외모 등 다양한 이유 때문에 식사를 변화하려는 욕구와 관련되어 나타나는 단기간의 섭식 변화.

섭식장애(eating disorder) 생리적 변화와 연관된 심각한 섭식 변화. 식품 제한, 폭식, 보상행동(구토 등), 급격한 체중 변화, 스스로에 대한 체형 인식의 정서적, 인지적 변화 등을 포함.

신경성 거식증(anorexia nervosa) 심리적 상실감이나 식욕 거부를 동반하며 스스로 굶는 현상. 부분적으로 왜곡된 신체상 및 사회적인 압력과 연관성이 있음.

신경성 과식증(bulimia nervosa) 1회성의 과식 후 자발적 구토, 단식이나 과도한 운동을 하는 섭식장애.

폭식증(binge eating disorder) 반복적인 폭식 또는 폭식을 통제하지 못한 상실감을 반복적으로 느끼는 섭식장애.

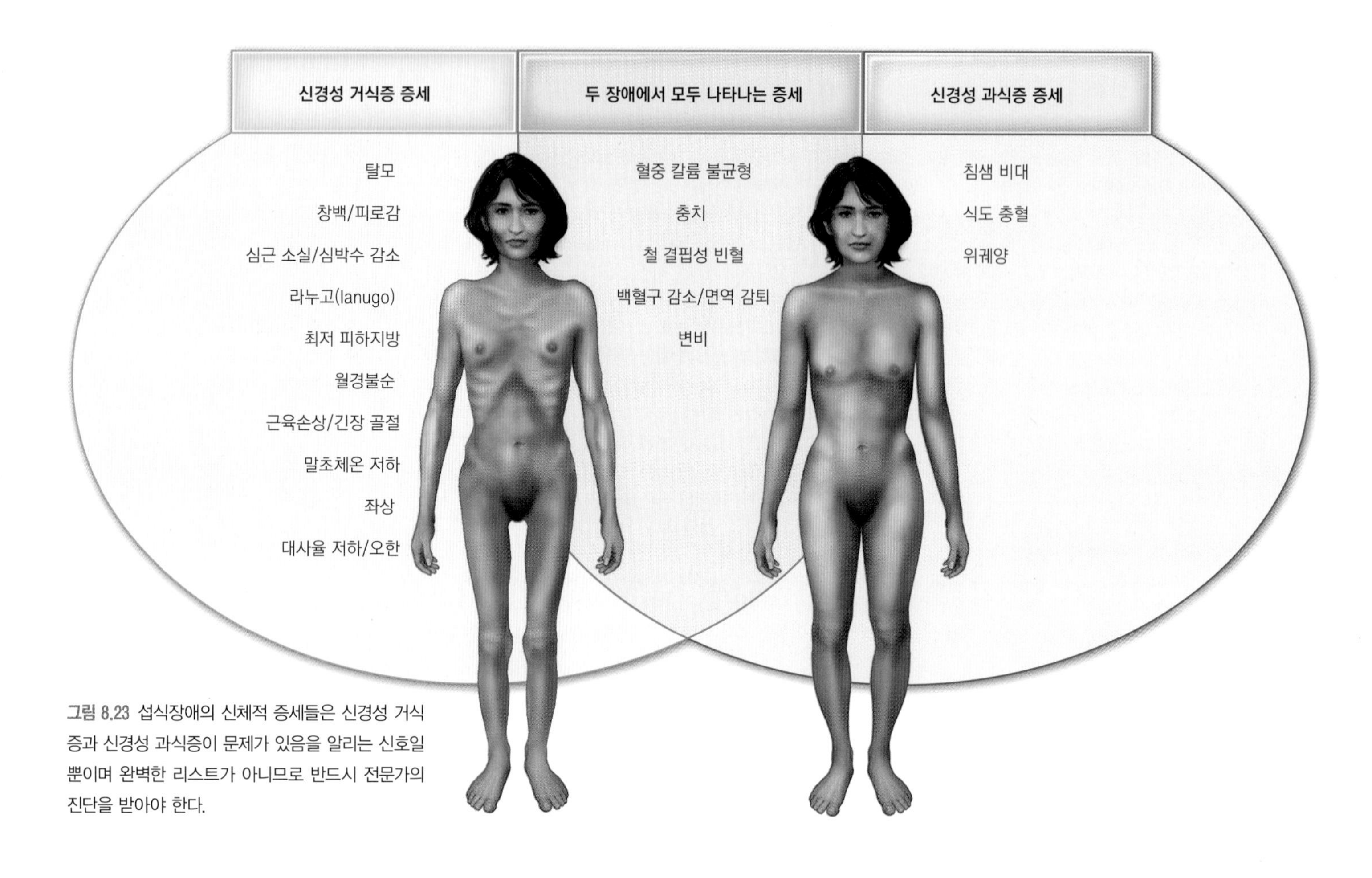

그림 8.23 섭식장애의 신체적 증세들은 신경성 거식증과 신경성 과식증이 문제가 있음을 알리는 신호일 뿐이며 완벽한 리스트가 아니므로 반드시 전문가의 진단을 받아야 한다.

역사적 관점

황금 새장

1870년도에 나온 신경성 거식증 진단을 위한 초기 기준은 건강에 사회적인 영향이 있을 수 있다는 것을 보여준 첫 번째 의학적 기준이었다. 1930년대에 시작된 섭식장애 환자에 대한 강도 높은 관찰과 치료를 통해, 심리분석가인 Hilde Bruch는 섭식장에에 대한 문화와 사회적 구조의 상호작용을 이해하는데 크게 기여했다. 그녀의 1973년 저서 [섭식장애: 비만, 거식증 그리고 그 안의 사람]은 치료의 최전선에 섭식장애의 감정적인 면을 강조하였다. 그 뒤에 나온 [황금 새장: The Enigma of Anorexia Nervosa.]는 소비자가 섭식장애의 심각성과 복잡성을 이해하는데 도움을 주었다. 자세한 내용은 www.nimh.nih.gov/health/topics/eating-disorders/index.shtml를 참고할 것.

- 뇌 신경전달물질 변화로 인지기능 저하
- 근육량 및 골량 감소로 근골격계의 빈번한 부상

신경성 거식증 치료방법

신경성 거식증은 정상 체중의 75% 이하로 감량된 경우를 의미하며 심각한 심리적 문제(예: 자살 등)가 동반되면 반드시 입원 치료를 해야 하며 경험 많은 의사, 임상영양사, 정신과 전문의 등 건강 전문가 집단의 도움을 받아야 한다. 회복에 필요한 시간은 평균 7년 정도로 최고의 의료진과 시설에도 재활에 실패하는 경우가 있어 예방이 최선의 방법이다.

영양치료 첫째 목표는 환자의 협조와 신뢰를 통해 식사량을 증가시키는 것이다. 대사를 정상적으로 증가시키기 위해 체중을 늘려야하며 신체적 임상 증세를 회복시켜야 한다. 우선 체중 감소가 최소화되도록 또는 멈추도록 식사를 유도한 후 서서히 매주 1~2 kg 정도 체중이 증가하도록 식사습관을 변화해 나간다.

체중이 증가하는 단계에 접어들면 식사는 3,000~4,000 kcal/day 에너지를 제공하고 적절한 체중에 도달할 때까지 에너지 섭취를 증가시켜 나간다. 영양결핍 상태로부터 회복되도록 비타민·무기질 보충제를 투여한다. 더불어 칼슘 섭취량을 1,500 mg/day 정도로 증가시켜야 한다.

환자는 식사를 하기 시작하면서 대사가 증가하고, 체온이 상승하면서 통제하기 힘든 불편감을 느낀다. 혈중 전해질과 무기질(특히 칼륨, 인, 마그네슘 등)의 변화를 관찰하면서 식사량을 서서히 늘려나간다. 또한 임상영양사는 이들에게 식품과 영양에 대한 정보를 제공하면서 바른 식생활 태도를 인지하도록 유도해 나가며, BMI 20 이상의 정상 체중을 유지하기 위한 바람직한 식품 선택 방법을 터득하도록 도움을 준다.

심리치료 일단 거식증 환자의 신체적인 문제가 치료되기 시작하면 심리적인 문제로 관심을 돌린다. 치료사와 보조사가 협력하여 문제의 원인을 찾아내고 그에 대한 심리적인 대처 방안을 개발해 나간다. 종종 치료사는 환자의 가족에서 문제의 핵심을 찾아내곤 한다. 환자는 섭식장애를 해결해 나가면서 질환의 원인이 되었던 힘든 상황에 대처하고 삶의 다른 면을 조절하는 방법을 터득하기 위해 가족과 새로운 방식으로 관계를 형성해 나가야 한다. 섭식을 정상적으로 하고 이전에는 관심 없었던 생활로 돌아가야 한다. 치료과정 중 우울, 불안, 강박관념 등을 치료하기 위해서 약물요법이 필요할 때가 있다. 그러나 약물복용의 목적은 근본적으로 우울, 불안, 집착, 충동 등 심리적 문제가 재발되지 않도록 하는 데 있다.

생각해 봅시다

Jennifer는 13살로 매력적이었으나 강박 증세가 심했다. 머리카락, 옷, 심지어 그녀의 방까지 모든 것이 완벽해야 했다. 성숙하기 시작하면서 완벽한 몸매를 가져야 한다는 생각에 사로잡히기 시작했다. 부모님이 그녀의 행동에 대해 걱정하게 되었으며 학교 상담교사는 섭식장애의 징후가 확실해 보인다고 진단하였다. 어떤 징후가 나타났을까?

신경성 과식증

신경성 과식증(bulimia nervosa)은 폭식 후 자발적 구토, 완하제 등을 이용하여 배출해 버리는 보상행동을 반복하는 증세로 일부 사람들은 과도한 운동을 하여 섭취한 에너지를 소비하려고 노력한다. Bulimia란 'great hunger'를 의미하며 실제로 과식증 환자는 끊임없이 먹는 것을 생각한다. 이러한 측면은 신경성 거식증 환자가 음식을 거부하는 것과는 완전히 반대이다. 이들은 스스로 이러한 식행동을 비정상적인 것으로 여기기 때문에 자존감이 낮고 매우 우울해 한다. 이들 중 50%는 우울증 증세를 보인다(그림 8.24).

청소년이나 대학생의 4% 정도가 과식증으로 고통받고 있으며 이 중 남자는 10%를 차지하지만 드러나지 않는 비밀스런 식행동의 특성으로, 알려진 것보다 실제는 더 많을 것으로 예측된다. 비만이 될 소인이 유전적으로, 그리고 생활습관에 있는 많은 사람들이 신경성 과식증을 보이며 십대에 체중 감량을 흔히 시도한다. 신경성 거식증과 비슷하게 여성에게 흔하다. 그들은 정상 혹은 약간 높은 체중을 지닌 경우가 많다.

폭식과 보상행동의 반복

표 8.8에 신경성 과식증의 특징을 나열하였다. 폭식(binge)과 보상행동(purge) 외에 신경성 과식증 환자들은 모든 간식을 배제하는 등 음식 섭취에 대한 규칙을 가지고 있다. 따라서 단지 쿠키 하나 혹은 도넛 하나 먹는 것만으로도 규칙을 어겼다는 죄책감을 느끼고 폭식을 하게 된다. 폭식은 보통 다이어트에 의한 공복감이나 스트레스, 지루함, 외로움, 우울감 등의 복합적 원인에 의해 유도된다. 많은 경우, 매우 엄격한 다이어트 후에 일어나므로 심한 공복감과 연결되어 있다. 폭식은 정상적인 식사와 달리, 한번 시작되면 자동으로 계속 먹게 된다. 급히 먹으면서 자제력을 잃게 되고, 음식의 향미는 거의 즐기지 못한다. 폭식과 보상행동의 반복은 매일, 매주, 혹은 더 긴 시간에 걸쳐 일어날 수 있다. 많은 경우 폭식은 한밤중 같은 방해할 사람이

섭식장애를 초기에 치료하면 성공할 확률이 높다. 그러한 도움을 받으려면 일반적으로 학생지도, 대학 캠퍼스 상담 시설에서 가능하다는 것을 알려야 한다.

©ESB Professional/Shutterstock

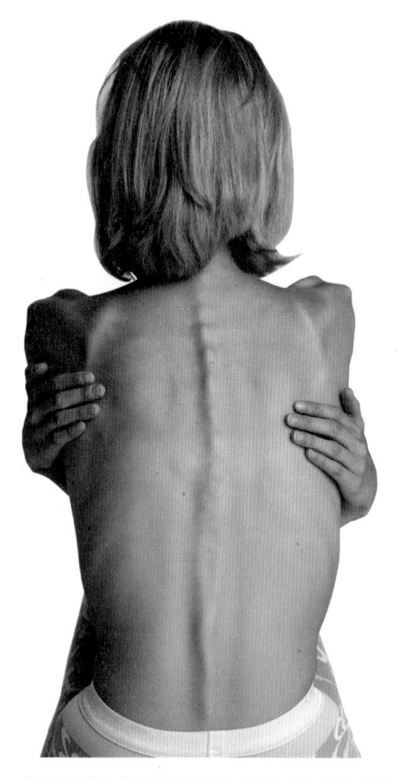

신경성 거식증 환자들의 자립 동호회원 중 젊은 여성 한 사람이 다른 회원에게 자신의 감정에 대해 "나는 자존감을 상실했으며, 다른 사람들과 다르다. 이제 나는 내가 스스로 극복해야 할 대상이라는 것을 알고 있다."고 말한다.

Tomas Houda/Alamy RF

없는 시간에 30분에서 2시간 정도에 걸쳐 벌어진다.

대부분의 신경성 과식증 환자는 폭식 중 사탕이나 고탄수화물 편의식품을 소비하는데 이 음식들은 구토하기에 상대적으로 용이하다. 과식 1회에 3,000 kcal 이상 섭취한다. 그리고는 보상행위를 통해 살이 안찌기를 바란다. 그러나 폭식 후 구토를 하더라도 33~75% 에너지는 흡수되기 때문에 체중이 증가한다. 완하제나 관장제를 복용하여도 이 약들이 작용하는 것은 에너지 흡수가 일어나는 소장을 이미 지난 대장이기 때문에 에너지의 90%가 흡수된다. 따라서 폭식 후 구토하면 에너지가 흡수되지 않을 것이라는 신경성 과식증 환자의 생각은 잘못된 생각이다.

또 다른 잘못된 생각은 폭식을 과도한 운동으로 보상할 수 있다는 생각이다. 이를 위해 부적절한 시간이나 환경에서 진행하거나 다치거나 합병증을 가지고 진행하기도 한다. 과식한 뒤 에너지 계산을 해서 운동으로 이를 소비하고자 한다. 이런 운동은 빚갚기(debting)라 불린다. 대부분의 환자는 죄책감을 느끼고 우울해하다가 장시간이 지나면 자존감이 낮아지고 그들의 상황에 대해 절망적이 된다. 다른 사람들과 거리를 두고 폭식과 구토의 반복에 많은 시간을 쏟게 된다.

신경성 과식증의 신체적 영향

대부분의 건강문제는 구토와 관련된다.

- 반복적인 구토로 치아가 산성에 노출되어 손상(그림 8.25)되며 결국 치아부식으로 제거
- 혈중 칼륨 급격히 저하(반복되는 구토 및 이뇨제 사용으로)되어 심장박동이 교란되어 사망
- 침샘 부종, 감염 및 지속적인 구토로 인한 통증 발생
- 위궤양과 식도 파열을 유발
- 잦은 완하제 사용으로 변비, 장 독성

결국 신경성 과식증은 파편적 증세의 전형으로 혈중 K 저하나 총체적 감염 증세로 사망하게 된다.

신경성 과식증은 비극적인 결과를 초래할 수 있다.

Fancy Collection/SuperStock RF

신경성 과식증 치료방법

신경성 과식증의 치료는 신경성 거식증과 마찬가지로 경험 많은 심리치료사와 임상영양사의 협력이 필수적이다. 그러나 거식증과는 달리 영양상태가 그리 심각하지는 않다. 그러나 과식증 환자의 체중이 심각하게 저하되었을 때는 영양상담이나 심리치료를 시작하기 전에 체중부터 회복시켜야 한다. 신경성 과식증을 완전히 치료하는 데 최소한 16주 이상이 소요되며 완하제 남용, 반복적인 구토, 우울, 신체적 손상이 있을 때는 반드시 입원 치료를 해야 한다.

신경성 과식증 치료의 첫째 목표는 폭식으로 인한 식사량을 줄이는 것이며 반복되는 구토로 인한 식도 손상의 위험을 감소시켜야 한다. 우선 치료의 중요성을 인식시키고 그다음에 심리치료와 영양치료를 한다.

영양치료 폭식과 배출의 잘못된 식습관을 정상적인 식습관으로 변화시키는 것과 음식에 대한 잘못된 인식을 수정하는 것이 주요 최우선의 과제이다. 그다음에 식사일지를 작성하여 스스로

관찰을 통해 내재적 공복 요인, 폭식을 야기하는 환경적 요인, 폭식-보상행동의 반복적인 행동에 대한 느낌과 생각을 분석하여 원인을 찾아내도록 도와준다. 새로운 식습관을 강요하면 과식증의 강박태도와 다를 바 없으므로 규칙적인 시간에 적당량 섭취하는 음식에 대한 성숙된 태도를 서서히 발달시켜 나가도록 도와준다.

심리치료 신경성 과식증 환자들은 매우 우울하고 자살의 위험이 크므로 심리적인 도움이 필요하다. 따라서 이들이 자신의 체중을 인정하고 더 이상 지나치게 관심을 갖지 않도록 유도하는 것이 필수적이다. 심리치료의 핵심은 스트레스가 높은 상황에 대해 폭식·보상행동이 아닌 다른 방법으로 대처하는 방식을 습득하도록 조언한다. 종종 퇴행하는 경향이 높으므로 장기간 치료를 유지해 나가면 50%는 완전히 회복되지만 치료가 힘들기 때문에 예방에 힘써야 한다.

그림 8.24 신경성 과식증의 강박관념의 잔인한 순환.

fatchoi/Getty Images

▶ 신경성 과식증이 개발도상국가에서 드물다는 것은 사회가 중요한 원인적 요소임을 암시한다.

폭식증

폭식증은 자주 거대한 양을 먹는 증세이다. 평소보다 더 빠른 속도로 먹게 되며, 과하게 배부를 때까지 먹는다. 공복을 느끼지 않을 때도 먹고, 과식하는 것이 부끄러워 혼자 먹으며, 과식 후에는 죄책감과 부끄러움, 우울함에 휩싸인다. 폭식증 환자는 생물학적 요구와 상관없이 음식을 먹는다. 어떤 폭식증 환자는 긴 시간 동안 연속적으로 먹기도 하나, 어떤 환자들은 간헐적으로 폭식과 정상 식사의 순환을 반복한다.

질병 발생 및 감수성

비만과 폭식증 사이에 연관성은 없다. 비만한 모든 사람이 폭식을 하는 것은 아니며, 결과적으로 비만해지더라도 폭식이 원인은 아니다.

그럼에도 불구하고 심한 비만인은 폭식을 하며 다이어트 경험이 잦은 경우가 많다. 미국에서 체중조절 프로그램에 참여하는 사람의 30~50%가 폭식을 하는 경향이 있으나 실제 폭식증 환자는 1~2%에 불과하다. 인구 중 많은 사람들이 폭식 현상을 보이나, 폭식증으로 진단할 정도에 해당하지는 않는다. 신경성 거식증이나 신경성 과식증에 비해 폭식증 사례가 훨씬 많다.

어떤 사람들의 경우에는, 소아·청소년기에 자주 다이어트를 한 것이 폭식증을 유발하는 인자가 된다. 식사량을 줄였을 때 배고픔을 느끼면서, 충동적이고 조절하기 어려운 방식으로 음식을 먹고자 하는 욕구를 느끼게 된다. 폭식증 환자의 40%가 남성인데 이들은 정상적인 사람보다 더 공복감을 느낀다. 심각한 폭식 증세를 보이는 사람들의 절반 이상이 임상적으로 우울 증세를 보이고 다른 사람들로부터 스스로를 고립시킨다.

스트레스를 받는 상황과 우울이나 불안감을 느끼는 상황이 폭식을 유발한다. 스스로에게 '금지된' 음식을 먹도록 '허락'하면서 폭식으로 치닫게 한다. 또한 고립, 불안, 자기연민, 우울, 분노, 격노, 소외, 절망감 등도 폭식을 유발하는 요인이 된다. 보통 사람들은 행복하다

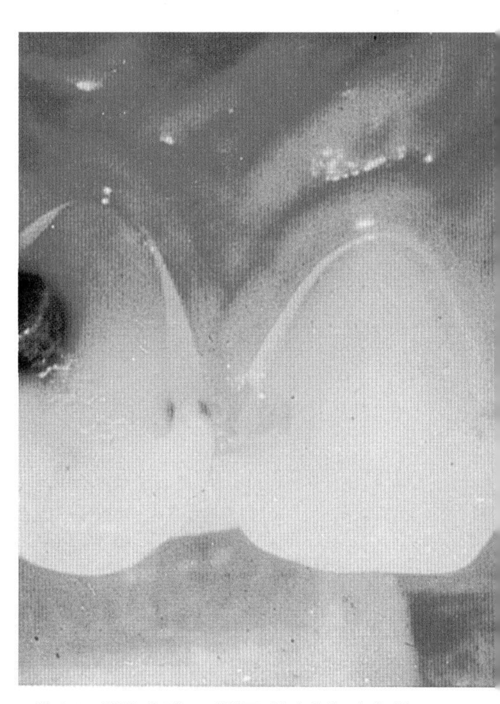

그림 8.25 심한 충치는 과식증 환자에게 나타나는 일반적인 증세이다. 따라서 치과 전문의들이 가장 먼저 신경성 과식증을 감지하는 건강 전문가에 해당 한다.

Paul Casamassimo, DDS, MS

일반적으로 폭식하는 사람들은 아이스크림, 쿠키, 사탕, 감자튀김, 유사 군것질 식품 등 소위 정크푸드(영양가 낮은 질 나쁜 음식)라고 하는 사회적으로 오명이 붙은 식품을 섭취한다.

Donna Day/Image Bank/Getty Images

고 느끼거나 더 나아가서는 고통이나 불안 등에 무감각해지기 위해 폭식을 하게 된다. 예를 들어, 직장에서 스트레스를 받거나 화가 나게 되면 집에 돌아와 잠들기 전까지 계속 먹게 된다거나, 평소 폭식을 하지 않아도 감정적인 일에 휘말리면 마음을 달래기 위해 폭식을 하는 경우 등이 있다. 가정 내 불화로 감정처리를 어떻게 해야 하는지 익숙하지 않은 경우도 폭식증을 나타낼 수 있으며 이는 약물중독 등으로 이어지기도 한다.

그 밖에도 신경성 거식증이나 과식증에 해당하지 않는 비특이적 섭식장애(eating disorder not otherwise specified, EDNOS)라고 부르는 광범위한 섭식장애도 있다. 특히 청소년기에 나타나는 섭식장애의 50%가 EDNOS에 해당한다.

섭식장애를 예방하는 방법

건전한 식행동을 발달시키고 유지하는 핵심 사항은 우리가 무엇을 섭취하든지, 어떻게 느끼든지, 얼마나 먹든지 간에 체중은 정상으로 유지되며 식사와 건강에 관심을 갖고 있다는 사실을 인지하는 것이다. 대부분의 사람은 하루나 한 주 동안 1~2 kg 정도 체중 변화를 경험한다. 이보다 더 많이 변화하면 전문가에게 상담을 받아 신체적, 감정적 문제를 예방하는 것이 바람직하다.

섭식장애를 치료하는 것은 예방하는 것보다 훨씬 어려울 뿐만 아니라, 전체 가족에게 파괴적인 영향도 미치게 된다. 따라서 부모, 가족, 친구들이나 소아청소년과 일하는 전문가들이 건강한 식사가 얼마나 중요한지를 강조하는 것이 중요하다. 이러한 주변 사람들이 긍정적인 습관과 신체에 대한 이미지를 바람직하게 갖도록 도울 수 있다. 성장하는 아동이나 청소년들이 섭식장애를 겪지 않도록 다음과 같은 사항에 유의해야 한다.

- 엄격한 식사요법, 결식, 단식을 하지 않는다.
- 배가 고플 때 식사를 한다.
- 학교와 가정에서 영양관리와 규칙적인 신체활동을 유지한다.
- 정기적으로 가족과 함께 식사를 한다.
- 사춘기에 나타나는 정상적인 변화에 대해 알게 한다.
- 영양, 정상 체중, 체중 감량에 대한 잘못된 지식을 바로잡는다.
- 체중과 관련된 조언을 천천히 실제 적용해본다.
- 체중과 관련 없이 건강한 식사를 강조한다.
- 운동수행능력은 날씬함과 관련이 없음을 강조한다.
- 체중과 체형이 다양함을 인식시킨다.
- 감정을 솔직하게 표출하도록 유도한다.
- 서로 존중하는 환경과 지지하는 관계를 형성한다.
- 청소년들로 하여금 속박당하지 않고 적절히 독립감, 선택권, 책임감을 배양할 수 있도록 도와주며 자신의 행동에 대해 스스로 해명할 수 있는 분위기를 만들어 준다.

야식 증후군은 일종의 섭식장애로서 늦은 저녁에 많이 먹거나 저녁에 일단 잠들었다가 일어나서 다시 숙면하기 위해 음식을 먹는다. 야식은 체중 증가를 초래할 수 있으며, 이런 경향이 있는 사람들은 치료 방법을 찾을 수 있도록 많은 노력이 요구된다.

Ryan McVay/Getty Images RF

확인합시다!

1. 섭식장애와 이상 식행동의 차이는 무엇인가?
2. 신경성 거식증, 신경성 과식증, 폭식증의 특징은 무엇인가?
3. 섭식장애를 위한 적절한 치료법은 무엇인가?
4. 자라나는 청소년들에게 섭식장애를 예방하기 위해 해주어야 하는 조언이 무엇인가?

이상 식행동은 많은 대학생들에게 영향을 준다. 이런 이상 식행동이 섭식장애로 발전하기 전에 도움을 받는 것이 중요하다. 상담사들은 이에 대해 잘 이해하고 있고 도울 준비가 되어 있다.

Ted Foxx/Alamy RF

사례연구 후속

만약 Christy가 요즘 먹는 방식으로 계속 먹는다면, 신입생 기간 동안 살찔 가능성이 매우 높다. Christy는 아침식사를 챙겨먹고, 점심식사와 저녁식사를 가볍게 한다. 그리고 나서 밤늦게 배고픔을 느껴, 기숙사로 주문된 고에너지, 고지방 피자를 안 먹고 못 배긴다. 최근 연구에 따르면 아침식사를 안하는 여성들이 하는 여성들에 비해 체중이 더 나간다. Christy의 경우 아침에 일어나 저지방 우유에 시리얼을 먹고 바나나를 먹는 등 가볍게 아침식사를 챙겨 먹을 필요가 있다. 또한 균형에 맞는 점심식사와 저녁식사를 먹어야 하고 신입생들에게 흔히 일어나는 체중 증가(the Freshman 15)를 피하기 위해 매일 지속적으로 가능한 운동을 추가할 수 있는 방법을 강구해야 한다.

실천해봅시다!

섭식장애에 대한 위험 판정

영국 연구자들은 'SCOFF 설문'이라 불리는 5가지 질문으로 이루어진 섭식장애 선별도구를 개발했다.

1. 배부른 느낌 때문에 당신 자신을 아프게 만드는가?
2. 얼마나 먹을지에 대해 절제력을 잃는가?
3. 최근 6 kg 이상 체중이 빠졌는가?
4. 다른 사람들이 말라 보인다고 할 때조차 자신 스스로는 뚱뚱하다고 믿는가?
5. 음식이 당신 인생을 좌우하는가?

두 개 이상에 '예'로 답한 경우 섭식장애라 생각한다.

1. 이 설문지를 마친 후 당신이 섭식장애를 가지고 있거나 혹은 섭식장애로 발전할 가능성이 있다고 느끼는가?
2. 당신 친구들 중 섭식장애의 가능성이 있는 사람이 있는가?
3. 학교나 주변에 섭식장애를 도울 만한 상담이나 교육 정보가 있는가?
4. 만약 친구가 섭식장애가 있다면 가장 좋은 도울 방법은 무엇이라고 생각하는가?

Peter Cade/Photodisc/Getty Images

참고문헌

1. Noh J. The effects of circadian and sleep disruption on obesity. J Obes Metab Syndr. 2018;27:78.
2. Centers for Disease Control and Prevention. U.S. obesity 1985–2018. Atlanta: CDC; 2018.
3. Hales CM and others. Trends in obesity and severe obesity prevalence in US youth and adults by sex and age, 2007–2008 to 2015–2016. JAMA. 2018;319:1723.
4. Cheskin LH, Podda KH. Obesity: Management. In: Ross AC and others, eds. Modern nutrition in health and disease. 11th ed. Philadelphia: Lippincott Williams & Wilkins; 2012.
5. Polsky S and others. Obesity: Epidemiology, etiology, and prevention. In: Ross AC and others, eds. Modern nutrition in health and disease. 11th ed. Philadelphia: Lippincott Williams & Wilkins; 2012.
6. Pownall HJ and others. Changes in regional body composition over 8 years in a randomized lifestyle trial. Obes. 2016;9:1899.
7. Suter P and others. Effect of ethanol on energy expenditure. Am J Physiol Regul Integr Comp Physiol. 1994;266:4.
8. U.S. Department of Agriculture, Economic Research Service. Food availability. 2020; www.ers.usda.gov/data-products/food-availability-per-capita-data-system.
9. Bray G. Energy and fructose from beverages sweetened with sugar or high-fructose corn syrup pose a health risk for some people. Adv Nutr. 2013:1:220.
10. Campos VC, Tappy L. Physiological handling of dietary fructose containing sugars: Implications for health. Int J Obes. 2016;1:S6.
11. Tappy L, Le KA. Metabolic effects of fructose and the worldwide increase in obesity. Physiol Rev. 2010;90:23.
12. Hussain SS and others. Control of food intake and appetite. In: Ross AC and others, eds. Modern nutrition in health and disease. 11th ed. Philadelphia: Lippincott Williams & Wilkins; 2012.
13. Mollahosseini M and others. Effect of whey protein supplementation on long and short term appetite: A meta-analysis of randomized controlled trials. Clin Nutr ESPEN. 2017;20:34.
14. Flicker L and others. Body mass index and survival in men and women aged 70 to 75. J Am Geriatr Soc. 2010;58:234.
15. Wensveen FM and others. The "Big Bang" in obese fat: Events initiating obesity-induced adipose tissue inflammation. Eur J Immunol. 2015;9:244.
16. Heyward V, Wagner D. Applied body composition assessment. 2nd ed. Champaign, IL: Human Kinetics; 2004.
17. Lee SY, Gallagher D. Assessment methods in human body composition. Curr Opin Clin Nutr Metab Care. 2008;11:566.
18. Bajaj HS and others. Clinical utility of waist circumference in predicting all-cause mortality in preventive cardiology clinic population: A PReCIS database study. Obes. 2009;17:1615.
19. Powell K and others. The role of social networks in the development of overweight and obesity among adults: A scoping review. BMC Public Health. 2015;15:996.
20. Karkkainen U and others. Successful weight maintainers among young adults—A ten-year prospective population study. Eat Behav. 2018;29:91.
21. Teunissen-Beekman KFM and others. Effect of increased protein intake on renal acid load and renal hemodynamic responses. Physiol Rep. 2016;4:e12687.
22. Ornish D. Was Dr. Atkins right? J Am Diet Assoc. 2004;104:537.
23. Ello-Martin J and others. Dietary energy density in the treatment of obesity: A year-long trial comparing 2 weight-loss diets. Am J Clin Nutr. 2007;85:1465.
24. Thomas DM and others. Time to correctly predict the amount of weight loss with dieting. J Acad Diet Nutr. 2014;114:857.
25. Wilson TG. Behavioral treatment of obesity: Introduction. Behav Res Ther. 2010;May 23:705.
26. Raynor HA and others. Amount of food group variety consumed in the diet and long-term weight loss maintenance. Obes Res. 2005;13:883.
27. Astbury NM and others. Breakfast consumption affects appetite, energy intake, and the metabolic and endocrine responses to foods consumed later in the day in male habitual breakfast eaters. J Nutr. 2011;141:1381.
28. Sievert K and others. Effect of breakfast on weight and energy intake: Systematic review and meta-analysis of randomised controlled trials. BMJ. 2019;364:l42.
29. American Dietetic Association. Position of the American Dietetic Association: Food and nutrition misinformation. J Am Diet Assoc. 2006;106:601.
30. Brinkworth GD and others. Long-term effects of a very low carbohydrate weight loss diet compared with an isocaloric low fat diet after 12 mo. Am J Clin Nutr. 2009;90:23.
31. Pittler M, Ernst E. Dietary supplements for body-weight reduction: A systematic review. Am J Clin Nutr. 2004;79:529.
32. Moyers S. Medications as adjunct therapy for weight loss: Approved and off-label agents in use. J Am Diet Assoc. 2005;105:948.
33. Isidro ML, Cordido F. Approved and off-label uses of obesity medications, and potential new pharmacologic treatment options. Pharmaceuticals. 2010;3:125.
34. Kan C, Treasure J. Recent research and personlized treatment of anorexia nervosa. Psychiar Clin North Am. 2019;42:11.
35. American Psychiatric Association. Diagnostic and statistical manual of mental disorders, fifth edition (DSM-5). 5th ed. Washington, DC: APA; 2013.
36. Wonderlich SA and others. The validity and clinical utility of binge eating disorder. Int J Eat Disord. 2009;42:687.
37. Koletzko B and others. 3.22 Nutrition rehabilitation in eating disorders. World Rev Nutr Diet. 2015;113:259.
38. Courbasson C and others. Substance use disorders, anorexia, bulimia, and concurrent disorders. Can J Public Health. 2005;96:102.
39. Tchanturia K and others. Cognitive flexibility and clinical severity in eating disorders. PLoS ONE. 2011;6:e20462.
40. Riebl SK and others. The prevalence of subclinical eating disorders among male cyclists. J Am Diet Assoc. 2007;107:1214.
41. Le Grange D, Eisler I. Family interventions in adolescent anorexia nervosa. Child Adol Psychiatr Clin N Am. 2009;18:159.
42. Attia E. Anorexia nervosa: Current status and future directions. Ann Rev Med. 2010;61:425.
43. Walsh BT. Eating disorders. In: Fauci AS and others, eds. Harrison's principles of internal medicine. 20th ed. New York: McGraw-Hill; 2008.
44. Miller K and others. Medical findings in outpatients with anorexia nervosa. Arch Intern Med. 2018;165:561.
45. Van Wymelbeke V and others. Factors associated with the increase in resting energy expenditure during refeeding in malnourished anorexia nervosa patients. Am J Clin Nutr. 2004;80:1469.
46. Broussard B. Women's experiences of bulimia nervosa. J Adv Nurs. 2005;49:43.
47. Wilson GT, Sysko R. Frequency of binge eating episodes in bulimia nervosa and binge eating disorder: Diagnostic considerations. Int J Eat Disord. 2009;42:603.
48. Johannson AK. Eating disorders and oral health: A matched case-control study. Eur J Oral Sci. 2012;120:61.
49. Chiba FY and others. Peridontal condition, changes in salivary biochemical parameters, and oral health-related quality of life in patients with anorexia and bulimia nervosa. J Peridontol. 2019;90:1423.

50. Cossrow N and others. Estimating the prevalence of binge eating disorder in a community sample from the United States: Comparing DSM-IV-TR and DSM-5 criteria. J Clin Psychiatry. 2016;8e:968.
51. Corazza O and others. The emergence of exercise addiction, body dysmorphic disorders and other image-related psychopathological correlates in fitness settings: A cross sectional study. PLoS ONE. 2019;14:e0213060.
52. McComb SE, Mills JS. Orthorexia nervosa: A review of psychosocial risk factors. Appetite. 2019;140:50.
53. Mathieu J. What is pregorexia? J Am Diet Assoc. 2009;109:977.
54. Keel PK, Brown TA. Update on course and outcome in eating disorders. Int J Eat Disord. 2010;43:195.
55. Neumark-Sztainer D and others. Dieting and disordered eating behaviors from adolescence to young adulthood: Findings from a 10-year longitudinal study. J Am Diet Assoc. 2011;111:1004.
56. Kutz AM and others. Eating disorder screening: A systematic review and meta-analysis diagnostic test characteristics of SCOFF. J Gen Intern Med. 2019;
10.1007/s11606-019-05478-6.
57. 보건복지부, 한국영양학회, 2020 한국인 영양소 섭취기준

당신에게 가장 좋은 운동은 당신이 계속하고 싶은 운동이다. www.mayoclinic.com/health/fitness/HQ00171.에서 가장 좋은 운동에 대해 더 알아보자.

9 영양과 운동

학습목표

01. 신체활동의 좋은 점
02. 운동계획
03. 근육과 신체활동을 위한 에너지 급원
04. 신체활동에 대해 체내반응
05. 스포츠 영양의 원리를 사용한 운동선수의 식단 계획
06. 운동선수를 위한 수분필요(탈수 및 저나트륨혈증 예방법)
07. 운동 전, 운동 중, 운동 후에 섭취하는 식품과 수분의 성분이 운동능력에 미치는 영향
08. 스포츠 부상을 치료하는 데 있어서 영양의 역할을 이해한다.
09. 운동보조식품의 역할 및 운동능력에 미치는 영향

개요

건강한 식습관과 마찬가지로 운동은 건강 유지에 필수적이다. 그러나 필요한 만큼 운동을 하는 사람은 많지 않다. 현대인은 대부분 식사나 운동이 부족하여 건강문제가 발생한다. 우리나라 중·고등학생 유산소 신체활동 실천율(중고등학생 중 주 3일 이상 고강도 신체활동을 포함하여 매일 한 시간 이상 중강도 이상의 유산소 신체활동을 실천한 분율)은 2014년 이후 약 5%로 답보 상태이며, 성인의 유산소 신체활동 실천율(일주일에 '중강도 신체활동'을 2시간 30분 이상, 또는 '고강도 신체활동'을 1시간 15분 이상, 또는 '중강도와 고강도 신체활동을 섞어서' 각 활동에 상당하는 시간(고강도 1분은 중강도 2분)을 실천한 분율)은 2020년 기준 44.0%로 이전보다 오히려 감소했다. 우리나라 성인 유산소 신체활동 및 근력운동 실천율(일주일에 중강도 이상의 신체활동을 150분 이상 실천하면서, 주 2회 이상 근력운동을 실천한 분율)은 2014년 이후 약 16%를 유지하는 답보 상태이다.

건강을 유지함에 있어 식사와 운동은 상호 밀접하게 관련되어 있다. 규칙적인 운동은 음식물의 소화운동을 돕고, 뼈에 칼슘이 원활하게 축적되게 하며, 심장능력을 키워 영양소가 세포에 효율적으로 전달되도록 한다. 같은 방법으로 먹고, 마시는 모든 것들은 운동능력에 영향을 미친다.

운동선수들은 훈련에 많은 시간과 노력을 기울인다. 식사가 운동능력에 미치는 영향에 대해서도 연구가 진행되고 있다. 좋은 식습관이 운동과 타고난 유전을 대신할 수는 없다. 그러나 최고의 수행성과를 얻기 위해서 지구력을 향상시키고, 손상된 조직을 빠르게 회복할 수 있는 건강한 식품과 음료를 선택하는 것이 중요하다. 안타깝게도 식사와 영양소가 운동능력에 미치는 영향에 대해서는 잘못된 정보가 많다. 스포츠 영양에 대한 올바른 지식과 이해가 있어야만 운동능력을 충분히 발휘할 수 있는 식사를 선택할 수 있다. 이 장을 통해 운동의 좋은 점, 그리고 영양이 운동과 운동수행능력에 어떤 영향을 미치는지를 알게 될 것이다.

그림 9.1 규칙적인 중등도 신체활동과 운동의 좋은 점.

Samuel Borges Photography/Shutterstock

9.1 운동의 좋은 점

▶ '신체활동'과 '운동'이라는 말의 상관성에 대해 생각해보자. 신체활동은 단순하게 하루 일상의 부분인 반면, 운동은 건강과 바람직한 신체단련을 얻기 위한 의도로 이루어지는 신체활동이다.

규칙적인 운동은 심장기능의 증진, 균형감각의 향상, 낙상의 위험 감소, 수면 습관의 향상, 건강한 신체 조성(체지방 감소 및 근육량 증가), 근육, 힘줄, 관절의 손상 감소 등의 면에서 유익하다. 신체활동은 스트레스를 감소시키고, 혈압, 혈액 콜레스테롤 혈당 조절 및 면역기능에 긍정적인 영향을 미칠 수 있다. 아울러 신체활동은 운동 후 짧은 기간 동안 기초에너지 소비량(resting energy expenditure)이나 전반적인 에너지 소모를 증가시켜 체중 조절에도 도움을 준다(그림 9.1).

규칙적인 운동은 거의 모든 사람에게 유익할 수 있다. 한국인을 위한 신체활동지침(보건복지부. 한국인을 위한 신체활동 지침서. 2013) 중 기본 공통 지침은 아래 4가지와 같다.

❶ 규칙적인 신체활동은 건강을 증진시키고 체력을 향상시키며 여러 가지 만성질환을 예방한다.

❷ 신체활동은 여가 시간의 운동, 이동을 위한 걷기나 자전거 타기, 직업 활동(노동), 집안일 등을 포함하며 전반적으로 활동적인 습관을 들이는 것이 중요하다.

❸ 권장 신체활동은 기본적인 수준이므로 건강상의 이득을 더 많이 얻기 위해서는 활동 횟수를 늘리거나 신체활동의 강도를 높이는 것이 좋다.

❹ 움직이지 않고 앉아서 보내는 여가 시간(컴퓨터나 스마트폰 사용, 텔레비전시청 포함)을 하루 2시간 이내로 줄이는 것이 좋으며, 약간이라도 신체활동을 하는 것이 건강에 좋다.

생애주기별 지침 중 18~64세 성인의 신체활동 지침은 아래와 같다.

- 중강도 유산소 신체활동을 일주일에 2시간 30분 이상 또는 고강도 유산소 신체활동을 일주일에 1시간 15분 이상 수행한다.
- 고강도 신체활동의 1분은 중강도 신체활동의 2분과 같기 때문에, 중강도 신체활동과 고강도 신체활동을 섞어서 각 활동에 상당하는 시간만큼 신체활동을 할 수 있으며 적어도 10분 이상을 지속한다.

성인의 경우 근력 운동(팔굽혀펴기, 윗몸 일으키기, 아령, 역기, 철봉 등)을 1주일에 2일 이상 실천하는 것이 좋다.

또한 한국인을 위한 걷기 지침(가이드라인)(보건복지부/한국건강증진개발원, 2020)은 걷기 권장량을 아래와 같이 제시하고 있다.

- 1주일에 최소 빠르게 걷기(중강도 신체활동/걸으면서 대화 가능하나 노래는 불가능) 150분 혹은 매우 빠르게 걷기(고강도 신체활동/걸으면서 대화 불가능) 75분을 권장한다.
- 빠르게 걷기와 매우 빠르게 걷기를 섞어서 실천할 경우 매우 빠르게 걷기 1분이 빠르게 걷기 2분임을 인지하고 걸으면 된다.

표 9.1 성인의 유산소 신체활동 강도별 자각 강도와 활동 예시

구분 \ 자각 강도	1	2	3	4	5	6	7	8	9	10
중강도 신체활동					심장 박동이 조금 빨라지거나 호흡이 약간 가쁜 상태					
고강도 신체활동							심장 박동이 많이 빨라지거나 호흡이 많이 가쁜 상태			
활동 예시	휴식/취침			걷기	빨리 걷기 자전거 타기 배드민턴 연습 청소(진공청소기)	등산(내리막) 수영 연습	등산(오르막) 배드민턴 시합 조깅/줄넘기 인라인 스케이트	수영 시합 축구 시합 무거운 물건 나르기		

보건복지부. 한국인을 위한 신체활동 지침서. 2013

확인합시다!

1. 신체활동의 세 가지 좋은 점은 무엇인가?
2. 건강에 유익하려면 어느 정도의 시간을 운동에 할애해야 하는가?

Fran Polito/Getty Images

▶ 운동 프로그램에 충실하려면 다음을 권한다.
- 천천히 시작하라.
- 다양한 활동을 하고, 운동을 즐겨라.
- 친구 및 동료들과 함께 하라.
- 달성할 수 있는 목표를 세우고 과정을 모니터링 하라.
- 매일 특정 시간을 운동하는 시간에 할애하라.
- 목표를 달성했을 때에는 스스로에게 보상하라.
- 간혹 빚어지는 차질에 신경 쓰지 말고, 장기간의 건강 이익에 중점을 두어라.

9.2 좋은 운동 프로그램의 특징

좋은 운동 프로그램은 개인의 필요를 충족시켜야 한다. 한 사람에게 이상적인 프로그램이 다른 사람에게는 적합하지 않을 수 있기 때문이다. 운동 프로그램을 디자인하는 첫 번째 단계는 목표를 설정하는 것이다. 어떤 사람은 운동 시합을 위한 훈련 프로그램이 필요하며, 어떤 사람은 체중 감량이나 활력 증진 또는 균형감 향상을 위해 프로그램이 필요하다. 따라서 운동 프로그램을 계획할 때에는 운동 방식(mode), 운동 기간(duration), 운동 빈도(frequency), 운동 강도(intensity), 운동의 단계(progression of exercise), 일관성(consistency)과 다양성(variety) 등을 고려해야 한다. 또한 좋은 운동 프로그램은 개인이 성취하고 유지할 수 있도록 돕는 것이어야 한다.

운동 방식

운동 방식이란 수행되는 운동의 형태를 말한다. **유산소 운동**(aerobic exercise)이란 '대근육을 사용하며, 지속적으로 유지되고, 본질적으로 율동적인 모든 활동'으로 정의된다. 휴식할 때에 비해 심장과 폐가 더 많이 일할 수 있도록 하는 운동의 형태이다. 유산소 운동에는 빠르게 걷기, 달리기, 수영, 또는 자전거 타기 등이 있다. **저항 운동**(resistance exercise) 또는 근력 운동(strength training)이란 '하중에 반하여 무게를 옮기기 위해 근육의 힘을 사용하는 활동'으로 정의된다. 전 활동범위를 통해 관절의 능력을 키우는 운동의 유형을 **유연성 운동**(flexibility exercise)이라 한다.

운동 기간

운동 기간이란 운동 또는 신체활동 세션을 위해 소모되는 시간의 양이다. 일반적으로 준비 시간과 마무리 시간을 제외하고 최소한 30분 이상 운동을 지속해야 한다. 쉬지 않고 운동하는 것이 바람직하지만, 하루에 10분간 3번으로 나누어 운동해도 심혈관질환, 암, 당뇨병의 위험을 낮출 수 있다.

운동 빈도

운동 빈도는 일주일에 운동을 수행하는 횟수를 말한다. 가장 좋은 운동 방법은 매일 유산소 운동을 하는 것이나 일주일에 3~5회의 유산소 운동으로도 심장순환계 훈련을 할 수 있다. 바람직한 수준으로 체중 감량을 달성하려면 운동 빈도를 일주일에 5~6회로 늘려야 한다. 근육 운동을 달성하기 위해서는 일주일에 2~3회의 근력 운동이 필요하다. 같은 개념으로 유연성 운동도 일주일에 2~3회 하는 것을 추천한다.

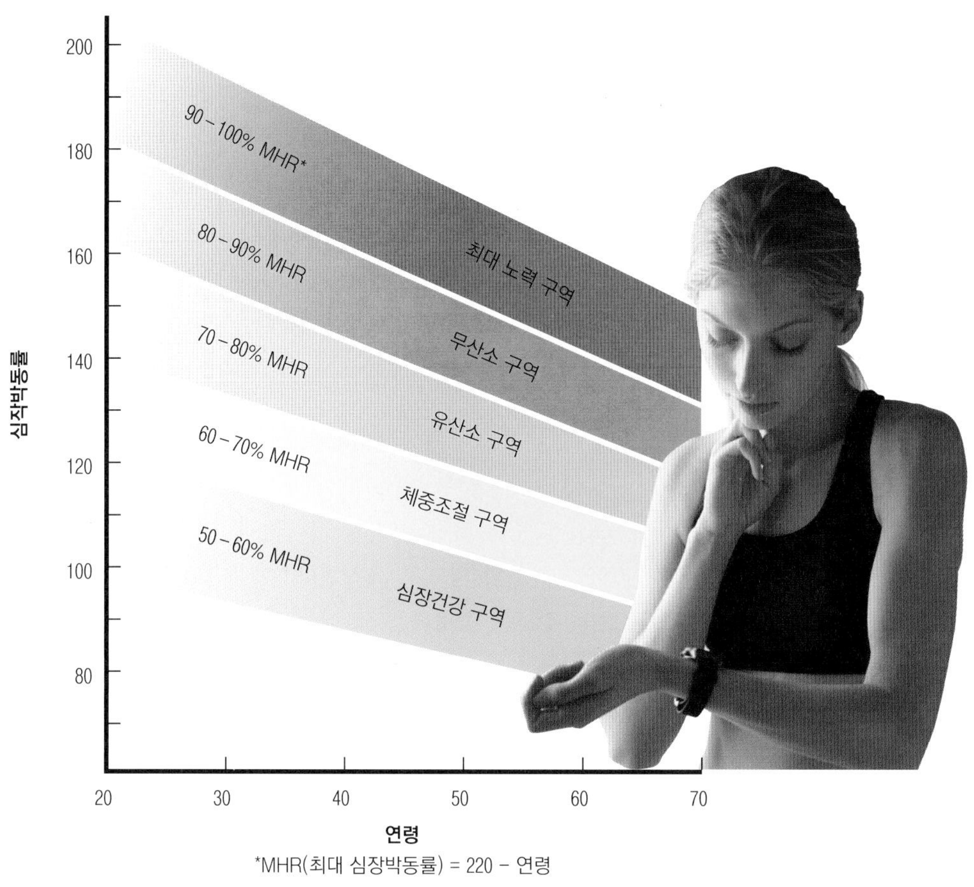

그림 9.2 심장박동수 훈련 차트. 이 차트는 운동 강도에 따른 분당 심장박동의 수를 보여준다.

Duncan Smith/Getty Images

20세 성인의 최대 심장박동수는 분당 200이다.
220 – 연령 = 최대 심장박동수 220 – 20 = 200
220 – 20 = 200
20세 성인의 목표 구역은 분당 120~180이다.
최대 심작박동수 x 0.6
= 최대 심장박동수 목표 구역의 최하위 수치
200 x 0.6 = 120
최대 심장박동수 x 0.9
= 최대 심장박동수 목표 구역의 최상위 수치
200 x 0.9 = 180

운동 강도

운동 강도는 운동에 요구되는 노력의 수준 또는 얼마나 심하게 운동하였는지를 말한다. 저강도(심장박동수를 매우 조금 증가시키는 운동), 중강도(호흡, 땀, 심장박동수가 증가하지만 대화는 가능한 수준의 운동), 그리고 고강도(호흡, 땀, 심장박동수가 유의하게 증가하며, 대화도 나누지 못할 정도의 수준)로 나눌 수 있다.

운동 강도를 측정하는 지표로 심장박동수를 사용하여 왔다(그림 9.2). 심장박동수 측정은 아주 간단한 방법으로 각 연령별 최대 심박수의 비율로 나타낸다. 분당 최대 심박수는 220에서 본인의 나이를 뺀 정도이다. 최대 심장박동수의 60~90%를 운동 강도를 정하는 목표 구역이다. 목표의 최하위 수치는 최대 심장박동수에 0.6을 곱하여 계산하고, 최상위 수치는 최대 심장박동수에 0.9를 곱하여 계산한 것이다. 고혈압치료제 등의 약물은 최대 심장박동수에 영향을 미친다.

운동 강도를 결정하는 또 다른 방법은 보르그(Borg) **호흡곤란지수**[운동자각도(rating of perceived exertion, RPE)]이다. 이는 호흡곤란의 느낌을 주관적으로 측정하는 것으로 6~20점 척도이다(그림 9.3). 예를 들어 9점은 '매우 가벼운' 운동을 의미하며, 19점은 전속력으로 달리는 단거리 질주에서와 같이 최대 효과에 근접한 것으로 '매우 많이 힘든' 운동을 의미

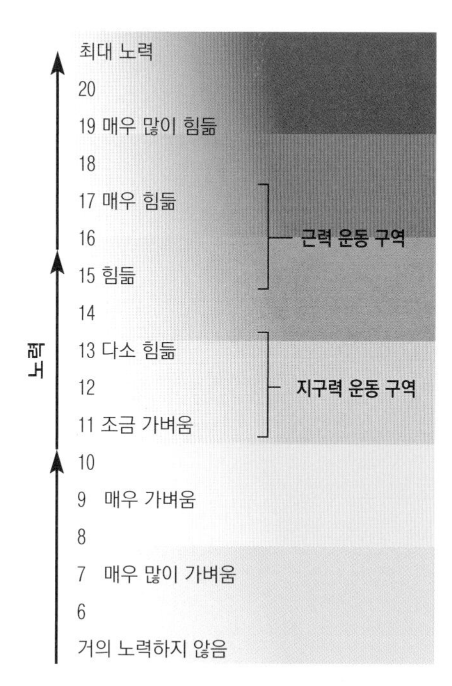

그림 9.3 보르그 호흡곤란지수. 건강의 강도를 측정하기 위해 이 지수를 사용한다. 고강도 운동 수준을 이루기 위해서는 12~15점이 바람직하다.

한다. 운동 효과에 도달하기 위한 목표 강도는 12~15점이다. 이 정도 수준이라면 중정도의 강도에 해당하며 운동 상대와 이야기하며 운동할 수 있는 정도이다.

운동 중에 어떻게 느끼는지를 모니터링할 필요가 있다. 보통 강도의 운동을 원하는 사람이 조깅할 때에는 목표를 호흡곤란지수 척도의 '다소 힘듦(12~14)', 즉 중강도에 둔다. 만일 조깅할 때 근육 피로와 호흡이 '매우 가벼움(9)'을 느끼면, 강도를 증가시켜야 한다. 반면 조깅할 때 피로도가 '극심하게 힘듦(19)'이라면 중등도 수준으로 조정하여야 한다.

이 척도는 운동하는 사람이 감지하는 것이므로, 운동 수준이 다른 사람이라면 실제 곤란한 정도가 다를 것이다. 즉, 몸 상태가 매우 좋은 사람은 같은 운동을 해도 몸 상태가 좋지 않은 사람에 비해 호흡곤란지수 척도가 더 낮게 나타날 것이다. 이와 유사하게 몸 상태가 좋지 않은 사람이 상태가 좋아지면, 같은 운동을 하더라도 더 쉽게 느껴질 것이고 따라서 시간이 흐름에 따라 호흡곤란지수 척도가 낮아질 것이다. 운동 수준을 꾸준히 증가시키기 위해 운동의 강도는 항상 중등도에 맞추는 것이 좋다.

최대산소소모량(VO_{2max}) 단위 시간당 소비될 수 있는 최대 산소의 용량.

에너지 필요는 체세포에 사용되는 산소의 양으로 표시된다. (한 분자의 산소에서 1.5~2.5 ATP 분자가 만들어진다.) 그러므로 운동 강도를 측정하는 또 다른 방법은 운동 중 산소 섭취량(소비량)을 측정하는 것이다. 단위 시간당 사용되는 최대 산소 소비량(mL/min)을 측정하기 위해 트레드밀 테스트가 가장 많이 사용된다. 이 테스트에서는 더 이상 산소 소모가 증가하지 않을 때까지 트레드밀 속도를 점차 증가시키면서 산소의 섭취량을 측정한다. 이 시점에서의 산소 섭취량을 **VO_{2max}**라고 한다. 사람마다 최대산소섭취량(VO_{2max})이 다르므로, 운동 강도는 VO_{2max}의 비율로 표시하는 것이 가장 좋다.

운동 강도는 또한 대사당량(metabolic equivalent, MET)이라는 단위로도 표시한다. 1 MET는 1 kcal/kg/hr 또는 평균 3.5 mL O_2/kg/min의 에너지 소비를 의미한다. 이것이 대략 휴식기의 에너지 소비량이다. 빠르게 걸을 때의 에너지 소비량은 약 4.5 MET이다. 심장질환에서 회복 중인 사람에게 운동을 처방할 때 사용되는 단위는 MET이다.

운동 단계

운동의 기간, 빈도, 강도를 어떻게 점차 증가시키는지를 말하는 것이다. 운동 프로그램의 첫 3~6주는 초기 단계로 구성한다. 이때는 신체가 운동 프로그램에 적응하는 단계이다. 다음 5~6개월은 개선 단계이다. 이때에는 더 이상의 신체적 유익이 얻어지지 않을 때까지 운동의 강도와 기간을 증가시킨다. 이와 같은 한계치가 보존 단계의 시작이 된다. 이 단계에서 운동 목표를 평가받을 수 있다. 목표를 달성하였다면 운동 수준을 유지하기 위해 같은 방법으로 프로그램을 계속할 수 있다. 만일 목표를 달성하지 못하였다면, 운동의 기간, 빈도, 강도, 방식을 조정할 수 있다.

일관성

신체활동의 일관성을 갖는 가장 손쉬운 방법은 밥을 먹는 것과 같이 운동을 매일의 일상으로 하는 것이다. 운동하기에 가장 좋은 시간은 아침에 일어나서 맨 먼저, 점심시간, 저녁 이전, 또는 그 이후 등 그 어느 때이건 각 사람의 생활습관에 맞을 때이다. 에너지 소모가 필요할 때, 일이나 공부 중 휴식기간이 운동하기에 가장 좋은 시간이라고 한다. 일정이 바쁘면 휴식시간 사이에 짧게 운동하는 것도 좋다.

맥박을 측정하면 운동이 목표 구역에 있는지를 측정할 수 있다. 6초 동안 심장박동수를 세고 거기에 10을 곱하여 분당 심장박동수를 구할 수 있다. 심장박동수 모니터링이 포함된 시계도 있다.

PeopleImages/Getty Images

다양성

어떤 사람은 매일 같은 활동을 하는 것을 좋아하지만 대부분의 사람들은 지루하기 때문에 운동 프로그램을 포기한다. 다양한 식품이 영양적인 식사를 보장하듯이, 다양한 운동은 여러 가지 근육의 운동과 운동의 즐거움을 더해주어 운동 프로그램에 충실해질 수 있게 한다. 다양성은 실내 운동, 실외 운동, 유산소 운동을 근력 운동으로 바꾸는 등 여러 가지 방법으로 이룰 수 있다. 신체활동 피라미드(그림 9.4)는 운동 프로그램에 다양성을 어떻게 추가할 수 있는지 그리고 운동 수준을 어떻게 높일 수 있는지를 보여준다.

운동 수준의 성취와 유지

새로운 운동 프로그램을 시작하는 데 다음 2가지가 도움이 된다. 우선, 전문가와 운동 프로그램의 목표에 대해 논의하는 것이다. 특히 40세 이상의 남성과 50세 이상의 여성 중 오랫동안 비활동적이었으며, 현재 건강문제가 있는 경우에는 전문가와의 상담이 더욱 중요하다. 그리고 진도를 측정하는 잣대로 사용할 수 있도록 기초 운동 점수를 평가하고 기록하는 것이다. 진도를 측정하는 잣대는 운동의 목표에 기초한다. 만약 근육 강도를 증가시키기 원한다면, 쉬지 않고 할 수 있는 팔굽혀펴기의 수와 들어 올릴 수 있는 무게의 양을 잣대로 쓸 수 있다. 체력 키우기를 원한다면 1~2 km를 걸을 때 걸리는 시간과 걸은 후 심장박동수를 잣대로 하는 것이 적합하다. 유연성을 증진시키고자 한다면 얼마나 많이 굽힐 수 있는지 또는 뻗을 수 있는지를 잣대로 할 수 있다.

대부분의 경우 새로운 운동 프로그램을 시작할 때에는 최대 심장박동수 목표 구역의 최하위 수치에서 짧은 간격으로 하여, 매일 30분간 운동하도록 한다. 필요하다면 각 10분씩 3회로 나눌 수 있다. 매일 30분간 신체활동을 할 수 있다면 여기에 집중하여 시작할 수도 있다. 운동 수준에 진전이 있으면 더 높은 강도로 증가시킬 수 있다.

운동을 안전하게 준비하고 회복하기 위해, 준비 운동과 마무리 운동을 넣어야 한다. 준비 운동은 근육을 천천히 풀리게 하여 운동을 준비하는 것으로 걷기, 느린 조깅, 스트레칭, 유연체조 등과 같은 저강도 운동을 5~10분 동안 수행하는 것이다. 준비 운동을 통해 근육과 체온이 점진적으로 올라가도록 해야 하지만, 피로나 에너지 고갈을 유발해서는 안 된다. 마무리 운동은 준비 운동 중에 수행한 것과 같은 운동을 포함한다. 그러나 말초조직에 혈액이 모여 갑작스럽게 혈압이 낮아지는 것을 막기 위해 보다 더 낮은 강도로 운동한다. 마무리 운동은 신체가 천천히 회복되어 정상 심장박동수로 돌아오도록 돕는다. 일반적으로 마무리 운동의 목표는 최대 심장박동수의 50~60% 수준으로 한다(그림 9.2 참조).

생각해 봅시다

Dominica는 체중 감량을 목표로 약 10주 전에 운동을 시작했다. 처음에, 그녀는 약 8파운드(약 3.6 kg)를 뺐지만, 지금은 체육관의 체중계의 눈금이 바뀌지 않고 있다는 것을 알아챘다. 사실, 이번 주에 1파운드(약 450 g)가 늘었지만, 옷은 이전보다 더 잘 어울리고 더 작은 사이즈의 바지를 살 수 있다. Dominica는 왜 체중은 유지하면서 허리둘레는 몇 인치 줄었을까?

그림 9.4 이 지침을 사용하여 매주 신체활동이 균형을 이루도록 한다.

Man with Remote: C Squared Studios/Getty Images; In-line Skater: ©Ingram Publishing Fotosearch RF; Biker & Woman Stretching & Man Using Weight Machine: ©Ingram Publishing/Alamy RF; Ingram Publishing/Alamy Stock Photo; Ingram Publishing/Alamy RF; Drinking Takeaway Coffee: Dean Drobot/Shutterstock; Gardening: ©Comstock/Punchstock RF; Stroller: ©Ingram Publishing/Fotosearch RF; Man Vacuum Cleaning: Elnur/Shutterstock

삼갈 것:
컴퓨터 게임, 텔레비전 시청, 에스컬레이터 등 사용

취미 활동(주 2~3일):
골프, 볼링, 농구, 축구, 하이킹, 인라인, 스케이팅, 댄스, 카누, 요가, 무술

유산소 운동(주 3~5일, 20~60분):
달리기, 자전거, 크로스컨트리 스키, 인라인 스케이트, 계단 오르기

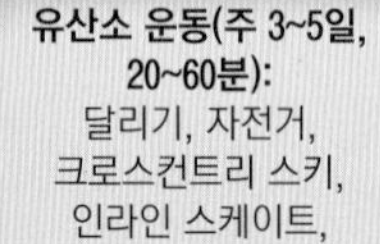

유연성 운동(주 2~3일):
대근육의 정적 스트레칭 (static stretching), 각 자세마다 10~30초간 유지

근력 운동(주 2~3일, 8~10가지 운동, 1세트 8~12회 반복):
이두박근 운동, 삼두박근 운동, 스쿼트, 런지, 팔굽혀펴기

신체활동(거의 매일, 총30분):
계단 오르기, 정원 손질, 세차, 낙엽 치우기, 잔디깎기, 걷기, 강아지 산책, 청소, 육아

확인합시다!

1. 유산소 운동과 근육 운동의 차이점은?
2. 종합적인 운동 프로그램의 요소는?
3. 보르그 호흡곤란지수의 정의와 측정방법은?
4. 여러분의 심장박동수 목표 구역은?

전체적인 운동 계획에는 근육 운동, 유산소 운동, 유연성 운동이 포함된다.

Weight Machines: ©Fuse/Getty Images RF; Jogging: Cultura/Alamy; Stretching: Sam Edwards/age fotostock

9.3 근육을 위한 에너지 급원

세포는 다량영양소가 분해되어 방출되는 에너지를 직접 사용할 수 없다. 식품 에너지를 사용하기 위해 체세포는 우선 식품이 보유하는 에너지를 아데노신삼인산(ATP) 형태로 전환하여야 한다.

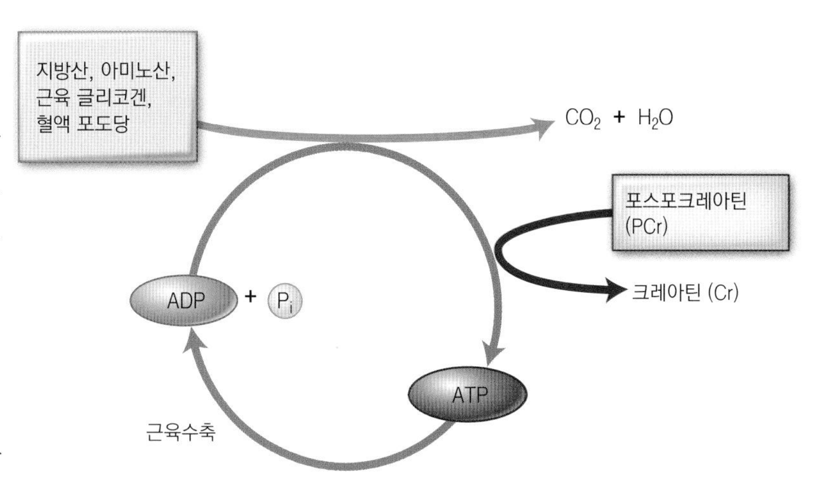

그림 9.5 근육활동을 위한 에너지원. ATP 합성을 위해 다양한 에너지원이 사용된다. 그림에서 보는 바와 같이 ATP는 포스포크레아틴을 사용하여 빠르게 합성될 수 있다.

ATP: 즉시 사용할 수 있는 에너지

신체에서 에너지가 사용될 때, ATP에 있는 인산염 1개가 떨어져 나오면서 근육 수축 등 세포 기능에 사용될 수 있는 에너지를 방출한다. 그 결과로 ADP와 무기 인산(Pi)이 만들어진다. 휴식 상태의 근육세포에는 1~2초간 최대로 근육활동을 유지할 수 있을 만큼 소량의 ATP가 보유되어 있다. 오랜 기간의 근육 수축에 필요한 ATP를 생성하기 위해 근육은 포스포크레아틴을 사용한다. 아울러 섭취된 탄수화물, 지방, 단백질을 에너지원으로 사용한다(그림 9.5). 다량영양소의 분해로 더 많은 ATP를 만들 수 있는 에너지가 방출된다(표 9.2).

표 9.2 신체에 저장된 에너지

에너지 급원*	주요 저장	사용 시기	활동
ATP	모든 조직	상시	단거리 역주(0~3초)
포스포크레아틴(PCr)	모든 조직	격발(short burst)	포환던지기, 높이뛰기, 바벨던지기
탄수화물(무산소)	근육	30초~2분간 지속되는 고강도 운동	200 m 경주
탄수화물(유산소)	근육, 간	2분~3시간 이상 지속되는 운동	조깅, 축구, 야구, 수영, 정원 가꾸기, 세차
지방(유산소)	근육, 지방세포	수분 이상 지속되는 운동. 저강도 운동에서 더 많이 사용됨	장거리 달리기, 마라톤, 초강도 지구력 운동, 자전거 타기, 하이킹

*모든 에너지원은 동시에 작용한다. 그러나 주 에너지원은 운동의 강도와 기간에 따라 달라진다.

포스포크레아틴: 근육 ATP 재생을 위한 초기 급원

포스포크레아틴(phosphocreatine, PCr)은 고에너지 화합물로 ATP와 **크레아틴**(creatine, Cr)으로부터 만들어지며 근육세포에 소량 저장되어 있다. 크레아틴은 근육세포에서 세 가지 아미노산(글라이신, 아르기닌, 메티오닌)을 사용하여 합성되는 유기물질이다. 식사보충제의 형태로도 제공된다. 수축하고 있는 근육에 ATP 분해산물인 ADP가 축적되기 시작하면, 곧바로 효소가 활성화되어 고에너지 Pi가 포스포크레아틴으로부터 ADP로 옮겨지며, 그 결과 ATP가 다시 형성된다(그림 9.6).

포스포크레아틴(phosphocreatine, PCr) ADP로부터 ATP를 재생하는 데 사용될 수 있는 고에너지 화합물.

크레아틴(creatine, Cr) 근육세포에 있는 유기 분자로 고에너지 화합물인 포스포크레아틴의 일부.

만일 ATP를 재생할 수 있는 다른 시스템이 없다면, 포스포크레아틴은 약 10초간 최대 근육 수축을 유지시킬 수 있다. 그러나 포도당과 지방산이 대사되면 ATP 에너지를 생성하므로 포스포크레아틴 사용이 절감됨에 따라 약 1분간 지속하여 주요 에너지 급원으로 사용될 수 있다.

포스포크레아틴의 가장 큰 장점은 즉각 활성화된다는 것이다. 점핑, 리프팅, 던지기, 단거

실천해봅시다!

당신은 신체적으로 얼마나 건강한가?

©Ingram Publishing RF

여기에 제시된 운동 평가는 하기 쉽고 장비가 거의 필요 없다. 또한 일반적인 당신 또래의 결과와 비교할 수 있는 차트도 포함되어 있다.

심혈관운동: 1마일(약 1.6 km) 걷기

달리기 트랙이나 교통량이 적은 동네 거리에서 1마일을 측정한다. 스톱워치나 초침 시계를 가지고 가능한 한 빨리 1마일을 걷고 소요 시간을 기록한다.

근력운동: 팔굽혀펴기(푸시업, push-up)

마루에 엎드린다. 발가락과 손으로 일어난다. 여성은 같은 자세를 사용할 수도 있고, 필요하다면 발가락 대신 무릎을 사용할 수 있다. 어깨 바로 아래 바닥에 손을 대고 등을 곧게 편다. 팔꿈치를 구부리고 턱이 바닥을 스칠 때까지 몸을 숙인다. 팔이 곧게 펴질 때까지 뒤로 민다. 팔굽혀펴기를 할 수 있는 횟수를 센다(위쪽 위치에 있을 때 쉴 수 있다).

근력운동: 복근운동(컬업, curl-up)

바닥에 등을 대고 무릎을 구부리고 누워, 평평함을 느낀다. 허벅지에 손을 얹는다. 이제, 배 근육을 조이고, 등을 평평하게 바닥으로 밀고, 손이 무릎 위에 닿을 정도로 상체를 높이 들어 올린다. 목이나 머리로 당기지 말고 등은 바닥에 대고 있어야 한다. 1분 동안 얼마나 많은 복근운동을 할 수 있는지 세어본다.

유연성운동: 앉아서 손 뻗기(sit-and-reach)

바닥에 자를 놓고 자에 수직인 바닥에 2개의 24인치(60 cm) 테이프를 15인치(38 cm) 표시에서 교차하면서 붙인다. 다리를 뻗고 발바닥이 테이프에 닿도록 한다. 테이프의 0 눈금이 자신을 향하도록 한 채 바닥에 앉는다. 양발은 약 12인치(30 cm) 떨어져 있어야 한다. 한 손을 다른 한 손에 얹고 숨을 내쉬며 아주 천천히 두 팔 사이로 고개를 숙이면서 자 눈금을 따라 앞으로 뻗는다. 뒤로 튕기지 않는다! 도달하는 가장 먼 인치에 표시한다. 무리해서 몸을 뻗어 다치게 하지 않는다. 긴장을 풀고, 2회 더 반복한다.

이제 결과를 확인한다. 발전하고 싶다면

· 거의 모든 요일에 적어도 30분 동안 숨이 가쁜 유산소 운동을 한다.
· 일주일에 2-3회 역기를 들고 도전해본다.
· 일주일에 최소 2회 신체활동 후 유연성운동(스트레칭)을 한다.
· 조금 더 걷는다.

심혈관운동: 1마일(약 1.6 km) 걷기(시간, 분)

	40세까지		40세 이상	
	남자	여자	남자	여자
매우 우수	13:00 이하	13:30 이하	14:00 이하	14:30 이하
우수	13:01 – 15:30	13:31 – 16:00	14:01 – 16:30	14:31 – 17:00
평균	15:31 – 18:00	16:01 – 18:30	16:31 – 19:00	17:01 – 19:30
평균 아래	18:01 – 19:30	18:31 – 20:00	19:01 – 21:30	19:31 – 22:00
불량	19:31 이상	20:01 이상	21:31 이상	22:01 이상

출처: Cooper Institute.

근력운동: 팔굽혀펴기(푸시업, push-up)(휴식 없이 완료한 횟수)

	17-19세		20-29세		30-39세		40-49세		50-59세		60-65세	
	남자	여자	남자	여자	남자	여자	남자	여자	남자	여자	남자	여자
매우 우수	>56	>35	>47	>36	>41	>37	>34	>31	>31	>25	>30	>23
우수	47-56	28-35	40-47	30-36	34-41	31-37	28-34	25-31	25-31	21-25	24-30	19-23
평균 초과	35-46	21-27	30-39	23-29	25-33	22-30	21-28	18-24	18-24	15-20	17-23	13-18
평균	19-34	11-20	17-29	12-22	13-24	10-21	11-20	8-17	9-17	7-14	6-16	5-12
평균 미만	11-18	6-10	10-16	7-11	8-12	5-9	6-10	4-7	5-8	3-6	3-5	2-4
불량	4-10	2-5	4-9	2-6	2-7	1-4	1-5	1-3	1-4	1-2	1-2	1
매우 불량	<4	<2	<4	<2	<2	0	0	0	0	0	0	0

출처: adapted from Golding, Lawrence Arthur et al., The Y's Way to Physical Fitness, 3rd ed. Champaign, IL: Published for the YMCA of the USA by Human Kinetics Publishers, 1986.

근력운동: 복근운동(컬업, curl-up)(60초에 완료한 횟수)

	18-25세		26-35세		36-45세		46-55세		56-65세		65세 이상	
	남자	여자	남자	여자	남자	여자	남자	여자	남자	여자	남자	여자
매우 우수	>49	>43	>45	>39	>41	>33	>35	>27	〉31	〉24	>28	>23
우수	44-49	37-43	40-45	33-39	35-41	27-33	29-35	22-27	25-31	18-24	22-28	17-23
평균 초과	39-43	33-36	35-39	29-32	30-34	23-26	25-28	18-21	21-24	13-17	19-21	14-16
평균	35-38	29-32	31-34	25-28	27-29	19-22	22-24	14-17	17-20	10-12	15-18	11-13
평균 미만	31-34	25-28	29-30	21-24	23-26	15-18	18-21	10-13	13-16	7-9	11-14	5-10
불량	25-30	18-24	22-28	13-20	17-22	7-14	13-17	5-9	9-12	3-6	7-10	2-4
매우 불량	<25	<18	<22	<13	<17	<7	〈13	〈5	<9	<3	<7	<2

출처: adapted from Golding, Lawrence Arthur et al., The Y's Way to Physical Fitness, 3rd ed. Champaign, IL: Published for the YMCA of the USA by Human Kinetics Publishers, 1986.

유연성운동: 앉아서 손 뻗기(sit-and-reach)(인치)

	남자	여자
최고	>10.5	>11.5
매우 우수	6.5-10.5	8-11.5
우수	2.5-6.0	4.5-7.5
평균	0-2.0	0.5-4.0
보통	-3--0.5	-2.5-0
불량	-7.5--3.5	-6.0--3.0
매우 불량	<-7.5	<-6.0

출처: topendsports.com.

이러한 차트는 건강 및 피트니스 전문가들이 사용하는 차트의 전형적인 예이다. 더 빈틈없는 건강 평가나 당신의 건강 수준에 적합한 운동 계획의 개발을 위해서는 공인된 개인 트레이너, 운동 생리학자 또는 다른 건강 전문가에게 문의하자.

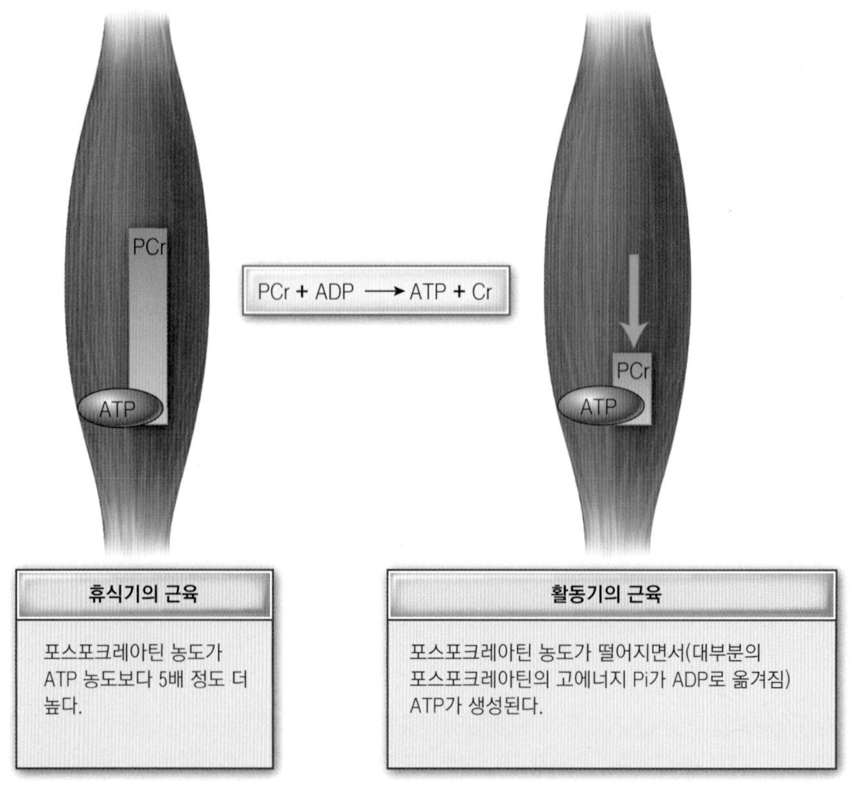

그림 9.6 포스포크레아틴은 근육에서 신속하게 사용할 수 있는 에너지이다. 포스포크레아틴은 활동이 시작되면 재빠르게 ATP를 재생시켜줄 수 있으나 팔 근육을 최대한으로 수축하면 60초 이내에 거의 고갈되어 버린다. 포스포크레아틴을 절반 수준으로 회복하기 위해 4분간의 휴식이 필요하며, 95%를 회복하기 위해서는 7분간의 휴식이 필요하다. 이와 유사하게 무릎에 저항을 주고 구부리는 동작을 되풀이하여 포스포크레아틴이 고갈된 경우에도 95%를 회복하기 위해 약 7분의 휴식이 필요하다.

리 경주 등과 같이 빠르고 강력한 스포츠에 필요한 에너지 요구를 맞출 수 있을 만큼 빠르게 ATP를 재생할 수 있다. 포스포크레아틴의 단점은 수분 이상 동안 ATP를 재생하기에는 그 양이 너무 적다는 것이다.

탄수화물: 단기간, 고강도, 중기간 운동을 위한 주요 에너지 급원

포도당은 해당작용 과정 중에 분해되어 탄소 수 3개를 함유한 피루브산을 형성한다. 해당작용에는 산소가 필요하지 않으며 소량의 ATP가 형성된다. 만일 산소가 있다면 피루브산은 계속 대사되어 훨씬 더 많은 ATP를 생성한다.

무산소 기전

근육에 산소가 부족하거나(무산소 상태) 신체활동이 극심한 경우에는(예: 200 m 달리기, 100 m 수영) 해당작용에서 만들어진 피루브산이 근육에 축적되어 젖산으로 전환된다(그림 9.7). 1분자의 포도당은 해당작용을 통해 피루브산 2분자와 ATP 2분자를 생성하므로 근육 운동을 통해 고갈된 ATP의 일부를 보충할 수 있다. 탄수화물은 해당작용에 사용될 수 있는 유일한 에너지 급원이다.

30~120초 동안 최대 에너지를 생성하는 스포츠를 하는 경우에는 해당작용이 가장 중

요한 에너지원을 공급한다. 무산소 기전의 장점은 포스포크레아틴의 분해 다음으로 가장 빠르게 근육에 ATP를 재공급한다는 것이다. 그러나 무산소 기전은 2가지 중요한 문제점이 있다.

- 지속적으로 ATP를 생성할 수 없다.
- 근육 글리코겐으로부터 생성되는 총 ATP 중 약 5%만이 방출될 수 있다.

갑작스럽게 근육을 사용하면 포스포크레아틴과 ATP를 포함한 여러 에너지 급원이 사용된다.

George Doyle/Stockbyte/Getty Images

무산소 해당작용의 결과로 젖산이 축적되면 피로가 시작된다. 해당작용으로 방출된 수소 이온이 근육세포의 산도를 높이기 때문이라는 가설이 있다. 산도가 높아지면 세포 환경이 비정상적으로 되어 무산소 기전으로 ATP를 생성하는 해당작용의 주요 효소활성이 둔화되고 피로가 나타난다. 산도가 낮아지면 근육세포로부터 칼륨이 손실되어 피로의 원인이 되기도 한다. 오랜 경험을 통해 운동 속도로 근육의 젖산 농도를 조절할 수 있음을 알게 되었다.

무산소 기전인 해당작용의 결과로 생성된 젖산은 근육에 축적되어 있다가 결국 혈액으로 분비된다. 심장은 젖산을 직접 에너지원으로 사용할 수 있는데, 덜 활발한 근육세포가 활발한 근육세포 가까이 위치하여 있기 때문이다. 간은 (그리고 어느 정도까지는 신장도) 혈액의 젖산을 받아들여 포도당을 재합성할 수 있는데, 이때에는 에너지가 사용된다. 이렇게 만들어진 포도당은 다시 혈액으로 들어가 세포에 에너지를 제공하는 데 사용된다.

유산소 기전

근육조직에 산소가 충분(유산소 상태)하고 신체활동이 적절하거나 낮은 강도일 때에는(예: 조깅, 장거리 수영) 해당작용을 통해 생성된 피루브산의 대부분이 세포질에서 미토콘드리아로 들어가서 산소를 요구하는 일련의 반응을 통해 이산화탄소와 물로 대사된다. 포도당의 완전 대사를 통해 형성된 ATP의 95%가 유산소 기전을 통해 미토콘드리아에서 생성된 것이다(그림 9.8).

무산소 기전에 비해 유산소 기전은 더 느린 속도로 ATP를 제공하지만, 그 양이 훨씬 더 많다. 또한 유산소 기전을 통해 합성된 ATP는 오랜 시간 유지될 수 있다. 따라서 유산소 기전은 2분~3시간 이상 지속되는 신체활동에서 에너지 제공을 위해 기여하는 바가 크다(그림

▶ 오랜 시간 동안, 과학자들과 운동선수들은 운동으로 인해 축적된 젖산이 근육 피로와 근육통을 유발하는 것으로 알고 있었다. 그러나 젖산이 홀로 피로와 근육통을 유발한다는 것을 증명할 수 있는 근거는 거의 없다. 대사산물의 축적과 함께 근육 글리코겐과 혈당이 고갈되면 근육 피로와 근육통을 유발할 수 있다.

▶ 체내 pH 수준이 변화될 때 일어나는 것처럼, 산(acid)이 수소 이온을 잃을 때 어미에 '–ate'를 붙인다. 따라서 신체대사와 관계될 때 'pyruvic acid'는 'pyruvate'라고 부르며, 'lactic acid'는 'lactate'라고 부른다.

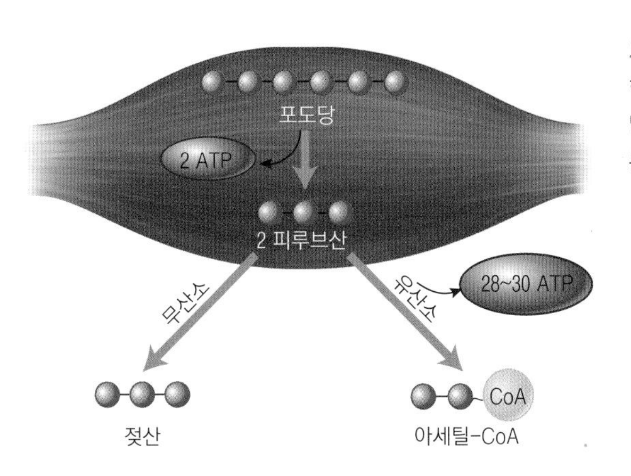

그림 9.7 무산소 및 유산소 기전 모두 ATP를 제공한다. 그러나 속도가 느리지만 유산소 기전이 더 많은 ATP를 제공한다. 반면 무산소 기전은 더 빠른 속도로 더 적은 ATP를 제공한다.

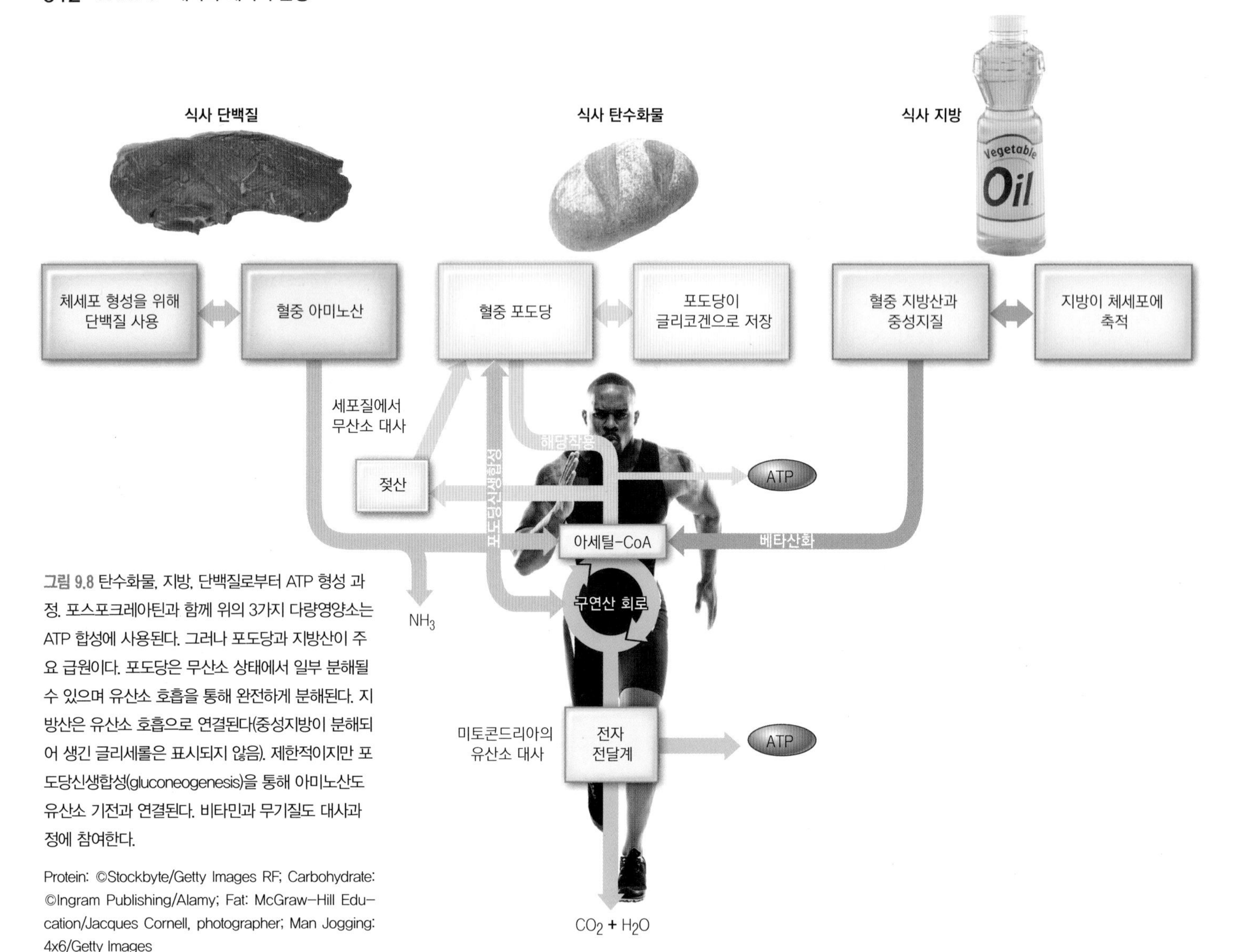

그림 9.8 탄수화물, 지방, 단백질로부터 ATP 형성 과정. 포스포크레아티닌과 함께 위의 3가지 다량영양소는 ATP 합성에 사용된다. 그러나 포도당과 지방산이 주요 급원이다. 포도당은 무산소 상태에서 일부 분해될 수 있으며 유산소 호흡을 통해 완전하게 분해된다. 지방산은 유산소 호흡으로 연결된다(중성지방이 분해되어 생긴 글리세롤은 표시되지 않음). 제한적이지만 포도당신생합성(gluconeogenesis)을 통해 아미노산도 유산소 기전과 연결된다. 비타민과 무기질도 대사과정에 참여한다.

Protein: ©Stockbyte/Getty Images RF; Carbohydrate: ©Ingram Publishing/Alamy; Fat: McGraw-Hill Education/Jacques Cornell, photographer; Man Jogging: 4x6/Getty Images

9.9).

근육의 에너지원으로서 근육 글리코겐과 혈당의 비교

글리코겐은 간(약 100 g)과 근육(운동을 많이 하지 않는 사람의 경우 약 400 g)에서 잠정적으로 포도당을 저장하는 형태이다. 글리코겐은 포도당으로 분해되어 무산소 및 유산소 기전을 통해 대사될 수 있다. 간의 글리코겐은 혈당 수준을 유지하는 데 사용되지만, 근육의 글리코겐은 근육 운동을 위한 포도당 공급에 사용된다. 실제로 2시간 미만으로 상당히 강도 높은 운동을 할 때에는 근육세포에서 생성된 ATP의 주요 급원은 글리코겐에서 분해된 포도당이다.

30분 미만으로 짧게 운동할 때에는 주로 근육에 저장된 글리코겐이 사용된다. 단기 운동 중에는 혈당을 많이 사용하지 않는다. 혈액으로부터 근육으로 포도당이 유입될 때에는 인슐린의 작용이 필요한데, 운동 초기에는 에피네프린과 글루카곤과 같은 호르몬에 의해 인슐린의 작용이 둔화되기 때문이다. 운동시간이 증가할수록, 근육의 글리코겐 저장고가 고갈되고 근육은 혈중 포도당을 유입하여 에너지원으로 사용하기 시작한다. 근육 글리코겐

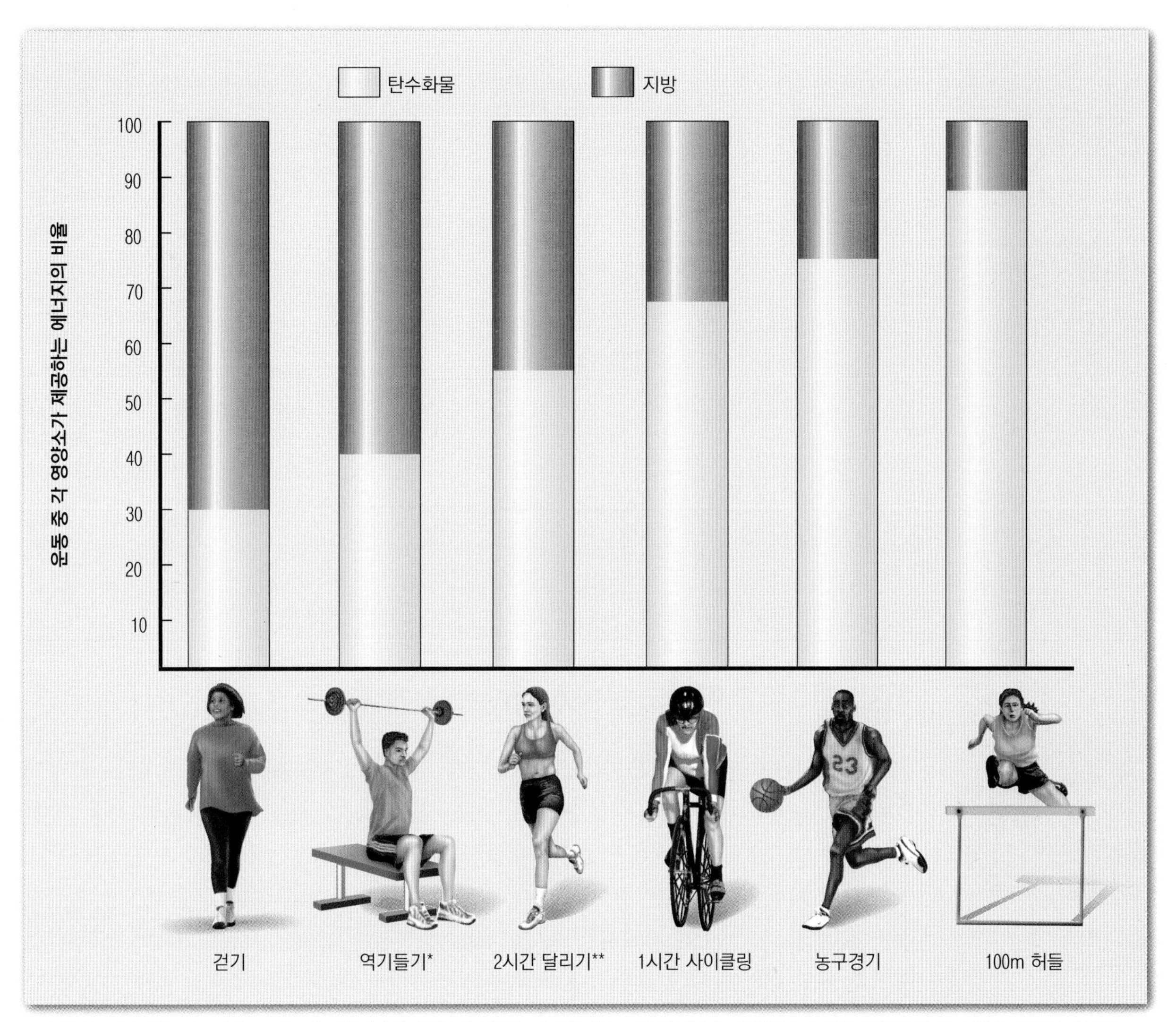

그림 9.9 여러 가지 운동 중 사용되는 탄수화물과 지방 사용량의 추정

* 역기들기의 경우, 강도가 높고 빠르게 진행되면 탄수화물의 사용이 더 많아지고, 지방의 사용은 더 적어질 수 있다. 일반적으로는 지방의 사용이 더 많다. 대부분의 시간이 휴식기이기 때문이다.

** 장거리 달리기의 경우, 달리는 중에 선수가 탄수화물을 섭취하였는지에 따라 지방과 탄수화물의 균형이 달라질 수 있다. 그림에서 나타난 수치는 달리는 중에 탄수화물을 섭취한 경우이다. 탄수화물을 섭취하지 않으면 지방이 더 많이 사용되고 탄수화물은 더 적게 사용된다.

의 고갈은 피로를 유발한다. 반면 간의 글리코겐 고갈은 혈당 저하를 유도한다.

일단 글리코겐 저장이 고갈되면, 최대 능력의 50% 수준에서 일할 수 있다. 운동선수들은 이러한 시점을 글리코겐 고갈이 '한계에 부딪치는' 시점이라고 부른다. 더 이상 최상의 상태에서 운동할 수 없기 때문이다. 따라서 1시간 이상 최대 노력의 70% 이상을 요구하는 운동을 하는 경우(예: 장거리 달리기 선수 또는 사이클 선수)에는 근육의 탄수화물 저장을 늘리도록 해야 한다. 시합 전에 탄수화물 섭취를 늘리면 근육 글리코겐 저장이 2배까지 증가되어 피로도를 낮추고 지구력을 향상시킬 수 있다. 이런 과정을 탄수화물 또는 글리코겐 로딩(glycogen loading)이라 부른다(9.5절 참조).

운동 기간을 20~30분 이상으로 증가시킬 때에는 혈당을 유지하는 것이 매우 중요하다. 혈당 수준을 유지함으로써 근육의 글리코겐을 보존하여, 마라톤 선수가 최종 질주할 때와 같이 급격한 노력이 필요할 때 사용될 수 있도록 한다. 혈당을 유지하지 않고는 과민성, 발한, 불안, 허약, 두통, 착란이 나타날 수 있다. 1시간 이상 지속하는 사이클링과 같은 지구력 운동 중에 0.7 g/kg/hr(약 30~60 g/hr) 수준으로 탄수화물을 섭취하면 혈당을 적절히 유지하고 피로를 지연하는 데 도움이 될 수 있다(9.5절 참조).

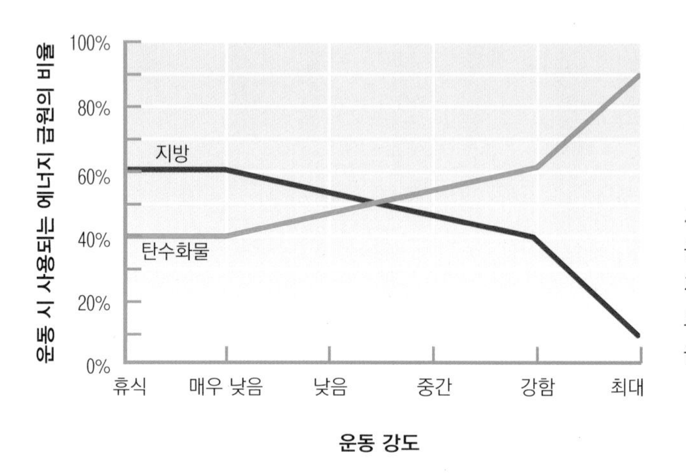

그림 9.10 운동의 강도가 높아질수록 근육의 탄수화물 의존도가 높아지고 지방의 의존도는 낮아진다. 낮은 강도로 운동할 때에는 지방이 주요 에너지 급원이 된다.

운동을 위한 에너지는 탄수화물, 지방, 단백질로부터 온다. 이러한 에너지영양소의 사용은 운동의 속도와 기간에 따라 다르다.

Sean Sullivan/Getty Images

지방: 지속적인 저강도 운동을 위한 주요 에너지 급원

지방은 휴식기와 저~중강도의 지속적인 운동을 위한 주요 에너지 급원이다(그림 9.10). 철인 3종 경기, 울트라 마라톤, 힘든 노동을 요구하는 직업, 8시간 사무 직업과 같이 매우 긴 활동 중에는 지방으로부터 에너지 요구량의 50~90%가 제공된다.

근육이 지방을 사용하는 속도는 훈련 수준에 따라 달라진다. 훈련이 잘 되어 있을수록 지방을 에너지 급원으로 사용하는 능력이 커진다. 훈련을 통해 미토콘드리아의 크기와 수, 유산소 ATP 합성에 사용되는 효소의 수준이 증가하기 때문이다. 훈련을 통해 근육의 미오글로빈도 증가되므로 근육에서 지방이 대사될 때 필요한 산소의 유용성이 높아진다(표 9.3). 훈련을 통해 에너지원으로 지방을 더 잘 사용할 수 있게 되므로 글리코겐은 보존될 수 있다.

신체에서 저장되는 에너지는 대부분 중성지방의 형태로 저장된다. 지방은 소량 근육에 저장되기도 하지만 대부분은 지방세포에 위치한다. 근육에 저장된 지방은 활동 수준이 낮은 수준에서 중간 수준으로 증가될 때 사용된다.

표 9.3 지구력 운동 훈련에 대한 골격근의 적응

변화	장점
근육의 글리코겐 저장 능력 증가(고탄수화물 식사는 이를 더욱 증가시킴)	더 많은 글리코겐을 마지막 순간에 사용 가능
근육에 중성지방 저장 증가	지방의 사용을 증가시켜 글리코겐을 보존
미토콘드리아의 크기와 수 증가	지방의 사용을 증가시켜 글리코겐을 보존(높은 운동 강도에서도)
미오글로빈 함량 증가	근육에 산소 공급을 증가시키고 지방을 에너지원으로 더 많이 사용
심박출량 증가	혈액 공급을 증가시켜 근육에 산소와 영양소의 공급 증가

다른 에너지 급원에 비해 지방은 2배 이상의 에너지(9 kcal/g)를 제공하여 더 많은 ATP를 공급할 수 있는 장점이 있다. 아울러 탄수화물의 체내 저장량이 제한되어 있는 것에 비해 지방은 체내 저장량이 많다. 그러나 단위 산소당 더 많은 ATP를 생성하며, 고강도 활동(무산소 상태)을 지원할 수 있는 유일한 에너지원인 탄수화물 대사가 지방 대사에 비해 더 효율적이다. 지방의 사용은 단시간 고강도의 신체활동에 필요한 ATP 요구를 충족시킬 수 있을 만큼 빠르게 일어나지 않는다. 만일 지방이 유일한 에너지 급원이라면, 빠르게 걷거나 조깅하는 것 이상의 강도 높은 신체활동은 할 수 없을 것이다.

유산소 지방산 대사와 유산소 포도당 대사는 ATP를 생성한다.

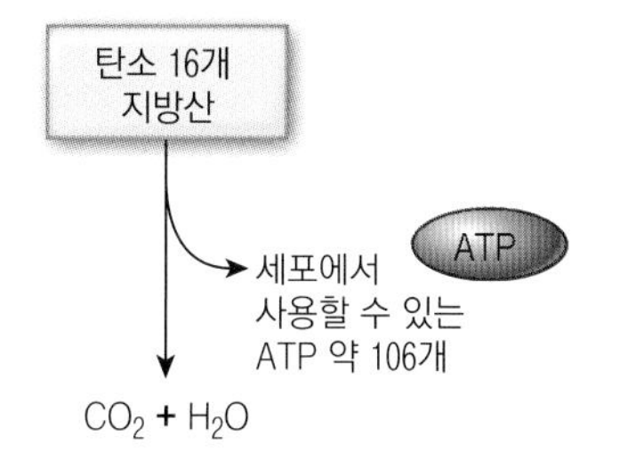

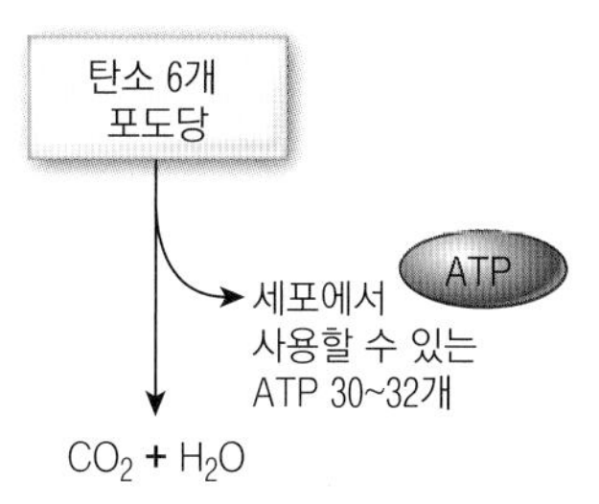

단백질: 운동 중 사용되는 작은 에너지 급원

단백질로부터 제공되는 대부분의 에너지는 분지쇄 아미노산(류신, 이소류신, 발린)의 대사로부터 나온다. 분지쇄 아미노산은 포도당을 만들 때 사용되거나 포도당의 진구체로서 구연산 회로에 들어가 운동 중 에너지를 제공한다.

단백질로부터 유래된 아미노산이 근육에 에너지를 제공할 수 있지만, 탄수화물과 지방에 비해 상대적으로 기여도가 낮다. 아미노산 대사는 신체의 에너지 요구량 그리고 운동할 때 근육이 필요로 하는 에너지 중 5%만 제공한다. 그러나 근육 글리코겐이 고갈된 상태에서 지구력 운동을 한다면 단백질은 에너지 필요량의 약 15%까지 제공할 수 있다. 지구력 운동은 에너지원으로 단백질의 기여도가 높은 유일한 운동이지만, 이때에도 단백질은 3~15%의 제한된 에너지만 제공할 수 있다. 반면, 단백질은 근력 운동(예: 역기들기)에는 거의 사용되지 않는다.

역기들기에 필요한 주요 에너지원은 포스포크레아틴과 탄수화물이지만, 고단백 보충제가 역도 선수와 보디빌더들에게 널리 사용되고 있다. 신체가 필요로 하는 양 이상으로 단백질을 많이 섭취하여도 근육양은 더 증가하지 않는다. 웨이트 트레이닝 후에는 고탄수화물과 적절한 단백질 식품을 섭취하는 것이 오히려 유산소 효과를 높일 수 있다. 혈액의 인슐린과 성장호르몬의 수준을 높여서 단백질 합성에 기여할 수 있기 때문이다. 단백질을 섭취하여 근육량을 증가시키는 것은 불가능하다는 것을 잊지 말자. 충분한 단백질 섭취가 성장과 회복을 지원할 수 있듯이, 근력 운동 등으로 근육에 긴장을 가하는 것이 필요하다.

사례연구

Ryan McVay/Photodisc/Getty Images

대학 3학년인 Jake는 키가 186 cm이고 몸무게가 79 kg이다. 그는 대학 1학년 때부터 역기를 들어왔다. 비록 지난 2년 간 상당히 강해졌지만, 몇 주 전 그는 더 많은 근육 분획(muscle definition)을 갖기로 결심했다. 그는 (주로 인터넷에서) 영양과 저항력 훈련, 특히 단백질의 역할과 근육 성장에 대해 많이 읽은 후, 근육 크기와 분획을 늘이고자 단백질 보충제를 먹기로 결정했다. 그는 약 3주 동안 보충제를 복용하고 있다. 유청 단백질 분말로 구성되어 있는데, 물이나 우유와 섞어 마신다. 1인분에 약 60 g의 단백질을 함유하고 있고, 하루 2잔 마신다.

아침식사로 단백질 쉐이크를 마시고, 점심으로 고기를 추가한 샌드위치와 무지방 드레싱이 들어간 작은 샐러드를 먹는다. 오후 4시경에 단백질 쉐이크를 1잔 더 마시면 오후 7시경이 되어서야 다시 배가 고프다. 어제 저녁으로 감자튀김, 닭가슴살 2개, 완숙 달걀 4개, 아이스티를 먹었다.

불행하게도, 지난주에 Jake는 역기를 들어 올리면서 피곤하다는 것을 알아차렸고 그 전 주만큼 무거운 역기를 들 수 없었다. 오늘은 운동 시작 20분 만에 피로감을 느끼기 시작했다. 그는 왜 운동을 끝낼 수 없는지 알지 못했지만 아마도 단백질을 더 먹어야 한다고 생각한다. 단백질은 저항 운동에서 어떤 역할을 하는가? 그가 운동을 끝낼 수 없을 정도로 피곤한 이유는 무엇일까? 그는 단백질을 더 많이 섭취해야 하는가?

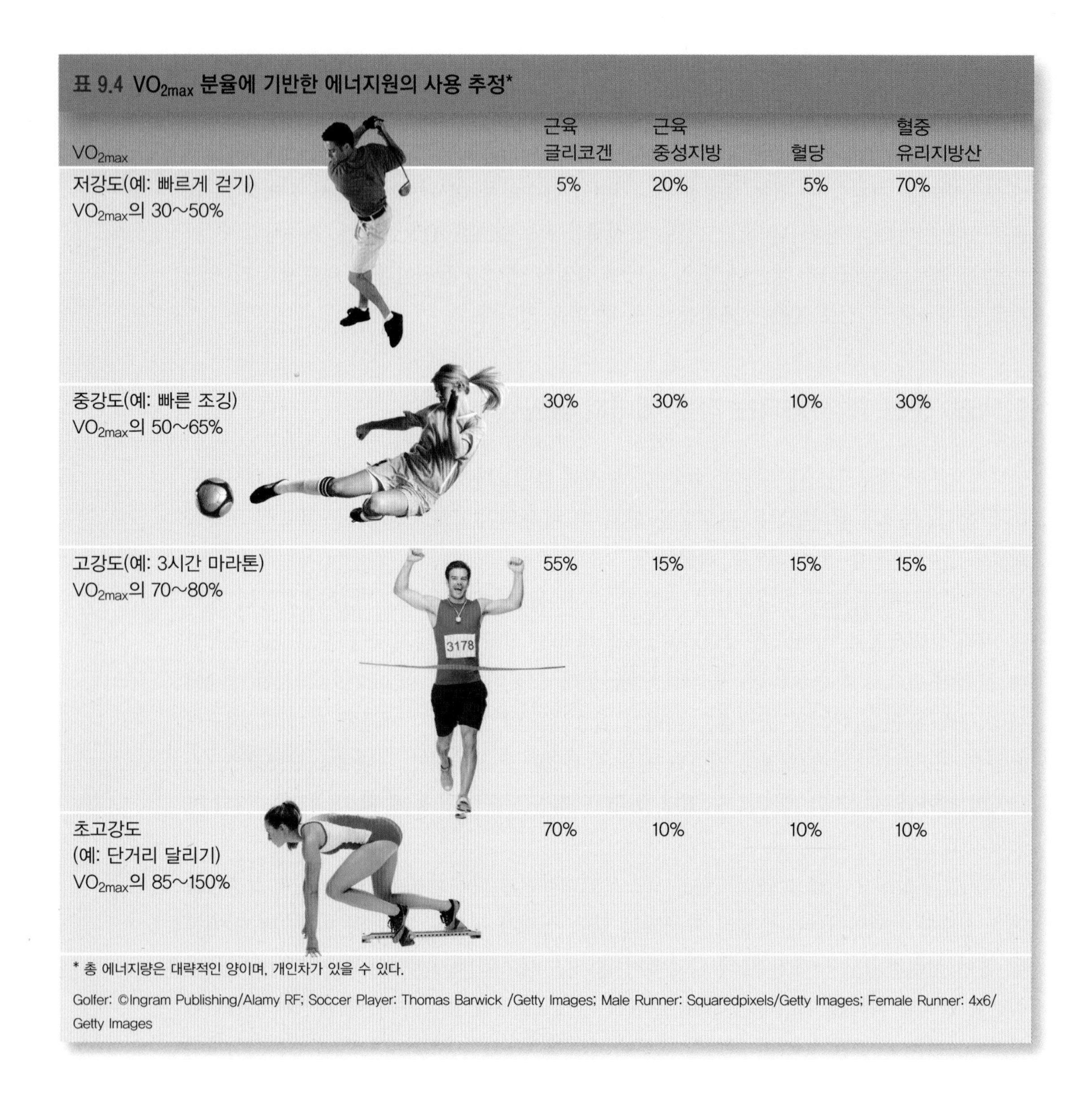

표 9.4 VO_{2max} 분율에 기반한 에너지원의 사용 추정*

VO_{2max}	근육 글리코겐	근육 중성지방	혈당	혈중 유리지방산
저강도(예: 빠르게 걷기) VO_{2max}의 30~50%	5%	20%	5%	70%
중강도(예: 빠른 조깅) VO_{2max}의 50~65%	30%	30%	10%	30%
고강도(예: 3시간 마라톤) VO_{2max}의 70~80%	55%	15%	15%	15%
초고강도 (예: 단거리 달리기) VO_{2max}의 85~150%	70%	10%	10%	10%

* 총 에너지량은 대략적인 양이며, 개인차가 있을 수 있다.

Golfer: ©Ingram Publishing/Alamy RF; Soccer Player: Thomas Barwick /Getty Images; Male Runner: Squaredpixels/Getty Images; Female Runner: 4x6/Getty Images

▶ 저체중 체급 자격을 얻기 위해 에너지제한식으로 체중 감소를 하는 레슬링 선수들은 제지방조직의 감소를 예방하기 위해 1.8~2.0 g/kg의 단백질 섭취가 필요할 수 있다.

에너지 급원의 사용과 VO_{2max}

표 9.4에서 보이는 것과 같이 근육세포를 위한 에너지 급원은 VO_{2max}의 비율로 추정할 수 있다. 예를 들어, 운동의 강도가 높아질수록 지방의 사용은 감소되고, 탄수화물의 사용은 더욱 중요해진다. 매우 강도가 높은 활동을 할 때, VO_{2max} 100%에 '추가'로 50%를 더한 만큼의 ATP가 무산소 상태에서 포스포크레아틴과 해당작용을 통해 생성된다.

확인합시다!

1. 세포가 사용하는 주요 에너지는?
2. 무산소 운동에서 사용되는 에너지 급원은?
3. 유산소 운동에서 사용되는 에너지 급원은?
4. 고강도, 단시간 운동에서 포스포크레아틴이 중요한 이유는?
5. 운동 수준이 운동에 사용되는 에너지원에 미치는 영향은?
6. 운동 중 단백질이 에너지원으로 사용되는 경우는?

9.4 신체활동에 따른 체내 반응

신체활동은 신체에 많은 영향을 미친다. 가장 뚜렷한 효과는 근육계, 순환기계, 골격계에서 나타난다.

골격근 섬유의 유형과 기능

신체는 3가지 유형, 즉 골격근(골격 근육), 내장근(내장 근육), 심근(심장 근육)의 근육조직을 가지고 있다. 골격근은 3가지 유형의 **근섬유**(muscle fiber)를 가지고 있으며, 그 특징은 아래와 같다(표 9.5).

- Type I(지근-산화반응): 이 유형의 근섬유는 느리게 수축하고 산화적 대사능력이 크다. 미오글로빈 함량이 높기 때문에 적색 섬유라고도 불린다. Type I 근섬유는 지방의 유산소 호흡에 의해 에너지를 공급받는다.
- Type IIA(속근-산화반응, 해당작용): 이 유형의 근섬유는 중간 정도의 산화적 대사능력을 가지며, 포도당의 해당작용과 지방 및 포도당의 산화적 호흡에 의해 에너지를 공급받는다.
- Type IIX(속근-해당작용): 이 유형의 근섬유는 다른 근섬유에 비해 산화적 대사능력이 낮다. 미토콘드리아와 미오글로빈 함량이 낮기 때문에 백색 섬유라고도 불린다. Type IIX 섬유는 포도당의 해당작용에 의해 에너지를 공급받는다.

느린 조깅과 같은 저강도의 운동을 오래 지속하면 type I 근섬유가 주로 사용되고 지방이 주요 에너지원이 된다. 운동 강도가 증가할수록 type IIA와 type IIX 근섬유를 점차 사용하게 되며, 따라서 에너지원으로 포도당의 기여도가 높아진다. type IIA와 type IIX 근섬유는 농구할 때 뛰면서 슛하는 동작과 같이 빠른 운동에 있어 중요하다.

신체 전반에서 3가지 근섬유의 상대적 비율은 사람마다 다르지만, 일생을 거쳐 일정하게 유지된다. 그러나 훈련과 노화에 따라 변화되기도 한다. 근섬유 유형이 사람마다 다르다는 것은 마라톤 선수가 단거리 선수와 경쟁할 수 없으며, 체조 선수가 장거리 수영 선수와 경쟁할 수 없는 이유가 된다. 근섬유의 유형은 대개 유전적으로 결정되지만, 훈련으로 어느 정도까지는 근육을 발전시킬 수 있다. 예를 들어, 유산소 훈련은 type IIA 근섬유가 ATP를 생

근섬유 유형의 상대적 분포

활동 수준	Type I	Type IIA + Type IIX
비운동선수	45~50%	50~55%
단거리 선수	20~35%	65~85%
마라톤 선수	80%	20%

체조선수의 빠르고 강력한 움직임은 주로 type IIA와 type IIX 근섬유에 의존한다. 수년 동안 부지런히 훈련한 체조선수에게 어떤 생리적 변화가 있을 것으로 생각되는가?

View Stock/Getty Images

근섬유(muscle fiber) 필수적인 단일 근육세포. 긴 모양의 세포로 수축 능력이 있고 신체의 근육을 형성함.

표 9.5 근섬유 요약

근섬유	설명	구조	주요 에너지 급원	활동
Type I	지근, 높은 산화적 대사능력	모세혈관, 미토콘드리아, 미오글로빈의 밀도가 높음	지방의 유산소 호흡	지구력 운동과 같은 유산소 활동
Type IIA	속근, 중등도 산화적 대사 능력	모세혈관과 미토콘드리아가 풍부	무산소 해당작용, 지방과 포도당의 유산소 호흡	중거리 달리기, 수영과 같은 유산소·무산소 활동
Type IIX	속근, 낮은 산화적 대사 능력	미토콘드리아와 미오글로빈의 밀도가 낮음	무산소 해당작용	단거리 육상과 같은 무산소 활동

사람	총 VO_{2max} (mL O_2/kg/min)
늘 앉아 있는 노인	< 20
전형적인 중년 성인	35~45
우수한 운동선수	65~75

성하는 능력을 향상시켜 크기를 변화시킬 수 있다. 훌륭한 운동선수는 타고난 것이지만 유전적 잠재성은 훈련으로 단련되어야만 한다.

운동에 대한 근육과 인체 생리의 적응

훈련으로 근육 강도가 변화될 수 있다. 되풀이해서 일하면 근육이 커질 수 있는데, 이런 반응을 **비대**(hypertrophy)라고 한다. 근육에 있는 어떤 세포들은 부피가 증가하여 일하는 능력이 향상될 수 있다. 반대로 며칠 동안 활동하지 않으면, 근육은 크기가 작아지고 힘을 잃게 되는데 이런 반응을 **위축**(atrophy)이라고 한다. 비대 또는 위축의 경우 모두 작업 부하에 대한 적응의 형태이다. 따라서 마라톤 선수들은 잘 발달된 다리를 가지고 있지만 팔과 가슴 근육은 거의 발달되어 있지 않다.

유산소 운동을 되풀이하면 순환계에 유의한 변화가 일어난다. 운동하는 중에 산소를 더 많이 필요로 하므로 적혈구가 더 많아지고 총 혈액량도 증가하게 된다. 훈련을 통해 근육 조직의 모세 혈관의 수도 증가하게 된다. 그 결과 근육세포에 산소가 더 쉽게 전달된다. 마지막으로 훈련을 통해 심장이 강화된다. 그래서 매 수축 시마다 효과적으로 혈액이 분출된다. 운동으로 심장의 효율이 증가하면서 안정 상태와 중강도의 운동에서 심장박동률이 감소된다.

신체적으로 안정된 사람일수록 근육과 신체가 더 많은 일을 할 수 있으며, 더 많은 산소를 소모할 수 있다. 연령, 성별, 그리고 운동 수준에 따라 다르지만 전형적인 VO_{2max} 수치는 20~60 mL O_2/kg/min 정도이다. 훈련을 하면 VO_{2max} 수치가 15~20% 이상 향상될 수 있다.

▶ 다양한 신체 활동의 에너지 소비량을 나열한 8장의 표 8.5를 참조한다.

운동으로 증가될 수 있는 것이 골밀도이다. 운동은 뼈에 물리적인 스트레스를 주어 칼슘 축적을 증가시키는 방법으로 뼈의 발달을 촉진시킬 수 있다. 달리기, 체조, 농구, 축구, 걷기, 배구 등과 같이 중량이 부하되는 운동은 건강한 골격의 발달과 유지를 위해 필수적이다.

확인합시다!

1. 근섬유의 유형에 따른 기능의 차이는?
2. 각 근섬유의 유형별로 사용되는 주요 에너지원은?
3. 반복되는 운동이 순환계에 미치는 영향은?

운동선수들은 많은 에너지를 소모한다. 식품과 음료수 섭취를 증가하면 활동을 지원하기에 충분한 탄수화물, 단백질, 기타 영양소를 쉽게 공급할 수 있다.

Dave and Les Jacobs/Blend Images LLC

9.5 파워 식품: 운동선수를 위한 식사 조언

운동선수의 훈련과 유전적 기질은 운동 수행에 매우 중요한 요소이다. 좋은 식사도 이 2가지 요인을 대신할 수는 없다. 그러나 좋은 식품을 선택하여 운동선수의 능력을 극대화할 수 있다. 반대로 적합하지 않은 식품을 선택한다면 운동능력을 심각하게 감퇴시킬 수 있다.

에너지 요구

운동선수는 신체 크기, 체성분, 그리고 훈련 및 시합의 유형에 따라 필요로 하는 에너지의 양이 매우 다양하다. 몸집이 작은 체조 선수들은 체중 감량 없이 일상 활동을 유지하기 위해 하루 1,800 kcal의 에너지가 필요하다. 그러나 크고 근육질인 수영 선수는 하루 4,000 kcal의 에너지가 필요하다. 운동선수가 매일 피로를 느끼거나 체중 감소를 느낀다면 충분한 식품을 충분히 섭취하고 있는지를 가장 먼저 고려하여야 한다. 각 연습 전 1끼를 포함하여 하루 6끼의 식사가 필요하다.

체중을 모니터링하는 것은 에너지 섭취가 양호한지 평가하는 쉬운 방법이다. 운동선수는 시합과 훈련 중에 체중을 유지하기 위해 노력해야 한다. 일반적으로 운동선수의 체중이 감소된다면 에너지 섭취량이 불충분한 것이고, 체중이 증가된다면 에너지 섭취가 너무 높은 것이다. 만일 체중 감량이 필요하다면 식사섭취량은 매일 200~500 kcal만큼 감소시킬 수 있다. 이렇게 조금씩 감소해야 계속해서 훈련을 받고, 시합을 하면서 체중을 감량할 수 있다. 지방 섭취를 감소시키는 것이 가장 최선이며, 운동 성적에도 영향을 미치지 않는다. 반대로 체중을 증가시켜야 한다면 하루에 500~700 kcal만큼 식품 섭취를 증가시켜야 한다. 부가된 에너지는 탄수화물, 단백질, 지방에서 균형 있게 얻어야 한다. 운동이 유지되어야 제지방의 형태로 체중이 증가하게 된다.

어떤 종목은 마른 신체를 유지하여야 하며, 어떤 종목은 일정한 몸무게를 유지하여야 한다. 체조 선수, 수영 선수, 피겨스케이팅 선수, 댄서들은 마른 신체를 유지해야 한다. 또한 레슬링 선수, 복싱 선수, 경마 기수, 유도 선수, 조정경기 선수들은 체중 제한을 맞추기 위해 경기 전에 체중을 측정한다. 따라서 먹고 마시는 것을 줄이게 되는데, 이때 섭식장애와 영양불량(골다공증, 불규칙한 월경, 신부전, 탈수, 사망)의 위험이 올 수 있다.

바람직하지 않은 체중 감량 습관으로 레슬링 선수들이 사망하는 것을 방지하기 위해 전미대학체육협회(National Collegiate Athletic Association) 등은 시즌 마지막에 발생되는 심각한 체중 감량 관례를 없애기 위해 시즌 초에 체급을 정하고 있다. 각 학교는 내과의사나 운동 트레이너가 10월 첫 주간에 체중, 체성분(체지방), 소변의 비중(그 시점의 체내 수분 정도를 측정하기 위해)을 측정하여 초기 체중을 평가한다. 레슬링 선수의 최저 체중은 선수의 제지방 무게 + 5% 체지방으로 정한다. 각 레슬링 선수는 다음 지침에 따라 8주 동안 체중을 수정할 기회를 갖는다. 단, 매주 체중의 1.5% 이상 줄일 수 없다. 최종 체중은 최저 체중보다 낮아질 수 없다. 국가공인기간은 12월에 개최된다. 같은 과정이 반복되며, 체급이 정해지면 시즌의 나머지 기간 동안 적용된다.

SSGT, Jason M. Carter, USMC/DoD Media RF

탄수화물 요구

탄수화물은 운동 중인 근육에 필요한 에너지를 공급하는 주요 급원이다. 특별히 일정하게 매일 1시간 이상 격렬하게 운동하는 사람은 누구나 중등도 이상의 탄수화물 섭취가 필요하다(그림 9.11). 하루 여러 차례 곡류, 전분질 채소류, 과일류를 제공하여 간과 근육에 적절한 글리코겐을 저장할 수 있을 만큼 충분한 탄수화물을 섭취하도록 한다. 전날 연습으로 손실된 글리코겐을 보충하려면 더욱 세밀한 주의가 필요하다. 표 9.6은 영양가가 높으면서 탄수화물이 풍부한 식품들의 예이다.

한국인의 탄수화물 에너지적정비율(acceptable macronutrient distribution range, AMDR)은 총 에너지 섭취량의 55~65%이다. 그러나 이 기준을 운동선수에게 그대로 적용하기 보다는 운동선수의 훈련과 글리코겐 보충을 위해 필요한 양을 맞추는 것이 중요하다. 이것을 탄수화물 이용도(carbohydrate availability)라고 정의한다.

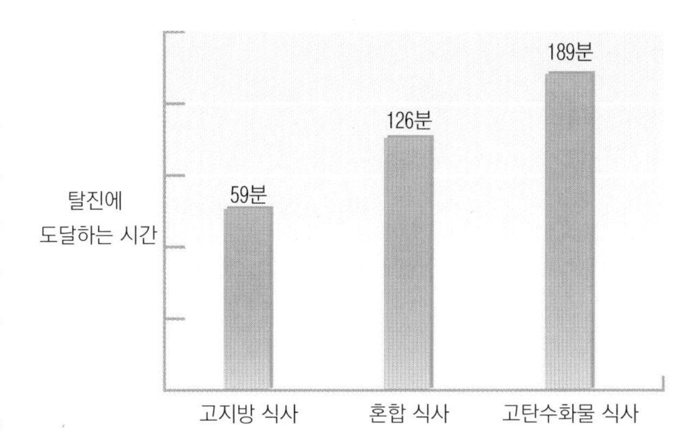

그림 9.11 Bergstrom 등의 연구에서 피험자들에게 3가지 다른 식사(고지방 고단백질 식사, 혼합식사, 고탄수화물 식사)를 섭취하게 하였다. 피험자들은 VO_{2max}의 75% 수준에서 탈진할 때까지 자전거를 탔다. 고탄수화물 식사군의 운동시간이 가장 길었으며, 글리코겐 함량도 가장 높았다.

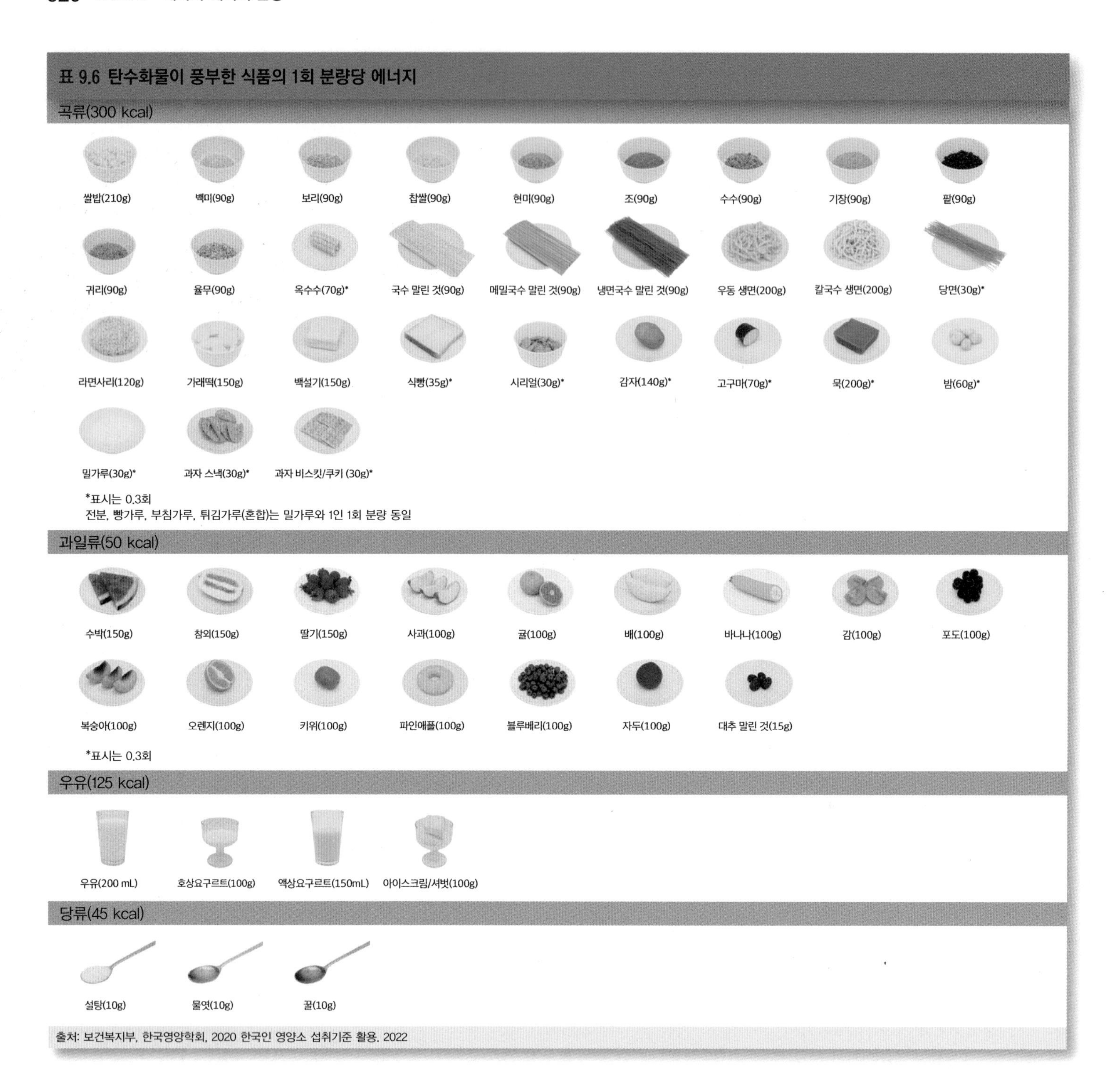

저강도의 활동을 위해 필요한 탄수화물 섭취량은 체중 kg당 3~5 g이다. 하루 1시간 정도 중강도 운동을 지속하는 선수들은 체중 kg당 5~7 g의 탄수화물을 섭취하여야 한다. 극심한 활동을 4~5시간 지속하는 선수들은 체중 kg당 8~12 g의 탄수화물을 섭취하여야 한다. 운동 기간이 하루에 수 시간이 되면 탄수화물 권장량은 체중 kg당 6~10 g으로 증가한다. 탄수화물 섭취에 대한 주의는 수영 훈련이나 트랙 훈련과 같이 하루에 여러 차례 훈련을 받는 경우에 더욱 중요하다. 또한 배구, 농구, 축구와 같이 토너먼트 경기를 할 때도 마찬가지이다. 탄수화물 고갈은 수분과 전해질 고갈 다음으로 피로의 주요 원인이 된다.

글리코겐 저장 증가

운동 중인 근육에 포도당을 가장 먼저 제공하는 급원은 근육 자체의 글리코겐 저장고이다. 마라톤과 같은 90분이 넘는 지구력 운동 중에 근육 글리코겐 저장고는 점차 감소한다. 심각하게 낮은 수준으로 떨어지면 고강도 운동은 유지될 수 없게 된다. 실제로 운동선수들이 탈진하게 되므로 운동을 중단하거나 속도를 급격히 줄인다.

글리코겐 고갈은 점진적인 과정으로 심한 훈련을 며칠간 되풀이하거나, 시합이나 훈련 중 고강도 운동을 여러 번 되풀이하여 글리코겐 보충보다 분해가 많아질 때 발생한다. 예를 들어, 하루에 10마일을 달리는 선수가 충분한 탄수화물을 섭취할 시간이 없었거나, 혹은 최대 산소 소비 이상에서 여러 번 수영을 한 선수는 글리코겐 저장고가 급격히 고갈될 수 있다.

탄수화물은 운동을 위해 그만큼 중요한 에너지 급원이고 신체의 저장 능력은 한계가 있기 때문에 탄수화물을 저장하는 능력을 극대화하는 방법을 강구하였다. 체내에 더 많은 글리코겐을 저장하기 위해 만든 식사를 **탄수화물 로딩**(carbohydrate loading) 또는 **글리코겐 로딩**(glycogen loading)이라고 부른다. 이 경우 운동과 식사 모두를 바꾸게 된다. 여러 가지 탄수화물 로딩 전략이 있다. 대표적인 탄수화물 로딩 방법으로는 3일간의 심한 훈련과 저탄수화물 식사로 근육에 저장된 글리코겐을 고갈시키고, 그 후 3일간 고탄수화물 식사와 휴식을 주어 근육 글리코겐 합성을 촉진하는 것이다. 이 방법은 처음 3일 동안에 선수들이 지쳐서 부상의 위험이 높았다. 수정된 방법은 시합 6일 전에 글리코겐 고갈을 위한 운동을 한 후 나머지 기간 동안 점차 운동의 강도와 기간을 줄이는 방법이다. 줄이기 시작한 첫 3일간 선수는 정상적인 혼합 식사를 섭취하며, 시합 전 3일간은 고탄수화물 식사를 섭취하게 된다.

탄수화물 로딩 계획

시합 전 일수	6	5	4	3	2	1
운동시간(분)	60	40	40	20	20	휴식
탄수화물 섭취(g/kg 체중)	5	5	5	10	10	10

위의 방법들은 식사 탄수화물 섭취가 총 섭취량의 50%가 되는 특별한 조건에서 근육 글리코겐 저장량을 50~85%까지 증가시킨다. 그러나 비교적 느리게 진행된다. 근육을 글리코겐으로 충분히 부하하려면 2~6일이 걸린다. 이 방법은 연속적으로 시합을 하는 선수들 또는 시합 전 훈련을 바꾸기 원하지 않는 선수들에게는 문제가 된다. 하루에 달성할 수 있는 탄수화물 로딩 전략도 근육 글리코겐 수준을 높이는 데 도움을 줄 수 있다.

탄수화물 로딩은 60분 이상 계속해서 강도 높은 유산소 운동으로 시합하거나 24시간 내에 짧은 승부경기를 1회 이상 되풀이하는 선수를 위해 필요하다. 글리코겐 저장을 정상보다 높이면 5~10 km 경주보다 짧은 경기에서는 최대의 능력을 발휘하지 못하게 되므로 경기에 유익하지 못하다. 근육 강직과 무거움을 주기 때문이다. 근육에 저장된 글리코겐 1 g당 3~4 g의 수분이 같이 저장된다. 이 정도의 수분은 탈수를 막는 데 유용하지만, 부가적인 수분의 무게로 근육이 딱딱하게 느껴지므로 탄수화물 로딩의 의미가 없어진다. 탄수화물 로딩을 원한다면 중요한 시합의 훨씬 전 훈련 중에 해야 경기에서 효과를 얻을 수 있다.

운동선수의 식단은 고탄수화물 식품으로 구성한다.

Ingram Publishing/SuperStock

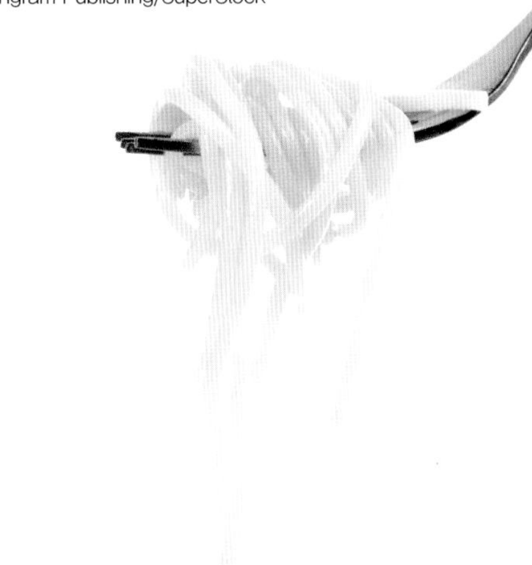

탄수화물 로딩이 적절한 운동
- 마라톤
- 장거리 수영
- 30 km 달리기
- 크로스컨트리 스키
- 철인 3종 경기
- 농구 토너먼트 게임
- 축구
- 사이클 타임 트라이얼
- 장거리 카누경기

탄수화물 로딩이 적절하지 않은 운동
- 미식축구
- 10 km 이하 달리기
- 걷기와 하이킹
- 대부분의 수영 종목
- 농구 단회 게임
- 역도
- 트랙/필드경기

탄수화물(글리코겐) 로딩[carbohydrate(glycogen) loading] 근육의 글리코겐 저장량을 정상보다 높이기 위한 운동 및 식사 훈련.

지방 요구

운동선수들에게는 대체로 에너지의 15~25%를 지방으로 섭취하도록 권장한다. 카놀라유, 대두유, 올리브유와 같이 불포화지방이 풍부한 급원을 사용해야 하며, 포화지방과 트랜스지방은 제한하여야 한다.

운동 중에는 언제나 탄수화물과 지방의 조합으로 에너지를 얻는다. 휴식 중에는 탄수화물을 적게 사용하고 지방을 더 많이 사용한다. 그러나, 고강도 운동 중에는 인체는 대부분 탄수화물에 의존하고 지방은 거의 사용하지 않는다. 중강도의 운동을 한다면 탄수화물과 지방을 거의 반반 사용하게 된다.

케톤식과 운동 수행력

케톤식이 운동 수행능력에 미치는 영향에 대한 연구와 결과는 일치하지 않는다. 고강도 운동을 하는 운동선수가 케톤식을 했을 때 글리코겐과 해당작용을 하는 효소의 능력이 감소하여 단거리 달리기나 고강도 운동 능력을 감소시켰다. 반면에, 케톤식은 지구력을 요하는 운동을 하는 운동선수에게 특히 시즌 전이나 저강도에서 중강도 운동을 오래 되풀이 할 때 유익했다.

저탄수화물식사(케톤식 여부와 상관없이)와 운동선수의 수행력 간의 연관성에 대한 지식은 여전히 연구 중이다.

단백질 요구

대부분의 운동선수를 위한 단백질 요구량은 체중 kg당 1.2~1.8 g으로 성인의 권장섭취량보다 높다. 표 9.7에서 보는 바와 같이 고강도 훈련과 중강도 지구력 운동 시에는 단백질 섭취량은 권장 범위 중 낮은 쪽으로 선택한다. 권장 범위 중 높은 쪽을 선택해야 하는 운동은 고강도 지구력 훈련과 체력 훈련 중 근육량을 늘려야 할 때이다.

에너지 필요가 높다고 하여 단백질 권장량이 높아지는 것은 아니다. (단백질은 운동을 위한

체중제한이 있어 에너지 섭취량을 상당히 제한해야 한다고 느끼는 선수 그리고 채식주의자인 선수는 매일 체중 kg당 최소한 1.2~2.0 g의 단백질을 섭취해야 함에 유의해야 한다. 이 수준은 운동선수들에게 권장되는 기준 중 높은 수준이다.

표 9.7 체중에 근거한 단백질 권장섭취량

군	g/kg	70 kg 성인의 경우(g)
성인의 권장섭취량	0.9	63
체력 훈련 중인 선수, 근육량 유지 기간	1.0~1.2	70~84
체력 훈련 선수, 근육량 부가 기간	1.5~1.8	105~126
중강도 지구력 운동선수	1.2~1.4	84~98
고강도 지구력 운동선수	1.8	126

고단백 음료, 에너지 바, 그리고 기타 품목들이 운동선수용으로 판매되고 있으나, 대부분의 경우 불필요하다.

©imageBROKER/Alamy

주요 에너지 급원이 아니다.) 훈련의 결과로 새로운 근육이 합성되거나 조직이 손상되었을 때에는 단백질이 추가로 필요하다. 일단 필요한 근육량에 도달하였다면, 단백질 섭취량은 체중 kg당 1.2 g을 넘지 않도록 해야 한다.

추가의 단백질 섭취는 체력을 높이고 경기력을 향상시킨다고 믿어져 왔으나, 권장량 이상으로 단백질을 섭취하여도 근육이 더 커지거나 강해지지 않는다는 것이 스포츠영양학자들과 운동생리학자들의 의견이다. 권장량 이상으로 섭취된 단백질은 에너지로 사용되며 불충분한 탄수화물 섭취와 소변 생성 증가로 체내 수분 보유가 방해되는 불이익을 준다. 근육 단백질의 합성 증가 등의 유익은 기대할 수 없다. 단백질 보충식품은 운동 계획에서는 불필요하다.

저에너지 식사훈련을 받고 있는 선수가 아니라면 다양한 식품을 섭취하는 것만으로도 단백질 권장 섭취기준을 쉽게 달성할 수 있다. 지구력 운동을 하는 53 kg 여성의 단백질 필요량은 64 g(53 × 1.2)이며 닭고기 가슴살(85 g), 작은 햄버거(85 g), 우유 2컵을 섭취하여 충족할 수 있다. 같은 방법으로 체력 운동으로 근육량을 키우고자 하는 77 kg 남자는 닭고기(170 g), 콩류 1/2컵, 참치통조림(170 g), 우유 3컵을 섭취하여 130 g(77 × 1.7)의 권장 섭취기준을 달성할 수 있다. 2가지 경우 모두, 곡류에서부터 오는 부가의 단백질은 계산에 넣지 않았다. 이와 같이 에너지 필요량만 만족하여도 요구되는 것보다 훨씬 더 많은 단백질을 섭취하게 된다.

비타민과 무기질 요구

운동선수는 움직임이 적은 성인과 비교하였을 때 같거나 약간 더 높은 수준으로 비타민과 무기질을 요구한다. 운동선수는 에너지 섭취량이 아주 많으므로 비타민과 무기질도 충분히 섭취하는 경향이 있다. 저체중 유지가 중요한 대회에 참가하는 여성 운동선수처럼, 저에너지식사(1,200 kcal 이하)를 섭취하는 선수는 예외이다. 저에너지식사를 섭취하면 비타민 B군과 기타 미량영양소의 섭취도 충분치 않다. 비타민과 무기질 요구를 충족하기 위해 저에너지식사를 섭취하는 운동선수와 채식주의자인 운동선수는 강화식품이나 비타민/무기질 복합 보충제를 섭취해야 한다.

근육량은 점차 증가한다. 16주 동안 근력 운동을 하고 단백질을 권장섭취량 수준으로 섭취하였다면, 평균 근육 증가량은 일주일에 여성의 경우 0.09~0.16 kg, 남성의 경우 0.18~0.32 kg이다.

Getty Images RF

철 결핍과 운동 성적

철은 적혈구 생성, 산소 운반, 그리고 에너지 생성에 관여하므로, 철 결핍은 운동선수의 성적을 확연히 낮출 수 있다. 철 결핍의 원인은 다양하다. 일반 사람들과 마찬가지로 여성 운

▶ 철인 3종 경기 선수였던 Paula Findlay는 철 결핍증으로 고생하였고, 이로 인해 2012 런던올림픽에서 꼴찌를 했다고 믿고 있다.

동선수는 월경으로 인해 철 보유량이 현저히 낮아질 수 있다. 특별히 저에너지식사를 하는 경우 또는 채식주의자들의 경우에는 철 결핍의 우려가 높다. 장거리 선수들은 철 섭취에 특별한 주의를 기울여야 한다. 강도 높은 훈련으로 장관 출혈이 생길 수 있기 때문이다.

또 다른 걱정은 스포츠 빈혈이다. 특별히 훈련을 시작하는 시기에는 운동으로 혈장 부피가 증가하지만 적혈구 합성은 증가하지 않아서 혈액이 희석되기 때문이다. 스포츠 빈혈의 경우, 철의 저장은 충분하지만 혈액의 철 함량은 낮은 것으로 나타난다. 스포츠 빈혈이 운동능력을 변화시키지 못하지만 철 결핍성 빈혈과 스포츠 빈혈은 구분하기 어렵다.

철 결핍성 빈혈이란 혈액 헤모글로빈과 헤마토크리트 수준의 감소로 특징되는데, 남성 운동선수의 15%, 여성 운동선수의 30%가 이에 해당된다. 특별히 여성 운동선수의 경우에는 훈련 시작 시점과 시즌 중 1회 이상 철 영양상태를 확인하고 식사 철 섭취량을 모니터링하는 것이 좋다. 부족한 철 저장량을 재확보하려면 수개월이 걸린다. 이런 이유 때문에 운동선수는 주의 깊게 철 요구량을 맞추어야 한다.

스포츠 빈혈이든 아니든 간에 철 상태가 낮다고 확인되면 후속 조치가 필요하다. 철 보충제의 사용이 필요할 수 있지만, 무분별한 철 보충제 사용은 바람직하지 않다. 독성 효과가 나타날 수 있기 때문이다. 철 결핍은 혈액 손실로부터 기인할 수 있으므로 의사가 결핍의 원인을 살피는 것이 중요하다. 초기에 발견한다면 심각한 의학적 소견은 치료되거나 예방될 수 있다.

▶ 여성 운동선수의 영양과 건강에 대해 더 많이 배울 수 있는 사이트는 다음과 같다.
www.olympic.org/hbi

생각해 봅시다

Joe는 매년 열리는 주립고등학교 레슬링 대회에 57 kg 체급에 출전할 자격을 얻은 선수이다. 몇 경기를 마치고 Joe는 현기증을 느끼고 기절하여 경기를 계속할 수 없어 실격되었다. 코치는 이후에 Joe가 체중 측정 전 사우나에서 2시간을 보내어 탈수 상태가 되었음을 알게 되었다. 탈수의 결과는 무엇인가? 체중 감량을 위한 더 안전한 대안으로 무엇을 제안할 수 있는가?

칼슘 섭취와 여성 운동선수에게 나타나는 3가지 징후

운동선수, 특히 여성은 마른 체형을 유지하려 하므로 우유와 유제품의 섭취를 제한한다면 식사로부터의 칼슘 섭취가 부족할 수 있다. 따라서 뼈 건강에 영향을 미칠 수 있다. 특별히 걱정되는 것은 3가지 징후, 즉 월경장애/월경불순, 에너지 부족/섭식장애, 골격 손실/골다공증을 나타내는 여성 운동선수이다.

규칙적인 월경이 뼈의 무기질 밀도를 유지하는 데 중요하다는 것은 매우 확실하다. 규칙적인 월경을 하지 않는 여성 운동선수는 규칙적으로 월경을 하는 여성 운동선수에 비해 척추골격의 밀도가 훨씬 더 조밀하지 않다는 보고가 있다. 이런 여성 운동선수들은 훈련과 시합 중 골절의 위험이 크다. 만일 불규칙한 월경 주기가 계속되다 보면 돌이킬 수 없는 심각한 골격 손실과 골다공증이 나타날 것이다. 운동으로 인한 위해가 유익보다 커진다.

여성 운동선수에게 나타나는 3가지 징후는 내과의사, 임상영양사, 심리학자, 운동처방사가 팀을 이루어 치유할 수 있다. 치료의 주요 목표는 선수의 식단을 조절하고 관리하여 호르몬 농도와 월경을 정상으로 유지하고, 약물 부작용으로 인한 위해를 감시하고 치료하는 것이다. 이 목표를 도달하기 위한 치료 전략으로 훈련의 양을 약간 감소(10~20%)시키고, 에너지 섭취량을 2~5%만큼 증가시킨다. 훈련을 줄이거나 에너지 섭취를 늘려 체중을 증가시키면 무월경 여성 운동선수의 월경 주기를 정상으로 회복할 수 있다. 무월경 여성 운동선수는 체중 증가를 걱정하므로 근육 무게가 증가하면 체력과 운동 성적이 향상될 수 있음을 조언해야 한다. 식사에 칼슘을 추가하면 불규칙한 월경주기가 개선된다고 장담할 수는 없지만, 칼슘이 불충분하면 상황을 더 나쁘게 할 수 있다. 무월경 여성 운동선수에게는 칼슘 보충제를 사용하는 것이 좋다.

1. 근육 운동을 위한 주요 에너지 급원은?
2. 글리코겐 로딩이란?
3. 철 결핍성 빈혈이 운동 수행에 미치는 영향은?
4. 여성 운동선수에게 나타나는 3가지 징후는?

9.6 운동에 필요한 수분

마라톤 선수는 경기 중 체중의 6~10%를 잃을 수 있다.
©Comstock/Stockbyte/Getty Images RF

휴식기에 비해 운동 후에는 근육 온도가 15~20배 상승한다. 피부에서 땀이 증발되면서 이 열기가 사라질 수 있다. 지속적으로 운동하는 동안에는 1시간당 3~8컵(750~2,000 mL)의 땀이 손실된다. 땀 손실은 날씨가 더울 때, 지구력 운동을 할 때, 또는 무거운 장비를 착용하고 있을 때(예: 미식축구)에 가장 커진다. 땀을 통한 체중 손실이 2% 이상이 되면 탈수의 위험이 생긴다. 활발한 사람은 움직임이 적은 사람에 비해 땀으로 손실된 수분을 보충하여 혈액의 부피를 유지하고 체온을 정상적으로 유지하기 위해 수분이 더 많이 필요하다. 수분 섭취가 불충분하면 탈수가 와서 지구력, 체력, 전반적인 운동능력이 저하될 수 있다. 또한 열탈진, 열경련, 열사병에 대한 시작점이 낮아진다(그림 9.12).

열탈진과 열사병은 연속적으로 일어난다. **열탈진**(heat exhaustion)은 탈수가 원인이 되는 열과 관련된 질환의 첫 번째 단계이다. 열탈진의 증상으로는 심각한 발한, 두통, 어지러움, 메스꺼움, 구토, 근육 무력, 시각장애, 피부의 홍조가 포함된다. 열탈진에 걸린 사람은 즉시 서늘한 환경을 취해야 하므로 과다한 의복은 벗어야 한다. 몸은 차가운 물수건으로 닦아낸다. 부족한 수분은 채워져야 한다. 조직의 손상과 상실을 막기 위해 즉각적으로 의학적 치료를 받는 것도 중요하다.

열경련(heat cramp)은 열탈진의 결과로 나타나는 부작용이다. 그러나 탈수 증상 없이도 나타날 수 있다. 열경련은 골격근에서 나타나는데 한 번에 1~3분간 수축된다. 경련은 근육을 따라 이동되며 통증을 준다. 열경련은 근육경련과 다르다. 열경련은 더운 환경에서 수 시간 동안 운동하여 과도하게 땀이 난 경우와 나트륨 손실을 보충하지 않고 다량의 수분을 섭취한 경우에 발생한다. 열경련을 예방하는 최선의 방법은 적당한 운동으로 시작하고, 더운 환경에서 길고 힘든 운동을 할 때는 적절하게 소금을 섭취하고, 탈수되지 않도록 하는 것이다.

방치되는 경우, 열탈진은 빠르게 열사병(heatstroke)으로 진행될 수 있다. 체온이 40°C까지 이르면 열사병으로 발전된다. 혈류량이 증가하면 체온을 떨어뜨리는 능력이 과부하되어 운동 시 열사병이 나타난다. 증상으로는 메스꺼움, 혼동, 과민성, 협동 장애, 발작, 덥고 건조한 피부, 빠른 심장박동수, 구토, 설사, 혼수를 들 수 있다. 열사병이 치료 또는 해결되지 않으면, 순환허탈, 신경계 손상, 그리고 사망에 이를 수 있다. 열사병으로 인한 사망률은 약 10%이다.

열사병이 걸린 경우, 의료진이 오기 전까지 즉각 아이스 팩이나 차가운 물로 피부를 식

열탈진(heat exhaustion) 열과 관련된 신체질환의 첫 단계로 신체의 수분 손실로 혈액 부피가 감소되어 나타남. 수분 손실이 체온을 증가시키고, 두통, 현기증, 근육 무력, 시각장애 등을 나타냄.

열경련(heat cramps) 열탈진으로 인해 흔히 나타나는 부작용. 더운 환경에서 수 시간 동안 운동하여 과량의 땀이 손실된 경우와 다량의 물을 섭취한 경우에 나타남. 경련은 골격근에서 발생하여 한 번에 1~3분간 수축이 발생함.

열사병(heatstroke) 체온이 40°C 이상으로 높아진 상태. 혈액순환이 매우 감소한다. 신경계 손상이 나타나며 사망으로 이어질 수 있다. 땀이 멈추면 뜨겁고 메마른 느낌이 듦.

히도록 권장한다. 열사병의 위험을 감소하기 위해 체중이 급속히 변화되었는지(2% 이상) 확인하여야 하며, 손실된 수분과 나트륨을 보충하고, 극심히 덥고 습한 환경에서는 운동하지 않도록 한다.

수분 섭취와 대체 전략

운동을 시작하기 전에 수분 섭취에 주의를 기울이면 선수들이 적절한 수분을 보유하고 운동을 시작하였는지 확인하는 데 도움이 된다. 특별히 더운 날씨에 운동할 때에는 체중의 2% 이상 수분이 손실되지 않게 하는 것이 권장 목표이다. 체중의 2%를 먼저 계산하고, 수차례의 경험을 통해 운동 중 이 이상의 무게가 손실되지 않으려면 얼마나 많은 수분을 섭취해야 하는지를 결정한다. 운동 전후에 체중을 재면 더 정확할 것이다. 0.5 kg이 손실될 때마다, 운동 중에 또는 운동 직후에 3컵의 수분을 섭취해야 한다. 만일 체중 변화를 모니터링할 수 없다면, 소변색으로 체내 수분의 정도를 측정할 수 있다. 레모네이드 색보다 더 진해지면 안 된다(그림 9.13).

수분 보충액인 게토레이는 한 축구 코치가 플로리다 대학의 Dr. Robert Cade에게 왜 선수들은 경기 중에 소변을 볼 필요가 없는지 그 이유를 물었을 때 탄생했다. Cade의 연구는 선수들이 땀을 너무 많이 흘려 심히 탈수되어서 소변을 생성할 수 있는 액체가 남아있지 않다는 것을 발견했다. www.gatorade.com.mx/company/heritage에서 자세히 알아보자.

Rubberball/Getty Images

▶ 모든 연령에서 수분을 충분히 섭취하는 것이 중요하지만, 특별히 축구, T-볼, 농구에 참여 중인 어린이는 더욱 그러하다. 탈수 정도에 상관없이 어린이의 심부체온은 어른보다 더 빠르게 증가하기 때문이다. 스포츠에 참여하고 있는 어린이들은 목이 마르지 않더라도 매 20분 마다 수분을 섭취하여 탈수를 예방하여야 한다.

상대 습도(%) \ 공기 중 온도(°F)	70°	75°	80°	85°	90°	95°	100°	105°	110°
100	72°	80°	91°	108°					
90	71°	79°	88°	102°	122°				
80	71°	78°	86°	97°	113°	136°			
70	70°	77°	85°	93°	106°	124°	144°		
60	69°	76°	82°	90°	100°	114°	132°	149°	
50	70°	75°	81°	88°	96°	107°	120°	135°	150°
40	68°	74°	79°	86°	93°	101°	110°	123°	137°
30	67°	73°	78°	84°	90°	96°	104°	113°	123°
20	66°	72°	77°	82°	87°	93°	99°	105°	112°
10	65°	70°	75°	80°	85°	90°	95°	100°	105°
0	64°	69°	73°	78°	83°	87°	91°	95°	99°

열지수(heat index)	지속적인 노출 그리고/또는 신체활동으로 인한 열 질환
27°C~32°C	피곤
32°C~40°C	일사병, 열경련, 열탈진
41°C~54°C	일사병, 열경련, 열탈진, 열사병 가능성
54°C 초과	열사병/일사병 가능성 높음

직사광선은 일 최고지수를 0.5°C까지 증가한다.

그림 9.12 관련된 열질환을 보여주는 열지수

목마름은 탈수의 후기 증상이다. 따라서 운동 중 수분 보충의 필요성을 나타내는 의미 있는 지표가 된다. 목마를 때에만 수분을 마시는 선수는 손실된 수분을 48시간 만에 보충하는 것과 같다. 이 경우에는 운동 수행도 망칠 수 있다.

운동 중 수분 섭취는 수분 손실과 체중 감소를 최소화하는 데 도움이 될 수 있다. 수영을 하거나 겨울철 운동과 같이 땀이 나는 것을 감지하지 못하더라도 훈련 중 수분을 섭취하는 것이 중요하다. 그러나 수분은 운동 후 보충하는 것이 보통이다. 운동 중에는 체중 손실을 예방할 만큼 수분을 충분하게 섭취하기 어렵기 때문이다.

다음 지침을 통해 운동선수의 수분 필요를 맞출 수 있다.

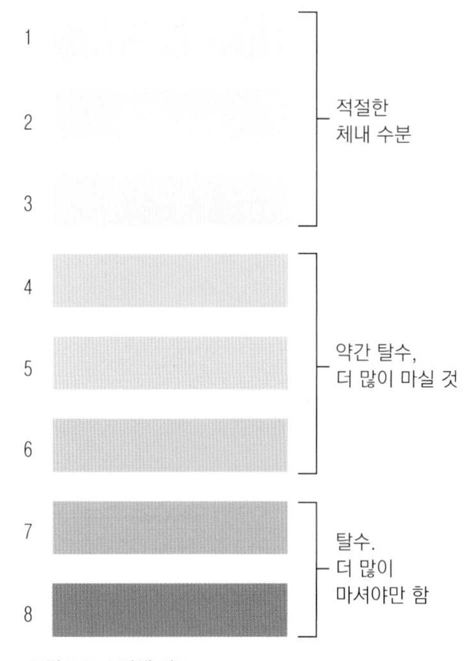

그림 9.13 소변색 차트.

운동 전

- 목마르지 않더라도 운동 전 24시간 동안 음료를 자유롭게 마실 것(예: 물, 스포츠음료)
- 운동 2~3시간 전에 수분 2~3컵(500~750 mL)을 마실 것. 체내 충분한 수분을 보충하고, 남는 수분을 배설하기 위한 시간을 제공할 것
- 특별히 긴 시합이 아니라면, 운동 10~15분 전에 수분 1~1.5컵(250~375 mL)을 마실 것

운동 중

- 매 10~15분마다 수분 1~1.5컵(250~375 mL)을 마실 것
- 향이 첨가되고, 차게 한 음료는 효과적으로 수분을 보충할 수 있음
- 운동경기 중 체중을 유지하기 위해 충분한 수분을 섭취할 것
- 만일 1시간 이상 운동이 지속되면, 혈당 수준을 유지하기 위해 수분 보충 음료는 4~8%의 탄수화물을 함유해야 하며, 나트륨 또한 땀으로 인한 손실을 보충하기 위해 0.5~0.7 g/L의 수준으로 포함되어야 함

운동 후

- 운동 중 손실된 수분을 보충하기 위해 매 450 g 손실마다 수분 3컵을 마실 것
- 다음 운동 전에 손실을 회복함

운동 전, 운동 중, 운동 후에 수분을 충분히 섭취하는 것이 중요하다. 시합 전과 시합 중간에 수분을 섭취하지 않으면 수행성과가 저조해진다. 최대의 수행성과를 위해, 다음 운동 전에 손실된 체중을 회복하는 것이 중요하다.

수분중독

나트륨 손실을 보충하지 않고 운동 전, 운동 중, 운동 후에 수분을 과도하게 섭취하면 수분중독이 나타날 수 있다. 수분중독을 예방하기 위해 나트륨을 함유한 수분을 보충하여야 하며, 체중 감소를 최소화하기 위해, 즉 심각한 탈수를 피하기 위해 운동 중 수분을 충분하게 섭취해야 한다. 물에 비교하여, 1회 제공량당 최소한 100 mg의 나트륨이 함유된 스포츠음료는 혈중 나트륨 수준을 유지하는 데 도움을 주는 것으로 나타났다.

스포츠음료

1시간 미만의 신체활동에는 물을 마시는 것이 가장 바람직하다. 그러나 농구, 배구, 스프린트 사이클링과 같이 고강도로 멈췄다 시작했다를 반복하는 스포츠를 하는 동안에 물 대신

그림 9.14 수분과 전해질을 보충해주는 스포츠음료에는 당류(첨가당 포함), 나트륨, 칼륨이 함유되어 있다. 이 제품에는 1컵(240 mL)당 당류(모두 첨가당) 14 g이 함유되어 있다. 무게 비율로 당류 함량은 약 6% 이다[(14 g 당류/회/240 g/회] x 100 = 5.8%, 물 1 mL는 1 g)]. 스포츠음료에는 당류가 약 6~8% 함유되어 있다. 이 정도 수준은 충분한 포도당 및 다른 단당류를 제공하여 운동 중 근육에 에너지를 제공한다. 나트륨 0.5~0.7 g/L, 칼륨 0.8~2.0 g/L을 함유하고 있는 스포츠음료가 운동선수에게 추천된다.

스포츠음료를 사용하면 피로를 늦추고 체내 수분을 유지하는 것으로 보고되고 있다. 물로만 수분을 보충하는 장기 지구력 운동선수는 혈액 희석(특별히 혈장 나트륨)과 소변 배출 증가로 탈수의 위험이 높아진다.

운동을 60분 이상으로 늘리면 스포츠음료의 중요성이 더 커진다. 특별히 더운 날씨에 장시간 운동을 하는 중 스포츠음료를 섭취한다면 물만 섭취하는 것에 비해 몇 가지 유익을 제공할 수 있다(그림 9.14).

- 스포츠음료의 탄수화물은 근육에 포도당을 제공하여 고갈된 글리코겐을 보충하여 수행성과를 좋게 한다.
- 스포츠음료의 전해질은 혈액 부피를 유지시키는 데 도움을 주어 소장으로부터 수분과 탄수화물의 흡수를 증진하고 갈증을 촉진한다.

알코올을 함유한 음료는 피해야 한다. 알코올은 소변 배출을 증가시키고, 수분 보유를 감소시키기 때문이다. 이외에 카페인의 섭취가 높으면(500 mg/day 이상 또는 원두커피 4~5컵) 소변 배출량이 증가할 수 있다. 탄산음료 또한 피해야 한다. 탄산은 위에 포만감을 주어 수분 섭취 욕구를 낮추기 때문이다. 청량음료나 과일주스와 같이 당 함량이 10% 이상인 음료는 흡수에 더 많은 시간이 필요하여 체내 수분 보유에 대한 기여도가 더 낮아지므로 바람직하지 않다.

전미대학스포츠의학회(American College of Sports Medicine)는 전해질과 탄수화물이 함유된 음료(스포츠음료)를 섭취하는 것이 물만 섭취하는 경우에 비해 유익을 제공할 수 있음을 제안하였다. 특별히 운동 전 식사를 하지 않았거나, 고강도 운동, 하루에 2회 훈련, 토너먼트 경기, 또는 연속 경기의 경우에는 더욱 그렇다. 만일 선수들이 스포츠음료를 섭취하지 않았으나 이제 섭취를 계획한다면 경기 중 스포츠음료를 사용하기에 앞서 훈련 중에 시험하는 것이 좋다.

확인합시다!

1. 열탈진의 증상은?
2. 열사병의 증상은?
3. 운동 후에 마셔야 하는 수분량은?
4. 운동선수의 탈수를 판정하는 방법은?
5. 물 대신 스포츠음료를 추천하는 경우는?

9.7 운동 전, 운동 중, 운동 후 식품과 수분의 섭취

운동 시합이나 훈련 전, 훈련 중, 훈련 후에 섭취되는 식품과 음료의 조성은 수행성과와 운동 후 회복 속도에 영향을 미칠 수 있다. 운동선수의 필요를 충족하는 식품 섭취를 위해 신중한 계획이 필요하다.

운동 전 식사

표 9.8 경기 전 탄수화물 섭취량		
경기 전 시간	체중 kg당 g	70 kg 성인의 경우
1	1	70
2	2	140
3	3	210
4	4	280

시합 전 또는 훈련 전 식사는 배고픔을 잊게 하고, 근육 활동에 필요한 혈당 수준을 적절히 유지한다. 공복으로 운동하는 것에 비해 운동 전 식사는 수행성과를 증진시키는 것으로 보이고 있다. 식사나 음료의 섭취 없이 아침 일찍 훈련을 받는 선수들은 간 글리코겐 저장이 낮아져 수행성과가 낮아질 위험이 있다. 특히 지구력 운동일 때에는 더욱 그렇다.

개인의 선호도와 심리적인 요소를 고려하여, 운동 전 식사는 탄수화물이 높고, 기름지지 않고, 가스를 형성하지 않고, 쉽게 소화되도록 구성한다. 운동 전 탄수화물을 섭취하는 것은 낮아진 간의 글리코겐 저장고 회복에 도움이 될 수 있다. 특별히 긴 시간의 훈련과 고강도 시합의 경우에는 더욱 그렇다. 운동 전 식사에서 지방은 제한한다. 지방은 위장관을 비우는 시간을 지연하고 소화하는 데 시간이 더 많이 걸리기 때문이다.

운동 3.5~4시간 전에 섭취한 식사에는 체중 kg당 4 g의 탄수화물과 지방 에너지비율을 26%까지 포함할 수 있다. 소화, 메스꺼움, 구토, 위장관 곤란을 주지 않기 위해 탄수화물과 지방 함량은 운동시간에 가까울수록 줄여야 한다(표 9.8). 예를 들어, 운동 1시간 전에는 체중 kg당 1 g의 탄수화물만 섭취해야 한다. 마찬가지로, 운동 시작 시간에 가까울수록 식사 중 지방 에너지비율은 26% 미만으로 제공하여야 한다. 근육 글리코겐과 혈당이 추가되고 위장은 완전하게 비워질 수 있도록 부분 소화와 흡수 시간을 둔다.

시판되는 액상 고탄수화물 식사가 운동선수에게 인기가 있다. 위장을 빠르게 비울 수 있기 때문이다. 이외에 운동 전 식사로 적합한 것은 잼을 바른 토스트, 구운 감자, 토마토소스 스파게티, 무지방 우유와 시리얼, 과일과 당류로 맛을 낸 저지방 요구르트 등이 있다(표 9.9).

운동 중 에너지 공급

60분 이상 지속되는 시합의 경우, 운동 중 탄수화물을 섭취하면 수행성과가 향상될 수 있다. 오랜 운동으로 근육 글리코겐 저장고가 소모되고 혈당 수준이 낮아지면 신체적·정신적 피로가 오기 때문이다. 탄수화물에서 제공하는 에너지 수준이 낮아지면 '한계에 부딪치는' 시점이 와서 경기를 유지하기 어렵게 된다. 이런 상황을 피하기 위해, 지구력 운동의 경우에는 매 시간 탄수화물 30~60 g을 섭취하도록 하되 적절한 수행성과를 얻기 위해 훈련 중 먼저 시도해 보는 것이 필요하다.

지구력 운동 중에는 탄수화물 6~8%로 구성된 스포츠음료를 제공한다. 선수들의 운동수행을 유지하기 위해 필요한 수분, 전해질, 탄수화물을 가장 잘 제공할 수 있다. 또 다른 방법은 탄수화물 겔(예: High5 Energy Gel™, Torq Gel™, GU®)과 에너지 바(예: Clif Bars®)이다. 겔에는 1회당 25~28 g의 탄수화물이 함유되어 있으며, 에너지 바에는 1회당 2~45 g의 탄수화물이 함유되어 있다. 이와 비교할 때, 스포츠음료는 1회당 14 g의 탄수화물이 함유되어 있다. 40 g 이상의 탄수화물과 10 g 미만의 단백질, 4 g 미만의 지방, 5 g 미만의 식이섬유가 함유된 에너지 바를 선택하는 것이 좋다. 일반적으로 에너지 바에는 비타민과 무기질이 영양성분 기준치의 100% 수준으로 강화되어 있다. 그렇기 때문에 에너지 바는 값이 비싸지만 간편한 영양 공급원으로 보인다. 만일 선수들이 딱딱한 탄수화물 급원을 선호한다면, 과자나 젤리 형태로 싼 값에 빠르게 당류를 제공할 수 있다. 그러나 에너지 바와 겔 등 어떤

올림픽 배구 금메달을 획득한 월시(Kerri Walsh)와 같은 우수한 운동선수는 식사와 훈련을 조절하는 것이 수행성과에 중요함을 알고 있다. 훈련 중에는 탄수화물과 수분을 보충하는 것이 특별히 중요하다.

McGraw-Hill Education/Gary He, photographer

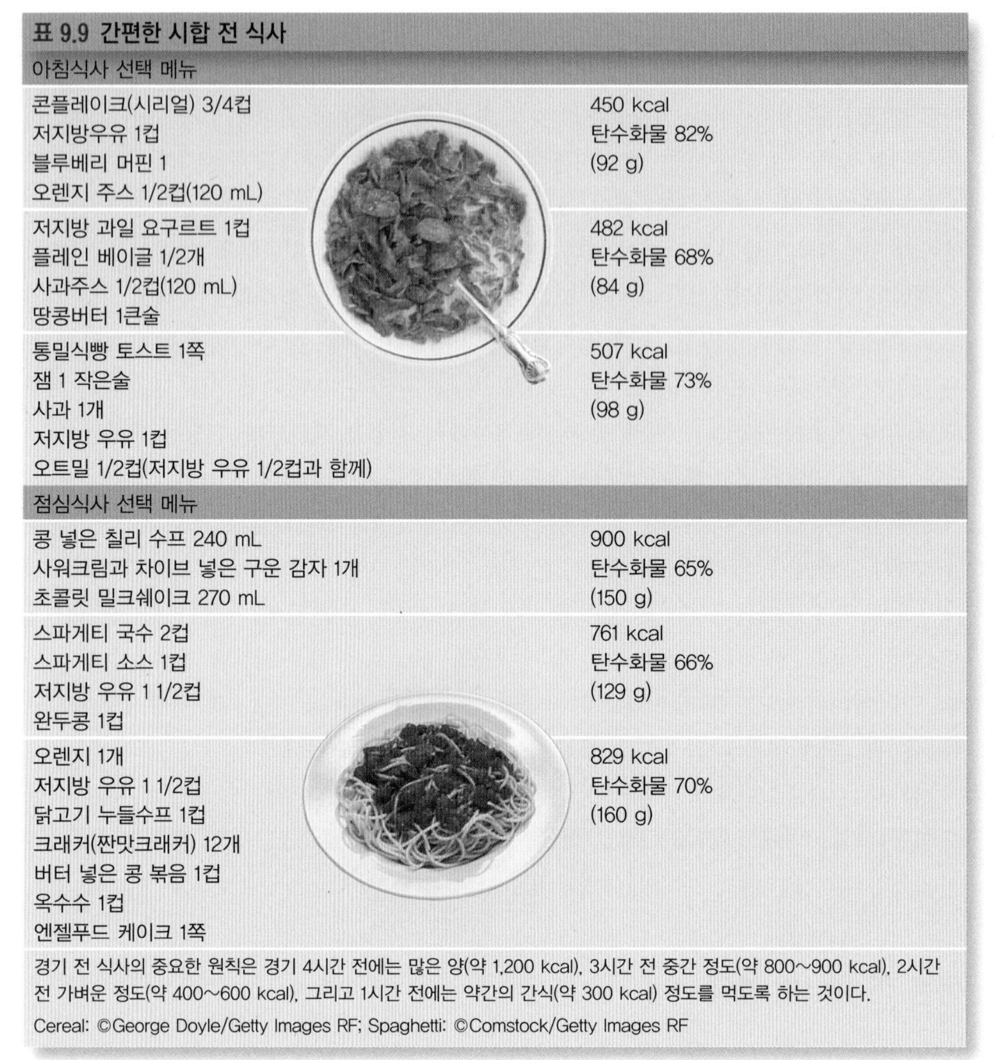

표 9.9 간편한 시합 전 식사

아침식사 선택 메뉴	
콘플레이크(시리얼) 3/4컵 저지방우유 1컵 블루베리 머핀 1 오렌지 주스 1/2컵(120 mL)	450 kcal 탄수화물 82% (92 g)
저지방 과일 요구르트 1컵 플레인 베이글 1/2개 사과주스 1/2컵(120 mL) 땅콩버터 1큰술	482 kcal 탄수화물 68% (84 g)
통밀식빵 토스트 1쪽 잼 1 작은술 사과 1개 저지방 우유 1컵 오트밀 1/2컵(저지방 우유 1/2컵과 함께)	507 kcal 탄수화물 73% (98 g)
점심식사 선택 메뉴	
콩 넣은 칠리 수프 240 mL 사워크림과 차이브 넣은 구운 감자 1개 초콜릿 밀크쉐이크 270 mL	900 kcal 탄수화물 65% (150 g)
스파게티 국수 2컵 스파게티 소스 1컵 저지방 우유 1 1/2컵 완두콩 1컵	761 kcal 탄수화물 66% (129 g)
오렌지 1개 저지방 우유 1 1/2컵 닭고기 누들수프 1컵 크래커(짠맛크래커) 12개 버터 넣은 콩 볶음 1컵 옥수수 1컵 엔젤푸드 케이크 1쪽	829 kcal 탄수화물 70% (160 g)

경기 전 식사의 중요한 원칙은 경기 4시간 전에는 많은 양(약 1,200 kcal), 3시간 전 중간 정도(약 800~900 kcal), 2시간 전 가벼운 정도(약 400~600 kcal), 그리고 1시간 전에는 약간의 간식(약 300 kcal) 정도를 먹도록 하는 것이다.

Cereal: ©George Doyle/Getty Images RF; Spaghetti: ©Comstock/Getty Images RF

종류의 탄수화물 식품이든지 수분과 함께 병용하여 충분하게 수분 섭취가 이루어지도록 한다.

회복기 식사

심한 운동 후 회복기 식사는 단백질 합성과 근육의 글리코겐 로딩을 촉진한다. 영양소 섭취량과 시기가 중요하다. 근육은 인슐린에 매우 민감하므로 글리코겐은 운동 직후에 최대로 재합성된다. 따라서 운동 직후 30분 이내 그리고 2시간 간격으로 6시간까지 체중 kg당 탄수화물 1~1.5 g을 섭취하면 근육에 다음 날 운동을 위한 글리코겐을 채우는 데 도움을 줄 수 있다(표 9.10). 당지수가 높은 탄수화물이 글리코겐 합성에 대한 기여도가 특별히 높다. 운동선수는 훈련 직후 단순당으로 만든 사탕, 당을 첨가한 청량음료, 과일 및 과일주스, 스포츠음료를 섭취할 수 있다. 이후 식사시간에 빵, 으깬 감자, 쌀로 탄수화물을 추가로 제공할 수 있다. 탄수화물과 함께 소량의 단백질(10~20 g)을 섭취하면 회복기간 중 운동으로 인한 근육 손상과 단백질 합성을 자극할 수 있다. 70 kg 남자 선수의 경우, 회복에 필요한 탄

▶ 지구력 운동 중에 지방은 왜 운동 수행성과를 향상시키지 못하는가? 지방이 탄수화물과 함께 유산소 운동 중 에너지원으로 사용되는 것이 사실이지만, 지방의 소화, 흡수, 대사과정은 비교적 느리다. 따라서 운동 중 지방을 섭취하는 것은 운동의 수행성과를 좋게 하는 것으로 생각되지 않는다.

수화물과 단백질의 양은 탄수화물 약 70 g, 단백질 15 g이다. 이 정도의 양은 베이글 1개, 게토레이® 460 mL 또는 칠면조 고기 샌드위치와 과일향 요구르트 1컵으로 충당할 수 있다.

운동 후 가장 빠르게 근육 글리코겐을 회복할 수 있는 주요 요소는 다음과 같다.

- 충분한 탄수화물의 확보
- 운동 직후 탄수화물 섭취
- 글리코겐 로딩을 많이 할 수 있는 탄수화물의 선택

수분과 전해질 섭취도 회복식사의 중요한 요소이다. 하루에 1회 이상 운동하는 경우나 덥고 습한 환경에서는 가능한 빠르게 체내 수분을 보충하는 것이 특별히 중요하다. 만일 식품과 수분의 섭취가 체중 손실을 회복할 만큼 충분하다면, 지구력 훈련으로부터 회복하기 위해 필요한 전해질도 충분히 제공할 수 있을 것이다.

▶ 스포츠 영양에 대해 더 많은 정보가 필요하면 Gatorate Sport Science Institute 웹페이지(www.gssiweb.com)를 참조할 것. 스포츠 의학에 대한 정보는 www.physsportsmed.com을 참조할 것. Physician and Sports Medicine 저널에는 손상 예방, 영양, 그리고 운동과 같은 스포츠 의학의 최근 이슈를 볼 수 있다. 또한 American College of Sports Medicine(www.acsm.org)과 미국 질병관리센터(www.cdc.gov/nccdphp/dnpa), American Council on Exercise(www.acefitness.org)도 참조할 것.

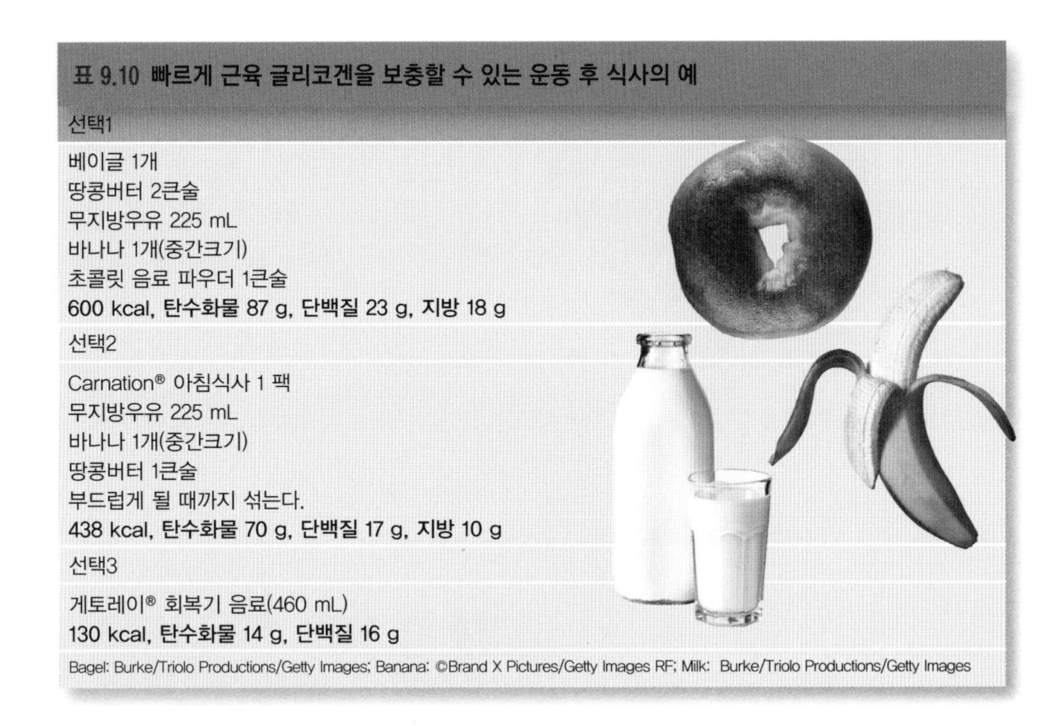

표 9.10 빠르게 근육 글리코겐을 보충할 수 있는 운동 후 식사의 예
선택1
베이글 1개 땅콩버터 2큰술 무지방우유 225 mL 바나나 1개(중간크기) 초콜릿 음료 파우더 1큰술 **600 kcal, 탄수화물 87 g, 단백질 23 g, 지방 18 g**
선택2
Carnation® 아침식사 1 팩 무지방우유 225 mL 바나나 1개(중간크기) 땅콩버터 1큰술 부드럽게 될 때까지 섞는다. **438 kcal, 탄수화물 70 g, 단백질 17 g, 지방 10 g**
선택3
게토레이® 회복기 음료(460 mL) **130 kcal, 탄수화물 14 g, 단백질 16 g**
Bagel: Burke/Triolo Productions/Getty Images; Banana: ©Brand X Pictures/Getty Images RF; Milk: Burke/Triolo Productions/Getty Images

확인합시다!

1. 운동 전 식사의 목표는?
2. 운동 전 식사로 섭취되어야 하는 주요 영양소는?
3. 운동 전 식사와 회복기 식사에서 시기가 중요한 이유는?
4. 회복기 식사에서 당지수(glycemic index)의 영향은?

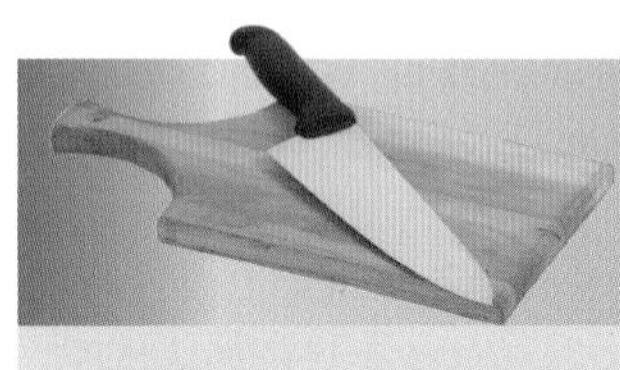

조리적 관점

가정 부엌에서의 스포츠 영양

상업적인 스포츠 영양 제품은 음료부터 심지어 젤리빈까지 다양하다. 이러한 제품들은 이동 중에 맞춤형 스포츠 영양을 얻을 수 있는 편리한 방법을 제공하지만, 비쌀 수 있다. 집에서 스포츠 영양 제품을 직접 만들거나 통식품(whole food) 대용품을 선택하는 것은 쉽다. 연구에 의하면 운동선수가 상업적인 스포츠 영양 제품을 사용하든, 통식품을 사용하든, 집에서 만든 것을 사용하든, 동일하게 운동을 잘 수행한다고 한다. 표에서 상업적인 스포츠 영양 제품의 대안을 확인해보자.

상업적인 스포츠 영양 제품 (칼로리/탄수화물 g/단백질 g/지방 g/나트륨 mg)	가정에서 만든 것	통식품
스포츠 에너지 바 (240/42/5/10/200)	바나나 브레드, 홈메이드 그래놀라바(오트밀, 씨앗, 건과, 시나몬, 꿀, 땅콩 또는 땅콩버터를 쿠킹페이퍼를 깐 팬에 눌러 넣고, 밤새 냉장 보관할 것.	땅콩버터를 바른 통곡 토스트 또는 크래커
스포츠 젤리/젤리빈 (100/30/0/0/70)	아몬드(또는 다른 견과류)로 씨앗을 제거한 속을 채운 대추 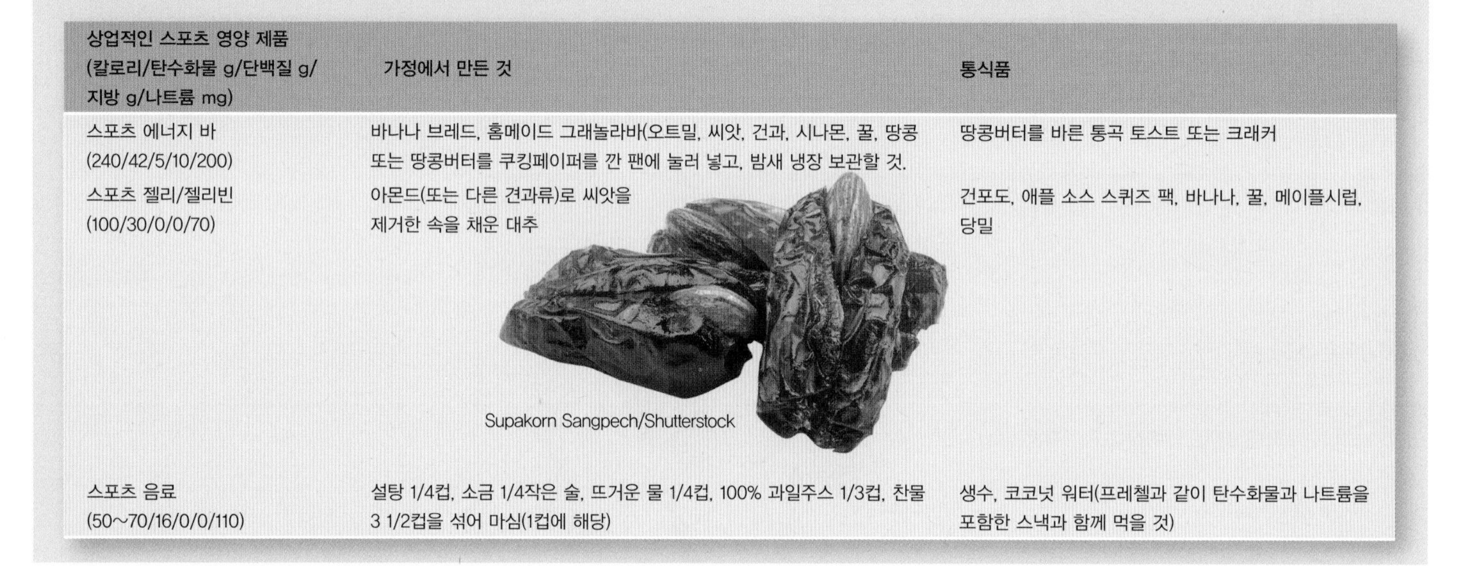 Supakorn Sangpech/Shutterstock	건포도, 애플 소스 스퀴즈 팩, 바나나, 꿀, 메이플시럽, 당밀
스포츠 음료 (50~70/16/0/0/110)	설탕 1/4컵, 소금 1/4작은 술, 뜨거운 물 1/4컵, 100% 과일주스 1/3컵, 찬물 3 1/2컵을 섞어 마심(1컵에 해당)	생수, 코코넛 워터(프레첼과 같이 탄수화물과 나트륨을 포함한 스낵과 함께 먹을 것)

세계적 관점

넓은 스포츠 세계에서 유전자 도핑과 편집

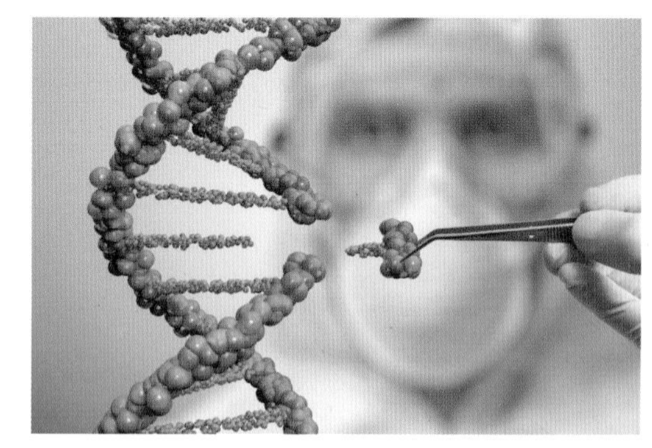
vchal/Shutterstock

운동선수들은 우수성을 추구하면서 경쟁에서 우위를 차지하기 위한 방법을 끊임없이 찾고 있다. 건강한 식사와 엄격한 훈련 프로그램과 같은 방법들은 가능한 최고의 운동선수가 되기 위해 허용할 수 있는 수단이다. 그러나 단백질 동화 스테로이드나 혈액 도핑과 같은 다른 물질과 방법은 국제올림픽위원회나 국가관리기구에 의해 적절하지 않거나 허용되지 않는다. 스포츠계에 임박한 위협으로 여겨지는 가장 최근의 부적절한 방법 중 하나는 유전자 도핑으로 이는 인위적으로 운동 능력을 향상시키기 위해 유전자 치료를 사용하는 방법이다.

CRISPR와 같은 정밀한 유전자 편집 도구의 출현으로, 과학자들과 스포츠 관계자들은 비양심적인 운동선수들이 경쟁자들보다 우위를 점하기 위해 CRISPR와 같은 방법을 시도할 수도 있다고 추측했다. CRISPR는 인간을 대상으로 한 몇 가지 의학 연구에서 시험되고 있지만, 운동능력 향상을 목적으로 하지는 않는다. 이렇게 급속히 발전하는 기술에 대응하여, 세계반도핑기구(World Anti-Doping Agency, WADA)는 유전자 발현의 유전자 전사 또는 후성 조절 및 게놈 서열을 변경함으로써 운동 능력을 향상시키도록 설계된 유전자 편집을 포함하는 유전자 도핑에 대한 금지까지 포함하였다.

세계반도핑기구에 자문을 하는 스포츠 과학자들은 유전자 도핑을 가장 잘 감지하는 방법을 고려하고 있다. 운동선수의 전체 유전자 코드에 대한 기록을 갖거나 운동 능력과 관련된 유전자를 포함하는 유전자 코드의 일부에 대한 기록을 갖는 방법이 있겠다.

9.8 운동능력을 향상시키기 위한 운동보조식품

오늘날 운동선수들은 이전에 비해 경기력을 향상시키는 방법을 더 많이 찾고 있는 것 같다. 승리를 줄 수 있다고 하면 실제든 허구이든 간에 어떠한 유익도 놓치고 싶어 하지 않는다. 그 결과 식사조성, 보충식품, 운동능력을 향상시키는 여러 가지 방법이 실험되고 있다. **운동보조식품**(ergogenic aid)은 운동 수행성과를 향상시키기 위해 사용되는 영양학적, 심리학적, 약학적, 물리적, 생리적 물질, 또는 처리방법을 말한다. 아티초크(artichoke), 소의 심장, 화분, 소의 부신을 말린 것, 해초, 동결건조한 간 조각, 젤라틴, 인삼 등 대부분의 운동보조식품은 효과가 없다. 실제로 과학적 근거가 확보된 것은 몇 가지에 불과하다. 충분한 수분과 전해질, 충분한 탄수화물, 건강하고 다양한 식사, 카페인이다. 단백질과 아미노산 보충식품은 의미 있는 운동보조식품이 아니다. 운동선수들은 식품을 섭취하여 단백질 필요량을 쉽게 충족할 수 있기 때문이다. 영양소 보충식품은 특별히 부족한 경우에만 사용한다. 운동보조식품에 대한 과학적 근거가 없으며, 간혹 위험하기도 하다. 과학적 근거가 확보되기 전까지는 비판적인 시각으로 보아야 한다.

운동보조식품(ergogenic aid) 운동 수행성과를 직접적으로 향상시키기 위한 목적으로 사용되는 물질이나 처리.

전미대학체육협회에서 개발한 보충식품 리스트의 예는 아래와 같다.

- 허용: 비타민과 무기질, 에너지 바(단백질이 30% 미만 함유된 것), 스포츠음료, 식사대용 음료(Ensure Plus®, Boost®)
- 불허용: 아미노산, 크레아틴, 글리세롤, Beta-hydroxy-beta methylbutyric acid(HMB), L-카르니틴, 단백질 파우더

확인합시다!

1. 운동보조식품이란?
2. 보충제를 사용할 수 있는 시기는?
3. 모든 운동선수들은 보충제를 섭취하여야 하는가?

사례연구 후속

Ryan McVay/Photodisc/Getty Images

Jake는 대학의 스포츠 영양사를 만나기로 결심했다. 영양사는 식단분석을 위해 3일간의 식사기록을 해달라고 요청했다. 식단을 검토하기 위해 만났을 때, 영양사는 Jake가 단백질을 과다 섭취하고, 탄수화물을 과소 섭취하고 있다고 말했다. Jake는 역기 운동을 하므로 단백질이 더 많이 필요하다고 말했지만, 영양사는 Jake의 하루 단백질 섭취량이 거의 300 g에 이른다고 지적했다. 영양사가 운동선수에게 권장되는 단백질 요구량으로 Jake의 필요량을 계산했을 때, 하루 120 g이 나왔다. 실제 Jake는 단백질을 너무 많이 섭취해서 운동에 필요한 탄수화물을 충분히 섭취하지 못했다. 탄수화물 섭취를 늘리기 위해, 아침 식사로 단백질 쉐이크 대신 통곡물 시리얼을 더 추가하는 계획을 세웠다. 저녁 식사로 닭고기와 함께 밥, 감자 또는 파스타와 채소를 넣고 단백질 쉐이크를 하루에 1회로 줄였다. 몇 주 후, Jake의 기운이 돌아왔고, 그는 체력단련실에서 더 오래 버틸 수 있게 되어 더 많은 중량의 역기를 들 수 있었다.

참고문헌

1. Rawson E and others. Williams' nutrition for health, fitness, and sport. 12th ed. New York: McGraw-Hill; 2020.
2. Bacon S and others. Effects of exercise, diet and weight loss on high blood pressure. Sports Med. 2004;34:307.
3. Strengthen your muscles to reduce diabetes. Harv. Health Lett. 2014;39:9.
4. Ross R and others. Exercise induced reduction in obesity and insulin resistance in women: A randomized control trial. Obesity Res. 2004;12:789.
5. Farrell SW and others. Is there a gradient of mortality risk among all men with low cardiorespiratory fitness? Med Sci Sport Exerc. 2015;47:1825.
6. Warden SJ and others. Physical activity when young provides life-long benefits to cortical bone size and strength in men. PNAS. 2014;111:5337.
7. Chan B and others. Incident fall risk and physical activity and physical performance among older men: The osteoporotic fractures in men study. Am J Epidemiol. 2007;165:696.
8. American Heart Association and American Stroke Association. Recommendations for physical activity in adults. 2014; www.heart.org.
9. Jeukendrup A. Sport nutrition. 3rd ed. Champaign, IL: Human Kinetics; 2019.
10. Jeukendrup A. A step towards personalized sports nutrition: Carbohydrate intake during exercise. Sports Med. 2014;44:25.
11. Moore DR and others. Ingested protein dose response of muscle and albumin protein synthesis after resistance exercise in young men. Am J Clin Nutr. 2009;89:161.
12. Phillips SM. The impact of protein quality of resistance exercise induced changes in muscle mass. Nutr Metab. 2016;13:64.
13. Bergstrom J and others. Diet, muscle glycogen and physical performance. Acta Physiol Scand. 1967;71:140.
14. Hearris MA and others. Regulation of muscle glycogen metabolism during exercise: Implications for endurance performance and training adaptations. Nutrients. 2018;45:615.
15. Position of the Academy of Nutrition and Dietetics, Dietitians of Canada, and the American College of Sports Medicine. Nutrition and athletic performance. JAND. 2016;116:501.
16. Doering TM and others. Repeated muscle glycogen supercompensation with four days' recovery between exhaustive exercise. J Sci Med Sport. 2019;22:907.
17. Zajac A and others. The effects of a ketogenic diet on exercise metabolism and physical performance in off-road cyclists. Nutrients. 2014;6:2491.
18. Burke L. Re-examining high-fat diets for sports performance: Did we call the 'nail in the coffin' too soon? Sports Med. 2015;45:S33.
19. Phillips SM and others. Dietary protein for athletes: From requirements to optimum adaptation. J Sports Sci. 2011;29:S29.
20. Betts J and others. Recovery of endurance running capacity effect of carbohydrate-protein mixtures. Int J Sport Nutr Exerc Metab. 2005;15:590.
21. Phillips SM and others. Body composition and strength changes in women with milk and resistance exercise. Med Sci Sport Exerc. 2010;42:1122.
22. Abe T and others. Whole body muscle hypertrophy from resistance training: Distribution and total mass. Br J Sports Med. 2003;37:543.
23. Woolf K, Manore MM. B-vitamins and exercise: Does exercise alter requirements. Int J Sport Nutr Exerc Metab. 2006;16:453.
24. Hinton PS. Iron and the endurance athlete. Appl Physiol Nutr Metab. 2014;39:1012.
25. Daly JP, Stumbo JR. Female athlete triad. Prim Care. 2018;45:4.
26. Mountjoy M and others. The IOC consensus statement on relative energy deficiency in sport (RED-S): 2018 Update. Br J Sports Med. 2018;52:687.
27. DeFranco MJ and others. Environmental issues for team physicians. Am J Sports Med. 2008;36:2226.
28. AAP. Climatic heat stress and the exercising child and adolescent. Pediatrics. 2007;120:683.
29. Burdon CA and others. Influence of beverage temperature on exercise performance in the heat: A systematic review. Int J Sport Nutr Exerc Metab. 2010;20:166.
30. Sterns RH and others. Treatment of hyponatremia. Semin Nephrol. 2009;29:282.
31. Davis J and others. Carbohydrate drinks delay fatigue during intermittent, high-intensity cycling in active men and women. Int J Sport Nutr Exerc Metab. 1997;7:261.
32. Shirreffs SM, Sawka MN. Fluid and electrolyte needs for training, competition and recovery. J Sports Sci. 2011;29(Suppl 1):S39.
33. Nybo L. CNS fatigue provoked by prolonged exercise in the heat. Front Biosci. 2010;2:779.
34. Beiter T and others. Direct and long-term detection of gene doping in conventional blood samples. Gene Ther Advance Online. 2010;September 2:1.
35. Miller E. Future Olympic athletes could be required to have their entire DNA sequenced to test for gene doping. Science. 2018;82:85.
36. Foskett A and others. Caffeine enhances cognitive function and skill performance during simulated soccer activity. Int J Sport Nutr Exerc Metab. 2009;19:410.
37. 보건복지부, 한국영양학회, 2020 한국인 영양소 섭취기준

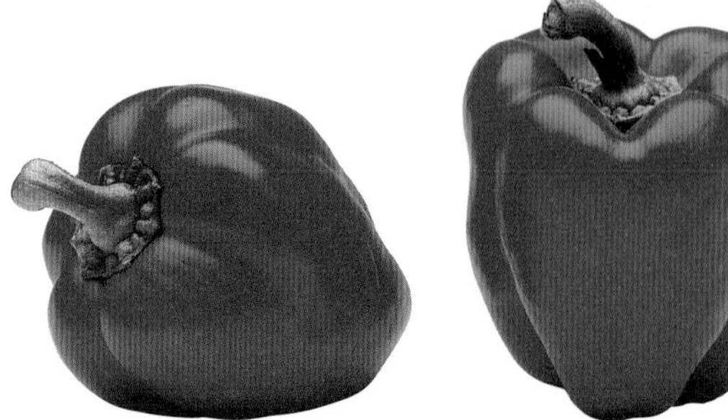
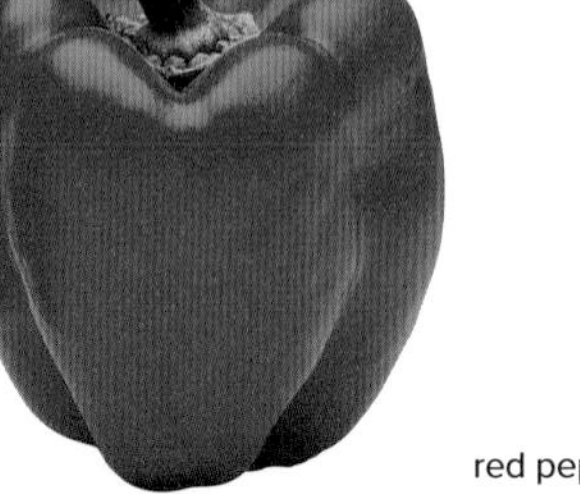

red peppers: Jules Frazier/Getty Images;
grapes: ©Stocktrek/Getty Images RF

우주선은 태양의 방사능을 막아주도록 디자인되어 있는데, 이 때문에 비타민 D 합성은 저해된다. 따라서 우주비행사들은 비타민 D 보충을 받는다. 다음 웹 사이트 www.nasa.gov/aeroresearch/resources/artifact-opportunities/space-food/.forplayday123RF.com에서 우주식에 대해 더 알아보자.

10 지용성 비타민

학습목표

01. 비타민의 용어와 세 가지 특징의 정의
02. 비타민의 용해성에 따른 분류(지용성과 수용성)
03. 각 지용성 비타민의 세 가지 중요 식품급원
04. 각 지용성 비타민의 주요 기능
05. 각 지용성 비타민의 결핍 증상과 결핍이 우려되는 조건
06. 특정 지용성 비타민의 과잉 섭취로 인한 독성 증상
07. 비타민과 무기질 보충제 사용의 유익과 위해 평가

개요

비타민은 유익한 것으로 많이 먹을수록 더 좋다고 생각해 왔다. 즉, 필요량 이상의 비타민을 섭취하면 더 많은 에너지를 얻을 수 있고, 질병을 예방할 수 있으며, 젊음을 유지할 수 있는 것으로 믿었다. 사실 비타민 결핍을 예방하는 데는 아주 적은 양의 비타민만 있으면 되는데 일반적으로 70 kg의 식품을 섭취할 때마다 28 g의 비타민이 필요하다. 식물은 필요한 모든 비타민을 합성할 수 있지만, 동물은 비타민 합성 능력에 차이가 있다. 예를 들어, 기니피그와 사람은 비타민 C를 합성할 수 없으므로 식사로 섭취하여야 한다.

비타민이 발견되기 훨씬 전부터 비타민 결핍증으로 알려진 질병을 치료하는 식품이 있다는 것이 알려져 왔다. 예를 들어, 고대 그리스인은 쇠고기 간으로 야맹증을 치료하였고, 이제 우리는 비타민 A가 시력 유지에 중요한 역할을 한다는 것을 알게 되었다. 15~16세기에는 오랜 기간 항해를 하는 영국 해군들이 괴혈병으로 사망하였다. 레몬과 라임을 먹으면 괴혈병이 예방된다는 것을 알게 된 후, 영국 해군의 식단에는 감귤류가 치료식으로 포함되기 시작하였으며, 그 결과 괴혈병으로 인한 사망이 급속히 감소되었다. 이제 괴혈병은 비타민 C가 결핍되어 발생한다는 것을 알게 되었다.

현재 선진국에서 소비자들은 단순히 비타민 결핍증을 예방하기 위한 식사나 비타민 보충제를 선택하지 않는다. 대신 암, 심장병과 같은 만성질환의 발생 위험을 감소시키는 데 관심이 집중되기 시작했다. 그러나 개발도상국의 많은 집단에서는 물론, 선진국의 일부 특수 집단에서도 여전히 일부 비타민 결핍이 공중보건의 문제가 되고 있다. 예를 들어, 비타민 A 결핍은 개발도상국 어린이들이 시력을 잃어버리는 주요 원인이다. 또한 비타민 D 결핍은 선진국과 개발도상국 모두에서 골격질환의 주요 원인이 되고 있다.

비타민은 지용성과 수용성 비타민으로 나누어진다. 이 장에서는 비타민의 개요와 지용성 비타민에 대한 상세한 내용이 다루어질 것이다.

역사적 관점

비타민 알파벳

식사는 건강에 지대한 영향을 미치지만 이런 사실을 알게 된 것은 불과 100년 전이다. 맥컬럼(Elmer McCollum)은 식사와 건강의 관련을 밝힌 주요 인물이다. 1900년대 초반에 시작된 연구를 통해, 첫 번째 지용성 비타민이 분리되었으며, 후에 비타민 A라 명명되었다. 소동물의 식사를 변화시키는 방법을 통해 '비타민 B'를 발견하였으며, 이어서 비타민 B는 여러 종류(티아민, 리보플라빈, 니아신 등)의 복합체임을 알게 되었다. 그는 또한 비타민 D를 비롯해 나트륨, 칼륨, 칼슘, 그리고 여러 무기질의 기능을 규명하였다. 더 자세한 내용은 www.jbc.org/content/277/19/e8.full을 참조할 것.

Ingram PUblishing/Alamy Stock Photo

10.1 비타민: 필수 식사성분

비타민(vitamin)은 식사 중 소량만 필요하지만 건강에 필수적인 유기물질(탄소와 수소가 결합되어 있는)이다. 비타민은 에너지원은 아니지만 성장, 발달, 체내 조직의 유지뿐만 아니라 에너지 대사를 돕는다.

20세기 중반까지 과학자들은 생명유지에 필수적인 비타민 13가지를 밝혀냈다. 대부분의 비타민은 발견된 순서에 따라 A, B, C, D, E의 알파벳 순서대로 명명되었다. 이후, 비타민 B군으로 분류되었던 몇 개의 화합물이 비필수 비타민으로 간주되어 목록에서 삭제되기도 하였다. 처음에 비타민 B는 단일 화합물로 생각되었으나 훗날 8종류의 다양한 화합물로 구성되었음을 확인하였다. 비타민 A, D, E, K는 에테르와 벤젠과 같은 유기용매에 용해되므로 **지용성 비타민**(fat-soluble vitamin)으로 분류하였으며, 비타민 B군과 C는 물에 용해되므로 **수용성 비타민**(water-soluble vitamin)으로 분류하였다.

비타민은 반드시 식품을 통해 공급되어야 한다. 왜냐하면 사람은 체내에서 비타민을 합성할 수 없을 뿐 아니라, 합성하더라도 그 양이 불충분하기 때문이다. 그러나 체내에서 합성되지 않는다는 것만으로 비타민으로 분류되지는 않는다. 비타민으로 분류되기 위해서는 섭취되지 않았을 때 건강이 저해된다는 근거가 있어야 한다. 실제로 비타민 섭취량이 요구량을 충족하지 못하면 심각한 건강상의 위해를 동반하는 결핍증이 나타난다. 만일 비타민 결핍이 심각한 상태로 진행되지 않았다면, 비타민 섭취를 증가시킴으로써 결핍과 관련된 증상을 경감시킬 수 있다.

결핍 예방을 위한 용도 외에, 어떤 비타민은 의약품의 용도로도 사용되는데, 이처럼 치료 목적으로 비타민이 사용될 때에는 대개 인체 요구량보다 훨씬 고용량으로 투약된다. 그 예로, 혈중 콜레스테롤 수준을 낮추기 위해 고용량의 니아신이 사용되기도 한다. 그러나 이때 만약 하루 총 섭취량이 상한섭취량을 상회한다면 비타민 보충제에 표시되는 기능성이 인정된 것인지를 면밀히 검토하여야 한다.

동·식물성 식품 모두 비타민의 급원이 될 수 있다. 식사보충제도 중요한 비타민 급원이다. 식사보충제에 함유된 비타민은 식품에서 분리되었거나 합성된 것으로, 화학적 조성이 비슷하고 체내에서 활성도 유사하다. 따라서 '천연' 비타민이 '합성' 비타민에 비해 건강에 더 유익하다고 할 수 없다. 그러나 식사를 통해 섭취되는 비타민은 식사보충제로 섭취되는 비타민에 비해 더 우수할 수 있다. 왜냐하면 일부 비타민들은 화학적 또는 물리적 특성이 다른 형태로 존재하므로, 식사를 통해 체내에서 이용할 수 있는 비타민들을 균형 있게 충분히 섭취하는 것이 중요하기 때문이다.

지용성 비타민

비타민 A

비타민 D

비타민 E

비타민 K

수용성 비타민

비타민 B군
- 티아민
- 리보플라빈
- 니아신
- 판토텐산
- 비오틴
- 엽산
- 비타민 B_6(피리독신)
- 비타민 B_{12}(코발라민)

비타민 C

비타민의 흡수

지용성 비타민은 식사 지방과 함께 흡수된다. 따라서 지용성 비타민의 흡수는 소장에서 담즙과 췌장 라이페이즈에 의한 식사 지방의 소화가 얼마나 효율적으로 일어나는지, 또 지방 소화물이 소장 점막을 통해 얼마나 적절히 흡수되는지에 따라 결정된다(그림 10.1). 권장섭취량만큼 섭취하였을 경우, 지용성 비타민의 흡수율은 대략 40~90%이다. 반면 비타민 B군과 비타민 C는 수용성 비타민이므로 식사 지방과 무관하게 소장에서 90~100% 흡수된다.

▶ 대부분의 경우 합성 비타민과 천연 비타민은 유사한 특성을 갖는다. 천연 비타민 E는 예외로, 합성 비타민에 비해 2배 정도 활성이 높다. 반면 합성 엽산(folic acid)은 천연 엽산(food folate)에 비해 2배 정도 활성이 높다.

그림 10.1 비타민 소화와 흡수의 개요.

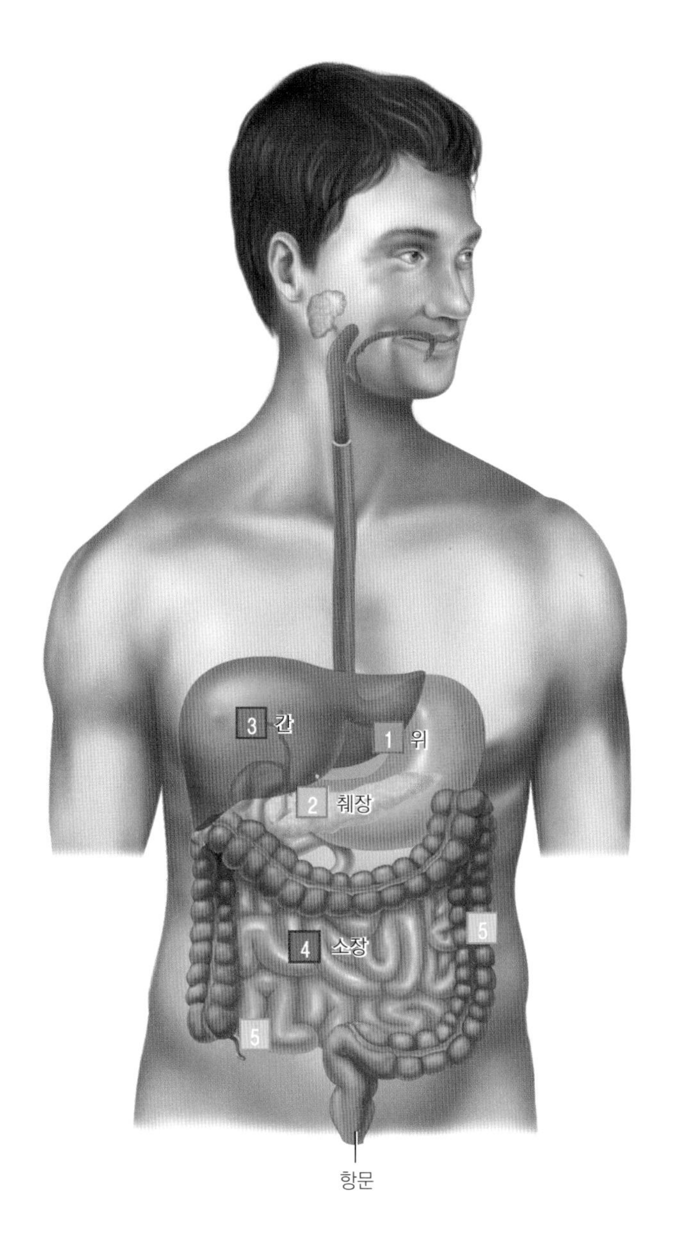

1 **모든 비타민**
위장에서 소화되면 식품에서 비타민이 방출되기 시작한다.

2 **모든 비타민**
췌장에서 분비된 소화효소의 도움으로 식품으로부터 비타민이 방출된다.

3 **지용성 비타민만 해당**
간에서 생성되어 담낭에 저장되어 있던 담즙은 지용성 비타민의 흡수를 돕는다.

4a **지용성 비타민만 해당**
지용성 비타민은 식사 지방과 함께 소장에서 흡수되어 킬로마이크론 형태로 림프계를 통해 운반된다.

4b **수용성 비타민만 해당**
수용성 비타민은 소장에서 흡수되어 직접 혈액으로 방출된다.

5 **비타민 K만 해당**
소량의 비타민 K가 소장의 말단부위 및 대장에서 서식하는 박테리아에 의해 합성된다.

▶ 낭성섬유증(cystic fibrosis), 만성소화장애(celiac disease), 크론병(Crohn's disease)과 같은 질환으로 지방 흡수가 저해되면 지용성 비타민의 결핍 위험이 높아진다. 체중 감량 약물인 올리스탯(orlistat; Xenical®, Alli®)은 지방 흡수를 방해할 수 있다. 흡수되지 않은 지방은 지용성 비타민을 대장으로 끌고 가서 변으로 배설시킨다. 지방 흡수의 불량으로 나타나는 영양소 결핍을 예방하기 위해 복합 비타민/무기질 보충제가 처방된다.

식품은 다양한 비타민을 제공한다.

Ariel Skelley/Blend/Image Source

비타민의 흡수장애

식품으로 섭취한 비타민은 필요한 만큼 소장에서 흡수된다. 비타민 흡수가 감소하면, 결핍을 방지하기 위하여 더 많이 먹어야 한다. 예를 들어, 소화기계 또는 췌장질환으로 지방의 흡수장애가 생긴 경우에는 지용성 비타민의 흡수가 낮아진다. 음주 남용이나 소장질환은 비타민 B군의 흡수장애를 일으킨다. 이런 질환을 가진 사람들은 결핍증을 예방하기 위해 비타민 보충제를 섭취해야 한다.

비타민의 이동

일단 흡수된 지용성 비타민은 림프계를 통해 혈액으로 이동되는데, 식사 지방과 마찬가지 방법으로 킬로마이크론이나 기타 지단백질의 형태를 형성하여 혈액을

생각해 봅시다

Miguel은 섭취기준의 100% 이상의 비타민 보충제를 복용하고 있다. 그런데 그가 복용하고 있는 보충제는 비타민 A를 포함한 많은 영양소들이 섭취기준치의 10배까지도 초과하는 양을 함유하고 있다. 어떻게 그에게 자신이 복용하는 보충제가 안전하지 않다는 것을 설명할 수 있을까?

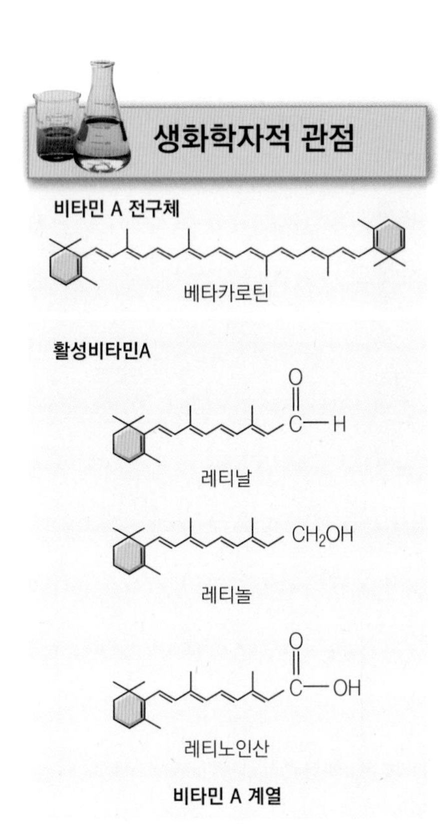

따라 체내 표적세포로 운반된다. 식사성 지용성 비타민을 포함한 킬로마이크론은 순환되는 도중 상당량의 중성지방을 체내 세포로 내주고 킬로마이크론 잔유물이 되어, 이 간으로 운반된다. 간은 지용성 비타민을 새로운 단백질로 '재포장'해 간에 저장하거나 혈액으로 방출해 지방조직에 저장한다. 지용성 비타민과 달리 수용성 비타민은 직접 혈류를 따라 온몸으로 분포된다.

비타민의 체내 축적

비타민 K를 제외한 지용성 비타민들은 체내에서 쉽게 배설되지 않고 간 또는 지방조직에 저장될 수 있다. 반면, 수용성 비타민은 대부분 체내에 축적되지 않고 빠르게 배설되므로 저장량이 적다. 비타민 B_{12}와 비타민 B_6는 예외여서 다른 수용성 비타민에 비해 상대적으로 많이 축적된다. 체내에 저장량이 적은 비타민들은 매일 식사를 통해 섭취되어야 한다. 그러나 몇 주 동안 섭취량이 부족해도 체내 저장고가 고갈될 때까지는 결핍증상이 나타나지 않는다. 따라서 건강한 사람의 경우에는 간혹 식사를 통한 비타민 섭취량이 부족해도 크게 염려할 필요는 없다.

비타민의 독성

이론적으로 모든 비타민을 과량 섭취하면 독성을 나타내는 것으로 생각되지만, 실제로 독성이 우려되는 비타민은 비타민 A와 D이며, 권장량의 5~10배 이상으로 과잉 섭취하였을 때만 독성이 나타난다. 일반적으로 멀티비타민 및 무기질 보충제는 각 영양성분 기준치의 두 배를 넘지 않는 함량을 공급하기 때문에 섭취 시 독성을 보이지 않는다.

확인합시다!

1. 어떤 비타민이 수용성 비타민이고, 어떤 것이 지용성 비타민인가?
2. 지용성 비타민의 흡수는 수용성 비타민의 흡수와 어떻게 다른가?
3. 수용성 비타민에 비해 지용성 비타민을 많이 섭취할 때 독성이 나타나는 이유는 무엇인가?

10.2 비타민 A

비타민은 20세기에 이르러 개별적으로 분리되고 확인되었지만, 비타민 A가 야맹증 예방에 필요하다는 사실은 3,500년 이전부터 알고 있었다. 고대 이집트인으로 그리스 의사였던 히포크라테스는 야맹증 치료를 위해 쇠고기 간을 섭취하도록 하였는데, 이 방법은 오늘날까지도 사용되고 있다. 비타민 A라 하면 활성비타민 A인 레티노이드(retinoid)와 비타민 A의 전구체인 카로티노이드(carotenoid)를 말한다.

레티노이드(retinoid)는 생물학적으로 활성을 갖는 비타민 A의 총칭으로서, 체내에서 전환될 필요가 없기 때문에 '활성비타민 A'라 부른다. 레티노이드는 레티놀(알코올), 레티날(알데히드), 레티노인산의 세 가지 형태가 있다. 비타민 A 구조의 꼬리 부분에 붙은 화학 그룹(알코올, 알데히드, 산)에 따라 이름이 결정되며 상호 전환될 수 있다(그림 10.2). 다만, 레티노인산은 다른 형태로 전환되지 않는다. 이렇게 상호 전환되는 방법을 통해 레티노이드 함량이 적절하게 유지되고 독특한 기능이 수행된다.

```
 OH          O          O
 |           ||         ||
—C—H       —C—H       —C—O—H
 |
 H
레티놀       레티날      레티노인산
```

비타민 A 분자의 꼬리는 *cis* 또는 *trans*로 배치될 수 있으며, 이에 따라 레티노이드의 기능도 달라진다.

```
 H  H            H
 |  |            |
—C=C—          —C=C—
                   |
                   H
 Cis            Trans
```

생각해 봅시다

소고기 간은 왜 그렇게나 많은 비타민 A를 가지고 있을까?

카로티노이드(carotenoid)는 과일과 채소의 노란색이나 주황색을 나타내는 물질이다. 어떤 카로티노이드는 **전구체**(provitamin)로서 비타민 A로 전환될 수 있다. 600종 이상의 카로티노이드가 알려져 있는데, 알파카로틴, 베타카로틴, 베타크립토잔틴(beta-cryptoxanthin)만이 비타민 A로 전환될 수 있다. 라이코펜(lycopene), 루테인(leutein), 제아잔틴(zeazanthin) 등의 카로티노이드는 비타민 A로 전환되지 못하므로 비타민 A 활성을 나타내지 않는다.

많은 채소에는 비타민 A 전구체 카로티노이드가 풍부하다.

Photodisc Collection/Getty Images

비타민 A의 급원식품

간, 생선, 어유, 강화우유, 달걀에는 레티노이드(활성비타민 A)가 함유되어 있다. 무지방 또는 저지방 우유와 마찬가지로 마가린에도 비타민 A를 강화하기도 한다. 비타민 A 전구체인 카로티노이드는 주로 짙은 녹색 그리고 담황색 채소와 과일에 함유되어 있다. 당근, 시금치, 기타 녹색 채소, 겨울 호박, 고구마, 브로콜리, 망고, 캔터로프, 복숭아, 살구가 그 예이다. 북미의 전형적 식사에서 비타민 A 급원의 70% 가량이 동물성 활성비타민 A인 반면, 우리나라 사람들의 비타민 A 급원은 식물성 카로티

베타카로틴
(대부분)
(소량)

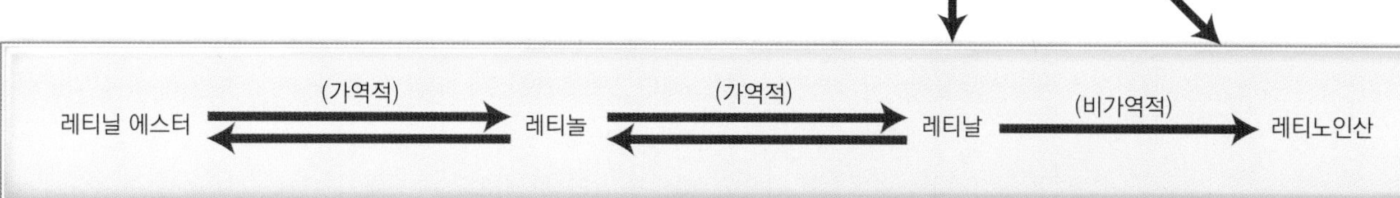

그림 10.2 **베타카로틴과 레티노이드의 상호전환.** 레티닐 에스터는 소장에서 레티놀과 지방산 에스터로 분리될 때 비타민 A 활성을 갖게 된다.

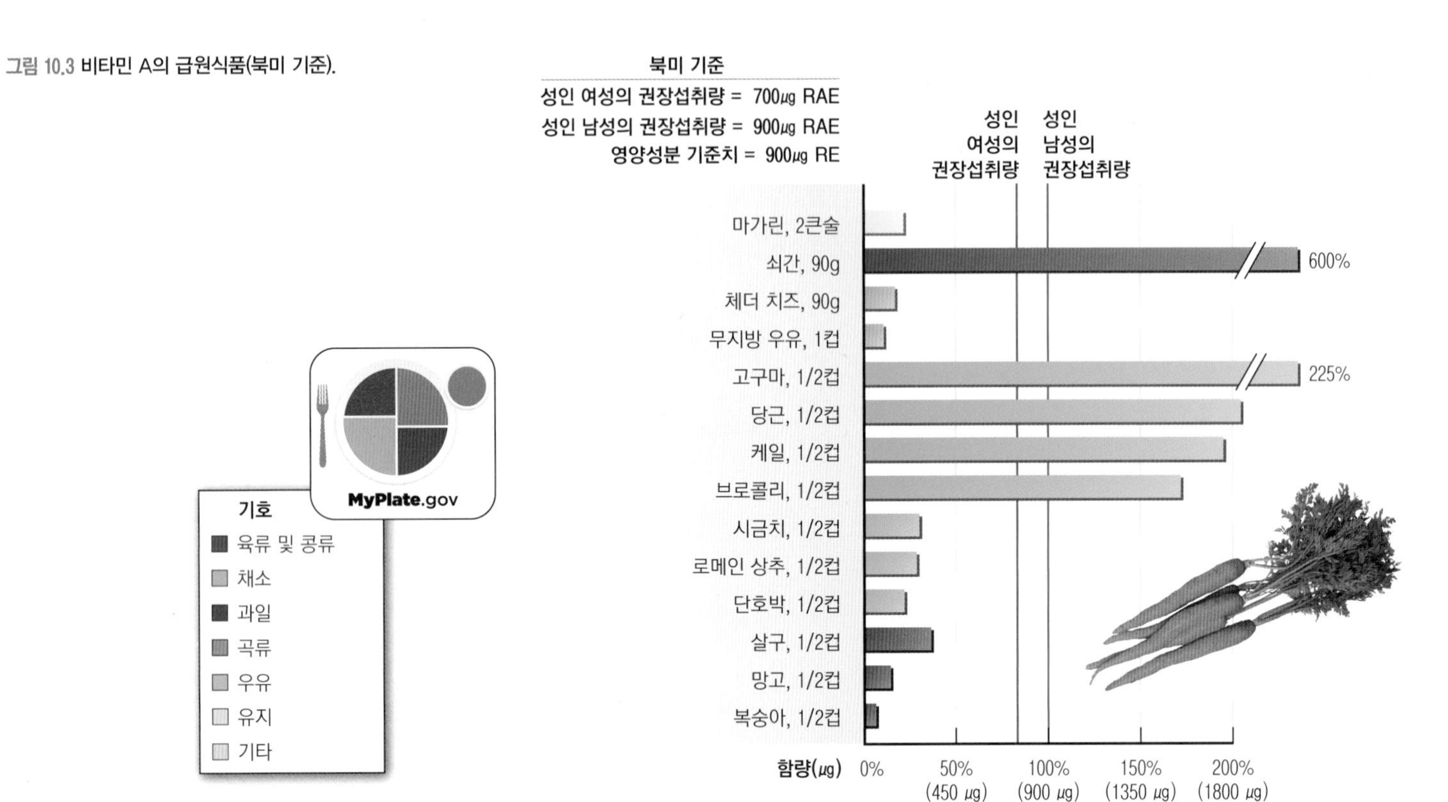

그림 10.3 비타민 A의 급원식품(북미 기준).

노이드(비타민 A 전구체)에 매우 의존적이다. 그림 10.3은 여러 가지 비타민 A 급원식품을 보여 준다.

여러 카로티노이드 중 베타카로틴은 비타민 A 전구체 활성이 가장 높다. 당근이나 기타 카로티노이드가 풍부한 식품이 주황색을 띠는 것은 베타카로틴이 함유되어 있기 때문이다. 녹색 채소에도 카로티노이드가 많이 함유되어 있지만 녹색의 클로로필 색소에 의해 감추어진다. 따라서 녹색 및 담황색 채소와 과일을 충분히 섭취하면 비타민 A를 충분히 제공받을 수 있다.

한국인의 비타민 A 주요 급원식품으로 비타민 A 섭취에 기여도가 높은 식품은 돼지고기 간, 소고기 간, 과일음료, 우유, 시금치, 달걀, 당근의 순이었고(표 10.1), 1인 1회 분량의 비타민 A 함량이 가장 높은 식품은 소고기 간, 돼지고기 간, 닭고기 간으로 각 45 g당 4,249 μg RAE, 2,432 μg RAE, 1,791 μg RAE을 함유하고 있었다(그림 10.4). 100 g당 비타민 A 함량이 높은 식품을 살펴보면, 꿀풀, 잔대 순, 메밀 싹, 골든세이지, 녹차잎 등 채소류에 비타민 A가 다량 함유되어 있으나 한국인이 자주 섭취하는 급원식품에 해당되지는 않는다 하겠다(표 10.2).

한때는 비타민 A의 함량을 IU(International Unit)로 표시했으나, 최근에는 정량 지표로 IU 대신 밀리그램(mg) 또는 마이크로그램(μg)을 사용한다. 식사 비타민 A의 활성도는 레티놀 활성당량(retinol activity equivalent, RAE)으로 나타낸다. 1 RAE는 레티놀 1μg, 베타카로틴 12 μg, 알파카로틴 또는 베타크립토잔틴 24 μg과 동등하다. 표 10.3은 비타민 A 활성당량 전환계수이다.

또 다른 용어로, 비타민 A의 활성도를 나타내기 위해 레티놀 당량(retinol equivalent, RE)을 사용하기도 하였다. 이 단위는 비타민 A의 요구도를 충족시킴에 있어 카로티노이드의 역

표 10.1 비타민 A 주요 급원식품(100 g 당 함량)[1)]

급원식품 순위	급원식품	함량 (μg RAE/100g)	급원식품 순위	급원식품	함량 (μg RAE/100g)
1	돼지 부산물(간)	5,405	16	고구마	75
2	소 부산물(간)	9,442	17	배추김치	15
3	과일음료	219	18	요구르트(호상)	59
4	우유	55	19	수박	71
5	시금치	588	20	채소음료	107
6	달걀	136	21	아이스크림	117
7	당근	460	22	부추	178
8	상추	369	23	열무김치	73
9	장어	1,050	24	케이크	131
10	시리얼	1,605	25	무청	149
11	고추장	291	26	토마토	32
12	닭 부산물(간)	3,981	27	건미역	515
13	들깻잎	630	28	크림	389
14	고춧가루	614	29	돼지고기(살코기)	7
15	김	991	30	닭고기	10

1) 2017년 국민건강영양조사의 식품별 섭취량과 식품별 레티놀과 베타-카로틴 함량(국가표준식품성분표 DB 9.1, 2019) 자료를 활용하여 비타민 A 주요 급원식품 상위 30위 산출

출처: 보건복지부, 한국영양학회, 2020 한국인 영양소 섭취기준

표 10.2 비타민 A 고함량 식품(100 g 당 함량)[1)]

함량 순위	식품	함량 (μg RAE/100g)	함량 순위	식품	함량 (μg RAE/100g)
1	소 부산물, 간, 삶은것	9,442	16	모시풀잎, 생것	782
2	거위 부산물, 간, 생것	9,309	17	왕호장잎, 생것	778
3	돼지 부산물, 간, 삶은것	5,405	18	들깻잎, 생것	630
4	닭 부산물, 간, 삶은것	3,981	19	고춧가루, 가루	614
5	꿀풀(하고초), 생것	1,725	20	제비쑥, 생것	591
6	잔대 순, 생것	1,631	21	시금치, 생것	588
7	시리얼	1,605	22	로즈마리, 말린것	575
8	메밀 싹, 생것	1,510	23	고구마잎, 생것	571
9	골든세이지, 말린것	1,481	24	순채, 생것	533
10	녹차잎, 말린것	1,139	25	홑잎나물, 생것	525
11	라벤다, 말린것	1,106	26	버터	524
12	장어, 뱀장어, 생것	1,050	27	미역, 말린것	515
13	김, 구운것	991	28	당근, 생것	460
14	박쥐나무잎, 생것	901	29	고춧잎, 생것	434
15	가시오갈피 순, 생것	811	30	호박잎, 생것	421

1) 국가표준식품성분표 DB 9.1

출처: 보건복지부, 한국영양학회, 2020 한국인 영양소 섭취기준

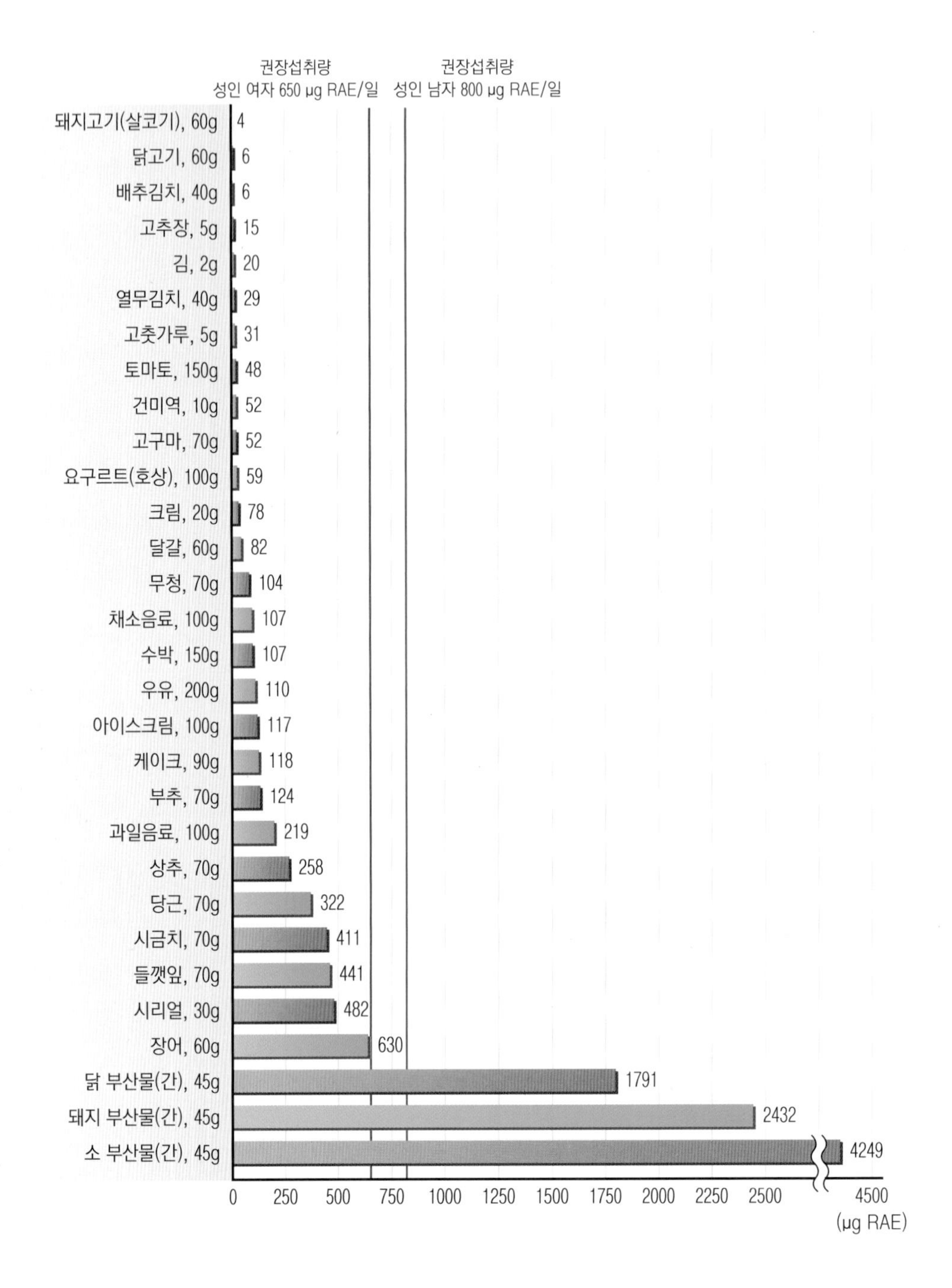

그림 10.4 비타민 A 주요 급원식품(1회 분량 당 함량)[1)]

1) 2017년 국민건강영양조사의 식품별 섭취량과 식품별 레티놀과 베타-카로틴 함량(국가표준식품성분표 DB 9.1, 2019) 자료를 활용하여 비타민 A 주요 급원식품 상위 30위 산출 후 1회 분량(2015 한국인 영양소 섭취기준)을 적용하여 1회 분량당 함량 산출, 19~29세 성인 권장섭취량 기준(2020 한국인 영양소 섭취기준)과 비교

출처: 보건복지부, 한국영양학회, 2020 한국인 영양소 섭취기준

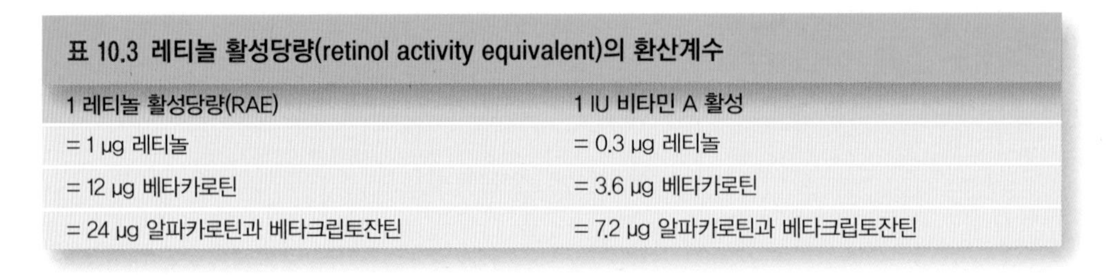

표 10.3 레티놀 활성당량(retinol activity equivalent)의 환산계수

1 레티놀 활성당량(RAE)	1 IU 비타민 A 활성
= 1 μg 레티놀	= 0.3 μg 레티놀
= 12 μg 베타카로틴	= 3.6 μg 베타카로틴
= 24 μg 알파카로틴과 베타크립토잔틴	= 7.2 μg 알파카로틴과 베타크립토잔틴

할이 상당히 크다는 가설에 기초한 것으로 영양소 데이터베이스에는 아직까지도 RE로 표시된 자료가 있다.

식품에 함유되거나 첨가된 활성비타민 A의 활성을 나타내는 RAE, RE, IU의 관계는 다음과 같다: 1 RE(3.3 IU) = 1 RAE. 비타민 A 전구체인 카로티노이드를 함유한 식품의 활성을 RE 또는 IU에서 RAE로 전환하는 방법은 쉽지 않다. 보통은 카로티노이드를 함량을 2로 나눈 후, RE 또는 IU를 RAE로 전환한다(표 10.1 참조). 또한 활성비타민 A와 카로티노이드가 복합된 식품의 활성을 RAE로 표시하는 것도 쉽지 않다. 일반적으로, 이런 식품의 비타민 A 함량은 제안된 RE 또는 IU 표시량보다 낮은 것이 보통이다.

비타민 A의 필요량

2015년부터 한국인 영양소 섭취기준의 비타민 A 단위는 RAE를 사용했다. 비타민 A의 1일 권장섭취량은 성인의 경우 남자는 800 μg RAE, 여자는 650 μg RAE이다. 이 정도 섭취하면 체내 저장량이 일정하게 유지될 수 있다.

국민영양조사(2013~2017) 결과, 한국 성인 남자의 1일 평균섭취량은 19~29세 436.5 μg RAE, 30~49세 480.2 μg RAE이며, 여자는 19~29세 376.0 μg RAE, 30~49세 367.8 μg RAE로 평균필요량 대비 70~80% 수준이었다. 그러나 식품과 식이보충제의 영양표시에 사용되는 영양성분 기준치는 아직까지 RE를 적용하여 700 μg RE로 설정되어 있다.

비타민 A의 흡수와 이동, 저장, 배설

활성비타민 A는 주로 동물성 식품에 많이 함유되어 있으며, 레티놀과 레티닐 에스테르 화합물(레티놀이 지방산에 결합된) 형태로 존재한다. 레티닐 에스테르는 장에서 레티놀과 지방산으로 분리되어야 비타민 A 활성을 나타낼 수 있다. 이 과정에서 담즙과 췌장 지방분해효소가 요구된다. 소화된 레티놀은 특수 운반체를 이용해 최대 90%까지 소장에서 흡수된다. 레티놀은 흡수된 후 소장세포에서 다시 지방산과 결합하여 레티닐 에스테르를 만들고, 킬로마이크론에 유입되어 림프계를 순환한다.

식품에 함유된 카로티노이드는 종종 단백질과 결합되어 있으므로 흡수되기 전 소화효소에 의해 분리되어야 한다. 분리된 카로티노이드는 기본적으로 수동확산으로 흡수된다. 카로티노이드의 흡수율은 5~60% 범위이다. 소장세포 내에서 비타민 A 전구체인 카로티노이드는 대부분 레티날로 전환되고, 소량은 레티노인산으로 전환되기도 한다. 레티날은 다시 레티놀로 전환되고, 이것이 지방산과 결합하여 레티닐 에스테르가 되면 킬로마이크론의 형태로 림프계를 통해 운반된다. 각 조직은 킬로마이크론의 형태로 비타민 A를 공급받아 저장하거나 세포에서 사용한다. 카로티노이드는 적은 양이지만 직접 혈류로 운반되기도 한다.

▶ 단백질–에너지 영양이 불량하면 아미노산과 에너지가 부족하여 레티놀 결합단백질(retinol–binding protein, RBP)과 트랜스티레틴(transthyretin; prealbumin)의 합성이 감소된다. 따라서 이들 단백질 수준을 측정하여 단백질 영양상태를 평가할 수 있다. 혈액에서 이들 단백질 수준이 감소하면 단백질 섭취량이 불충분한 것으로 간주할 수 있기 때문이다.

비타민 A는 90% 이상 간에 저장되지만, 지방조직, 신장, 골수, 고환, 안구 등에도 소량 저장된다. 정상적인 상태에서 간은 레티닐 에스테르의 형태로 비타민 A를 저장할 수 있어서 수개월간 비타민 A 결핍을 예방할 수 있다.

간에 저장된 비타민 A(레티노이드)가 혈액으로 방출될 때에는 레티놀 결합단백질(retinol-binding protein, RBP)이 필요하다(그림 10.5). RBP의 합성을 위해 레티놀, 단백질, 그리고 아연이 필요하다. 혈액에서 레티놀 결합단백질은 알부민 전구체(prealbumin)로 알려진 트랜스티레틴(transthyretin)이라는 단백질과 결합한다. 반면, 카로티노이드가 간에서 방출될 때에는 지단백질에 유입되어 운반되며 특정 아포단백질 수용체를 통해 세포로 들어간다. 세포 내에서 레티노이드는 특정 RBP와 결합하여 세포 내 소기관으로 이동한다. 모든 세포는 1개 이상의 결합단백질을 가지고 있다. 각 세포마다 RBP의 분포가 다른데, 이는 각 조직마다 비타민 A의 요구도가 다름을 반영한 것으로 본다.

비타민 A는 체내에서 쉽게 배설되지 않지만, 주요 배설경로는 소변이다. 카로티노이드는 담즙의 형태로 대변을 통해 배설된다.

비타민 A(레티노이드)의 기능

레티노이드는 여러 가지 기능을 수행한다. 주요 기능으로 성장과 발달, 세포분화, 시력, 면역 기능이 있다.

성장과 발달

레티노이드는 태아 발달에 중요한 역할을 한다. 비타민 A는 눈, 팔다리, 심혈관계 및 신경계의 발달에 필요하다는 것이 동물실험을 통해 밝혀졌다. 임신 초기에 비타민 A가 결핍되면, 기형이 되거나 사산된다는 것도 알게 되었다. 또한 레티노인산은 폐, 호흡기관, 피부, 소화기

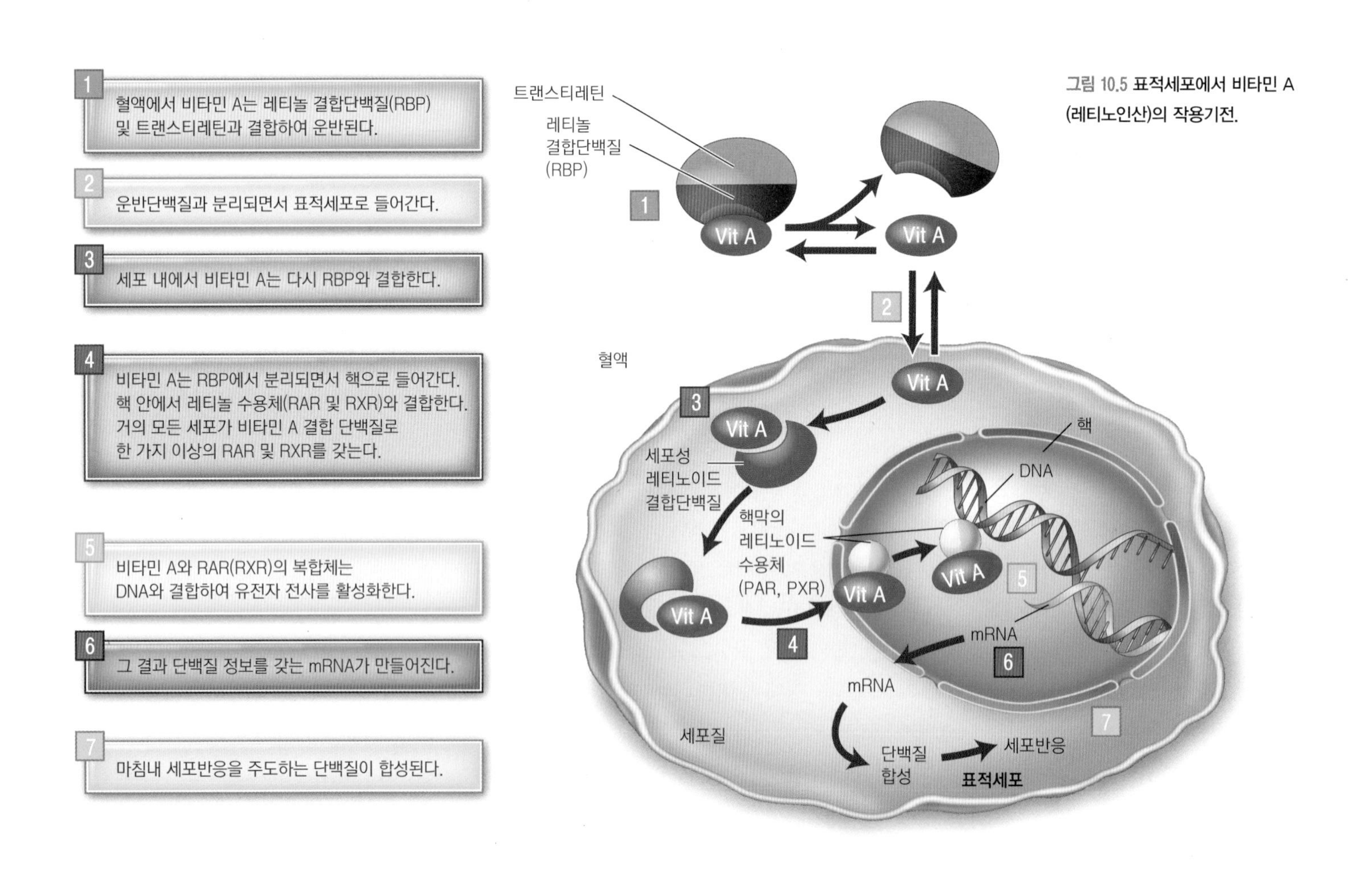

그림 10.5 표적세포에서 비타민 A (레티노인산)의 작용기전.

계, 기타 기관을 구성하는 상피세포의 정상 기능을 유지하는 데 필수적이다. 비타민 A는 이런 조직에서 점액을 생성하는 세포를 형성하고 유지하는 데에도 중요한 역할을 한다.

세포분화

세포 내 핵에서 레티노이드는 두 가지 수용체(RXR와 RAR)와 결합한다(그림 10.5 참조). 이 수용체는 특정 DNA 부위와 결합하여 mRNA 전사와 유전자 발현을 통한 단백질 합성을 조절한다. 유전자 발현은 **세포분화**(cell differentiation)-**줄기세포**(stem cell)가 특성화된 세포로 발달하는 과정-를 유도한다. 비타민 A는 눈을 구성하는 세포, 예를 들어 각막과 망막(간상세포 및 원추세포) 등의 정상 분화를 유지하는 데 특히 중요하다.

RXR, RAR retinoid X receptor와 retinoic acid receptor의 약자.

줄기세포(stem cell) 특정 세포로 분화될 수 있는 세포.

분리과정(bleaching process) 빛에 의해 옵신과 all-*trans*-레티날이 분리되어 로돕신이 고갈되는 과정. 눈에서 로돕신의 농도가 낮아지면 밝은 빛에 적응하게 됨.

시력

안구의 **망막**(retina)에서 빛을 뇌로 보내는 신경전달신호로 변환시키는 과정에서 레티날 형태의 비타민 A가 필요하다. 망막의 감각요소는 간상세포와 원추세포로 구성되어 있다. **간상세포**(rod cell)는 어두운 곳에서 진행되는 시각과정에 관여하여 사물을 흑백 이미지화하고 움직임을 감지한다. **원추세포**(cone cell)는 밝은 곳에서 진행되는 시각과정에 관여하여 사물의 색을 이미지화한다.

간상세포에서 11-*cis*-레티날은 **옵신**(opsin)이라 불리는 단백질과 결합하여 시색소인 **로돕신**(rhodopsin)을 형성한다(그림 10.6). 빛이 흡수되면 11-*cis*-레티날이 all-*trans*-레티날로 전환되고 옵신이 all-*trans*-레티날로부터 분리된다. [이를 **분리과정**(bleaching process)이라 한다.] 그 결과 일련의 생화학 반응이 연속적으로 일어나며, 광수용세포의 이온 투과성이 변화되어 뇌의 시각센터와 교신하는 신경세포에 신호를 전달한다. 이때 수많은 로돕신 분자를 함유하고 있는 수천 개의 간상세포들이 동시에 작용을 한다. 빛에 노출되어 있는 동안에는 간상세포의 로돕신이 완전히 활성화되어 있으므로, 더 이상 빛에 대해 반응할 수 없다. 시각기능을 계속 유지하려면 all-*trans*-레티날이 11-*cis*-레티날로 변환되어야 하는데, 이 재생과정은 수 분 내에 일어난다. 11-*cis*-레티날은 광수용세포로 다시 되돌아가서, 옵신과 결합하여 로돕신을 형성하면 다음 사이클이 시작될 수 있다.

각 사이클에 모든 레티날이 사용되는 것은 아니다. 일부는 눈에 저장되어 비타민 A 저장고를 유지한다. 만일 비타민 A 저장고가 고갈되면, **암순응**(dark adaptation) 과정이 손상되어, 어두운 빛에 적응하는 것이 어렵게 되는데, 이를 야맹증(night blindness)이라 한다. 어두운 영화관에 들어갔을 때 또는 갑자기 밝은 빛을

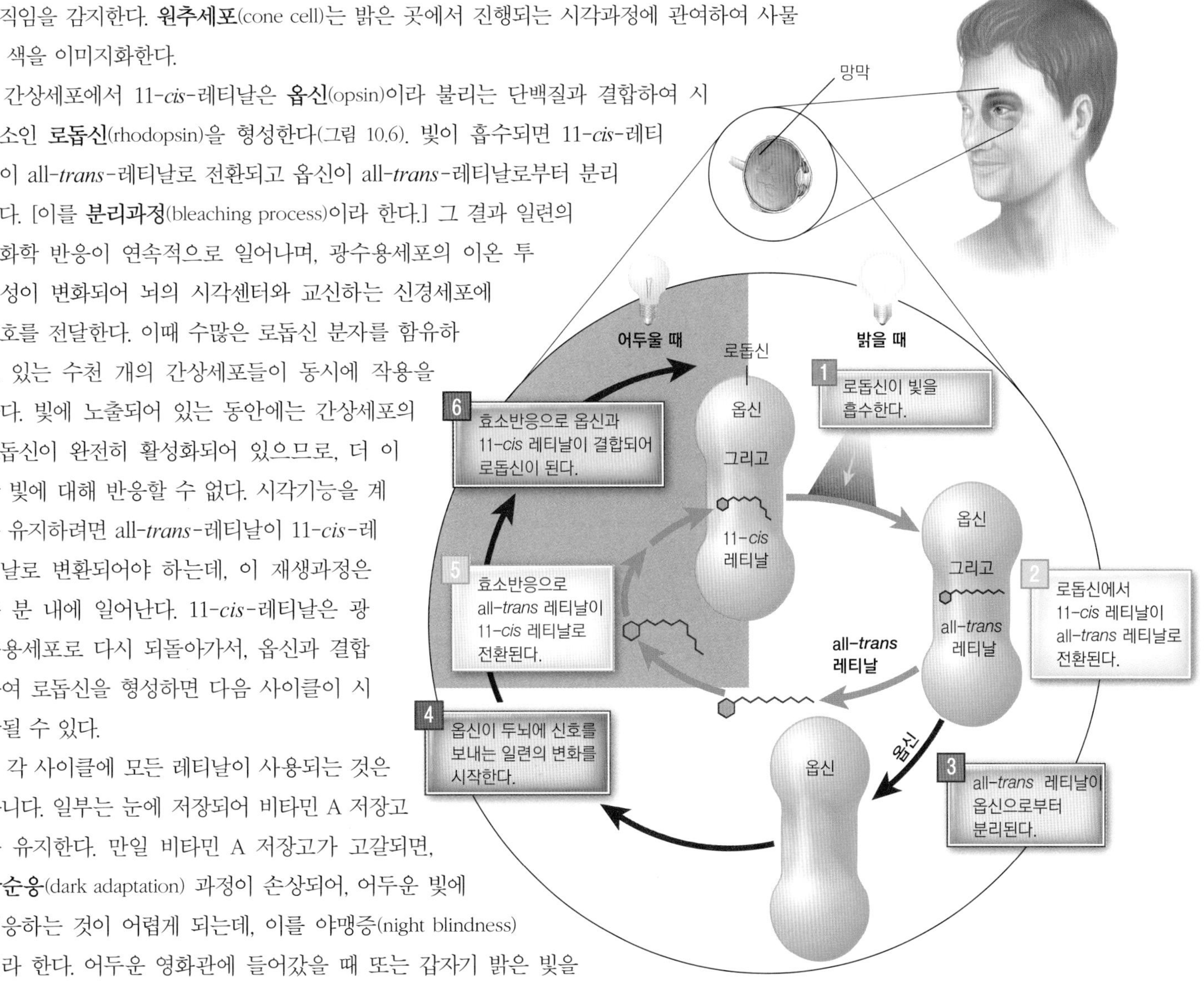

그림 10.6 **망막의 간상세포에서 광수용체 색소인 로돕신의 분리와 재합성.** 로돕신은 11-*cis*-레티날과 옵신 단백질로 구성되어 있다. 노란색 배경은 빛이 있을 때 나타나는 분리과정이며, 회색 배경은 빛에 상관없이 일어나는 재합성과정이다.

암순응(dark adaptation) 어두운 상태에서 로돕신 농도가 증가되는 과정. 눈에서 로돕신 농도가 높아지면 어둠에 적응하게 됨.

상피(epithelium) 소장과 신체의 외피(폐, 소화기관, 혈관계, 그리고 피부)를 덮음.

건선(psoriasis) 면역체계의 이상으로 만성적으로 피부 염증이 일어난 상태(고통스러운 빨간 부스럼, 비늘피부).

만났을 때 야맹증과 비슷한 경험을 하게 된다. 그러나 이것은 잠깐의 어려움으로 일단 빛의 변화에 적응되면 시력이 빠르게 되돌아오며, 비타민 A 결핍과는 관련이 없다.

면역기능

1920년 초반, 비타민 A(주로 레티노인산)의 면역기능이 처음 알려지게 되었다. 비타민 A의 초기 결핍 증상으로 감염에 대한 저항력이 감소되는 것도 관찰되었다. 그 이후로 많은 연구를 통해 비타민 A가 결핍된 사람들은 질병과 감염에 더 취약하다는 것이 보고되었다. 비타민 A는 병원성 미생물의 침입에 대항하여 몸을 보호하는 방어벽인 **상피세포**(epithelium)를 유지하는 기능이 있다. 세계 여러 지역에서 비타민 A가 결핍된 어린이에게 비타민 A 보충제를 섭취시키면 홍역, 설사 등의 감염 증상이 완화되는 것을 볼 수 있다.

피부 치료에 사용되는 비타민 A 유사체

비타민 A와 유사한 화학적 특성을 가진 합성 화합물이 여드름과 건선(psoriasis)을 치료하기 위해 바르거나 먹는 의약품(예: Retin-A®과 Accutane®)으로 사용되고 있다. 레티노이드가 주성분인 의약품도 과도한 햇빛과 UV로 인해 손상된 부위에 도포하여 증세를 완화하는 데 사용되었다. 그러나 복용은 물론 도포용으로 고용량의 레티노이드는 심각한 독성을 나타내므로 이런 의약품을 사용할 때에는 의사의 처방과 모니터가 필요하다. 고용량의 비타민 A는 기형을 유발할 수 있으므로 Accutane®를 처방하기 전에 임신테스트가 필요하다.

카로티노이드의 기능

식품에 함유된 카로티노이드 중에는 체내에서 비타민 A로 전환되는 것이 있다. 최근에는 비타민 A 전구체 활성 외에 카로티노이드의 다른 기능이 보고되기 시작하였다. 예를 들어, 카로티노이드 함량이 높은 과일과 채소는 눈질환, 암과 심장질환의 위험을 감소시키는 것으로 보고되고 있다. 특정 카로티노이드를 보충함으로써 질병 발생의 위험을 낮출 수 있음에 주목하게 되었다.

가장 잘 알려진 카로티노이드는 베타카로틴으로 비타민 A 활성을 갖는다. 화학적 구조상 베타카로틴은 세포 내에서 항산화 기능을 수행할 수 있으므로 활성산소로부터 세포를 보호해 준다. 항산화 영양소의 혈중 농도가 높은 사람들은 백내장의 위험이 낮다는 역학연구 결과는 베타카로틴이 눈을 보호한다는 근거가 될 수 있다. 그러나 후속 연구에 따르면 장기적으로 베타카로틴(을 포함하여 비타민 E 및/또는 비타민 C)을 보충하여도 백내장의 발생 위험이 감소되거나 예방되지 못하였다.

폐암과 베타카로틴의 관계도 많이 연구되어, 베타카로틴 함량이 높은 과일과 채소의 섭취는 폐암의 발생 위험의 감소와 연관이 있는 것으로 보고되었다. 그러나 흡연자 또는 석면 작업자와 같은 고위험군의 사람에게 정제된 베타카로틴 보충제를 섭취시킨 대규모 중재시험에서는 베타카로틴 보충이 오히려 폐암의 발생 위험을 높이는 것으로 보고되었다. 최근 EPIC(European Prospective Investigation into Cancer and Nutrition Cohort) 연구나 간호사 건강연구(Nurses' Health Study)에서 혈액 내 베타-카로틴 및 알파-카로틴 수준과 유방암 발병위험 감소 사이의 연관성을 시사하였다. 더 많은 연구가 필요하지만 식사로 항산화제를 많이 섭취하는 것이 유방암 발병 위험을 감소시키는데 도움이 된다고 할 수 있다.

루테인(lutein)과 제아잔틴(zeaxanthin) 등 카로티노이드 함량이 높은 식사는 노인성 **황반변성**(macular degeneration)을 예방하는 데 도움을 주는 것으로 알려졌다(그림 10.7, 10.8). 그러나 루테인 및 제아잔틴의 섭취가 노인성 황반변성의 발생에 대한 직접적인 영향을 미친다는 근거는 아직 확보되지 못하고 있다. 항산화 영양소를 복합하여 만든 식사보충제의 섭취가 노화와 관련된 황반변성의 진행을 늦출 수 있지만 아직 더 많은 연구가 필요하다.

황반변성(macular degeneration) 황반(중심 시력을 담당하는 망막) 조직이 손상되어 발생되는 만성 눈질환. 중앙에 맹점이 생기거나 시야가 흐려짐.

지난 10년 동안, 토마토에 많이 함유된 카로티노이드 색소인 라이코펜(lycopene)에 대한 관심이 증가되었다. 토마토를 많이 먹어 혈중 라이코펜 함량이 높아지면 전립선암의 발생 위험이 감소될 수 있음이 관찰되면서 연구자들의 관심이 더 높아졌다. 그러나 토마토에는 라이코펜 이외에도 많은 피토케미컬(phytochemical)이 함유되어 있으며, 그중에는 질병을 예방하는 것도 있을 것이다. 따라서 혈중 함량이 높아졌다는 것은 단순히 토마토 섭취가 증가하였음을 반영하는 것이지 특정 암의 발생 빈도와는 관련이 없을 수도 있다.

베타카로틴과 라이코펜은 모두 심혈관계질환(CVD)의 위험을 감소시키는 데 중요한 역할을 하는 것으로 보고되고 있다. 카로티노이드는 혈액에서 지단백질의 형태로 운반되기 때문에, LDL의 산화를 억제할 것으로 생각되고 있다. 그러나 베타카로틴을 단독으로 보충시킨 연구에서 베타카로틴은 심혈관계질환의 위험을 일관성 있게 감소시키지 못하였다. 라이코펜은 세포에서 LDL 수용체 활성을 증가시킬 뿐 아니라 LDL의 산화와 콜레스테롤 합성을

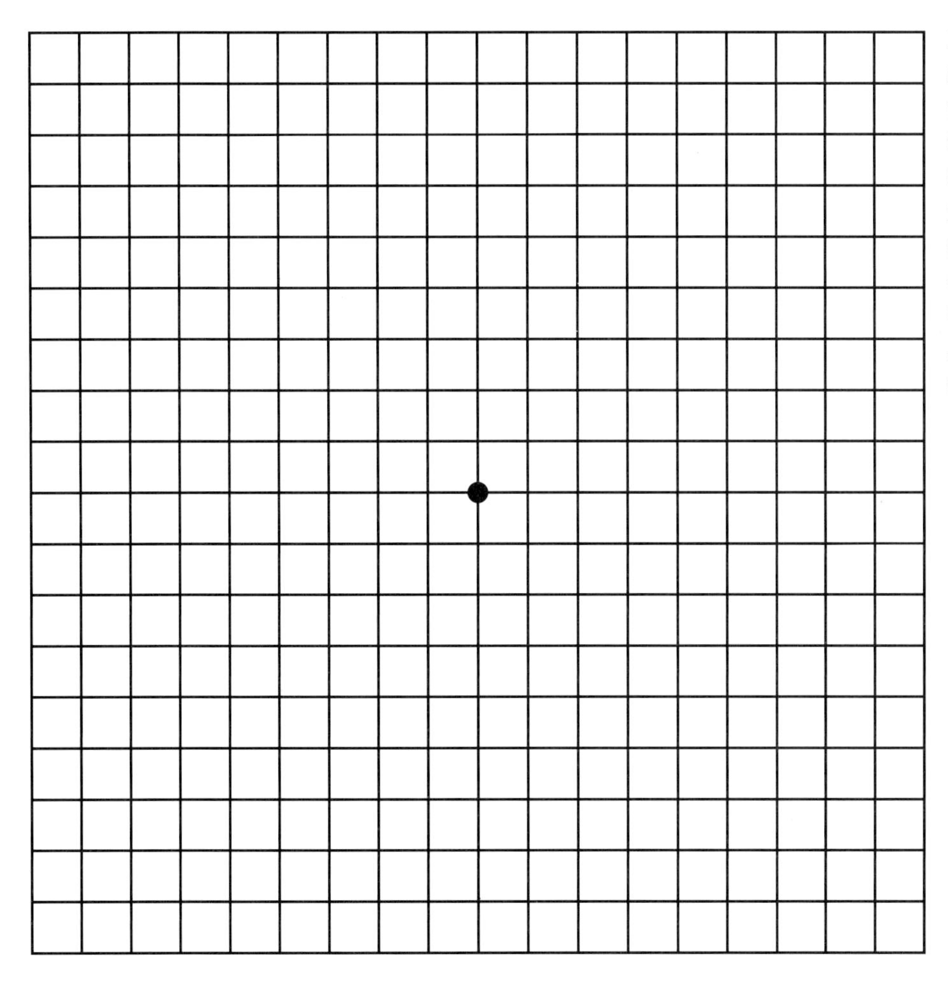

그림 10.7 암슬러 격자(Amsler grid)는 황반변성 등 안질환으로 인한 손상을 모니터링하고 진단하는데 이용된다. 조명이 밝은 곳에서 안경을 낀 채(안경을 끼는 사람이라면), 눈에서 30 cm 정도 떨어진 상태에서 이 격자판을 든다. 그리고 한눈을 가리고 중앙의 점을 직접 응시한다. 선들이 곧게 보이는지, 흐릿하게 보이는지, 굽어 보이는지, 어두워 보이는지, 안 보이는 곳이 있는지를 확인한다. 반대쪽 눈을 가리고 같은 테스트를 실시한다. 선들이 모두 곧게 보이는 경우 외 다른 경우라면 즉시 안과를 방문할 필요가 있다. 더 많은 정보는 다음에서 확인할 수 있다. www.aao.org/eye-health/tips-prevention /facts-about-amsler-grid-daily-vision-test.

▶ 다른 조직에 비해 눈의 황반에는 루테인과 제아잔틴의 농도가 500~1000배 정도 높다. 시금치와 케일은 루테인과 제아잔틴의 우수한 급원이다.

그림 10.8 노화로 인한 황반변성으로 시야의 중앙에 맹점이 형성되었다. 식사를 통해 루테인과 제아잔틴의 섭취를 증가시키면, 황반변성의 위험을 감소시킬 수 있다.

Source: National Eye Institute, National Institutes of Health

감소시켜 심혈관계질환의 위험을 감소시킨다는 증거가 있다. 일부 연구에서 혈액 내 루테인 수준과 관상동맥심질환, 뇌졸중, 대사증후군 등이 관련된다는 보고를 하지만 모든 연구들에서 심장 보호 기능을 일관성이 있게 주장하는 것은 아니다. 이런 복잡한 관계가 더욱 명확해지기 전까지는 카로티노이드 식사보충제의 섭취를 강조할 수 없다. 그 대신 카로티노이드가 풍부한 과일과 채소의 섭취를 늘리도록 권고한다.

비타민 A의 결핍증

북미에서는 비타민 A 급원식품을 쉽게 섭취할 수 있으므로 결핍증이 거의 없다. 미국의 경우 전체 인구의 1% 미만이 비타민 A와 비타민 E의 결핍으로 보고되고 있다. 그러나 개발도상국에서는 비타민 A 결핍이 중요한 이슈로 남아 있으며 전 세계적으로 비타민 A의 결핍이 비사고 실명(nonaccidental blindness)의 주요 원인으로 간주되고 있다. 아프리카, 아시아, 남아메리카의 빈곤지역 어린이들이 가장 취약한 집단으로, 섭취량이 부족할 뿐만 아니라 체내 저장률도 낮아서 성장에 필요한 양을 충족하지 못하고 있다. 매년 약 500,000명의 어린이들이 비타민 A 결핍으로 인한 실명을 겪고 있다.

비타민 A 결핍이 흔하지 않은 북미 국가에서도 특정한 인구집단에서는 비타민 A 결핍이 관찰된다. 빈곤층 노인, 알코올 중독자, 또는 간 질환자(비타민 A 저장이 낮음), 글루텐 알레르기성 장염(만성 소화장애 및 설사), 췌장부전, 크론병, 낭성섬유증, AIDS와 같이 지방 흡수가 현저히 저해되는 경우, 비타민 A의 결핍 우려가 높아진다. 미숙아 역시 결핍 우려가 높은데, 비타민 A의 저장량이 낮은 상태로 태어나기 때문이다.

비타민 A가 결핍되면 눈에 많은 변화가 생긴다. 혈중 레티놀 수준이 낮으면 시각회로에서 소진된 레티날을 대치할 수 없게 되어 망막 간상세포에서 로돕신 재생이 늦어진다. 그 결과 야맹증이 나타나는데, 야맹증은 비타민 A 결핍의 초기 증상이다. 레티노인산이 부족하면 점막을 형성하는 세포가 파괴되어 더 이상 점액을 만들어 낼 수 없게 된다. 특히 안구의 각막에서 점막이 손실되면 안구 표면의 수분이 보유되지 못하고 이물질의 세척이 어려워지는 등 심각한 위해가 나타날 수 있다. 비타민 A 결핍이 더 진행되면 결막건조증[conjunctival xerosis: 안구의 **결막**(conjunctiva)이 비정상적으로 건조해지는 질병]과 비토반점[Bitot's spots: 안구건조와 상피세포의 각질화가 특징]으로 발전된다(그림 10.9). 심각한 경우 각막연화증(keratomatacia)으로 발전될 수 있으며 상처가 생긴다(그림 10.10). 이러한 일련의 안구 변화를 **안구건조증**(xenophtalmia)이라 하고, 세계적으로 수많은 사람들이 비가역적으로 실명하게 되는 원인이 되고 있다.

그밖에도 비타민 A가 결핍되면 **모낭과다각화증**(follicular hyperkeratosis)와 같은 피부 변화가 나타난다. 피부 외피층을 구성하는 케라틴은 내피층을 보호하고 피부의 수분 손실을

결막(conjunctiva) 눈꺼풀의 안쪽과 안구의 일부를 덮는 얇은 점막.

안구건조증(xenophtalmia) 비타민 A 결핍으로 결막과 각막이 심하게 건조된 상태. 심각한 경우 실명에 이를 수 있음.

모낭과다각화증(follicular hyperkeratosis) 케라틴 단백질이 머리카락 모낭 주위에 침착된 상태.

이유(weaning) 영아가 우유 이외의 식품에 적응하는 과정.

억제하는 작용을 한다. 비타민 A의 결핍이 심각해지면 정상적으로는 바깥층에만 있어야 할 케라틴화 세포가 피부 밑의 상피세포와 대체된다. 그 결과 모낭이 케라틴으로 막히게 되면 피부가 거칠고 매우 건조하게 된다.

영유아의 경우 비타민 A의 결핍은 성장을 둔화시킬 수 있다. 아기가 **이유**(weaning) 이전에 비타민 A를 충분히 저장하였다면, 젖을 뗀 후 비타민 A 결핍으로부터 보호받을 수 있게 된다. 영유아에게 비타민 A 식사보충제를 제공하는 것도 보호효과가 있다. 그러나 장기적인 안목에서 볼 때, 비타민 A가 풍부한 식품을 섭취하는 것이 비타민 A의 결핍 해결에 필수적이다.

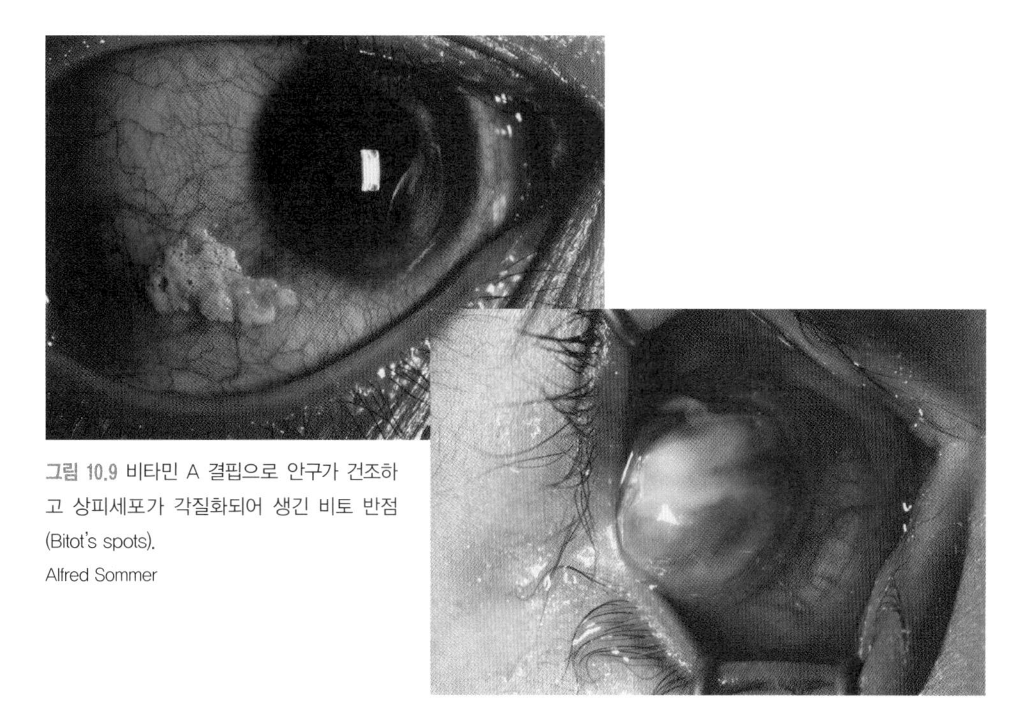

그림 10.9 비타민 A 결핍으로 안구가 건조하고 상피세포가 각질화되어 생긴 비토 반점(Bitot's spots).
Alfred Sommer

그림 10.10 야맹증에서 시작하여 결막건조증, 각막건조증, 각막연화증 및 실명에 이르기까지 비타민 A 결핍은 눈에 심각한 영향을 미칠 수 있다.
Alfred Sommer

비타민 A의 독성

비타민 A 과잉(hypervitaminosis A)으로 인한 독성 증상은 레티노이드 권장량의 5~10배를 장기간 섭취할 때 나타난다(그림 10.11). 따라서 비타민 A의 독성을 방지할 수 있는 상한섭취량으로 3,000 μg/day를 설정하였다. 그러나 레티노이드에 대해서는 상한섭취량이 설정되지 않았다. 비타민 A의 독성은 오직 레티노이드 과잉 섭취 시 나타나기 때문이다.

비타민 A의 독성은 급성, 만성, 최기형성 세 가지로 나눌 수 있다. 매우 고용량의 비타민을 한 번에 섭취하였거나, 권장섭취량의 100배 정도 되는 고용량의 비타민을 2~3일간 섭취해도 급성독성이 나타날 수 있다. 급성독성의 증상으로는 주로 위장관의 불편, 두통, 시력둔화, 근육 부조화 등이 있다. 일단 섭취를 중지하면 증상이 사라지지만, 어린이 500 mg, 성인 10 g 정도의 고용량은 치명적일 수 있다.

영아와 성인에서 만성독성은 뼈와 근육통증, 식욕상실, 각종 피부질환, 두통, 피부 건조, 탈모, 간 손상, 시력이상, 출혈, 구토, 엉덩이뼈 골절, 의식불명에 이르기까지 매우 다양한 증상을 나타낸다. 이 증상은 권장섭취량의 10배 정도를 반복적으로 섭취하였을 때 발생한다. 이런 경우에는 섭취를 중단하여 혈액의 농도를 정상 수준으로 낮추어야 하며 수 주일 정도 요구된다. 과량의 비타민 A를 만성적으로 섭취하면 간, 뼈, 안구에 영구적 손상이 나타날 수 있다.

가장 심각한 비타민 A 과잉증상은 **최기형성**(teratogenic)이다. 여드름, 건선 등 피부질환 치료를 위해 비타민 A 유사물질[all-*trans*-레티노인산(국소용 트레티노인 또는 Retin-A®) 및 13-*cis*-레티노인산(경구용 이소트레티노인 또는 Accutane®)]이 사용되기도 한다. 그러나 이들 유사물질은 최기형성으로 유산 또는 기형을 유발할 수 있으므로 가임기 여성들은 이런 약물의 사용에 주의해야 한다.

사망	결핍	정상 기능	독성			사망
	결핍증상 • 야맹증 • 모낭과다각화증 • 안구건조증 • 실명	• 정상 성장과 발달 • 흑백과 색을 구분 • 세포분화와 유전자 발현 • 면역	**독성 증상** **급성** • 소화기관 장애/메스꺼움 • 두통 • 어지러움 • 근육부조화 (uncordination)	**만성** • 간 손상 • 모발 손실 • 뼈와 근육의 통증 • 식욕감퇴 • 점막 및 피부건조 • 출혈 • 혼수상태 • 골절	**최기형성** • 태아발달 이상 • 자연유산	

감소 ← 비타민 A 섭취 → 증가

그림 10.11 건강을 위해 비타민 A를 적정량으로 섭취하는 것이 중요하다. 너무 적게 섭취하거나 너무 많이 섭취하면 죽음에 이를 만큼 유해한 증상이 나타난다.

생각해 봅시다

Julie는 새로운 주스기를 사서 당근망고주스를 만들었고, 이걸 매일 2~3번에 걸쳐 마셨다. 그녀는 최근 손바닥이 오렌지색으로 변했다는 것을 깨달았다. 무엇 때문에 이렇게 되었을까? 그녀는 비타민 A의 독성 위험이 있을까?

만일 임산부가 비타민 A 함량이 높은 간이나 시리얼의 섭취량을 늘리고 빈번히 섭취한다면 비타민 A를 너무 많이 먹을 수 있다. 이런 이유 때문에 임산부가 식사보충제를 섭취하고 있다면 비타민 A 함량이 높은 식품의 섭취를 제한하도록 주의를 기울여야 한다. 베타카로틴의 형태로 식사보충제를 많이 먹는지도 확인해야 한다. FDA에 따르면 가임기 여성들은 활성비타민 A의 섭취량을 영양소 기준치 100%로 제한하는 것이 좋다.

식품에 함유된 카로티노이드는 많이 섭취하여도 쉽게 독성을 나타내지 않는다. 카로티노이드로부터 비타민 A의 전환율은 상대적으로 느리며, 섭취량이 증가하면 카로티노이드의 흡수율이 매우 감소되기 때문이다. 당근, 당근주스, 늙은 호박을 계속해서 많이 먹었다면 체내 카로티노이드 수준이 높아져 피부가 노란색으로 변할 수 있다. 혈액에 카로티노이드 함량이 높으므로 이런 증상을 고카로틴혈증(hypercarotenemia 또는 carotenemia)이라 한다. 그러나 이 증상이 건강에 해로운 것은 아니다.

확인합시다!

1. 비타민 A 전구체의 급원 세 가지와 활성비타민 A의 급원 세 가지를 예를 들면 무엇이 있는가?
2. 카로티노이드 베타카로틴은 왜 비타민 전구체로 분류되는가?
3. 비타민 A는 시력에 어떻게 영향을 주는가?
4. 비타민 A 결핍증 두 가지를 예를 들면 무엇이 있는가?
5. 비타민 A 결핍의 위험이 가장 높은 인구 집단은?
6. 비타민 A 독성의 신호와 증상은 무엇인가?

사례연구

Rachel Frank/Corbis/Glow Images

Emmi는 건강 전반에 대해 걱정을 하고 있고 이로 인한 스트레스가 심하다. 그녀는 낮에는 대학에서 수업을 듣고 밤에는 식당에서 일을 한다. 오늘 점심을 먹으면서 친구 Jessi는 뉴트리메가가 영양제가 스트레스 완화와 감기와 독감, 다른 질병을 예방하는데 도움이 될 거라고 권했다.

Emmi는 뉴트리메가가 한 달에 50달러나 든다는 것에 조금 놀랐지만, 어쨌건 그 보충제를 구입하기로 마음먹었다. 뉴트리메가의 라벨에는 건강을 유지하기 위해서는 하루 2~3알을 복용하고, 질병의 조짐이 있을 때는 매 3시간 간격으로 2~3알씩 복용하라고 되어 있다.

Emmi가 보충제 통의 라벨을 확인해 보니, 보충제 1알에는 비타민 A가 영양기준치의 33%(비타민 A 전구체로 75%), 비타민 C가 500%, 아연이 50%, 셀레늄이 10%에 해당되는 양이 함유되어 있었다.

만약 당신이 Emmi의 영양상담사라면 Emmi가 이 제품을 사용하기를 권할 것인가? 이 제품에 표시된 대로 복용한다면 건강상의 위험성은 없을까? Emmi가 건강을 유지하기 위해 제안할 수 있는 대안은 없을까?

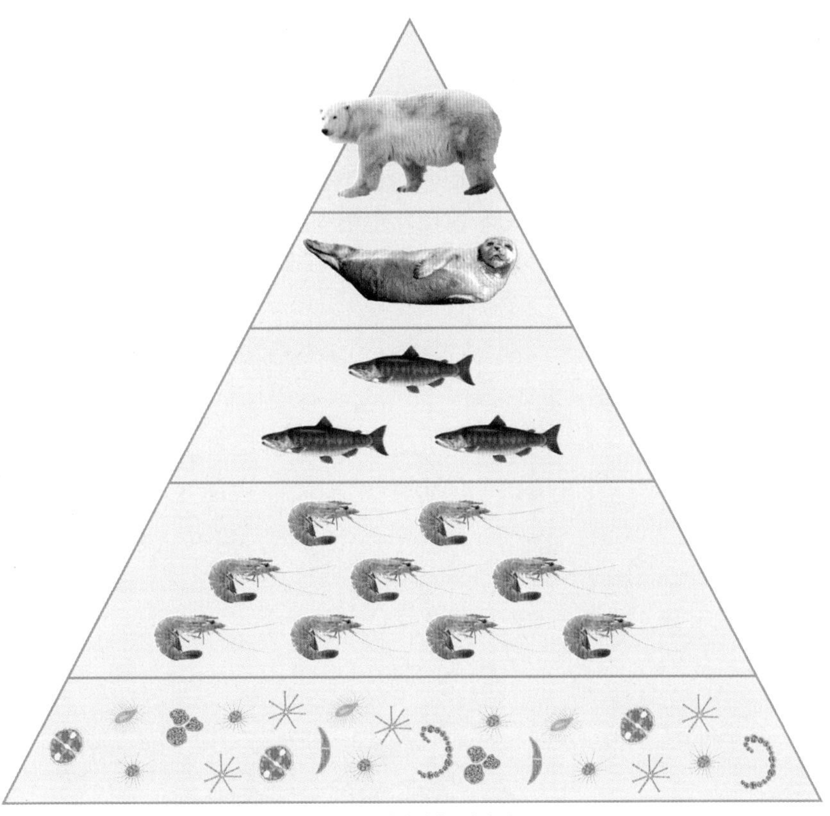

단순화된 먹이사슬 피라미드

alinabel/Shutterstock; JackF/iStock/Getty Images Plus/Getty Images; tony mills/Alamy Stock Photo; Foodcollection; Timothy Knepp/U.S. Fish and Wildlife Service; KittyVector/Shutterstock

▶ 북극곰의 간 1파운드(450 g)에는 몇 년간 건강을 유지하기에 충분한 비타민 A가 함유되어 있다. 초기 극지방 탐험팀은 북극곰의 간을 먹은 후 심각한 비타민 A 독성을 앓았다. 이 단순화된 먹이사슬 피라미드를 보면서 왜 북극곰의 간에 비타민 A가 그렇게 많은지 추측해 보자.

세계적 관점 

비타민 A 결핍

많은 저소득 국가들에서 비타민 A 결핍은 주요한 공중보건의 문제이다(그림 10.12). 국제보건기구(WHO)에 따르면, 약 2억 5천만 명의 학령 전 아동이 비타민 A 결핍이라고 한다. 특히 아프리카와 동남아시아 가난한 지역의 가임기 여성 또한 결핍 위험이 높다. 이 지역들은 에이즈유병률도 높은데, 임신기 비타민 A 결핍은 태아의 에이즈 전이 확률을 증가시키고 모체의 사망률을 높인다. 약 60만 명의 여성이 매년 임신과 출산과 관련해 사망하고, 이들의 상당수가 비타민 A 결핍이나 전반적인 영양상태 불량에 따른 2차적인 합병증으로 사망한다.

이 장에서 논의된 바와 같이 비타민 A 결핍은 야맹증과 실명, 성장부진 및 감염 증가와 같은 심각한 결과를 야기한다. 전세계적으로 매년 25만~50만 명의 아동들이 비타민 A 결핍으로 인해 예방 가능한 실명을 겪고 있다. 이 어린이들의 반 정도가 심각한 감염, 홍역, 설사 및 빈혈로 1년 이내에 사망한다.

황금쌀은 베타카로틴을 합성하기 위해 유전자 조작되었다. 이 쌀은 비타민 A가 풍부한 음식에 접근이 제한된 세계의 지역에서 강화된 음식으로 사용하기 위해 개발되었다.

JIANG HONGYAN/Shutterstock

1998년, 비타민 A 결핍에 맞서기 위해 WHO와 UNICEF, 캐나다국제개발단(Canadian International Development Agnecy, CIDA), 미국국제개발처(U.S. Agency for International Development, U.S. AID) 및 미량영양소 이니셔티브(Micronutrient Initiative, MI) 간의 협약이 체결되었다. 비타민 A 글로벌 이니셔티브(Vitamin A Global Initiative)라고 부르는 이 연합 국제기구는 비타민 A 결핍을 줄이기 위해 모유수유 촉진, 식품 강화(예: 과테말라에서 당 강화), 아프리카와 동남아시아 시골지역의 집에서 비타민 A가 풍부한 과일과 채소 재배를 할 수 있도록 하는 교육프로그램을 실시했다. WHO, UNICEF와 다른 국제기구들은 위험 집단에게 예방 접종 프로그램의 보조요법으로 비타민 A 보충제를 공급했다. 이런 전략들은 이 지역에서 비타민 A 관련 사망률을 25% 이상 감소시켰고 저소득 국가의 6개월~5세 아동에 있어 비타민 A 결핍으로 인한 사망률을 약 50%까지 감소시켰다. 그러나 이러한 사망의 95%는 비타민 A 결핍이 가장 흔한 사하라 사막 이남의 아프리카와 남아시아에 집중되었다. 영양소가 풍부한 식품(예를 들어 생선 같은)의 생산과 접근을 증가시키는 프로그램이 진행 중이며, 시골지역 고위험자 개인의 식사와 생활에 스며들 수 있도록 하는 이러한 프로그램은 영양소 결핍을 예방하는 일종의 식품 기반 전략이라고 할 수 있다.

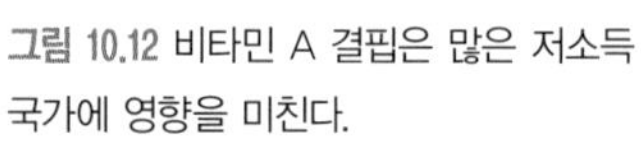

그림 10.12 비타민 A 결핍은 많은 저소득 국가에 영향을 미친다.

10.3 비타민 D

비타민 D 결핍으로 나타나는 뼈의 기형인 구루병은 오래전부터 알려져 왔다. 1918년에 구루병에 걸린 개를 치료하기 위해 대구 간유를 먹이면서 식사와 구루병이 연관 있음을 알게 되었다. 곧이어 비타민 D가 발견되면서 간유는 수백만 어린이들이 사용하는 식사보충제가 되었다.

비타민 D는 비타민의 일종으로 분류되고 있으나, 햇볕을 쪼이면 피부세포에서 콜레스테롤 유도체로부터 비타민 D가 충분히 합성될 수 있다. 즉, 식품으로 섭취하지 않아도 체내 합성될 수 있으므로, 비타민 D는 '조건부' 비타민 또는 **프로호르몬**(prohormone, 활성 호르몬의 전구체)으로 분류한다. 자외선 빛을 쪼일 수 없다면 식사로 충분히 비타민 D를 섭취해야만 비타민 D 결핍증인 구루병과 골연화증을 예방하고 세포의 요구량을 충족할 수 있다.

역사적 관점

일일 투여량

19세기 말 20세기 초, 미국과 유럽에서 구루병 발병률이 높았다. 과학자들은 대구간유와 일광이 구루병의 치료와 예방에 도움을 준다는 것을 발견했고, 비타민 D를 우유에 강화하기 시작했던 1933년 이전에는 대구 간유를 어린이용 보충제로 흔히 사용했다.

Bettmann/Getty Images

비타민 D_2 급원식품

비타민 D의 가장 좋은 급원식품은 지방 함량이 높은 생선(예를 들면, 정어리, 꽁치, 청어, 그리고 연어), 대구 간유, 강화우유, 그리고 아침식사용 강화시리얼이다(그림 10.13). 북미에서는 우유 1 quater(30 L)당 10 μg(400 IU) 정도 강화시키지만 유제품(치즈, 아이스크림) 등에는 첨가하지 않는다. 달걀, 버터, 간, 마가린 등에도 어느 정도의 비타민 D가 함유되어 있으나 많이 먹어야만 필요량을 충족할 수 있으므로 주요 급원으로 간주하지 않는다. 강화식품과 식사보충제에 사용되는 비타민 D의 형태는 에르고칼시페롤(비타민 D_2)로 식품에 함유되어 있는 형태이다. 에르고칼시페롤은 인체에 비타민 D의 활성이 있지만 식품 내 함유량이 적어서 콜레칼시페롤(비타민 D_3)만큼 효과적이지 않다.

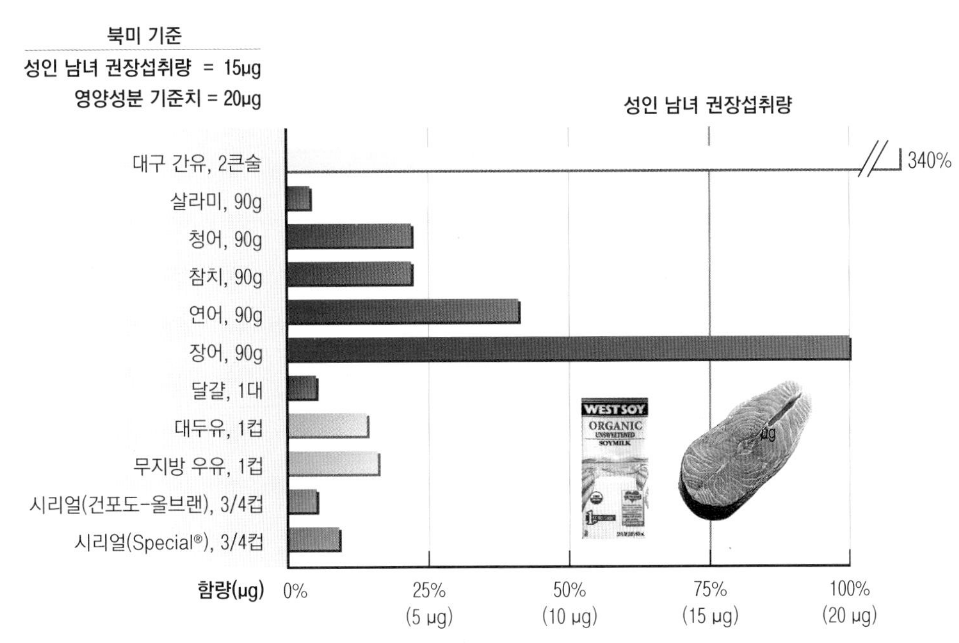

그림 10.13 비타민 D의 급원식품(북미 기준).

생화학자적 관점

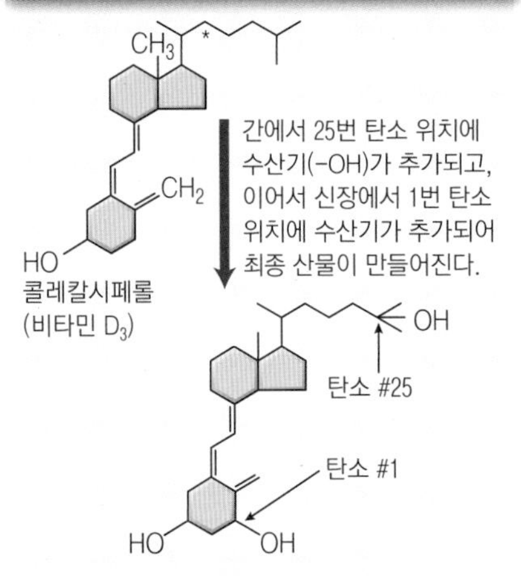

비타민 D의 활성 형태:
1,25 dihydroxy D_3(calcitriol, 칼시트리올)

체내에서 만들어지는 형태는 콜레칼시페롤(비타민 D_3)이다. 식품에 함유되거나 첨가되는 형태는 에르고칼시페롤(비타민 D_2)이다.

비타민 D 계열

표 10.4 비타민 D 주요 급원식품(100 g 당 함량)1)

급원식품 순위	급원식품	함량 (μg/100g)	급원식품 순위	급원식품	함량 (μg/100g)
1	달걀	20.9	16	돔	5.6
2	돼지고기(살코기)	0.8	17	소 부산물(간)	1.2
3	연어	33.0	18	어패류알젓	17.0
4	오징어	6.0	19	방어	5.4
5	조기	8.4	20	메추리알	2.3
6	멸치	4.1	21	대구	0.9
7	꽁치	13.0	22	크림	0.5
8	고등어	2.1	23	임연수어	4.6
9	두유	1.0	24	전갱이	11.7
10	넙치(광어)	4.3	25	아이스밀크	0.1
11	쥐치포	33.7	26	연유	7.0
12	볼락	4.6	27	칠면조고기	0.3
13	미꾸라지	5.5	28	어패류 부산물(내장)	5.0
14	시리얼	3.8	29	팽창제, 효모	2.8
15	오리고기	2.0	30	잉어	12.3

1) 2017년 국민건강영양조사의 식품별 섭취량과 식품별 비타민 D 함량(국가표준식품성분표 DB 9.1, 2019) 자료를 활용하여 비타민 D 주요 급원식품 상위 30위 산출

출처: 보건복지부, 한국영양학회, 2020 한국인 영양소 섭취기준

표 10.5 비타민 D 고함량 식품(100 g 당 함량)1)

함량 순위	식품	함량 (μg/100g)	함량 순위	식품	함량 (μg/100g)
1	어패류부산물, 은어 내장, 생것	40.0	16	미꾸라지, 삶은것	5.5
2	쥐치포, 말린것	33.7	17	방어, 구운것	5.4
3	연어, 생것	33.0	18	만새기, 생것	5.0
4	달걀, 생것	20.9	19	닭기름	4.8
5	어패류알젓, 청어 알, 염장	17.0	20	볼락, 생것	4.6
6	꽁치, 구운것	13.0	21	넙치(광어), 생것	4.3
7	잉어, 삶은것	12.3	22	멸치, 삶아서 말린것	4.1
8	청새치, 생것	12.0	23	시리얼	3.8
9	전갱이, 구운것	11.7	24	자라고기, 생것	3.6
10	애꼬치, 생것	11.0	25	팽창제, 효모, 말린것	2.8
11	조기, 생것	8.4	26	메추리알, 생것	2.3
12	연유	7.0	27	고등어, 생것	2.1
13	보리, 엿기름, 말린것	6.6	28	오리고기, 생것	2.0
14	오징어, 생것	6.0	29	은어, 구운것	1.5
15	돔, 구운것	5.6	30	소 부산물, 간, 삶은것	1.2

1) 국가표준식품성분표 DB 9.1

출처: 보건복지부, 한국영양학회, 2020 한국인 영양소 섭취기준

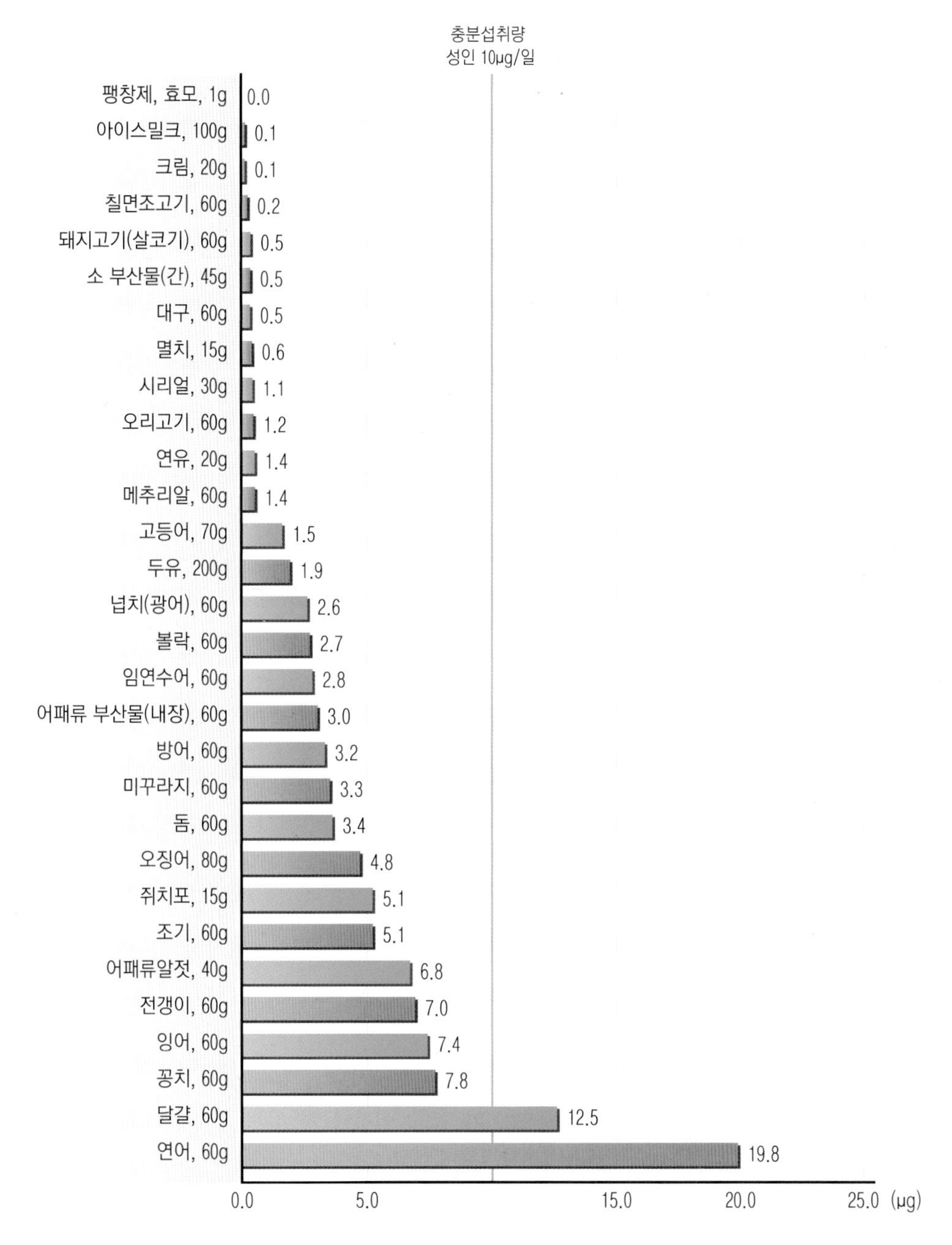

그림 10.14 비타민 D 주요 급원식품(1회 분량 당 함량)[1)]

1) 2017년 국민건강영양조사의 식품별 섭취량과 식품별 비타민 D 함량(국가표준식품성분표 DB 9.1, 2019) 자료를 활용하여 비타민 D 주요 급원식품 상위 30위 산출 후 1회 분량(2015 한국인 영양소 섭취기준)을 적용하여 1회 분량당 함량 산출, 19~29세 성인 충분섭취량 기준(2020 한국인 영양소 섭취기준)과 비교

출처: 보건복지부, 한국영양학회, 2020 한국인 영양소 섭취기준

한국인의 비타민 D 주요 급원식품으로는 달걀, 돼지고기(살코기), 연어, 오징어, 조기 순으로 나타났고(표 10.4), 1회 분량 당 비타민 D 함량이 가장 높은 식품은 연어, 달걀, 꽁치로 각각 19.8 μg, 12.5 μg, 7.8 μg이었다(그림 10.14). 우리나라에서는 아직까지 우유나 유제품에 비타민 D를 강화하는 것이 보편적이지 않아 우유나 유제품의 비타민 D 기여도는 상대적으로 낮은 편이다. 표 10.5는 우리나라 식품 100 g당 비타민 D 함량을 나타낸 것으로, 어패류 부산물인 은어 내장, 쥐치포, 연어, 달걀 순이었다.

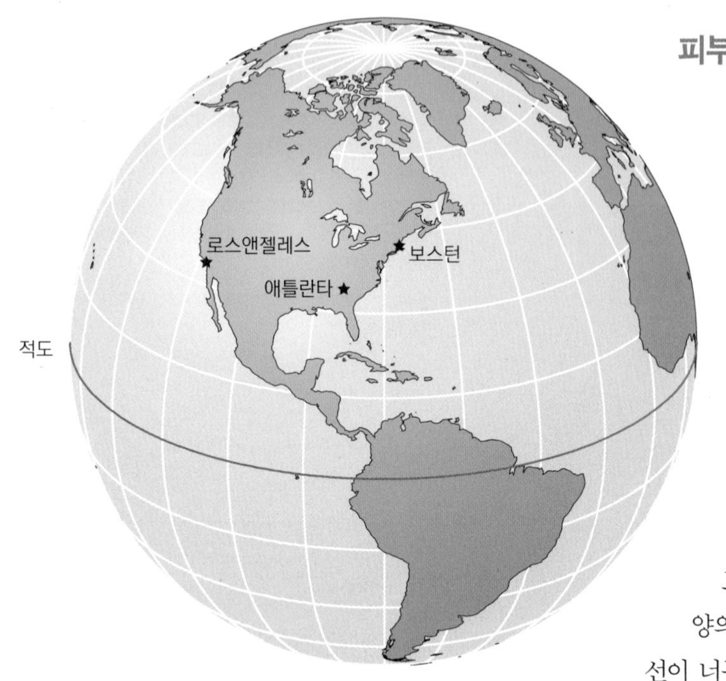

그림 10.15 적도에서 멀어질수록 자외선 양은 감소한다.

피부에서 비타민 D_3 합성

비타민 D의 합성은 피부에 있는 콜레스테롤 합성의 전구체(7-디히드로콜레스테롤)에서 시작된다. 햇빛에 노출되는 동안 환상 고리가 하나 변화되어 더 안정된 비타민 D_3(cholecalciferol)가 만들어진다. 이러한 변화는 비타민 D_3로 하여금 혈류로 유입되어 간과 신장으로 운반될 수 있도록 하며, 여기서 활성을 지닌 형태(calcitriol)로 전환된다.

대부분의 사람들에서 햇볕을 충분히 쬘 경우 비타민 D_3 필요량의 80~100%가 합성된다. 필요한 햇빛 노출량은 하루 중 시간, 지역적 위치, 계절, 연령, 피부색, 자외선차단제의 사용 여부에 따라 달라진다. 예를 들어, 위도가 높은 메사체스주 보스턴(북위 42°)에서 3월부터 10월까지는 자외선 노출로 충분한 양의 비타민 D_3가 합성된다. 그러나 11월부터 다음해 2월까지는 자외선이 너무 약해 비타민 D_3를 충분히 만들어내지 못한다. 반면 캘리포니아주 로스앤젤레스(북위 34°)에서는 자외선 노출이 충분하므로 연중 비타민 D_3가 합성된다(그림 10.15). 우리나라의 자외선량을 감안하면 하루 20~30분(청정지역의 경우 여름은 12분, 겨울은 37분)의 일광욕으로 비타민 D 합성이 가능하다. 피부에서 비타민 D_3의 합성은 나이가 들면 감소되어, 70세에 이르면 약 70% 정도까지 감소한다. 노인들은 이른 아침과 늦은 오후에 잠시 햇볕을 쬐거나(피부암의 위해를 최소화하기 위해), 비타민 D 식사보충제를 섭취하여 결핍을 예방하는 것이 좋다.

피부가 검은 사람은 피부 색소인 멜라민이 많아서 자외선을 차단하므로 비타민 D_3가 충분히 합성되지 못한다. SPF 8 이상인 자외선차단제를 사용하면 피부암의 위험을 줄일 수 있지만 비타민 D_3 합성은 감소된다. 그래서 일주일에 2~3번 10~15분씩 자외선에 손, 얼굴, 팔을 노출시키도록 권장하는 전문가도 있다. 피부가 검은 사람의 경우에는 30분 이상으로 늘리거나 비타민 D 식사보충제를 섭취할 필요가 있다. 이보다 더 길게 햇빛에 노출되어도 비타민 D_3 합성이 지나쳐 독성을 나타내지는 않는다. 과량의 비타민 D_3 전구체(previtamin D_3)는 피부에서 빠르게 분해되기 때문이다. 결과적으로 비타민 D_3 함량이 충분히 만들어질 수 있을 만큼 햇볕을 쬐지 못하는 경우에는 식사를 통해 비타민 D_3를 충분히 섭취해야 한다.

비타민 D_3 전구체(previtamin D_3) 비타민 D 전구체 중 하나. 피부에 햇볕을 쬐면, 7-디히드로콜레스테롤의 고리가 열리면서 생성됨.

비타민 D의 필요량

2020 한국인 영양소 섭취기준에 따르면, 우리나라 성인의 비타민 D 충분섭취량은 남녀 모두 65세 미만 10 μg, 65세 이상 15 μg으로, 체내 비타민 D 상태를 반영하는 혈중 25-OH 비타민 D_3의 농도가 적정수준으로 유지될 때의 섭취량을 근거로 하여 설정되었다. 비타민 D의 급원은 식사와 햇빛 노출이지만, 실제 우리나라 성인들의 실외 활동량 및 자외선 노출 시간은 절대적으로 부족하므로 현재 충분섭취량은 햇빛 노출을 최소로 가정한 상태에서 결정된 것이다. 식품과 건강기능식품의 표시를 위해 사용되는 비타민 D의 영양성분 기준치는 10 μg이다.

모유에는 비타민 D 함량이 적으므로 미국 소아학회는 비타민 D를 공급받고 태어난 만삭아(성숙아)라고 하더라도 모유 수유를 하는 경우, 이유 후 강화식품이나 급원식품을 먹일 때까지 비타민 D 보충을 시킬 것을 권고하고 있다.

인체에 필요한 비타민 D의 약 80~100%가 자외선으로부터 피부에서 만들어진다. 비타민 D 함량이 높은 식품은 그리 많지 않다. 따라서 햇빛은 비타민 D 수준을 유지하는 데 가장 중요한 방법이 된다.
Purestock/Alamy Stock Photo

비타민 D의 흡수와 운반, 저장, 배설

식품으로 비타민 D_2를 섭취하면, 약 80%는 기타 식사 지방 성분과 함께 미셀(micelle)을 이루어 소장에서 흡수되고, 킬로마이크론의 형태로 림프계를 통해 간으로 운반된다(그림 10.16). 지방 흡수가 저해되는 질병(예: 낭성섬유증, 크론병, 만성소화장애)을 가진 환자는 비타민 D의 흡수도 낮아지고 결핍증을 나타낼 수 있다.

비타민 D(피부에서 합성된 비타민 D_3 또는 식품으로 섭취된 비타민 D_2)는 순환계에서 비타민 D 결합단백질과 결합하여 근육이나 지방세포에 저장되거나, 간과 신장으로 운반된다. 간에서 비타민 D는 25번 탄소 위치에 수산기(-OH)가 첨가되어 25-OH 비타민 D_3(calcidiol)로 전환된다. 이 비활성화 형태는 몇 주간 혈액에서 순환되며 일시적으로 비타민 D 저장고 역할을 한다. 다음 단계는 신장에서 일어나는 1,25-$(OH)_2$ 비타민 D_3(calcitriol)로 전환이다. 이는 비타민 D의 활성 형태로서, 필요시 목표 조직의 비타민 D 수용기와 결합하여 기능을 발휘한다.

1,25-$(OH)_2$ 비타민 D_3의 합성은 부갑상선과 신장에 의해 엄격하게 조절된다. 혈액의 칼슘 수준이 낮아지면, 부갑상선에서 부갑상선 호르몬(parathyroid hormone, PTH)의 합성이 증가된다. PTH는 신장에서 1,25-$(OH)_2$ 비타민 D_3의 합성을 증가시켜 칼슘 수준을 회복시킨다.

비타민 D는 주로 담즙을 통해 변으로 배설되며, 소량은 소변으로도 배설된다.

비타민 D의 기능

비타민 D의 활성 형태인 칼시트리올(calcitriol)은 몇 가지 중요한 기능을 가지고 있다. 가장 잘 알려진 기능은 혈중 칼슘과 인의 수준을 일정하게 유지하기 위한 호르몬 기능이다(그림 10.17). 이러한 기능을 통해 비타민 D는 골격 건강을 유지할 수 있도록 하지만, 반대의 결과를 초래해 뼈의 탈무기질화를 초래할 수도 있다. 비타민 D는 혈중 칼슘 수준이 낮을 때에 소장으로부터 식사 칼슘과 인의 흡수를 증가시켜 혈액 내 칼슘 수준을 일정하게 유지시킬 수 있다. 이를 통해 체세포에서 칼슘과 인의 이용성을 높여 필요량을 충족시키고, 나머지는 뼈로 유입되어 저장시킨다. 그러나 혈중 칼슘과 인의 수준이 떨어지기 시작할 때, 비타민 D는 부갑상선 호르몬과 함께 작용하여 뼈의 칼슘을 혈액으로 방출시키기도 한다. 이런 작용이 오랫동안 지속되면 결과적으로 뼈를 약화시킬 수도 있으나, 생명유지를 위해 필요한 칼슘과 인을 공급하는데 도움이 된다. 만약 뼈에서 칼슘과 인이 제공되지 않으면, 순식간에 치명적인 건강의 위해를 맞게 될 것이다. 따라서 비타민 D는 칼슘과 인의 섭취가 부족할 때에

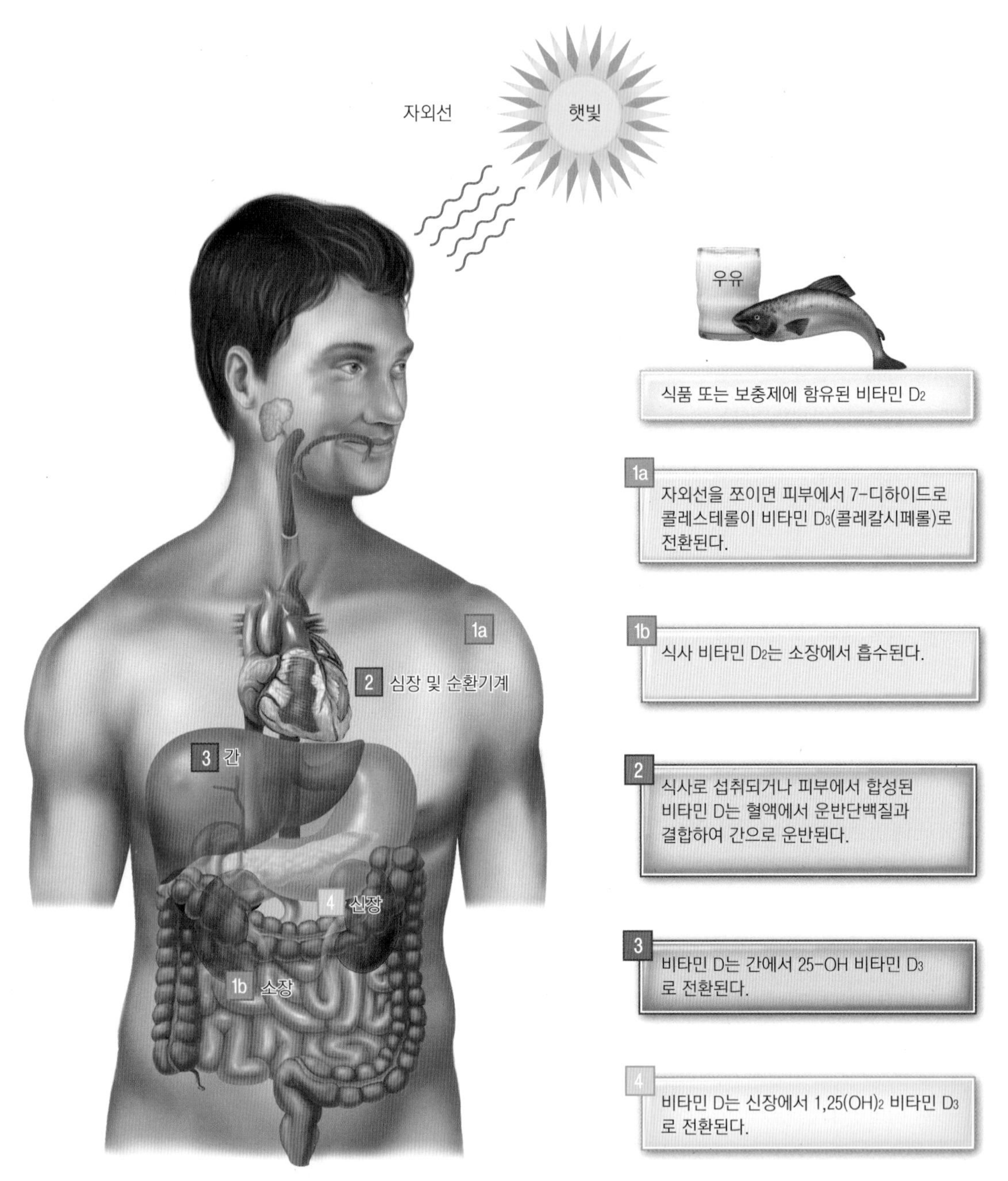

그림 10.16 비타민 D는 피부에서 합성되건, 혹은 식사로 섭취하건 간에 궁극적으로는 1,25-(OH)$_2$ 비타민 D_3, 칼시트리올의 형태로 호르몬의 기능을 수행하게 된다.

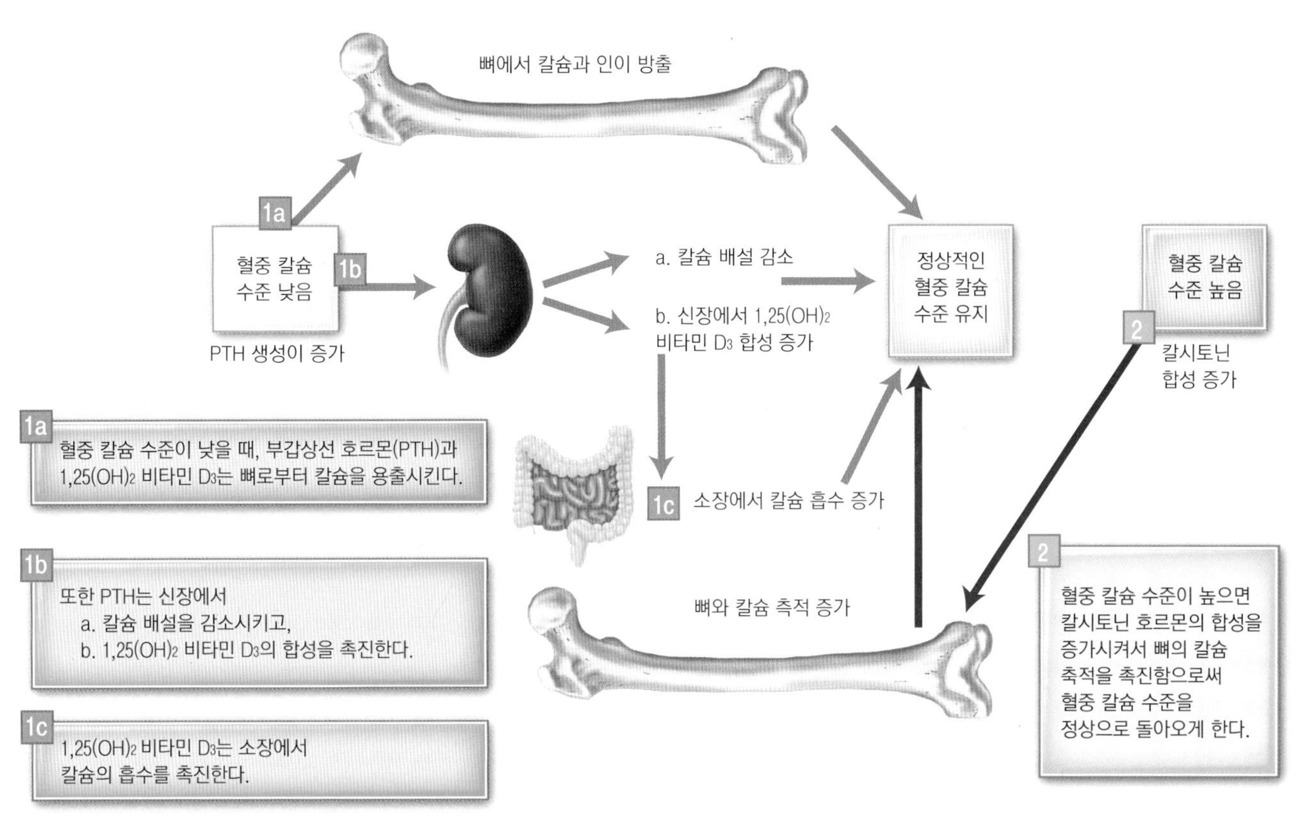

그림 10.17 활성 비타민 D[1,25-(OH) 비타민 D_3(calcitriol)]와 부갑상선 호르몬은 혈중 칼슘 수준을 조절하기 위해 상호작용한다. 혈중 칼슘 수준이 낮아지면 1a, 1b, 1c에서 보이는 일련의 반응이 일어나게 되고, 그 결과 혈중 칼슘 수준이 다시 높아진다. 이와 반대로, 혈중 칼슘 수준이 너무 높아지면, 2에서 보이는 바와 같이 칼시토닌 호르몬이 작용하여 뼈에서 칼슘 축적이 촉진된다.

낮 시간 동안 거의 대부분의 몸을 가리고 있는 사람들은 비타민 D_3의 합성을 거의 기대할 수 없다.

Goodshoot/Alamy Stock Photo

도 칼슘과 인의 기능을 유지시켜 주는 역할을 담당한다.

비타민 D는 다른 중요한 기능도 가지고 있다. 최근 연구에 따르면 비타민 D는 면역기능을 조절하며, 몇 가지 중요한 호르몬(인슐린, 레닌, PTH)의 분비를 조절한다. 여러 조직에서 비타민 D의 역할이 정확히 밝혀진 것은 아니지만, 세포 주기의 조절에도 관여하는 것으로 밝혀지고 있다. 이외에 비타민 D는 감염이나 다발성경화증과 같은 자가면역질환의 위험을 감소시킬 수 있으며 당뇨병, 고혈압, 치매, 암 등으로부터 보호 효과를 갖는다. 그러나 대부분은 일관성이 부족한 관찰연구를 통해 얻어진 결과로 앞으로 비타민 D 식사보충제를 사용한 중재연구를 통해 이들 질병에 있어 비타민 D의 역할을 좀 더 연구할 필요가 있다.

비타민 D 결핍증

혈중 칼슘과 인의 수준이 충분하지 않으면 더 이상 뼈에 축적될 수 없으므로 골격의 무기질화가 정상적으로 이루어지지 않을 것이다. 따라서 골격이 약화되고, 압력을 이기지 못해 휘게 된다. 성장하는 어린이의 뼈에서 이런 증상을 나타내는 비타민 D 결핍증을 **구루병**(rickets)이라 한다(그림 10.18). 구루병의 증상으로는 두부 팽대, 관절, 흉곽 비대, 골반 기형, 다리 휘어짐 등을 들 수 있다. 선진국의 어린이에서 나타나는 구루병은 낭성섬유증과 같은 지방 흡수불량과 관련이 있다. 그러나 피부색이 진하거나, 옷 때문에 햇빛 노출이 적은 경우, 혹은 자외선차단제를 바르거나, 외부 활동이 적은 어린이에게서도 그 위험성이 증가하는 경향을 보인다. 많은 과학자들은 선진국과 개발도상국에 비타민 D 결핍과 구루병이 재출현하여 유행하리라 우려하고 있다.

그림 10.18 비타민 D 결핍으로 뼈의 모양이 변형되고 휘어진 어린이.

Jeff Rotman/Photolibrary/Getty Images

성인에게서 나타나는 비타민 D 결핍은 '부드러운 뼈'로 특징되어 **골연화증**(osteomalacia)이라고 부른다. 새로 만들어진 뼈의 석회화가 미흡하여 엉덩이, 척추, 그리고 기타 뼈 등이 골절되는 원인이 된다[골다공증(osteoporosis)과 혼돈하지 말 것]. 골연화증은 신장이나 간에 질환(두 경우 모두 칼시트리올의 합성이 저해됨)이 있거나 지방 흡수에 손상을 주는 소장질환(예: 크론병)이 있는 성인에게 발생하기 쉽다. 또한 피부색이 어두운 사람들과 햇빛 노출이 제한된 사람들도 위험군에 해당한다.

시설에 거주하거나 북방 기후에 사는 노인들 또한 비타민 D 결핍의 위험이 높다. 이들은 햇빛 노출이 적을 뿐만 아니라 식사섭취가 적거나 신장기능 저하로 활성 비타민 D로의 전환이 제한되기 때문이다.

혈중 25-OH 비타민 D_3 농도가 낮은 경우에는 정상 수준에 이를 때까지 20~25 μg(800~1,000 IU)의 비타민 D를 매일 섭취해야 한다. 혈중 농도가 정상 수준으로 되면, 매일 10 μg(400 IU)만 보충해도 충분하다.

비타민 D의 독성

비타민 D 독성은 특별히 콜레칼시페롤 형태로 비타민 D 보충제를 과다 섭취하는 경우 발생할 수 있다. 햇빛 노출이 심하거나(피부에서 비타민 D는 쉽게 분해됨) 식사를 통해 과다한 비타민 D를 섭취하여도 독성을 나타난 예는 없다. 2020 한국인 영양소 섭취기준에서는 12세 이상의 상한섭취량을 100 μg/일로 정하고 있다. 상한섭취량을 상회하는 농도에서 비타민 D

는 칼슘을 과도하게 흡수하게 하여 고칼슘혈증(hypercalcemia)을 일으킨다. 혈중 칼슘이 과다하면 신장, 심장, 폐 안에 칼슘이 축적되며 거식증, 메스꺼움, 구토, 뼈의 무기질 저하, 허약, 관절 통증, 그리고 신장기능 저하 등의 증상도 나타난다. 독성 초기에는 섭취를 중단하는 것만으로도 치료가 가능하다. 그러나 만약 과다 보충이 지속되면, 치명적인 비타민 D 독성으로 이어질 수 있다.

외국에는 비타민 D로 강화된 우유가 많이 있다. 심지어 저지방 우유, 무지방 우유에도 비타민 D를 강화하고 있다.

Royalty–Free/Corbis

비타민 D의 최근 문제점

우유에 비타민 D를 강화하거나 대구 간유를 사용하는 등의 방법으로 19세기에 유행하던 구루병은 거의 완벽히 근절되었다. 그러나 비타민 D 결핍은 글로벌 이슈로 재등장하였다. 자외선 노출을 제한하는 행동(실내 활동, 자외선차단제의 사용, 피부를 모두 덮는 의상 등)과 더불어 비타민 D 섭취가 낮은 것이 비타민 D 영양상태를 악화시켰다고 여겨진다. 실제 미국인들에서 비타민 D 결핍 위험과 관련있는 혈액 비타민 D 농도가 수십 년에 걸쳐 지속적으로 상당히 저하되었다.

2010년 IOM에서 설정한 비타민 D 권장섭취량은 칼슘 항상성 촉진과 비타민 D와 연관된 뼈 질환의 예방을 근거로 한 것이다. 그러나 일부 전문가들은 칼슘 이용 및 뼈 건강과 무관한 비타민 D의 기능이 존재한다고 믿었으며, 지난 10년 전부터 이에 대한 연구를 꾸준히 계속하였다. 예를 들어, 비타민 D는 유전자 조절과 세포주기 조절에서 중요한 역할을 하기 때문에 당뇨병 등 만성질환을 비롯하여 결장암, 전립선암, 유방암, 심혈관계질환, 자가면역질환의 발생 위험을 낮출 수 있다는 것이다.

비타민 D의 다양한 기능을 유지하기 위해서, 신체 내에 매일 75~100 μg(3,000~4,000 IU)의 비타민 D가 존재해야 혈중 25-OH 비타민 D_3 수준을 적절히 유지할 수 있다고 주장하는 과학자들도 있다. 그러나 일상적인 자외선 노출(2,000 IU), 식품 급원(150~200 IU), 그리고 식사보충제(200 IU)를 모두 합산할 때 평균적으로 2,400 IU의 비타민 D를 공급할 수 있다. 따라서 햇빛 노출이 제한된 사람의 경우, 비타민 D 수준을 적절히 유지하기 위해서는 1,000~4,000 IU까지 경구 투여해야 한다.

확인합시다!

1. 비타민 D를 조건부 비타민 또는 호르몬 전구체로 분류하는 이유는 무엇인가?
2. 비타민 D 함량이 높은 식품으로는 무엇이 있는가?
3. 비타민 D의 세 가지 기능은 무엇인가?
4. 비타민 D 결핍의 결과는 무엇인가?
5. 북쪽 위도에 사는 사람들은 왜 비타민 D 결핍의 위험이 있는가?
6. 비타민 D의 상한섭취량이 설정된 이유는 무엇인가?

조리적 관점

식물성 우유 대체 음료

최근 식물성 원료로 만든 우유 대체 음료의 소비가 증가하는 반면, 우유 섭취는 감소하고 있다. 우유 대체 음료는 대두, 아몬드, 땅콩, 쌀, 귀리, 코코넛 등을 갈아서 물과 섞은 다음 유당불내증이 있는 경우, 채식을 하거나 종교적인 이유 혹은 다른 건강 관련 문제가 있는 경우에는 우유 대체 음료를 이용한다. 대두와 콩 알레르기뿐만 아니라 맛도 소비자들의 결정에 영향을 미친다. 우유 대체 음료가 가진 이점 때문에 이용하지만 또 다른 문제가 야기될 수도 있다. 예를 들어 코코넛밀크는 에너지가 낮고 식물성 원료라는 점에서 선택하지만 단백질이나 리보플라빈은 우유를 마실 때보다 적게 섭취하게 된다.

아래 표는 대표적인 우유 대체 음료 240 mL의 영양소 함량을 비교한 것이다. 가공과정에서 첨가된 영양소들로 인해 제품마다 영양소 함량의 차이가 크다고 할 수 있다.

R.Bordo/Shutterstock.

영양소	우유 (비타민 D 강화)	두유(무가당; 칼슘, 비타민 A, 비타민 D 첨가)	우유(가당, 칼슘, 비타민 A, 비타민 D 첨가)	밀크(무가당, 칼슘, 비타민 D 첨가)
에너지(kcal)	149	80	91	80
단백질(g)	8	7	1	1
탄수화물(g)	13	4	16	8
당류(g)	12	1	15	1
섬유소(g)	0	1	1	2
지질(g)	8	4	2.5	4.5
콜레스테롤(mg)	36	0	0	0
비타민 D(IU)	101	119	101	120
비타민 A(IU)	300	503	499	0
리보플라빈(mg)	0.4	0.5	0.4	0
칼슘(mg)	300	301	451	350
나트륨(mg)	125	90	130	34

10.4 비타민 E

1922년, 식물성 유지에 함유된 성분이 흰쥐의 정상적인 생식을 위해 필요하다는 것을 발견함으로써 비타민 E의 중요성이 처음으로 주목받게 되었다. 비타민 D 이후에 발견되었으므로 '비타민 E'라고 하였으나, 그 후에 토코페롤이라 명명하였으며 그리스어로 toco는 '분만(childbirth)'을, pherein은 '임신(to bear)'을 의미한다. 지방 흡수 불량증을 가진 아이들에서 비타민 E 결핍증이 발견된 1960년대 중반 이후, 비타민 E가 사람에게 필수영양소라는 것을 알게 되었다. 비타민 E의 권장섭취량은 1968년에 처음으로 설정되었으며, 다른 영양소와 마찬가지로 비타민 E의 지식기반이 확장됨에 따라 개정되었다.

비타민 E는 생물학적 활성도가 매우 다른 여덟 가지 화합물, 즉 4가지 토코페롤(tocopherol: 알파, 베타, 감마, 델타)과 4가지 토코트리에놀(tocotrienol: 알파, 베타, 감마, 델타)의 총칭이다. 비타민 E는 고리 구조에 긴 탄소 사슬 꼬리가 붙어 있다. 이 꼬리에는 많은 이성체가 있는데, 그중 가장 활성이 높은 것은 알파-토코페롤 형태로, 일부 식품에 존재하며 식사보충제에는 다양하게 함유되어 있다. 감마-토코페롤은 여러 가지 식물성 유지에서 발견되는 형태로 건강에 유익한 기능이 있지만 알파-토코페롤만큼 생리활성이 크지 않다.

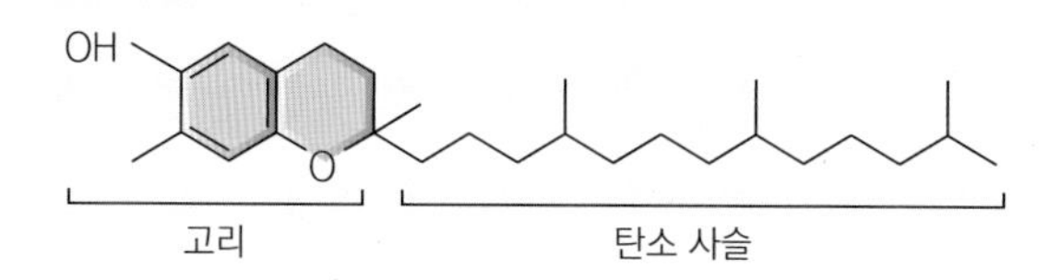

비타민 E(알파-토코페롤)

▶ 식품이나 식사보충제의 표시를 살펴보면 비타민 E의 형태가 'd' 또는 'dl'로 표시되어 있다. 영양표시의 비타민 E 항목에 'd'(최근에는 RRR-알파-토코페롤로 표시하고 있음)가 표시되어 있다면 함유된 모든 비타민 E가 활성형임을 의미한다. 그러나 'dl'(all-rac-알파-토코페롤)로 표시되어 있다면, 함유된 비타민 E의 절반만 체내에서 활성화됨을 의미한다.

비타민 E의 급원식품

비타민 E의 급원식품으로는 식물성 유지(목화씨, 카놀라, 홍화 및 해바라기 씨의 기름), 맥아, 아보카도, 아몬드, 땅콩, 해바라기씨를 들 수 있다(그림 10.19). 식물성 유지를 사용한 마가린, 쇼트닝, 샐러드드레싱도 좋은 급원식품이다. 반면, 동물성 유지와 유제품에는 비타민 E가 없다.

식품에 있는 비타민 E의 함량은 수확, 가공, 저장, 조리에 따라 달라진다. 비타민 E는 산소, 금속, 빛, 열에 의해 아주 쉽게 파괴되기 때문이다. 그러므로 가공공정이 많거나 튀김공정을 통해 만들어낸 식품은 비타민 E 함량이 낮다.

한국인의 비타민 E 주요 급원식품은 고춧가루, 배추김치, 콩기름, 달걀, 과자, 마요네즈 순이었으며(표 10.6), 1회 섭취 분량을 기준으로 비타민 E 함량이 가장 높은 식품은 새우, 시리얼, 고춧가루, 광어 순으로 각각 1.8 mg α-TE, 1.8 mg α-TE, 1.4 mg α-TE, 1.3 mg α-TE이었다(그림 10.20). 식품 100 g 당 비타민 E 함량이 높은 식품은 견과류와 종실류로부터 얻어지는 유지류 외에도 오레가노, 헤이즐넛, 녹차잎 등과 같은 식품이 비타민 E를 다량 함유하고 있는 식품이라 할 수 있다(표 10.7).

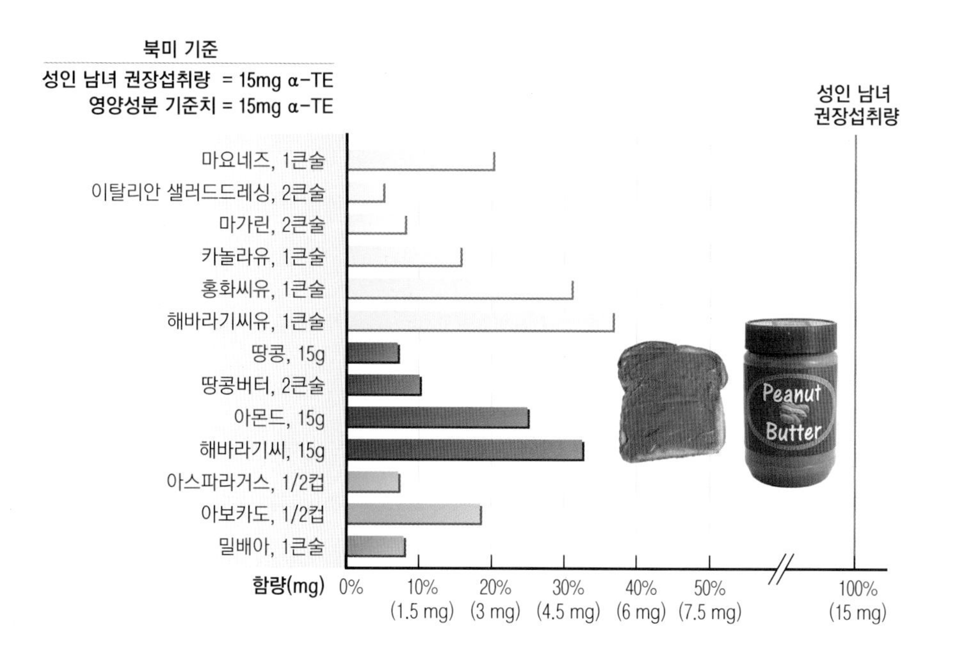

그림 10.19 비타민 E의 급원식품(북미 기준).

D. Hurst/Alamy Stock Photo; Jacques Cornell/McGraw-Hill Education

표 10.6 비타민 E 주요 급원식품(100 g 당 함량)[1]

급원식품 순위	급원식품	함량 (mg α-TE/100g)	급원식품 순위	급원식품	함량 (mg α-TE/100g)
1	고춧가루	27.6	16	시리얼	6.1
2	배추김치	0.8	17	복숭아	0.5
3	콩기름	9.6	18	유채씨기름	10.3
4	달걀	1.3	19	새우	2.3
5	과자	4.1	20	현미	0.8
6	마요네즈	10.2	21	김	5.4
7	돼지고기(살코기)	0.4	22	아몬드	8.1
8	고추장	2.6	23	닭고기	0.2
9	과일음료	0.6	24	초콜릿	3.1
10	백미	0.1	25	당근	0.7
11	두부	0.7	26	소고기(살코기)	0.2
12	빵	0.7	27	넙치(광어)	2.2
13	참기름	5.8	28	쌈장	1.9
14	시금치	1.4	29	콩나물	0.4
15	대두	2.6	30	상추	0.5

1) 2017년 국민건강영양조사의 식품별 섭취량과 식품별 α-, β-, γ-, δ- 토코페롤과 α-, β-, γ-, δ- 토코트리에놀 함량(국가표준식품성분표 DB 9.1, 2019) 자료를 활용하여 비타민 E 주요 급원식품 상위 30위 산출

출처: 보건복지부, 한국영양학회, 2020 한국인 영양소 섭취기준

표 10.7 비타민 E 고함량 식품(100 g 당 함량)[1]

함량 순위	식품	함량 (mg α-TE/100g)	함량 순위	식품	함량 (mg α-TE/100g)
1	면실유	31.2	1166	팜유	8.9
2	잇꽃씨기름	27.6	17	들기름	8.1
3	고춧가루, 가루	27.6	18	아몬드, 볶은것	8.1
4	포도씨유	22.0	19	고추, 생것	7.6
5	오레가노, 말린것	20.7	20	땅콩 버터	6.9
6	혼합식물성유	19.4	21	홑잎나물, 생것	6.6
7	개암, 헤이즐넛, 볶은것	19.1	22	시리얼	6.1
8	녹차잎, 말린것	18.6	23	참기름	5.8
9	땅콩기름	17.6	24	꾸지뽕 열매, 생것	5.7
10	해바라기유	16.0	25	브라질너트, 볶은것	5.7
11	해바라기씨, 볶은것	12.8	26	잣, 생것	5.4
12	올리브유	10.4	27	김, 구운것	5.4
13	유채씨기름	10.3	28	들깨, 볶은것	5.3
14	마요네즈, 전란	10.2	29	산초, 가루	5.1
15	콩기름	9.6	30	달팽이, 생것	5.0

1) 국가표준식품성분표 DB 9.1

출처: 보건복지부, 한국영양학회, 2020 한국인 영양소 섭취기준

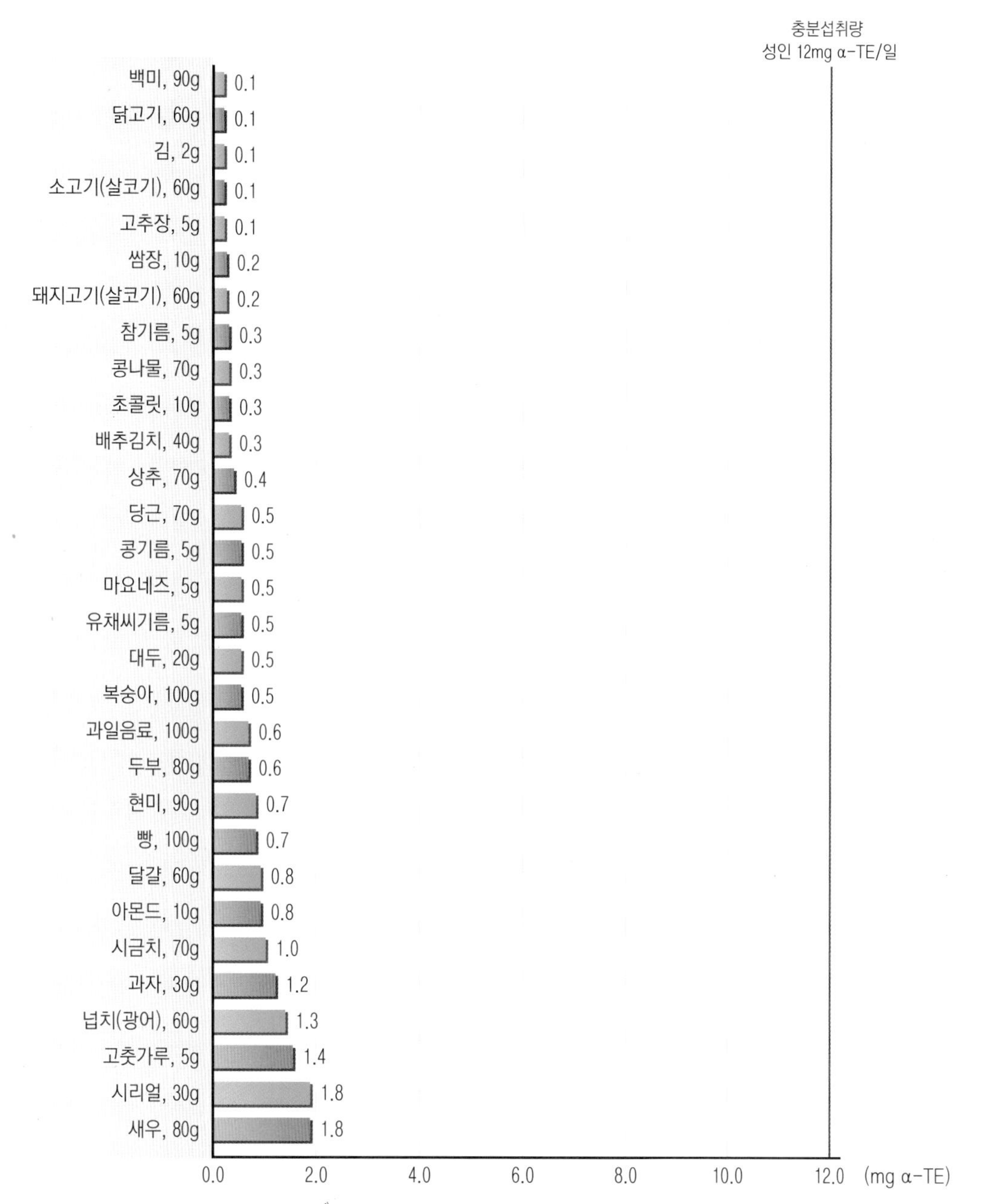

그림 10.20 비타민 E 주요 급원식품(1회 분량 당 함량)[1)]

1) 2017년 국민건강영양조사의 식품별 섭취량과 식품별 α-, β-, γ-, δ- 토코페롤과 α-, β-, γ-, δ- 토코트리에놀 함량(국가표준식품성분표 DB 9.1, 2019) 자료를 활용하여 비타민 E 주요 급원식품 상위 30위 산출 후 1회 분량(2015 한국인 영양소 섭취기준)을 적용하여 1회 분량당 함량 산출, 19~29세 성인 충분섭취량 기준(2020 한국인 영양소 섭취기준)과 비교

출처: 보건복지부, 한국영양학회, 2020 한국인 영양소 섭취기준

비타민 E의 필요량

미국 IOM은 적혈구 막의 **용혈**(hemolysis)을 예방하는 데 필요한 비타민 E의 양을 근거로 하여 권장섭취량을 15 mg/day로 설정하였다. 15 mg은 천연급원으로 22 IU, 합성 급원으로는 33 IU에 상응하는 수준이다. 우리나라의 경우 한국인에 대한 자료가 충분치 않아 비타민 E의 섭취기준은 충분섭취량으로 남녀 모두 알파-토코페롤 기준으로 12 mg α-TE/일로 설정되었다.

평균적으로 성인은 권장섭취량의 2/3 정도를 매일 섭취하고 있다. 비타민 E가 풍부한 시리얼이나 비타민 E 보충제를 매일 섭취하면 부족한 양을 채울 수 있다.

식품과 보충제의 표시에서 비타민 E 영양성분 기준치(DV)는 11 mg α-TE이다. 비타민 E의 IU 단위를 mg 단위로 전환할 때에는, 합성형의 경우(대부분의 비타민 E 보충제에 해당) 1 IU는 약 0.45 mg에 해당한다. 그러나 만일 천연 비타민 E라면 1 IU는 0.67 mg 정도이다. 천연 비타민 E가 합성 비타민 E보다 활성이 높기 때문이다.

비타민 E의 흡수와 운반, 저장, 배설

비타민 E의 흡수는 식사 지방의 섭취량 및 흡수와 관련이 있다. 수동확산에 의해 흡수되며 흡수율은 섭취량의 20~70%로 다양하다. 다른 지용성 영양소와 마찬가지로, 비타민 E는 소장관에서 미셀로 유입되어 흡수되며 이 과정은 담즙과 췌장효소의 작용을 받는다. 일단 소장세포로 흡수되면, 비타민 E는 킬로마이크론으로 영입되어 일단 림프를 통해 운반되며 결국 혈액으로 들어간다.

대부분의 비타민 E는 킬로마이크론이 분해되면서 그 잔유물의 형태로 간으로 들어가며 소량은 직접 다른 조직으로 들어가기도 한다. 간에서 비타민 E는 다른 지단백질(VLDL, LDL, HDL)의 형태로 재포장되어 체내 각 조직으로 이동한다. 다른 지용성 비타민과 달리 비타민 E는 혈액 안에서 특별한 수송단백질을 갖지 않고 지단백질의 형태로 운반된다. 또한 비타민 E는 다른 지용성 비타민들과는 달리 간에서 축적되지 않고, 약 90% 정도가 지방조직으로 이동된다.

비타민 E는 담즙과 소변, 피부를 통해 배출될 수 있다. 그러나 대체로 비타민 E 흡수가 낮기 때문에 대부분이 담즙을 통해 변으로 배설된다.

비타민 E의 기능

비타민 E는 체내 항산화 체계에서 중요한 부분을 담당하고 있으며 항산화제로서 **유리기**(free radical)에 의해 시작되는 일련의 산화과정을 중지시킴으로써 세포막 구조를 유지하는 데 도움을 줄 수 있다. 유리기는 1개 이상의 비공유 전자를 가진 매우 불안정한 화합물이다. 일반적으로 산화반응 후 만들어진 비공유 전자는 즉시 다른 전자와 공유를 이루어 안정화하려는 성질이 있다. 그런데 이 과정이 이루어지지 않아 남겨진 유리기는 강력한 산화(electron-seeking) 물질로 작용하여 세포막 또는 DNA와 같이 전자가 밀집한 세포의 구성요소에 대해 매우 파괴적으로 작용할 수 있다.

유리기(free radical) 비공유 전자를 가지고 있는 화합물로 다른 화합물로부터 전자를 공여받으려 함. 유리기는 강력한 산화물질.

과산화 라디칼(peroxyl radical) 유리기를 함유한 과산화 화합물로 R-O-O˙로 표시됨. 여기서 R은 지방산에서 떨어져 나온 탄소·수소 사슬이며, 점은 비공유 전자.

유리기는 이처럼 세포에 손상을 주지만, 신체에서 중요한 역할을 담당하기도 한다. 예를 들어, 병원체의 침입에 대한 면역체계의 일환으로 백혈구는 유리기를 만들어서 박테리아, 바이러스, 기타 감염 물질에 대항한다. 그러나 자기방어를 위해 체내에서 유리기의 생성과 분해가 균형을 이루어야 한다. 이를 위해 비타민 E를 포함한 글루타티온 퍼옥시데이즈(glutathione peroxidase), 수퍼옥사이드 디스뮤테이즈(superoxide dismutase) 및 카탈레이즈(catalase)와 같은 항산화제의 역할이 중요하다(그림 10.21).

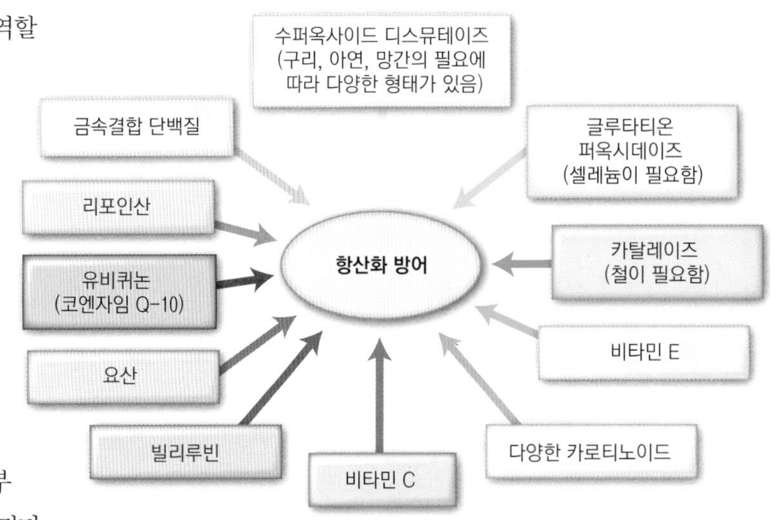

그림 10.21 신체의 항산화 방어를 위해 비타민 E만 필요한 것이 아니다. 그러한 방어는 수많은 영양소, 대사체, 효소계를 모두 사용한 결과로서 나타난다.

항산화제는 다양한 방법으로 유리기에 대응하여 그로 인한 손상을 예방할 수 있다. 예를 들어, 신체 중 지방이 많은 부위에서 유리기는 지질 과산화로 알려진 일련의 반응을 일으킨다. 그 결과 지방산이 분해되어 지질 **과산화 라디칼**(peroxyl radical, 산소 라디칼을 함유하고 있으므로 활성산소라고도 함)이 생성된다. 일련의 반응 중 지방산이 분해되어 2개가 유리기 쌍을 만들면 상호 안정화시킬 수도 있으나, 그 전에 수많은 지질 과산화 라디칼이 만들어질 수도 있다.

지용성 물질로서, 비타민 E는 지질이 많은 부위에서 지질의 과산화를 억제하는 가장 효과적인 기전 중 하나로 작용한다. 지질 라디칼에 수소를 공여하는 방법으로 비타민 E는 지질 과산화 반응을 멈추게 한다. 그 예로 인지질이 이중층으로 구성된 세포막을 들 수 있다(그림 10.22). 비타민 E는 지질 과산화 라디칼을 중성화시키고 지질 과산화 과정을 예방함으로써 세포막을 보호한다. 이러한 방법으로 비타민 E는 체내 **산화스트레스**(oxidative stress, 유리기로 유발되는 단백질, 지질, DNA 손상)를 감소시킨다. 비타민 E 분자는 산화과정을 멈추게 하는 과정에 소진되지만, 비타민 C와 같은 환원제의 도움으로 비타민 E는 재활용될 수 있게 된다.

글루타티온 퍼옥시데이즈(glutathione peroxidase)는 세포질과 미토콘드리아에 위치하는 효소로, 과산화수소와 과산화지질의 분해를 빠르게 한다. 과산화수소와 과산화지질은 활성산소(reactive oxygen species, ROS)로, 다른 화합물과 결합하여 유리기를 형성할 수 있다. 그러므로 글루타티온 퍼옥시데이즈는 과산화물을 제거함으로써, 비타민 E가 세포의 산화적 손상을 감소시키도록 도움을 준다. 글루타티온 퍼옥시데이즈의 활성은 이 효소를 구성하고 있는 무기질인 셀레늄(selenium)에 의해 결정된다. **카탈레이즈**(catalase) 역시 과산화물 제거기능을 갖고 있다. 그러나 카탈레이즈는 헴철과 관련이 있는 효소로, 세포 내 과산화소체(peroxisome)에 존재한다.

식물성 기름에는 비타민 E가 풍부하다.

C Squared Studios/Getty Images

활성산소의 과잉 생성을 억제하는 또 다른 방어체계는 수퍼옥사이드 디스뮤테이즈로 알려진 효소군이다. 이 효소는 산소가 다른 화합물과 반응할 때 만들어지는 수퍼옥사이드 라디칼을 제거하는 기능을 한다. 두 가지 형태의 수퍼옥사이드 디스뮤테이즈는 구리와 아연을 필요로 한다. 하나는 세포 내 세포질에, 다른 하나는 세포 밖에 위치한다. 세 번째 수퍼옥사이드 디스뮤테이즈는 미토콘드리아에서 발견되며 망간을 필요로 한다.

많은 사람들이 암, 심혈관계질환, 기타 유리기에 의한 손상과 관련된 만성

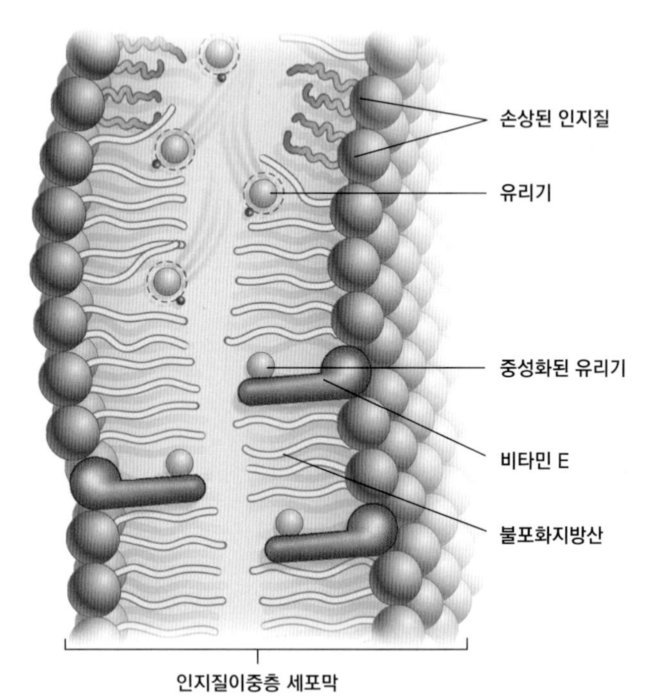

그림 10.22 지용성 비타민 E는 유리기의 반응을 멈추기 위해 전자를 내어줄 수 있다. 만일 유리기의 반응이 멈춰지지 않으면 세포막에 광범위로 산화적 손상을 줄 수 있다.

질환을 예방하기 위해 비타민 E와 기타 항산화 보충제를 섭취하고 있다.

ATBC(alpha tocopherol, beta carotene) 암 예방연구 결과로 비타민 E 보충제를 섭취하는 사람들은 전립선암의 발생 위험이 35% 감소됨을 알게 되었기 때문에, 암 예방전략의 일환으로 항산화 보충제의 섭취를 권장하게 되었다. 그러나 최근 수행된 두 가지 대규모 연구(SELECT: Selenium and Vitamin E Cancer Prevention Trial, Physicians' Health Study II)에서 보고된 바에 의하면 비타민 E와 셀레늄이 전립선 및 기타 암의 발생 위험을 감소시키지 못하였다. 최근 메타연구를 통해 비타민 E 효과는 전립선암의 단계에 따라, 혈중 알파 토코페롤 수준에 따라 다양하게 나타났다. 초기의 연구에서도 동맥경화증 위험 감소와 비타민 E 보충의 관계가 제시되었으나, 후속 연구에서는 동일한 결과가 관찰되지 않았다. 전문가가 암과 심혈관계질환의 예방을 위해 비타민 E를 섭취하라고 조언하기에 앞서 더 많은 연구가 필요하다.

비타민 E 결핍증

사람에게서 심각한 비타민 E 결핍은 거의 나타나지 않는다. 결핍 위험이 가장 큰 집단은 낭성섬유증과 크론병 환자와 같이 지방 흡수가 불량한 사람, 흡연자, **미숙아**(preterm infant)이다. 미숙아는 특히 취약한데, 그것은 출생 시 비타민 E 저장량이 제한되어 있으며 소장의 흡수율 또한 낮기 때문이다. 흡연자들의 결핍 위험이 높아지는 이유는 흡연으로 인한 산화스트레스와 지질 과산화로 비타민 E 요구가 증가하기 때문이다.

비타민 E 결핍의 특징은 적혈구세포의 미성숙 파괴(용혈)와 **용혈성 빈혈**(hemolytic anemia)이다. 이 심각성을 고려하여 미숙아에게는 비타민 E 보충제와 비타민 E를 함유된 특별 유동식이 제공된다.

비타민 E 결핍은 면역기능의 손상을 초래하며, 척추와 말초신경계에 변화를 일으킨다. 이런 증상은 유전적 결함으로 인해 지단백질 합성이 손상되어 비타민 E 운반 및 분포가 감소된 사람들에서 관찰되었다.

미숙아(preterm infant) 임신 37주 이전에 출생.

용혈성 빈혈(hemolytic anemia) 대체될 수 있는 것보다 더 빠르게 적혈구가 파괴되어 나타나는 장애.

출혈(hemorrhaging) 피를 흘림.

응집(coagulation) 혈전형성.

비타민 E의 독성

비타민 E는 비교적 독성이 낮지만 과다한 양은 혈액응고과정에서 비타민 K의 기능을 방해할 수 있다. 그 결과 혈액응고가 잘되지 않아 **출혈**(hemorrhaging)이 생길 수 있다. 특히 매일 아스피린 또는 와파린(쿠마딘®)과 같은 항응고제를 복용하는 사람들에서 그 위험이 높다. 이런 사람들이 비타민 E를 과량 섭취하면 심각한 출혈이 유발될 수 있다. 독성으로 인한 부작용을 예방하기 위해 비타민 E의 상한섭취량은 천연 형태인 알파-토코페롤로 1,000 mg(1,500 IU) 또는 합성 형태로 1,100 IU이다.

알파-토코페롤의 다량 섭취는 체내에서 감마-토코페롤의 항산화 활성을 감소시킬 수 있다. 이 때문에 과학자들은 천연 토코페롤이 혼합된 비타민 E 보충제를 권장한다. 그러나 이 형태는 천연 알파-토코페롤 또는 합성 알파-토코페롤보다 더 비싸다.

▶ 세포 손상을 일으키는 산화물질에는 $^1O_2$, H_2O_2, $\cdot OH$, $O_2\cdot^-$, O_3 등의 활성산소와 NO· 등의 질소-산소 복합물이 있다.

▶ 항산화제는 스스로 산화되면서 다른 화합물을 보호하므로, 화학적인 관점에서 볼 때 항산화제는 **산화환원제**(redox agent)로 명칭하는 것이 더 정확하다. 다시 말해서 항산화제는 산화(전자의 손실), 이어지는 환원(전자의 되찾음) 과정을 모두 거친다. 그럼에도 불구하고 항산화제라는 이름이 아직도 널리 사용되고 있다.

확인합시다!

1. 항산화제로서 비타민 E는 체내에서 어떤 기능을 하는가?
2. 비타민 E가 풍부한 세 가지 식품은 무엇인가?
3. 아스피린과 항응고제를 매일 섭취하는 사람들에게 비타민 E 보충제를 다량 공급하는 것이 우려되는 이유는 무엇인가?

10.5 비타민 K

비타민 K의 주요 기능은 혈액의 응고이다(그림 10.23) 덴마크 과학자가 지방을 추출한 식사를 병아리에게 먹였을 때 출혈이 생기는 것을 관찰하면서 비타민 K와 혈액응고의 관계를 처음으로 알게 되었다. 이 새로운 지질성분의 명칭을 **혈액응고**(coagulation)라는 덴마크어 koagulation을 따서 '비타민 K'라고 불렀다.

비타민 K(또는 퀴논)에는 식물에서 유래된 **필로퀴논**(phylloquinone, 비타민 K_1)과 어유와 동물에서 유래된 **메나퀴논**(menaquinone, 비타민 K_2)이 있다. 메나퀴논은 장내 박테리아에 의해 대장에서도 합성된다. 메나디온(menadione)이라고 하는 합성 물질은 체내 조직에서 메나퀴논으로 전환될 수 있다. 식사 형태인 필로퀴논이 생물학적으로 가장 활성이 높은 형태이다.

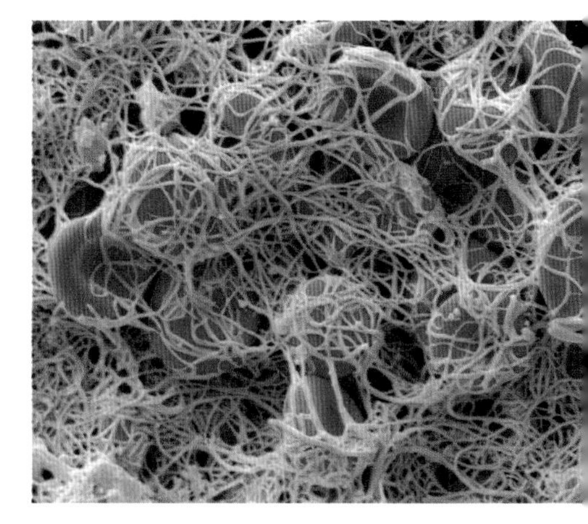

그림 10.23 비타민 K는 정상적인 혈액응고를 위해 필수적이다.

Steve Gschmeissner/Science Photo Library/Getty Images

비타민 K의 급원식품

매일 흡수되는 비타민 K의 약 10%는 장내 박테리아로부터 합성된 것이다. 나머지는 식품의

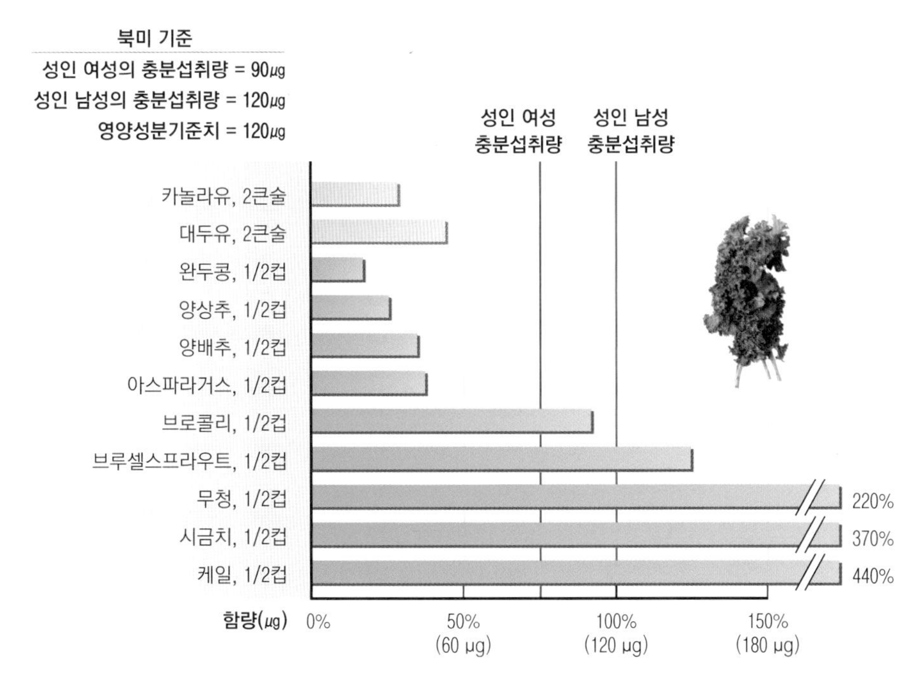

그림 10.24 비타민 K의 급원식품(북미 기준).

Stockdisc/Getty Images

표 10.8 비타민 K 주요 급원식품(100 g 당 함량)[1)]

함량 순위	식품	함량 (μg/100g)	함량 순위	식품	함량 (μg/100g)
1	배추김치	75	16	취나물	150
2	시금치	450	17	풋고추	54
3	들깻잎	787	18	브로콜리	182
4	무시래기	461	19	아욱	454
5	상추	209	20	포도	21
6	건미역	1543	21	열무	346
7	채소음료	158	22	고춧잎	871
8	파	88	23	갓 김치	121
9	열무김치	123	24	고춧가루	69
10	콩나물	93	25	쑥	606
11	김	656	26	양상추	106
12	배추	95	27	소고기(살코기)	5
13	콩기름	105	28	미나리	127
14	오이	20	29	양배추	12
15	부추	92	30	두릅	323

1) 2017년 국민건강영양조사의 식품별 섭취량과 식품별 비타민 K 함량(국가표준식품성분표 DB 9.1, 2019) 자료를 활용하여 비타민 K 주요 급원식품 상위 30위 산출

출처: 보건복지부, 한국영양학회, 2020 한국인 영양소 섭취기준

표 10.9 비타민 K 고함량 식품(100 g 당 함량)[1)]

함량 순위	식품	함량 (μg/100g)	함량 순위	식품	함량 (μg/100g)
1	미역, 말린것	1543	16	시금치, 생것	450
2	녹차잎, 말린것	1293	17	갯기름나물, 생것	431
3	모시풀잎, 생것	1197	18	스테비아, 생것	406
4	고춧잎, 생것	871	19	음나무(엄나무, 개두릅), 잎, 생것	400
5	들깻잎, 생것	787	20	배초향잎, 생것	379
6	구기자잎, 생것	683	21	민들레, 생것	351
7	김, 구운것	656	22	바젤라, 생것	350
8	쑥, 생것	606	23	근대, 생것	350
9	나토	600	24	열무, 생것	346
10	겨자, 생것	560	25	두릅, 생것	323
11	꾸지뽕잎, 생것	537	26	머위, 생것	323
12	호박잎, 생것	517	27	비름, 생것	318
13	쌈추, 생것	501	28	참나물, 생것	315
14	무시래기, 잎, 말린것, 삶은것	461	29	곰취, 생것	310
15	아욱, 생것	454	30	참죽나물, 생것	306

1) 국가표준식품성분표 DB 9.1

출처: 보건복지부, 한국영양학회, 2020 한국인 영양소 섭취기준

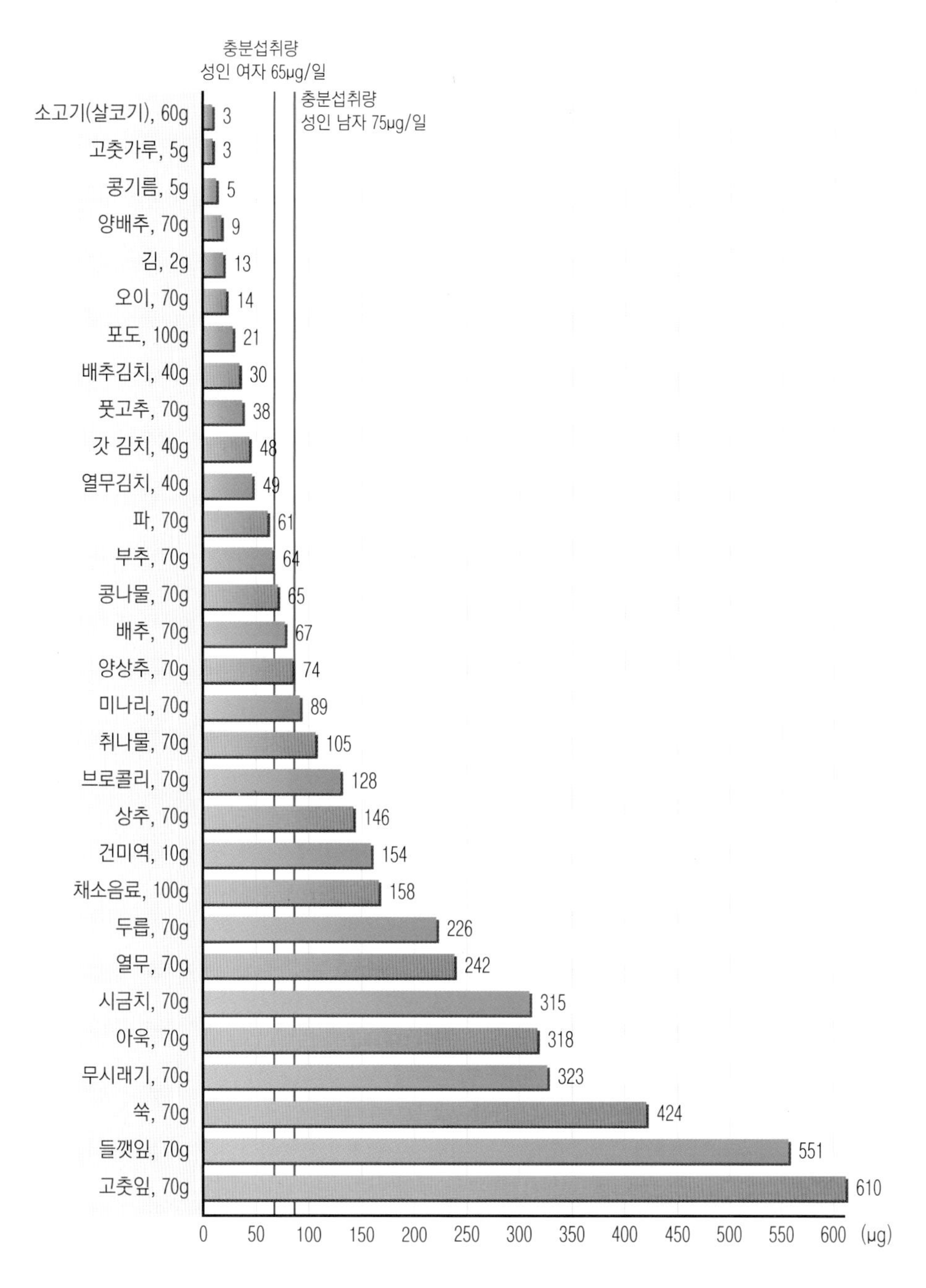

그림 10.25 비타민 K 주요 급원식품(1회 분량 당 함량)[1)]

1) 2017년 국민건강영양조사의 식품별 섭취량과 식품별 비타민 K_1 함량(국가표준식품성분표 DB 9.1, 2019) 자료를 활용하여 비타민 K 주요 급원식품 상위 30위 산출 후 1회 분량(2015 한국인 영양소 섭취기준)을 적용하여 1회 분량당 함량 산출, 19~29세 성인 충분섭취량 기준(2020 한국인 영양소 섭취기준)과 비교

출처: 보건복지부, 한국영양학회, 2020 한국인 영양소 섭취기준

형태로 공급된다. 각 식품 중 비타민 K 함량은 매우 다르지만, 푸른 잎채소(케일, 순무잎, 파슬리, 샐러드용 푸른 잎채소, 양배추, 시금치), 브로콜리, 완두콩, 푸른 콩 등은 가장 좋은 비타민 K 급원식품이다(그림 10.24). 콩기름이나 카놀라유와 같은 식물성 기름도 좋은 급원이다. 비타민 K는 열 공정에 비교적 안정하지만 빛에 노출되면 파괴된다.

한국인의 비타민 K 주요 급원식품은 배추김치, 시금치, 들깻잎, 무시래기, 상추 순이었으며, 1회 섭취 분량 당 비타민 K_1 함량이 가장 높은 식품은 고춧잎, 들깻잎, 쑥으로 각각 610 μg, 551 μg, 424 μg이었다(표 10.8). 즉, 고춧잎, 들깻잎, 쑥 하루 한 접시면 하루에 필요한 비타민 K 섭취기준을 충족시킬 수 있다(그림 10.25). 100 g당 비타민 K 함량이 높은 식품 역시 녹차잎, 모시잎풀, 고춧잎, 들깻잎 등의 녹색 채소류로 나타났다(표 10.9).

진한 녹색의 채소가 함유된 샐러드는 비타민 K의 풍부한 급원이 된다.

C Squared Studios/Getty Images

비타민 K의 필요량

여성의 경우 비타민 K의 충분섭취량은 1일 65 μg이며, 남성은 75 μg이다. 비타민 K의 1일 영양성분 기준치는 70 μg이다.

2020 한국인 영양소 섭취기준에 따르면, 19세 이상 한국 성인의 비타민 K 충분섭취량은 남자 75 μg/일, 여자 65 μg/일로 미국의 충분섭취량과 동일하다. 충분섭취량은 건강하게 보이는 사람의 일상 섭취량을 기준으로 한 것으로 평균섭취량과 권장섭취량을 결정하기에는 아직 근거가 충분치 않았을 때 설정된다. 현재 섭취량이 혈액응고를 위해 충분한 양의 비타민 K를 제공할 수 있지만, 섭취량을 높이는 것이 다른 기능을 위해 유익한지 아직 확실치 않다.

비타민 K의 흡수와 운반, 저장, 배설

식사로 섭취한 비타민 K(주로 필로퀴논)는 약 80% 정도 소장에서 흡수되어 킬로마이크론으로 유입된다. 이 과정에는 담즙과 췌장효소가 필요하다. 대장에서 장내 박테리아에 의해 합성된 메나퀴논은 수동확산으로 흡수된다. 비타민 K는 간에서 지단백 VLDL의 형태로 저장되거나 LDL, HDL의 형태로 온몸의 세포로 운반된다. 대부분의 비타민 K는 담즙을 통해 변으로 배설되며, 소량은 소변으로 배설되기도 한다.

비타민 K의 기능

비타민 K는 간에서 혈액응고 인자가 합성될 때, 그리고 프로트롬빈 전구체(preprothrombin)가 활성화된 혈액응고 인자인 프로트롬빈(prothrombin)으로 전환될 때 필요하다(그림 10.26). 전구체 단백질을 구성하는 아미노산 중 글루탐산에 이산화탄소(CO_2)가 부가되면 프로트롬빈이 생성된다. 프로트롬빈에는 Gla 아미노산 감마-카복시글루탐산이 함유되어 있기 때문에 'Gla protein'이라 한다. 비타민 K와 관련된 단백질에는 모두 Gla 잔기가 함유되어 있으며, 이것은 칼슘과 결합하여 혈액을 응고시키기 때문에 필수적이다.

비타민 K는 혈액응고 인자를 활성화시키고 비활성화되지만, 이후 다시 재활성화되어 지속적으로 생물학적 기능을 유지한다. 와파린(warfarin)계 의약품(Coumadin®)은 비타민 K의 재활성을 방해하여 강력한 항응고제로 작용한다. 혈액응고를 억제하기 위해 와파린을 복용하는 사람들은 식품을 통한 비타민 K 섭취를 일정하게 유지해야 하지만, 비타민 K 보충제 섭취는 피해야 한다.

비타민 K는 뼈 대사에도 중요한 역할을 한다. 세 가지 비타민 K 의존성 Gla 단백질[osteocalcin, matrix Gla protein, protein S]은 뼈에서 합성되는 것으로 알려졌다. 이들 단백질의 기능은 아직까지 명백하게 밝혀지지 않았지만, 비타민 K가 결핍된 동물에서는 합성이 감소되어 뼈 건강에 변화를 초래한다.

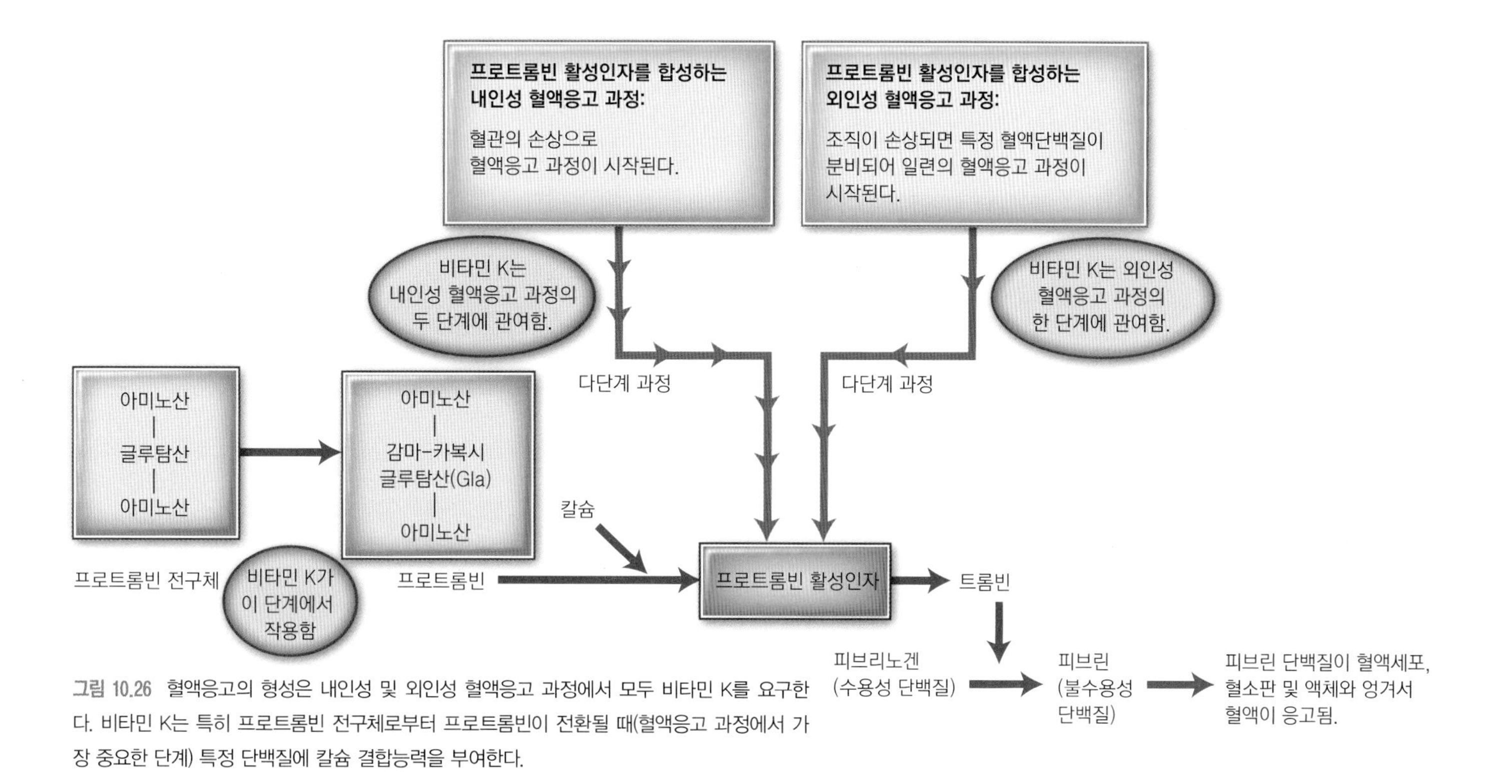

그림 10.26 혈액응고의 형성은 내인성 및 외인성 혈액응고 과정에서 모두 비타민 K를 요구한다. 비타민 K는 특히 프로트롬빈 전구체로부터 프로트롬빈이 전환될 때(혈액응고 과정에서 가장 중요한 단계) 특정 단백질에 칼슘 결합능력을 부여한다.

비타민 K의 결핍증

비타민 K의 결핍은 신생아에게 나타날 수 있다. 신생아는 출생 시 비타민 K 저장량이 매우 낮으며, 신생아의 장관에는 아직 박테리아가 없어서 비타민 K를 합성하지 못하기 때문이다. 따라서 신생아는 혈액응고의 결함으로 출혈 위험성이 증가하므로, 우리나라에서는 출생 후 6시간 내에 비타민 K를 주사하고 있다.

유아, 어린이, 청년, 어른에서 비타민 K 결핍은 거의 나타나지 않지만, 항생제를 장기복용하여 비타민 K 합성이 방해되었거나 지방 흡수가 저해된 경우에는 비타민 K 결핍이 나타날 수 있다. 결핍되면 혈액응고가 억제되어 출혈이 발생하므로 의사는 수술 전에 환자의 비타민 K 상태를 반드시 확인해야 한다.

비타민 A와 비타민 E의 과도한 섭취는 체내 비타민 K 작용에 부정적인 영향을 미친다. 비타민 A는 소장에서 비타민 K 흡수를 방해하고, 비타민 E의 과량 섭취는 비타민 K와 관련된 혈액응고 인자를 감소시켜 출혈 위험을 높인다. 즉, 과량의 비타민 A와 E 보충 섭취는 비타민 K 결핍과 출혈 위험을 증가시킨다.

필로퀴논(K_1)

메나퀴논(K_2)

비타민 K 계열

[] = 반복되는 부분

비타민 K의 독성

현재까지 비타민 K의 상한섭취량은 설정되어 있지 않다. 비타민 K는 간과 뼈에 제한적으로 저장된다. 또한 비타민 K는 다른 지용성 비타민에 비해 더 쉽게 배출된다. 필로퀴논이나 메나퀴논과 같은 천연 형태의 비타민 K는 신체에 해로운 영향을 미치지 않지만, 합성 형태인 메나디온을 주사하면 용혈성 빈혈, 과도한 **빌리루빈**(bilirubin)의 생성(황달), 신생아 사망 등

▶ 비타민 K 결핍을 확인하는 한 가지 방법은 혈액 응고 시간을 측정하는 것이다. 즉, 혈중에서 프로트롬빈이 얼마나 빠르게 혈전을 형성할 수 있는지를 측정하는 것이다.

빌리루빈(bilirubin) 담즙색소. 혈액에서 빌리루빈 수준이 높으면 피부와 눈이 노랗게 됨(황달).

을 유발한다. 그러므로 합성형 메나디온은 비타민 K 결핍 치료에 사용되지 않는다.

지용성 비타민은 체내에서 수많은 중요한 기능을 담당하고 있다. 표 10.10에는 비타민의 기능을 정리하였다.

확인합시다!

1. 비타민 K의 주요 급원식품 세 가지는 무엇인가?
2. 비타민 K는 혈액응고에 어떻게 작용하는가?
3. 쿠마딘(Coumadin®) 약물을 복용하는 사람은 왜 비타민 K 보충제의 사용을 금지해야 하는가?
4. 비타민 K 결핍이 우려되는 인구집단은?

표 10.10 지용성 비타민 요약

주요 비타민	기능	결핍 증상	위험군	급원	섭취기준*	독성 증상
비타민 A 미리 형성된 레티노이드, 비타민 A 전구체 카로티노이드	명암 및 색상의 시력, 세포분화, 뼈의 성장, 면역, 생식	성장 저하, 야맹증, 실명, 피부건조, 안구건조증, 피부각화증, 면역기능 손상	개발도상국 빈곤지역의 취학 전 아동, 지방 흡수불량 환자	활성비타민 A: 간, 강화우유, 생선간유 비타민 A 전구체(카로티노이드): 빨간색, 주황색, 진한 녹색, 노란색 채소; 주황색 과일	권장섭취량: 남자 800μg 여자 650μg	두통, 구토, 이중 시력, 점막 건조, 뼈와 관절의 통증, 간 손상, 출혈, 의식불명, 자연유산, 기형, 상한섭취량(활성 비타민 A) 3,000μg RAE
비타민 D 콜레칼시페롤 D_3, 에르고칼시페롤 D_2	칼슘과 인의 농도 유지, 면역기능, 세포주기 관리	구루병(어린이), 골연화증(성인)	피부색이 진한 사람, 자외선 노출이 적거나 섭취량이 낮은 노인, 지방 흡수불량 환자	비타민 D 강화우유, 생선기름, 기름기 많은 생선	충분섭취량: 10μg	연조직의 칼슘화, 성장저하, 과도한 혈중 칼슘, 소변을 통한 배설 증가, 상한섭취량 100μg
비타민 E 토코페롤, 토코트리에놀	항산화제, 유리기로 인한 손상 예방	적혈구세포의 용혈, 감각 뉴런의 손상	지방 흡수불량 환자	식물성유, 종자, 견과류, 유지(oil)로 만든 제품	충분섭취량: 12mg α-TE	비타민 K 대사 저해, 상한섭취량 540mg α-TE
비타민 K 필로퀴논, 메나퀴논	혈액응고 인자 및 골단백질의 합성	혈액응고 저하로 인한 혈액손실	장기간 항생제 복용자, 녹황색 채소 섭취가 낮은 성인, 지방 흡수불량 환자	녹황색 채소, 소장 미생물에 의한 합성	충분섭취량 남자 75μg 여자 65μg	드물지만 용혈성 빈혈 유발, 상한섭취량 없음

carrots: Ingram Publishing/Alamy Stock Photo; milk: Royalty-Free/Corbis; oil: McGraw-Hill Education/Jacques Cornell, photographer greens: Katarzyna Bialasiewicz/123

*2020 한국인 영양소 섭취기준

10.6 식사보충제: 유익한가? 해로운가?

섭취기준의 3~5배의 지용성 비타민을 장기간 보충하는 경우 (특히 레티노이드 형태의 비타민 A) 독성이 야기될 수 있다.

Glow Images

비타민·무기질 보충제를 섭취하는 사람이 증가하고 있으며 연간 천문학적 비용을 부담하고 있다. 그중 비타민·무기질 보충제가 40% 정도에 달하는데 이를 널리 사용하는 것이 좋은가에 대해서는 각 전문가 간에도 의견이 분분하다. 식사지침에 따라 과일, 채소, 전곡 등을 충분히 섭취하지 못하면 미량영양소의 섭취도 충분치 못하게 된다. 복합 비타민·무기질 보충제가 건강증진에 도움이 된다는 과학적 근거가 아직 불충분하지만, 사람들은 노화에 따른 만성질환 발생 위험을 감소하기 위해 그리고 뼈, 심장, 눈 건강을 위해서도 비타민·무기질 보충제를 섭취하고 있다. 1994년 DSHEA(Dietary Supplement Health and Education Act)에서는 비타민, 무기질, 아미노산, 허브 등 식물성 추출물 및 혼합물 중 한 가지를 포함할 때 보충제로 규정한다고 명시한 바 있다.

2022년 7월 시행된 우리나라의 「건강기능식품에 관한 법률」에 따르면, 건강기능식품은 인체에 유용한 기능성을 가진 원료나 성분을 사용하여 제조, 가공한 식품으로 정의된다. 현재 28종의 영양소와 질병발생 위험 감소 및 생리활성 기능을 가진 기능성 원료 67종이 고시되어 있으며, 고시 원료 외에도 식약처장이 별도로 인정한 개별인정 원료가 사용될 수 있다. 식품의약품안전처는 건강기능식품의 안전성, 기능성, 섭취량, 다른 성분과의 상호작용, 기능성 표시, 품질 등을 관리하는 책임과 권한을 가지고 있다. 식사보충제는 국가별로 매우 다르게 관리되고 있으며, 미국 FDA에서는 엽산을 제외한 나머지 식사보충제에 대해서는 특별히 관리하고 있지 않다. 호주와 캐나다는 식사보충제를 의약품으로 관리하고 있다. 유럽, 일본, 중국은 우리나라와 유사하게 식품으로 관리하고 있다. 현재 우리나라의 경우, 「건강기능식품에 관한 법률」 제14조, 제15조에 따른 기준·규격에서 정한 기능성을 표시할 수 있도록 하고 있다. 이처럼 건강기능식품의 표시·광고에 대한 규제가 있기 때문에 보충제 제조 시 그 제품의 유익한 점을 주장하는 데 한계가 있다. 즉, 인정된 기능성 외 의약품으로 오인할 우려가 있기 때문에 특정 질환을 예방, 처치 및 치료할 수 있다는 주장을 표기할 수 없다. 이러한 규제에 따라 많은 제조사는 피로 회복, 지구력 증진, 항산화, 눈건강에 도움, 체지방 감소, 전립선 건강 유지, 배변 활동 원활, 식후 혈당상승 억제, 피부보습 도움, 혈중 콜레스테롤 개선에 도움 등의 기능성에 대해 홍보하면서 제품을 판매할 수 있다. 예를 들어 루테인을 10~20 mg을 함유한 제품의 경우 '눈 건강에 도움을 준다'라는 기능성을 표시할 수 있지만, 인정받지 않은 '면역력 증진'이라는 표시는 할 수 없다. 만약 그 효과를 입증할 수 있는 과학적 증거가 있는 경우 법이 정한 테두리 내에서 별도의 허가를 통해 개별인정이 가능하다. 식품의약품안전처는 제품의 질, 순도, 일관성 등을 위한 기준을 마련하여 소비자가 제품을 적합하게 선택하도록 돕는다. 제조사들은 제품의 질을 관리하기 위한 자체 기준을 사용하기도 한다.

식사보충제 섭취로 식사에서 부족하기 쉬운 특정 영양소를 보충할 수는 있지만, 영양적으로 불량한 식사를 완전히 개선시킬 수는 없다. 예를 들어, 대부분의 식사보충제에는 건강증진에 유익한 식이섬유나 피토케미컬이 함유되어 있지 않다. 뼈 건강과 세포기능에 필요한 칼슘 함량이 제한된 식사보충제가 있는 반면, 독성을 나타내거나 상호작용의 위험이 있는 비타민과 무기질을 다량 함유하는 것도 있다. 예를 들어, 아연 함량이 높은 식사보충제

그림 10.27 영양 보충을 위해서는 사실 비타민과 무기질뿐만 아니라 섬유소, 생리활성물질, 오메가-3 지방산 등을 공급할 수 있는 영양가 높은 식품 섭취가 가장 중요하다. 비타민과 무기질 보충제는 어떤 사람에게는 중요할 수 있다. 영양소 강화식품과 음료를 섭취하는 경우 독성효과를 최소화하고 상한섭취량 이상의 과잉섭취를 줄이는 것이 좋다.

salad: C Squared Studios/Getty Images; cereal: Foodcollection; OJ: Sergei Vinogradov/ seralexvi123; milk: PhotoSpin, Inc/Alamy Stock Photo; multi-vitamin: Ken Karp/McGraw-Hill Education; supplements: John Flournoy/McGraw-Hil

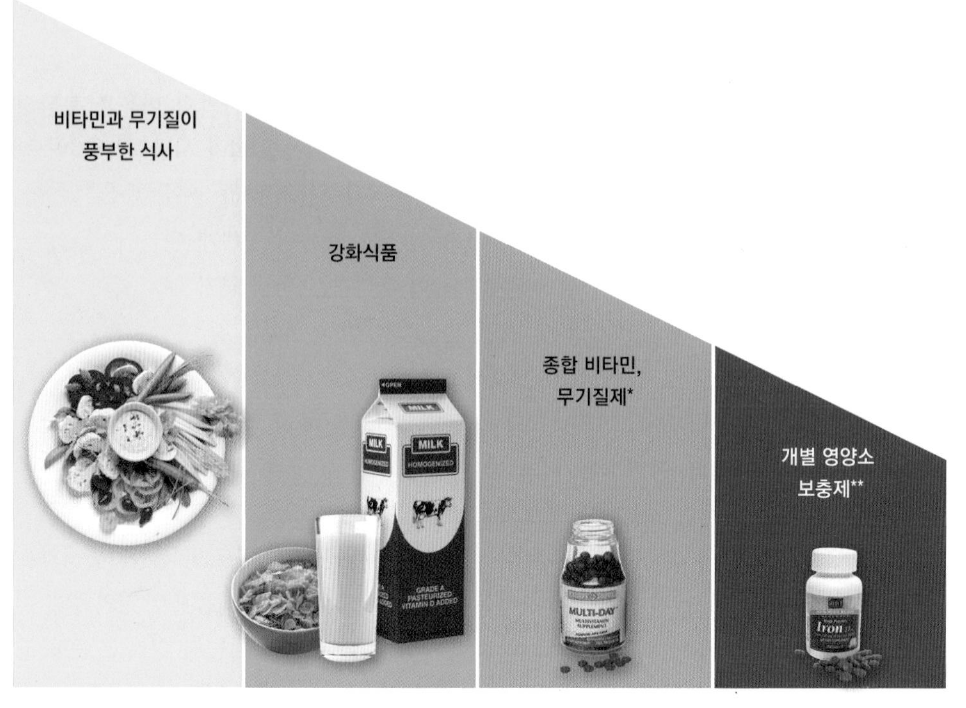

*남성과 여자노인의 경우 철이 없는 보충제를 사용하는 것이 좋다.
**젊은 여성들을 위한 철과 칼슘 보충제를 예로 들 수 있다.

는 철이나 구리의 흡수와 사용을 방해할 수 있다. 엽산 섭취량이 많으면 비타민 B_{12} 결핍 증상이 감춰질 수 있으며 과량의 비타민 A와 D는 독성을 유발할 수 있다. 따라서 영양학자들은 다양한 영양소가 풍부하게 함유된 식품으로 구성된 식사를 섭취하도록 권장하고 있다. 식사구성탑을 사용하여 비타민·무기질 요구량을 만족시킬 수 있지만, 다음과 같은 경우에는 비타민·무기질 보충제가 필요한 경우도 있다.

- 월경량이 많은 여성은 철 보충제를 섭취하는 것이 좋다.
- 임산부나 수유부는 철, 엽산 보충제를 섭취하는 것이 좋다.
- 저에너지 식사를 하는 경우에는 복합 비타민과 무기질 보충제를 섭취하는 것이 좋다.
- 채식주의자들은 결핍을 예방하기 위해 칼슘, 철, 아연, 비타민 D, 비타민 B_{12} 보충제를 섭취하는 것이 좋다.
- 신생아들은 출혈을 예방하기 위해 의사의 처방에 따라 비타민 K를 1회 투여할 필요가 있다.
- 영유아들은 충치를 예방하기 위해 불소 보충제를 섭취할 수 있다.
- 우유 섭취량과 햇빛 노출이 제한된 경우, 비타민 D 보충제를 섭취할 필요가 있다.
- 유당불내증이나 우유 알레르기가 있는 경우, 칼슘과 비타민 D 보충제가 필요할 수 있다.
- 영양소 대사나 영양상태를 변화시키는 특별한 질병이 있거나 의약품을 복용하고 있는 경우, 특정 비타민·무기질 보충이 필요할 수 있다.

영양사는 건강한 사람과 질병이 있는 사람들을 대상으로 식사보충제의 필요성을 평가할 수 있다. 또한 특정 영양소 함량이 높은 식품과 적당한 식사보충제의 선택을 도와줄 수 있다. 처음으로 식사보충제를 선택한다면 비타민과 무기질의 함량이 영양성분 기준치 100%를 넘지 않으면서 인지도가 높은 브랜드로 시작하는 것이 좋다. 또한 비타민과 무기질은 식사보충제뿐 아니라 강화식품 등에서도 유래됨에 유의하여, 총합이 상한섭취량을 넘지 않도록 유의하여야 한다. 식사보충제를 선택할 때에는 레시틴, 헤스페레딘, 이노시톨, 레트릴(비타민 B_{17}), 판가민산, 파라아미노벤조산(PABA) 등과 같은 기타 기능성분도 확인하여야 한다. 이들은 식사 내 필수적인 성분은 아니지만, 상당히 많이 첨가되고 있다.

참고문헌

1. Food and Nutrition Board, Institute of Medicine. Dietary Reference Intakes for vitamin C, vitamin E, selenium, and carotenoids. Washington, DC: National Academies Press; 2000.
2. Food and Nutrition Board, Institute of Medicine. Dietary Reference Intakes for vitamin A, vitamin K, arsenic, boron, chromium, copper, iodine, iron, manganese, molybdenum, nickel, silicon, vanadium, and zinc. Washington, DC: National Academies Press; 2001.
3. Food and Nutrition Board, Institute of Medicine. Dietary Reference Intakes for vitamin D and calcium. Washington, DC: National Academies Press; 2011.
4. Ross AC. Vitamin A and carotenoids. In: Shils ME and others, eds. Modern nutrition in health and disease. 10th ed. Philadelphia: Lippincott Williams & Wilkins; 2006.
5. Li J and others. Dietary inflammatory potential and risk of cardiovascular disease among men and women in the U.S. J Am Coll Cardiol. 2020;76:2181.
6. Ma L and others. Lutein and zeaxanthin and the risk of age-related macular degeneration: A systematic review and meta-analysis. Br J Nutr. 2012;107:360.
7. Bungau S and others. Health benefits of polyphenols and carotenoids in age-related eye diseases. Oxidative Medicine and Cellular Longevity. 2019; Article ID 9783429, 22 pages, 2019. https://doi.org/10.1155/2019/9783429
8. Matthew MC and others. Antioxidant vitamin supplementation for preventing and slowing the progression of age-related cataract. Cochrane DB Syst Rev. 2012;6:Art. No. CD0045.
9. Middha P and others. B-carotene supplementation and lung cancer incidence in the Alpha-tocopherol, Beta-carotene Cancer Prevention Study: The role of tar and nicotine. Nicotine & Tobacco Res. 2018; doi.org/10.1093/ntr/nty115.
10. Herrera E and others. Aspects of antioxidant foods and supplements in health and disease. Nutr Rev. 2009;67:S140.
11. Bakker MF and others. Plasma carotenoids, vitamin C, tocopherols, and retinol and the risk of breast cancer in the European Prospective Investigation into Cancer and Nutrition Cohort. Am J Clin Nutr. 2016;103:454.
12. Eliassen AH and others. Plasma carotenoids and risk of breast cancer over 20 y of follow-up. Am J Clin Nutr. 2015;101:1197.
13. Pantavos A and others. Total dietary antioxidant capacity, individual antioxidant intake and breast cancer risk: The Rotterdam study. Int J Cancer. 2014;173:2178.
14. Boyd K. Have AMD? Save your sight with an Amsler grid. 2016; Am Acad Ophthalmol. www.aao.org/eye-health/tips-prevention/facts-about-amsler-grid-daily-vision-test.
15. The Age-Related Eye Disease Study 2 Group. Lutein + zeaxanthin and omega-3 fatty acids for age-related macular degeneration: The Age-Related Eye Disease Study 2 (AREDS2) randomized clinical trial. JAMA. 2013;309:2005.
16. Leermakers ETM and others. The effects of lutein on cardiometabolic health across the life course: A systematic review and meta-analysis. Am J Clin Nutr. 2016;103:481.
17. Stringham JM and others. Lutein across the lifespan: From childhood cognitive performance to the aging eye and brain. Curr Dev Nutr. 2019;3:nzz066.
18. Centers for Disease Control and Prevention. Second national report on biochemical indicators of diet and nutrition in the U.S. population, executive summary. 2012; www.cdc.gov/nutritionreport/report.html.
19. World Health Organization. Vitamin A deficiency. 2019; www.who.int/nutrition/topics/vad/en.
20. Penniston KL, Tanumihardjo SA. The acute and chronic toxic effects of vitamin A. Am J Clin Nutr. 2006;83:191.
21. Greaves R and others. Vitamin A: The first vitamin. Clin Chimica Acta. 2010;411:907.
22. Stevens GA and others. Trends and mortality effects of vitamin A deficiency in children in 138 low-income and middle-income countries between 1991 and 2013: A pooled analysis of population-based surveys. Lancet Glob Health. 2015;3:e528.
23. Webb AR and others. Colour counts: Sunlight and skin type as drivers of vitamin D deficiency at UK latitudes. Nutrients. 2018;10:457.
24. Khalid AT and others. Utility of sun-reactive skin typing and melanin index for discerning vitamin D deficiency. Pediatr Res. 2017;82:444.
25. Food and Nutrition Board, Institute of Medicine. Dietary Reference Intakes for calcium and vitamin D. Washington, DC: National Academies Press; 2011.
26. Lappe JM, Heaney RP. The anticancer effect of vitamin D: What do the randomized trials show? In: Holick MF, ed. Nutrition and health: Vitamin D. New York: Springer Science and Business Media; 2010.
27. Buell JS and others. 25-hydroxyvitamin D, dementia and cerebrovascular pathology in elders receiving home services. Neurol. 2010;74:18.
28. Wimalawansa SJ. Vitamin D in the new millennium. Curr Osteoporos Rep. 2012;10:4.
29. Bair T and others. Association between vitamin D deficiency and prevalence of cardiovascular disease. J Am Coll Cardiol. 2010;55:A141.
30. Schleicher RL. The vitamin D status of the US population from 1988 to 2010 using standardized serum concentrations of 25-hydroxyvitamin D shows recent modest increases. Am J Clin Nutr. 2016;104:454.
31. Holick MF and others. Guidelines for preventing and treating vitamin D deficiency and insufficiency revisted. J Clin Endocrinol Metab. 2012;97:2011.
32. Ascherio A and others. Vitamin D as an early predictor of multiple sclerosis activity and progression. JAMA Neurology. 2014;71:306.
33. Lappe JM and others. Vitamin D and calcium supplementation reduces cancer risk: Results of a randomized trial. Am J Clin Nutr. 2007;85:1586.
34. Jenkins and others. Supplemental vitamins and minerals for CVD prevention and treatment. J Am Coll Cardiol. 2018;71:2570.
35. Newberry SJ and others. A systematic review of health outcomes (update). Evidence report/technology assessment No. 217. AHRQ Publication No. 14-E004-EF. Rockville, MD: Agency for Healthcare Research and Quality. 2014; www.effectivehealthcare.ahrq.gov/reports/final.cfm.
36. Manson JE and others. Vitamin D supplements and prevention of cancer and cardiovascular disease. N Engl J Med. 2019;380:33.
37. Burt LA and others. Effect of high-dose vitamin D supplementation on volumetric bone density and bone strength. A randomized clinical trial. JAMA. 2019;322:736.
38. Hlavink E. Vitamin D supplements flop again for bone health—But other data suggest no adverse cardiovascular effect. MedpageToday. 2019; www.medpagetoday.com/meetingcoverage/asbmr/82341.
39. Zittermann A and others. Serum 25-hydroxyvitamin D response to vitamin D supplementation in infants: A systematic review and meta-analysis of clinical intervention trials. Eur J Nutr. 2020;59:359.
40. Goldacre M and others. Hospitalisation for children with rickets in England: A historical perspective. The Lancet. 2014;383:597.
41. Stephenson DW, Peiris AN. The lack of vitamin D toxicity with megadoses of daily ergocalciferol (D_2) therapy: A case report and literature review. S Med J. 2009;102:765.
42. Talegawkar SA and others. Total alpha-tocopherol intakes are associated with serum alpha-tocopherol concentrations in African American adults. J Nutr. 2007;137:2297.
43. Gann PH. Randomized trials of antioxidant supplementation for cancer prevention: First bias, now chance next, cause. JAMA. 2009;301:102.
44. Lippman SC and others. Effect of selenium and vitamin E on risk of prostate cancer and other cancers: The Selenium and Vitamin E Cancer Prevention Trial (SELECT). JAMA. 2009;301:39.

45. Gaziano JM and others. Vitamins E and C in the prevention of prostate and total cancer in men: The Physicians' Health Study II randomized controlled trial. JAMA. 2009;301:52.

46. Saremi A, Arora R. Vitamin E and cardiovascular disease. Am J Ther. 2010;17:e56.

47. Traber MG. Heart disease and single vitamin supplementation. Am J Clin Nutr. 2007;85:293S.

48. Key TJ and others. Carotenoids, retinol, tocopherols, and prostate cancer risk: Pooled analysis of 15 studies. Am J Clin Nutr. 2015;102:1142.

49. Bruno RS, Traber MG. Cigarette smoke alters human vitamin E requirements. J Nutr. 2005;135:671.

50. De la Fuente M and others. Vitamin E ingestion improves several immune functions in elderly men and women. Free Radical Res. 2008;42:272.

51. Muller DPR. Vitamin E and neurological function. Molec Nutr Food Res. 2010;54:710.

52. Suttie JW. Vitamin K. In: Shils ME and others, eds. Modern nutrition in health and disease. 10th ed. Philadelphia: Lippincott Williams & Wilkins; 2006.

53. Halder M and others. Double bonds beyond coagulation insights into differences between vitamin K1 and K2 in health and disease. Int J Mol Sci. 2019;20:896.

54. Booth S and others. Effect of vitamin E supplementation on vitamin K status in adults with normal coagulation status. Am J Clin Nutr. 2004;80:143.

55. NIH State-of-the Science Panel. National Institutes of Health State-of-the-Science Conference statement: Multivitamin/mineral supplements and chronic disease prevention. Am J Clin Nutr. 2007;85:275S.

56. Nutrition Business Journal. NBJ's supplement business report 2015. New York: Penton Media; 2015.

57. Fortmann SP and others. Vitamin and mineral supplements in the primary prevention of cardiovascular disease and cancer: An updated systematic evidence review for the U.S. Prevention Services Task Force. Ann Intern Med. 2013;159:824.

58. Bailey RL and others. Why US adults use dietary supplements. JAMA Intern Med. 2013;173:355.

59. Cowan and others. Dietary supplement use differs by socioeconomic and health-related characteristics among U.S. adults, NHANES 2011-2014. Nutrients. 2018;10:1114.

60. 보건복지부, 한국영양학회, 2020 한국인 영양소 섭취기준

C Squared Studios/Getty Images

니아신은 외계에서 온 비타민인가? 니아신의 급원 중 일부는 지구에 떨어진 운석으로부터 왔을지도 모른다.
다음 웹 사이트 www.nasa.gov/feature/goddard/nasa-researchers -find-frozen-recipe-for-extraterrestrial-vitamin에서 더 알아보자.

Belish/Image Source/Shutterstock

11 수용성 비타민

학습목표

01. 수용성 비타민의 특징

02. 수용성 비타민의 주요 급원식품

03. 수용성 비타민의 흡수, 운반, 저장, 배설 기전

04. 수용성 비타민의 주요 기능과 결핍 증상

05. 수용성 비타민의 과잉 섭취에 따른 독성

개요

수 세기에 걸쳐 괴혈병, 펠라그라 등의 비타민 결핍증으로 고통을 당하고 사망한 사람이 수없이 많았다. 20세기 초, 과학자들은 이러한 질병의 원인이 오늘날 비타민이라 부르는 특정 활성성분이 부족한 식사 때문이었다는 것을 알게 되었다. 또한 심각한 손상이 발생되기 전에 비타민을 보충하는 것만으로도 결핍증은 현저히 회복될 수 있음을 규명하였다.

오늘날 선진국에서는 명백한 비타민 결핍증을 거의 볼 수 없지만, 빈약한 식사, 흡수불량, 흡연, 음주, 노화 및 약물 등에 노출된 경우 결핍 위험이 높은 취약집단이 형성된다. 어떤 식품을 선택하느냐에 따라 다르긴 하지만, 전형적인 식사를 통해 우리는 다양하고 풍부한 천연 비타민과 식품에 강화된 비타민을 섭취하게 된다. 최근에는 건강한 성인뿐 아니라 만성질환자에서 비타민 보충제의 효과를 확인하거나 증상이 나타나지 않는 비타민 결핍 전 단계를 발굴하는 등 비타민 영양 연구의 목적이 바뀌고 있다. 그러나 비타민 결핍증은 완전히 근절된 것이 아니며 개발도상국에서는 아직도 중요한 건강문제로 남아 있다.

비타민은 발견된 순서에 따라 알파벳순으로 명명되었으므로, 두 번째로 발견된 수용성 비타민은 '비타민 B'라 명명되었다. 이 수용성 비타민은 처음에는 단일 화합물인 줄 알았으나, 계속된 연구의 결과, 여러 화합물로 분류됨을 파악하였으며, 이들을 서로 구분하기 위해 B 옆에 숫자를 붙이게 되었다. 총 여덟 가지 비타민 B 중에 아직까지 문자와 숫자의 조합으로 구분하는 것은 비타민 B_6과 B_{12} 두 가지이다. 그 외 비타민은 각기 티아민(비타민 B_1), 리보플라빈(비타민 B_2), 니아신(비타민 B_3), 판토텐산, 비오틴, 엽산이라는 고유 이름으로 불린다. 그러나 비타민 보충제의 표시에는 예전의 명칭이 종종 사용되기도 한다. 비타민 C 역시 수용성 비타민이다.

지용성 비타민과 마찬가지로 수용성 비타민도 건강유지를 위해 함께 작용한다. 이 장에서 살펴볼 수용성 비타민은 비타민 B군, 비타민 C, 콜린이다.

11.1 수용성 비타민 개요

지용성 비타민처럼 수용성 비타민도 체조직의 정상 기능, 성장, 및 유지를 위해 소량 필요한 유기물질이다(그림 11.1). 예를 들어, 티아민, 리보플라빈, 니아신, 판토텐산, 비오틴은 특히 에너지 대사에서 중요하다. 비타민 B_6, 엽산, 그리고 비타민 B_{12}는 아미노산 대사와 적혈구 합성에서 중요한 역할을 한다. 비타민 C는 콜라겐 등 여러 물질의 합성에 관여하고, 콜린은 신경계 기능에 필요하며, 아미노산과 지방 대사를 돕는다. 지용성 비타민과 달리 수용성 비타민은 체내에 저장되는 양이 매우 적으며 독성이 낮은 경향이 있는데, 이는 신장에서 쉽게 제거되어 소변의 형태로 배설되기 때문이다. 실제 상한섭취량이 설정되어 있는 수용성 비타민은 니아신, 비타민 B_6, 엽산과 비타민 C의 4가지뿐이다.

▶ 흥미롭게도 녹색 잎채소에 있는 비타민 C, 엽산, 비타민 K, 일부 카로티노이드 함량은 수퍼마켓에서처럼 빛에 노출되어 있는 상태에서 그 함량이 증가할 수 있다. 녹색 잎은 여전히 살아있는 상태이고, 비타민과 피토케미컬을 계속해서 합성하고 있기 때문이다.

조효소: 비타민 B군의 공통적인 역할

모든 비타민 B군은 **조효소**(coenzyme)로 작용한다. 조효소는 **보조인자**(cofactor)의 일종으로, 크기가 작은 유기분자이다. 아연이나 마그네슘과 같은 금속원소는 또 다른 형태의 보조인자이다. 조효소가 불활성효소(apoenzyme)와 결합하면 활성효소(holoenzymes)가 되어 특정

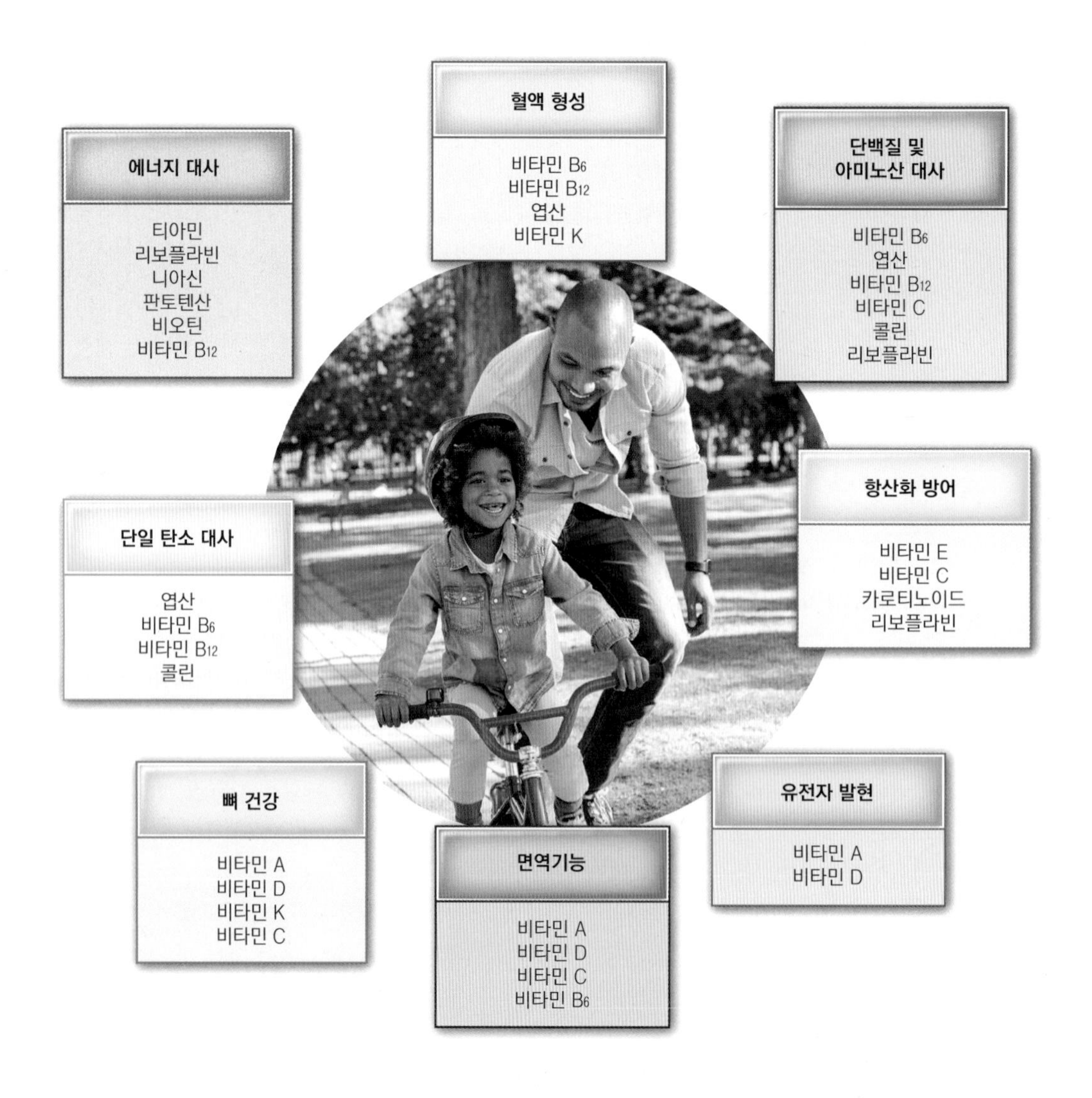

그림 11.1 비타민과 콜린은 건강 유지를 위해 함께 작용한다.
Digital Vision/Getty Images RF

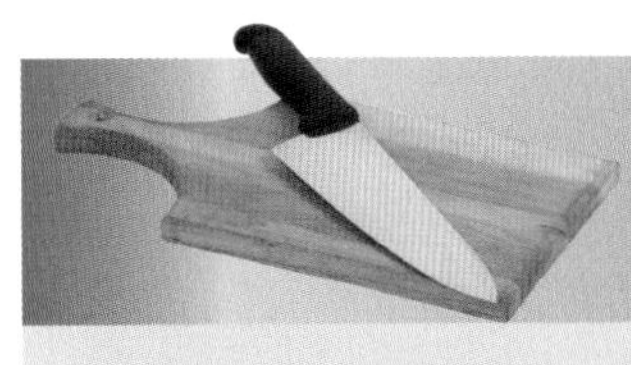

조리적 관점

과일과 채소의 비타민 보존을 위한 팁

지용성 비타민에 비해 수용성 비타민은 조리 중에 더 쉽게 파괴된다. 식품에 함유된 비타민의 함량은 열, 빛, 공기, 알칼리 물질에 의해 감소될 수 있다. 지용성 비타민은 조리에 사용되는 지방이나 기름으로 용해되는 반면, 수용성 비타민은 조리하는 물에 용해된다. 식품에 함유된 비타민 B군과 비타민 C의 파괴를 줄이려면 찜이나 볶음 요리를 하거나 전자레인지를 이용하는 것이 좋다. 이런 조리 방법이 열과 물에 대한 노출을 줄이는 방법이기 때문이다. 과일과 채소는 비타민 공급원으로 매우 중요하다.

C Squared Studios/Getty Images

표 11.1 과일과 채소에 함유된 비타민 보존 방법

보존 방법	왜 그런가?
과일과 채소는 다 먹을 때까지 시원하게 보관한다.	수확된 이후에는 과일과 채소에 함유된 효소가 비타민을 파괴하기 시작한다. 차게 보관하면 이 과정을 제한시킬 수 있다.
바나나, 양파, 감자, 토마토, 충분히 익지 않은 과일 등을 제외하고, 모든 과일과 채소는 작은 구멍을 뚫은 비닐봉지에 넣거나 채소 보관실에 넣어 냉장 보관한다.	영양소는 빙점에 가까운 온도, 높은 습도, 밀폐된 환경에서 가장 잘 유지된다.
다듬거나, 껍질을 벗기거나, 자르는 것은 가급적 적게, 먹기 직전에 한다. 표면적이 넓을수록 산소에 의한 비타민 파괴가 빠르다.	표면적이 넓을수록 산소에 의한 비타민 파괴가 커진다.
대부분의 과일과 채소는 전자레인지를 이용하거나, 찌거나, 살짝 튀기거나, 간단히 요리한다.	물과의 접촉이 적고 요리시간이 짧을수록 더 많이 보존된다.
요리시간과 데우는 시간을 최소화한다.	요리시간을 길게 하거나(예: 약한 불에 끓이기) 재가열하면 비타민이 빠르게 감소한다.
채소의 녹색을 선명하게 하기 위해 베이킹소다를 첨가하지 않는다.	알칼리는 비타민 D, 티아민 등 여러 비타민을 파괴시킨다.
통조림 식품은 서늘하고 건조한 곳에 보관한다. 냉동식품은 −32℃ 이하에서 보관한다.	주의 깊게 보관하여야 비타민 손실을 방지할 수 있다.
통조림 식품과 냉동식품은 12개월 내로 먹는다.	저장시간이 길어질수록 비타민 함량은 감소한다.

반응을 촉진시킬 수 있다(그림 11.2). 표 11.2에는 비타민 B군으로부터 유래되는 조효소의 종류를 제시하였다.

여덟 가지 비타민 B군은 모두 에너지 대사에 관여하며, 일부는 세포에서 다른 기능도 담당한다. 그림 11.3은 비타민 B군 조효소가 에너지 대사에서 작용하는 위치를 보여준다. 비

표 11.2 비타민 B군과 조효소의 예

비타민 B군	조효소*	약어	기능
티아민	Thiamin pyrophosphate(Thiamin diphosphate)	TPP(TDP)	탈카복실 반응
리보플라빈	Flavin adenine dinucleotide Flavin mononucleotide	FAD FMN	전자(수소) 전달 전자(수소) 전달
니아신	Nicotinamide adenine dinucleotide Nicotinamide adenine dinucleotide phosphate	NAD NADP	전자(수소) 전달 전자(수소) 전달
판토텐산	Coenzyme A	CoA	아실 그룹 전달
비오틴	N-carboxylbiotinyl lysine		CO_2 전달(carboxylation)
비타민 B_6	Pyridoxal phosphate	PLP	아미노 그룹 전달(transamination)
엽산	Tetrahydrofolic acid	THFA	단일 탄소 그룹 전달
비타민 B_{12}	Methylcobalamin		단일 탄소 그룹 전달

* 비타민 B군 중에는 1개 이상의 조효소로 작용하는 것도 있음.

타민 B군은 에너지 대사에 관여하므로, 신체활동을 많이 할 때에는 요구량이 증가한다. 그러나 에너지 소모가 늘어날 때는 식품 섭취도 함께 증가하게 되고, 식사 내 비타민 B군 역시 많이 포함되므로 큰 문제는 없다.

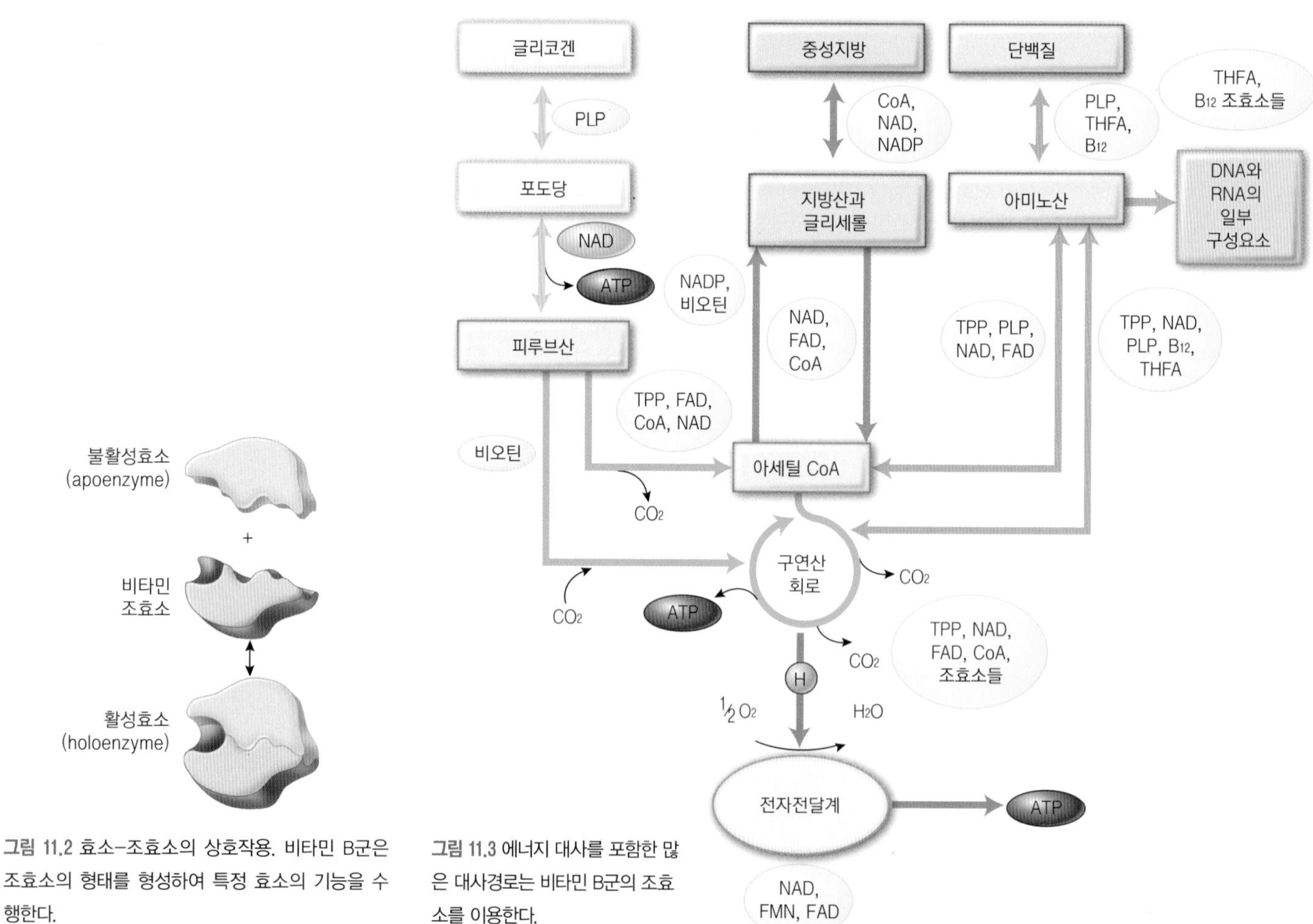

그림 11.2 효소-조효소의 상호작용. 비타민 B군은 조효소의 형태를 형성하여 특정 효소의 기능을 수행한다.

그림 11.3 에너지 대사를 포함한 많은 대사경로는 비타민 B군의 조효소를 이용한다.

식품 중에서 비타민 B군은 비타민이나 조효소 형태로, 혹은 단백질과 결합된 상태로 존재한다. 소화가 진행되는 동안 조효소나 단백질로부터 비타민 B군이 유리되어 소장에서 흡수된다. 보통 식품으로 섭취되는 비타민 B군은 약 50~90% 정도 흡수된다. 흡수된 후 비타민은 세포 내에서 조효소의 형태로 재합성된다. 비타민 보충제 중에는 조효소의 형태로 판매되는 것도 있지만 체내에서 비타민이 흡수되려면 조효소의 형태로부터 유리되어야 하므로 특별한 잇점이 있는 것은 아니라고 할 수 있다.

비타민 B군과 후성유전학

후성유전학은 DNA 염기서열의 변화 없이 유전자 발현의 선천적 변화를 연구하는 학문이다. 후성유전학의 여러 기전 중 하나는 'DNA 메틸화(DNA methylation, DNA를 구성하는 염기인 시토신에 메틸기(CH_3)를 붙이는 작용)'이다(6장 참조). 비타민 B군 중 엽산, 비타민 B_6, 비타민 B_{12}는 콜린과 함께 단일 탄소인 메틸기를 형성하는데 중요한 역할을 담당한다. 몇 가지 질병들은 메틸화가 잘 일어나지 않거나(hypomethylation) 혹은 메틸화가 너무 과하게 일어나는 경우(hypermethylation)에 발생할 수 있다. 과학자들은 최근 비타민 B군의 영양상태와 메틸화 및 다양한 질병과의 관련성에 초점을 둔 연구를 활발하게 진행하고 있다.

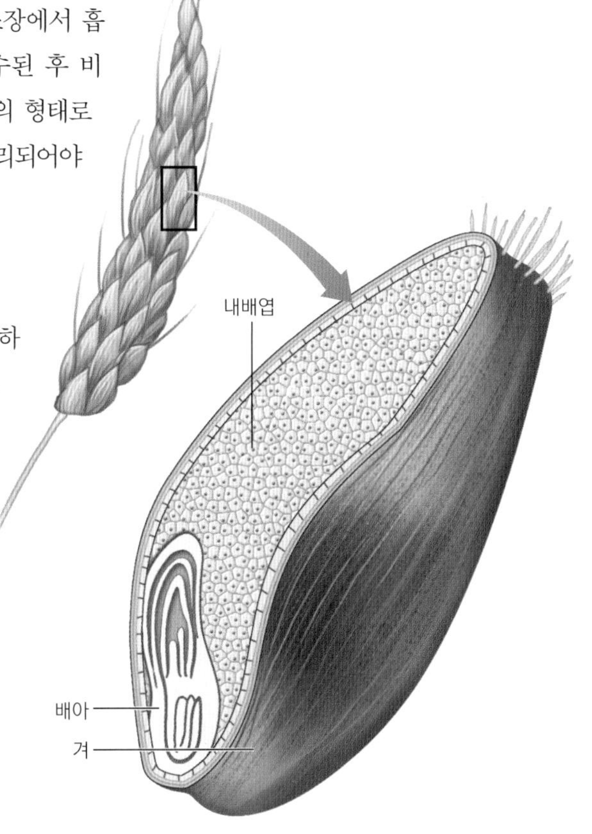

그림 11.4 곡물을 도정할 때 겨와 배아가 제거되면서 전분이 많은 내배엽만 남는다.

곡물: 비타민 B군의 중요 공급원

곡물은 비타민 B군, 무기질, 그리고 섬유소의 주요 공급원이다. 그러나 곡물이 도정될 때 씨앗은 으깨지고, 배아와 겨 등이 제거된다. 도정을 통해 남는 것은 전분을 함유한 내배엽으로, 이를 사용하여 밀가루, 빵, 곡류 제품을 만든다(그림 11.4). 제거된 부위에 영양성분이 많으므로 도정할 때 비타민, 무기질, 섬유소가 손실된다.

미국에서는 이런 영양소들의 손실을 보충하기 위해 거의 대부분의 도정된 곡류로 만든 빵과 곡류 제품에 네 가지 비타민 B군(티아민, 리보플라빈, 니아신, 엽산)과 무기질(철)을 강화하고 있다. 미국의 영양소 강화프로그램은 1940년대부터 시작되었는데, 미국에 거주하는 사람들의 비타민 결핍을 예방하는 데 도움이 되었다. 실제 미국 국민건강영양조사 결과에 따르면 엽산과 티아민의 1/2, 그리고 니아신과 리보플라빈의 2/3 정도만이 자연식품의 형태로 섭취되었다. 그러나 영양소를 강화한 곡물로 만든 식품이라고 하더라도 통곡으로 만든 식품에 비해 비타민 B_6, 칼륨, 마그네슘, 아연, 섬유소, 피토케미컬의 함유 수준이 더 낮다(그림 11.5). 따라서 영양전문가들은 매일 섭취하는 곡류 섭취 중 절반은 현미, 귀리, 팝콘, 통곡으로 만든 빵과 파스타와 같이 통곡으로 섭취하도록 권장하고 있다. 우리나라의 경우, 비타민 B군이 강화된 시리얼 외 곡물에 대한 비타민 강화는 보편화되어 있지 않으며 현미를 포함한 통곡물의 섭취를 권장하고 있다.

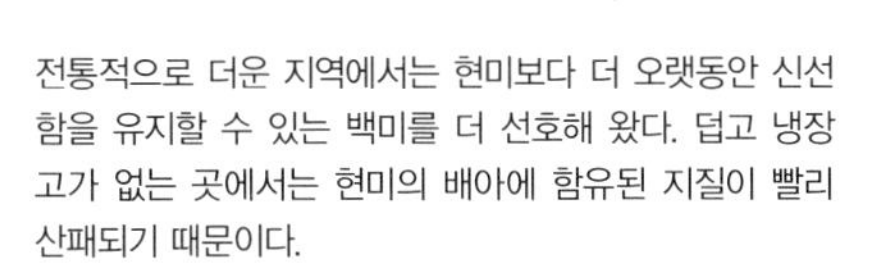

전통적으로 더운 지역에서는 현미보다 더 오랫동안 신선함을 유지할 수 있는 백미를 더 선호해 왔다. 덥고 냉장고가 없는 곳에서는 현미의 배아에 함유된 지질이 빨리 산패되기 때문이다.

C Squared Stuidos/Getty Images RF

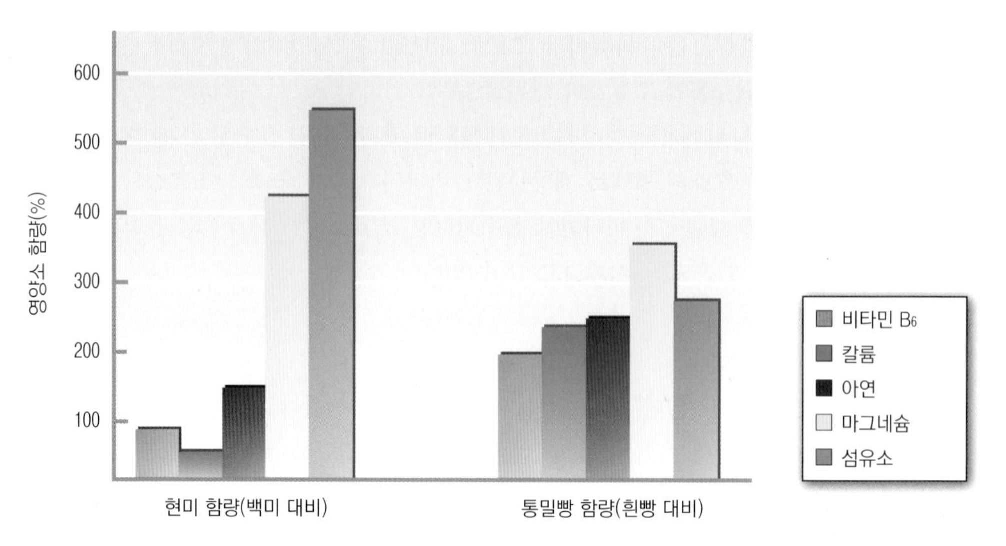

그림 11.5 백미에 비해 현미에는 비타민 B_6 93%, 칼륨 50%, 아연 160%, 마그네슘 435%, 섬유소 550%가 더 많다. 이와 유사하게, 흰 빵에 비해 통밀로 만든 빵에는 비타민 B_6 200%, 칼륨 250%, 아연 260%, 마그네슘 370%, 섬유소 285%가 더 많다.

확인합시다!

1. 수용성 비타민을 보존할 수 있는 과일과 채소의 보관법과 조리법을 설명하시오.
2. 비타민 B군의 일반적인 역할은 조효소를 형성하는 것이다. 세포 내 조효소의 역할은 무엇인가?

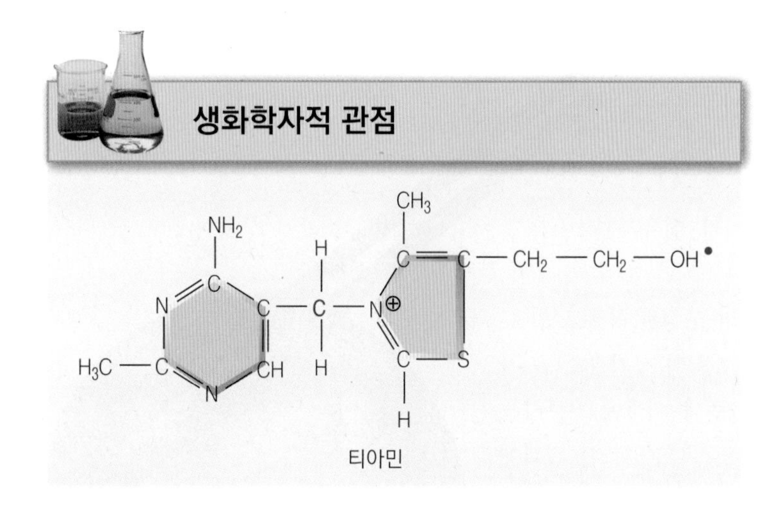

11.2 티아민

도정한 흰쌀을 주식으로 하는 아시아 지역은 오랫동안 각기병에 시달려 왔다. 각기병을 겪는 사람들은 극심한 허약증세, 마비, 피로 등으로 고통받다가 수개월 이내에 사망에 이르기도 한다. 1800년대 후반, 일본 해군 군의관이었던 카네히로 타카카이아(Kanehiro Takakaia)는 식사에 영양가가 높은 보리, 육류 및 어류를 공급하여 일본제국 해군들의 각기병이라는 재앙을 없앨 수 있었다. 그러나 도정될 때 제거되는 쌀 배아의 구성성분이 각기병을 치료한다는 것을 알게 된 1900년대 초반까지도 각기병과 영양소 결핍증의 관계를 알지 못했다. 그 구성 성분이 바로 비타민 B_1으로 알려진 티아민(thiamin)이다.

티아민은 탄소를 중심으로 하여 질소를 함유한 육각형의 고리와 황을 함유한 오각형의 고리가 연결되어 있다. 티아민의 이름은 '황'을 의미하는 thio와 '질소 기능기'를 의미하는 아민(amine)에서 유래되었다. 티아민에 2개의 인산기가 붙으면(타이민의 화학구조에서 빨간색 점으로 표시된 위치에 인산기가 붙게 됨) 티아민 피로인산(thiamin pyrophosphate, TPP; thiamin diphosphate, TDP) 조효소가 된다.

티아민의 중앙에 위치한 탄소(빨간색으로 표시됨)와 각 고리를 연결하는 화학적 결합은 조리 시 장시간 열을 가하면 쉽게 파괴된다. 이렇게 되면 더 이상 비타민의 기능을 나타낼 수 없게 된다. 티아민은 알칼리 조건에서도 취약하다. 표 11.1에서 언급되었듯이, 녹색 채소의 색을 선명하게 유지하기 위해 조리수에 베이킹소다를 첨가하는 것은 티아민을 파괴하므로 바람직하지 않다.

사례연구

© Hill Street Studios/Blend Images LLC RF

한 72세 남자 노인인 Martin은 체중감소와 경미한 빈혈, 손발 저림, 보행 어려움 및 일시적 기억 상실로 병원에 입원했다. 이 노인은 20년 동안 엄격한 채식을 해왔고, 최근 5년 동안 속쓰림을 예방하기 위해 약을 복용하기도 했다. 주치의는 이 노인이 수용성 비타민 결핍이라고 진단했다. 이 장을 모두 읽고 나면 이 문제의 원인이 되는 수용성 비타민 결핍을 판별할 수 있을 것이다. 어떤 식생활의 변화가 향후 이 문제들의 재발을 막는 데 도움이 될까?

티아민의 급원식품

티아민이 함유된 식품은 매우 많으나 일반적으로 함량은 낮다. 따라서 티아민을 충분히 섭취하는 바람직한 방법은 다양한 식품을 섭취하는 것이라고 할 수 있다. 티아민이 많이 함유된 식품은 돼지고기 제품, 해바라기 씨 및 두류이다(그림 11.6). 통곡 및 강화 곡류, 완두콩, 아스파라거스, 내장육(예: 간), 땅콩 및 버섯도 좋은 급원이다. 우리나라 식사에서 티아민의 주요 급원식품은 돼지고기, 백미, 닭고기, 배추김치, 햄/소시지/베이컨, 고추장, 빵, 된장 순이었고(표 11.3), 1인 1회 분량의 비타민 A 함량이 가장 높은 식품은 순대, 시리얼, 샌드위치/햄버거/피자, 만두 순으로 각각 0.57 mg, 0.55 mg, 0.45 mg, 0.45 mg이었다(그림 11.7). 100 g 당 티아민 함량이 높은 식품은 효모, 은어내장, 해바라기씨, 녹차잎 등이었으나 한국인의 티아민 섭취에 기여하는 주요 급원에는 해당되지 않는다(표 11.4).

티아민의 생리적 유용성을 낮추는 티아민 길항제(antagonist)가 함유된 식품이 있다. 어떤 어패류에는 티아민을 분해하는 티아미네이즈(thiaminase) 효소가 있는데, 조리를 통해 비활성화시킬 수 있다. 커피, 차, 블루베리, 적양배추, 브루셀 스프라우트(brussels sprouts), 비트 등의 식품에는 티아민을 산화시키는 물질이 있다. 그러나 이런 식품의 섭취와 티아민 결핍 간에는 관련성이 없다.

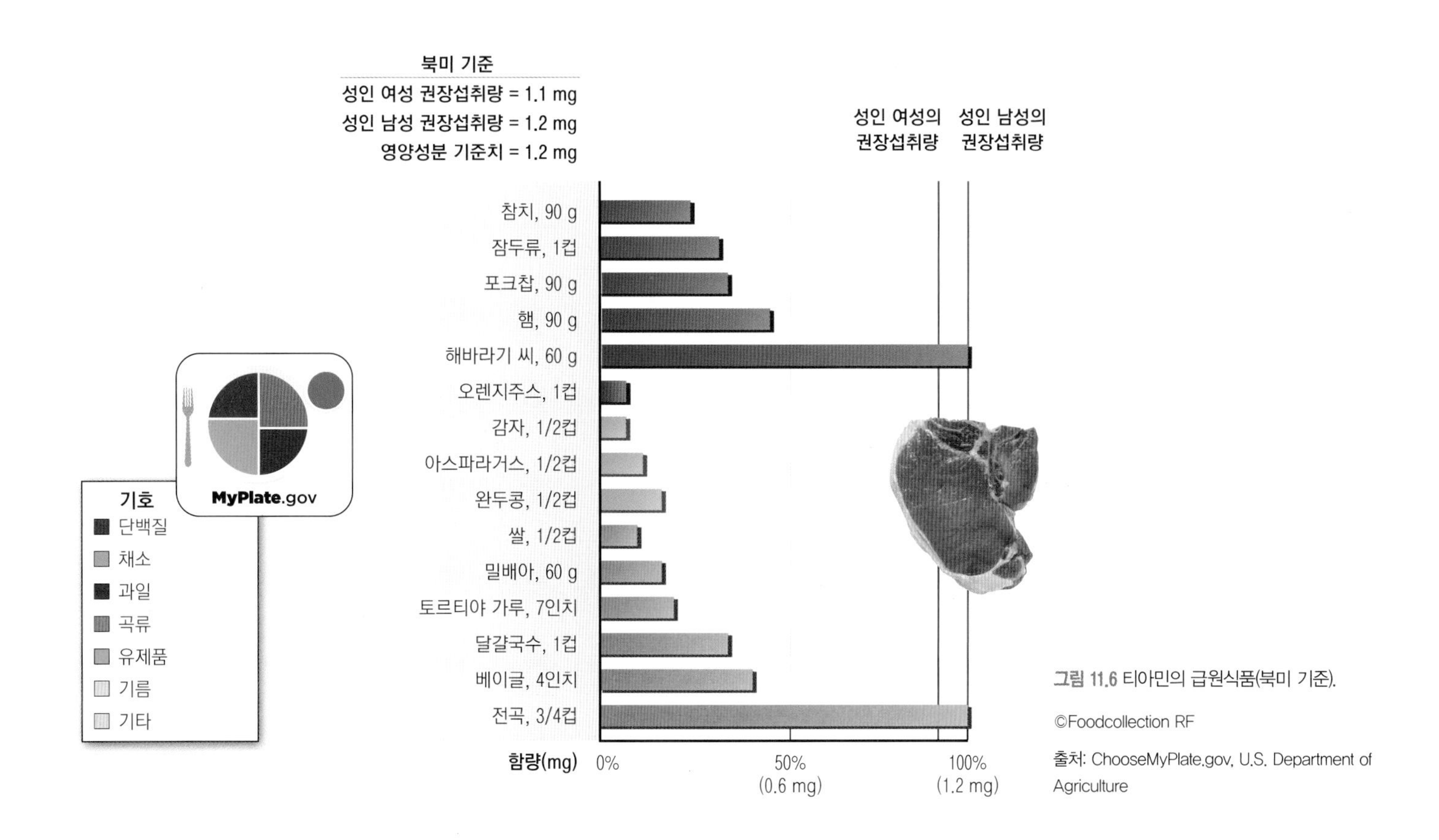

그림 11.6 티아민의 급원식품(북미 기준).

©Foodcollection RF

출처: ChooseMyPlate.gov, U.S. Department of Agriculture

돼지고기는 티아민이 풍부한 급원식품이다.

©Michael Lamotte/Cole Group/Getty Images RF

표 11.3 티아민 주요 급원식품(100 g 당 함량)[1)]

급원식품 순위	급원식품	함량 (mg/100 g)	급원식품 순위	급원식품	함량 (mg/100 g)
1	돼지고기(살코기)	0.66	16	간장	0.19
2	백미	0.08	17	라면(건면, 스프포함)	0.11
3	닭고기	0.20	18	우유	0.02
4	배추김치	0.08	19	보리	0.23
5	햄/소시지/베이컨	0.49	20	순대	0.57
6	고추장	0.53	21	고구마	0.09
7	빵	0.17	22	장어	0.66
8	된장	0.59	23	다시마 육수	0.05
9	시리얼	1.85	24	소고기(살코기)	0.05
10	만두	0.45	25	돼지 부산물(간)	0.26
11	현미	0.26	26	밀가루	0.16
12	샌드위치/햄버거/피자	0.30	27	과자	0.14
13	달걀	0.08	28	시금치	0.16
14	옥수수	0.48	29	양파	0.04
15	무	0.06	30	국수	0.06

1) 2017년 국민건강영양조사의 식품별 섭취량과 식품별 티아민 함량(국가표준식품성분표 DB 9.1, 2019) 자료를 활용하여 티아민 주요 급원식품 상위 30위 산출

출처: 보건복지부, 한국영양학회. 2020 한국인 영양소 섭취기준

표 11.4 티아민 고함량 식품(100 g 당 함량)[1)]

함량 순위	식품	함량 (mg/100 g)	함량 순위	식품	함량 (mg/100 g)
1	팽창제, 효모, 말린것	8.81	16	보리, 엿기름, 말린것	0.81
2	어패류부산물, 은어 내장, 생것	3.80	17	부지갱이, 생것	0.77
3	시리얼	1.85	18	아마란스, 건조	0.75
4	해바라기씨, 볶은것	1.72	19	목화씨, 구운것	0.75
5	녹차잎, 말린것	1.68	20	꾸지뽕열매, 생것	0.73
6	피, 생것	1.67	21	솔잎, 생것	0.70
7	라면 스프	1.15	22	돼지고기, 살코기, 생것	0.66
8	산초, 가루	1.14	23	장어, 뱀장어, 생것	0.66
9	구기자열매, 생것	1.11	24	어패류알, 대구 알, 생것	0.66
10	퀴노아, 쪄서 말린것	0.95	25	작두(도두), 생것	0.65
11	자라고기, 생것	0.91	26	병아리콩, 말린것	0.65
12	브라질너트, 볶은것	0.88	27	라벤다, 말린것	0.62
13	도토리 국수, 말린것	0.87	28	치아씨, 말린것	0.62
14	구절초차, 말린것	0.85	29	소리쟁이잎, 말린것	0.60
15	콜라비, 생것	0.82	30	조, 생것	0.60

1) 국가표준식품성분표 DB 9.1

출처: 보건복지부, 한국영양학회. 2020 한국인 영양소 섭취기준

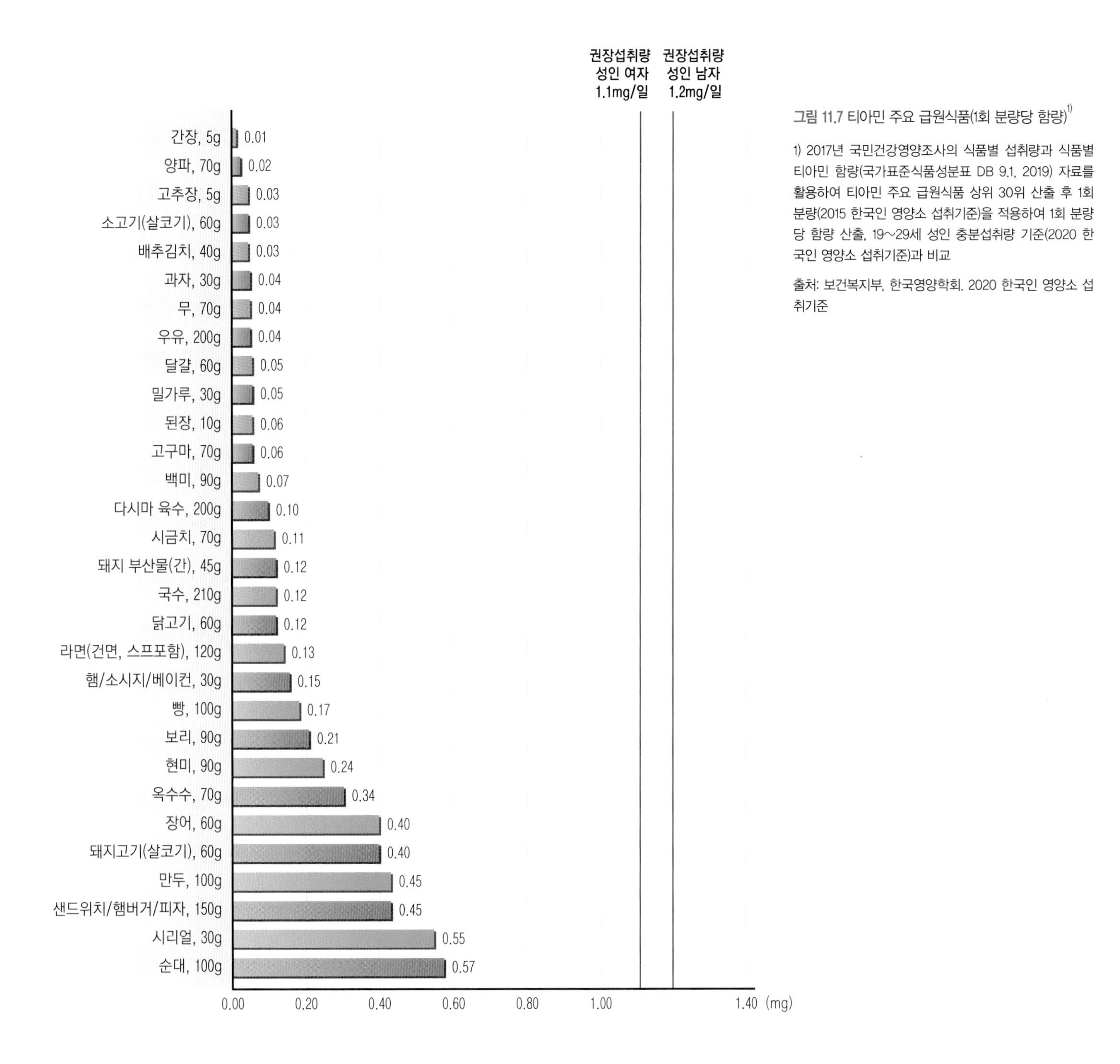

그림 11.7 티아민 주요 급원식품(1회 분량당 함량)[1)]

1) 2017년 국민건강영양조사의 식품별 섭취량과 식품별 티아민 함량(국가표준식품성분표 DB 9.1, 2019) 자료를 활용하여 티아민 주요 급원식품 상위 30위 산출 후 1회 분량(2015 한국인 영양소 섭취기준)을 적용하여 1회 분량당 함량 산출, 19~29세 성인 충분섭취량 기준(2020 한국인 영양소 섭취기준)과 비교

출처: 보건복지부, 한국영양학회, 2020 한국인 영양소 섭취기준

티아민의 필요량과 상한섭취량

티아민의 권장섭취량은 성인 남자 1.2 mg/day, 여자 1.1 mg/day이다. 식품 표시에 사용되는 티아민의 영양성분 기준치는 1.2 mg이다. 권장섭취량을 설정하기 위해 사용된 지표는 적혈구의 트렌스키톨레이즈(transketolase) 활성과 티아민 소변 배설량이다. 2020 국민건강영양조사에 따르면 한국인의 평균 티아민 섭취량은 성인 남자 1.3 mg/day이며, 성인 여자 1.5 mg/day이다. 식품이나 식사보충제의 형태로 티아민을 과량 섭취하여 나타나는 부작용은 관찰된 바 없다. 소변을 통해 쉽게 배설되기 때문이다. 따라서 티아민에 대해서는 상한섭취량이 설정되지 않았다.

티아민의 흡수와 운반, 저장, 배설

티아민은 나트륨 의존형 능동운반(sodium-dependent active transport) 기전을 통해 주로 소장에서 흡수된다. 티아민은 주로 적혈구세포에 의해 조효소 형태(TPP)로 운반된다. 대개 티아민은 저장되지 않지만 근육, 뇌, 간과 신장에 아주 소량(25~30 mg) 저장되기도 한다. 과잉으로 섭취된 티아민은 신장에서 재빨리 여과되어 소변으로 배설된다.

티아민의 기능

조효소 형태의 티아민(TPP)은 탄수화물과 분지쇄 아미노산(branched chain amino acids)의 대사에 필요하다. TPP는 두 가지 반응을 위해 필요하다. 우선 TPP는 기질로부터 카복실기를 제거하여 이산화탄소의 형태로 방출시키는 **반응**(탈탄산 반응, decarboxylation)에 관계하는 효소의 조효소로 작용한다. 피루브산이 아세틸 CoA로 전환되는 탈탄산 반응은 포도당의 호기성 대사과정에서 중요한데, 이때에 TPP가 작용한다.

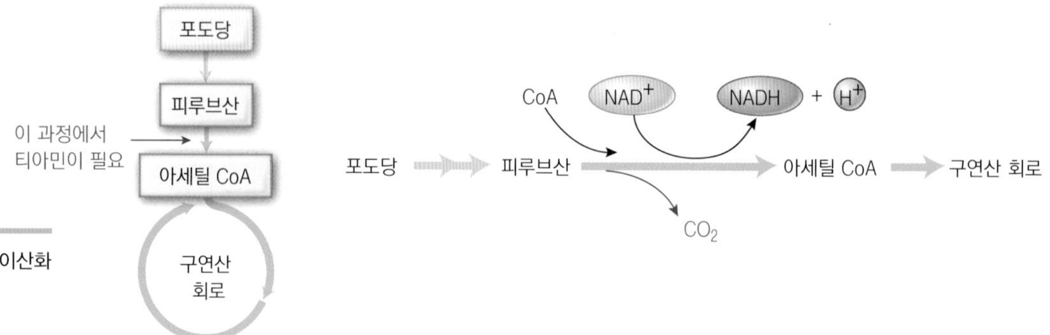

탈탄산반응(decarboxylation) 기질로부터 이산화탄소 한 분자를 제거.

트랜스케톨레이즈(transketolase) TPP를 조효소로 하는 효소로 포도당을 다른 당류로 전환시킴.

오탄당 인산경로(pentose phosphate pathway) 생합성 과정에서 사용되는 NADPH와 RNA와 DNA 합성에 사용되는 오탄당을 생성하는 포도당 분해 과정.

말초신경장애(peripheral neuropathy) 척수와 뇌 외부의 신경손상으로 인한 문제. 손, 팔, 다리, 발의 무감각, 쇠약, 저림, 작열감 등의 증상이 나타남.

이와 유사한 탈탄산 반응이 구연산 회로에서도 발생한다. 다음 그림에서 보이는 바와 같이 알파-케토글루탐산(alpha-ketoglutarate)이 숙시닐 CoA(succinyl CoA)로 전환되는 과정에서도 TPP의 도움이 필요하다.

이런 일련의 반응에는 TPP뿐만 아니라 다른 세 가지 비타민 B군 조효소, 즉 CoA(판토텐산), NAD(니아신), FAD(리보플라빈)도 필요하다(그림 11.3 참조). TPP는 분지쇄형 아미노산(류신, 이소류신, 발린)이 대사될 때에도 탈탄산효소로 작용한다.

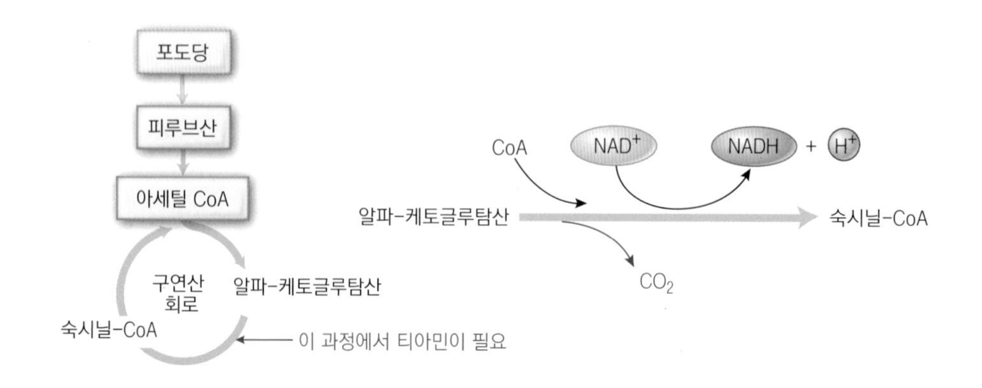

TPP는 **오탄당 인산경로**(pentose phosphate pathway) 효소인 **트랜스케톨레이즈**(trans-ketolase)의 조효소로도 작용한다. 이 과정에서 육탄당인 포도당이 오탄당으로 전환되어 RNA와 DNA 합성에 사용된다.

티아민은 신경계의 정상 기능 유지를 위해서 필요하다. 신경계는 에너지원으로 포도당만 사용한다. 티아민이 부족하면 피루브산이 아세틸 CoA로 전환되지 못해 구연산 회로로 들어가지 못하게 되므로 포도당 대사가 심각하게 손상된다(그림 11.3 참조). 티아민은 다른 기전으로 신경계에서 작용하는 것으로 생각되고 있다.

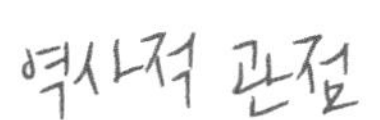

각기병의 치료

1986년, 네델란드 내과의사인 크리스티안 에이크만(Christjaan Eijkman)은 인도네시아 자바섬에서 각기병의 원인을 발견했다. 에이크만은 처음엔 각기병이 박테리아에 의해 발생한다고 생각했기 때문에 각기병에 걸린 환자의 박테리아를 토끼, 원숭이, 닭에게 접종했다. 그 결과 단지 닭들에서만 증상이 나타났지만 얼마 지나지 않아 호전되었다. 결과를 해석하는 과정에서 에이크만은 실험 기간 동안 닭들의 식사가 변경되었다는 것을 보고받았다. 도정한 흰쌀을 먹였을 때 유사한 증상이 나타났고 현미를 먹였을 때 향상되었던 것이었다. 에이크만은 백미와 현미 식단이 각기병을 유도하고 치료하는지를 여러 차례에 걸쳐 시험했다.

그렇지만 그는 이러한 결과를 바탕으로 각기병이 백미에 들어 있는 독소 때문에 생기는 거라는 잘못된 가설을 세웠고, 사실은 다른 연구자들이 백미에는 현미에 들어 있는 항각기병 인자(나중에 티아민이라고 이름 붙였지만)가 부족하기 때문이라는 것을 밝혀냈다. 에이크만은 그의 각기병 연구와 새로운 실험 방법을 인정받아 영국의 비타민을 연구하는 생화학자인 프레드릭 홉킨스(Fredrick Hopkins)와 함께 1929년 생리의학 분야의 노벨상을 수상했다.

(www.nobelprize.org/prizes /medicine/1929/summary 참조.)

©GK Hart/Vikki Hart/Getty Images RF

티아민의 결핍증

앞서 기술된 바와 같이 티아민 결핍증인 각기병은 식사가 불량한 아시아 지역 전반에 걸쳐 유행하였다. 오늘날 각기병은 훨씬 줄었지만, 아직도 아시아 일부 지역의 난민, 빈곤층, 영아에서는 여전히 문제가 되고 있다. 알코올 중독의 경우 알코올성 건망증후군(Wernicke-Korsakoff syndrome)으로 알려진 티아민 결핍증을 보이기도 한다. 그밖에 심장질환자, 소화기계 질환자, 섭식장애자, 노인 등은 티아민 결핍의 위험성이 높은 취약집단이다.

각기병

스리랑카 원주민의 언어에서 유래된 각기병(beriberi)은 "나는 못해, 나는 못해."를 의미한다. 티아민이 결핍된 사람들은 신경계, 근육계, 소화기계, 그리고 심장순환기계가 손상되어 매우 약해진다. 각기병의 증상으로는 **말초신경장애**(peripheral neuropathy), 무력증, 근육통증과 약화, 심장비대, 호흡곤란, 부종, 식욕저하, 체중감소, 단기 기억상실, 그리고 혼동 등을 들 수 있다.

각기병은 건성, 습성, 또는 영아성으로 구분된다. 건성 각기병의 주요 증상은 신경계 및 근육계와 관련이 있다. 습성 각기병의 경우에는 신경계뿐만 아니라 심장순환계도 영향을 받으며 심장이 비대해지고, 호흡은 곤란해지며, **울혈심부전**(congestive heart failure)이 발생한다. 모유 내 티아민 함량이 부족하면 영아에게서도 각기병이 나타난다. 영아성 각기병의 경우에는 심장문제와 경련이 나타나고, 심한 경우에는 사망까지 이르게 된다. 대부분의 수용성 비타민과 같이 티아민은 체내에 아주 소량만 저장되기 때문에 티아민이 결여된 식사 후 14일 정도면 각기병의 징후가 나타날 수 있다.

알코올성 건망증후군

알코올성 건망증후군(Wernicke-Korsakoff syndrome)은 주로 알코올중독자에게서 발생된다. 알코올중독자들은 티아민과 관련된 세 가지 문제를 가진다. 알코올은 티아민 흡수를 감소시키고, 소변으로 티아민의 배설을 증가시키며, 알코올중독자들은 식사가 불량하므로 티아민 섭취도 충분치 않다. 비타민은 체내에 잘 축적되지도 않으므로 증상은 빠르게 나타난다. 증상으로는 시력의 변화(겹쳐보임, 교차시력, 급속 안구운동), **운동실조증**(ataxia), 혼동(confusion), 무감동(apathy) 등이 있다. 특히 시력의 변화는 고용량의 티아민 섭취로 호전될 수 있다.

울혈심부전(congestive heart failure) 심장 근육이 심각하게 쇠약하여 나타나는 상태로 혈액 펌핑 장애가 발생하고, 특히 폐에서 이로 인한 액체 잔류(fluid retention)가 나타남. 증상으로는 피로, 호흡곤란, 다리와 발목의 부종이 있음.

운동실조증(ataxia) 운동 중 나타나는 근육활동의 부조화.

확인합시다!

1. TPP 조효소가 에너지 대사에 어떻게 관여하는가? TPP를 요구하는 주요 반응은 무엇인가?
2. 티아민의 주요 급원식품 세 가지는 무엇인가?
3. 왜 알코올중독은 티아민 결핍의 위해를 높이는가?
4. 각기병인 사람은 왜 피로감을 느끼는가?

11.3 리보플라빈

비타민 B_2로 알려진 리보플라빈(riboflavin)은 특유의 노란색에서 녹색까지의 형광색으로, 한때 '노란색 효소(yellow enzyme)'로 불리었다. 이 명칭은 라틴어로 노란색을 의미하는 flavin에서 유래되었다. 리보플라빈은 3개의 육각형 고리가 연결되어 있으며 가운데 고리 구조에는 당알코올이 붙어 있다.

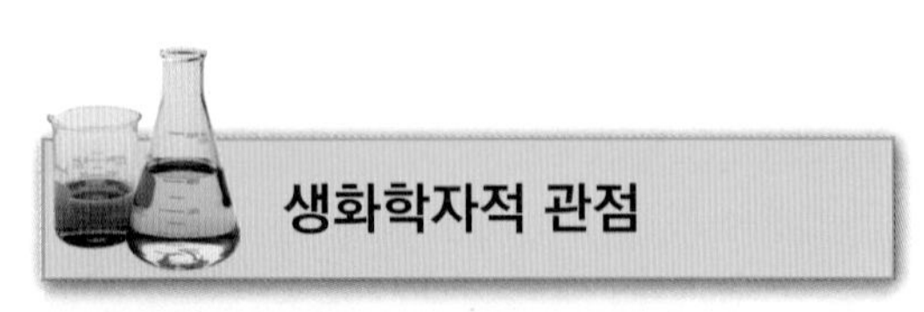

생화학자적 관점

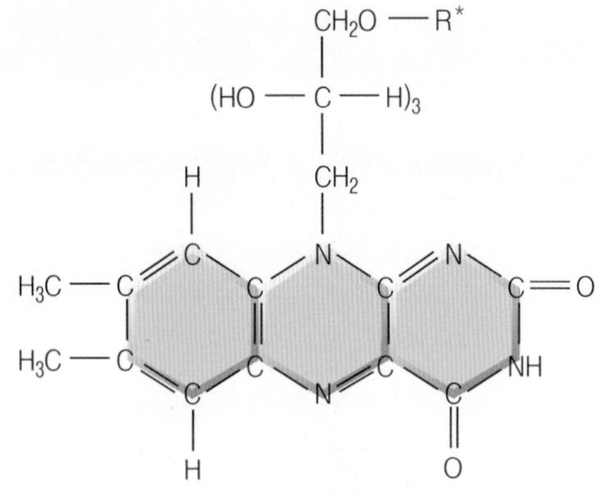

리보플라빈(산화형)

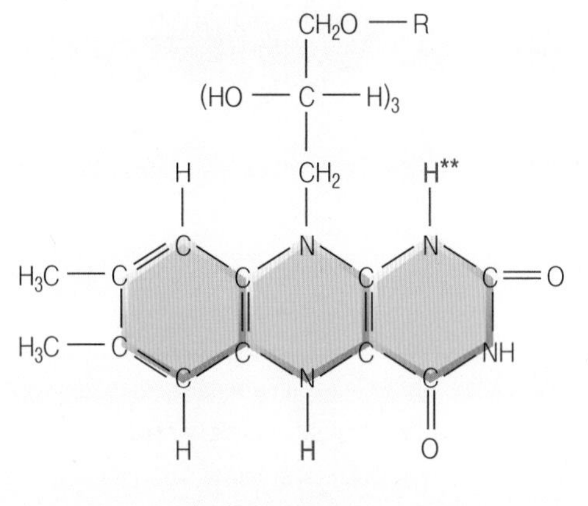

리보폴라빈(환원형)

R* = 리보플라빈에 있는 수소; 조효소 FMN에 있는 인산염; 조효소 FDA에 있는 아데닌 디뉴클레오티드.
** = 환원형 리보플라빈에 추가되는 2개의 수소 이온(빨간색)

리보플라빈의 급원식품

리보플라빈이 풍부한 식품은 간, 버섯, 시금치와 기타 녹색 잎채소, 브로콜리, 아스파라거스, 우유, 그리고 코티지 치즈가 있다(그림 11.8). 서양인의 식단에서는 리보플라빈 섭취의 1/4을 유제품으로부터 섭취하고, 그밖에 리보플라빈이 강화된 흰빵, 롤빵, 크래커, 달걀, 고기가 리보플라빈의 주요 급원식품인데 비해, 한국인의 식단에서 리보플라빈을 제공하는 주요 급원식품은 달걀, 우유, 라면, 돼지고기(간), 닭고기, 빵 순이다(표 11.5). 1회 섭취 분량을 기준으로 리보플라빈 함량이 가장 높은 식품은 소고기 간, 돼지고기 간, 시리얼로 각각 1.54 mg, 0.99 mg, 0.92 mg이었다(그림 11.9). 표 11.6은 100 g 당 함량이 높은 식품을 나타낸 것으로, 메뚜기, 효모, 소고기 간, 시리얼 등으로 주요 급원식품과는 차이가 있다. 리보플라빈은 빛(자외선)에 노출되면 빠르게 분해된다. 빛으로 인한 분해를 막기 위해서 리보플라빈이 풍부한 우유, 유제품, 시리얼 등의 용기로 유리를 사용하지 않으며, 대신 종이나 플라스틱 용기로 포장한다.

리보플라빈의 필요량과 상한섭취량

리보플라빈 권장섭취량은 성인 남자가 1.5 mg/day이고, 여자가 1.2 mg/day이다. 식품과 식사보충제에 사용하는 영양성분 기준치는 1.4 mg이다. 한국인의 리보플라빈 평균섭취량은 남자 2.00 mg/day, 여자 1.49 mg/day로 나타났다. 리보플라빈은 과량으로 섭취하면 흡수가 저하되고, 소변으로 빠르게 배설되므로 부작용이 나타나지 않는다. 따라서 상한섭취량이 정해지지 않았다.

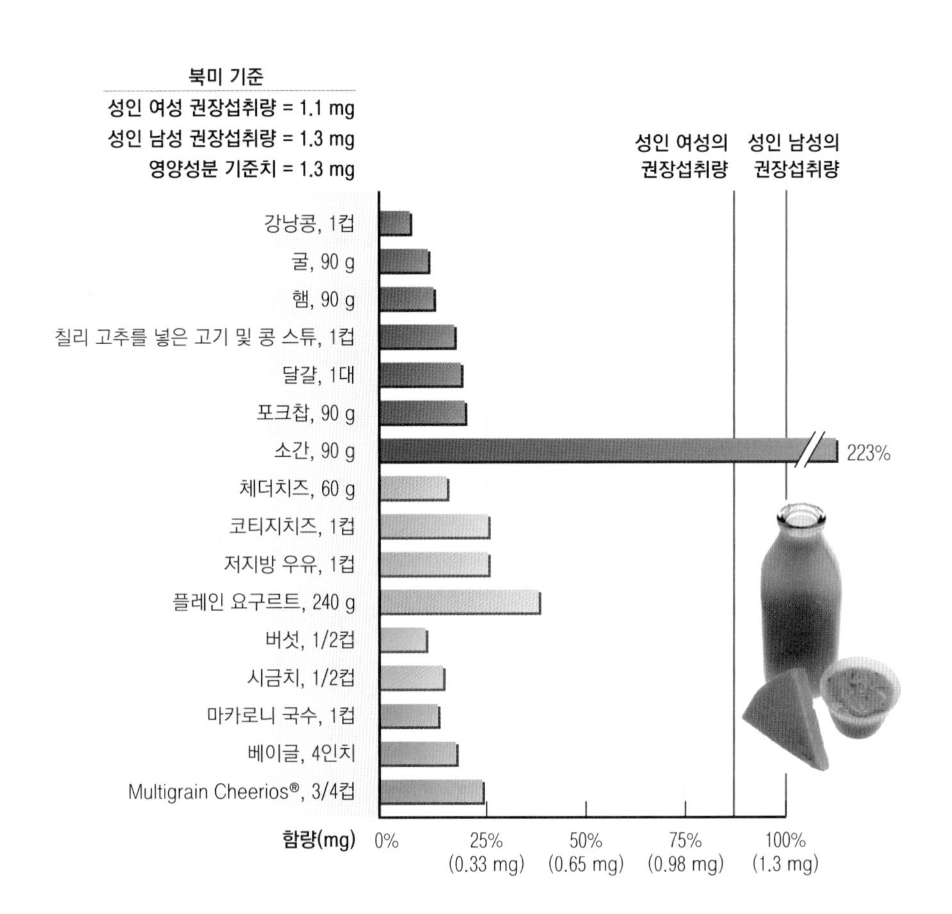

그림 11.8 리보플라빈의 급원식품(북미 기준).
©Stockbyte/Getty Images RF

표 11.5 리보플라빈 주요 급원식품(100 g 당 함량)[1)]

급원식품 순위	급원식품	함량 (mg/100 g)	급원식품 순위	급원식품	함량 (mg/100 g)
1	달걀	0.47	16	백미	0.02
2	우유	0.16	17	요구르트(호상)	0.15
3	라면(건면, 스프포함)	0.72	18	설탕	0.59
4	돼지 부산물(간)	2.20	19	다시마 육수	0.09
5	닭고기	0.21	20	대두	0.70
6	빵	0.33	21	고등어	0.46
7	소 부산물(간)	3.43	22	과일음료	0.07
8	배추김치	0.07	23	깨	2.93
9	고춧가루	2.16	24	커피(믹스)	0.19
10	돼지고기(살코기)	0.09	25	맥주	0.02
11	간장	0.54	26	시금치	0.24
12	시리얼	3.07	27	김	1.34
13	두부	0.18	28	고추장	0.22
14	소고기(살코기)	0.15	29	열무김치	0.18
15	된장	0.84	30	깻잎	0.51

1) 2017년 국민건강영양조사의 식품별 섭취량과 식품별 리보플라빈 함량(국가표준식품성분표 DB 9.1, 2019) 자료를 활용하여 리보플라빈 주요 급원식품 상위 30위 산출
출처: 보건복지부, 한국영양학회. 2020 한국인 영양소 섭취기준

유제품은 리보플라빈의 좋은 급원이다. 플라스틱과 종이 포장은 자외선으로 인한 리보플라빈 분해를 억제한다.
© McGraw-Hill Education/
Ken Cavanagh, Photographer

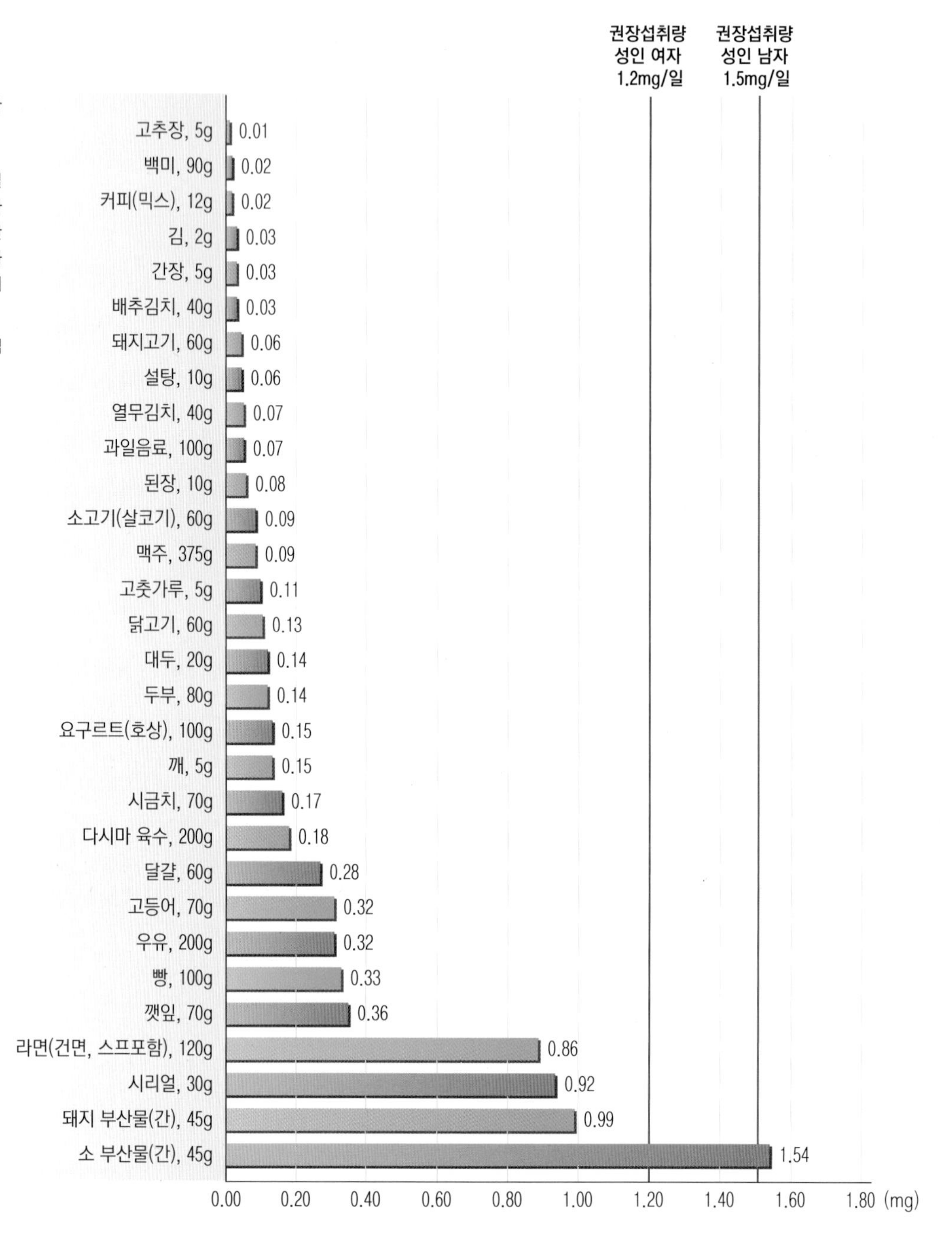

그림 11.9 리보플라빈 주요 급원식품(1회 분량당 함량)[1)]

1) 2017년 국민건강영양조사의 식품별 섭취량과 식품별 리보플라빈 함량(국가표준식품성분표 DB 9.1, 2019) 자료를 활용하여 리보플라빈 주요 급원식품 상위 30위 산출 후 1회 분량(2015 한국인 영양소 섭취기준)을 적용하여 1회 분량당 함량 산출, 19~29세 성인 권장섭취량 기준(2020 한국인 영양소 섭취기준)과 비교

출처: 보건복지부, 한국영양학회. 2020 한국인 영양소 섭취기준

리보플라빈의 흡수와 운반, 저장, 배설

식품 속 리보플라빈은 위에서 분비되는 염산에 의해 유리형으로 방출된다. 리보플라빈의 흡수율은 약 60~65%이며, 주로 소장에서 능동운반 또는 촉진확산을 통해 흡수된다. 혈액에서 리보플라빈은 단백질 운반체와 결합하여 운반된다. 대부분의 조직에서 리보플라빈은 조효소로 전환될 수 있으나 대개는 주로 소장, 간, 심장 및 신장에서 조효소로의 전환이 이루어진다. 리보플라빈은 간, 신장, 심장에 소량 저장되며, 과잉으로 섭취된 것은 소변으로 배설된다. 따라서 식사보충제 형태로 리보플라빈을 과잉 섭취하면 밝은 노란색의 소변을 보게 되는데, 어두운 데서는 형광색을 나타낸다.

표 11.6 리보플라빈 고함량 식품(100 g 당 함량)[1]

함량 순위	식품	함량 (mg/100 g)	함량 순위	식품	함량 (mg/100 g)
1	메뚜기, 말린것	5.60	16	라벤다, 말린것	1.52
2	팽창제, 효모, 말린것	3.72	17	뽕나무버섯, 말린것	1.47
3	소 부산물, 간, 삶은것	3.43	18	왕호장잎, 생것	1.42
4	시리얼	3.07	19	로즈마리, 말린것	1.37
5	참깨, 볶은것	2.93	20	아몬드, 볶은것	1.36
6	영지버섯, 말린것	2.61	21	타라곤, 말린것	1.34
7	돌복숭아주	2.22	22	김, 구운것	1.34
8	돼지 부산물, 간, 삶은것	2.20	23	시럽, 단풍나무	1.27
9	고춧가루, 가루	2.16	24	엉겅퀴, 삶아서 말린것	1.22
10	닭 부산물, 간, 삶은것	1.99	25	박쥐나무잎, 생것	1.09
11	참반디, 말린것	1.97	26	분말조미료	1.07
12	골든세이지, 말린것	1.86	27	분유	1.06
13	잣버섯, 말린것	1.69	28	미꾸라지, 삶은것	1.00
14	녹차, 잎, 말린것	1.67	29	춘장	0.98
15	은어 부산물, 내장, 생것	1.62	30	거위 부산물, 간, 생것	0.89

1) 국가표준식품성분표 DB 9.1

출처: 보건복지부, 한국영양학회. 2020 한국인 영양소 섭취기준

리보플라빈의 기능

리보플라빈은 에너지 대사에서 중요한 역할을 하는 두 가지 조효소, 즉 플라빈 모노뉴클레오타이드(flavin mononucleotide, FMN) 및 플라빈 아데닌 디뉴클레오타이드(flavin adenine dinucleotide, FAD)의 구성성분이다. 이들 조효소를 플라빈이라고 하는데, 산화-환원 기능을 가진다. FAD는 산화형 조효소로, 2개의 수소 이온을 얻어 환원되면 $FADH_2$가 된다.

리보플라빈 조효소는 여러 가지 대사기전에서 많은 작용을 담당한다. 에너지 대사에 필수적이며, 기타 다른 B 비타민이나 항산화제 등 체내 여러 화합물 형성에 관여한다.

에너지 대사

- 구연산 회로에서 숙신산(succinate)이 푸마르산(fumarate)으로 산화될 때 FAD 함유 효소인 숙신산 탈수소효소(succinate dehydrogenase)가 필요하다. 이 과정에서 생성된 $FADH_2$는 전자전달계로 수소를 내놓는다.
- 지방산이 아세틸 CoA로 분해(베타-산화)될 때에 사용되는 지방산아실 탈수소효소(*fatty acyl dehydrogenase*)는 조효소로 FAD를 필요로 한다.
- FMN은 수소 원자를 전자전달계로 보낸다.

다른 비타민 B군의 기능

- 아미노산인 트립토판으로부터 니아신을 합성할 때 FAD가 필요하다.

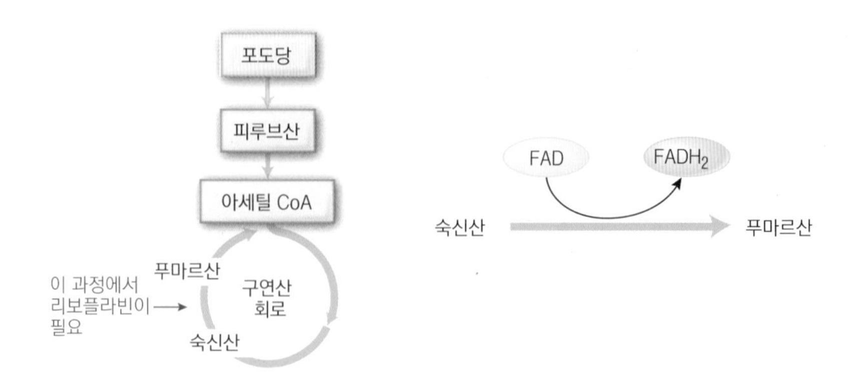

- 활성형의 비타민 B_6 조효소(pyridoxal phosphate)가 형성될 때 FMN이 필요하다.
- FAD는 엽산 대사체인 5-메틸테트라하이드로 엽산(5-methyltetrahydrofolate) 합성에 필요하다. 이와 같은 방법으로 리보플라빈은 간접적으로 호모시스테인 대사에 관여한다(11.8절 및 11.9절 참조).

항산화 기능

- 항산화제 글루타티온의 합성을 위해 FAD-함유 효소인 글루타티온 환원효소(glutathione reductase)가 필요하다. 글루타티온은 세포의 항산화 방어체계의 일부로 중요하다.

리보플라빈 결핍증

리보플라빈 결핍증(ariboflavinosis)은 주로 입, 피부, 적혈구에 영향을 미친다. 관련 증상으로는 목, 입(구내염, stomatitis), 혀(설염, glossitis)의 염증, 입주위 조직의 갈라짐(구각염, angular cheilitis)과 습하고, 빨갛고, 비늘처럼 벗겨지는 피부(지루성 피부염, seborrheic dermatitis)를 들 수 있다(그림 11.10). 그밖에 성장부진, 빈혈, 피로, 혼미, 두통도 발생한다. 다른 비타민 B군이 부족해도 리보플라빈 결핍 증상이 나타날 수 있는데, 이는 동일한 대사과정에서 작용하거나, 급원식품이 같기 때문이다.

리보플라빈이 결핍된 식사를 2개월간 지속하면 결핍 증상이 나타난다. 건강한 사람에서

(a)

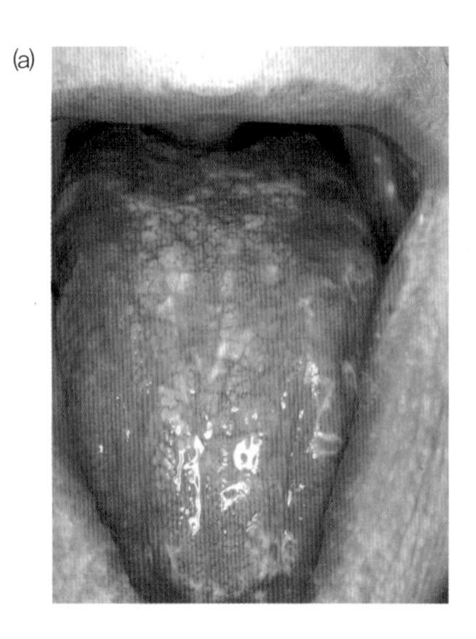

(b)

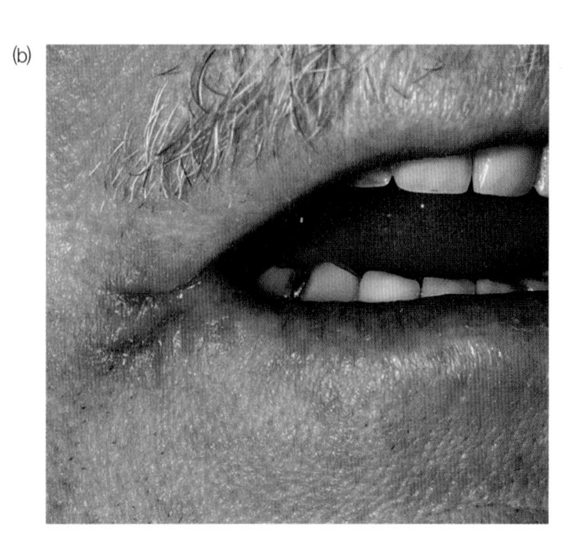

그림 11.10 (a) 설염(glossitis)은 리보플라빈, 니아신, 비타민 B_6, 엽산, 비타민 B_{12}의 결핍 징후가 될 수 있다. (b) 구각염(cheilosis)은 리보플라빈 결핍증이다. 입 주위가 갈라지며 통증을 나타낸다. 설염과 구각염은 다른 임상적 징후로도 나타날 수 있으므로, 이 증상이 나타났을 때 영양소 결핍으로 진단을 내리기 전에 더 많은 조사가 필요하다.

(a) ©Medical-on-Line/Alamy; (b) ©Dr. P. Marazzi/Science Photo Library/Science Source

리보플라빈 결핍은 거의 찾아볼 수 없으며, 노인과 사춘기 소녀들에서 리보플라빈 결핍을 의미하는 생화학적 지표(적혈구의 리보플라빈 농도 및 글루타티온 환원효소 활성)가 변화하는 경우가 있다. 결핍의 정도가 심각하지 않으면 식사보충제로 리보플라빈 결핍을 극복하여 혈액지표를 호전시킬 수 있다. 암, 심혈관계질환, 당뇨병이 있는 경우에는 리보플라빈 결핍이 악화된다. 알코올중독자, 흡수불량자의 경우, 리보플라빈이 결핍될 위험이 높아진다. 간질 치료제인 페노바비탈(phenobarbital)을 장기간 복용하여도 리보플라빈 영양이 나빠진다. 이 약물은 간에서 리보플라빈 및 기타 영양소 분해를 증가시키기 때문이다. 우유나 유제품을 먹지 않는 경우에는 리보플라빈 섭취가 한계수준 이하로 낮아질 수 있다. 그러나 리보플라빈 섭취 한계에 따른 효과에 대해 잘 알려진 바가 없다.

▶ 몇 가지 소규모 임상시험을 통해 고함량의 리보플라빈 식사보충제(200~400 mg/day)가 편두통의 빈도와 기간을 줄일 수 있음이 보고되었다. 연구자들은 리보플라빈이 뇌에서 미토콘드리아의 기능을 향상시키기 때문일 것으로 생각했다. 그러나 고함량의 리보플라빈을 섭취할 때에는 의사의 확인이 필요하다.

생각해 봅시다

알코올 중독인 Gary는 식사에 집중하지를 못한다. 과도한 알코올의 섭취는 간에 유해한 영향을 미칠 뿐만 아니라 특정 B 비타민의 결핍을 야기한다. 왜 이런 문제가 생기는지 설명하라.

확인합시다!

1. 리보플라빈 함량이 높은 식품은 무엇인가?
2. 리보플라빈의 일반적인 기능 세 가지는 무엇인가?
3. 리보플라빈으로부터 형성되는 두 가지 조효소는 무엇인가?
4. 리보플라빈 결핍은 왜 피로감을 야기하는가?

11.4 니아신

니아신 결핍증인 펠라그라(pellagra)는 한때 미국에서 유행한 식사결핍 질환이었다. 1900년대 초반 미국 남동부지역에 펠라그라가 발생하였는데, 그때야 비로소 펠라그라와 니아신 결핍식사의 연관성을 알게 되었다. 비타민 B_3라고도 알려진 니아신(niacin)은 니코틴산(nicotinic acid)과 니코틴아미드(nicotinamide)의 두 가지 형태로 존재한다. 두 가지 형태 모두 니아신 조효소인 니코틴아미드 아데닌 디뉴클레오타이드(nicotinamide adenine dinucleotide, NAD^+)와 니코틴아미드 아데닌 디뉴클레오타이드 포스페이트(nicotinamide adenine dinucleotide phosphate, $NADP^+$)를 합성하는 데 필요하다.

니아신의 급원식품

니아신은 식품에서 니아신의 활성 형태(preformed niacin)로 섭취하거나 또는 필수아미노산인 트립토판의 형태로 섭취한 후 체내에서 합성될 수 있다. 그림 11.11은 니아신의 주요 급원식품으로 버섯, 밀기울, 어류, 가금류, 땅콩이 좋은 급원식품이다. 단백질이 풍부한 식사도 니아신의 좋은 급원이 될 수 있는데, 그 이유는 트립토판을 제공하기 때문이다. 다른 수용성 비타민과 달리 니아신은 열에 매우 안정하여 조리 시 거의 손실되지 않는다. 서양 식사에서는 니아신의 25%를 가금류, 육류, 어류에서, 그리고 11%를 강화된 빵에서 제공받고, 커피와 차도 니아신의 급원이 된다. 반면, 국가표준식품성분표(농촌진흥청, ver 9.1)에 근거한 한국인의 식사에서 니아신의 주요 급원은 닭고기, 돼지고기, 백미, 소고기, 배추김치 순이고(표11. 7), 1인 1회 분량의 니아신 함량이 높은 식품은 소고기(간)와 가다랑어, 닭고기로 각각

7.89 mg, 6.60 mg, 6.49 mg이었다(그림 11.12). 표 11.8은 100 g 당 니아신 함량이 높은 식품을 나타낸 것으로 싸리버섯, 밤버섯, 효모, 육포 등이었으나 한국인의 주요 급원식품에 해당되지는 않는다고 할 수 있다.

그림 11.11 니아신의 급원식품(북미 기준).

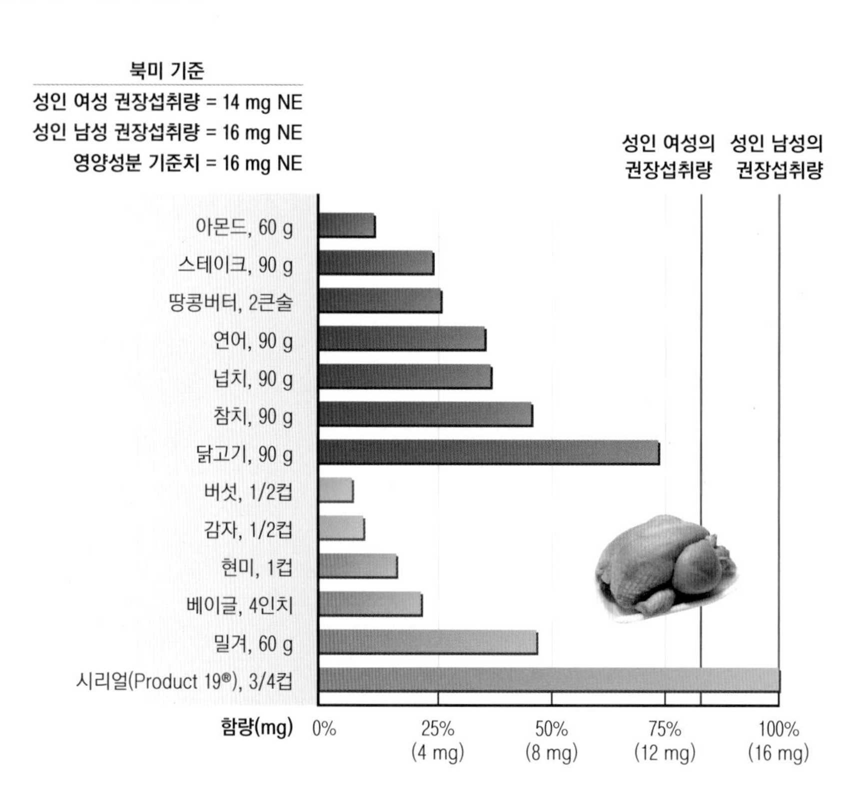

닭고기는 니아신의 좋은 급원이다. 아울러 닭고기에 함유된 트립토판은 니아신 생성에 사용될 수 있다.

©Ingram Publishing/SuperStock RF

표 11.7 니아신 주요 급원식품(100 g 당 함량)[1)]

급원식품 순위	급원식품	함량 (mg/100 g)	급원식품 순위	급원식품	함량 (mg/100 g)
1	닭고기	10.82	16	어류육수	0.40
2	돼지고기(살코기)	4.90	17	고춧가루	8.43
3	백미	1.20	18	맥주	0.26
4	소고기(살코기)	2.38	19	과자	2.06
5	배추김치	0.71	20	라면(건면, 스프포함)	1.03
6	햄/소시지/베이컨	5.16	21	현미	1.68
7	돼지 부산물(간)	8.44	22	새우	4.50
8	고등어	8.20	23	보리	2.02
9	빵	1.61	24	다시마 육수	0.50
10	소 부산물(간)	17.53	25	샌드위치/햄버거/피자	1.68
11	시리얼	21.01	26	고구마	0.76
12	간장	3.13	27	명태	2.30
13	가다랑어	11.00	28	꽁치	9.80
14	우유	0.30	29	새송이버섯	4.66
15	사과	0.39	30	멸치	2.49

1) 2017년 국민건강영양조사의 식품별 섭취량과 식품별 니아신 함량(국가표준식품성분표 DB 9.1, 2019) 자료를 활용하여 니아신 주요 급원식품 상위 30위 산출

출처: 보건복지부, 한국영양학회. 2020 한국인 영양소 섭취기준

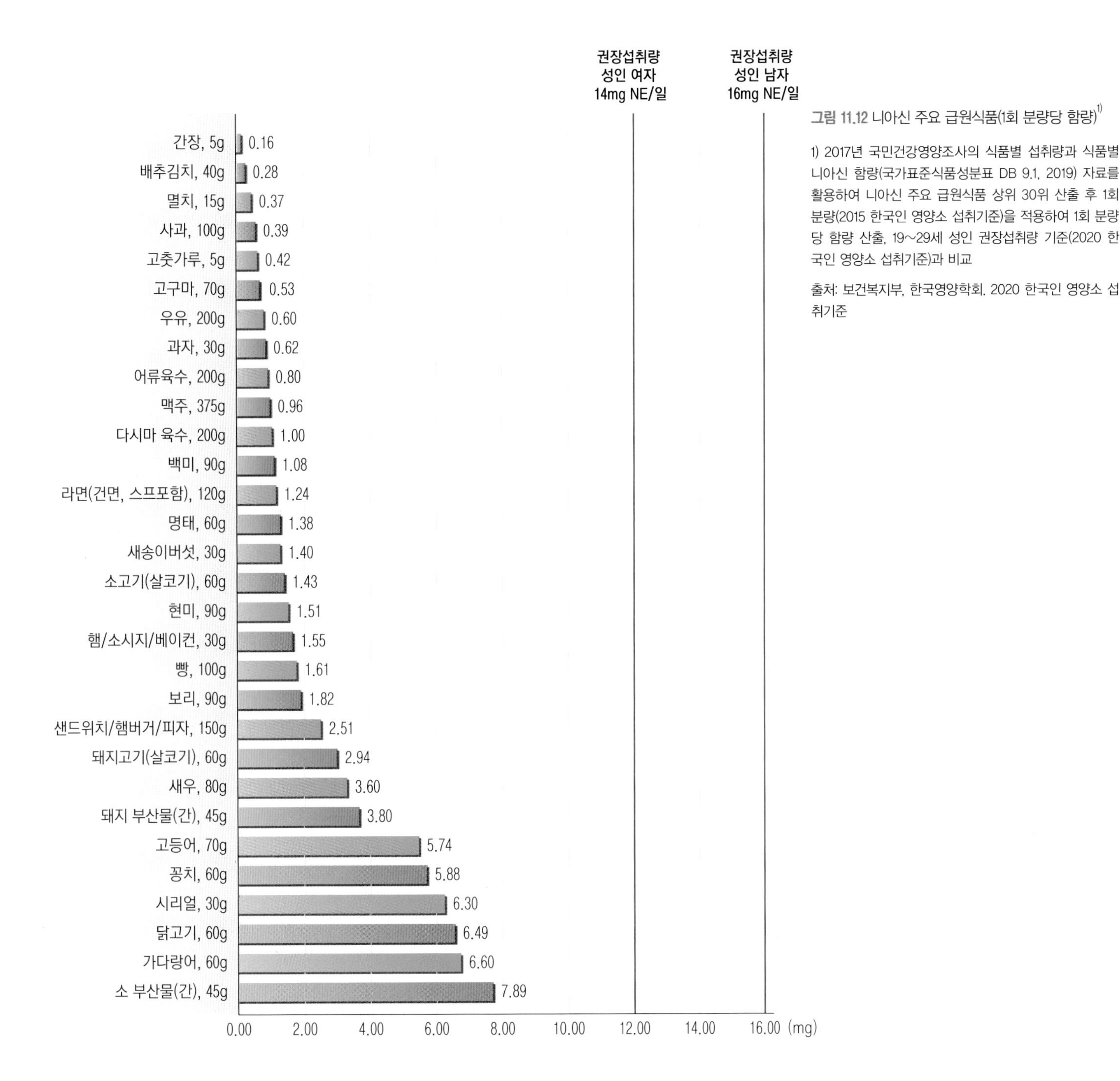

그림 11.12 니아신 주요 급원식품(1회 분량당 함량)[1]

1) 2017년 국민건강영양조사의 식품별 섭취량과 식품별 니아신 함량(국가표준식품성분표 DB 9.1, 2019) 자료를 활용하여 니아신 주요 급원식품 상위 30위 산출 후 1회 분량(2015 한국인 영양소 섭취기준)을 적용하여 1회 분량당 함량 산출. 19~29세 성인 권장섭취량 기준(2020 한국인 영양소 섭취기준)과 비교

출처: 보건복지부, 한국영양학회. 2020 한국인 영양소 섭취기준

트립토판으로부터 니아신을 합성할 때, 1 mg의 니아신을 만들기 위해 60 mg의 트립토판이 필요하다. 이 과정에서 리보플라빈과 비타민 B_6도 필요하다. 단백질은 약 1%가 트립토판이므로 1 g의 단백질은 10 mg 정도의 트립토판을 제공한다. 예를 들어, 90 g의 단백질을 제공하는 식사를 통해 합성되는 니아신의 함량을 계산해보면 다음과 같다.

1 g의 단백질은 10 mg의 트립토판을 제공

60 mg 트립토판은 1 mg의 니아신을 합성

90 g 단백질 × 10 mg 트립토판/g 단백질 = 900 mg 트립토판

900 mg 트립토판 / 60 mg 트립토판/mg 니아신 = 15 mg 니아신

표 11.8 니아신 고함량 식품(100 g 당 함량)[1)]

함량 순위	식품	함량 (mg/100 g)	함량 순위	식품	함량 (mg/100 g)
1	싸리버섯, 생것	46.30	16	방어, 구운것	10.10
2	밤버섯, 생것	38.40	17	땅콩, 볶은것	9.89
3	팽창제, 효모, 말린것	22.00	18	꽁치, 구운것	9.80
4	시리얼	21.01	19	만새기, 생것	9.00
5	육포	19.60	20	타라곤, 말린것	8.95
6	뽕나무버섯, 말린것	18.20	21	까나리, 생것	8.90
7	소 부산물, 간, 삶은것	17.53	22	치아씨, 말린것	8.83
8	가다랑어, 생것	15.30	23	골든세이지, 말린것	8.50
9	어패류알, 대구 알, 생것	12.70	24	돼지 부산물, 간, 삶은것	8.44
10	물치다래, 생것	12.50	25	고춧가루	8.43
11	잣버섯, 말린것	11.60	26	고등어, 생것	8.2
12	닭 부산물, 간, 삶은것	11.05	27	정어리, 생것	8.10
13	가다랑어, 유지통조림	11.00	28	진두발, 말린것	8.00
14	닭고기, 가슴, 생것	10.82	29	청태, 말린것	8.00
15	청새치, 생것	10.40	30	준치, 생것	7.90

1) 국가표준식품성분표 DB 9.1
출처: 보건복지부, 한국영양학회. 2020 한국인 영양소 섭취기준

간단하게 단백질 섭취량을 6으로 나누어 니아신의 양을 계산할 수 있다. 예를 들어, 90 g의 단백질은 90/6.= 15 mg의 니아신을 합성한다.

니아신 함량은 니아신 당량(niacin equivalent, NE)으로 표현한다. 즉, 13 mg의 니아신을 섭취하고 90 g의 단백질을 섭취했다면 대략 28 mg NE(13 mg + 트립토판에서 합성 15 mg)를 섭취했다고 할 수 있다. 단백질을 충분히 섭취한다면 트립토판으로부터 니아신 요구량을 충분히 만족시킬 수 있다. 그러나 식품 중 트립토판의 함량 분석이 아직 완전치 않기 때문에 식품성분 데이터베이스를 사용하면 니아신 합성량을 과소평가하기 쉽다. 한국인의 니아신 섭취량 및 급원식품 산출에 이용된 국가표준식품성분표(농촌진흥청, ver 9.1)의 경우 역시 니아신 당량(Niacin Equivalent, NE)에 대한 정보가 부족해 트립토판 함량이 높은 식품의 경우 니아신 함량이 과소평가되었을 수도 있다.

니아신의 필요량과 상한섭취량

권장섭취량은 성인의 경우 남자가 16 mg NE/day이고, 여자가 14 mg NE/day이다. 니아신의 권장량은 니아신 당량으로 표시하고 식품에 함유된 활성형 니아신뿐만 아니라 트립토판에서 합성된 것을 모두 합하여 계산한다. 한국인의 니아신(preformed niacin) 평균섭취량은 남자 15.4 mg/day, 여자 10.8 mg/day이다. 여기에는 트립토판으로부터 합성된 니아신 함량이 포함되지 않은 것이므로, 실제 섭취량보다 평가저하된 것이라 할 수 있다. 식품표시에 사용되는 니아신의 영양성분 기준치(2020 개정)는 15 mg NE이다. 니아신의 상한섭취량은 니코틴산으로 35 mg NE, 니코틴아미드로 1,000 mg NE로, 식사보충제와 강화식품에만

적용한다.

니아신의 흡수와 운반, 저장, 배설

니코틴산과 니코틴아미드는 능동운반과 수동확산에 의해 위와 소장에서 쉽게 흡수된다. 따라서 식품으로 섭취한 니아신은 대부분 흡수된다. 그러나 곡물(특히, 옥수수의 경우)에 함유된 니아신은 생리적 유용성(bioavailability)이 낮다. 그 이유는 니아신이 단백질과 단단하게 결합되어 있기 때문이다. 따라서 곡물에 함유된 니아신의 흡수율은 30% 이하이다.

옥수수를 라임워터와 같은 수산화칼슘(calcium hydroxide) 용액에 담그면 니아신이 단백질과 분리되면서 생리적 유용성이 향상된다. 이것은 라틴아메리카에서 옥수수 껍질을 벗겨 반죽을 만들어 주식인 토르티야(tortilla)를 만들기 위해 사용되던 방법인데, 니아신 결핍을 예방하기에 유용한 방법이 되었다. 일단 흡수된 후에, 니아신은 간문맥을 타고 간으로 전달되어 저장되거나 신체의 다른 세포로 전달된다. 니아신은 모든 조직에서 조효소의 형태로 전환될 수 있으며, 과량의 니아신은 소변으로 배출된다.

니아신의 기능

리보플라빈과 같이 니아신도 조효소 NAD^+와 $NADP^+$의 형태로 산화-환원 반응에서 활발하게 작용한다. 니아신 조효소는 최소한 200여 개의 세포 대사반응에서 작용하는데, 특히 ATP를 합성하는 대사경로에 필요하다. NAD^+는 탄수화물, 단백질, 지방의 이화작용(catabolic reaction)에 필요하다(그림 11.13). NAD^+는 해당작용과 구연산 회로에서 전자와 수소 이온의 수용체로 작용한다. 혐기 상태에서는 피루브산이 젖산으로 전환될 때 NAD^+가 생성된다. 호기 상태에서는 $NADH + H^+$는 전자전달계의 수용체 분자에 전자와 수소를 전

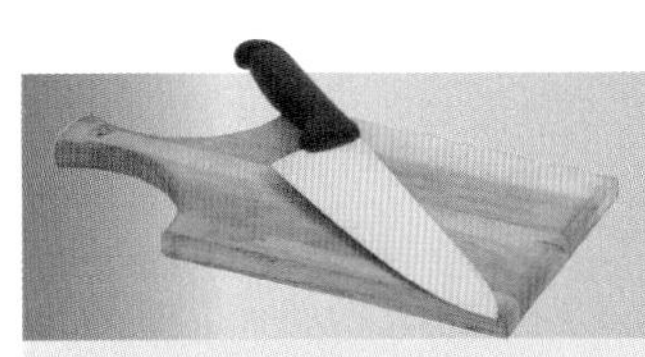

조리적 관점

니아신의 생리적 이용성은 요리를 통해 강화될 수 있다.

옥수수를 라임워터, 즉 수산화칼슘을 물에 녹여 만든 알칼리성 용액에 담금으로써 니아신의 생리적 이용성을 높일 수 있다. 원래는 중앙아메리카에서 반죽을 만들기 위해 옥수수 알갱이의 껍질을 분리시키는 목적으로 이러한 요리법이 사용되었다. 이와 동시에 알칼리 침지법은 단백질로부터 니아신을 용출시켜 니아신 결핍을 막아주는 효과를 가질 수 있다.

'마사(masa)'는 알칼리 용액에 침지된 옥수수 가루로부터 만들어진 반죽이다. 이러한 알칼리 처리를 '닉스타말화(nixtamalization)'라고 부르기도 한다. 마사는 타말과 토르티야와 같은 라틴아메리카의 음식을 만들 때 사용된다.

BobNoah/Shutterstock

달하여 ATP 생성에 기여한다. 알코올의 대사과정에도 니아신 조효소가 필요하다.

이러한 반응들은 산화형 니아신 조효소에서 시작한다. 그러나 새로운 화합물을 만드는 세포의 합성경로에서는 환원형 니아신 조효소(NADPH + H^+)가 사용된다. 이 조효소는 지방산의 생합성에서 중요하다. 지방산을 많이 합성하는 세포(예: 간세포와 여성의 유선세포)는 지방산 합성과 관련이 없는 세포(예: 근육세포)보다 NADPH + H^+ 농도가 더 높다.

니아신의 결핍증

거의 모든 대사과정에서 NAD^+ 또는 NADPH + H^+를 사용하기 때문에, 니아신이 결핍되면 광범위한 체내 손상이 야기된다는 것은 놀라운 일이 아니다. 니아신 결핍증인 펠라그라의 첫 공식기록은 1735년 스페인 의사인 카잘(Gaspar Casal)에 의해서 알려졌는데, 이때는 '붉은 질병(red sickness ; mal de la rosa)'이라고 불렸다. 왜냐하면 팔, 손등, 얼굴, 목과 같이 햇빛에 노출된 부위에 전형적인 붉은 발진(Casal의 목걸이라 함)이 나타났기 때문이다. 이 질병은 후에 펠라그라로 다시 명명되었는데, 이탈리아어로 pelle는 '피부'를, agra는 '거칠다'를 뜻한다(그림 11.14) 펠라그라의 다른 증상으로는 설사와 치매가 있다. 따라서 펠라그라는 3D, 즉 치매(dementia), 설사(diarrhea), 피부염(dermatitis)으로 특징된다. 만일 펠라그라가 잘 치료되지 않으면 네 번째 D인 사망(death)에 이르게 된다.

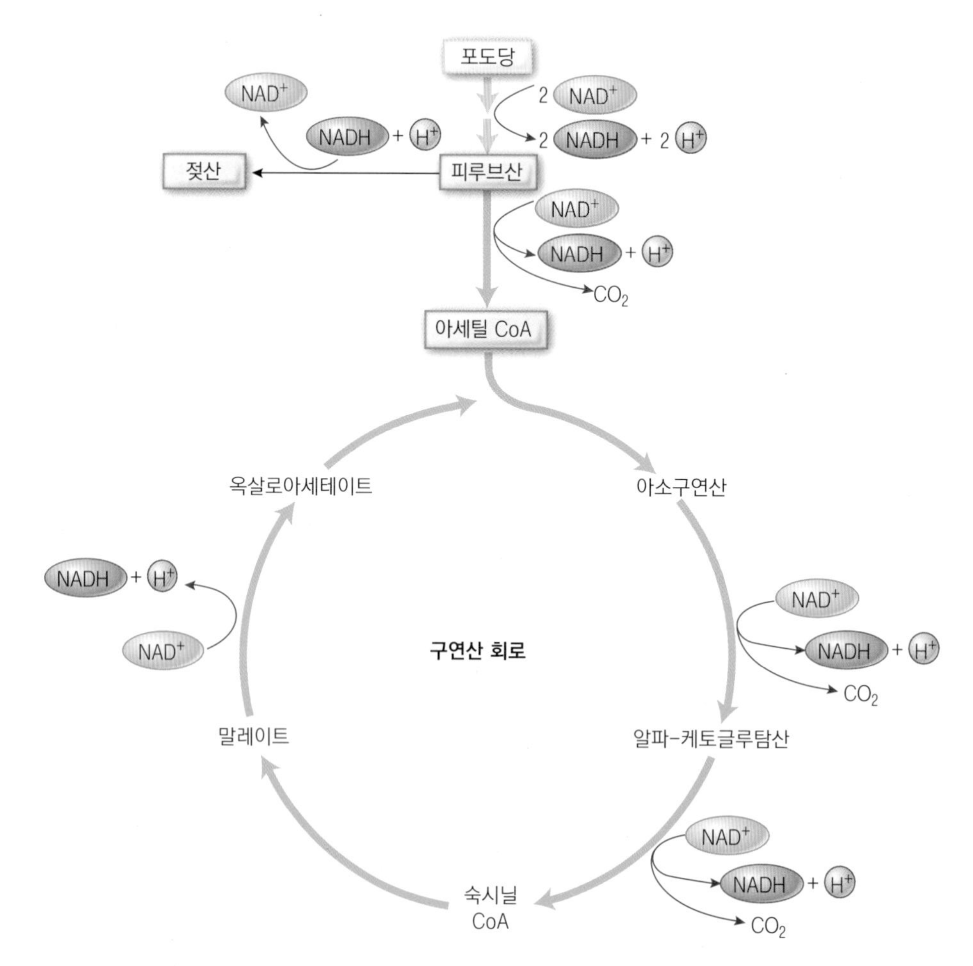

그림 11.13 니아신의 조효소인 NAD^+는 해당작용과 구연산 회로에서 필요하다. NAD^+는 NADH로 환원된다. 피루브산이 환원되어 젖산이 만들어질 때에는 NADH가 NAD^+로 전환된다.

펠라그라는 옥수수를 주식으로 하는 식단과 관련이 있는 것으로 알려졌다. 중앙 및 남부 아메리카 원주민들은 옥수수를 주식으로 하였음에도 불구하고 펠라그라가 나타나지 않았으나, 옥수수가 유럽과 아프리카에 유입되면서 펠라그라가 발병하였다. 그 이유는 라틴아메리카 원주민들은 옥수수를 알칼리 용액(라임워터 또는 나무 재)에 담가서 단백질로부터 분리된 니아신을 섭취했던 반면, 불행하게도 유럽과 아프리카에서는 이 방법을 도입하지 않았기 때문이다. 가난하여 옥수수를 주식으로 하고 다른 식품을 거의 섭취하지 못한 경우, 니아신의 섭취가 낮아져 펠라그라가 나타난다. 또 다른 이유는 옥수수에 트립토판이 적기 때문이다.

1900년 초반에는 옥수수를 주식으로 하는 가난한 미국 남동부에서 펠라그라가 광범위하게 유행하였으며 1915년에는 10,000명 이상이 사망하였다. 1918년부터 제2차 세계대전이 끝나던 1945년까지 약 200,000명이 펠라그라로 고통을 받았으며, 정신병동에서 일생을 보내는 사람이 많았다. 펠라그라는 오랫동안 감염성 질환이라 여겨졌다. 1910년과 1920년 사이에 공중보건학자인 골드버거(Joseph Goldberger) 박사는 병동에 있는 펠라그라 환자와 달리 더 좋은 식사를 하는 병동 직원들이 펠라그라에 걸리지 않는 것을 관찰하고 펠라그라는 감염성 질환이 아니라고 주장하였다. 이후 펠라그라 환자의 피부, 분변, 딱지 등의 생물학적 시료를 사용하여 감염성 병리현상이 아님을 확인하였다. 골드버거 박사는 죄수들을 대상으로 옥수수 식사만 제공하면 펠라그라가 유도되고, 고기, 우유, 채소 등을 추가로 주었을 때 펠라그라가 치유될 수 있음도 증명하였다. 1937년에는 소위 검은 혀(black tongue) 증세의 개에서 니코틴산이 펠라그라를 치료할 수 있음을 확인하게 되었다. 곧이어 곡류제품에 니아신을 강화함으로써 미국에서 더 이상 펠라그라가 발생하지 않게 되었다. 그러나 심각한 흡수불량, 만성 알코올중독, 하트넙병(Hartnup disease, 트립토판이 니아신으로 전환되지 않는 유전질환)의 경우에는 아직도 펠라그라가 발생할 위험이 있다. 현대 사회에서는 펠라그라가 드물지만, 알코올중독자, 저소득 가정의 아동, 흡수불량자 등과 같이 영양결핍이 우려되는 인구집단에서는 아직도 문제가 되고 있다.

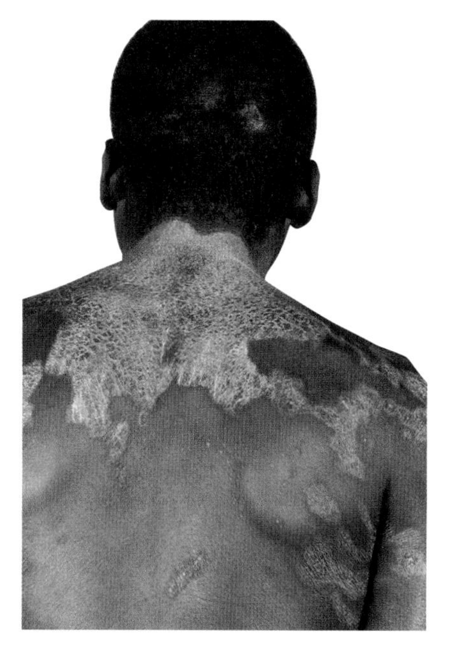

(a)

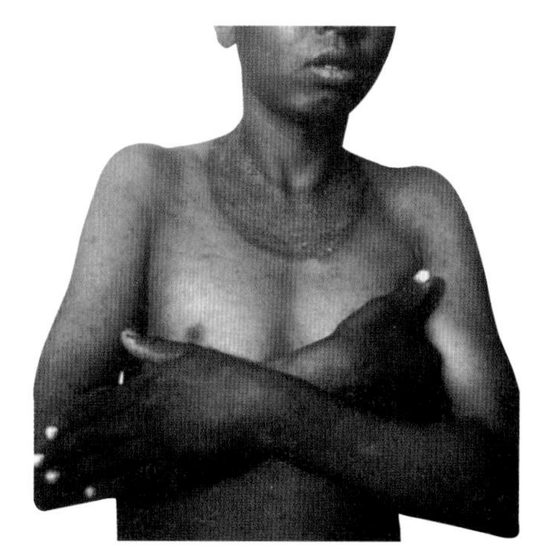

(b)

그림 11.14 펠라그라의 피부염. (a) 신체의 양쪽 면 모두에서 나타나는 피부염은 펠라그라의 전형적인 증상이다. 햇빛에 노출되는 부위는 염증 정도가 더 심하다. (b) 목 주변의 피부가 거칠어지는 피부염이 특징으로 'Casal의 목걸이'라고도 불린다.

(a) ©Dr. M.A. Ansary/Science Source; (b) Centers for Disease Control

니아신의 약리적 이용

니코틴산은 HDL-콜레스테롤을 높이고 LDL-콜레스테롤 및 중성지방을 낮추어서 뇌졸중이나 심장 발작을 위한 약물로 처방된다. 최근 25,000명 인구를 대상으로 한 대규모 연구에서는 이를 뒷받침할 결과를 찾지 못하였으며 오히려 고혈당, 위장관 출혈, 설사, 감염, 간질환 등 심각한 부작용을 경험한 사람이 많았다. 따라서 니아신을 함유한 약물을 심장질환이 있는 사람에게 더 이상 추천하지 않는다.

확인합시다!

1. 니아신 조효소를 필요로 하는 두 가지 대사과정은 무엇인가?
2. 식품으로 공급되는 니아신(preformed niacin) 이외에 니아신을 공급하는 또 다른 급원은 무엇인가?
3. 옥수수를 주식으로 하는데도 아메리카 원주민들이 펠라그라에 걸리지 않는 이유는 무엇인가?

생각해 봅시다

니아신과 단백질이 둘 다 풍부한 음식은 펠라그라를 치료한다. 둘 다 이러한 효과를 보이는 이유는 무엇일까?

11.5 판토텐산

판토텐산(pantothenic acid)이라는 용어는 '어디에서나'라는 뜻의 그리스어인 pantothen에서 유래되었다. 판토텐산은 신체 내 모든 세포에 존재하고 또 모든 식품에도 존재하기 때문이다. 판토텐산은 코엔자임 A(CoA, 조효소 A)의 일부로 에너지 대사 전반에 걸쳐 사용된다. 판토텐산이 아데노신 이인산(adenosine diphosphate, ADP) 유도체와 아미노산인 시스테인의 일부와 결합하면 CoA가 형성된다. 시스테인은 조효소의 기능기 끝에 부착된 황(S)을 제공한다.

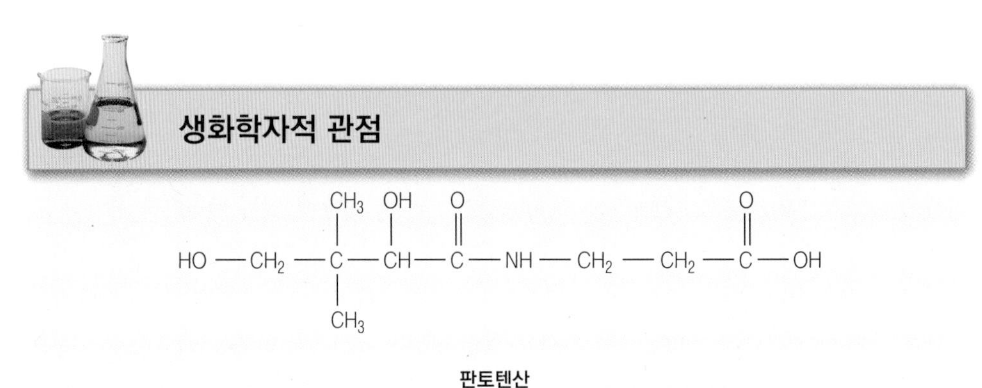

판토텐산

CH3 OH O O

RO — CH2 — C — CH — C — NH — CH2 — CH2 — C — NH — CH2 — CH2 — SH

CH3

코엔자임 A(CoA)

판토텐산은 코엔자임 A(CoA) 분자의 일부이다.
R = 아데노신 이인산(AD)
박스 부분 = 아미노산 시스테인의 일부

판토텐산의 급원식품

아보카도 1개는 판토텐산 충분섭취량의 50% 이상을 제공한다.

판토텐산은 흔히 먹는 식품에 풍부하다. 육류와 우유, 다양한 채소가 일반적인 급원식품(그림 11.15)이다. 풍부한 급원식품으로는 버섯, 땅콩, 달걀 노른자, 효모, 브로콜리 및 두유가 있다. 일반적으로 가공하지 않은 식품이 가공식품보다 판토텐산의 더 좋은 급원식품이다. 분쇄, 정제, 냉동, 열처리 등 통조림 형성 과정에서 판토텐산이 감소되기 때문이다. 한국인의 판토텐산 주요 급원식품은 백미, 맥주, 배추김치, 돼지고기(살코기), 소고기(살코기), 닭고기, 달걀 순이었다(표 11.9). 각 식품의 1회 섭취 분량을 기준으로 판토텐산 함량이 높은 식품은 맥주 3.35 mg, 소고기(간) 3.20 mg, 돼지고기(간) 2.15 mg 순이었다(그림 11.16), 100 g 당 판토텐산 함량이 높은 식품으로는 산초가루, 영지버섯, 거위(간), 효모, 느티만가닥버섯 등이었으나 주요 급원식품에 포함되지는 않았다(표 11.10).

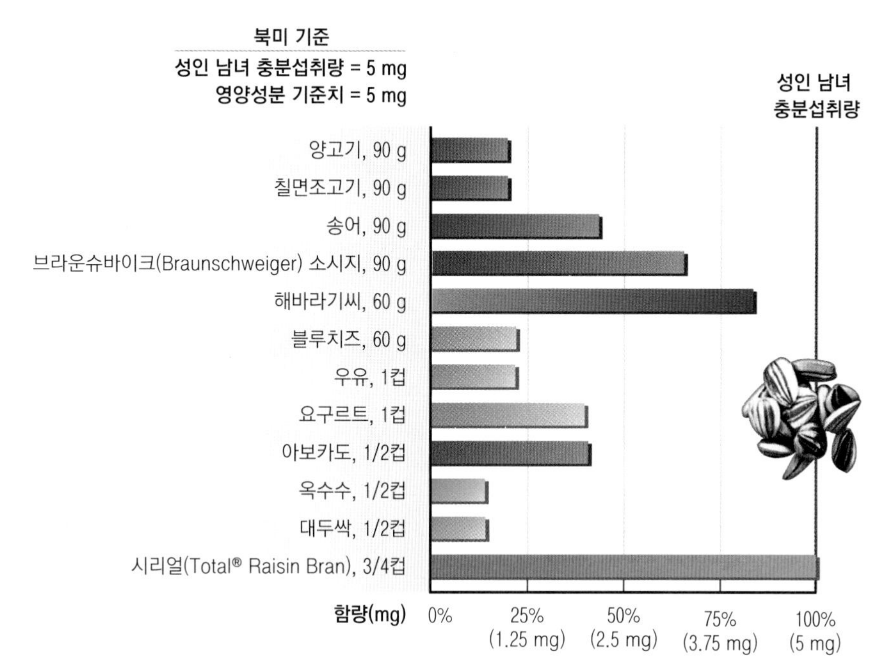

그림 11.15 판토텐산의 급원식품(북미 기준).

표 11.9 판토텐산의 주요 급원식품(100 g 당 함량)[1]

급원식품 순위	급원식품	함량 (mg/100 g)	급원식품 순위	급원식품	함량 (mg/100 g)
1	백미	0.66	16	청국장	11.50
2	맥주	0.89	17	콩나물	0.78
3	배추김치	0.83	18	열무김치	0.92
4	돼지고기(살코기)	0.86	19	수박	0.54
5	소고기(살코기)	1.63	20	오징어	1.13
6	닭고기	0.80	21	오이	0.34
7	달걀	0.91	22	애호박	0.52
8	우유	0.30	23	넙치(광어)	2.59
9	돼지 부산물(간)	4.77	24	양배추	0.49
10	소 부산물(간)	7.11	25	간장	0.59
11	시금치	1.53	26	고구마	0.31
12	과일음료	0.37	27	토마토	0.30
13	파	0.84	28	된장	1.11
14	콜라	0.32	29	오리고기	1.84
15	참외	0.82	30	메밀 국수	0.65

1) 2017년 국민건강영양조사의 식품별 섭취량과 식품별 판토텐산 함량(국가표준식품성분표 DB 9.1, 2019) 자료를 활용하여 판토텐산 주요 급원식품 상위 30위 산출

출처: 보건복지부, 한국영양학회. 2020 한국인 영양소 섭취기준

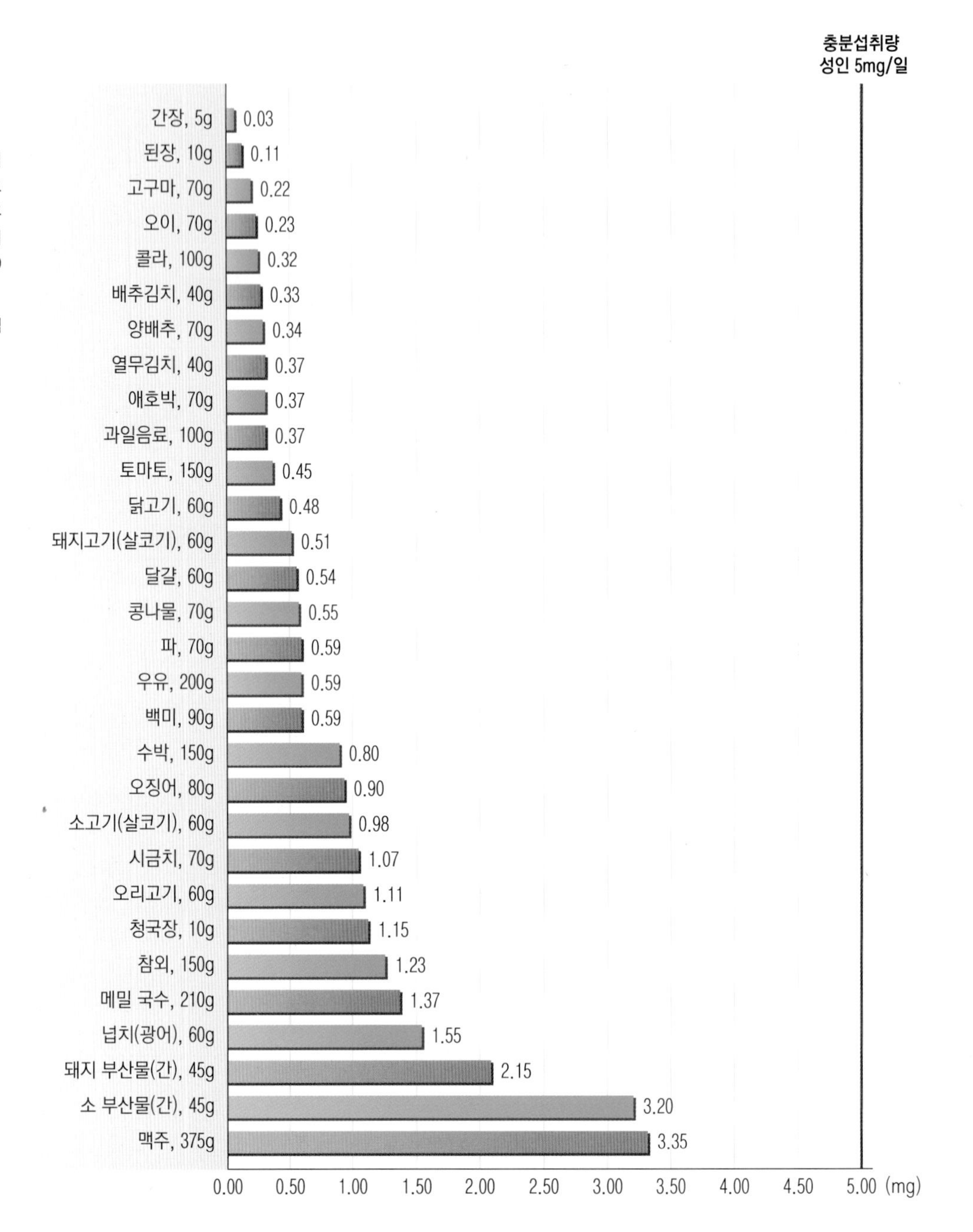

그림 11.16 판토텐산 주요 급원식품(1회 분량당 함량)[1)]

1) 2017년 국민건강영양조사의 식품별 섭취량과 식품별 판토텐산 함량(국가표준식품성분표 DB 9.1, 2019) 자료를 활용하여 판토텐산 주요 급원식품 상위 30위 산출 후 1회 분량(2015 한국인 영양소 섭취기준)을 적용하여 1회 분량당 함량 산출, 19~29세 성인 충분섭취량 기준(2020 한국인 영양소 섭취기준)과 비교

출처: 보건복지부, 한국영양학회. 2020 한국인 영양소 섭취기준

판토텐산의 필요량 및 상한섭취량

성인의 경우, 판토텐산의 충분섭취량은 5 mg/day이다. 성인은 대체로 충분섭취량 이상을 섭취한다. 판토텐산의 독성은 아직 알려진 바 없으므로, 상한섭취량은 설정하지 않았다.

판토텐산의 흡수와 운반, 저장, 배설

소장에서 소화되는 중에 식사에 함유된 코엔자임 A로부터 판토텐산이 분리된다. 체내로 흡수된 판토텐산은 적혈구와 결합되어 각 세포로 운반된다. 조효소의 형태로 소량 저장되고,

표 11.10 판토텐산 고함량 식품(100 g 당 함량)[1)]

함량 순위	식품	함량 (mg/100 g)	함량 순위	식품	함량 (mg/100 g)
1	산초, 가루	15.33	16	두릅, 생것	2.46
2	청국장, 찌개용	11.50	17	게, 생것	2.01
3	영지버섯, 말린것	8.36	18	거위고기, 살코기, 생것	1.97
4	소 부산물, 간, 삶은것	7.11	19	조, 생것	1.91
5	닭 부산물, 간, 삶은것	6.67	20	메추리고기, 생것	1.85
6	거위 부산물, 간, 생것	6.18	21	오리고기, 생것	1.84
7	팽창제, 효모, 말린것	5.73	22	가죽나물, 생것	1.70
8	돼지 부산물, 간, 삶은것	4.77	23	해바라기씨, 볶은것	1.66
9	느티만가닥버섯, 생것	3.82	24	아보카도, 생것	1.65
10	나토	3.60	25	방울다다기양배추, 생것	1.64
11	분유, 전지	3.50	26	소고기, 살코기, 생것	1.63
12	땅콩 버터	2.63	27	유자, 생것	1.62
13	넙치(광어), 생것	2.59	28	팽이버섯, 생것	1.59
14	느타리버섯, 생것	2.57	29	보리, 엿기름, 말린것	1.56
15	조미료	2.49	30	시금치, 생것	1.53

1) 국가표준식품성분표 DB 9.1
출처: 보건복지부, 한국영양학회, 2020 한국인 영양소 섭취기준

소변을 통해 배설된다.

판토텐산의 기능

코엔자임 A(CoA)는 탄수화물, 단백질, 알코올 및 지방 분해과정에서 아세틸 CoA를 형성할 때 반드시 필요하다. 아세틸 CoA 분자는 대부분 구연산 회로로 들어가서 궁극적으로 ATP를 형성한다. 지방산 베타-산화과정에도 코엔자임 A가 필요하다. 그러나 아세틸 CoA는 지방산, 콜레스테롤, 담즙산, 스테로이드 호르몬의 생합성 구성성분으로도 중요한 역할을 한다.

판토텐산은 또한 아실 운반단백질(Acyl carrier protein, ACP)의 일부로 지방산 생합성을 돕는다. 지방산의 사슬 길이를 증가시키는 대사 과정에서 ACP는 지방산에 붙어 셔틀처럼 작

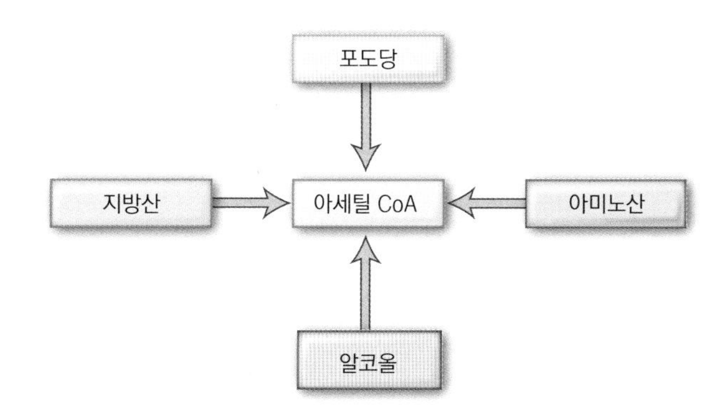

판토텐산은 아세틸 CoA의 일부인 코엔자임 A의 형성을 위해 필요하다.

용한다.

판토텐산의 결핍증

판토텐산의 결핍은 매우 희귀하며 실험과정 등의 의도적으로 결핍을 유도한 상황에서만 관찰될 수 있다. 결핍 증상으로는 두통, 피로, 근육 조절의 손상, 소화기 장애가 있다.

1. 판토텐산의 조효소 형태는 무엇인가?
2. 판토텐산이 어떻게 ATP 형성에 관여하는가?
3. 판토텐산의 주요 급원 세 가지는 무엇인가?

11.6 비오틴

카복실화(carboxylation) 화합물 또는 분자 내에 카복실 그룹(–COOH)을 추가하는 과정.

비오시틴(biocytin) 식품 단백질에서 아미노산 리신과 결합되어 있는 비오틴.

비오틴(biotin)은 1920년대에 소위 '달걀흰자 질병'이라 불리던 증세와 관련된 비타민이다. 날달걀의 흰자를 다량 섭취시킨 흰쥐에서 심각한 발진이 생기고, 털이 빠지며, 마비증상이 나타났는데, 이때 효모, 간, 기타 식품을 공급하니 증상이 사라졌다. 이 과정에서 비오틴이 발견되었다. 비오틴은 이산화탄소를 첨가하는 **카복실화**(carboxylation)에 관여하는 조효소이다.

생화학자적 관점

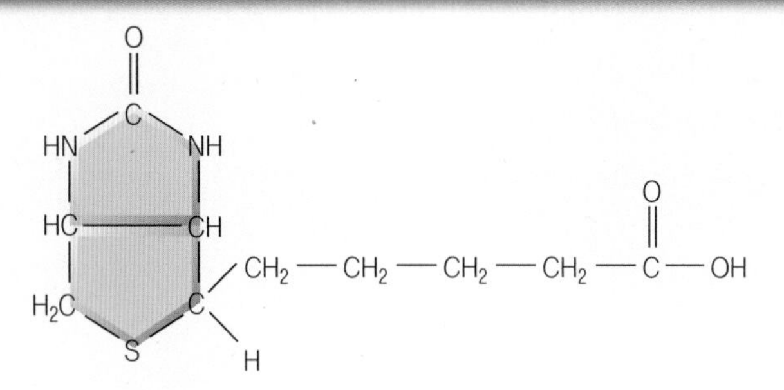

비오틴

비오틴 급원: 식품 및 미생물 합성

비오틴은 식품에 아주 소량 함유되어 있다. 비오틴은 유리된 형태 또는 단백질과 결합한 형태로 존재한다. 단백질 중 아미노산 리신(lysine)에 결합한 비오틴을 **비오시틴**(biocytin)이라고 한다. 비오틴 함량이 분석된 식품이 많지 않아 제한적이기는 하나, 비오틴의 급원식품은 통곡, 달걀, 견과류, 두류이다(그림 11.17). 한국인의 비오틴 주요 급원식품은 달걀, 맥주, 우유, 고춧가루, 고추장, 닭고기, 돼지고기(살코기), 세발나물 순이었다(표 11.11). 1회 섭취 분량 당 비오틴 함량이 높은 식품은 세발나물(376.0 μg)과 게(78.6 μg)로 성인의 비오틴 충분섭취량을 훨씬 초과한다(그림 11.18). 100 g 당 비오틴 함량이 높은 식품은 세발나물, 효모, 게, 헤이즐넛, 해바라기씨, 고춧가루 순이었다(표 11.12).

섭취한 양보다 더 많은 양이 배설되므로 마치 대장에서 박테리아가 비오틴을 합성하는 것처럼 보인다. 그러나 비오틴은 소장에서 가장 효과적으로 흡수되기 때문에 미생물에 의해 합성된 비오틴이 대장에서 실제로 얼마나 흡수되는지는 사실 잘 모른다.

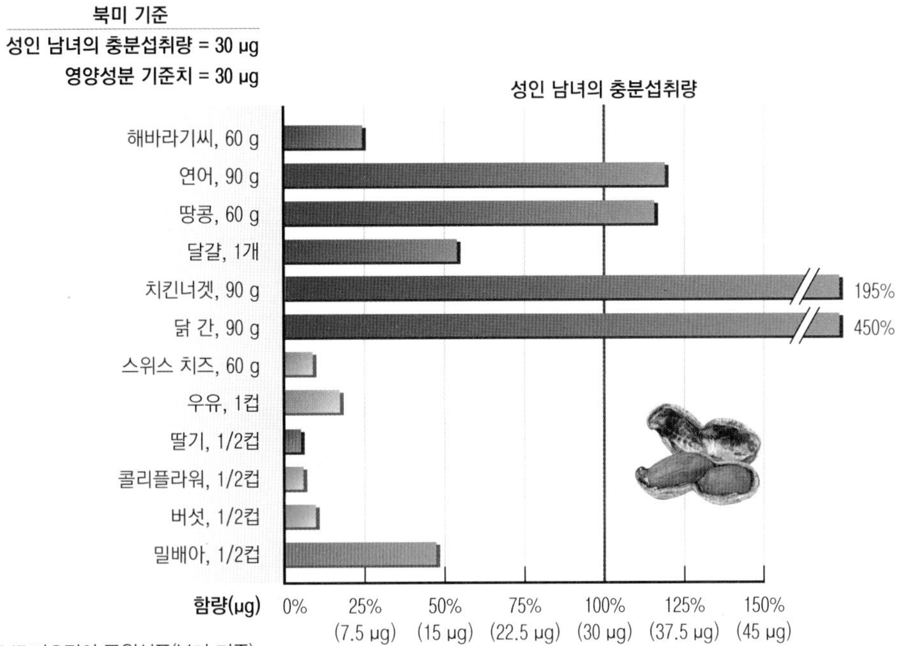

그림 11.17 비오틴의 급원식품(북미 기준).

표 11.11 비오틴 주요 급원식품(100 g 당 함량)[1)]

급원식품 순위	급원식품	함량 (mg/100 g)	급원식품 순위	급원식품	함량 (mg/100 g)
1	달걀	21.0	16	감	1.9
2	맥주	4.1	17	된장	6.5
3	우유	2.3	18	오이	1.6
4	고춧가루	75.2	19	햄/소시지/베이컨	2.9
5	게	98.2	20	땅콩	28.9
6	고추장	19.2	21	두유	2.6
7	닭고기	3.8	22	느타리버섯	15.4
8	돼지고기(살코기)	2.3	23	간장	2.6
9	세발나물	537.1	24	아몬드	27.9
10	케이크	12.4	25	양파	0.6
11	불고기양념	18.9	26	굴	12.2
12	토마토	2.4	27	마요네즈	5.3
13	소고기(살코기)	1.4	28	삼치	17.6
14	마늘	6.5	29	부추	3.7
15	현미	3.2	30	새송이버섯	5.1

1) 2017년 국민건강영양조사의 식품별 섭취량과 식품별 비오틴 함량(국가표준식품성분표 DB 9.1, 2019) 자료를 활용하여 비오틴 주요 급원식품 상위 30위 산출

출처: 보건복지부, 한국영양학회. 2020 한국인 영양소 섭취기준

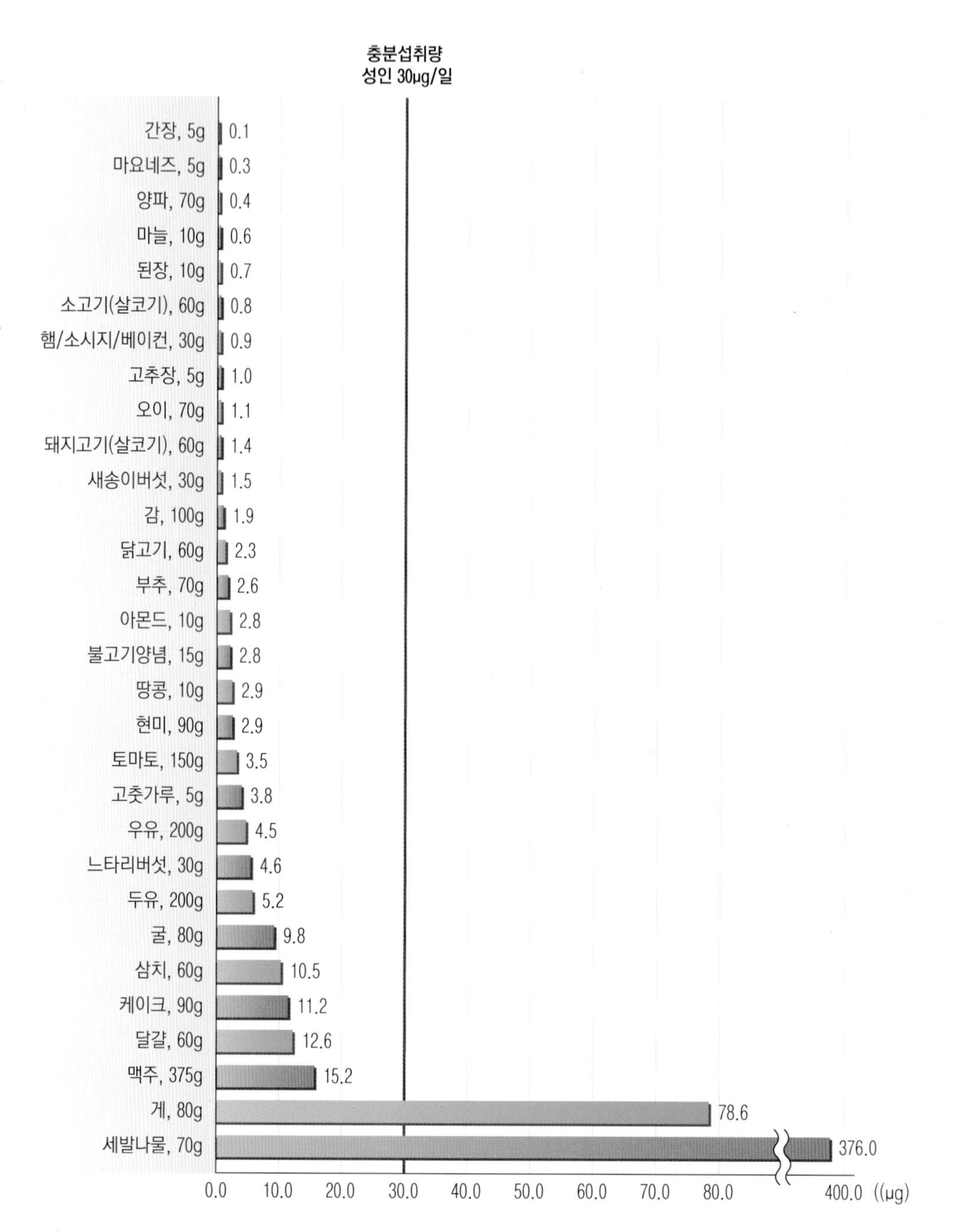

그림 11.18 비오틴 주요 급원식품(1회 분량당 함량)[1)]

1) 2017년 국민건강영양조사의 식품별 섭취량과 식품별 비오틴 함량(국가표준식품성분표 DB 9.1, 2019) 자료를 활용하여 비오틴 주요 급원식품 상위 30위 산출 후 1회 분량(2015 한국인 영양소 섭취기준)을 적용하여 1회 분량당 함량 산출, 19~29세 성인 충분섭취량 기준(2020 한국인 영양소 섭취기준)과 비교

출처: 보건복지부, 한국영양학회. 2020 한국인 영양소 섭취기준

비오틴의 필요량과 상한섭취량

성인의 경우 비오틴의 충분섭취량은 30 μg/day으로 다른 수용성 비타민의 권장섭취량에 비해 현저히 적은 양이다. 따라서 대부분의 성인은 식사를 통해 비오틴 요구도를 충족하고 있다. 식품의 영양표시를 위해 설정된 영양성분 기준치도 30 μg이다. 비오틴의 상한섭취량은 설정되지 않았다.

표 11.12 비오틴 고함량 식품(100 g 당 함량)[1)]

함량 순위	식품	함량 (mg/100 g)	함량 순위	식품	함량 (mg/100 g)
1	세발나물, 생것	537.1	16	고추장, 개량	19.2
2	팽창제, 효모, 말린것	309.7	17	고추냉이, 페이스트	19.0
3	게, 생것	98.2	18	캐슈넛, 조미한 것	19.0
4	개암, 헤이즐넛, 볶은것	81.8	19	고기 소스, 소불고기양념	18.9
5	해바라기씨, 볶은것	80.1	20	호두, 말린것	18.8
6	고춧가루, 가루	75.2	21	나토	18.2
7	어패류부산물, 은어 내장, 생것	60.0	22	산초 가루	17.8
8	청경채, 생것	42.4	23	삼치, 생것	17.6
9	아마씨, 볶은것	33.5	24	꼬막, 생것	15.5
10	계피, 가루	29.7	25	느타리버섯, 생것	15.4
11	땅콩, 볶은것	28.9	26	피스타치오넛, 볶은것	15.1
12	아몬드, 볶은것	27.9	27	느티만가닥버섯, 생것	13.9
13	삼씨, 말린것	27.3	28	청새치, 생것	13.1
14	케일, 생것	22.0	29	케이크	12.4
15	달걀, 생것	21.0	30	굴, 생것	12.2

1) 국가표준식품성분표 DB 9.1
출처: 보건복지부, 한국영양학회. 2020 한국인 영양소 섭취기준

비오틴의 흡수와 운반, 저장, 배설

소장에 존재하는 비오티니데이즈(biotinidase) 효소가 단백질과 리신으로부터 비오틴을 방출하며 유리된 비오틴은 나트륨 의존형 운반체를 사용하여 흡수된다. 비오틴은 소량으로 근육, 간, 뇌에 저장되고, 일부는 담즙으로 배설되지만 대부분은 소변으로 배설된다.

세 큰술 정도의 땅콩으로 비오틴의 권장섭취량을 충족할 수 있다.

©C Squared Stuidos/Getty Images RF

비오틴의 기능

비오틴은 카복실화효소(carboxylase)를 돕는 조효소로 작용하여 여러 화합물에 이산화탄소를 붙여준다. 카복실화효소는 탄수화물, 단백질, 지방의 대사에 관여하며 비오틴을 요구하는 반응은 다음과 같다.

- 구연산 회로에서 피루브산이 옥살로아세트산으로 카복실화될 때 필요하다. 포도당 공급이 낮을 때 포도당신생합성을 위해 옥살로아세트산을 사용한다.
- 아미노산 트레오닌, 류신, 메티오닌 및 이소류신을 분해하여 에너지를 생성한다.
- 지방산 합성을 위해 아세틸-CoA가 말로닐-CoA로 카복실화될 때 필요하다.

비오틴은 세포 내 핵에서 DNA 접힘을 돕는 단백질과도 결합하여 유전자 안정성(gene stability)을 유지한다.

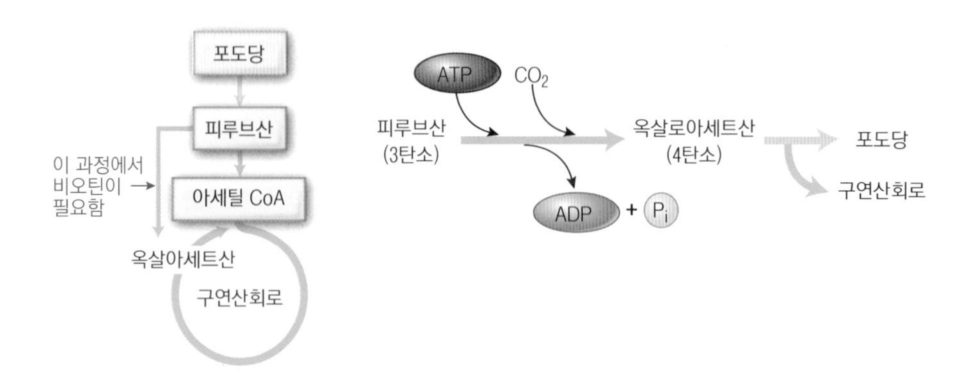

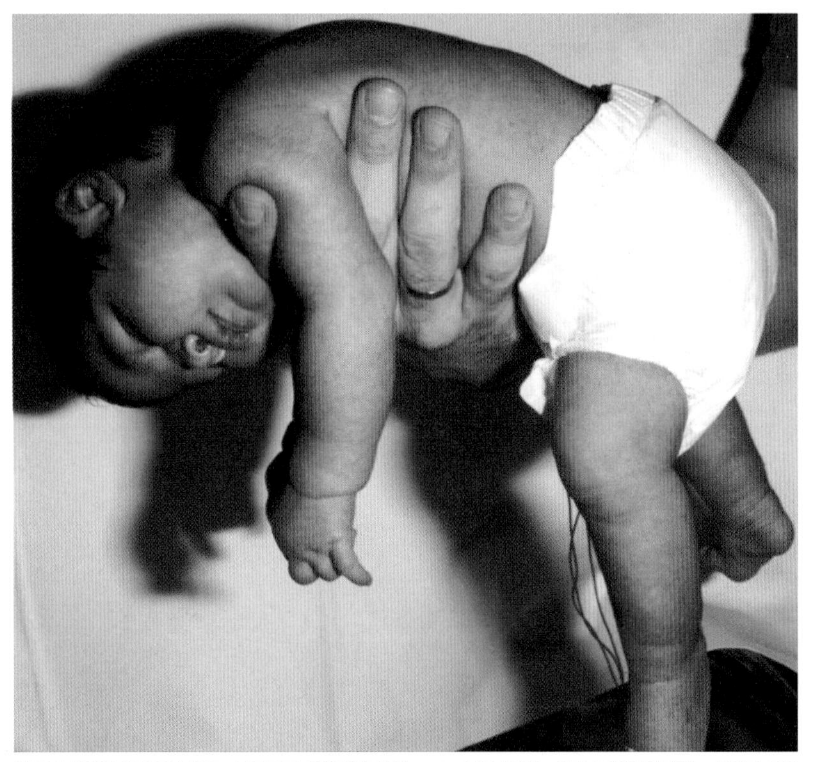
치료되지 않은 비오티니데이즈 결핍으로 근육긴장저하(hypotonia)를 보이는 아기. 근육긴장저하는 신경과 근육에 영향을 미치는 또 다른 문제에 의해서도 발생할 수 있다.

비오틴의 결핍증

비오틴 결핍은 드물지만 영아 60,000명 중 한 명꼴로 유전적 결손 때문에 비오티니데이즈(biotinidase) 효소의 양이 극히 낮은 상태로 태어난다. 이런 결손을 지닌 신생아는 식품 중 비오시틴을 분해하지 못하므로 비오틴 흡수도 낮아진다. 출생 후 수주에서 수개월 내에 결핍 증상(피부 발진, 모발 감소, 발작, 근긴장도 저하, 성장 저하)이 나타난다. 이런 경우에는 평생 동안 비오틴 보충제를 섭취한다.

항경련제 약물 복용, 소장 질환으로 흡수불량 상태나 매일 날달걀을 다량(12개 이상) 섭취하는 경우, 비오틴 결핍이 발생한다. 날달걀에 존재하는 단백질 **아비딘**(avidin)이 비오틴과 결합하여 비오틴의 흡수를 방해하기 때문이다. 그러나 달걀을 익히면 아비딘이 변성하여 비오틴과 결합하지 못하게 된다.

아비딘(avidin) 날달걀의 흰자에 있는 단백질. 비오틴과 결합하여 흡수를 저해할 수 있음. 아비딘은 조리할 때 파괴됨.

확인합시다!

1. 비오틴은 몇 가지 카복실화효소의 조효소이다. 일반적으로 이런 효소들은 어떤 일을 하는가?
2. 비오틴 결핍은 어떻게 발생하는가?

▶ 비오틴은 가는 머리카락이나 손톱 갈라짐을 치료하기 위해 판매되는 제품에 들어있는 성분이다. 이러한 제품은 충분섭취량의 300배에 달할만큼 매우 고용량의 비오틴을 함유하고 있다. 대부분의 탈모는 유전적이지만, 비오틴 등 영양소의 부족과 스트레스도 그 원인이 된다. 그러나 고용량의 비오틴이 탈모나 손톱 갈라짐을 예방하거나 치료한다는 것을 뒷받침하는 과학적 연구는 없다.

11.7 비타민 B_6

거의 모든 아미노산이 대사될 때 비타민 B_6 조효소가 필요하다. 비타민 B_6는 피리독살(pyridoxal), 피리독신(pyridoxine), 피리독사민(pyridoxamine)의 세 가지 화합물 형태로 존재한다. 이 세 가지 화합물 모두 인산화(인산기 첨가)되어 활성형의 비타민 B_6로 전환될 수 있다. 가장 주요한 비타민 B_6 조효소는 피리독살 인산(pyridoxal phosphate, PLP)인데, 비타민 B_6의 수산기(hydroxyl group)에 인산기(phosphate group, PO_4)를 붙이면 PLP로 전환된다. 이 비타민의 일반 명칭은 비타민 B_6 또는 피리독신이다.

비타민 B_6의 급원식품

비타민 B_6는 동물의 근육조직에 저장되므로 육류, 어류 및 가금류가 가장 풍부한 급원이다. 동물성 급원식품이 식물성 급원식품보다 더 쉽게 흡수되지만, 통곡류도 비타민 B_6의 좋은 급원이다. 비타민 B_6는 곡류의 도정과정에서 손실되지만 강화되지 않는다. 대부분의 과일과 채소는 비타민 B_6의 좋은 급원이 아니지만, 예외로 당근, 감자, 시금치, 바나나, 아보카도는 급원식품이다(그림 11.19). 서양 식사에서는 시리얼, 가금류, 육류, 감자류, 바나나가 비타민 B_6의 주요 급원식품이지만, 한국인의 식사에서 비타민 B_6의 주요 급원은 백미, 돼지고기(간), 소고기(간), 꽁치, 연어, 닭고기(간) 순으로, 백미는 단위 중량 당 비타민 B_6 함량이 높은 식품은 아니지만 상대적으로 섭취량이 높아 주요 급원식품에 해당된다(표 11.13). 1회 분량 당 비타민 B_6의 함량이 높은 식품은 소고기(간), 칠면조고기, 닭고기(간), 숭어로 각 1회 분량 당 0.46 mg, 0.36 mg, 0.34 mg, 0.29 mg의 비타민 B_6를 함유하고 있다(그림 11.20). 그밖에 100 g 당 비타민 B_6 함량이 높은 식품은 타라곤, 월계수잎, 효모, 해바라기씨, 오레가노, 샤프란 등이었다(표 11.14). 다른 수용성 비타민과 마찬가지로 비타민 B_6도 열처리와 기타 가공공정에 의해 손실된다.

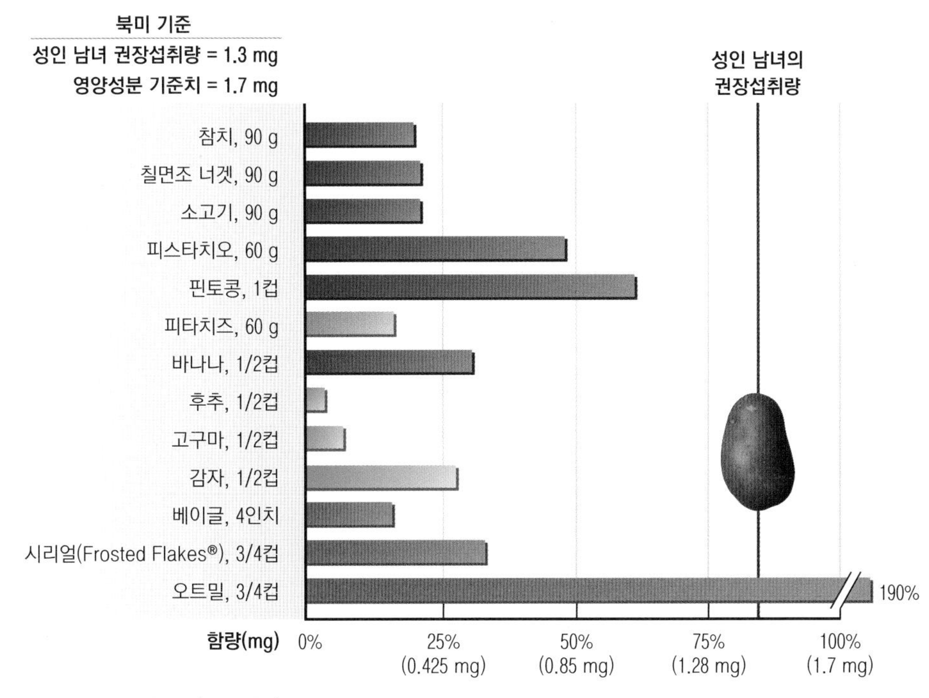

그림 11.19 비타민 B_6의 급원식품(북미 기준).

©Stockdisc/PunchStock RF

생화학자적 관점

R

HO — C — C — CH_2OH

H_3C — C — N — C

비타민 B_6

R = C(=O) — OH 피리독살

R = CH_2OH 피리독신

R = CH_2NH_2 피리독사민

박스 부분 = 인산기와 바뀌게 되는 수산기의 위치

표 11.13 비타민 B_6 주요 급원식품(100 g 당 함량)[1)]

급원식품 순위	급원식품	함량 (mg/100 g)	급원식품 순위	급원식품	함량 (mg/100 g)
1	백미	0.12	16	해바라기씨	1.18
2	돼지 부산물(간)	0.57	17	문어	0.07
3	소 부산물(간)	1.02	18	삼씨	0.39
4	꽁치	0.42	19	무화과	0.07
5	연어	0.41	20	아이스밀크	0.02
6	닭 부산물(간)	0.76	21	팽창제, 효모	1.28
7	칠면조고기	0.60	22	아보카도	0.32
8	새우	0.08	23	캐슈넛	0.36
9	돔	0.32	24	송어	0.35
10	방어	0.38	25	토마토소스	0.12
11	미꾸라지	0.08	26	임연수어	0.21
12	쉐이크	0.06	27	코코넛	0.30
13	초콜릿	0.05	28	아마씨	0.41
14	숭어	0.49	29	구아바	0.06
15	닭 육수	0.03	30	리치	0.09

1) 2017년 국민건강영양조사의 식품별 섭취량과 식품별 비타민 B_6 함량(국가표준식품성분표 DB 9.1, 2019) 자료를 활용하여 비타민 B_6 주요 급원식품 상위 30위 산출

출처: 보건복지부, 한국영양학회. 2020 한국인 영양소 섭취기준

표 11.14 비타민 B_6 고함량 식품(100 g 당 함량)[1)]

함량 순위	식품	함량 (mg/100 g)	함량 순위	식품	함량 (mg/100 g)
1	타라곤, 말린것	2.41	16	만새기, 생것	0.46
2	월계수잎, 말린것	1.74	17	청새치, 생것	0.44
3	팽창제, 효모, 말린것	1.28	18	꽁치, 구운것	0.42
4	해바라기씨, 볶은것	1.18	19	연어, 생것	0.41
5	오레가노, 말린것	1.04	20	아마씨, 볶은것	0.41
6	소 부산물, 간, 삶은것	1.02	21	개암, 헤이즐넛, 볶은것	0.39
7	사프란	1.01	22	삼씨, 말린것	0.39
8	목화씨, 구운것	0.78	23	방어, 구운것	0.38
9	거위 부산물, 간, 생것	0.76	24	잠두, 생것	0.37
10	닭 부산물, 간, 삶은것	0.76	25	캐슈넛, 조미한 것	0.36
11	거위고기, 살코기, 생것	0.64	26	송어, 구운것	0.35
12	칠면조고기, 미국산, 생것	0.60	27	쇠귀나물 뿌리, 생것	0.34
13	돼지 부산물, 간, 삶은것	0.57	28	잭프루트, 생것	0.33
14	메추리고기, 생것	0.53	29	아보카도, 생것	0.32
15	숭어, 구운것	0.49	30	돔, 구운것	0.32

1) 국가표준식품성분표 DB 9.1

출처: 보건복지부, 한국영양학회. 2020 한국인 영양소 섭취기준

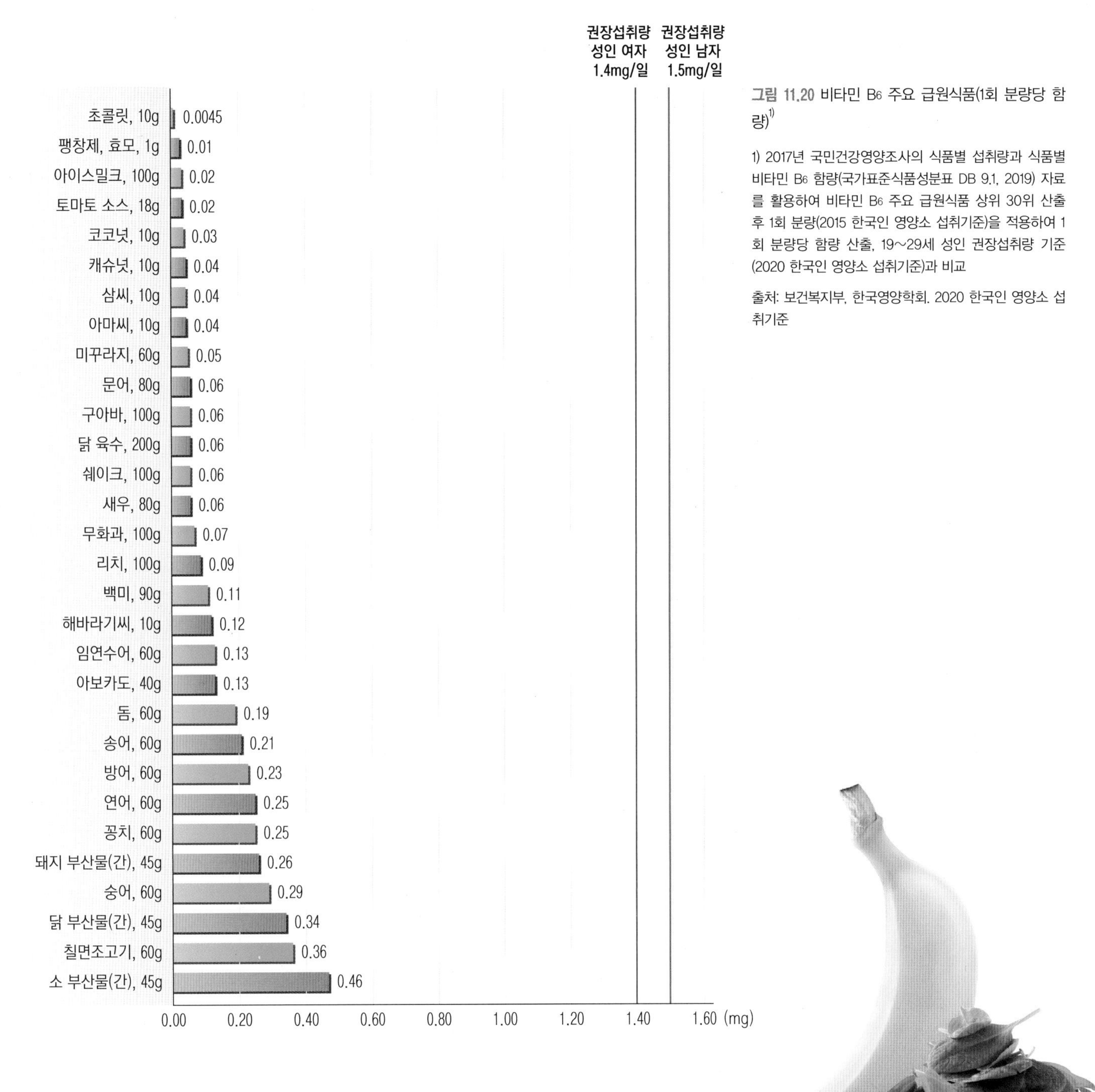

그림 11.20 비타민 B_6 주요 급원식품(1회 분량당 함량)[1)]

1) 2017년 국민건강영양조사의 식품별 섭취량과 식품별 비타민 B_6 함량(국가표준식품성분표 DB 9.1, 2019) 자료를 활용하여 비타민 B_6 주요 급원식품 상위 30위 산출 후 1회 분량(2015 한국인 영양소 섭취기준)을 적용하여 1회 분량당 함량 산출, 19~29세 성인 권장섭취량 기준(2020 한국인 영양소 섭취기준)과 비교

출처: 보건복지부, 한국영양학회. 2020 한국인 영양소 섭취기준

비타민 B_6의 필요량과 상한섭취량

성인의 비타민 B_6의 권장섭취량은 남자는 1.5 mg/day, 여자는 1.4 mg/day이며, 영양성분 기준치는 1.5 mg이다.

비타민 B_6의 상한섭취량은 100 mg/day으로 설정되어 있다. 비타민 B_6를 보충제 형태로 매일 2~6 g씩 2개월 이상 섭취하면 보행장애와 같은 심각한 신경손상이 야기되며, 매일 200~500 mg 정도 섭취 시 상대적으로 덜 심각하긴 하나 손발 저림과 감각 이상 등의 신경 증상이 나타날 수 있다.

바나나 1개와 시금치 1컵은 각각 성인에게 필요한 권장섭취량의 약 25%를 제공한다.

Banana: ©Maksym Narodenko/123RF;
Spinach: ©Ingram Publishing RF

비타민 B_6의 흡수와 운반, 저장, 배설

비타민 B_6는 수동확산으로 흡수된다. 흡수되려면 조효소의 형태가 유리 비타민의 형태로 전환되어야 하지만, 높은 농도에서는 조효소의 형태로 흡수되기도 한다. 비타민 B_6는 문맥을 통해 간으로 운반된다. 간에서 인산화된 비타민 B_6(주로 PLP)가 방출되면 혈액에서 알부민 단백질과 결합하여 운반된다. 근육조직은 비타민 B_6의 주요 저장고이다. 일반적으로 과량의 비타민 B_6는 소변을 통해 배설된다.

비타민 B_6의 기능

비타민 B_6의 조효소는 수많은 대사반응에 관여한다. 예를 들어, PLP는 대개 아미노기(NH_2)와 같은 질소 함유 화합물이 포함되는 100개 이상의 효소반응에서 조효소로 작용한다.

대사

PLP의 주요 기능은 아미노산 대사에 관여하는 것이다. PLP의 가장 중요한 기능은 비필수아미노산 합성을 위하여 아미노기를 이전하는 아미노기 전이반응(transamination reaction)에서 조효소로 작용하는 것이다. 만일 PLP의 역할이 없다면 모든 아미노산은 필수아미노산이 되어 식사를 통해 반드시 공급되어야 할 것이다(그림 11.21). PLP는 또한 메티오닌 대사과정에서 호모시스테인을 아미노산인 시스테인으로 전환시키는 것을 돕는다.

PLP는 또한 엽산 대사에도 필요하다. PLP는 글리코겐으로부터 포도당의 방출에도 관여하여 혈당 농도를 유지하도록 돕는다.

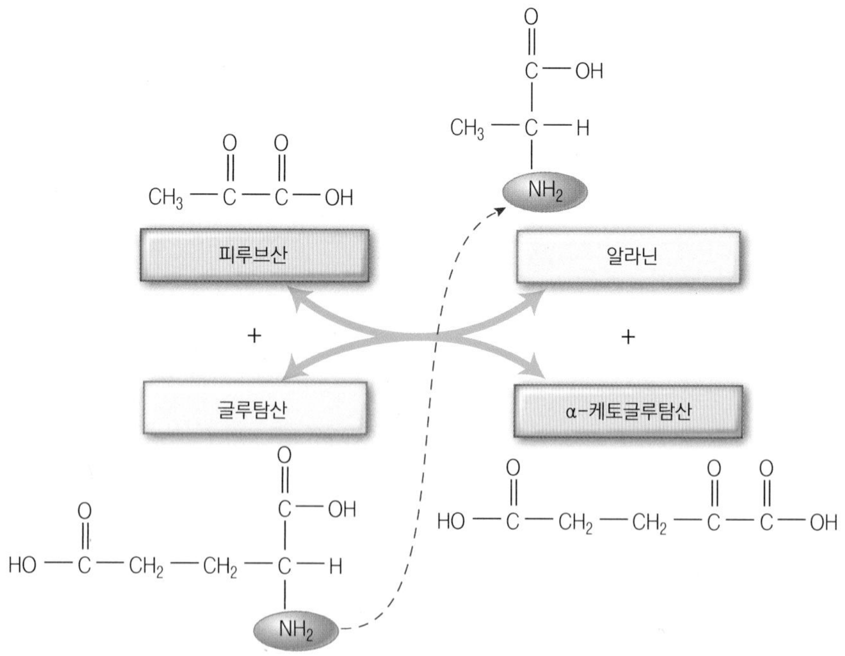

그림 11.21 비타민 B_6을 사용하는 아미노기전이효소(transaminase) 작용의 예. 이 작용을 통해 비필수 아미노산이 합성된다. 여기서 피루브산은 글루탐산(glutamic acid)으로부터 아미노기를 얻어서 비필수 아미노산인 알라닌(alanine)을 합성한다.

▶ 과학자들은 어떻게 고호모시스테인혈증이 여러 가지 뇌와 뼈, 심혈관계 질환에 영향을 미치는 지에 대해 연구하고 있다. 과도한 호모시스테인의 효과에 대한 증거는 여전히 명확하지 않지만, 비타민 B군(리보플라빈, 비타민 B_6, 엽산, 비타민 B_{12})과 콜린의 요구도를 충족시키는 것이 호모시스테인을 메티오닌과 시스테인과 같은 아미노산으로 전환시키는 것에 도움이 된다. 이를 통해 체내 호모시스테인 수준을 낮게 유지할 수 있다.

세로토닌(serotinin) 기분(평온함), 행동, 식욕 및 수면에 영향을 미치는 신경전달물질.

도파민(dopamin, DOPA) 쾌감을 일으키는 신경전달물질; 노르에피네프린을 형성하기도 함.

노르에피네프린(norepinephrine) 신경말단에서 분비되는 신경전달물질; 스트레스 상황에서 부신에서 만들어지는 호르몬의 일종으로, 혈관수축을 야기하고 혈압, 심박동, 혈당을 상승시킴.

감마 아미노부티르산(gamma-aminobutyric acid, GABA) 대표적인 억제성 신경전달물질.

히스타민(histaimine) 면역반응에 관여하고, 위산분비를 자극하며 염증반응을 촉발하는 생리활성 아민으로, 수면을 조절하고 위근육 수축을 촉진하고 콧물 분비와 혈관 이완 및 기도 수축을 증가시킴.

화합물의 합성

적혈구에서 PLP는 헴(heme) 합성 단계를 촉매한다. 헴은 질소를 함유한 고리로서, 특정 단백질 내에 존재하며 철(Fe)을 고정시킨다. 가장 잘 알려진 단백질인 헤모글로빈으로서, 혈액 내에서 철을 사용하여 산소를 운반한다.

아미노산은 단백질 합성에 사용될 뿐만 아니라 비단백 질소화합물을 만드는데도 사용된다. 비단백 질소화합물에는 두뇌 기능에 중요한 신경전달물질(neurotransmitter)이 있다. 비타민 B_6 조효소인 PLP는 신경전달물질 합성과정에서 작용하는데, 트립토판(tryptophan)에서 **세로토닌**(serotonin)을, 티로신(tyrosine)에서 **도파민**(dopamine, DOPA)과 **노르에피네프린**(norepinephrine)을, 그리고 글루타민산(glutamic acid)에서 **감마-아미노부티르산**(gama-aminobutyric acid, GABA)을 합성하는 과정에서 요구된다. 또한 아미노산 히스티딘에서 **히스타민**(histamine)을 합성할 때에도 비타민 B_6가 필요하다.

PLP는 비타민 합성에도 관여하며 아미노산 트립토판으로부터 니아신이 합성될 때 주요 역할을 수행한다.

▶ 1950년대 초반, 과도한 살균과정으로 인해 분유의 비타민 B_6가 파괴되는 일이 발생했다. 이런 분유를 먹은 영아들에서 심전도 이상과 경련증상을 보였다. 이는 뇌에서 신경전달물질의 부족 문제였을 것으로 추측되었고, 성공적으로 치료되었다.

기타 기능

비타민 B_6는 정상적인 면역기능 유지와 유전자 발현의 조절을 위해 필수적이며, 대장암 예방을 위해서도 필요하다. 비타민 B_6의 대장암 예방 가능성이 제기되기도 했는데, 혈중 PLP 농도가 높은 집단에서 대장암 발생 위험이 가장 낮은 것으로 나타났다. 한편, 심혈관계질환, 염증성 장질환, 당뇨병, 류마티스성 관절염과 같은 염증성 질환을 가진 경우에는 혈중 비타민 B_6 수준이 낮은 것으로 관찰되었다. 그러나 혈중 비타민 B_6 수준을 높이는 것이 염증 억제에 도움이 되는지에 대해서는 알려진 바가 없다.

소적혈구성 저색소성 빈혈(microcytic hypochromic anemia) 충분한 헤모글로빈을 합성하지 못해 작고, 창백한 적혈구가 특징이며, 이로 인해 산소운반능력이 떨어져서 나타나는 빈혈. 이러한 빈혈은 철 결핍에 의해서도 야기될 수 있음.

비타민 B_6의 결핍증

비타민 B_6의 결핍은 드물게 나타난다. 결핍 증상으로는 지루성 피부염, **소적혈구성 저색소성 빈혈**(microcytic hypochromic anemia, 헤모글로빈 합성 저하로 인함), 경련, 우울, 혼동 등이 있는데, 이는 트립토판 대사나 신경전달물질 합성이 저하된 결과이며, 혈중 비타민 B_6의 수준이 낮은 편이다. 특히 노인, 흑인, 흡연자, 경구피임제 복용자, 알코올중독자를 비롯하여 저체중이거나 빈약한 식사를 하는 경우 혈액 비타민 B_6의 농도가 낮아질 위험이 있다. 알코올 대사 중에 생성되는 아세트알데히드는 세포 내 PLP 합성을 낮추는 한편, 그 생리활성도 감소시킨다. 약물 복용, 특히 파킨슨병의 치료제인 L-DOPA와 항결핵 약물로 사용되는 이소니아지드(isoniazid)와 천식치료제인 테오필린(theophylline)은 혈중 PLP 농도를 감소시킨다. 이러한 약물을 복용할 경우, 비타민 B_6 보충제의 섭취가 필요하다.

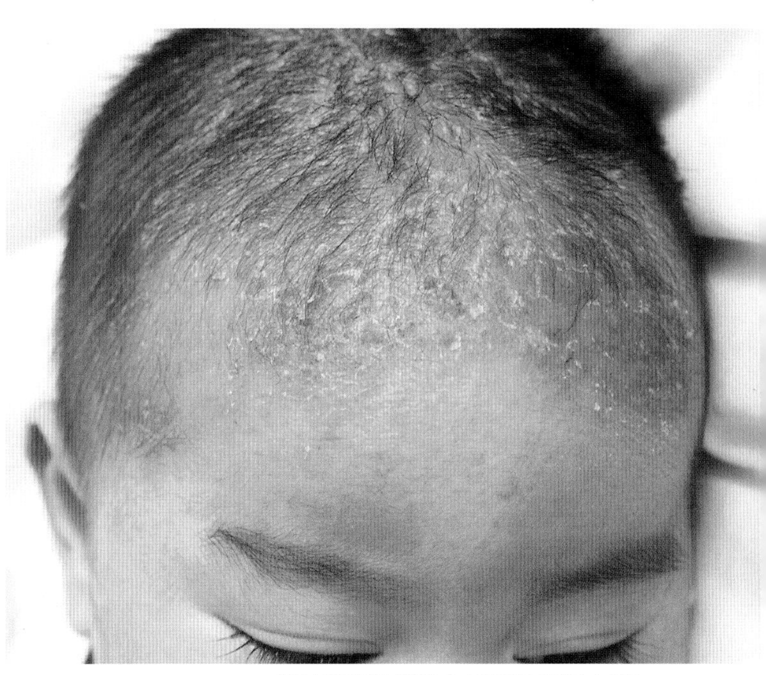

지루성피부염은 비타민 B_6 결핍으로 야기될 수 있다.

Eaaw/Shutterstock

비타민 B_6의 약리적 이용

비타민 B_6의 다량 투여는 수근관증후군(carpal tunnel syndrome), 월경전증후군(premenstrual syndrome, PMS), 임신 중 입덧 등을 치료하기 위해 오랫동안 시행되었다. 수근관증후군은 신경장애로 손목과 손에 나타나는 통증을 말하며, 월경전증후군은 월경 전 1~2주 동안 나타나는 복합증상을 뜻한다. 체액 체류, 부기, 체중 증가, 가슴 통증, 복부 불쾌감, 두통, 설탕과 알코올에 대한 식욕 증가, 우울감, 불안 등의 증상이 나타난다. 대부분의 여성들은 월경기간 중 이런 증상을 보이며 70~85%의 여성들이 임신 초기 3개월 동안 입덧을 경험한다. 비타민 B_6 보충이 수근관증후군이나 입덧을 치료하는 데 효과적이라는 근거는 아직 미약하지만, 경미한 입덧 치료를 위해 비타민 B_6와 여러 화합물을 포함한 약물은 FDA에 의해 승인된 상태이며, 의사들은 비타민 B_6 보충제를 단독으로 처방하기도 한다. 비타민 B_6 보충의 유효성을 밝기기 위해 향후 더 많은 연구가 필요하다.

확인합시다!

1. PLP 조효소는 아미노산 대사에서 어떻게 사용되는가?
2. 비타민 B_6의 주요 급원식품 세 가지는 무엇인가?
3. 어떤 집단이 비타민 B_6의 결핍에 취약한가?

11.8 엽산

엽산(folate)은 라틴 어원의 '잎'이라는 의미인 folium에서 유래되었다. 이는 엽산의 가장 좋은 급원은 잎이 녹색인 채소이기 때문이다. 'Folate'는 천연 식품에서 유래하는 여러 가지 유형을 통칭하는 이름이며, 식사보충제나 강화식품에 사용되는 합성형은 'folic acid'로 구분하여 부른다.

엽산은 프테리딘(pteridine), 파라아미노벤조산(para-aminobenzoic acid, PABA), 그리고 하나 이상의 글루탐산 분자(glutamate)의 세 부위로 구성된다. 글루탐산 분자가 1개인 경우 folic acid(folate monoglutamate)라고 한다. 식품 중 엽산의 약 90%는 3개 이상의 글루탐산이 (별표로 표시된) 카복실 그룹에 붙어 있으므로, folate polyglutamate라고 한다.

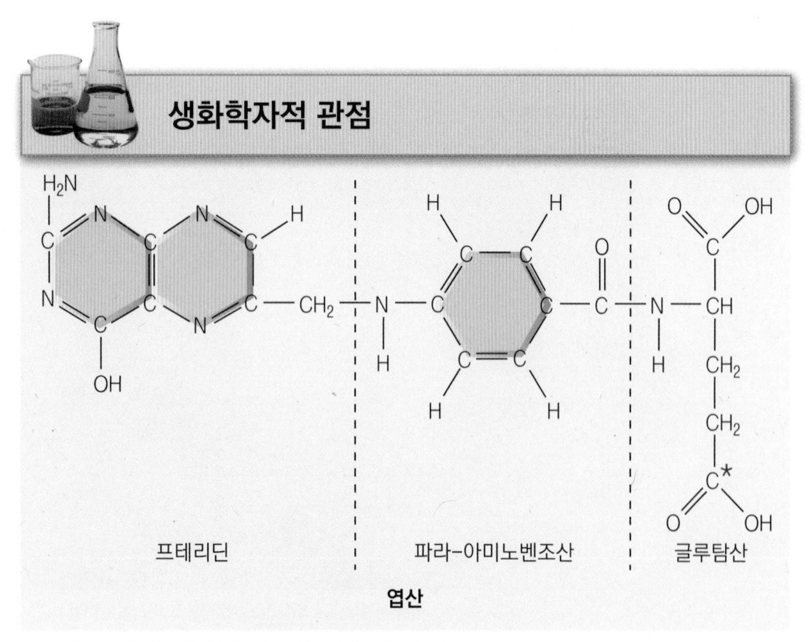

엽산

* = 식품 중에는 카복실기에 더 많은 글루탐산이 붙어있는 것이 보통이다.

엽산의 급원식품

엽산의 함량이 가장 많으며 동시에 생리학적으로도 가장 유용한 엽산을 함유하고 있는 식품은 간, 두류, 진한 녹색의 잎채소이다(그림 11.22). 이 밖에도 아보카도와 오렌지에도 엽산이 풍부하다. 미국에서는 1998년부터 곡류에 엽산을 의무 강화하도록 했는데, 그 결과 미국인의 평균 엽산 섭취량이 190 μg 더 증가하게 되었고, 시리얼이나 강화된 곡류로 만든 빵이 엽산의 주요 급원식품이 되었다.

우리나라의 경우 엽산을 따로 강화하고 있지 않아 한국인의 식단에서 엽산의 주요 급원은 대두, 달걀, 시금치, 백미, 총각김치, 배추김치 순으로 나타났다(표 11.15). 각 식품의 1회 섭취 분량 당 엽산의 함량이 높은 식품은 오이소박이, 시금치, 파김치, 대두, 소고기(간), 들깻잎의 순이었다(그림 11.23). 표 11.16은 100 g 당 엽산 함량이 높은 식품을 제시한 것으로, 효모, 녹차잎, 대두, 거위(간), 오이소박이 순이었다.

식사를 통해 섭취되는 천연 엽산의 생리학적 유용성은 강화 엽산의 50~80% 정도에 해당되며, 식품에 함유된 엽산은 가공 및 조리과정에서 90% 이상 파괴된다. 엽산은 열, 산화, 자외선 등에 매우 약하기 때문이다. (식품에 함유된 비타민 C는 엽산의 산화를 방지하는 데 도움이 된다.) 생으로 혹은 살짝 익힌 과일과 채소의 규칙적인 섭취는 식품 내 엽산을 최대한으로 이용할 수 있다.

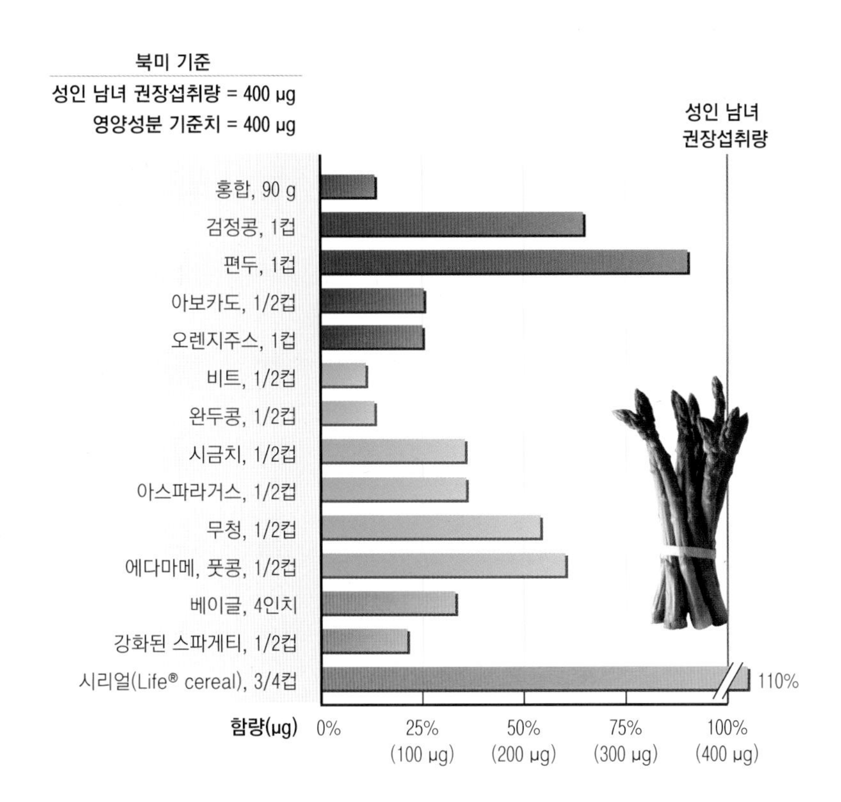

그림 11.22 엽산의 급원식품(북미 기준).

Rozenbaum/E Cirou/Getty Images RF

표 11.15 엽산 주요 급원식품(100 g 당 함량)[1]

급원식품 순위	급원식품	함량 (μg DFE/100 g)	급원식품 순위	급원식품	함량 (μg DFE/100 g)
1	대두	755	16	소 부산물(간)	253
2	달걀	81	17	현미	49
3	시금치	272	18	김	346
4	백미	12	19	들깻잎	150
5	총각김치	257	20	감	26
6	배추김치	15	21	애호박	33
7	파 김치	449	22	양파	11
8	오이 소박이	584	23	옥수수	88
9	돼지 부산물(간)	163	24	딸기	54
10	빵	35	25	무	11
11	고구마	43	26	배추	43
12	상추	84	27	가당음료	22
13	된장	139	28	과일음료	10
14	마늘	125	29	맥주	4
15	두부	21	30	콩나물	28

1) 2017년 국민건강영양조사의 식품별 섭취량과 식품별 엽산 함량(국가표준식품성분표 DB 9.1, 2019) 자료를 활용하여 엽산 주요 급원식품 상위 30위 산출

출처: 보건복지부, 한국영양학회, 2020 한국인 영양소 섭취기준

표 11.16 엽산 고함량 식품(100 g 당 함량)[1]

함량 순위	식품	함량 (μg DFE/100 g)	함량 순위	식품	함량 (μg DFE/100 g)
1	팽창제, 효모, 말린것	3800	16	총각 김치	257
2	녹차잎, 말린것	1277	17	소 부산물, 간, 삶은것	253
3	콩(대두), 흑태, 말린것	755	18	조미료	247
4	거위 부산물, 간, 생것	738	19	오레가노, 말린것	237
5	오이 소박이	584	20	모시풀잎, 생것	237
6	닭 부산물, 간, 삶은것	578	21	목화씨, 구운것	233
7	파 김치	449	22	연씨, 생것	230
8	마름, 생것	430	23	청국장, 찌개용	227
9	잠두, 생것	423	24	춘장	221
10	김, 구운것	346	25	호박잎, 생것	212
11	유채잎, 생것	299	26	병아리콩, 말린것	201
12	미역, 말린것	283	27	배초향잎, 생것	195
13	타라곤, 말린것	274	28	보리, 엿기름, 말린것	194
14	시금치, 생것	272	29	팥, 말린것	190
15	모링가(드럼스틱), 생것	266	30	가시오갈피순, 생것	183

1) 국가표준식품성분표 DB 9.1

출처: 보건복지부, 한국영양학회, 2020 한국인 영양소 섭취기준

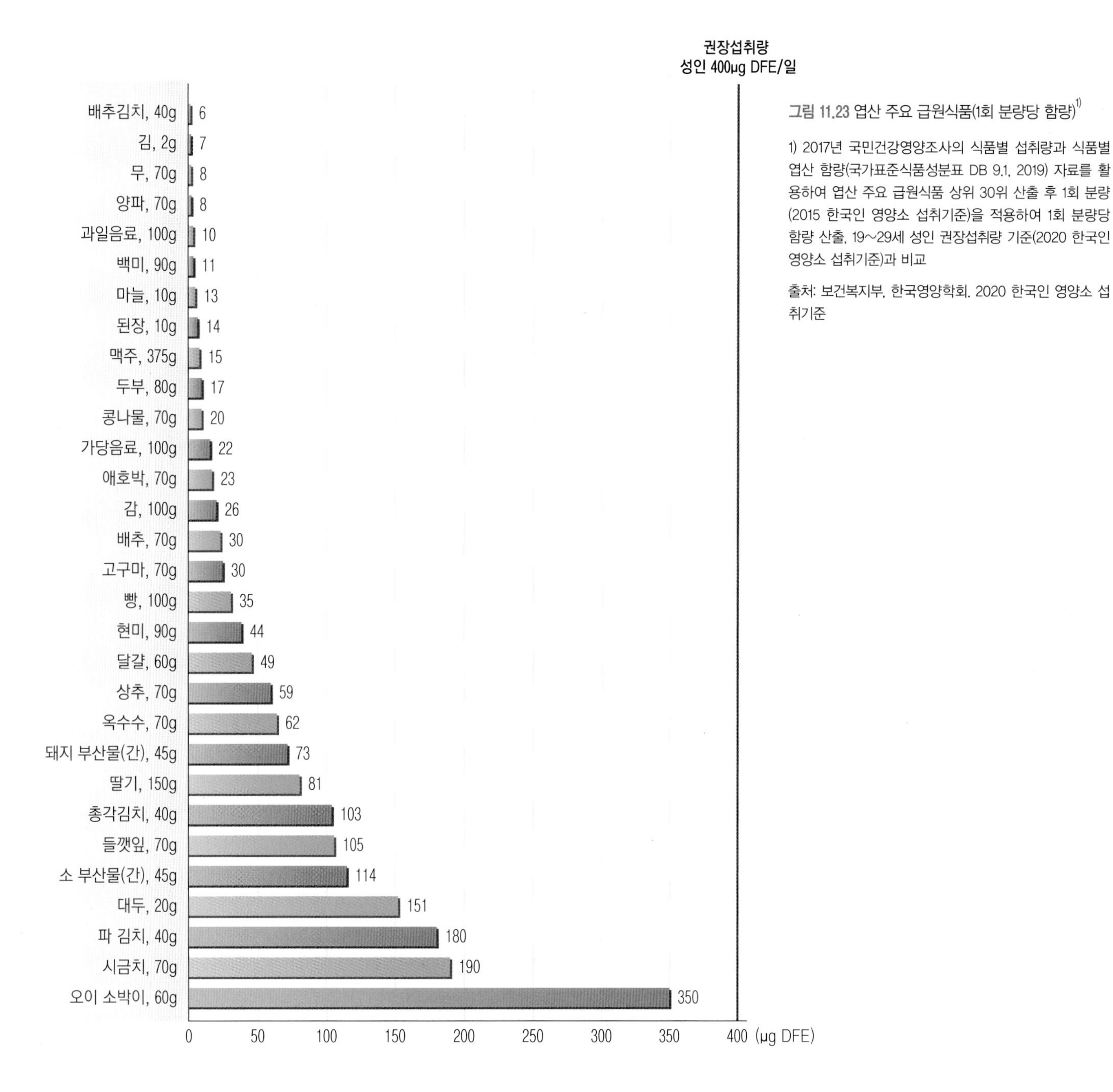

그림 11.23 엽산 주요 급원식품(1회 분량당 함량)[1)]

1) 2017년 국민건강영양조사의 식품별 섭취량과 식품별 엽산 함량(국가표준식품성분표 DB 9.1, 2019) 자료를 활용하여 엽산 주요 급원식품 상위 30위 산출 후 1회 분량(2015 한국인 영양소 섭취기준)을 적용하여 1회 분량당 함량 산출, 19~29세 성인 권장섭취량 기준(2020 한국인 영양소 섭취기준)과 비교

출처: 보건복지부, 한국영양학회. 2020 한국인 영양소 섭취기준

식사 엽산 당량

엽산의 권장섭취량은 식사 엽산 당량(dietary folate equivalent, DFE)으로 표시한다. DFE란 식품에서 유래되는 천연 엽산(food folate)과 합성 엽산(folic acid)의 흡수율 차이를 반영한 것이다. DFE, 식품 엽산, 합성 엽산의 관계는 다음과 같다.

$$1\ \text{DFE} = 1\ \mu\text{g food folate} = 0.6\ \mu\text{g folic acid} = 0.5\ \mu\text{g folic acid}$$

(식품과 함께 섭취) (공복에 섭취)

DFE는 다음 공식에 따라 계산할 수 있다.

$$DFE = \mu g\ food\ folate + (\mu g\ folic\ acid \times 1.7)$$

예를 들어, 시리얼 1회 제공량당 엽산의 함량이 영양성분 기준치의 50%로 표시되어 있다면, 1회 제공량당 엽산의 함량은 200 μg이다(영양성분 기준치 400 μg × 0.50). 시리얼에 강화되는 엽산은 합성형이므로, 200 μg에 1.7을 곱하면 340 μg DFE가 된다. 섭취한 식품에 300 μg의 천연 엽산이 함유되어 있다면, 총 DFE 섭취량은 640 μg DFE(300 μg + 340 μg)가 되며, 이는 성인의 권장섭취량을 초과함을 알 수 있다.

엽산의 필요량

성인의 엽산 권장섭취량은 400 μg DFE/day로 표시된다. 가임기 여성의 경우 권장섭취량은 식사 엽산 외에 합성 엽산(즉, 강화식품과 식사보충제)으로 섭취되는 양을 말한다. 이 권장섭취량은 식사보충제로 섭취되는 엽산이 임신 초기에 발생하는 태아의 신경관 결손을 예방한다는 근거에 기인한 것이다. 한국인 엽산 섭취량은 19세 이상 남자 334 μg DFE, 여자 271.7 μg DFE로 권장섭취량 대비 각각 83.5%, 67.5% 수준이며, 엽산의 평균필요량 미만 섭취자는 남자 53.7%, 여자 68.4%로 상당히 높았다. 섭취량은 양호하지만 가임기 여성의 거의 20% 정도가 엽산을 충분히 섭취하지 못해 엽산 결핍의 위험에 있다. 식품과 식사보충제의 표시에 사용되는 영양성분 기준치는 400 μg DFE/day이다.

엽산의 상한섭취량

성인의 경우 상한섭취량은 1,000 μg(1 mg) DFE/day으로 설정되었다. 이 이상으로 섭취하면 비타민 B_{12} 결핍을 가리게(masking) 된다(11.9절 참조). 식품 중 엽산은 흡수가 제한되므로 상한섭취량 기준을 적용하지 않는다. 고용량의 엽산이 비타민 B_{12} 결핍을 가릴 수 있다는 우려 때문에, 식사보충제에 사용되는 엽산의 섭취량을 제한하였다.

엽산의 흡수와 운반, 저장, 배설

식품에 함유된 엽산(folate polyglutamate)이 흡수되기 위해서는 위장관에서 단일 글루탐산 형태로 가수분해되어야 한다. 흡수세포에서 만들어지는 엽산 컨쥬게이즈(conjugase) 효소는 글루탐산을 제거해 모노글루탐산의 형태로 분해시키고, 모노글루탐산은 능동적으로 운반되어 장벽을 통과하여 운반된다. 식사보충제로 상당량의 엽산을 섭취하면 수동확산에 의해서도 흡수된다. 합성 엽산이 식사보충제 형태로 식품 없이 섭취되면 생체이용률이 거의 100%에 달한다. 그러나 강화 시리얼과 같이 식품의 형태로 섭취되면 흡수가 다소 감소된다.

모노글루탐산 형태의 엽산은 간문맥을 통해 소장에서 간으로 운반된다. 간세포로 들어온 엽산은 간에 저장되거나 혈액을 통해 신체 내 다른 조직으로 운반된다. 일단 엽산이 세포로 들어오면 다시 폴리글루탐산을 형성해서 세포 내에 머물러 있게(trapping) 된다. 간 엽산은 담즙의 형태로 소장으로 분비되고, 장간순환에 의해 재흡수될 수 있다. 알코올은 엽산의 재흡수를 방해하므로, 알코올중독자의 경우 엽산 결핍이 생기기도 한다. 엽산은 소변과

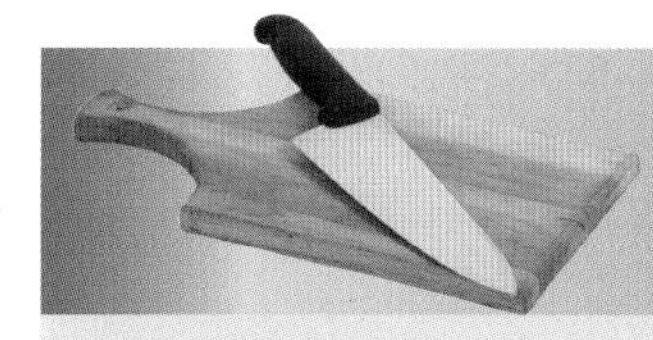

조리적 관점

콩, 렌틸콩(렌즈콩)과 완두콩

© Pixtal/AGE Fotostock RF

콩과식물의 먹을 수 있는 씨앗인 콩은 수천 년 동안 세계적으로 이용되어 왔다. 콩은 단백질과 복합탄수화물, 비타민과 무기질 및 생리활성물질을 제공하는 영양학적으로 우수한 식품이다. 예를 들어 검은콩 반 컵은 7 g의 단백질과 7 g의 섬유소 및 충분한 양의 엽산을 제공한다. 그 외에도 검은콩은 티아민, 철, 마그네슘의 주요 급원식품이며 플라보노이드와 항산화제를 포함한 다양한 생리활성물질을 제공한다.

오늘날 콩과 렌틸콩은 다양한 형태로 이용되고, 통조림 콩, 말린 콩, 냉동 콩 등 다양한 형태로 판매된다. 서양에서는 통조림 형태의 핀토빈, 팥, 블랙빈, 네이비빈(역주: 베이크드 빈으로 주로 이용), 병아리콩이 수프나 샐러드, 캐서롤 등을 만들 때 주로 사용된다. 병아리콩은 다른 재료들과 함께 으깬 상태로 후무스를 만들어 발라 먹기도 한다. 익힌 후 말린 콩은 향미도 좋고 가격도 저렴하다. 마른 콩을 조리하려면 2시간 이상이 걸리지만 렌틸콩과 완두콩은 그 크기가 작아 30분 만에 익힐 수 있다.

"콩 한가득(full of beans)"이라는 오래된 영어 표현은 활기차고 의욕이 넘치는 행복한 기분을 의미한다. 건강하고 다양하고 저렴한 식품을 먹고 있는가? 그렇지 않다면 어서 시도해 보자.

대변을 통해 배설된다.

엽산의 기능

엽산 조효소는 단일 탄소 전이반응에 관여함으로써 새로운 세포의 합성과 유지에 필수적이다. 엽산의 조효소는 주로 테트라하이드로엽산(THFA)이라 불리는 조효소로부터 형성된다. 엽산 조효소는 DNA 합성과 DNA 메틸화 및 아미노산 대사에서 중요한 역할을 한다.

DNA 합성

THFA는 DNA 합성에 필수적이며 DNA 염기는 피리미딘 계열의 시토신(cytosine)과 타이민(thymine) 그리고 퓨린 계열의 아데닌(adenine)과 구아닌(guanine)으로 구성된다. 피리미딘 계열의 우라실에 메틸렌 그룹(-CH_2-)이 첨가되면서 피리미딘 계열의 타이민이 형성되는데, 엽산 조효소가 메틸렌 그룹을 제공한다. THFA는 DNA의 퓨린 계열(아데닌과 구아닌) 합성에도 필요하다. 따라서 엽산이 부족하면 DNA 합성과 수선이 제대로 진행되지 못하고 세포분열에 영향을 미치게 된다.

▶ THFA는 이러한 단일 탄소 그룹을 전달해준다.
메틸기(–CH_3)
포르밀기(–CH=O)
메틸렌기(–CH_2–)
메테닐기(–CH=)

엽산과 비타민 B_{12}의 기능은 서로 긴밀히 연결되어 있다. 비타민 B_{12} 조효소는 DNA 합성에 필요한 엽산 조효소를 재활용하는 데 필요하다(11.9절 참조). 그러므로 엽산과 비타민 B_{12} 결핍은 동일한 징후와 증상을 나타낼 수 있다.

▶ 암을 치료하기 위해 엽산 결핍을 유도하기도 하지만, 엽산 결핍은 암의 원인이 될 수도 있다. 엽산은 DNA 합성을 위해 메틸 그룹을 전달하는 데 도움을 준다. 따라서 약한 수준으로 엽산이 결핍되어도 DNA가 손상되고, 그 결과 암 발생의 위험이 증가될 수 있다. 매일 400 μg(권장섭취량)의 엽산을 섭취하면 직장암과 같은 암을 예방할 수 있다.

▶ 메틸렌테트라하이드로엽산 환원효소(MTHFR)는 정상적인 엽산대사에서 중요한 효소다. MTHFR 유전자 변이는 중요한 메틸기 공여체인 5–MeTHFA 형성을 감소시킨다. MTHFR 유전자 변이가 있을 때 임신을 하면 신경관 결손이 나타날 위험이 증가한다고 여겨진다. 그러나 실제로는 전세계적으로 MTHFR 유전자 변이가 흔한 인구집단이라고 해서 이들의 대부분이 신경관 결손을 경험하는 것은 아니다.

DNA의 후성 유전학적 변형

엽산은 DNA 합성 기능 외에도 DNA 분자의 특수 부위의 메틸화 과정을 통해 유전자 발현에 영향을 미친다. DNA 메틸화과정은 암 발생 위험이 있는 일종의 후성 유전학적 변형 현상이다. 저(hypo) 메틸화과정 혹은 과(hyper) 메틸화과정 모두 암이나 특수 질병 발생의 위험이 있다고 여겨져 왔다. 과학자들은 효소의 활성 부족으로 야기된 엽산대사 이상이 DNA 메틸화 과정을 변형시킨다는 것을 발견했다. 아직 엽산 대사나 관련 효소의 결손에 대한 검사가 일상적으로 이루어지지 않음에도 불구하고 이미 메틸화 과정에 대한 조절을 목적으로 엽산 보충제가 판매되고 있다. 향후 이에 대한 많은 연구가 이루어져야 할 것이다.

아미노산 대사

THFA는 여러 아미노산(주로 세린)으로부터 단일 탄소 그룹을 받아 아미노산의 상호 전환과 같은 아미노산 대사에 이를 사용한다. 예를 들면, 글리신(glycine)을 세린(serine)으로, 필수아미노산인 히스티딘(histidine)을 글루탐산(glutamic acid)으로 전환하는 데 THFA가 필수적이다. 또한 THFA는 비타민 B_{12}와 함께 호모시스테인(homocysteine)을 메티오닌(methionine)으로 전환하는 데 관여한다.

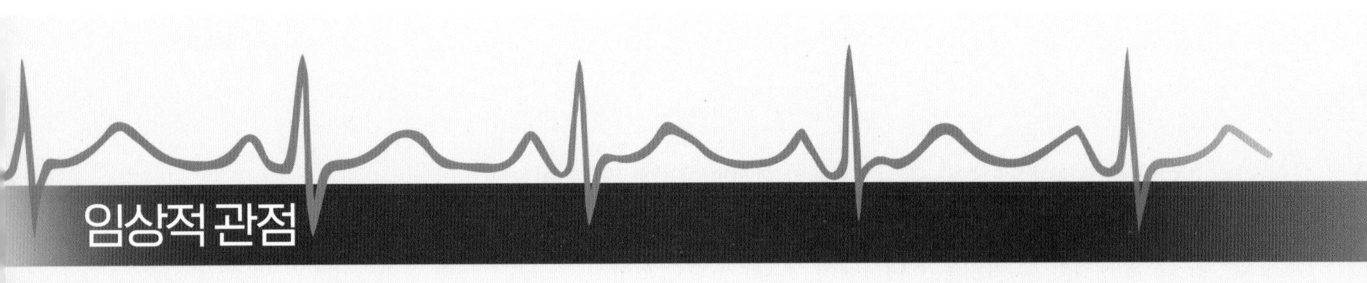

엽산과 항암제 메토트렉세이트

암 억제제인 메토트렉세이트(methotrexate)는 DNA 합성에 대한 THFA의 역할을 이용한 것이다. 엽산의 길항제로서 메토트렉세이트는 THFA 대사를 방해한다. 따라서 DNA 합성이 감소되어 암세포의 성장을 멈추게 할 수 있다. 그러나 메토트렉세이트는 소장세포나 적혈구와 같이 빠르게 증식하는 다른 세포들에도 영향을 미친다. 그 결과 메토트렉세이트의 부작용(입마름, 메스꺼움, 설사, 빈혈)은 엽산 결핍과 동일하다. 메토트렉세이트는 류마티스성 관절염, 건선, 천식, 염증성 대장질환 등과 같이 심각한 면역질환을 치료할 때에도 사용된다. 메토트렉세이트를 투여 받은 환자에게는 이 약물의 부작용을 감소시키기 위하여 엽산 식사보충제를 권유하고 있다. 엽산 식사보충제는 메토트렉세이트의 부작용을 감소시키지만 효능에는 영향을 미치지 않는다.

기타 기능

엽산의 다른 중요한 기능은 뇌에서 신경전달물질인 세로토닌, 노르에피네프린, 도파민을 형성하는 것이다. 항우울제와 함께 엽산을 보충하면 우울증 치료를 향상시킬 수 있다는 보고가 있다. 엽산은 또한 혈압을 정상으로 유지하고, 대장암의 발생 위험을 낮추는 데에도 도움을 줄 수 있다.

엽산의 결핍증

미국의 경우 한때 엽산 결핍이 상당히 일상적이었으나 식품에 엽산 강화를 시작하면서 이제는 엽산 결핍을 찾아볼 수 없다. 엽산 강화 이전에는 미국 인구의 30%에서 장기간의 체내 영양상태를 반영하는 적혈구 내 엽산 수준이 낮았으나, 엽산 강화 이후에는 인구의 1% 미만에서만 관찰된다. 그러나 상대적으로 잎채소 등의 섭취 빈도가 높은 우리나라의 경우 엽산을 강화하는 경우는 드물며, 여전히 엽산 결핍은 발생한다. 주로 섭취량이 적거나, 흡수가 불량하거나, 또는 요구량이 증가되는 것이 원인이다. 결핍의 위험이 높은 취약집단은 빈곤자, 알코올중독자, 만성소화기계 질환자, 또는 항경련제와 메토트렉세이트 같은 약물 복용자 등이다. 비타민 B_{12}가 결핍된 경우에도 엽산이 비정상적으로 사용 및 대사되므로 '기능적인' 엽산 결핍증세가 나타난다. 아울러 임신기에는 모체와 태아의 발달을 위해 세포분화와 DNA 합성이 증가하므로 엽산의 필요량이 상당히 높아진다(권장섭취량은 620 μg DFE/day). 임신기에 엽산을 포함한 복합비타민 보충제나 복합무기질 보충제를 추가하는 것이 태아 보호를 위해 필요하다.

엽산 결핍의 단계

1. 혈액 엽산 농도의 감소
2. 적혈구 엽산의 감소
3. DNA 합성의 결손
4. 백혈구 구조의 변화
5. 혈중 호모시스테인(그리고 메틸말로닌산) 농도 증가
6. 골수 및 분화속도가 빠른 세포에서 거대적혈모구 세포 생성
7. 혈액 내 적혈구의 크기 증가
8. 거대적혈모구빈혈

엽산의 결핍은 DNA가 활발히 합성되는 세포에 가장 먼저 영향을 미친다. 이러한 세포들은 수명이 짧고, 회전율이 빠르다. 예를 들어, 적혈구의 수명은 120일로, 엽산 결핍에 매우 취약하다. 엽산이 없다면 골수 내 전구체에서 새로운 DNA를 형성하지 못하므로 정상적으로 분열하지 못하여 적혈구를 성숙시킬 수 없다. 그러나 RNA는 계속 형성되므로 단백질과 기타 세포 성분의 합성은 계속 증가하고 세포는 점점 더 크게 자란다. 헤모글로빈의 합성 또한 증대된다. 다만, 세포가 분열될 시기에 DNA 양이 부족하여 정상적으로 분열할 수 없다.

정상적으로 성숙한 적혈구와 달리, 엽산이 결핍된 적혈구는 **거대적혈모구세포**(megaloblast)로 크고 미성숙한 상태이며 핵이 존재한다. 대부분의 거대적혈모구세포는 골수를 빠져나오지 못한다. 거대 세포가 혈류로 들어가면 이들을 **거대적혈모구**(macrocyte)라고 부른다. 거대적혈구는 **거대적혈모구빈혈**(megaloblastic anemia) 또는 **거대적아구성빈혈**(macrocytic anemia)을 일으킨다(그림 11.24).

만성적인 엽산 결핍 시에는, 위장관 전체에서 크고 미성숙한 세포들이 나타난다. DNA 합성이 손상되어 위장관에서 세포분열이 방해되었기 때문이다. 그 결과 위장관의 흡수능력이 감소되어 지속적으로 설사를 하게 된다. 엽산이 결핍되면 구강점막 질환 및 간 기능 손상도 나타난다. 엽산이 결핍되면 백혈구의 합성이 저하된다. 백혈구는 감염과 같은 면역반응 시 폭발적으로 그 수요가 증가된다. 따라서 엽산이 부족하여 백혈구 합성이 저해되면 면역기능도 감소될 수 있다.

거대적혈모구세포(megaloblast) 골수에 있는 크고, 핵이 있으며, 미성숙한 적혈구. 전구세포가 정상적으로 분열하는 능력이 없기 때문임.

거대세포(macrocyte) 거대적혈구와 같이 '거대한 세포'.

거대적혈모구빈혈(megaloblastic anemia) 비정상적으로 크고, 핵이 있으며, 미성숙한 적혈구로 특징되는 빈혈. 세포 전구체가 정상적으로 분열하는 능력이 없기 때문임.

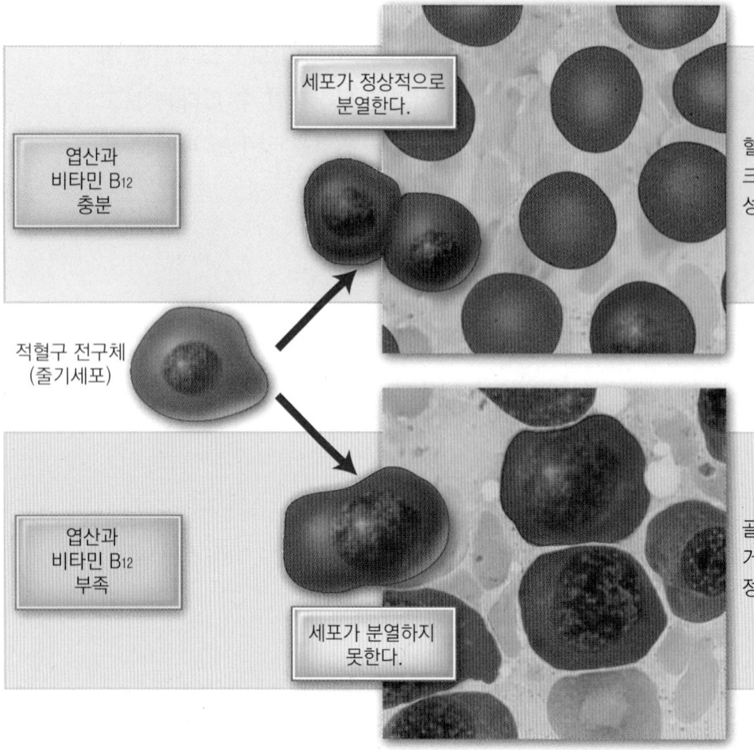

그림 11.24 거대적혈모구빈혈은 적혈구가 분화되지 않아 크고 미성숙한 상태로 남은 상태로 엽산이나 비타민 B_{12} 결핍이 원인이다. 엽산 결핍으로 인한 거대적혈모구빈혈은 1998년 곡류에 엽산을 강화하여 실제 감소되었다.

사례연구

©Corbis/VCG/Getty Images RF

결혼을 앞둔 한 예비 신부인 Suzanne은 지난해 자신의 언니가 이분척추(spina bifida)를 가진 아이를 출산해 걱정이 많다. Suzanne은 임신을 준비하면서 복합비타민 보충제를 복용하고 대부분 아침식사용 강화 시리얼을 섭취했다. 또 오렌지와 오렌지주스, 브로콜리와 시금치 샐러드가 들어가는 식사를 했다. 이분척추란 무엇인가? Suzanne의 식사와 복합 비타민 보충제는 이런 심각한 이분척추를 예방하는데 도움이 될까?

확인합시다!

1. 식품에 있는 엽산과 합성 엽산은 어떻게 다른가? 어떤 것이 흡수가 더 좋은가?
2. 엽산의 주요 급원식품 세 가지는 무엇인가?
3. 엽산 결핍 시 나타나는 빈혈의 특징은 무엇인가?

임상적 관점

신경관 결손(Neural tube defects, NTD)

모체의 엽산결핍과 유전적 소인은 태아의 신경관 결손(그림 11.25)과 연관이 있다. 신경관 결손은 주로 두 가지 유형으로 나타나는데, 척추나 척수가 등쪽에서 부풀어 오른 '이분척추증(spina bifida)'과 뇌가 없는 '무뇌증(anencephaly)'이다. 두 가지 경우 모두 신경관 발달 초기에 나타나는 결손으로, 이후 신경관은 뇌와 척수, 척수신경과 척추를 이룬다. 이분척추는 마비나 배뇨 또는 배변 장애, 수두증(뇌에 척수액의 비정상적 축적), 학습장애를 야기한다. 무뇌아로 태어난 아기는 출생 후 곧 사망한다.

엽산은 신경관 결손 발생에 있어 중요하다. 임신초기(수정 후 21~28일)에 신경관이 형성되고 닫힌다. 이 결정적 발달시기에 많은 여성들은 자신이 임신했다는 것을 알지 못하는 경우가 많다. 따라서 모든 가임기 여성의 엽산 영양상태를 양호하게 유지하는 것이 중요하다.

앞서 소개된 바와 같이 1998년 미국에서 정제된 곡물의 엽산강화가 시작되었고, 엽산의 평균섭취량이 190 μg/일까지 증가했다. 이런 강화정책이 시행되기 전에는 한 해 약 4000명의 임신부가 신경관 결손을 겪었으나, 강화 이후에는 신경관 결손을 한 해 1300건 정도로 추산하고 있다. 그러나 미국 여성의 약 20%는 적혈구 엽산 수준이 엽산 결핍으로 분류되지는 않더라도, 여전히 엽산 영양상태가 불충분해 신경관 결손의 위험이 높다. 흑인 여성의 경우 엽산 영양상태가 불충분한 비율이 가장 높은데, 거의 35%에 달한다. 인종이나 민족별로 신경관 결손인 아기를 가질 확률이 다르다. NTD 발생 비율이 가장 높은 집단은 히스패닉계 여성이며, 다음은 백인여성, 그리고 흑인과 아시아계 여성에서 가장 낮다. 이 차이는 명확하게 알려져 있지 않으나, 히스패닉계 여성에서 그 위험을 높이는 것으로 여겨지는 몇 가지 요소들은 다음과 같다.

- 강화된 밀가루 대신 옥수수 마사 가루를 사용해 만드는 또르띠아를 섭취함으로써 엽산 섭취가 낮기 때문이다. 옥수수 마사 가루의 엽산 강화는 2016년까지 허용되지 않았다.
- MTHFR 유전자 변이가 가장 높아 엽산을 활성형으로 전환시키는 능력이 낮기 때문이다. 히스패닉계는 이 유전자의 변이를 가지는 경우가 18%로, 흑인 3%, 백인 11%보다 높다.
- 곰팡이독(mycotoxin)의 섭취와 살충제와 화학용제, 질산염에 대한 노출 등 다양한 환경적 요인에 대한 노출이 많기 때문이다.

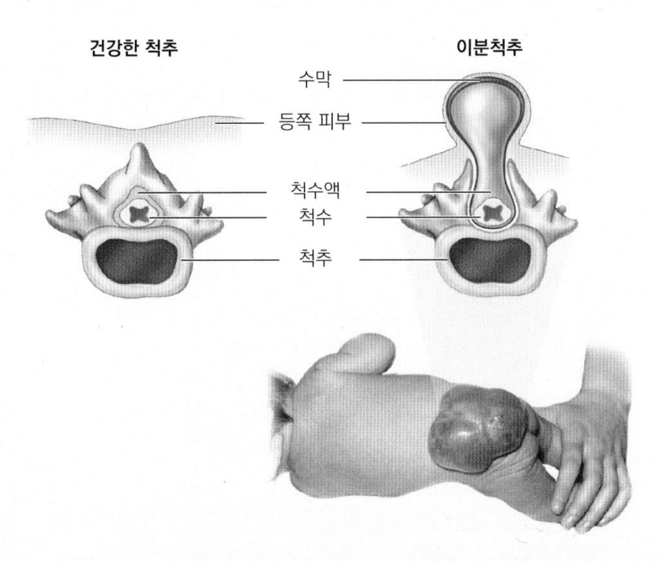

그림 11.25 NTD는 배아에서 척수와 뇌 발달 결손으로 생긴다. 태아 발달의 매우 초기 과정에서 신경과 유사한 조직이 배아의 등부분을 따라 능선처럼 형성된다. 태아가 발달함에 따라 이 부분의 위쪽 끝은 뇌로, 아래쪽 끝은 척수와 신경으로 분화된다. 동시에 척추를 구성하는 뼈는 서서히 척수 전체를 둘러싸게 된다. 이 일련의 과정 중 한 부분이라도 잘못될 경우 많은 결손이 나타날 수 있다. 최악의 경우 뇌가 형성되지 않는 것(무뇌증)이다. 더 흔한 경우는 이분척추증으로 척수를 보호하는 등뼈가 완전한 링 모양으로 형성되지 못하는 것이다. 임신 초기 모체의 엽산 결핍은 유전적 소인만큼이나 신경관 결손의 위험을 증가시킨다.

©Biophoto Associates/Science Source

곰팡이독소(mycotoxins)인 푸모니신(fumonisin)은 신경관 결손의 또 다른 위험 요인일 수 있다. 푸모니신은 진균(곰팡이, mold)에 오염된 옥수수에서 생성되며 배아의 세포 대사를 붕괴시키는 것으로 생각된다. 주식으로 옥수수에 과도하게 의존적인 집단에서 주로 영향을 받는다.

Wade Elmer

최근 워싱턴주의 3개 카운티에서 무뇌증의 집단 발생이 일어났다. 2010~2014년 동안 36명, 즉 신생아 10,000명 중 8.6명의 아기가 무뇌증 상태로 태어났다. 이 기간, 미국 전체의 무뇌증 발생 빈도는 신생아 10,000명 중 2.1명이었다. 그 원인은 아직도 밝혀지지 못하고 있으나, 이 사건을 계기로 신경관 결손에 대한 관심이 높아졌다.

임신이 가능한 모든 여성은 매일 400 μg의 엽산을 식사 뿐만 아니라 보충제나 강화된 식품으로부터 섭취할 것을 권고하고 있다. 많은 여성들이 이 권고를 따랐고, 과학자들은 신경관 결손을 예방하기 위해 엽산을 두 배 이상 강화시킬 것을 정부에 촉구했다. 그러나 식품에 더 많은 양의 엽산을 강화할 경우 의도치 않게 비타민 B_{12}의 결핍을 가리게 될 수도 있다는 우려가 있다.

▶ 신경관 결손을 가진 아이를 출산한 경험이 있는 여성은 최소 임신 1개월 전부터 하루 4 mg의 엽산을 섭취할 것을 권한다. 이는 의사를 통한 철저한 감독 하에 이루어져야 한다.

생화학자적 관점

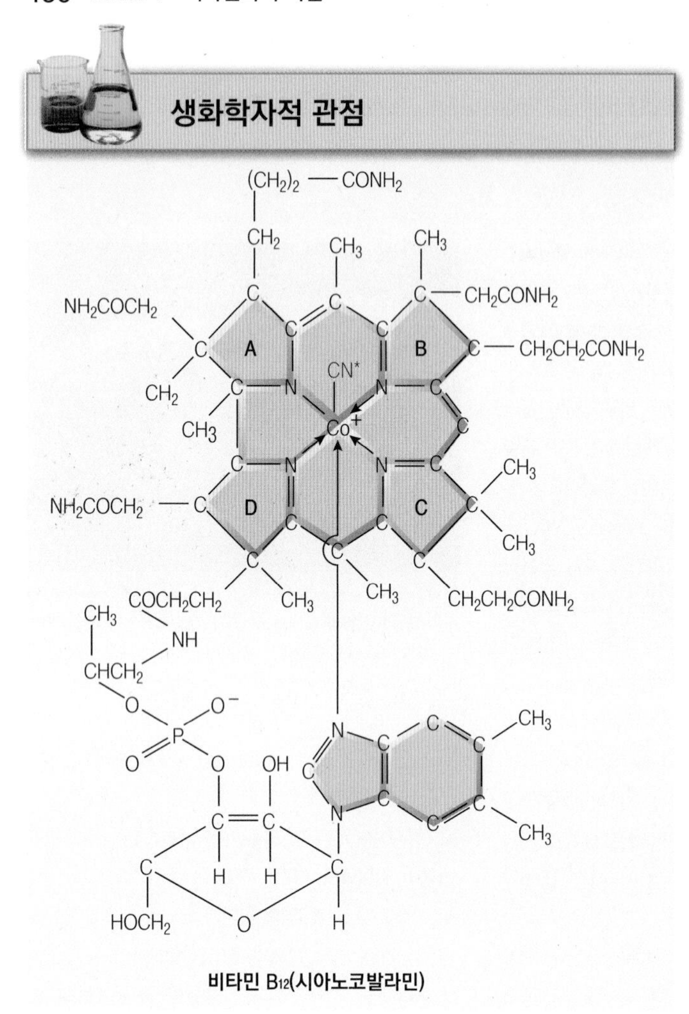

11.9 비타민 B_{12}

코발라민(cobalamin)으로 알려진 비타민 B_{12}는 두 가지 면에서 특별하다. 첫째, 육류, 가금류, 어류, 유제품과 같은 동물성 식품이 급원식품이다. 둘째, 구조상 무기질인 코발트를 가지고 있는 유일한 비타민이다. 비타민 B_{12}는 복잡한 고리 구조를 가지고 있다. 시아노코발라민(cyanocobalamin) 형태의 비타민 B_{12}의 시안기(빨간색으로 표시됨)가 메틸기나 수산기 등으로 대체되면서 두 가지 활성형의 조효소(메틸코발라민, 5-디옥시아데노실코발라민)를 형성한다. 비타민 B_{12}의 발견과 비타민 B_{12}의 결핍증인 악성빈혈에 관한 연구는 그 중요성을 인정받아 1934~1965년 동안 노벨상을 6번이나 받았다.

비타민 B_{12}의 급원식품

식물은 비타민 B_{12}를 합성하지 못한다. 모든 비타민 B_{12} 화합물은 미생물, 주로 박테리아에 의해서만 합성된다. 일반 동물은 사료를 먹거나 풀을 뜯는 동안 토양에서 비타민 B_{12}를 얻는다. 소와 양 같은 반추 동물들은 위의 박테리아에 의해 비타민 B_{12}를 합성한다.

사람의 경우, 비타민 B_{12}의 급원은 육류, 가금류, 해산물, 달걀, 유제품과 같은 동물성 유래식품이다. 특히 비타민 B_{12}가 풍부한 식품은 간, 신장, 심장과 같은 동물의 내장육이며, 시리얼과 같은 강화식품이다(그림 11.26). 조류(algae)와 발효 콩(템페, 미소 등)도 비타민 B_{12}

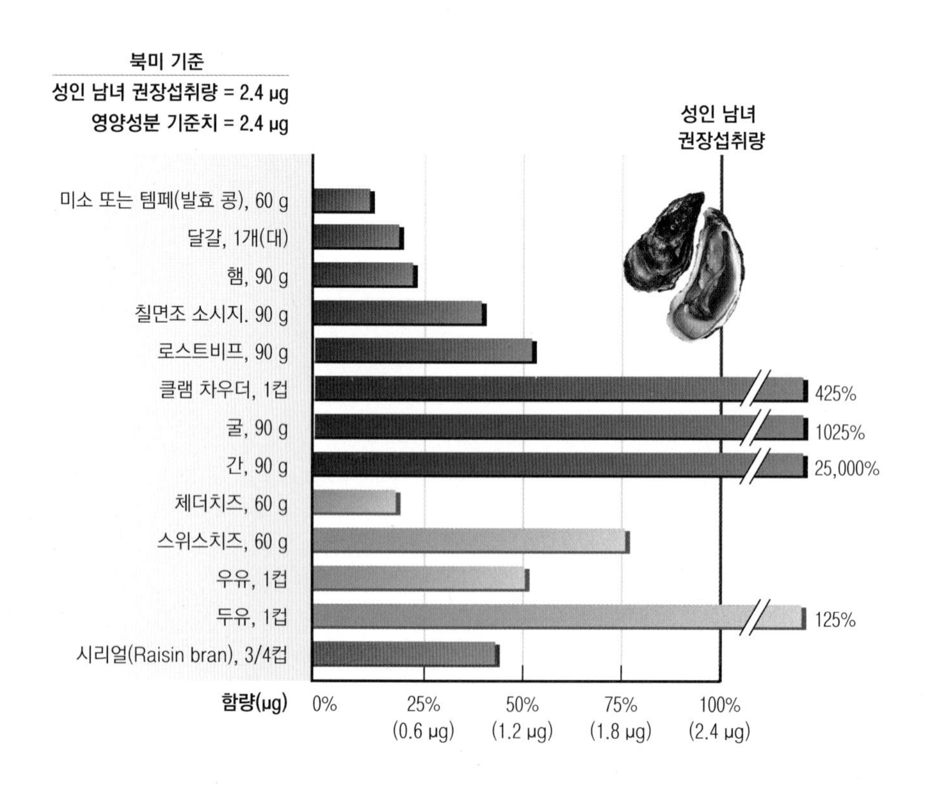

그림 11.26 비타민 B_{12}의 급원식품(북미 기준).

Isabelle Rozenbaum & Frederic Cirou/Getty Images RF

의 식물성 급원이라고 하나, 이것들만으로는 채식주의자들의 비타민 B_{12} 요구량을 충족시킬 수 없다. 이들 식품에는 대개 체내에서 비타민 B12로 기능하지 못하는 비활성형의 비타민 B_{12} 아날로그(유사물질)들이 함유되어 있기 때문이다. 한국인의 비타민 B_{12} 주요 급원식품은 소고기 간, 바지락, 멸치, 돼지고기 간, 김, 소고기 순이었다(표 11.17). 1회 분량 기준 비타민 B_{12} 함량이 높은 식품으로 바지락, 꼬막, 굴, 가리비와 같은 패류와 소고기 간, 꽁치, 돼지고기 간, 고등어 등으로 나타났다(그림 11.27). 식품 100 g 당 비타민 B_{12} 함량이 높은 식품으로는 바지락, 소고기 간, 김, 거위 간, 꼬막, 굴, 멸치 등이었다(표 11.18).

갈은 고기는 비타민 B_{12}를 제공하는 경제적 식품 급원이다.
Comstock/Getty Images RF

표 11.17 비타민 B_{12} 주요 급원식품(100 g 당 함량)[1]

급원식품 순위	급원식품	함량 (μg/100 g)	급원식품 순위	급원식품	함량 (μg/100 g)
1	소 부산물(간)	70.6	16	꼬막	45.9
2	바지락	74.0	17	가리비	22.9
3	멸치	24.2	18	조기	4.8
4	돼지 부산물(간)	18.7	19	닭고기	0.3
5	김	66.2	20	연어	9.4
6	소고기(살코기)	2.0	21	국수	0.5
7	고등어	11.0	22	오리고기	3.3
8	빵	2.0	23	닭 부산물(간)	16.9
9	굴	28.4	24	미꾸라지	6.3
10	라면(건면, 스프포함)	2.0	25	새우	2.0
11	돼지고기(살코기)	0.5	26	게	4.3
12	우유	0.3	27	요구르트(호상)	0.3
13	달걀	0.8	28	햄/소시지/베이컨	0.4
14	오징어	4.4	29	어묵	0.6
15	꽁치	16.3	30	매생이	10.3

1) 2017년 국민건강영양조사의 식품별 섭취량과 식품별 비타민 B_{12} 함량(국가표준식품성분표 DB 9.1, 2019) 자료를 활용하여 비타민 B_{12} 주요 급원식품 상위 30위 산출
출처: 보건복지부, 한국영양학회. 2020 한국인 영양소 섭취기준

표 11.18 비타민 B_{12} 고함량 식품(100 g 당 함량)[1]

함량 순위	식품	함량 (μg/100 g)	함량 순위	식품	함량 (μg/100 g)
1	바지락, 생것	74.0	9	흰점박이 꽃무지, 유충, 생것	22.2
2	소 부산물, 간, 삶은것	70.6	10	돼지 부산물, 간, 삶은것	18.7
3	김, 구운것	66.2	11	닭 부산물, 간, 삶은것	16.9
4	거위 부산물, 간, 생것	54.0	12	꽁치, 구운것	16.3
5	꼬막, 생것	45.9	13	은어, 구운것	12.0
6	굴, 생것	28.4	14	고등어, 생것	11.0
7	멸치, 삶아서 말린것	24.2	15	매생이, 생것	10.3
8	가리비, 생것	22.9	16	연어, 생것	9.4

표 11.18 비타민 B_{12} 고함량 식품(100 g 당 함량[1])(계속)

함량 순위	식품	함량 (μg/100 g)	함량 순위	식품	함량 (μg/100 g)
17	잉어, 삶은것	7.5	24	조기, 생것	4.8
18	전갱이, 구운것	7.1	25	어패류알젓, 청어 알, 염장	4.5
19	말고기, 생것	7.1	26	오징어, 생것	4.4
20	송어, 구운것	6.3	27	게, 생것	4.3
21	미꾸라지, 삶은것	6.3	28	청새치, 생것	4.3
22	샛멸, 생것	5.4	29	방어, 구운것	3.8
23	어패류부산물, 은어 내장, 생것	5.0	30	메추리알, 생것	3.4

1) 국가표준식품성분표 DB 9.1
출처: 보건복지부, 한국영양학회. 2020 한국인 영양소 섭취기준

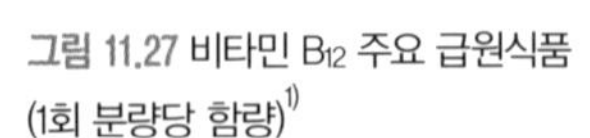
그림 11.27 비타민 B_{12} 주요 급원식품 (1회 분량당 함량)[1]

1) 2017년 국민건강영양조사의 식품별 섭취량과 식품별 비타민 B_{12} 함량(국가표준식품성분표 DB 9.1, 2019) 자료를 활용하여 비타민 B_{12} 주요 급원식품 상위 30위 산출 후 1회 분량(2015 한국인 영양소 섭취기준)을 적용하여 1회 분량당 함량 산출, 19~29세 성인 권장섭취량 기준(2020 한국인 영양소 섭취기준)과 비교

출처: 보건복지부, 한국영양학회. 2020 한국인 영양소 섭취기준

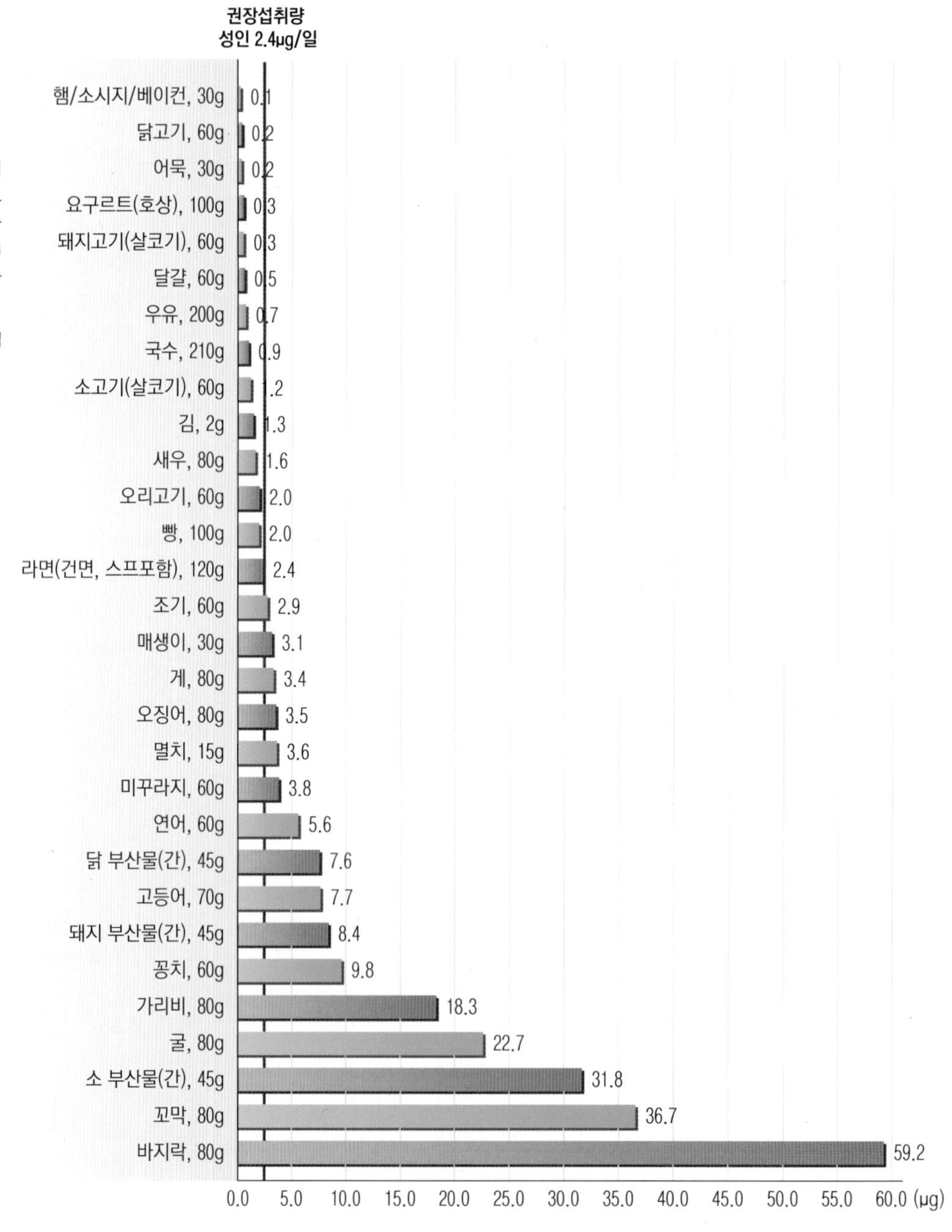

비타민 B_{12}의 필요량 및 상한섭취량

성인의 비타민 B_{12} 권장섭취량은 2.4 μg/day이다. 식품의 표시에 사용하는 영양성분 기준치도 2.4 μg이다. 한국인 성인의 비타민 B_{12} 평균섭취량은 남자 9.6 μg/day, 여자는 6.6 μg/day로 권장섭취량보다 높다. 미국인 성인의 평균섭취량은 남자 6.3 μg/day, 여자 4.6 μg/day이다. 이 정도로 비타민 B_{12}를 섭취하면 평균 수준으로 육식을 섭취하는 사람의 간에 2~3년치 비타민 B_{12}를 저장할 수 있다. 식품과 식사보충제로 비타민 B_{12}를 과도하게 섭취함으로써 나타나는 부작용은 관찰된 바 없으므로 상한섭취량은 설정되지 않았다.

비타민 B_{12}의 흡수와 운반, 저장, 배설

건강한 성인은 식품으로 섭취된 비타민 B_{12}의 약 50%를 흡수한다. 그림 11.28에서 볼 수 있듯이 비타민 B_{12}의 흡수는 대단히 복잡하다. 식품 내 비타민 B_{12}는 단백질과 결합되어 있다. 위액의 염산과 펩신은 이 단백질로부터 비타민 B_{12}를 분리한다. 유리된 비타민 B_{12}는 침샘에

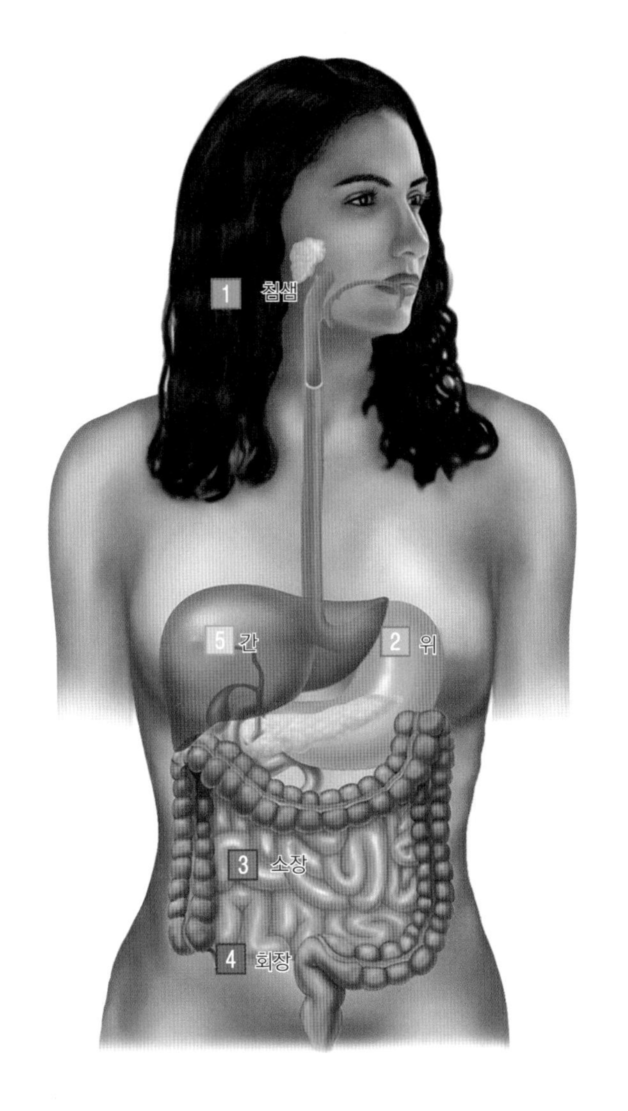

비타민 B_{12}

1 **입:** 침샘에서 R-단백질을 생성한다.

2 **위장**
a. 염산과 펩신은 식품 중 단백질과 결합된 비타민 B_{12}를 분리한다.
b. 유리 비타민 B_{12}는 R-단백질과 결합한다.
c. 위벽세포에서 내인자가 분비된다.

3 **소장**
a. 췌장에서 분비된 트립신은 비타민 B_{12}와 R-단백질을 분리시킨다.
b. 비타민 B_{12}와 내인자가 결합한다.

4 **회장:** 비타민 B_{12}/내인자 복합체가 혈액으로 흡수되어 운반단백질인 트랜스코발라민 II와 결합된다.

5 **간:** 비타민 B_{12}가 간에 저장된다.

그림 11.28 비타민 B_{12}의 흡수는 입, 위, 소장에서 만들어진 몇 가지 화합물질을 필요로 한다. 위장이나 소장에 결손이 생기면 비타민 B_{12} 흡수가 방해되어 악성빈혈이 나타난다.

R-단백질(R-prctein) 침샘에서 만들어지는 단백질로 위장을 통과하는 동안에 비타민 B_{12}를 보호함으로써 비타민 B_{12}의 흡수를 증가시킴.

내인자(intrinsic factor) 위액에 있는 물질로 비타민 B_{12} 흡수를 증진시킴.

뮤테이즈(자리옮김 효소, mutase) 분자의 작용기(functional group)를 재배치하는 효소.

악성빈혈(pernicious anemia) 충분한 비타민 B_{12} 흡수가 불가능할 때 발생하는 빈혈; 신경 퇴화와 관련이 있으며 마비나 사망을 야기할 수도 있음.

서 분비된 **R-단백질**(R-protein)과 결합한다. 소장에서는 췌장 단백질 분해효소(예: 트립신)가 R-단백질/비타민 B_{12} 복합체로부터 비타민 B_{12}를 분리한다. 유리된 비타민 B_{12}는 위의 벽세포(parietal cell)에서 분비된 단백질 유사물질인 **내인자**(intrinsic factor)와 다시 결합하여 비타민 B_{12}의 흡수를 촉진시킨다. 비타민 B_{12}/내인자 복합체는 소장의 끝부분인 회장(ileum)에서 흡수된 후, 혈액 내 운반단백질인 트랜스코발라민 II(transcobalamin II)와 결합한다. 비타민 B_{12}/트랜스코발라민 II 복합체는 간 문맥을 통해 간으로 운반된다. 다른 수용성 비타민과 달리 비타민 B_{12}는 수년 간 사용하기에 충분할 만큼 간에 저장된다. 비타민 B_{12}는 담즙을 통해 지속적으로 분비되지만, 대부분은 장간순환을 통해 재흡수되므로 비타민 B_{12}는 효과적으로 '재활용'된다. 따라서 소변으로 배설되는 비타민 B_{12}는 거의 없다.

비타민 B_{12}의 기능

비타민 B_{12}는 두 가지 효소반응에 필요하다. 먼저, 호모시스테인으로부터 아미노산 메티오닌을 만들 때 메티오닌 합성효소(methionine synthase)가 작용하는데, 이때 비타민 B_{12} 조효소 메틸코발라민(methylcobalamin)이 필요하다(그림 11.29). 호모시스테인은 메틸코발라민으로부터 메틸기를 얻어서 메티오닌이 된다. 이 메티오닌은 S-아데노실 메티오닌(SAM)의 급원체가 되며, 여러 가지 반응을 통해 SAM이 메틸 공여체로 작용한다. 메틸화 반응은 DNA와 RNA 조절, 미엘린(myelin) 조절, 그리고 여러 가지 생화학 성분의 합성에 중요하다. 메티오닌 생합성을 통해 비타민 B_{12}와 엽산 간의 밀접한 연계를 설명할 수 있다. 메틸코발라민은 엽산 조효소 중 5-메틸테트라하이드로엽산(5-methyltetrahydrofolate, 5-MeTHFA)으로부터 메틸기를 얻는다. 메틸기가 비타민 B_{12}로 제공될 때, 엽산 조효소 THFA가 재형성된다. 따라서 비타민 B_{12}가 부족하면 THFA가 감소하여 엽산 부족 증상이 일어날 수 있다. 엽산이나 비타민 B_{12}가 부족하게 되면, 메티오닌과 SAM 합성이 감소하고, 체내에서 호모시스테인 수준이 높아진다. 콜린(11.10절 참조) 역시 호모시스테인에 메틸기를 제공할 수 있다.

메틸말로닐 **뮤테이즈**(mutase)는 비타민 B_{12}의 두 번째 조효소인 5-디옥시아데노실 코발라민(5-deoxyadenosyl cobalamin)을 필요로 한다. 이 효소는 홀수 탄소수를 가진 지방산의 대사에서 관여하여 구연산 회로를 통해 홀수 지방산을 산화시키고 에너지를 낼 수 있게 한다. (대부분의 지방산은 짝수 탄소수를 갖는다.)

비타민 B_{12}의 결핍증

19세기 중반 영국에서 과학자들은 초기 진단 후 2~5년 후에 사망에 이르는 빈혈을 보고하였다. 이 질병은 **악성빈혈**(pernicious anemia)이라 명명되었다. (pernicious의 의미는 '사망에 이르는'이다.) 이제는 이 질병의 원인이 비타민 B_{12} 흡수에 필요한 내인자의 생성이 불충분하기 때문인 것을 알고 있다. 표 11.19와 같이 비타민 B_{12} 결핍은 위장 및 소장의 여러 문제들, 일부 약물 사용으로 인한 흡수불량 시 나타나며 동물성 식품의 섭취가 매우 낮아 비타민 B_{12} 섭취가 불충분할 때에도 나타난다.

사례연구 후속

Hill Street Studios/Blend Images LLC RF

앞선 사례연구에서 언급되었던 72세 남자 노인 Martin씨의 체중감소와 빈혈, 신경손상 증상은 비타민 B_{12} 결핍으로 인한 것일 가능성이 크다. Martin씨는 수년 동안 지속해 온 엄격한 채식 식단으로 인해 비타민 B_{12} 섭취가 매우 낮았다. 또 노인기 위산 생성이 낮은데다 역류 역제제를 복용했다. 채식으로 가뜩이나 비타민 B_{12} 섭취가 거의 없는 상태에서 이로 인해 식품으로부터 비타민 B_{12}의 용출조차 제한적이었다. 병원에서 비타민 결핍 치료를 받아야 하고, 만약 엄격한 채식을 유지한다면 충분한 비타민 B_{12}를 섭취할 수 있도록 해야 한다. 즉, 비타민 B_{12} 보충제를 복용하거나 아침식사용 시리얼과 같은 비타민 B_{12}가 강화된 식품을 섭취할 필요가 있다.

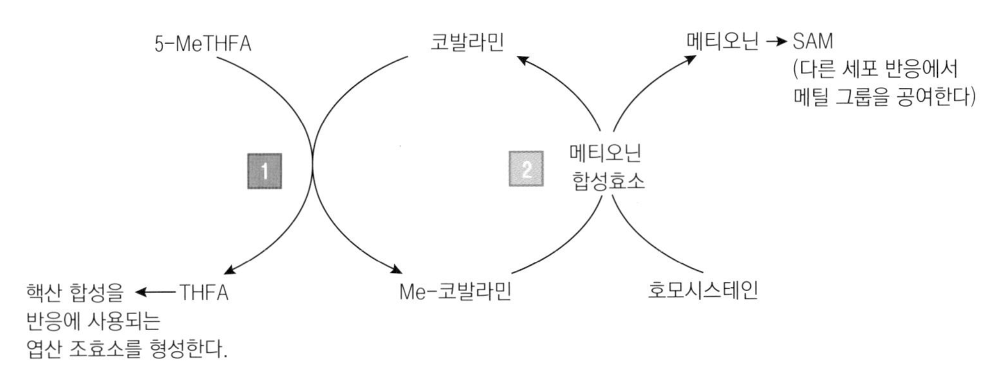

그림 11.29 비타민 B_{12}, 엽산과 아미노산 호모시스테인과 메티오닌의 상호작용. 1 5-메틸테트라하이드로엽산(5-MeTHFA)으로부터 메틸기 하나가 코발라민(비타민 B12)으로 공여된다. 이 반응으로 테트라하이드로엽산(THFA)과 메틸코발라민(Me-Cobalamin)이 생겨난다. 2 메틸코발라민은 호모시스테인에 메틸기를 공여한다. 이 반응은 메티오닌 합성효소에 의해 촉매된다. 이 반응으로 코발라민과 메티오닌이 생겨난다. 비타민 B_{12}가 부족하면, 5-MeTHFA가 축적되고 THFA는 감소하여 핵산 합성이 늦어지거나 멈추게 된다. 또한 호모시스테인 수준도 증가한다.

표 11.19 비타민 B_{12} 결핍의 원인

낮은 비타민 B_{12} 섭취	원인
심각한 흡수불량: 불충분한 내인자 생성	악성빈혈(자가면역)
	위절제(위장 전체 또는 일부 제거)
	위장우회시술
경미한 흡수불량: 식품 단백질로부터 비타민 B_{12} 방출 제한	위축성 위염(H. pylori 감염에 의한)은 염산 생성과 펩신(식품 단백질로부터 비타민 B_{12}를 방출시키는 효소) 활성을 제한함. 노인의 10~30%가 이에 해당함
	위장우회시술
	메트포르민(metformin, 2형당뇨병에서 혈당을 낮추기 위해 사용되는 약물)
	위산 생성을 억제하는 약물
경미하거나 심각한 흡수불량: 회장의 질환	염증성 장질환, 만성소화장애(celiac disease), 소장 과도증식(intestinal overgrowth)
	회장의 외과적 제거
낮은 비타민 B_{12} 섭취	장기간 채식주의자
	비타민 B_{12}가 결핍된 모유 섭취

거대적혈모구빈혈

비타민 B_{12} 결핍이 심각하여 체내 저장이 전혀 없거나 거의 소모되었을 때 거대적혈모구빈혈(megaloblastic anemia)이 생긴다. 비타민 B_{12}가 부족해서 생긴 빈혈은 엽산이 부족했을 때의 빈혈과 동일하다. 비타민 B_{12} 부족은 엽산대사를 손상시켜 DNA와 적혈구가 정상적으로 합성하지 못하며, 그 결과로 거대적혈모구빈혈을 초래하기 때문이다(그림 11.24 참조).

신경계의 변화

비타민 B_{12} 결핍은 일부 환자에서 신경계 손상을 보이는데, 이는 매우 치명적이다. 신경계 합병증으로 다리에 감각장애를 가져오는데, 화끈거림, 저림, 찔림 통증, 무감각 등의 증상[이상감각증(paresthesia)] 등이 나타난다. 걷기가 힘들고, 심각한 균형이상이 온다. 집중력과 기억력 감퇴, 방향감각 상실, 치매 등과 같은 정신이상도 많이 나타난다. 더 악화되면 장과 방광 조절이 상실되며 시각이상도 흔하게 나타난다. 혀에 염증이 나타나는 것부터 변비에 이르기까지 다양한 소화기관 장애도 나타난다. 이러한 신경계 변화는 빈혈에 앞서 발병한다.

노인들은 비타민 B_{12} 영양상태가 나빠질 위험이 높아진다.
Fuse/Corbis /Getty Images RF

혈중 호모시스테인 수준의 증가

비타민 B_{12}, 엽산, 비타민 B_6의 수준이 낮아지면 혈액 호모시스테인의 수준이 높아진다(그림 11.29 참조). 많은 연구에서 혈중 호모시스테인 수준이 높으면 심장마비와 뇌경색의 위험도가 높아지는 것으로 알려졌다. 다른 연구에서는 혈장 호모시스테인 수준과 인지 장애와 골다공성 골절은 상관관계가 있는 것으로 알려졌다.

식사 외에 엽산, 비타민 B_{12}, 비타민 B_6을 보충하면 혈중 호모시스테인 수준을 낮춘다고 알려졌으나 근거가 확실치는 않다. 대규모 연구에 따르면, 비타민 보충제의 섭취로 호모시스테인 수준이 감소하였음에도 불구하고 심장질환은 예방되지 않았다. 더불어 비타민 B_{12}, 비타민 B_6, 엽산을 보충한 군에서 인지기능도 향상되지 않았다. 비타민 B군의 보충이 심장질환의 위험을 감소시키거나 인지기능을 향상시키지는 않았지만, 충분한 비타민 B군 섭취는 정상적인 생리 기능과 건강 유지를 위해 필요하다.

비타민 B_{12} 부족 위험이 높은 인구집단

노인의 20%가 비타민 B_{12} 결핍증 위험이 있다. 이들은 대부분 위축성 위염 때문에 비타민 B_{12}의 흡수가 감소한다. 빈혈이 나타날 정도로 결핍 증상이 심각하지 않지만, 신경계에 문제가 생기고 혈중 호모시스테인 수준이 증가된다. 식사보충제나 강화식품을 통해 비타민 B_{12}를 섭취하면 위축성 위염의 여부에 상관없이 노인의 비타민 B_{12} 수준이 향상될 수 있다.

흡수불량 증상이 있는 사람들은 비타민 B_{12}의 필요량이 증가한다. 흡수저하로 인한 비타민 B_{12}의 결핍이 진단되면 다음의 세 가지 방법을 선택할 수 있다. (1) 소화기계를 우회하기 위해 매달 비타민 B_{12} 주사를 맞는다. (2) 비타민 B_{12} 비강 겔(nasal gel)을 사용한다. 이 경우에도 소화기계를 우회하게 된다. (3) 고용량 비타민 B_{12}를 경구 복용(매일 1-2 mg)한다. 매우 적은 양의 비타민 B_{12}는 수동확산에 의해 흡수되며 이때는 내인자의 도움이 필요 없다. 따라서 고용량의 비타민 B_{12}가 섭취되면, 권장섭취량을 충족하고 비타민 B_{12}의 결핍을 회복할 만큼 충분하게 흡수될 수 있다.

채식주의자 또한 비타민 B_{12}가 부족할 수 있다. 동물성 식품을 섭취하지 않으면 결핍의 위험이 높아진다. 그러나 성인이 되어 채식주의자가 되었다면, 간에 비타민 B_{12}가 저장되어 있기 때문에 장기간(수년 정도)이 지난 다음에야 결핍 증상이 나타날 수 있다. 채식주의자가 모유수유를 할 경우, 수유를 받는 아이에게서 비타민 B_{12} 결핍이 나타날 수 있으며, 빈혈 증상 및 뇌 성장 저하, 척수 퇴화, 지적능력 발달 지연 등 신경손상이 장기적으로 나타날 수 있다. 엄격한 채식주의자가 아닌 경우에는 달걀 또는 유제품은 섭취할 수 있다. 그러나 채식주의자들은 비타민 B_{12} 섭취가 불충분하다. 따라서 모든 채식주의자들은 비타민 B_{12}가 함유되어 있는 식사보충제를 섭취하거나 비타민 B_{12}가 강화된 식품을 섭취하여야 한다.

확인합시다!

1. 엽산, 펩시노겐, 내인자, 회장은 비타민 B_{12} 흡수에 어떤 역할을 담당하는가?
2. 비타민 B_{12}와 엽산 대사는 어떻게 관련이 있는가?
3. 비타민 B_{12} 결핍과 관련된 악성빈혈은 어떤 상태를 보이는가?
4. 어떤 식품이 비타민 B_{12}의 좋은 급원인가?

11.10 콜린

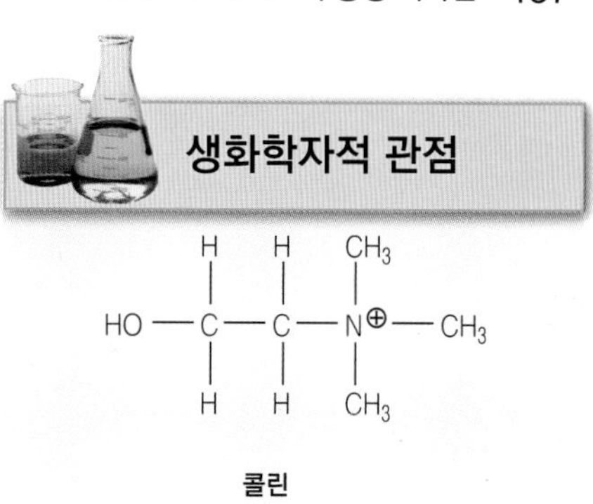

1998년 의학연구소(Institute of Medicine, IOM)에 의해 필수영양소로 선포된 콜린은 조효소 기능을 수행하지 않으며, 체내에 존재하는 콜린의 양은 일반적인 비타민 B군의 양보다 훨씬 많으므로 비타민 B군으로 간주될 수 없다. 콜린은 식사로부터 얻어질 수 있으며, 세포 내에서 합성될 수도 있으나, 생합성만으로 콜린의 요구량을 충족시킬 수 없으므로, 섭취량이 낮은 사람에서 간과 근육의 손상이 발생할 수 있다.

콜린의 급원식품

식품 중 콜린은 유리 형태로서 또는 레시틴으로도 알려진 포스파티딜콜린 같은 화합물의 한 부분으로 존재한다. 식품 중에서 동물성 식품(예: 우유, 달걀, 닭고기, 소고기, 돼지고기)들의 기여도가 크다(그림 11.30). 곡류, 견과류, 채소, 과일에도 콜린이 함유되어 있다. 식품을 가공하는 과정에서 첨가된 레시틴도 급원이 된다. 식품 중 콜린 함량에 대한 데이터는 아직 부족한 실정이다.

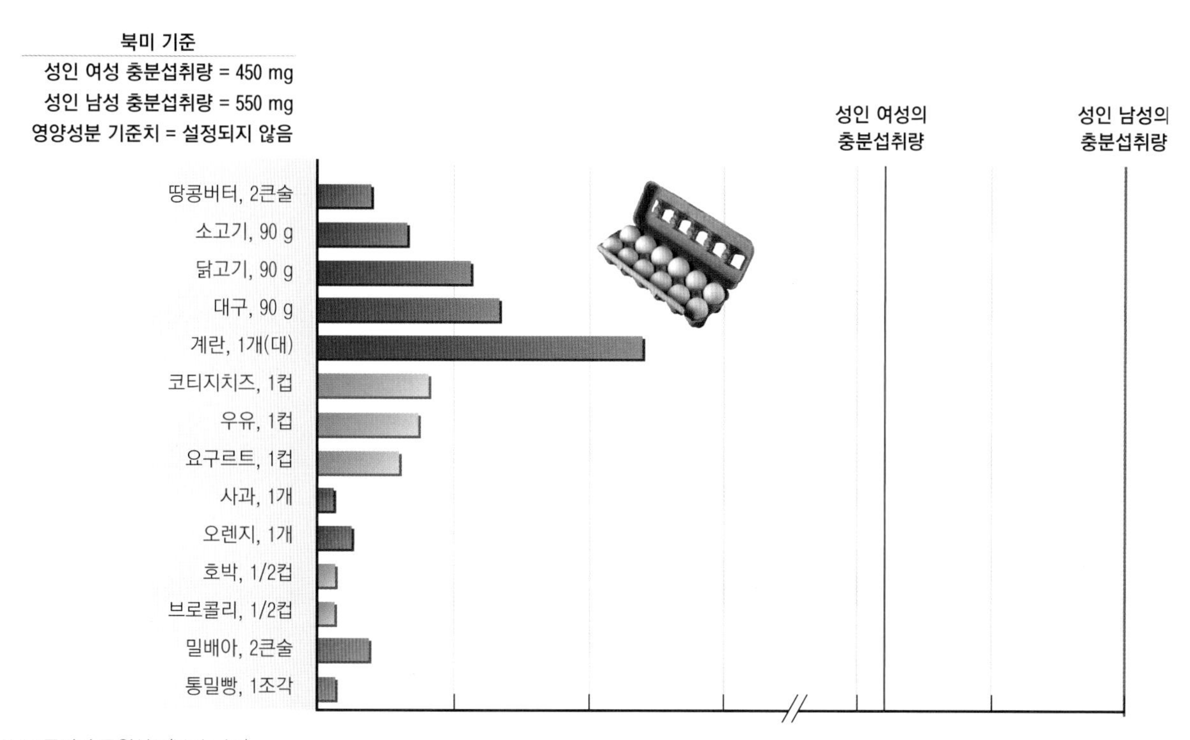

그림 11.30 콜린의 급원식품(북미 기준).

©Brand X Pictures/Getty Images RF

콜린의 필요량 및 상한섭취량

미국은 콜린의 충분섭취량으로 남자는 550 mg/day, 여자는 425 mg/day을 설정하였다. 2020년 한국인을 위한 콜린의 영양소 섭취기준의 제정에 관해 검토되었으나, 과학적 근거의 부족으로 콜린은 현재 포함되어 있지 않은 상태이다. 미국 역시 충분섭취량을 제시하긴 하였으나 생애주기의 어떤 단계에서도 체내 합성만으로 콜린 요구량을 만족시킬 수는 없다. 미국인을 대상으로 콜린 섭취량을 조사해 보면 성인 남성이 396 mg/day, 여성이 260 mg/day로 나타나 충분섭취량 기준에 이르지 못하는 것으로 나타났다. 콜린의 상한섭취량은 성인의 경우 3.5 g/day로 설정되었다. 콜린의 과잉 섭취는 비린내, 저혈압, 구토, 침 분비, 발한, 위장관 장애 등을 유발한다.

콜린의 흡수와 운반, 저장, 배설

콜린은 운반단백질을 이용하여 소장에서 흡수되고, 간문맥을 통해 간으로 빠르게 유입된다. 모든 조직은 콜린을 어느 정도 저장한다. 섭취된 콜린은 산화되어 베타인(betaine)으로 변환되기도 하며 두 물질 모두 소변으로 배설된다.

콜린의 기능

콜린은 신체 내에서 메틸기를 제공하는 급원으로서, 세포막을 구성하거나 신경계와 간 기능을 향상시키는 다양한 물질들의 전구체가 된다.

- 콜린은 인지질 성분인 포스파티딜콜린과 스핑고미엘린을 구성한다. 포스파티딜콜린은 레시틴으로 불리는 성분으로 세포막을 구성한다. 스핑고미엘린은 미엘린(myelin) 합성에도 요구되는 성분으로, 신경 섬유를 보호하고 전기적 신호 전달을 촉진한다. 뇌와 신경조직은 임신기 중 그리고 출생 후 첫해 동안에 빠르게 성장하므로 콜린의 사용과 권장량은 이 시기에 높아진다.
- 콜린은 신경전달물질인 아세틸콜린 전구체로서 집중력, 학습, 기억력, 근육 조절 이외에도 다양한 기능에 관여한다.
- 간에서 VLDL 합성 및 방출 시 콜린이 관여하므로 지방축적을 억제한다.
- 콜린은 메틸기($-CH_3$)의 중요한 급원으로 체내 여러 반응에서 필요로 한다. 호모시스테인으로부터 메티오닌이 만들어질 때 사용되는 베타인을 형성하므로, 건강한 남자에게 콜린의 보충 섭취는 호모시스테인 농도는 낮추는 것으로 보고되고 있다.

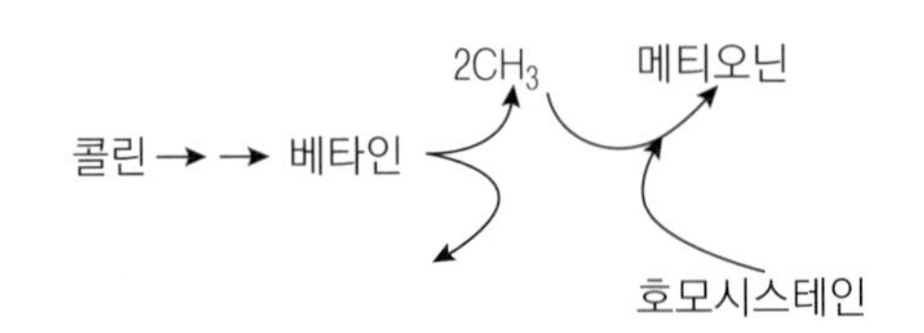

콜린의 결핍증

콜린과 관련된 결핍증은 없다. 그러나 콜린이 부족한 식사를 섭취하는 성인에게서 간과 근육의 손상이 관찰되었다. 콜린은 인체대사에서 중요하게 작용하므로 콜린이 부족한 식사가 어떤 영향을 미치는지를 확인하고 이해하는 연구가 활발히 진행 중이다.

확인합시다!

1. 콜린의 가장 중요한 급원식품은 무엇인가?
2. 무콜린 식사를 섭취하였을 때 어떤 기관이 가장 영향을 받는가?
3. 콜린의 세 가지 기능은 무엇인가?

실천해봅시다!

비타민 B군을 함유한 에너지 음료

비타민 B군은 에너지를 얻는 수단으로 판매되기도 한다. 수업에 아르바이트와 동아리 활동까지 하는 스무살의 대학생 Dan은 종종 피곤함을 느끼고 스트레스를 받는데, 그는 이것이 부실한 식습관 때문일 것이라고 생각한다. Dan은 종종 끼니를 거르거나 패스트푸드와 스낵으로 식사를 대신할 때가 많다. 한 친구는 에너지를 북돋우기 위해, 특히 공부할 때 보충 음료를 마셔보라고 한다. 그는 비타민 B군과 카페인이 함유된 한 에너지 음료를 선택했는데, 이 제품의 영양표시에 따르면 음료 1병은 다음의 영양소를 제공한다고 한다.

리보플라빈	100 mg
니아신	30 mg
비타민 B_6	40 mg
엽산	400 μg
비타민 B_{12}	500 mg
카페인	200 mg

상한섭취량을 포함한 영양소 섭취기준과 비교해 보자. 이 방법이 에너지를 증가시킬 수 있을까? 만약 이 에너지 음료를 2병 마신다면 UL 이상으로 섭취하게 되는 비타민이 있는가? 이 방법 외에 Dan의 에너지와 영양상태를 향상시키기 위해 무엇을 추천하겠는가? 카페인과 에너지 음료에 대해 더 알고 싶다면 www.webmd.com/food-recipes/news/20121025/how-much-caffeine-energy-drink#1를 참조.

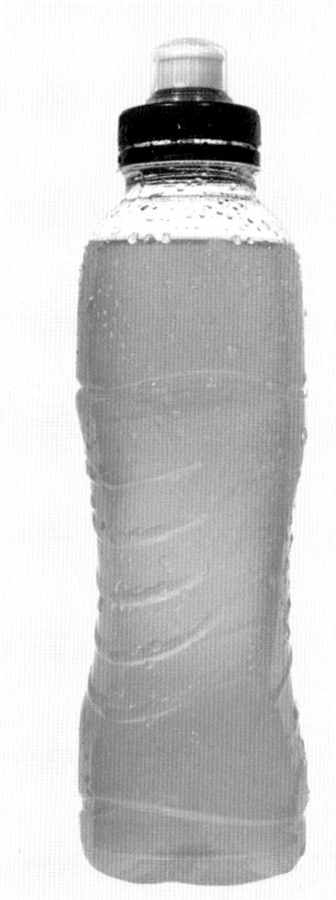

Nitr/Shutterstock

대부분의 동물들은 포도당으로부터 비타민 C를 합성할 수 있다. 그러나 과일박쥐, 기니피그, 고릴라와 사람들은 이러한 능력을 가지고 있지 않기 때문에 비타민 C를 섭취할 필요가 있다.

www.fao.org와 www.ncbi.nlm.nih.gov/pmc/articles/PMC3145266. 참조

Eric Gevaert/iStockphoto/Getty Images

11.11 비타민 C

대부분의 동물은 비타민 C를 합성할 수 있다. 그러나 사람이나 영장류를 비롯하여 기니피그, 과일박쥐, 일부 조류와 어류 등은 이 수용성 비타민을 합성할 수가 없다. 따라서 비타민 C 섭취는 식사를 통해 이루어진다.

비타민 C는 아스코르빈산이라고도 하며, 전자공여체로서 신체의 많은 과정에 관여한다. 비타민 C는 환원형인 아스코르빈산(ascorbic acid)과 산화형인 디하이드로아스코르빈산(dehydroascorbic acid) 모두를 포함한다. 비타민 C는 산화와 환원, 양쪽 방향으로 진행되며 실제로 우리가 섭취하는 식품에는 두 형태가 모두 존재한다.

비타민 C의 급원식품

모든 과일과 채소에는 어느 정도 비타민 C가 함유되어 있으나, 비타민 C가 가장 풍부한 급원은 감귤류, 고추, 푸른 채소이다(그림 11.31). 동물성 식품과 곡류는 일반적으로 좋은 급원은 아니다. 하루에 과일과 채소를 5회 정도 섭취하면 선택한 식품에 따라 상당량의 비타민 C를 얻을 수 있다. 표 11.20은 한국인의 식단에서 주요한 비타민 C 급원식품을 나타낸 것으로 가장 기여도가 높은 식품은 가공식품인 오렌지주스로 나타났으며, 그 외 감귤류, 딸기, 시금치 순이었고, 채소류로는 배추김치가 주요 급원식품에 해당되었다. 1회 분량 당 비타민 C 함량이 가장 높은 식품은 구아바와 딸기로 각각 220 mg/100 g과 100.7 mg/150 g의 비타민 C를 함유하고 있어 1회 분량의 섭취로도 성인의 권장섭취량을 초과하여 섭취할 수 있는 수준이다(그림 11.32). 그 외 식품 100 g 당 비타민 C 함량이 높은 식품으로는 아세로라,

생화학자적 관점

아스코르빈산(환원형)

디하이드로아스코르빈산(산화형)

박스 부분 = 아스코르빈산(비타민 C)은 2개의 수소(빨간색)와 2개의 전자(보이지 않음)를 내어줌으로 산화와 환원, 양방향으로 움직인다.

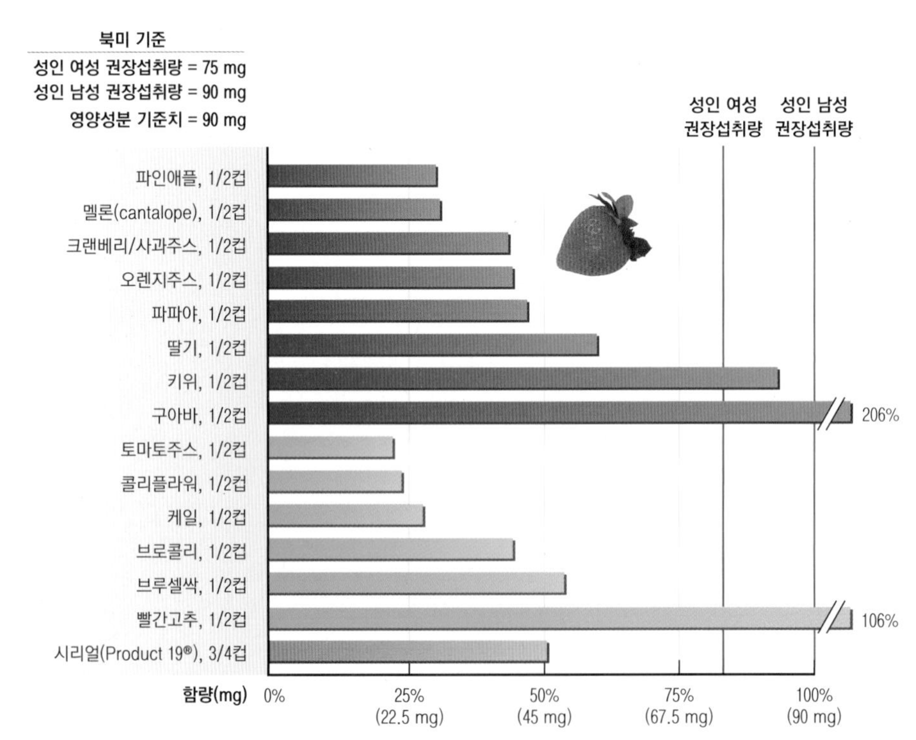

그림 11.31 비타민 C의 급원식품. ©Ingram Publishing/Alamy RF

표 11.20 비타민 C 주요 급원식품(100 g 당 함량)[1)]

급원식품 순위	급원식품	함량 (mg/100 g)	급원식품 순위	급원식품	함량 (mg/100 g)
1	가당음료(오렌지주스)	44.1	16	오이	11.3
2	귤	29.1	17	양파	5.9
3	딸기	67.1	18	키위	86.5
4	시금치	50.4	19	파프리카	91.8
5	시리얼	190.9	20	유산균음료	24.4
6	오렌지	43.0	21	돼지 부산물(간)	23.6
7	햄/소시지/베이컨	28.1	22	과일음료	3.4
8	배추김치	3.2	23	김	78.1
9	토마토	14.2	24	감자	4.5
10	고구마	14.5	25	바나나	5.9
11	무	7.3	26	파인애플	45.4
12	감	14.0	27	사과	1.4
13	양배추	19.6	28	우유	0.8
14	풋고추	44.0	29	구아바	220.0
15	배추	24.4	30	돼지고기(살코기)	1.1

1) 2017년 국민건강영양조사의 식품별 섭취량과 식품별 비타민 C 함량(국가표준식품성분표 DB 9.1, 2019) 자료를 활용하여 비타민 C 주요 급원식품 상위 30위 산출

출처: 보건복지부, 한국영양학회. 2020 한국인 영양소 섭취기준

감귤류는 비타민 C가 풍부하다.

D. Hurst/Alamy RF

표 11.21 비타민 C 고함량 식품(100 g 당 함량)[1)]

함량 순위	식품	함량 (mg/100 g)	함량 순위	식품	함량 (mg/100 g)
1	아세로라, 생것	800.0	16	영아자, 생것	109.0
2	어수리잎, 생것	253.0	17	돌나물, 생것	108.0
3	아주까리잎, 생것	244.0	18	라벤다, 말린것	102.0
4	구아바, 생것	220.0	19	로즈마리, 말린것	102.0
5	모링가(드럼스틱), 생것	216.8	20	가시오갈피 순, 생것	100.7
6	시리얼	190.9	21	꽃양배추, 생것	99.0
7	블랙커런트, 생것	181.0	22	순채, 생것	97.0
8	박쥐나무잎, 생것	151.0	23	유자, 생것	95.0
9	파슬리, 생것	139.0	24	물냉이, 생것	92.0
10	갓, 생것	135.0	25	천마, 생것	92.0
11	왕호장잎, 생것	132.0	26	파프리카, 생것	91.8
12	탱자, 생것	132.0	27	산자나무 열매, 생것	91.0
13	고추, 생것	122.7	28	프로폴리스	90.0
14	토스카노(잎브로콜리), 생것	118.0	29	키위, 생것	86.5
15	골든세이지, 말린것	111.0	30	대추, 생것	86.0

1) 국가표준식품성분표 DB 9.1

출처: 보건복지부, 한국영양학회. 2020 한국인 영양소 섭취기준

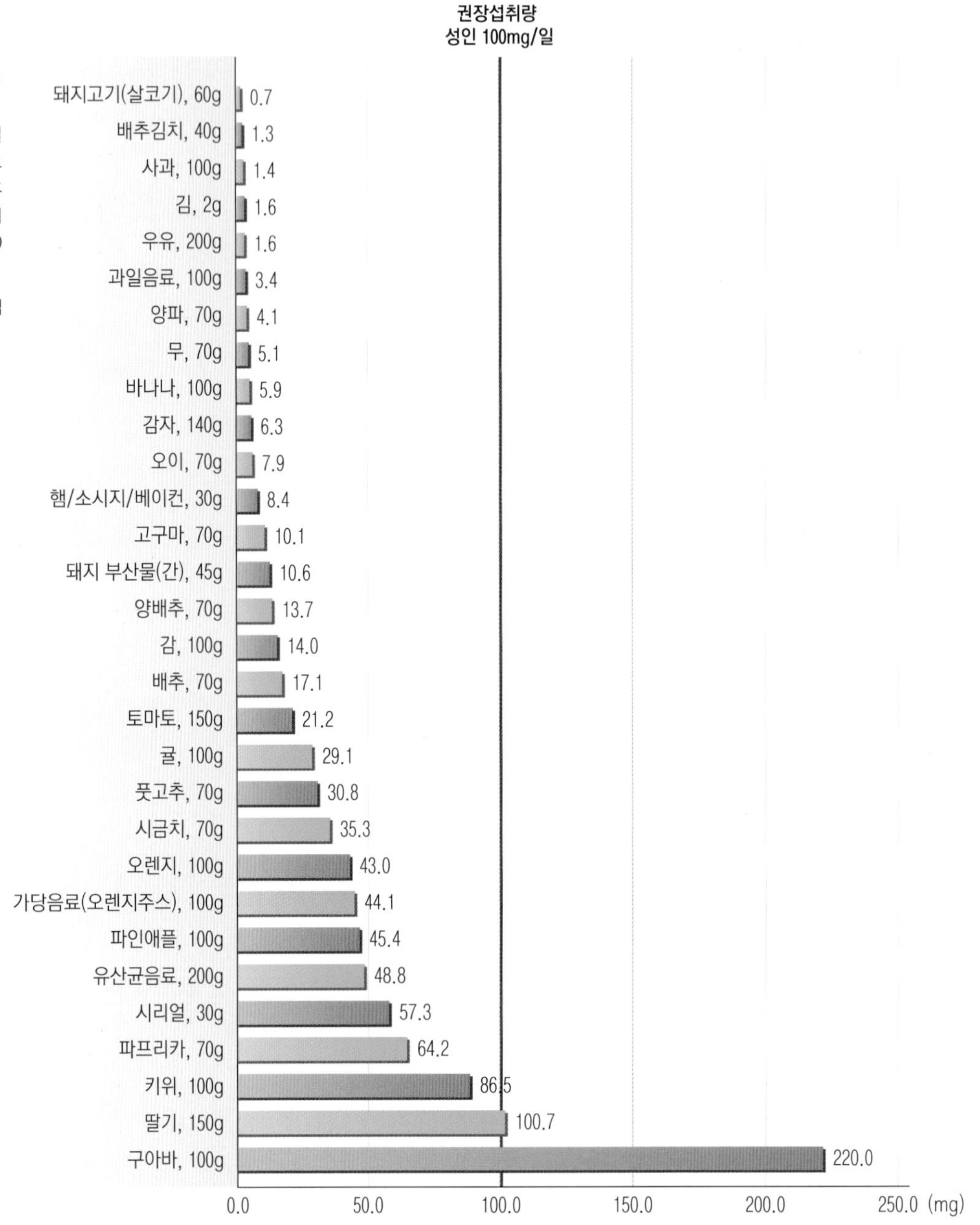

그림 11.32 비타민 C 주요 급원식품(1회 분량당 함량)[1]

1) 2017년 국민건강영양조사의 식품별 섭취량과 식품별 비타민 C 함량(국가표준식품성분표 DB 9.1, 2019) 자료를 활용하여 비타민 C 주요 급원식품 상위 30위 산출 후 1회 분량(2015 한국인 영양소 섭취기준)을 적용하여 1회 분량당 함량 산출, 19~29세 성인 권장섭취량 기준(2020 한국인 영양소 섭취기준)과 비교

출처: 보건복지부, 한국영양학회. 2020 한국인 영양소 섭취기준

어수리잎, 아주까리잎, 모링가 등이었는데, 주요 급원식품에는 포함되지 않았다(표 11.21).

비타민 C는 가공과 조리 중 가장 쉽게 손실된다. 감자의 비타민 C는 조리 과정 중에 40% 정도 감소되고, 감자를 5개월간 저장할 경우 비타민 C 함량의 50%가 손실된다. 비타민 C는 철, 구리, 산소와 접촉할 때에도 매우 불안정하다. 주스는 비타민 C를 강화하기에 좋은 식품이다. 산도가 높아 비타민 C 파괴를 감소시키기 때문이다.

비타민 C의 필요량

성인의 비타민 C 권장섭취량은 100 mg/day이다. 식품과 식사보충제의 표시를 위해 사용되는 영양성분 기준치도 100 mg이다. 국민건강영양조사 결과에 따르면 모든 연령대에서 식사를 통한 비타민 C 섭취량이 평균필요량보다 낮은 비율이 40~80% 정도로 높았다. 특히 보충제 복용률이 낮은 20대 젊은 성인 외에도 우리나라의 경우 특히 청소년과 20대 젊은 성인 남녀, 75세 이상 노인에서 비타민 C 섭취량이 낮은 것으로 보고되었다. 흡연을 하는 경우 비타민 C 요구도가 높아지므로 미국의 경우, 흡연자들은 35 mg만큼 비타민 C를 추가 섭취하도록 권장하고 있다. 흡연은 산화적 스트레스를 유발하여 비타민 C 회전율과 소모율을 높일 수 있기 때문이다. 그러나 한국인 영양소 섭취기준에서는 근거 불충분으로 흡연자들의 비타민 C 권장섭취량을 별도로 정하고 있지는 않다. 비타민 C의 필요량은 경구피임제를 사용하는 경우에도 증가된다. 또한 화상이나 수술과 같이 조직의 손상이 있는 경우에도 증가된다. 손실된 조직을 복원시키기 위해 콜라겐 합성이 증가하기 때문이다. 이 경우에는 500~1,000 mg/day 정도 추가되어야 한다.

역사적 관점

비타민 C로 가득 찬 보물상자

비타민 C는 80년 전까지도 괴혈증을 방지하는 물질로만 여겨졌으나 화학자인 알버트 세잔-기요르기(Albert Szent-Gyorgyi)가 산화에 대한 연구를 하면서 그 기능을 확인하게 되었다. 그는 수소를 잃고 얻으면서 괴혈증을 방지하는 물질을 확인하고, 연구를 계속하기 위해 쉽게 정제될 수 있는, 비타민 C가 풍부한 식품을 검색하였다. 그는 파프리카 천국으로 알려진 헝가리에 살고 있었는데, 어느 날 저녁 배가 고프지 않았던 그는 저녁에 먹으려고 파프리카를 실험실로 가져갔다. 몇 시간 되지 않아서 그는 '비타민 C로 가득 찬 보물상자'를 발견하였음을 알게 되었다. 또한 그는 근수축 담당하는 단백질을 발견하였으며 ATP가 근수축의 즉각적인 에너지원이라는 것을 규명하였다. 더 자세한 내용은 www.nobelprize.org/nobel_prizes/medicine/laureates/1937/szent-gyorgyi-bio.html을 참조할 것.

비타민 C의 상한섭취량

성인의 비타민 C 상한섭취량은 2,000 mg/day이다. 상한섭취량은 더부룩함, 위염, 설사와 같은 소화기계에 나타나는 부작용을 근거로 설정하였다. 고용량의 비타민 C 섭취는 신장결석의 위험을 높이고 철의 흡수를 과도하게 높일 수 있다. 그러나 이는 신장결석의 우려가 높거나 이미 철 흡수에 문제가 있는 경우에만 해당한다. 고용량의 비타민 C는 혈액이나 변 검사에서 거짓양성(false positive)을 나타낼 수 있으므로, 검사를 앞두고 고용량의 비타민 C 섭취를 삼가야 한다. 또한 비타민 C와 기타 영양보충제를 섭취하는 경우에는 의사에게 알리는 것이 좋다.

비타민 C의 흡수와 운반, 저장, 배설

비타민 C 중 아스코르빈산은 능동수송(active transport)의 방법으로 소장에서 흡수되며, 디하이드로아스코르빈산은 촉진확산(facilitated diffusion)의 방법으로 운반된다. 섭취량이 증가되면 흡수율은 저하된다. 즉, 하루 30~200 mg 정도 섭취하면 약 70~90%가 흡수되지만, 섭취량이 과도하면 흡수율은 감소된다. 섭취량이 증가되면 신장을 통한 배설량이 증가한다.

비타민 C의 저장량은 조직마다 다르다. 뇌하수체와 부신, 백혈구, 안구, 뇌에 가장 높은 농도로 저장되며, 혈액과 침에서 가장 낮다.

비타민 C의 기능

비타민 C는 세포에서 다양한 기능을 갖는다. 비타민 C는 산화-환원 반응에서 전자를 내어주는 중요한 기능을 한다. 전자를 방출하는 물질은 산화된다. 비타민 C는 전자를 방출하는 방법으로 **금속효소**(metalloenzyme)의 조효소로 작용하며 항산화기능을 갖는다. 금속효소는 철, 구리, 아연과 같은 금속을 갖고 효소로, 반응을 할 때 금속이온은 산화된다. 예를 들어, 효소가 활성화되면서 환원철(ferrous, Fe^{2+})이 산화가 되어 산화철 (ferric, Fe^{3+})이 형성된다. 아스코르빈산은 산화철에 전자를 내주어 환원철 상태를 유지함으로써 효소반응이 지속될 수 있도록 유도한다.

Both: ©Foodcollection RF

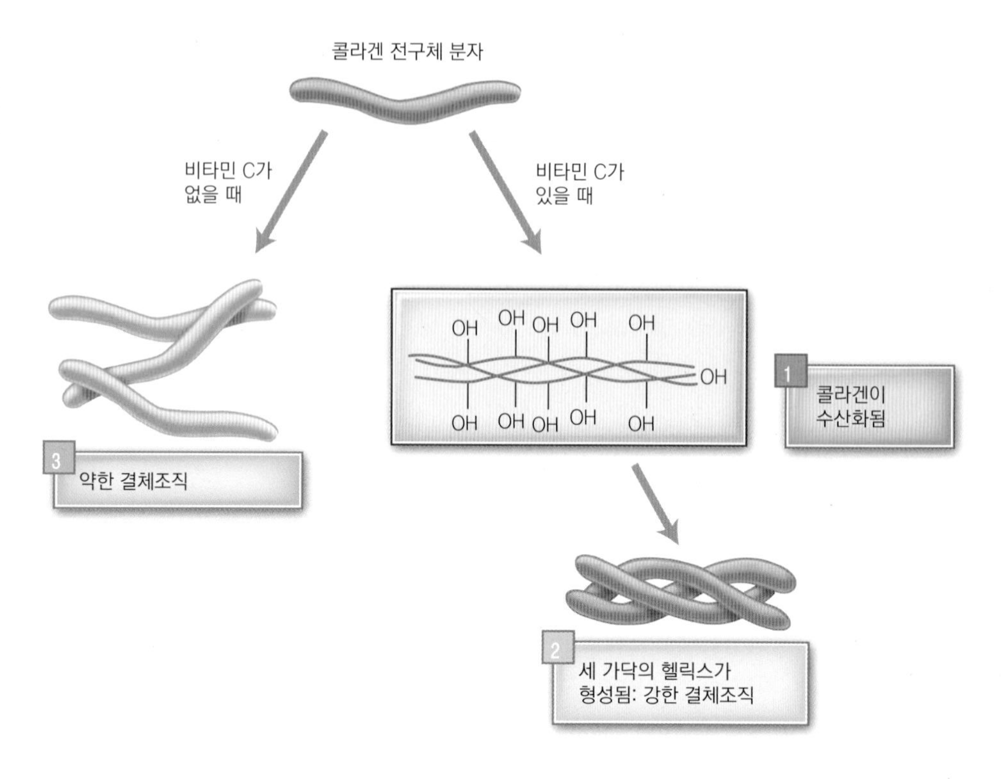

그림 11.33 콜라겐 합성에는 비타민 C가 필요하다. 1 비타민 C는 콜라겐 분자에 있는 아미노산 프롤린과 리신에 수산기(–OH)를 부가하기 위해 필요하다. 2 히드록시프롤린과 히드록시리신은 콜라겐 섬유를 안정화 한다. 2 비타민 C가 충분히 확보되지 않으면, 약한 결합조직이 형성된다.

콜라겐 합성

콜라겐(collagen)은 **결합조직**(connective tissue)에 힘을 부여하는 섬유상 단백질이다. 콜라겐은 매우 강력하며 탄성이 있다. 콜라겐 섬유는 힘줄이나 인대와 같은 결합조직의 주요 구성성분으로, 뼈, 혈관, 눈, 피부에서 발견된다. 콜라겐 섬유는 상처 회복에도 필수적이다. 콜라겐 분자는 세 가닥의 폴리펩타이드 사슬이 나선형의 구조로, 마치 세 가닥으로 꼬인 밧줄과 같은 모양을 하고 있다. 각각의 폴리펩타이드 사슬을 구성하고 있는 아미노산 중 리신(lysine)과 프롤린(proline)이 각각 히드록시리신(hydroxylysine)과 히드록시프롤린(hydroxyproline)으로 전환될 때 비타민 C가 필요하다. 이 2차 아미노산(다른 조직에서는 찾아보기 어려운)은 콜라겐 구조를 안정화시킨다(그림 11.33). 비타민 C는 환원제로서 금속효소 내 Fe를 환원형인 Fe^{2+} 상태로 유지시키는 역할을 한다. 비타민 C가 없다면 히드록시리신과 히드록시프롤린이 합성되지 못하여 콜라겐은 약해지며 부서지기 쉬워진다.

결합조직(connective tissue) 신체 내에서 세포와 단백질 등 서로 다른 구조를 연결손. 힘줄(tendon)이나 연골(cartilage) 등이 결합조직으로 뼈를 구성하거나 동맥, 정맥처럼 근육이 아닌 부위를 형성함.

기타 활성 화합물의 합성

비타민 C는 체내에서 여러 가지 중요한 화합물을 합성할 때에도 필요하다. 아미노산 티로신, 호르몬 티록신, 지방산 운반물질 카르니틴, 신경전달물질 노르에피네프린, 에피네프린 및 세로토닌의 합성에 비타민 C가 필요하다. 또한 비타민 C는 콜레스테롤이 담즙산으로 전환되거나, 부신피질 호르몬(corticosteroid)과 알도스테론이 생합성될 때도 필요하다. 위 모든 경우, 비타민 C는 금속효소 내 구리와 철을 환원 상태(Cu^{+} 또는 Fe^{2+})로 유지한다.

항산화작용

비타민 C는 유리기에 전자를 내어주면서 수용성, 생리적 항산화제로 작용한다. 유리기는 비공유 전자를 가지고 있음을 상기하자. 비타민 C 분자는 유리기를 비활성화시키며 이는 세포 내 구성성분을 유리기로 인한 손상으로부터 보호한다. 예를 들어, 눈의 비타민 C는 자외선으로 인해 생성된 유리기로부터 눈조직을 보호한다. 마찬가지로 백혈구 일종인 호중구 내 비타민 C 농도가 높으면 면역기능을 하는 동안 생성된 유리기로부터의 손상을 줄일 수 있다. 또 다른 기능으로, 비타민 C는 비타민 E 활성 형태를 효율적으로 재생시킨다. 이와 같은 비타민 C의 항산화 작용은 암, 심혈관계 질환 등을 예방에 도움을 주는 반면, 당뇨병 환자의 경우에는 오히려 산화적 스트레스를 증가시킨다고 하는 연구결과도 있었다.

철의 흡수

식사를 통해 섭취된 비타민 C는 소장관에서 비헴철(헤모글로빈에 결합되지 않은 철)을 Fe^{2+}(ferrous iron)로 전환하여 흡수를 촉진한다. 또한 비타민 C는 식품의 철 흡수를 방해하는 성분의 작용에 대항하기도 한다.

면역기능

신체 면역기전의 일부를 담당하는 백혈구는 신체 중 비타민 C 함량이 가장 많은 곳이다. 비타민 C는 세포호흡(respiration)에 따른 산화적 손상으로부터 백혈구를 보호해 주는 듯하다. 왜냐하면 식균 작용(phagocytosis)과 호중구의 활성화(neutrophil activation) 과정에서 생겨난 유리기는 박테리아나 손상된 조직을 파멸하지만, 자신의 면역세포에도 손상을 입힐 수 있는데, 비타민 C가 항산화 방어기전으로 작용하면 자기 조직의 파괴가 감소되기 때문이다. 비타민 C는 면역작용에서 그 외의 또 다른 역할을 수행하기도 하지만, 권장섭취량 이상으로 비타민 C를 보충한다고 해서 면역기능이 증진되는 것은 아니다.

비타민 C의 결핍증

비타민 C가 결핍되면 콜라겐이 정상적으로 합성되지 못하므로 신체 전반에 걸쳐 결합조직의 변화가 초래된다. 비타민 C 결핍증의 최초 증상인 괴혈병은 비타민 C가 함유되지 않은 식사를 20~40일 이상 했을 때 이후에 나타나며 피로, 모낭 주위에 핀 끝으로 찌른 것 같은 크기의 출혈 등이 동반된다(그림 11.34). 이러한 출혈은 괴혈병의 특징으로, 잇몸과 관절에도 나타나는데, 이는 모두 결합조직이 손상된 결과이다. 그 외에도 상처회복 지연, 뼈 통증, 골절, 설사 등이 나타난다. 괴혈병이 진행되면서 우울증 같은 심리적인 문제도 일반적으로 나타난다. 괴혈병을 치료하지 않으면 생명이 위험할 수 있다.

세계적으로 괴혈병은 빈곤과 관련된 질병이다. 특히 우유를 끓여 먹이면서 다른 비타민

▶ 최근에는 괴혈병이 발생할 가능성이 희박하지만, 특정한 음식을 먹는 경우 가능하기도 하다. 8세 아동에게서 잇몸이 붓고 출혈이 보이면서 뼈 통증, 허약함 등 괴혈증세가 나타났는데 스파게티, 미트볼, 감자칩 등 비타민 C 함량이 적은 식사를 한 후 보이기 시작했다. 또 다른 두 아동에서도 괴혈병 증세가 보였으며 요구르트만 섭취하거나 달콤한 시리얼, 아이스크림, 크래커를 주로 섭취한 경우였다. 이들은 자폐증과 아스퍼거 증후군(Asperger syndrome)도 동시에 진단되었다. 종종 신경발달이상 아동들이 편식을 하는 경우 괴혈병 등 영양소 결핍 위험의 가능성이 있다.

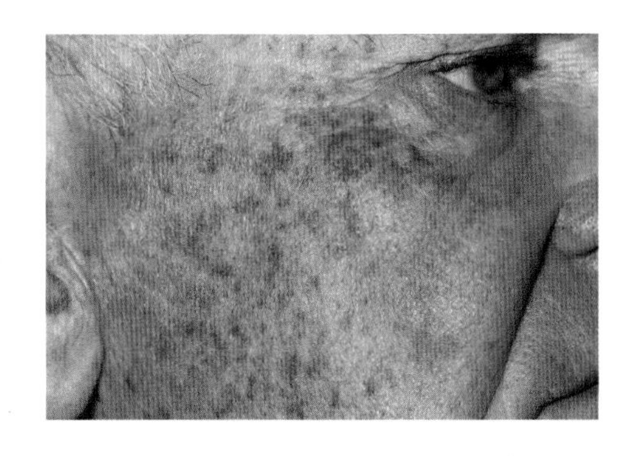

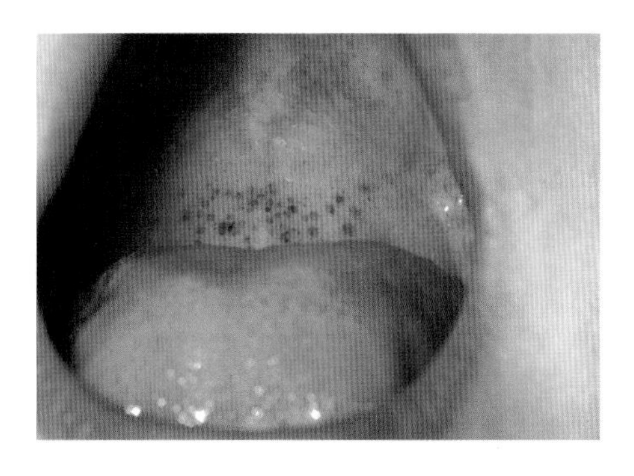

그림 11.34 피부에 나타나는 핀 끝 크기의 출혈은 괴혈병의 초기 증상이다. 피부의 반점은 약간의 출혈에서 기인한다. 이 증세가 있으면 상처 회복도 지연된다. 이런 모든 증상들은 콜라겐 생합성 결손의 증거이다.

Both: ©Dr P. Marazzi/Science Source

오렌지는 비타민 C가 풍부한 음식이다. 아울러 함유된 다양한 피토케미컬이 비타민 C 보충제에서는 볼 수 없는 부가적 이득을 제공한다.

C 급원식품이나 보충제를 먹이지 않은 영아에게서 흔히 나타난다. 모든 종류의 유즙(milk)은 비타민 C 함량이 낮다. 비타민 C 영양상태가 불량한 사람은 피로, 과민, 잇몸 출혈, 관절과 근육 통증 등을 포함한 일반적인 증상을 보인다. 괴혈병이 거의 없는 지역에서도 비타민 C 상태가 불량한 취약집단이 있으며 영양상태가 불량한 알코올중독자, 흡연자들은 가장 위험이 큰 취약집단이다.

비타민 C, 암, 그리고 심장병

비타민 C가 항산화제 및 면역 기능을 증진시키기 때문에 많은 연구자들은 암과 심장병을 예방할 수 있을 것으로 기대했다. 특히 구강암, 식도암, 위암, 폐암에 대해 좋은 결과가 나타났지만 모든 연구 결과가 긍정적인 것은 아니었으며 식사보충제가 더 효과적인지, 아니면 식품에 함유된 비타민 C가 더 효과적인지도 아직 알지 못한다. 예를 들어, 하루 500 mg을 보충제로 섭취한 남자들에서 전립선암이나 일반 암의 위험이 감소됨을 관찰하지 못했다. 많은 연구자들은 건강한 생활습관과 함께 건강한 식사가 최선의 암 예방책이라고 믿고 있다.

비타민 C와 심장병의 관계도 마찬가지이다. 비타민 C 영양상태가 좋으면 심장질환 혹은 뇌졸중이 예방되는 효과를 밝히는 많은 연구가 있다. 이는 비타민 C의 항산화제로서의 역할이나 혈압을 낮추는 작용 때문일 것이다. 그러나 실제로 비타민 C와 비타민 E, 다른 항산화 물질을 보충시킨 임상연구에서 실망스런 결과가 얻어지기도 하였다. 따라서 미국심장협회를 포함한 수많은 과학단체들이 항산화 식사보충제는 심장질환의 위험을 감소시키지 못한다고 결론 내렸다.

권장섭취량 이상의 비타민 C 섭취

비타민 C를 권장섭취량 이상으로 섭취하여야 한다고 주장하는 학자들이 있으나, 과학적 근거는 없다. 만일 비타민 C를 하루 100 mg 이상 섭취하면 부가된 비타민 C의 대부분은 소변을 통해 배설된다. 하루 200 mg의 비타민 C 섭취로 건강상 효과를 최대화할 수 있다는 연구도 있다. 매일 비타민 C가 풍부한 식품을 몇 가지만 섭취해도 하루 200 mg의 비타민 C 섭취는 가능하다.

비타민 C와 감기

고용량 비타민 C의 섭취(1,000 mg/day 이상)로 감기를 예방 또는 치료할 수 있다는 견해는 많은 주목을 끌었다. 약 40개의 연구에서 비타민 C가 감기를 예방하고 치료할 수 있는지를 평가하였으나, 실제 비타민 C 보충제 효과는 현저하지 않아서 감기를 앓는 일수를 일 년에 하루 정도 감소시키는 것으로 보고되었다. 비타민 보충은 마라톤 선수, 크로스컨트리 스키선수처럼 극심한 신체적 스트레스에 노출된 사람들에서 신체적 스트레스 후 감기에 걸릴 위험을 다소 감소시켰다. 유행되고 있음에도 불구하고 비타민 C 보충제를 감기의 예방이나 치료를 위해 추천할 수는 없다.

수용성 비타민과 콜린은 신체에서 중요한 역할을 담당한다. 표 11.22에 수용성 비타민을 정리하였다.

확인합시다!

1. 비타민 C는 세포 내 금속효소의 기능을 어떻게 돕는가?
2. 비타민 C의 좋은 급원식품 네 가지는 무엇인가?
3. 잇몸 출혈, 쉽게 멍이 들거나, 핀 끝 크기의 출혈과 같은 괴혈병 증상은 어떤 물질의 합성이 손상되었기 때문인가?

생각해 봅시다

Carlos는 비타민 C가 감기에서부터 심장질환에 이르는 모든 것을 치료할 수 있다는 광고를 보았다. 그에게 비타민 C의 체내 주요 기능을 어떻게 설명할 것인가?

실천해봅시다!

비타민과 비타민 유사물질에 대한 허위 주장 찾기

주로 사용하는 검색 엔진을 활용하여 '비타민 보충'과 함께 '에너지 부스터, 스트레스, 정신력 강화, 질병예방' 같은 용어를 검색해 보자. 허위나 잘못 이해될 수 있는 비타민 보충제에 대한 문구를 찾아보자.

1. 이 보충제들은 어떤 효능을 가지는가?
2. DRI와 비교해 함유된 비타민의 양은 어떤가?
3. 주요 영양소라고 여겨지지 않는 물질이 포함되어 있지 않은가?
4. 제품에 대한 경고나 유의사항이 표시되어 있는가?
5. 보충제가 건강을 개선할 가능성이 얼마나 있을까?

Mike Kemp/Rubberball/Getty Images RF

사례연구 후속

Corbis/VCG/Getty Images RF

앞서 언급된 예비 신부인 Suzanne과 예비 신랑 Ted는 이분척추증이 임신 후 첫 28일 동안 척추가 제대로 닫히지 않아 발생한다는 것과, 그 시기 임신이 되었다는 것을 알아차리지 못할 수도 있다는 점을 기억해야 한다. 비타민 B인 엽산은 이분척추증 및 기타 출생시 결손을 예방하기 위해 바로 수태 시기에 섭취되어야만 한다. Suzanne의 가까운 친척이 이미 출생시 결손을 가진 아기를 출산했다는 사실 자체가 경고라고 할 수 있다. Suzanne과 Ted는 임신 전 식사로부터 충분한 합성 엽산을 제공 받기 위해 전문영양사에게 조언을 구해야 한다.

표 11.22 수용성 비타민 정리

비타민	주요 기능	결핍 증상	취약집단
티아민	탄수화물대사와 에너지 방출의 조효소	각기병: 식욕부진, 체중감소, 허약 말초성 신경병증: 알코올성 건망증후군	알코올중독자, 빈곤층
리보플라빈	에너지 생성을 포함한 다양한 산화-환원 반응의 조효소	비타민 B_2 결핍증: 입과 혀의 염증, 구각염	유제품 섭취 없이 특정 약물 복용자
니아신	에너지 대사와 지방산 합성 및 분해과정에서 다양한 산화-환원 반응의 조효소	펠라그라: 설사, 피부염, 치매(사망)	알코올중독자, 옥수수가 주식인 빈곤층
판토텐산	에너지 대사와 지방산 합성의 조효소	허약, 피로, 근육기능 손상, 위장관 장애; 결핍증은 매우 드묾	없음
비오틴	지방산, 아미노산, 에너지 대사에 관여하는 카복실효소의 조효소	결막염, 머리카락 손실, 신경계 이상; 결핍증은 매우 드묾	유전적 결손을 가진 영아
비타민 B_6 (피리독신)	아미노산 대사, 헴 합성, 지방 대사의 조효소; 호모시스테인 대사	피부염, 빈혈, 경련, 우울증, 혼동	알코올중독자, 특정 약물 복용자
엽산	DNA 합성의 조효소, 호모시스테인 대사	거대적혈모구빈혈, 선천성 기형	알코올중독자, 임신부, 특정 약물 복용자
비타민 B_{12} (코발라민)	엽산 대사의 조효소, 호모시스테인 대사	거대적혈모구빈혈, 이상감각, 악성빈혈	노인, 채식주의자, 흡수불량 증상을 가진 환자
콜린	아세틸콜린과 인지질의 전구체, 호모시스테인 대사	지방간, 근육 손상	콜린 섭취가 낮은 노인
비타민 C (아스코르빈산)	콜라겐 합성, 항산화 기능, 호르몬 및 신경전달물질의 합성, 산화-환원 반응	괴혈병, 상처 회복의 지연, 모낭 출혈, 잇몸출혈	알코올중독자, 흡연자, 과일/채소를 섭취하지 않는 자

급원	권장섭취량/충분섭취량	독성*
돼지고기 및 제품, 강화 곡류, 통곡류, 달걀, 견과류, 두류	남자: 1.2 mg/day 여자: 1.1 mg/day	알려진 바 없음
우유 및 제품, 버섯, 달걀, 간, 강화 곡류	남자: 1.5 mg/day 여자: 1.2 mg/day	알려진 바 없음
육류, 가금류, 어류, 강화/통곡 빵 및 시리얼, 트립토판 전환	남자: 16 mg NE/day 여자: 14 mg NE/day	피부 화끈거림; 상한섭취량 35 mg/day(보충제로서)
식품에 광범위하게 분포	충분섭취량 성인: 5 mg/day	알려진 바 없음
견과류, 종실류, 어류, 통곡, 기타식품	충분섭취량 성인: 30 μg/day	연구된 바 없음
동물성 단백질 식품, 감자, 바나나, 두류, 아보카도	남자: 1.5 mg/day 여자: 1.4 mg/day	없음. 보충제는 신경증, 피부병; 상한섭취량 100 mg/day
녹색 채소, 간, 강화 곡류제품, 두류, 오렌지	성인: 400 μg DFE/day	없음. 합성형은 비타민 B_{12} 마스킹에 근거하여 상한섭취량 1,000 μg/day
동물성 식품, 강화 곡류	성인: 2.4 μg/day	알려진 바 없음
달걀, 고기, 어류, 우유, 밀배아, 자가 합성	없음	연구된 바 없음
감귤류, 파파야, 딸기, 브로콜리, 감자, 녹색 채소	성인: 100 mg/day	설사 및 기타 위장관 문제. 상한섭취량 2 g/day

*독성은 보충제 사용 시에만 발생한다.

참고문헌

1. Rosenfeld L. Vitamine-vitamin. The early years of discovery. Clin Chem. 1997;43:680.
2. Food and Nutrition Board, Institute of Medicine. Dietary Reference Intakes for thiamin, riboflavin, niacin, vitamin B-6, folate, vitamin B-12, pantothenic acid, biotin, and choline. Washington, DC: National Academies Press; 1998.
3. Food and Nutrition Board, Institute of Medicine. Dietary Reference Intakes for vitamin C, vitamin E, selenium, and carotenoids. Washington, DC: National Academies Press; 2000.
4. Lester GE, Makus DJ. Relationship between fresh-packaged spinach leaves exposed to continuous light or dark and bioactive contents: Effects of cultivar, leaf size, and storage duration. J Agric Food Chem. 2010;58:2980.
5. Shorter KR and others. Consequences of dietary methyl donor supplements: Is more always better. Prog Biophy Molec Bio. 2015;118:14.
6. Fulgoni III VL and others. Foods, fortificants and supplements: Where do Americans get their nutrients? J Nutr. 2011;141:1847.
7. O'Neil CE and others. Food sources of energy and nutrients among adults in the US: NHANES 2003–2006. Nutrients. 2012;4:2097.
8. Be'meur C, Butterworth F. Thiamin. In: Ross C and others, eds. Modern nutrition in health and disease. 11th ed. Philadelphia: Lippincott Williams & Wilkins; 2014.
9. U.S. Department of Agriculture, Agricultural Research Service. Nutrient intakes from food and beverages: Mean amounts consumed per individual, by gender and age. What We Eat in America, NHANES 2013–2014. 2016; www.ars.usda.gov/northeast-area/beltsville-md/beltsville-human-nutrition-research-center/food-surveys-research-group/docs/wweia-data-tables/.
10. Polegato BF and others. Role of thiamin in health and disease. Nutr Clin Pract. 2019;34:558.
11. Whitfield KC and others. Poor thiamin and riboflavin status is common among women of childbearing age in rural and urban Cambodia. J Nutr. 2015;145:628.
12. Densupsoontorn N and others. Prevalence of and factors associated with thiamin deficiency in obese Thai children. J Clin Nutr. 2019;1:116.
13. Pourhassan M and others. Prevalence of thiamine deficiency in older hospitalized patients. Clin Inter Aging. 2018;13:2247.
14. Donnelly A. Wernicke-Korsakoff syndrome: Recognition and treatment. Nursing Standard. 2017;31:46.
15. Dainty JR and others. Quantification of the bioavailability of riboflavin from foods by us of stable-isotope labels and kinetic modeling. Am J Clin Nutri. 2007;85:1557
16. Said HM, Ross CA. Riboflavin. In: Ross C and others, eds. Modern nutrition in health and disease. 11th ed. Philadelphia: Lippincott Williams & Wilkins; 2014.
17. Shaik MM, Gan SH. Vitamin supplementation as a possible prophylactic treatment against migraine with aura and menstrual migraine. BioMed Res Int. 2015;2015:Article ID 469529.
18. Aljaadi AM and others. Suboptimal biochemical riboflavin status is associated with lower hemoglobin and higher rates of anemia in a sample of Canadian and Malaysian women of reproductive age. J Nutr. 2019;00:1.
19. Park Y and others. Effectiveness of food fortification in the United States: The case of pellagra. Am J Publ Health. 2000;90:727.
20. Kirkland JB. Niacin. In: Ross C and others, eds. Modern nutrition in health and disease. 11th ed. Philadelphia: Lippincott Williams & Wilkins; 2014.
21. Kraut A. Dr. Joseph Goldberger & the war on pellagra. history.nih.gov/exhibits/goldberger.
22. Crook MA. The importance of recognizing pellagra (niacin deficiency) as it still occurs. Nutr. 2014;30:729.
23. The HPS2-Thrive Collaborative Group. Effects of extended release niacin with laropiprant in high risk patients. N Engl J Med. 2014;371:203.
24. Trumbo T. Pantothenic acid. In: Ross C and others, eds. Modern nutrition in health and disease. 11th ed. Philadelphia: Lippincott Williams & Wilkins; 2014.
25. Mock D. Biotin. In: Ross C and others, eds. Modern nutrition in health and disease. 11th ed. Philadelphia: Lippincott Williams & Wilkins; 2014.
26. Genetics Home Reference. Biotinidase deficiency. 2016; ghr.nlm.nih.gov/condition/biotinidase-deficiency.
27. Canda E and others. Single center experience of biotinidase deficiency: 259 patients and six novel mutations. J Pediatr Endocrinol Metab. 2018;31:917.
28. Da Silva VR and others. Vitamin B6. In: Ross C and others, eds. Modern nutrition in health and disease. 11th ed. Philadelphia: Lippincott Williams & Wilkins; 2014.
29. Stover PJ, Field MS. Vitamin B-6. Adv Nutr. 2015;6:132.
30. Gylling B and others. Vitamin B-6 and colorectal cancer risk: A prospective population-based study using 3 distinct plasma markers of vitamin B-6 status. Am J Clin Nutr. 2017;105:897.
31. Pusceddu I and others. Subclinical inflammation, telomere shortening, homocysteine, vitamin B6, and mortality: The Ludwigshafen risk and cardiovascular health study. 2019. https://doi.org/10.1007/s00394-019-01993-8.
32. Nix WA and others. Vitamin B status in patients with type 2 diabetes mellitus with and without incipient nephropathy. Diabetes Res Clin Pract. 2015;107:157.
33. Christen WG and others. Effect of combined treatment with folic acid, vitamin B6 and vitamin B12 on plasma biomarkers of inflammation and endothelial dysfunction in women. J Am Heart Assoc. 2018;7:1.
34. Centers for Disease Control and Prevention. Second national report on biochemical indicators of diet and nutrition in the U.S. population. 2012; www.cdc.gov/nutritionreport/.
35. McParlin C and others. Treatments for hyperemesis gravidarum and nausea and vomiting in pregnancy. A systematic review. JAMA. 2016;316:1392.
36. Stover PJ. Folic acid. In: Ross C and others, eds. Modern nutrition in health and disease. 11th ed. Philadelphia: Lippincott Williams & Wilkins; 2014.
37. Winkels R and others. Bioavailability of food folates is 80% of that of folic acid. Am J Clin Nutr. 2007;85:465.
38. Bibbins-Domingo K and others. Folic acid supplementation for the prevention of neural tube defects: US Preventive Services Task Force recommendation statement. JAMA. 2017;317:183.
39. Bailey R and others. Total folate and folic acid intake from foods and dietary supplements in the United States: 2003–2006. Am J Clin Nutr. 2010;91:231.
40. Shea B and others. Folic acid and folinic acid for reducing side effects in patients receiving methotrexate for rheumatoid arthritis. Cochrane DB Syst Rev. 2013;5:Art. No. CD000951. doi:10.1002/14651858.CD000951.pub2.
41. Naski FH and others. Folate: Metabolism, genes, polymorphisms and the associated diseases. Gene. 2014;533:11.
42. Sarris J and others. Adjunctive nutraceuticals for depression: A systematic review and meta-analyses. Am J Psychiatry. 2016;173:575.
43. Huo Y and others. Efficacy of folic acid therapy in primary prevention of stroke among adults with hypertension in China. The CSPPT randomized clinical trial. JAMA. 2015;313:1325.
44. Odewole O and others. Near-elimination of folate-deficiency anemia by mandatory folic acid fortification in older US adults: Reasons for Geographic and Racial Differences in Stroke Study 2003–2007. Am J Clin Nutr. 2013;98:1042.
45. Colapinto CK and others. Folate status of the population in the Canadian Health Measures Survey. CMAJ. 2011;183:E100.
46. Pfeiffer CM and others. Folate status in the US population 20 y after the introduction of folic acid fortification. Am J Clin Nutr. 2019;110:1088.

47. Williams J and others. Updated estimates of neural tube defects prevented by mandatory folic acid fortification—United States, 1995–2011. MMWR. 2015;64:1.
48. Barron S. Anecephaly: An ongoing investigation in Washington State. Am J Nurs. 2016;116:60.
49. Gelineau-van Waes J and others. Maternal fumonisin exposure as a risk factor for neural tube defects. Adv Food Nutr Res. 2009;56:145.
50. Carmel R. Cobalamin (vitamin B-12). In: Ross C and others, eds. Modern nutrition in health and disease. 11th ed. Philadelphia: Lippincott Williams & Wilkins; 2014.
51. Langan RC, Goodbred AJ. Vitamin B12 deficiency: Recognition and management. Am Fam Physician. 2017;96:384.
52. Lael R and others. Association of biochemical B12 deficiency with metformin therapy and vitamin B12 supplements. The National Health and Nutrition Examination Survey, 1999–2006. Diabetes Care. 2012;35:327.
53. Marti-Carvajal A and others. Homocysteine lowering interventions for preventing cardiovascular events. Cochrane DB Syst Rev. 2015;1:Art. No. CD006612.
54. Zhang C and others. Vitamin B12, B6, or folate and cognitive function in community-dwelling older adults: A systematic review and meta-analysis. J Alz Dis. 2020;77:781.
55. Shipton MJ, Thachil J. Vitamin B12 deficiency—A 21st century perspective. Clin Med. 2015;15:145.
56. Zeisel S. Choline. In: Ross C and others, eds. Modern nutrition in health and disease. 11th ed. Philadelphia: Lippincott Williams & Wilkins; 2014.
57. Wallace T and others. Choline: The underconsumed and underappreciated essential nutrient. Nutrition Today. 2018;53:240.
58. Levine M, Padayatty SY. Vitamin C. In: Ross C and others, eds. Modern nutrition in health and disease. 11th ed. Philadelphia: Lippincott Williams & Wilkins; 2014.
59. U.S. Department of Agriculture. Commodity consumption by population characteristics. 2016; www.ers.usda.gov/data-products/commodity-consumption-by-population-characteristics/.
60. Schleicher R. Serum vitamin C and the prevalence of vitamin C deficiency in the United States: 2003–2004 National Health and Nutrition Examination Survey (NHANES). Am J Clin Nutr. 2009;90:1252.
61. Hosseini B and others. Association between antioxidant intake/status and obesity: A systematic review of observational studies. Biol Trace Elem Res. 2016;175:287.
62. Mares J. Food antioxidants to prevent cataract. JAMA. 2015;313:1048.
63. Gulko E and others. MRI findings in pediatric patients with scurvy. Skeletal Radiol. 2015;44:291.
64. Wang L and others. Vitamin E and C supplementation and risk of cancer in men: Posttrial follow-up in the Physicians' Health Study II randomized trial. Am J Clin Nutr. 2014;100:915.
65. van Gorkom GNY and others. The effects of vitamin C (ascorbic acid) in the treatment of patients with cancer: A systematic review. Nutrients. 2019;11:977.
66. Aune D and others. Dietary intake and blood concentrations of antioxidants and the risk of cardiovascular disease, total cancer, and all-cause mortality: A systematic review and dose-response meta-analysis of prospective studies. Am J Clin Nutr. 2018;108:1069.
67. Buijsse B and others. Plasma ascorbic acid, a priori diet quality score, and incident hypertension: A prospective cohort study. PLoS ONE. 2016;10:e0144920.
68. Moore J and others. Dietary supplement use in the United States. Prevalence, trends, pros, and cons. Nutr Today. 2020;55:174.
69. 보건복지부, 한국영양학회, 2020 한국인 영양소 섭취기준

Ingram Publishing/Alamy RF

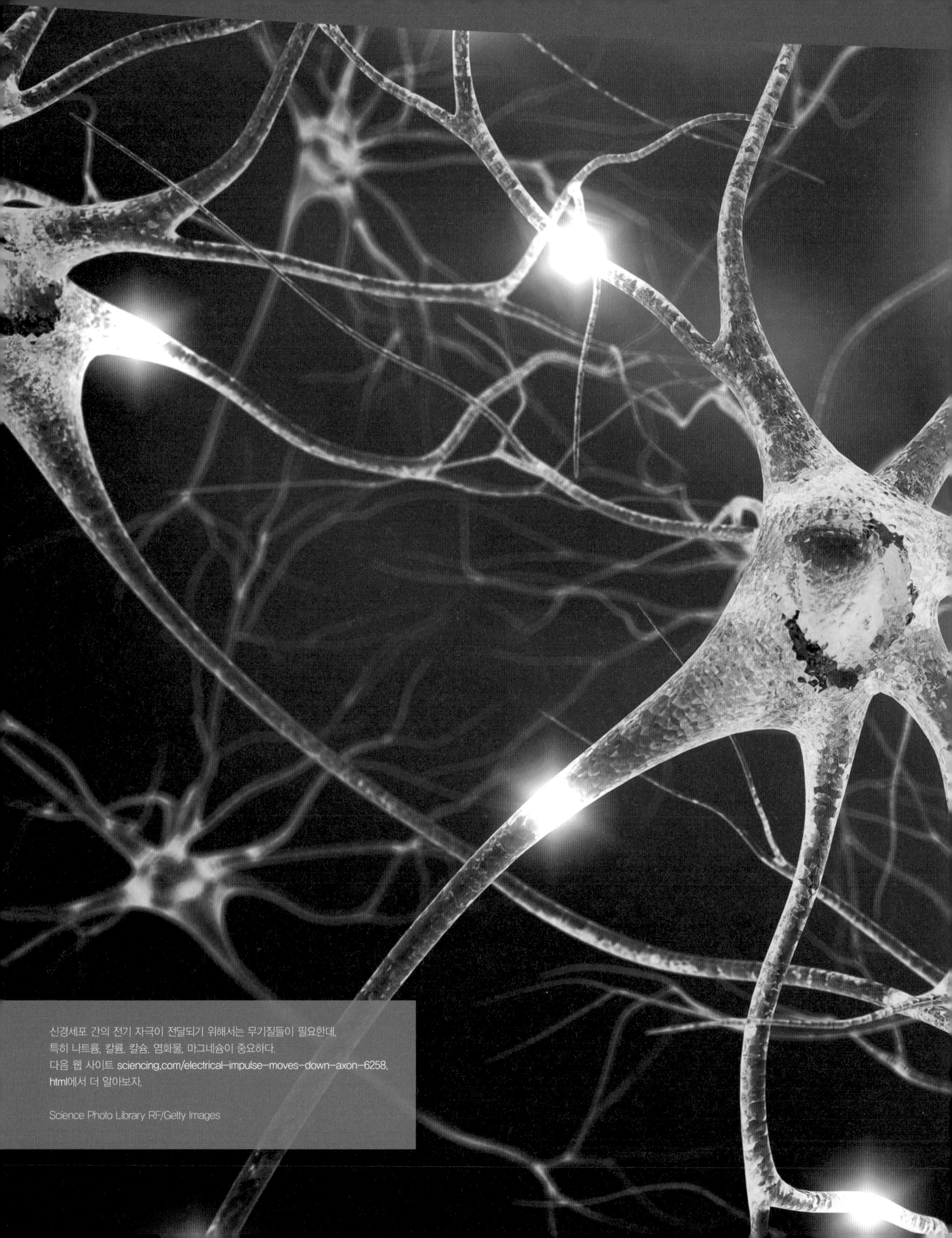

신경세포 간의 전기 자극이 전달되기 위해서는 무기질들이 필요한데, 특히 나트륨, 칼륨, 칼슘, 염화물, 마그네슘이 중요하다. 다음 웹 사이트 sciencing.com/electrical-impulse-moves-down-axon-6258.html에서 더 알아보자.

Science Photo Library RF/Getty Images

12 수분과 다량 무기질

학습목표

01. 신체의 수분균형과 영향 요인

02. 탈수와 수분 중독

03. 수분과 다량 무기질의 급원식품

04. 수분과 다량 무기질의 체내 기능

05. 다량 무기질의 부족 증세와 과잉 증세

06. 고혈압 예방 및 치료와 영양

07. 칼슘 섭취 평가방법

08. 뼈 건강 및 골다공증 예방과 영양

개요

체중이 점점 증가할수록 신체성분 중 수분(물)이 가장 많이 증가한다. 물은 산소 다음으로 생명에 필수적인 요소이다. 만약 물이 없다면 생명현상은 단 며칠도 지속될 수 없다. 물은 몸에 저장될 수 없기 때문에 규칙적으로 체외로 손실되는 양을 보충하기 위해 물을 마셔야 한다. 신체활동량, 환경조건(온도, 습도 등), 개인적 특성, 단백질과 무기질 같은 영양소 섭취량에 따라 수분 필요량은 다양해진다.

많은 무기질도 건강 유지를 위해 필수적이다. 세포 대사, 신경자극전달, 성장과 발달 등 신체 기능에도 이러한 무기질이 필요하다(그림 12.1). 개발도상국의 전형적인 식사는 식품의 천연 성분 형태로 혹은 강화나 보충을 통한 첨가물의 형태로 충분한 양의 무기질을 함유하고 있다. 선진국에서 심각한 무기질 결핍증은 드물지만 칼슘, 칼륨, 마그네슘, 철, 요오드 등 일부 무기질의 섭취는 적정량보다 적게 섭취하는 반면, 나트륨 같은 무기질 섭취는 권장수준을 초과하고 있다. 그러나 개발도상국에서는 일부 무기질의 결핍증이 주요한 공중보건 건강 문제로 남아 있다.

무기질은 다량 무기질과 미량 무기질의 두 가지 범주로 분류된다. 다량 무기질은 인체에 다량 존재하여 요구되는 것들로 나트륨, 칼륨, 염소 등이 해당된다. 이 무기질들은 특히 세포의 수분 및 이온 균형을 유지하는 데 중요하다. 또 다른 다량 무기질로 칼슘, 인, 마그네슘, 황을 들 수 있다. 미량 무기질로는 철, 아연 등이 있으며 다량 무기질에 비해 인체에 필요한 양이 적다. 이 장에서는 수분과 다량 무기질의 신체 기능을 살펴보기로 하자.

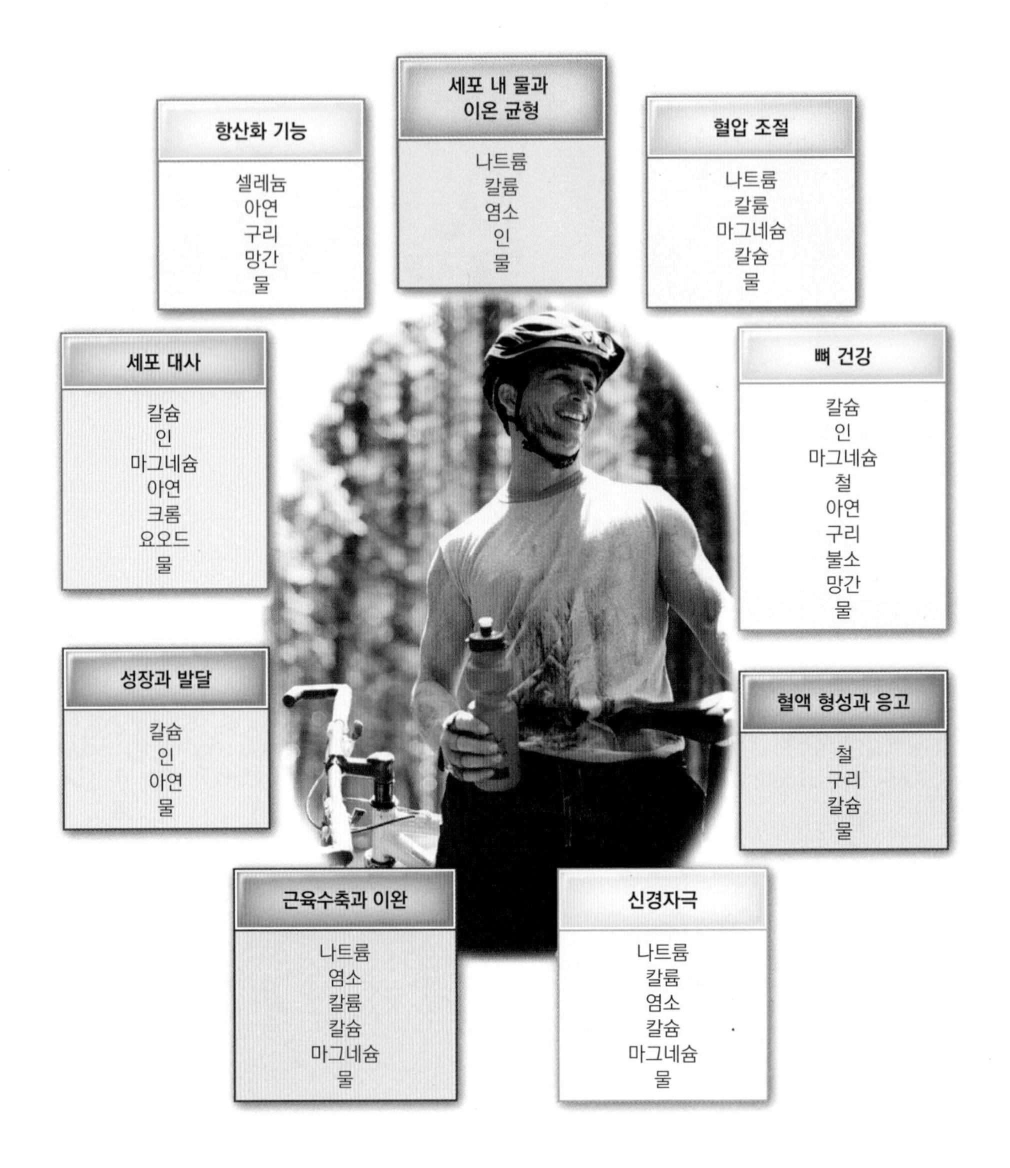

그림 12.1 수분과 무기질은 신체의 많은 과정에 꼭 필요하다. 모든 세포 안에 있는 물은 영양소를 운반하고 신체 내 다양한 화학반응과 생리적 과정에 사용된다.

©Ryan McVay/Getty Images

12.1 수분

신체 내 수억 개나 되는 세포는 수분(물)을 함유하고 있을 뿐 아니라 물에 둘러싸여 있다. 신체 내 수분함량이 적절량 유지되어야 생명이 유지된다는 것은 두말할 필요가 없다. 음식을 먹지 않고는 몇 주 정도 버틸 수 있으나 물을 섭취하지 않으면 단 며칠밖에 생존하지 못한다. 이러한 생존 기간의 차이는 탄수화물, 지방, 단백질, 비타민 및 무기질과 달리 신체에 저장할 장소가 없기 때문이다.

체액: 세포내액과 세포외액

수분은 신체 구성 성분 중에서 가장 많은 부분을 차지하여 체중의 50~75%나 되며 연령과 체지방량에 따라 달라진다. 신체 수분량은 유아와 아동기에 가장 많고 나이가 증가함에 따라 감소한다. 성인 체중의 55%가 수분으로, 체중 75 kg 성인의 경우 40 L의 물을 지니고 있

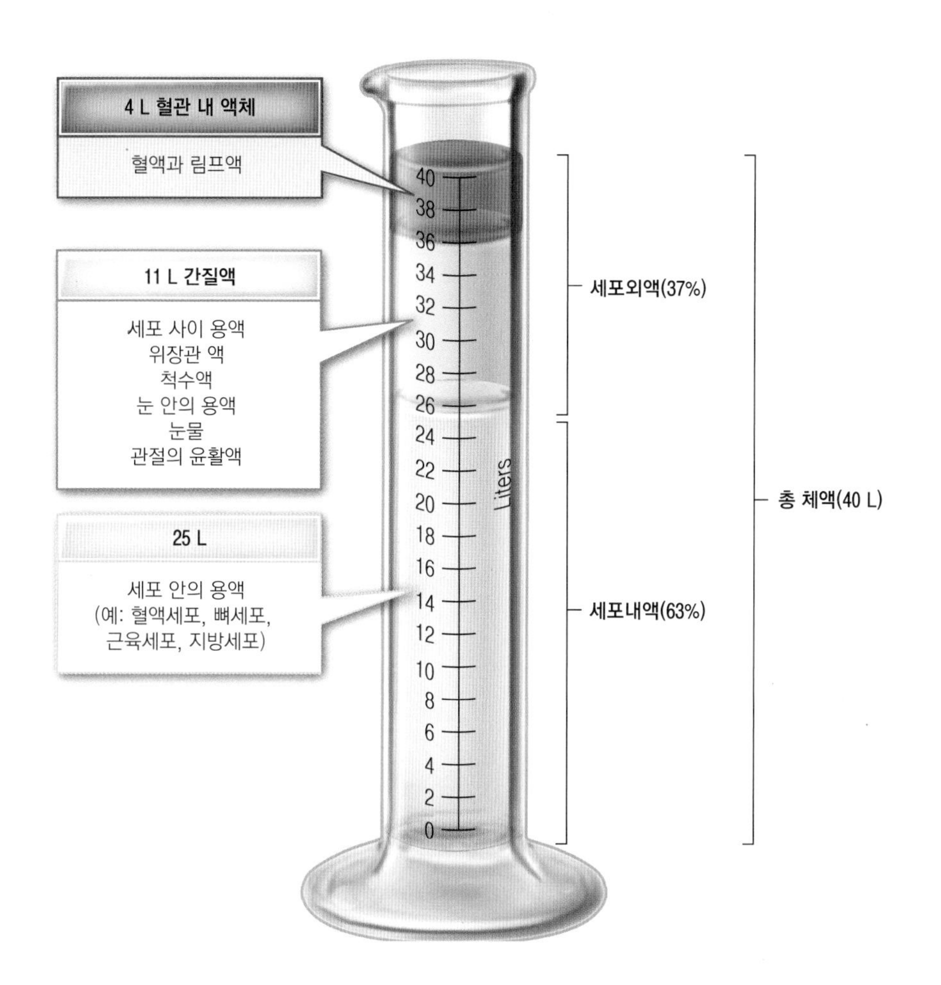

그림 12.2 신체 내 총 체액량은 40 L 정도이다.

다. 제지방(lean tissue) 조직에는 수분이 73% 함유된 반면, 지방조직에는 수분이 약 20% 함유되어 있기 때문에, 마른 사람이 비만한 사람보다 체내 수분 비율이 높다. 신체 내 수분은 세포막 안팎의 두 구획으로 나뉜다. 즉, 세포 안에 존재하는 **세포내액**(intracellular fluid)과 세포 밖에 존재하는 **세포외액**(extracellular fluid)이다(그림 12.2). 신체 수분의 2/3는 세포내액으로 존재하며 그 나머지는 세포외액인 **세포간질액**(interstitial fluid, 세포와 세포 사이의 체액)과 **혈액**(intravascular fluid, 혈류와 림프의 체액) 안에 존재한다. 세포내액과 세포외액은 단지 순수한 물이 아니라 **용질**(solute)을 포함하고 있으며 가장 많은 용질은 염화나트륨, 인산칼륨 등 물에 녹으면 **이온**(ion)이 되는 **전해질**(electrolyte)들이다. 세포내액과 세포외액에 양이온(cation)

표 12.1 세포내액과 세포외액의 주요 전해질

세포내액	세포외액
주요 양이온	주요 양이온
• 칼륨(K^+)	• 나트륨(Na^+)
• 마그네슘(Mg^{2+})	• 칼슘(Ca^{2+})
주요 음이온	주요 음이온
• 인산*	• 염소(Cl^-)
• 황산 이온(SO_4^{2-})	• 중탄산 이온(HCO_3^-)

* 여러 형태로 변환가능
참고: 체액에서 유기산과 단백질은 양이온 또는 음이온으로 존재한다.

용질(solute) 용매에 용해되는 물질로 용액을 형성.

전해질(electrolyte) 물이 용해되어 이온으로 분리되는 화합물로 전류를 생성. 나트륨, 염소, 칼륨이 포함됨.

이온(ion) 전자와 양성자의 수가 다른 원자. 음이온(anion)은 양성자보다 전자가 더 많아 음성을 띠고 양이온(cation)은 전자보다 양성자가 많아 양성을 띤다.

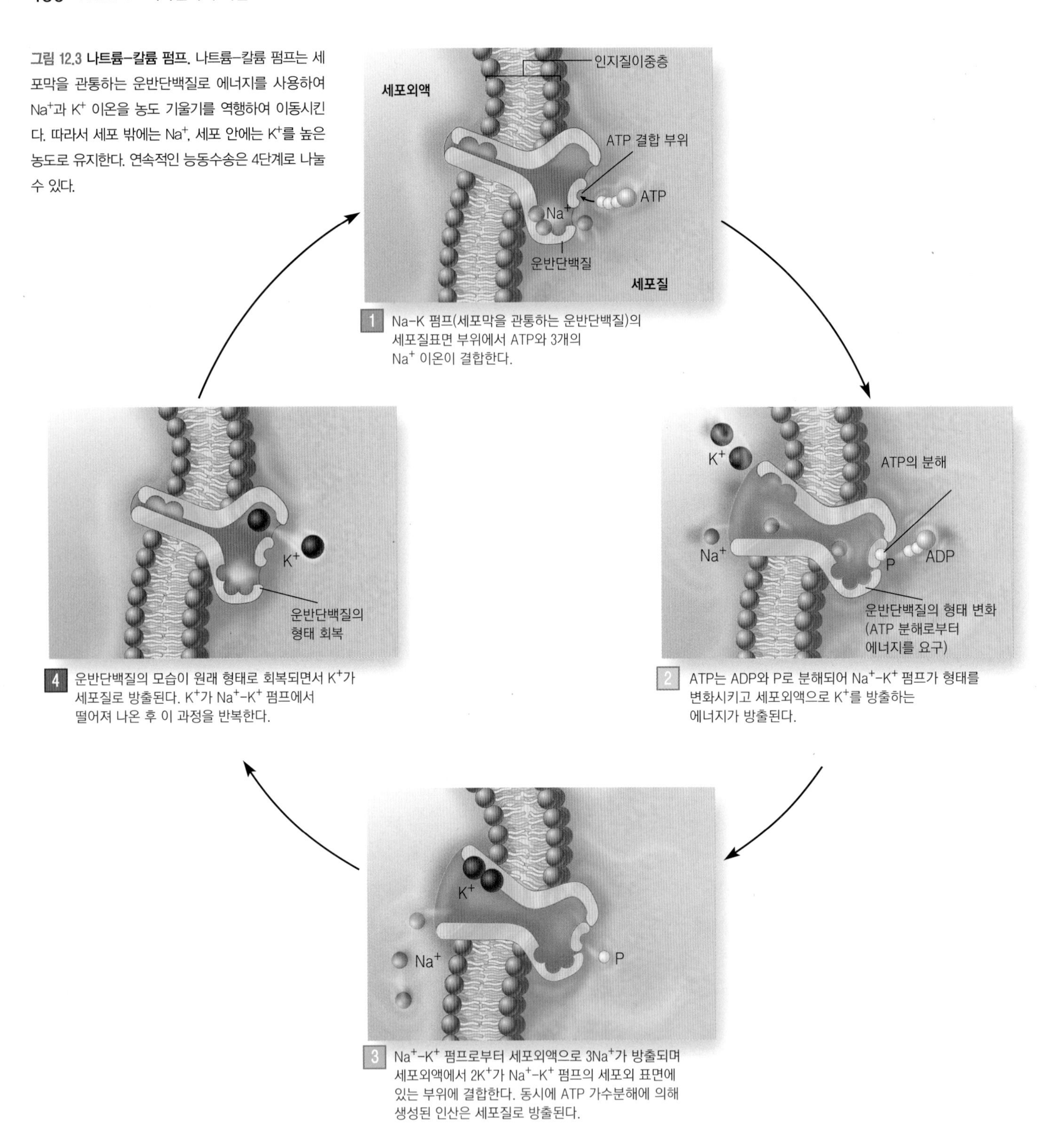

그림 12.3 나트륨–칼륨 펌프. 나트륨–칼륨 펌프는 세포막을 관통하는 운반단백질로 에너지를 사용하여 Na^+과 K^+ 이온을 농도 기울기를 역행하여 이동시킨다. 따라서 세포 밖에는 Na^+, 세포 안에는 K^+를 높은 농도로 유지한다. 연속적인 능동수송은 4단계로 나눌 수 있다.

과 음이온(anion)으로 전환되는 주요 전해질은 매우 다양하다(표 12.1). 세포내액에는 양이온인 칼륨과 마그네슘, 음이온인 인산이 가장 많이 존재하며 세포외액에는 양이온인 나트륨, 음이온인 주로 염소, 중탄산(HCO_3^-) 이온이 가장 많이 존재한다.

(a) 이온 농도가 낮은 저장성 용액(희석액)에서 적혈구는 팽창하여 터져버린다.

(b) 세포와 이온 농도가 동일한 등장성 용액(정상액)에서는 적혈구 형태가 정상적으로 유지된다. 물의 세포 내외 이동이 동일하여 총량의 변화는 없다.

(c) 이온 농도가 높은 고장성 용액에서는 물이 적혈구 밖으로 이동하여 적혈구가 위축된다.

그림 12.4 적혈구는 이온 농도에 영향을 받는다. 용액의 이온 농도에 따라 삼투압 현상에 의해 수분이 세포의 안에 들어가고 나올 수 있다.

세포내액과 세포외액의 균형 유지

우리 몸은 체액 구획(세포내액과 외액)의 수분량을 각각의 구획에 존재하는 전해질 농도를 조절함으로써 유지한다. 고도로 발달한 수문장치(gatekeeping system)라는 펌프를 통해 세포내액과 세포외액의 수분량과 전해질 농도를 미세한 범위에서 조절한다. 예를 들어, 세포막에 위치한 특별한 단백질이 칼륨 이온을 세포 안으로, 나트륨 이온을 세포 밖으로 펌프질하여 옮긴다(그림 12.3). 나트륨-칼륨 펌프는 에너지를 사용하여 **농도 기울기**(concentration gradient ; 농도 차)를 역행하는 방향으로 이온을 운반한다.

농도 기울기(concentration gradient) 두 구획 간 용질 농도의 차이. 원래 용질은 농도가 높은 곳에서 낮은 곳으로 이동. 펌프를 사용하여 나트륨을 세포 외로, 칼륨을 세포 내로, 즉 농도 차를 역행하는 방향으로 이동시킴.

물은 전해질이나 이온 농도가 변할 때 그 농도가 높은 쪽으로 이동한다. 이러한 현상을 **삼투**(osmosis)라고 하며 세포막 같은 반투성 막(semipermeable membrane)을 통해 물이 수동 확산되는 기전을 일컫는다. 용질(대부분은 전해질)의 농도가 세포 안과 밖에서 다를 때 물은 농도가 낮은 곳에서 높은 곳으로 이동한다. 삼투의 원리는 오이에 소금을 뿌려 오이 안의 수분을 뺄 때, 셀러리의 줄기가 시들었을 때 물 안에 넣어두어 좀 더 아삭하게 하는 것을 생각하면 쉽게 이해할 수 있다. 물이 탈수된 셀러리 세포로 들어가는 것이다.

그림 12.4는 삼투현상이 어떻게 작용하는지를 보여준다. (a)는 용질의 농도가 낮은 저장성 용액(hypotonic solution)에서 물이 이온 농도가 더 높은 적혈구 쪽으로 이동하여 적혈구가 부풀어서 터지는 현상을 보여준다. (b)는 세포의 반투막 안팎의 용질 농도가 동일하여(isotonic solution) 전체적인 물의 이동이 없음을 나타낸다. (c)는 적혈구로부터 주변의 농도가 높은 고장성 용액(hypertonic solution)으로 물이 빠져 나와 세포가 쭈그러지는 현상으로 보여준다. 실제로 신체에서는 세포막이 지방으로 이루어져 있기 때문에 물의 이동이 쉽지 않아 아쿠아포린(aquaporin)이라고 하는 특수 단백질로 이루어진 수분 채널을 통해 이동한다.

▶ 삼투압은 고농도 구획으로 물이 이동하여 희석되는 것을 억제하기 위해 필요한 힘이다.

체액의 한쪽 구획에 이온 대신 물을 더하면 농도가 희석되어 농도가 더 높은 쪽으로 물이 이동하는 삼투작용이 나타난다. 갈증 시 물을 마시면 이런 현상이 일어나서 체내로 흡수된 물이 혈류와 간질액을 거쳐 세포로 이동함에 따라 세포 내외의 용질 농도가 서로 균일해진다. 반대로 혈액이 손실되면 세포에서 혈액 쪽으로 물이 이동하여 혈장 부피를 일시적으로 유지한다. 수분이 너무 많거나 너무 적을 경우에는 세포와 체기관의 기능이 손상되므로 각 구획 내 수분량을 잘 조절하는 것이 생명유지에 필수적이다.

수분의 기능

수분은 독특한 화학적 및 물리적 특성으로 인해 대사과정에서 매우 중요한 역할을 한다. 체내의 혈액량을 유지하고 영양소와 산소를 운반하는 데 물은 필수적이다. 물은 침, 눈물, 담즙, 양수를 구성하며 무릎과 관절을 부드럽게 하는 윤활제의 재료가 된다. 수분은 신체 내 용매로서 무기질이나 다른 영양소가 용해될 수 있도록 도와 우리의 체세포가 사용할 수 있도록 해준다. 또한 눈이나 코, 입, 피부와 같이 외부와 맞닿아 있는 조직들을 촉촉하게 유지시켜 준다. 다양한 신체 화학반응에서 반응물로서 작용한다. 예를 들어, 이당류인 서당을 가수분해하여 단당류인 포도당과 과당이 형성되는 데 물이 필요하다.

$$\text{서당} + \text{물}(H_2O) \rightarrow \text{포도당} + \text{과당}$$

또 다른 중요한 기능으로 체온 조절과 노폐물 제거를 들 수 있다.

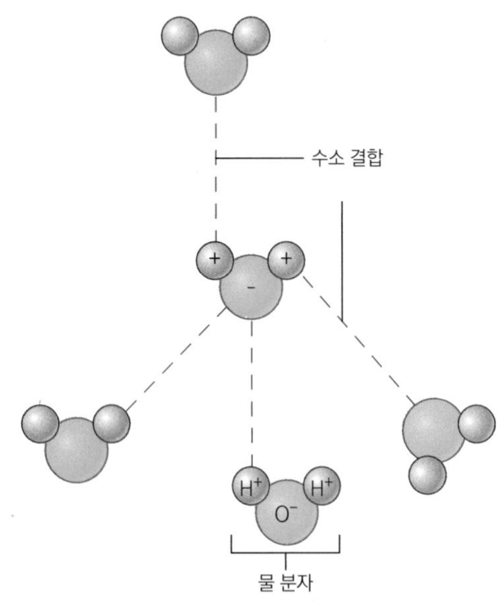

그림 12.5 물 분자는 약한 음성을 띠는 부분과 양성을 띠는 부분이 있어 극성이 강하다. H^+ 부분에 양성을 띠고 O^- 부분에 음성을 띤다. 두 전하 사이의 이끌림은 수소결합을 형성하게 하여 물 1분자는 최대 4개의 수소결합을 하여 비열이 높아진다.

비열(specific heat) 어떤 물질의 온도를 1℃ 올리는 데 필요한 에너지. 물의 비열이 높다는 것은 온도를 올리는 데 비교적 큰 에너지가 필요하다는 것을 의미. 따라서 물은 온도 변화에 저항하는 경향이 큼.

체온 조절

체온을 좁은 범위 내에서 일정하게 유지해야 효소의 작용이 정상적으로 일어난다. 체온이 정상보다 조금만 높거나 낮아도 신체를 손상시켜 죽음에 이를 수도 있다. 신체 내 수분은 두 가지 기전에 의해 정상 체온을 유지한다. 첫째, 수분은 **비열**(specific heat 또는 heat capacity)이 높아 체온의 급격한 변화를 방지해준다. 비열이 높다는 것은 열에 저항성이 있어 발열 시 그 온도가 서서히 상승한다는 것을 의미한다. 이는 물 분자 사이에 생기는 수소결합 때문이며 수소결합의 결합력이 강해 이를 극복하기 위해서 더 많은 열을 필요로 한다(그림 12.5). 그것은 같은 양의 물과 기름을 불 위에 올려놓았을 때 물보다 비열이 낮은 지방이 더 빨리 끓는 것으로 확인할 수 있다.

발한작용은 체온을 정상적으로 유지하는 수분의 기능으로 땀의 99%가 수분으로 구성되어 있다. 운동을 하거나 몹시 더울 때 체온이 상승하여 피부의 모공을 통해 땀을 분비하여 증발시킨다. 땀이 증발할 때 피부가 시원해진다. 만약 땀이 옷으로 스며들거나 피부에서 흘러내리면 별로 시원하게 느끼지 못한다. 습기가 적으면 증발이 더 잘 일어나므로 덥고 습한 기후보다는 덥고 건조한 기후에서 우리는 더 편안함을 느끼게 된다. 그러나 발한으로 손실된 수분이 보충되지 않으면 탈수와 고열 증세가 초래된다.

노폐물 제거

수분은 체내 노폐물을 제거하는 중요한 운반체이다. 체내에서 필요 없는 대부분의 물질은 수용성이므로 소변을 통해 외부로 배출된다. 약물과 발암물질 같은 지용성 물질들은 간에서 수용성 물질로 전환되어 소변으로 배출될 수 있다. 일반적으로 물 섭취량을 늘리면, 신장에서 독소 배출이 잘 되는 것으로 알려져 있으나 이를 입증하거나 반박하는 과학적 증거는 부족하다.

체내의 주요 노폐물은 단백질 대사의 부산물로서 질소를 함유하고 있는 요소(urea)이다. 섭취한 단백질이 체내 필요량을 초과할수록, 요소는 더 많이 소변으로 배설된다. 마찬가지로 나트륨을 많이 섭취할수록 소변으로 배설되는 나트륨은 더 많아진다.

▶ 물 섭취량이 적절한지 판단하는 가장 간단한 방법은 소변의 색을 관찰하는 것이다. 소변 색이 미색이고 냄새가 없을 때 물 섭취량은 적절하다. 농축된 소변은 매우 진한 노란색을 띠고 강한 냄새가 나는데 이런 경우에는 물 섭취량을 늘려야 한다.

일반적으로 소변량은 하루에 4 1/4~8 1/2컵(1~2 L) 정도로 물, 단백질이나 나트륨 섭취량에 따라 변화되며, 최소 하루 2 1/2컵(600 mL) 정도의 소변으로 평상시 생기는 요소와 나트륨을 배설할 수 있다. 최소량의 소변만을 자주 본다면 이온의 농도가 높아져서 민감한 사람, 특히 남성들은 신장결석(kidney stone)의 위험이 높아진다. 신장결석은 무기질과 소변에서 침전된 부산물이 신장 조직에 축적되어 형성된다.

음료와 식품 내 수분

음료

음료(물, 우유, 차, 주스, 탄산음료)와 국물 음식을 통해 우리는 수분을 섭취하게 된다. 많은 음료들은 수분 외에 에너지도 공급하는데(표 12.2), 비만과 심장질환의 위험을 높이는 주범이 되기도 한다. 탄산음료, 과일 주스, 에너지음료, 스포츠음료와 같은 가당 음료와 차나 커피는 당과 에너지 섭취에 기여하는 바가 크다. 미국인을 대상으로 하는 영양섭취기준(2015년)을 보면 2,000칼로리 식사에서 식품과 음료로부터 오는 첨가당의 섭취를 하루 50 g 이하로 낮출 것을 권고하고 있다. 탄산음료 20온스(약 590 mL)에는 65 g의 당이 들어 있다. 최근 건강에 대한 관심과 좋은 영양에 대한 지식이 증가하면서 가당 음료의 섭취가 점차 감소하는 추세이다.

▶ 과도한 탄산음료 섭취량에 대한 우려로 학교 인근에서 탄산음료, 과일음료와 에너지음료를 사먹지 못하도록 제한하는 한편, 물을 선택하도록 장려하고 있다.

음료를 선택할 때 또 한 가지 고려해야 할 사항은 미량영양소 함량이다. 우유나 과일 주

표 12.2 음료에 함유된 에너지*

음료	kcal	음료	kcal
크림 없은 모카	250	맥주	145
크랜베리 주스	200	무지방 우유	120
오렌지 주스	180	에너지음료(Red Bull®), 8 oz	105
탄산음료	160	백포도주, 4 oz	90

* 별도 지정 없는 한 12 oz(≒ 340 mL)

사례연구

©Paul Bradbury/age fotostock RF

회계사로 일하는 24살의 Patrick은 대학을 졸업하고 난 후 작년 한 해 동안 체중이 4 kg 증가하였다. 그가 근무하는 회사에서는 탄산음료, 주스, 음료수를 무료로 제공해준다. 그는 음료로 섭취하는 에너지 양을 파악하기 위해 2~3일간 음식 섭취량을 추적하였다. 표 12.2와 영양소 데이터베이스, 영양분석 컴퓨터프로그램(또는 웹사이트: www.nal.usda.gov/fnic/foodcomp/search.)을 사용하여 에너지 섭취량을 계산하였다. 음료수로부터 너무 많은 에너지를 섭취하는가? 좋은 대안이 있는지 알아보자.

아침
크림을 없은 모카 12 oz
오렌지 주스 6 oz

점심
콜라 12 oz

퇴근 후
맥주 1~2병(각 12 oz)
무지방 우유 10 oz

간식(오전)
크랜베리 주스 12 oz
물 10 oz

간식(오후)
사과 주스 12 oz

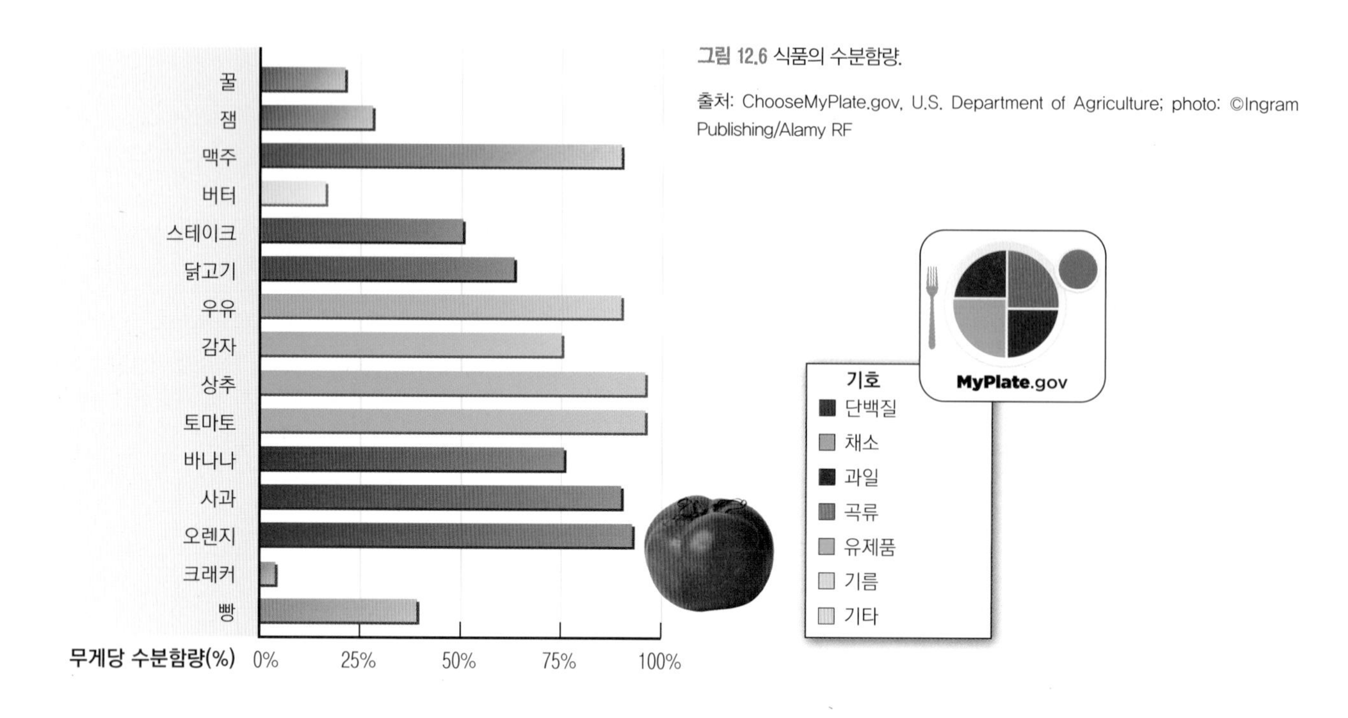

그림 12.6 식품의 수분함량.

출처: ChooseMyPlate.gov, U.S. Department of Agriculture; photo: ©Ingram Publishing/Alamy RF

스가 미량영양소를 많이 함유한 것과는 달리 다수의 가당 음료에는 거의 없다. 우유 대신 탄산음료를 마시면 리보플라빈, 비타민 D, 칼슘, 인의 섭취가 감소한다. 과일 주스 대신 가당 음료를 선택하면 비타민 C와 A, 엽산 섭취량이 감소한다. 일부 음료에는 비타민과 무기질이 강화된 경우도 있지만 미량영양소 모두를 함유하고 있지는 않다.

커피와 차도 많이 선호되는 음료의 일종이다. 일부 웹사이트나 잡지에서 카페인이 소변 배출량을 증가시킨다는 이유로 수분 공급원으로 취급하지 않지만 이런 일반적 통념과는 달리, 원두커피로 하루 500 mg 카페인을 섭취 시(커피 4.5컵) 보이는 이뇨현상은 탈수나 수분 불균형을 초래하지 않는 것으로 보고되고 있다.

맥주, 포도주 등 술도 물로 이루어져 있다. 그러나 술은 항이뇨호르몬 작용을 억제하여 소변량을 증가시킨다. 항이뇨호르몬은 소변으로 손실되는 체액량을 조절하므로 그 작용이 억제되면 탈수가 유발된다.

대부분에게 물은 수분 공급에 가장 좋은 선택이지만 수돗물이나 생수 중 무엇을 고를 것인지는 좀 생각을 해봐야 한다. 생수 소비량이 가장 많은 미국의 경우 1년에 한 사람이 약 127 L(581컵)를 마신다고 알려졌다. 소비자들은 생수가 수돗물에 비해 맛이 더 좋고, 편리하며, 더 위생적이라고 생각하기 때문에 그런 선택을 할 수 있다. 맛과 편리성은 개인의 취향이나, 미국에서 판매되는 대부분의 생수는 수돗물에 비해 더 안전하지 않다. 생수는 그 급원이 다양하여 샘물, 우물, 수돗물 등이 모두 포함되며, 생수병에 급원을 표시해야 한다. 추가적으로 고려해야 할 점은 생수는 수돗물에 비해 불소 함량이 적어서 충치 예방이 안 될 수 있으며, 구입에 비용이 발생한다는 것이다. 마지막으로, 매년 플라스틱 생수병을 만들고 처리하는 환경오염 문제도 고려해야 한다.

매일 손실되는 수분을 보충하기 위해 규칙적으로 음료수를 섭취해야 한다.

Stockbyte/Getty Images RF

식품 내 수분

음료와 액상 음식(예: 수프)은 많은 양의 수분을 공급해준다. 과일과 채소에도 많은 수분이 함유되어 있는데 식품 중량의 75~95%에 해당한다. 수분함량이 50~75%인 식품은 감자, 닭고기, 소고기 같은 육류이다. 수분함량이 35% 이하인 식품은 잼, 꿀, 크래커, 버터, 마가린 등이며, 식물성 기름에는 수분이 전혀 포함되어 있지 않다(그림 12.6).

수분의 필요량

수분의 필요량은 개인의 체격, 신체활동, 생활환경, 그리고 식사량 등에 따라 결정된다. 수분의 충분섭취량은 대략 19세 이상 성인 남자는 하루 3.7 L(15컵), 성인 여자는 2.7 L(11컵)이다. 이 섭취량은 식수, 음료, 음식으로부터 온다. 미국에서는 2세 이상의 사람들 4명 중 3명은 하루에 4컵 이상의 식수를 마신다. 표 12.3에서 성인 여성의 충분섭취량을 충족할 수 있는 식단을 소개하고 있다. 이 예시에서는 35%의 수분이 고형식품(solid food)으로부터 온다는 것을 볼 수 있다. 그러나 대부분의 미국인들의 식단을 보면 약 20%의 수분만을 고체음식에서 섭취하고 있다. 나머지 80%의 수분을 액상에서 섭취하려면 성인 남성은 하루에 12컵(3 L), 성인 여성은 하루에 9컵(2.2 L)의 음료를 섭취해야 한다는 것이다. 최소한 신체 대사에서 매일 소비되는 수분을 보충하기 위해 생수, 음료와 음식으로 1~3 L의 물을 섭취해야 한다는 것을 의미한다.

수분은 우리 몸에 들어오는 양(input)과 배출되는 양(output)이 평형을 이루어야 한다. 우리 몸에 들어오는 양(그림 12.7)은 식품과 음료를 통해 우리가 섭취하는 양과 체내 대사에서 만들어지는 양을 포함한다. 대사과정에서 만들어지는 양은 하루 1~1.5컵(250~350 mL)이며 탄수화물, 단백질, 지방이 산화되는 과정에서 생길 수 있다.

신체에서 배출되는 수분은 소변 배출이나 땀을 많이 흘릴 때처럼 감지되는 손실과 감지되지 않는 손실로 구분된다. 감지되는 손실의 대부분은 소변이며 대략 1일 1.0~2.0 L이다. 감지되지 않는 수분 손실은 호흡으로 인한 폐 손실(250~350 mL), 대변을 통한 손실(100~200 mL), 피부를 통한 손실(450~1,900 mL)이다.

장관(intestinal tract)은 매우 효율적으로 수분을 재활용한다. 하루에 약 32컵(8,000 mL)의 수분이 구강, 위, 장, 췌장과 다른 기관에서 나오는 분비물로 소화기관을 통과하며, 추가로 식사를 통해 8~12컵(2.0~3.0 L)의 수분을 섭취하지

표 12.3 상용 음식으로 섭취하는 수분량

식사	음료(mL)	음식(mL)
아침		
무지방 우유	1컵	220
시리얼(Cheerios®)	1컵	0
딸기	1/2컵	80
커피	1.5컵	350
오전 간식		
탄산음료	1.5컵	350
그래놀라 바	1개	0
점심		
참치통조림	1팩	40
통밀빵	2쪽	20
저지방 마요네즈	2작은술	0
토마토	큰 조각 3개	75
바나나	1개(중간 크기)	80
물	1컵	240
오후 간식		
저지방 요구르트	1컵	190
물	1컵	240
저녁		
닭가슴살	85 g	50
구운 감자	1개(중간 크기)	100
버터	1작은술	0
샐러드	2컵	100
샐러드드레싱	1큰술	8
생당근	1컵	105
무지방 우유	1컵	220
저녁 간식		
차	1잔	235
복숭아	1개(중간 크기)	120
소계	1,855(7.9컵)	903(4.3컵)
총	2,758mL(12.1컵)*	

* 성인 여성의 충분섭취량을 충족하는 양으로, 실제 요구량은 체격, 신체활동량 및 환경 여건에 따라 달라진다.

음료를 선택할 때 에너지와 영양소 함량을 생각해야 한다. 오렌지주스 1컵은 14 kcal를 제공한다. 칵테일 1/2잔(30 mL)은 23 kcal를, 밀크셰이크 1/2컵은 40 kcal 이상의 에너지를 제공한다.

margarita: ©John A. Rizzo/Getty Images RF; oj: ©Stockbyte/Getty Images RF; shake: ©Brand X Pictures/Getty Images RF

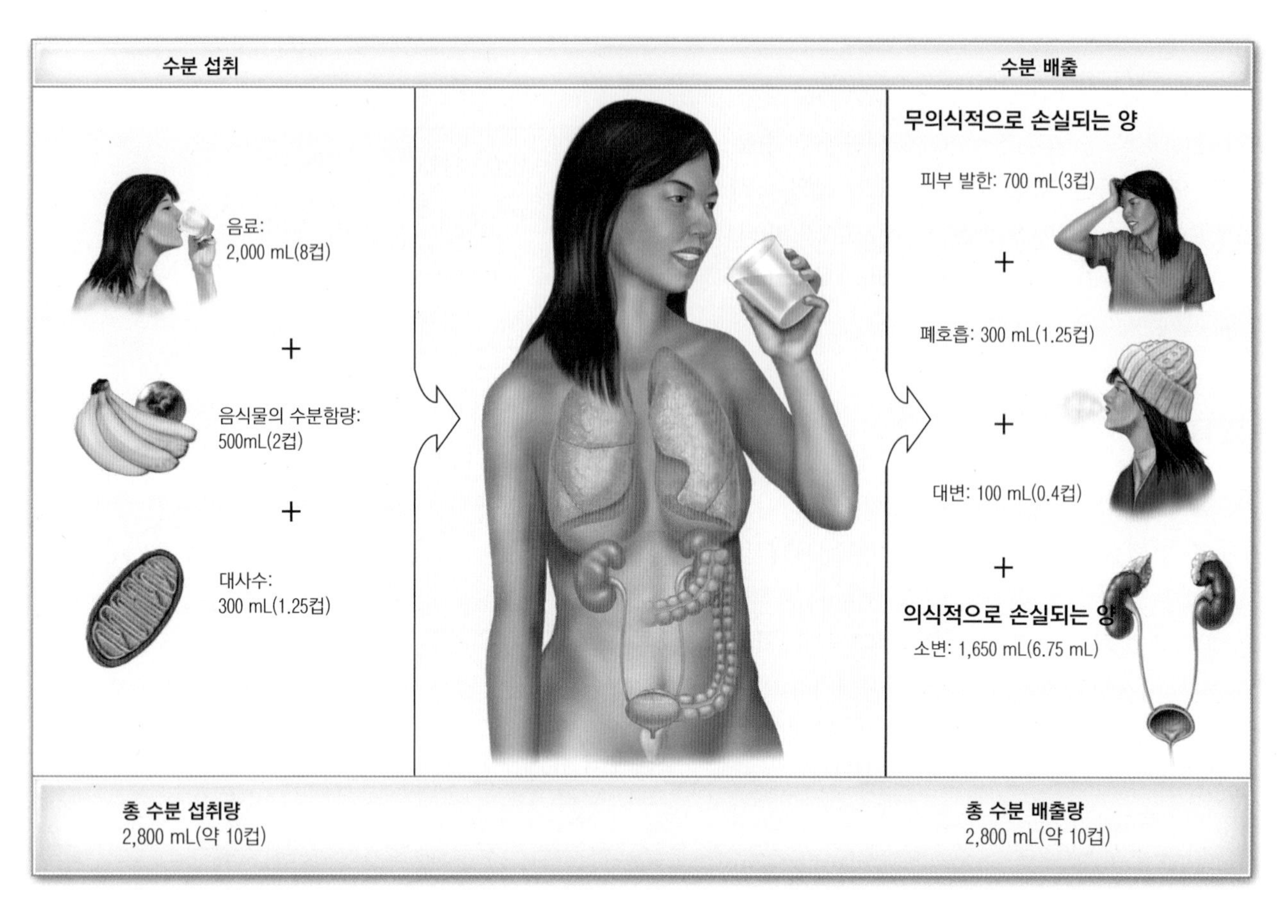

그림 12.7 여성의 물 섭취와 손실 추정량. 기본적으로 섭취와 배출을 조정하여 신체 수분량을 유지한다. 대부분의 액체에서 물을 섭취하지만 고형물이나 대사수에서 얻기도 한다. 수분 배출은 스스로 자각하지 못하는 폐, 피부, 대변을 통한 손실과 소변과 땀을 통한 손실로 이루어진다.

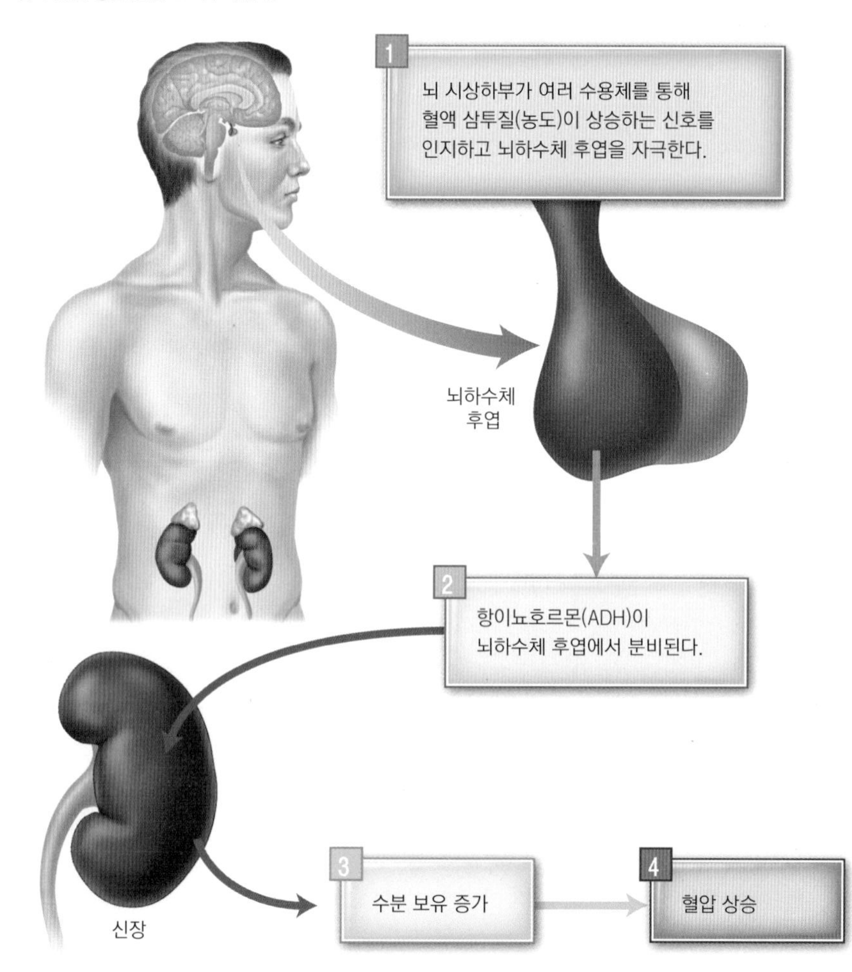

그림 12.8 항이뇨호르몬은 혈액 농도가 상승할 때 분비된다. 신장의 수분 보유 기능을 촉진하여 혈액량과 혈압을 정상으로 회복시킨다. 알코올은 이 호르몬의 작용을 억제한다.

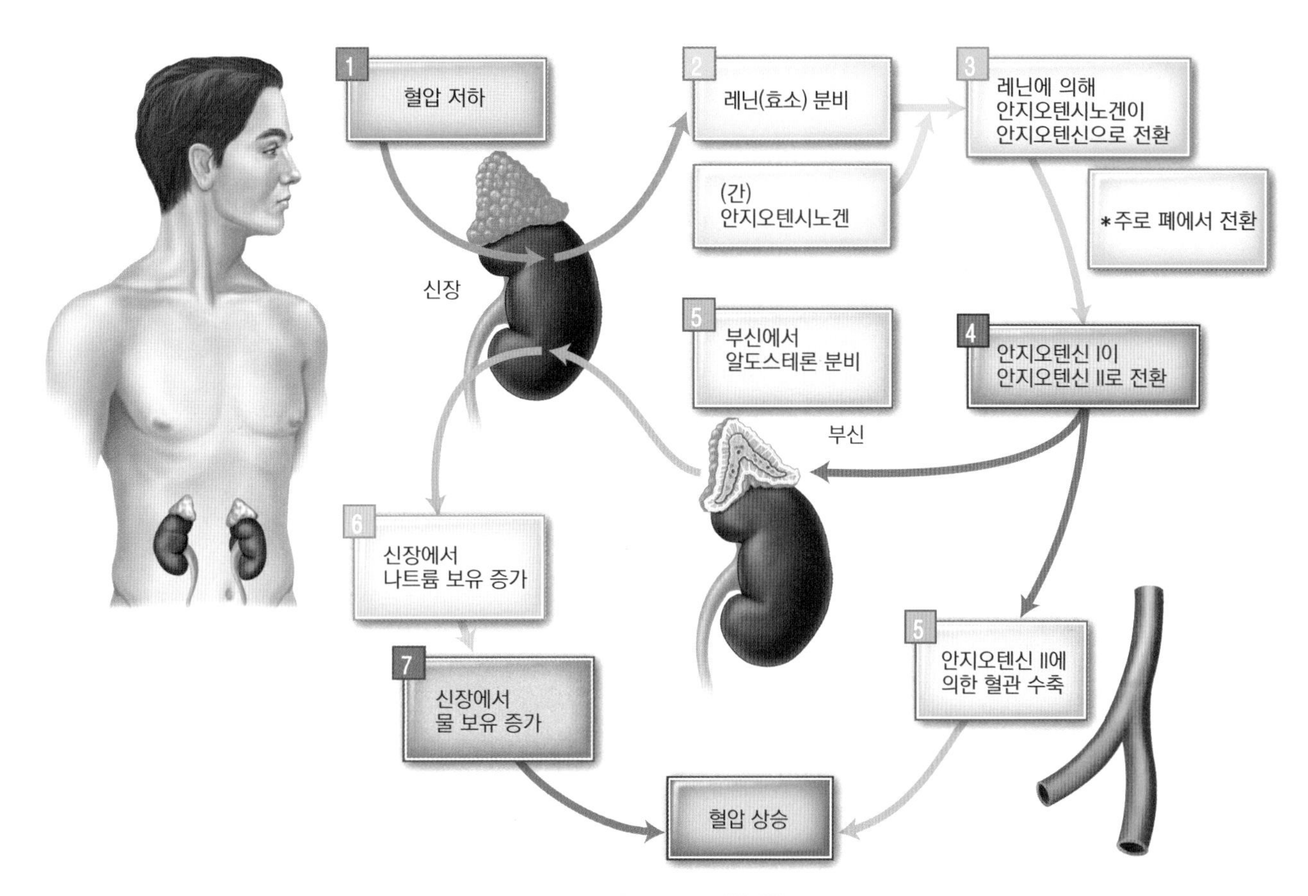

그림 12.9 레닌-안지오텐신 시스템은 혈압과 혈액량을 조절한다. 혈압이 감소하면(1) 연쇄반응(2~7)을 일으켜 혈압을 정상 수준으로 회복시킨다. 이 시스템은 항이뇨호르몬과 함께 작용한다. 안지오텐신 II는 부신과 혈관에 작용하여(5) 혈압 조절에 관여한다.

*고혈압 등 치료를 위해 사용되는 안지오텐신 전환효소(angiotensin-converting enzyme, ACE) 억제제는 이 부위에서 작용한다. 반면 새로 개발된 항고혈압 약물은 안지오텐신 II와 혈관 수용체의 결합을 억제한다. 이런 약물을 안지오텐신 II 수용체 차단제(ARBs)라고 부른다.

만, 변으로 소실되는 수분량은 100~200 mL밖에 되지 않는다. 신장은 여과된 수분의 97%를 재흡수함으로써 수분을 체내에 보유한다. 신장의 수분재흡수는 수분 균형을 조절하는 주요 수단이다.

수분 균형 조절

신체는 수분 균형을 조절하여 탈수와 수분과잉을 방지하는 강력한 조절기전을 갖추고 있다. 신장이 그 기능을 수행하는 주 기관이지만 뇌, 폐, 간도 중요한 역할을 한다. 이러한 조절기전은 매우 정교하여 24시간 안에 체액의 1%의 수분 손실량을 보충할 수 있다.

수분 손실량을 보충할 만큼 충분한 양의 수분을 섭취하지 않을 때 혈액은 농도가 증가(이때 세포외액의 삼투압이 증가)하고, 혈압은 떨어진다. 이때 신체는 체내에 수분이 부족하다는 신호를 받고 체액을 보유하기 위한 다양한 작용을 시작한다. 뇌하수체는 **항이뇨호르몬**(antidiuretic hormone, ADH)을 분비하여 신장에 수분을 보유하도록 하고 소변량을 줄인다(그림 12.8). 동시에, 떨어진 혈압은 신장에서 일련의 반응을 시작하게 한다. 신장에 존재하는 매우 민감한 압력수용체에서 **레닌**(renin)을 분비하는 것이다(그림 12.9). 레닌은 **안지오텐시노겐**(angiotensinogen: 간에서 만들어져서 혈액을 돌아다니는 단백질 물질)을 **안지오텐신 I**(angiotensin I)

항이뇨호르몬(antidiuretic hormone, ADH) 뇌하수체에서 분비되는 호르몬으로 신장에서 수분 배설을 감소시키는 신호를 보냄. 아르기닌 바소프레신(arginine vasopressin, AVP)이라고도 함.

레닌(renin) 신장에서 합성되어 혈압이 떨어졌을 때 분비되는 효소. 안지오텐시노겐을 안지오텐신 I으로 전환시킴.

안지오텐신 II(angiotensin II) 안지오텐신 I으로부터 전환된 물질로 혈관수축을 촉진하며 알도스테론을 합성하도록 유도.

알도스테론(aldosterone) 부신에서 합성되는 호르몬으로 신장에 작용하여 나트륨과 수분을 보유하도록 작용.

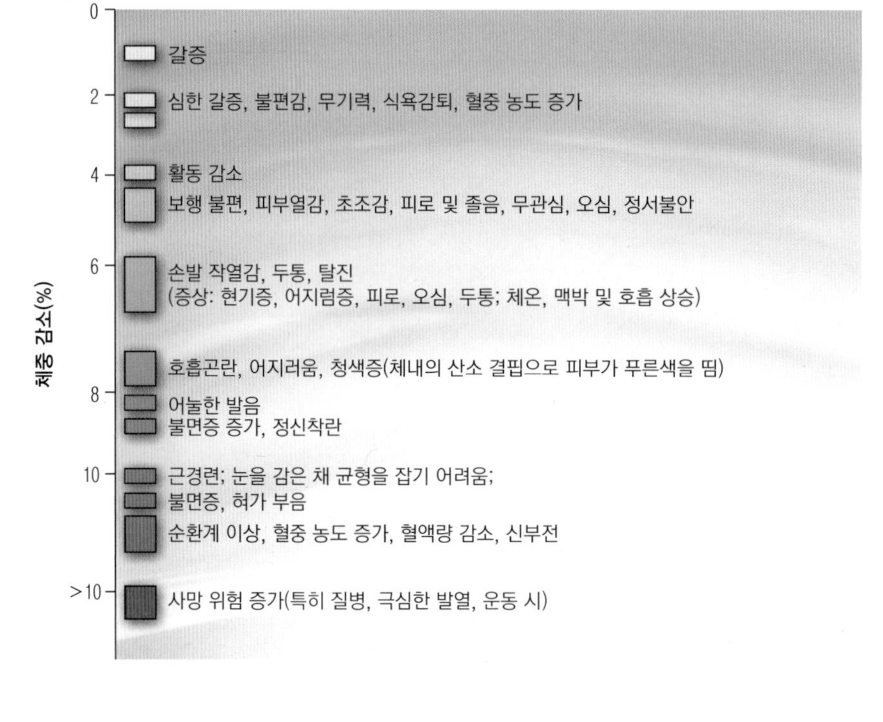

그림 12.10 탈수증세. 수분 손실량에 비례하여 갈증에서 사망까지 다양하다.

생각해 봅시다

Lily는 바이러스 감염으로 의심되는 설사로 고통스럽다. 식욕이 없고 몹시 아프지만 그녀가 음료를 섭취해야 하는 이유는 무엇인가? 음료를 섭취하면 증세가 호전될 수 있을까?

으로 활성화시킨다. 폐에서 안지오텐신 I은 **안지오텐신 II**(angiotensin II)로 전환되어 혈관을 수축시키고 부신피질(adrenal cortex)에서 **알도스테론**(aldosterone)이라고 하는 호르몬을 분비시킨다. 알도스테론은 신장으로 하여금 더 많은 나트륨과 염소를 함유하도록 하고 결과적으로 이는 수분 보유량을 증가시킨다. (수분은 언제나 전해질을 따라온다.) 따라서 이러한 신장의 기전을 통해 혈압이 떨어지는 것은 신체가 수분을 가지고 있도록 하는 신호가 된다. 그러나 소변은 농축되는 데 한계가 있어서(신장에 수분을 계속 보유하는 데 한계가 있음), 충분한 수분 섭취가 이루어지지 않으면 결국은 탈수증세가 생기고 이로 인해 아프게 된다.

탈수

▶ 비행기 내의 공기는 습도가 매우 낮아서 여행하는 동안 수분이 부족해지기 쉬운데 피부와 폐로부터 많은 수분을 증발시키기 때문이다. 따라서 화장실을 자주 가는 한이 있더라도 음료를 많이 마셔야 탈수를 방지할 수 있다. 특히 유아 및 아동은 더 많이 마셔야 한다.

탈수는 다양한 조건에서 야기된다. 설사나 구토, 발열, 의식불명과 같은 상황에서 불충분한 수분 섭취, 잘 조절되지 않는 당뇨병이나 화상과 같은 의료상황에서도 탈수가 생길 수 있다. 건강한 사람의 경우에는 심한 운동을 하거나, 덥고 건조한 환경 혹은 고산지대(가쁘게 호흡함으로써 폐를 통해 수분 증발이 많아 탈수가 올 수 있음), 갈증을 무시하고 수분 섭취를 하지 않았을 때 탈수가 생길 수 있다. 이 모든 탈수 상황에서 수분 섭취량이 체내에서 손실되는 양을 못 따라올 수 있다. 이러한 수분 부족 상태에서 신체는 갈증 신호를 보낸다. 하지만 이 갈증 신호는 심한 운동 중에, 질병에 걸렸을 때, 유아나 노인들에서는 제대로 작용하지 않을 때도 있다. 아픈 어린아이들(특히 발열, 구토, 설사, 발한의 증세가 있는 경우)이나 노인들은 충분한 수분 섭취에 대해 계속해서 주지를 받아야 한다. 특히나 영유아들은 쉽게 탈수가 올 수 있어 특별한 주의가 필요하다.

운동선수들이나 따뜻하거나 더운 환경에서 외부 작업을 하는 사람들은 탈수증상이 나타나기 쉬운 고위험군이다(그림 12.10). 긴 시간 동안 신체활동을 하는 경우에 땀으로 손실되는 수분의 양은 시간당 약 3~8컵(750~2,000 mL)에 이른다. 이럴 경우에는 운동 중에 탈수에 빠지지 않도록 미리 충분한 양을 챙겨놓을 필요가 있다.

세계적 관점 

모두를 위한 물

©Gavin Hellier/Alamy Stock Photo

북미지역에서는 물이 어디서 나는지, 안전한지, 또는 얼마나 사용하는지 거의 생각하지 않고, 목욕, 빨래, 설거지, 세차를 하고 식물과 잔디에 물을 준다. UN에 따르면, 미국과 유럽의 1인당 하루 평균 물 사용량은 200~600 L이다. UN에서는 1인당 하루 필요한 깨끗한 물의 양을 20~50 L 정도로 제안하고 있다. 실제로 물은 농업, 에너지 생산 및 산업에 필요하기 때문에 1인당 평균 필요한 물의 양은 이보다는 훨씬 많다. 주로 농사를 위한 물의 양은 세계 물 소비의 약 70%를 차지한다. 한 지역의 식사 패턴은 물 필요량을 결정하는 중요한 요소이다. 육류가 많은 식단은 육류를 적게 섭취하는 식단보다 생산하는 데 더 많은 물이 필요하다. 곡물 1 kg을 생산하려면 거의 1500 L의 물이 필요하지만 같은 양의 소고기를 생산하려면 8~10배의 물이 필요하다.

우리 모두는 물을 필요로 하지만 특히 농촌 지역의 수백만 명의 사람들(농부, 목동, 어업)은 가계 소득과 식량 생산을 위해 물에 의존하고 있다. 물이 부족하면 소득과 경제 발전이 떨어지고 빈곤, 영양실조, 건강 악화가 증가한다. 물 부족은 세계 인구의 약 40%에 영향을 미친다. 일부 지역에서는 물 자체가 부족한 경우가 있고, 다른 곳에서는 물을 수원에서 필요한 곳으로 이동시키기에 기반 시설이 불충분한 경우가 있다. 일부 수원은 집에서 몇 km 떨어져 있기 때문에 사람들(주로 여성)은 매일 수 km를 걸어서 수원까지 갔다가 물을 집으로 가져갈 수 있다. 물 3.8 L의 무게가 3.5 kg 이상이라는 것을 고려할 때, 물을 운반하는 데 필요한 에너지는 엄청난 에너지를 필요로 한다.

물의 공평한 분배는 주요 과제다. 많은 강과 물이 있는 지역이 정치적 경계 위에 있을 수 있고, 어떻게 수자원을 공유하고 관리할 것인지에 모두 다 동의하지 않을 수 있다. 또한 기후 변화로 인한 가뭄과 홍수는 물 관리의 문제를 악화시키고 있다.

기본적인 위생과 안전한 물에 대한 접근성도 똑같이 중요하다. 현재 10명 중 9명이 식수에 대한 접근성이 개선되었지만 기본적인 위생 시설의 부족은 여전히 세계 인구의 약 3분의 1에게 주요 문제이다. 세계 보건 기구에 따르면 20억 명이 식수에 접근할 수 있다. 대변으로 오염된 수원, 하수, 제초제, 살충제 및 비소 및 납과 같은 독소로 오염된 물은 질병을 유발할 수 있으며, 영양실조로 약해진 사람들은 수인성 질병에 걸리기 쉽다. 수질 및 열악한 위생 환경의 다양한 병원체와 관련된 설사로 인해 매년 5세 미만의 어린이가 약 300,000명씩 사망한다. 기타 물 관련된 콜레라와 기생 주혈흡충증(장기를 손상시킬 수 있음)과 같은 질병에 수백만 명이 노출되고 있다. 수인성 질병이 계속되는 것을 막는 방법은 수질 정화 및 폐수 처리에 달려 있다.

경미하거나 중증의 탈수증세는 입이나 피부의 건조, 피로, 약해지는 근육, 소변량 감소, 매우 진한 노란색의 소변, 두통, 어지럼증이다. 이러한 탈수가 계속해서 이어진다면 혈액의 용질의 농도가 높아지고, 혈압은 감소하여 심박수는 증가한다. 이러한 탈수가 지속되면 신장손상, 발작, 혼수 등이 유발된다(그림 12.10). 탈수 시 유일한 처치는 수분 공급밖에 없으며 심한 탈수 상태에서는 의료 처방이 수반되어야 한다. 심한 탈수증세를 그냥 둔다면 사망에 이를 수도 있다.

수분 중독

물을 지나치게 섭취하여 야기된 수분 중독은 탈수만큼 위험하다. 수분 중독은 흔하지 않지만 신장이 물 섭취에 맞추어 재빨리 물을 배출할 수 없을 때 생긴다. 수분 중독 시 혈액 내 나트륨 등의 전해질 농도가 낮아지는 **저나트륨혈증**(hyponatremia)이 유발되며, 이때는 세포내액과 세포외액 사이에 전해질 농도를 맞추기 위해 삼투압에 의해 물이 혈액으로부터 세포 안으로 이동한다. 따라서 세포는 팽창하게 되고, 이런 경우 뇌 세포가 심하게 부을 수 있는데, 이는 두통, 오심, 시력저하, 호흡곤란, 발작, 그리고 사망에까지지도 이를 수 있게 한다. 다행스럽게도 실제로 신장에서 배출되는 양보다 물을 더 많이 섭취하는 사람은 거의 없다.

정신질환이 있거나, 조제분유를 지나치게 희석하여 먹인 6개월 미만의 영아나, 강압적으로 많은 양의 물을 먹게 되는 사고에 처한 경우, 혹은 탈수를 예방할 목적으로 너무 많은 수분을 섭취한 운동선수의 경우에 수분 중독이 일어날 수 있다. 운동 중에 생기는 수분 중독을 막기 위해, 운동의학 전문가들은 선수들이 미리 정해놓은 양의 수분을 운동 전이나 중간 혹은 후에 마시는 것을 권하지 않는다. 대신에 운동선수들이 실제 목마름을 느낄 때 수분을 섭취하도록 권하고 있다.

사례연구 후속

Paul Bradbury/age fotostock RF

Patrick의 식단에서 음료는 1,100~1,250 kcal 에너지를 제공한다. 이러한 에너지섭취량을 줄이기 위해 할 수 있는 가장 쉬운 방법은 모카커피를 무지방 라떼로 바꾸고, 주스에 물을 섞어 마시거나 생수만을 마시며, 다이어트 소다나 라이트 맥주를 선택하거나 가급적 음주를 절제하는 것이다.

확인합시다!

1. 체내 수분의 분포는 어떠한가?
2. 체내 수분의 주요 기능은 무엇인가?
3. 개인의 수분 필요량에 영향을 미치는 요인은 무엇인가?
4. ADH와 레닌-안지오텐신 시스템의 수분 보유기전은?
5. 주요 탈수증세는 무엇인가?

12.2 무기질

무기질(mineral)은 자연적으로 존재하는 무기(inorganic)물질이다. 인체는 무기질을 만들 수 없다. 약 4,000개에 이르는 무기물질이 존재하지만 16가지의 무기질과 니켈, 코발트와 같은 **초극미량 물질**(ultratrace element) 몇 개만을 영양소로 구분하고 있다. 이러한 무기질은 신체의 정상 기능, 성장, 조직 유지를 위해 소량이지만 식사에 꼭 들어 있어야 하는 필수 무기원소를 일컫는다. 영양소라고 부를 수 있는 것은 이들이 식사에서 부족했을 때에 정상적인 신체 기능이 떨어지고 건강에 부정적인 영향을 주기 때문이다. 또한 영구적인 결핍 증세가 일어나기 전이라면 다시 보충했을 때에 건강이 회복될 수 있다.

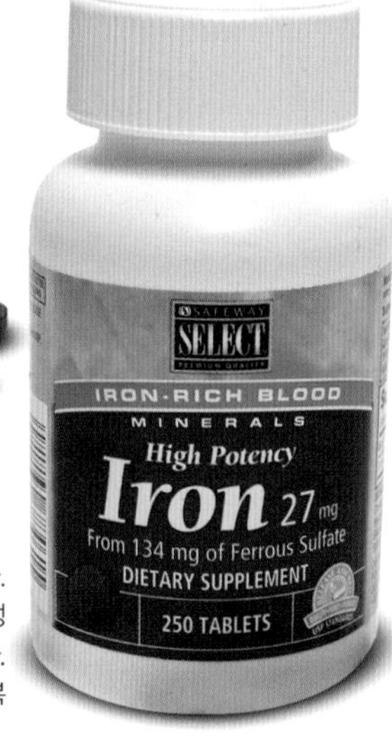

무기질 보충제는 독성을 초래할 수도 있다. 대개 보충제로 섭취하는 무기질량은 영양성분 기준치(DV)의 100%를 초과하면 안 된다. 따라서 의사나 전문영양사의 지시에 따라 복용 하도록 한다.

©McGraw-Hill Education/John Flournoy, photographer

무기질은 신체에서 필요로 하는 양에 따라 다량 무기질과 미량 무기질로 분류한다. 일반적으로 하루 필요량이 100 mg 이상이면 다량 무기질(major mineral)로 간주하고, 100 mg 미만이면 미량 무기질(trace mineral)로 간주한다. 다량 무기질은 우리 몸에서도 미량 무기질보다 더 많은 양이 있다(그림 12.11). 이 기준에 따라 칼슘과 인은 다량 무기질이고, 철과 구리는 미량 무기질로 분류된다.

무기질의 급원식품

무기질은 식물성 식품과 동물성 식품 모두에서 얻을 수 있으며 어떤 무기질은 동물성 식품으로 섭취할 때 **생체이용률**(bioavailability)이 더 높다. 예를 들어, 유제품은 흡수율이 높은 형태의 칼슘이 풍부한 식품이며, 육류는 생체이용률이 가장 높은 형태의 철과 아연을 공급해주는 식품이다. 이와는 달리 칼륨, 마그네슘, 망간 등은 동물성 식품보다 식물성 식품에 풍부하게 들어 있으나 그 이용률은 다소 떨어질 수 있다.

생체이용률(bioavailability) 섭취한 영양소가 신체로 흡수되어 이용될 수 있는 정도.

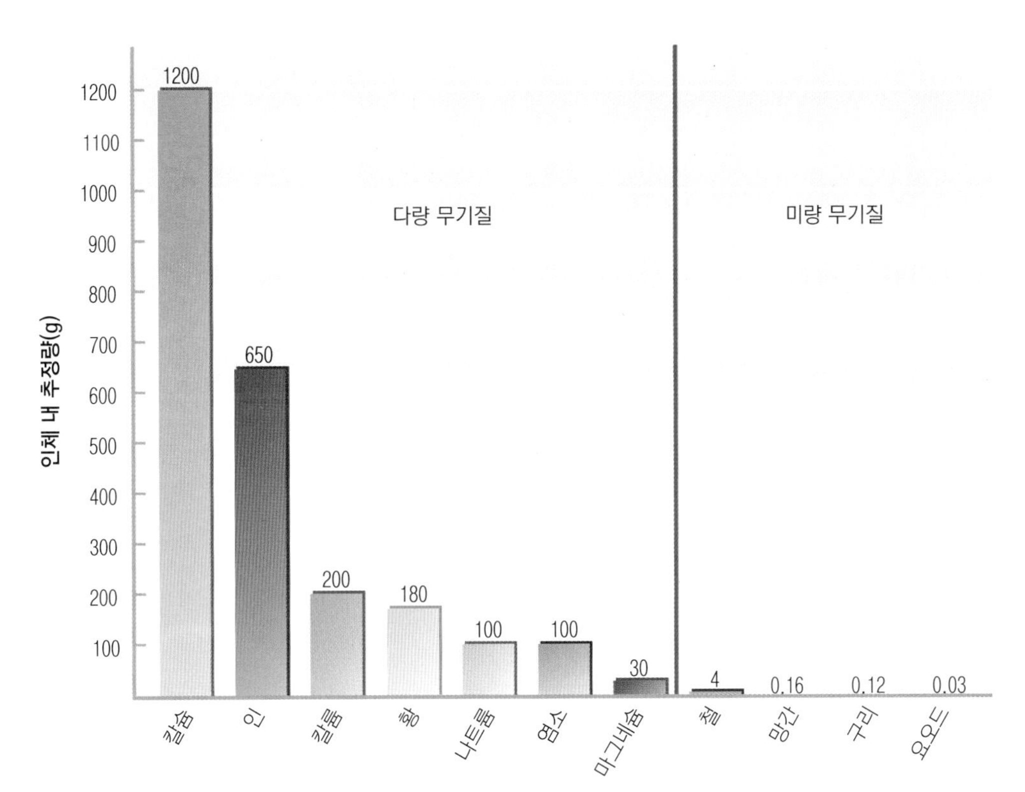

그림 12.11 인체 내 무기질 추정량. 셀레늄, 아연, 크롬, 불소, 몰리브덴 등 미량 무기질은 표시되지 않았다.

식품에 함유되는 무기질 함량은 무기질을 흡수하고 저장하는 데 관여하는 식물과 동물의 유전적 요인을 포함하여 사료와 약물의 무기질 함량, 물과 토양의 무기질 함량 그리고 비료와 제초제의 무기질 함량 등 생산 환경을 비롯하여 가공 공정 등 다양한 조건에 의해 결정된다. 예를 들어, 철은 조리 도구나 식품 용기에 있는 철이 식품으로 흡수될 수도 있다. 인과 칼슘 등은 식품의 향, 질감을 증진시키고 유통기한을 늘리기 위한 첨가제로부터 혼입되기도 한다. 또한 소독제에 포함된 요오드가 살균 용기를 통해 식품으로 오염되기도 하지만 때론 가공과정 중에 철, 셀레늄, 아연, 구리 등 무기질이 손실되기도 한다. 예를 들어, 깍둑썰기하여 물에 담궈 조리하는 감자는 칼륨, 마그네슘, 망간, 황, 아연의 양 중 50~75%가 조리 중 손실된다.

시금치는 칼슘이 매우 풍부하지만 신체가 이용할 수 있는 칼슘은 거의 없다.

점점 더 많은 식품들에 무기질을 강화시키기도 한다. 1940년부터 정제 곡류에 철을 강화하는 프로그램이 시작되었으며 미국에서는 소금에 요오드를 강화하기 시작한 지 90년이 지났다. 현재 칼슘을 강화한 오렌지주스를 비롯하여 아침용 시리얼에 다양한 무기질을 강화하고 있다.

무기질의 흡수와 생체이용률

식품에는 많은 무기질이 들어 있지만 우리 몸이 무기질을 흡수하고 이용하는 능력은 매우 다양하다. 식사에 함유된 무기질이 흡수되는 정도는 많은 요인에 의해 결정된다. 그중 가장 중요한 요인은 무기질을 섭취할 시점에 신체의 요구 정도이다. 일반적으로 철 같은 무기질 필요량은 성장하는 어린이에서 가장 높으며 이때 무기질 흡수율도 가장 높다. 반면에 신체 내 무기질 저장량이 충분해지면 흡수율은 감소한다.

두 번째로 중요한 흡수 요인은 생체이용률이다(표 12.4). 무기질의 생체이용률은 무기질의 섭취량에도 영향을 크게 받는데 그 이유는 무기질들의 분자량과 전하가 서로 유사하기 때문이다. 마그네슘, 칼슘, 철, 구리는 모두 2+의 양이온 상태로 존재할 수 있다. 이러한 무기질들이 흡수과정에서 서로 경쟁하기 때문에 함께 섭취하는 다른 무기질의 생체이용률과 대사에 영향을 준다. 예를 들어, 식사에 아연이 많으면 구리의 흡수가 감소한다. 이러한 무기질 흡수 경쟁은 다양하게 음식을 먹으면 별 문제가 없으나 한 가지 무기질만 보충제의 형태로 섭취하면 심각한 불균형이 초래된다. 따라서 가장 안전하게 무기질을 보충제로 섭취하는 방법은 1일 권장량 100% 이내로 섭취를 제한하는 것과 단일 무기질을 섭취할 경우 의료전문가와 미리 상의하는 것이다.

무기질의 생체이용률은 식사로 섭취하는 무기질이 아닌 다른 성분에 의해서도 큰 영향을 받는다. 특히 콩이나 밀겨 식이섬유에 포함된 **피트산**(phytic acid)은 무기질과 화학적 결합을 함으로써 소화과정을 억제하고 무기질 흡수를 방해한다. 하루에 섭취하는 총 식이섬유가 충분섭취량(25~32 g)을 초과하면 오히려 체내 무기질 상태에 역효과를 야기할 수 있다. 그러나 곡류를 효모로 발효시키면 효모에서 생성된 효소가 피트산과 무기질 사이의 화학적 결합을 분해하여 무기질 이용률은 증가한다. 그러나 **무발효 빵**(unleavened bread)을 주로 섭취하는 중동지방 사람들은 아연의 생체이용률이 낮아져서 결핍증이 나타난다.

녹색 잎채소에 풍부한 **옥살산**(oxalic acid)은 무기질과 결합하여 생체이용률을 저하시키는 물질 중 하나이다. 예를 들어, 우유나 유제품에 들어 있는 칼슘은 32% 흡수되는 반면, 옥살산이 많이 함유된 시금치는 실제 칼슘을 많이 함유하고 있음에도 불구하고 이 중 5%만이 흡수된다.

피트산(phytic acid) 많은 인산 분자에 양이온(예: 아연)을 결합하여 생체이용률을 감소시키는 식이섬유 구성 성분.

무발효 빵(unleavened bread) 이스트 또는 베이킹파우더를 사용하지 않은 피타(pita)나 토르티야(tortilla)처럼 부풀지 않고 납작한 빵.

옥살산(oxalic acid) 시금치처럼 녹색 잎채소에 존재하며 무기질(예: 칼슘)의 흡수를 방해하는 유기산.

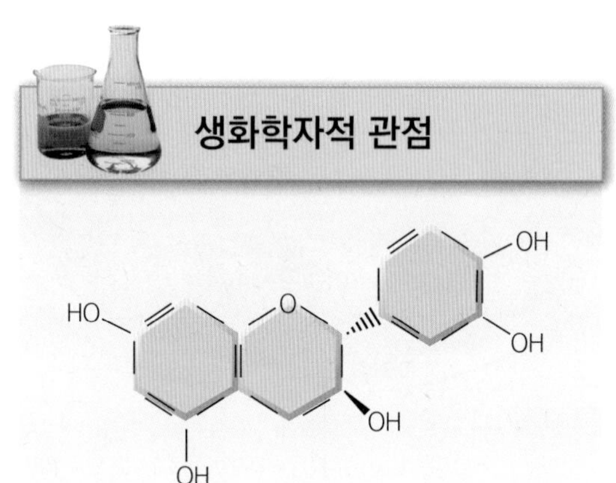

식품 속에는 많은 종류의 폴리페놀이 함유되어 있다. 위 구조는 초콜릿의 원료인 카카오콩에서 발견된 카테킨의 구조이다.

폴리페놀(polyphenol)은 2개의 고리형 구조로 이루어져 있으며 각 고리형 구조는 최소한 1개의 수산(-OH)기를 보유하고 있다. 차, 코코아, 포도주 등 식물성 급원에 풍부한 폴리페놀은 철과 칼슘의 생체이용률을 저하시킨다. 플라보노이드, 탄닌 등 폴리페놀은 암과 심장질환을 예방하는 효과가 있다고 알려졌다.

일부 비타민은 무기질 흡수를 증가시킨다. 비타민 C와 철을 같이 섭취했을 때 철의 흡수가 증가되며, 비타민 D 호르몬[1,25$(OH)_2$ 비타민 D]은 칼슘과 인, 마그네슘의 흡수를 촉진한다.

표 12.4 무기질 생체이용률에 영향을 주는 요인

생체이용률을 증가시키는 요인	생체이용률을 감소시키는 요인
위산 산도	위산 산도 감소
비타민 C 섭취	전곡류와 콩류의 피트산
충분한 체내 비타민 D 농도	잎채소의 옥살산
	차, 커피, 와인의 폴리페놀
	단일 무기질의 과량 보충

위산은 다양한 무기질의 생체이용률을 증진시킨다. 위에서 분비되는 염산(HCl)은 무기질을 용해시켜 흡수되기 쉬운 형태로 전환시킴으로써 생체이용률을 향상시킨다. 예를 들어, HCl은 전자를 공여하여 Fe^{3+}를 Fe^{2+}로 환원시켜서 철 흡수를 촉진한다. 따라서 나이가 들거나 제산제를 섭취하여 위산 합성량이 감소하면 무기질 흡수는 줄어든다.

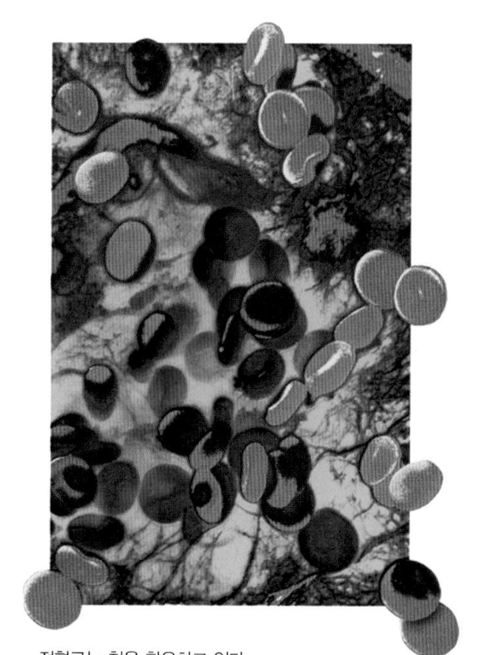

적혈구는 철을 함유하고 있다.
Image Source/Getty Images RF

무기질의 이동 및 저장

일단 흡수된 무기질은 유리 형태이거나 단백질에 결합된 형태로 혈액을 이동한다. 예를 들어, 혈액에서 칼슘 이온은 유리 상태 또는 알부민과 결합된 형태로 존재하듯이 많은 미량 무기질들은 특별한 결합단백질을 가지고 있다. 유리 형태의 미량 무기질은 대개 반응성이 높아서 단백질과 결합하지 않으면 독성이 있기 때문에 세포 안으로 들어간 미량 무기질은 특정 세포단백질과 다시 결합한다.

식사 무기질 섭취가 부족할 때 저장된 무기질이 이용될 수 있다. 체내 무기질 저장 방식은 매우 다양하다(그림 12.11 참조). 칼슘, 인 등은 뼈와 치아에 다량 저장되어 있으나 철은 간이나 골수에 소량 저장된다. 미량 무기질 혹은 극미량 무기질은 매우 소량으로 인체에 존재한다.

무기질 배설

다량 무기질은 주로 소변을 통해 배설된다. 그러나 구리 같은 일부 무기질은 간에서 담즙으로 배출되어 변으로 배설된다. 신장 기능이 손상되었을 때 인, 칼륨 같은 무기질 섭취를 조절하여 그 독성을 예방해야 한다.

무기질의 기능

무기질의 대사적 기능은 매우 다양하다. 수분 균형에는 나트륨과 칼륨, 칼슘, 인이 필수적이다. 나트륨, 칼륨, 칼슘은 신체의 신경자극전달을 도와준다. 철, 마그네슘, 구리, 셀레늄과 같은 일부 무기질은 보조인자로 작용하여 효소가 화학반응을 수행할 수 있게 해준다. 또한 무기질은 많은 신체 화합물의 구성 성분이 된다. 그 예로서 철은 적혈구의 헤모글로빈 성분이다. 신체 성장과 발달에도 칼슘, 인과 같은 무기질이 필요하다. 세포, 조직, 기관, 그리고 신체 수준에서 무기질은 몸의 기능을 유지하는 데 중요한 역할을 한다(그림 12.1 참조).

무기질 결핍증

미국의 경우 칼슘, 마그네슘, 칼륨, 철은 가장 섭취량이 부족한 무기질이다. 이러한 무기질은 모두 건강과의 관련성이 크기 때문에 보건학적으로 중요한 문제이다. 칼슘은 뼈 건강, 칼륨은 심혈관계질환, 철은 특히 어린이나 임산부의 혈액 건강과 관련이 깊다. 아연, 요오드 등도 세계적으로 다양한 지역에서 자주 결핍되는 영양소이다.

무기질의 독성

무기질의 과잉 섭취, 특히 철이나 아연과 같은 미량 무기질의 과잉 섭취는 독성을 초래할 수 있다. 특히 무기질 보충제를 상한섭취량 이상으로 복용할 경우에 독성 위험이 있어 신중하게 전문가의 상담 하에 복용해야 할 뿐 아니라 다른 무기질의 흡수를 방해할 수 있으므로 더욱 조심해야 한다. 또한 과거에는 무기질 보충제가 납과 같은 독성물질에 오염되는 사례가 있었기 때문에 조심해야 한다. 따라서 무기질 보충제는 관계 기관의 승인을 받은 영양표시를 확인한 후 안전하게 섭취하여야 독성의 위험을 줄일 수 있다.

확인합시다!

1. 다량 무기질과 미량 무기질의 차이점은 무엇인가?
2. 무기질의 생체이용률을 변화시키는 요인 세 가지는 무엇인가?
3. 무기질의 신체 기능 세 가지는 무엇인가?

▶ 소금은 다양한 역사를 지녔다. 순수와 건강의 상징으로 신생아를 소금으로 씻는 풍습이 있었으며 귀해서 화폐가치가 있었던 적도 있었다. 심지어 카이사르(Caesar) 군대는 봉급을 소금으로 받았다. 이를 'salarium'이라고 했는데 'salary'의 어원이 되었으며 '소금 값도 못하는 사람'이라는 표현은 '돈을 벌지 못하는 사람'을 의미한다.

12.3 나트륨(Na)

소금은 바닷물을 증발시켜 얻으며 필수 영양소의 하나인 나트륨의 주요한 급원식품이다. 육지에 있는 소금은 고대 시대의 바다가 말라 육지가 되면서 생긴 퇴적물 형태이며, 이를 캐내거나 담수를 넣어 소금물을 용출시켜 다시 열과 진공 과정을 통해 수분을 없애 소금을 생산할 수 있다. 소금은 바닷물을 증발시키고 생기는 소금 결정을 모아 생산할 수 있다.

나트륨의 급원식품

식염(NaCl)은 나트륨의 주요 급원으로 나트륨 40%, 염소 60%로 구성된다(그림 12.12). 소금 1작은술(약 6 g정도)에는 나트륨 2,300 mg의 나트륨이 포함되어 있다. 하루에 섭취하는 나트륨의 75~80%는 가공식품이나 외식 음식에 함유된 조미료로부터 얻으며 단지 10%만이 천연식품에 함유된 나트륨으로부터 얻는다. 그리고 나머지 10~15%는 조리할 때와 섭취 시 식탁에서 첨가되며 그 외에도 물이나 약물에 함유된 나트륨도 포함된다.

나트륨은 천연식품에는 거의 들어 있지 않다. 만약 가공식품을 전혀 먹지 않고 조리할 때도 소금을 전혀 사용하지 않으면 하루에 섭취하는 나트륨 총량은 500 mg 정도이다. 최근 5년간(2012-2017년) 국민건강영양조사를 통해 살펴본 우리나라 성인 남녀의 평균 나트륨 섭취량은 19~29세 남성 4,363.1 mg/day와 여성 3,165.3 mg/day, 30~49세 남성 4,977.0 mg/day와 여성 3,486.4mg/day, 50~64세 남성 4,742.7 mg/day와 여성 3,110.0 mg/day로 대부분의 성인이 만성질환 위험 감소를 위한 섭취기준을 상회하며 나트륨을 섭취하고 있다.

음식에 맛을 더해주는 소금을 비롯하여 향미제(monosodium glutamate), 보존제(sodium benzoate), 발효제(sodium bicarbonate ; baking soda라고도 불림), 경화제(sodium nitrate), 가수제(sodium phosphate), 착색제(sodium bisulfite), 항응고제(sodium aluminum silicate) 등 식품가공

빵은 다소비 식품이기 때문에 미국에서 나트륨의 급원식품으로 꼽힌다.

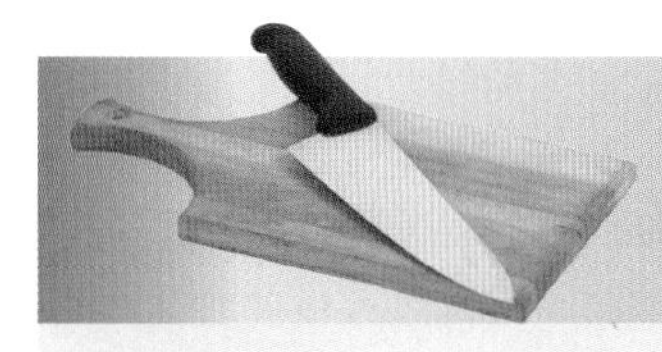

조리적 관점

바다와 특수(스페셜티) 소금

소금은 수천 년 동안 식품의 향료와 방부제로 높이 평가되어 왔다. 초기 언급은 기원전 300년경에 기록된 성서 욥기에서 찾을 수 있다. 오늘날 우리 중 많은 사람들은 소금이 음식에 첨가된 맛을 좋아한다. 소금은 또한 치즈, 절인 고기, 절인 야채 및 빵과 같은 많은 일반 식품 생산에 중요하다. 이러한 특성에도 불구하고 많은 영양학자들은 나트륨 섭취량이 건강에 좋지 않다고 생각한다.

바닷물을 증발시켜 만든 천일염은 일반 식염보다 굵고 아삭한 식감과 강한 맛으로 인기 있는 식재료다. "스페셜티(Specialty)" 또는 "미식(gourmet)" 소금은 착색되거나 향이 나거나 구울 수 있다. 많은 특수 소금은 히말라야 산맥이나 하와이와 같은 세계의 이국적인 지역에서 유래한다. 일부 개인은 바다 소금과 특수 소금이 일반적인 식탁용 소금보다 나트륨 함량이 낮고 미량 무기질이 더 많기 때문에 더 건강한 선택이라고 잘못 생각한다. 광산에서 조각으로 깎은 것이든 바다에서 증발된 것이든 식염, 바다 소금 및 특수 소금은 모두 나트륨 함량이 비슷하다. 모두 티스푼당 약 2300 mg의 나트륨을 포함하고 있으며, 그들 중 어느 것도 미량 무기질의 풍부한 급원이 아니다.

바닷물이 증발하여 만들어진 소금은 전통적으로 나트륨의 주요 공급원이다.

Pham Le Huong Son/Moment/Getty Images

에 사용되는 많은 성분들에 다양한 유형의 나트륨이 함유되어 있다. 그림 12.13은 식품이 가공되는 과정에서 나트륨의 양이 어떻게 변하는지 보여준다.

서구식 식사에서 나트륨의 주요 제공원은 버거류, 피자, 파스타, 샌드위치와 같은 식품들이나 햄과 같은 가공육, 곡류, 채소와 과자류이다. 병에 들어 있는 소스류, 양념, 발라먹는 스프레드(spread), 찍어먹는 소스 등도 나트륨 섭취에 많은 영향을 미친다. 미국 질병관리본부(CDC)의 자료에 따르면 미국인들의 나트륨 섭취량의 65%가 마트에서 살 수 있는 가공식품으로부터 온다. 그리고 많은 음식점과 패스트푸드 체인점에서 판매하는 식품의 나트륨 함량이 높으니 주의해야 한다. 예를 들어, 랜치 소스를 곁들인 치즈 감자튀김은 4,000 mg의 나트륨을 함유하고 있으며, 치킨 화이타도 3,500 mg의 나트륨을 함유할 수 있다. 전형적인 한식에서 나트륨의 주요 제공원은 김치류, 양념류, 라면 등이다.

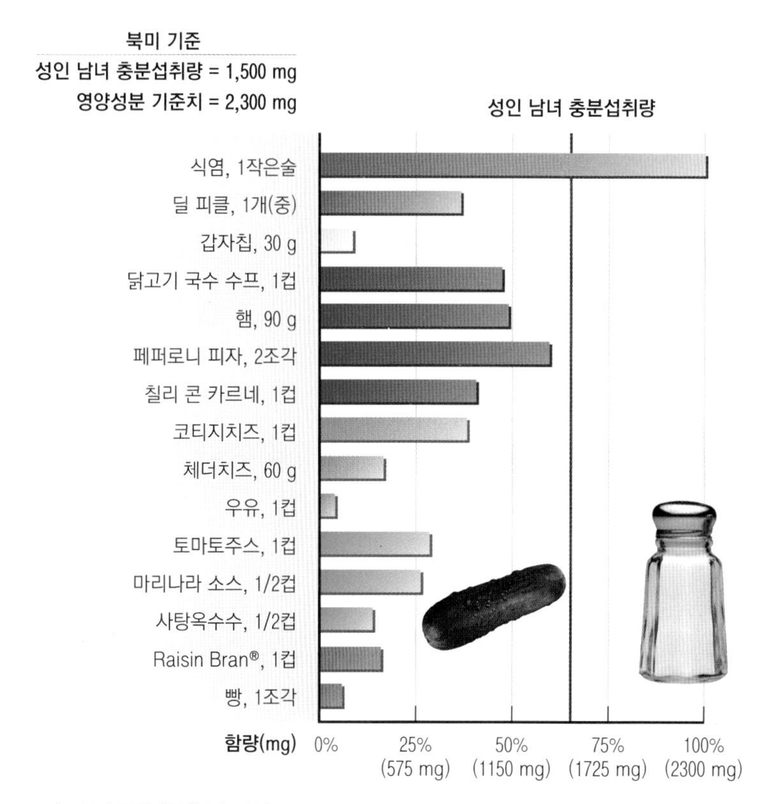

그림 12.12 나트륨의 급원식품(북미 기준).

pickle: ©Brand X Pictures/Getty Images RF; salt: ©C Squared Studios/Getty Images

나트륨의 필요량

성인이 먹어야 하는 나트륨 양에 대한 섭취 기준이 나와 있다. 표 12.5에는 하루에 1,100~2,300 mg에 이르는 다양한 섭취 기준이 나와 있으며, 노인층과 고혈압과

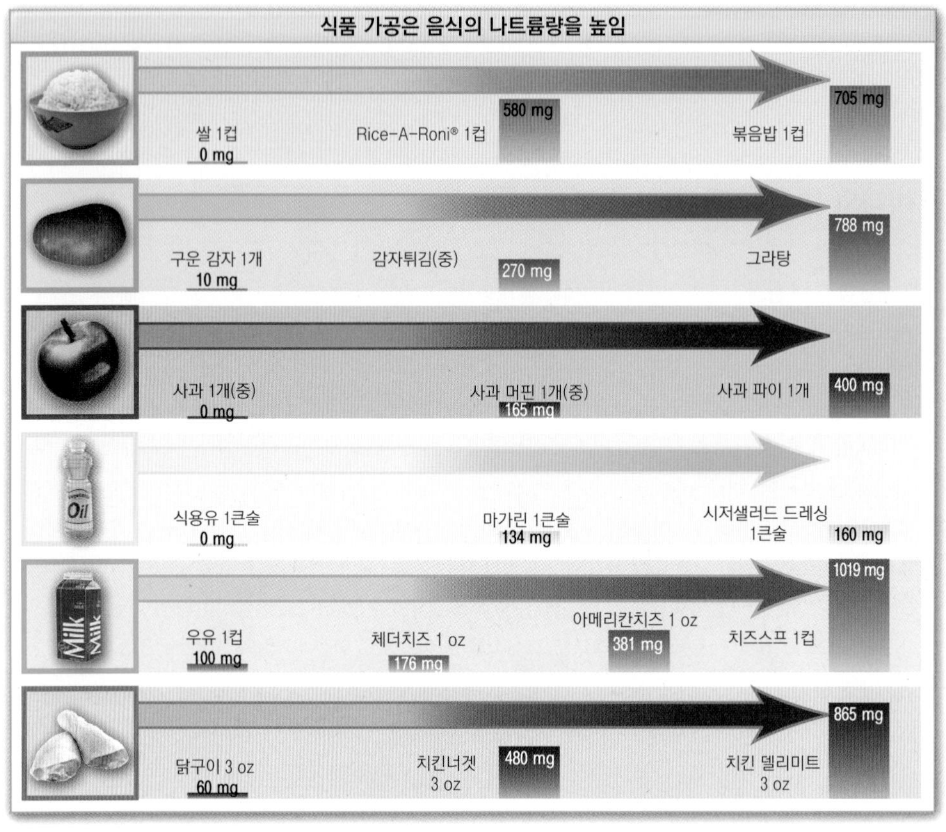

그림 12.13 가공식품은 신선식품에 비해 나트륨 함량이 높다. 예를 들어, 신선한 사과에는 나트륨이 들어있지 않지만, 애플파이로 만들어질 때 400 mg의 나트륨이 들어가게 된다. 이는 파이의 맛을 내기 위해 들어간 소금과, 나트륨을 포함한 보존제가 들어가는 것을 포함한 수치이다. 나트륨 섭취를 줄이기 위해서는 가공되지 않은 식품을 섭취하는 것이 중요하다.

rice: ©Ryan McVay/Getty Images RF; potato: ©Stockbyte/Getty Images RF; apple: ©Ingram Publishing/Alamy RF; oil: ©McGraw-Hill Education/Jacques Cornell photographer; milk: ©Ingram Publishing/Fotosearch RF; chicken: ©Elena Elisseeva/Shutterstock Inc.

같은 기저질환이 있는 사람들은 낮은 수준의 양을 권고하고 있다. 대부분의 건강한 성인들에게는 하루에 2,300 mg을 넘지 않도록 권고한다. 정상적인 생리작용을 위해서 필요한 양은 훨씬 적기 때문에 2,300 mg도 결코 적지 않은 수치이다.

나트륨 제공원

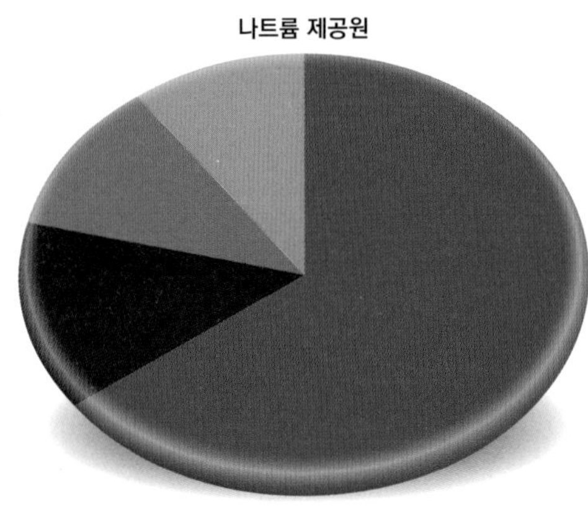

- 편의점이나 마트에서 구매한 식품(65%)
- 패스트푸드 피자를 파는 음식점(14%)
- 기타 음식점(11%)
- 기타(자판기 식품 등)(10%)

나트륨의 흡수, 운반, 저장 및 배설

섭취한 나트륨은 소장과 대장에서 능동수송을 통해 거의 대부분 흡수된다. 능동수송에 쓰이는 에너지는 Na-K 펌프에 의해 공급된다(그림 12.3 참조). 신체 내 나트륨은 대부분 세포외액에 존재하며 매우 예민하게 조절된다. 나트륨 섭취가 높으면 혈류 내에 있는 일

▶ 많은 의학 잡지들은 나트륨 섭취와 배설량을 mmol 단위로 표기하고 있다. mmol Na를 mg Na로 전환하기 위해서는 23(나트륨 분자량)을 곱해주면 된다. 따라서 50 mmol Na는 1,150 mg Na와 동일하다.

50 mmol x 23 mg/mmol = 1,150 mg

표 12.5 나트륨 저감화를 위한 식생활지침

권장량	최대 섭취량
한국인 영양소 섭취기준(KDRI)	
충분섭취량(AI)	
19~64세	1,500 mg
65~74세	1,300 mg
75세 이상	1,100 mg
만성질환 위험 감소 섭취량 기준	2,300 mg(성인 기준)
영양성분 기준치(DV)	2,000 mg
2015-2020 미국인을 위한 식생활지침	2,300 mg
미국 심장협회(AHA)	1,500 mg

부 나트륨은 신장에서 여과되어 소변으로 배설된다. 반면에 나트륨 섭취가 감소하면 알도스테론이 분비되어 나트륨 배설을 억제한다(그림 12.9 참조). 나트륨은 대변과 땀을 통해서도 배출된다.

나트륨의 기능

나트륨은 세 가지 주요 기능을 수행한다. 소장에서 포도당과 일부 아미노산의 흡수를 촉진하며, 정상적인 근육과 신경 기능에 필요하며 수분 균형에 관여한다. 근육수축과 신경물질 전달 기능은 칼륨과 나트륨이 세포막을 통과함으로써 생성되는 전위차에 의해 이루어진다.

나트륨은 세포외액의 주요 양이온이기 때문에 세포외액과 혈장의 양을 조절한다. 식품으로 인한 나트륨 섭취가 높아 혈액 내 나트륨의 농도가 높아지면 신장을 통해 배출되기 전까지 삼투질 농도에 영향을 주어 체내에 수분을 보유하게 해준다. **신증후군**(nephrotic syndrome)이나 심부전(congestive heart failure)처럼 신장질환이나 심장 기능에 이상이 생겨서 신장의 나트륨 배설이 손상된 경우 수분이 지나치게 보유되어 부종을 야기한다. 이렇게 체액과 나트륨의 양이 증가하면 혈압이 증가하고 이는 심혈관계에 큰 부담이 될 수 있다. 건강한 사람도 더운 날씨에 오래 서 있으면 부종이 발생한다. 나트륨의 섭취를 줄이면 이러한 증세가 개선될 수 있다.

신증후군(nephrotic syndrome) 당뇨병 같은 다른 질병에 의해 기인하는 신장 손상 증세로 수분 보유, 체중 증가와 고혈압 증세가 나타남.

나트륨의 결핍증

나트륨은 신체 요구량이 적고 식품에 풍부하게 함유되어 있기 때문에 결핍되는 경우는 거의 드물다. 그러나 발한작용으로 전체 체중의 2% 이상(혹은 2~3 kg)이 감소할 경우 나트륨 손실이 우려된다. 이런 경우 통상 염분이 들어 있는 음식을 먹기만 해도 나트륨 결핍을 방지할 수 있다. 그러나 지구력 운동을 하는 사람들은 나트륨과 다른 전해질 고갈을 방지하기 위해 경기 도중에 스포츠음료를 마셔야 한다. 짠맛이 나는 땀의 나트륨 농도는 혈액 내 나트륨 농도의 2/3 정도로 수분이 증발하면 나트륨만 남는다. 특히 유아들이 설사나 구토로 나트륨 결핍이 발생하면 전해질 음료를 먹여도 효과가 있다.

저나트륨증(hyponatremia)은 나트륨 결핍 증세이며 두통, 오심, 구토, 피로감, 근육통의 증세를 보인다. 심각한 경우에는 발작, 혼수, 사망에 이를 수도 있다. 저나트륨증은 과도한 물 섭취로도 발생할 수 있다.

나트륨의 과잉 섭취와 상한섭취량

나트륨 섭취와 고혈압, 심혈관계질환은 많이 연구가 되어 온 분야이나 아직도 연구 결과를 해석하는 데 많은 논란의 여지가 있다.

지금까지 이루어진 많은 연구들은 연구방법론이 달랐고, 또한 다른 연구방법론에 따라 다른 결과들이 나왔다. 또한 나트륨 섭취를 측정하는 방법이 매우 다양했다. 다양한 인구집단에 따라 결과가 달랐는데 젊은 사람, 나이든 사람, 건강한 사람, 그렇지 못한 사람, 정상 혈압을 가진 사람과 높은 혈압을 가진 사람 등이다. 지금까지 나온 결과를 바탕으로 정리해

▶ 혈액 안의 나트륨 농도를 측정할 수는 있으나 이는 개인의 나트륨 섭취량을 추정하는 지표는 아니다. 이는 보통 수분이 체내에 얼마나 충분한지를 알 수 있는 지표이다. 혈중 내 낮은 나트륨 농도(hyponatremia)는 수분 과다를 의미할 수 있으며 과다한 나트륨 농도(hypernatremia)는 수분 부족(탈수)을 의미하기도 한다.

보면, 고혈압을 가진 사람을 대상으로 나트륨 섭취를 줄이면 혈압을 낮출 수 있다. 그러나 정상 혈압을 가진 사람에게는 그러한 효과가 확실히 검증되지 않았다. 그렇지만 식품공급 측면에서 나트륨의 양을 줄이면 국민들의 혈압이 개선되고 심혈관계질환으로 인한 사망이 감소하는 결과를 보여주는 연구 결과도 있다. 이러한 점은 향후 더 많은 연구가 필요하다.

한국인의 나트륨 만성질환 위험 감소 섭취량은 2,300 mg으로 설정되어 있다. 그러나 우리나라 사람의 대부분이 이 양을 초과하여 섭취하고 있으며 나트륨 섭취가 이 기준을 초과하면 고혈압, 심장질환, 뇌졸중이 유발될 가능성이 높아진다.

미국의 나트륨 상한섭취량과 식품표시를 위한 영양성분 기준치(Daily Value, DV)는 2,300 mg으로 정해져 있다. 이는 고혈압과 심혈관계질환을 낮추고자 설정된 수치이다. 미국 심장협회(AHA)는 나트륨 섭취량을 1,500 mg으로 권고하고 있으나, 2,400 mg으로만 낮춰도 충분히 심혈관계 건강에 도움이 된다고 보고 있다. 그러나 이 수치는 혼자서 낮출 수는 없으며 가공식품과 음식점에서 판매하는 음식에서 나트륨의 수치가 낮아져야 달성 가능한 수치이기 때문에 미국 식품의 약품안전국(FDA)에서는 식품산업과 함께 자발적인 나트륨 감소 정책을 추진하도록 노력하고 있다. 보건 전문가들은 나트륨 섭취를 2,300 mg 이하로 줄이면 고혈압 유병률을 20% 정도 감소시킬 수 있고 심장마비나 뇌졸중을 상당히 예방할 수 있다고 예측한다. 국내 식품 표시에 적용되는 영양성분 기준치는 2,000 mg이다.

나트륨 섭취가 하루 2 g 이상이면 소변으로 소실되는 칼슘 양이 증가하여 뼈의 칼슘이 소실된다. 그러나 높은 나트륨 섭취가 골다공증의 원인이 된다거나 더 악화시킨다고 결론을 내릴만한 연구 결과는 많지 않다. 또한 많은 양의 칼슘이 소변으로 배출되면 신장결석의 원인이 될 수 있다. 나트륨 섭취를 목표량 이하로 낮춤으로써 심혈관계질환과 신장결석의 위험을 개선할 수 있다.

식품가공업자들은 소비자의 나트륨 저감화 요구에 반영하여 제품 개발에 힘쓰고 있으므로, 가공식품의 무염(salt-free, sodium-free), 저염(low-sodium) 등 영양표시는 나트륨 저감화에 많은 도움이 된다. 사람들의 짠맛에 대한 욕구는 학습된 것이므로, 서서히 식사에서 염분 섭취량을 줄이면 저염 식사에 익숙해진다. 표 12.6에서 나트륨 저감화를 위한 식생활 지침을 살펴보자.

표 12.6 나트륨 저감화를 위한 식생활지침

자주 선택하는 식품	자주 선택하지 않는 식품
곡류: 전곡, 강화 빵이나 시리얼, 일반 쌀과 파스타	가공된 쌀, 파스타 음식
채소류: 생채소, 냉동채소	채소 통조림, 토마토 및 파스타 소스, 양념을 한 냉동채소
과일류: 생과일, 냉동과일	과일 파이
유제품: 저지방 우유, 요구르트	가공치즈
육류제품 및 대체 식품: 생고기, 냉동고기, 가금류, 어류, 패류, 무염 돼지고기 살코기, 달걀, 무염 참치나 연어통조림, 무염 견과류 및 종실류, 다양한 콩류	가염 견과류, 튀김용 냉동육, 어류, 가금류; 볼로냐, 살라미, 핫도그, 베이컨, 햄, 육포 등과 같은 가공육
전채요리: 신선한 재료로 조리된 식품이나 저염으로 표시된 가공식품	즉석 및 통조림 수프, 냉동식품, 피자와 같은 패스트푸드
스낵류: 무염 크래커, 팝콘, 프레첼	가염 크래커, 팝콘, 과자류
조미료류: 신선한 허브, 건조 허브, 레몬주스, 저염 조미료	가염 조미료, 소스류, 피클, 올리브, 샐러드드레싱
음료: 경수, 저염 생수	연수, 나트륨이 첨가된 생수

확인합시다!

1. 식사 중 나트륨을 가장 많이 제공하는 식품은 무엇인가?
2. 체내에서 과잉 나트륨을 제거하는 방법은 무엇인가?
3. 나트륨의 세 가지 체내 기능은 무엇인가?
4. 건강한 성인이 만성질환 위험 감소를 위해 기준으로 삼아야 하는 나트륨 섭취량은 얼마인가?
5. 식사에서 나트륨을 저감화하기 위한 방법에는 어떤 것이 있는가?

생각해 봅시다

Massa 여사는 최근 식품에 소금이 과량 포함되었다는 얘기를 접했다. 게다가 음식에서 소금의 양을 줄이라고 조언하는 기사가 많은 것에 더 깜짝 놀랐다. 그녀는 나트륨이 그렇게 나쁜 것이라면 왜 먹어야 하는지 궁금하였다. 그 이유를 어떻게 설명하겠는가?

12.4 칼륨(K)

칼륨(potassium, K)은 1800년대 초기에 발견된 은회색 무기질이다. Potash가 '탄 나무 재(ash)에서 추출한' 물질을 의미하듯이 칼륨은 식물성 식품에 풍부한 무기질로 자연계에 널리 분포되어 있으나 전 세계적으로 그 섭취량이 충분하지는 않은 편이다.

칼륨의 급원식품

칼륨은 자연계에서 흔히 발견되며, 나트륨과는 반대로 가공되지 않은 천연식품이 주 공급원이다(그림 12.14). 과일, 채소, 우유, 전곡류, 콩류, 육류 모두 좋은 급원식품이다. 섭취량을 보면 과일과 채소(20%), 우유와 유제품(11%), 육류와 가금류(10%), 곡류(10%), 커피와 차(7%), 과일과 채소주스(5%)로부터 주로 칼륨을 섭취한다. 이 밖에도 대체 소금(KCl), 다양한 식품첨가물(감미료나 방부제와 같은)을 통해 칼륨을 섭취할 수 있다.

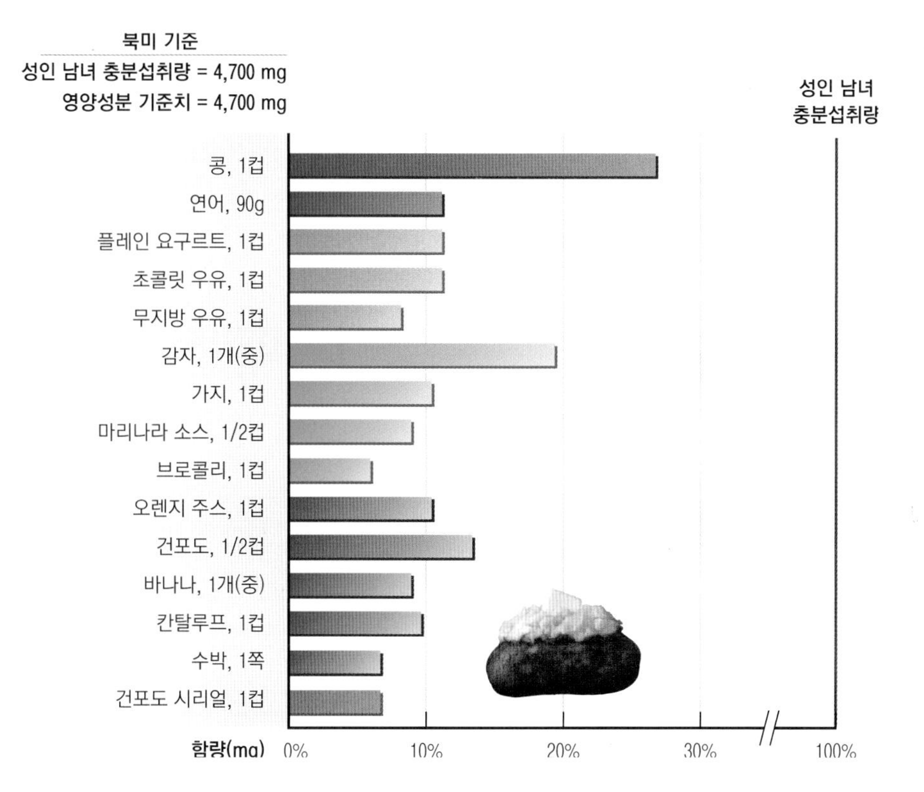

그림 12.14 칼륨의 급원식품(북미 기준).

채소는 과일처럼 칼륨이 풍부한 급원이다.
James Gathany/CDC RF

칼륨의 필요량

식품섭취량이 많은 남성이 여성보다 칼륨을 많이 섭취하는 경향이 있으나, 여성은 식품으로 섭취하는 에너지당 칼륨 섭취량이 더 높다(칼륨의 밀도가 더 높다). 이와 비슷하게, 노인이 젊은 성인보다 칼륨 밀도가 높은 식품을 섭취하는 경향이 있다. 대부분의 성인들은 과일, 채소, 전곡류, 저지방 우유 및 유제품 섭취를 통해 칼륨 섭취량을 늘리도록 노력해야 한다. 2020 한국인 영양소 섭취기준에서 칼륨의 충분섭취량(AI)과 영양성분 기준치(DV)는 3,500 mg이다. 최근 국민건강영양조사 섭취량 자료를 보면 대부분 성인의 섭취량이 충분섭취량에 미치지 못한다.

칼륨의 흡수, 운반, 저장 및 배설

인체는 섭취한 칼륨의 90%를 소장과 대장에서 흡수한다. 흡수된 칼륨(K^+)의 95% 정도가 세포 내에서 발견된다. 칼륨 균형은 나트륨과 함께 신장에서 배설량과 보유량을 조절함으로써 유지된다.

칼륨과 나트륨은 근육수축을 돕는다.
Fancy Collection/SuperStock RF

칼륨의 기능

칼륨(K)은 세포내액의 주요 전해질로서, 많은 기능을 수행한다. 칼륨은 나트륨처럼 체액 균형, 신경자극전달, 근육수축에 관여한다. 세포막 사이로 칼륨과 나트륨이 이동하면서 생기는 전기적 힘에 의해 이러한 근육수축과 신경전달물질의 이동이 일어난다. 또한 칼슘의 배설에도 영향을 주는데 나트륨과는 반대로 칼륨 섭취가 높을 때 칼슘 배출은 감소한다.

칼륨은 나트륨 섭취가 많았을 때 혈압이 상승하는 것을 억제함으로써 정상 혈압 유지에 도움을 준다. 칼륨 섭취가 증가하면 레닌-안지오텐신 시스템을 억제하여(그림 12.9 참조), 나트륨과 수분 배설을 증가시킨다. 고혈압 유병률이 증가하는 것은 칼륨에 비해 나트륨 섭취가 높아 Na/K의 비율이 높은 것과 일부 연관성이 있다.

칼륨의 결핍증

혈액 내 칼륨 농도가 낮으면[**저칼륨혈증**(hypokalemia)] 생명이 위험해진다. 증상으로는 극심한 피로감과 변비, 부정맥(심장박동이 불규칙해짐)으로 인한 혈액순환 능력의 저하이다. 칼륨 섭취 부족은 혈압 상승을 가져오고 뇌졸중의 위험을 높인다. 또한 신장결석과 뼈 소실의 위험을 증가시킨다.

소변과 위장관을 통해 과량의 칼륨이 소실되는 것이 체내 칼륨 부족의 주요 원인이다. 고혈압 치료제로 사용되는 이뇨제도 체내 칼륨 배출을 증가시킨다. 이런 이뇨제를 복용하는 사람들은 칼륨 보충제나 식품을 통해 칼륨을 충분히 섭취하는 것이 바람직하다. 그러나 모든 이뇨제가 소변으로 칼륨의 배출을 증가시키는 것은 아니다.

매우 드물지만 신경성 식욕부진으로 식사량이 적거나 구토를 하거나 완화제를 복용하는 사람 등은 체내 칼륨이 결핍될 수 있다. 초저에너지 식사를 하는 사람들이나 격한 운동을 하는 사람, 알코올중독자 등도 칼륨이 결핍될 수 있다.

저칼륨혈증(hypokalemia) 혈액 내 칼륨 농도 저하.

고칼륨혈증(hyperkalemia) 혈액 내 칼륨 농도 상승.

칼륨의 과잉 섭취와 상한섭취량

혈액 내 칼륨 농도가 비정상적으로 높은 경우[**고칼륨혈증**(hyperkalemia)]도 생명을 위독하게 할 수 있다. 비록 과량의 칼륨을 섭취하더라도 건강한 사람들은 신장을 통해 배출할 능력이 있기 때문에 고칼륨혈증은 거의 나타나지 않는다. 그러나 신장 기능이 약하면 칼륨이 혈액에 축적되어 심장박동이 불규칙해지거나 심할 경우 심정지가 올 수도 있다. 이러한 경우 식사를 통해 섭취하는 칼륨의 양을 잘 관찰하면서 체내 칼륨 양을 잘 조절할 수 있다.

신장 기능이 정상이라면 보충제 형태로 부족한 칼륨의 섭취를 보충할 수 있다. 따라서 칼륨은 상한섭취량이 정해져 있지 않다. 그러나 너무 많은 양을 보충제 형태로 섭취할 경우 위장관에 불편감이 생길 수 있다.

확인합시다!

1. 칼륨이 풍부한 급원식품은 무엇인가?
2. 신체 내에서 칼륨이 주로 존재하는 곳은 어디인가?
3. 칼륨 섭취가 낮을 때 유발되는 심각한 증세 두 가지는 무엇인가?
4. 혈중 칼륨 수준이 높은 고칼륨혈증이 잘 나타나지 않는 이유는 무엇인가?

12.5 염소(Cl)

염소(chloride, Cl^-)는 필수영양소로서 세포외액의 주요 음이온이다. 이와는 달리 수돗물 혹은 수영장 소독제로 쓰이거나 표백제, 플라스틱 합성에 사용되는 염소(chlorine Cl_2)는 염소가스(chlorine gas)와 함께 독성이 강한 물질이므로 혼동되지 않도록 주의하자.

식사로 섭취하는 염소의 대부분은 식탁용 소금(염화나트륨)에서 온다.

C Squared Studios/Getty Images

염소의 급원식품

식사에서 염소를 공급하는 급원은 모두 식염(NaCl)이다. 따라서 식사에서 나트륨을 제공하는 모든 음식은 염소를 함유하고 있다. 염소는 해조류, 올리브, 호밀, 상추, 일부 과일과 채소에서도 발견되며, 식염 대체제인 염화칼륨(KCl)에도 함유되어 있다.

염소의 필요량

염소의 충분섭취량은 성인에서 2,300 mg으로 설정되어 있다. 이 양은 소금의 나트륨 : 염소 비율인 40 : 60을 근거로 한 수치이다. 우리나라는 제시되지 않았으나 미국에서는 식품이나 보충제의 영양성분 기준치(DV)는 2,300 mg이다. 만약 소금 섭취량이 9 g이면, 염소 섭취량은 5.4 g(5,400 mg)이 되는 셈이다.

염소의 흡수, 운반, 저장 및 배설

염소는 나트륨 흡수와 함께 소장과 대장에서 거의 모두 흡수된다. 염소 음이온은 나트륨 양이온과 균형을 맞추어 주로 세포외액에 존재한다. 나트륨이나 칼륨과 마찬가지로 염소의 배설은 주로 신장을 통해 일어난다.

염소의 기능

염소 음이온은 세포외액의 중요한 음이온으로 나트륨 이온의 양전하와 균형을 이루어서 전해질 균형을 유지하여 체액량을 유지하는 데 매우 중요한 역할을 한다. 염소는 신경전달물질의 이동에도 관여할 뿐만 아니라, 위산의 구성 성분이고 면역반응 시 백혈구가 이물질을 공격할 때 사용된다. 마지막으로 염소는 산-염기 평형을 도와주며 특히 호흡을 통해 이산화탄소의 제거에 도움을 준다.

염소의 결핍증

▶ 우리가 지금 알고 있는 대부분의 염소 결핍증은 1980년대 너무 적은 양의 염소가 들어 있는 분유를 먹은 영아를 연구한 자료에서 얻어진 것들이다. 이 영아들은 성장지연, 무기력, 식욕부진, 허약 증세를 보였다. 이 영아들 중 일부를 10년 이상을 추적 관찰하였는데 언어발달지연 증세가 관찰되었다.

염분 섭취량이 매우 많기 때문에 염소 결핍은 일반적으로 거의 나타나지 않는다. 구토를 자주, 오랫동안 하면서 식품 섭취량이 충분치 않으면 결핍증이 일어날 수 있다. 이는 위액을 통해 위산(HCl)을 잃기 때문이다. 염소의 결핍 증세는 무기력함, 식욕부진 등이다. 위산의 HCl이 손실되면 신체의 산-염기 평형이 깨질 수도 있다.

염소의 상한섭취량

우리나라에는 염소의 상한섭취량이 없으나 미국의 경우 3,600 mg으로 설정되어 있다. 이 양은 소금의 나트륨 : 염소 비율인 40 : 60을 근거로 한 수치이다. 식사 내 염소는 염화나트륨(소금)이 혈압을 높이는 것에도 영향을 미친다. 고혈압 치료를 위해 나트륨 섭취량을 낮추면 자동적으로 염소 섭취량도 감소한다.

확인합시다!

1. 염소의 급원식품은 무엇인가?
2. 염소의 신체 기능은 무엇인가?
3. 염소의 필요량과 상한섭취량은 어떻게 결정되는가?

임상적 관점

고혈압과 영양

성인 3명 중 1명은 고혈압(hypertension) 증세를 가지고 있다. 혈압이란 혈액이 동맥벽에 부딪치는 압력을 mm Hg 단위로 나타내는 것으로, 쉽게 말해서 심장이 얼마나 많은 일을 하는지, 혈관의 건강상태는 어떤지를 측정하는 것이다. 혈압은 수축기 혈압과 이완기 혈압으로 측정한다. 수축기 혈압이란 심장이 박동할 때 동맥압을 의미하며, 이완기 혈압은 박동과 박동 사이, 즉 심장이 이완되었을 때의 동맥압을 의미한다. 정상적인 혈압은 80~120 mm Hg 사이이다. 표 12.7은 성인에게 적용하는 혈압 분류 기준을 보여준다.

고혈압의 원인

신장질환, 간질환, 당뇨병 등은 이차적으로 고혈압을 유발할 수 있는데, 이는 고혈압 환자의 5~10%에 해당한다. 대부분 고혈압 환자는 일차적인, 즉 본태성 고혈압 환자에 해당한다. 본태성 고혈압은 수년에 걸쳐 동맥과 신장의 변화 그리고 나트륨/칼륨 균형에 변화가 생기면서 서서히 진행된다. 나이가 들어감에 따라 동맥이 좁아지고 딱딱해지는 동맥경화가 시작된다. 또한 동맥혈관의 상피세포에서는 동맥 손상, 혈액 순환의 부족, 스트레스, 그 밖에도 다른 요인에 의해 혈관수축 인자(vasocontrictor)를 분비한다. 이러한 혈관 수축인자는 추가적으로 신장에 영향을 주어 더욱 동맥압을 상승시킬 수 있다. 또한 이러한 혈관 수축인자는 신장에 더 많은 레닌을 분비하게 하고, 이는 안지오텐신 II를 분비하게 하는데(그림 12.9 참조), 이는 강력한 혈관수축제로 작용하여 나트륨과 수분을 보유하도록 한다. 이때 나트륨이 높고 칼륨이 낮은 식사를 하면 생리적 상태가 악화되어 시간이 지날수록 혈압을 상승시킨다.

고혈압 위험인자

연령, 인종, 비만도, 신체활동의 부족, 잘못된 식사섭취, 당뇨병 등은 모두 고혈압의 위험인자들이다. 예를 들어, 55세 이상인 사람이 남은 여생동안 고혈압이 생기는 비율은 90%이다. 아프리카계 미국인은 백인에 비해 고혈압이 많이 발생하며 젊은 나이에 발생한다. 아프리카계 미국 성인의 약 45%는 고혈압을 가지는데 이는 전 세계에서 가장 높은 비율이다. 비만, 특히 복부비만의 경우 혈압을 높인다. 혈관에 지방층이 축적되면서 심장에 부담을 주어 혈압을 상승시키기 때문이다. 신체 활동의 부족은 혈관의 유연성을 떨어뜨려 혈압을 상승시킨다. 나트륨과 에너지 함량은 높고 칼륨이 적은 식사도 고혈압을 유발할 수 있으며, 건강하지 못한 식사는 비만을 가져온다. 2형당뇨병 환자의 특징인 혈중 인슐린 농도의 상승은 인슐린 저항성이 있는 지방세포와 관련이 있으며, 이는 당뇨병과 비만의 연관성을 설명하기도 한다. 인슐린은 신체가 나트륨을 가지고 있게 하여 결과적으로 동맥경화를 일으키며, 이로 인해 당뇨병 환자의 약 65%가 고혈압 증세를 보인다.

고혈압은 건강에 치명적인 결과를 초래한다. 동맥압으로 인해 동맥이 손상되어 주요 장기인 심장, 뇌, 신장, 눈 등에 영향을 주며 심근경색, 뇌졸중, 치매, 신장질환, 시력 손상의 위험을 증가시킨다. 고혈압은 소리 없이 진행되므로 규칙적으로 정기 진단을 받아야 한다. 젊은 나이에 진단을 받으면 더 효과적인 치료를 기대할 수 있다.

고혈압의 위험은 연령이 높을수록 증가한다.
Monkey Business Images/Shutterstock

고혈압 예방과 치료를 위한 생활습관 개선

건강한 생활습관은 고혈압과 그 합병증을 예방하고 치료하는 데 핵심이 된다. 건강한 체중과 건강한 식습관 유지하기, 규칙적으로 운동하기, 절주하기와 같은 생활습관을 따르다 보면 정상 혈압을 유지할 수 있다. 고혈압을 예방할 수 있는 건강한 생활습관이 표 12.8, 표 12.9, 표 12.10에 제시되어 있다.

표 12.7 혈압 분류 기준

범주	수축기 혈압(mm Hg)		이완기 혈압(mm Hg)
정상	<120	그리고	<80
고혈압 전단계	120 – 139	또는	80 – 89
고혈압, 1단계	140 – 159	또는	90 – 99
고혈압, 2단계	≥160	또는	≥100

출처: Reference Card from the Seventh Report of the Joint National Committee on Prevention, Detection, Evaluation and Treatment of High Blood Pressure(JNC 7), NIH Publication Number 03–5231, May 2003. These classifications were not changed in the Eighth Joint National Committee(JNC 8), Evidence-based guideline for the management of high blood pressure in adults, 2014.

▶ 임신성 고혈압(pregnancy–induced hypertension, PIH)은 임신기간에 나타나는 고혈압으로 성장하는 태아와 산모에게 아주 위험할 수 있다.

▶ 인종, 민족 등 생물학적 요인과 혈액에서 납을 운반하는 단백질 형태에 따른 혈중 납 농도와 고혈압의 위험 증가 사이에 관계가 있음이 밝혀졌다. 환경적 독소인 납은 신장을 손상시키고 동맥경화, 혈관손상 및 고혈압을 유발시킬 수도 있다. 다행히도 납에 노출되는 경우와 혈중 농도가 점차 감소하고 있다.

DASH 식사요법

DASH(Dietary Approaches to Stop Hypertension) 식사요법은 포화지방, 총 지방, 콜레스테롤을 낮추고 과일과 채소가 풍부하며 저지방 유제품으로 구성된 식사가 혈압에 미치는 영향을 관찰하고자 계획된 식이요법을 의미한다. 표 12.9에서처럼 이 식단은 보충제를 섭취하지 않고 마그네슘, 칼륨, 칼슘, 단백질, 식이섬유를 매우 풍부하게 섭취할 수 있다(표 12.10 식단 참조).

이 식단은 정상 혈압, 고혈압 전단계, 고혈압을 보이는 모든 사람에서 혈압을 상당 수준으로 감소시켰으나 혈압이 가장 많은 감소를 보인 집단은 고혈압 환자들이었다. (고혈압 약과 비슷한 효과를 보였다.) DASH 식사요법은 나트륨 섭취량에 따라 2,300 mg/day, 1,500mg/day를 제공하는 두 수준으로 나뉜다. 이 식사에 운동과 체중 감량이 동반되면 혈압이 현저하게 감소한다. 이러한 결과는 고혈압 치료에는 식품 선택이 약물만큼 중요하다는 것을 보여준다.

DASH 식사요법의 효과는 혈압 강화 외에도 폴리페놀, 항산화제, 카로티노이드와 같은 피토케미컬을 충분히 섭취함으로써 신장결석, 암, 심장질환을 예방하는 데 도움이 된다.

규칙적이고 적당한 운동은 혈압 수준을 조절하는 데 도움이 된다.
©Jeff Maloney/Getty Images RF

무기질, 피토케미컬과 고혈압

수년간 나트륨 섭취를 제한하여 고혈압을 예방하고 치료하는 방법과 그 효과에 대한 논쟁이 지속되어 왔다. 가장 대표적인 연구로서, 32개국에서 10,000명 이상의 인원을 대상으로 수행된 Intersalt Study에 따르면, 소변으로 배출되는 나트륨의 양이 증가하면 혈압이 증가한다. (소변으로 배출되는 나트륨의 양을 측정하는 것이 나트륨의 식사 섭취 조사방법보다 훨씬 더 정확한 지표이다.) 그러나 소금 섭취량이 높아지면 소위 '염 민감성(salt sensitivity)'이라는 현상이 나타난다. 소금 섭취량이 높아질 때 고혈압이 발생하는 빈도는 25~50% 정도에 불과하다. 아쉽게도 염 민감성을 판정하기란 결코 쉬운 일은 아니지만, 아프리카계 미국인, 비만이나 당뇨병이 있는 사람, 노인이 소금에 대해 민감하게 반응하는 경향이 있다. 따라서 일반 사람들은 나트륨 섭취량을 2,300 mg/day 이하로 제한하는 반면, 염 민감성 환자의 경우에는 나트륨 섭취량을 1,500 mg/day로 제한해야 한다.

칼륨도 혈압에 영향을 준다. 칼륨이 풍부하고 나트륨이 적은 식사를 하는 사람은 고혈압에 걸릴 확률이 매우 낮다. 이는 위에 설명한 DASH 식사요법이나

표 12.8 혈압을 낮추는 생활습관

변화	권장사항	수축기 혈압의 평균 감소 범위
체중감소	건강 체중 유지(BMI 18.5~24.9 kg/m^2)	5~20 mm Hg/10 kg 체중감소 시
DASH 식사요법	채소, 과일, 전곡류 섭취 증가, 저지방 유제품, 가금류, 어류, 콩류, 견과류 섭취, 단순 당 음료 및 붉은 육류 섭취 제한	6~7 mm Hg
유산소 운동	주 3~4일, 매일 40분 이상 중강도의 규칙적인 유산소 운동하기	2~5 mm Hg
저나트륨 식사	나트륨 섭취 2,300 mg/day 이하로 제한, 1,500 mg/day 이하로 섭취 시 혈압 감소가 더 많이 됨. 매일 최소 1,000 mg의 나트륨 섭취 줄이기	2~6 mm Hg
알코올 섭취 줄이기	남성 하루 2잔 이하, 여성 하루 1잔 이하로 제한하기	2~4 mm Hg

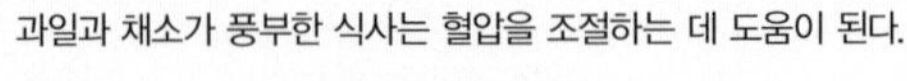
과일과 채소가 풍부한 식사는 혈압을 조절하는 데 도움이 된다.
C Squared Studios/Getty Images RF

표 12.9 DASH 식사의 영양관리 목표(2,100 kcal 기준)

영양소	목표량	영양소	목표량
총 지방	총 에너지의 27%	나트륨	2,300 mg*
포화지방	총 에너지의 6%	칼륨	4,700 mg
단백질	총 에너지의 18%	칼슘	1,250 mg
탄수화물	총 에너지의 55%	마그네슘	500 mg
콜레스테롤	150 mg	식이섬유	30 g

*나트륨 1,500 mg을 목표량으로 취하면 고혈압을 더 완화시킬 수 있다. 특히 중년과 노년기 성인에게 더 효과적이다.
출처: Your guide to lowering your blood pressure with DASH, NIH Publication Number 06-4082, April 2006.

표 12.10 DASH 식사요법 하루 식단

식품군	빈도(일)	1회 분량(제공량)
곡류*	6~8회	빵 1쪽 시리얼 30 g** 밥 또는 파스타 1/2컵
채소	4~5회	생채소 1컵 익힌 채소 1/2컵 채소 주스 1/2컵
과일	4~5회	생과일(중) 1개 말린 과일 1/4컵 냉동 과일 또는 과일통조림 1/2컵 과일주스 1/2컵
무지방 또는 저지방 유제품	2~3회	우유 또는 요구르트 1컵 치즈 45 g
육류, 가금류 및 어류	6회 이하	익힌육류, 가금류, 어류 30g 달걀 1개
견과류, 종실류 및 콩류	4~5회/주	견과류 1/3컵 또는 45 g 땅콩버터 2큰술 종실류 2큰술 또는 15g 익힌 콩 1/2컵
지방 및 기름	2~3회	마가린 1작은술 식물성기름 1작은술 마요네즈 1큰술 샐러드드레싱 2큰술
당류 및 첨가당	5회 이하/주	설탕 1큰술 잼, 젤리 1큰술 셔벗, 젤라틴 1/2컵 레모네이드 1컵

* 곡류 섭취는 통곡류로 하는 것이 좋다. 통곡류는 식이섬유와 다른 영양소가 풍부하기 때문이다.
** 시리얼의 종류에 따라 1회 분량은 1/2컵에서 1 1/4컵으로 다양하다.
출처: Your Guide to Lowering your Blood Pressure with DASH, NIH Publication Number 06-4082, April 2006.

식생활지침과 부합하는 식사이기도 하다. 그러나 현대인의 식사처럼 나트륨이 많고 칼륨이 적은 식사를 하면 고혈압의 위험이 높아진다. 자신의 식사에 추가로 1,500 mg의 칼륨을 더 섭취한다면 칼륨의 충분섭취량인 4,700 mg을 섭취할 수 있다. 바나나 하나, 콩 1/2컵, 고구마나 구운 감자 1개면 이 정도의 칼륨을 섭취할 수 있다. 칼슘, 마그네슘, 식이섬유가 높은 식사를 하는 경우에도 혈압 저하에 효과적인데 보충제로 섭취하는 경우 건강상 큰 이점은 없는 것으로 보인다.

초콜릿, 코코아, 카페인과 고혈압

초콜릿, 코코아와 카페인 섭취도 혈압과 관련성이 있다. 코코아는 에피카테킨, 카테킨, 프로시아니딘 같은 플라바놀(flavanol)을 함유하고 있으며 이들은 혈관 기능, 인슐린 민감성을 증진시키고 레닌-안지오텐신 시스템을 억제하여 혈압을 저하시킨다. 코코아는 초콜릿의 원료가 되는데 코코아 함량이 높은 다크초콜릿이 밀크초콜릿에 비해 플라바놀 함량이 높다. 또한 코코아 품종에 따라 플라바놀 함량에는 차이가 있다. 일부 단기간 수행된 연구에서 혈압을 조금 낮추는 효과가 있음이 밝혀지긴 했으나 혈압을 낮추기 위해 초콜릿 섭취를 권장하기에는 더 많은 연구가 필요하다. 반면에 커피나 카페인은 일시적으로 혈압을 상승시키는 효과가 있으나 카페인 음료는 고혈압을 초래하거나 악화시키지는 않는 것으로 보인다.

Isabelle Rozenbaum / Getty Images

▶ Kempner 박사의 쌀 다이어트(Rice Diet)는 과거에 매우 심한 고혈압환자를 대상으로 한 식사요법이었다. 주로 쌀과 과일을 섭취하도록 한 이 식단은 에너지, 지방, 단백질, 나트륨이 매우 낮은 게 특징이다. 나트륨은 하루 150 mg 미만을 섭취하도록 했다. 이 식사요법을 실천한 많은 사람들이 혈압이 정상으로 돌아오고 심장, 신장 기능이 개선되었다. 그러나 의료계에서는 Kempner 박사의 이 식사를 인정하지 않았는데, 그 당시만 하더라도 식사와 혈압과의 관련성이 잘 알려져 있지 않았고, 이 식단이 영양적으로 부족한 부분이 많고, 실천하기가 어려웠기 때문이다.

고혈압 치료 약물

일반적으로 이완기 혈압이 90 mm Hg이거나 수축기 혈압이 140 mm Hg 또는 두 가지 모두인 경우에 해당하지 않는 한, 약물을 처방하지는 않는다. 노인의 경우에는 150 mm Hg을 초과할 때 처방한다. 다음은 고혈압 약물을 처방하는 경우이다.

- 이뇨제는 가장 자주 처방되는 약물이다. 이뇨제는 소변을 통해 수분과 염분의 배출량을 증가시킨다. 때로는 칼륨의 배출량도 증가할 수 있다. 해당 이뇨제로는 Furosemide(Lasix®), Hydrochlorothiazide(HydroDIURIL®) 등이 있다.
- 베타-억제제[metropolol(Lopressor®)]는 심박 수와 심장수축력을 감소시킨다.
- 안지오텐신 전환효소(ACE) 억제제[captropril(Capoten®)]는 폐에서 안지오텐신 I이 안지오텐신 II로 전환되는 것을 감소시켜 혈관 이완을 유도한다.
- 안지오텐신 II 수용체 억제제(ARBs)[losartan(Cozaar®)]는 혈관에서 안지오텐신 II가 수용체와 결합하는 것을 막아 혈관을 이완시킨다.
- 칼슘 통로 억제제[nifedipine(Adalat®, Procardia®)]는 심장과 혈관세포로 칼슘이 이동하는 것을 억제하여 혈관 이완을 유도한다.

DASH 식사요법에서 권하는 과일, 채소, 그리고 저지방 식품들을 선택함으로써 고혈압 위험과 무관하게 많은 사람들이 바람직한 영양 섭취를 할 수 있다.

Rhoda Baer/National Cancer Institute RF

확인합시다!

1. 고혈압 발생의 위험인자는 무엇인가?
2. 주기적으로 혈압을 측정해야 하는 이유는 무엇인가?
3. 고혈압은 왜 위험한가?
4. 고혈압을 예방하거나 치료하기 위해 필요한 생활습관은 무엇인가?

12.6 칼슘(Ca)

칼슘은 정상적인 뼈와 치아의 발달에 필수적인 무기질이다. 칼슘 부족 증세인 골다공증은 오래전부터 알려져 왔으며 4,000년 된 이집트의 미라에서 전형적인 골다공증 증세인 굽은 등, 휜 척추 등이 발견되었다. 칼슘은 이미 1,000년 전 부러진 뼈를 고정하는 데 사용한 석고(plaster of Paris)와 같이 산업적으로 많이 이용되고 있다.

칼슘의 급원식품

우유와 치즈 같은 유제품은 칼슘이 풍부한 식품으로, 생체이용률이 매우 높은 칼슘을 제공하며 식사로부터 얻는 칼슘의 50% 이상을 담당하고 있다(그림 12.15). 발효 빵, 식사 때 먹는 롤빵, 크래커 등 유제품을 함유한 식품도 칼슘의 공급원이다. 케일, 순무청, 브로콜리, 아몬드, 칼슘이 강화된 식품들—오렌지주스, 두유, 쌀음료, 아침용 시리얼 등—도 칼슘을 공급한다. 연어, 정어리와 같은 통조림 생선과 작은 생선의 뼈도 칼슘을 공급해준다. 또 다른 급원으로 탄산칼슘으로 만들어진 두부 역시 칼슘을 제공한다. 가공식품의 칼슘 함량은 브랜드별로 다를 수 있으므로 포장지의 영양표시를 확인해보자.

코티지치즈는 다른 유제품들보다 칼슘 양이 적다. 왜냐하면 제조과정에서 칼슘이 대부분 유실되기 때문이다.

Didecs/Shutterstock

식품을 선택할 때 제공 단위당 칼슘 함량과 생체이용률을 고려함이 바람직한데 녹색 잎 채소처럼 옥살산과 결합된 칼슘은 체내에서 흡수가 잘 되지 않기 때문이다. 그림 12.16에서 볼 수 있듯이 식품마다 흡수되는 칼슘 양의 차이가 매우 크다. 예를 들어, 시금치는 1컵에 함유된 250 mg 칼슘 중 5%인 12 mg 정도만이 흡수되는 반면, 우유는 1컵에 함유된 300 mg 칼슘 중 거의 100 mg이 흡수될 수 있다. 칼슘의 생체이용률은 동물성 식품을 전혀 먹지 않는 채식주의자(vegan) 들이나 유제품을 먹지 않는 사람에게 매우 중요한 문제가 된다.

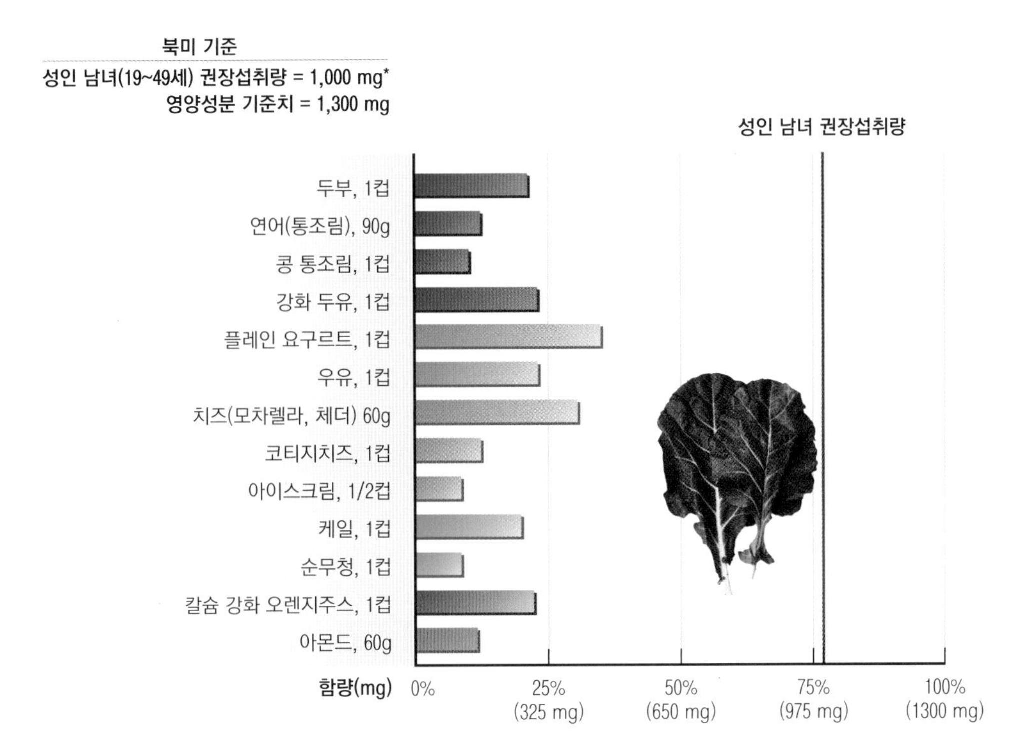

* 51세 이후 여성, 71세 이후 남성의 권장섭취량은 1,200 mg이다.

그림 12.15 칼슘의 급원식품(북미 기준).

©Stockbyte/Getty Images RF

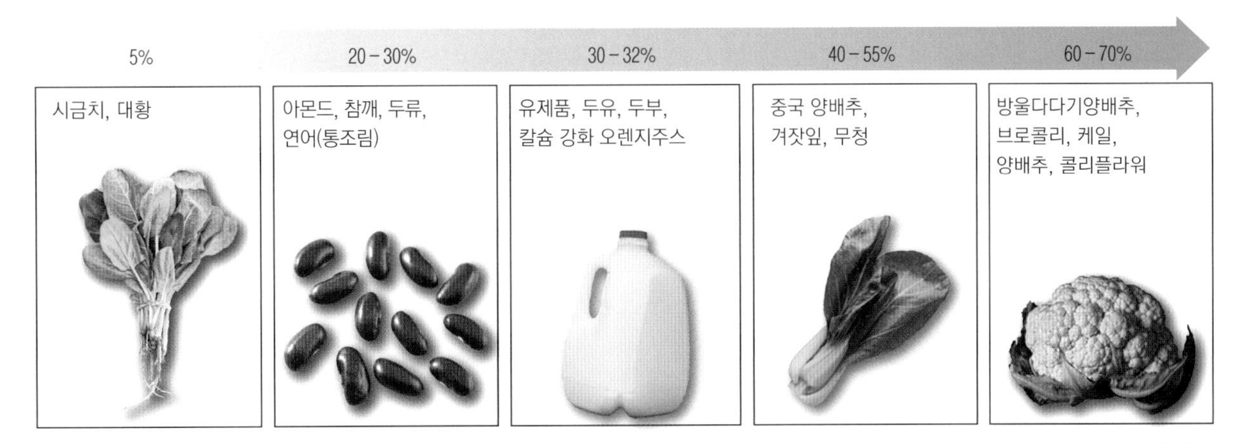

그림 12.16 칼슘 흡수량은 식품마다 다양하다. 유제품에 함유된 칼슘 흡수율은 30%밖에 되지 않지만 칼슘 함량이 풍부하고 쉽게 흡수되는 칼슘을 함유하여 다른 식품보다 훨씬 많은 양의 칼슘을 제공해준다.

spinach: ©Florea Marius Catalin/E+/Getty Images; beans: ©MRS.Siwaporn/Shutterstock RF; milk: ©Ryan McVay/Getty Images RF; greens: ©C Squared Studios/Getty Images RF; cauliflower: ©Brand X Pictures/Getty Images RF

사례연구

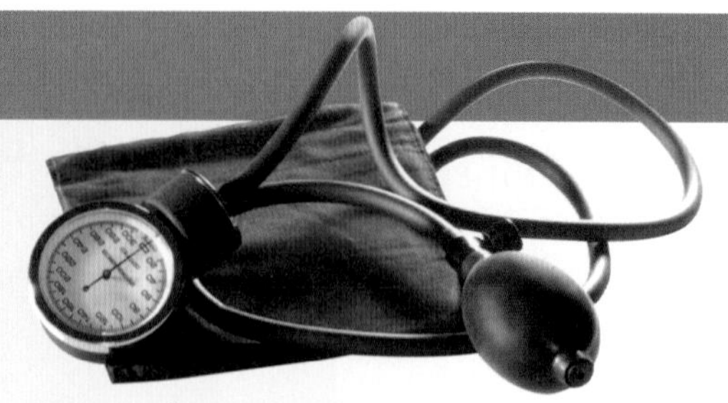

©Thinkstock/Getty Images RF

Leland 여사는 50세로 고등학교 영어교사이다. 최근 건강검진에서 혈압이 128/85 mm Hg로, BMI는 30이었다. Leland 여사는 주 2회 5 km 정도를 걷고 있다. 식사 내용은 아래와 같다. Leland 여사가 혈압을 낮추기 위해서 우리는 어떤 제안을 할 수 있을지 생각해보자.

아침: 건포도가 들어간 시리얼 1컵, 1% 우유 3/4컵, 오렌지주스 3/4컵, 2큰술의 프림을 넣은 커피 2잔
아침 간식: 1큰술의 프림을 넣은 커피 1잔, 바닐라크림이 들어간 쿠키 2개
점심: 전곡류 식빵으로 만든 샌드위치 1/2개, 치즈 1장, 햄 1.5장, 마요네즈 0.5큰술, 사과 1개(소),
치즈 크래커 1/2컵, 다이어트 콜라 1캔

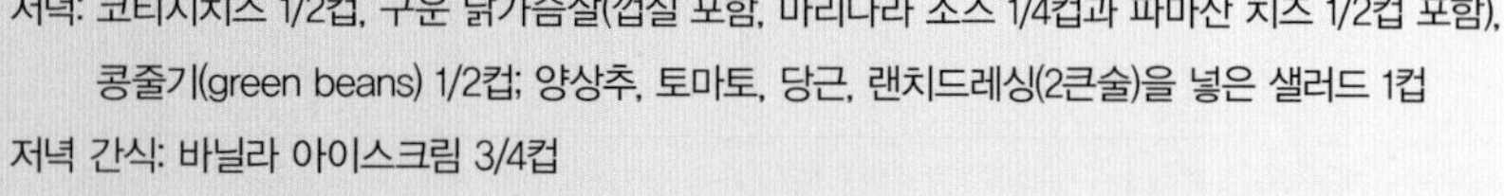

저녁: 코티지치즈 1/2컵, 구운 닭가슴살(껍질 포함, 마리나라 소스 1/4컵과 파마산 치즈 1/2컵 포함),
콩줄기(green beans) 1/2컵; 양상추, 토마토, 당근, 랜치드레싱(2큰술)을 넣은 샐러드 1컵
저녁 간식: 바닐라 아이스크림 3/4컵

다음 질문에 답해봅시다.

1. Leland 여사의 혈압은 고혈압 기준에 따른 분류 중 어디에 해당하는가?
2. 혈압을 낮추기 위한 신체활동 지침과 비교해봤을 때 Leland 여사의 운동량은 어떠한가? 만약 지침에 나오는 권장량에 미치지 못한다면 어떤 조언을 할 수 있는가?
3. DASH 식사요법과 Leland 여사의 식사를 비교해보자. 식사를 어떻게 개선할 수 있는가?
4. Leland 여사의 나트륨 섭취량을 권장량과 비교해보자.
5. Leland 여사에게 혈압과 관련하여 줄 수 있는 생활습관 개선사항을 생각해보자.

생각해 봅시다

Lieu는 채식주의자로 15살부터 유제품과 고기를 먹지 않았다. 대신 생선과 달걀을 비롯하여 다양한 식품을 먹는다. Lieu는 현재 28살인데 임신을 계획하고 있다. 그래서 아기의 건강을 지키기 위해 어떻게 칼슘을 충분히 섭취할 수 있을지 고민하고 있다. 그녀는 물론, 아이에게 필요한 충분한 칼슘을 섭취할 수 있는 방법을 생각해보자.

칼슘의 필요량

한국인의 칼슘 권장섭취량은 성인의 경우 700~800 mg/day이며 또한 빠른 성장으로 뼈질량이 증가하는 9세부터 18세까지 청소년들의 권장섭취량은 800~1,000 mg/day로 제정되었다. 우리나라 식품 및 보충제의 영양표시를 위한 영양성분 기준치(DV)는 700 mg이다. 미국의 경우 칼슘 섭취 기준은 성인의 권장섭취량이 1,000 mg/day이며, 50세 이상 여성과 70세 이상 남성은 1,200 mg/day이고, 성장기인 청소년들의 권장섭취량은 1,300 mg/day이다. 미국의 경우 대부분의 연령대에서 권장섭취량에 미치지 못하는 칼슘을 섭취하고 있으며 젊은 여성의 15%, 중년 여성의 39%만이 권장섭취량을 충족하고 있다. 남성 노인층도 마찬가지로 70%가 권장섭취량에 미치지 못하는 섭취량을 보인다.

급원식품이 제한적인 칼슘은 결핍되기 쉬운 영양소 중의 하나이다. 2012-2017년 국민건강영양 조사 자료에 의하면 대부분의 연령대에서 칼슘 섭취량이 권장섭취량에 미치지 못했다. 우리나라 국민 1인당 우유와 유제품의 섭취량은 점차 증가하고 있으나 연령별로 분류해보면 유아기를 제외한 모든 연령에서 매우 낮은 편이다. 대표적인 칼슘 급원식품은 20대 연령층까지는 우유이지만 30~64세에서는 멸치, 그리고 65세 이상에서는 배추김치였다. 특히 성인 여성들은 칼슘 섭취량이 부족할 뿐 아니라 이용률이 낮은 식품을 섭취하는 것도 영양문제 중 하나이다.

칼슘 보충제

노년층 사이에서는 부족한 섭취량을 채우고 골다공증과 골절을 예방하기 위해 칼슘 보충제가 자주 사용되는데, 실제 효과성에 대해서는 아직 의견이 분분하다. 그 이유는 현재까지의 연구 결과 칼슘 보충제를 섭취하더라도 골밀도의 증가가 매우 미미하며 또한 골절예방에 대해서도 큰 효과가 나오지 않았기 때문이다. 따라서 미국 예방국(US Preventive Services)에서는 칼슘 보충제의 주 사용층인 폐경기 여성들에게 매일 칼슘 보충제를 사용하는 것을 권하지 않는다.

칼슘 보충제는 비교적 안전하다고 생각되나 다음과 같은 부작용을 조심해야 한다. 변비나 복부 팽창감과 같은 위장관 증상이 나타날 수 있다. 혈중 칼슘 농도가 과도하게 높아지는 고칼슘혈증(hypercalcemia)은 중대한 질환이 될 수 있으며 신장결석, 고혈압이 생길 수 있고 적절한 치료가 이루어지지 않을 경우 신부전이 올 수도 있다. 하루 1,500 mg 미만으로 보충제를 섭취할 경우 고칼슘혈증은 크게 걱정하지 않아도 된다. 관상동맥이 석회화 혹은 경화(calcification)된다면 이는 관상심장질환의 위험을 높이기 때문에 조심해야 한다. 특정 연구에서 칼슘 보충제를 섭취한 집단에서 심장마비의 위험이 조금 증가한 것이 조사되었는데 향후 더 많은 연구가 필요한 부분이다. 그러나 식품에 자연적으로 존재하는 칼슘은 심장질환의 위험을 높이는 것이 관찰된 적은 없다. 칼슘 보충제는 아연, 철, 마그네슘의 흡수를 저해할 수 있기 때문에 만약 보충제를 섭취한다면 다른 무기질 보충제와 시간 간격을 두고 섭취하는 것이 바람직하다. 마지막으로 칼슘 보충제는 납 오염이 우려되는 바, 2008년부터 식품의약품안전처는 제조사로 하여금 식사보충제의 순도와 구성 성분을 검증받도록 하였다.

품질 인증된 제품을 선택함으로써 오염된 보충제를 섭취하는 위험을 방지하여야 한다. 보충제는 주로 칼슘염 형태로서 칼슘 제공량은 다양하다. 탄산칼슘(calcium carbonate)은 40%, 글루콘산칼슘(calcium gluconate)은 9%의 칼슘을 제공하며 제품의 영양표시에서 확인할 수 있다. 제품에 따라 칼슘 흡수를 촉진하기 위해서 비타민 D와 같은 뼈 형성에 도움을 주는 영양소를 포함하기도 한다. 소화과정에서 분비되는 위산이 칼슘의 흡수에 도움이 되므로 칼슘은 500 mg 이하 용량으로 식후에 섭취하는 것이 바람직하지만 구연산칼슘(calcium citrate)처럼 산성 보충제는 위산이 적어도 잘 흡수된다.

칼슘의 흡수, 운반, 저장 및 배설

칼슘 흡수는 전 소장에서 일어나지만 약산성이 유지되는 소장 상부에서 주로 흡수된다. 왜냐하면 칼슘이 약산성 pH에서 이온 상태(Ca^{2+})를 유지하기 때문이다. 췌장에서 분비된 중탄산염에 의해 장 내용물이 소화관을 따라 내려가면서 점점 알칼리성으로 변하기 때문에 소장의 끝부분과 대장에서는 칼슘 흡수가 감소하지만 일부는 수동 확산에 의해 흡수된다. 또한 소장 상부에서 활성형 비타민 D 호르몬[1,25$(OH)_2$ 비타민 D]에 의해 칼슘 흡수가 촉진된다. 따라서 비타민 D 영양상태가 좋지 않은 사람에서는 칼슘 흡수가 감소한다.

인체에서는 식품으로 섭취한 칼슘의 25~30%가 흡수된다. 칼슘 흡수에 영향을 미치는 요인은 매우 다양하나 유아나 임신부처럼 신체가 더 많은 칼슘을 필요로 할 때 흡수율은

▶ 산호 칼슘이나 굴 껍데기 칼슘 등 천연 칼슘은 보충제의 원료로 좋지 않다. 미국 연방거래위원회는 그 우수성을 주장하는 기업을 허위 광고로 기소하였다.

▶ 어떤 칼슘 보충제는 쉽게 용해되지 않아서 소화가 잘 되지 않는다. 보충제를 식초 200 mL에 넣고 5분마다 휘젓는 용해도 시험에서 30분 이내에 용해되어야 한다.

▶ 체중 70 kg인 사람의 몸에는 1,000~1,400 g의 칼슘이 뼈와 치아에 저장되어 있다.

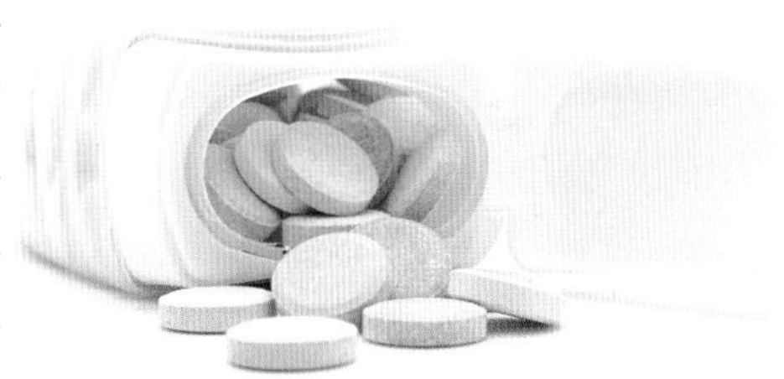

탄산칼슘(calcium carbonate)은 약국에서 판매하는 제산제에 포함되어 있다. 이런 씹어먹을 수 있는 형태의 제산제에 들어있는 칼슘은 음식과 함께 섭취했을 때 가장 흡수가 잘된다.

PTZ Pictures/Shutterstock

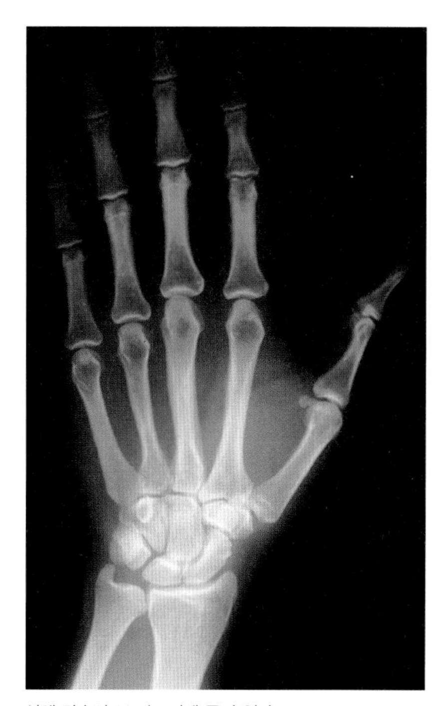

신체 칼슘의 99%는 뼈에 들어 있다.

©Peter Miller/Getty Images RF

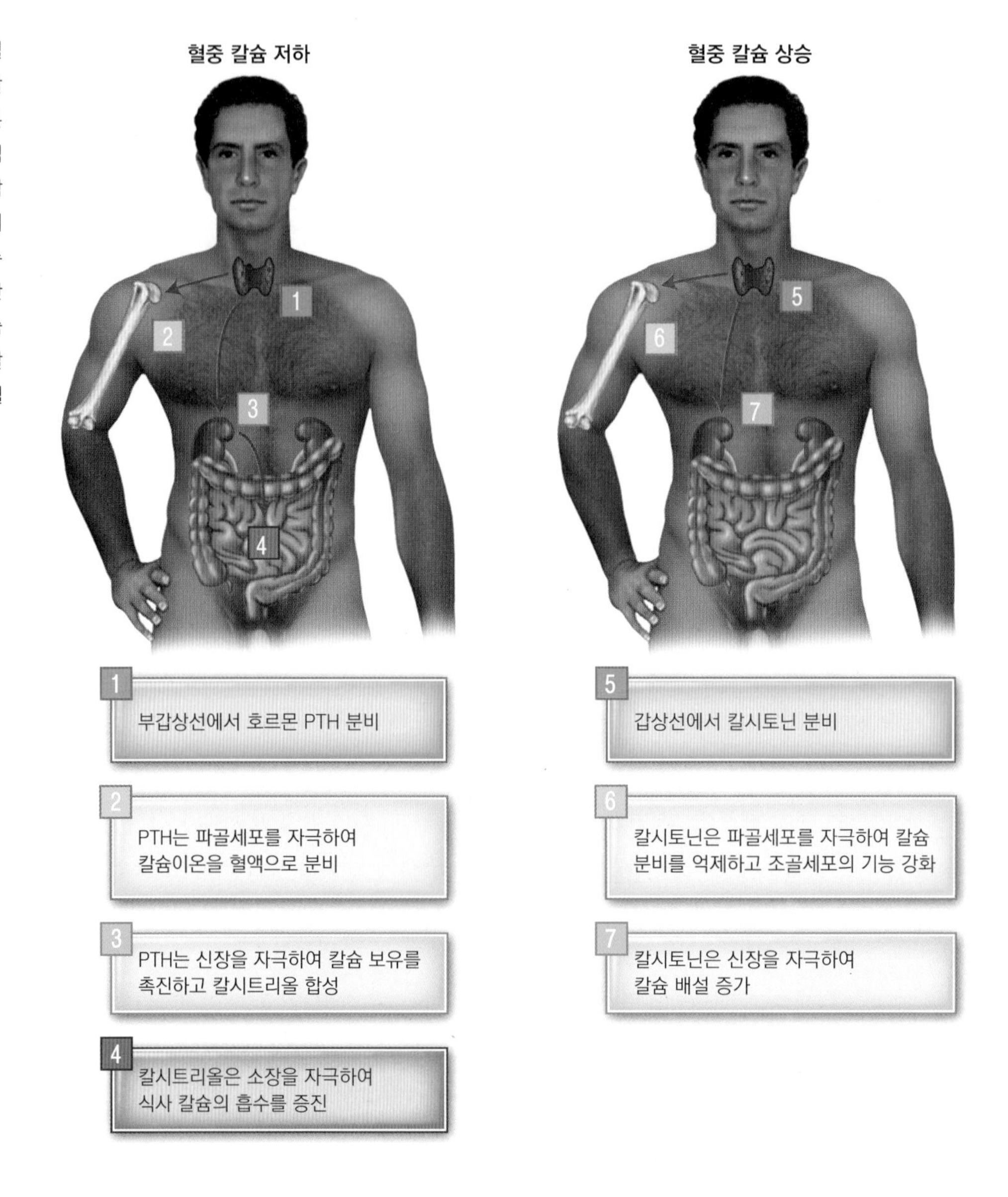

그림 12.17 혈중 부갑상선 호르몬과 칼시토닌은 혈중 칼슘 수준을 조절하는 주요 호르몬이다. 혈중 칼슘 수준이 낮을 때 부갑상선에서 부갑상선 호르몬(PTH)을 분비한다 1. PTH가 뼈에 작용하여 2 혈액으로 칼슘 이온을 분비하도록 유도하며, 신장에 작용하여 3 칼슘을 보유하며 칼시트리올을 합성하여 소장에서 칼슘의 흡수를 촉진한다 4. 혈중 칼슘 수준이 너무 높아지면 갑상선에서 칼시토닌을 분비한다 5. 칼시토닌은 뼈에 작용하여 6 혈액으로 칼슘 분비를 제한하며, 신장에 작용하여 7 소변으로 칼슘 배출을 촉진한다. 부갑상선 호르몬은 매일의 혈액 칼슘 수준을 조절하는 가장 중요한 인자이다.

75%까지 증가한다. 연령이 증가함에 따라 특히 70세 이후, 칼슘 흡수율이 감소하는 경향이 있으며 일반적으로 폐경 여성의 경우 가장 낮다. 칼슘 흡수율은 유당을 비롯한 당류나 단백질이 함유된 식품과 함께 섭취했을 때 증가한다. 칼슘 흡수를 제한하는 요인은 위산 분비 감소, 만성 설사, 식이섬유, 피트산, 옥살산, 식사로 섭취한 인, 차에 함유된 폴리페놀(탄닌) 등이다. 장내에서 지방 흡수를 저해하는 요인에 의해 지방 성분이 칼슘과 결합하여 불용성 염을 형성하는 조건도 칼슘 흡수를 억제한다.

혈중 칼슘은 유리 형태인 이온으로 또는 단백질과 결합하여 세포로 이동한다. 신체 내 칼슘의 99%가 뼈와 치아에 존재하지만 나머지 세포들도 칼슘이 반드시 필요하다.

혈중 칼슘 농도는 호르몬에 의해 매우 정교하게 조절된다. 즉, 혈중 칼슘은 칼슘 섭취가 부족해도 뼈에 저장되어 있는 칼슘을 이용하여 정상으로 유지될 수 있다. (따라서 혈중 칼슘 농도는 체내 칼슘의 양을 측정하는 데 좋은 지표는 아니다.) 혈중 칼슘이 저하되면 부갑상선 호르몬이 분비된다(그림 12.17). 부갑상선 호르몬은 1,25$(OH)_2$ 비타민 D와 함께 신장에서 칼슘의 재

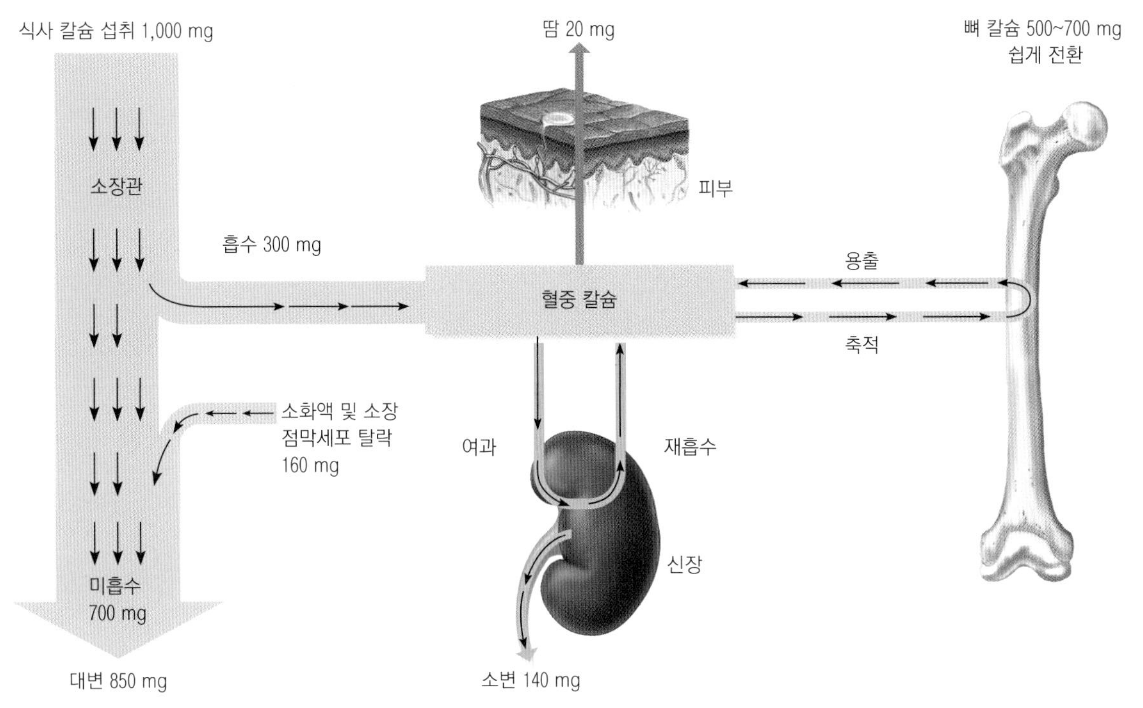

그림 12.18 **성인의 칼슘 균형.** 1,000 mg 섭취 시 300 mg만 흡수되고 700 mg은 대변으로 배설된다. 신장, 피부 및 분비물, 장세포 탈락 등으로 매일 300 mg의 칼슘이 배설되어 칼슘 균형을 이룬다.

흡수를 촉진하여 칼슘 보유량을 증가시킴으로써 소변으로 칼슘 배설을 감소시킨다. 부갑상선 호르몬은 또한 신장으로 하여금 칼시트리올 합성을 증진하여 간접적으로 칼슘 흡수를 증진시킨다. 부갑상선 호르몬은 때때로 칼시트리올과 같이 작용하여 뼈에서 칼슘 방출을 증가시킨다. 이런 모든 방법을 통해 혈액 내 칼슘 수준을 증가시킨다. **부갑상선 기능항진증**(hyperparathyroidism)은 지속적으로 혈중 칼슘을 높일 수 있는 질환으로 반드시 의사에게 진찰과 치료를 받아야 한다.

혈중 칼슘 농도가 너무 높으면 부갑상선 호르몬 분비가 감소한다. 이때 신장에서는 칼슘 배설을 촉진하고 칼시트리올의 합성도 감소하여 칼슘 흡수가 감소한다. 갑상선에서는 칼시토닌이라는 호르몬이 분비되어 뼈로부터의 칼슘 손실을 억제한다. 이런 모든 대사적 변화는 혈중 칼슘을 정상 범위 내에서 유지시킨다. 칼슘은 소변을 통해서 배설되지만(그림 12.18) 피부나 대변을 통해서도 소량 배설된다.

부갑상선 기능항진증(hyperparathyroidism) 종양으로 분비선이 비정상적으로 확장됨에 따라 부갑상선 호르몬(parathyroid)이 과잉 합성되는 증세. 대체로 고칼슘혈증(hypercalcemia)을 제외한 다른 증세가 나타나지 않지만, 심한 경우에는 허약, 혼동, 오심, 뼈 통증이 발생. 뼈골절과 신장결석도 문제가 됨.

칼슘의 기능

뼈와 치아의 형성과 발달은 칼슘의 주요한 신체 기능이다. 또한 칼슘은 혈액응고, 신경자극 전달, 근육수축, 세포 대사에도 필수적이다.

뼈의 발달과 유지

뼈는 주로 단백질 섬유인 콜라겐과 무기질로 구성된 일종의 망상조직으로 칼슘과 인이 주요 무기질 성분이다. 이 밖에 식품을 통한 단백질, 마그네슘, 칼륨, 나트륨, 불소, 황, 비타

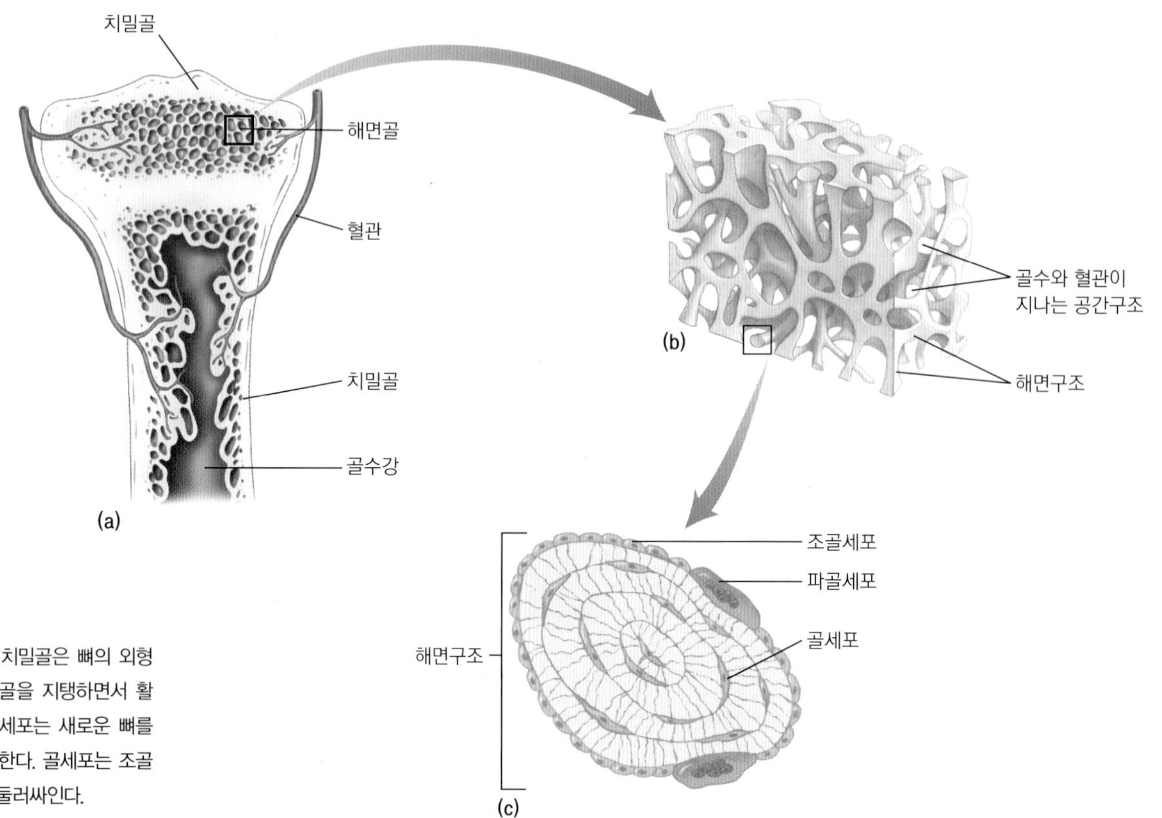

그림 12.19 (a) 치밀골과 해면골. 치밀골은 뼈의 외형을 구성한다. (b) 해면골은 치밀골을 지탱하면서 활발한 대사를 수행한다. (c) 조골세포는 새로운 뼈를 형성하며 파골세포는 뼈를 용해한다. 골세포는 조골세포로부터 형성되며 무기질로 둘러싸인다.

▶ 우유는 뼈를 만드는 데 필요한 영양소가 풍부하게 들어 있는 식품이다. 성장기에 우유를 마시는 것은 성인이 되어 골절의 위험을 낮추는 데 도움이 된다.

▶ 치아는 뿌리의 크라운과 백악질의 에나멜로 덮인 상아질(dentin)이라는 매우 단단하고 노란 색을 띠는 조직으로 이루어져 있다. 몸속에 가장 단단한 물질인 에나멜은 대부분이 수산화인회석(hydroxy-apatite) 결정체로 구성되어 있다. 이가 나오기 전에 생성되는 에나멜은 살아 있는 조직이 아니므로 뼈와는 달리 재형성되지 않는다. 입에 서식하는 박테리아에 의해 생성된 당 대사산물인 산에 의해 쉽게 손상되어 충치가 발생된다.

수산화인회석(hydroxyapatite) 칼슘과 인산염으로 구성($Ca_{10}[PO_4]6OH_2$); 뼈 단백질 안에 저장되어 뼈의 강도를 높여줌.

골흡수(bone resorption) 파골세포가 뼈 조직에서 무기질들을 용출시키는 과정으로 뼈에서 혈액으로 칼슘을 보내준다.

민 D와 비타민 K도 뼈 건강을 위해 필요하다. 칼슘과 인은 **수산화인회석**[hydroxyapatite; $Ca_{10}(PO_4)6OH_2$]을 형성하고 콜라겐과 결합하여 망사 같은 구조물을 형성한다. 콜라겐은 충격을 흡수할 수 있는 뼈대의 역할을 하며 수산화인회석은 뼈대를 강하게 지탱하는 역할을 한다.

뼈는 치밀골과 해면골로 형성되어 있다. 단단한 **치밀골**(cortical bone)은 뼈 질량의 75%를 구성하는 반면, 세관들이 단단한 스펀지처럼 연결된 망상구조의 **해면골**(trabecular bone)은 뼈의 25%를 구성하고 있다(그림 12.19). 해면골은 장골 끝, 척추 내부, 골반의 넙적한 뼈 내부 등에 많이 존재하며 무기질 대부분이 뼈 내외로 이동한다.

뼈는 지속적으로 형성되고 분해되며 재생되는데 이 과정을 뼈의 **재형성**(remodeling)이라 부른다. 이 과정은 뼈의 정상적인 성장, 보수, 교체 등 뼈 건강을 위해 필수적인 과정일 뿐만 아니라 섭취가 부족할 때 칼슘과 인을 용출하여 다른 기능에 활용할 수 있게 하는 매우 중요한 대사이다. 이러한 대사에 관여하는 세 종류의 세포가 있는데, 이는 조골세포, 골세포, 그리고 파골세포이다(그림 12.19 참조). **조골세포**(osteoblast)는 콜라겐을 합성하여 분비하며 무기질을 결합시켜 건강한 뼈를 형성한다. 조골세포는 완전히 석회화됨에 따라 골세포로 성숙한다. 뼈세포의 대부분을 구성하고 있는 **골세포**(osteocyte)는 생화학적 대사가 매우 활발하여 혈액으로부터 칼슘을 흡수하기도 하고 다시 용출시키기도 한다. 또한 필요 시 뼈를 단단하게 만드는 역할을 한다. 이와는 달리 **파골세포**(osteoclast)는 뼈의 외벽에 존재하면서 산과 효소를 방출하여 뼈를 용출[**골흡수**(bone resorption)]시킨다. 이 파골세포의 활성은 부갑상선 호르몬에 의해 촉진되고 종종 $1,25(OH)_2$ 비타민 D와 함께 작용한다. 파골세포들은 칼슘이 부족한 식사를 했을 때 매우 활성화되는데 이는 부족한 칼슘을 뼈에서 용출시켜서 혈액으로 보내주기 위함이다. 칼슘은 뼈뿐만 아니라 다른 모든 세포에 꼭 필요하기 때문이다.

성장기에는 조골세포의 활성은 파골세포의 활성보다 커서 더 많은 뼈를 형성시킨다. 특히 스트레스를 많이 받는 뼈에서 활성이 커서 오른손잡이인 테니스 선수의 오른팔 뼈는 왼팔의 뼈보다 더 크다. 대부분의 뼈는 유아기에서 청소년기 말까지 형성되므로 이 시기에 칼슘 권장수준이 높아진다. 20~30세 사이에는 골질량(bone mass)이 조금씩 계속 증가한다. 최고 골질량이 다양하게 나타나는 원인 중 80%는 유전적 소인에 의한 것이다.

성인기에 뼈의 재형성이 꾸준히 진행되므로 사실상 10년마다 뼈가 완전히 교체된다. 그러나 중년 초반부터 남녀 모두 파골세포의 활성이 더 활발해진다. 따라서 수명에 따라 차이는 있지만 이 과정으로 인하여 뼈의 25%가 소실된다. 에스트로겐은 파골세포의 작용을 저해하여 뼈 손실을 억제해 주기 때문에 여성의 경우 폐경 후 첫 5~7년 사이에 20% 정도 더 소실된다. 저체중이나 섭식장애로 인해 무월경이거나 월경이 불규칙한 여성의 경우 에스트로겐 수준이 낮아서 중년 전에 상당량의 뼈를 손실할 수 있다. 뼈 손실이 뼈 형성보다 초과할 때 뼈의 질량과 강도가 저하되어 골절의 위험이 증가한다. 심각한 골질량의 손실은 골다공증을 유발한다.

혈액응고

칼슘 이온은 혈전 성분 중 주요 단백질인 피브린(fibrin)을 형성하는 여러 단계로 구성된 연쇄반응에 관여한다.

표적세포로의 신경자극전달

신경자극이 근육, 신경세포, 또는 분비샘 등 표적 부위에 도달하면 그 자극은 신경과 표적세포 사이의 **시냅스**(synapse)를 통하여 전달된다. 대부분 신경세포에서는 표적 부위에 도달

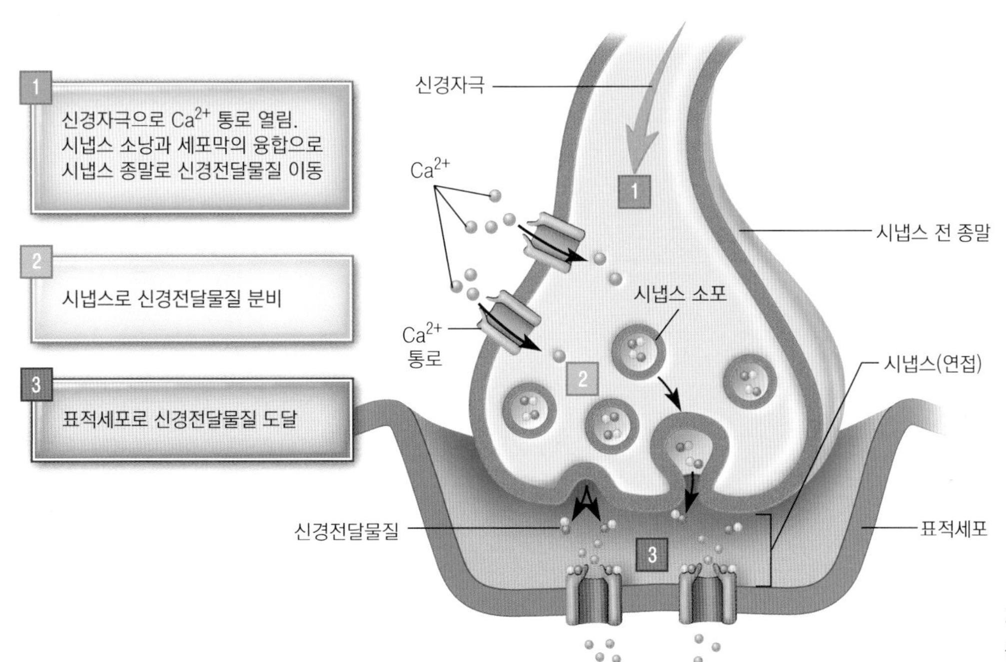

그림 12.20 신경전달물질 분비에는 특수 칼슘 통로를 통해 칼슘의 유입이 필수적이다.

강직(tetany) 이완되지 않은 강력한 긴장성 근육 수축.

한 자극으로 인해 칼슘 이온이 세포외액에서 신경 세포 안으로 들어온다. 세포 내 칼슘 이온 수준이 상승하면 시냅스 소포(synaptic vesicle)에서 신경전달물질이 분비된다. 분비된 신경전달물질은 시냅스를 통해 표적세포로 자극을 전달한다(그림 12.20).

칼슘 양이 부족하면 전혀 다른 과정을 거쳐 신경자극이 자발적으로 발달하여 저칼슘혈증으로 인한 **강직**(tetany) 증세를 초래한다(그림 12.21). 이 경우 근육이 지속적으로 신경자극을 받게 되어 근육경련이 일어난다. 저칼슘혈증은 부갑상선 호르몬의 분비나 작용이 적절하지 않을 때 발생한다.

실천해봅시다!

자신의 칼슘 섭취량을 계산해봅시다.

칼슘 급원식품	하루 섭취 횟수	칼슘량(mg/serving)	칼슘 섭취량 (mg/day)
칼슘 강화 오렌지주스(6 oz) 요구르트(8 oz)		× 350	
우유(1컵) 칼슘 강화 두유(1컵) 꽁치 통조림(3 oz) 파마산치즈(1 oz) 라자냐(1컵) 퀴시(Quiche)(1조각) 두부(가공과정에서 칼슘이 들어간)(4 oz)		× 300	
딱딱한 치즈(체더, 모차렐라, 스위스)(1 oz) 치즈 피자(1조각) 브로콜리(1컵)		× 200	
부드러운 치즈(리코타, 강화 코티지)(1/4컵) 칼슘 강화 시리얼 또는 그래놀라 바(1개) 연어 통조림(3 oz) 고기 토핑이 올라간 피자(1조각) 배추나 겨자채(1컵)		× 150	
가공치즈(1조각) 마카로니와 치즈(1컵) 아몬드(1/4컵)		× 100	
다른 식품으로부터 칼슘 섭취 (여성 290 mg, 남성 370 mg)		+ 290 또는 + 370mg	
다른 칼슘 급원식품 (강화 시리얼, 비타민, 무기질 보충제)		제품에 따라 다양함	
칼슘 보충제(500 mg), 칼슘 강화 사탕		× 500	
총 칼슘섭취량:			

aquariagirl1970 © 123RF.com

자신의 칼슘 섭취량을 권장섭취량과 비교해보자. 권장섭취량은 2020 한국인 영양소 섭취기준을 참고하라.

근육수축

칼슘의 주요 기능인 근육수축 기전은 근골격계에서 가장 쉽게 이해할 수 있으나 신체 내 다른 근육도 유사한 형태로 칼슘을 사용한다. 근골격 섬유가 뇌 신경의 자극을 받으면 칼슘 이온이 근세포의 세포 내 저장고로 방출된다. 근세포 내 칼슘 이온 농도의 증가와 ATP에 의해 수축성 단백질들이 서로 미끄러져 들어가면서 근육이 수축하게 된다. 그런 다음 칼슘 이온이 세포 내 저장고로 되돌아가고 수축성 단백질들이 서로 미끄러져 나오면서 근육이 이완된다.

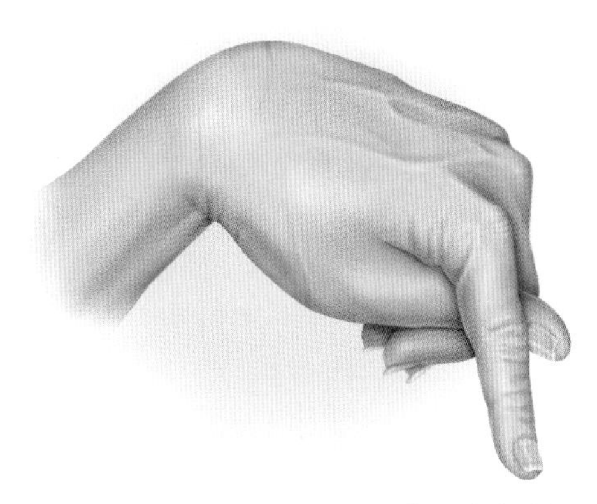

그림 12.21 손이나 발에 생기는 근육 강직성 경련(tetany)은 저칼슘증(hypocalcemia)의 증세일 수 있다.

세포 대사

칼슘 이온은 **칼모듈린**(calmodulin) 시스템에 관여함으로써 세포 대사의 조절을 돕는다. 1개의 칼모듈린은 4개의 칼슘 이온과 결합한다. 호르몬 작용에 의해 칼슘이 세포로 들어가서 칼모듈린과 결합함으로써 여러 효소들을 활성화시킨다. 그 대표적인 예로 글리코겐을 분해하는 효소(glycogen phosphorylase)의 활성화를 들 수 있다(그림 12.22).

칼모듈린(calmodulin) 여러 조직에서 수많은 생화학적 및 생리적 과정을 조절하는 칼슘 결합단백질.

칼슘의 건강상 이점

칼슘 섭취와 여러 질병의 관계에 대한 연구가 진행되고 있다. 칼슘이 적절한 식사는 뼈 건강 외에도 여러 건강상 이점이 많다. 칼슘과 유제품은 대장암 발생을 예방할 수 있으며 보충제가 아닌 식사 칼슘을 섭취하면 소장에서 옥살산과 결합하여 흡수된 칼슘이 신장에 농축되는 것을 저해하여 신장 결석을 예방할 수 있다. 또한 칼슘이 풍부한 식사(800~1,200 mg/day)는 혈압을 저하시킬 수도 있다.

칼슘의 상한섭취량

칼슘의 상한섭취량은 2,000~2,500 mg/day로, 과량의 칼슘을 섭취했을 때 고칼슘혈증 및 신장결석의 위험이 증가하는 수준에 근거한 것이다. 정상적인 상황에서는 소장이 흡수율을 조절하여 칼슘이 과잉 흡수되는 것을 막지만 특정한 경우에는 고칼슘혈증이 일어날 수 있다. 과도한 식사 칼슘 섭취는 과민성, 두통, 신부전, 신장결석, 다른 무기질의 흡수 억제를 야기한다. 일반적으로 식품 내 칼슘과 칼슘 보충제에 들어 있는 양은 적절하므로 건강상 문제를 일으키지 않는다.

확인합시다!

1. 생체이용률이 가장 높은 칼슘을 제공하는 급원식품은 무엇인가?
2. 부갑상선 호르몬과 비타민 D는 혈청 칼슘을 어떻게 조절하는가?
3. 뼈의 조골세포, 골세포, 파골세포의 기능은 무엇인가?
4. 뼈와 치아를 형성하는 것 이외에 칼슘의 기능은 무엇인가?

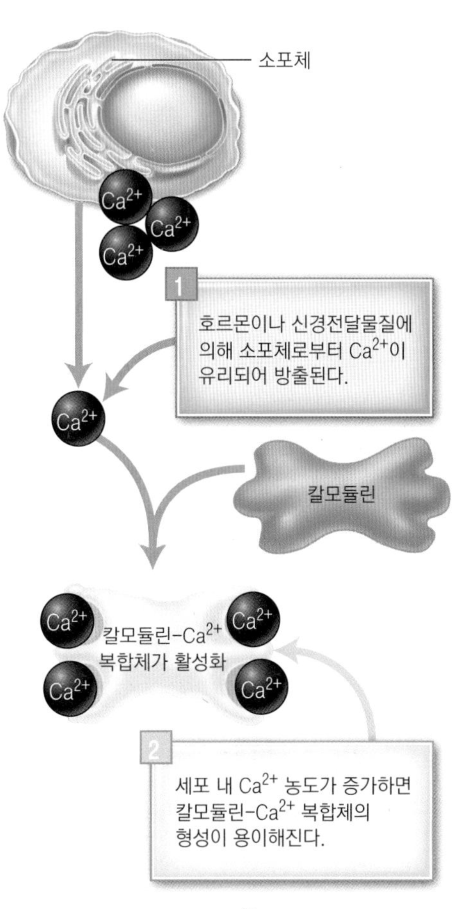

그림 12.22 세포 내 칼슘(Ca^{2+})과 칼모듈린이 결합하여 많은 효소들을 활성화시킨다. 그 예로 평활근 수축과 글리코겐 분해를 개시하는 효소의 활성화를 들 수 있다.

임상적 관점

골다공증

칼슘 섭취 부족과 관련된 가장 흔한 질병은 골다공증이다. 혈액 내 칼슘 수준이 낮으면 뼈로부터 칼슘이 용출된다. 이것은 심장과 근육에서 필수적인 칼슘의 기능을 유지하기 위한 기전이다. 그러나 뼈 건강에는 유전적 요인, 영양, 생활습관 등 여러 요인이 관련되어 있다.

골다공증이 질병으로 나타나기까지는 수십 년이 걸린다. 적절한 골질량을 유지하지 못하면, 먼저 골감소증 상태가 진행되며 비타민 D 결핍증인 골연화증과 약물 복용, 암, 섭식장애 등 여러 요인들에 의해서 일어난다(표 12.11). 뼈 손실이 두드러지거나 강도가 약화되어 골절이 일어날 때 골다공증으로 진단한다(그림 12.23). 골절되기 쉬운 부위는 엉덩이, 팔목, 척추 등으로 엉덩이 골절이 가장 치명적이어서 골절 환자의 20%가 1년을 넘기지 못하고 사망하며, 생존자도 결국 스스로 걷지 못하는 경우가 많아 시설에서 요양생활을 하게 된다. 척추 뼈의 손실은 척추를 압착시켜 신장이 감소하고 결국 **척추후만증**(kyphosis)을 초래한다.

최근 미국에서는 50세 이상 연령층에서 1,020만 명(10%)이 골다공증을 앓고 있으며 4,300만 명(44%)이 골질량이 낮은 것으로 진단받았다. 골다공증 유병률은 아프리카계 미국인에서 가장 낮고 히스패닉과 라틴 계열에서 그 뒤를 이었으며 백인과 동양인에서 높은 것으로 알려져 있다. 미국에서는 50세 이상 여성의 50%, 남성의 25%가 평생 골다공증 관련 골절을 경험한다고 보고된 바 있다. 골다공증 협회에 따르면 해마다 200만 건의 골절이 골다공증에 의한 것이라고 한다. 골다공증으로 인한 연간 의료비 부담이 점차 증가하고 있는 실정으로, 국민의 노령화에 따라 이러한 의료비 증가는 더욱 늘어날 전망이다. 다행인 것은, 최근 골다공증 진단, 치료 및 예방법이 개발되고 있다.

골다공증 진단

골다공증 진단은 간편하고 정확한 DEXA(dual energy X-ray absorptiometry)를 이용한 뼈 스캔으로 실시한다. DEXA 스캔은 흉부 X-선의 1/10 정도의 낮은 조사량으로 척추, 엉덩이, 전신의 골밀도를 10~20분간 누운 상태에서 측정한다. 뼈의 무기질이 조사선을 방해하는 정도로 골밀도를 측정한 뒤 최대 골질량과 비교하여(그림 12.24), 그 비율치로 정상, 낮음(골감소증, osteopenia), 매우 낮음(골다공증, osteoporosis)을 표시한다.

말초 DEXA와 초음파는 손목과 발꿈치와 같은 부위를 한 군데 측정하는 데 사용되며 간편하고 빠른 측정이 가능하지만 전신을 반영하는 밀도가 아니므로 척추처럼 골절에 민감한 부위의 위험을 예측하는 데는 그 정확도가 떨어진다.

골다공증 예방

적절한 칼슘, 비타민 D, 마그네슘, 인, 칼륨, 비타민 K, 단백질을 섭취하여 뼈 건강을 유지하는 것이 가장 중요하다. 평생에 걸쳐 권장섭취량이나 충분섭취량에 맞게 섭취하는 것이 중요하다. 칼슘이 풍부한 식사는 골격 교체 대사가 감소하고 골밀도가 증가하며 골절 위험이 감소한다. 칼슘은 보충제보다 식품으로 섭취하여야 한다. 비타민 D는 섭취한 칼슘의 이용을 높이기 때문에 특히 뼈 손실을 예방하는 데 필요한 비타민 D 수준에 관한 연구가 활발하게 진행되고 있다. 마그네슘도 비타민 D처럼 칼슘의 생체이용률을 향상시킨다.

척추후만증(kyphosis) 상체가 구부러지는 척추의 비정상적인 굴곡 증세.

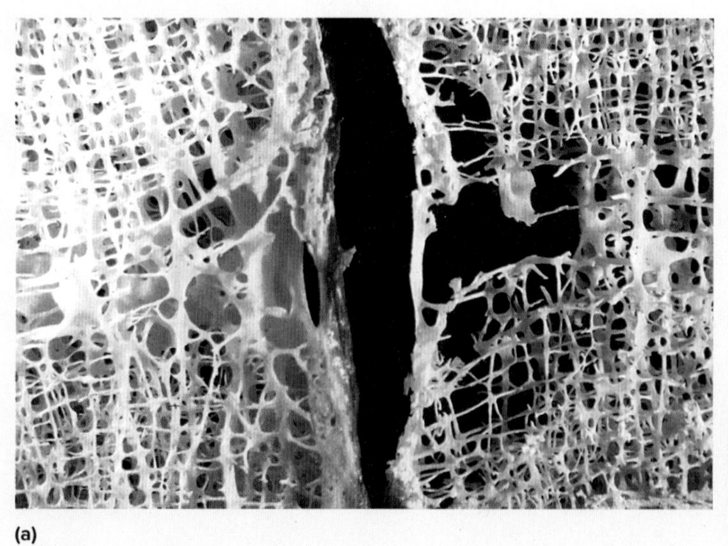
(a)

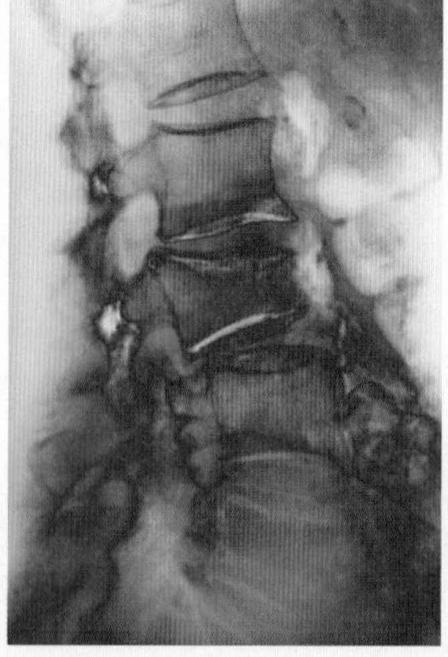
(b)

(c)

그림 12.23 (a) 정상과 골다공증의 해면골. 골다공증(오른쪽 사진)에서는 정상에 비하여 해면골이 훨씬 더 감소되어 있다. 부서진 해면골의 지지대 역할이 약화되면서 골절의 위험을 증가시킨다. (b) 골다공증으로 척추가 매우 손상되었다. (c) 상반신 척추가 비정상적으로 굽은 척추후만증이다.

표 12.11 골다공증 위험 요인

- 골다공증 관련 골절의 가족력(부모, 형제)
- 가늘고 작은 골격
- 연령증가
- 폐경 여성(백인, 동양인)
- 무월경(에스트로겐 부족)
- 난소절제술
- 흡연(직접적으로 뼈에 독성 또는 뼈 대사에 관련된 영양소 흡수에 영향)
- 칼슘, 비타민 D, 기타 영양소 섭취 부족
- 커피, 콜라 등 카페인 음료의 과도한 섭취
- 신체활동 부족
- 지나친 알코올 섭취(매일 하루 3잔 이상)
- 낭성섬유증, 거식증, 1형당뇨병, 염증성 장질환, 류마티스 관절염, 복강병, 다발성 경화증 등 영양소 흡수 및 대사 저해 혹은 배설 증가
- 만성적인 약물 복용(스테로이드 포함 항염 약물 등)

출처: National Osteoporosis Foundation, Healthy Bones For Life : Patient's Guide, 2014, www.nof.org.

칼륨은 뼈를 형성하는 구성 인자로, 골다공증 예방에 도움이 된다. 특히 시트르산(citrate)이나 중탄산(bicarbonate) 등 알칼리 물질과 결합함으로써 신체 산도를 조절한다. 심한 산성에서는 칼슘이 용출되기 쉽기 때문이다. 비타민 K는 뼈 기질에서 단백질을 합성시켜 단단한 뼈를 형성하게 한다. 단백질 섭취도 건강한 뼈 형성에 도움이 되지만 고단백 식사는 칼슘 배설을 증가시켜 역효과를 낼 수 있으므로 주의해야 한다. 과일, 채소, 전곡이 풍부하고 저지방 우유를 섭취하는 DASH 식사요법도 뼈 건강에 큰 도움이 된다. 육류, 디저트류, 튀긴 음식, 나트륨, 알코올, 당 첨가 음료 등은 섭취량을 줄이는 것이 뼈 건강에 필요하다.

체중이 실리는 신체 운동은 근육과 뼈의 생성과 유지에 중요하며 운동은 또한 균형감각과 근력을 강화시켜 골절의 주원인인 낙상의 위험을 줄일 수 있다.

또 다른 골다공증 예방 전략은 흡연을 하지 않는 것이다.

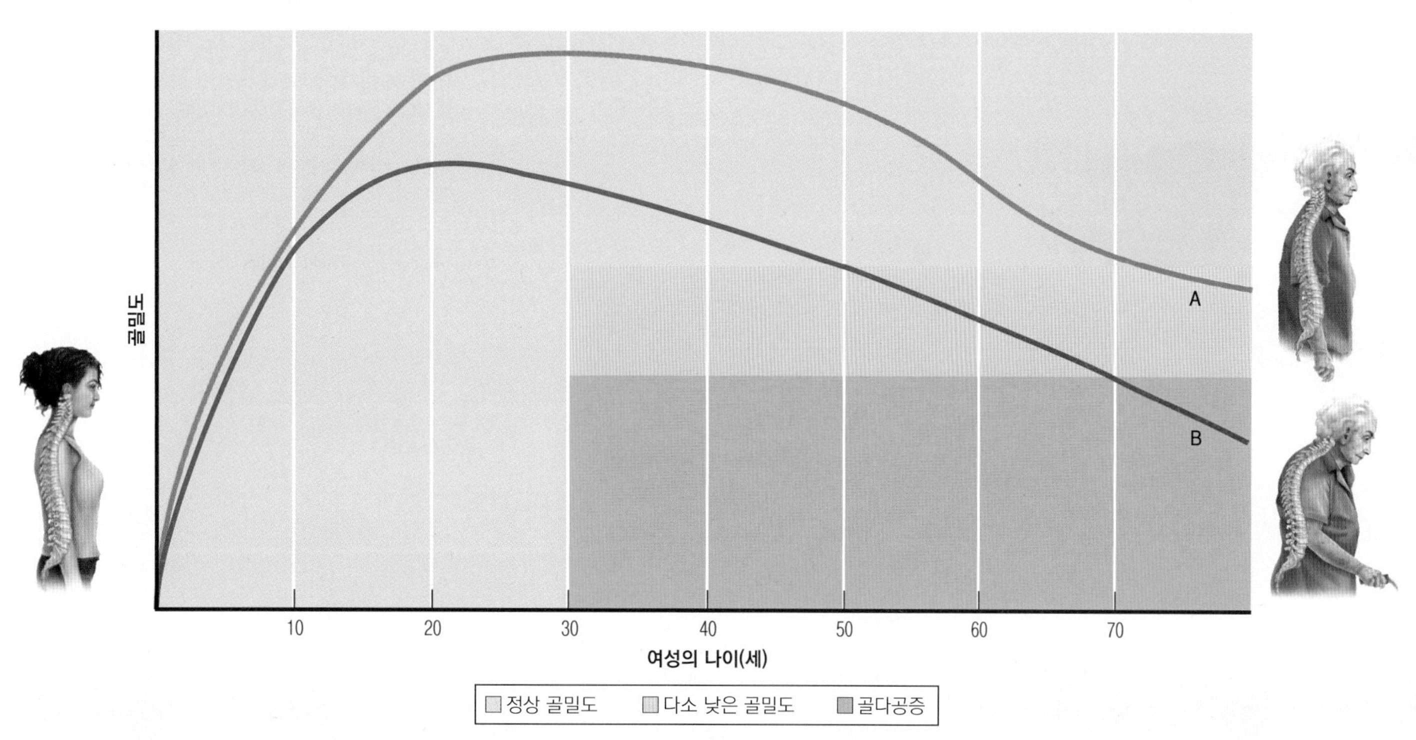

그림 12.24 최대 골질량과 골다공증 발병 및 골절의 위험과의 관계.

- 여성 A는 최대 골질량이 30세까지 발달하였으며, 골손실은 30~50세 사이에 서서히 진행되다가 50세 이후 폐경으로 인해 급속하게 진행되었다. 75세에도 건강한 골밀도를 보이며 골다공증이 나타나지 않았다.
- 여성 B는 A와 유사한 속도로 최대 골질량이 증가하였으나 낮은 편이다. 50세에 이미 무기질 밀도가 낮아졌으며 70세에는 척추후만증과 척추골절을 보였다.

최근 젊은 여성들에서 칼슘 섭취가 부족하여 B 유형이 많이 나타난다. 최대 골밀도에 영향을 주는 바람직한 식사와 생활습관으로 바꾸면 A 유형으로 전환할 수 있으며 골다공증 발생 위험을 현저히 감소시킬 수 있다.

폐경기 여성의 경우에는 의료전문가와 함께 골다공증 예방에 대해 상담을 할 필요가 있다. 또한 신장을 잘 확인해야 하는데, 폐경기 전에 비해 1.5인치(3.8 cm) 이상이 감소하면 골손실이 진행되고 있음을 말해주는 신호이기 때문이다(그림 12.25). 다음 5가지 방법을 통해 골손실을 지연시키는 것이 바람직하다.

- 에스트로겐 대체제를 복용하여 파골세포의 활성을 지연시키고 뼈에서 혈액으로 칼슘이 용출되는 것을 제한한다.
- Bisphosphate는 hydroxylapatite 결정과 파골세포와 결합하여 뼈 용출(재흡수)을 지연시킨다. [에스트로겐과 함께 사용하여 폐경 여성이 에스트로겐을 복용함으로써 생기게 되는 암, 심혈관계질환의 위험을 낮출 수 있다. alendronate(Fosamax®), ibandronate(Boniva®) 등이 해당된다.]
- 선택적 에스트로겐 수용체 조절제(SERMs) [예: raloxifene(Evista®)]는 신체 내 존재하는 에스트로겐 이용을 증진시켜 파골세포의 활성을 지연시킨다.
- 칼시토닌(Miacalcin®)은 파골세포와 뼈 재흡수를 억제한다.
- RANK Ligand(RANKL) 억제제(Prolia®)는 파골세포의 활성을 감소시킨다.
- 부갑상선 호르몬(PTH)[(teriparatide (forteo®)은 조골세포와 뼈 형성을 촉진한다.

키를 정확하게 측정하기 위하여 측정용 금속 테이프의 기시점을 바닥에 정확하게 대고 수직으로 똑바로 잡아 당겨 올려서 벽면에 도구를 설치한다. 측정 시 신발을 벗고 벽면에 허리를 붙이고 똑바로 선 다음, 뒤꿈치, 엉덩이, 어깨, 머리를 벽면에 닿게 하고 눈을 지면과 평행을 유지한다. 다른 사람에게 머리 위로 딱딱한 마분지를 고정시키게 한다. 마분지를 지면과 평행하게 하고 벽면을 따라 내려서 측정 테이프와 닿는 가장 높은 점을 최대 신장으로 결정한다.

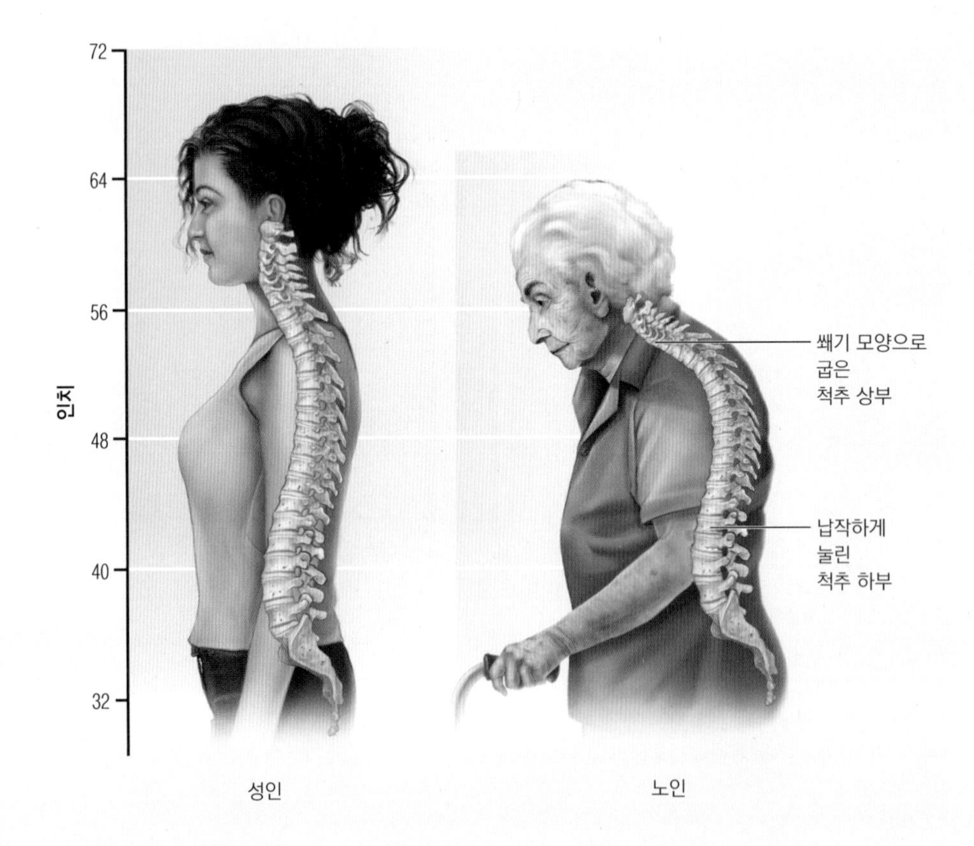

그림 12.25 **정상 및 골다공증 여성.** 골다공증의 일반적인 증상은 신장 감소와 체형의 변화, 골절, 치아 손실이다. 초기 골다공증을 진단하기 위해 신장 변화를 주시하여야 한다.

▶ 낙상을 줄이기 위하여, 노인들은 반드시 운동을 하고, 신체 작용에 영향을 미치는 알코올과 약물을 제한하며, 시각 기능이 손상된 경우 교정렌즈를 착용한다.

실천해봅시다!

Stockbyte/PunchStock RF

뼈 건강

고등학생인 Jana는 최근 우유를 먹지 않는다. 얼마 전부터 그녀는 담배를 피우기 시작했으며 운동량도 매우 적은 편이다. 그녀의 식단을 살펴보면 아침에는 오트밀 죽, 바나나, 과일 주스 1컵을 먹는다. 오전 간식으로 자판기에서 케이크를 사 먹고 점심으로 채소 파스타, 올리브유를 바른 빵, 샐러드(소), 혼합견과류 30 g과 탄산음료를 마신다. 저녁에는 치킨버거와 감자튀김을 물과 함께 먹었다. 저녁 간식으로 과자와 따뜻한 차를 마신다.

1. 뼈 건강에 좋지 않은 요소는 무엇인가?
2. 건강상 위험요소를 줄이기 위해 반드시 바꾸어야 할 생활습관은 무엇인가?
3. 골다공증 위험을 줄이기 위한 식단을 작성해보자.

12.7 인(P)

인은 체내 기능에 필수적인 무기질로서, 1600년대 Henning Brand에 의해 소변에서 확인되기 전까지 알려지지 않았으나 뼈와 치아를 비롯한 여러 조직에 인이 풍부하게 들어 있음을 알게 되었다. 과잉 섭취 시 인은 신장을 통해 체외로 배출된다.

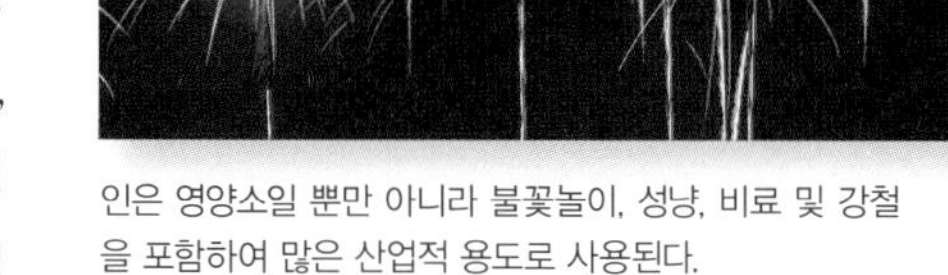
인은 영양소일 뿐만 아니라 불꽃놀이, 성냥, 비료 및 강철을 포함하여 많은 산업적 용도로 사용된다.

Smileus/Shutterstock

인의 급원식품

우유, 치즈, 소고기, 제과류, 곡류에 인이 풍부하게 들어 있다. 전곡류와 달걀, 견과류, 생선도 좋은 급원식품이다(그림 12.26). 식품첨가물인 monosodium phosphate(유화제), monocalcium phosphate(고형제, 팽창제), iron phosphate(영양강화제)에서 하루 400 mg 정도의 인을 얻는다. 그러나 이런 식품첨가물은 영양성분표에 포함되어 있지 않으므로 인 섭취 추정에는 포함되지 않는다.

인의 필요량

성인 남녀의 인 영양섭취기준은 권장섭취량 700 mg/day로 설정되어 있다. 인은 매우 효율적으로 흡수되기 때문에 건강한 사람에게 부족한 경우는 거의 없다. 가공식품이나 보충제의 영양표시에 제시되는 영양성분 기준치(DV)는 700 mg이다.

인의 흡수, 운반, 저장 및 배설

성인의 경우 식사로 섭취한 인의 70% 이상이 소장 상부에서 능동이동과 확산에 의해 흡수

육류는 인의 풍부한 급원이다.
©Comstock/PunchStock RF

된다. 활성형 호르몬인 1,25(OH)$_2$ 비타민 D는 인의 흡수를 증가시킨다. 곡류와 콩류에 함유된 인은 주로 피트산 형태로 들어 있으며 인체에는 인을 분리해내는 효소가 없으므로 흡수되기 어렵다. 반면에 빵과 같이 효모로 처리된 곡류는 인이 분해되어 쉽게 흡수된다.

신체 내 존재하는 인의 약 80%는 인산칼슘 형태로 뼈와 치아에 들어 있으며 나머지 20%는 세포내액과 세포외액에 PO_4^{2-} 형태로 들어 있다. 인은 신장을 통해 배설되며, 배설을 조절하는 가장 중요한 기전은 PTH(칼슘처럼)와 골세포에서 생성되는 호르몬인 FGF23이다.

인의 기능

인은 뼈와 치아 형성 외에도 많은 기능을 지니고 있다. 인은 HPO_4^{2-}나 $H_2PO_4^-$ 형태로 세포 내 주요 음이온으로 존재한다. 또한 ATP나 크레아틴 인산의 구성요소로 에너지 합성과 저장에 필수적이다. 이 무기질은 DNA, RNA의 구성요소가 되며 세포막에서는 인지질의 구성 성분이 되고 많은 효소와 세포 신호시스템의 구성 성분이기도 하다. 많은 호르몬들은 활성화되기 위해 인산화되어야 한다. 인은 또한 신체의 산-염기 평형에도 관여한다.

인의 결핍증

인 결핍은 극히 드물지만 만성적인 인 결핍 시에는 뼈가 소실되며 성장이 저하되고 치아 발달이 부진해진다. 인이 결핍된 어린이에게서 뼈의 무기질화가 충분하지 않아 구루병 증세가 나타난다. 이 밖에도 식욕부진, 체중감소, 허약, 초조함, 관절 경직과 골통증도 일어난다. 미숙아, 알코올중독자와 영양불량의 노인, 장기간 설사로 체중 감량된 사람을 비롯하여 알루미늄을 함유한 제산제를 매일 복용한 사람들의 경우 소장에서 인과 결합함으로써 약간의 인 결핍상태(marginal)가 나타나기도 한다.

▶ 극단적인 체중 감량과 장기간 영양불량을 경험한 사람들은 혈중 인 농도가 매우 낮고 재섭식(refeeding) 증후군으로 불리는 상태에 놓일 위험이 있다. 이런 사람들이 갑자기 식사를 많이 하면(병원이나 난민촌에서) 혈중에 소량 존재하는 인이 모두 세포 대사를 위해 세포로 이동하게 되어 혈액에 존재하는 인의 양이 극도로 낮아짐에 따라 호흡곤란 등 치명적인 결과를 초래한다. 따라서 임상의료진은 혈액에 존재하는 인의 농도를 관찰하면서 정상 범위에 이를 때까지 서서히 섭식을 유도한다.

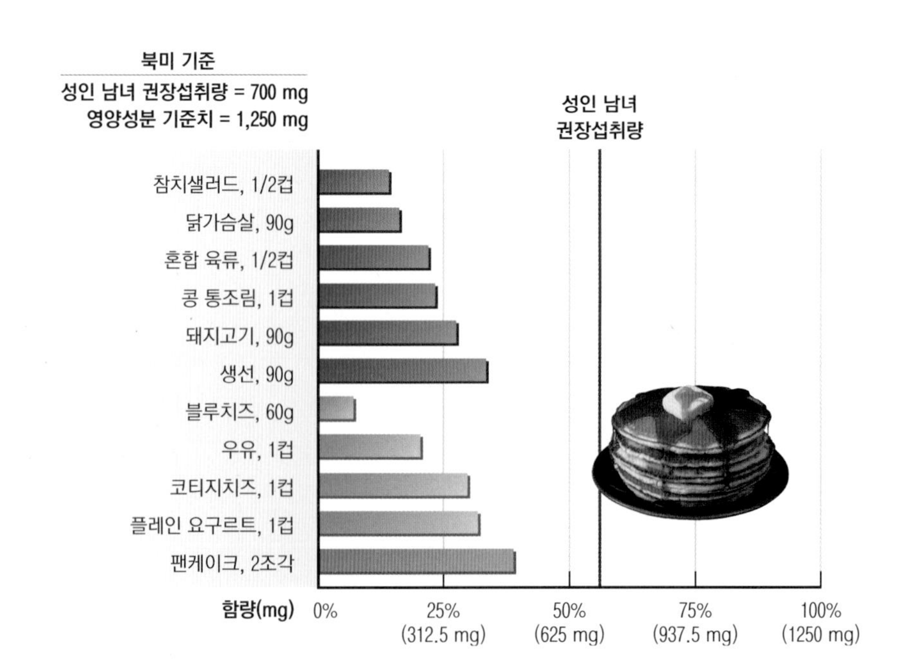

그림 12.26 인의 급원식품(북미 기준).
©Brand X Pictures/Getty Images RF

인의 독성과 상한섭취량

인의 결핍이 잘 나타나지 않는 것처럼, 인의 독성도 흔하지 않다. 앞에서 언급했듯이 인의 섭취량이 많은 경우가 있고 또 그에 대한 장기적인 건강 영향은 아직 잘 알지 못한다. 그러나 신장질환을 가진 사람에서 혈액 중 인 농도가 상승하면(고인산혈증, hyperphosphatemia) 체조직에서 Ca-P 침전물이 생길 수 있다. 신장 기능이 떨어진 신부전 환자와 같은 경우는 인의 섭취량과 혈액 중 농도를 잘 관리해야 한다.

현대인의 식사는 종종 인이 많은 반면 칼슘이 적은 특징을 보인다. 지난 몇 십 년간, 영양학자들은 칼슘과 인의 비율이 갑상선 기능항진증(hyperthyroidism)과 뼈 손실의 원인이 된다고 생각하였다. 그러나 현재는 식사의 Ca : P 비율을 감안하기보다 칼슘 필요량이 충족되지 않았을 때(예를 들어, 우유나 칼슘 급원식품 대신 탄산음료를 규칙적으로 마실 때), PTH가 상승하고 골손실이 나타난다고 생각한다. 인의 상한섭취량은 혈중 농도가 높아질 위험을 근거로 3,500 mg/day로 설정하였다.

확인합시다!

1. 인이 풍부한 식품은 무엇인가?
2. 뼈와 치아를 구성하는것 이외에 인의 주요한 신체 기능은 무엇인가?
3. 인의 결핍 증세는 무엇인가?

12.8 마그네슘(Mg)

마그네슘은 그리스 마그네시아라는 지역에서 처음 발견된 은백색 금속으로 토양과 해수에 풍부한 무기질이다. 이 무기질은 동물과 식물에 모두 풍부하며, 급원식품이 매우 다양하다.

마그네슘의 급원식품

마그네슘은 엽록소에 존재하기 때문에 녹색 잎채소가 좋은 급원이다. 그 외에도 브로콜리, 호박, 콩류, 견과류, 종실류, 전곡류, 초콜릿에 마그네슘이 많이 들어 있다(그림 12.27). 우유와 육류 같은 동물성 식품들도 마그네슘을 공급한다. 무기질 함량이 높은 경수 수돗물에서도 마그네슘을 얻을 수 있고, 커피나 차를 통해서도 마그네슘을 섭취한다. 정제된 곡류 제품에는 일반적으로 마그네슘 함량이 매우 낮다. 종합비타민제나 무기질 보충제에 함유된 마그네슘 형태(magnesium oxide)는 흡수가 잘 되지 않는다.

마그네슘의 필요량

우리나라는 마그네슘 권장섭취량이 성인의 경우 남자는 360~370 mg/day, 여자는 280 mg/day이다. 우리나라 여대생에서 180~200 mg/day 섭취 시 대부분의 대상자가 정적

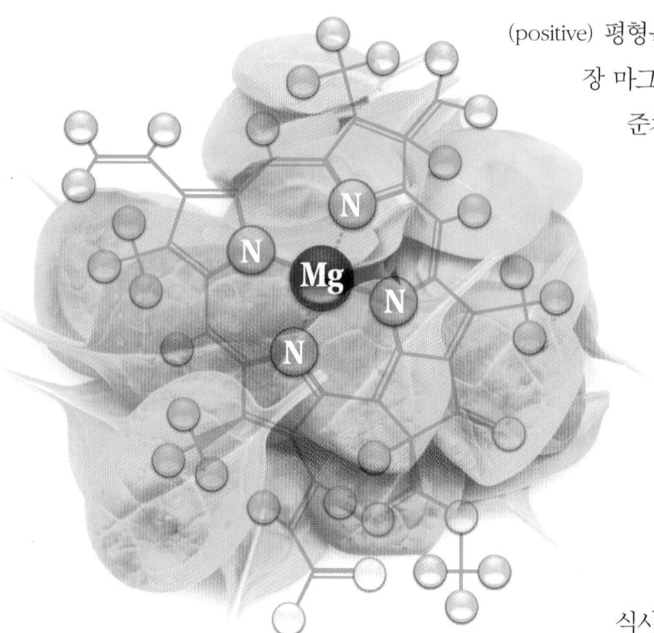

엽록소(Chlorophyll)는 구조 한 가운데에 마그네슘 원자를 가지고 있다. 이 때문에 야채는 마그네슘의 중요 급원이 된다.

MysticaLink/Shutterstock

(positive) 평형을 유지했다는 보고가 있고, 농촌에 사는 여성이 259 mg/day 섭취 시 혈장 마그네슘 농도가 정상 수준을 유지했다고 보고되었다. 마그네슘의 영양성분 기준치(DV)는 315 mg이다.

미국의 경우 19~30세 남자의 권장섭취량은 400 mg/day이고, 여자는 310 mg/day이다. 마그네슘은 30세를 기준으로 나이가 많아짐에 따라 10~20 mg/day 정도로 증가하는 경향이 있으며 일반적으로 마그네슘 영양섭취기준을 맞추는 성인 비율은 25%가 미처 안 된다. 국내의 섭취량 평가 연구는 매우 부족하지만, 일부 보고된 자료에 따르면 대부분 연령대에서 섭취량이 232~305 mg 정도로 평균필요량 미만 섭취 분율이 대부분의 연령 집단에서 50%를 넘었다.

마그네슘의 흡수, 운반, 저장 및 배설

식사에서 섭취한 마그네슘의 30~40%가 흡수되고 섭취량이 낮을 때는 80% 정도까지 흡수되기도 한다. 소장에서 수동적인 흡수와 능동적인 흡수, 모두 일어난다. 활성형 비타민 D 호르몬인 1,25(OH)$_2$ 비타민 D는 마그네슘의 흡수를 어느 정도 증진시킨다. 신체 내 마그네슘의 50%는 뼈에, 나머지 50%는 근육 같은 조직에 저장된다. 신장은 혈중 마그네슘 농도를 조절하는 주요 장기로서, 혈중 마그네슘 농도가 낮으면 소변으로 배설되는 양이 감소한다.

견과류는 마그네슘의 풍부한 급원식품이다.

©C Squared Studios/Getty Images RF

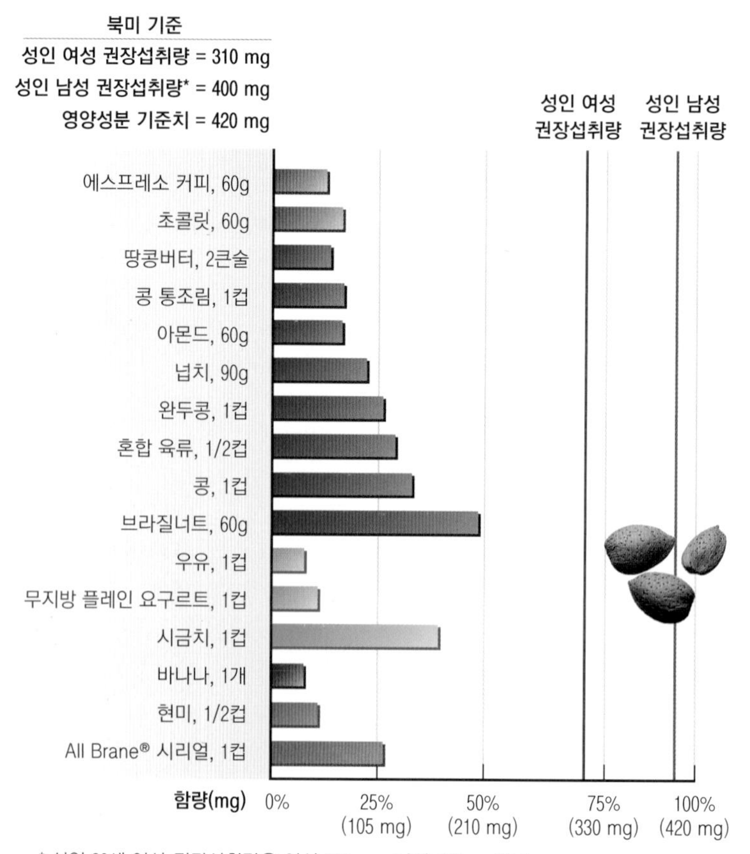

그림 12.27 마그네슘의 급원식품(북미 기준).

©C Squared Studios/Getty Images RF

사례연구 후속

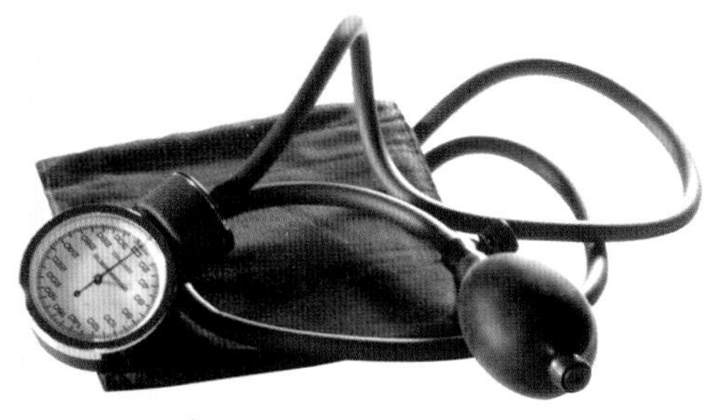
©Thinkstock/Getty Images RF

1. Leland 여사의 혈압은 고혈압 전단계(prehypertension)에 해당한다.
2. 신체활동을 늘려야 하는데 이를 위해서 주 3~4회 한 번에 40분 이상 중강도에서 고강도 운동을 해야 한다.
3. DASH 식사요법과 비교해보면 Leland 여사는 과일과 채소, 전곡류의 섭취를 더 늘려야 한다. 또한 가공 식품의 섭취를 줄여야 에너지와 나트륨 섭취를 줄일 수 있다. 특히나 견과류, 종실류, 콩류, 어류의 섭취가 없기 때문에 이러한 식품군의 섭취를 늘려야 한다.
4. 나트륨의 섭취량이 대략 3,700 mg으로 추정되는데 이는 2,400 mg/day보다 훨씬 높은 양이므로 조절해야 한다.
5. BMI 기준으로 보면 비만에 해당한다. 따라서 체중을 줄인다면 혈압도 내려갈 수 있다.

식품군	DASH 권장량	Leland 여사의 식단
곡류	전곡류로 6~8회	4회(2회만 전곡류임)
채소류	4~5회(녹색 잎채소 1컵 또는 익힌 채소 0.5컵)	2컵
과일류	4~5회(과일 1개 또는 0.5컵)	2컵(DASH 권장량과 비슷)
무지방 또는 저지방 우유 및 유제품	2~3회(1컵)	1.25컵
저지방 육류, 가금류, 어류	6 oz 미만	5.5 oz
견과류, 종실류 및 콩류	4~5/주	먹지 않음
지질류	2~3회(식물성 기름 1작은술, 마요네즈 1큰술, 샐러드드레싱 2큰술)	5작은술
당류 및 첨가당	주당 5회 미만	하루에 3번: 과자 2개, 바닐라 아이스크림

마그네슘의 기능

마그네슘은 신체의 세포 내 두 번째로 풍부한 양이온(Mg^{2+})으로, 생화학적, 생리적 과정에서 중요한 역할을 한다. ATP 내 인산과 결합하여 안정화시키는 기능을 수행한다. ATP를 이용하는 대부분의 효소들은 마그네슘을 필요로 한다. (에너지 대사, 근육수축, 단백질 합성 등에 관여하는 300여 개 이상의 효소들이 이에 해당한다.) 마그네슘을 사용하는 효소 펌프는 나트륨을 세포 외부로, 칼륨은 세포 내부로 이동시키는데, 마그네슘 결핍이 있을 경우 특히 이 펌프 작동이 영향을 많이 받는다. 마그네슘은 DNA와 RNA 합성에도 관여한다. 또한 칼슘 대사과정에 관여하여 뼈의 구조 형성과 무기질화에 영향을 미친다. 마그네슘은 신경 전도와 심근 및 평활근 수축에서도 중요하며 췌장의 인슐린 분비와 세포에서의 포도당 대사에도 관여한다.

마그네슘이 풍부한 식사는 인슐린 작용을 개선하여 대사증후군과 당뇨병 증세를 예방한다고 알려졌다. 이 밖에도 마그네슘은 염증을 완화시키고 동맥경화를 막아 혈압을 낮추어 뇌졸중의 위험도 낮출 수 있으며, 심장이 불규칙적으로 박동하는 것을 방지하는 것으로 알려져 있다.

마그네슘의 결핍증

마그네슘이 결핍된 사람은 심장박동이 불규칙해지며, 허약함과 근육경련, 방향감각 상실, 구역과 구토, 발작이 일어난다. 이런 증상은 나트륨과 칼륨 펌프의 손상으로 인해 신경세포

▶ 황산마그네슘은 임신성 고혈압을 치료하는 데 사용되고는 한다. 마그네슘은 혈관을 이완시켜서 혈압을 낮추는 것으로 여겨진다.

기능이 비정상적으로 되기 때문이다. 마그네슘 결핍 시 부갑상선 호르몬 분비가 감소하여 혈중 칼슘 농도가 감소한다. 또한 1,25(OH)$_2$ 비타민 D 기능이 약화된다. 따라서 만성적으로 마그네슘 섭취량이 부족하면 골다공증의 위험이 증가할 수 있으며 대사성 질환의 위험이 높아질 수 있다. 섭취한 마그네슘은 쉽게 저장될 수 있기 때문에 결핍 증세는 매우 서서히 진행된다. 일부 역학조사에 의하면 체내 마그네슘 농도가 낮으면 심혈관계질환의 위험이 있다고 한다.

마그네슘의 결핍은 위장관이나 소변에서 과량의 마그네슘을 잃었을 때 나타나는 경우가 많다. 특히 설사와 구토 증세를 오래 앓는 사람들이 마그네슘 결핍에 취약하다. 알코올중독자이거나 당뇨병 관리가 잘 안 되는 환자거나, 특정 이뇨제를 사용할 경우 소변에서 마그네슘을 많이 잃을 수 있다. 그리고 마그네슘을 식사로부터 충분히 얻지 못할 때 결핍증은 더 악화된다. 더운 기후에서 몇 주간 심하게 땀을 흘릴 경우에도 마그네슘의 필요량이 증가할 수 있으니 주의해야 한다.

마그네슘의 상한섭취량

마그네슘의 상한섭취량은 350 mg/day로 보충제와 제산제, 하제 등 식품이 아닌 형태로 섭취할 때만 적용된다. 이렇게 비식사적인 형태로 상한섭취량 이상을 섭취할 경우 설사를 유발한다. 신장은 혈중 마그네슘을 조절하는 주요 장기로서, 신부전 환자에게서 독성이 나타난다. 이런 경우 허약함, 구역, 느린 호흡, 불안, 혼수와 사망을 초래한다. 일반적으로 노인들은 나이가 많아짐에 따라 신장 기능이 저하되며 특히 마그네슘 독성의 위험이 커진다.

확인합시다!

1. 마그네슘의 좋은 급원식품은 무엇인가?
2. 마그네슘의 기능은 무엇인가?
3. 마그네슘의 결핍 증세는 무엇인가?
4. 마그네슘 결핍에 가장 취약한 인구 집단은?

황 함유 화합물 때문에 썩은 계란, 장내 가스, 스컹크에서는 나쁜 냄새가 난다.

Eric Issele/Shutterstock

12.9 황(S)

황은 밝은 노란색으로 띠는 광물질로 주로 메티오닌과 시스테인 같은 황을 함유한 아미노산을 섭취함으로써 얻을 수 있다. 무기 황은 물이나 식품에 보존료(말린 과일이나 와인의 색깔을 변하지 않게 하는) 형태로 존재하기도 한다. 단백질 함유 식품에서 황을 충분히 얻을 수 있기 때문에 황의 영양섭취기준은 설정되어 있지 않다. 황은 다양한 물질의 합성에 필요하며, 단백질 구조(콜라겐, 머리카락, 손톱, 피부)를 안정화시키는 것을 도와준다. 또한 체내에서 산-염기 평형에도 작용한다. 황의 상한섭취량 역시 정해지지 않았다.

이처럼 다량 무기질은 체내에서 중요한 역할을 한다. 표 12.12는 주요 다량 무기질에 관한 내용을 정리한 표이다.

단백질이 풍부한 음식은 황을 제공해준다.
Comstock/Getty Images RF

표 12.12 다량 무기질 요약

무기질	주요 기능	한국인 성인 영양소 섭취기준	급원식품	결핍 증세	독성 증세
나트륨	세포외액의 주요 양이온, 신경자극전달 및 근육수축, 수분 균형, 포도당 및 아미노산 흡수 촉진	충분섭취량 남녀 1,500 mg	식염, 가공식품, 향신료, 소스, 수프, 과자류	근육경련, 두통, 오심, 구토, 피로	고혈압 위험, 소변으로 칼슘 배출 증가, 만성질환 위험 감소 섭취량 2,300 mg
칼륨	세포내액의 주요 양이온, 신경자극전달 및 근육수축, 수분 균형	충분섭취량 3,500 mg	다양한 과일과 채소, 우유 및 유제품, 육류, 콩류, 전곡류	부정맥, 식욕 감퇴, 근육경련, 고혈압, 뇌졸중	신부전 환자에서 보이는 심장박동 저하
염소	세포외액의 주요 음이온, 위액 성분, 신경자극전달, 수분 균형	충분섭취량 2,300 mg	식염, 채소, 가공식품	유아에서의 경련	나트륨과 연계하여 고혈압 우려
칼슘	뼈와 치아 구조 형성, 혈액 응고, 신경자극전달, 근육 수축, 효소 조절	권장섭취량 남 750~800 mg 여 700~~800 mg	우유 및 유제품, 생선통조림, 푸른 잎채소, 두부, 강화 가공식품	골다공증 위험 증가	신장결석 우려, 상한섭취량 2,000~2,500 mg
인	세포내액의 주요 이온, 뼈와 치아 구조, ATP와 대사 산물의 성분, 산-염기 평형	권장섭취량 남녀 700 mg	우유 및 유제품, 가공식품, 어류, 탄산음료, 제과제빵류, 육류	뼈 건강 악화	신부전 환자에서 뼈 건강 악화 우려, 칼슘 섭취가 낮을 때 뼈 석회화 저하 우려 상한섭취량 3,500 mg
마그네슘	뼈 형성, 효소 기능, 신경계와 심장기능	권장섭취량 남 360~370 mg 여 280 mg	밀겨, 녹색 채소, 견과류, 초콜릿, 콩류	허약, 근육통증, 심장 기능 약화, 경련	신부전 환자에서 설사, 허약, 오심, 불쾌감 상한섭취량 350 mg/day (보충제만을 대상으로 상한섭취량 설정)
황	비타민과 아미노산의 일부를 구성, 약물 해독, 산-염기 평형	없음	단백질 식품	발견 안됨	가능성 없음

soup: ©Purestock/SuperStock RF; potato: ©Brand X Pictures/Getty Images RF; salt: ©McGraw-Hill Education/Jacques Cornell, photographer; cheese: ©Ingram Publishing / AGE Fotostock RF; muffin: ©JacobVan-Houten/Getty Images RF; chocolates: ©Foodcollection RF; raw meat: ©Stockbyte/Getty Images RF

참고문헌

1. Food and Nutrition Board, Institute of Medicine. Dietary Reference Intakes for calcium, phosphorus, magnesium, vitamin D and fluoride. Washington, DC: National Academies Press; 1997.
2. Food and Nutrition Board, Institute of Medicine. Dietary Reference Intakes for water, potassium, sodium, chloride and sulfate. Washington, DC: National Academies Press; 2005.
3. Jéquier E, Constant F. Water as an essential nutrient: The physiological basis of hydration. Eur J Clin Nutr. 2010;64:115.
4. Negoianu D, Goldfarb S. Just add water. J Am Soc Nephrol. 2008;19:1.
5. Feehally J, Khosravi M. Effects of acute and chronic hypohydration on kidney health and function. Nutr Rev. 2015;73:110.
6. Ludwig DS and others. Dietary carbohydrates: Role of quality and quantity in health and disease. BMJ. 2018;361:k2340.
7. Mullens E, Jimenez F. Effects of caffeine on hydration status: Evidence analysis review. J Acad Nutr Diet. 2016;116:S1A78.
8. International Bottled Water Association. 2020; www.bottledwater.org.
9. Sebastian RS and others. Drinking water intake in the U.S.: What we eat in America, NHANES 2005–2008. Food Surveys Research Group Dietary Data Brief No. 7. September 2011; ars.usda.gov/Services/docs.htm? docide=19476.
10. Bruce RC, Kliegman RM. Hyponatremic seizures secondary to oral water intoxication in infancy: Association with commercial bottled drinking water. Pediatr. 1997;100:e4.
11. Bennett B and others. Wilderness Medical Society Clinical Practice Guidelines for the Management of Exercise-Associated Hyponatremia: 2019 Update. Wild Environ Med. 2020;31:50.
12. United Nations. UN water. 2012; www.unwater.org.
13. Mekonnen MM, Hoekstra AY. Four billion people experiencing water scarcity. Sci Adv. 2016;2:e1500323.
14. World Health Organization. Drinking water fact sheet. 2019; www.who. newsroom/fact-sheets/detail/drinking-water.
15. Bethke PC, Jansky SH. The effect of boiling and leaching on the content of potassium and other minerals in potatoes. J Food Sci. 2008;75:H80.
16. Weaver C, Heaney R. Calcium. In: Ross C and others, eds. Modern nutrition in health and disease. 11th ed. Philadelphia: Lippincott Williams & Wilkins; 2014.
17. U.S. Department of Health and Human Services and U.S. Department of Agriculture. Dietary Guidelines for Americans, 2020–2025, 9th ed. 2020. dietaryguidelines.gov.
18. U.S. Department of Agriculture, Agricultural Research Service. Nutrient intakes from food and beverages: Mean amounts consumed per individual, by gender and age. What We Eat in America, NHANES 2013–2014. 2016; www.ars.usda.gov/northeast-area/beltsville-md/beltsville-human-nutrition-research-center/food-surveys-research-group/docs/wweia-data-tables/.
19. Centers for Disease Control and Prevention. Vital signs: Food categories contributing the most to sodium consumption—United States, 2007–2008. MMWR. 2012;61(5):92.
20. Davy BM and others. Sodium intake and blood pressure: New controversies, new labels . . . new guidelines? J Acad Nutr Diet. 2015;115:200.
21. Trinquart L and others. Why do we think we know what we know? A metaknowledge analysis of the salt controversy. Int J Epidemiol. 2016;45:251.
22. Friedan TR. Sodium reduction—Saving lives by putting choice into consumers' hands. JAMA. 2016;316:579.
23. Mente A and others. Associations of urinary sodium excretion with cardiovascular events in individuals with and without hypertension: A pooled analysis of data from four studies. The Lancet. 2016;388:465.
24. Adler AJ and others. Reduced dietary salt for the prevention of cardiovascular disease. Cochrane DB Syst Rev. 2014;12:Art. No. CD009217.
25. Graudal NA and others. Effects of low sodium diet on blood pressure, renin, aldosterone, catecholamines, cholesterol, and triglyceride (review). Cochrane DB Syst Rev. 2017;4:Art. No. DD04022.
26. He FJ and others. Salt reduction in England from 2003 to 2011: Its relationship to blood pressure, stroke and ischaemic heart disease mortality. BMJ Open. 2014;4:e004549.
27. Food and Drug Administration. Draft guidance for industry: Voluntary sodium reduction goals. Target mean and upper bound concentrations for sodium in commercially processed, packaged, and prepared foods. 2016; www.fda.org.
28. Mozaffarian D and others. Global sodium consumption and death from cardiovascular disease. N Engl J Med. 2014;371:624.
29. Carbone L and others. Sodium intake and osteoporosis. Findings from the Women's Health Initiative. J Clin Endocrinol Metab. 2016;101:1414.
30. Heilberg IP, Goldfarb DS. Optimum nutrition for kidney stone disease. Adv Chronic Kidney Dis. 2013;20:165.
31. Hoy MK, Goldman JD. Potassium intake of the U.S. population: What we eat in America, NHANES 2009–2010. Food Surveys Research Group Dietary Data Brief No. 10. 2012; ars.usda.gov/Services/docs.htm?docid=19476.
32. Binia A and others. Daily potassium intake and sodium-to-potassium ratio in the reduction of blood pressure: A meta-analysis of randomized controlled trials. J Hypertens. 2015;33:1509.
33. Jackson SL and others. Association between urinary sodium and potassium excretion and blood pressure among adults in the United States National Health and Nutrition Examination Survey, 2014. Circ. 2018;137:237.
34. Levings JL, Gunn JP. The imbalance of sodium and potassium intake: Implications for dietetic practice. J Acad Nutr Diet. 2014;114:838.
35. Dawson-Hughes B and others. Potassium bicarbonate supplementation lowers bone turnover and calcium excretion in older men and women: A randomized dose-finding trial. J Bone Min Res. 2015;30:2103.
36. Granchi D and others. Potassium citrate supplementation decreases the biochemical markers of bone loss in a group of osteopenic women: The results of a randomized, double-blind, placebo-controlled pilot study. Nutrients. 2018;10:1293.
37. National Center for Health Statistics.Health, United States, 2017: With special feature on mortality. Hyattsville, MD: U.S. Government; 2018. www.cdc.gov/nchs/data/hus/hus17.pdf.
38. National Heart, Lung, and Blood Institute. 7th report of the Joint National Committee on Prevention, Detection, Evaluation and Treatment of High Blood Pressure. 2004; www.nhlbi.nih.gov/guidelines/hypertension/jnc7full.htm.
39. Whelton PK and others. 2017 ACC/AHA/AAPA/ABC/ACPM/AGS/APhA/ASH/ASPC/NMA/PCNA guideline for the prevention, detection, evaluation, and management of high blood pressure in adults. J Am College Card. 2018;71:127.
40. Centers for Disease Control and Prevention. Learn more about CDC's childhood lead poisoning data. 2019; www.cdc.gov/nceh/lead/data/learnmore.htm.
41. Blumenthal J and others. Effects of DASH Diet alone and in combination with exercise and weight loss on blood pressure and cardiovascular biomarkers in men and women with high blood pressure. Arch Intern Med. 2010;170:126.
42. Intersalt Cooperative Research Group. Intersalt: An international study of electrolyte excretion and blood pressure. Results for 24-hour urinary sodium and potassium excretion. Brit Med J. 1988;297:319.
43. Beyer FR and others. Combined calcium, magnesium and potassium supplementation for the management of primary hypertension in adults. Cochrane DB Syst Rev. 2006;3:Art. No. CD004805.
44. Ried K and others. Effect of cocoa on blood pressure. Cochrane DB Syst Rev. 2012;8:Art. No. CD008893.

45. Wang Y and others. Cocoa flavanols and blood pressure reduction: Is there enough evidence to support a health claim in the United States? Trend Food Sci Technol. 2019;83:203.
46. Steffen M and others. The effect of coffee consumption on blood pressure and the development of hypertension: A systematic review and meta-analysis. J Hypertens. 2012;30:2245.
47. Rhee JL and others. Coffee and caffeine consumption and the risk of hypertension in postmenopausal women. Am J Clin Nutr. 2016;103:210.
48. Kempner W. Treatment of hypertensive vascular disease with rice diet. Am J Med. 1948;4:545.
49. Patlak M. Bone builders: The discoveries behind preventing and treating osteoporosis. FASEB J. 2001;15:1677e.
50. O'Neil CE and others. Food sources of energy and nutrients among adults in the US: NHANES 2003–2006. Nutrients. 2012;19:2097.
51. Titchenal AC, Dobbs J. A system to assess the quality of food sources of calcium. J Food Comp Analysis. 2007;20:717.
52. Food and Nutrition Board, Institute of Medicine. Dietary Reference Intakes for calcium and vitamin D. Washington, DC: National Academies Press; 2011.
53. Bailey RL and others. Estimation of total usual calcium and vitamin D intakes in the United States. J Nutr. 2010;140:817.
54. Tai V and others. Calcium intake and bone mineral density: Systematic review and meta-analysis. BMJ. 2015;351:h4183.
55. Bolland MJ and others. Calcium intake and risk of fracture: Systematic review. BMJ. 2015;351:h4580.
56. US Preventive Services Task Force. Vitamin D, Calcium, or Combined Supplementation for the Primary Prevention of Fractures in Community-Dwelling Adults: US Preventive Services Task Force Recommendation Statement. JAMA. 2018;319:1592.
57. Reid IR and others. Calcium supplements: Benefits and risks. J Intern Med. 2015;278:354.
58. Patel AM, Goldfarb S. Got calcium? Welcome to the calcium-alkali syndrome. J Am Soc Nephrol. 2010;21:1440.
59. Bolland MJ and others. Calcium supplements and cardiovascular risk. 5 years on. Ther Adv in Drug Safe. 2013;4(5):199.
60. Lewis JR and others. The effects of calcium supplementation on verified coronary heart disease hospitalization and death in post-menopausal women: A collaborative meta-analysis of randomized controlled trials. J Bone Min Res. 2015;30:165.
61. Ross EA and others. Lead content of calcium supplements. JAMA. 2000;284:1425.
62. Rehman S and others. Calcium supplements: An additional source of lead contamination. Trace Elem Res. 2011;143:178.
63. Tucker KL, Rosen CJ. Prevention and management of osteoporosis. In: Ross C and others, eds. Modern nutrition in health and disease. 11th ed. Philadelphia: Lippincott Williams & Wilkins; 2014.
64. National Osteoporosis Foundation. Healthy bones for life—Clinicians guide. 2014; www.nof.org.
65. Wright NC. The recent prevalence of osteoporosis and low bone mass in the United States based on bone mineral density at the femoral neck or lumbar spine. J Bone Miner Res. 2014;29:2520.
66. Heaney RP. Dairy intake, dietary adequacy, and lactose intolerance. Adv Nutr. 2013;4:151.
67. Weaver CM and others. The National Osteoporosis Foundation's position statement on peak bone mass development and lifestyle factors: a systematic review and implementation recommendations. Osteoporosis Int. 2016;27:1281.
68. Protiva P and others. Calcium and 1,25-dihydroxy D3 modulate genes of immune and inflammatory pathways in the human colon: A human crossover trial. Am J Clin Nutr. 2016;103:1224.
69. Keum N and others. Calcium intake and colorectal cancer risk: Dose-response meta-analysis of prospective observational studies. Int J Cancer. 2014;135:1940.
70. Tantamango-Bartley Y and others. Independent associations of dairy and calcium intakes with colorectal cancers in the adventist health study-2 cohort. Public Health Nutr. 2017;20:2577.
71. Taylor EN, Curhan GS. Dietary calcium from dairy and nondairy sources, and the risk of symptomatic kidney stones. J Urol. 2013;190:1255.
72. Calvo MS, Uribarri J. Public health impact of dietary phosphorus excess on bone and cardiovascular health in the general population. Am J Clin Nutr. 2013;98:6.
73. O'Brien KO and others. Phosphorus. In: Ross C and others, eds. Modern nutrition in health and disease. 11th ed. Philadelphia: Lippincott Williams & Wilkins; 2014.
74. Rude RK. Magnesium. In: Ross C and others, eds. Modern nutrition in health and disease. 11th ed. Philadelphia: Lippincott Williams & Wilkins; 2014.
75. Dubey P and others. Role of minerals and trace elements in diabetes and insulin resistance. Nutrients. 2020;12:1864.
76. Sarrafzadegan MD and others. Magnesium status and the Metabolic Syndrome: A systematic review and meta-analysis. Nutr. 2016;32:409.
77. Rosique-Esteban N and others. Dietary magnesium and cardiovascular disease: A review with emphasis in epidemiological studies. Nutrients. 2018;10:168.
78. Kieboom BC and others. Serum magnesium and the risk of death from coronary heart disease and sudden cardiac death. J Am Heart Assoc. 2016;5:e002707.
79. Joris PJ and others. Long-term magnesium supplementation improves arterial stiffness in overweight and obese adults: Results of a randomized, double-blind, placebo-controlled intervention trial. Am J Clin Nutr. 2016;103:1260.
80. 보건복지부, 한국영양학회, 2020 한국인 영양소 섭취기준

C Squared Studios/Getty Images RF

오징어나 바닷가재, 게, 달팽이들은 구리의 좋은 급원식품이다. 그 이유는 구리가 포함된 혈색소(hemocyanin, 헤모사이아닌)라는 물질이 우리의 몸에서 헤모글로빈이 하는 역할인 체내 산소 운반 기능을 하기 때문이다. 이와 같이 파란 혈액을 가진 동물들에 대해 다음 사이트에서 더 알아보자. ocean.si.edu/ocean-life/invertebrates/cephalopods.

13 미량 무기질

학습목표

01. 미량 무기질의 주요 기능

02. 미량 무기질의 급원식품

03. 미량 무기질의 흡수, 저장 및 이용에 영향을 주는 인자

04. 미량 무기질의 결핍 증세

05. 미량 무기질의 과다 복용에 의한 독성 증세

06. 암의 발병과 유전, 환경 및 식사 요인의 영향

개요

미량무기질(trace mineral)은 1일 섭취요구량이 100 mg 이하인 무기질(essential inorganic substance)이며, 우리 몸속에 5 g 이하의 비교적 적은 양이 존재한다. 체내의 모든 미량 무기질을 합쳐도 전체 무기질 양의 1%가 되지 않지만, 우리 몸의 정상적인 발달과 세포 기능, 전반적인 건강에 필수적이다. 예를 들어, 철은 적혈구를 생성하기 위해 필요하고 아연, 구리, 셀레늄과 망간은 활성기 산소로부터 우리 몸을 보호하는 데 필요하다. 또한 요오드는 정상적인 대사를 유지하는 데 필요하다.

철과 요오드를 제외하고, 우리의 건강에 미량 무기질이 꼭 필요하다는 것을 알게 된 것은 50년이 채 되지 않았다. 1960년대 초에 들어서 중동지역의 아연이 결핍된 청소년 집단에서 정상적인 성장과 이차성징이 나타나지 않는 것을 발견하게 되면서 미량 무기질에 대한 연구가 본격화되기 시작했다. 그 후 과학자들은 미량 무기질이 정상적인 신체기능에 필수적이라는 것과 식사에 결핍되면 비정상적인 생리 증상들이 나타난다는 것을 발견했다.

미량 무기질의 독특한 특성 때문에 이를 연구하는 연구자들은 많은 어려움을 겪는다. 예를 들어, 미량 무기질은 워낙 신체 내에 소량 존재하기 때문에 체내에 있는 양을 측정하거나 농도 변화를 관찰하는 것이 까다로워서 체내 미량 무기질의 상태를 정확하게 평가하거나 적절한 섭취량을 제시하는 것이 쉽지 않다. 또한 음식에 포함된 미량 무기질의 양을 측정하는 것도 어려운 일이다. 많은 농업적인 요소와 식품의 특성이 미량 무기질의 양에 영향을 미치며, 특히 식물성 식품일 경우에는 더 그러하다. 따라서 영양성분 자료가 특정 음식에 함유된 미량 무기질의 정확한 양이나 생체이용률을 제시하지 못할 수 있다. 이러한 미량 무기질 연구의 어려움에도 불구하고 이 영양소들에 대한 지식은 새로운 과학기술의 개발로 점점 확장되고 있고, 세포 기능에 미치는 영향과 신체 내 함량 측정이 점점 정밀해지고 있다.

식물성 식품의 미량 무기질 함량은 그 재배지 토양의 무기질 함량에 달렸다.

Pixtal/AGE Fotostock RF

13.1 철(Fe)

우리는 건강을 유지하기 위해 철이 중요하다는 것을 수 세기 전부터 알고 있었다. 기원전 4,000년에 페르시아인 의사 멜람푸스(Melampus)는 전투 중에 출혈로 손실된 철을 보충하기 위해 항해사들에게 철 보충제를 공급했다. 오늘날에도 철 결핍과 철결핍성 빈혈은 전 세계적으로 중요한 보건 문제이며, 세계적으로 1/4이 빈혈을 앓고 있다. 이 중 대부분은 어린이와 임신부의 철 결핍에 기인한다. 미국이나 다른 선진국에서는 철 결핍이 흔하지는 않지만 세계보건기구(World Health Organization, WHO)에서는 철 결핍성 빈혈을 국제보건의 가장 중요한 문제로 다루고 있다.

철의 급원식품

해산물 가운데 특히 조개류는 다양한 미량 무기질의 급원식품으로 좋다.

C Squared Studios/Getty Images RF

식품에서 철은 다양한 형태로 존재한다. 육류, 어류, 가금류에서 철은 대부분 헤모글로빈(hemoglobin)과 미오글로빈(myoglobin)으로 존재하는데, 이를 합쳐서 **헴철**(heme iron)이라고 한다. 채소, 곡류, 보충제에 들어 있는 철과 육류 등에 존재하는 나머지 철은 **비헴철**(nonheme iron)이라고 한다.

북미 사람들의 식사에서는 주로 육류와 해산물을 통해 철을 흡수한다(그림 13.1). 또한 철은 정제된 밀가루의 강화과정에 포함되기 때문에 제과류(빵, 롤, 크래커)에도 포함되어 있다. 시금치를 포함한 진한 녹색 잎과 붉은 강낭콩, 병아리콩(garbanzo), 흰강낭콩에도 상당량 존재한다. 그러나 여러 요인 때문에 채소류에 존재하는 철(Fe^{3+})이 육류에 존재하는 철(Fe^{2+})보다 생체이용률이 더 낮다. 최근 국민건강영양조사(2017년) 자료를 분석한 2020 한국인 영양소 섭취기준 보고서에 따르면 우리나라 국민의 철 섭취량에 대한 기여식품 순위는 백미, 돼지고기(간), 소고기(살코기), 달걀, 멸치, 배추김치의 순이었다(표 13.1). 식품 내 1회 분량에 함유된 철 함량이 가장 높은 식품은 돼지고기의 간(8.06 mg), 순대(7.1 mg), 굴(6.98 mg)의 순서였다(그림 13.2).

식품에 있는 철 외에도 조리용 기구의 철도 철 흡수에 영향을 미친다. 철제 팬에서 식품을 조리할 때, 소량의 철이 조리용 기구로부터 나와 음식으로 용해된다. 토마토소스와 같은 산성 음식은 조리용 기구로부터 용해되어 나온 철의 양을 더 증가시켜 음식 내 총 철 함량을 증가시킨다.

철의 필요량

한국인의 1일 철 권장섭취량은 남자 10 mg(65세 이상 남자 9mg), 여자 14 mg이며 10대 청소년의 경우 남학생은 14 mg, 여학생은 16 mg(12~14세)으로 증가하며, 50세 이후에는 대부분의 여성이 폐경기를 겪으며 더 이상 생리혈에 의한 철 손실이 없기 때문에 1일 권장섭취량은 줄어든다(50세 이상 여자 8 mg, 75세 이상 여자 7 mg). 철의 흡수율은 다양하나, 설정된 권장섭취량은 대부분의 북미지역에서 섭취하는 식사 중 18%의 철이 흡수된다는 가정에 따라 설정된 것이다. 우리나라 2020년 한국인 영양소 섭취기준에서 철의 권장섭취량은 비헴

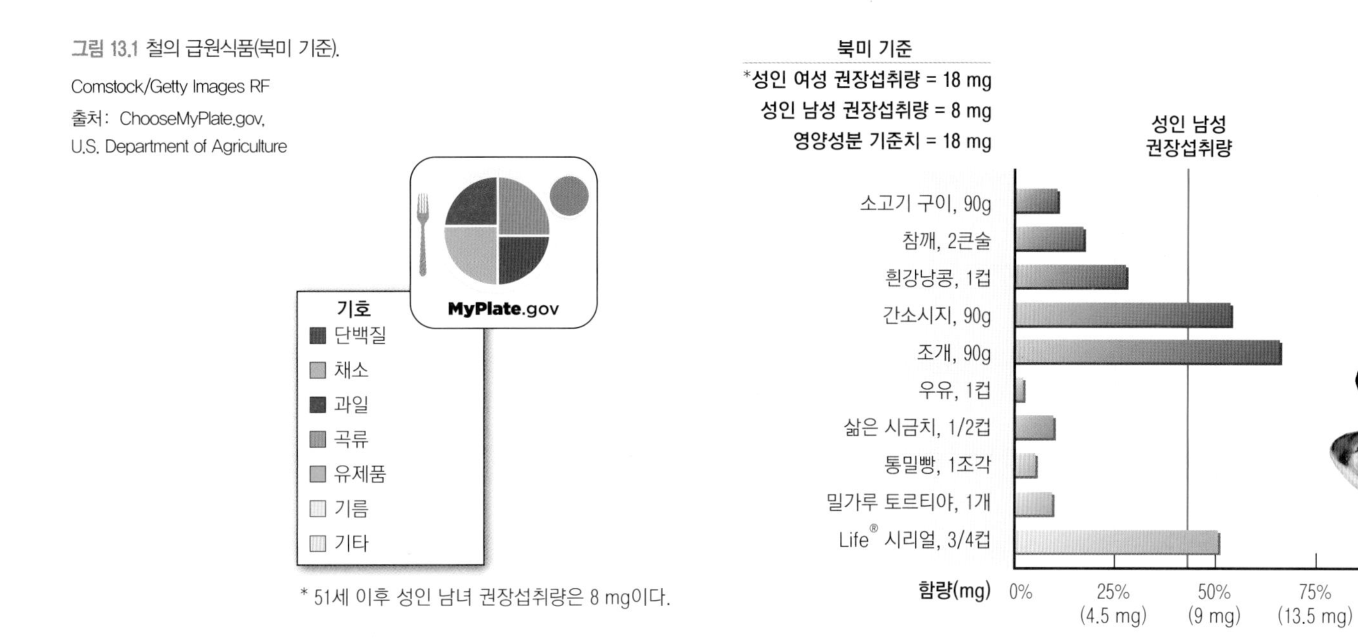

그림 13.1 철의 급원식품(북미 기준).
Comstock/Getty Images RF
출처: ChooseMyPlate.gov, U.S. Department of Agriculture

표 13.1 철 주요 급원식품(100g당 함량)[1]

급원식품 순위	급원식품	함량 (mg/100g)	급원식품 순위	급원식품	함량 (mg/100g)
1	백미	0.80	16	빵	0.60
2	돼지 부산물(간)	17.92	17	소 부산물(간)	6.54
3	소고기(살코기)	2.12	18	고춧가루	4.89
4	달걀	1.80	19	굴	8.72
5	멸치	12.00	20	파	0.82
6	배추김치	0.51	21	닭고기	0.28
7	두부	1.54	22	과자	1.14
8	돼지고기(살코기)	0.65	23	간장	1.09
9	대두	7.68	24	된장	2.07
10	시금치	2.73	25	과일음료	0.31
11	순대	7.10	26	라면(건면, 스프포함)	0.54
12	만두	3.10	27	고구마	0.52
13	보리	2.40	28	당면	4.69
14	시리얼	11.95	29	샌드위치/햄버거/피자	1.09
15	찹쌀	2.20	30	감자	0.40

1) 2017년 국민건강영양조사의 식품별 섭취량과 식품별 철 함량(국가표준식품성분표 DB 9.1, 2019) 자료를 활용하여 철 주요 급원식품 상위 30위 산출
출처: 보건복지부, 한국영양학회, 2020 한국인 영양소 섭취기준

철 급원식품의 섭취가 많은 것을 감안하여 철 흡수율 12%를 적용하였다. 우리나라 식품과 보충제에 표시하는 1일 영양성분 기준치(DV)는 12 mg이다.

전형적인 서양 식사의 경우 1,000 kcal 중 보통 6 mg의 철을 함유한다. 따라서 평균적인 2,000 kcal 식사의 경우 12 mg의 철이 섭취되는 것이다.

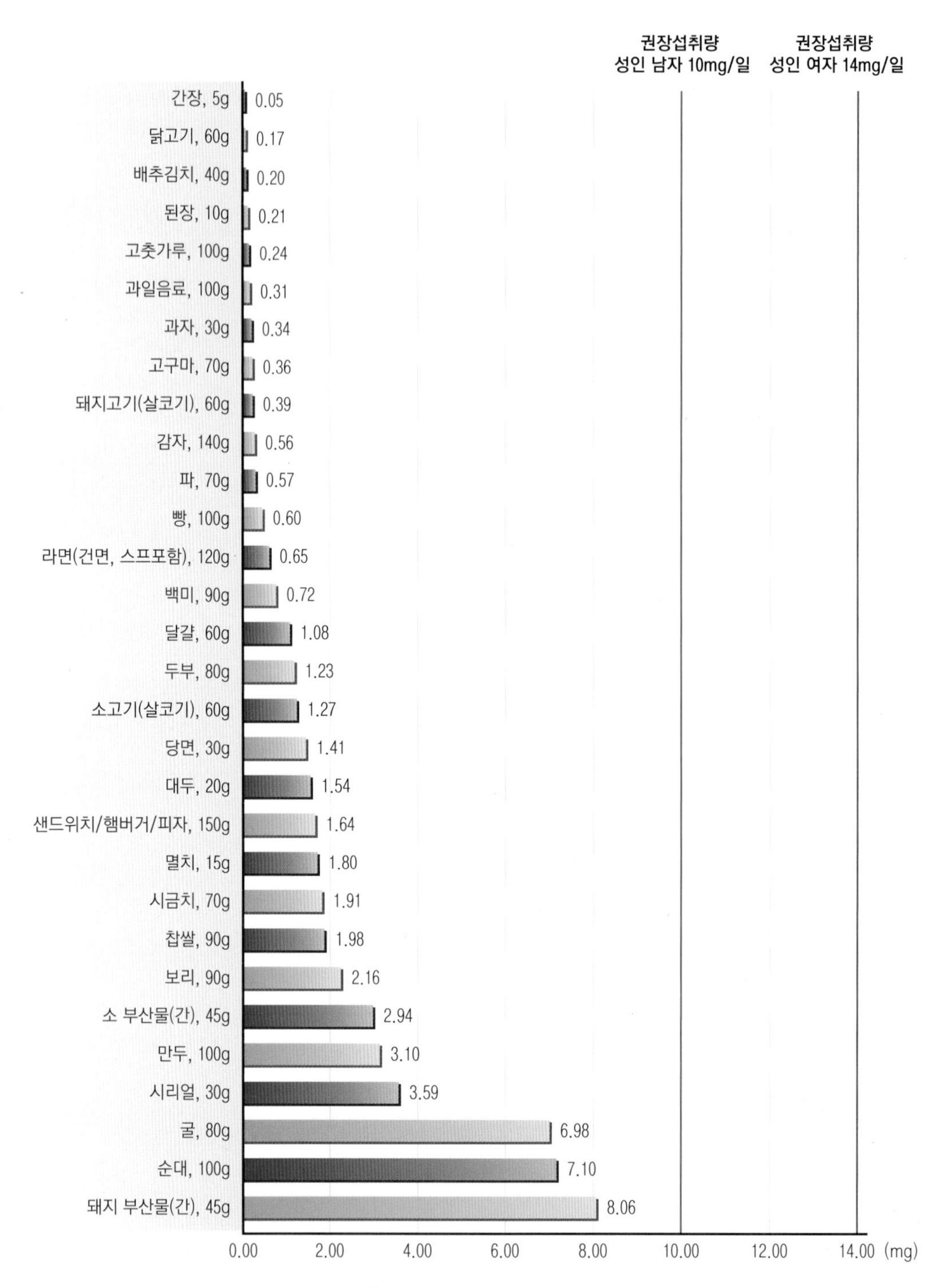

그림 13.2 철 주요 급원식품(1회 분량당 함량)[1]

1) 2017년 국민건강영양조사의 식품별 섭취량과 식품별 철 함량(국가표준식품성분표 DB 9.1, 2019) 자료를 활용하여 철 주요 급원식품 상위 30위 산출 후 1회 분량(2015 한국인 영양소 1섭취기준)을 적용하여 1회 분량당 함량 산출, 19~29세 성인 권장섭취량 기준(2020 한국인 영양소 섭취기준)과 비교

출처: 보건복지부, 한국영양학회. 2020 한국인 영양소 섭취기준

철의 흡수, 운반, 저장 및 배설

철은 융모(brush border)막을 통해 운반체가 매개하는 기전에 의해 소장으로 흡수된다. 소장 흡수세포(enterocyte)는 여러 종류의 철 결합단백질을 만들며 이것이 철의 흡수과정과 체내 철 양 조절에 중요한 역할을 한다. 소장세포가 만드는 **페리틴**(ferritin)이라는 철 결합단백질은 점막 내 철과 결합하고 저장하여 철이 혈액으로 유입되는 것을 방지한다(그림 13.3). 인체가 만드는 점막의 페리틴 양은 체내 철 저장량에 비례한다. 따라서 체내 철 저장량이 낮으면, 철이 혈류로 유입되는 것을 막는 방해물인 페리틴은 거의 합성되지 않아서 철의 흡수가 증가한다. 철의 저장량이 높으면, 페리틴이 많이 만들어져서 소장세포 내로 들어간 철은 페리틴과 결합한다. 이런 철의 대부분은 며칠 후면 소장세포가 떨어져서 배출되므로, 혈류로는 아예 들어가지 못하게 된다. 페리틴에 결합된 철은 소장세포와 함께 사라진다. 이 과정을 '점막 방어(mucosal block)'라고 하며, 결과적으로 체내에 철이 과잉 축적되는 것을 막아준다. 그러나 섭취하는 철의 양이 매우 많은 경우에는 점막 방어의 능력을 넘어서서 혈액 안으로 유입되기 때문에 철 독성의 위험이 높아진다.

페리틴(ferritin) 철결합 단백질. 소장 점막 내에 철과 결합하여 혈액 안으로 들어가는 것을 막는 기능을 하며, 간과 다른 체조직에서 철을 저장하는 주요 형태이기도 하다.

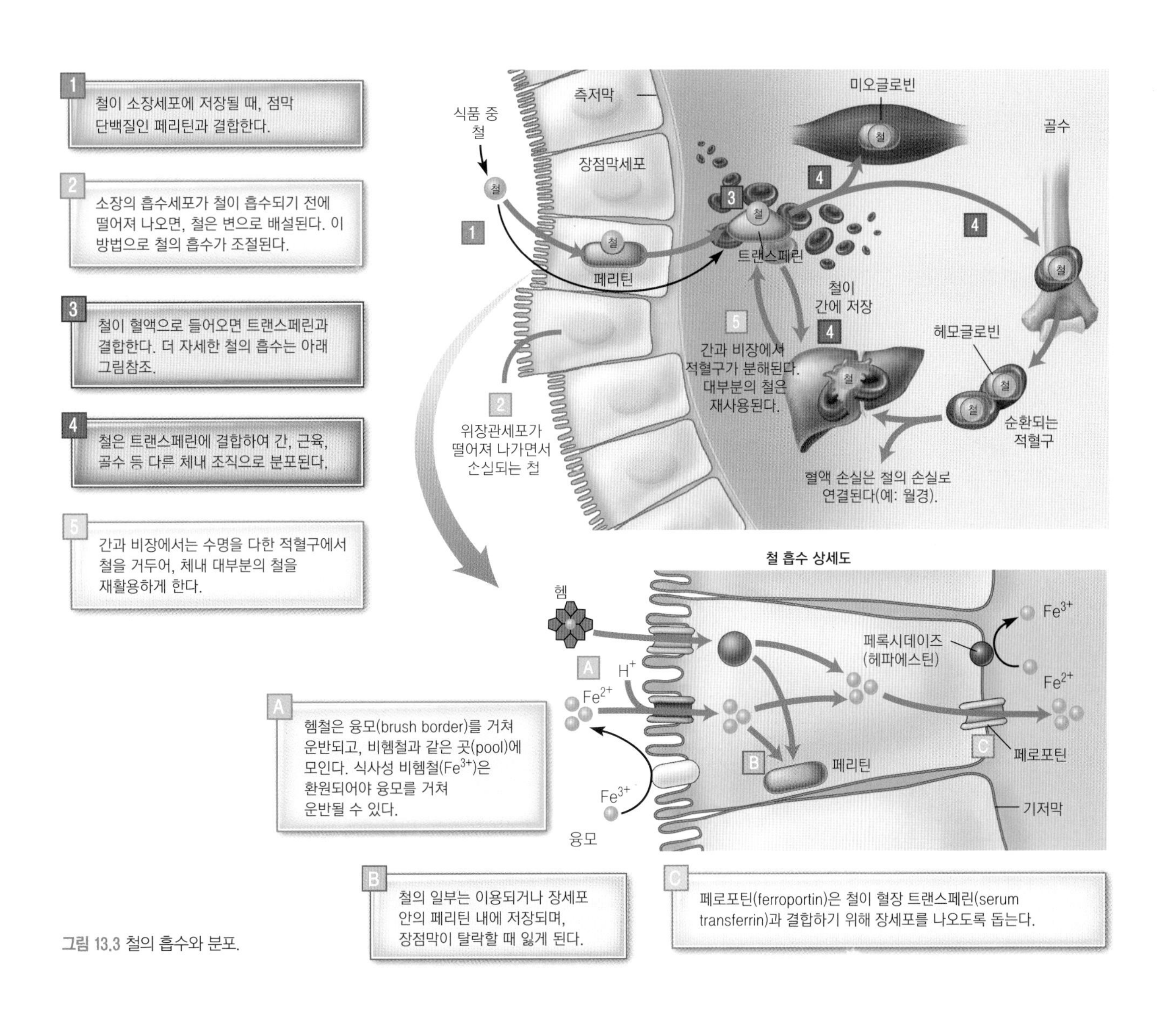

그림 13.3 철의 흡수와 분포.

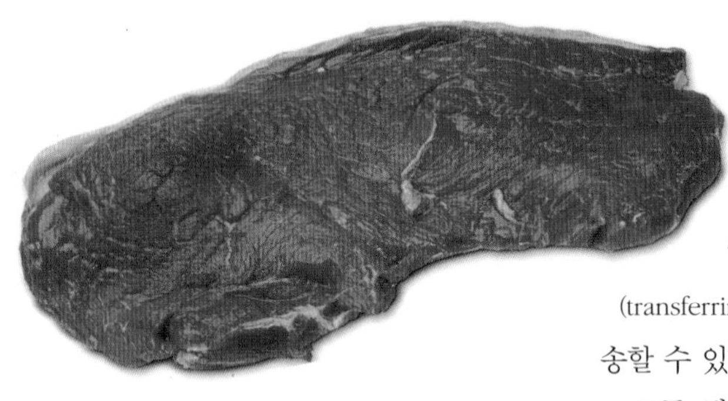

붉은 육류는 북미 사람들의 식사에서 헴철 급원으로 중요하다.

©Stockbyte/Getty Images RF

철의 필요량이 높을 때, 소장세포로 흡수된 대부분의 철은 소장흡수세포의 페로포틴(ferroportin)이라는 단백질에 의해 혈액으로 이동하여 온몸으로 이동한다. 흡수된 철을 온몸의 세포들로 이송하기 위해서는 철이 구리 함유 효소(장세포 내 헤페스틴(hephaestin) 또는 혈액 내 세룰로플라스민(ceruloplasmin))에 의해 Fe^{2+}(ferrous ion)에서 Fe^{3+}(ferric ion)로 산화되어 혈장단백질인 트랜스페린(transferrin)과 결합해야 한다. 한 분자의 트랜스페린은 2분자의 Fe^{3+} 이온과 결합하여 이송할 수 있다.

모든 세포에는 트랜스페린 수용체가 외막에 존재하여, 트랜스페린-Fe 결합체를 받아들인다. 세포는 트랜스페린 수용체의 합성량을 조절함으로써 세포 내부로 받아들일 철의 양을 조절한다. 더 많은 철이 요구될 때, 세포는 세포막 표면의 트랜스페린 수용체 양을 증가시켜서 철의 세포 내 흡수를 늘린다. 반대로 세포 내 철 필요량이 적을 때는 수용체의 수를 줄인다.

리소좀(lysosome) 트랜스페린과 같은 단백질을 분해하는 세포 소기관. 박테리아나 손상되거나 오래된 세포 성분을 자르는 역할도 한다.

헤모시데린(hemosiderin) 철결합 단백질. 페리틴 형태로 저장할 수 있는 양보다 체내 철이 더 많을 경우 간에서 철을 저장하는 형태.

트랜스페린이 세포막 표면의 수용체와 결합한 다음에는, 세포내섭취(endocytosis) 과정에 의해 트랜스페린 단백질 전체가 세포 내로 들어간다. 그런 다음은 **리소좀**(lysosome)이라 불리는 세포 내 소기관에서 철이 트랜스페린으로부터 방출되고 분리된 수용체-트랜스페린 복합체는 다시 세포막으로 이동하여 재사용된다. 방출된 철은 세포 기능을 위해 사용되거나 페리틴 또는 **헤모시데린**(hemosiderin) 형태로 저장된다.

철의 소장으로의 흡수, 세포 내로의 흡수, 그리고 저장은 철저하게 조절되고 있는데, 이는 우리 몸이 흡수된 철을 배설하는 데 한계가 있기 때문이다. 실제로 우리 몸이 하루 동안 사용한 철의 약 90%는 다시 복구되어 재사용된다. 약 10%만이 대변을 통해 배출되는 담즙에 섞여 배출된다. 체내 철량의 균형을 조절하는 단백질 중 하나인 헵시딘(hepcidin)은 체내에 충분한 철이 있을 경우에 간에서 많이 만들어지고, 이는 페로포틴을 분해시켜, 궁극적으로는 소장의 흡수세포를 통해 몸 안으로 들어오는 철의 양을 감소시킨다.

철 흡수에 영향을 미치는 인자

인체의 철 흡수량은 체내 철 요구량, 철 저장량, 그리고 식사 조성에 의해 영향을 받는다. 철의 양이 적절할 경우, 전형적인 우리나라 식사에서는 약 12%의 철이 흡수된다. 육류 섭취가 높은 서양 식사에서는 철 흡수율을 약 18%정도라고 가정한다(아래 그림 참조). 그러나 철 요구량이 높고, 저장량이 적을 때는 소장에서 35~40%의 철을 흡수한다. 그와 반대로 철 요구량이 낮고 철이 포화되어 저장된 상태에서는 5%보다 적은 양의 철이 흡수된다.

조리기구에 들어 있는 철은 조리 시 음식으로 용출될 수 있다. 아프리카의 반투족이 맥주를 제조할 때 쓰는 철로 만들어진 큰 통으로 인해 반투족의 철 섭취량이 하루에 100 mg까지 증가할 수 있다. 더 자세한 내용은 www.hematology.org/Patients/Blood-Disorders.aspx. 를 참조할 것.

alisafarov/Shutterstock, Inc.

철 수는 철 저장량 외에도 섭취한 식품 중 철의 형태에 의해 영향을 받는다. 식사 중에 포함된 철의 형태(헴철 혹은 비헴철), 총 철량, 식사 조성(철의 생체이용률을 증감시키는 식사성분), 위산의 산도 등에 의해 영향을 받는다. 흡수되는 철의 양은 철이 헴철로 존재하는지, 비헴철 형태로 존재하는지에 따라서 달라진다. 헴철은 비헴철에 비해 비교적 쉽게 흡수되고 식사 조성에 의해 별로 영향을 받지 않는다. 이것이 육류 제품을 섭취하는 것이 식품으로부터 철을 얻는 효율적인 방법인 이유 중 하나이다. 육류에 존재하는 철의 양은 또한 식물에 자연적으로 존재하는 양보다 훨씬 더 많다.

식물 위주의 비헴철의 흡수는 여러 요인들에 의해 저해된다. 전곡류와 두류 내 피트산(phytic acid)과 녹색 잎채소의 옥살산은 모두 비헴철과 결합하여 철의 흡수를 방해한다. 이런 이유로, 전곡류와 녹색 잎채소는 식물성 급원으로서는 상대적으로 많은 양의 철을 함유하는데도, 철의 좋은 급원이라고 할 수 없다. 또한 식물성 식품 위주의 식사에서 섭취하는 많은 양의 식이섬유가 비헴철의 생체이용률을 떨어뜨린다.

▶ 철의 산화[2가(Fe^{2+}) → 3가(Fe^{3+})]에 필요한 헤파에스틴(hephaestin)이나 세룰로플라스민(ceruloplasmin)과 같은 구리 함유 단백질은 구리와 철의 대사 간에 밀접한 연계를 보여 준다.

차에 존재하는 탄닌(tannin)과 커피에 존재하는 관련 물질 등 폴리페놀 성분도 비헴철의 흡수를 감소시킨다. 철의 체내 저장량이 충분치 못한 사람에게는 특히 식사 중에 커피나 차의 섭취를 줄이도록 권한다. 또한 아연, 망간, 칼슘과 같은 무기질의 과잉 섭취가 비헴철의 흡수를 방해할 수 있다. 왜냐하면 무기질과 철의 잠재적인 상호작용이 있을 수 있기 때문이다. 따라서 철 필요량이 높은 사람의 경우 철 보충제를 복용할 때에는 이와 같은 무기질이 들어 있는 식품과 보충제의 섭취를 피하도록 권한다.

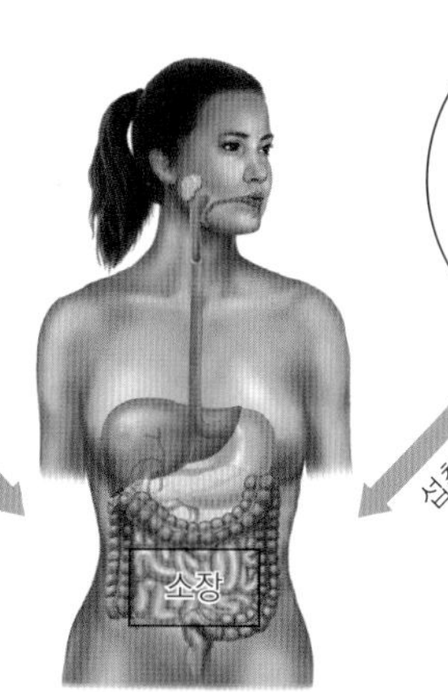

육류 섭취가 서양에 비해 적은 우리나라 전통 식사에서는 총 철 흡수율을 약 12%로 가정한다.

Left: ©Comstock Images/Getty Images; Right: ©Pixtal/age fotostock

철 섭취에 육류가 더 좋은 급원이 되는 또 다른 이유는 육류가 다른 식품의 비헴철 흡수를 돕기 때문이다. 육류 단백질 인자(meat protein factor, MPF)라고 불리는 육류 성분이 이런 효과를 가져올 수 있다. 소량의 육류를 비헴철 함유 음식과 함께 먹는 것만으로도 비헴철 흡수가 증가할 수 있다. 비타민 C와 같은 유기산들은 Fe^{3+}(ferric Fe)에 전자를 제공하여 Fe^{2+}(ferrous Fe)를 만들어내고 Fe^{2+}는 비타민 C와 수용성 복합체를 형성함으로써, 비헴철의 흡수를 증진시킨다. Fe^{2+}는 소장 점액층을 가로질러 소장의 흡수세포의 융모에 보다 빠르게 도달하므로 Fe^{3+}보다 흡수가 더 잘 된다. 여기서 Fe^{3+}는 흡수세포 내로 들어가기 전에 Fe^{2+}로 환원되어야 한다. (헴철에 있는 철은 이미 Fe 형태로 존재하기 때문에 이런 환원 과정을 거치지 않아도 된다.)

위에서는 철의 흡수가 일어나지 않지만, 위산은 비헴철의 Fe^{3+}를 Fe^{2+}로 전환하는 것을 촉진하고, 비헴철의 흡수를 증진시킴으로써 철 흡수에 중요한 역할을 한다. 생성되는 위산의 양이 적다면 Fe^{3+}에서 Fe^{2+}로 환원되는 양도 줄어들게 되고, 전체적인 비헴철의 흡수도 감소하게 된다. 따라서 제산제나 위산을 감소시키는 다른 약을 복용 중인 사람이나, 위산감소증을 겪는 대다수 노인들은 정상적인 철 흡수에 문제가 될 수 있다. 이러한 철 흡수에 영향을 주는 인자들을 표 13.2에 요약했다.

콩과 같은 식물성 식품은 미량 무기질의 흡수를 감소시킬 수 있는 식이섬유와 피틴산과 같은 물질을 함유하고 있다.

deepak bishnoi/Shutterstock, Inc.

표 13.2 철 흡수에 영향을 주는 인자

흡수 증가 인자	흡수 감소 인자
적혈구에 대한 체내 필요량 증가(혈액 손실, 높은 고도, 신체적 훈련, 임신, 빈혈)	낮은 철 필요량(높은 체내 철 저장량)
철의 낮은 체내 저장량	전곡류와 두류의 피틴산
헴철 식품	잎채소의 옥살산
육류 단백질인자(MPF)	차, 커피, 적포도주, 오레가노(향신료 일종)의 폴리페놀
비타민 C 섭취	위산 감소
위산	아연, 망간, 칼슘 등 무기질의 과잉 섭취

표 13.3 철단백질

기능단백질 내 철
헤모글로빈(hemoglobin)
미오글로빈(myoglobin)
철 함유 효소(iron-containing enzyme)
운반단백질 내 철
트랜스페린(transferrin)
페로포틴(ferroportin)
저장단백질 내 철
페리틴(ferritin)
헤모시데린(hemosiderin)

그림 13.4 **헤모글로빈과 미오글로빈 내의 헴철.** 두 단백질이 함유된 철은 산소운반 능력이 있다.
헤모글로빈은 4분자 헴을, 미오글로빈은 1분자의 헴을 함유하고 있다.

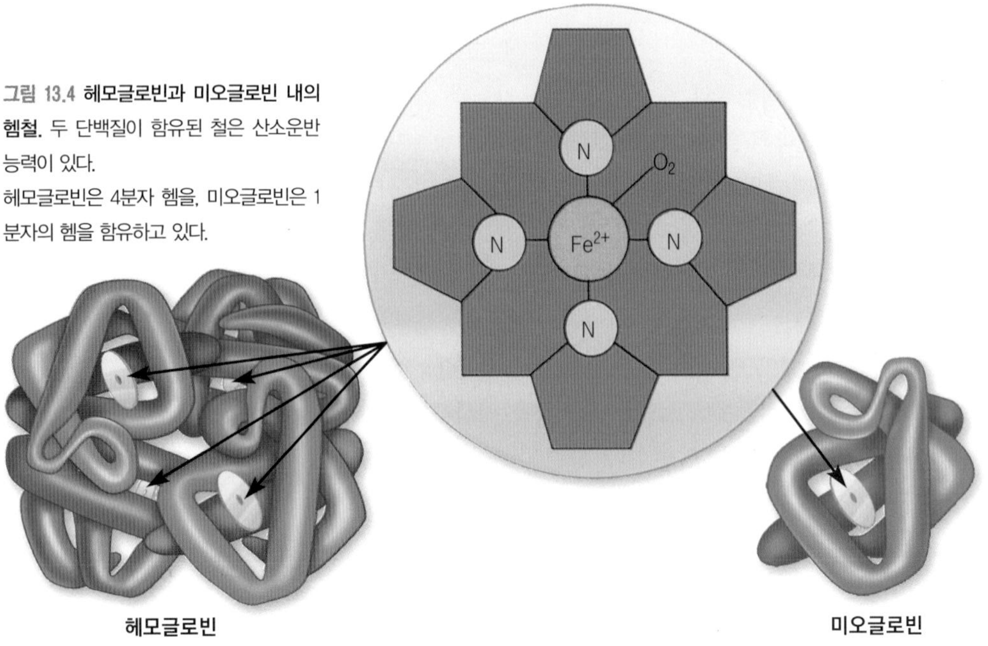

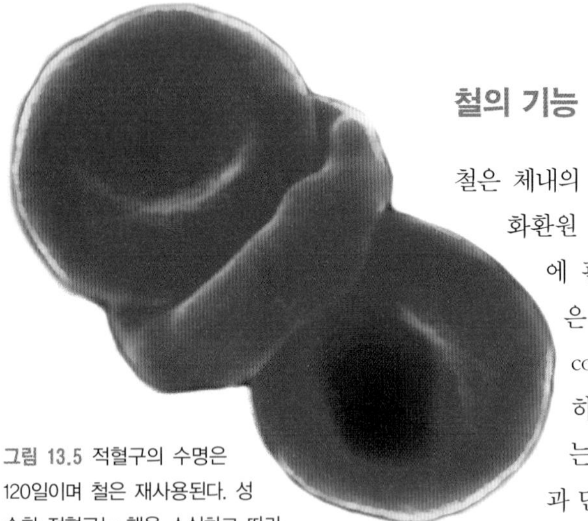

그림 13.5 적혈구의 수명은 120일이며 철은 재사용된다. 성숙한 적혈구는 핵을 소실하고 따라서 분열할 수 없게 된다. 신체는 철을 재사용하여 새로운 적혈구를 합성한다.

SPL/Science Source

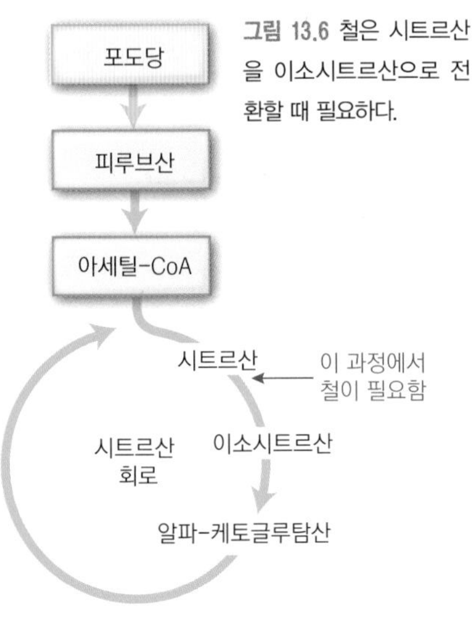

그림 13.6 철은 시트르산을 이소시트르산으로 전환할 때 필요하다.

철의 기능

철은 체내의 여러 가지 기능 수행에 중요한 역할을 한다. 이런 기능의 대부분은 철이 산화환원 반응[redox reaction: 2가철(Fe^{2+})에서 3가철(Fe^{3+})로 그리고 그 역으로 변환]에 관여하는 능력에 의한 것이다. 철의 이러한 2가철과 3가철 간의 변환 능력은 생명유지에 필수적이지만, 이 반응으로 인하여 철이 유리기 물질(free radical compound)을 만들어 세포막과 DNA에 손상을 줄 수 있다. 이런 부작용을 방지하되 몸에 필요한 양의 철을 적절히 저장할 수 있도록, 체내에 유리된 상태로 있는 철(free iron)은 거의 없으며 그 대신 철은 운반단백질, 기능단백질, 저장단백질과 단단히 결합해 있다(표 13.3).

철은 산소의 운반과 대사에 관여하는 두 가지 단백질인 헤모글로빈과 미오글로빈의 필수 구성 성분이다. 적혈구의 헤모글로빈은 철을 함유한 헴 화합물 4개로 구성되어 있고, 이는 각각 산소 1분자와 결합한다(그림 13.4). 헤모글로빈의 철은 혈액의 산소를 폐로부터 모든 조직으로 운반하며, 이산화탄소를 배출시키기 위하여 폐로 운반한다. 인체는 하루에 대략 2,000억 개의 적혈구를 만들기 때문에 체내 대부분의 철이 헤모글로빈에 함유되어 있다. 적혈구의 산소운반능력이 감소되기 시작하면, 신장은 에리트로포이에틴(erythropoietin)이라는 호르몬을 생산하는데, 이 호르몬은 골수를 자극하여 더 많은 적혈구를 만들게 한다(그림 13.5). 그러면 헤모글로빈 생성을 위해 철의 체내 필요량이 증가한다.

철은 근육단백질인 미오글로빈에서 산소운반 역할을 유사하게 수행한다. 미오글로빈은 (헴과 결합된) 철 1분자를 함유하고 있어, 적혈구로부터 골격근과 심장근 세포에 산소를 운반한다. 철 결핍으로 산소가 이런 조직에 잘 운반되지 않으면, 숨이 가빠지고 피로하여 육체적인 활동 또는 힘든 작업이 어렵게 된다. 그러므로 적절한 철 상태를 유지하는 것은 운동과 일의 수행능력에 중요하다.

철을 포함하는 효소는 에너지 대사, 약물과 알코올 변환, 유기물 배설 등의 기능에 중요한 역할을 한다. 철은 미토콘드리아 내의 시토크롬(cytochrome)의 구성 성분으로, 전자전달

표 13.4 철 결핍증의 단계

초기/경계	→	경증 철 결핍	→	중증 철결핍성 빈혈
·↓철 섭취		·철 저장 고갈		·↓헤모글로빈, 적혈구 합성(빈혈)
·↑철 손실		·↓일/운동능력		·↓산소 운반
·↓철 저장		·↓면역기능		·↑피로
·↑트랜스페린 수용체		·↓철 운반		·일 수행능력, 운동능력 저하
·특징적 증상 없음				·↑감염
				·↓유년기 발육 및 인지발달
				·↑사망률

▶ 빈혈(anemia)은 적혈구의 수가 정상 수준보다 낮을 때 발생한다. 빈혈의 원인은 다양하다. 중증 철결핍증으로 헤모글로빈의 합성과 적혈구 생성에 필요한 철의 결핍이 빈혈을 유발하는 원인 중 하나이다.

▶ 흙이나 다른 식용성이 아닌 물질을 섭취한다면(pica, 이식증) 이러한 물질들이 장에서 철과 결합하여 철의 흡수율을 떨어뜨린다. 또한 장이나 혈관에서 기생충 감염과 관련된 출혈이 전 세계적으로 빈혈의 흔한 원인이 되고 있다.

계에서 NADH + H^+와 $FADH_2$로부터 전자를 산소 분자로 운반한다. 시트르산(citric acid) 회로의 첫 번째 단계(시트르산으로부터 이소시트르산으로 전환)는 철 함유 효소를 필요로 한다(그림 13.6). 알코올과 많은 약물들은 배설 전에 간에서 철을 함유한 시토크롬 P-450 효소에 의한 대사과정을 거친다.

철은 다양한 신경전달물질(도파민, 에피네프린, 노르에피네프린, 세로토닌) 합성에 관련하는 효소들의 보조인자로 작용한다. 이러한 신경전달물질은 정상적인 초기 인지능력 발달과 일생의 뇌 기능에 중요하다.

면역계에서도 감염 예방을 돕는 림프구나 NK(natural killer) 세포를 만드는 데 철이 필요하다. 철이 부족하면 이런 세포들이 효과가 손상되어 감염 위험성이 증가한다. 철이 결핍되면 감염 위험이 증가하지만, 박테리아의 성장과 번식에도 철이 필요하므로, 철 과잉 시에도 감염의 위험이 증가한다. 그러므로 철의 상태는 과잉과 결핍을 예방하기 위해 한정된 범위를 유지해야 한다.

철의 결핍증

철은 전 세계적으로, 그리고 한국인에게 가장 흔한 미량 무기질 결핍을 일으키는 영양소이다. 초기 철 결핍 단계(표 13.4에 요약)에는 우리 신체가 페리틴(주요한 철 저장단백질)에 저장된 철을 사용할 수 있기 때문에 결핍 증상이 미미하거나 나타나지 않는다. 그러나 경증 또는 중간 정도의 철 결핍 단계에서는 면역기능과 일 수행능력이 감소될 수 있다. 철 결핍이 계속되고 저장된 것이 고갈되면, 헴과 헤모글로빈 합성을 위한 철이 부족하여 철결핍성 빈혈이 발생한다. 그로 인해 혈액 내의 산소운반 장애가 생겨, 쉽게 피로하게 되며 정상적인 일 수행능력이 감소한다. 또한 철결핍성 빈혈은 면역기능 손상, 에너지 대사장애, 인지발달장애를 일으킨다. 철결핍성 빈혈은 어린 아동기에 특별히 주의해야 하는데, 인지능력과 발육장애는 회복되지 않을 수 있기 때문이다.

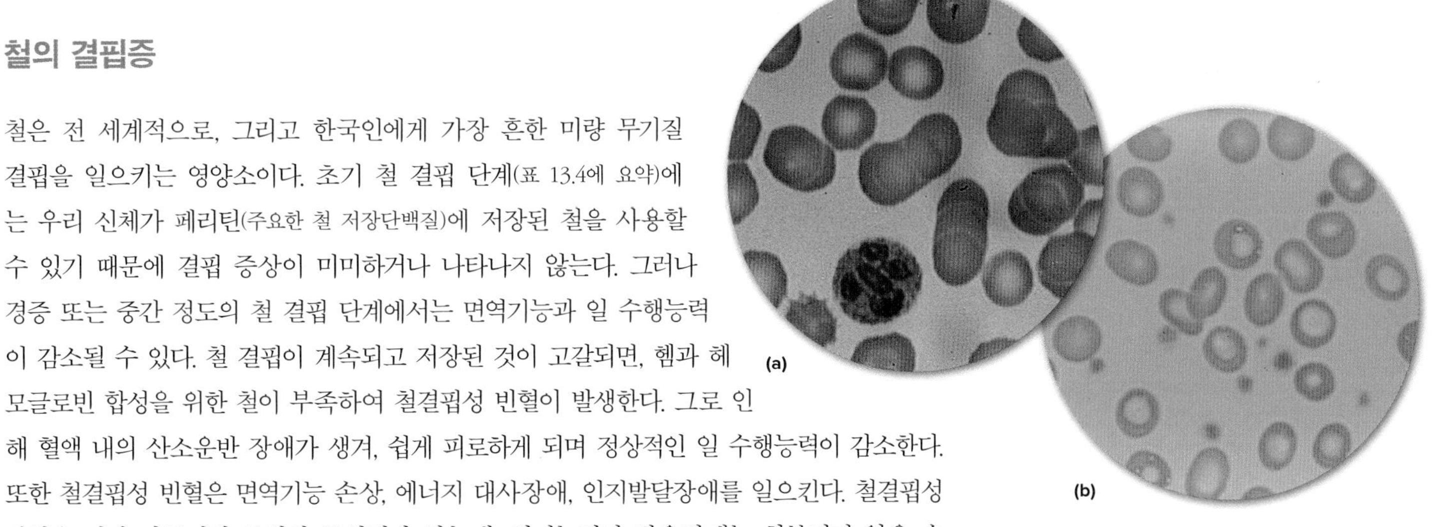

그림 13.7 **철결핍성 빈혈.** (a) 정상 적혈구. 세포 크기와 색이 모두 정상이다. (b) 철 결핍 적혈구. 크기가 작고(소적혈구성) 색이 흐리다(저혈색소성). 색이 흐린 것은 색소 성분인 헤모글로빈의 양이 낮아졌기 때문이다. 저혈색소성 적혈구는 산소운반 능력도 감소하여 철결핍성 빈혈이 생기며 피로를 느끼게 된다.

a: ©SPL/Science Source; b: ©Omikron/Science Source

빈혈은 현미경으로 적혈구를 관찰하여 진단할 수 있다. 철결핍성 빈혈의 경우, 적혈구는 정상보다 크기가 작고, 색상이 옅어, 소적혈 구성(microcytic) 및 저혈색소성(hypochromic)을 나타낸다(그림 13.7). 또한 헤마토크리트(hematocrit: 총 혈액량에서 적혈구가 차지하는 비율)와 혈액 헤모글로빈을 측정하면 철결핍성 빈혈의 경우 둘 다 감소한다(그림 13.8). 그러나 철 결

그림 13.8 철 결핍증은 적혈구 생성 수를 줄인다. 헤마토크리트(hematocrit) 혈액 검사는 혈액 중 적혈구 구성비를 측정한다. 오른쪽 사진은 전체 혈액을 원심분리한 것이다. 적혈구가 전체 혈액량의 약 55%를 차지하는데 이는 성인 남성의 정상 범위의 상한치이다. 헤마토크리트 수치의 정상 범위는 남성이 40~55%, 여성이 37~47%이다.

Both: ©Martyn F. Chillmaid/Science Source

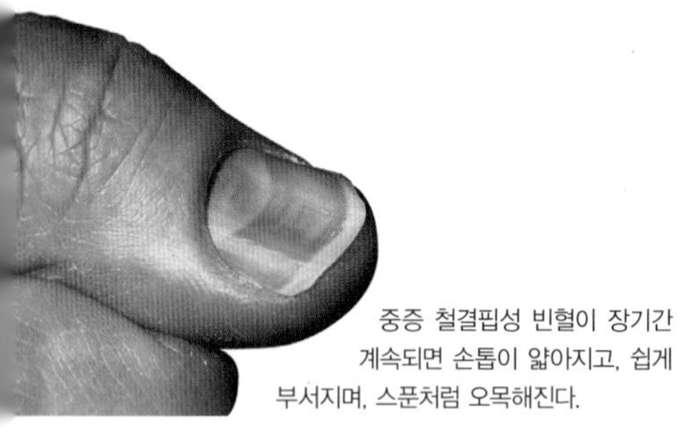

중증 철결핍성 빈혈이 장기간 계속되면 손톱이 얇아지고, 쉽게 부서지며, 스푼처럼 오목해진다.

©Dr R Marazzi/Science Source

사례연구

Image Source

Chloe는 대학교 크로스 컨트리 팀의 선수이다. 그녀는 많은 운동량에 필요한 탄수화물을 얻기 위해 언제나 곡류와 과일을 충분히 섭취하려고 노력한다. 하루에 3끼를 먹고 저녁에는 간식을 섭취한다. 그녀의 보통 하루 식사는 다음과 같다. 치즈 스틱과 오렌지주스를 아침 식사로 섭취하고, 땅콩잼을 바른 샌드위치와 사과, 프레첼 한 봉지, 아이스티를 점심으로 먹는다. 저녁은 스파게티, 마늘빵, 샐러드, 우유 한 잔을 먹고, 저녁 간식으로 오렌지를 하나 먹는다. 이번 학기에 Chloe는 평소보다 더 피곤함을 많이 느끼고 수업시간에는 추위를 느껴 두꺼운 티셔츠를 챙겨간다. 그리고 평소보다 집중하기가 어려워졌다. Chloe가 피곤하고, 추위를 더 잘 느끼고, 공부에 집중하기 어려운 이유는 뭐라고 생각하는가? Chloe의 식단에서 부족한 영양소는? 식사에서 문제가 되는 점을 알아내기 위해서는 어떤 검사를 해야 할까? 그리고 여러분이라면 Chloe에게 어떤 식사 조언을 하겠는가?

핍 초기에는 이들 측정치가 변하지 않으며, 철 상태 이외의 많은 요인(질병, 염증, 출혈, 다른 영양소 결핍 등)에 의해 영향을 받으므로, 이러한 측정은 정밀한 방법이 아니다. 그러므로 많은 전문가들은 트랜스페린 수용체(transferrin receptor) 수를 이용하여 철 상태를 평가하는 방법을 권장한다. 이 수치는 세포의 철 필요량을 반영하고, 철의 다른 생체 지표(biomarker)를 사용하는 데 제한을 주는 다른 요인의 영향을 받지 않기 때문이다. 또한 연구자들은 트렌스페린 수용체나 페리틴을 검사하여 체내 철량을 측정하기도 한다.

철 결핍증이나 철결핍성 빈혈은 누구에게나 흔히 발생할 수 있지만, 조산아(임신 37주 전 출생)는 그 위험이 더 큰데, 이는 출생 후 수개월간 필요한 철을 임신 후기의 몇 주 동안 태아가 체내에 저장하기 때문이다. 따라서 조산아는 철 저장량이 적으므로 출생 후 높은 철 소요량으로 인하여 빨리 고갈된다. 어린 아동기에도 철 결핍 위험이 큰데, 이 시기에 성장이 급속하게 이루어지며, 철이 많은 육류는 적게 섭취하고, 철이 적은 우유를 많이 섭취하는 것이 일반적이기 때문이다. 미국에서는 12~23개월 사이의 유아 4명에 1명꼴로 권장섭취량에 미치지 못하는 철 섭취량이 보고되었다. 미국 정부의 식생활 보조프로그램에 참여하고 있는 취약계층 가정의 어린이에게 철 강화 이유식(formula)과 시리얼을 제공하여 철결핍성 빈혈 발생률을 저감시키고 있다. 그러나 저개발 국가에서는 철 보강식이 널리 보급되지 않아 철 결핍 증세를 보이는 어린이가 많다.

10대 소녀와 가임 여성도 월경으로 인한 혈액 손실이 많고, 철이 많은 식품을 적게 섭취하여, 철 결핍 위험이 큰 편이다. 미국에서만 12~49세 사이 여성의 약 10%가 철결핍성 빈혈 증세를 보인다고 한다. 임신 중에는 월경이 중단되지만, 임신부와 태아의 혈액량이 증가하고, 따라서 적혈구 생성수가 증가하므로, 임신부는 철을 충분히 섭취하여야 한다. 채식주의자나 헴철이 빈약한 식품을 먹는 사람도 철 결핍의 위험이 크다. 식물성 식품은 식사 내 철의 생체이용률을 떨어뜨리는 요소가 많아 비효율적이다(표 13.2 참조). 이런 경우에는 비타민 C를 많이 함유한 식품을 섭취하고, 철 강화식품이나 철이 포함된 복합비타민 무기질 보충제를 섭취하는 것이 좋다.

1년에 2~4번 이상 헌혈하면 철 결핍의 위험이 높을 수 있다. 혈액 0.5 L 헌혈 시 철 200~250 mg의 손실이 있다. 이런 철 손실을 회복하는 데 건강한 사람도 수개월이 걸리며,

여성은 좀 더 긴 기간이 필요하다. 건강 예방차원으로 헌혈기관에서는 헌혈을 하기 전 공여자들의 빈혈 검사를 한다.

철의 과잉과 독성

철 결핍은 주요한 공중 보건 문제이나 철은 또한 독성의 위험을 갖고 있다. 따라서 철의 상한섭취량은 45 mg/day로 규정되어 있다. 이 수준 이상으로 섭취하면(특히 보충제나 강화식품을 통한 섭취), 오심·구토와 위장장애, 설사, 다른 미량 무기질의 흡수 저하 등이 나타날 수 있다.

미국에서 철의 과다 복용 사고는 6세 이하 유아에게서 일어날 수 있는 독성 사고의 주범이다. 성인보다 어린이에게 철 독성이 더 치명적인데, 이는 어린이의 경우 흡수 기전이 성인처럼 재빨리 반응하지 못하기 때문이다. 어린이들에게서 철 독성이 나타나는 주된 요인은 씹어 먹는 형태의 철 함유 보충제를 과다 복용하는 경우이다. FDA는 모든 철 보충제에 독성에 관한 경고문을 신도록 하였으며 또한 추가된 예방책으로 30 mg 이상의 철을 함유하는 보충제의 경우 정제마다 개별 포장을 하도록 의무화하였다.

성인의 경우 철 과잉은 주로 유전적인 **혈색소침착증**(hemochromatosis: 철의 흡수, 철 결합단백질의 포화도 및 간, 심장, 췌장, 관절, 뇌하수체 내 헤모시데린의 축적이 증가되는 유전적 장애) 때문이다. 이 질환은 200~500명 중 1명꼴로 나타나는 유전질환이다. 인체는 입을 통해 들어오는 철로부터 자신을 보호하기 위해 점막 방어벽을 갖고 있으나, 혈색소침착증인 경우 이 점막 방어벽이 비효율적으로 작용한다. 헵시딘 결핍으로 인해 운반단백질인 페로포틴(ferroportin)의 분해주기에 이상이 생겨서 정상보다 많은 양의 철이 흡수되고 장세포를 통과하여 트랜스페린과 결합하여 체조직으로 분포된다. 이런 과도한 철을 제거하는 기전이 갖춰져 있지 않기 때문에 철은 체내에 축적되고 결과적으로 철 과잉과 조직 손상을 일으킨다. 이는 철 결합단백질이 포화되게 하고 시간이 지남에 따라 간, 심장, 기타 장기에 철이 축적되는 원인이 된다. 치료하지 않고 방치할 경우, 간질환과 심부전으로 이어질 수 있다.

성인의 철 과잉은 과도한 보충제와 빈번한 수혈을 통해 나타날 수도 있다. 반복적인 수혈을 통해 체내로 들어오는 철 역시 점막 방어체계를 우회함으로써 면밀히 관찰하지 않으면 체내에 철이 위험한 수치까지 올라갈 수 있다.

철 독성에 대한 치료는 원인에 따라 다르다. 철 보충제를 과도하게 섭취하는 개인은 바로 섭취를 멈추어야 한다. 혈색소침착증의 치료법은 주기적으로 헌혈을 하는 것과 똑같은 방식으로 혈액을 제거하는 것이다. 또 다른 치료법은 철과 결합하여 철의 배설을 증진하는 약(chelator drug)을 투여하는 것이다. 그러나 이렇게 철과 결합해서 철을 제거하는 약은 다른 미량 무기질과도 결합할 수 있으므로 이차적인 다른 미량 무기질 결핍증으로 이어질 수 있다.

▶ 헤모시데린 침착증, 혈철증(Hemosiderosis)은 헤모시데린(hemosiderin)이 신체에 과도하게 쌓이는 증상이다. 혈색소침착증(hemochromatosis)처럼 장기를 손상시키지 않는데 그 이유는 헤모시데린 침착증은 정상적인 철 저장 단백질에 철이 저장되기 때문이다. 혈색소침착증은 반대로 저장 단백질이 철로 포화되어 철이 간과 심장을 비롯한 장기에 축적된다.

▶ 다양한 장내 미생물은 대사에 철이 필요하지 않다. 그러나 특정 질환을 일으키는 박테리아는 철을 필요로 하고 어린이들이 철 보충제나 철이 강화된 식품을 섭취했을 때 박테리아 숫자를 증가시키고 설사를 유발할 수 있다. 연구들은 철이 부족하지 않은 어린이들에게서 이런 설사의 위험이 높아진다고 보고하였다. 장내 미생물에 철이 어떤 영향이 있는지에 대해서는 더 많은 연구가 필요하다.

확인합시다!

1. 체내의 산소 대사에 철은 어떻게 관여되어 있는가?
2. 왜 헴을 함유한 음식이 비헴을 함유한 음식보다 더 좋은 급원식품인가?
3. 철의 흡수를 증가/감소시키는 요인으로는 무엇이 있는가?
4. 철 결핍증과 철결핍성 빈혈의 증상은 무엇인가?
5. 철결핍성 빈혈의 고위험군은 어느 집단인가?
6. 왜 어린이들이 철 독성의 위험이 큰가?

13.2 아연(Zn)

아연은 1930년대 초기부터 필수적인 영양소로 인식되어 왔으나, 아연의 중요성이 명확해진 것은 그로부터 30년 후인 1960년대 초에 중동지역 연구에서 아연이 인간의 정상적인 성장과 발달에 중요함이 밝혀지면서이다. 그 후로부터 과학자들은 체내의 거의 모든 세포가 아연을 함유하고 있고, 세포 내의 여러 다른 기능을 수행하는 데 필수적임을 알게 되었다.

바닷가재, 게, 굴과 같은 조개나 갑각류는 아연(및 구리)의 급원식품으로 좋다.

Ingram Publishing/SuperStock RF

아연의 급원식품

단백질이 풍부한 고기와 해산물은 아연의 좋은 공급원이다(그림 13.9). 우리나라 자료를 보면 백미, 소고기(살코기), 돼지고기(살코기), 배추김치, 달걀이 아연의 주요 급원식품이다(표 13.5). 북미인의 70% 이상이 소고기, 양고기, 돼지고기 등 육류 위주의 음식으로부터 아연을 섭취한다. 견과류나 콩, 밀, 전곡류 등 식물성 음식도 우리 식사에 상당한 양의 아연을 제공한다. 일부 아침식사용 시리얼은 아연이 강화된 제품도 있지만 밀가루 강화과정에서는 아연이 포함되지는 않는다. 따라서 정제된 밀가루 제품은 아연의 공급원으로는 좋지 않다.

전곡류 빵이나 시리얼은 상당한 양의 아연을 함유하는데, 발효되지 않은 빵은 피틴산(phytic acid) 등 아연의 생체이용률을 저하시키는 물질을 많이 함유한다. 빵 반죽의 제조과정에서 이스트 발효는 피틴산의 효과를 10배나 저하시켜 아연의 흡수를 증가시킨다.

아연의 필요량

한국 성인 남자의 아연 1일 권장섭취량은 10 mg이며, 여자는 8 mg이다. 이 수치는 아연의 위장관 내에서와 그 외 신체기관을 통한(신장과 피부, 체액 등) 손실량, 그리고 생체이용률 등을 고려하여 설정된 값이다. 아연의 영양성분 기준치(Daily Value, DV)는 8.5 mg이다.

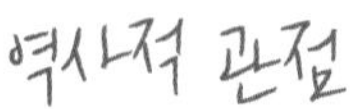

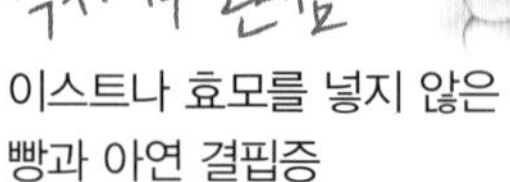

역사적 관점

이스트나 효모를 넣지 않은 빵과 아연 결핍증

중동지역은 전통적으로 발효되지 않은 빵의 섭취와 더불어 상대적으로 아연 섭취가 부족했는데 이는 청소년기 남자아이들에게 있어서 아연 결핍 증상을 일으켰다(그림 13.11). 이로 인해 약 60년 전에 과학자들은 아연이 인간의 필수영양소로 중요함을 인식하게 되었다.

아연의 흡수, 운반, 저장 및 배설

아연은 소장에서 단순확산과 능동수송에 의해 흡수된다. 아연이 소장세포 안으로 흡수되면, 철이 페리틴과 결합하듯 **메탈로티오네인**(metallothionein)과 결합하거나 혈류로 들어간다. 실제로 메탈로티오네인은 아연이 소장세포로부터 이동하는 것을 방해하기 때문에, 아연 흡수의 항상성 조절은 부분적으로 메탈로티오네인의 합성에서 이루어진다고 할 수 있다. 수명이 짧은 소장흡수세포로부터 아연이 혈류로 이동되지 못하면, 아연은 소장세포와 함께 대변으로 배출된다. 그러므로 점막의 방어벽은 철의 경우와 마찬가지로 과다한 아연의 흡수를 막아낸다. 그러나 다량의 아연을 섭취했을 경우, 그 방어벽을 넘어선다.

철처럼 아연의 흡수 역시 섭취한 식품의 조성과 체내 무기질 필요량에 영향을 받는다. 표 13.6에 요약되어 있듯이 아연의 섭취가 낮거나 최저 한계에 가까울 때, 체내 아연 필요량이 높을 때, 아연의 흡수는 높게 나타난다. 반대로 아연 또는 비헴철의 섭취가 과도하거나, 식이섬유와 피틴산의 섭취가 높고, 체내 아연의 양이 적절할 때 아연의 흡수는 낮게 나타난다.

메탈로티오네인(metallothionein) 소장과 간세포에서 아연 및 구리와 결합하는 단백질.

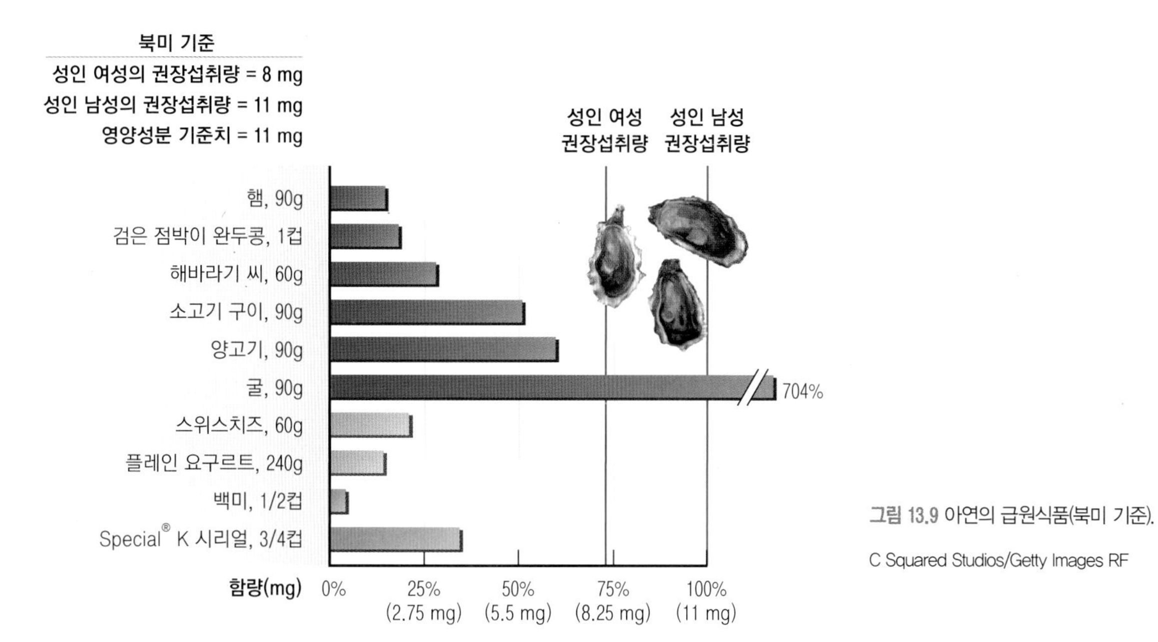

그림 13.9 아연의 급원식품(북미 기준).

C Squared Studios/Getty Images RF

표 13.5 아연 주요 급원식품(100g당 함량)[1)]

급원식품 순위	급원식품	함량 (mg/100g)	급원식품 순위	급원식품	함량 (mg/100g)
1	백미	1.40	16	시금치	2.01
2	소고기(살코기)	4.40	17	보리	2.05
3	돼지고기(살코기)	2.13	18	시리얼	9.72
4	배추김치	0.56	19	샌드위치/햄버거/피자	1.51
5	달걀	1.16	20	빵	0.54
6	돼지 부산물(간)	6.72	21	콩나물	1.02
7	우유	0.36	22	햄/소시지/베이컨	1.14
8	두부	1.17	23	소 부산물(간)	5.30
9	닭고기	0.61	24	파	0.79
10	현미	2.05	25	요구르트(호상)	0.43
11	굴	15.90	26	감자	0.38
12	멸치	4.64	27	라면(건면, 스프포함)	0.46
13	떡	0.86	28	오징어	1.40
14	무	0.53	29	된장	1.46
15	대두	4.49	30	새우	1.80

1) 2017년 국민건강영양조사의 식품별 섭취량과 식품별 아연 함량(국가표준식품성분표 DB 9.1, 2019) 자료를 활용하여 아연 주요 급원식품 상위 30위 산출

출처: 보건복지부, 한국영양학회. 2020 한국인 영양소 섭취기준

그림 13.10 아연 주요 급원식품(1회 분량당 함량)[1)]

1) 2017년 국민건강영양조사의 식품별 섭취량과 식품별 아연 함량(국가표준식품성분표 DB 9.1, 2019) 자료를 활용하여 아연 주요 급원식품 상위 30위 산출 후 1회 분량(2015 한국인 영양소 섭취기준)을 적용하여 1회 분량당 함량 산출. 19~29세 성인 권장섭취량 기준(2020 한국인 영양소 섭취기준)과 비교

출처: 보건복지부, 한국영양학회. 2020 한국인 영양소 섭취기준

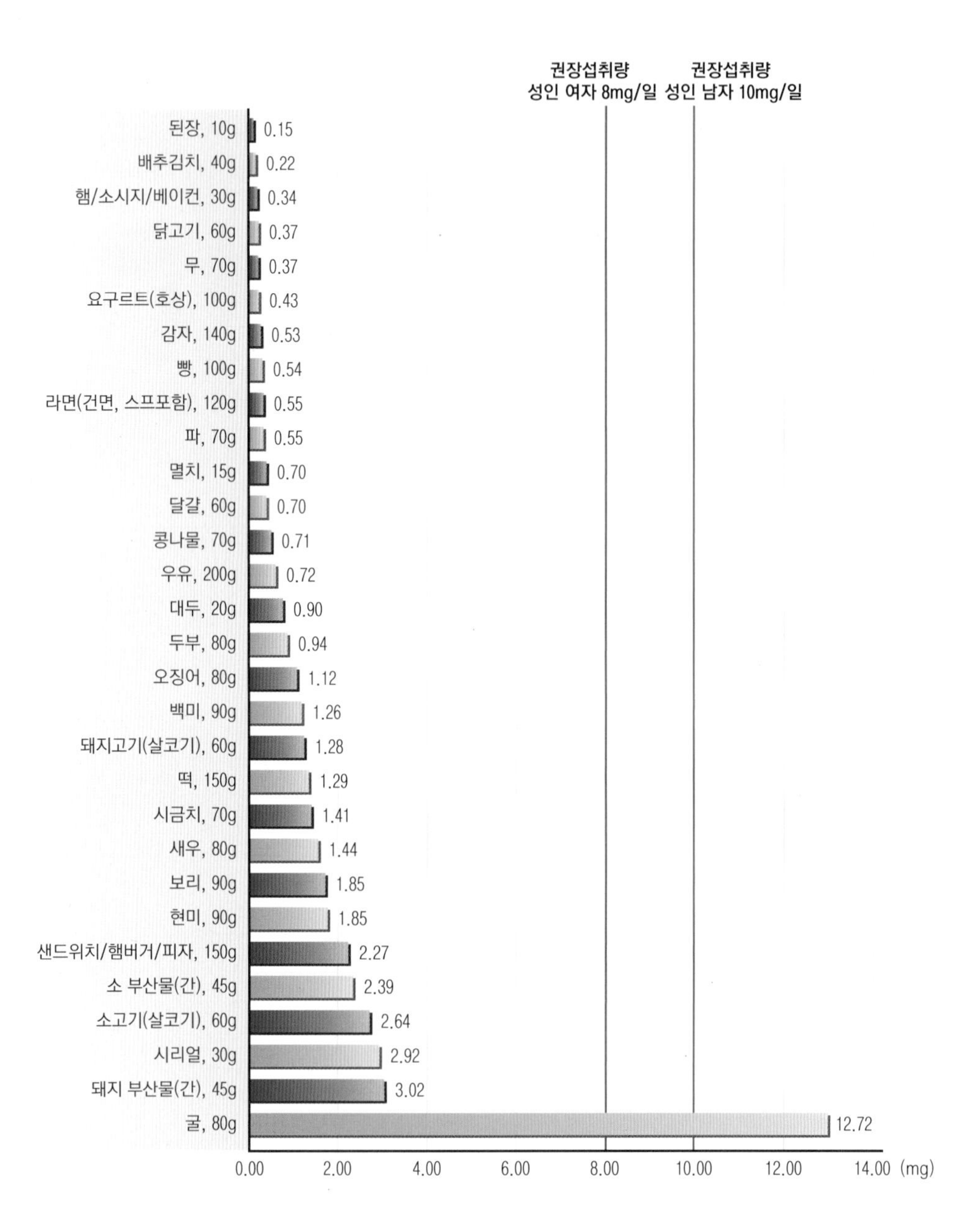

그림 13.11 아연 결핍증. 오른쪽은 아연 결핍으로 성장과 이차성징이 충분히 이루어지지 않은 이집트 농가의 16세 소년이다.

Photo courtesy of Harold H. Sandstead, M.D.

아연은 혈액 속으로 흡수되어 알부민과 같은 혈장단백질과 결합하여 간으로 이동한다. 간에서는 아연을 알파-2-매크로글로불린, 알부민, 다른 단백질들에 결합시켜 재포장하여 다시 혈중으로 보낸다. 여러 형태의 아연 수용체에 의해 아연의 세포 내 유입이 이루어지는 것으로 보인다. 아연의 저장 장소는 따로 없지만 체내에서 간, 뼈, 췌장, 신장, 혈액 등에 존재하여 필요한 곳에 쓰일 수 있게 조절된다. 이는 우리 몸이 아연을 재활용하여 아연 섭취가 낮을 때에도 적절한 아연의 양을 유지시킬 수 있게 해준다.

다행히 과도한 아연은 바로 대변으로 배출 가능하며(철과 다르게), 따라서 독성의 위험을 줄여준다. 적은 양의 아연은 소변이나 땀으로도 배설된다.

표 13.6 아연 흡수에 영향을 주는 요인

흡수를 증가시키는 인자	흡수를 감소시키는 인자
적절한 아연 섭취 저하	전곡류의 피틴산과 식이섬유
아연 결핍	아연 과잉 섭취
특정 아미노산	고 비헴철 섭취
아연 필요량 증가	아연 섭취 상태 양호

아연의 기능

체내에 300개 이상의 효소가 그 기능을 위해 아연을 필요로 한다. 사실상 직간접적으로 아연에 의해 영향을 받지 않는 생체과정 또는 구조를 말하기는 어렵다. 아연은 DNA와 RNA의 합성, 헴 합성, 뼈 형성, 체내 산-염기 평형, 면역기능, 생식, 성장과 발달, 그리고 항산화 방어기전[Cu/Zn superoxide dismutase(SOD)의 일부]에 기여한다. 효소와 관련된 기능 외에, 아연은 세포막단백질, '아연 핑거(zinc finger)'라고 불리는 유전자 전사인자(gene transcription fingers)와 비타민 A와 D의 수용체나 갑상선 호르몬의 구조를 안정화시킨다.

아연은 또한 건강한 사람의 감기 증상을 첫 24시간 이내에 완화하는 데 기여한다고 알려져 있다. 그러나 적어도 하루 75 mg 이상을 섭취해야 효과적이라고 알려졌으나 이는 아연의 상한섭취량보다 높기 때문에, 실제 메스꺼움이나 독한 맛이 나는 것과 같은 부작용을 줄이면서 효과를 볼 수 있는 적절한 섭취량이나 섭취 방법에 대해서 더 많은 연구가 필요하다.

아연의 결핍증

아연 결핍증은 가난으로 인해 다양한 식품을 섭취하지 못하는 나라에서 중요한 건강 문제이다. 아연의 결핍 증상은 식욕감퇴, 발육과 성적 성숙의 지연, 피부염, 비타민 A 기능 저하, 탈모증, 미각 저하, 상처 치유속도의 저하, 면역기능 이상, 심각한 설사, 기형아 출생 증가, 영아 사망률 증가 등이 있다(그림 13.11과 13.12 참조). 아연의 기능이 제대로 발휘되지 못하면 세포막, 아연 핑거, 단백질 수용체 속의 아연 함유 단백질들도 모두 영향을 받아 손상된다. 따라서 이런 단백질들도 더 이상 기능을 하지 못하게 되는 것이다.

1970년대에 북미에서 완전정맥영양(total parenteral nutrition, TPN)을 공급받고 있던 입원환자에게서 명백한 아연 결핍 증세가 처음 보고되었다. 기존 수액에는 단백질원에 아연이 함유되어 있어서 따로 아연이 추가되지 않았었는데, 수액이 바뀌어 분리된 아미노산(아연이 부족한)이 주된 단백질 공급원으로 바뀌자 빠르게 아연 결핍 증상이 나타나기 시작했다.

북미지역에서 아연 결핍 증상은 그리 흔하진 않다. 경미한 아연 결핍 증상은 어린아이들이나 크론병(Crohn's disease) 환자, 흡수불량 환자, 신장투석 중인 사람, 동물성 식품 섭취를 제한하고 있는 사람 등에서 보고되었다. 다른 사람들에서도 경미하거나 경계적 아연 결핍의 위험이 나타날 수 있다. 그러나 이러한 상황에서 얼마나 자주 그런 문제들이 발생하고 그 증세가 무엇인지에 대해서는 여전히 불확실하다. 그 이유는 아연의 변화를 반영하는 좋은 시험방법이 없으며 특정한 증세가 없이 지나가기 때문이다. 경미한 아연 결핍증을 진단하는 더 민감한 진단방법을 찾아내기 위해 아직도 연구 중이다.

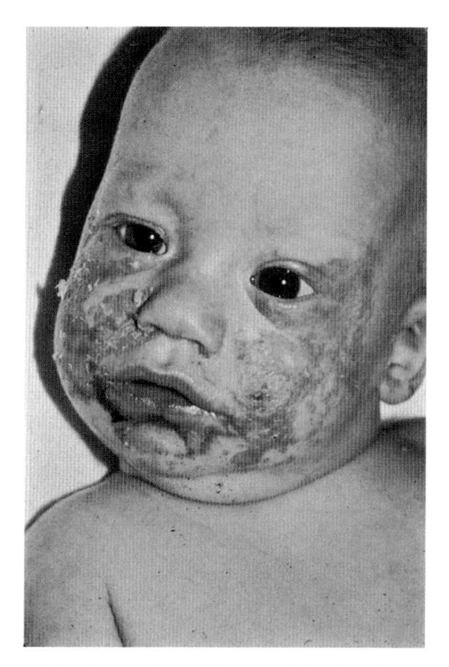

그림 13.12 조산아의 아연 결핍증은 출생 시의 아연 저장량이 적고, 모유의 아연 함량이 정상치보다 낮을 때 발생한다.

Photo courtesy of Stephanie A. Atkinson, Ph.D.

생각해 봅시다

지난 주 수업시간 전에, Josh는 친구가 감기나 계절독감을 예방하기 위해 아연을 섭취한다는 이야기를 들었다. Josh는 그 방법이 효과적인지 확실하지 않았고, 친구가 최근에 아픈 적이 없었기 때문에 하루에 50 mg을 섭취한다고 했다. 이 정도의 양은 섭취하기에 안전한 양인가? Josh에게 여러분이라면 어떤 조언을 하겠는가?

심한 아연 결핍증은 흔하지 않은 유전병인 장말단피부염(acrodermatitis enteropathica)이라고 불리는 질환에서 유래되기도 한다. 이는 젖을 갓 뗀 어린아이에게 발생되어 소장 내 아연 흡수가 손상되는 증세로서 아연 보충제로 치료하는 것이 효과적이다.

아연의 독성

아연의 1일 권장섭취량의 5배 정도를 더 섭취한 경우 아연 독성이 보고되었다. 따라서 1일 상한섭취량은 35 mg이다. 독성 증상으로는 식욕감퇴, 오심, 구토, 위장 경련, 설사 등이 나타난다. 또한 면역계의 기능 억제도 나타나며, 구리의 흡수를 감소시키고, 구리 함유 효소의 활성을 감소시킨다고 알려져 있다. 아연 보충제나 아연 정제(감기 증상 완화를 위해)를 섭취하는 개인의 경우 독성 증상과 무기질 간의 잠재적인 상호작용이 나타나지 않도록 주의해야 한다.

확인합시다!

1. 아연의 체내 기능에는 무엇이 있는가?
2. 아연의 좋은 급원식품은 무엇인가?
3. 아연 결핍증의 증상은 무엇인가?
4. 경미한 아연 결핍 증상을 진단하기 어려운 이유는 무엇인가?

실천해봅시다!

비건 식단의 철과 아연 섭취량

2달 전에 Steve는 그의 식단을 개선하고 건강에 도움이 되고자 비건 식사를 시작하기로 결정했다. 그가 여러분에게 식단을 평가해달라고 부탁했다. 어제 Steve가 섭취한 식품과 음료 리스트를 아래와 같이 적어 주었다. Steve의 식사에 어떤 문제는 없는가? 철과 아연 필요량을 맞춰서 섭취하고 있는지 평가해보자.

아침
두유 1컵
건포도 밀기울(raisin bran) 시리얼 1컵
오렌지 1개
커피 350 mL

점심
샌드위치: 통밀빵 2조각, 땅콩잼 1큰술
그래놀라 바 1개
바나나 1개
물 350 mL

간식
오트밀 쿠키 작은 것 3개
사과주스 350 mL

저녁
샐러드: 양상추 1.5컵, 토마토 작은 것 1개, 당근 1개, 오이 1/2개, 버섯 1/3컵, 프렌치 드레싱 3큰술
콩스프 2컵
통밀 크래커 8개
콩으로 만든 치즈 28 g
아이스티 350 mL

간식
팝콘 3컵
루트 비어(탄산음료) 350 mL

©Sam Edwards/Getty Images

Steve의 영양섭취 평가를 위해 영양소 분석 프로그램을 이용하거나 웹사이트를 이용하자(fdc.nal.usda.gov/). 여러분의 결론은? Steve의 식사는 건강하게 먹는 방법이 될 수 있을까? 다른 문제가 될 만한 영양소는 있는가?

13.3 구리(Cu)

질병 치료에 구리를 이용한 시기는 기원전 400년으로 거슬러 올라간다. 하지만 1964년에 인체의 구리 결핍 증상에 관한 연구 결과가 나온 이후에 비로소 구리의 중요성을 완전히 이해할 수 있었다. 구리는 체내의 많은 주요 단백질과 효소들의 한 부분으로 중요한 기능을 한다.

견과류와 콩류는 구리가 풍부한 급원식품이다.
I. Rozenbaum & F. Cirou /Getty images RF

구리의 급원식품

구리는 여러 음식에 들어 있다(그림 13.13). 구리의 좋은 급원식품은 간, 갑각류, 견과류, 종자류, 대두 제품들, 다크초콜릿 등이다. 말린 과일, 전곡류, 그리고 많은 지역의 수돗물도 중요한 급원이다. 육류는 구리의 좋은 급원은 아니나, 육류는 철 흡수를 촉진하듯 다른 식품으로부터 구리 흡수를 촉진한다.

구리의 필요량

한국인의 구리 1일 권장섭취량은 성인 남성은 850 μg, 여성은 650 μg이다. 이 권장섭취량은 체내 구리 함유 효소와 단백질의 정상적인 활동에 필요한 양을 기준으로 책정되었다. 구리의 영양성분 기준치(DV)는 0.8 mg(800 μg)이다.

구리의 흡수, 운반, 저장 및 배설

구리는 대부분 소장에서 흡수된다. 아연처럼 구리도 단순확산과 능동수송에 의해 소장 흡수세포로 들어오며, 점막세포를 지나 혈액으로 운반된다. 혈관에서 구리는 알부민과 다

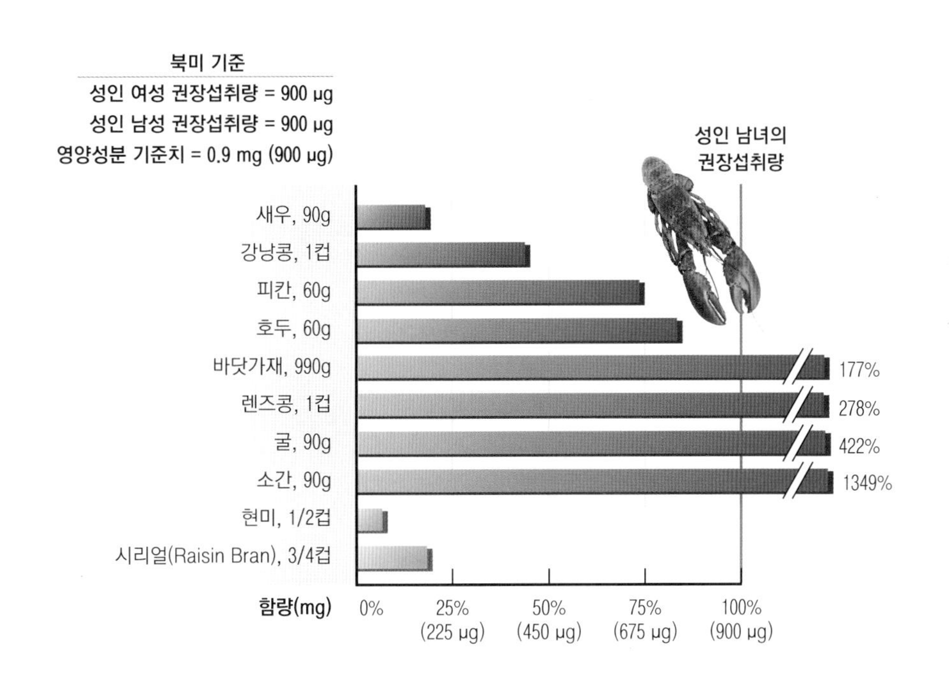

그림 13.13 구리의 급원식품(북미 기준).
C Squared Studios/Getty Images RF

른 단백질과 결합하여 간(주요 저장소)과 신장으로 빠르게 이동한다. 구리는 세룰로플라스민(ceruloplasmin)이라고 하는 단백질에 단단히 결합된 상태로 간에서 다른 조직으로 운반된다. 조직 내에서 세룰로플라스민은 특정 수용체와 결합하고, 그 특정 수용체는 구리를 세포 내 운반체로 방출한다.

구리는 체내에 저장이 되지 않는다. 그러나 과량의 구리는 소장의 메탈로티오네인과 결합하며 단기간 구리의 이용률을 높인다. 구리는 주로 담즙(bile)으로 소화관에 분비되어 대변으로 배설된다.

체내 구리의 평형을 유지하기 위해 가장 중요한 방법은 신체가 구리의 흡수율을 조정하는 것이다. 따라서 구리의 흡수율은 12~70%로 넓은 범위이다. 구리의 식사섭취가 낮을 때 흡수율이 증가하고, 구리나 철 또는 아연의 섭취가 과도할 때 흡수율이 감소한다. 곡류나 서류를 통해 피틴산의 섭취가 많을 때 구리의 흡수율도 감소한다.

구리의 기능

철처럼 구리는 체내 효소의 주요 성분인데, 이는 구리가 두 가지 산화(Cu^{1+}와 Cu^{2+}) 형태 사이에서 상호 전환하면서 촉매제로서 기능할 수 있기 때문이다. 구리 함유 효소는 대사과정에서 많은 기능을 한다. 예를 들어, 세룰로플라스민 효소(페록시데이즈 I이라고도 불림)는 Fe^{2+}를 Fe^{3+}로 산화시킴으로써 트랜스페린 단백질에 결합할 수 있게 하고, 간에서 다른 체내 세포로 운반시킨다. 세룰로플라스민의 농도가 낮으면 저장소로부터 철의 수송량이 줄어들면서 헤모글로빈 합성이 줄어들고 빈혈이 생길 수 있다. 세룰로플라스민은 우리 몸에 염증과 감염이 있을 경우 증가하는데, 이는 신체의 세포가 손상되는 것을 막아준다.

수퍼옥사이드 디스뮤테이즈(superoxide dismutase, SOD) 수퍼옥사이드의 유리기(O^{2-})를 불활성화시키는 효소. SOD는 구리와 아연 혹은 마그네슘을 포함할 수 있다.

아연과 더불어 구리는 **수퍼옥사이드 디스뮤테이즈**(superoxide dismutase, SOD)라고 알려진 일련의 효소 기능에도 기여한다. 이 일련의 효소는 수퍼옥사이드(O_2)라고 하는 유리기를 제거함으로써 세포막의 산화적 손상을 예방한다. 또 다른 구리 함유 효소 중 하나인 시토크롬 C 옥시데이즈는 에너지 대사의 마지막 단계인 전자전달계에서 촉매작용을 한다. 구리는 효소 모노아민 옥시데이즈(monoamine oxidase)의 구성 성분으로 신경전달물질(세로토닌, 타이로신, 도파민, 노르에피네프린)의 조절에도 관여한다. 또 다른 구리 함유 효소인 리실 옥시데이즈(lysyl oxidase)는 결합조직 형성에 매우 중요하다. 리실 옥시데이즈는 결합조직에 장력(tensile strength)을 부여하는 2개의 구조단백질(엘라스틴과 콜라겐) 내에 가닥(strand)을 교차 연결시킨다. 결합단백질은 폐, 혈관, 피부, 치아, 뼈 등의 단백질 부분과 같은 대부분의 구조를 구성한다.

▶ 다양한 미량 영양소 결핍은 빈혈을 일으킬 수 있다.

- 비타민 E 결핍은 용혈성 빈혈을 일으킨다.
- 비타민 K 결핍이 있을 경우 특정 항생제 사용은 출혈성 빈혈을 일으킨다.
- 비타민 B_6 결핍은 소적혈구성 저색소성(microcytic hypochromic) 빈혈을 일으킨다.
- 엽산 결핍은 대적혈구성(macrocytic) 빈혈을 일으킨다.
- 비타민 B_{12} 흡수불량은 대적혈구성(macrocytic) 빈혈을 일으킨다.
- 철 결핍은 소적혈구성 저색소성(microcytic hypochromic) 빈혈을 일으킨다.
- 구리 결핍은 철 결핍성 빈혈을 일으킨다.

구리의 결핍증

심각한 구리 결핍은 상대적으로 인간에게선 흔하지 않다. 분유를 섭취하는 조산아, 영양실조에서 회복 중인 유아, 구리가 제외된 완전정맥영양(TPN)을 장기적으로 투여받는 환자, 과량의 아연을 섭취하는 사람, 유전질환인 멘케스병(Menkes disease)을 앓고 있는 환자 등에서 구리 결핍 증세가 보고되었다. 구리 결핍의 두드러진 증세는 빈혈과 백혈구 수의 저하(leukopenia), 골격근 이상(골감소증), 피부와 머리카락의 색소 감소, 심혈관계의 변화, 면역력 감소이다.

최근의 연구 결과에 따르면 구리 결핍증은 근위축성 측색경화증(루게릭병), 알츠하이머병과 같은 신경질환의 위험성을 높일 수 있다. 그러나 이런 질환들에서 구리의 병인적 역할을 알고 치료에 활용하기 위해서는 후속 연구가 필요하다.

연구자들은 또한 충분치 않은 양의 구리를 장기간 섭취할 경우 나타나는 경미한 구리 결핍증에도 관심을 가져왔다. 그러나 신뢰할만한 지표가 없기 때문에 경미한 구리 결핍증을 진단하기가 매우 힘들다. 아연처럼 조직과 혈액 중에 구리의 양이 체내 구리의 변화를 정확히 반영해주지 않고 또 여러 질환에 의해서도 영향을 받을 수 있다. 경미한 구리 결핍증의 증세로는 면역기능 약화, 포도당 불내성, 혈중 콜레스테롤의 증가, 심장 이상 등이 있다.

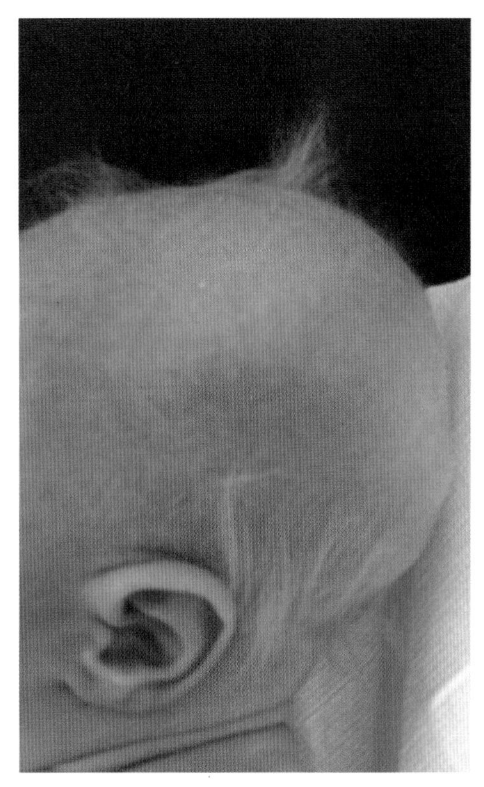

멘케스병(Menkes disease)은 구리의 운반과 효소에 의해 이용되는데 문제가 있는 유전적 질환이다. 이 질환이 있는 경우 얇고 은색을 띠며 잘 손상되는 머리카락, 옅은 색의 피부, 약간의 저체온증, 약한 근육, 뇌의 신경적 퇴보 등이 나타난다. 더 많은 정보를 알고 싶을 경우 rare-disease.info.nih.gov/diseases/1521/menkes-disease를 참조.

Reproduced with permission from Visual Diagnosis: 8-Day-Old Hypotonic Newborn With Sparse Hair, vol. 35, e53-e56, Copyright © 2014 by the AAP.

구리의 독성

구리 독성이 인간에게는 흔하지 않지만 사고로 과잉 섭취하게 된 어린이나 구리가 과량으로 들어간 오염된 음식 또는 음용수를 섭취한 개인, 윌슨병(구리가 과도하게 축적되는 유전병)을 앓고 있는 환자 등에서 보고되었다(그림 13.14). 독성 증세는 복부 통증, 오심, 구토, 설사 등이다. 심한 경우 간과 뇌에 구리가 축적되어 간경화를 일으키고 뇌신경이 손상된다. 구리의 1일 상한섭취량은 10 mg으로, 간 손상에 대한 위험을 근거로 정해졌다.

확인합시다!

1. 효소 기능을 위해 구리를 필요로 하는 효소에는 어떤 것이 있는가?
2. 구리의 좋은 급원식품 세 가지는 무엇인가?
3. 구리 결핍증 환자들에게 철 결핍성 빈혈도 나타나는 이유는 무엇인가?

13.4 망간(Mn)

망간이 필수 미량 무기질로 인식되기 시작한 것은 1930년대에 이르러서이다. 그러나 철, 아연, 구리 등과 비교했을 때 상대적으로 망간에 대해서는 잘 밝혀지지 않았다. 과학자들이 정밀한 방법으로 미량 무기질의 체내 농도와 기능에 대해 파악하기 시작하면 건강과 질환 상태에서 망간의 역할에 대해 좀 더 명확하게 알 수 있을 것이다.

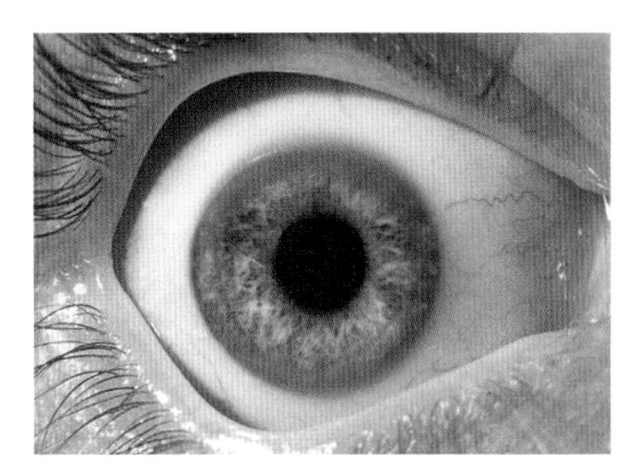

그림 13.14 윌슨병 환자는 각막의 외각에 구리가 축적되며, 녹색을 띤 갈색에 황금색이 있다.

Medical-on-Line/Alamy

망간의 급원식품

전곡류, 견과류, 콩류, 잎채소, 차류가 망간의 좋은 급원식품인 반면(그림 13.15), 육류와 유제품에는 망간 함유량이 아주 적다. 북미인들이 일상적으로 식사에서 섭취하는 양은 2~6 mg/day 범위이다.

망간은 땅콩 등의 콩류에도 들어 있다.

©C Squared Studios/Getty Images RF

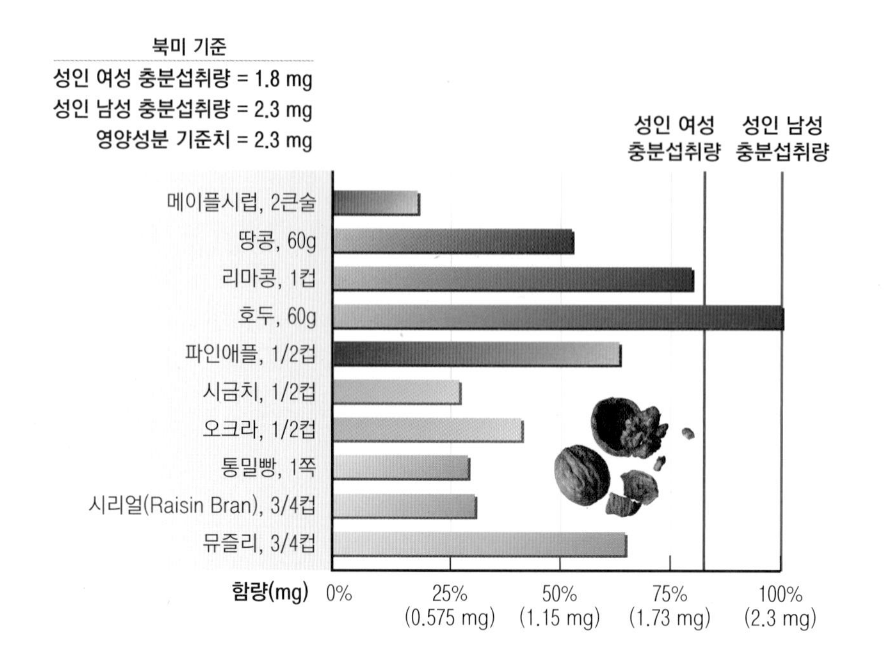

그림 13.15 망간의 급원식품(북미 기준).

C Squared Studios/Getty Images RF

망간의 필요량

한국인의 망간 1일 충분섭취량은 성인 남자 4.0 mg, 여자 3.5 mg이다. 망간의 필요량을 결정하기 위한 자료가 아직은 불충분하다. 음식과 보충제의 망간 영양성분 기준치(DV)는 3 mg이다.

망간의 흡수, 운반, 저장 및 배설

망간은 소장에서 단순확산과 능동수송으로 흡수된다. 흡수된 망간은 알파-2-매크로글로불린 단백질과 결합하여 간으로 이동한 뒤, 트랜스페린, 알파-2-매크로글로불린 및 알부민을 통해 췌장, 신장, 뼈와 같은 다른 조직으로 운반된다. 담즙을 통해 주로 배설되며, 배설이 체내 망간의 양을 조절하는 가장 중요한 방법이다.

음식 속의 약 5~10%의 망간이 흡수되며, 흡수는 식사 속 망간의 양과 체내 철 상태에 영향을 받는다. 망간의 섭취가 적고, 체내 철이 부족할 때 흡수가 증가하고(철의 섭취가 높을 경우에는 망간과 철이 같은 운반단백질을 놓고 경쟁을 해야 한다), 망간의 섭취가 과도하거나 구리, 비헴철, 식이섬유, 피틴산, 옥살산의 섭취량이 많아도 망간의 흡수는 감소한다.

망간의 기능

망간은 기능적인 측면에서 아연, 구리와 유사하다. 예를 들어, 아연과 구리가 그러하듯 망간도 체내 많은 효소들의 보조인자(cofactor)로 이용된다. 망간과 관련이 있는 효소들은 탄수화물 대사, 포도당신생합성, 콜라겐 형성, 항산화 방어체계(망간 수퍼옥사이드 디스뮤테이즈로)에 중요한 역할을 한다. 구리처럼 망간은 산화 단계에 따라 상태가 변하고(Mn^{2+}와 Mn^{3+}), 바로 이 점 때문에 망간이 다양한 대사반응에 참여가 가능하다.

사례연구 후속

©Image Source

Chloe는 캠퍼스에 있는 보건소를 방문하기로 했고 그곳에서 의사와 영양사와 만났다. 전문가들은 식사조사와 혈액검사를 통해 헤모글로빈과 트랜스페린 수용체를 측정했고, Chloe가 철 결핍성 빈혈을 가지고 있고, 식사에서 철 섭취량도 불충분한 것으로 진단하였다. 영양사는 흡수율이 높은 헴철의 섭취량을 높이기 위한 식단을 제안했다. 고기와 생선, 가금류의 섭취를 늘리도록 권장했는데, 스파게티에는 갈은 소고기를 추가하도록 했고, 땅콩잼 샌드위치 대신에 터키나 참치 샌드위치를 권했다. 또한 영양사는 Chloe가 영양소가 강화된 아침 식사용 시리얼을 선택하도록 조언했고, 철이 들어있는 음식을 먹을 때는 커피나 차가 아닌 비타민 C가 풍부한 식품이나 오렌지주스와 같은 음료를 함께 먹도록 했다.

망간의 결핍증과 독성

인체의 망간 결핍증은 지금까지 잘 알려진 바 없다. 실제로 아주 소수의 결핍 사례만 보고되었다. 결핍 증세로는 오심, 구토, 성장 지연, 골격근 이상, 탄수화물과 지질 대사 이상, 생식기능 이상 등이 있다.

다른 미량 무기질에 비해 망간이 독성이 적다고 생각되지만, 장기간 완전정맥영양(TPN)을 공급 받는 어린이나 산업가스, 자동차가스를 공기 중으로 흡입한 일부 사람에서 독성이 보고되었다. 망간 독성은 심각한 신경손상을 일으키고, 증상이 발전되면서 파킨슨병과 비슷한 증세(근육경직, 경련)가 나타난다. 따라서 망간의 성인 1일 상한섭취량은 신경손상의 발달을 근거로 하여 11 mg으로 정해져 있다.

확인합시다!

1. 망간의 좋은 급원식품 세 가지는 무엇인가?
2. 아연과 구리와 비교했을 때, 망간이 갖는 비슷한 기능은 무엇인가?
3. 망간의 체내 농도는 어떻게 조절되는가?

13.5 요오드(I)

요오드(I_2)는 식품 내 요오드화물(I^-)과 다른 비원소 형태로 존재하며, 다른 미량 무기질과 여러 면에서 차이가 있다. 인간의 건강을 위해 필요로 하는 원소 중 가장 무거운 원소이며, 체내에서 유일한 한 가지 기능만 담당하는데 그것이 바로 갑상선 호르몬의 합성이다.

요오드의 급원식품

대부분의 식품에서 자연 그대로의 요오드(iodine) 함량은 낮다. 해산물, 해조류, 요오드 강화 소금, 그리고 유제품이 요오드의 좋은 급원식품이다(그림 13.16). 원래 유제품은 요오드의 좋은 급원이 아니나, 요오드가 가축의 사료나 유제품 가공과정에 쓰이는 살균액에 요오드화물(iodide)이 포함되기 때문에 함량이 높아진다. 빵과 시리얼도 요오드 강화 소금이나 반죽첨가물[반죽을 강화하거나 빵의 부피를 늘리고 질감을 좋게 하기 위해 사용되는 요오드이온(iodate, IO_3^-)]로 제조된다면 요오드의 급원이 될 수 있다.

식물성 식품 역시 요오드가 풍부한 토양에서 자란 식물들은 좋은 요오드 급원이 된다. 그러나 토양의 요오드 함량은 지역에 따라 매우 다양하다. 바닷가 근처의 토양은 자연적으로 요오드가 풍부한데 그 이유는 해수 속의 풍부한 요오드가 해수가 증발할 때에 주변의 토양에 떨어지기 때문이다.

대다수의 미국인들은 조리 시 사용하거나 식사 때에 사용하는 요오드 강화 소금이 요오드의 주요 급원이다. 요오드 강화 소금은 대략 소금 1 g당 76 μg의 요오드를 함유한다. 이는 1/2작은술(약 2 g)만으로 성인 권장섭취량에 해당하는 요오드를 공급할 수 있다는 것

그림 13.16 요오드의 급원식품(북미 기준).

McGraw-Hill Education/Jacques Cornell, photographer

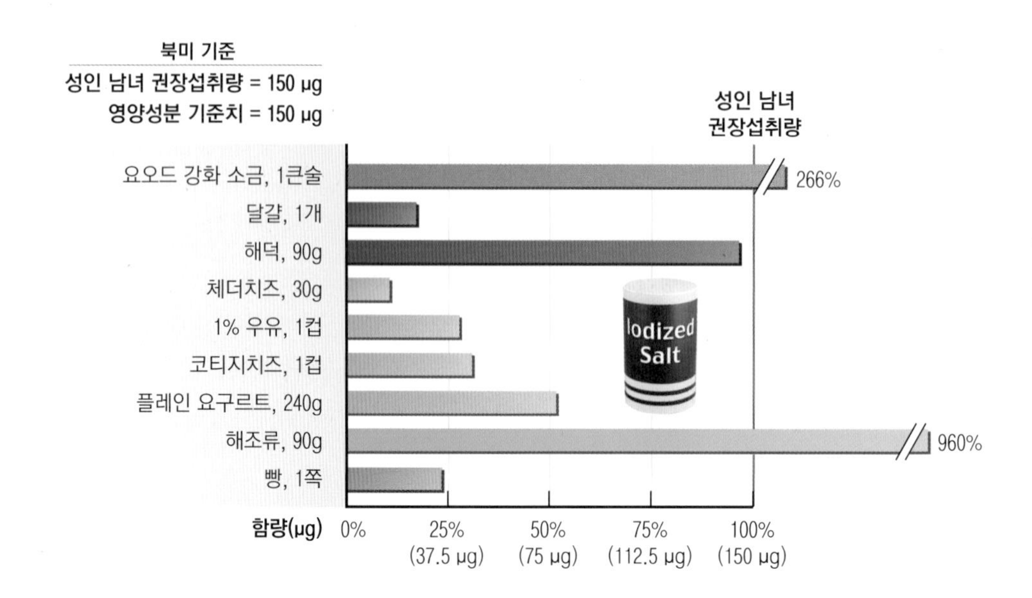

요오드 강화 소금을 식사에 소량 추가하면 요오드 필요량을 충족시킬 수 있다.

Tom Grill/Getty Images RF

을 의미한다. 그러나 가공식품에 쓰이는 소금이나 특제 소금(Kosher나 sea salts)은 요오드 강화 소금이 아니므로 요오드 함량을 알기 위해서는 소금 구입 시 라벨을 정확히 읽어보는 것이 중요하다.

요오드의 생체이용률은 갑상선종 유발물질에 의해 감소되는데, 이러한 물질들은 순무, 양배추, 미니양배추(Brussels sprouts), 콜리플라워, 브로콜리, 루타바가(rutabaga: 순무의 일종), 감자, 카사바(cassava: 카사바 분말은 타피오카의 원료)와 같은 생채소와 땅콩, 콩, 복숭아, 딸기 등에 존재한다. 갑상선종 **유발물질**(goitrogen)은 인체 내 요오드의 흡수를 저해하고 갑상선이 요오드를 이용하는 것을 막는다. 저개발 국가에서 요오드 결핍증의 위험이 큰 것은 이러한 국가들에서는 갑상선종 유발물질을 많이 함유한 생채소 섭취가 높고 요오드 섭취가 낮기 때문이다. 반면에 선진국에서는 이러한 식품을 요리하여 섭취하는 것이 일반적이고(요리 중에 파괴됨), 요오드가 풍부한 음식이 많기 때문이다.

생화학자적 관점

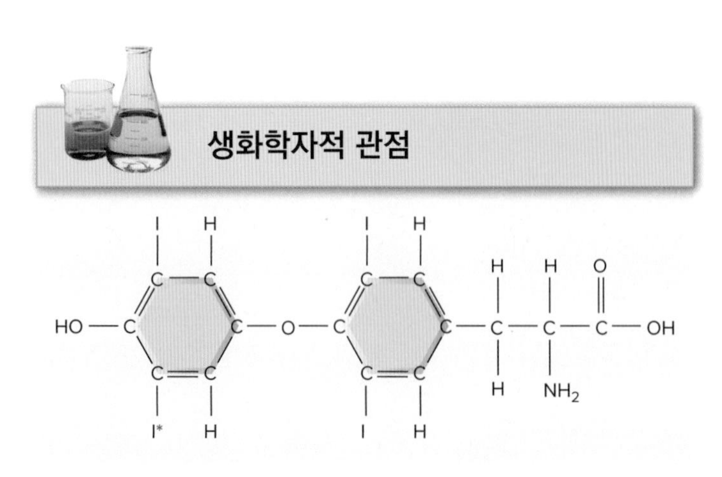

티록신(T_4)과 트리요오드티로닌(T_3)은 비슷한 구조를 가지는데, 빨간색 별표로 표시된 요오드 하나가 차이 난다.

요오드의 필요량

한국인의 요오드 1일 권장섭취량은 성인 남녀 모두 150 μg이다. 이 양은 갑상선의 요오드 수준을 충분하게 유지하는 데 필요하다. 대부분의 한국인과 북미인은 권장섭취량보다 훨씬 더 많은 양의 요오드를 섭취한다. 실제 섭취량은 하루에 약 190~300 μg으로 추정되며(요오드 강화 소금의 사용으로 인한 요오드의 양은 제외), 한국인은 하루에 400~600 μg으로 추정되고, 남자는 훨씬 더 많은 양을 섭취한다. 영양성분 기준치(DV)는 150 μg이다.

요오드의 흡수, 운반, 저장 및 배설

요오드는 체내에서 대부분 요오드화물(iodide)로, 일부는 요오드화 이온(iodate)으로 존재한다. 이런 형태로 소장에서 쉽게 흡수되며, 흡수된 후 대부분의 요오드는 갑상선으로 운반된다. 갑상선에서는 능동적으로 요오드를 축적하며, 갑상선 호르몬 생성을 위해 요오드를 잘 붙잡아 둘 수 있다('trapping'). 과량의 요오드는 신장을 통해 소변으로 배설되며, 대변으로는 거의 배설되지 않는다.

요오드의 기능

요오드는 갑상선 호르몬인 티록신(thyroxine, T_4)과 트리요오드티로닌(triiodothyronine, T_3)의 주요 구성 성분이다. 우리 몸에 있는 대부분의 갑상선 호르몬은 T_4의 형태이다. 체내 세포에서 T_4는 요오드 1분자를 잃고 활성형인 T_3로 전환된다. 이 과정을 매개하는 효소인 디아이오디네이즈(deiodinase)는 미량 무기질인 셀레늄을 필요로 한다. 따라서 셀레늄 결핍은 디아이오디네이즈 효소의 활성을 제한하여, 결과적으로 T_3 농도를 낮출 수 있다.

요오드는 체내에서 갑상선 호르몬 합성에만 관여하지만, 갑상선 호르몬 자체가 우리 몸이 정상적인 대사를 유지하는 데 매우 중요한 역할을 하므로 요오드의 기능 역시 다양한 곳에 영향을 미친다. 요오드는 T_3의 성분으로서 다양한 대사기능과 성장기능을 조절하는데, 기초 에너지 소비, 다량영양소 대사(macronutrient metabolism), 뇌와 신경계 발달, 전반적인 성장이 그 예이다.

요오드의 결핍증

요오드 결핍증(iodine deficiency disorder, IDD)이라고 불리는 **풍토병**(endemic)인 갑상선종과 크레틴병은 요오드의 섭취가 불충분할 때 발생한다. 이용할 수 있는 요오드가 줄어들면 혈중 T_4 농도가 떨어지게 되고, 뇌하수체에서는 갑상선 자극 호르몬(TSH)을 분비한다. TSH 증가에 따라 갑상선은 요오드를 잡는 데 유리해지기 위해 계속 성장하여 비대해진다. 이런 특징적인 갑상선 비대증을 **갑상선종**(goiter)이라고 한다. 이런 초기의 체내 적응반응은 일시적으로 갑상선 호르몬 합성을 정상처럼 유지시킬 수 있게 해준다. 단순 갑상선종은 고통이 없는 상태지만, 치료받지 않으면 식도와 기관지에 압력을 주게 되고, 이 때문에 숨쉬기가 곤란해지는 등 식도와 기관지의 기능이 손상된다. 기저에 있는 요오드 결핍증이 치료되지 않는다면 T_4 합성이 감소하고, 대사가 느려지는 등 더 심각한 합병증으로 발전할 수 있다.

풍토병(endemic) 특정 지역에서 질병이 나타나는 양상.

요오드 결핍증은 특히 임산부들에게 매우 위협적인 요인이다. 왜냐하면 뱃속의 태아에게 부작용이 나타날 수 있기 때문인데, 결핍으로 인한 선천성 기형, 저체중, 신경 이상, 정신기능 손상, 발달 지연, 사산과 같은 결과들이 보고되었다. 요오드 부족에 따른 뇌 발달 장애와 신체 성장 지연을 **크레틴병**(cretinism)이라고 한다(그림 13.17). 크레틴병의 특징적인 증상으로는 심각한 지적 장애, 청각과 언어능력 상실, 작은 키, 근육 경련 등이다.

갑상선종에 대한 묘사는 수 세기 동안 중국 등지에서 잘 보고되어 있다. 제1차 세계대전 이전에는 미국에서 오대호(미국과 캐나다 경계에 있는 그레이트 호) 지역 주변에서 갑상선종이 흔했는데 이 지역의 물과 흙에 요오드 함량이 매우 낮았던 것과 관련이 있다. 크레틴병도 역시 미국에서 흔하게 발생하였다. 1920년대 초반에 들어서 미국과 스위스의 연구자들이 요오드가 갑상선종을 예방하는 데 효과적이라는 것을 밝히면서 미국과 여러 나라들의 요리용 소금에 요오드 성분을 강화하기 시작했다. 소량의 요오드 강화 소금을 사용함으로

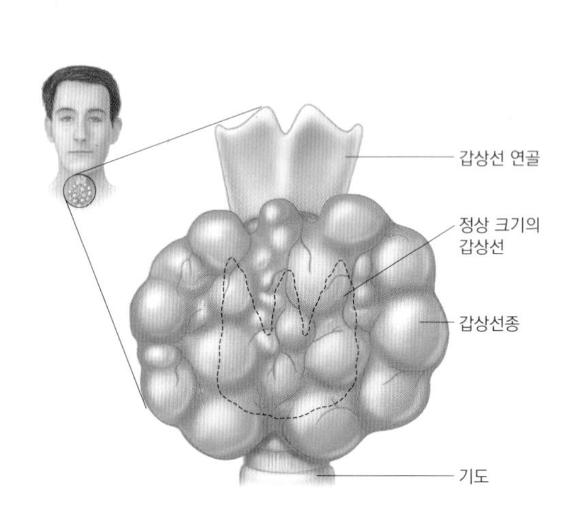

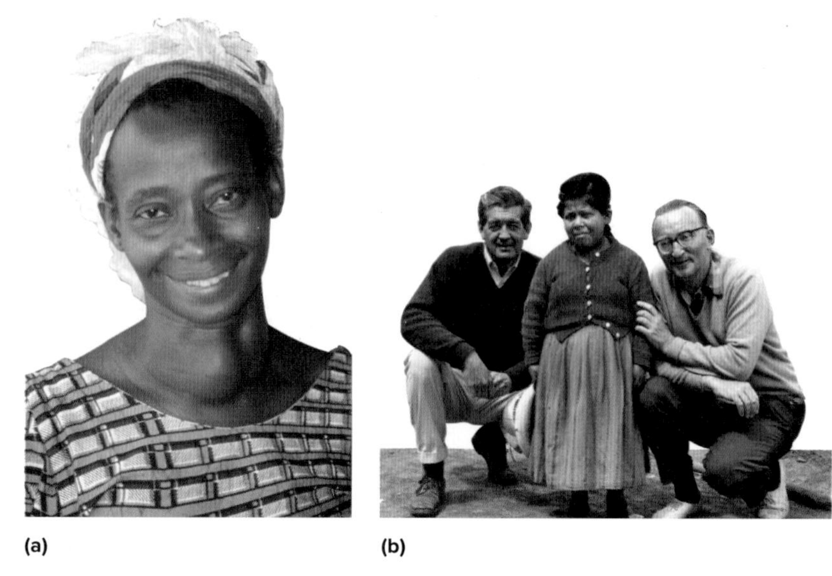

그림 13.17 (a) 나이지리아 여성은 요오드 결핍으로 인한 갑상선 비대 증세를 보인다. (b) 35세의 페루 여성으로 110 cm(43 inch)의 신장을 지닌 크레틴병 환자로 요오드 결핍 증세이다.

(a): ©Scott Camazine/Science Source; (b): ©Dr. Eduardo A. Pretell

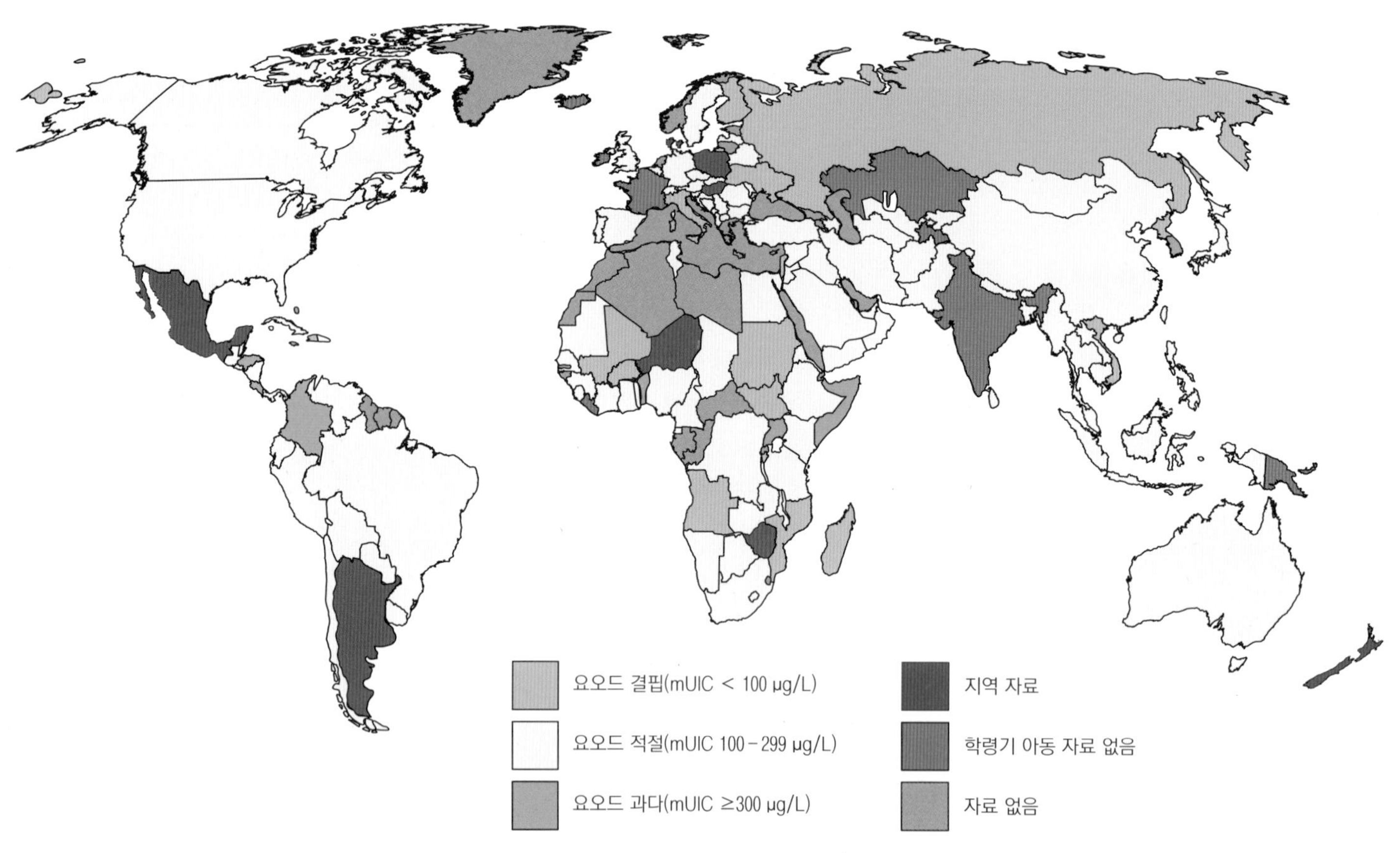

그림 13.18 세계의 요오드 결핍증과 과대증 분포도(성인과 학령기 아동 자료). 요오드 결핍증과 과대증은 여전히 전 세계에 남아 있다.

출처: Iodine Global Network. Global scorecard of iodine nutrition 2017. https://www.ign.org/cm_data/IGN_Global_Map_AllPop_30May2017.pdf, Accessed October 13, 2019.

써 이 지역들의 풍토병인 요오드 결핍증이 사라졌다. 그러나 여전히 많은 저소득 국가에서는 요오드 결핍증이 만연하게 나타나고 있다. 세계보건기구(WHO)는 요오드 결핍증이 '예방할 수 있는 뇌 손상과 지적 장애의 최대 원인'이라고 말하며, 앞으로 요오드 강화 소금, 식용유, 우유와 그밖에 다른 음식을 널리 보급함으로써 요오드 결핍증을 사라지게 하는 것을 목표로 하고 있다고 밝혔다. 이러한 국제적인 관심은 전 세계적으로 약 90% 가까운 가구들이 요오드가 강화된 소금을 사용할 수 있게 만들었다. 그럼에도 불구하고, 전 세계의 20%에 가까운 나라에서는 요오드 결핍증의 위험이 남아있다(그림 13.18). 특히 임신부에게 요오드 결핍은 더 치명적일 수 있는데 그 이유는 임신 시 필요량이 증가하기 때문이다.

요오드의 독성

요오드의 1일 상한섭취량은 건강 관련 위험을 예방하기 위해, 성인 남녀 모두 2,400 μg으로 책정되어 있다. 요오드 결핍증과 마찬가지로 요오드 독성은 갑상선비대증을 일으키고 갑상선 호르몬 합성을 감소시킨다. 요오드가 풍부한 해초를 과다 섭취하는 일본 사람들이나, 환경적으로 요오드 노출이 많고, 수도 정화시설에도 요오드를 사용하며, 요오드 강화 소금을 과다 섭취하는 칠레 사람들에게서 요오드 독성이 보고되었다. 과다한 요오드 섭취의 결과로 갑상선 기능 저하(hypothyroidism)가 가장 흔하지만, 과다한 요오드 섭취는 갑상선 항진증(hyperthyroidism), 자가면역 갑상선 질환, 갑상선 암의 위험을 증가시킬 수 있다.

확인합시다!

1. 요오드의 좋은 급원식품 세 가지는 무엇인가?
2. 요오드의 주된 기능은 무엇인가?
3. 요오드 결핍증이 아직 전 세계적으로 퍼져 있는 이유는 무엇인가?
4. 요오드 결핍증의 증상은 무엇인가?

사례연구

©Ryan McVay/Getty Images RF

최근 가족 모임에서 Gina는 고모가 대장암으로 인한 치료를 받고 있다는 것을 알게 되었다. Gina의 할머니는 Gina가 태어나기 전에 가족 중 2명이 이미 같은 대장암으로 돌아가셨다고 알려주었다. 가족 모임 후에 Gina는 대장암에 대해서 더 알아보고 어떻게 이러한 가족력이 Gina에게도 영향을 미칠 수 있는지도 알아보기로 하였다. Gina는 매년 10만 명의 미국인이 대장암 진단을 받고 Gina의 가족력은 Gina도 그러한 대장암에 걸릴 위험을 높인다는 것을 알게 되었다. 온라인으로 알아보던 중 한 사이트에서 셀레늄이라는 미량영양소를 매일 200 mcg 섭취하면 대장암을 예방할 수 있다는 권고사항을 보게 되었다. 그 후 Gina는 동네 마트에 가서 200 mcg의 셀레늄이 들어있는 100개의 알약이 들어있는 영양제가 한 병에 만원도 하지 않는다는 사실을 알게 되었다. 이런 영양제가 대장암을 예방할 수 있는 싼 "보험"이 될 수도 있다는 생각에 Gina는 매일 200 mcg의 셀레늄을 섭취하기 시작했다. 이러한 실천이 Gina에게 해로운 것일까? 이 방법 말고 Gina가 대장암을 예방하기 위해 실천할 수 있는 다른 식생활 방안이 있을까?

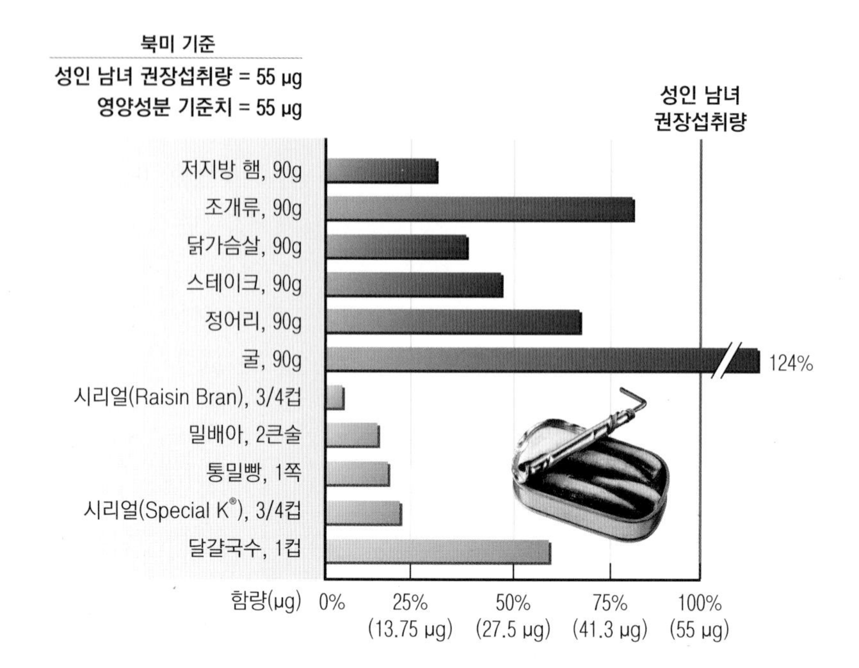

그림 13.19 셀레늄의 급원식품(북미 기준).

Brand X Pictures/Getty Images RF

북미주 지역산 밀로 만든 파스타는 대부분 셀레늄의 급원 식품으로 좋다.

©Corbis Premium RF/Alamy RF

13.6 셀레늄(Se)

1979년 중국 과학자들에 의해 케샨(keshan) 지역의 어린이와 젊은 여성의 심장질환이 셀레늄으로 인해 예방될 수 있다는 것이 밝혀지면서 셀레늄의 중요성이 인식되기 시작했다. 과학자들은 케샨병(Keshan disease)에서 셀레늄의 역할에 대해 연구하면서 셀레늄이 인간의 건강에 미치는 영향에 대해 빠르게 이해하기 시작했다.

셀레늄의 급원식품

식품 내 셀레늄의 함량은 그 식물이나 동물이 자란 토양 내 셀레늄의 함량과 매우 밀접한 연관성을 갖는다. 예를 들어, 셀레늄이 매우 높은 흙에서 자란 곡물의 셀레늄 함량은 셀레늄이 낮은 흙에서 자란 곡물보다 높다. 일반적으로 셀레늄의 좋은 급원식품은 해산물, 육류, 시리얼, 곡류이다(그림 13.19).

셀레늄의 필요량

한국인의 셀레늄 1일 권장섭취량은 성인 남녀 모두 60 μg이다. 이것은 혈액 내의 글루타티온 퍼옥시데이즈 활성을 최대화시키는 데 필요한 셀레늄의 양을 근거로 한 것이다. 식품과 보충제 표기를 위한 영양성분 기준치(DV)는 55 μg이다.

셀레늄의 흡수, 운반, 저장 및 배설

식품 중 대부분의 셀레늄은 아미노산 메티오닌(셀레노메티오닌으로서)과 시스테인(셀레노시스테인으로서)에 결합되어 있다. 두 가지 형태 모두 소장에서 빠르게 흡수되어, 전체 식사 셀레늄

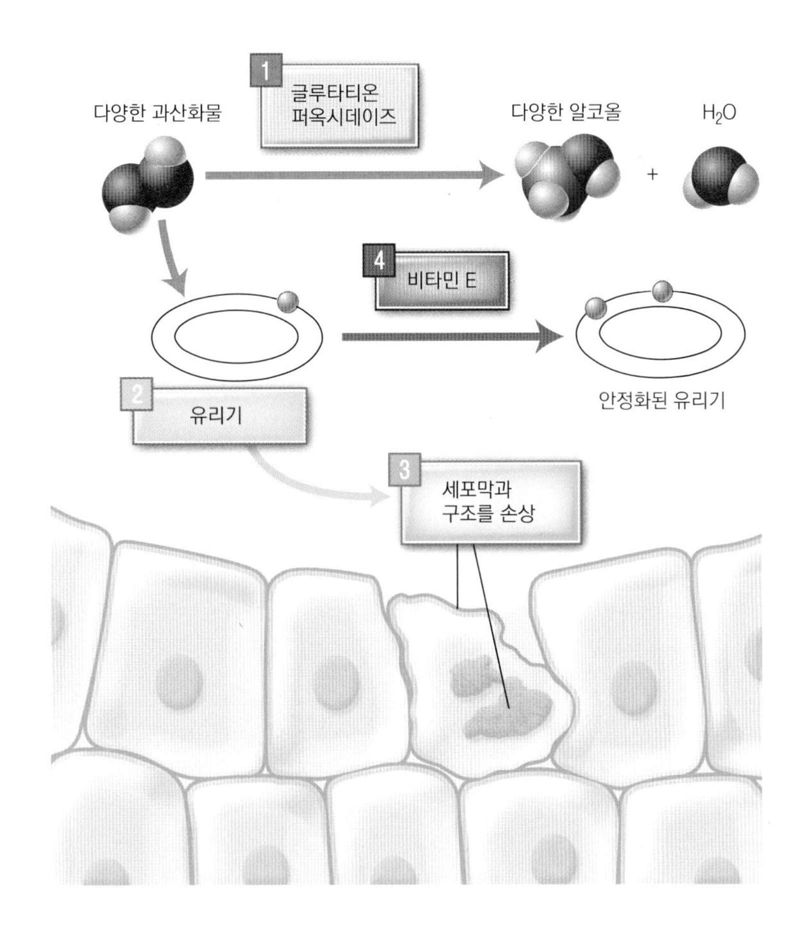

그림 13.20 셀레늄은 글루타티온 퍼옥시데이즈(glutathione peroxidase) 1 체계의 일부이다. 이 체계는 과산화물을 분해한다. 과산화수소(H_2O_2)는 물(H_2O)로 변하기 전에 유리기(free radical) 2 를 형성할 수 있고, 유리기는 세포를 손상시킬 수 있다 3. 이어서 이러한 과산화물의 분해로 인하여 비타민 E 4 를 절약할 수 있는 경우도 있다. 비타민 E는 주요한 유리기 소거자(free radical scavenger)이다.

섭취량의 약 50~100%가 흡수된다. 다른 미량 무기질과 달리 셀레늄의 흡수는 체내 셀레늄 저장량에 영향을 받지 않고, 셀레늄의 항상성 유지에도 영향을 미치지 않는다. 셀레늄의 균형은 장내 흡수보다 주로 요 배설에 의해 조절된다.

흡수된 셀레늄은 혈액에서 운반단백질과 결합하여 필요한 조직과 세포로 이동한다. 셀레늄이 세포막을 통과하여 세포로 이동하는 기전에 대해 알려진 바가 거의 없다. 셀레늄이 흡수된 후, 체내에서 가장 높은 농도를 보이는 기관은 간, 췌장, 근육, 신장, 갑상선이다. 조직 내에서 셀레노메티오닌은 셀레늄의 저장소로 작용하고, 셀레노시스테인은 이 무기질의 생물학적 활성형으로서 역할을 한다.

셀레늄의 기능

셀레늄은 체내 25개 효소와 단백질의 구성 성분이다. 가장 대표적인 셀레늄의 효소적 기능은 글루타티온 퍼옥시데이즈(GPX), 티오레독신 리덕테이즈(thioredoxin reductase), 셀레노프로틴 P(selenoprotein P)의 일부로서 항산화 방어체계로 작용하는 것이다(그림 13.20). 항산화 방어체계의 일부로서 셀레늄은 지방이 과산화되고, 세포막이 손상되는 것을 방지한다. 셀레늄은 반응성이 높은 과산화물 유리기를 제거하여, 비타민 E가 다른 항산화 기능을 할 수 있게 도와준다. 셀레늄은 갑상선 호르몬을 만드는 과정의 일부인 요오드티로닌 디아이오디네이즈 효소의 작용에서도 기능을 수행한다. 앞서 요오드 관련 부분에서 언급했듯이, 이 효소는 티록신(T_4)을 트리요 오드티로닌(T_3)으로 전환시키는 데 필요한 효소이다.

셀레늄은 또한 면역기능에도 중요한 역할을 한다고 알려져 있다. 과학자들은 셀레늄이 케산병을 예방할 수 있는 것은 병을 유발하는 바이러스를 불활성화시키기 때문이라고 생각한다. 그밖에도 셀레늄은 전립선암, 유방암, 폐암 등의 암 발생의 위험을 감소시킬 수 있다. 최근의 연구들 중에는 이에 반대되는 결과를 제시하기도 했기 때문에, 만성질환에서 셀레늄의 역할을 명확히 이해하기 위해서는 추가적인 연구가 시행되어야 할 것이다.

셀레늄의 결핍증

불충분한 셀레늄의 섭취가 어떤 질환을 일으키는지는 아직 알려지지 않았다. 앞서 언급했듯이 셀레늄 결핍증은 갑상선 호르몬 대사의 변화와 특정 암의 위험성 증가와 관련되어 있다. 셀레늄 결핍증은 또한 심장 기능 퇴화가 특징적인 증상인 케산병의 유발과도 관련이 있다. 이 질환은 처음 중국의 케산지역에서 발견되었는데, 이 지역의 토양에는 셀레늄이 거의 없었다. 그 후 케산병은 뉴질랜드와 핀란드 등 다른 지역에서도 나타났다. 중요한 것은 셀레늄의 보충으로 케산병을 예방할 수는 있지만 심장 이상 등 증세가 일단 나타나기 시작하면 셀레늄의 섭취로는 회복될 수 없다는 것이다.

셀레늄의 독성

보충제로 과량의 셀레늄을 섭취할 경우 독성을 일으킬 수 있다. 실제로 몇 달 동안 매일 1~3 mg을 섭취하면 독성 증세를 일으킬 수 있다는 것이 보고되었다. 독성 증세로는 오심, 설사, 피로, 탈모, 손발톱의 변형, 황(sulfur)과 단백질 대사 이상이 있다. 셀레늄의 1일 상한섭취량은 400 μg이다.

생각해 봅시다

Eric이 항산화제를 구입하러 갔을 때, 구리, 아연, 망간, 셀레늄이 포함된 많은 제품을 보았다. 왜 많은 항산화 보조제에 위와 같은 영양소가 포함되어 있을까?

브로콜리는 크롬의 급원식품으로 좋다.
C Squared Studios/Getty Images

사례연구 후속

©Ryan McVay/Getty Images RF

Gina가 매일 200 mcg씩 셀레늄을 보충제로 섭취하는 것은 평소 식사를 통해 섭취하는 105 mcg과 합쳐도 상한섭취량인 400 mcg이 넘지 않기 때문에 안전에는 큰 문제가 될 것이 없다. 그러나 이러한 보충제 섭취가 실제로 그녀의 대장암 발생 위험을 낮추어 줄 것인지에 대해서는 추가의 연구가 필요하다. 더 많은 연구 결과가 알려지기 전까지, 이렇게 많은 양의 셀레늄을 지속적으로 섭취하는 것은 권장할 만한 사항은 아니다. Gina가 고려해볼 수 있는 암 예방을 위한 식생활은 이 장의 "임상적 관점: 영양, 식사와 암"을 참고하기 바란다.

확인합시다!

1. 셀레늄의 좋은 급원식품 세 가지는 무엇인가?
2. 셀레늄의 기능은 요오드 대사와 어떻게 연관되어 있는가?
3. 셀레늄 결핍증과 관련된 질환에는 무엇이 있는가?

13.7 크롬(Cr)

식사 중 크롬의 중요성을 인식하기 시작한 것은 최근 몇 년 전부터이다. 다른 미량 무기질처럼 연구 기술의 발전에 힘입어 영양적 기능이 분명해지고 있다.

크롬의 급원식품

크롬은 식품 전체에 다양하게 들어 있다. 그러나 다양한 식품 중 크롬 함량에 대한 자료는 매우 드물며, 대부분의 식품 조성표에는 크롬에 대한 자료가 실려 있지 않다. 육류, 간, 생선, 달걀, 전곡류, 브로콜리, 버섯, 견과류, 서류(건조된 콩 등), 다크초콜릿 등이 좋은 급원식품이다. 크롬은 또한 강철제품 제조 시에도 이용되므로 식품가공 기구를 사용할 때에도 소량의 크롬이 음식으로 이동될 수 있다.

크롬의 필요량

2020 한국인 영양소 섭취기준은 크롬 1일 충분섭취량으로 성인 남성은 30 μg, 성인 여성은 20 μg으로 설정되었다. 영양성분 기준치(DV)는 30 μg이다. 65세 이후부터는 남성은 25 μg으로 줄어든다. 이것은 균형 잡힌 식사에 존재하는 크롬의 양을 근거로 한 것이다.

크롬의 흡수, 운반, 저장 및 배설

식품 중 아주 소량의 크롬만이 흡수된다. 크롬의 흡수는 섭취가 낮을 때 그리고 비타민 C와 함께 섭취할 때 증가하는 것으로 보이지만 크롬의 체내 농도가 매우 낮아 생체이용률을 측정하기 어렵다. 전곡류에 있는 피틴산(phytates)이 크롬의 흡수율을 떨어뜨리는 것으로 보인다. 흡수된 후 크롬은 주로 철 결합단백질인 트랜스페린에 의해 혈류로 운반되며 뼈, 간, 신장, 비장에 축적된다. 대부분의 크롬은 대변을 통해 배설되기 때문에 조직 내 크롬의 농도는 매우 낮다. 크롬은 소변으로 배설되기도 한다.

크롬의 기능

크롬의 기능은 아직 완전히 밝혀지지 않았다. 크롬은 인슐린의 작용 강화, 체내 세포로의 포도당 흡수 증가, 혈당의 농도를 정상화시키는 기능을 하는 것으로 생각된다. 그러나 2형 당뇨병 환자에게 크롬 보충제를 투여했을 때, 혈당 조절에 효과를 보이지 않았다. 많은 운동선수들이 근육량을 늘리고 체력을 강화하기 위해 크롬 보충제를 이용하지만, 이 효과에 대해서는 아직 뒷받침할만한 연구가 많지 않다.

크롬의 결핍증과 독성

크롬의 상태를 판정하는 정밀한 방법이 없어서 크롬 결핍증을 진단하기가 어렵다. 크롬의 결핍은 크롬을 보충하지 않은 정맥영양(parenteral nutrition)을 하는 사람들에게서 나타난다. 증상으로는 체중 감소, 포도당 불내성, 신경손상 등이 있다.

크롬의 과다 섭취로 인한 심각한 독성 증세는 보고되지 않았기 때문에 크롬의 상한섭취량은 설정되지 않았다. 그러나 영양전문가들은 운동선수들이 크롬 보충제(특히 chromium picolinate)를 사용하는 것에 대해 그 위험성을 우려하여 발생 가능한 독성 증상을 지속적으로 관찰하는 것이 필요하다고 말한다.

확인합시다!

1. 크롬의 기능으로 제시된 것은 무엇인가?
2. 크롬이 많이 함유되어 있는 급원식품은 무엇인가?
3. 크롬 결핍증의 증상은 무엇인가?

13.8 불소(F)

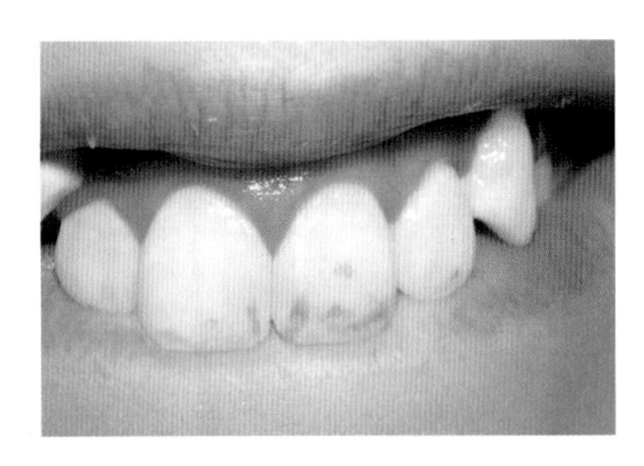

그림 13.21 불소 과잉으로 인한 치아침착증.

Paul Casamassimo, DDS, MS

불소(fluorine)의 이온 형태인 불소 이온(fluoride)은 몸에 없어도 모든 기초적인 몸의 기능이 진행되기 때문에 그 자체로 필수영양소는 아닐 것이다. 그러나 1930년대 초반에 천연적으로 물속 불소 함량이 높았던 미국 남서부 지역에서 충치 발생이 낮은 것이 발견됐다. 이 지역의 많은 사람들은 치아에 작은 반점[치아침착증(mottling 또는 fluorosis)]도 있었는데, 이는 과다한 불소에 기인한 것이었다(그림 13.21). 변색되었다 하더라도, 이러한 반점이 있는 치아는 충치가 거의 없었다. 이 발견은 물속의 불소가 충치발생률을 감소시킨다는 연구로 이어졌고, 미국 일부 지역에서는 식수에 불소를 첨가하기 시작했다.

▶ 여러분의 가정에 공급되는 수돗물에 불소가 들어있는지 확인해보고 싶다면 지역의 수도공급자에게 연락해 볼 수 있다. 혹은 집의 수돗물을 분석의뢰해 볼 수 있다. 충치 예방을 위해 어떻게 충분한 양의 불소를 얻을 수 있을지 치과의사와 상담하면 도움을 받을 수 있다.

불소의 급원식품

오늘날 북미에서 식사 불소의 주된 급원은 불소화된 물로, 0.7 ppm 또는 0.7 mg/L의 불소를 함유한다. 이 농도는 충치를 예방하고 인체에도 안전하다고 알려져 있다. 그러나 모든 공중 또는 사설 식수 급원이 불소를 함유하는 것은 아니다(그림 13.20).

불소화된 식수 이외에 차, 해산물, 해조류 등은 불소가 풍부한 식사 급원이다. 불소화 치약, 구강제, 불소 도포 등을 통해 식사가 아닌 급원에서 불소를 얻을 수 있다. 대부분 시판

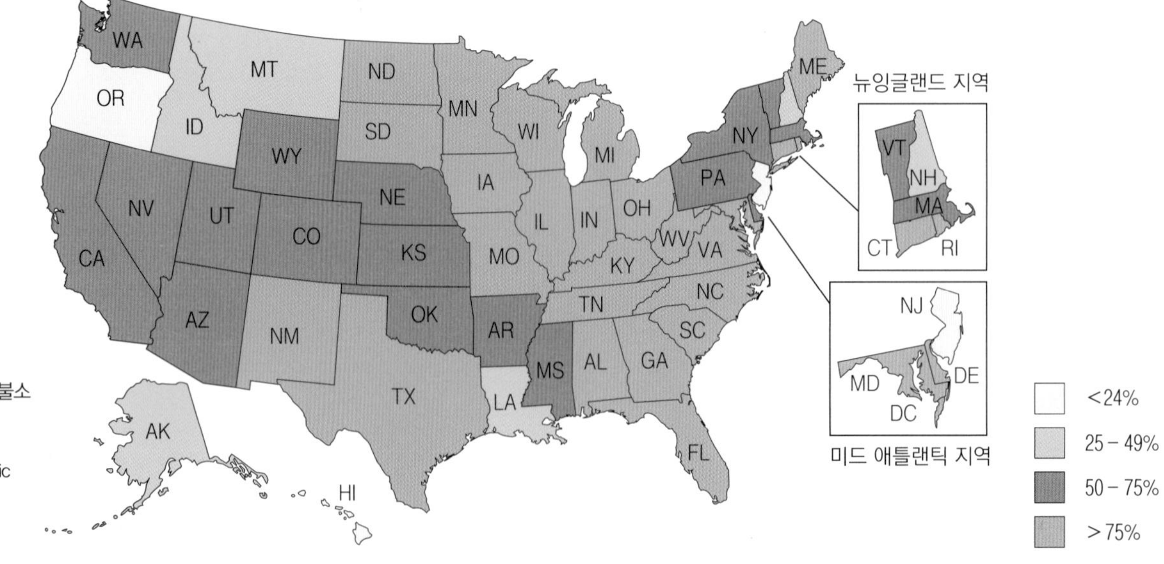

그림 13.22 미국 내 수돗물에 불소 처리를 시행하고 있는 주.

출처: National Center for Chronic Disease Prevention and Health Promotion

되는 생수에는 불소가 들어 있지 않다.

북미지역에서는 1945년부터 시행된 식수의 불소화로 충치 발생이 현격히 줄어들었다.

BananaStock/Getty Images RF

불소의 필요량

한국인의 불소 1일 충분섭취량은 성인 남자 3.2~3.4 mg, 여자 2.6~2.8 mg이다. 생후 1~5개월 영아의 1일 섭취량은 0.01 mg이며, 6~12개월이 되면 0.4 mg으로 증가한다. 아동과 사춘기의 불소 1일 섭취량은 1.3~3.2 mg 정도가 충분하다. 이 범위의 섭취는 치아침착증을 유발하지 않고 충치를 예방한다고 알려져 있다.

불소의 흡수, 운반, 저장 및 배설

불소의 흡수는 수동확산(passive diffusion)에 의해 위장과 소장에서 일어난다. 전체적으로 섭취한 불소의 약 80~90%가 흡수된다. 흡수된 불소는 혈류로 운반되어 치아와 골격에 축적된다. 뼈와 치아에 축적되는 불소의 양은 유아기, 아동기, 청소년기에 가장 많다. 혈액 중에서 불소는 주로 석회화 조직에 축적되거나 소변으로 배설된다.

불소의 기능

불소의 필수적인 기능이 밝혀지진 않았지만, 불소는 치아와 뼈에 칼슘과 인산을 축적하여 충치 발생을 막는 유익한 특성을 지닌 미량 무기질로 인식되고 있다. 불소는 다양한 방법으로 충치를 예방하는데, 치아와 뼈의 발생단계에서는 불소가 하이드록시불소인석회 결정(hydroxyfluorapatite crystal)을 형성한다. 이 결정은 치아의 에나멜을 부식시키는 박테리아와 산에 대해 저항성을 높여 준다. 혈중 불소는 침 속 불소의 양에 영향을 미쳐 에나멜 손상의 재무기질화(remineralization)를 촉진하여 치아의 에나멜에서 전체 무기질 손실량을 감소시킨다.

불소의 결핍증과 독성

불소가 부족하면 충치 발생 빈도가 증가한다. 그러나 불소의 불충분한 섭취로 인한 특정 결핍 증세나 질환은 없다. 그에 반해 불소 독성은 불소 정제나 액을 삼킨 어린이들에서 보고되었다. 극히 드물지만 급성 불소 독성은 빠르게 나타나서 생명에 치명적일 수 있다. 따라서 불소화 치약, 구강제, 또는 보충제는 아이들 손에 닿지 않는 곳에 보관해야 한다. 독성의 징후와 증세로는 메스꺼움, 구토, 설사, 땀 분비, 경련, 발작, 혼수상태가 포함된다.

치아침착증은 치아 발달 단계에서 과량의 불소를 오랜 기간 섭취한 경우에 발생한다. 치아침착증은 다른 건강 이상과는 관련되어 있지 않고 치아 변색이나 에나멜 천공 현상을 발생시킨다. 치아침착증의 위험을 줄이기 위해 설정된 미국의 불소의 1일 상한섭취량은 유아와 8세 이하의 어린이의 경우 체중 1 kg당 1일 0.1 mg이다(0.7~2.2 mg/day). 한국인 9세 이상의 어린이와 성인의 경우 상한섭취량은 10 mg/day이다.

확인합시다!

1. 불소가 충치 예방을 어떻게 돕는가?
2. 불소가 풍부한 급원식품에는 어떤 것이 있는가?
3. 왜 불소가 함유된 치약, 구강제, 보충제 등은 어린이의 손에 닿지 않는 곳에 보관해야 하는가?

13.9 몰리브덴(Mo)과 극미량 무기질

몰리브덴은 종종 극미량 무기질로 분리되기도 한다. 체내에서 몰리브덴을 극미량만 필요로 하기는 하지만, 전문가들은 많은 미량 무기질과 같이 몇몇 효소의 작용에 몰리브덴이 중요한 기능을 한다고 여기고 있다. 몰리브덴의 좋은 급원으로는 곡류, 콩류, 견과류와 같은 식물 위주의 식품들이 있다. 요오드나 셀레늄처럼 음식 내 몰리브덴 함량은 그것이 자란 토양의 몰리브덴 함량에 따라 다양하다.

우리나라의 경우 몰리브덴에 대한 남성의 권장섭취량은 30 μg/day, 상한섭취량은 550~600 μg/day, 여성의 권장섭취량은 25 μg/day, 상한섭취량은 450~500 μg/day로 책정되어 있으며, 몰리브덴의 1일 영양성분 기준치(DV)는 25 μg으로 설정되어 있다. 표 13.7에 몰리브덴을 포함한 다른 미량 무기질의 기능이 요약되어 있다.

체내에는 아직 생리적 기능이 명확히 밝혀지지 않았고, 매우 소량으로 존재하는(극미량의) 무기질들이 있다. 비소, 붕소, 니켈, 규소, 바나듐 등이 이에 해당한다(표 13.8). 이런 극미량 무기질들은 특정한 효소나 화합물의 보조인자로 작용하거나, 정상적인 성장 및 발달을 촉진, 특정 질환의 위험성을 감소시키는 기능을 한다. 그러나 명확한 체내 기능을 알고 권장섭취량과 충분섭취량을 설정하기 위해서는 추가 연구가 필요하다. 결핍 증상은 알려져 있지 않다. 붕소, 니켈, 바나듐의 경우 상한섭취량이 설정되어 있는데, 이는 위와 같은 극미량 무기질에 과다 노출되었을 때 나타날 수 있는 독성 증상이 우려되기 때문이다.

표 13.7 주요 미량 무기질의 요약

무기질	주요 기능	결핍 증상	위험군	한국인 영양소 섭취기준(성인)	급원식품	독성증상
철	헤모글로빈과 관련된 주요 물질의 기능적 구성성분, 면역기능, 인지 발달, 에너지 대사	피로, 면역기능 저하, 빈혈	유아, 학령 전, 어린이, 가임기 여성	권장섭취량: 남성: 10 mg 여성: 14 mg	육류, 해산물, 철 강화 빵 및 시리얼, 달걀	위장 장애; 상한섭취량: 45 mg/day
아연	많은 효소기능에 필요, 면역기능, 성장 및 발달, 세포막과 체내 단백질 안정화	피부발진, 설사, 식욕감퇴, 미각둔화, 탈모, 성장 및 발달 저하	채식주의자, 노인, 알코올중독자, 영양실조군	권장섭취량: 남성: 10 mg 여성: 8 mg	해산물, 육류, 전곡류	구리 흡수 감소, 설사, 오심, 경련, 면역기능 감소; 상한섭취량: 35 mg/day
구리	철 대사보조, 항산화효소 및 결체조직 대사와 관련된 효소들의 보조인자	빈혈, 백혈구 감소, 성장저하	아연 보충제를 과도하게 섭취하는 사람	권장섭취량: 남성: 850 μg 여성: 650 μg	간, 코코아, 견과류, 전곡류, 어패류, 두류	오심, 구토, 설사, 신경계 이상, 간 이상; 상한섭취량: 10 mg/day
망간	몇몇 효소들의 보조인자, 탄수화물 대사 관여, 항산화 보호 반응	성장저하, 골격 이상	드물게 발생	충분섭취량: 남성: 4.0 μg 여성: 3.5 μg	견과류, 차, 두류, 전곡류 시리얼	신경계 이상; 상한섭취량: 11 mg/day

표 13.7 주요 미량 무기질의 요약(계속)

무기질	주요 기능	결핍 증상	위험군	한국인 영양소 섭취기준(성인)	급원식품	독성증상
요오드	기초 대사, 성장, 발달에 관여하는 갑상선 호르몬의 구성 성분	갑상선종, 크레틴병	토양의 요오드 함량이 낮은 지역, 요오드 강화식품이 보급되지 않은 지역의 사람들	권장섭취량: 150 μg	요오드 강화 소금, 생선, 유제품	갑상선 기능 저하; 상한섭취량: 2.4 mg/day
셀레늄	글루타티온 퍼옥시데이즈(glutathione peroxidase)의 일부로서 항산화 작용에 기여, 갑상선 호르몬 활성화	케산병, 갑상선 호르몬 감소	토양의 셀레늄 함량이 낮은 지역의 사람들	권장섭취량: 60 μg	육류, 달걀, 생선, 해산물, 전곡류, 견과류	오심, 구토, 탈모, 설사, 손톱의 변화; 상한섭취량: 400 μg/day
크롬	인슐린 기능 강화	포도당 불내성	드물게 발생	충분섭취량: 남성: 30 μg 여성: 20 μg	달걀, 간, 전곡류, 견과류, 버섯, 가공된 육류	보고된 독성반응 없음; 설정된 상한섭취량 없음
불소	치아 에나멜의 충치 저항성 증가, 뼈와 치아의 무기질화	정확한 결핍증상은 아니지만 충치 발생위험 증가	불소화된 식수가 공급되지 않는 지역	충분섭취량: 남성: 3.2–3.4 mg 여성: 2.6–2.8 mg	불소화된 식수 및 치약, 치과 치료, 차, 해조류	치아침착증, 급성 독성은 치명적일 수 있음; 상한섭취량: 10 mg/day
몰리브덴*	몇몇 효소들의 보조인자	인간에게 알려지지 않음	드물게 발생	권장섭취량: 남성: 30 μg 여성: 25 μg	곡류, 견과류, 두류	실험실 동물에서 성장 저하를 보임. 상한섭취량: 남성: 550~600 mg, 여성: 450~500 mg

* 종종 극미량 무기질로 분류되나, 다른 극미량 무기질과 달리 권장섭취량이 설정되어 있다.

cereal: ©Stockbyte/PunchStock RF; Shellfish: ©C Squared/Getty Images RF; Beans: ©McGraw-Hill Education/Jacques Cornell photographer; Nuts: ©C Squared Studios/Getty Images RF; Salmon: ©Stockbyte/Getty Images RF; Eggs: ©Brand X Pictures/Getty Images RF; Mushrooms: ©Brand X Pictures/Getty Images RF; Tea: ©Foodcollection RF; kidney beans: ©shopartgallerycom/123RF

표 13.8 극미량 무기질 요약

무기질	제시된 기능	성인 평균 섭취량 (U.S)	추정된 일일 필요량 (U.S)	상한섭취량	급원식품
비소(arsenic)	아미노산 대사와 관련, DNA 기능	30 μg	12~25 μg	없음*	생선, 곡류 시리얼
붕소(boron)	세포막 기능(이온 운반), 스테로이드 호르몬 대사	0.75~1.35 mg	1~13 mg	20 mg	두류, 과일, 채소, 감자, 와인
니켈(nickel)	아미노산, 지방산, 비타민 B_{12}, 엽산의 대사	69~162 μg	25~35 μg	1 mg	초콜릿, 견과류, 두류, 전곡류
규소(silicon)	뼈 형성	19~40 mg	35~40 μg	없음	뿌리채소, 전곡류
바나듐(vanadium)	인슐린 유사기능	6~18 μg	10 μg	1.8 mg	어패류, 버섯, 파슬리, 나도고수(dill, 미나리과 식물)

* 상한섭취량이 설정되어 있지 않지만 음식에 이 무기질을 첨가하는 것은 권장되지 않는다. 극미량 무기질은 한국인 영양소 섭취기준에는 상한섭취량이 설정되지 않았다.

확인합시다!

1. 몰리브덴의 좋은 급원식품은 무엇인가?
2. 몰리브덴의 기능은 무엇인가?
3. 비소, 붕소, 니켈, 규소, 바나듐과 같은 물질을 왜 극미량 무기질로 분리하였는가?
4. 어떤 극미량 무기질의 상한섭취량이 정해져 있는가?

세계적 관점 

세계 영양 활동(Global Nutrition Actions)

©McGraw-Hill Education/Barry Barker, photographer

영양불량(malnutrition)은 전 세계적으로 몇천만 명에 이르는 사람들에게 영향을 미친다. 영양 부족과 영양 과다로 인한 과체중 모두 건강상의 문제점을 가져온다. 저체중, 부적절한 모유수유와 미량 영양소 결핍은 질병 발생과 사망의 위험을 높인다. 전 세계적으로 약 1.5억 명에 이르는 5세 이하의 어린이들이 발육 저하(stunted growth)를 겪고 있고, 백만 명은 신장 대비 체중부족(wasted)이며, 다른 방면에서는 4천만 명은 과체중이다. 가임기 여성 1/3은 빈혈을 가지고 있고, 철 결핍은 저체중 자녀를 낳고, 그에 따른 건강상의 위험을 높인다. 요오드 결핍은 어린이들에게서 예방가능한 지적 장애의 원인이 된다. 아연과 비타민 A 결핍은 아동들의 감염과 사망의 위험을 높인다.

과체중인 아동과 성인들이 높은 비율을 차지하고 있는 것은 심혈관질환, 당뇨, 암과 같은 관련된 질환의 발생 위험을 높인다. 전 세계 대부분의 시민들은 저체중 보다는 과체중과 비만으로 인한 사망이 더 많이 발생하는 나라에 살고 있다. 식생활의 개선이 무엇보다도 중요한데, 현재 다양한 소득 수준을 가진 많은 나라에서 가당 탄산음료의 섭취가 어떤 다른 비알콜 음료보다 높은 수준이다.

영양불량과 관련된 다양한 사망과 질병 발생을 낮추기 위해 세계보건기구(WHO)에서는 e-Library of Evidence for Nutrition Actions(eLENA)를 통해 다양한 사례 연구와 연구 자료 등을 쉽게 접할 수 있도록 공유하고 있다. 이를 통해 많은 정부가 영양 중재 사업을 더욱 성공적으로 펼칠 수 있도록 도움을 주고자 한다.

아래는 eLENA에서 소개하는 중재사업의 예시이다.

- 모유수유 홍보
- 밀가루와 옥수수 가루에 철, 아연, 비타민 A, 엽산, 비타민 B_{12}을 강화하는 방안
- 임신부에게 철과 엽산 보조제 제공
- 소금에 요오드 강화하는 방안
- 비타민 A 결핍이 많은 나라의 6-59개월에 해당하는 아이들에게 비타민 A 보조제 제공
- 지방, 당, 소금이 많은 음식이나 음료의 마케팅 영향을 줄이는 방안
- 나트륨 섭취 줄이는 방안
- 가당음료의 섭취를 줄이는 방안

eLENA에 대한 더 많은 정보는 www.who.int/elena/en 참고

임상적 관점

영양, 식사와 암

암

암은 단순한 질병이 아니라 신체의 여러 장기와 세포에서 다양한 형태로 나타난다(그림 13.23). 실제로 같은 기관이나 조직에서도 암은 매우 다양한 특성을 보인다. 폐암, 전립선암, 유방암 및 직장암은 북미에서 발생하는 모든 암의 약 절반가량을 차지하며 모든 인종과 민족의 주요 사망원인이다. 그러나 최근 이러한 추세가 감소하고 있어 다행스럽다. 조기 진단 방법의 사용과 효과적인 암 치료가 많은 암의 예후를 개선시키는 데 도움이 되고 있다.

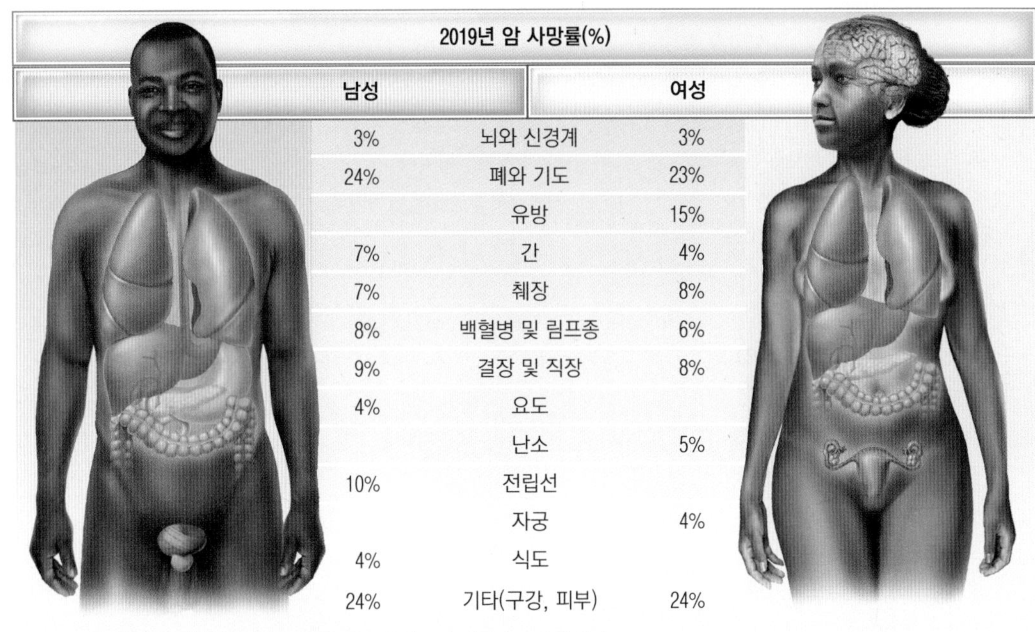

남성	2019년 암 사망률(%)	여성
3%	뇌와 신경계	3%
24%	폐와 기도	23%
	유방	15%
7%	간	4%
7%	췌장	8%
8%	백혈병 및 림프종	6%
9%	결장 및 직장	8%
4%	요도	
	난소	5%
10%	전립선	
	자궁	4%
4%	식도	
24%	기타(구강, 피부)	24%

그림 13.23 암은 다양한 질병이다. 수많은 종류의 세포와 기관이 표적이 된다.

출처: American Cancer Society. Cancer facts & figures 2019. Atlanta: American Cancer Society; 2019.

일반적으로 암은 변형된 세포의 비정상적이고 통제 불가능한 분열이 특징이다. 이러한 변형세포의 증식으로 인해 종양이 형성되고 양성 혹은 악성종양이 된다. **양성**(benign)종양은 세포막으로 둘러싸여 전이를 방해하므로 암으로 발전하지 않는다. 다만, 조직이 종양으로 인해 정상 기능을 하지 못할 때 위험해 질 수 있다. 예컨대 양성종양이 뇌에 발생하여 뇌의 혈류를 막으면 합병증을 야기하여 사망을 초래한다. 반면에 **악성**(malignant)종양은 주변 조직에 침투하여 다른 부위로 전이된다. 즉, 혈류나 림프를 따라 먼 부위까지 이동하여 거의 모든 부위를 침투성 종양으로 **전이**(metastasize)시킬 수 있다.

대부분 암은 암종(carcinoma), 육종(sarcoma), 림프종(lymphoma), 또는 백혈병(leukemia)으로 분류된다. 암종이 모든 암의 80~90%를 차지한다. 이들은 상피세포에서 발생하여 신체 내외는 물론 유방 같은 분비선에도 영향을 미친다. 육종은 뼈 같은 연결조직에 발생하는 암이며, 림프종은 림프절과 림프조직에 발생하는 호지킨(Hodgkin) 또는 비호지킨(non-Hodgkin) 림프종을 말한다. 백혈병은 골수에서 합성되는 백혈구 전구체에 발생하는 암이다. 백혈병은 다른 암과 달리, 종양을 형성하지는 않지만 매우 빠르게 세포 성장을 하여 다른 부위로 전이되는 특성을 보인다(그림 13.24). 따라서 백혈병은 암으로 분류된다.

암 발생단계

대부분의 세포는 세포분열의 주기가 일정하게 유지된다. 이러한 주기는 DNA에 존재하는 유전자에 의해 조절되어 복제를 촉진하기도 하고(protooncogene), 또는 복제를 억제하기도 한다(tumor suppressor gene). 암은 억제유전자(suppressor gene)가 부족하거나 발생유전자(protononcogene)의 과도한 활성으로 인해 나타난다. 암유전자(oncogene)는 통제되지 않은 원암유전자(protooncogene)와 같아서 무제한 복제를 한다. 정상적으로 암억제유전자(tumor suppressor gene)는 세포 내에서 무제한 성장을 억제하는 기전으로 작용하는데 이런 기전에 이상이 생기면 암유전자가 자유롭고 빠르게 세포 성장을 하게 된다.

세포 내에는 세포 DNA 복제 오류를 찾아 복구하는 기전이 있어 수정해 나간다. 그러나 때때로 복구기전이 작동하지 않아 선천적 결함을 유발하게 되거나 DNA 변이가 발생된다. 초기에 발견되지 않은 결함은 지속적 오류를 낳게 되고 결과적으로 암 위험이 증가한다.

암은 세 단계 과정을 거쳐 진행되는데 이를 **발암**(carcinogenesis)이라 한다(그림 13.25).

- 1단계: 암유발인자(carcinogen)에 세포가 노출되어 암 초기 단계에 진입한다. 초기 단계는 자발적 또는 암유발인자[담배, 자외선, 알코올, 산업용 독성물질, 바이러스, 식품오염(아플라톡신), 식사 요인, 약물 등]에 의해 유도된다. 이 단계는 DNA가 변형되는

그림 13.24 암세포는 정상이 아니다. 왼쪽의 2개의 암 백혈병세포는 오른쪽의 정상 골수세포보다 크다.

기간으로 상대적으로 수분에서 수일에 이르는 매우 짧은 시간에 완료된다.

- 2단계: 촉진 단계로 수개월에서 수년간 지속된다. 이 시기 동안 변형은 세포의 유전물질 내에 정착한다. 세포분열을 증가시키는 화합물을 촉진자(promotor)라고 하는데 변형된 DNA의 무제한 복제를 촉진한다. 이 촉진자는 복구기전에 필요한 시간을 단축시켜 변형된 DNA 세포를 더욱 복제시킨다. 과도한 음주, 에스트로겐 및 위에 있는 헬리코박터균(Helicobacter pylori) 등이 촉진자로 작용할 수 있다.

- 3단계: 암 진행은 세포가 자발적으로(제어할 수 없도록) 성장하면서 시작된다. 이 시기에 악성세포가 증식하고 주변 조직에 침투하면서 다른 부위로 전이된다. 이 시기 초반에 면역세포가 변형된 세포를 찾아 파괴할 수 있다. 또한 암 세포에 결함이 생기면서 DNA 성장을 방해할 수 있으나, 이 단계에서 암세포 성장을 저지하지 못하게 되면 1개 이상의 종양이 성장하게 된다.

유전, 환경 및 식사 요인

비록 유전적 배경이 직장암, 유방암, 전립선암 등의 위험에 기여하는 바가 있더라도 선천적 유전자 변형으로는 모든 암의 5% 정도밖에 설명할 수 없다. 또한 유전적 요인으로는 전 세계적으로 기록되는 다양한 암 종류와 발병률의 차이를 설명하기가 어렵다. 예컨대 개발도상국에서는 위, 간, 구강, 식도, 자궁 등의 암이 많이 나타나는 반면, 경제 수준이 높은 나라에서는 폐, 직장 및 결장, 유방, 전립선암이 대부분이다. 따라서 전문가들은 환경 요인(자외선 노출, 화학물질, 공기오염 및 수질오염), 흡연, 운동 부족, 비만, 식사 등이 암 발생 개시와 전개 단계에 지대한 역할을 한다고 생각한다. 미국에서는 암 환자의 1/5은 불량한 식사, 운동 부족, 과체중 및 비만 때문에 발생하며 나머지 1/3은 흡연 때문에 발생된다고 예측한다. 표 13.9는 암 발생 위험을 낮출 수 있는 식단 예시를 보여준다.

다양한 식사 요인이 암의 발생과 연관이 있다고 밝혀졌으며, 대부분의 연구들은 식사보충제가 아닌 식품 섭취의 중요성을 강조하고 있다. 암 발생 위험에 관련된 식사 요인을 역학자료에 의거하여 제시해보면 다음과 같다. 다만, 여기에 제시된 많은 역학연구는 인과관계를 파악하는 데는 한계가 있으며 실제 이러한 식사 요인들이 암의 위험을 높이거나 낮추는지 추가 연구가 필요하다.

- 과일 및 채소: 이 식품들에는 피토케미컬과 항산화 영양소(셀레늄, 비타민 C, 비타민 E)가 풍부하여 섭취량이 많을수록 암 발생 위험이 감소한다. 과일과 채소 섭취는 에너지 밀도를 낮추어 건강한 체중을 유지하는 데 도움이 된다.

- 과잉 에너지 섭취와 비만: 이 요인은 에스트로겐이나 인슐린 같은 호르몬 합성을 증가시킴으로써 특히 유방암 위험을 증가시킨다. 더욱이 암세포는 분열에 필요한 과잉의 에너지가 공급될 때 더 쉽게 복제하는 경향이 있다.

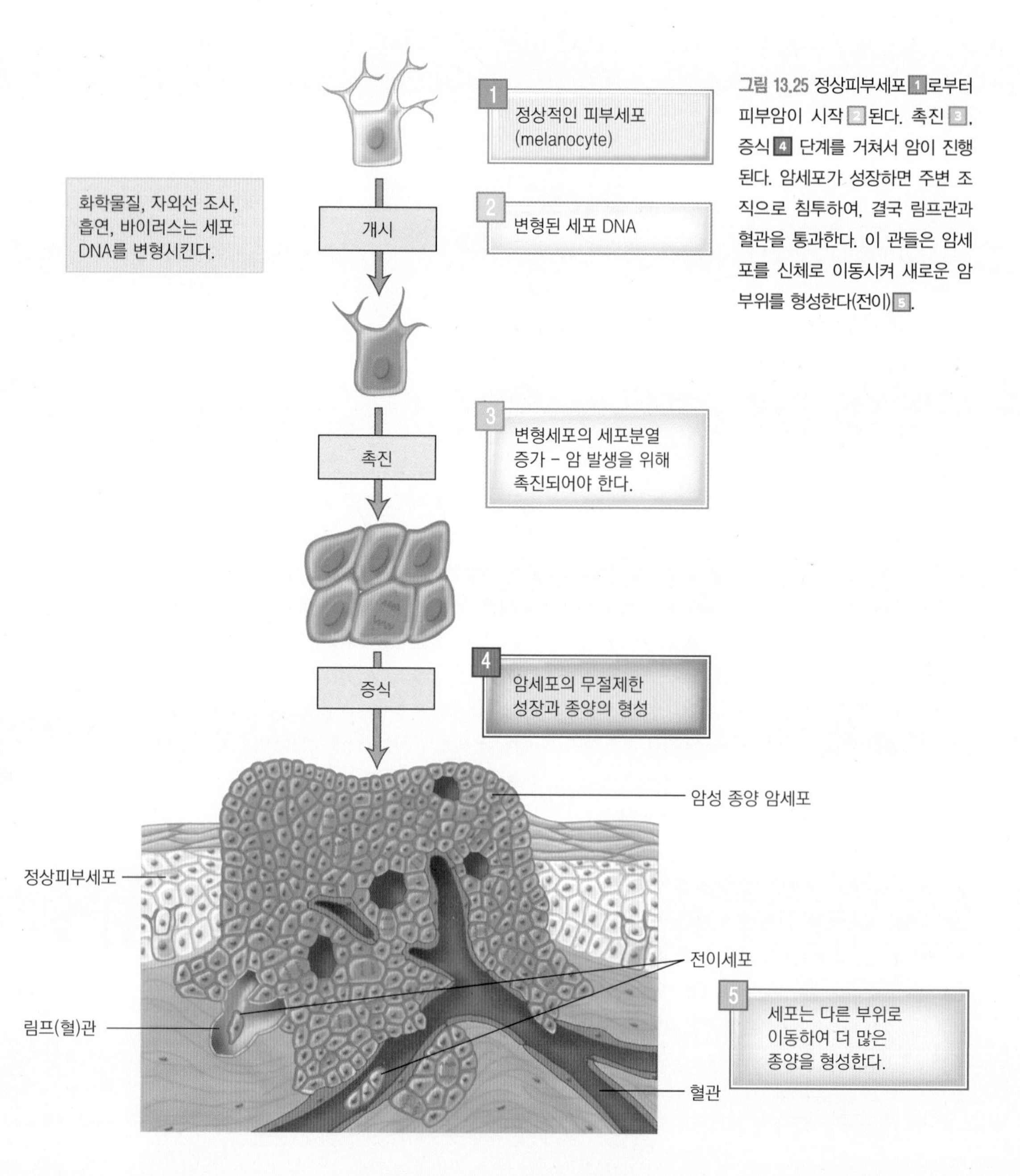

그림 13.25 정상피부세포 1로부터 피부암이 시작 2된다. 촉진 3, 증식 4 단계를 거쳐서 암이 진행된다. 암세포가 성장하면 주변 조직으로 침투하여, 결국 림프관과 혈관을 통과한다. 이 관들은 암세포를 신체로 이동시켜 새로운 암 부위를 형성한다(전이) 5.

- 육류: 특히 붉은 육류의 섭취가 많을 때 직장, 신장, 췌장 및 위에 암이 발생할 위험이 증가한다. 붉은 육류를 숯불에 구울 때 포화지방산 함량과 다중방향성탄화수소(polyaromatic hydrocarbon, PAH)(예: 벤조피렌)가 암 발생 위험을 증가시킨다. 소시지, 핫도그, 베이컨 등 가공육에서 발견되는 니트로사민도 암 발생의 위험을 증가시킨다.

- 튀긴 음식: 에너지와 지방이 증가함은 물론 기름에 튀길 때 생기는 아크릴아미드는 암 발생 위험을 증가시킨다. 특히 아크릴아미드는 천연식품에서는 발견되지 않지만 감자나 전분식품을 고온에서 튀길 때 생성된다.

- 전곡과 식이섬유: 특히 직장암 발생 위험을 낮추는 인자로 알려져 있으며, 체중조절에 도움이 된다.

- 알코올: 과음은 구강암, 후두암, 식도암, 유방암 및 결장암 발생의 위험을 증가시킨다. 알코올 남용은 간과 다른 여러 조직을 손상하여 암 유발인자로 작용한다.

- 비타민 D와 칼슘: 최근 칼슘과 비타민 D 섭취는 직장암 발생을 낮추는 것으로 알려져 있다. 직장 내에서 칼슘은 유리지방산이나 담즙산과 결합하여 잠재적인 암세포와 작용하는 것을 방지한다. 비타민 D는 결장에서 악성폴립이 암세포로 성장하는 것을 저해한다. 더 자세한 연구가 필요하다.

표 13.9 암 발생 위험을 낮추는 식단의 예시(과일과 채소, 항산화제가 풍부한 식단)

아침	
칼슘 강화 오렌지주스 30 g	신선한 블루베리 1컵
즉석 전곡류 시리얼 1컵	통밀식빵 1조각, 잼과 마가린
1% 저지방 우유 1컵	따뜻한 녹차
점심	
치킨 샌드위치: 통밀 베이글 1개에 커리 양념으로 당이 첨가되지 않은 아이스티 1컵 된 치킨 샐러드 1/2컵	
딸기, 멜론, 포도, 사과가 들어간 신선한 과일컵	
다양한 생채소: 당근, 셀러리, 브로콜리, 양파, 피망	
요거트 1컵	
간식	
다양한 견과류와 건포도 1/4컵	
사과-블루베리 주스 120 g	
저녁	
구운 연어 90 g(및 다른 생선)	
저지방 이탈리안 드레싱이 첨가된 신선한 채소 샐러드	
모차렐라 치즈(1/4컵)와 쪽파를 얹은 구운 감자 통밀빵 1조각	
구운 옥수수, 마가린	
신선한 라즈베리를 올린 샤베트 1스쿱	
따뜻한 라즈베리 차	
간식	
크렌베리 주스 180 g	
팝콘 2컵	

이러한 최근 자료를 근거로 미국암협회에서 제시한 암 발생 위험을 낮추는 가이드라인을 표 13.10에 정리해 놓았다. 최근 연구는 이러한 가이드라인이 암과 심혈관계질환으로 인한 사망률을 낮춘다고 보고하였다. 그 밖의 더 많은 정보는 아래 웹사이트에서 찾아볼 수 있다(www.cancer.org, www.aicr.org, nci.nih.gov).

구운 고기와 해산물을 많이 섭취하면 여러 암이 발생할 위험이 증가한다.

표 13.10 암을 예방하는 식사지침

1. 식물성 식품 위주로 선택한다. 다양한 채소, 과일 및 전곡류를 섭취한다.
2. 암의 위험을 낮추기 위해 식사보충제에 의존하지 않는다.
3. 건강 체중을 유지하고 신체활동에 활발히 참여한다.
4. 술은 마신다면 적당량만 마신다.
5. 저염식을 선택한다.
6. 첨가당이 많은 음료나 가공육을 피한다.
7. 붉은 육류의 섭취를 줄인다.
8. 생후 첫 6개월 동안은 모유수유를 하도록 한다.

그리고 담배는 어떤 형태로든 피우지 않는다.

참고문헌

1. Prasad AS. Zinc in human health: Effect of zinc on immune cells. Mol Med. 2008;14:353.
2. Hooper L and others. Assessing potential biomarkers of micronutrient status by using a systematic review methodology: Methods. Am J Clin Nutr. 2009;89:1953S.
3. de Benoist B and others, eds. Worldwide prevalence of anemia 1993–2005. Geneva: World Health Organization; 2008.
4. World Health Organization. Global nutrition targets 2025: Anaemia policy brief (WHO/NMH/NHD/14.4). Geneva: WHO; 2014
5. Food and Nutrition Board, Institute of Medicine. Dietary Reference Intakes for vitamin A, vitamin K, arsenic, boron, chromium, copper, iodine, iron, manganese, molybdenum, nickel, silicon, vanadium, and zinc. Washington, DC: National Academies Press; 2001.
6. Anderson GJ, Frazer DM. Current understanding of iron homeostasis. Am J Clin Nutr. 2017;106:1559S.
7. Kawabata H. Transferrin and transferrin receptors update. Free Rad Biol Med. 2019;133:46.
8. Ganz T, Nemeth E. Iron homeostasis in host defence and inflammation. Nature Rev Immunol. 2015;15:500.
9. Cogswell ME and others. Assessment of iron deficiency in US preschool children and nonpregnant females of childbearing age: National Health and Nutrition Examination Survey 2003–2006. Am J Clin Nutr. 2009;89:1334.
10. World Health Organization. The global prevalence of anaemia in 2011. Geneva: WHO; 2015.
11. Hamner HC and others. Usual intake of key minerals among children in the second year of life, NHANES 2003–2012. Nutrients. 2016;8:468.
12. Bergamaschi G, Villani L. Serum hepcidin: A novel diagnostic tool in disorders of iron metabolism. Haematologica. 2009;94:1631.
13. Meynard D and others. The liver: Conductor of systemic iron balance. Blood. 2014;123:168.
14. Ghanchi A and others. Gut, germs, and iron: A systematic review on iron supplementation, iron fortification and diarrhea in children aged 4–59 months. Curr Dev Nutr. 2019;3:nzz005.
15. Food Surveys Research Group. What we eat in America, NHANES 2001–2002. 2007; www.ars.usda.gov/foodsurvey.
16. Kang YJ. Metallothionein redox cycle and function. Exp Biol Med. 2006;231:1459.
17. Hess SY and others. Recent advances in knowledge of zinc nutrition and human health. Food Nutr Bulletin. 2009;30:S5.
18. King JC, Cousins RJ. Zinc. In: Ross C and others, eds. Modern nutrition in health and disease. 11th ed. Philadelphia: Lippincott Williams & Wilkins; 2014.
19. Hemila H, Chalker E. The effectiveness of high dose zinc acetate lozenges on various common cold symptoms: A meta-analysis. BMC Fam Pract. 2015;16:24.
20. Hennigar SR and others. Serum zinc concentrations in the US population are related to sex, age, and time of blood draw but not dietary or supplementary zinc. J Nutr. 2018;148:1341.
21. Rashed AA and others. Acrodermatitis enteropathica in a pair of twins. J Dermatol Case Rep. 2016;10:65.
22. Collins JF. Copper. In Ross C and others, eds. Modern nutrition in health and disease. 11th ed. Philadelphia: Lippincott Williams & Wilkins; 2014.
23. Spain RI and others. When metals compete: A case of copper-deficiency myeloneuropathy and anemia. Nature Clin Prac Neurol. 2009;5:106.
24. Zatta P, Frank A. Copper deficiency and neurological disorders in man and animals. Brain Res Rev. 2007;54:19.
25. Buchman AL. Manganese. In: Ross C and others, eds. Modern nutrition in health and disease. 11th ed. Philadelphia: Lippincott Williams & Wilkins; 2014.
26. Livingstone C. Manganese provision in parenteral nutrition: An update. Nutr Clin Prac. 2018;33:404.
27. Freake HC. Iodine. In: Stipanuk MH, ed. Biochemical, physiological, molecular aspects of human nutrition. 2nd ed. St. Louis: Saunders; 2006.
28. Zimmermann MB and others. Iodine-deficiency disorders. The Lancet. 2008;372:1251.
29. World Health Organization. Micronutrient deficiencies: Iodine deficiency disorders. 2016; www.who.int/nutrition/topics/idd/.
30. Zimmermann MB, Andersson M. Update on iodine status worldwide. Curr Opin Endocrinol Diabetes Obes. 2012;19:382.
31. UNICEF. NutriDash: Facts and figures. Nutrition programme data for the SDGs (2015–2030). New York: UNICEF, 2017.
32. Teng W and others. Effect of iodine intake on thyroid diseases in China. N Engl J Med. 2006;354:2783.
33. Loscalzo J. Keshan disease, selenium deficiency and the selenoproteome. N Engl J Med. 2014;370:1756.
34. Ullah H and others. A comprehensive review on environmental transformation of selenium: Recent advances and research perspectives. Environ Geochem Health. 2019;41:1003.
35. Food and Nutrition Board, Institute of Medicine. Dietary Reference Intakes for vitamin C, vitamin E, selenium, and carotenoids. Washington, DC: National Academies Press; 2000.
36. Lippman SM and others. Effect of selenium and vitamin E on risk of prostate cancer and other cancers: The Selenium and Vitamin E Cancer Prevention Trial (SELECT). JAMA. 2009;301:39.
37. Cai X and others. Selenium exposure and cancer risk: An updated meta-analysis and meta-regression. Sci Rep. 2016;6:19213.
38. Wang ZQ, Cefalu WT. Current concepts about chromium supplementation in type 2 diabetes and insulin resistance. Curr Diab Rep. 2010;10:145.
39. Costello RB and others. Chromium supplements for glycemic control in type 2 diabetes: Limited evidence of effectiveness. Nutr Rev. 2016;74:455.
40. Position of the Academy of Nutrition and Dietetics: The impact of fluoride on health. J Acad Nutr Diet. 2012;112:1443.
41. Food and Nutrition Board, Institute of Medicine. Dietary Reference Intakes for calcium, phosphorus, magnesium, vitamin D, and fluoride. Washington, DC: National Academies Press; 1997.
42. 2020 Global Nutrition Report: Action on equity to end malnutrition. Bristol, UK: Development Initiatives. globalnutritionreport.org/reports/2020-global-nutrition-report.
43. World Health Organization. Global health risks: Mortality and burden of disease attributable to selected major risks. Geneva: World Health Organization; 2009.
44. American Cancer Society. Cancer facts & figures 2019. Atlanta: American Cancer Society; 2019.
45. Ruiz RB, Hernandez PS. Diet and cancer: Risk factors and epidemiological evidence. Maturitas. 2014;77:202.
46. World Cancer Research Fund/American Institute for Cancer Research. Diet, nutrition, physical activity and cancer: A global perspective. Continuous update project expert report 2018. 2018; www.dietandcancerreport.org.
47. Kabat G and and others. Adherence to cancer prevention guidelines and cancer incidence, cancer mortality, and total mortality: A prospective study. Am J Clin Nutr. 2015;101:558.
48. Pierce JP and others. Influence of a diet very high in vegetables, fruit and fiber, and low in fat on prognosis following treatment for breast cancer. JAMA. 2007;298:289.
49. Yuan G and others. Dietary effects on breast cancer molecular subtypes, a 1:2 paired case–control study. Food Sci Nutr. 2020;8:5545.

50. van Duijnhoven FJB and others. Fruit, vegetables and colorectal cancer risk: The European Prospective Investigation into Cancer and Nutrition. Am J Clin Nutr. 2009;89:1441.

51. Alexander DD and others. Meta-analysis of prospective studies of red meat consumption and colorectal cancer. FASEB J. 2010;24:207.

52. Cross AJ and others. A large prospective study of meat consumption and colorectal cancer risk: An investigation of potential mechanisms underlying this association. Cancer Res. 2010;70:2406.

53. Chen P and others. Meta-analysis of vitamin D, calcium and the prevention of breast cancer. Breast Cancer Res Treat. 2010;121:469.

54. Newberry SJ and others. Vitamin D and calcium: A systematic review of health outcomes (update). Evidence report/technology assessment no. 217. Agency for Healthcare Res Qual. 2014; www.effectivehealthcare.ahrq.gov/reports/final.cfm.

55. Newmark HL, Heaney RP. Dairy products and prostate cancer risk. Nutr Cancer. 2010;62:297.

56. American Cancer Society. Cancer prevention & early detection facts & figures 2019–2020. Atlanta: ACA; 2019.

57. Hullings AG and others. Whole grain and dietary fiber intake and risk of colorectal cancer in the NIH-AARP diet and health study cohort. Am J Clin Nutr. 2020;112;603.

58. American Institute for Cancer Research. Recommendations for cancer prevention. 2019; www.aicr.org/reduce-your-cancer-risk/recommendations-for-cancer-prevention/.

59. 보건복지부, 한국영양학회, 2020 한국인 영양소 섭취기준

deepak bishnoi/Shutterstock, Inc.

부록 | 식품에 함유된 아미노산

$C_3H_3N_2-CH_2-CH(NH_2)-COOH$

히스티딘(His)
(필수아미노산)

$C_8H_6N-CH_2-CH(NH_2)-COOH$

트립토판(Trp)
(필수아미노산)

$CH_2(NH_2)-COOH$

글라이신(Gly)

$CH_3-S-CH_2-CH_2-CH(NH_2)-COOH$

메티오닌(Met)
(필수아미노산)

$(CH_3)_2CH-CH_2-CH(NH_2)-COOH$

류신(Leu)
(필수아미노산)

$CH_3-CH(NH_2)-COOH$

알라닌(Ala)

$H_2N-C(=NH)-NH-(CH_2)_3\ CH(NH_2)-COOH$

아르기닌(Arg)
(필수아미노산)

$H_2NCH_2-(CH_2)_3\ CH(NH_2)-COOH$

라이신(Lys)
(필수아미노산)

$H_2C-CH_2,\ H_2C-N(H)-C(H)-COOH$

프롤린(Pro)

$HO-C(=O)-CH_2-CH_2-CH(NH_2)-COOH$

글루탐산(Glu)

$HO-C(=O)-CH_2-CH(NH_2)-COOH$

아스파르트산(Asp)

$HO-CH_2-CH(NH_2)-COOH$

세린(Ser)

$C_6H_5-CH_2-CH(NH_2)-COOH$

페닐알라닌(Phe)
(필수아미노산)

$CH_3-CH_2(CH_3)CH-CH(NH_2)-COOH$

이소류신(Ile)
(필수아미노산)

$HO-C_6H_4-CH_2-CH(NH_2)-COOH$

티로신(Tyr)

$H_2N-C(=O)-CH_2-CH_2-CH(NH_2)-COOH$

글루타민(Gln)

$H_2N-C(=O)-CH_2-CH(NH_2)-COOH$

아스파라긴(Asn)

$(CH_3)(HO)CH-CH(NH_2)-COOH$

트레오닌(Thr)
(필수아미노산)

$(CH_3)_2CH-CH(NH_2)-COOH$

발린(Val)
(필수아미노산)

$HS-CH_2-CH(NH_2)-COOH$

시스테인(Cys)

용어해설

가설(hypothesis): 어떤 현상을 설명하기 위해 과학자가 전문지식을 가지고 내린 '추측'.

가스트린(gastrin): 위에서 효소와 산 분비를 촉진하는 호르몬.

각기병(beriberi): 티아민 결핍증. 근육무력, 식욕상실, 신경퇴화, 부종 등이 특징임.

간경화(cirrhosis): 만성퇴행성 질환, 알코올 등 독성에 의해 간세포 손상이 원인. 그 결과 단백질 합성 감소, 영양소, 약물, 독성물질 대사 장애.

간접에너지계(indirect calorimetry): 인체의 에너지 소모를, 산소 흡입을 측정하여 재는 기구. 기체 교환을 에너지 소모로 환산하기 위한 산출식을 이용함.

갈락토오스(galactose): 유당의 구성분인 단당류.

감염성 질환(infectious disease): 박테리아, 곰팡이, 바이러스와 같은 미생물이 신체에 침투하여 발생하는 질병.

감지 수분손실(sensible water loss): 소변이나 발한과 같이 쉽게 감지되는 수분손실.

갑상선종(goiter): 요오드 섭취 부족으로 인해 발생하는 갑상선 비대증.

갑상선종 유발물질(goitrogen): 식사나 물로 과잉섭취되어 갑상선 대사를 방해함으로써 갑상선종을 유발하는 물질.

강직(tetany): 근육이 강하게 수축되어 이완되지 않은 상태로 비정상적인 칼슘 대사에 의한 증상.

거대세포(macrocyte): 거대적혈구와 같이 거대 세포를 말함.

거대적아구성빈혈(macrocytic anemia): 혈액에 비정상적으로 거대한 적혈구가 존재함으로써 생기는 빈혈.

거대적혈모구빈혈(megaloblastic anemia): 크기가 크고 핵이 있는 미성숙 적혈구를 가진 빈혈. 전구세포가 정상적으로 분화되지 않아서 생김.

검(gum): 식물의 줄기 삼출액에 함유되어 있으며, 갈락토오스, 글루쿠론산과 다른 단당류들이 결합된 식이섬유의 일종.

게실(diverticula): 대장 외벽이 압력으로 밀려난 주머니.

게실염(diverticulitis): 게실 안의 박테리아로 생성된 산에 의한 게실의 염증.

게실증(diverticulosis): 대장에 게실이 많은 상태.

결막(conjunctiva): 안구의 앞면과 눈꺼풀의 뒷면을 싸고 있는 점액막.

결합조직(connective tissue): 신체구조를 연결해주는 힘줄과 연골 등의 조직으로 뼈와 혈관처럼 비근육 구조를 형성하기도 함.

겸상적혈구성빈혈(sickle-cell anemia): 헤모글로빈 사슬의 1차 구조 이상으로 인해 적혈구가 변형된 빈혈. 뼈와 관절의 심한 통증, 복통, 두통, 경련, 마비 또는 사망을 초래할 수 있음.

고단위 용량(megadose): 일반적으로 필요량의 10배 이상이 되는 용량.

고지혈증(hyperlipidemia): 혈액에 비정상적으로 지방이 많은 상태.

고카로틴혈증(hypercarotenemia): 당근이나 호박 함량이 높은 식사 또는 베타카로틴 보충제를 섭취하여 혈액 중 카로티노이드 함량이 높은 상태.

고칼륨혈증(hyperkalemia): 혈중 칼륨 농도가 높은 상태.

고혈당증(hyperglycemia): 공복혈당이 126 mg/dL 이상.

고혈압(hypertension): 혈압이 높게 유지되는 상태.

골감소증(osteopenia): 암, 갑상선기능항진증이나 다른 원인으로 골질량이 감소하는 상태.

골격 불소침착증(skeletal fluorosis): 과량의 불소 섭취에 의해 뼈가 약화된 증상.

골연화증(osteomalacia): 비타민 D 영양결핍으로, 뼈의 무기질화가 적절치 못한 성인에게서 발생되는 뼈의 무력증.

골 재형성(bone remodeling): 파골세포에 의해서 뼈가 용출된 다음 조골세포에 의해 다시 형성되는 과정.

골 재흡수(bone resorption): 파골세포에 의해 뼈에서 무기질이 용출되어 혈액으로 방출되는 과정.

골질량(bone mass): 골 단면도에서 총 무기질(칼슘, 인)의 양. g/cm로 나타냄.

공기대체법(air displacement): 작은 공간(chamber)에서 신체가 차지한 공간의 부피에 기반하여 체구성 성분을 산출하는 방법.

공복(hunger): 식품 섭취에 대한 주요 생리적 욕구.

공복성 저혈당증(fasting hypoglycemia): 8시간 이상 공복 시 혈당이 떨어지는 현상.

공복혈당(fasting blood glucose): 식사나 음료를 마시지 않고 8~12시간 경과하거나 하룻밤 지난 후 측정한 혈중 포도당 수준.

과당(fructose): 과일, 채소, 꿀에 함유한 단당류. 레불로오스라고도 함.

과산화 라디칼(peroxyl radical): -O-O-를 함유하고 있는 화합물은 과산화물로서 전자 하나를 잃어버려 라디칼이 되면 R-O-O˙로 표시함.

광자(photon): 망막에서 양초 1개의 밝기를 지닌 빛의 강도를 표시하는 단위.

괴혈병(scurvy): 비타민 C가 부족한 식사를 몇 주 내지 몇 달 동안 계속했을 때 생기는 결핍증 초기에 피부에 나타나는 출혈 현상.

교감신경계(sympathetic nervous system): 심근, 평활근, 부신 등의 활동을 포함한 비자발적 생명유지 기능에 관한 조절을 하는 신경계의 부분.

구루병(rickets): 성장기에 칼슘 축적이 부족하여 뼈의 무기질화가 적절치 못해 나타나는 질환으로, 특히 비타민 D 영양상태가 나쁜 영·유아에서 발생.

권장섭취량(recommended dietary allowance, RDA): 특정 연령이나 성별 인구집단에 속한 자의 대부분(97~98%)이 필요한 양을 충족하는 영양소의 권장량.

궤양(ulcer): 조직이 궤사하는 것으로, 위(위궤양)나 소장 윗부분(십이지장궤양)에 주로 발생.

그렐린(ghrelin): 식사 섭취를 높이는 데 관여하는, 위로부터 생산된 호르몬.

근섬유(muscle fiber): 근육 세포; 수축 능력을 지닌 긴 세포로 근육을 형성함.

글루타티온 퍼옥시데이즈(glutathione peroxidase): 셀레늄(Se)을 함유한 효소로 과산화물을 파괴시키며, 비타민 E와 함께 유리기로 인한 세포의 손상도 감소시킴.

글리세롤(glycerol): 3가 알코올로서 중성지방 형성.

기능성 섬유(functional fiber): 건강에 유익하도록 식품에 첨가된 식이섬유.

기초대사(basal metabolism): 안락한 환경에서 의식 있는 휴식 상태로 있을 때 신체가 필요로 하는 최소한의 에너지으로 대략 1 kcal/min 또는 1,400 kcal/day에 해당함.

기초대사량(basal metabolism rate, BMR): 안락한 환경에서 의식 있는 휴식, 금식 상태로 있을 때 신체가 필요로 하는 에너지소모의 비율(kcal/min).

기형발생의(teratogenic): 태아의 체형에 결함이 생기는 경향.

긴사슬 지방산(long-chain fatty acid): 탄소 12개 이상의 지방산.

긴장골절, 피로골절(stress fracture): 반복적인 탈골로 생긴 골절로서 발뼈에 많이 발생.

낭성섬유증(cystic fibrosis): 점액이 과잉 생성되는 질병으로 췌장으로 점액이 침투하면 효소 분비가 감소됨.

내분비계 교란물질(endocrine disrupter): 체내에서 생성되는 호르몬의 정상적인 기능을 방해하는 물질.

내인인자(intrinsic factor): 위액에 들어 있는 물질로 비타민 B_{12}의 흡수를 증진시킴.

네오탐(neotame): 설탕보다 7,000~13,000배 더 단맛을 내는 대체 감미료, 아스파탐과 구조가 비슷하다.

뇌혈관질환(cerebrovascular accident, CVA): 일반적으로 혈전에 의한 뇌조직의 부분적인 죽음.

농도 기울기(concentration gradient): 용질의 농도 차. 대부분의 용질은 농도가 높은 곳에서 낮은 곳으로 이동함. 세포막에서 나트륨이 세포의 밖으로 나오고 칼륨이 세포의 안으로 들어가는 것은 농도 기울기에 반하여 이동하는 것임.

누룩을 넣지 않은 빵(unleavened bread): 이스트나 베이킹소다를 넣지 않은 납작한 빵. 반죽이 부풀어 오르게 하는 누룩이 들어있지 않은 피타 브래드, 토티아 같은 빵을 말함.

다가불포화지방산(polyunsaturated fatty acid): 탄소 이중결합을 2개 이상 함유한 지방산.

다당류(polysaccharide): 포도당 10~1,000개 이상으로 구성된 복합 탄수화물.

다량 무기질(major mineral): 식사에서 하루에 100 mg 이상 섭취해야 하는 필수무기질.

다량영양소(macronutrient): 식사 중에서 그램 단위로 필요한 영양소.

다발성 신경염(polyneuropathy): 다수의 말초신경과 관련된 질병.

단당류(monosaccharide): 당류 1개로 구성되고, 소화 중에 더 이상 분해되지 않는 당류.

단백질-에너지 영양불량(protein-energy malnutrition, PEM): 에너지와 단백질을 불충분하게 섭취한 상태. 체중이 감소하며 감염에 대한 민감성이 증가함.

단일불포화지방산(monounsaturated fatty acid): 이중결합이 1개인 지방산.

담즙산(bile acid): 간에서 합성되고 담낭에서 배설되는 유화제.

당류(sugar): $(CH_2O)_n$의 구조를 가진 단순 탄수화물로 단당류와 이당류가 있으며, 수용액에서는 고리 형태로 존재.

당질부하(법)(carbohydrate loading): 경기 전 6일간 고당질 섭취로 훈련을 하면서 근육 내 글리코겐 저장량을 증가시키는 방법.

대사(metabolism): 유용한 형태의 에너지를 생산하고 생명활동을 유지하는 데 필요한 인체 내 화학반응.

대사증후군(metabolic syndrome): 인슐린 저항성, 고혈압, 고중성지질혈증, 저HDL-콜레스테롤을 가진 사람의 증상. 이러한 증상은 비만, 운동결핍, 정제된 탄수화물의 과잉섭취로 X 증후군이라고도 함.

대조군(control group): 테스트하고자 하는 처치를 받지 않는 집단.

동료 평가 학술지(peer-reviewed journal): 해당 연구에 참여하지 않은 2~3명의 과학자가 연구 결과에 동의한 후 출간하는 잡지.

동맥경화증(atherosclerosis): 심장 주변의 동맥에 플라그가 형성된 증세.

동물 모델(animal model): 인간 질병을 복제한 실험실 동물로, 인간 질병을 더 잘 이해하기 위해 동물 모델을 사용함.

라누고(lanugo): 굶주림으로 많은 양의 체지방이 소실된 후, 자란 솜털들이 곤두서서 공기를 포함하여 체지방의 절연체 기능을 대신하는 현상.

라피노오스(raffinose): 3개의 단당이 결합된 난소화성 올리고당(갈락토오스-포도당-과당).

레닌(renin): 신장에서 합성되는 효소로서 저혈압에 반응하여 분비됨.

레스베라트롤(resveratrol): 포도나 다른 식물에 풍부한 폴리페놀 성분의 하나로 항산화능을 가지고 있으며 다양한 식물의 질환을 예방함. 인체에도 이로울 수 있음.

레시틴(lecithin): 지방산 2분자, 인산 1분자 및 콜린을 함유한 인지질의 일종. 레시틴 분자에 함유된 지방산의 종류에 따라 다양한 레시틴 구성.

레티노이드(retinoid): 활성형 비타민 A의 총칭으로, 레티놀, 레티날, 그리고 레티노인산 모두 포함됨.

렙틴(leptin): 체지방량의 장기적 조절에 영향을 주는 지방조직에서 만들어지는 호르몬. 또한 성기능과 인슐린 분비와 같은 다른 과정에도 영향을 줌.

로돕신(rhodopsin): 11-*cis*-레티날과 옵신으로 구성된 간상세포 내 광수용기.

리그닌(lignin): 다중환(탄수화물이 아닌) 구조의 불용성 식이섬유.

리놀레산(linoleic acid): 탄소 18개, 이중결합 2개를 지닌 오메가-6 필수 지방산(C18:2, ω-6).

리소좀(lysosome): 트랜스페린(transferrin)과 같은 단백질을 분해할 수 있는 세포소기관. 박테리아, 오래되거나 망가진 세포의 구성 성분을 분해하는 기능을 가짐.

마라스무스(marasmus): 단백질과 에너지를 충분히 섭취하지 못해 발생한 질병; PEM의 일부에 해당함. 체지방량이 거의 없고 체단백질도 감소하여 기력도 없으며 흔히 감염으로 인해 사망함.

마르판 증후군(Marfan syndrome): 장신과 긴 팔, 그리고 적은 피하지방 등이 특징적인, 근육이나 골격에 영향을 주는 유전적 질환. 어떤 의학 사학자들은 에브라함 링컨이 마르판 증후군을 앓았다고 추측함.

마이크로좀 에탄올 산화계(microsomal ethanol oxidizing system, MEOS): 간에서 알코올 농도가 높을 때 알코올을 대사시키는 경로.

마취성(narcotic) 물질: 감각과 의식을 둔화시키는 물질.

만니톨(mannitol): 과당의 알코올 유도체.

말단 신경병증(peripheral neuropathy): 감각, 운동, 반사 기능의 저해. 팔다리에 영향을 미치고, 근육이 약화되며, 웅크린 자세로 서 있기가 힘들게 됨.

맥아당(maltose): 포도당과 포도당이 결합된 이당류.

메탈로티오네인(metallothionein): 소장세포와 간세포에서 아연과 구리의 흡수와 배출에 관여하는 단백질.

모노글리세리드(monoglyceride): 중성지방의 분해산물로 글리세롤에 지방산 1분자가 결합한 형태.

모세혈관계(capillary bed): 동맥과 정맥 순환 사이의 모세혈관 합류점. 체세포와 혈액 사이에 가스와 영양소를 교환하는 장소.

무기물질(inorganic substance): 화학구조상 수소 원자와 결합된 탄소 원자가 없는 물질.

무기성(inorganic): 화학구조에서 수소 원자에 결합된 탄소 원자를 갖지 않은 물질.

무산소 운동(anaerobic exercise): 혐기성 대사를 사용하는 운동(예: 단거리 달리기).

무산증(achlorohydria): 나이가 들어감에 따라 위산 생성세포의 소실로 인한 위산 생성의 감소.

무실리지(mucilage): 해초에 함유되어 있으며 갈락토오스, 만노오스와 다른 단당들로 결합된 식이섬유.

문맥(portal vein): 척추동물의 위, 창자, 이자, 지라의 모세관을 돌고 온 정맥의 피를 모아서 간으로 나르는 굵은 정맥.

미량 무기질(trace mineral): 식사에서 하루에 100 mg 미만 섭취해야 하는 필수무기질.

미량영양소(micronutrient): 식사 중에서 밀리그램 또는 마이크로그램 단위로 필요한 영양소.

미셀(micelle): 레시틴과 담즙산에 의해 형성된 수용성 구형 구조로 소수성 부분은 안쪽으로 향하고 친수성 부분은 바깥쪽으로 향해 있음.

미오글로빈(myoglobin): 적혈구로부터 근육세포로 산소의 확산을 조절하는 철 함유 단백질.

반응성 저혈당증(reactive hypoglycemia): 단순당 과잉섭취 후 일어나는 저혈당증. 불안, 발한, 초조, 두통, 혼미 등과 같은 증상을 보임. 식후 저혈당증이라고도 함.

발효(fermentation): 산소가 없는 상태에서 탄수화물이 알코올, 산, 탄산가스로 전환되는 과정.

배고픔(hunger): 식품을 찾는 생리학적 욕구.

베르니케-코사코프 증후군(Wernicke Korsakoff syndrome): 과도한 알코올 섭취로 인한 티아민 결핍증. 주된 증상: 눈에 이상, 보행 곤란, 뇌기능 이상.

베타 결합[beta(β) bond]: β로 표시하는 식이섬유 내 포도당 분자의 결합으로, 소장 소화효소에 의해 분해되지 않는 결합.

변성(denaturation): 열, 효소, 산, 알칼리 용액, 진동 등에 의해 단백질의 3차 구조에 생긴 변형.

보르그(Borg) 호흡곤란지수(감지한 노력 등급; Rating of Perceived Exertion): 호흡곤란의 느낌을 주관적으로 측정하는 것으로 6~20점 척도.

보조 라이페이즈(colipase): 췌장에서 분비되어 라이페이즈의 구조를 변화시켜 작용을 용이하게 하는 단백질.

보조 인자(cofactor): 효소의 특정 부위에 결합하여 활성시키는 유기물질과 무기물질.

부갑상선 기능항진증(hyperparathyroidism): 부갑상선 호르몬이 과잉으로 분비되는 상태로 대부분 종양이나 갑상선의 비대로 인해 나타남. 고칼슘혈증(hypercalcemia)과 같은 증상이 나타날 수 있음. 심각한 경우에는 허약, 정신착란, 구토, 뼈의 통증이 나타날 수 있음. 골절과 신장결석도 문제가 될 수 있음.

부종(edema): 세포 밖에 잉여의 체액이 쌓이는 것.

분리과정(bleaching process): 빛에 의해 안구에서 로돕신의 수준이 낮아지는 과정으로 눈이 밝은 빛에 적응되는 과정.

분자(molecule): 두 개 이상의 비금속 원자가 화학결합으로 연결되었으며, 물질의 고유한 성질을 가지는 가장 작은 단위의 입자.

불감지 수분손실(insensible water loss): 호흡 시의 수분손실처럼 감지되지 않는 수분손실.

불소인석회(fluorapatite): 뼈와 치아가 성장할 때 생성되는 불소 함유 결정체로 산성에 강하며 충치를 예방함.

불완전 단백질(lower-quarlity 또는 imcomplete protein): 하나 또는 그 이상의 필수아미노산이 부족하거나 적은 식사 단백질.

불용성 식이섬유(insoluble fiber): 물에 쉽게 녹지 않고 대장 내 박테리아에 의해 대사되지 않는 식이섬유. 셀룰로오스, 약간의 헤미셀룰로오스, 리그닌이 있음.

불필수아미노산(nonessential 또는 dispensable amino acid): 건강 상태에서 충분한 양이 합성될 수 있는 11가지 종류의 아미노산.

비건(vegan, 완전 채식주의자): 식물성 식품만을 섭취하는 사람.

비대(hypertrophy): 조직 또는 기관 크기의 증가.

비스포스포네이트(이인산, bisphosphonate): 뼈 무기질에 결합한 탄소와 인으로 구성된 복합물로서 뼈의 분해를 감소시킴.

비열(specific heat): 어떤 물질의 온도를 1℃ 올리는 데 필요한 에너지를 같은 부피의 물 1℃ 올리는 데 필요한 에너지에 대비한 값.

비헴철(nonheme iron): 식물 급원과 동물의 원소 성분으로 존재하는 철이며, 헴철보다 흡수가 느림.

빈혈(anemia): 혈액의 산소 운반능력 감소 현상으로 철 결핍, 혈액손실 등 여러 가지 원인에 의해 발생.

사례-대조군 연구(case-control study): 문제의 증상이 있는 사람을 그 증상이 없는 사람과 비교하는 연구.

사카린(saccharin): 체내에서 에너지를 내지 않는 대체 감미료. 설탕보다 300배 더 달다.

상한섭취량(tolerable upper intake level, UL): 인구집단 내 거의 대부분의 사람에게 건강에 유해한 영향이 관찰되지 않는 1일 최대섭취량. 이 값은 장기간 섭취에 적용됨.

상호보충 단백질(complementary protein): 특정 아미노산의 부족을 서로 보완해줄 수 있는 두 가지 식품단백질.

생물학적 해충 관리(biological pest management): 자연 육식동물, 기생충, 병원체를 사용하여 농작물 해충을 관리하는 방법.

생체이용률(bioavailability): 섭취한 영양소가 체내에서 흡수되고 이용되는 정도.

생체전기저항(bioelectrical impedance): 저에너지 전류를 이용하여 총 체지방량을 측정하는 방법. 더 많은 지방축적이 있을수록 더 많은 전기저항이 나타남.

생화학 장애(biochemical lesion): 영양결핍으로 인한 생화학적 기능(예: 혈중 또는 소변 중의 영양소 부산물이나 효소작용)의 감소현상.

서당(sucrose): 포도당과 과당이 결합한 이당류.

섭식장애(eating disorder): 생리학적 변화들과 연관된 심각한 식습관의 변경; 이는 식사 제한, 폭식, 자발적구토, 체중의 변동, 신체에 대한 감정적, 인지적 변화 등이 포함됨.

세포간질액(interstitial fluid): 세포와 세포 사이에 존재하는 유체.

세포내액(intracellular fluid): 세포 내부에 존재하는 액체로, 대략 총 체액의 2/3 정도임.

세포분화(cell differentiation): 비특이세포가 특이세포로 전환되는 과정.

세포외강(extracellular space): 세포 외 공간.

세포외액(extracellular fluid): 세포 외부에 있는 액체로, 혈액과 세포간질액이 이에 해당하며, 체액의 약 1/3 정도임.

셀룰로오스(cellulose): 포도당이 베타 결합(소화되지 않는)으로 연결된 긴 사슬 형태의 다당류. 불용성 식이섬유의 일종.

셀룰로플라스민(ceruloplasmin): 혈액 내 존재하는 푸른색의 구리 함유 단백질로서, Fe^{2+}를 Fe^{3+}으로 전환시킴. Fe^{3+}은 트랜스페린 같은 운반단백질이나 저장 단백질과 결합함.

소금(salt): 나트륨과 염소의 비율이 4 : 6인 화합물.

소르비톨(sorbitol): 포도당 알코올 유도체, 3 kcal/1 g 내이고, 소장에서 천천히 흡수됨. 무가당 검이나 당뇨병 환자식에 사용됨.

소아지방변증(celiac disease): 곡류에 함유된 글루텐 단백질에 대한 면역학적 또는 알레르기 반응. 그 결과 소장세포가 파괴되어 융모가 편평해지면 표면적이 훨씬 감소됨. 문제의 곡류를 식사에서 제외시킴으로써 원상복귀할 수 있음.

소적혈구성(microcytic): 적혈구 크기가 정상보다 작은 증상.

소적혈구성 저색소성 빈혈(microcytic hypochromic anemia): 적혈구 크기가 작고 색이 옅은 특징을 보이는 빈혈. 철 결핍에 의해서도 일어남.

소화력(digestibility): 신체 흡수를 위하여 식품 성분이 소화관에서 개별 영양소로 분해되는 비율.

수소화과정(hydrogenation): 이중결합의 탄소에 수소를 첨가하여 트랜스지방산이 만들어짐. 이 과정에서 액체형 기름이 더 고체형 지방으로 바뀜.

수용성 식이섬유(soluble fiber): 물에 쉽게 녹고 대장 내 박테리아에 의해 대사될 수 있는 식이섬유로 펙틴, 고무, 무실리지가 있다. 점성 식이섬유라고도 함.

수중체중측정법(underwater weighing): 개인의 기준 체중 측정 후 수중 내 체중을 측정하므로써 체지방량을 측정하는 방법. 이 두 가지 체중값은 신체 부피를 계산하는 데 이용됨.

수축기 혈압(systolic blood pressure): 심장의 펌프 작용으로 인해 동맥혈관에 가해지는 수축기 혈액의 압력.

수크랄로오스(sucralose): 설탕의 수산기 대신 염소기를 대체하여 만든 대체 감미료, 설탕보다 600배 더 달다.

수퍼옥사이드 디스뮤테이즈(superoxide dismutase, SOD): 수퍼옥사이드(O^{2-})라고 하는 유리기를 제지할 수 있는(불활성화시킬 수 있는) 효소. 이 효소는 미량 무기질인 구리, 아연, 망간을 함유한다.

스타키오스(stachyose): 4개의 단당이 결합한 난소화성 올리고당(갈락토오스-갈락토오스-포도당-과당).

스테롤(sterol): 스테로이드 구조와 수산기(-OH)를 포함하는 화합물.

시냅스(synapse): 한 신경세포 말단과 다른 신경세포 사이의 공간.

시클라메이트(cyclamate): 체내에서 에너지를 내지 않는 대체 감미료. 설탕보다 30배 더 달다.

식량 안보(food security): 어느 시간이든 식품 요구에 충족되는 충분한 식량 수급이 가능한 상태.

식량 위기(food insecurity): 가정에서 때에 따라 모든 구성원에게 충분한 식량을 수급하는 데 어려움이 있으며, 식품의 질, 다양성 및 또는 바람직함이 줄어든 상태.

식물성 생리활성물질(phytochemical): 식물에 존재하는 화합물로서, 규칙적으로 섭취할 경우 암이나 심혈관계질환의 위험을 줄일 수 있는 생리활성물질.

식물위석(phytobezoar): 위에서 발견되는 식이섬유 덩어리.

식사성 발열효과(thermic effect of food, TEF): 식품의 소화, 흡수, 수송, 저장, 영양소 대사에 사용되는 에너지. 약 소모되는 에너지의 5~10%에 해당됨.

식욕(appetite): 식품을 찾아서 먹도록 촉진하는 심리적인 영향으로 배고픔이 없을 때에도 나타날 수 있음.

식이섬유(dietary fiber): 식품 내 자연상태의 식이섬유.

식이섬유(fiber): 많은 포도당이 위나 소장에서 소화과정에서 분해할 수 없는 형태로 결합된 식물성 식품의 복합탄수화물.

식인성 질환(foodborne illness): 병원성 미생물이나 이 들의 독소를 가지고 있는 식품의 섭취로 인한 질병.

식중독(foodborne illness): 병원성 미생물이나 이들이 생성한 독소가 함유된 식품을 섭취하여 발생되는 질병.

신경관 결손(neural tube defect): 태아기 초기에 일어나는 신경관 합성의 결함으로 이분척추와 같은 신경계 기능장애가 일어난다. 임신부의 엽산 결핍 시 신경관 결손의 위험이 증가한다.

신경근육 접합부(neuromuscular junction): 운동신경과 근섬유 사이의 화학적 접합부.

신경성 거식증(anorexia nervosa): 주로 사춘기에 왜곡된 신체 이미지나 사회적 압력으로 인해 발생하는 심리적인 식욕상실 또는 거식 등의 섭식장애.

신경성 폭식증(bulimia nervosa): 한 번에 많은 양의 식품 섭취를 하고 배출(purging)해 버리는 행위나, 금식, 과도한 운동 등으로 상쇄시키려 하는 섭식장애.

신증후군(nephrotic syndrome): 신장질환의 일종으로 당뇨와 같은 다른 질병이 원인이 되어 신장에 손상이 나타난 질환. 부종, 체중증가, 고혈압과 같은 증상이 나타남.

신체활동 변화를 위해 적용되는 다이어트 원리(applying diet principles to physical activity variety): 여러 근육을 운동시킬 수 있는 다양한 종류의 활동 즐기기.

실리엄(psyllium): 질경이 종자에 있는 수용성 식이섬유.

실험(experiment): 가설의 타당성을 평가하기 위한 실험.

심근경색(myocardial infarction): 심장근육의 부분적 괴사.

아네르기(anergy): 체내에 침입하는 외부 물질에 대항하는 면역반응이 부족한 상태.

아미노기 전이반응(transamination): 새 아미노산을 합성하기 위해 아미노산으로부터 탄소골격으로 아미노기를 전이하는 반응.

아미노산(amino acid): 단백질의 구성요소로, 하나의 탄소 원자를 중심으로 하나의 질소 원자와 다른 원자들이 붙어 있다.

아밀로오스(amylose): 포도당이 알파 결합(소화할 수 있는)으로 연결된 긴 사슬 형태의 중합체.

아밀로펙틴(amylopection): 많은 가지 구조를 가진 포도당 중합체.

아비딘(avidin): 날달걀흰자에 들어 있는 단백질로서 비오틴과 결합하여 흡수를 저해하는 물질.

아세설팜-K(acesulfame-K): 체내에서 에너지를 내지 않는 대체 감미료, 설탕보다 200배 더 달다.

아세트산(acetic acid): 지방 합성에 쓰이는 2-탄소 지방산 CH_3COOH.

아세트알데히드(acetaldehyde): 에탄올의 산화에 의해 만들어지는 무색의 휘발성 액체. C_2H_4O.

아스파탐(aspartame): 2개의 아이노산과 메타놀로 만들어진 대체 감미료, 설탕보다 200배 더 달다.

아임상의(subclinical): 질병이나 장애가 있지만 감지되거나 진단 가능한 정도로, 충분한 정도의 증상이나 징후는 보이지 않는 상태.

아포지단백질(apolipoprotein): 지단백질의 표면이나 외피에 박혀 있는 단백질.

악성빈혈(pernicious anemia): 비타민 B_{12}의 흡수가 불충분하여 일어나는 빈혈. 신경퇴화와 관련이 있고 신경퇴화는 마비와 사망을 초래함.

안구건조증(xerophthalmia): 비타민 A의 결핍으로 인해 각막과 안구막이 건조해지는 증세로 실명될 수 있음. 안구에서 점액의 합성이 감소되어 먼지와 박테리아 감염에 의한 손상률이 높아지기 때문임.

안지오텐신 II(angiotensin II): 안지오텐신 1에서 합성되는 화합물로 혈관을 수축시키고 알도스테론의 합성을 유발함.

알도스테론(aldosterone): 부신에서 합성되는 호르몬으로 신장에서 작용하여 나트륨을 재흡수함으로써 수분을 보유함.

알츠하이머병(alzheimer's disease): 원인을 알 수 없는 뚜렷한 뇌 위축으로 기억력과 지남력이 감퇴하는 병. 노인성 치매와 거의 같은 뜻으로 쓴다.

알코올(alcohol): 에틸알코올(CH_3CH_2OH).

알코올 탈수소효소(alcohol dehydrogenase): 알코올 대사효소; 알코올 농도가 낮을 때 간에서 작용하는 주요 효소.

알파 결합[alpha(α) bond]: C-O-C로 그려지며 소장 내 효소에 의해 분해가 가능한 결합.

알파-리놀렌산(α-linolenic acid): 탄소 18개, 이중결합 3개를 지닌 오메가-3 필수 지방산(C18:3, ω-3).

알파-케토산(alpha keto acid): 몇 가지 단백질의 분해산물(일부 아미노산의 분해산물).

암(cancer): 비정상 세포가 통제되지 않고 성장하는 증상.

양의 에너지 균형(positive energy balance): 에너지 섭취가 에너지 소비에 비해 큰 상태로 일반적으로 체중 증가를 보임.

에너지 균형(energy balance): 식품과 음료로부터 에너지 섭취와 기초대사와 신체활동의 에너지 소비가 간의 관계.

에너지 평형(enegry equilibrium): 에너지 섭취와 에너지 소비가 동일한 상태. 인체는 안정적 상태를 유지함.

에너지 필요추정량(estimated energy requirement, EER): 특정 연령, 성, 기타 조건에서 개인의 평균 에너지필요추정량.

에너지밀도(energy density): 식품의 에너지를 중량과 비교 한 값. 에너지밀도가 높은 식품은 에너지는 높고 중량이 적은(튀긴 식품) 반면, 에너지밀도가 낮은 식품은 에너지는 낮고 중량은 큼(오렌지).

에스테르화(반응)(esterification): 지방산이 글리세롤 분자에 부착하여 에스테르 결합을 형성하고 물을 방출하는 반응. 지방산이 제거되면 탈에스테르 반응이라 하고, 지방산이 다시 부착되면 재에스테르 반응이라 한다.

에이코사노이드(eicosanoids): 오메가 3-지방산과 오메가 6-지방산 같은 불포화지방산에서 합성되는 유사 호르몬.

여포성 과각질증(follicular hyperkeratosis): 단백질의 일종인 케라틴이 모발여포에 축적되는 현상.

역학(epidemiology): 인구집단 간에 질병 발생률이 얼마나 다른지를 연구하는 학문.

열경련(heat cramps): 열탈진으로 인해 흔히 나타나는 부작용. 더운 환경에서 수 시간 운동할 때 땀 손실이 많은 사람에게 나타남. 한 번에 1~3분간 골격근육에서 경련이 일어남.

열발생대사(thermogenesis): 인체에 의한 열발생.

열사병(heatstroke): 체온이 40도 이상으로 높아진 상태. 처리되지 않으면 땀 분비가 멈추며, 혈액 순환이 현저히 감소함. 신경계 손상이 일어나며, 사망으로 이루어질 수 있음. 열사병 걸린 사람의 피부는 뜨겁고 메말라 있음.

열탈진, 열피로(heat exhaustion): 탈수로 인해 혈액이 감소하여 나타나는 발열 증세의 초기 증상.

영양(nutrition): 식품에 들어 있는 영양소와 성분이 건강과 질병에 미치는 상호작용 또는 균형. 신체가 식품 성분을 섭취, 소화, 흡수, 이동, 이용, 배설하는 과정을 포함하는 식품과학.

영양과잉(overnutrition): 영양소 섭취가 신체필요량을 훨씬 초과하는 상태.

영양밀도(nutrient density): 어떤 식품의 영양소 필요에 대한 기여분을 에너지 필요에 대한 기여분으로 나눈 값. 영양소 필요에 대한 기여분이 에너지 기여분보다 크면, 그 식품은 영양밀도가 좋은 것으로 간주된다.

영양부족(undernutrition): 오랫동안 식사 섭취가 영양필요량보다 부족하여 건강이 쇠약해짐.

영양불량(malnutrition): 오랫동안 식사 섭취가 영양필요량에 적합하지 못해 건강이 쇠약해짐.

영양상태(nutritional status): 영양적 측면에서 개인의 건강 상태를 인체계측(신장, 체중, 둘레 등), 혈중 또는 소변 중 영양소 및 대사산물 등의 생화학 판정, 임상검사, 식사력 및 경제적 상태 등으로 평가함.

영양섭취기준(dietary reference intake, DRI): 미국 식품영양위원회가 최근에 제시한 영양소 섭취 권장 사항을 총괄하는 용어(평균필요량, 권장섭취량, 충분섭취량, 상한섭취량 등).

영양성분 기준치(Daily Value): 영양표시에 사용되는 영양소 기준.

오메가-3 지방산(ω-3 fatty acid): 메틸기(-CH_3) 끝에서 3번 탄소에 첫 번째 이중결합이 있는 불포화지방산.

오메가-6 지방산(ω-6 fatty acid): 메틸기(-CH_3) 끝에서 6번 탄소에 첫 번째 이중결합이 있는 불포화지방산.

오스테오칼신(osteocalcin): 뼈에서 만들어지며 칼슘과 결합하는 단백질로서 그 합성에 비타민 K가 필요함.

옥살산(oxalic acid, oxalate): 시금치나 엽채류에 존재하는 유기산으로, 식품에 함유된 일부 무기질의 흡수를 감소시킴.

올레산(oleic acid): 탄소 18개, 이중결합 1개를 갖는 오메가-9 지방산(G18:1, ω-9).

완전 단백질(high-quality protein): 모든 필수아미노산을 풍부하게 포함하는 식사 단백질.

완전정맥영양(total parenteral nutrition, TPN): 정맥으로 모든 필수영양소(단백질, 탄수화물, 지방, 비타민, 전해질 등)를 공급하는 방법.

완충제(buffer): 용액 내 산-염기 균형의 변화를 방지하는 화합물.

요소(urea): 단백질 대사의 질소 배설산물로서 소변 질소의 대부분을 차지함.

용매(solvent): 다른 물질을 녹일 수 있는 물질.

용질(solute): 용매에 녹을 수 있는 물질.

용혈(hemolysis): 세포막 파열로 인한 적혈구 파괴현상으로, 세포 내용물이 혈장으로 용출됨.

운동보조식품(ergogenic aid): 직접적으로 운동 수행능력을 향상시키기 위해 사용되는 기계적, 영양적, 심리적, 약물적, 생리적 물질이나 처치.

운동수행능력(ergogenic): 운동수행능력 향상제는 기계적, 영양적, 심리적, 생리적, 약물적 제제나 조치로서 운동수행능력을 직접 향상시키기 위한 목적으로 사용.

운동실조증(ataxia): 수의근의 활동이 무력해지는 증상.

원소(element): 화학반응으로 더 이상 쪼갤 수 없는 가장 작은 단위의 물질. 영양의 공통 원소로는 탄소, 산소, 수소, 질소, 칼슘, 인, 철이 있음.

원자(atom): 원소의 특징을 모두 가지고 있는 가장 작은 단위로 양자, 중성자, 전자로 구성됨.

위약(placebo): 실험 참여자의 역할을 속이기 위해 사용하는 위장 약품과 시술(sham operation).

위축(atrophy): 조직 및 기관의 소모.

위험 범위(danger zone): 병원성 박테리아의 성장을 지원하는 5~57℃ 사이의 온도.

위험 인자(risk factor): 질병이나 성장발달에 영향을 주는 요인들을 논의할 때 자주 사용되는 용어. 위험 인자에는 유전적 특성, 생활습관 선택(예를 들어 흡연), 특정 질병을 일으키는데 영향을 주는 영양 습관 등이 속함.

유기(organic): 화학구조에서 수소 원자에 결합된 탄소 원자를 가진 물질.

유기화합물(organic compound): 화학구조상 수소 원자와 연결된 탄소 원자를 갖는 물질.

유당(lactose): 포도당과 갈락토오스가 결합한 이당류.

유리기(free radical): 비공유 전자를 가지고 있는 수명이 짧은 화합물로 다른 화합물로부터 전자를 얻으려는 경향이 높으며, 강한 산화성 때문에 DNA와 세포막 등과 같이 전자를 쉽게 내어줄 수 있는 세포 성분에 대해 매우 파괴적임.

유사물질(analog): 자연적으로 존재하는 화합물질과 화학구조가 조금 다른 물질. 일반적으로 화학군이 부가되거나 변형되어 대사 기능이 유사하게 되거나 반대로 됨.

유산소 운동(aerobic exercise): 내근육과 유산소 호흡을 사용하는 운동.

유연성 운동(flexibility exercise): 전 활동범위를 통해 관절의 움직이는 능력을 키우는 운동.

유전자 발현(gene expression): DNA의 특정 부위가 활성화됨으로써 유전정보의 표현이 활성화되거나 억제되는 것.

유전자변형기술(recombinant DNA technology): 시험관 내에서 효소를 이용하여 유전자를 자른 뒤 일부 염기서열을 삽입하거나 제거하고 다시 붙여줌으로써 유전자 염기서열을 재조합하는 기술.

유화제(emulsifier): 지방이 응집되는 것을 막기 위해 물 분자나 다른 물질을 이용해 지방구를 분리시켜 물 속에서 지방을 분산시키는 물질.

육탄당(hexose): 탄소를 6개 함유한 탄수화물.

음의 에너지 균형(negative energy balance): 에너지 소비가 에너지 섭취에 비해 큰 상태로 일반적으로 체중감소를 보임.

이당류(disaccharide): 단당류 2개가 결합된 당류.

이론(theory): 어떤 현상을 설명하는 이론으로, 그 설명을 지지하는 수많은 증거를 가짐.

이상 식행동(disordered eating): 스트레스를 유발하는 사건, 질병, 건강이나 외관상 목적으로 식사를 바꾸려는 것과 관련하여 나타나는 경증, 단기간 비정상 식사 패턴.

이상감각증(paresthesia): 작열감, 찌르는 듯한 느낌, 무감각과 같은 비정상적인 감각.

이상지혈증(dyslipidemia): 혈액 내 중성지방, LDL 또는 HDL 같은 여러 지방이 현저하게 높은 증상.

이온(ion): 전자를 잃거나 얻어 전하를 띠는 원자 또는 분자. 양자(양전하) 또는 전자(음전하).

이완기 혈압(diastolic blood pessure): 심장박동으로 인한 동맥혈관의 이완기 압력.

이중 에너지 X-선 흡수법(dual energy X-ray absorptiometry, DEXA): 저에너지 X-선을 이용하여 체구성 성분과 골량과 골밀도를 측정하는 초정밀 방법.

이중맹검연구(double-blind study): 연구에 참여하는 사람이나 연구자 모두 개인이 속한 군(실험군과 위약군)이나 연구 결과에 대해 실험 종료 시까지 알지 못하는 실험 설계. 실험 종료 시까지 독립적인 제3자가 자료를 보관함.

인산(화)크레아틴(phosphocreatine, PCr): ADP에서 ATP로 재생성될 때 이용될 수 있는 고에너지 결합체.

인슐린(insulin): 췌장의 베타 세포에서 분비되는 호르몬 인슐린은 혈액에서 체세포로 포도당의 이동을 촉진하여 간에서 글리코겐 합성을 증가시키고 지방분해를 억제시키는 작용을 함.

인지질(phospholipid): 인, 지방산 및 질소 염기를 가진 지방의 종류. 세포의 기본 구성 성분.

인체계측(anthropometric): 체중, 신장, 그리고 신체 특정 부위의 둘레와 두께를 측정하는 방법.

일란성 쌍둥이(identical twins): 동일한 난자와 정자로부터 발달되어 동일한 유전자 조합을 가진 자손.

임상장애(clinical lesion): 영양결핍으로 인해 신체검사에서 나타나는 징후나 환자가 인지하는 증상.

입체이성질효소(racemase): 분자의 구조를 재배치하는 데 관련된 반응을 촉매하는 효소.

자일리톨(zylitol): 오탄당 자일로오스의 알코올 유도체.

잔틴 탈수소효소(xanthine dehydrogenase): 몰리브덴과 철을 함유한 효소로서 요산 형성과 간의 철 저장과 이동에 관여함.

저색소성(hypochromic): 철 결핍으로 인해 적혈구에 헤모글로빈 색소가 부족한 증상.

저칼륨혈증(hypokalemia): 혈중 칼륨 농도가 낮은 상태.

저칼슘혈증(hypocalcemia): 혈중 칼슘 농도가 낮은 증세로, 부갑상선 호르몬 분비나 작용이 부족한 경우에 발생.

저항운동(resistance exercise): 하중에 반하여 무게를 옮기기 위해 근육의 힘을 사용하는 운동.

저혈당증(hypoglycemia): 혈당이 50 mg/dL 이하.

전분(starch): 소화할 수 있는 형태로 많은 포도당이 결합된 복합탄수화물.

전이효소(mutase): 분자에서 기능기를 재배치하는 효소.

전해질(electrolytes): 수용액 상태에서 이온으로 나누어져 전류가 흐르는 물질. 나트륨, 칼륨과 같은 물질.

젖산(lactic acid): 포도당의 혐기적 대사산물로서 3개 탄소를 가진 유기산.

제한 아미노산(limiting amino acid): 식품 내 체내 요구량보다 상대적으로 적은 양이 들어 있는 필수아미노산을 말함.

조골세포(osteoblast): 무기질과 뼈기질로 구성된 뼈세포.

조산아(preterm): 임신 37주 이전에 태어난 신생아. 미숙아라고도 함.

조효소(coenzyme): 불완전 효소와 결합하여 완전 효소로 전환시키는 유기화합물.

중간사슬 지방산(medium-chain fatty acid): 6~10개 탄소로 구성된 지방산.

중성지방(triglyceride): 신체와 식품에 있는 지방의 대표적인 형태로서 글리세롤과 3개 지방산으로 구성됨.

쥬케미컬(zoochemical): 동물로부터 나온 건강에 도움을 줄 수 있는 생리활성을 가진 성분.

증류(distilling): 끓는점이 서로 다른 두 액체를 분리하는 방법. 알코올이 비등하여 생긴 증기를 모아 응축시킴. 증류법으로 알코올 도수가 높은 술을 생산함.

증상(symptom): 문제를 가진 사람에게 느껴지는 건강 상태의 변화.

지단백질(lipoprotein): 중앙에 지방을 두고 이를 단백질, 인지질, 콜레스테롤 껍질로 둘러싼 화합물.

지단백질 분해효소(lipoprotein lipase): 모세혈관 벽의 내피세포 표면에 부착된 효소로서 중성지방을 지방산과 글리세롤로 분해함.

지모겐(zymogen): 활성을 갖기 위해 화학구조의 일부를 제거하는 것이 요구되는 효소의 불활성 형태.

지방간(fatty liver): 간세포에 중성지방이나 다른 지방이 축적, 과도한 알코올 섭취가 주원인, 영양불량이나 비만이 원인이 되기도 함.

지방산(fatty acid): 대부분 지방의 중요 성분으로, 탄화수소의 사슬 끝.

지속가능한 농업(sustainable agriculture): 농가에 안정적인 삶을 부여하여 자연환경과 자원을 보존하며, 농촌을 지지하며, 농부로부터 소비자로 식용 가축에 이르기까지 모든 관여자들을 존중하고 공정하게 대우하는 농업 체계.

직접에너지계(direct calorimetry): 인체의 에너지 소모를, 단열된 작은 공간(chamber)에서 인체에서 나오는 열을 측정하여 재는 기구.

징후(sign): 겉으로 나타나는 낌새. 즉, 다른 사람이 관찰할 수 있는 육체적 특징.

짧은사슬 지방산(short-chain fatty acid): 6개 이하의 탄소로 구성된 지방산에 메틸기($-CH_3$)와 카복실기를 가진 유기화합물.

체계적 문헌고찰(systematic review): 구체적인 주제 또는 연구 질문에 초점을 맞춘 종합 연구.

체질량지수(body mass index, BMI): 체중(kg)을 신장의 제곱(m^2)으로 나눈 값으로, 25 이상일 때 체중과 관련된 건강 문제의 위험이 많음.

초저밀도 지단백질(very-low-density-lipoprotein, VLDL): 간에서 생성된 지단백질로 혈류에서 유입되거나 간에서 새로 합성된 콜레스테롤과 지방을 운반.

총식이섬유(total fiber): 식품 내 함유된 식이섬유와 기능성 식이섬유를 모두 칭함.

최대산소소모량(VO_{2max}): 단위 시간당 사용될 수 있는 산소의 최대 용량.

축합반응(condensation reaction): 2개의 분자가 물 1분자를 방출하고 더 큰 분자로 결합하는 화학반응.

충분섭취량(adequate intake, AI): 권장섭취량을 설정하는 데 필요한 정보가 충분하지 않은 경우 사용할 수 있는 영양섭취기준. 정해진 영양상태(예: 뼈 건강)를 유지하는 데 필요한 평균 영양소섭취량에 대한 관찰적, 실험적 추정치에 근거하여 결정됨.

충치(dental caries): 박테리아에 의해 설탕이 분해될 때 생성된 산 때문에 치아 표면이 부식된 상태.

충치 유발성(cariogenic): 충치를 촉진하는 물질. 즉 캐러멜 같은 고탄수화물 식품.

치밀골(cortical bone): 뼈의 표면과 내부의 조밀하게 구성된 뼈.

치아침착증(mottling): 과량의 불소 섭취로 인해 치아 표면에 나타나는 색소 침착증.

치질(hemorrhoid): 직장 부근의 대정맥이 현저히 부풀어 오른 증상.

카로티노이드(carotinoid): 비타민 A를 합성할 수 있는, 과일과 채소에 함유된 등황색의 색소.

카탈레이즈(catalase): 과산화수소를 물과 산소로 분해 하는 효소, 알코올 대사의 다른 효소 경로; 카탈레이즈가 작용하여 과산화수소가 분해되면서 알코올이 분해됨.

칼시토닌(calcitonin): 뼈의 용출을 방해하는 갑상선 호르몬.

컨쥬게이즈(conjugase): 장에서 엽산 흡수를 증가시키는 효소계. polyglutamate에서 glutamate를 제거하여 엽산을 형성함.

코돈(codon): 단백질 합성에 필요한 특정 아미노산을 코딩하는 DNA 내 3개의 뉴클레오티드 단위의 특정 서열.

코르티코스테로미드(corticosteroid): 부신에서 합성되는 스테로이드 호르몬.

콜라겐(collagen): 신체의 구조를 함께 연결하는 단백질.

콜레스테롤 수용체 경로(receptor pathway for chole-sterol uptake): LDL-콜레스테롤이 세포 수용체와 결합하여 세포 내로 유입되는 경로.

콜레스테롤 제거 경로(scavenger pathway for chole-sterol uptake): LDL-콜레스테롤이 혈관에 존재하는 소거세포로 유입되는 경로.

콰시오커(kwashiorkor): 질병에 걸리거나 단백질 섭취가 불충분하고 에너지는 요구량 정도로 섭취하는 아동에서 나타나는 질병. 감염, 부종, 성장부진, 허약, 질병에 대한 민감성 증가 등의 증세를 보임.

크레아틴(creatine): 고에너지 물질인 포스포크레아틴(phosphocreatine)의 부분인 근육세포의 유기물질.

크레틴병(cretinism): 임신기에 요오드 결핍으로 태아기 또는 태어난 후 신체성장과 정신발달이 지연되는 풍토성 질환.

크론병(Crohn's disease): 주로 회장 끝에서 발생되기 쉬운 염증성 질병. 가족력이 중요 인자이며, 이 질병으로 소장의 흡수능력이 감소됨.

킬레이트(chelate): 단백질의 극성 부위와 금속이온 간의 결합물로 금속이온을 단단히 흡착함.

킬로미크론(chylomicron): 식사지방이 콜레스테롤, 인지질, 단백질의 외피에 둘러싸여 만들어진 지단백.

킬로칼로리(kilocalorie): 물 1,000 g(1 L)의 온도를 1℃ 올리는 데 필요한 열에너지.

탄소골격(carbon skeleton): 아미노기($-NH_2$)가 없는 아미노산.

탄수화물(carbohydrate): 탄소, 수소, 산소로 구성된 유기화합물로 당류, 전분, 식이섬유가 해당됨.

탄수화물 로딩(carbohydrate loading): 근육의 글리코겐 저장량을 정상 이상으로 높이는 운동 및 식사 훈련.

탈아미노기 반응(deamination): 아미노산으로부터 아미노기를 제거하는 반응.

탈탄산작용(decarboxylation): 탄산으로부터 이산화탄소의 한 분자를 제거하는 작용.

토코트리에놀(tocotrienol): 토코페롤과 기본적인 화학구조는 같으나 곁사슬이 약간 다른 네 가지 화합물. 해당 토코페롤보다 활성이 매우 낮다.

토코페롤(tocopherol): 비타민 E 활성을 지닌 구조적으로 유사한 네 가지 화합물. 알파토코페롤의 RRR['d'] 이성체가 가장 활성이 높음.

트랜스 지방산(trans fatty acid): 식품 내 단일불포화 상태로 존재하며 수소가 첨가될 때 이중결합이 위치한 탄소의 반대편으로 들어감. 시스 지방산은 이중결합의 같은 편으로 수소가 첨가됨.

트랜스페린(transferrin): 혈액 내 존재하는 철 운반단백질.

트립신(trypsin): 췌장에서 분비되어 소장에서 작용하는 단백질분해효소.

파골세포(osteoclast): 백혈구에서 유래된 뼈세포로 뼈의 침식을 일으키는 물질을 분비함.

페리틴(ferritin): 혈액과 조직 내 존재하는 철 저장단백질.

펙틴(pectin): 식물 세포벽에 있으며, 갈락투론산과 다른 단당류들이 결합된 식이섬유.

펠라그라(pellagra): 피부 염증, 설사, 치매 등이 나타나는 질병으로 니아신 섭취가 불충분하면 발생함.

펩신(pepsin): 위에서 분비되는 단백질의 소화효소.

펩티드 결합(peptide bond): 단백질 내 아미노산 사이의 화학결합.

평균필요량(estimated average requirement, EAR): 특정 연령이나 성별 인구집단의 50%에 해당하는 사람들의 영양필요량을 충족시킬 수 있는 영양소 섭취수준.

폐경(기)(menopause): 여자의 폐경은 보통 50세에 시작됨.

포도당(glucose): 가장 많은 단당류. 덱스트로오스라고도 함.

포도당신생합성(gluconeogenesis): 세포내 대사과정을 통해 새로운 포도당을 합성. 이 포도당의 탄소를 단백질이 분해한 아미노산이 제공함.

포만감(satiety): 섭식 욕구를 더 이상 느끼지 않는 상태. 만족감.

포스포크레아틴(phosphocreatine, PCr): ADP로부터 ATP를 재형성하는 데 사용할 수 있는 고에너지 화합물.

포화지방산(saturated fatty acid): 이중결합이 없는 지방산.

폭발에너지계(bomb calorimeter): 식품 내 에너지를 재는 도구.

폭음(binge drinking): 남성의 경우 한 번에 5잔 이상, 여성의 경우 4잔 이상의 술을 마시는 경우.

폴리펩티드(polypeptide): 50~100개의 아미노산이 결합한 화합물.

풀(pool): 필요시 몸속에서 쉽게 이용할 수 있는 영양소의 양.

풍토병(endemic): 특정 지역의 주민들 사이에서 주기적으로 발생하는 병.

프로스타글란딘(prostaglandins): 신체에서 다양한 효과는 내는 강력한 에이코사노이드.

프로트롬빈(prothrombin): 혈액응고 과정에 관여하는 단백질의 일종. 간에서 전구체 단백질로부터 활성물질로 전환될 때 비타민 K가 필요함.

프레더-윌리 증후군(Prader-Willi syndrome): 단신, 정신지체, 식욕과대 등을 특징으로 하는 유전적 질환으로, 신경계 이상이 원인으로 결과적으로 심한 비만이 일어남.

프리비타민 D(previtamin D): 비타민 D의 전구체로서, 햇볕에 의해 피부에서 7-dehydrocholesterol의 고리가 열려서 형성된 구조.

플라그(plaque): 혈관 내에 축적된 콜레스테롤이 풍부한 물질로서, 다양한 백혈구, 평활근 세포, 결합조직(콜라겐), 콜레스테롤 및 기타 지방 그리고 칼슘을 함유함.

피부두겹두께(skinfold thickness): 피부두겹을 측정하는 도구(caliper)로 피하지방 두께를 측정하고 수학적 산출식을 통해 지방량을 환산하여 체구성 성분을 예측하는 방법.

피토케미컬(phytochemical): 식물에 함유된 화합물로 건강에 유익한 생리활성을 가진 성분.

피틴산(phytic add, phytate): 식물의 섬유질에 들어있는 물질로 양이온(Zn^{+})과 결합하여 생체이용률을 낮춤.

필수아미노산(essential 또는 indispensable amino acid): 인체가 충분한 양을 합성할 수 없는 아미노산들로 식사로부터 반드시 섭취해야 하는 아미노산.

필수지방산(essential fatty acid): 건강을 유지하기 위하여 식사로 반드시 섭취해야 하는 지방산으로 최근 리놀레산과 알파-리놀렌산만을 필수로 분류함.

하이드록시아파타이트(hydroxyapatite): 칼슘과 인으로 구성된 물질로 뼈 단백질 매트릭스에 있으며 뼈를 단단하게 해주는 물질{$Ca_{10}[PO_4]6PH_2$}

항이뇨 호르몬(antidiuretic hormone, ADH): 뇌하수체에서 분비되는 호르몬으로 신장에서 수분 배설을 감소시킴. 알기닌 바소프레신(arginine vasopressin, AVP)이라고도 함.

해면골(trabecular bone): 스펀지와 같은 형태로 뼈의 내부 기질로서 척추, 골반과 뼈의 말단에 주로 존재.

허혈성 뇌졸중(ischemic stroke): 뇌에 혈액이 흐르지 않아서 야기되는 뇌졸중.

허혈증(ischemia): 혈액부족 증세, 주로 동맥협착에 의해 혈액공급이 기계적으로 막힌 증세.

헤마토크리트(hematocrit): 혈액의 총 용량 중 적혈구가 차지하는 비율.

헤모글로빈(hemoglobin): 신체에 산소를 공급하며 조직에서 이산화탄소를 제거하는 적혈구 내 철 함유 단백질.

헤모시데린(hemosiderin): 간에 존재하는 불용성 철 단백질. 신체의 철이 페리틴의 저장용량을 초과할 때 여분의 철을 저장하는 단백질.

헤미셀룰로오스(hemicellulose): 질로오스(zylose), 갈락토오스, 포도당과 다른 단당류들이 결합된 식이섬유.

헴철(heme iron): 동물조직 중 주로 헤모글로빈과 미오글로빈으로 존재하는 철. 육류 속에 함유된 철의 40%가 헴철이며 쉽게 흡수됨.

혈관내액(intravascular fluid): 혈류 내의 유체(즉 동맥과 정맥, 모세혈관과 림프관 내부에 있는) 체액의 약 25%를 차지.

혈당부하도(GL): 식품의 탄수화물의 총량에 그 식품의 혈당지수를 곱하고 100으로 나눔.

혈당지수(GI): 표준 식품(일반적으로 포도당과 흰빵)과 비교한 해당 식품의 혈당 반응.

혈색소침착증(hemochromatosis): 철 흡수가 증가하여 철 결합단백질이 포화되고 간에 헤모시데린이 축적된 증상.

혈액희석(법)(hemodilution): 혈액 부피가 적혈구 합성보다 증가한 상태로, 적혈구가 부족한 것처럼 보이는 증세.

협착증(stenosis): 혈(도)관 협착 또는 좁아짐.

호모시스테인(homocysteine): 단백질 합성에서 아미노산으로 사용되지는 않지만, 아미노산 메티오닌의 물질대사 동안에 생성됨. 호모시스테인은 혈관벽 같은 세포에 많은 독성을 보임.

호중성백혈구활성(neutrophil activation): 면역반응에 대비하여 백혈구가 준비되는 현상.

호흡(respiration): ATP를 합성하기 위해 세포 내 물질이 호기적 또는 혐기적으로 산화되는 것.

화학반응(chemical reaction): 두 개 이상의 화학물질이 반응하여 성질이 다른 물질로 변하는 반응.

화합물(compound): 두 종류 이상의 원소가 결합하여 만들어진 화학물질. 모든 화합물이 분자로 존재하는 것은 아니며, NaCl(식염)처럼 서로 끌어당기는 이온결합으로도 구성됨.

환원제(reducing agent): 다른 화합물에 전자를 공여하는 화합물.

활성산소류(reactive oxygen species, ROS): ATP 형성 중 만들어진 몇 가지 산소 유도체로서, 인체에서 끊임없이 만들어지며, 박테리아와 불활성 단백질을 제거하므로 질병과 염증과정에 깊이 관련되어 있음.

황달(jaundice): 피부와 눈의 흰자위 등의 조직이 혈액에 쌓인 담즙 색소로 인해 황색으로 보이는 증상.

효소(enzyme): 자신은 변화하지 않고 화학반응을 촉매하는 화합물. 대부분의 효소가 단백질이며 일부는 핵산으로 구성됨.

후천성면역결핍증(acquired immunodeficiency syndrome, AIDS): HIV 바이러스가 특정 종류의 면역세포를 공격하여 후천적으로 체내 면역기능이 떨어지고 감염원에 대항할 수 없는 상태를 초래함.

휴식대사(resting metabolism): 안락한 환경에서 의식 있는 4시간 안에 식사를 하지 않은 상태로 15~30분간 휴식 상태로 있을 때 신체가 필요로 하는 에너지. 휴식대사는 측정에 있어 기초대사량보다 기준이 덜 까다로우므로, 기초대사보다 대략 6%가 높다고 알려져 있음(kcal/min). 휴식대사량이라 명명하기도 함.

1일 섭취허용량(acceptable daily intake, ADI): 사람이 감미료를 평생 안전하게 먹을 수 있는 1일 섭취추정량, ADI의 단위는 mg/kg weight/day.

1차 예방(primary prevention): 발병할 질병을 예방하는 방법으로, 심혈관질환을 예방하기 위해서 포화지방산과 콜레스테롤을 낮추기 위해 식사를 권장하는 방법.

1형당뇨병(type 1 diabetes): 인슐린을 만드는 췌장이 손상을 입은 자가면역 질환으로 혈중 포도당 수준이 조절되지 않음.

2차 예방(secondary prevention): 이미 알고 있는 질병의 진전을 예방하기 위한 중재로서, 이미 심장발작을 경험한 사람에게 금연시키는 방법.

2형당뇨병(type 2 diabetes): 인슐린 저항성 또는 인슐린에 대한 세포의 반응성 결여로 고혈당증이 되는 점진적인 질병.

BHA(butylated hydroxyanisole): 공통된 합성물질로서 식품에 첨가된 산화방지제.

Borg 호흡곤란지수(감지한 노력 등급; Rating of Perceived Exertion): 호흡곤란의 느낌을 주관적으로 측정하는 것으로 6~20점 척도.

BTA(butylated hydroxytoluene): 공통된 합성물질로서 식품에 첨가된 산화방지제.

DHA(docosahexaenoic acid): 탄소 22개, 이중결합 6개를 지닌 오메가-3 지방산(C22:6, ω-3). 어유에 다량 함유되어 있으며 체내에서 알파-리놀렌산으로부터 합성되며, 특히 눈과 뇌에 존재함.

DNA 전사(DNA transcription): DNA의 일부에서 전령 RNA(mRNA)를 형성하는 과정.

EPA(eicosapentaenoic acid): 탄소 20개, 이중결합 5개를 지닌 오메가-3 지방산(C20:5, ω-3). 어유에 다량 함유되어 있으며 체내에서 알파-리놀렌산으로부터 합성되며, 에이코사노이드로 전환됨.

IU(international unit): 동물의 성장률에 근거하여 측정된 비타민의 활성도를 나타내는 단위. 최근에는 mg이나 μg보다 정확한 측정치가 사용됨.

mRNA 번역(mRNA translation): 전령 RNA(mRNA) 가닥에 포함된 정보에 따른 리보솜에서의 폴리펩티드 사슬의 합성 단계.

R 단백질(R-protein): 침샘에서 합성되는 단백질로서 비타민 B_{12}가 위를 통과할 때 비타민을 보호하여 흡수를 증진시킴.

RAR(retinoic acid receptor), RXR(retinoid X receptor): 이 레티노이드 수용체는 레티노산과 결합한 후, DNA의 특정 부위에 결합하여 유전자를 발현시킴.

Set point 이론(set-point theory): 인체는 유전적으로 미리 결정된 체중을 가지고 있으며 정교하게 조정된다는 이론. 어떤 세포가 이 지점을 조절하는지 어떻게 체중조절에 관여하는지는 알려져 있지 않음.

찾아보기

ㄱ

ㄴ

ㄷ

ㄹ

ㅁ

ㅂ

ㅅ

ㅇ

ㅈ

ㅊ

ㅋ

ㅌ

ㅍ

ㅎ

기타